Alexander Ostrowski
Collected Mathematical Papers

Alexander Ostrowski

Collected Mathematical Papers

Vol. 6 XIV Conformal Mapping
XV Numerical Analysis
XVI Miscellany

Springer Basel AG 1985

Library of Congress Cataloging in Publication Data
(Revised for volume 6)

Ostrowski, A. M. (Alexander M.), 1893–
Collected mathematical papers.
English, French, German, Russian and Italian.
Includes bibliographies.
Contents: v. 1. Determinants. Linear algebra. Algebraic equations — v. 2. Multivariate algebra. Formal algebra — v. 3. Number Theory. Geometry. Topology. Convergence. — v. 4. Real function theory. Differential equations. Differential transformations. — v. 5. Complex Function Theory. — — v. 6. Conformal Mapping. Numerical Analysis. Miscellany.
1. Mathematics—Collected works. I. Title.
QA3.084 1983 510 83-8823

CIP-Kurztitelaufnahme der Deutschen Bibliothek

Ostrowski, Alexander:
Collected mathematical papers / Alexander Ostrowski. – Basel ; Boston ; Stuttgart : Birkhäuser

NE: Ostrowski, Alexander: [Sammlung]
Vol. 6 (1985).
Enth. u.a.: 14. Conformal Mapping, 15. Numerical Analysis, 16. Miscellany

Originally published by Birkhäuser Verlag Basel in 1985.
Softcover reprint of the hardcover 1st edition 1985

Portraitzeichnung: Peter Birkhäuser
Umschlaggestaltung: Albert Gomm

Ostrowski, Collected Mathematical Papers
ISBN 978-3-0348-9338-1 ISBN 978-3-0348-9336-7 (eBook)
DOI 10.1007/978-3-0348-9336-7

Dedicated to the Memory of my Wife

Preface

This publication was made possible through a bequest from my beloved late wife.
United together in this present collection are those works by the author which have not previously appeared in book form. The following are excepted: Vorlesungen über Differential und Integralrechnung (Lectures on Differential and Integral Calculus) Vols 1-3, Birkhäuser Verlag, Basel (1965-1968); Aufgabensammlung zur Infinitesimalrechnung (Exercises in Infinitesimal Calculus) Vols 1, 2a, 2b, and 3, Birkhäuser Verlag, Basel (1967-1977); two issues from Mémorial des Sciences on Conformal Mapping (written together with C. Gattegno), Gauthier-Villars, Paris (1949); Solution of Equations in Euclidean and Banach Spaces, Academic Press, New York (1973); and Studien über den Schottkyschen Satz (Studies on Schottky's Theorem), Wepf & Co., Basel (1931).
Where corrections have had to be implemented in the text of certain papers, references to these are made at the conclusion of each paper. In the few instances where this system does not, for technical reasons, seem appropriate, an asterisk in the page margin indicates wherever a correction is necessary and this is then given at the end of the paper. (There is one exception: the corrections to the paper on page 561 are presented on page 722.
The works are published in 6 volumes and are arranged under 16 topic headings. Within each heading, the papers are ordered chronologically according to the date of original publication.
I would like to express my sincerest thanks to Dr. E. Selldorf who assisted me greatly in the arduous task of preparing the index, and to Mr. C. Einsele, Chairman of Birkhäuser Verlag, for the care he took in arranging this edition.

Contents

XIV Conformal Mapping

XV Numerical Analysis

XVI Miscellany

XIV Conformal Mapping

Mathematische Miszellen. XV.

Zur konformen Abbildung einfach zusammenhängender Gebiete.

I.

Mit Hilfe einer in diesem Zusammenhange zuerst wohl von Carathéodory[1]) benutzten Quadratwurzelabbildung hat Koebe[2]) einen sehr einfachen Beweis für den Fundamentalsatz der konformen Abbildung angegeben, d. h. für die Existenz der Funktion, die ein im Einheitskreise gelegenes einfach zusammenhängendes Gebiet auf das Innere des Einheitskreises schlicht und konform abbildet.[3]) Zugleich enthält der Koebesche Beweis ein Verfahren zur Approximation der Abbildungsfunktion, das sich auch in andern Fällen als anwendbar erwiesen und von Koebe den Namen des *Schmiegungsverfahrens* erhalten hat.

---

1) Carathéodory, Untersuchungen über die konformen Abbildungen von festen und veränderlichen Gebieten. Math. Annalen, Bd. 72, S. 107—144 (1912).

2) P. Koebe, Abhandlungen zur Theorie der konformen Abbildung I. Die Kreisabbildung des allgemeinsten einfach und zweifach zusammenhängenden schlichten Bereiches und die Ränderzuordnung bei konformer Abbildung. Journal für reine und angewandte Mathematik, Bd. 145, S. 177—223 (1915).

3) Auf diesen Fall läßt sich bekanntlich der allgemeinste durch eine einfache Transformation zurückführen.

Vor einigen Jahren haben Fejér und F. Riess[4]) aus der Quadratwurzelabbildung einen besonders kurzen Beweis des Fundamentalsatzes der konformen Abbildung hergeleitet, der aber ein Existenzbeweis reinsten Wassers ist, während bei Koebe auch ein Konstruktionsverfahren zur Bildung der Abbildungsfunktion angegeben wird.

Ich möchte im folgenden zeigen, wie man eine direkte Abschätzung der Güte der Approximation beim Koebeschen Verfahren finden kann. Es handelt sich darum, den Radius ϱ_{n+1} des größten Kreises um den Nullpunkt zu finden, dessen Inneres ganz im Innern des beim n-ten Schritt entstehenden Bildgebietes G_{n+1} liegt. Wir erhalten (im Abschnitt III) das Resultat $1-\varrho_n = O\left(\frac{1}{n}\right)$. In IV. betrachten wir den praktisch wichtigeren Fall, in dem man beim n-ten Schritt anstatt der günstigsten Quadratwurzelabbildung, zu deren Aufstellung die Ermittelung des dem Ursprung zunächst gelegenen Randpunktes von G_n nötig wäre, eine weniger günstige, aber leichter aufstellbare Transformation benutzt, bei der ein in hohem Maße willkürlicher Randpunkt von G_n zu verwenden ist. Wenn der Abstand dieses Randpunktes von der Peripherie des Einheitskreises mit $k_n(1-\varrho_n)$ bezeichnet wird, ergibt sich, daß das Verfahren jedenfalls gegen die genannte Abbildungsfunktion konvergiert, wenn $\sum_{\nu=1}^{\infty} k_\nu^2$ divergiert, und ferner gilt, wenn die Summen $\sum_{\nu=1}^{\infty} k_\nu^2$ einigermaßen regulär wachsen,

$$1-\varrho_{n+1} = O\left(\frac{1}{\sum_{\nu=1}^{n} k_\nu^2}\right).$$

Nimmt man nur die Divergenz von $\sum_{\nu=1}^{\infty} k_\nu^2$ an, so läßt sich immerhin

$$1-\varrho_{n+1} = O\left(\frac{1}{\sqrt{\sum_{\nu=1}^{n} k_\nu^2}}\right)$$

beweisen (Abschnitt V). Während die Methode des Abschnitts V das Problem direkt in Angriff nimmt, wird in den Abschnitten III und IV die Bemerkung benutzt, daß aus einer Relation von der Form

$$\sum_{\nu=n+1}^{\infty} k_\nu a_\nu = O(a_n^\gamma) \qquad \gamma > 0$$

4) In der Arbeit von T. Radó, Über die Fundamentalabbildungen schlichter Gebiete, Acta litterarum ac scientiarum, Univ. Hung. Szeged. Bd. I, S. 240—251 (1923).

für eine konvergente Reihe $\sum_{\nu=1}^{\infty} k_\nu a_\nu$ für $k_\nu \geqq 0$, $a_\nu \downarrow 0$ [5]), sich eine relativ günstige Abschätzung für a_ν herleiten läßt. Z. B. gilt für $k_\nu \equiv 1$, $\gamma = \frac{1}{2}$

$$a_\nu = O\left(\frac{1}{\nu^2}\right).$$

Wir geben in VI. die independente Formulierung und den Beweis von zwei solchen Sätzen. — Der Darstellung dieser Abschätzungen schicken wir in Abschnitt II eine modifizierte Darstellung des Fejér-Riesschen Existenzbeweises, die uns in einigen Einzelheiten einfacher zu sein scheint, namentlich weil dabei sämtliche Rechnungen — auch die Berechnung der Nullpunktsableitung der Abbildungsfunktion — vermieden werden.

II.

Wir geben zunächst eine vielleicht in einigen Details einfachere Darstellung des Existenzbeweises von Fejér und F. Riess. Wir benutzen die folgenden Hilfssätze:

Hilfssatz 1. *Ist G ein im Innern des Einheitskreises E_z der z-Ebene liegendes aber mit diesem Innern nicht identisches einfach zusammenhängendes Gebiet, das den Nullpunkt im Innern enthält, so gibt es eine in G reguläre und schlichte Funktion $\varphi(z)$, mit $\varphi(0) = 0$, $|\varphi'(0)| > 1$, $|\varphi(z)| \leqq 1$.*

Beweis. Ist ζ ein Randpunkt von G, der im Innern des Einheitskreises liegt, so bilde man durch

$$(1) \qquad z' = \frac{z - \zeta}{1 - z\bar{\zeta}}$$

E_z auf $E_{z'}$ so ab, daß ζ in den Nullpunkt (und Null in den Punkt $-\zeta$) übergeht. G gehe dabei in G' über. Sodann wende man auf G' die Abbildung an:

$$(2) \qquad z'' = \sqrt{z'},$$

indem man die Wurzel etwa so normiert, daß das Argument des Bildes $\sqrt{-\zeta}$ von $-\zeta$ zwischen 0 und π (0 eingeschlossen, π ausgeschlossen) liegt. Dann bildet sich G', wenn man (2) in das ganze Innere von G' fortsetzt, auf ein in $E_{z''}$ liegendes Gebiet G'' ab. Endlich wende man auf G'' die Abbildung

$$(3) \qquad w = \frac{z'' - \sqrt{-\zeta}}{1 - \overline{\sqrt{-\zeta}}\, z''}$$

5) Mit $\uparrow a$ bzw. $\downarrow a$ deuten wir das monotone Zunehmen bzw. monotone Abnehmen gegen a an.

an, die das Bild des Nullpunktes in der z-Ebene wieder in den Nullpunkt der w-Ebene wirft und G'' auf G^* abbildet. So erhalten wir eine in E_z schlichte Funktion $w = \varphi(z)$ mit $|\varphi(z)| \leqq 1$. Um aber $|\varphi'(0)|$ abschätzen zu können, genügt es, sich zu überlegen, daß die zu $w = \varphi(z)$ inverse Funktion $z = \psi(w)$, wie aus ihrer Zusammensetzung aus den zu (1), (2) und (3) inversen Funktionen folgt, offenbar im ganzen Innern von E_w regulär ist und dort absolut < 1 bleibt, daß ferner $\psi(w)$ sicher nicht von der Form $e^{i\theta}w$ ist. Daher folgt aus dem Schwarzschen Lemma, das $\left|\frac{\psi(w)}{w}\right| < 1$ für $|w| < 1$ ist[6]) und daher erst recht $|\psi'(0)| < 1$, $|\varphi'(0)| > 1$ gilt.

Aus $|\psi(w)| < |w|$ folgt ferner $|\varphi(z)| > |z|$, so daß bei unserer Abbildung jeder Punkt (bis auf $z = 0$) weiter vom Nullpunkt gerückt wird. — Wir wollen die eben gebildete Funktion $\varphi(z)$ mit $\varphi_{G,\zeta}(z)$ bezeichnen.

Als Hilfssatz 2 benutzen wir den Montelschen Auswahlsatz: *Aus einer beliebigen unendlichen Schar von in E_z gleichmäßig beschränkten und regulären Funktionen läßt sich eine Teilfolge herausgreifen, die im Innern von E_z gleichmäßig konvergiert.*[7])

Als Hilfssatz 3 bezeichnen wir endlich den Satz, daß *die Grenzfunktion einer im Innern von E_z gleichmäßig konvergenten Folge schlichter Funktionen, dort wiederum schlicht ist, wenn sie sich nicht auf eine Konstante reduziert.*[8])

Nunmehr behaupten wir den

Satz. *Es sei G ein einfach zusammenhängendes Gebiet, das im Innern des Einheitskreises E_z der z-Ebene liegt und den Nullpunkt im Innern enthält. Dann gibt es eine in G schlichte und reguläre Funktion $\Phi(z)$ mit $\Phi(0) = 0$ derart, daß das durch $w = \Phi(z)$ vermittelte Bild von G mit dem ganzen Innern von E_w identisch ist.*

Beweis. Man betrachte die Gesamtheit $\mathfrak{M}$ aller in G schlichten Funktionen $f(z)$, die dort durchweg absolut $\leqq 1$ sind und im Nullpunkt verschwinden; z. B. ist z eine solche Funktion. Zu jeder Funktion $f(z)$ von $\mathfrak{M}$ betrachte man $d(f) = |f'(0)|$. Ist $\varrho > 0$ der Radius eines Kreises $|z| < \varrho$, der ganz in G liegt, so folgt nach der Cauchyschen Abschätzung $d(f) \leqq \frac{1}{\varrho}$. Es sei nun Δ die obere Grenze aller $d(f)$.

6) Vgl. hierzu die in Fußnote 2) zitierte Abhandlung von Koebe, S. 185.

7) Darunter verstehen wir hier (und auch im folgenden) daß diese Folge in einer Umgebung eines jeden inneren Punktes von E_z gleichmäßig konvergiert.

8) Vgl. für den einfachsten Beweis etwa Bieberbach, Lehrbuch der Funktionentheorie, Bd. II, S. 7.

Es gilt offenbar $d(z) = 1 \leqq \Delta \leqq \frac{1}{\varrho}$. Wir behaupten zuerst, daß *es eine Funktion F in* $\mathfrak{M}$ *gibt mit* $d(F) = \Delta$. Denn sonst gäbe es eine Folge von Funktionen f_ν aus $\mathfrak{M}$ mit $d(f_\nu) \to \Delta$. Nach dem Hilfssatz 2 kann ich annehmen, daß die Folge der $f_\nu(z)$ in E_z gleichmäßig konvergiert. Ist $F(z)$ die Grenzfunktion von $f(z)$, so gilt $F'(0) = \lim_{\nu\to\infty} f_\nu'(0)$, $|F'(0)| = \Delta \geqq 1$. Da daher $F(z)$ nicht konstant ist, muß es nach dem Hilfssatz 3 in G schlicht sein, und daher zu $\mathfrak{M}$ gehören, während nunmehr $d(F) = \Delta$ ist. — Wir behaupten nun, daß das durch eine Funktion $w = F(z)$ aus $\mathfrak{M}$ mit $d(F) = \Delta$ vermittelte Bild G^* von G mit dem ganzen Innern von E_w zusammenfällt. Denn sonst gäbe es nach dem Hilfssatz 1 eine in G^* reguläre und schlichte Funktion $\varphi(w)$ mit $\varphi(0) = 0$, $|\varphi'(0)| > 1$, $|\varphi(w)| \leqq 1$, dann aber wäre $\varphi(F(z))$ eine in G schlichte und reguläre Funktion aus $\mathfrak{M}$ mit dem absoluten Betrag $\Delta |\varphi'(0)| > \Delta$ der Ableitung im Nullpunkt, was der Definition von Δ widerspricht, w. z. b. w.

III.

Um nun eine Funktion $\Phi(z)$, deren Existenz im Satze des Abschnitts II behauptet wurde, zu bilden, liegt es nahe, die im Hilfssatz 1 benutzte Konstruktion zu iterieren. Ist $G = G_1$ in E_z enthalten und ist ζ_1 ein Randpunkt von G, für den $|\zeta_1| = \varrho_1$ am kleinsten ist, so bilde man G_1 durch $\varphi_1(z) = \varphi_{G_1, \zeta_1}(z)$ auf ein Gebiet G_2 ab, das auch im Innern des Einheitskreises liegt. Ist ζ_2 der bei G_2 analog zu ζ_1 definierte Punkt, so bildet $\varphi_2(z) = \varphi_{G_2, \zeta_2}$ G_2 auf ein im Innern des Einheitskreises liegendes Gebiet G_3 ab, usw. Die Funktion $\varphi_n(\varphi_{n-1} \ldots (z) \ldots)$, die G auf G_{n+1} abbildet, bezeichnen wir mit $\Phi_n(z)$. Wir haben den Radius ϱ_{n+1} des größten Kreises $|z| < \varrho_{n+1}$ abzuschätzen, dessen Inneres ganz in G_{n+1} liegt, und festzustellen, wann sich ϱ_{n+1} hinreichend nahe dem Werte 1 genähert hat, da ja offenbar alle Randpunkte von G_{n+1} im Kreisring $\varrho_{n+1} \leqq |z| \leqq 1$ liegen. Setzt man nun für einen Augenblick für $m > n$ $\Phi_{m,n}(z) = \varphi_m(\varphi_{m-1}(\ldots \varphi_{n+1}(z) \ldots))$, so gilt offenbar $\Phi_m(z) = \Phi_{m,n}(\Phi_n(z))$. Da die Funktion $\Phi_{m,n}(z)$ in G_{n+1}, daher auch für $|z| < \varrho_{n+1}$ regulär und absolut $\leqq 1$ ist, gilt

$$|\Phi'_{m,n}(0)| \leqq \frac{1}{\varrho_{n+1}}. \tag{4}$$

Andererseits gilt offenbar

$$|\Phi'_{m,n}(0)| = |\varphi'_{n+1}(0)| \ldots |\varphi'_m(0)|,$$

so daß wir die Ungleichung erhalten

$$|\varphi'_{n+1}(0)| \ldots |\varphi'_m(0)| \leqq \frac{1}{\varrho_{n+1}}, \tag{5}$$

die für ein $n \geqq 1$ und für alle $m > n$ gilt. Nun liefert die direkte Berechnung der Ableitung von $\varphi_{G,\zeta}(z)$ im Nullpunkt den Wert

$$\varphi'_{G,\zeta}(0) = \frac{1+|\zeta|}{2|\sqrt{-\zeta}|},$$

so daß allgemein $\varphi'_\nu(0) = \dfrac{1+\varrho_\nu}{2\sqrt{\varrho_\nu}}$ ist. Daher geht (5) in

$$\prod_{\nu=n+1}^{m} \frac{1+\varrho_\nu}{2\sqrt{\varrho_\nu}} \leqq \frac{1}{\varrho_{n+1}} \tag{6}$$

über. Man beachte nun, daß

$$\frac{1+\varrho_\nu}{2\sqrt{\varrho_\nu}} = 1 + \frac{(1-\sqrt{\varrho_\nu})^2}{2\sqrt{\varrho_\nu}} = 1 + \frac{(1-\varrho_\nu)^2}{2\sqrt{\varrho_\nu}(1+\sqrt{\varrho_\nu})^2}$$

ist. Da aus der Ungleichung (6) wegen $\dfrac{1+\varrho_\nu}{2\sqrt{\varrho_\nu}} > 1$ die Konvergenz des Produktes $\prod\limits_{\nu=n+1}^{\infty} \dfrac{1+\varrho_\nu}{2\sqrt{\varrho_\nu}}$ und daher insbesondere $\varrho_\nu \to 1$ folgt, erhalten wir schließlich

$$\prod_{\nu=n+1}^{\infty} \left(1 + \frac{(1-\varrho_\nu)^2}{2\sqrt{\varrho_\nu}(1+\sqrt{\varrho_\nu})^2}\right) \leqq \frac{1}{\varrho_{n+1}}. \tag{7}$$

Ferner folgt aus der am Schlusse des Beweises von Hilfssatz 1 bewiesenen Relation $|\varphi(z)| > |z| : \varrho_\nu \uparrow 1$. Nunmehr beachte man, daß für $1 > \Theta \geqq |x|$

$$-\frac{\lg(1-\Theta)}{\Theta} \geqq \frac{\lg(1+x)}{x} \geqq \frac{\lg(1+\Theta)}{\Theta}$$

ist, da $\dfrac{\lg(1+x)}{x}$ mit wachsenden x von $-\Theta$ an monoton abnimmt. Daher folgt aus (7) wegen $\varrho_\nu < 1$

$$\sum_{\nu=n+1}^{\infty} \lg\left(1 + \frac{(1-\varrho_\nu)^2}{8}\right) \leqq -\lg\bigl(1-(1-\varrho_{n+1})\bigr),$$

und ferner wegen $\dfrac{\lg(1+\frac{1}{8})}{\frac{1}{8}} > \dfrac{1}{2}$

$$\frac{1}{2}\cdot\frac{1}{8}\cdot\sum_{\nu=n+1}^{\infty}(1-\varrho_\nu)^2 \leqq \frac{\lg\frac{1}{\varrho_1}}{1-\varrho_1}(1-\varrho_{n+1}). \tag{8}$$

Setzen wir $16\,\dfrac{\lg\frac{1}{\varrho_1}}{1-\varrho_1} = c > 1$, so folgt aus (8)

$$\sum_{\nu=n+1}^{\infty}\left(\frac{1-\varrho_\nu}{4c}\right)^2 \leqq \frac{1}{4}\left(\frac{1-\varrho_{n+1}}{4c}\right)$$

und daher

$$\sum_{\nu=n+1}^{2n}\left(\frac{1-\varrho_\nu}{4c}\right)^2 \leqq \frac{1}{4}\left(\frac{1-\varrho_{n+1}}{4c}\right),\ n\left(\frac{1-\varrho_{2n}}{4c}\right) \leqq \frac{1}{4}\left(\frac{1-\varrho_n}{4c}\right),$$

$$\left(2n\frac{1-\varrho_{2n}}{4c}\right)^2 \leqq n\frac{1-\varrho_n}{4c},$$

$$\left(2^\nu\frac{1-\varrho_{2^\nu}}{4c}\right)^{2^\nu} \leqq \frac{1-\varrho_1}{4c} < 1,$$

$$1-\varrho_{2^\nu} < \frac{4c}{2^\nu}. \tag{9}$$

Ist nun für ein $n > 1 : 2^{\nu-1} \leqq n < 2^\nu$, so folgt aus (9)

$$1-\varrho_n \leqq 1-\varrho_{2^{\nu-1}} < \frac{4c}{2^{\nu-1}} < \frac{8c}{2^\nu} < \frac{8c}{n},$$

so daß wir schließlich für $n \geqq 1$ erhalten

$$1-\varrho_n < 128\frac{\lg\frac{1}{\varrho_1}}{1-\varrho_1}\cdot\frac{1}{n}. \tag{10}$$

Dies ist die in Aussicht gestellte Abschätzung. Insbesondere ist also $1-\varrho_n \leqq \frac{1}{2}$, sobald

$$n \geqq N_0 = 512\lg\frac{1}{\varrho_1} \quad \text{ist.} \tag{10⁰}$$

IV.

Praktisch wird man allerdings das eben diskutierte Verfahren selten genau in der angegebenen Form anwenden, da die Bestimmung des dem Nullpunkt zunächst gelegenen Randpunktes ζ_n gelegentlich sehr umständlich sein kann. Versteht man unter ϱ_n den Radius des größten Kreises um den Nullpunkt, dessen Inneres im Gebiete G_n liegt, so kann man allgemeiner als ζ_n einen Randpunkt von G_n nehmen, dessen Distanz von der Peripherie des Einheitskreises nicht $1-\varrho_n$ ist, sondern allgemeiner $k_n(1-\varrho_n)$, wo $0 < k_n \leqq 1$ ist, aber natürlich k_n nicht zu klein angenommen werden darf. Wir nehmen an, daß die Reihe $\sum_{\nu=1}^{\infty} k_\nu^2$ divergiert. Dann gilt für $\varphi'_{G_n,\zeta_n}(0)$

$$|\varphi'_{G_n,\zeta_n}(0)| = \frac{1+1-k_n(1-\varrho_n)}{2\sqrt{1-k_n(1-\varrho_n)}} = 1+\frac{\left(1-\sqrt{1-k_n(1-\varrho_n)}\right)^2}{2\sqrt{1-k_n(1-\varrho_n)}}$$

$$= 1+\frac{k_n^2(1-\varrho_n)^2}{2\sqrt{1-k_n(1-\varrho_n)}\left(1+\sqrt{1-k_n(1-\varrho_n)}\right)^2} > 1+\frac{k_n^2(1-\varrho_n)^2}{8}.$$

Dann liefert (5) für alle $m > n$

$$\prod_{\nu=n+1}^{m}\left(1+\frac{k_\nu^2(1-\varrho_\nu)^2}{2\sqrt{1-k_\nu(1-\varrho_\nu)}\left(1+\sqrt{1-k_\nu(1-\varrho_\nu)}\right)^2}\right) \leqq \frac{1}{\varrho_{n+1}} \leqq \frac{1}{\varrho_n}$$

und daher

$$\prod_{\nu=n+1}^{\infty}\left(1+\frac{k_\nu^2(1-\varrho_\nu)^2}{8}\right) < \frac{1}{\varrho_n}. \tag{11}$$

Da $1-\varrho_\nu$ jedenfalls monoton abnimmt, muß $1-\varrho_\nu \downarrow 0$ sein, da sonst wegen der Divergenz von $\sum\limits_{\nu=1}^{\infty} k_\nu^2$ auch das Produkt divergieren müßte. *Daher konvergiert für divergente* $\sum\limits_{\nu=1}^{\infty} k_\nu^2$ *auch unsere Modifikation des Schmiegungsverfahrens.* Aus (11) folgt wie oben

$$\sum_{\nu=n+1}^{\infty} \lg\left(1+\frac{k_\nu^2(1-\varrho_\nu)^2}{8}\right) \leqq \lg(1-(1-\varrho_n)),$$

$$\frac{1}{2}\cdot\frac{1}{8}\sum_{\nu=n+1}^{\infty} k_\nu^2\cdot(1-\varrho_\nu)^2 \leqq \frac{\lg\frac{1}{\varrho_1}}{1-\varrho_1}(1-\varrho_n)$$

oder, $16\,\dfrac{\lg\frac{1}{\varrho_1}}{1-\varrho_1} = c > 1$ gesetzt,

$$\sum_{\nu=n+1}^{\infty} k_\nu^2(1-\varrho_\nu)^2 \leqq c\,(1-\varrho_n). \tag{12}$$

Um eine Abschätzung für $1-\varrho_n$ aus (12) herzuleiten, machen wir über die k_ν eine weitere Annahme:

Es sei $\sum\limits_{\nu=1}^{n} k_\nu^2 = K_n$, dann verlangen wir, daß es zwei positive Konstanten $d > 0$, $D > 1$ geben soll, so daß für alle $n \geqq 1$

$$1-d \geqq \frac{K_n}{K_{2n}} \geqq \frac{1}{D} \tag{13}$$

ist. (Diese Annahme ist z. B. stets erfüllt, wenn $k_\nu = \frac{1}{\nu^s}$, $0 \leqq s \leqq \frac{1}{2}$, gesetzt wird.) Dann folgt aus (12) und (13)

$$(K_{2n}-K_n)(1-\varrho_{2n})^2 = \sum_{\nu=n+1}^{2n} k_\nu^2(1-\varrho_{2n})^2 \leqq \sum_{\nu=n+1}^{2n} k_\nu^2(1-\varrho_\nu)^2 \leqq c(1-\varrho_n),$$

oder $\quad dK_{2n}(1-\varrho_{2n})^2 \leqq K_{2n}\left(1-\dfrac{K_n}{K_{2n}}\right)(1-\varrho_{2n})^2 \leqq c\,(1-\varrho_n),$

$$dK_{2n}^2(1-\varrho_{2n})^2 \leqq cK_{2n}(1-\varrho_n) \leqq cDK_n(1-\varrho_n),$$

$$\left(\frac{dK_{2n}(1-\varrho_{2n})}{cD}\right)^2 \leqq \frac{dK_n(1-\varrho_n)}{cD},$$

und daher $$\left(\frac{d\,K_{2^\nu}(1-\varrho_{2^\nu})}{c\,D}\right)^{2^\nu} \leqq \frac{d\,K_1(1-\varrho_1)}{c\,D} < 1,$$

$$\frac{d\,K_{2^\nu}(1-\varrho_{2^\nu})}{c\,D} < 1.$$

Ist nun für ein $n > 1$: $2^{\nu-1} \leqq n < 2^\nu$, so folgt weiter nach (13) wegen der Monotonie der K_ν

$$1-\varrho_n \leqq 1-\varrho_{2^{\nu-1}} < \frac{c\,D}{d\,K_{2^{\nu-1}}} \leqq \frac{c\,D^2}{d\,K_n},$$

so daß wir schließlich erhalten

$$(14) \qquad 1-\varrho_n < \frac{c\,D^2}{d}\,\frac{1}{\sum\limits_{\nu=1}^{n} k_\nu^2} = O\left(\frac{1}{\sum\limits_{\nu=1}^{n} k_\nu^2}\right).$$

Die Abschätzung (14) gilt indessen nur unter der Annahme (13) über k_ν, während wir die Konvergenz für den allgemeinsten Fall divergenter $\sum\limits_{\nu=1}^{\infty} k_\nu^2$ bewiesen haben. Wir wollen nun eine andere Methode angeben, die in jedem Falle divergenter $\sum\limits_{\nu=1}^{\infty} k_\nu^2$ eine Abschätzung herzuleiten gestattet, welche indessen in den soeben hehandelten Fällen schwächer ist als die oben hergeleitete, nämlich nur

$$1-\varrho_n = O\left(\frac{1}{\sqrt{n}}\right) \text{ bzw. } O\left(\frac{1}{\sqrt{\sum\limits_{\nu=1}^{n} k_\nu^2}}\right) \quad \text{besagt.}$$

V.

Wir kehren jetzt wieder zur Funktion $w = \varphi_{G,\zeta}(z)$ zurück, die beim Beweise des Hilfssatzes 1 im Abschnitt II aufgestellt wurde und G auf G^* abbildet, um direkt eine Abschätzung für den Radius des größten Kreises um den Nullpunkt zu erhalten, dessen Inneres im Gebiete G^* liegt. Den Radius der größten in G bzw. in G^* enthaltenen offenen Kreisscheibe um den Nullpunkt bezeichnen wir mit ϑ bzw. ϑ^*. Wir bezeichnen $\varphi'_{G,\zeta}(0)$ mit d_ζ. Es ist, wie wir gesehen haben,

$$|d_\zeta| = \frac{1+|\zeta|}{2\sqrt{|\zeta|}}.$$

Wir betrachten nun die Umkehrfunktion $z = \psi(w)$ von $w = \varphi(z)$,

$$\psi(w) = \psi_{G,\zeta}(w) = \frac{w}{d_\zeta} + \cdots,$$

die im ganzen Einheitskreis regulär ist und dem absoluten Betrage nach 1 nicht übersteigt. Dasselbe gilt daher auch für

$$\psi^*(w) = \frac{\psi(w)}{w} = \frac{1}{d_\zeta} + \cdots$$

Aus dem Schwarzschen Lemma folgt, daß allgemein $|\psi(w)| < |w|$ ist, so daß der Bildpunkt eines jeden Punktes von G weiter vom Nullpunkt entfernt ist als der ursprüngliche Punkt. Sodann aber wenden wir auf $\psi(w)$ die bekannte Verallgemeinerung des Schwarzschen Lemmas an: *Wenn $f(z)$ regulär und $|f(z)| \leqq 1$ für $|z| < 1$ ist, dann gilt für jedes z mit $|z| \leqq \varrho < 1$*

$$|f(z)| \leqq \frac{\varrho + |f(0)|}{1 + \varrho |f(0)|}.$$

Daraus folgt für $|w| \leqq \varrho < 1$

$$|\psi^*(w)| \leqq \frac{\varrho + \frac{1}{|d_\zeta|}}{1 + \frac{\varrho}{|d_\zeta|}},$$

$$|\psi(w)| \leqq \varrho \frac{\varrho + \frac{1}{|d_\zeta|}}{1 + \frac{\varrho}{|d_\zeta|}}.$$

Wenn daher für ein ϱ

$$\vartheta \geqq \varrho \frac{\varrho + \frac{1}{|d_\zeta|}}{1 + \frac{\varrho}{|d_\zeta|}} = \varrho \left(1 - \frac{(1-\varrho)\left(1 - \frac{1}{|d_\zeta|}\right)}{1 + \frac{\varrho}{|d_\zeta|}} \right), \tag{15}$$

d. h. also

$$\varrho^2 + \frac{\varrho}{|d_\zeta|}(1 - \vartheta) - \vartheta \leqq 0$$

ist, liegen die Bildpunkte von allen w mit $|w| < \varrho$ im Kreise $|z| < \vartheta$, d. h. im Gebiet G, und daher enthält dann G^* die Kreisscheibe $|w| < \varrho$. Nun gilt (15) sicher, wenn

$$\vartheta \geqq \varrho \left(1 - (1-\varrho) \frac{1 - \frac{1}{|d_\zeta|}}{1 + \frac{1}{|d_\zeta|}} \right), \quad \varrho \leqq \frac{\vartheta}{1 - (1-\varrho) \frac{1 - \frac{1}{|d_\zeta|}}{1 + \frac{1}{|d_\zeta|}}}$$

gilt, und dies gilt sicher, sobald

$$\varrho \leqq \vartheta \left(1 + (1-\varrho) \frac{1 - \frac{1}{|d_\zeta|}}{1 + \frac{1}{|d_\zeta|}} \right)$$

oder $$1-\varrho \geqq 1-\vartheta-\vartheta\frac{1-\frac{1}{|d_\zeta|}}{1+\frac{1}{|d_\zeta|}}(1-\varrho),$$

oder endlich, wenn noch

$$\frac{1-\frac{1}{|d_\zeta|}}{1+\frac{1}{|d_\zeta|}}=\left(\frac{1-\sqrt{|\zeta|}}{1+\sqrt{|\zeta|}}\right)^2$$

berücksichtigt wird, sobald

$$\frac{1-\varrho}{1-\vartheta} \geqq \frac{1}{1+\vartheta\left(\frac{1-\sqrt{|\zeta|}}{1+\sqrt{|\zeta|}}\right)^2}$$

ist. Bestimmt man also ein ϱ aus

$$\frac{1-\varrho}{1-\vartheta} = \frac{1}{1+\vartheta\left(\frac{1-\sqrt{|\zeta|}}{1+\sqrt{|\zeta|}}\right)^2},$$

so gilt $\varrho < \vartheta^*$, so daß also

$$\frac{1-\vartheta^*}{1-\vartheta} < \frac{1}{1+\vartheta\left(\frac{1-\sqrt{|\zeta|}}{1+\sqrt{|\zeta|}}\right)^2} \tag{16}$$

gilt und $1-\vartheta^*$ in der Tat in einem angebbaren Verhältnis kleiner ist als $1-\vartheta$. —

Betrachtet man nun die am Eingang des Abschnittes III eingeführte Folge von Funktionen $\varphi_\nu(z)=\varphi_{G_\nu,\zeta_\nu}(z)$, indem man wieder ζ_ν so wählt, daß $1-|\zeta_\nu| = k_\nu(1-\varrho_\nu)$ ist, so gilt dann für die zu den Gebieten G_ν gehörenden ϱ_ν nach (16) für $\varrho_\nu=\vartheta$, $\varrho_{\nu+1}=\vartheta^*$:

$$\frac{1-\varrho_{\nu+1}}{1-\varrho_\nu} < \frac{1}{1+\varrho_\nu\left(\frac{1-\sqrt{1-k_\nu(1-\varrho_\nu)}}{1+\sqrt{1-k_\nu(1-\varrho_\nu)}}\right)^2}. \tag{17}$$

Nehmen wir zunächst allgemein $k_\nu \equiv 1$ an, so gilt

$$1-\varrho_{n+1} < \frac{1-\varrho_n}{1+\frac{\varrho_n}{16}(1-\varrho_n)^2}.$$

Wenn nun $\vartheta_n \leqq \frac{1}{2}$ ist, folgt wegen $1-\varrho_n \geqq \frac{1}{2}$

$$1-\varrho_{n+1} < (1-\varrho_n)\left(1+\frac{\varrho_n}{64}\right)^{-1} < (1-\varrho_n)\left(1+\frac{\varrho_1}{64}\right)^{-1}$$

und daher $(1-\varrho_{n+1}) < (1-\varrho_1)\left(1+\frac{\varrho_1}{64}\right)^{-n} < \left(1+\frac{\varrho_1}{64}\right)^{-n}$.

Daher wird $\varrho_n > \frac{1}{2}$ für $n > \frac{\lg 2}{\lg\left(1+\frac{\varrho_1}{64}\right)}$ und a fortiori für

$$n_0 > N_0 = \frac{64}{\varrho_1}.$$

Dieser Wert von N_0 ist in bezug auf ϱ_1 weniger günstig als der in (10^0) erhaltene, da dort ja nur $\lg\frac{1}{\varrho_1}$ steht. — Wir nehmen nun allgemeiner an, daß

(18) $$(1-|\zeta_n|) \geqq k_n(1-\varrho_n), \quad 0 < k_n \leqq 1$$

und $\sum\limits_{\nu=1}^{\infty} k_\nu^2$ divergent ist. Dann folgt aus (17)

(19) $$1 - \varrho_{n+1} < \frac{1-\varrho_n}{1 + k_n^2\frac{\varrho_n}{16}(1-\varrho_n)^2}.$$

Für $\varrho_n < \frac{1}{2}$ folgt daher

$$(1-\varrho_{n+1}) < (1-\varrho_n)\left(1+\frac{k_n^2\varrho_n}{64}\right)^{-1}$$
$$< (1-\varrho_1)\prod_{\nu=1}^{n}\left(1+\frac{k_\nu^2}{64}\varrho_1\right)^{-1} < \frac{(1-\varrho_1)\,64}{\varrho_1\sum\limits_{\nu=1}^{n}k_\nu^2},$$

so daß ϱ_{n_0} sicher $< \frac{1}{2}$ ist, sobald

$$\sum_{1}^{n_0-1} k_\nu^2 > \frac{128}{\varrho_1}$$

ist. Ist aber $\varrho_n \geqq \frac{1}{2}$, so folgt, $\varrho_n = 1 - \frac{1}{\sqrt{u_n}}$ gesetzt, aus (19):

$$\sqrt{u_{n+1}} > \sqrt{u_n}\left(1 + k_n^2\frac{\varrho_n}{16}\frac{1}{u_n}\right) > \sqrt{u_n}\left(1+\frac{k_n^2}{32u_n}\right).$$

$$u_{n+1} > u_n\left(1+\frac{k_n^2}{16}\frac{1}{u_n}\right) = u_n + \frac{k_n^2}{16},$$

daher für $m > n$

(20) $$u_m > u_n + \frac{1}{16}\sum_{\nu=n}^{m-1} k_\nu^2$$

und daher für $n > n_0$, wenn $\varrho_{n_0} \geqq \frac{1}{2}$ ist,

(21) $$1 - \varrho_n < \frac{4}{\sqrt{\sum\limits_{\nu=n_0}^{n-1} k_\nu^2}}, \quad \varrho_{n_0} \geqq \frac{1}{2},$$

bzw., wenn $\varrho_1 \geqq \frac{1}{2}$,

(22) $$1 - \varrho_n < \frac{4}{\sqrt{16u_1 + \sum\limits_{\nu=1}^{n-1} k_\nu^2}}, \quad u_1 = \frac{1}{(1-\varrho_1)^2} \geqq 4.$$

In jedem Falle ist also

$$1 - \varrho_{n+1} = O\left(\frac{1}{\sqrt{\sum\limits_{\nu=1}^{n} k_\nu^2}}\right), \tag{23}$$

und diese Abschätzung gilt gleichmäßig für alle Gebiete G, die im Einheitskreise enthalten sind und eine gemeinsame Kreisscheibe um den Nullpunkt enthalten.

VI.

Es ist von einigem Interesse, die einfachen Sätze über Reihen mit positiven Gliedern zu formulieren, die hinter der Methode der Abschnitte III und IV stecken.

I. *Es sei* $\sum\limits_{\nu=1}^{\infty} a_\nu$ *konvergent,* $a_\nu \downarrow 0$ *und*

$$\sum_{\nu=n+1}^{\infty} a_\nu < c\, a_n^{\gamma}, \quad 0 < \gamma < 1, \quad c > 0.\text{[9]} \tag{24}$$

Dann gilt

$$a_n = O\left(n^{-\frac{1}{1-\gamma}}\right), \quad a_n < \left[\left(2^{-\frac{1}{(1-\gamma)^2}} c^{-\frac{1}{1-\gamma}}\right) a_1 + 1\right] \left(\frac{2}{n}\right)^{\frac{1}{1-\gamma}}. \tag{25}$$

Für $\gamma = \frac{1}{2}$ *folgt also*

$$a_n < \frac{\frac{a_1}{4c^2} + 4}{n^2}, \quad a_n = O\left(\frac{1}{n^2}\right).$$

Beweis. Aus (24) folgt

$$n\, a_{2n} \leqq \sum_{\nu=n+1}^{2n} a_\nu \leqq c\, a_n^{\gamma},$$

oder, wenn wir auf beiden Seiten mit $c^{\frac{1}{\gamma-1}}\, 2^{-\frac{\gamma}{(1-\gamma)^2}}\, n^{\frac{\gamma}{1-\gamma}}$ multiplizieren,

$$2^{-\frac{1}{(1-\gamma)^2}} c^{\frac{1}{\gamma-1}} (2n)^{\frac{1}{1-\gamma}} a_{2n} < \left(2^{-\frac{1}{(1-\gamma)^2}} c^{\frac{1}{\gamma-1}} n^{\frac{1}{1-\gamma}} a_n\right)^{\gamma}$$

und daher, $2^{-\frac{1}{(1-\gamma)^2}} c^{-\frac{1}{1-\gamma}} = E$ gesetzt,

$$E\,(2n)^{\frac{1}{1-\gamma}} a_{2n} \leqq \left(E\, n^{\frac{1}{1-\gamma}} a_n\right)^{\gamma},$$

$$2^{\frac{\nu}{1-\gamma}} E\, a_{2^\nu} \leqq (E a_1)^{\gamma^\nu} < E a_1 + 1. \tag{26}$$

---

9) Für $\gamma \geqq 1$ würde man sehr viel schärfere Abschätzungen erhalten, z. B. für $\gamma = 1$

$$a_n = O\left(e^{-\alpha n}\right)$$

für geeignete (von c abhängige) positive α.

Ist nun für ein $n > 1$ $\quad 2^{\nu-1} \leqq n < 2^{\nu}$,

so folgt aus (26) wegen $a_\nu \downarrow 0$

$$n^{\frac{1}{1-\gamma}} a_n < 2^{\frac{1}{1-\gamma}} 2^{(\nu-1)\frac{1}{1-\gamma}} a_{2^{\nu-1}} < 2^{\frac{1}{1-\gamma}} (E a_1 + 1),$$

$$a_n < \frac{2^{\frac{1}{1-\gamma}}(E a_1 + 1)}{n^{\frac{1}{1-\gamma}}},$$

$$a_n = O\left(\frac{1}{n^{\frac{1}{1-\gamma}}}\right).$$

II. *Es sei* $\sum_{\nu=1}^{\infty} a_\nu$ *konvergent,* $a_\nu \downarrow 0$, $\sum_{\nu=1}^{\infty} k_\nu$ *divergent,* $k_\nu \geqq 0$ *und,* $\sum_{\nu=1}^{n} k_\nu = K_n$ *gesetzt, für* $d > 0$, $D > 1$

$$1 - d > \frac{K_n}{K_{2n}} > \frac{1}{D}. \tag{27}$$

Ferner sei $\sum_{\nu=1}^{\infty} k_\nu a_\nu$ *konvergent, und es gelte für alle* $n \geqq 1$

$$\sum_{\nu=n+1}^{\infty} k_\nu a_\nu \leqq c\, a_n^{\gamma}, \quad 0 < \gamma < 1. \tag{28}$$

Dann gilt

$$a_n = O\left(\frac{1}{K_n^{\frac{1}{1-\gamma}}}\right), \quad a_n < \left(k_1^{\frac{1}{1-\gamma}} a_1 + D^{\frac{\gamma}{(1-\gamma)^2}} c^{\frac{1}{1-\gamma}} d^{-\frac{1}{1-\gamma}}\right) \left(\frac{D}{K_n}\right)^{\frac{1}{1-\gamma}}. \tag{29}$$

Beweis. Aus (27) folgt nach (28)

$$(K_{2n} - K_n)\, a_{2n} = a_{2n} \sum_{\nu=n+1}^{2n} k_\nu \leqq c\, a_n^{\gamma},$$

$$d K_{2n} a_{2n} \leqq c\, a_n^{\gamma},$$

$$d K_{2n}^{\frac{1}{1-\gamma}} a_{2n} \leqq c K_{2n}^{\frac{\gamma}{1-\gamma}} a_n^{\gamma} < c D^{\frac{\gamma}{1-\gamma}} K_n^{\frac{\gamma}{1-\gamma}} a_n^{\gamma} = c D^{\frac{\gamma}{1-\gamma}} \left(K_n^{\frac{1}{1-\gamma}} a_n\right)^{\gamma}.$$

Multiplizieren wir hier die beiden Seiten mit $c^{-\frac{1}{1-\gamma}} D^{-\frac{\gamma}{(1-\gamma)^2}} d^{\frac{1}{1-\gamma}}$, so ergibt sich

$$c^{\frac{1}{\gamma-1}} D^{-\frac{\gamma}{(1-\gamma)^2}} d^{\frac{1}{1-\gamma}} K_{2n}^{\frac{1}{1-\gamma}} a_{2n} \leqq \left(c^{\frac{1}{\gamma-1}} D^{-\frac{\gamma}{(1-\gamma)^2}} d^{\frac{1}{1-\gamma}} K_n^{\frac{1}{1-\gamma}} a_n\right)^{\gamma}$$

und daher, $c^{\frac{1}{\gamma-1}} D^{-\frac{\gamma}{(1-\gamma)^2}} d^{\frac{1}{1-\gamma}} = E$ gesetzt,

$$E K_{2^\nu}^{\frac{1}{1-\gamma}} a_{2^\nu} \leqq \left(E K_1^{\frac{1}{1-\gamma}} a_1\right)^{\gamma^\nu} < E k_1^{\frac{1}{1-\gamma}} a_1 + 1. \tag{30}$$

Ist nun für ein $n > 1$ $\quad 2^{\nu-1} \leqq n < 2^{\nu}$,

so folgt aus (30) wegen $a_{\nu} \downarrow 0$

$$E K_n^{\frac{1}{1-\gamma}} a_n \leqq E K_{2^{\nu}}^{\frac{1}{1-\gamma}} a_{2^{\nu-1}}$$

$$\leqq E D^{\frac{1}{1-\gamma}} K_{2^{\nu-1}}^{\frac{1}{1-\gamma}} a_{2^{\nu-1}} < D^{\frac{1}{1-\gamma}} \left(E \cdot k_1^{\frac{1}{1-\gamma}} a_1 + 1\right),$$

$$a_n < \frac{D^{\frac{1}{1-\gamma}} \left(k_1^{\frac{1}{1-\gamma}} a_1 + \frac{1}{E}\right)}{K_n^{\frac{1}{1-\gamma}}},$$

und dies ist gerade (29).

(Eingegangen am 20. 6. 1929.)

Über konforme Abbildungen annähernd kreisförmiger Gebiete.

Aus einem Brief an L. BIEBERBACH in Berlin

Sie haben gelegentlich das folgende Problem behandelt:

Es sei G ein einfach zusammenhängendes Gebiet der z-Ebene, das im Innern des Einheitskreises enthalten ist und den Kreis $|z| < \vartheta$ im Innern enthält; $w = g(z)$ sei die in G reguläre analytische Funktion, die G auf das Innere des Einheitskreises der w-Ebene so konform abbildet, daß $g(0) = 0$, $g'(0)$ positiv ist. Es sei andererseits G^* ein einfach zusammenhängendes Gebiet der z-Ebene, das im Kreise $|z| < R$ enthalten ist und den Kreis $|z| < \vartheta R$ enthält; $w = \varphi(z)$ sei die in G^* reguläre analytische Funktion mit $\varphi(0) = 0$, $\varphi'(0) = 1$, die G^* auf das Innere eines Kreises um den Nullpunkt abbildet. Wie groß ist die Abweichung der Funktionen $g(z)$ und $\varphi(z)$ von z im Kreise $|z| \leqq \vartheta_1 \vartheta$ bzw. $z = \vartheta_1 \vartheta R$ für $\vartheta_1 < 1$?

Sie haben für den absoluten Betrag dieser Abweichungen die Abschätzungen angegeben (ich benutze dabei die obigen Bezeichnungen)

$$\text{(I)} \qquad |g(z) - z| < \vartheta_1(1 - \vartheta) + \frac{1}{\sqrt{2}} \vartheta_1^2 \frac{\sqrt{1 - \vartheta^2}}{1 - \vartheta_1}$$

(in Ihrer Funktionentheorie, Teubners techn. Leitfäden, S. 101—102),

$$\text{(II)} \qquad |\varphi(z) - z| < \frac{\sqrt{1 - \vartheta^2} \cdot \vartheta_1^2}{1 - \vartheta_1} R$$

(in Ihrem Lehrbuch der Funktionentheorie, Bd. II, S. 11—12). Die rechten Seiten dieser Abschätzungen sind in ϑ_1 sehr ungünstig, wie Sie bei der Besprechung der Abschätzung (I) auch hervorheben. Sie bezeichnen es als eine „der Lösung werte Aufgabe", eine bessere Abschätzung zu finden.

Es lassen sich in der Tat günstigere Abschätzungen herleiten, und ich möchte mir erlauben, Ihnen in den folgenden Zeilen eine solche Abschätzung mitzuteilen:

Ich gehe wie Sie von der Formel für den Flächeninhalt des Bildgebietes aus.

Ist $g(z) = \sum_{\nu=1}^{\infty} c_\nu z^\nu$, so ist der Flächeninhalt des Bildgebietes, d. h. π, gleich dem Integral

$$\iint_G |g'(z)|^2 dx\,dy \geqq \iint_{|z| \leqq \vartheta} |g'(z)|^2 dx\,dy,$$

und die Einführung der Polarkoordinaten liefert für das letzte Integral

$$\int_0^{\vartheta}\int_0^{2\pi} |g'(re^{i\theta})|^2 r\,d\theta\,dr = \pi \sum_{\nu=1}^{\infty} \nu |c_\nu|^2 \vartheta^{2\nu},$$

so daß wir die Relation erhalten:

$$(1) \qquad c_1^2\vartheta^2 + 2|c_2|^2\vartheta^4 + 3|c_3|^2\vartheta^6 + \cdots \leqq 1.$$

Nun ist für $|z| \leqq \vartheta_1\vartheta$

$$|g(z) - c_1 z| = \left|\sum_{\nu=2}^{\infty} c_\nu z^\nu\right| \leqq \sum_{\nu=2}^{\infty} |c_\nu| \vartheta_1^\nu \vartheta^\nu = \sum_{\nu=2}^{\infty} \sqrt{\nu}\,|c_\nu|\,\vartheta^\nu \cdot \frac{\vartheta_1^\nu}{\sqrt{\nu}}$$

und daher nach der Schwarzschen Ungleichung

$$|g(z) - c_1 z| \leqq \sqrt{\sum_{\nu=2}^{\infty} \nu |c_\nu|^2 \vartheta^{2\nu} \cdot \sum_{\nu=2}^{\infty} \frac{\vartheta_1^{2\nu}}{\nu}}$$

$$\leqq \sqrt{(1 - c_1^2\vartheta^2)\left(\lg \frac{1}{1-\vartheta_1^2} - \vartheta_1^2\right)},$$

oder, da c_1 reell und $1 \leqq c_1 \leqq \frac{1}{\vartheta}$ ist und ferner für $0 < x < 1$ $\lg \frac{1}{1-x} - x = \frac{x^2}{2} + \frac{x^3}{3} + \cdots < x\left(x + \frac{x^2}{2} + \cdots\right) = x \lg \frac{1}{1-x}$ gilt,

$$(2) \qquad |g(z) - c_1 z| \leqq \vartheta_1 \sqrt{1 - \vartheta^2} \sqrt{\lg \frac{1}{1-\vartheta_1^2}},$$

$$|c_1 - 1| < \frac{1}{\vartheta} - 1, \qquad |c_1 z - z| \leqq \vartheta_1 (1 - \vartheta),$$

$$|g(z) - z| \leqq |g(z) - c_1 z| + |c_1 z - z|,$$

so daß wir schließlich erhalten

$$(1^*) \quad |g(z) - z| \leqq \vartheta_1 (1 - \vartheta) + \vartheta_1 \sqrt{1 - \vartheta^2} \sqrt{\lg \frac{1}{1-\vartheta_1^2}}, \quad |z| \leqq \vartheta_1 \vartheta,$$

eine Abschätzung, deren rechte Seite mit $\vartheta_1 \uparrow 1$ nur wie $\sqrt{-\lg(1-\vartheta_1)}$ unendlich wird.[1])

Ist andererseits $\varphi(z) = z + \sum_{\nu=2}^{\infty} c_\nu z^\nu$, so folgt analog

$$\pi R^2 \geqq \int_0^{\vartheta R}\int_0^{2\pi} |\varphi'(re^{i\theta})|^2 r\,dr\,d\theta,$$

$$\vartheta^2 R^2 + 2|c_2|^2 \cdot (\vartheta R)^4 + \cdots + \nu |c_\nu|^2 (\vartheta R)^{2\nu} + \cdots \leqq R^2.$$

Nunmehr folgt aber für $|z| \leqq \vartheta_1 \vartheta R$

$$|\varphi(z) - z| \leqq \sum_{\nu=2}^{\infty} |c_\nu| \vartheta^\nu \vartheta_1^\nu R^\nu = \sum_{\nu=2}^{\infty} \sqrt{\nu}\, |c_\nu| \vartheta^\nu R^\nu \cdot \frac{\vartheta_1^\nu}{\sqrt{\nu}}$$

und daher nach der Schwarzschen Ungleichung

$$|\varphi(z) - z| \leqq \sqrt{\sum_{\nu=2}^{\infty} \nu |c_\nu|^2 \vartheta^{2\nu} R^{2\nu}}\ \sqrt{\sum_{\nu=2}^{\infty} \frac{\vartheta_1^{2\nu}}{\nu}},$$

(II*) $$|\varphi(z) - z| \leqq \vartheta_1 R \sqrt{1-\vartheta^2}\ \sqrt{\lg \frac{1}{1-\vartheta_1^2}}, \quad |z| \leqq \vartheta_1 \vartheta R.$$

Auch die rechte Seite dieser Abschätzung wird mit $\vartheta_1 \uparrow 1$ nur wie $\sqrt{-\lg(1-\vartheta_1)}$ unendlich.

Man kann nun die Abschätzungen (I*), (II*) so abändern, daß ihre rechten Seiten auch für $\vartheta_1 \uparrow 1$ *beschränkt* bleiben; und zwar läßt sich dies mit Hilfe des *Dreikreisesatzes* erreichen:

Ist $f(z)$ im Kreisring $r_1 < |z| < r_3$ regulär und eindeutig und ist $\sup\limits_{|z| \downarrow r_1} |f| \leqq M_1$, $\sup\limits_{|z| \uparrow r_3} |f| \leqq M_3$, *so gilt für $r_1 < |z| < r_3$*

$$|f(z)|^{\lg \frac{r_3}{r_1}} \leqq M_1^{\lg \frac{r_3}{|z|}} M_3^{\lg \frac{|z|}{r_1}}.$$

Wir dürfen $\vartheta_1 \geqq \frac{1}{2}$ annehmen. Ich wende diesen Satz zuerst auf $g(z) - c_1 z$, $r_1 = \frac{\vartheta}{2}$, $r_3 = \vartheta$ an: Hier kann gesetzt werden (wegen (1), (2))

$$M_1 = \frac{1}{3}\sqrt{1-\vartheta^2}, \qquad M_3 = 2,$$

---

1) Es gibt übrigens eine Abschätzung, deren rechte Seite mit $\vartheta \uparrow 1$ wie $1 - \vartheta$ gegen 0 geht, aber mit $\vartheta_1 \uparrow 1$ wie $\lg \frac{1}{1-\vartheta_1}$ unendlich wird. Vgl. Carathéodory, Schwarzfestschrift, S. 25.

und es folgt für $|z| = \vartheta_1\vartheta$ (und um so mehr für $|z| \leqq \vartheta_1\vartheta$):

$$|g(z) - c_1 z|^{\lg 2} \leqq \left(\frac{1}{3}\sqrt{1 - \vartheta^2}\right)^{\lg\frac{1}{\vartheta_1}} 2^{\lg 2 \vartheta_1},$$

$$|g(z) - c_1 z| \leqq \frac{1}{3}\left(\sqrt{1 - \vartheta^2}\right)^{\frac{\lg\frac{1}{\vartheta_1}}{\lg 2}} \cdot 6^{\frac{\lg 2 \vartheta_1}{\lg 2}} < 2 \cdot \sqrt{1 - \vartheta^2}^{\,\lg\frac{1}{\vartheta_1}},$$

so daß wir an Stelle von (I*) erhalten

$$\text{(I*')} \qquad |g(z) - z| < 1 - \vartheta + 2\sqrt{1 - \vartheta^2}^{\,\lg\frac{1}{\vartheta_1}}, \qquad \left(\tfrac{1}{2} \leqq \vartheta_1 < 1\right),$$

eine in ϑ_1 sehr günstige Abschätzung. Für $\varphi(z) - z$ erhalten wir analog, wenn $r_1 = \frac{\vartheta R}{2}$, $r_3 = \vartheta R$ gesetzt wird,

$$M_1 = \frac{R}{3}\sqrt{1 - \vartheta^2}, \quad M_2 = 2R,$$

$$\text{(II*')} \qquad |\varphi(z) - z| \leqq 2R \cdot \sqrt{1 - \vartheta^2}^{\,\lg\frac{1}{\vartheta_1}}, \qquad \left(\tfrac{1}{2} \leqq \vartheta_1 < 1\right).$$

(Eingegangen am 18. 7. 1929.)

Bemerkung
zur vorstehenden Note von Herrn S. Warschawski.

1. Herr S. Warschawski hat in seiner Abhandlung: Über das Randverhalten der Ableitung der Abbildungsfunktion bei konformer Abbildung [Math. Zeitschr. **35** (1932), S. 376ff., Hilfssatz 10] einen wichtigen Satz aufgestellt, der sich folgendermaßen formulieren läßt:

I. *Es sei Γ eine geschlossene Jordankurve in der z-Ebene, z_1 ein Punkt auf Γ, $f(z)$ eine im Innern G von Γ reguläre und auf $G+\Gamma$ bis eventuell auf z_1 stetige Funktion. Gilt nun für alle $z \neq z_1$ auf Γ $|f(z)| \leqq \Omega$, und ist für gegen z_1 aus dem Innern von G konvergierende z $f(z) = O\left(\frac{1}{(z-z_1)^\alpha}\right)$ für ein positives α, so gilt $|f(z)| \leqq \Omega$ auch im ganzen Innern von G.*

In der vorstehenden Arbeit beweist Herr Warschawski diesen Satz mit Hilfe eines neuartigen Satzes aus dem Phragmén-Lindelöfschen Ideenkreis. Der Beweis von Herrn Warschawski zeichnet sich insbesondere durch seinen elementaren Charakter aus — bei ihm wird weder das Lebesguesche Integral, noch der Fatousche Satz über die Existenz der Randwerte einer beschränkten Funktion benutzt. Gleichwohl ist es vielleicht von Interesse, darauf hinzuweisen, daß der Satz von Herrn Warschawski sich in einigen Zeilen aus den beiden folgenden bereits bekannten Sätzen herleiten läßt:

II. *Es sei $P(r,\vartheta)$ der Logarithmus des absoluten Betrages einer im Einheitskreise $0 \leqq r < 1$, $-\pi \leqq \vartheta < \pi$ regulären Funktion $F(z)$, für die dort $P(r,\vartheta) < C$ gilt. Dann besitzt $P(r,\vartheta)$ für $r \uparrow 1$ für fast alle ϑ Randwerte $f(\vartheta)$, die eine nach Lebesgue integrable Funktion bilden, und es gilt für $0 \leqq r < 1$ die Ungleichung:*

$$P(r,\vartheta) \leqq \frac{1}{2\pi}\int_{-\pi}^{\pi} \frac{(1-r^2) f(\varphi)\, d\varphi}{r^2 - 2r\cos(\vartheta-\varphi)+1} \quad (1)$$ [1].

[1]) Vgl. A. Ostrowski, Über die Bedeutung der Jensenschen Formel für die komplexe Funktionentheorie, Acta univ. Szeged, Bd. I (1923), S. 80—87, wo die Ungleichung (1) für noch allgemeinere Funktionsklassen bewiesen wird. Die Integrabilität von $f(\varphi)$ ist in einem Satze von Szegö enthalten.

III. *Ist* $z = g(\zeta)$ *eine Funktion, die das Innere eines schlichten einfach zusammenhängenden im Endlichen liegenden Gebietes G so auf das Innere des Einheitskreises der* ζ*-Ebene konform abbildet, daß dabei ein Randpunkt* z_1 *von G in* $\zeta = 1$ *übergeht; ist ferner der Punkt* z_1 *und ebenso der unendlich ferne Punkt, falls er ein Randpunkt von G ist, ein Randpunkt von höchstens abzählbarer Mehrfachheit, so läßt sich* $\lg|g(\zeta) - g(1)|$ *durch das Poissonsche Integral darstellen, dessen Belegung die Randfunktion von* $\lg|g(\zeta) - g(1)|$ *ist* ($\zeta = r e^{i\vartheta}$):

$$(2) \qquad \lg|g(\zeta) - g(1)| = \frac{1}{2\pi}\int_{-\pi}^{\pi} \frac{(1-r^2)\lg|g(e^{i\varphi}) - g(1)|}{r^2 - 2r\cos(\vartheta - \varphi) + 1}\, d\varphi\,[2].$$

2. Beweis von I. Ohne Beschränkung der Allgemeinheit darf $\Omega = 1$ vorausgesetzt werden. Es sei $z = g(\zeta)$ die Abbildungsfunktion von G auf $|\zeta| < 1$, und es sei $z_1 = g(1)$. Es sei ferner $f^*(\zeta) = f(g(\zeta))$, und $F(\zeta) = f^*(\zeta)(g(\zeta) - g(1))^\alpha$. Dann gilt nach II für $F(\zeta)$, $\zeta = r e^{i\vartheta}$ gesetzt, die Ungleichung

$$(3) \qquad \lg|F(\zeta)| \leqq \frac{1}{2\pi}\int_{-\pi}^{\pi} \frac{(1-r^2)\,\psi(\varphi)\,d\varphi}{r^2 - 2r\cos(\vartheta-\varphi) + 1},$$

wo $\psi(\varphi)$ die für fast alle φ existierende Randfunktion von $\lg|F(re^{i\varphi})|$ ist. Anderseits gilt für $g(\zeta)$ die Gleichung (2). Ziehen wir (2) nach Multiplikation mit α von (3) ab, so ergibt sich die Ungleichung

$$(4) \qquad \lg|f^*(\zeta)| \leqq \frac{1}{2\pi}\int_{-\pi}^{\pi} \frac{\left(\psi(\varphi) - \alpha\lg|g(e^{i\varphi}) - g(1)|\right)}{r^2 - 2r\cos(\vartheta-\varphi) + 1}(1-r^2)\,d\varphi.$$

Hier ist aber $\psi(\varphi) - \alpha\lg|g(e^{i\varphi}) - g(1)|$ als Logarithmus der Randwerte von $|f^*(\zeta)|$, d. h. von $|f(z)|$ nach Voraussetzung nicht positiv, so daß $|f^*(\zeta)| = |f(z)| \leqq 1$ folgt, w. z. b. w.

3. Die Ungleichung (1) des Satzes II läßt sich unmittelbar aus dem bekannten Fatouschen Hilfssatz herleiten: *Wenn eine Folge von nicht negativen beschränkten Funktionen* $f_1(x), f_2(x), \ldots$ *für fast alle* x *aus dem Intervall von* $-\pi$ *bis* π *gegen eine Funktion* $f(x)$ *konvergiert und wenn die Integrale*

$$\int_{-\pi}^{\pi} f_n(x)\,dx$$

für alle n gleichmäßig nach oben beschränkt sind, so ist auch $f(x)$ *integrabel und es gilt*

$$\int_{-\pi}^{\pi} f(x)\,dx \leqq \underline{\lim}\int_{-\pi}^{\pi} f_n(x)\,dx.$$

---

[2] Vgl. A. Ostrowski, Über quasianalytische Funktionen und Beschränktheit asymptotischer Entwicklungen, Acta math., Bd. 53 (1930), S. 181—266, insb. Satz B a. p. 254, der noch etwas allgemeiner ist.

Denn offenbar darf beim Beweis von II $C = 0$ vorausgesetzt werden. Dann gilt aber bekanntlich für $0 \leqq r < R < 1$ die Ungleichung

$$P(r, \vartheta) \leqq \frac{1}{2\pi} \int_{-\pi}^{\pi} \frac{(R^2 - r^2)\, P(R, \varphi)\, d\varphi}{r^2 - 2rR\cos(\vartheta - \varphi) + R^2},$$

die sich z. B. aus der Jensenschen Ungleichung ergibt, wenn dort der Nullpunkt in den Punkt (r, ϑ) durch eine Kreisabbildung übergeführt wird. Ist $F(z)$ $(z = re^{i\vartheta})$ die im Einheitskreis reguläre Funktion mit dem Realteil $P(r, \vartheta)$, so ist $e^{F(z)}$ im Einheitskreis beschränkt und besitzt daher nach dem bekannten Fatouschen Satz für fast alle ϑ Randwerte. Daher besitzt auch $P(r, \vartheta)$ für fast alle ϑ für $r \uparrow 1$ eine (offenbar meßbare) Randfunktion $f(\vartheta)$. Wendet man den Fatouschen Hilfssatz auf

$$f_n(\varphi) = \frac{(r^2 - R_n^2)\, P(R_n, \varphi)}{r^2 - 2rR_n\cos(\vartheta - \varphi) + R_n^2}$$

für $R_n = 1 - \frac{1}{n}$ an, so ergibt sich die Existenz des Integrals auf der rechten Seite von (1) und zugleich die Ungleichung (1), w. z. b. w.

Bemerkung: Aus dem Satze II folgt ohne weiteres die bekannte Tatsache, daß, wenn $P(r, \vartheta)$ im Einheitskreise absolut genommen gleichmäßig beschränkt ist, in (1) das Gleichheitszeichen gilt. — Denn dann läßt sich (1) sowohl auf $P(r, \vartheta)$, als auch auf $-P(r, \vartheta)$ anwenden.

Offenbar bleibt unser Beweis des Satzes I gültig, wenn Γ als die Berandung eines beliebigen einfach zusammenhängenden Gebietes mit mehr als einem Randpunkt vorausgesetzt wird, für den der Punkt z_1 ein Randpunkt von höchstens abzählbarer Mehrfachheit ist. Ebenso darf die Voraussetzung der Stetigkeit durch die Annahme ersetzt werden, daß $\overline{\lim} |f(z)| \leqq \Omega$ bei allseitiger Annäherung an jeden von z_1 verschiedenen Punkt von Γ aus dem Innern von G gilt.

(Eingegangen am 26. April 1933.)

ÜBER DEN HABITUS DER KONFORMEN ABBILDUNG AM RANDE DES ABBILDUNGSBEREICHES.

Inhaltsübersicht.

Teil II. **Ergänzungssätze zum Randverzerrungssatz.**

Literaturzusammenstellung.[1]

L. AHLFORS, (1) Untersuchungen zur Theorie der konformen Abbildung und der ganzen Funktionen, Acta societatis scientiarum Fennicae, Nova series A, 1, Nr. 9 (1930) pp. 1—40.

L. BIEBERBACH, (1) Über die Kreisabbildung von schlichten nahezu kreisförmigen Bereichen, Sitzber. der Berl. Akad., Math. phys. Klasse (1924) pp. 181—188. — (2) Lehrbuch der Funktionentheorie, Bd. 2, 2-te Auflage (1932).

M. BIERNACKI, (1) Sur l'allure de la représentation conforme dans le voisinage d'un point exceptionel, Mathematica, Cluj, Vol. V (1931) pp. 1—6.

P. BESSONOFF et M. LAVRENTIEFF, (1) Sur l'existence de la dérivée limite, Bull. de la soc. math. de France, Vol. 58, fasc. I—II, pp. 175—198.

H. BOHR, (1) Über streckentreue und konforme Abbildung, Math. Ztschr, Bd. 1 (1918) pp. 403—420.

C. CARATHÉODORY, (1) Elementarer Beweis für den Fundamentalsatz der konformen Abbildung, Schwarz-Festschrift (1914), 19—41. — (2) Conformal Representation, Cambridge Tracts, (1932). — (3) Über Winkelderivierte von beschränkten analytischen Funktionen, Sitzber. der Berl. Akad., Math. phys. Klasse (1929) pp. 39—54.

I. G. VAN DER CORPUT, (1) Über die Winkelableitung bei konformer Abbildung, Akad. Wetensch. Amsterdam, Proc. 35 (1932) pp. 330—334.

A. HOBORSKI, (1) Intégration de l'équation différentielle aux dérivées partielles $\frac{\partial V}{\partial t} = \frac{\partial^2 V}{\partial x^2} + \frac{\partial^2 V}{\partial y^2}$, Prace matematyczno-fizyczne, Tom XX, (1909) pp. 1—143. (Polnisch).

W. GROSS, (1) Zum Verhalten analytischer Funktionen in der Umgebung singulärer Stellen, Math. Ztschr. Bd. 2 (1918) pp. 241—294. — (2) Zum Verhalten der konformen Abbildung am Rande, Math. Ztschr. Bd. 3 (1919) pp. 44—64.

O. D. KELLOG, (1) Harmonic functions and Greens integral, Transact. of the Americ. Math. Society 13 (1912) pp. 109—132.

E. LANDAU und G. VALIRON, (1) A deduction from Schwarz' Lemma, Journ. of the London Math. Society 4, March (1929) pp. 162—163.

M. LAVRENTIEFF, (1) Sur la représentation conforme, C. R. 184 (1927_1) pp. 1407—1409. — (2) Siehe Bessonoff-Lavrentieff (1).

L. LICHTENSTEIN, (1) Zur konformen Abbildung einfach zusammenhängender Gebiete, Arch. der Math. u. Phys. (3) 25, (1917) pp. 179—180. — (2) Ueber das Poissonsche Integral und über die partiellen Ableitungen zweiter Ordnung des logarithmischen Potentials, Crelles J. Bd. 141 (1912) pp. 12—42.

E. LINDELÖF, (1) Sur la représentation conforme d'une aire simplement connexe sur l'aire d'un cercle, C. R. du quatrième congrès des math. scand. à Stockholm (1916) pp. 59—90.

[1] Die in diesem Verzeichnis aufgeführten Arbeiten werden im Text nur mit der Angabe des Verfassers und der Nummer der Arbeit zitiert.

D. MENCHOFF, (1) Sur la représentation conforme des domaines plans, Math. Ann. Bd. 95 (1926) pp. 641—670.

P. MONTEL, (1) Leçons sur les familles normales des fonctions analytiques et leurs applications, Paris 1927.

R. NEVANLINNA, (1) Remarques sur le lemme de Schwarz, C. R. 188 (1929_1), 1027—1029. — (2) Ueber beschränkte analytische Funktionen, Commentationes in honorem Ernesti Leonardi Lindelöf, Helsinki (1929) pp. 1—75.

A. OSTROWSKI, (1) Ueber die Bedeutung der Jensenschen Formel für die komplexe Funktionentheorie, Acta litterarum ac scientiarum, Reg. Univ. Hung. Francisco Josph. T. I, Fasc. II (1923), pp. 80—87. — (2) Über quasi-analytische Funktionen und Bestimmtheit asymptotischer Entwickelungen, Acta math., Bd. 53 (1930) pp. 181—266.

P. PAINLEVÉ, (1) Sur la théorie de la représentation conforme, C. R. 112, (1891_1) pp. 653—657.

R. REMAK, (1) Ueber winkeltreue und streckentreue Abbildung an einem Punkte und in der Ebene, Rend. del circolo math. di Palermo, Bd. 38 (1914) pp. 191—246.

M. RIESZ, (1) Sur certaines inégalités dans la théorie des fonctions avec quelques remarques sur les géométries non-euclidiennes, Kungl. Fysiogr. Sällsk. Lund. För. 1 (1931).

L. SCHLESINGER, (1) Automorphe Funktionen, Berlin 1924.

T. SHIMIZU, (1) On the Domain of Indetermination of a Regular Function, Japanese Journ. of Math. Vol. VII (1930) pp. 275—300.

W. SEIDEL, (1) Ueber die Ränderzuordnung bei konformer Abbildung, Math. Ann. Bd. 104 (1931) pp. 183—243.

V. SMIRNOFF, (1) Über die Ränderzuordnung bei konformer Abbildung, Math. Ann. Bd. 107 (1932) pp. 313—323.

G. VALIRON, (1) Siehe Landau und Valiron (1). — (2) Sur un théorème de Julia, étendant le lemme de Schwarz, Bull. des sciences math. (1929) pp. 70—76. — (3) Sur la dérivée angulaire dans la représentation conforme, Bull. des sciences math. 56 (1932) pp. 208—211.

C. VISSER, (1) Sur la dérivée angulaire, C. R. 193 (1931_2) pp. 1388—1389. — (2) Ueber beschränkte analytische Funktionen und die Randverhältnisse bei konformer Abbildung, Math. Ztschr. Bd. 107 (1933) pp. 28—39.

S. WARSCHAWSKI, (1) Ueber das Randverhalten der Ableitung der Abbildungsfunktion bei konformer Abbildung, Math. Ztschr. Bd. 35 (1932) pp. 321—456. — (2) Ueber einen Satz von Herrn O. D. Kellog, Nachr. d. Gesell. der Wiss. zu Göttingen, Math.-Phys. Klasse (1932) pp. 73—86.

J. WOLFF, (1) Sur la dérivée angulaire dans la représentation conforme, C. R. 190 (1930_1) pp. 575—576. — (2) Sur la dérivée angulaire, C. R. 191 (1930_2) pp. 921—923. — (3) Sur la fonction harmonique conjuguée d'une fonction harmonique bornée, C. R. 197 (1933_2) pp. 1180—1182.

S. ZAREMBA, (1) Solution générale du problème de Fourier, Acad. d. Wissenschaften, Krakau, Math.-nat. Klasse (1905) pp. 69—168.

Einleitung.

Man nennt eine Abbildung einer vollen Umgebung ω eines Punktes z_0 durch eine in ω stetige Funktion $w = f(z)$ *konform* im Punkte z_0, falls für $z \to z_0$ der Quotient $\frac{f(z) - f(z_0)}{z - z_0}$ einem von 0 verschiedenen endlichen Grenzwert zustrebt.[2] Und offenbar kann diese Definition ohne weiteres auch dann benutzt werden, wenn ω eine *Teilumgebung* von z_0 ist, z. B., falls z_0 ein Randpunkt eines einfach zusammenhängenden Gebietes ist, in dem $f(z)$ stetig ist. Geometrisch lässt sich der in der Forderung der Existenz eines Grenzwertes von $\frac{f(z) - f(z_0)}{z - z_0}$ steckende Sachverhalt zum Teil folgendermassen präzisieren:

Sind z_1, z_2 zwei in ω gelegene, gegen z_0 konvergierende Punkte, so sind zunächst die Dreiecke $\Delta_z = z_0 z_1 z_2$, $\Delta_w = w_0 w_1 w_2$, wo w_0, w_1, w_2 die Bildpunkte von z_0, z_1, z_2 sind, *in der Grenze ähnlich*, d. h. es gilt

$$\text{(a)} \qquad \frac{w_1 - w_0}{w_2 - w_0} \sim \frac{z_1 - z_0}{z_2 - z_0}, \quad \frac{w_2 - w_1}{w_2 - w_0} \sim \frac{z_2 - z_1}{z_2 - z_0},$$

und die Differenzen entsprechender Winkel von Δ_z und Δ_w konvergieren gegen 0, solange sowohl der Winkel α_0 von Δ_z bei z_0 als auch $\pi - \alpha_0$ oberhalb positiver Schranken bleiben.

Damit ist aber der Tatbestand der Konformität unserer Abbildung in z_0 nicht ausgeschöpft, da die »Grenzähnlichkeit« der Dreiecke Δ_z, Δ_w auch dann bestehen kann, wenn der Quotient $\frac{f(z) - f(z_0)}{z - z_0}$ den Grenzwert 0 oder ∞, oder überhaupt keinen Grenzwert besitzt.

Wir wollen daher unsere Abbildung von ω als *relativ konform* im Punkte z_0 bezeichnen, wenn die »Grenzähnlichkeit« infinitesimaler Dreiecke an z_0, w_0 im oben gekennzeichneten Umfang besteht. Existiert aber ein endlicher und von 0 verschiedener Grenzwert von $\frac{f(z) - f(z_0)}{z - z_0}$, so soll die Abbildung von ω als *absolut konform* in z_0 bezeichnet werden.

Sind nun α_0, α_1, α_2 bzw. β_0, β_1, β_2 die Winkel der Dreiecke Δ_z, Δ_w resp. bei z_0, z_1, z_2; w_0, w_1, w_2, so heisst die Abbildung von ω *winkeltreu in* z_0, wenn

[2] Die gegenseitige Abhängigkeit verschiedener Teilforderungen, die in der Forderung der Konformität stecken, untersuchen REMAK (1), BOHR (1), MENCHOFF (1).

$$\beta_0 - \alpha_0 \to 0$$

gilt. Und es genügt ferner, wie man leicht einsieht, für die relative Konformität der Abbildung bereits, dass alle drei Differenzen $\beta_0 - \alpha_0$, $\beta_1 - \alpha_1$, $\beta_2 - \alpha_2$ gegen 0 konvergieren und die sechs Grössen $\alpha_0, \alpha_1, \alpha_2, \pi - \alpha_0, \pi - \alpha_1, \pi - \alpha_2$ oberhalb einer positiven Schranke bleiben.

Als das wichtigste Resultat der vorliegenden Arbeit sehen wir nun die Feststellung an, dass, *wenn bei konformer Abbildung zweier Gebiete* G_1, G *in der* z- *bzw.* w-*Ebene aufeinander die Abbildung in zwei einander entsprechenden Randpunkten* z_0 *bzw.* w_0 *winkeltreu ist, sie dort auch relativ konform ist, wenn* z_1 *und* z_2 *auf eine wesentlich innerhalb* G_1 *liegende Winkelumgebung von* z_0 *beschränkt werden*, d. h. auf eine solche Umgebung, die in einer gleichfalls noch innerhalb G_1 liegenden Winkelumgebung von z_0 mit gleicher Winkelhalbierenden aber grösserer Winkelöffnung enthalten ist — wir sagen in diesem Falle, dass z_1 und z_2 in G_1 gegen z_0 *im Winkel* konvergieren.

Ist $w = f(z)$ die unsere Abbildung vermittelnde analytische Funktion, so erweist sich die Tatsache der relativen Konformität der Abbildung als eine Folge der Tatsache, dass das Argument der Ableitung $f'(z)$ der Abbildungsfunktion einen Grenzwert besitzt, wenn z aus G_1 im Winkel gegen z_0 konvergiert; allerdings muss dabei beim Beweis der relativen Konformität mit einiger Sorgfalt verfahren werden, da ja die Seiten des Dreiecks Δ_z sehr wohl auch *das Aussengebiet von* G_1 durchsetzen können — wenn der Rand von G_1 in z_0 eine Ecke der Öffnung $> \pi$ aufweist.

Ist G_1 das Innere K_z des Einheitskreises, so hat Hr. Carathéodory[3] bewiesen, dass die konforme Abbildung von G auf K_z in z_0 winkeltreu ist, wenn der Rand von G im Bildpunkt w_0 von z_0 eine Tangente besitzt. Ist darüber hinaus bekannt, dass der Rand von G auch in einer Umgebung von w_0 mit einer *sich stetig drehenden Tangente* versehen ist, so hat Hr. E. Lindelöf[4] gezeigt, dass dann auch $\arg f'(z)$ einem festen Grenzwert zustrebt, wenn z aus K_z gegen z_0 konvergiert, und z darf dabei sogar *allseitig* aus K_z gegen z_0 konvergieren. Andererseits hat Hr. Lindelöf l. c. die gleiche Tatsache auch unter einer etwas schwächeren Annahme über den Rand von G in der Nähe von w_0 bewiesen, unter der Annahme nämlich, dass alle Sehnenrichtungen in der Nähe

[3] Carathéodory (1), pp. 38—41; (2), pp. 91—93; vgl. ferner Lindelöf (1), pp. 85—87, ausführlicher dargestellt nach H. Fehr und A. Plessner in Schlesinger (1), pp. 157—161; W. Gross (1), pp. 273—281.

[4] Lindelöf (1), pp. 87—90.

von w_0 gegen die Tangentenrichtung in w_0 konvergieren — wir werden in diesem Falle sagen, dass unsere Kurve in w_0 eine *L-Tangente* besitzt.

Hr. LINDELÖF hat auch aus seinem Satze gefolgert, dass unter den Voraussetzungen seines Satzes eine in z_0 mündende und sonst in K_z verlaufende Kurve, die in z_0 mit einer stetigen Tangente mündet, in eine ebensolche Kurve der w-Ebene übergeht. Man kann leicht darüber hinaus beweisen, dass auch eine in K_z verlaufende und in z_0 mit einer L-Tangente mündende Kurve unter den Voraussetzungen des Lindelöfschen Satzes wiederum in eine in w_0 mit einer L-Tangente mündende Kurve übergeht. Ferner gilt die oben festgestellte Tatsache der relativen Konformität unter den Voraussetzungen des Lindelöfschen Satzes sogar, wenn z_1 und z_2 in K_z *allseitig* gegen z_0 gehen.

Und diese Tatsachen lassen sich auch auf den Fall ausdehnen, dass nur einer der in w_0 zusammenstossenden Randzweige von G dort eine L-Tangente besitzt. In diesem Falle bleibt die relative Konformität erhalten, wenn z_1 und z_2 beliebig nahe an den entsprechenden Bogen des Einheitskreises herankommen — wir sagen dann, sie streben *halbseitig* an diesem Bogen gegen z_0.

Bekanntlich braucht $f(z)$ nicht einmal unter den Voraussetzungen des Lindelöfschen Satzes für $z \to z_0$ eine von 0 und ∞ verschiedene Ableitung zu besitzen.[5] Der Frage nach der Existenz des Grenzwertes von $f'(z)$, sowie von $\frac{f(z)-f(z_0)}{z-z_0}$ wurde in den letzten Jahren viel Aufmerksamkeit gewidmet.[6] Es handelt sich in diesen Arbeiten — bis auf die Arbeiten von LAVRENTIEFF, WARSCHAWSKI und WOLFF — um die Frage nach der Existenz der *Winkelderivierten* von $f(z)$, d. h. des Grenzwertes $\frac{f(z)-f(z_0)}{z-z_0}$ für aus K_z gegen z_0 im Winkel strebendes z. Und es wurden hierfür verschiedene notwendige und hinreichende Bedingungen aufgestellt.

Für die relative Konformität der Abbildung in z_0 stellt sich aber, wie oben erwähnt, bereits die Winkeltreue in z_0 als notwendig und hinreichend heraus. Für die Winkeltreue der Abbildung ist andererseits im Falle allgemeiner Gebiete G, G_1 auf jeden Fall hinreichend, wenn G, G_1 in den betreffenden Randpunkten

[5] Dies zeigt KELLOG (1), pp. 122 durch Betrachtung der Abbildungsfunktion $w = z \log z$.

[6] Vgl. WOLFF (1), (2), (3), (4); CARATHÉODORY (3), sowie (2), pp. 94—97; LANDAU und VALIRON (1), VALIRON (2) und (3); LAVRENTIEFF (1) und (2); AHLFORS (1); WARSCHAWSKI (1) und (2); SEIDEL (1); VISSER (1), (2); M. RIESZ (1); VAN DER CORPUT (1); SMIRNOFF (1); R. NEVANLINNA (1) und (2).

Für die ersten Ansätze in dieser Richtung vgl. man PAINLEVÉ (1) sowie LICHTENSTEIN (1).

Ecken gleicher, von Null verschiedener Öffnung besitzen. Haben allgemeiner die Gebiete G, G_1 in w_0 bzw. z_0 Ecken von den Öffnungen γ, γ_1, wo $\gamma > 0, \gamma_1 > 0$ ist, so ist, wie Hr. CARATHÉODORY l. c. bewiesen hat, die Abbildung in z_0 *winkelproportional*, d. h. zwei von z_0 ausgehende und ins Innere von G_1 weisende Linienelemente, die in G_1 einen Winkel $\varkappa$ miteinander bilden, gehen in zwei Linienelemente über, die in G den Winkel $\frac{\gamma}{\gamma_1}\varkappa$ einschliessen. In diesem allgemeineren Falle bleibt für $\gamma \neq \gamma_1$ die Tatsache der relativen Konformität natürlich nicht mehr richtig, es gilt aber auch in diesem Falle die Relation

(b) $$\frac{w_1 - w_0}{w_2 - w_0} \sim \left(\frac{z_1 - z_0}{z_2 - z_0}\right)^{\frac{\gamma}{\gamma_1}},$$

wenn das Verhältnis

(c) $$\frac{|z_2 - z_0|}{|z_1 - z_0|}$$

zwischen festen positiven Schranken bleibt. Für $\arg f'(z)$ aber gilt im allgemeinen Falle, dass der Ausdruck

(d) $$\arg f'(z) - \left(\frac{\gamma}{\gamma_1} - 1\right) \arg (z - z_0)$$

einem festen Grenzwert zustrebt, wenn z aus G_1 im Winkel gegen z_0 konvergiert. Aus (b) folgt ferner die Relation

$$\frac{f'(z_2)}{f'(z_1)} \to 1 .$$

Besitzen aber die vier in z_0 und w_0 zusammenstossenden Randstücke von G_1 bzw. G dort L-Tangenten, so gilt (b) und die über (d) angegebene Tatsache auch, wenn z_1, z_2 bzw. z aus G_1 *allseitig* gegen z_0 streben. Allgemeiner, ist C_1 einer der beiden in z_0 zusammenstossenden Randzweige von G_1, C der entsprechende Randzweig von G und besitzen C_1 und C in z_0 bzw. w_0 L-Tangenten, so bleiben die obigen Tatsachen richtig, wenn z_1, z_2 bzw. z *halbseitig* an C_1 gegen z_0 streben.

Die Existenz des Grenzwertes von (d) erschliessen wir nun aus einem Grenzwertsatz, den wir als den *Randverzerrungssatz* bezeichnen möchten. Er besagt im allgemeinen Falle, wenn $w = f(z)$ G_1 auf G abbildet, wo G_1 und G in den einander entsprechenden Randpunkten z_0 bzw. w_0 Ecken von den Öffnungen γ_1, γ besitzen, dass

(e)
$$\frac{\dfrac{f'(z)}{f(z)-w_0}}{z-z_0} \to \frac{\gamma}{\gamma_1}$$

gilt, wenn z im Winkel gegen z_0 konvergiert, wobei $\gamma_1 > 0$, $\gamma \geqq 0$ vorausgesetzt wird. Und diese Formel bleibt auch dann richtig, wenn über die Gebiete G_1 und G nur vorausgesetzt wird, dass die konforme Abbildung von G_1 auf G im Punkte z_0 winkelproportional mit dem Proportionalitätsfaktor $\frac{\gamma}{\gamma_1} > 0$ ist.[7]

Der Randverzerrungssatz ergibt sich nun seinerseits sehr leicht aus einem Satz von LICHTENSTEIN über die ersten Ableitungen des Poissonschen Integrals, wonach, wenn $P(r, \vartheta)$ der Wert eines Poissonschen Integrals im Innern des Einheitskreises E_z ist,

(f)
$$P'_r(r, \vartheta) = o\left(\frac{1}{1-r}\right), \quad P'_\vartheta(r, \vartheta) = o\left(\frac{1}{1-r}\right)$$

gilt, wenn der Punkt (r, ϑ) im Winkel gegen einen Stetigkeitspunkt des Integranden des Poissonschen Integrals strebt.[8]

Nachdem in § 1 der vorliegenden Abhandlung einige Bezeichnungen und Definitionen eingeführt werden, geben wir in § 2 einen neuen Beweis des Lichtensteinschen Satzes, wobei sich dieser Satz in einer insofern schärferen Fassung ergibt, als die Formeln (f) sogar für den Fall, dass (r, ϑ) *allseitig* aus dem Innern von E_z gegen einen Stetigkeitspunkt des Integranden konvergiert, nachgewiesen werden. Daraus wird nun im § 3 der Randverzerrungssatz (Sätze IV, IV°) hergeleitet, und sodann die oben über den Ausdruck (d) angegebene Tatsache gefolgert (Satz V).

Der § 4 ist dem Lindelöfschen Satz gewidmet. Es werden verschiedene Folgerungen aus diesem Satz entwickelt, namentlich auch für den Fall der *halbseitigen Konvergenz*. Im § 5 wird für $\gamma = \gamma_1$ die relative Konformität der Abbildung bewiesen, und es wird für $\gamma \gtrless \gamma_1$ die Relation (b) hergeleitet. (Sätze VIII—X). § 6 bringt endlich einige vereinzelte Folgerungen aus den bisherigen Ergebnissen;

---

[7] In zwei später im § 3 genau angegebenen Spezialfällen findet sich (e) bei VISSER (2).

[8] LICHTENSTEIN (2), pp. 20—22. Wie in LICHTENSTEIN (1), p. 22 angegeben wird, findet sich der Satz für eine durchweg stetige Randwertfunktion bereits bei ZAREMBA (1) sowie HOBORSKI (1). In unserer Darstellung werden allerdings die Relationen (f) und ähnliche Relationen als auf die zur Potentialfunktion P gehörende analytische Funktion bezügliche Relationen formuliert.

so gestattet uns die Relation (b) zwei wichtige von Herrn S. WARSCHAWSKI in der ersten der oben (Fussnote 6) zitierten Abhandlungen hergeleitete Ungleichungen in einer bestimmten Richtung zu verschärfen. Ebenso ergeben sich Grenzrelationen für höhere Ableitungen von $f(z)$, wenn z im Winkel aus G_1 gegen z_0 konvergiert, wie z. B. die folgende (32, 3):

$$(z-z_0)^\nu \frac{f^{(\nu)}(z)}{f(z)-f(z_0)} \to \frac{\gamma}{\gamma_1}\left(\frac{\gamma}{\gamma_1}-1\right)\cdots\left(\frac{\gamma}{\gamma_1}-\nu+1\right), \quad \nu > 0.$$

Die im § 3 gegebene Herleitung des Randverzerrungssatzes gestattet noch nicht, den Lindelöfschen Satz mitherzuleiten. Hierzu ist es vielmehr erst nötig, den Randverzerrungssatz auf den Fall auszudehnen, dass die Ränder der abzubildenden Gebiete zwar nicht mehr notwendig Tangenten in z_0 bzw. w_0 besitzen, dass aber die Sehnenrichtungen in der Nähe von z_0 bzw. w_0 in relativ schmalen Winkelintervallen oszillieren. Die hier vorgenommene Erweiterung des Begriffes der Tangente zu demjenigen der *Grenzstütze einer Kurve* ist ganz analog zu der in der Theorie der reellen Funktionen vorgenommenen Erweiterung des Begriffs der Ableitung zu demjenigen einer derivierten Zahl.[9] Wenn die Grenzstützen der Ränder von G und G_1 in w_0, z_0 von den Schenkeln gewisser Winkel mit den Öffnungen γ, γ_1 relativ wenig abweichen, weichen auch die Unbestimmtheitsgrenzen der linken Seite von (e) nur wenig von $\frac{\gamma}{\gamma_1}$ ab. Aus dieser Tatsache, verbunden mit einer auf die Gleichmässigkeit der Grenzrelationen bezüglichen Ergänzung (verallgemeinerter Randverzerrungssatz, Satz XIX) lässt sich sodann der Lindelöfsche Satz unmittelbar herleiten (Nr. 61).

Zur Herleitung des verallgemeinerten Randverzerrungssatzes ist nun eine entsprechende Erweiterung des Lichtensteinschen Satzes (Satz I) vorzunehmen. Wir nehmen sie in drei Schritten vor. Das allgemeinste Resultat wird im Satze XVI nebst Zusätzen zu diesem Satz zusammengefasst. Auch ein Teil dieses verallgemeinerten Resultats ist bereits in der oben (Fussnote 8) zitierten Lichtensteinschen Abhandlung enthalten, nämlich der Fall der Durchschnittsstetigkeit von $\chi(\vartheta)$, (Satz XIII, für $n = 1$).

Wir haben allerdings in den §§ 7—9, in denen diese Erweiterungen des Lichtensteinschen Satzes vorgenommen werden, die Entwicklungen zum Teil weiter durchgeführt als für den unmittelbaren Zweck dieser Abhandlung notwendig

[9] Implizite findet sich der Begriff der Grenzstützen bereits bei W. GROSS (2), pp. 276 ff. Gross spricht an der betreffenden Stelle (p. 278 unten) von »Richtungsgrenzen der Berandung».

gewesen wäre, um Wiederholungen bei späteren Untersuchungen zu vermeiden. Es sei hier noch auf den Satz XIV sowie den Zusatz 3 zum Satze XVI verwiesen, in denen eine, wie es scheint, bisher unbemerkt gebliebene Schwankungseigenschaft der konjugierten Funktion zum Poissonschen Potential angegeben wird. Der verallgemeinerte Randverzerrungssatz, sowie die sich daran anschliessenden Entwicklungen finden sich im § 11 der Abhandlung.

Der § 12 ist aber der Betrachtung des Falles $\gamma = 0$ (Spitzenabbildung) gewidmet. Die vorhergehenden Entwicklungen sind nämlich nur zum Teil für $\gamma = 0$ gültig, während die weiteren an den Randverzerrungssatz anschliessenden Betrachtungen nicht mehr in gleicher Weise durchgeführt werden können. Trotzdem bleiben einige Ergebnisse auch für $\gamma = 0$ richtig, einige andere allerdings erst, wenn vorausgesetzt wird, dass die in der Spitze zusammenstossenden Randzweige dort L-Tangenten besitzen. Die Beweise dieser Tatsachen benutzen zum Teil das in § 10 entwickelte Kriterium für die Darstellbarkeit eines Potentials durch das Poissonsche Integral, ein Kriterium, das hier noch besonders hervorgehoben sein möge, da in ihm ein neues und für manche Zwecke wichtiges Moment — Beschränktheit gewisser Flächenmittelwerte — benutzt wird.

Zum Schluss dieser Einleitung sei noch besonders auf eine kürzlich erschienene Abhandlung von Herrn C. Visser[10] hingewiesen, die einige Berührungspunkte mit der vorliegenden Abhandlung aufweist, worauf ich allerdings erst unmittelbar vor dem Abschluss des Manuskripts aufmerksam wurde. In der Abhandlung von Herrn Visser findet sich nämlich der Randverzerrungssatz für den Fall, dass G_1 mit dem Innern des Einheitskreises identisch und $\gamma = \pi$ ist, ferner für den Fall, dass G_1 wiederum mit dem Innern des Einheitskreises identisch ist und die Abbildungsfunktion $w = f(z)$ in z_0 eine endliche und von 0 verschiedene Winkelderivierte besitzt, so dass also die Abbildung im Punkte z_0 absolut konform bei Annäherung im Winkel ist. Aus seinem Fall des Randverzerrungssatzes hat Herr Visser den Satz XI dieser Abhandlung für den entsprechenden Fall gefolgert. Die auf $\arg f'(z)$ bezüglichen Folgerungen und die sich daran anschliessenden Entwicklungen enthält dagegen die Vissersche Abhandlung nicht. Ferner ergibt sich aus seinen Betrachtungen die obige Relation (b), allerdings unter der recht speziellen Annahme, dass die Punkte z_1 und z_2 auf einem zu z_0 symmetrischen Orthogonalkreise zum Einheitskreis der z-Ebene liegen.

---

[10] Visser (2).

Endlich hängen auch die allgemeinen analytischen Hilfssätze, die Herr Visser benutzt, naturgemäss mit unseren Entwicklungen über den Lichtensteinschen Satz zusammen. An den betreffenden Stellen des Textes wird darauf jedesmal in den Fussnoten ausdrücklich hingewiesen werden.

Teil I. **Der Hauptfall des Randverzerrungssatzes.**

§ 1. Bezeichnungen und Definitionen.

1. *Gleichmässigkeit bei $\overline{Lim}$ und $\underline{Lim}$.* Wir werden im Folgenden vom Begriff der Gleichmässigkeit nicht nur bei der Konvergenz Gebrauch machen, sondern auch vom analogen Begriff bei Gleichheits- und Ungleichheitsbeziehungen, in denen neben den Grenzwerten auch $\overline{\mathrm{Lim}}$ und $\underline{\mathrm{Lim}}$ vorkommen. Wenn wir z. B. von der Relation

$$\mathop{\mathrm{Lim}}_{n \to \infty} f_n(\vartheta) \leqq \varphi(\vartheta)$$

sagen, dass sie auf einer ϑ-Menge M gleichmässig gilt, so bedeutet dies, dass zu jedem $\varepsilon > 0$ ein solches $N(\varepsilon) > 0$ angegeben werden kann, dass für alle $n > N$ und für alle ϑ auf M

$$f_n(\vartheta) \leqq \varphi(\vartheta) + \varepsilon$$

gilt.

2. *Konvergenz aus dem Innern des Einheitskreises.* Unter E werden wir in allen weiteren Ausführungen die Peripherie des Einheitskreises $|z| = 1$ verstehen; handelt es sich dabei um den Einheitskreis in der z- bzw. w-Ebene u. s. w., so werden wir, wenn es sich aus dem Zusammenhang nicht unmittelbar ergibt, auf welche Ebene E zu beziehen ist, die Bezeichnung E_z, bzw. E_w u. s. w. benutzen. Ebenso verstehen wir unter K das Innere des Einheitskreises und schreiben dafür, je nach der Ebene, in der K zu betrachten ist, K_z, K_w u. s. w.

Ist die Variable z auf das Innere von E_z beschränkt und ist $e^{i\vartheta_0}$ ein Punkt von E_z, so sagen wir, z konvergiere *»im Winkel»* gegen $e^{i\vartheta_0}$, wenn z gegen $e^{i\vartheta_0}$ strebt, dabei aber zwischen zwei vom Punkte $e^{i\vartheta_0}$ ausgehenden Sehnen von E_z bleibt. Wird aber das gegen $e^{i\vartheta_0}$ aus dem Innern von E_z konvergierende z keinerlei derartigen Bedingungen unterworfen, so sagen wir, z konvergiere *»allseitig»* gegen $e^{i\vartheta_0}$.

Endlich werden wir sagen, z konvergiere gegen $e^{i\vartheta_0}$ *»halbseitig»*, genauer *halbseitig an einem* in $e^{i\vartheta_0}$ endenden *Kreisbogen* C von E_z, wenn z dabei zwischen dem Bogen C und einer von $e^{i\vartheta_0}$ ausgehenden Sehne von E_z bleibt. Analoges gilt für allgemeinere Gebiete.

3. *Konvergenz aus dem Innern eines allgemeinen Gebietes.* Es bestehe der Rand eines einfach zusammenhängenden Gebietes G in der Umgebung eines Randpunktes P aus einem freien Jordanbogen. Es seien S_1, S_2 zwei von P ausgehende geradlinige Strecken, die bis auf P in G liegen. Es sei Δ ein Dreieck mit der Spitze in P, das, bis auf den Punkt P, in G und zwar im Winkel *zwischen* den Strecken S_1, S_2 liegt, so dass es mit diesen Strecken nur den Punkt P gemeinsam hat. Ein solches Dreieck bezeichnen wir als eine *Dreiecksumgebung* von P innerhalb G. Eine Vereinigungsmenge von endlich vielen Dreiecksumgebungen von P innerhalb G bezeichnen wir als eine *Winkelumgebung* von P innerhalb G. Strebt ein Punkt z so gegen P, dass es dabei in einer Winkel- bzw. Dreiecksumgebung von P innerhalb G bleibt, so sagen wir, z strebe aus dem Innern von G *im Winkel* bzw. *im Dreieck* gegen P. Ist aber $z \to P$ und keinerlei solchen Bedingungen unterworfen, bis auf die Forderung, dass z in G bleibt, so sagen wir, z konvergiere aus dem Innern von G *allseitig* gegen P.

Es sei endlich C ein in P mündender Randbogen von G. Es seien R_1, R_2 zwei von P ausgehende und bis auf P innerhalb G liegende Strecken. Es möge R_1 *zwischen* R_2 und C liegen. Man verbinde einen inneren Punkt von R_1 mit einem von P verschiedenen Punkt von C durch einen Jordanbogen, der bis auf seinen Schnittpunkt mit C ganz in G liegt. Durch diesen Jordanbogen wird ein Teilgebiet von G abgegrenzt, das zwischen R_1 und C liegt und P als Randpunkt besitzt. Ein solches Teilgebiet bezeichnen wir als eine *an C liegende halbseitige Umgebung von P innerhalb G.* Konvergiert nun ein Punkt z gegen P und bleibt er dabei in einer solchen halbseitigen Umgebung von P, so werden wir sagen, er konvergiere aus dem Innern von G *halbseitig* am Randbogen C gegen P.

4. *L-Tangenten.* Es sei Γ ($z = z(t)$, $0 \leqq t \leqq 1$) ein Jordanbogen. Wir sagen, er besitze im Punkte $t = 0$ eine Tangente (eigentlich Halbtangente) τ, wenn jedem noch so schmalen Winkel um den Halbstrahl τ mit der Spitze in $z(0)$ ein solches $\delta > 0$ zugeordnet werden kann, dass alle Punkte $z(t)$ mit $0 < t < \delta$ in diesem Winkel liegen. Lässt sich jedem positiven ε ein positives $\delta = \delta(\varepsilon)$ derart zuordnen, dass die Richtungen sämtlicher Sehnen des Teilbogens $0 \leqq t \leqq \delta$ von Γ mit der Richtung τ einen Winkel $\leqq \varepsilon$ einschliessen, so werden wir sagen, Γ *besitze im Punkte $t = 0$ eine L-Tangente.*[11]

[11] Der Begriff ohne Benennung kommt anscheinend zuerst bei LINDELÖF (1), p. 87 unten vor. CARATHÉODORY (2), p. 94 sagt, die Kurve sei an den betreffenden Stelle *glatt* (smooth).

Wird ein Koordinatensystem mit dem Ursprung in $z(0)$ gelegt, in dem der Richtungstangens θ_0 von τ endlich ist und das in $z(0)$ einmündende Stück von Γ »zuletzt« etwa in der rechten Halbebene liegt, so besitzt Γ in der Umgebung von $z(0)$ die Gleichung $y = \varphi(x)$, und unsere Bedingung für die L-Tangente läuft dann auf die Bedingung hinaus, dass

$$\frac{\varphi(x_1) - \varphi(x_2)}{x_1 - x_2} \tag{4, 1}$$

gegen θ_0 konvergiert, wenn x_1 und x_2 unabhängig voneinander, aber ohne zusammenzufallen, gegen 0 abnehmen.

Man kann diese Bedingung noch anders fassen, wenn man den in der Theorie der reellen Funktionen gebräuchlichen Begriff der *derivierten Zahlen* benutzt. Nach einem Satz von Du Bois-Reymond fällt nämlich das Wertintervall des Differenzenquotienten (4, 1) für $a \leqq x_1 < x_2 \leqq b$ mit dem kleinsten Intervall zusammen, das sämtliche Werte irgendeiner der vier derivierten Zahlen von $\varphi(x)$ für $a \leqq x \leqq b$ enthält. Daher läuft unsere Definition für die L-Tangente darauf hinaus, dass irgend eine (und damit jede) der vier derivierten Zahlen von $\varphi(x)$ für $x \downarrow 0$ gegen θ_0 strebt.

5. *Grenzstützen.* Um unabhängig von der Orientierung des Koordinatensystems die entsprechende Bedingung formulieren zu können, führen wir den Begriff der *Grenzstützen* ein. Es sei Γ $(z = z(t))$ ein Jordanbogen, und man betrachte für $t > t_0$ die von $z(t_0)$ nach $z(t)$ gezogenen gerichteten Sehnen, deren analytische Richtungen[12] sich für $t > t_0$ stetig mit t ändern und nach Festlegung einer von diesen Richtungen für jedes $t > t_0$ eindeutig bestimmt sind. Wird die analytische Richtung der Sehne von $z(t_0)$ nach $z(t)$ mit $\theta(t)$ bezeichnet, und ist

$$\theta^+ = \overline{\operatorname{Lim}}_{t \downarrow t_0}\, \theta(t), \quad \theta^- = \underline{\operatorname{Lim}}_{t \downarrow t_0}\, \theta(t),$$

so nennen wir, falls θ^+, θ^- endlich sind, die von $z(t_0)$ ausgehenden Halbstrahlen mit den analytischen Richtungen θ^+, θ^- die *rechtsseitigen Grenzstützen* des entsprechenden in $z(t_0)$ endenden Bogens und den Winkel zwischen den analytischen

[12] Unter der *analytischen Richtung* eines Vektors verstehen wir seinen Winkel mit einer festen Richtung, wobei aber zwei um ein von 0 verschiedenes Vielfaches von 2π verschiedene Winkel *verschiedene* analytische Richtungen festsetzen — die Richtungen werden also eigentlich auf der Riemannschen Fläche des Logaritmus aufgetragen.

Richtungen θ^+, θ^- den (rechtsseitigen) *Stützenschwankungswinkel* in $z(t_0)$. Er ist also gleich $\theta^+ - \theta^-$.

Offenbar kann man θ^+, θ^- auch anders definieren. Man denke sich zwei Kurvenbögen C^+, C^-, die in $z(t_0)$ einmünden und dort bestimmte Tangenten besitzen. Haben diese Tangenten die analytischen Richtungen $\theta^+ + \varepsilon$, $\theta^- - \varepsilon_1$, mit $\varepsilon > 0$, $\varepsilon_1 > 0$, so liegt »zwischen« C^+, C^- das gesamte Stück von Γ mit $t_0 < t < t_0 + \delta$ für hinreichend kleine δ. Sind aber die Tangentenrichtungen von C^+, C^- etwa $\theta^+ - \varepsilon$, $\theta^- + \varepsilon_1$, mit $\varepsilon > 0$, $\varepsilon_1 > 0$, so gibt es für jedes noch so kleine positive δ Punkte $z(t)$ mit $t_0 < t < t_0 + \delta$, die nicht »zwischen« C^+, C^- liegen. Und es ist unmittelbar klar, wie die entsprechenden Formulierungen lauten, wenn $\theta^+ = +\infty$ oder $\theta^- = -\infty$ ist. Ganz analog werden die *linksseitigen Grenzstützen* und der linksseitige Stützenschwankungswinkel in $z(t_0)$ mit Hilfe des zweiten in $z(t_0)$ mündenden Bogens definiert.

Aus dem Gesagten geht aber nunmehr unmittelbar hervor, dass bei einer konformen Abbildung einer Umgebung von $z(t_0)$ auch die Grenzstützen von Γ um den gleichen Winkel gedreht werden, wie die direkt vorgegebenen Linienelemente, und daher insbesondere die beiderseitigen Stützenschwankungswinkel unverändert bleiben. Und das Gleiche gilt natürlich auch dann, wenn nur eine Teilumgebung von $z(t_0)$ winkeltreu in $z(t_0)$ abgebildet wird, wie dies z. B. bei konformer Abbildung in der Nähe des Randes der Fall sein kann, sofern die beiden Grenzstützen des betrachteten Teilbogens von Γ in der entsprechenden Winkelumgebung liegen. Endlich ist es klar, wie diese Formulierungen abzuändern sind, wenn die in Frage kommenden Abbildungen nicht mehr winkeltreu, sondern nur *winkelproportional* sind. Auch dann werden die Richtungen der Grenzstützen in gleicher Weise transformiert, wie die Richtungen gewöhnlicher Tangenten, und die Stützenschwankungswinkel mit dem gleichen Proportionalitätsfaktor multipliziert, wie die Winkel zwischen gewöhnlichen Linienelementen.

6. *Eckendefinition im Fall der allgemeinen Berandung.* Man pflegt bei der Betrachtung der Tangente oder Ecke in einem Randpunkt eines einfach zusammenhängenden Gebietes G in der Regel stillschweigend vorauszusetzen, dass der Rand des Gebietes in der Umgebung des betreffenden Randpunktes einen Jordanbogen bildet. Man kann nun mit Hilfe der Theorie der Randelemente (der Carathéodoryschen Primenden) eine Parameterdarstellung für den Rand von G erhalten, an Hand deren in vielen Fällen sowohl der Begriff der Tangente und

Ecke als auch der Begriff der Grenzstützen verallgemeinert werden kann.[14] Es mag indessen für das Folgende genügen, wenn wir eine auf einen hinreichend allgemeinen Fall anwendbare Definition einer Ecke geben.

Wir werden sagen, der Rand von G bilde in einem Randpunkt P eine Ecke, wenn es zwei von P ausgehende Halbstrahlen τ_1, τ_2 gibt, derart, dass wenn man beliebig schmale Winkel um diese Halbstrahlen bildet, alle Randpunkte von G, die hinreichend nahe bei P liegen, sich auf diese beiden Winkel verteilen. Die Halbstrahlen τ_1, τ_2 werden als die beiden *Halbtangenten* an den Rand von G im Punkte P bezeichnet. Hat einer der beiden Winkel, die durch τ_1 und τ_2 gebildet werden, die Öffnung $\gamma\pi$ und die Eigenschaft, dass es in ihm Kreissektoren mit der Spitze in P gibt, deren Winkel bei P beliebig nahe an den Winkel zwischen τ_1 und τ_2 herankommen und deren Inneres ganz in G liegt, so werden wir sagen, dass der Rand von G von der betreffenden Seite eine Ecke von der inneren Öffnung $\gamma\pi$ besitzt. Es kann natürlich auch der andere Winkel $2\pi-\gamma\pi$ zugleich ein innerer Winkel »von der anderen Seite» sein, wenn der Punkt P ein Doppelpunkt des Randes ist. γ könnte allerdings auch den Wert o haben; in diesem Falle ist der Punkt P von der betreffenden Seite längs eines Jordanbogens L erreichbar, es gibt aber kein Dreieck mit der Spitze in P, dessen Inneres ganz in G liegt und zugleich beliebig an P benachbarte Punkte von L enthält.

§ 2. Erste Ableitung der Poissondarstellung einer analytischen Funktion.

7. *Verhalten in einem Stetigkeitspunkt der Randfunktion. Satz I. Es sei* $\chi(\vartheta)$ *eine im Intervall* $\langle-\pi, \pi\rangle$ *beschränkte messbare Funktion, die für* $\vartheta=\vartheta_0$ *stetig ist. Denkt man sich* $\chi(\vartheta)$ *durch die Forderung der Periodizität mit der Periode* 2π *für alle Werte von* ϑ *fortgesetzt, so möge*

$$|\chi(\vartheta)-\chi(\vartheta_0)|<\lambda(\vartheta-\vartheta_0) \tag{7, 1}$$

sein, wo die gerade Funktion $\lambda(x)$ *zwischen* o *und* π *monoton ist, für* $x \downarrow 0$ $\lambda(x) \downarrow 0$ *gilt,* $\lambda(\pi)=C$ *und für* $x>\pi$ $\lambda(x)=C$ *ist. — Offenbar kann für unser* $\chi(\vartheta)$ *stets eine solche Funktion* $\lambda(x)$ *gefunden und insbesondere so gewählt werden, dass* C *gleich der oberen Grenze von* $|\chi(\vartheta)-\chi(\vartheta_0)|$ *ist. — Bildet man mit Hilfe des Poissonschen Integrals eine zu* $\chi(\vartheta)$ *gehörende analytische Funktion*

[14] Vgl. hierzu W. Gross (I), pp. 276, 277.

$$(7,2) \qquad f(z) = \frac{1}{2\pi} \int_{-\pi}^{\pi} \frac{e^{i\vartheta} + z}{e^{i\vartheta} - z} \chi(\vartheta)\, d\vartheta + ic,$$

wo c eine reelle Konstante ist, so gilt für die Ableitung

$$(7,3) \qquad f'(z) = \frac{1}{\pi} \int_{-\pi}^{\pi} \frac{e^{i\vartheta}}{(e^{i\vartheta} - z)^2} \chi(\vartheta)\, d\vartheta$$

von $f(z)$, *wenn* z *allseitig aus* K_z *gegen* $e^{i\vartheta_0}$ *strebt:*

$$(7,4) \qquad (1 - |z|) f'(z) \to 0,$$

und darüber hinaus, $z = r e^{i(\varphi + \vartheta_0)}$, $\pi \geqq \varphi \geqq -\pi$ *gesetzt,*

$$(7,5) \qquad (1 - r)|f'(z)| < \lambda((1 - r)k + |\varphi|) + 3\frac{C}{k}, \quad 1 > r > \frac{\pi}{6},$$

wo für k eine beliebige Zahl > 1 *eingesetzt werden kann.*

8. *Beweis.* Ohne Beschränkung der Allgemeinheit darf $\vartheta_0 = 0$ vorausgesetzt werden. Aus (7, 3) folgt, da man $\chi(\vartheta)$ durch $\chi(\vartheta) - \chi(\vartheta_0)$ ersetzen kann,

$$(8,1) \qquad |f'(z)| \leqq \frac{1}{\pi} \int_{-\pi}^{\pi} \frac{\lambda(\vartheta)\, d\vartheta}{|z - e^{i\vartheta}|^2} = \frac{1}{\pi} \int_{-\pi}^{\pi} \frac{\lambda(\vartheta + \varphi)\, d\vartheta}{r^2 - 2r\cos\vartheta + 1}.$$

Hier ist der Nenner gleich

$$(1 - r)^2 + 4r \sin^2 \frac{\vartheta}{2} \geqq (1 - r)^2 + \frac{4}{\pi^2} r \vartheta^2,$$

so dass nach der Einführung der neuen Integrationsvariabeln $x = \dfrac{2\vartheta\sqrt{r}}{\pi(1-r)}$ aus (8, 1)

$$|f'(z)| < \frac{1}{2(1 - r)\sqrt{r}} \int_{-\infty}^{\infty} \frac{\lambda\left(\dfrac{\pi x(1-r)}{2\sqrt{r}} + \varphi\right)}{1 + x^2}\, dx$$

folgt. Setzen wir zur Abkürzung $1 - r = \varrho$ und beachten, dass $\lambda(x)$ gerade und monoton ist, so folgt weiter

$$(8,2)\qquad \sqrt{r}\,\varrho\,|f'(z)| \leqq \int_0^\infty \frac{\lambda\left(\frac{\pi\varrho x}{2\sqrt{r}}+|\varphi|\right)}{1+x^2}\,dx = \int_0^K + \int_K^\infty,$$

wo K vorläufig beliebig, aber > 1 sei. Hier gilt aber, wegen der Monotonie von $\lambda(x)$:

$$\int_0^K \leqq \lambda\left(\frac{\pi\varrho K}{2\sqrt{r}}+|\varphi|\right)\operatorname{arc\,tg} K,$$

$$\int_K^\infty \leqq C\left(\frac{\pi}{2}-\operatorname{arc\,tg} K\right) = C\operatorname{arc\,tg}\frac{1}{K}\cdot$$

Nun gilt für $0 < x < 1$: $\operatorname{arc\,tg} x < x$. Daher ergibt sich schliesslich für $\varrho|f'(z)|$ aus (8, 2) die Abschätzung durch

$$\frac{1}{\sqrt{r}}\frac{\pi}{2}\lambda\left(\frac{\pi\varrho K}{2\sqrt{r}}+|\varphi|\right)+\frac{C}{\sqrt{r}K},$$

oder, wenn $r > \frac{\pi}{6}$ vorausgesetzt und $K = \frac{2\sqrt{r}k}{\pi}$, $k > 1$, gesetzt wird, (7, 5), w. z. b. w.

9. *Bemerkungen zum Satz I.* Je nach dem Typus der Funktion $\lambda(x)$ kann man k in (7, 5) verschieden spezialisieren. Ist z. B. $\lambda(x) \leqq C|x|^\alpha$, $0 < \alpha < 1$, so setze man $k = \varrho^{-\frac{\alpha}{1+\alpha}}$ und es ergibt sich

$$\varrho|f'(z)| \leqq \lambda\left(\varrho^{\frac{1}{1+\alpha}}+|\varphi|\right)+3\,C\varrho^{\frac{\alpha}{1+\alpha}},\quad \varrho \leqq 1-\frac{\pi}{6}\cdot$$

Der Satz I liefert eine Abschätzung von $f'(z)$, sobald $f(z)$ sich in der Form (7, 2) darstellen lässt. Dies ist z. B. bekanntlich immer der Fall, wenn $\Re f(z)$ in K_z *absolut beschränkt* ist. Ist von einer Funktion $f(z)$ bekannt, dass sie in K_z regulär und dass ihr Realteil auf $K_z + E_z$ *stetig* ist, so folgt daraus erst recht, wenn $\Re f(e^{i\vartheta}) = \chi(\vartheta)$ gesetzt wird, dass

$$f(z) = \frac{1}{2\pi}\int_{-\pi}^{\pi}\frac{e^{i\vartheta}+z}{e^{i\vartheta}-z}\chi(\vartheta)\,d\vartheta + ic$$

gilt, wo c eine reelle Konstante ist. Daher gilt für jede solche Funktion die Formel (7, 4) für allseitig aus K_z gegen E_z konvergierendes z.

10. *Die Hilfsfunktion* $g_0(z)$. *Satz II. Wird unter* $g_0(z) = \lg \frac{1+z}{1-z}$ *für* $|z| < 1$ *diejenige Bestimmung des Logarithmus verstanden, die für* $z = 0$ *verschwindet, so gilt*

$$|\Im g_0(z)| < \frac{\pi}{2} \quad \text{für } |z| < 1, \tag{10, 1}$$

$$\Im g_0(z) - \psi \to 0 \quad \text{für } |z| < 1,\ z \to 1, \tag{10, 2}$$

$$\Im g_0(e^{i\vartheta}) = \begin{cases} \frac{\pi}{2}, & 0 < \vartheta < \pi, \\ -\frac{\pi}{2}, & 0 > \vartheta > -\pi, \end{cases} \tag{10, 3}$$

wo $\psi = -\arg(1 - z)$ *ist mit* $-\frac{\pi}{2} < \psi < \frac{\pi}{2}$. *Ferner ist* $\frac{1}{i} g_0(z)$ *durch das Poissonsche Integral* (7, 2) *mit* $\Im g_0(e^{i\vartheta})$ *als Belegungsfunktion* $\chi(\vartheta)$ *darstellbar. Endlich gilt:*

$$\frac{g_0(z)}{-\lg|1 - z|} \to 1; \quad (1 - z)^n g_0^{(n)}(z) \to (n - 1)!, \tag{10, 4}$$

wenn z *aus dem Innern von* E_z *allseitig gegen* $z = 1$ *konvergiert.*

(10, 1), (10, 3) ergeben sich daraus, dass $w = \frac{1+z}{1-z}$ das Innere von E_z auf die Halbebene $\Re w > 0$ so abbildet, dass dabei $z = -1$ in $w = 0$ übergeht. (10, 2) folgt aus

$$\arg \frac{1+z}{1-z} = \arg(1 + z) + \psi \quad \text{wegen} \quad \arg(1 + z) = o(1)$$

für $z \to 1$. (10, 4) endlich ergibt sich direkt aus

$$g_0^{(n)}(z) = \frac{(n-1)!}{(1-z)^n} + (-1)^{n-1} \frac{(n-1)!}{(1+z)^n}.$$

Satz III. Unter Beibehaltung der Bezeichnungen von Satz II gilt, $z = re^{i\vartheta}$ *gesetzt, für* $0 \leqq r < 1$ *und* $\vartheta \to 0$

$$\frac{1 - |z|}{|1 - z|} = \cos\psi + O(\vartheta), \tag{10, 5}$$

$$1-|z|=(1-z)e^{i\psi}\cos\psi+O(\vartheta). \tag{10, 6}$$

Denn wendet man den Sinussatz auf das Dreieck $z e^{i\vartheta} 1$ der Fig. 1 an, so ergibt sich

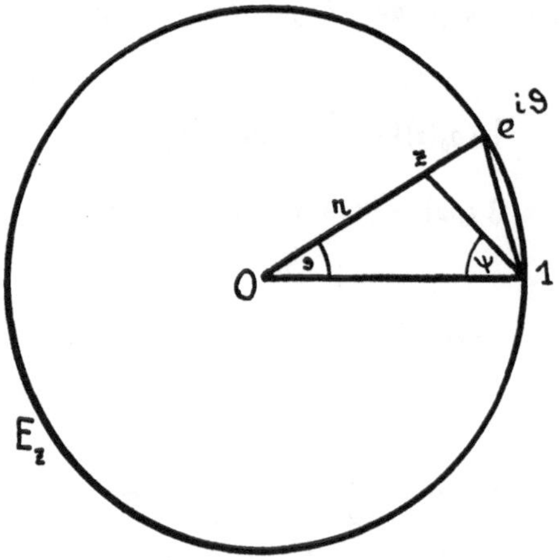

Fig. 1.

$$\frac{2\sin\frac{\vartheta}{2}}{1-r}=\frac{\sin(\vartheta+\psi)}{\cos\left(\frac{\vartheta}{2}+\psi\right)},\quad \frac{1-r}{|1-z|}=\frac{\cos\left(\frac{\vartheta}{2}+\psi\right)}{\cos\frac{\vartheta}{2}}, \tag{10, 7}$$

und aus der zweiten Formel (10, 7) folgt wegen $\cos\frac{\vartheta}{2}=1+O(\vartheta^2)$ und $\cos\left(\psi+\frac{\vartheta}{2}\right)-\cos\psi=\left(\cos\frac{\vartheta}{2}-1\right)\cos\psi-\sin\frac{\vartheta}{2}\sin\psi=O(\vartheta)$ die Behauptung unmittelbar.

§ 3. Der Randverzerrungssatz.

11. *Formulierung des Randverzerrungssatzes. Satz IV. Es möge $w=f(z)$ ein schlichtes einfach zusammenhängendes Gebiet G_1 in der z-Ebene auf ein schlichtes Gebiet G in der w-Ebene konform abbilden. Der Rand des Gebietes G_1 möge in einem Punkte z_0 eine Ecke von der Öffnung γ_1 $(0<\gamma_1\leqq 2\pi)$ nach dem Innern von G_1 bilden. Im entsprechenden Punkte w_0 möge der Rand des Gebietes G gleichfalls eine Ecke von der Öffnung γ $(0\leqq\gamma\leqq 2\pi)$ bilden. Dann gilt*

(11, 1)
$$\frac{f'(z)}{\dfrac{f(z)-w_0}{z-z_0}} = 1 + (z-z_0)\,g'(z); \quad g(z) = \lg \frac{f(z)-w_0}{z-z_0};$$

(11, 2)
$$(z-z_0)\,g'(z) \to \frac{\gamma-\gamma_1}{\gamma_1};$$

(11, 3)
$$\frac{f'(z)}{\dfrac{f(z)-w_0}{z-z_0}} \to \frac{\gamma}{\gamma_1},$$

wobei die Formeln (11, 2) *und* (11, 3) *für* $z \to z_0$ *gelten, wenn* z *aus dem Innern von* G_1 *im Winkel gegen* z_0 *strebt.*[15]

Die Randverzerrungsformel (11, 1) ergibt sich in allen Fällen unmittelbar aus

$$f(z) = w_0 + (z-z_0)\,e^{g(z)}$$

durch Differentiation. Andererseits sind offenbar die Formeln (11, 2) und (11, 3) äquivalent.

12. *Beweis unter zwei speziellen Annahmen.* Wir nehmen zuerst an, dass G_1 identisch mit K_z ist und dass die Funktion

(12, 1)
$$\arg \frac{f(z)-w_0}{z-z_0}$$

bei stetiger Fortsetzung im Innern von G gleichmässig beschränkt bleibt. Unter diesen beiden Annahmen soll der Beweis des Satzes IV in dieser Nummer erbracht werden.

Offenbar darf dabei ohne Beschränkung der Allgemeinheit vorausgesetzt werden, dass $z_0 = 1$, $w_0 = 0$ ist und die innere Winkelhalbierende des Randwinkels von G bei w_0 in die negative reelle Axe weist, so dass die beiden Tangenten an den Rand von G im Nullpunkt, vom Nullpunkt aus durchlaufen, mit der positiven reellen Axe die Winkel $\pi - \frac{\gamma}{2}$ bezw. $\pi + \frac{\gamma}{2}$ bilden.

Nun folgt aus der Voraussetzung über γ, dass bei geeigneter Wahl der Bestimmung von (12, 1) in K_z für $\vartheta \downarrow 0$ bzw. $\vartheta \uparrow 0$

$$\arg \frac{f(e^{i\vartheta})-w_0}{z-1}$$

---

[15] Für $\gamma = \gamma_1 = \pi$, $G_1 = K_z$ findet sich die Formel (11, 3) in VISSER (2), p. 34, (Satz 7).

gegen die Werte $\pi - \frac{\gamma}{2} - \frac{\pi}{2} = \frac{\pi}{2} - \frac{\gamma}{2}$ bzw. $\pi + \frac{\gamma}{2} - \frac{3\pi}{2} = -\left(\frac{\pi}{2} - \frac{\gamma}{2}\right)$ konvergiert. Daher ergibt sich, dass bei geeigneter Wahl der Bestimmung von $g(z)$ die Randfunktion $\chi_1(\vartheta)$ von $\Re \frac{1}{i} g(z)$ in der Nähe des Nullpunktes für $\vartheta \to 0$ rechtseitig gegen $\frac{\pi}{2} - \frac{\gamma}{2}$ und linkseitig gegen $-\left(\frac{\pi}{2} - \frac{\gamma}{2}\right)$ konvergiert.

Andererseits besitzt nach Satz II die Funktion

$$\Re i \frac{\gamma - \pi}{\pi} g_0(z) \tag{12, 2}$$

eine Randfunktion, die für $\vartheta \downarrow 0$ bzw. $\vartheta \uparrow 0$ die gleichen Grenzwerte $\frac{\pi}{2} - \frac{\gamma}{2}$ bzw. $-\left(\frac{\pi}{2} - \frac{\gamma}{2}\right)$ wie $\Re \frac{1}{i} g(z)$ hat. Daher besitzt der Realteil der Funktion

$$g^*(z) = \frac{1}{i} g(z) - i \frac{\gamma - \pi}{\pi} g_0(z) \tag{12, 3}$$

eine für $z = 1$ stetige und in K_z absolut beschränkte Randfunktion, sodass nach Satz I (vgl. die Bemerkungen in Nr. 9) $(1 - |z|) g^{*\prime}(z)$ gegen 0 konvergiert, wenn z allseitig in K_z gegen 1 strebt. Daher folgt nach (10, 5), wenn z im Winkel aus dem Innern von K_z gegen 1 strebt,

$$g'(z) = \frac{\pi - \gamma}{\pi} g_0'(z) + o\left(\frac{1}{1 - z}\right),$$

oder endlich nach (10, 4) für $n = 1$

$$g'(z) = \frac{\gamma - \pi}{\pi} \frac{1}{z - 1} + o\left(\frac{1}{1 - z}\right). \tag{12, 4}$$

13. *Zuendeführung des Beweises von Satz IV.* Es sei nun noch immer G_1 identisch mit K_z, dagegen möge (12, 1) nicht mehr bei stetiger Fortsetzung ins Innere von K_z gleichmässig beschränkt bleiben. Es sei dann G^* ein einfach zusammenhängendes Gebiet, das auf K_z abbildbar ist, G enthält und den beiden folgenden Bedingungen genügt:

Erstens: Ist $w = H(z)$ die Abbildungsfunktion von G^* auf K_z, so bleibt

$$\arg \frac{H(z) - w_0}{z - z_0}$$

bei stetiger Fortsetzung in K_z absolut beschränkt.

Zweitens: Ist U eine hinreichend kleine Umgebung von z_0 auf E_z, und sind M, M^* die bei unseren Abbildungen von G, G^* auf K_z der Randmenge U von K_z resp. entsprechenden Folgen von Randelementen von G bezw. G^*, so sind M und M^* identisch und werden im gleichen Sinne durchlaufen — mit andern Worten, die Ränder von G und G^* fallen in der Umgebung des betreffenden Randpunktes w_0 zusammen.

Bei der Abbildung $w = H(z)$ möge G auf ein Teilgebiet K' von K_z abgebildet werden. Der Rand von K' enthält offenbar den Kreisbogen U. Es sei nun w_1 der Punkt von G, der bei der Abbildung $w = f(z)$ dem Mittelpunkt von K_z entspricht, und es sei z_1 der Punkt von K', in den w_1 durch die Abbildung $w = H(z)$ übergeführt wird. Es sei nun $\varphi(z)$ die in K_z reguläre Funktion, die K_z auf K' so abbildet, dass $z = 0$ in z_1 übergeführt wird und z_0 in sich übergeht. Dann gilt offenbar

$$f(z) = H(\varphi(z)).$$

Nun ist bekanntlich $\varphi(z)$ im Innern des Kreisbogens U regulär und hat dort eine von 0 verschiedene Ableitung. Daher gilt

$$\frac{\varphi'(z)}{\dfrac{\varphi(z) - z_0}{z - z_0}} \to 1, \tag{13, 1}$$

wenn z aus K_z im Winkel gegen z_0 strebt. Setzt man aber $\zeta = \varphi(z)$, so strebt dann auch ζ aus K_z im Winkel gegen z_0. Dann gilt aber nach dem in Nr. 12 bewiesenen

$$\frac{H'(\zeta)}{\dfrac{H(\zeta) - z_0}{\zeta - z_0}} \to \frac{\gamma}{\pi}. \tag{13, 2}$$

Multiplizieren wir nun die beiden Formeln (13, 1) und (13, 2), so ergibt sich offenbar (11, 3), womit also der Satz IV für $G_1 \equiv K_z$ bewiesen sein wird, sobald die Existenz eines Gebietes G^* mit den obigen Eigenschaften feststeht. Ein solches Gebiet G^* kann man aber z. B. wie folgt herstellen: Es sei U eine hinreichend kleine Umgebung von z_0 auf E_z. Zeichnet man nun in der w-Ebene zwei Winkelräume von der Öffnung $\frac{\pi}{2}$, deren Winkelhalbierende resp. die Halbtangenten an den Rand von G in w_0 sind, so folgt aus der Existenz dieser Halbtangenten in w_0, dass, wenn U klein genug ist, die den Punkten von U entsprechenden Randelemente von G innerhalb dieser Winkelräume enthalten sind. Ist daher V die Menge der dann den Punkten von U entsprechenden Randelemente und ist G^* das G enthaltende einfach zusammenhängende Gebiet, das aus der w-Ebene nach Entfernung aller Punkte von V entsteht, so genügt G^* allen unseren Forderungen, da die Schwankung von $\arg(w - w_0)$ auf V bei stetiger Fortsetzung absolut höchstens gleich $\frac{\pi}{2}$ ist. — *Damit ist nunmehr der Satz IV unter der Annahme* $G_1 \equiv K_z$ *bewiesen.*

Es ist noch von Interesse hervorzuheben, dass in einem sehr allgemeinen Spezialfall das Gebiet G^* *gleichmässig* für alle Punkte eines Randbogens von G gebildet werden kann. Denn es sei $\bar{\Gamma}$ ein im Rand von G als freies Randstück enthaltener Jordanbogen, inklusive seiner Endpunkte, der die Ebene nicht zerlegt; Γ sei der offene Jordanbogen, der aus den inneren Punkten von $\bar{\Gamma}$ besteht und es sei endlich Γ' ein abgeschlossener Teilbogen von Γ. Es seien $\bar{M}$, M' die Bögen von E_z die $\bar{\Gamma}$, Γ' entsprechen. Durchläuft nun z_0 alle Punkte von M' und w_0 die entsprechenden Punkte von Γ', so kann man jedesmal als das Gebiet G^* das Gebiet annehmen, das aus der w-Ebene nach Entfernung von $\bar{\Gamma}$ entsteht, sofern man über das Verhalten der Funktion $f(z)$ auf E_z die Zusatzvoraussetzung macht, dass das Argument von $f(z) - f(z_0)$ für alle z_0 auf M' und z auf $\bar{M}$ gleichmässig absolut beschränkt bleibt, sobald $z \neq z_0$ hinreichend nahe an z_0 liegt. Das heisst also, sofern es zwei positive Konstanten C, $\delta < 1$ gibt, derart, dass

$$|\arg(f(z) - f(z_0))| < C \tag{13, 3}$$

gilt, sobald z_0 auf M' und z auf $\bar{M}$ liegen und $|z - z_0| < \delta$ ist. Dabei muss natürlich $\arg(f(z) - f(z_0))$ stetig in die beiden in z_0 aneinanderstossenden und in diesem Punkte offenen Teilstücke von $\bar{M}$ fortgesetzt werden bei geeigneter, von einem z_0 zum andern eventuell variablen Festlegung des Zweiges. (Mit andern Worten: es handelt sich um die Schwankung von $\arg(f(z) - f(z_0))$ auf den beiden Stücken von $\bar{M}$.)

Um nun zu beweisen, dass unser Gebiet G^* die erste beim obigen Beweis postulierte Eigenschaft besitzt, genügt es zu zeigen, dass unter unseren Voraussetzungen es eine positive Konstante C^* gibt, derart, dass

$$|\arg(f(z) - f(z_0))| < C^* \tag{13, 4}$$

gilt, für alle z_0 auf M' und alle $z \neq z_0$ auf $\bar{M}$, wenn auf jedem der Teilstücke von $\overline{M}$ die gleiche Bestimmung des Arguments angenommen wird, wie in der Formel (13, 3).

Wäre dies aber nun nicht richtig, so müsste es zwei Punktfolgen $z_0^{(n)}$, $z^{(n)}$, $n = 1, 2, \ldots$ geben, wo $z_0^{(n)}$ in M', $z^{(n)}$ in $\overline{M}$ liegen und $|\arg(f(z^{(n)}) - f(z_0^{(n)}))| > n$ ist. Wir können dann offenbar ferner voraussetzen, dass $z^{(n)} \to \zeta$, $z_0^{(n)} \to \zeta_0$ gilt, wo ζ, ζ_0 in $\overline{M}$ bzw. M' liegen. Es sei nun $N > 2C$ und so gross, dass für $n > N$ bereits

$$|z^{(n)} - \zeta| < \frac{\delta}{4}, \quad |z_0^{(n)} - \zeta_0| < \frac{\delta}{4}$$

gilt; dann liegt kein $z^{(n)}$ für $n > N$ im Bereich $|z - \zeta_0| < \frac{\delta}{2}$, da sonst $|\arg(f(z^{(n)}) - f(z_0^{(n)}))| < C < n$ wäre. Entfernt man daher aus $\overline{M}$ die $\frac{\delta}{2}$-Umgebung von ζ_0, so müssen alle Punkte $z^{(n)}$ mit $n > N$ auf einem und demselben der beiden Kreisbögen M_1, M_2 liegen, in die $\overline{M}$ zerfällt, etwa auf M_1, wobei derjenige der beiden Punkte $\zeta_0 e^{\pm i \frac{\delta}{2}}$, der auf M_1 liegt, mit ζ_1 bezeichnet sei. Es sei nun der Bildbogen von M_1 in der w-Ebene mit Γ_1 bezeichnet und es seien die Bildpunkte von ζ_0, ζ, ζ_1, $z_0^{(n)}$, $z^{(n)}$ in der w-Ebene

$$\eta_0, \eta, \eta_1, w_0^{(n)}, w^{(n)}.$$

Dann folgt aus der Ungleichung (13, 3), dass die Ordnung des zwischen η_1 und $w^{(n)}$ enthaltenen Bogens von Γ_1 in bezug auf $w_0^{(n)}$ grösser als $n - C$ ist und daher ins Unendliche konvergiert, wenn n über alle Grenzen wächst, während dabei $w_0^{(n)}$ gegen den Punkt η_0 geht, der ausserhalb Γ_1 liegt. Dies ist aber unmöglich, wie aus dem folgenden Hilfssatz folgt:

Hilfssatz. Es sei J ($w = \varphi(t)$, $0 \leqq t \leqq 1$) ein Jordanbogen in der w-Ebene, w_0 ein nicht auf J liegender Punkt. Dann gibt es zwei positive Zahlen D, ε, derart, dass die Ordnung jedes in J enthaltenen Jordanbogens in bezug auf einen beliebigen Punkt aus der ε-Umgebung von w_0 absolut genommen unterhalb D bleibt.

Beweis des Hilfssatzes. Es sei d die Distanz des Punktes w_0 von der abgeschlossenen Punktmenge der Punkte von J. Wir wählen $\varepsilon = \frac{d}{2}$. Wegen der gleichmässigen Stetigkeit von $\varphi(t)$ für $0 \leqq t \leqq 1$ gibt es ein positives δ, so dass für $0 \leqq t < t' \leqq 1$ und $t' - t < \delta$ stets

$$|\varphi(t') - \varphi(t)| < \frac{d}{4}$$

ist.

Ist nun

$$0 = t_0 < t_1 < \cdots < t_n = 1, \quad t_\nu - t_{\nu-1} < \delta, \quad \nu = 1, 2, \ldots, n,$$

so ist der ganze Bogen von J zwischen $t_{\nu-1}$ und t_ν im Kreise um den Punkt $\varphi(t_{\nu-1})$ mit dem Radius $\frac{d}{4}$ enthalten. Da aber die Distanz von $\varphi(t_{\nu-1})$ von jedem Punkt der $\frac{d}{2}$-Umgebung von w_0 nicht kleiner als $\frac{d}{2}$ ist, hat dieser Teilbogen in Bezug auf jeden Punkt dieser Umgebung höchstens die Ordnung $\frac{\pi}{6}$, und da dasselbe auch für jedes Teilstück eines solchen Teilbogens gilt, ist die Ordnung jedes in J enthaltenen Jordanbogens in Bezug auf jeden Punkt der $\frac{d}{2}$-Umgebung von w_0 höchstens $n\frac{\pi}{6} = D$, w. z. b. w.

Um uns endlich von der Annahme $G_1 \equiv K_z$ zu befreien und damit den Satz IV unter den allgemeinsten Voraussetzungen zu beweisen, ist zu beachten, dass nach dem bereits Bewiesenen der Satz IV sowohl auf die Abbildungsfunktion von K_z auf G_1 als auch auf die Abbildungsfunktion von K_z auf G angewandt werden kann. Aus der Gestalt der Formel (11, 3) ergibt sich aber dann, dass diese Formel auch für die Abbildungsfunktion von G_1 auf G gilt — sofern noch bewiesen wird, dass bei der Abbildung von K_z auf G_1 eine Winkelumgebung von z_0 in K_z in einen Bereich übergeht, der eine Winkelumgebung des entsprechenden Punktes von G_1 enthält und in einer solchen Winkelumgebung enthalten ist — und umgekehrt. Diese Tatsache wird aber in Nr. 15 als eine unmittelbare Folgerung des Randverzerrungssatzes erkannt werden. Und zwar wird dabei für den Fall, dass eines der Gebiete mit K_z identisch ist, auch der Randverzerrungssatz nur in diesem Falle gebraucht werden, der ja dann im Obigen bereits vollständig bewiesen ist. Damit wird aber auch der Beweis des Satzes IV im allgemeinen Falle erbracht worden sein.

14. *Die Winkelstetigkeit der Drehung am Rande. Satz V. Unter den Voraussetzungen des Satzes IV gilt für* $\gamma_1 > 0$, $\gamma > 0$:

$$\arg\frac{f(z) - w_0}{z - z_0} = \left(\frac{\gamma}{\gamma_1} - 1\right)\arg(z - z_0) + c + \varepsilon(z - z_0), \tag{14, 1}$$

$$\arg f'(z) = \left(\frac{\gamma}{\gamma_1} - 1\right)\arg(z - z_0) + c + \varepsilon_1(z - z_0), \tag{14, 2}$$

$$(14, 3) \qquad \arg f'(z) - \arg\frac{f(z) - w_0}{z - z_0} = \varepsilon_2(z - z_0),$$

wo die Konstante c dadurch festgelegt wird, dass die Richtung der Winkelhalbierenden der Ecke von G_1 bei z_0 in die Richtung der Winkelhalbierenden der Ecke von G bei w_0 übergeht, und $\varepsilon(z-z_0)$, $\varepsilon_1(z-z_0)$, $\varepsilon_2(z-z_0)$ gegen Null konvergieren, wenn z aus dem Innern von G_1 im Winkel gegen z_0 strebt; $\varepsilon(z-z_0)$ konvergiert gegen Null auch bei allseitiger Konvergenz von z aus G_1 gegen z_0. — (14, 1) gilt auch für $\gamma = 0$.

Beim Beweis der obigen Behauptungen darf ohne Beschränkung der Allgemeinheit vorausgesetzt werden, dass erstens $\gamma_1 = \pi$ und $G_1 = K_z$ ist, da man wiederum die Abbildung von G_1 auf G »auf dem Umwege über K_z« durchführen kann; dass zweitens $z_0 = 1$, $w_0 = 0$ ist und die Winkelhalbierende der Ecke (bzw. die entsprechende Spitzentangente für $\gamma = 0$) von G bei w_0 in die negative reelle Axe weist. Dann gilt für das Argument von $\frac{f(z) - w_0}{(z - z_0)^{\gamma/\pi}}$, wenn z gegen $z_0 = 1$ längs E_z geht, bei geeigneter Wahl der in K_z stetigen Argumente

$$(14, 4) \qquad \arg_{z \to z_0} \frac{f(z) - w_0}{(z - z_0)^{\gamma/\pi}} \to \pi - \frac{\gamma}{2} - \frac{\gamma}{2} = \pi + \frac{\gamma}{2} - \frac{3\pi}{2}\frac{\gamma}{\pi} = \pi - \gamma.$$

Da aber die Funktion $\arg \frac{f(z) - w_0}{(z - z_0)^{\gamma/\pi}}$ in K_z in der Umgebung von $z_0 = 1$ eine beschränkte Potentialfunktion ist, gilt (14, 4) auch, wenn z in K_z allseitig gegen $z_0 = 1$ konvergiert. Dabei ist aber

$$\arg(z - z_0)^{\frac{\gamma}{\pi}} = \frac{\gamma}{\pi}\arg(z - z_0), \quad \frac{\pi}{2} < \arg(z - z_0) < \frac{3\pi}{2}.$$

Daraus folgt erstens, wenn z aus K_z *allseitig* gegen 1 strebt,

$$\arg(f(z) - w_0) = \frac{\gamma}{\pi}\arg(z - z_0) + \pi - \gamma + \varepsilon(z - z_0),$$

wo $\varepsilon(z - z_0)$ nach 0 konvergiert. Danach gilt (14, 1) für $\gamma \geqq 0$. Zweitens aber liefert die Formel (11, 3) des Randverzerrungssatzes für $\gamma > 0$, wenn dort rechts und links die Argumente verglichen werden,

$$\arg f'(z) - \arg\frac{f(z) - w_0}{z - z_0} \to 0,$$

wenn eine geeignete Bestimmung von $\arg f'(z)$ festgelegt wird und z aus K_z im Winkel gegen 1 geht. Dies ist aber gerade (14, 3), und aus (14, 3) und (14, 1) folgt (14, 2) unmittelbar.

Für $\gamma = \gamma_1$ ergibt sich aus (14, 2) insbesondere, dass $\arg f'(z)$ bei Annäherung im Winkel an z_0 einem Grenzwert zustrebt, eine Tatsache, die deshalb besonders interessant ist, weil ein Grenzwert von $f(z)$ selbst bekanntlich nicht einmal zu existieren braucht, wenn die in z_0 und w_0 zusammenstossenden Randstücke dort stetige Tangenten besitzen.

15. *Bemerkungen über die Bedeutung des Satzes V.* In der Formel (14, 1) steckt die »*Winkelproportionalität*« bei unserer Abbildung im Punkte z_0 bzw. w_0. Dies bedeutet: Sind L_1, L_2 zwei in G_1 verlaufende und in z_0 einmündende Jordanbogen, die in z_0 Tangenten besitzen, so sind die Bilder von L_1, L_2 ganz analog beschaffene Kurven L'_1, L'_2, und der Winkel, den L'_1, L'_2 in w_0 miteinander bilden, ist gleich dem Winkel der Kurvenbogen L_1, L_2 in z_0, multipliziert mit $\frac{\gamma}{\gamma_1}$. Für $\gamma = \gamma_1$ haben wir die *Winkeltreue.*

Wir haben zwar beim Beweis des Randverzerrungssatzes von dieser Winkelproportionalität bereits Gebrauch gemacht, indessen nur um den allgemeinen Fall auf den Fall $G_1 \equiv K_z$ zurückzuführen. Daher enthält unsere Herleitung der Winkelproportionalität für $G_1 \equiv K_z$ sicher keinen Zirkelschluss. Beim Beweis des Randverzerrungssatzes wurde aber von der Winkelproportionalität nur für den speziellen Fall $G_1 \equiv K_z$ Gebrauch gemacht. — Aus der Winkelproportionalität bei der Abbildung von G_1 auf G folgt nun unmittelbar: *Konvergiert eine Punktfolge z_ν aus G_1 im Winkel gegen z_0, so konvergiert auch die Bildpunktmenge w_ν aus G im Winkel gegen w_0*; liegen alle z_ν von einem ν an in einer Dreiecksumgebung von z_0, so liegen auch alle w_ν von einem ν an in einer Dreiecksumgebung von w_0.

Nach dem Obigen wird die Drehung eines vom Punkt z_0 ausgehenden und *innerhalb* des Tangentenwinkels der Ecke bei z_0 liegenden Linienelements durch (14, 1) geliefert. Aus (14, 3) folgt, dass auch $\arg f'(z)$ denselben Grenzwert wie $\arg \frac{f(z) - w_0}{z - z_0}$ besitzt, wenn z in G_1 längs einer, jenes Linienelement tangierenden Kurve gegen z_0 strebt. Durch $\arg f'(z)$ wird aber die Drehung der Linienelemente in G_1 und daher insbesondere längs jener Kurve geliefert. Daraus folgt, dass eine in z_0 einmündende Kurve C_z, die in z_0 eine stetige Tangente besitzt und deren Tangentenrichtung in z_0 *innerhalb* des Tangentenwinkels liegt, wiederum in eine solche Kurve C_w übergeht.

Machen wir nun allgemein die Annahme, dass die Kurve C_z im Punkte z_0 eine L-Tangente besitzt, und liegt die Tangente an C_z in z_0 *innerhalb* des Tangentenwinkels der Ecke in z_0, so folgt nunmehr aus dem am Schluss von Nr. 5 Gesagten, dass auch die Bildkurve C_w im Punkte w_0 eine L-Tangente besitzt.

Für $\gamma = \gamma_1$ kann der Inhalt von (14, 3) folgendermassen geometrisch umschrieben werden: Man betrachte eine Winkelumgebung D von z_0 in G_1, und es seien z_1, z_2 zwei Punkte aus D, w_1, w_2 ihre Bildpunkte in G. Man betrachte die Dreiecke $\Delta_z = z_0 z_1 z_2$, $\Delta_w = w_0 w_1 w_2$, und es seien $\alpha_0, \alpha_1, \alpha_2, \beta_0, \beta_1, \beta_2$ ihre Ecken bei $z_0, z_1, z_2, w_0, w_1, w_2$. Dann erfährt die Ecke von Δ_z bei z_0 die durch $\lim\limits_{z \to z_0} \arg \dfrac{f(z) - w_0}{z - z_0}$ gegebene Drehung, während die Drehung der Winkel bei z_1, z_2 durch $\arg f'(z_1)$, $\arg f'(z_2)$ gegeben ist. Und aus der Formel (14, 2) folgt, wie wir zeigen werden, dass für innerhalb D gegen z_0 konvergierende z_1, z_2 die Dreiecke Δ_z, Δ_w in bezug auf die Winkel »in der Grenze» ähnlich sind, d. h.

$$\beta_0 - \alpha_0 \to 0, \ \beta_1 - \alpha_1 \to 0, \ \beta_2 - \alpha_2 \to 0 \tag{15, 1}$$

ist. Dies ist namentlich dann wichtig, wenn die Winkel bei z_0, z_1, z_2 oberhalb einer positiven Schranke bleiben. Den Beweis von (15, 1) führen wir hier zunächst unter der speziellen Voraussetzung, dass D eine *Dreiecks*umgebung ist, so dass das Innere von Δ_z, bzw. Δ_w in G_1 bzw. G enthalten ist, sobald z_1 und z_2 nahe genug bei z_0 liegen. Der Beweis im allgemeinen Falle wird später in der Nummer 25 (Satz IX der Nr. 24) erbracht werden.

In der Tat: entsprechen den Strecken $z_0 z_1, z_1 z_2, z_2 z_0$, in der w-Ebene die Kurvenbögen C_2, C_0, C_1, so folgt aus dem Rolleschen Satz, dass die Strecken $w_0 w_1, w_1 w_2, w_2 w_0$ parallel sind zu den Richtungen von Tangenten an C_2, C_0, C_1 in gewissen Punkten, die etwa $\zeta_2, \zeta_0, \zeta_1$ innerhalb der Strecken $z_0 z_1, z_1 z_2, z_2 z_0$ entsprechen. Nach (14, 2) ergeben sich daher die Richtungen der drei Seiten von Δ_w aus den Richtungen der entsprechenden Seiten von Δ_z durch Drehungen um Winkel, die sich von der Konstanten c in (14, 2) jeweils um $\varepsilon_1(\zeta_2 - z_0)$, $\varepsilon_1(\zeta_0 - z_0)$, $\varepsilon_1(\zeta_1 - z_0)$ unterscheiden. Daraus folgt aber (15, 1) unmittelbar.

Es sei noch bemerkt, dass, wenn die Punkte z_0, z_1, z_2 auf einer Geraden liegen und etwa z_1 zwischen z_0 und z_2 liegt, die Winkel $\alpha_0, \alpha_1, \alpha_2$ die Werte $0, \pi, 0$ haben. Analoges gilt in der w-Ebene.

16. *Der Randverzerrungssatz unter der Annahme der Winkelproportionalität.* Wir haben in Nr. 11 vorausgesetzt, dass G und G_1 in w_0, z_0 Ecken besitzen. Nun lässt sich bekanntlich die Winkelproportionalität — bei Annäherung im Winkel — auch unter gewissen allgemeineren Voraussetzungen herleiten.[16] Es ist daher von Interesse zu zeigen, dass der Randverzerrungssatz und die Behauptungen des Satzes V bereits dann in einem bestimmten Umfang gelten, wenn nur bekannt ist, dass die Abbildung von G_1 auf G im Punkte z_0 bei Annäherung im Winkel winkelproportional ist. Wir behaupten nämlich:

Satz IV°. Es möge $w = f(z)$ ein Gebiet G_1 in der z-Ebene mit einem erreichbaren Randpunkt z_0 und dem Rand R_1 auf ein Gebiet G in der w-Ebene mit dem Rand R abbilden, wobei z_0 einem gleichfalls erreichbaren Randpunkt w_0 entsprechen möge. Es seien L_1', L_1'' zwei auf $G_1 + R_1$ verlaufende Jordanbogen, die in z_0 einmünden und dort Tangenten s_1', s_1'' besitzen, derart, dass in der Nähe von z_0 zwischen L_1', L_1'' nur Punkte von G_1 liegen. Der innere Winkel zwischen s_1' und s_1'' sei $\gamma_1 > 0$. Es mögen L_1', L_1'' durch $w = f(z)$ auf zwei Jordanbogen L', L'' abgebildet werden, die in w_0 einmünden und dort Tangenten s', s'' besitzen, die miteinander den innern Winkel γ bilden. Ist dann D eine Winkelumgebung von z_0 in G_1, die zwischen L_1', L_1'' liegt, deren Begrenzung jedoch mit s_1', s_1'' nur den Punkt z_0 gemeinsam hat, so gelten, wenn z gegen z_0 durch das Innere von D strebt, die Formeln (11, 1), (11, 2), (11, 3), (14, 1) *und, wenn $\gamma > 0$ ist,* (14, 2), (14, 3). *Die Formel* (14, 1) *gilt dabei auch dann, wenn z gegen z_0 strebt und dabei nur der Bedingung unterworfen bleibt, zwischen L_1', L_1'' zu bleiben. Insbesondere besitzt also* $\arg f'(z)$ *für $\gamma = \gamma_1$ einen Grenzwert, wenn z über D, d. h. im Winkel, gegen z_0 strebt.*[17]

Zum Beweis verbinde man einen von z_0 verschiedenen Punkt von L_1' mit einem von z_0 verschiedenen Punkt von L_1'' durch einen Jordanbogen C, der, bis eventuell auf seine Endpunkte, ganz innerhalb von G_1 verläuft und weder mit L_1' noch mit L_1'' Punkte gemeinsam hat. Durch C wird aus dem zwischen L_1', L_1'' liegenden Stück von G_1 ein Gebiet G_1^* herausgeschnitten, dessen Berandung aus C und Teilbogen von L_1' und L_1'' besteht und in z_0 eine Ecke mit der innern Öffnung γ_1 besitzt. G_1^* wird nach unserer Voraussetzung durch $w = f(z)$ auf ein

[16] Es lässt sich sogar in gewissen Fällen, wo der Rand von G in w_0 nicht einmal eine Tangente besitzt und $G_1 \equiv K_z$ ist, die Existenz einer von 0 und ∞ verschiedenen Winkelableitung beweisen. CARATHÉODORY (3), pp. 4, 17—18, (2), p. 97; AHLFORS (1), p. 40.

[17] Im Fall $G_1 \equiv K_z$, wenn über die Voraussetzungen von Satz IV° hinaus $f(z)$ in z_0 eine (eventuell auch unendliche) Winkelderivierte besitzt, findet sich die Formel (11, 3) bei VISSER (2), p. 35. (Satz 8).

Teilgebiet G^* von G abgebildet, dessen Berandung im Bildpunkte w_0 von z_0 eine Ecke der Öffnung γ hat. Wendet man nun die Sätze IV, V auf die Gebiete G_1^*, G^* an, so ergeben sich unsere Behauptungen unmittelbar.

§ 4. Bemerkungen zum Lindelöfschen Satz.

17. *Der Lindelöfsche Satz.* Die in der Formel (14, 2) für $\gamma = \gamma_1$ enthaltene Existenz des Grenzwertes von $\arg f'(z)$ bei Konvergenz im Winkel gegen z_0 ist für den speziellen Fall, dass $G_1 \equiv K_z$ ist und der Rand von G in w_0 eine L-Tangente besitzt, bereits von Herrn E. Lindelöf festgestellt worden, und zwar hat sich in diesem Falle die Existenz von $\operatorname{Lim} \arg f'(z)$ sogar bei *allseitiger* Annäherung an z_0 aus K_z ergeben. Offenbar ist hier die Beschränkung $G_1 = K_z$ unwesentlich, da man ja die Abbildung von G_1 auf G immer auf dem Umwege über K_z ausführen kann. Wir können daher den Lindelöfschen Satz folgendermassen formulieren:

Satz VI. (Der Lindelöfsche Satz.) Es möge $w = f(z)$ ein schlichtes einfach zusammenhängendes Gebiet G_1 der z-Ebene auf ein schlichtes Gebiet G in der w-Ebene konform abbilden. Der Rand R_1 von G_1 möge in einem Randpunkt z_0 mit einer L-Tangente versehen sein, und dasselbe möge für den Rand R von G im Bildpunkt w_0 von z_0 gelten. Dann strebt $\arg f'(z)$ *gegen einen endlichen Grenzwert, wenn z aus dem Innern von G_1 allseitig gegen z_0 konvergiert.*

Der Lindelöfsche Satz gilt insbesondere, wenn die Ränder von G_1, G in z_0 bzw. w_0 stetige Tangenten besitzen. Für diesen Fall lässt er sich mit der gleichen Methode herleiten wie oben (14, 2), wenn man beim Beweis des Satzes I auf die Gleichmässigkeit der Konvergenz auf geeigneter ϑ-Menge achtet. Um indessen den Lindelöfschen Satz für den Fall einer L-Tangente mit herzuleiten, muss die ganze Grundlage der Untersuchung erweitert werden, und er wird sich daher bei unserer Methode erst im zweiten Teil dieser Abhandlung (Nr. 61) ergeben. Um aber Wiederholungen zu vermeiden, sollen bereits im ersten Teil dieser Abhandlung verschiedene Folgerungen aus diesem Satz mitentwickelt werden, und wir wollen daher zuerst einige Verallgemeinerungen des Lindelöfschen Satzes angeben.

Es sei zu allererst bemerkt, dass im Falle, wo G_1 und G in z_0 bzw. w_0 L-Tangenten besitzen, die in Nr. 15 angegebene Folgerung aus der Existenz von $\operatorname{Lim} \arg f'(z)$ über die Abbildung von Kurven mit L-Tangenten offenbar sogar bei *allseitiger* Konvergenz gegen z_0 gilt. Ist also C_z eine auf der Menge $G_1 + R_1$ verlaufende Jordankurve, die in z_0 mit einer L-Tangente mündet, so mündet auch ihre auf $G + R$ verlaufende Bildkurve in w_0 mit einer L-Tangente. Über die Formel (15, 1) in diesem Fall vgl. den Satz IX.

18. *Übertragung des Lindelöfschen Satzes auf L-Tangentenecken.* Die Behauptung des Lindelöfschen Satzes besagt einfach, dass (14, 2) und daher alle drei Formeln (14, 1), (14, 2), (14, 3) bei *allseitiger* Konvergenz von z gegen z_0 gelten, und in dieser Formulierung lässt sich der Lindelöfsche Satz auch auf den Fall übertragen, dass G und G_1 in w_0 bzw. z_0 zwar nicht notwendig L-Tangenten, wohl aber Ecken von den Öffnungen $\gamma > 0, \gamma_1 > 0$ bilden, derart, dass die beiden im Punkte w_0 zusammenstossenden Jordanbogen dort L-Tangenten besitzen und das Gleiche für die in z_0 zusammenstossenden Randstücke von G_1 gilt. Beim Beweis genügt es offenbar wiederum vorauszusetzen, dass $\gamma_1 = \pi$ ist. Für $\gamma_1 = \pi$ aber lässt sich die zu beweisende Tatsache wohl am einfachsten feststellen, wenn man durch eine gebrochene Potenztransformation die Öffnung des Winkels bei w_0 gleich π macht. In der Tat können wir ohne Beschränkung der Allgemeinheit voraussetzen, dass $w_0 = 0$ ist und die Winkelhalbierende der inneren Ecke von G bei w_0 in die negative reelle Axe weist. Dann wird das Gebiet G durch die Transformation $w' = w^{\frac{\pi}{\gamma}}$ bei geeigneter Wahl der Bestimmung von $w^{\frac{\pi}{\gamma}}$ in ein solches Gebiet G' übergeführt, dass bei $w' = 0$ eine Ecke der Öffnung π, d. h. eine Tangente vorliegt. Und da unsere Transformation winkelproportional ist, so folgt aus dem am Schlusse der Nr. 5 Gesagten, dass auch die beiden im Punkte $w' = 0$ zusammenstossenden Randstücke von G' dort L-Tangenten besitzen und daher also das ganze Randstück von G' in $w' = 0$ eine L-Tangente hat. Für das Gebiet G' gilt also

$$\arg \frac{dw'}{dz} = c + \varepsilon_0 (z - z_0),$$

wo $\varepsilon_0(z - z_0)$ bei allseitiger Konvergenz von z aus G_1 gegen z_0 gegen 0 strebt. Daraus folgt weiter, wegen (14, 1), auf w' als Funktion von z angewandt:

$$\arg w = \frac{\gamma}{\pi} \arg (z - z_0) + \frac{\gamma}{\pi} c + \frac{\gamma}{\pi} \varepsilon (z - z_0),$$

$$\arg f'(z) = \left(1 - \frac{\pi}{\gamma}\right) \arg w + c + \varepsilon_0 (z - z_0),$$

$$\arg f'(z) = \left(\frac{\gamma}{\pi} - 1\right) \arg (z - z_0) + \frac{\gamma}{\pi} c + \left(\frac{\gamma}{\pi} - 1\right) \varepsilon (z - z_0) + \varepsilon_0 (z - z_0).$$

Dies sind aber die Formeln (14, 1), (14, 2) für $\gamma_1 = \pi$, in denen nunmehr in der Tat, wie behauptet, die ε-Glieder bei *allseitiger* Konvergenz von z gegen z_0 gegen 0 streben.[18] Und dasselbe gilt natürlich auch für (14, 3).

Die damit bewiesene Übertragung des Lindelöfschen Satzes auf L-Tangentenecken ist im allgemeineren Satz der nächsten Nr. enthalten.

19. *Der Lindelöfsche Satz für halbseitige Konvergenz.* Wir wollen endlich beweisen, dass der Lindelöfsche Satz in der verallgemeinerten Formulierung der Nr. 18 »zur Hälfte» erhalten bleibt, wenn unter obigen Voraussetzungen schon der eine der in z_0 zusammenstossenden Randbogen von G_1 — er sei mit C_1 bezeichnet — und der entsprechende Randbogen C von G in z_0 bzw. w_0 L-Tangenten besitzen. In diesem Falle darf nämlich z *halbseitig* am Bogen C_1 gegen z_0 gehen. Wir formulieren den Satz wie folgt:

Satz VII. Es möge $w = f(z)$ ein schlichtes einfach zusammenhängendes Gebiet G_1 der z-Ebene mit einer Ecke von der Öffnung $\gamma_1 > 0$ in einem Randpunkte z_0 auf ein schlichtes Gebiet G in der w-Ebene konform abbilden, wobei der Ecke in z_0 eine Ecke im Bildpunkt w_0 von der Öffnung $\gamma > 0$ entspricht. Es möge einer der beiden in z_0 zusammenstossenden Randbogen von G_1 — er sei mit C_1 bezeichnet — in z_0 eine L-Tangente besitzen, ebenso wie sein Bildbogen C im Punkte w_0. Dann gelten die Formeln (14, 1), (14, 2), (14, 3), *wenn z halbseitig am Bogen C_1 aus G_1 gegen z_0 konvergiert.*

Beim Beweis darf offenbar vorausgesetzt werden, dass das Gebiet G_1 mit dem Kreissektor identisch ist, der aus dem Einheitskreis K_z durch die beiden unter dem Winkel $\frac{\pi}{4}$ zur negativen reellen Axe geneigten Radien herausgeschnitten wird. Der Punkt z_0 sei in diesem Falle der Nullpunkt, und C_1 sei einer der beiden Begrenzungsradien von G_1. — In der Tat kann ja die Abbildung von G_1 auf G »auf dem Umwege» über einen solchen Bereich stets durchgeführt werden.

Ebenso kann auch das Gebiet G in geeignet spezialisierter Gestalt angenommen werden. Denn erstens kann G durch ein Teilgebiet G' ersetzt werden, das zwischen den beiden in w_0 zusammenstossenden Randbogen und einem bei w_0 verlaufenden Querschnitt von G liegt. Denn bekanntlich — wir haben von einer analogen Tatsache bereits oben Gebrauch gemacht — ist die Abbildungsfunktion von G' auf G_1 in der Form darstellbar $f(\varphi(z))$, wo $\varphi(z)$ und $\varphi'(z)$ in

[18] Der Beweis für den Lindelöfschen Fall $G_1 \equiv K_z$, $\gamma = \pi$ ist natürlich noch unmittelbarer.

z_0 und auf einer Umgebung von z_0 stetig und von o verschieden sind. Entspricht nämlich G' bei der Abbildung von G auf G_1 das Teilgebiet G'_1 des Kreissektors G_1, so vermittelt $u = \varphi(z)$ die Abbildung von G_1 auf G'_1. Dem Randbogen C möge bei G' etwa C' entsprechen. Wir verlängern nun C' längs der Tangente in w_0 und bilden ein einfach zusammenhängendes Gebiet G^*, das das Gebiet G' im Innern enthält und zu dessen Rand als freies Randstück C' mit einem Stück der verlängerten Tangente gehört, so dass also der Rand von G^* in w_0 eine L-Tangente besitzt. Wird nun G^* etwa auf die obere Hälfte des Einheitskreises in der u-Ebene abgebildet, derart, dass dabei w_0 in $u = 0$ übergeht, so wird dabei G' auf ein Gebiet G'' abgebildet, in dem das Bild C'' von C' geradlinig ist. Und man kann bekanntlich die Abbildung von G^* auf jenes Gebiet der u-Ebene so einrichten, dass einer der beiden in der reellen u-Axe liegenden Radien von E_u das Bild von C' darstellt. Es genügt nun offenbar unsern Satz für das so entstandene Gebiet G'' zu beweisen. Wir dürfen daher von vornherein annehmen, dass das Gebiet G in der oberen Halbebene liegt, dass ferner $w_0 = 0$ und C eine der beiden Strecken zwischen $w = 0$ und $w = 1$ bzw. $w = 0$ und $w = -1$ ist. Wird nun aber ein solches Gebiet G durch $w = f(z)$ auf das vorhin angegebene Gebiet G_1 abgebildet, so entspricht dabei der geradlinigen Strecke C einer der beiden Begrenzungsradien des Kreissektors G_1, nämlich C_1. Man »verdoppele» nun das Gebiet G durch Spiegelung an C und bezeichne das so entstehende Gebiet mit Γ; ebenso »verdoppele» man G_1 durch Spiegelung an C_1 und bezeichne die so entstehende Halbkreisscheibe mit Γ_1. Aus dem Schwarzschen Spiegelungsprinzip folgt aber nunmehr, dass die Funktion $f(z)$ zugleich die konforme Abbildung von Γ_1 auf Γ derart vermittelt, dass dabei z_0 in w_0 übergeht. Wendet man nun auf diese Abbildung die Formeln (14, 1), (14, 2), (14, 3) an, so gelten sie auf jeden Fall in einem Winkel um C_1, woraus sich unsere Behauptung unmittelbar ergibt.

20. *Folgerungen aus Satz VII.* Es ist nun klar, dass die am Schluss der Nr. 17 für den Fall von L-Tangenten angegebene Tatsache auch unter den Voraussetzungen des Satzes VII für am Randbogen C_1 halbseitig gegen z_0 konvergierende z erhalten bleibt. Mit andern Worten: Es sei C_z eine in G_1 verlaufende und in z_0 mündende einfache Kurve, die in z_0 eine L-Tangente besitzt und in einer an C_1 liegenden halbseitigen Umgebung von z_0 innerhalb G_1 verläuft. Dann besitzt auch ihre Bildkurve in G im Punkte w_0 eine L-Tangente. Und hier darf C_z auch mit C_1 Punkte gemein haben.

Ebenso gilt für $\gamma = \gamma_1 > 0$ die in Nr. 15 erläuterte »Winkelähnlichkeit in der Grenze« des Dreiecks $z_0 z_1 z_2$ mit dem Dreieck $w_0 w_1 w_2$, dessen Ecken Bildpunkte von z_0, z_1, z_2 sind, wenn z_1, z_2 *halbseitig* an C_1 gegen z_0 konvergieren, d. h. die Formel (15, 1) bleibt auch jetzt richtig. Wir beweisen sie hier allerdings unter speziellen Voraussetzungen und werden den allgemeinen Fall erst im Satze IX formulieren und beweisen.

Lemma 1. Es sei D unter den Voraussetzungen des Satzes VII eine halbseitige Umgebung von z_0 an C_1, deren Winkelöffnung γ_0 bei z_0 positiv und kleiner als π ist. z_1, z_2 sei ein Paar untereinander verschiedener Punkte aus der Menge $D + C_1$, die gegen z_0 konvergieren, w_1, w_2 seien die Bildpunkte von z_1 und z_2 in G. Dann ist die Strecke $w_1 w_2$ gegen die Strecke $z_1 z_2$ um den Winkel $c + \varepsilon(z_1, z_2)$ gedreht, wo $\varepsilon(z_1, z_2)$ gegen 0 konvergiert, wenn z_1 und z_2 gegen z_0 streben, und c die Konstante der Formel (14, 2) ist.

Zum Beweis beachte man vor allem, dass, sobald z_1, z_2 nahe genug bei z_0 liegen, auch das Punktepaar w_1, w_2 innerhalb einer Halbumgebung von w_0 an C bleibt, deren Winkelöffnung bei w_0 beliebig nahe an γ_0 und daher insbesondere positiv und kleiner als π gewählt werden kann. Daher kann man beim Beweis die Gebiete G und G_1 miteinander vertauschen. Andererseits kann man die Abbildung von G_1 auf G auf dem Umwege über einen Sektor des Einheitskreises ausführen, wobei C_1 einem Radius dieses Kreises entspricht. Daher darf beim Beweis von vornherein vorausgesetzt werden, *dass C_1 eine geradlinige Strecke ist.*

Es sei nun D^* eine weitere halbseitige Umgebung von z_0 an C_1, die D enthält und deren Winkelöffnung bei z_0 grösser als γ_0 ist. Sobald z_1 und z_2 nahe genug bei z_0 liegen, bleibt dann die Strecke $z_1 z_2$ sicher innerhalb $D^* + C_1$. Liegt höchstens einer der Punkte z_1, z_2 auf C_1, so liegen alle *inneren* Punkte der Strecke $z_1 z_2$ *innerhalb* D^*. Ist Γ die Bildkurve der Strecke $z_1 z_2$ in der w-Ebene, so hat ihre Sehne $w_1 w_2$ nach dem Rolleschen Satz die gleiche Richtung wie die Tangente an Γ in einem innern Punkt dieses Bogens, der einem innern Punkte ζ der Strecke $z_0 z_1$ entspricht. Daher ergibt sich nach (14, 2) die Richtung von $w_1 w_2$ aus der Richtung von $z_1 z_2$ durch Drehung um den Winkel $c + \varepsilon_1(\zeta - z_0)$, woraus unsere Behauptung ohne weiteres folgt.

Liegen aber *beide* Punkte z_1, z_2 auf C_1, so ist die Richtung von $z_1 z_2$ zugleich diejenige von C_1. Die Strecke $w_1 w_2$ ist dann eine Sehne an die Kurve C; die Richtung von $w_1 w_2$ konvergiert daher nach der Annahme, dass C in w_0 eine

L-Tangente besitzt, gegen die Richtung der Tangente an C in w_0. In diesem Falle aber ergibt sich unsere Behauptung unmittelbar aus dem Satze VII.

Aus Lemma 1 folgt nunmehr:

Lemma 2. Wird über die Voraussetzungen von Lemma 1 hinaus vorausgesetzt, dass die Punkte z_1, z_2 nicht nur voneinander sondern auch von z_0 verschieden sind, so gelten die Formeln (15, 1), *wenn z_1, z_2 über $D + C_1$ gegen z_0 konvergieren.*

Denn zum Beweis genügt es, das Lemma 1 auf jedes der drei Punktepaare z_0, z_1; z_0, z_2; z_1, z_2 anzuwenden.

Endlich sei noch folgendes bewiesen:

Zusatz 1 zum Satz VII. Es mögen in der Formulierung des Satzes VII die Jordanbogen C und C_1 durchweg mit Tangenten versehen sein, die in den Punkten z_0 bzw. w_0 L-Tangenten sind, und es sei $\gamma = \gamma_1$. Dann bilden die längs des Bogens C_1 im Winkel existierenden Grenzwerte von $\arg f'(z)$ *eine Funktion des Punktes auf C_1, die in z_0 stetig ist.* Ist in der Tat α der Grenzwert von $\arg f'(z)$ in z_0 und ε eine beliebig kleine positive Zahl, so gibt es eine halbseitige Umgebung H von z_0 an C_1, derart, dass für alle z aus H $|\arg f'(z) - \alpha| < \varepsilon$ ist. Ist dann C_1^* ein an z_0 anstossendes Stück von C_1, das zum Rand von H gehört, und ist z' irgend ein innerer Punkt von C_1^*, so liegt die Innennormale auf C_1 in z' zunächst in H. Daher genügt der längs der Normalen sicher existierende Grenzwert $\arg f'(z')$ von $\arg f'(z)$ in z' der Ungleichung

$$|\arg f'(z') - \alpha| \leqq \varepsilon,$$

wie behauptet. Insbesondere folgt:

Zusatz 2 zum Satz VII. Haben unter den Voraussetzungen des Satzes VI zwei einander entsprechende Jordansche Randbogen C_1 und C von G_1 bzw. G durchweg sich stetig drehende Tangenten, so ist die Grenzfunktion von $\arg f'(z)$ *eine stetige Funktion auf dem Bogen C_1.*[19]

§ 5. Relative Konformität bei der Eckenabbildung.

21. *Die Längentreue im Kleinen.*

Satz VIII. Es sei unter den Voraussetzungen des Satzes IV $\gamma > 0$, $\gamma_1 > 0$; c_1, c_2 seien zwei beliebige positive Konstanten mit $c_1 < c_2$. D sei eine Winkelumgebung von z_0 in G_1.

[19] Vgl. für diese Formulierung Warschawski (1), p. 406.

a) *Ist dann* $z_1, z_2, z_1 \neq z_2$ *ein Punktepaar aus* D *mit*

(21, 1) $$c_1 \leqq \left|\frac{z_1 - z_0}{z_2 - z_0}\right| \leqq c_2,$$

so gilt

(21, 2) $$\frac{f(z_1) - w_0}{f(z_2) - w_0} \sim \left(\frac{z_1 - z_0}{z_2 - z_0}\right)^{\frac{\gamma}{\gamma_1}},$$

(21, 3) $$\frac{f'(z_2)}{f'(z_1)} \sim \left(\frac{z_2 - z_0}{z_2 - z_0}\right)^{\frac{\gamma}{\gamma_1} - 1},$$

wenn z_1 *und* z_2 *über* D, *d. h. im Winkel, gegen* z_0 *konvergieren.*

b) *Wird im Falle* a) *die Voraussetzung* (21, 1) *ersetzt durch*

(21, 1°) $$\frac{z_1 - z_0}{z_2 - z_0} \to 0, \quad bzw. \ \frac{z_1 - z_0}{z_2 - z_0} \to \infty,$$

so sind die Formeln (21, 2), (21, 3) *zu ersetzen durch*

(21, 2°) $$\frac{f(z_1) - w_0}{f(z_2) - w_0} \to 0, \quad \text{bzw.} \ \frac{f(z_1) - w_0}{f(z_2) - w_0} \to \infty.$$ [20]

c) *Sind* w_1, w_2 *die den Punkten* z_1, z_2 *aus* D *entsprechenden Punkte aus* G, *so ist Bedingung* (21, 1) *äquivalent mit*

(21, 4) $$d_1 \leqq \left|\frac{w_1 - w_0}{w_2 - w_0}\right| \leqq d_2$$

für positive Konstanten d_1, d_2, *wobei die Äquivalenz so zu verstehen ist, dass zu festen* c_1, c_2 *solche positive* d_1, d_2 *gefunden werden können, dass* (21, 4) *eine Folge von* (21, 1) *ist, und umgekehrt, zu festen positiven* d_1, d_2 *positive* c_1, c_2 *derart wählbar sind, dass* (21, 1) *aus* (21, 4) *folgt. Ebenso ist jede Bedingung* (21, 1°) *äquivalent mit der entsprechenden Bedingung* (21, 2°).

---

[20] Man kann offenbar die auf (21, 1), (21, 2), (21, 1°), (21, 2°) bezüglichen Behauptungen dahin zusammenfassen, dass wenn z_1 und z_2 im Winkel gegen z_0 konvergieren und $\frac{z_1 - z_0}{z_2 - z_0} \to \lambda$ ist, dann auch $\frac{f(z_1) - w_0}{f(z_2) - w_0} \to \lambda^{\frac{\gamma}{\gamma_1}}$ gilt. Es ist leicht zu sehen, dass hieraus die ganze Behauptung (21, 2) unter der Voraussetzung (21, 1) unmittelbar hergeleitet werden kann.

d) *Hat ein an* z_0 *anstossendes Randstück* C_1 *von* G_1 *in* z_0 *eine L-Tangente, ebenso wie sein Bildbogen* C *in* w_0 *und gilt für* z_1, z_2 *aus einer halbseitigen Umgebung* H *von* z_0 *an* C_1 *in* G_1 (21, 1), *bzw.* (21, 1°), *so darf in den Behauptungen* a), b), c), *die Formel* (21, 3) *ausgenommen, die Winkelumgebung* D *durch* H *ersetzt werden. Und dabei dürfen* z_1 *und* z_2 *auch auf* C_1 *liegen. — Haben alle vier in* z_0 *und* w_0 *zusammenstossenden Randbogen von* G_1 *und* G *dort L-Tangenten, so darf in dieser Formulierung die Umgebung* H *durch eine allseitige Umgebung von* z_0 *in* G_1 *ersetzt werden, zu der dabei auch noch die Randpunkte von* G_1, *die zugleich zum Rand dieser Umgebung gehören, hinzugezählt werden können.*

e) *Gelten anstatt den Voraussetzungen des Satzes IV die Voraussetzungen des Satzes IV° der Nr.* 16, *so bleiben die Behauptungen* a), b), c) *richtig, wenn die Winkelumgebung* D *den in der Formulierung von IV° angegebenen Bedingungen genügt.*[21]

22. *Beweis von* (21, 2) *bzw.* (21, 2°) *für* $\gamma=\gamma_1$. Es sei zunächst bemerkt, dass (21, 3) aus (21, 2) wegen (11, 3) ohne weiteres folgt, so dass im Falle a) nur (21, 2) zu beweisen ist. Ferner ist die Relation (21, 4) offenbar eine unmittelbare Folge aus (21, 2) und (21, 1). Beachtet man, dass nach dem in Nr. 15 Gesagten für $z_1 \prec D$, $z_2 \prec D$, sobald z_1 und z_2 nahe genug bei z_0 liegen, auch w_1, w_2 in einer Winkelumgebung von w_0 in G liegen, so folgt aus (21, 4) umgekehrt (21, 1), wenn man die Rollen von z und w vertauscht.

Wir haben daher nur (21, 2), (21, 2°) unter entsprechenden Voraussetzungen zu beweisen. — Es seien nun wieder $\alpha_0, \alpha_1, \alpha_2$; $\beta_0, \beta_1, \beta_2$ die Winkel der Dreiecke $z_0 z_1 z_2$, $w_0 w_1 w_2$ resp. bei z_0, z_1, z_2; w_0, w_1, w_2. Beim Beweis von (21, 2) und (21, 2°) in den Fällen a), b) dürfen wir annehmen, dass z_1, z_2 in einer und derselben *Dreiecksumgebung* von z_0 in G_1 liegen — da man sonst zwischen z_1 und z_2 nur endlich viele Punkte einzuschalten braucbt, derart, dass zwei aufeinanderfolgende dieser Punkte in einer und derselben Dreiecksumgebung von z_0 in G_1 liegen. (Man beachte, dass die zu beweisende Behauptung in dem Sinne transitiv ist, dass, wenn sie für z_1, z_2 und z_2, z_3 gilt, sie auch für z_1, z_3 richtig ist). Daher dürfen wir die Gültigkeit von (15, 1) voraussetzen — für den Fall einer Dreiecksumgebung haben wir ja in Nr. 15 diese Formel bewiesen. — Ferner kann durch Einschaltung weiterer Punkte in endlicher Anzahl erreicht werden, dass der

[21] Für $G_1 \equiv K_z$, $\gamma=\pi$ *und wenn* z_1 *und* z_2 *auf einem in Bezug auf* z_0 *symmetrischen Orthogonalkreis von* E_z *liegen*, ist die dann aus (21, 2) folgende Relation $\frac{|f(z_1)-w_0|}{|f(z_2)-w_0|} \to 1$ mit einer in VISSER (2), p. 32 (Satz 4) hergeleiteten äquivalent.

Winkel α_0 zwischen δ und $\frac{\delta}{4}$ bleibt, wo δ eine beliebig aber fest gewählte positive Zahl mit $\delta < \frac{\gamma}{2}$, $\delta < \frac{\pi}{2}$ ist.[22] Dann gilt $\pi - \delta \leqq \alpha_1 + \alpha_2 \leqq \pi - \frac{\delta}{4}$. Nun liefert der Sinussatz

$$\left|\frac{z_1 - z_0}{z_2 - z_0}\right| = \frac{\sin \alpha_2}{\sin \alpha_1}. \tag{22, 1}$$

Aus (21, 1) folgt daher, dass beide Winkel α_1, α_2 $\left(\text{kleiner als } \pi - \frac{\delta}{4} \text{ und}\right)$ grösser als eine positive Schranke bleiben, die nur von c_1, c_2 abhängt. Daher bleiben wegen (15, 1) auch die Winkel β_1, β_2 oberhalb einer positiven Schranke und überschreiten $\pi - \frac{\delta}{4}$ nicht, sobald z_1, z_2 nahe genug bei z_0 liegen, woraus wegen (22, 1) nach dem Sinussatz folgt

$$\left|\frac{f(z_1) - w_0}{f(z_2) - w_0}\right| = \frac{\sin \beta_2}{\sin \beta_1} \sim \frac{\sin \alpha_2}{\sin \alpha_1} = \left|\frac{z_1 - z_0}{z_2 - z_0}\right|, \tag{22, 2}$$

w. z. b. w.

Wird aber eine der Relationen (21, 1°) vorausgesetzt, so folgt, dass entweder $\alpha_2 \to 0$ gilt und $\sin \alpha_1$ oberhalb einer positiven Schranke bleibt, oder $\alpha_1 \to 0$ gilt und $\sin \alpha_2$ oberhalb einer positiven Schranke bleibt. Dann gilt also entweder

$$\left|\frac{w_1 - w_0}{w_2 - w_0}\right| = \frac{\sin \beta_2}{\sin \beta_1} \to 0,$$

oder

$$\left|\frac{w_1 - w_0}{w_2 - w_0}\right| = \frac{\sin \beta_2}{\sin \beta_1} \to \infty,$$

womit (21, 2°) bewiesen ist. —

Offenbar führt nun die gleiche Überlegung auch im Falle d) zum Ziel; wir dürfen wiederum annehmen, dass z_1, z_2 in einer halbseitigen Umgebung von z_0 an C_1 liegen, deren Öffnung kleiner ist als π, und zu der noch die inneren Punkte von C_1 hinzuzuzählen sind. Daher gelten auch hier die Relationen (15, 1) nach dem im Lemma 2 der Nr. 20 Bewiesenen. Ebenso darf wieder an-

[22] Wenn z. B. der Winkel zwischen $z_0 z_1$ und $z_0 z_2$ kleiner ist als $\frac{\delta}{4}$, wähle man für z' einen solchen Punkt (*ausserhalb* des Winkelraumes zwischen den Halbstrahlen an z_0 durch z_1 bzw. z_2), dass der Winkel zwischen $z_0 z'$ und $z_0 z_1$ etwa gleich $\frac{\delta}{2}$ ist.

genommen werden, dass α_0 zwischen δ und $\frac{\delta}{4}$ für ein geeignetes positives δ mit $\delta < \frac{\gamma}{2}$, $\delta < \frac{\pi}{2}$ liegt. Dann sind aber alle weiteren Schlüsse unverändert anwendbar.

Und damit ist offenbar auch der Fall erledigt, in dem alle vier in z_0 und w_0 zusammenstossenden Randbogen von G_1 und G dort L-Tangenten besitzen. —

23. *Der Fall* $\gamma \gtrless \gamma_1$. Der Fall endlich, dass γ und γ_1 untereinander (und von Null) verschieden sind, lässt sich auf den oben behandelten zurückführen, wenn man die z-Ebene der Transformation $u = (z - z_0)^{\frac{\gamma}{\gamma_1}}$ unterwirft. Besitzen im Falle d) einige der in z_0 zusammenstossenden Randstücke von G_1 in diesem Punkte L-Tangenten, so gilt nach dem in Nr. 5 Bemerkten das Gleiche auch für das aus G_1 vermöge unserer Transformation hervorgehende Gebiet, so dass (21, 2) bzw. (21, 2°) auch bei halbseitiger oder allseitiger Konvergenz von z_1 und z_2 gegen z_0 gilt, wobei z_1 und z_2 auch Randpunkte von G_1 durchlaufen dürfen, dem Fall d) entsprechend. Aus dem Randverzerrungssatz ergibt sich ferner, dass gleichzeitig mit (21, 2) im Falle a) auch die Relation (21, 3) gilt. Die Behauptungen von c) ergeben sich ganz analog wie oben.

Was endlich den Fall e) anbetrifft, so ergeben sich die in diesem Falle ausgesprochenen Behauptungen unmittelbar, wenn man das zum Beweis des Satzes IV° Gesagte berücksichtigt. Damit ist der Satz VIII vollständig bewiesen. —

Um nun analoge Aussagen über $\frac{w_2 - w_1}{w_2 - w_0}$ herleiten zu können, müssen wir erst die Gültigkeit der Relationen (15, 1) im allgemeinsten Falle diskutieren. Wir fassen das Resultat im Satz IX zusammen, dessen Beweis auf dem Satz VIII für $\gamma = \gamma_1$ beruht.

24. *Winkeltreue bei der Dreiecksabbildung. Satz IX. Es sei unter den Voraussetzungen des Satzes IV* $\gamma = \gamma_1 > 0$. *D sei eine Winkelumgebung von* z_0 *in* G_1. z_1, z_2 *sei ein Punktepaar aus D, wobei* z_0, z_1, z_2 *untereinander verschieden sind. Es seien* w_1, w_2 *die Bildpunkte von* z_1, z_2 *in G und* $\alpha_0, \alpha_1, \alpha_2$; $\beta_0, \beta_1, \beta_2$ *seien die Winkel der Dreiecke* $z_0 z_1 z_2$, $w_0 w_1 w_2$ *resp. bei* z_0, z_1, z_2; w_0, w_1, w_2. *Dann gilt, wenn* z_1, z_2 *gegen* z_0 *konvergieren,*

$$(24, 1) \qquad \beta_0 - \alpha_0 \to 0, \quad \beta_1 - \alpha_1 \to 0, \quad \beta_2 - \alpha_2 \to 0.$$

Hat aber ein in z_0 mündender Randbogen C_1 von G_1 dort eine L-Tangente, ebenso wie sein Bildrandbogen von G, so darf in der obigen Behauptung D durch eine halbseitige Umgebung H von z_0 an C_1 ersetzt werden, wobei zu H noch die inneren Punkte von C_1 hinzugezählt werden dürfen. Haben ferner alle vier in z_0 zusammenstossenden Randbogen von G_1 und G dort L-Tangenten, so bleibt (24, 1) *für* $\gamma < 2\pi$ *richtig, wenn* z_1, z_2 *gegen* z_0 *über das Innere und den Rand von* G_1 *konvergieren. Ist aber dann* $\gamma = 2\pi$, *so gilt* (24, 1), *wenn* z_1, z_2 *gegen* z_0 *über das Innere und den Rand von* G_1 *konvergieren und wenn dabei für keine Unterfolge von Punktepaaren* z_1, z_2 *mit* $z_1 \to z_0$, $z_2 \to z_0$ $\alpha_0 \to 0$, $\left|\frac{z_1 - z_0}{z_2 - z_0}\right| \to 1$ *gilt und zugleich die Strecke* $z_1 z_2$ *beide in* z_0 *zusammenstossenden Randbogen von* G_1 *trifft.*

25. *Beweis.* Wäre eine der Behauptungen unseres Satzes falsch, so liesse sich nach dem Auswahlsatz eine Folge von Punktepaaren z_1, z_2 mit $z_1 \to z_0$, $z_2 \to z_0$ finden, die der in Frage kommenden Bedingung für z_1 und z_2 genügt und für die eine der Differenzen $\beta_0 - \alpha_0$, $\beta_1 - \alpha_1$, $\beta_2 - \alpha_2$ einen von Null verschiedenen Grenzwert besitzt. Und das Gleiche würde dann für jede unendliche Unterfolge einer solchen Folge gelten. Eine solche Unterfolge $z_1^{(\nu)}$, $z_2^{(\nu)}$ ($\nu = 1, 2, \ldots$) können wir nun aber nach dem Häufungsstellensatz auf jeden Fall derart herausgreifen, dass für sie erstens alle sechs Winkel $\alpha_0^{(\nu)}$, $\alpha_1^{(\nu)}$, $\alpha_2^{(\nu)}$; $\beta_0^{(\nu)}$, $\beta_1^{(\nu)}$, $\beta_2^{(\nu)}$ Grenzwerte besitzen, die wir mit A_0, A_1, A_2; B_0, B_1, B_2 bezeichnen wollen; dass zweitens

$$\left|\frac{z_2^{(\nu)} - z_0}{z_1^{(\nu)} - z_0}\right| \to q_1, \qquad \left|\frac{w_2^{(\nu)} - w_0}{w_1^{(\nu)} - w_0}\right| \to q$$

gilt wo q, q_1 auch unendlich sein können, aber auf jeden Fall nach dem Satz VIII $q = q_1$ ist; dass drittens die Richtungen der Halbstrahlen $z_0 z_1^{(\nu)}$, $z_0 z_2^{(\nu)}$; $w_0 w_1^{(\nu)}$, $w_0 w_2^{(\nu)}$ wo w_0, $w_1^{(\nu)}$, $w_2^{(\nu)}$ die Bilder von z_0, $z_1^{(\nu)}$, $z_2^{(\nu)}$ sind, gegen die Richtungen der Halbstrahlen σ_1', σ_1'' in der z-Ebene bzw. σ', σ'' in der w-Ebene konvergieren. Und wir haben daher nur zu untersuchen, unter welchen Umständen für eine solche Folge von Punktepaaren eine der Differenzen $B_0 - A_0$, $B_1 - A_1$, $B_2 - A_2$ von Null verschieden sein kann.

Es sei zuförderst bemerkt, dass nach (14, 1) sicher $A_0 = B_0$ ist. Ist nun $A_0 = B_0 = \pi$, so muss offenbar $B_1 = A_1 = B_2 = A_2 = 0$ sein. Es sei nun $0 < A_0 = B_0 < \pi$. Dann verschwindet von einem ν an keiner der Winkel $\alpha_1^{(\nu)}$, $\beta_1^{(\nu)}$, $\alpha_2^{(\nu)}$, $\beta_2^{(\nu)}$. Der Sinussatz, angewandt auf die Dreiecke $z_0 z_1^{(\nu)} z_2^{(\nu)}$, $w_0 w_1^{(\nu)} w_2^{(\nu)}$, liefert

$$(25,1).\qquad \left|\frac{z_1^{(\nu)}-z_0}{z_2^{(\nu)}-z_0}\right| = \frac{\sin\alpha_2^{(\nu)}}{\sin\alpha_1^{(\nu)}} \to q, \qquad \left|\frac{w_1^{(\nu)}-w_0}{w_2^{(\nu)}-w_0}\right| = \frac{\sin\beta_2^{(\nu)}}{\sin\beta_1^{(\nu)}} \to q.$$

Andererseits aber können, wegen $0 < A_1 + A_2 = B_1 + B_2 = \pi - A_0 < \pi$, $\sin A_1$ und $\sin A_2$ nicht zugleich verschwinden, ebenso wie $\sin B_1$ und $\sin B_2$. Daher gilt sicher

$$(25,2)\qquad \frac{\sin A_2}{\sin A_1} = q = \frac{\sin B_2}{\sin B_1}.$$

Und hieraus folgt $A_1 = B_1$, $A_2 = B_2$ unmittelbar für $q = 0$ oder $q = \infty$. Ist aber q von 0 und ∞ verschieden, so folgt bekanntlich aus (25, 2)

$$\frac{\operatorname{tg}\frac{A_2 - A_1}{2}}{\operatorname{tg}\frac{A_2 + A_1}{2}} = \frac{\operatorname{tg}\frac{B_2 - B_1}{2}}{\operatorname{tg}\frac{B_2 + B_1}{2}}$$

oder $\operatorname{tg}\frac{A_2 - A_1}{2} = \operatorname{tg}\frac{B_2 - B_1}{2}$, $A_2 - A_1 = B_2 - B_1$, $A_1 = B_1$, $A_2 = B_2$. Es bleibt nur noch der Fall $A_0 = B_0 = 0$ zu untersuchen.

Für $A_0 = B_0 = 0$ ist der Fall $q \neq 1$ sofort zu erledigen. Wir können dann ohne Beschränkung der Allgemeinheit annehmen, dass $q < 1$ ist. Wäre nun etwa $0 < A_1 < \pi$, so würde daraus folgen, wegen $A_2 = \pi - A_1 - A_0$, nach (25, 1)

$$q = \frac{\sin A_2}{\sin A_1} = \frac{\sin(\pi - A_1)}{\sin A_1} = 1,$$

entgegen der Annahme. Daher muss A_1 gleich 0 oder π sein, für $q < 1$ also, da dann von einem ν an, wegen (25, 1), die $\alpha_1^{(\nu)}$ gegenüberliegende Seite des Dreiecks $z_0 z_1^{(\nu)} z_2^{(\nu)}$ *grösser* als die andere an z_0 anstossende Seite ist, $A_1 = \pi$, $A_2 = 0$. Genau ebenso ergibt sich $B_1 = \pi$, $B_2 = 0$, womit (24, 1) auch in diesem Falle bewiesen ist.

Es sei $A_0 = B_0 = 0$, $q = 1$. Fällt dann die gemeinsame Grenzrichtung σ_1', σ_1'' in das *Innere* des Eckenwinkels von G_1 bei z_0, so folgt (24, 1) aus dem am Schlusse von Nr. 15 Gesagten (vgl. (15, 1)). Fällt ferner die gemeinsame Richtung σ_1', σ_1'' in eine der beiden Tangentenrichtungen der Ecke von G_1 in z_0, sind aber die beiden Tangentenrichtungen dieser Ecke verschieden (ist also $\gamma_1 < 2\pi$), so bleiben, wenn der zugehörige Randbogen von G_1 mit C_1 bezeichnet wird und H eine Halbumgebung von z_0 an C ist, $z_1^{(\nu)}$, $z_2^{(\nu)}$ für hinreichend grosse ν in $H + C$, und in diesem Falle folgt die Behauptung des Satzes aus dem Lemma 2 der Nr. 20.

Es sei nun $\gamma_1 = 2\pi$, es möge aber jede Strecke $z_1^{(\nu)} z_2^{(\nu)}$ *nur einen* der beiden in z_0 zusammenstossenden Randbogen von G_1 treffen. Ferner seien H', H'' irgendwie gewählte halbseitige Umgebungen von z_0 an den in z_0 zusammenstossenden Randbogen C_1', C_1'' von G_1. Dann müssen von einem ν an beide Punkte $z_1^{(\nu)}$, $z_2^{(\nu)}$ *in einer und derselben*, vielleicht mit ν variablen, der beiden Mengen $H' + C_1'$, $H'' + C_1''$ liegen. Nach dem Auswahlsatz dürfen wir dann annehmen, dass alle Punktepaare $z_1^{(\nu)}$, $z_2^{(\nu)}$ in *einer festen* dieser Mengen liegen, etwa in $H' + C_1'$. Dann ergibt sich aber unsere Behauptung wiederum aus dem Lemma 2 der Nr. 20.

Damit ist der Satz IX vollständig bewiesen. Was aber den in seiner Formulierung angegebenen Ausnahmefall anbetrifft, so ist es leicht, sich an einem Beispiel zu überzeugen, dass in ihm der Satz IX in der Tat nicht zu gelten braucht.

Hierzu betrachte man den Einheitskreis K_z der z-Ebene, der aber längs des nach $z = 1$ führenden Radius aufgeschnitten wird. Wird das so entstehende Gebiet K_z^* und das analoge Gebiet in der w-Ebene mit K_w^* bezeichnet, so bilde man K_z^* auf K_w^* derart ab, dass $z = 0$ in $w = 0$ übergeht, dass aber vom Nullpunkt verschiedene und ihm genügend benachbarte, einander gegenüberliegende Punkte auf den beiden Ufern des Einschnittes von K_z^* jedesmal in zwei Randpunkte von K_w^* übergehen, die *nicht mehr einander gegenüberliegen.* — Hierzu genügt es die Abbildungsfunktion so zu wählen, dass sie nicht die Form $w = z$ hat. —

Es seien nun z_1, z_2 zwei von z_0 verschiedene, einander gegenüberliegende Punkte der beiden Ufer des Einschnittes von K_z^*. Ihre Bildpunkte in K_w^* seien w_1, w_2 und es mögen z_1, z_2 so nahe beim Nullpunkt liegen, dass w_1, w_2 auch auf den beiden Ufern des Einschnittes von K_w^* liegen. Es liege etwa w_1 näher zum Nullpunkt als w_2. Sind dann w_1', w_2' hinreichend nahe bei w_1, w_2 liegende Punkte von K_w^* aus den entsprechenden Halbumgebungen von w_1, w_2, so unterscheiden sich die Winkel des Dreiecks $0\, w_1' w_2'$ beliebig wenig $0, \pi, 0$. Die entsprechenden Punkte z_1', z_2' in der Nähe von z_1, z_2 lassen sich offenbar aber so wählen, dass die analogen Winkel des Dreiecks $0\, z_1' z_2'$ sich beliebig wenig von $0, 0, \pi$ unterscheiden.

26. *Seitenähnlichkeit bei der Dreiecksabbildung.* Wir sind nunmehr imstande, die dem Satz VIII entsprechenden Tatsachen über das asymptotische Verhalten der z_0, w_0 gegenüberliegenden Seiten der Dreiecke $z_0 z_1 z_2$, $w_0 w_1 w_2$ zu formulieren und zu beweisen.

Satz X. Es sei unter den Voraussetzungen des Satzes IV $\gamma = \gamma_1 > 0$. *c sei eine beliebige positive Konstante. D sei eine Winkelumgebung von* z_0 *in* G_1. z_1, z_2, $z_1 \neq z_2$, *sei ein Punktepaar aus D mit* $z_1 \to z_0$, $z_2 \to z_0$ *und*

$$\left| \frac{z_1 - z_0}{z_2 - z_0} \right| \leqq c. \tag{26, 1}$$

Es sei $w_1 = f(z_1)$, $w_2 = f(z_2)$.

a) *Es gilt*

$$\frac{w_1 - w_2}{w_2 - w_0} \sim \frac{z_1 - z_2}{z_2 - z_0}. \tag{26, 2}$$

b) *Hat ein an* z_0 *anstossendes Randstück* C_1 *von* G_1 *in* z_0 *eine L-Tangente, ebenso wie sein Bildbogen in* w_0, *und ist H eine Halbumgebung von* C_1 *in* G_1, *so bleibt* (26, 2) *richtig, wenn die Winkelumgebung D durch die Menge* $H + C_1$ *ersetzt wird, wenn dabei für keine Unterfolge von Punktepaaren* z_1, z_2 $\frac{z_1 - z_0}{z_2 - z_0} \to 1$ *gilt.*

c) *Haben alle vier in* z_0 *und* w_0 *zusammenstossenden Randbogen von* G_1 *und G dort L-Tangenten, so darf in der obigen Formulierung die Winkelumgebung D durch eine allseitige Umgebung von* z_0 *in* G_1 *ersetzt werden, zu der dabei auch noch die Randpunkte von* G_1, *die zugleich zum Rand dieser Umgebung gehören, hinzugezählt werden können, sofern für keine Unterfolge von Punktepaaren* z_1, z_2 $\frac{z_1 - z_0}{z_2 - z_0} \to 1$ *gilt.*

Bemerkungen. 1) Legt man die Voraussetzungen des Satzes IV° zugrunde, so bleibt für $\gamma = \gamma_1$ die Behauptung a) des Satzes X richtig, wenn D den in jenem Satz formulierten Bedingungen genügt. Und ebenso bleibt die Behauptung b) richtig, wenn unter D eine entsprechend zu definierende halbseitige Umgebung eines der in der Formulierung von IV° eingeführten Jordanbogen L_1', L_1'' verstanden wird. — In der Tat folgt aus der Formulierung des Satzes IV°, dass man in diesem Falle unsere Behauptungen ohne weiteres aus dem Satz X herleiten kann.

2) Beim Beweis von (26, 2) genügt es in allen Fällen des Satzes X, nur die Äquivalenz der absoluten Beträge zu beweisen (wovon in der nächsten Nummer, beim Beweis eines Spezialfalles von a) Gebrauch gemacht werden wird):

$$(26,3)\qquad \left|\frac{\dfrac{w_1 - w_2}{w_2 - w_0}}{\dfrac{z_1 - z_2}{z_2 - z_0}}\right| \to 1,$$

da ja der auf die Argumente der beiden Seiten von (26, 2) bezügliche Teil der Behauptung im Satze IX enthalten ist.

27. *Beweis von* a) *für eine Dreiecksumgebung.* Wir beweisen zuerst a) für den Spezialfall, dass D eine Dreiecksumgebung ist und über (26, 1) hinaus die Voraussetzung (21, 1) mit positiven c_1, c_2 gilt. Es genügt zu beweisen, dass

$$(27,1)\qquad \overline{\operatorname{Lim}} \left|\frac{\dfrac{w_1 - w_2}{w_2 - w_0}}{\dfrac{z_1 - z_2}{z_2 - z_0}}\right| \leqq 1$$

ist, da daraus, wenn man die Gebiete G_1 und G miteinander vertauscht, sich eine symmetrische Ungleichung für den $\underline{\operatorname{Lim}}$ und damit (26, 3) unmittelbar ergibt. Nun ist aber die Länge der Strecke $w_1 w_2$ höchstens gleich der Länge des Bildbogens von $z_1 z_2$. Daher folgt

$$|w_1 - w_2| \leqq \int_{z_1}^{z_2} \left|\frac{dw}{dz}\right| dz,$$

wo geradlinig von z_1 nach z_2 zu integrieren ist. Hier lässt sich aber $\left|\dfrac{dw}{dz}\right|$ auf Grund des Randverzerrungssatzes (vgl. (11, 3)) durch

$$(1 + \varepsilon)\left|\frac{w - w_0}{z - z_0}\right|$$

abschätzen, wo ε, ebenso wie später ε_1, ε_2, eine Funktion von z_1 und z_2 ist, die mit $z_1 - z_0$ und $z_2 - z_0$ gleichmässig nach 0 konvergiert. Daher ergibt sich nach dem ersten Mittelwertsatz der Integralrechnung

$$|w_1 - w_2| \leqq (1 + \varepsilon_1)|z_1 - z_2|\left|\frac{w' - w_0}{z' - z_0}\right|, \ .$$

wo z' ein Punkt der Strecke $z_1 z_2$ ist und w' sein Bildpunkt. Nun ist die Bedingung (21, 1) des Satzes VIII offenbar auch für das Punktepaar z', z_2 erfüllt, so dass in (21, 2) z_1 durch z', $f(z_1)$ durch w' ersetzt werden kann. Daher ergibt sich weiter

$$|w_1 - w_2| \leqq (1 + \varepsilon_1)(1 + \varepsilon_2)|z_1 - z_2|\left|\frac{w_2 - w_0}{z_2 - z_0}\right|,$$

womit (27, 1) bewiesen ist.

28. *Beweis des Satzes X.* Wenn (26, 3) nicht gilt, gibt es nach dem Auswahlprinzip eine den entsprechenden Voraussetzungen genügende Folge von Punktepaaren, für die die linke Seite von (26, 3) einen von 1 verschiedenen evtl. unendlichen Grenzwert hat. Und dies gilt dann auch für jede unendliche Unterfolge dieser Folge. Wir dürfen daher annehmen, dass für die Folge von Punktepaaren $z_1^{(\nu)}, z_2^{(\nu)}$ folgendes zutrifft:

1) Sind $w_1^{(\nu)}, w_2^{(\nu)}$, die Bilder von $z_1^{(\nu)}, z_2^{(\nu)}$, so konvergieren die sechs Winkel $\alpha_0^{(\nu)}, \alpha_1^{(\nu)}, \alpha_2^{(\nu)}$; $\beta_0^{(\nu)}, \beta_1^{(\nu)}, \beta_2^{(\nu)}$ der Dreiecke $z_0 z_1^{(\nu)} z_2^{(\nu)}$, $w_0 w_1^{(\nu)} w_2^{(\nu)}$ resp. gegen A_0, A_1, A_2; B_0, B_1, B_2, wo nach (24, 1) $A_0 = B_0$, $A_1 = B_1$, $A_2 = B_2$ ist.

2) (28, 1) $$\frac{z_1^{(\nu)} - z_0}{z_2^{(\nu)} - z_0} \to q, \quad \frac{w_1^{(\nu)} - w_0}{w_2^{(\nu)} - w_0} \to q_1, \; q = q_1,$$

wo q wegen (26, 1) von ∞ verschieden ist. Dass die beiden Grenzwerte bei 2) identisch sind, folgt aus dem Satz VIII und $A_0 = B_0$.

3) Die Richtungen der Halbstrahlen $z_0 z_1^{(\nu)}$, $z_0 z_2^{(\nu)}$; $w_0 w_1^{(\nu)}$, $w_0 w_2^{(\nu)}$ konvergieren gegen die Richtungen der Halbstrahlen σ_1', σ_1'' in der z-Ebene bzw. σ', σ'' in der w-Ebene.

Ist nun $q \neq 1$, so folgt aus den Formeln

$$\frac{w_2^{(\nu)} - w_1^{(\nu)}}{w_2^{(\nu)} - w_0} = 1 - \frac{w_1^{(\nu)} - w_0}{w_2^{(\nu)} - w_0} \to 1 - q,$$

$$\frac{z_2^{(\nu)} - z_1^{(\nu)}}{z_2^{(\nu)} - z_0} = 1 - \frac{z_1^{(\nu)} - z_0}{z_2^{(\nu)} - z_0} \to 1 - q$$

(26, 2) unmittelbar. Für $q = 1$ aber kommt nur der Fall a) in Betracht. Hier muss dann nach 3) der Halbstrahl $\sigma_1' = \sigma_1''$ in einer Winkel-, daher auch in einer Dreiecksumgebung von z_0 liegen, sodass in diesem Falle (26, 3) aus dem in Nr. 27 Bewiesenen folgt. Damit ist der Beweis des Satzes X vollendet.

29. *Eine Bemerkung zum Satz X.* Wird unter den Annahmen des Satzes X

(29, 1)
$$\frac{z_1 - z_2}{z_2 - z_0} \to 0$$

vorausgesetzt, so folgt, wenn man auf beiden Seiten dieser Relation 1 addiert und den Satz VIII berücksichtigt,

(29, 2)
$$\frac{z_1 - z_0}{z_2 - z_0} \to 1, \quad \frac{w_1 - w_0}{w_2 - w_0} \to 1,$$

und daher, wenn von den beiden Seiten der letzten Relation 1 abgezogen wird,

(29, 3)
$$\frac{w_1 - w_2}{w_2 - w_0} \to 0.$$

Dabei darf hierin das Punktepaar z_1, z_2, je nach den Annahmen über die Beschaffenheit des Randes, über eine Winkelumgebung bzw. eine halbseitige oder allseitige Umgebung von z_0 gegen z_0 konvergieren.

§ 6. Vereinzelte Korollare zum Randverzerrungssatz.

30. *Satz von der Winkelableitung. Satz XI. Unter den Voraussetzungen des Satzes IV sei $\gamma > 0$ und es möge der Grenzwert*

(30, 1)
$$\operatorname{Lim} \frac{f(z) - w_0}{z - z_0} = \lambda$$

existieren, wenn z aus dem Innern von G_1 im Winkel gegen z_0 konvergiert, mag dabei λ endlich oder unendlich sein. Dann gilt

(30, 2)
$$f'(z) \to \frac{\gamma}{\gamma_1} \lambda,$$

wenn z im Winkel gegen z_0 strebt. Umgekehrt folgt (30, 1) *aus* (30, 2).[23]

Der Satz XI ist eine unmittelbare Folge der Formel (11, 3) des Randverzerrungssatzes. Dass (30, 2) aus (30, 1) folgt, ist für endliche λ und $\gamma_1 = \pi$ ein Spezialfall eines allgemeineren Satzes von Valiron, dessen Beweis von Ahlfors

[23] Für $G_1 = E_z$, $\gamma = \gamma_1 = \pi$ findet sich dieser Satz bei Visser (2), p. 37 unten.

ausführlich entwickelt wurde.[24] Für $\lambda = \infty$ dagegen sind die beiden angegebenen Tatsachen neu.

Wenn λ endlich ist, folgt aus

$$\frac{f(z) - w_0}{z - z_0} = \frac{1}{z - z_0} \int_{z_0}^{z} f'(z)\, dz,$$

die Gültigkeit von (30, 2) vorausgesetzt,

$$\lim_{z \to z_0} \frac{f(z) - w_0}{z - z_0} = \frac{\gamma}{\gamma_1} \lambda .$$

Daher muss wegen (30, 1) für $\gamma \neq \gamma_1$ entweder $\lambda = 0$ oder $\lambda = \infty$ sein. Es wird sich übrigens später ergeben, dass (30, 1) und (30, 2) für $\gamma > \gamma_1$ stets mit $\lambda = 0$ gelten und für $\gamma < \gamma_1$ stets mit $\lambda = \infty$. (Vgl. Satz XXI, Nr. 62.)

Über den Fall $\gamma = 0$ vgl. Nr. 68.

31. *Verschärfung einer Ungleichung von Herrn S. Warschawski.* Herr S. Warschawski hat vor einigen Jahren die folgende Tatsache gefunden[25]:

Es sei C eine geschlossene Jordankurve in der w-Ebene, die in einem Randpunkt w_0 eine Ecke der Öffnung $\pi\tau$, $0 < \tau < 2$, besitzt. $z = \varphi(w)$ bildet das Innere G von C auf E_z konform ab. W bezeichne den von zwei von w_0 ausgehenden, symmetrisch zur Winkelhalbierenden der Ecke in w_0 verlaufenden Strahlen gebildeten Winkel der Öffnung 2ψ, $0 \leqq \psi < \frac{\pi\tau}{2}$. Genügt dann C in der Nähe von w_0 einer gewissen Bedingung — der Bedingung der »linearen Unbewalltheit» — so gibt es drei positive Konstanten K, K', q, unter denen K, K' von ψ unabhängig sind, sowie zu jedem $w \neq w_0$ auf C mit $|w - w_0| \leqq q$ zwei positive Zahlen R, R', die mit $w \to w_0$ gegen 0 konvergieren, so dass für alle Punkte c in W und G mit $|c - w_0| = R$, und alle Punkte c' in W und G mit $|c' - w_0| = R'$ die Relation gilt:

$$(31, 1) \qquad K \frac{|\varphi(c) - \varphi(w_0)|}{|c - w_0|^{1/\tau}} \cos^2 \frac{\psi}{\tau} \leqq \frac{|\varphi(w) - \varphi(w_0)|}{|w - w_0|^{1/\tau}} \leqq K' \frac{|\varphi(c') - \varphi(w_0)|}{|c' - w_0|^{1/\tau}} \frac{1}{\cos^2 \frac{\psi}{\tau}}.$$

Mit Hilfe des Satzes VIII sieht man nun leicht ein, dass in dieser Ungleichung die Faktoren $\cos^2 \frac{\psi}{\tau}$ und $\frac{1}{\cos^2 \frac{\psi}{\tau}}$ weggelassen werden können, wenn man

---

[24] Vgl. VALIRON (2), p. 72; AHLFORS (1), pp. 28—29.

[25] WARSCHAWSKI (1), pp. 361, 369.

die Konstanten K, K' mit gewissen Faktoren multipliziert, die gegen 1 konvergieren, wenn c und c' gegen w_0 streben.

In der Tat ergibt sich, wenn $c = c_0$ und $c' = c_0'$ auf der Winkelhalbierenden des Eckenwinkels in w_0 angenommen werden, da dann ja $\psi = 0$ gesetzt werden kann,

$$K\frac{|\varphi(c_0) - \varphi(w_0)|}{|c_0 - w_0|^{1/\tau}} \leqq \frac{|\varphi(w) - \varphi(w_0)|}{|w - w_0|^{1/\tau}} \leqq K'\frac{|\varphi(c_0') - \varphi(w_0)|}{|c_0' - w_0|^{1/\tau}}. \tag{31, 2}$$

Andererseits folgt aus (21, 2)

$$\frac{|\varphi(c_0) - \varphi(w_0)|}{|c_0 - w_0|^{1/\tau}} = \frac{|\varphi(c) - \varphi(w_0)|}{|c - w_0|^{1/\tau}}(1 + \varepsilon), \tag{31, 3}$$

und

$$\frac{|\varphi(c_0') - \varphi(w_0)|}{|c_0' - w_0|^{1/\tau}} = \frac{|\varphi(c') - \varphi(w_0)|}{|c' - w_0|^{1/\tau}}(1 + \varepsilon'), \tag{31, 4}$$

wo ε' und ε gegen 0 streben, wenn c_0, c_0' gegen w_0 konvergieren. Setzt man nun (31, 3) und (31, 4) in (31, 2) ein, so ergibt sich unsere Behauptung sofort.[26]

32. *Asymptotisches Verhalten der höheren Ableitungen von $f(z)$.* Unter den Voraussetzungen des Satzes VIII lässt sich aus den Relationen (21, 2) und (21, 3) eine interessante Folgerung ziehen. Wir setzen

$$z_1 = z, \qquad z_2 = z + t(z_0 - z),$$

so dass

$$\frac{z_2 - z_0}{z_1 - z_0} = 1 - t$$

ist. Strebt nun z gegen z_0 innerhalb eines Winkelraumes mit der Spitze in z_0, dessen Schenkel zur Winkelhalbierenden der inneren Ecke von G_1 in z_0 unter einem Winkel $\omega < \frac{\gamma_1}{2}$ geneigt sind, und schränkt man t auf den Bereich

$$|t| \leqq \frac{1}{2} \sin\frac{1}{2}\left(\frac{\gamma_1}{2} - \omega\right)$$

[26] Es ist übrigens klar, dass die Formel (21, 2) des Satzes VIII im zweiten Unterfall des Falles d) dieses Satzes eine wesentliche Verschärfung der Warschawskischen Ungleichungen liefert, wenn die Kurve C in w_0 eine L-Tangente besitzt, bzw. wenn dies für die beiden in w_0 zusammenstossenden Bogen von C zutrifft. — Wie ich von Hrn. Warschawski nach Mitteilung des obigen Resultats erfahre, ergibt es sich auch direkt aus einem neuen von ihm inzwischen gefundenen Beweis seines Satzes.

ein, so bleibt auch z_2 in einer Winkelumgebung von z_0, sobald z nahe genug bei z_0 liegt. Zugleich sind dann die Bedingungen (21, 1) erfüllt, so dass wegen (21, 2) und (21, 3)

$$\frac{f(z+t(z_0-z))-f(z_0)}{f(z)-f(z_0)} \to (1-t)^{\frac{\gamma}{\gamma_1}}, \tag{32, 1}$$

$$\frac{f'(z+t(z_0-z))}{f'(z)} \to (1-t)^{\frac{\gamma}{\gamma_1}-1} \tag{32, 2}$$

gilt, wenn z im Winkel gegen z_0 strebt, und zwar *gleichmässig* in einer Umgebung von $t=0$, deren Radius allerdings von der Winkelumgebung von z_0 abhängig ist, innerhalb deren z bleibt. Daher müssen in (32, 1) und (32, 2) auch die Koeffizienten der verschiedenen Potenzen von t links gegen die entsprechenden Koeffizienten rechts konvergieren. Die Koeffizienten bei t^ν links und rechts sind aber resp.

$$\frac{(z_0-z)^\nu}{\nu!}\,\frac{f^{(\nu)}(z)}{f(z)-f(z_0)}, \quad (-1)^\nu \binom{\frac{\gamma}{\gamma_1}}{\nu},$$

$$\frac{(z_0-z)^\nu}{\nu!}\,\frac{f^{(\nu+1)}(z)}{f'(z)}, \quad (-1)^\nu \binom{\frac{\gamma}{\gamma_1}-1}{\nu},$$

so dass sich schliesslich für $\nu > 0$

$$(z-z_0)^\nu \frac{f^{(\nu)}(z)}{f(z)-f(z_0)} \to \frac{\gamma}{\gamma_1}\left(\frac{\gamma}{\gamma_1}-1\right)\cdots\left(\frac{\gamma}{\gamma_1}-\nu+1\right), \tag{32, 3}$$

$$(z-z_0)^\nu \frac{f^{(\nu+1)}(z)}{f'(z)} \to \left(\frac{\gamma}{\gamma_1}-1\right)\left(\frac{\gamma}{\gamma_1}-2\right)\cdots\left(\frac{\gamma}{\gamma_1}-\nu\right) \tag{32, 4}$$

ergibt, wenn z im Winkel gegen z_0 konvergiert. — Man übersieht übrigens sofort, dass die Formeln (32, 2), (32, 4) aus (32, 1), (32, 3) direkt vermöge der Formel (11, 3) des Randverzerrungssatzes folgen.

Dabei war bisher $\gamma > 0$ vorausgesetzt. Wir werden aber in der Nr. 64 beweisen, dass die Relation (21, 2) auch dann richtig bleibt, wenn unter den Voraussetzungen des Satzes VIII $0 = \gamma < \gamma_1$ ist. Daher gelten die Formeln (32, 1) und (32, 3) auch für $\gamma = 0$. Was aber die Formel (21, 3) anbetrifft, so gilt sie, wie wir in der Nr. 68 beweisen werden, auch für $\gamma = 0$, sofern die in z_0 und w_0 zusammenstossenden Randzweige von G_1 und G dort L-Tangenten besitzen. Daher gelten die Formeln (32, 2), (32, 4), sobald diese letzten Voraussetzungen erfüllt sind, auch für $0 = \gamma < \gamma_1$.

Teil II. **Ergänzungssätze zum Randverzerrungssatz.**

§ 7. **Erste Erweiterung des Satzes I.**

33. *Formulierung des Satzes XII.* Aus der Formel (7, 5) folgt sofort, dass, wenn die Funktion $\chi(\vartheta)$ des Satzes I auf einer ϑ_0-Menge M gleichmässig stetig ist, dann auch die Relation (7, 4) gleichmässig für alle Punkte von M gilt. Denn es ist klar, dass man dann für alle Punkte ϑ_0 von M mit einer gemeinsamen Funktion $\lambda(\vartheta)$ — mit einem gemeinsamen »Lipschitzschen Modul» — auskommen kann. Anderseits ist es unerheblich, dass die Funktion $\chi(\vartheta)$ im *ganzen Intervall* $(-\pi, \pi)$ beschränkt ist, da es offenbar nur auf ihr Verhalten in der Nähe der Punkte von M ankommt. Und ebenso wenig braucht die Darstellbarkeit von $f(z)$ in der Gestalt (7, 2) vorausgesetzt zu werden, wenn $\chi(\vartheta)$ als Randwert im Winkel von $\Re f(z)$ in der Umgebung der Punkte von M vorausgesetzt wird.

Wir werden daher unsere Formulierung des Satzes I in folgender Weise erweitern:

Satz XII: Es sei $f(z)$ eine für $|z| < 1$ reguläre analytische Funktion, und es sei M eine solche Punktmenge auf E_z, dass $\Re f(z)$ für ein festes $\varepsilon > 0$ in der ε-Umgebung jedes Punktes von M innerhalb von K_z gleichmässig beschränkt ist, in der ε-Umgebung eines jeden Punktes von M auf E_z die Randwerte von $\Re f(z)$ bei Annäherung im Winkel existieren, bis auf Punkte einer gewissen auf E_z gelegenen Nullmenge, und eine in den Punkten von M gleichmässig stetige Funktion bilden. Dann gilt für $f'(z)$ bei allseitiger Annäherung aus K_z gegen die Punkte von M gleichmässig

$$f'(z) = o\left(\frac{1}{1-|z|}\right). \tag{33, 1}$$

Hier kann M natürlich auch aus einem einzigen Punkt bestehen.

34. *Beweis.* In der Tat folgt aus den Voraussetzungen des Satzes XII, dass man auf E_z endlich viele getrennte, etwa zyklisch geordnete abgeschlossene Kreisbogen $B_1, B_2, \ldots, B_m$ derart angeben kann, dass erstens die Menge M samt ihren Häufungsstellen aus lauter innern Punkten der Kreisbogen B_μ besteht und dass zweitens $\Re f(z)$ in der Umgebung der abgeschlossenen Kreisbogen $B_1, \ldots, B_m$ innerhalb von E_z gleichmässig beschränkt ist. Bedeutet nun allgemein B_μ^* den zwischen B_μ und $B_{\mu+1}$ bzw. B_m und B_1 liegenden Kreisbogen von E_z, so lassen

sich die Endpunkte von jedem B_μ^* durch einen bis auf seine Endpunkte ganz innerhalb von E_z verlaufenden Kreisbogen α_μ verbinden, auf dem $\Re f(z)$ gleichmässig beschränkt ist. Bildet man nun das Innere des von den Kreisbogen B_μ und α_μ begrenzten Fläschenstückes konform auf das Innere des Einheitskreises in der w-Ebene ab, so ist die Abbildungsfunktion $w = F(z)$ bekanntlich innerhalb der Kreisbogen B_μ regulär, und der absolute Betrag ihrer Ableitung ist in der Nähe der Punkte von M gleichmässig nach oben und unten durch positive Zahlen beschränkt. Daher geht $f(z)$ in eine Funktion $f_1(w)$ über, für die die Randfunktion von $\Re f_1(w)$ in der w-Ebene gleichmässig beschränkt und auf der ganzen Punktmenge M_1, die der Menge M entspricht, gleichmässig stetig ist. Daher ist $f_1(w)$ in der w-Ebene evtl. nach Abzug einer geeigneten rein imaginären Konstanten durch das Poissonsche Integral vom Typus (7, 2) darstellbar, so dass nach Satz I die zu (7, 4), (7, 5) analogen Relationen gleichmässig in allen Punkten von M_1 gelten. Nach dem über die Ableitung der Abbildungsfunktion Gesagten gilt aber dann, wegen $f'(z) = f_1'(w) F'(z)$, auch die Relation (7, 4) bei allseitiger Annäherung an die Punkte von M gleichmässig auf M, wie behauptet.

§ 8. Zweite Erweiterung des Satzes I. (Durchschnittsstetigkeit).

35. *Asymptotische Abschätzungen von $I_n(z)$.* Für das Folgende brauchen wir eine Abschätzung des Integrals

$$(35, 1)\qquad I_n(z) = \int_0^{\frac{\pi}{2}} \frac{\sin\vartheta\, d\vartheta}{(1 - 2r\cos(\vartheta - \varphi) + r^2)^{\frac{n+2}{2}}},\quad z = re^{i\varphi},\ \frac{\pi}{4} > \varphi > -\frac{\pi}{4},\ n \geqq 0.$$

Führen wir hier $\vartheta - \varphi = \vartheta_1$ als neue Integrationsvariable ein, so erhalten wir

$$I_n(z) = \cos\varphi \int_{-\varphi}^{\frac{\pi}{2}-\varphi} \frac{\sin\vartheta\, d\vartheta}{(1 - 2r\cos\vartheta + r^2)^{\frac{n+2}{2}}} + \sin\varphi \int_{-\varphi}^{\frac{\pi}{2}-\varphi} \frac{\cos\vartheta\, d\vartheta}{(1 - 2r\cos\vartheta + r^2)^{\frac{n+2}{2}}} =$$

$$= \cos\varphi\, J_1 + \sin\varphi\, J_2.$$

Hier lässt sich aber J_1 direkt ausintegrieren, und man erhält für $n > 0$

$$-\frac{1}{rn}\frac{1}{(1 - 2r\cos\vartheta + r^2)^{\frac{n}{2}}}\Bigg|_{-\varphi}^{\frac{\pi}{2}-\varphi} = \frac{1}{rn}\frac{1}{|1 - z|^n} - \frac{1}{rn}\frac{1}{(1 - 2r\sin\varphi + r^2)^{\frac{n}{2}}}.$$

Für $n = 0$ ergibt sich analog

$$\frac{1}{2r} \lg(1 - 2r\cos\vartheta + r^2)\Bigg|_{-\varphi}^{\frac{\pi}{2}-\varphi}.$$

Zusammenfassend folgt:

$$(35,2)\qquad J_1 = \frac{1 + \varepsilon_1^{(n)}(z)}{n} \frac{1}{|1 - z|^n},\ n > 0;\quad J_1 = (1 + \varepsilon_1(z)) \lg \frac{1}{|1 - z|},\ n = 0,$$

wo $\varepsilon_1^{(n)}$, $\varepsilon_1(z)$, ebenso wie später $\varepsilon_2(z)$, $\varepsilon_3(z)$, ... gegen Null konvergieren, wenn z gegen 1 strebt. Für das Integral J_2 erhalten wir

$$(35,3)\qquad J_2 = \int_{-\varphi}^{\frac{\pi}{2}-\varphi} \frac{\cos\frac{\vartheta}{2}\, d\vartheta}{(1 - 2r\cos\vartheta + r^2)^{\frac{n+2}{2}}} + O\left(\int_{-\varphi}^{\frac{\pi}{2}-\varphi} \frac{\cos\frac{\vartheta}{2}\sin^2\frac{\vartheta}{2}\, d\vartheta}{(1 - 2r\cos\vartheta + r^2)^{\frac{n+2}{2}}}\right),$$

da, wie man leicht nachprüft, für $-\frac{\pi}{4} \leqq \vartheta \leqq \frac{3\pi}{4}$

$$\cos\vartheta - \cos\frac{\vartheta}{2} = O\left(\sin^2\frac{\vartheta}{2}\right) = O\left(\cos\frac{\vartheta}{2}\sin^2\frac{\vartheta}{2}\right)$$

ist. Die Integrale rechts in (35, 3) aber gehen, $\sin\frac{\vartheta}{2} = \gamma$, $1 - r = \varrho$ gesetzt, über in

$$2\int_{-\sin\frac{\varphi}{2}}^{\cos\left(\frac{\varphi}{2}+\frac{\pi}{4}\right)} \frac{d\gamma}{(\sqrt{\varrho^2 + 4r\gamma^2})^{n+2}} \quad\text{bzw.}\quad 2\int_{-\sin\frac{\varphi}{2}}^{\cos\left(\frac{\varphi}{2}+\frac{\pi}{4}\right)} \frac{\gamma^2\, d\gamma}{(\sqrt{\varrho^2 + 4r\gamma^2})^{n+2}}.$$

Setzt man aber hier $2\sqrt{r}\,\gamma = \varrho x$, so verwandeln sich diese Integrale in

$$\frac{1}{\sqrt{r}\,\varrho^{n+1}} \int_{-\frac{2\sqrt{r}\sin\frac{\varphi}{2}}{\varrho}}^{\frac{2\sqrt{r}\cos\left(\frac{\varphi}{2}+\frac{\pi}{4}\right)}{\varrho}} \frac{dx}{(1 + x^2)^{\frac{n+2}{2}}} \quad\text{bzw.}\quad \frac{1}{4r^{\frac{3}{2}}\varrho^{n-1}} \int_{-\frac{2\sqrt{r}\sin\frac{\varphi}{2}}{\varrho}}^{\frac{2\sqrt{r}\cos\left(\frac{\varphi}{2}+\frac{\pi}{4}\right)}{\varrho}} \frac{x^2\, dx}{(1 + x^2)^{\frac{n+2}{2}}},$$

so dass für $n \geqq 0$

$$(35,4) \quad J_2 = \frac{1+\varepsilon_2(z)}{\varrho^{n+1}}\left(\int_0^\infty \frac{dx}{(1+x^2)^{\frac{n+2}{2}}} + \operatorname{sgn}\varphi \int_0^{\frac{2\sqrt{r}\sin\frac{|\varphi|}{2}}{\varrho}} \frac{dx}{(1+x^2)^{\frac{n+2}{2}}}\right) + O\left(\frac{1}{\varrho^{n-1}}\int_1^{\frac{3}{\varrho}} \frac{dx}{x^n}\right)$$

ist.

Ist nun, wie im Satz III (Nr. 10), $\psi = -\arg(1-z)$, $\frac{\pi}{2} > \psi > -\frac{\pi}{2}$, so ergibt sich unter Benutzung der Formel (10, 5)

$$(35,5) \quad \varrho^n I_n(z) = \frac{\cos^n\psi}{n} + \frac{(1+\varepsilon_3(z))\varphi}{\varrho}\left(\int_0^\infty \frac{dx}{(1+x^2)^{\frac{n+2}{2}}} + \operatorname{sgn}\varphi \int_0^{\frac{2\sqrt{r}\sin\frac{|\varphi|}{2}}{\varrho}} \frac{dx}{(1+x^2)^{\frac{n+2}{2}}}\right) + \varepsilon_4(z), \quad n > 0.$$ [27]

$$(35,6) \quad I_0(z) = (1+\varepsilon_5(z))\lg\frac{1}{|1-z|} + \frac{\varphi}{\varrho}(1+\varepsilon_6(z))\left(\frac{\pi}{2} + \operatorname{arctg}\left(\frac{2\sqrt{r}\sin\frac{\varphi}{2}}{\varrho}\right)\right).$$

In (35, 5) konvergiert der erste Summand rechts sicher gegen Null, falls mit $z \to 1$ zugleich $|\psi|$ gegen $\frac{\pi}{2}$ strebt. Sein $\overline{\text{Lim}}$ ist aber auf jeden Fall $\leqq \frac{1}{n}$. Der zweite Summand in (35, 5) und (35, 6) verhält sich aber verschieden, je nachdem φ — und damit auch ψ — positiv oder negativ ist. Ist φ positiv, so liegt der Wert der Klammer zwischen

$$\int_0^\infty \frac{dx}{(1+x^2)^{\frac{n+2}{2}}} \quad \text{und} \quad 2\int_0^\infty \frac{dx}{(1+x^2)^{\frac{n+2}{2}}}, \qquad n \geqq 0.$$

Bleibt dann $|\psi|$ kleiner als eine feste Zahl $< \frac{\pi}{2}$ — dies läuft darauf hinaus, dass

---

[27] Die Werte des Integrals $\int_0^\infty \frac{dx}{(1+x^2)^{\frac{n+2}{2}}}$ sind bekanntlich

$$\left(1-\frac{1}{n}\right)\left(1-\frac{1}{n-2}\right)\cdots\left(1-\frac{1}{2}\right)\frac{\pi}{2} \text{ bzw. } \left(1-\frac{1}{n}\right)\left(1-\frac{1}{n-2}\right)\cdots\left(1-\frac{1}{3}\right),$$

je nachdem ob n gerade oder ungerade > 1 ist. Für $n = 1$ ist sein Wert $= 1$.

z im Winkel gegen 1 strebt — so ist dann, wegen der ersten Formel (10, 7), wenn dort ϑ durch φ ersetzt wird, $\frac{\varphi}{\varrho} = \operatorname{tg}\psi + O(\varphi)$, so dass

$$\varrho^n I_n(z) = \frac{\cos^n \psi}{n} + \operatorname{tg}\psi \int_{-\psi}^{\frac{\pi}{2}} \cos^n x\, dx + \varepsilon_7(z), \quad |\psi| \leqq \frac{\pi}{2} - \delta,\ \delta > 0,\ n > 0; \tag{35, 7}$$

$$I_0(z) = (1 + \varepsilon_8(z)) \lg \frac{1}{|1 - z|}, \quad |\psi| \leqq \frac{\pi}{2} - \delta,\ \delta > 0 \tag{35, 8}$$

wird.[28] Und die gleichen Formeln gelten auch für negative φ, *solange z gegen 1 im Winkel strebt.*

Wir erhalten daher insbesondere für $z \to 1$, $n > 0$, $|\psi| \leqq \frac{\pi}{2} - \delta$, $\delta > 0$:

$$\varrho^n I_n(z) \leqq \gamma_n(\delta) + \varepsilon_7(z), \tag{35, 9}$$

$$\gamma_n(\delta) \leqq \frac{1}{n} + \operatorname{ctg}\delta \int_{-\frac{\pi}{2}+\delta}^{\frac{\pi}{2}} \cos^n x\, dx. \tag{35, 90}$$

Nähert sich aber ψ dem Werte $\frac{\pi}{2}$, so nimmt der Faktor $\frac{\varphi}{\varrho}$ und mit ihm die rechten Seiten von (35, 7) und (35, 90) beliebig grosse Werte an.

Ist dagegen φ negativ und kommt dann ψ dem Werte $-\frac{\pi}{2}$ beliebig nahe, so sind die Integrale in den Klammern rechter Hand in (35, 5) und (35, 6) $O\left(\left(\frac{\varrho}{\varphi}\right)^{n+1}\right)$, so dass sich wegen (10, 7) ergibt:

$$\varrho^n I_n(z) = O(\cos^n \psi) + \varepsilon_8(z), \quad -\frac{\pi}{4} > \psi > \frac{\pi}{2},\ n > 0, \tag{35, 91}$$

$$I_0(z) = (1 + \varepsilon_9(z)) \lg \frac{1}{|1 - z|}, \quad \frac{\pi}{2} - \delta > \psi > -\frac{\pi}{2}. \tag{35, 92}$$

---

[28] Das Integral $\int_{-\operatorname{tg}\psi}^{\infty} \frac{dx}{(1 + x^2)^{\frac{n+2}{2}}}$ geht nämlich durch die Substitution $x = \operatorname{tg} y$ in das Integral $\int_{-\psi}^{\frac{\pi}{2}} \cos^n y\, dy$ über.

Für das Integral aber

$$(35,93)\qquad \int_{-\frac{\pi}{2}}^{0} \frac{|\sin\vartheta|\,d\vartheta}{(1-2r\cos(\vartheta-\varphi)+r^2)^{\frac{n+2}{2}}} = I_n(\bar{z})$$

gelten offenbar die gleichen Abschätzungen (35, 9)—(35, 92), wenn in ihnen φ und ψ durch $-\varphi$, $-\psi$ ersetzt werden.

36. *Punkte der Durchschnittsstetigkeit von $\chi(\vartheta)$. Satz XIII. Es sei $\chi(\vartheta)$ eine im Intervall $(-\pi, \pi\rangle$ nach* Lebesgue *integrierbare Funktion, für die die Relation gilt*

$$(36,1)\qquad \frac{1}{\vartheta-\vartheta_0}\int_{\vartheta_0}^{\vartheta} \chi(\vartheta)\,d\vartheta \to \chi(\vartheta_0), \qquad \vartheta\to\vartheta_0.$$

Bildet man mit Hilfe des Poissonschen Integrals die Funktion

$$(36,2)\qquad f(z) = \frac{1}{2\pi}\int_{-\pi}^{\pi} \frac{e^{i\vartheta}+z}{e^{i\vartheta}-z}\,\chi(\vartheta)\,d\vartheta,$$

so gilt für ihre n-te Ableitung, $n \geqq 1$,

$$(36,3)\qquad f^{(n)}(z) = \frac{n!}{\pi}\int_{-\pi}^{\pi} \frac{e^{i\vartheta}\chi(\vartheta)\,d\vartheta}{(e^{i\vartheta}-z)^{n+1}},$$

wenn z aus dem Innern von E_z im Winkel gegen $z_0 = e^{i\vartheta_0}$ strebt:

$$(36,4)\qquad (z-z_0)^n f^{(n)}(z) \to 0.$$

Die Behauptung gilt gleichmässig für eine Punktmenge M von Punkten $e^{i\vartheta_0}$ auf E_z, für die $\chi(\vartheta)$ gleichmässig beschränkt ist und die Relation (36, 1) gleichmässig gilt. Dabei ist natürlich zu verlangen, dass die Winkel, innerhalb deren z jeweils gegen $e^{i\vartheta_0}$ strebt, gleiche Oeffnungen haben und ähnlich in bezug auf die entsprechenden Radien liegen.[29]

37. *Beweis.* Nach Voraussetzung ist das Integral $\int_{-\pi}^{\pi} |\chi(\vartheta)|\,d\vartheta$ beschränkt,

[29] Für $n = 1$ findet sich (36, 4) in Lichtenstein (2), p. 20.

und wir können offenbar $\int_{-\pi}^{\pi} |\chi(\vartheta)| \, d\vartheta \leqq \frac{1}{2}$ annehmen. Ebenso können wir annehmen, dass $|\chi(\vartheta)| \leqq \frac{1}{2}$ auf der ganzen Menge M gilt. Wir denken uns nun die Funktion $\chi(\vartheta)$ über die ganze Zahlengerade fortgesetzt auf Grund der Forderung der Periodizität mit der Periode 2π und bilden die Funktion

$$(37,1) \qquad \Phi_{\vartheta_0}(\vartheta) = \int_0^{\vartheta} [\chi(\vartheta + \vartheta_0) - \chi(\vartheta_0)] \, d\vartheta, \qquad -\pi < \vartheta \leqq \pi.$$

Dann liefert die partielle Integration

$$(37,2) \quad f(z) - \chi(\vartheta_0) = \frac{1}{2\pi} \int_{-\pi}^{\pi} \frac{e^{i(\vartheta+\vartheta_0)} + z}{e^{i(\vartheta+\vartheta_0)} - z} [\chi(\vartheta + \vartheta_0) - \chi(\vartheta_0)] \, d\vartheta =$$

$$= \frac{iz}{\pi} \int_{-\pi}^{\pi} \frac{e^{i(\vartheta+\vartheta_0)}}{(e^{i(\vartheta+\vartheta_0)} - z)^2} \Phi_{\vartheta_0}(\vartheta) \, d\vartheta + \frac{1}{2\pi} \frac{e^{i(\vartheta+\vartheta_0)} + z}{e^{i(\vartheta+\vartheta_0)} - z} \Phi_{\vartheta_0}(\vartheta) \Bigg|_{-\pi}^{\pi}.$$

Hier ist aber das letzte Glied auf der rechten Seite gleich

$$\frac{1}{2\pi} \frac{e^{i(\pi+\vartheta_0)} + z}{e^{i(\pi+\vartheta_0)} - z} (\Phi_{\vartheta_0}(\pi) - \Phi_{\vartheta_0}(-\pi)) = \frac{1}{2\pi} \frac{e^{i\vartheta_0} - z}{e^{i\vartheta_0} + z} \int_{-\pi}^{\pi} (\chi(\vartheta + \vartheta_0) - \chi(\vartheta_0)) \, d\vartheta =$$

$$= \left(\frac{2 z_0}{z + z_0} - 1 \right) \varkappa, \quad \varkappa = \frac{1}{2\pi} \int_{-\pi}^{\pi} \chi(\vartheta) \, d\vartheta - \chi(\vartheta_0).$$

Daher ergibt sich durch n-malige Differentiation von (37, 2)

$$(37,3) \quad f^{(n)}(z) = \frac{(n+1)! \, i z}{\pi} \int_{-\pi}^{\pi} \frac{e^{i\vartheta} z_0}{(e^{i\vartheta} z_0 - z)^{n+2}} \Phi_{\vartheta_0}(\vartheta) \, d\vartheta +$$

$$+ \frac{n! \, n i}{\pi} \int_{-\pi}^{\pi} \frac{e^{i\vartheta} z_0}{(e^{i\vartheta} z_0 - z)^{n+1}} \Phi_{\vartheta_0}(\vartheta) \, d\vartheta + (-1)^n 2 z_0 n! \varkappa \frac{1}{(z + z_0)^{n+1}}.$$

Es genügt daher zu beweisen, dass aus $\Phi_{\vartheta_0}(\vartheta) = o(\vartheta)$ für $\vartheta \to 0$

$$(1-z)^n \int_{-\pi}^{\pi} \frac{e^{i\vartheta}}{(e^{i\vartheta}-z)^{n+2}} \Phi_{\vartheta_0}(\vartheta)\, d\vartheta = o(1)$$

folgt, wenn z im Winkel gegen 1 strebt. Setzt man aber $\Phi_{\vartheta_0}(\vartheta) = \vartheta\,\Psi(\vartheta)$, so folgt für $z = r e^{i\varphi}$, $-\frac{\pi}{2} < \varphi < \frac{\pi}{2}$:

$$\left|\int_{-\pi}^{\pi} \frac{e^{i\vartheta}\Phi_{\vartheta_0}(\vartheta)\, d\vartheta}{(e^{i\vartheta}-z)^{n+2}}\right| \leqq \int_{-\pi}^{\pi} \frac{|\vartheta|\,|\Psi(\vartheta)|\, d\vartheta}{(r^2 - 2r\cos(\vartheta-\varphi)+1)^{\frac{n+2}{2}}}.$$

Ist nun $|\Psi(\vartheta)| \leqq \varepsilon$ für $|\vartheta| \leqq d$, $\frac{\pi}{2} > d > 0$, und beachten wir, dass für alle ϑ nach der Annahme $|\Phi_{\vartheta_0}(\vartheta)| \leqq 1$ ist, so folgt

$$(37,4) \quad \left|\int_{-\pi}^{\pi} \frac{\vartheta\,\Psi(\vartheta)\, d\vartheta}{(r^2 - 2r\cos(\vartheta-\varphi)+1)^{\frac{n+2}{2}}}\right| \leqq 2\int_{d}^{\pi} \frac{d\vartheta}{(r^2 - 2r\cos(\vartheta-\varphi)+1)^{\frac{n+2}{2}}} + \\ + 2\varepsilon \int_{0}^{d} \frac{\vartheta\, d\vartheta}{(r^2 - 2r\cos(\vartheta-\varphi)+1)^{\frac{n+2}{2}}}.$$

Da aber für $0 < \vartheta < \frac{\pi}{2}$ stets $\vartheta < \frac{\pi}{2}\sin\vartheta$ ist und das erste Integral rechter Hand in (37, 4) für $z \to 1$ gegen eine endliche, nur von d abhängige Konstante strebt, folgt weiter wegen (35, 9)

$$\overline{\text{Lim}}\,(1-r)^n \left|\int_{-\pi}^{\pi} \frac{\vartheta\,\Psi(\vartheta)\, d\vartheta}{(r^2 - 2r\cos(\vartheta-\varphi)+1)^{\frac{n+2}{2}}}\right| \leqq \pi\varepsilon\gamma_n(\delta),$$

wenn z derart im Winkel gegen 1 strebt, dass $|\psi| = |\arg(1-z)| \leqq \frac{\pi}{2} - \delta$ bleibt. Und da hier ε beliebig klein angenommen werden kann, folgt wegen (35, 90) die Behauptung des Satzes.

38. *Die Schwankung von $f(z)$.* Bildet man unter den Voraussetzungen von Satz XIII die Funktion (36, 2) für $|z| < 1$, so konvergiert $\Re f(z)$ nach Fatou, wenn z im Winkel gegen $e^{i\vartheta_0}$ strebt, gegen $\chi(\vartheta_0)$. Dagegen braucht dann be-

kanntlich $\mathfrak{I} f(z)$ keinem Grenzwert zuzustreben; es sind vielmehr für die Existenz des Grenzwertes von $\mathfrak{I} f(z)$ weitere Zusatzbedingungen nötig. Wir wollen nun eine Aussage beweisen, die bereits unter den Voraussetzungen von Satz XIII für $\mathfrak{I} f(z)$ oder, was auf das Gleiche hinausläuft, für $f(z)$ selbst gilt. Sie liefert Aufschluss über die *Schwankung* der Werte von $f(z)$ in der Nähe von $e^{i\vartheta_0}$.

Satz XIV: Unter den Voraussetzungen von Satz XIII gilt, wenn z_1, z_2 im Winkel gegen $z_0 = e^{i\vartheta_0}$ streben und zugleich $\left|\frac{z_0 - z_2}{z_0 - z_1}\right|$ zwischen beliebigen aber festen positiven Schranken bleibt,

$$f(z_1) - f(z_2) \to 0, \tag{38, 1}$$

und die Relation (38, 1) gilt ebenso wie der Satz XIII gleichmässig für eine Menge M der Punkte ϑ_0, für die die Voraussetzungen über $\chi(\vartheta)$ gleichmässig gelten.

Beweis: Es sei ε eine beliebige positive Zahl. Sind dann die Punkte z_1, z_2 bereits so nahe bei z_0, dass für jeden Punkt z der Strecke $z_1 z_2$ die Relation

$$|f'(z)| \leqq \frac{\varepsilon}{1 - |z|} \tag{38, 2}$$

gilt, so folgt

$$|f(z_2) - f(z_1)| = \left|\int_{z_1}^{z_2} f'(z)\, dz\right| \leqq \varepsilon \frac{|z_2 - z_1|}{m}, \tag{38, 3}$$

wo m der kleinste Wert von $1 - |z|$ für einen der Punkte der Strecke $z_1 z_2$ ist. Nun wird aber für eine innerhalb von E_z gelegene Strecke die kürzeste Distanz von E_z stets für einen der *Endpunkte* der Strecke erreicht, da eine Strecke ja stets innerhalb eines Kreises liegt, in dem ihre beiden Endpunkte liegen. Ist daher etwa $m = 1 - |z_1|$, so folgt aus (38, 3) weiter

$$|f(z_2) - f(z_1)| \leqq \varepsilon \frac{|z_0 - z_1| + |z_0 - z_2|}{1 - |z_1|} \leqq \varepsilon C \frac{|z_0 - z_2| + |z_0 - z_1|}{|z_0 - z_1|} \leqq$$

$$\leqq \varepsilon C \left(1 + \left|\frac{z_0 - z_2}{z_0 - z_1}\right|\right),$$

wo die Konstante C allein vom Winkel abhängt, innerhalb dessen z_1 und z_2 gegen z_0 streben. Nach Voraussetzung über den Quotienten $\left|\frac{z_0 - z_2}{z_0 - z_1}\right|$ aber folgt hieraus die Behauptung, da ε beliebig klein gewäht werden kann.

Aus dem Satz XIV folgt leicht der bekannte Satz von Pringsheim, dass, wenn die Fourierreihe von $\chi(\vartheta)$ in $\vartheta=\vartheta_0$ konvergiert, die zu $\chi(\vartheta)$ konjugierte Funktion in $\vartheta=\vartheta_0$ keine einfache Sprungsingularität haben kann. Sonst würde nämlich $f(z)$ längs jeder von $e^{i\vartheta_0}$ ausgehenden Sehne einen Grenzwert haben, der sich linear mit dem Sehnenwinkel änderte, was dem Satz XIV widerspricht. — Zu einer analogen Fragestellung vgl. J. Wolff, (3).

§ 9. Dritte Erweiterung des Satzes I (Durchschnittsendlichkeit).

39. *Abschätzung von $f^{(n)}(z)$ für einen speziellen Fall der Durchschnittsendlichkeit.* Wir wollen nun die Funktion

$$f(z)=\frac{1}{2\pi}\int_{-\pi}^{\pi}\frac{e^{i\vartheta}+z}{e^{i\vartheta}-z}\chi(\vartheta)\,d\vartheta \tag{39, 1}$$

und ihre Ableitungen für $z\rightarrow 1$ unter der Voraussetzung abschätzen, dass $\chi(\vartheta)$ zwischen $-\pi$ und π nach Lebesgue integrabel ist und, $\int_0^{\vartheta}\chi(\vartheta)\,d\vartheta=\Phi(\vartheta)$ gesetzt,

$$\overline{\underline{\mathrm{Lim}}}\,\frac{\Phi(\vartheta)}{\vartheta}=\pm k_+,\qquad k_+\geqq 0,\ \text{für } \vartheta\downarrow 0, \tag{39, 2}$$

$$\overline{\underline{\mathrm{Lim}}}\,\frac{\Phi(\vartheta)}{\vartheta}=\pm k_-,\qquad k_-\geqq 0,\ \text{für } \vartheta\uparrow 0 \tag{39, 3}$$

ist, d. h. also unter der Voraussetzung, dass die vier derivierten Zahlen von $\Phi(\vartheta)$ an der Stelle $\vartheta=0$ die Werte $\pm k_+$ für die rechtsseitigen bzw. $\pm k_-$ für die linksseitigen derivierten Zahlen haben.

Man beachte zuerst, dass, wenn wir die Integrationsgrenzen in (39, 1) durch $-\frac{\pi}{2}$ bzw. $\frac{\pi}{2}$ ersetzen, $f(z)$ sich um einen an der Stelle $z=1$ regulären Summanden ändert, so dass alle Ableitungen dieses Summanden für $z\rightarrow 1$ sich endlichen Grenzwerten nähern. Wir dürfen daher für die hier herzuleitenden Abschätzungen annehmen, dass $\chi(\vartheta)$ ausserhalb des Intervalls $\langle-\frac{\pi}{2},\frac{\pi}{2}\rangle$ verschwindet. Dann ergibt sich für $f(z)$ und $f^{(n)}(z)$, ähnlich wie beim Beweise des Satzes XIII, durch partielle Integration und die darauf folgende Differentiation, wenn wir zugleich $\Phi(\vartheta)=\sin\vartheta\,\Psi(\vartheta)$ setzen:

$$(39,4)\qquad f(z)=\frac{iz}{\pi}\int_{-\frac{\pi}{2}}^{\frac{\pi}{2}}\frac{e^{i\vartheta}\sin\vartheta\,\Psi(\vartheta)\,d\vartheta}{(e^{i\vartheta}-z)^2}+\frac{1}{2\pi}\left(\frac{i+z}{i-z}\Phi\left(\frac{\pi}{2}\right)-\frac{i-z}{i+z}\Phi\left(-\frac{\pi}{2}\right)\right),$$

$$(39,5)\qquad \frac{\pi}{(n+1)!}f^{(n)}(z)=iz\int_{-\frac{\pi}{2}}^{\frac{\pi}{2}}\frac{e^{i\vartheta}\sin\vartheta\,\Psi(\vartheta)\,d\vartheta}{(e^{i\vartheta}-z)^{n+2}}+\frac{ni}{n+1}\int_{-\frac{\pi}{2}}^{\frac{\pi}{2}}\frac{e^{i\vartheta}\sin\vartheta\,\Psi(\vartheta)\,d\vartheta}{(e^{i\vartheta}-z)^{n+1}}+$$

$$+\frac{i}{n+1}\left(\frac{\Phi\left(\frac{\pi}{2}\right)}{(i-z)^{n+1}}-(-1)^n\frac{\Phi\left(-\frac{\pi}{2}\right)}{(i+z)^{n+1}}\right).$$

Hier sind nach Voraussetzung für $\vartheta\downarrow 0$ bzw. $\vartheta\uparrow 0$ die vier Unbestimmtheitsgrenzen von $\Psi(\vartheta)$ gleich $\pm k_+$ bzw. $\pm k_-$. Es sei nun C eine obere Schranke von $|\Psi(\vartheta)|$ in $\langle -\frac{\pi}{2}, \frac{\pi}{2}\rangle$. Ist ε eine beliebig kleine positive Zahl, so lässt sich dazu nach Voraussetzung ein solches $\delta>0$ finden, dass $|\Psi(\vartheta)|\leqq k_+ + \varepsilon$ für $0<\vartheta\leqq\delta$ und $|\Psi(\vartheta)|\leqq k_- + \varepsilon$ für $-\delta\leqq\vartheta<0$ ist. Dann ergibt sich aus (39, 4), $z=re^{i\varphi}$, $|\varphi|<\frac{\pi}{4}$ gesetzt, wegen $|z\pm i|>\sqrt{\frac{1}{2}}>\frac{1}{2}$:

$$\frac{\pi}{r}|f(z)|\leqq\int_{-\frac{\pi}{2}}^{\frac{\pi}{2}}\frac{|\sin\vartheta|\,|\Psi(\vartheta)|\,d\vartheta}{|e^{i\vartheta}-z|^2}+\frac{4C}{r}=\int_{-\frac{\pi}{2}}^{-\delta}+\int_{-\delta}^{0}+\int_{0}^{\delta}+\int_{\delta}^{\frac{\pi}{2}}+\frac{4C}{r},$$

$$\frac{\pi}{r}|f(z)|\leqq C\left(\int_{\delta}^{\frac{\pi}{2}}+\int_{-\frac{\pi}{2}}^{-\delta}\right)\frac{|\sin\vartheta|\,d\vartheta}{|e^{i\vartheta}-z|^2}+(k_++\varepsilon)\int_0^{\delta}\frac{\sin\vartheta\,d\vartheta}{|e^{i\vartheta}-z|^2}+(k_-+\varepsilon)\int_{-\delta}^{0}\frac{|\sin\vartheta|\,d\vartheta}{|e^{i\vartheta}-z|^2}+\frac{4C}{r}$$

oder endlich

$$\frac{\pi}{r}|f(z)|<C\left(\int_{\delta}^{\frac{\pi}{2}}+\int_{-\frac{\pi}{2}}^{-\delta}\right)\frac{|\sin\vartheta|\,d\vartheta}{|e^{i\vartheta}-z|^2}+(k_++\varepsilon)\,I_0(z)+(k_-+\varepsilon)]\,I_0(\bar z)+\frac{4C}{r}.$$

Genau ebenso erhalten wir aus (39, 5)

$$\frac{\pi}{(n+1)!}|f^{(n)}(z)| \leqq Cr\left(\int_{\delta}^{\frac{\pi}{2}} + \int_{-\frac{\pi}{2}}^{-\delta}\right)\frac{|\sin\vartheta|\,d\vartheta}{|e^{i\vartheta}-z|^{n+2}} + C\left(\int_{\delta}^{\frac{\pi}{2}} + \int_{-\frac{\pi}{2}}^{-\delta}\right)\frac{|\sin\vartheta|\,d\vartheta}{|e^{i\vartheta}-z|^{n+1}} +$$

$$+ (k_+ + \varepsilon)(I_n(z) + I_{n-1}(z)) + (k_- + \varepsilon)(I_n(\bar z) + I_{n-1}(\bar z)) + \frac{2^{n+2}C}{n+1}.$$

Benutzen wir nunmehr die in Nr. 35 hergeleitete Abschätzung (35, 8) für $I_0(z)$, so ergibt sich für $z \to 1$, $|z| < 1$:

$$\pi|f(z)| \leqq (k_+ + k_- + 2\varepsilon + \varepsilon_{10}(z))\lg\frac{1}{|1-z|}, \quad |\arg(1-z)| \leqq \frac{\pi}{2} - \delta, \quad \delta > 0.$$

Daher ergibt sich wegen der Willkür von ε für das aus dem Innern von E_z im Winkel gegen 1 konvergierende z

$$(39, 6) \qquad \overline{\mathrm{Lim}}\,\pi\frac{|f(z)|}{-\lg|1-z|} \leqq k_+ + k_-.$$

Ganz analog ergibt sich unter Benutzung der Relation (35, 7), wenn z aus E_z im Winkel gegen 1 konvergiert,

$$(39, 7) \qquad \overline{\mathrm{Lim}}\left(\frac{\pi}{(n+1)!}(1-|z|)^n|f^{(n)}(z)| - k_+K_n(\psi) - k_-K_n(-\psi)\right) \leqq 0$$

mit

$$(39, 8) \qquad K_n(\psi) = \frac{\cos^n\psi}{n} + \operatorname{tg}\psi\int_{-\psi}^{\frac{\pi}{2}}\cos^n x\,dx.$$

40. *Berücksichtigung der Gleichmässigkeit und allgemeiner Fall der Durchschnittsendlichkeit.* Wir haben bei der obigen Herleitung offenbar nur benutzt, dass

$$(40, 1) \qquad \overline{\mathrm{Lim}}\frac{|\Phi(\vartheta)|}{\vartheta} \leqq k_+ \text{ für } \vartheta\downarrow 0, \quad \overline{\mathrm{Lim}}\frac{|\Phi(\vartheta)|}{|\vartheta|} \leqq k_- \text{ für } \vartheta\uparrow 0$$

gilt, und es ist ferner aus der Herleitung klar, dass die Relationen (39, 6) und (39, 7) *gleichmässig* für alle Funktionen $\chi(\vartheta)$ gelten, für die die Relationen (40, 1) gleichmässig gelten — da dann zu einem gegebenen ε das zugehörige δ gleichmässig gefunden werden kann —, und die darüber hinaus gleichmässig beschränkt sind, da dann auch die Schranke C für $|\Psi(\vartheta)|$ gleichmässig wählbar ist.

Wir wollen nun die oben zugrunde gelegten Voraussetzungen folgendermassen erweitern: $\chi(\vartheta)$ soll wieder im Intervall $(-\pi, \pi\rangle$ nach LEBESGUE integrabel sein und es soll ferner, $\Phi(\vartheta) = \int\limits_0^\vartheta \chi(\vartheta)\, d\vartheta$ gesetzt, gelten:

(40, 2) $$\overline{\mathrm{Lim}} \left| \frac{\Phi(\vartheta)}{\vartheta} - g_+ \right| \leqq k_+ \quad \text{für } \vartheta \downarrow 0;$$

(40, 3) $$\overline{\mathrm{Lim}} \left| \frac{\Phi(\vartheta)}{\vartheta} - g_- \right| \leqq k_- \quad \text{für } \vartheta \uparrow 0.$$

Mit andern Worten, für $\vartheta = 0$ sollen die rechtsseitigen derivierten Zahlen von $\Phi(\vartheta)$ im Intervall $\langle g_+ - k_+,\ g_+ + k_+\rangle$ und die linksseitigen im Intervall $\langle g_- - k_-,\ g_- + k_-\rangle$ liegen. g_+, g_-, k_+, k_- sollen dabei endliche Zahlen sein, die beiden letzteren nicht negativ. Es sei ferner $g_+ - g_- = \Delta$ gesetzt.

Da die Addition einer Konstanten zu $\chi(\vartheta)$ sich nur darin äussert, dass $f(z)$ sich um eine additive Konstante ändert, dürfen wir, ohne Δ, k_+ und k_- zu ändern, voraussetzen, dass $g_+ + g_-$ gleich Null ist, so dass $g_+ = -g_- = \frac{\Delta}{2}$ gilt. Nun besitzt aber nach Satz II der Realteil von $-\frac{\Delta}{\pi} i\, g_0(z)$ auf der oberen bzw. unteren Hälfte von E_z die Randwerte $\frac{\Delta}{2}$ bzw. $-\frac{\Delta}{2}$. Daher gelten für

(40, 4) $$f^*(z) = f(z) + \frac{\Delta}{\pi} i\, g_0(z)$$

die Voraussetzungen (40, 1), unter denen die Relationen (39, 6) und (39, 7) gelten. Somit erhalten wir wegen (10, 4), (10, 5)

(40, 5) $$\overline{\mathrm{Lim}} \left| \frac{\pi f(z)}{-\lg(1-z)} + i\Delta \right| \leqq k_+ + k_-,$$

(40, 6) $$\overline{\mathrm{Lim}} \left\{ \left| \frac{\pi}{(n+1)!} (1 - |z|)^n f^{(n)}(z) + \frac{i \Delta e^{i n \psi}}{n(n+1)} \cos^n \psi \right| - k_+ K_n(\psi) - k_- K_n(-\psi) \right\} \leqq 0,$$

und die Relationen (40, 5), (40, 6) gelten offenbar gleichmässig für alle Funktionen $\chi(\vartheta)$, für die die Relationen (40, 2) und (40, 3) gleichmässig gelten und die darüber hinaus gleichmässig beschränkt sind.

41. *Einfluss gewisser Variabelntransformationen auf die Durchschnittsendlichkeit. Satz XV. Es sei $f(x)$ in einer Umgebung von $x = 0$ für $x > 0$ nach* LEBESGUE *integrierbar, und es möge für $x \downarrow 0$*

$$\overline{\operatorname{Lim}} \frac{1}{x} \int_0^x f(x)\, dx = G, \quad \underline{\operatorname{Lim}} \frac{1}{x} \int_0^x f(x)\, dx = g$$

sein.

Es sei $\varphi(y)$ eine für $y \geqq 0$ zweimal stetig differenzierbare Funktion mit $\varphi(0) = 0$, $\varphi'(0) > 0$, $\varphi(y) > 0$, und es möge $\varphi(y)$ die Eigenschaft haben, dass vermöge der Abbildung $x = \varphi(y)$ in der Umgebung des Nullpunktes einer y-Nullmenge eine x-Nullmenge entspricht und umgekehrt. (Diese letzte Voraussetzung ist sicher erfüllt, wenn φ eine in der Umgebung von $y = 0$ reguläre analytische Funktion von y mit $\varphi'(0) \neq 0$ ist) Dann besitzt für $y \downarrow 0$ der Quotient

$$\frac{1}{y} \int_0^y f(\varphi(y))\, dy$$

wiederum die Unbestimmtheitsgrenzen G, g.

Beweis: Aus den über $\varphi(y)$ gemachten Voraussetzungen folgt

$$\frac{1}{x} \int_0^x f(x)\, dx = \frac{1}{\varphi(y)} \int_0^y f(\varphi(y))\, \varphi'(y)\, dy \sim \frac{1}{\varphi'(0)} \frac{1}{y} \int_0^y f(\varphi(y))\, \varphi'(y)\, dy.$$

Es genügt daher zu beweisen, dass die Differenz

$$\frac{1}{y\,\varphi'(0)} \int_0^y f(\varphi(y))\, \varphi'(y)\, dy - \frac{1}{y} \int_0^y f(\varphi(y))\, dy$$

für $y \downarrow 0$ gegen Null konvergiert. Der absolute Betrag dieser Differenz ist aber höchstens gleich

$$\frac{1}{y\,|\varphi'(0)|} \int_0^y |f(\varphi(y))|\, |\varphi'(y) - \varphi'(0)|\, dy,$$

und dies ist, wegen

$$\varphi'(y) - \varphi'(0) = O(y),$$

wiederum gleich

$$O\left(\int_0^y |f(\varphi(y))|\,dy\right) = o(1),$$

da $f(\varphi(y))$ nach LEBESGUE integrierbar ist.

Aus unserem Beweis ergibt sich zugleich ohne weiteres der folgende

Zusatz zum Satz XV. Es sei $f(x)$ *nach* LEBESGUE *integrabel in einem Intervall* $x_1 \leqq x \leqq x_2$ *und es mögen für jeden Punkt* x_0 *einer in* $\langle x_1, x_2\rangle$ *enthaltenen Punktmenge* M *die Relationen gelten:*

$$\overline{\text{Lim}}\, \frac{1}{x - x_0} \int_{x_0}^{x} f(x)\,dx = G(x_0), \tag{41, 1}$$

$$\underline{\text{Lim}}\, \frac{1}{x - x_0} \int_{x_0}^{x} f(x)\,dx = g(x_0) \tag{41, 2}$$

für $x \to x_0$, *wobei für jeden Punkt* x_0 *entweder* $x \downarrow x_0$ *oder* $x \uparrow x_0$ *oder beides — und dann evtl. mit verschiedenen* G, g *— gelten soll. Gelten nun diese Relationen gleichmässig für alle Punkte* x_0 *von* M, *werden über die Funktion* $x = \varphi(y)$ *die analogen Voraussetzungen wie im Satz XV gemacht und wird* $\varphi'(y)$ *darüber hinaus als positiv vorausgesetzt, so gelten für die Funktion* $f(\varphi(y))$ *die zu* (41, 1), (41, 2) *analogen Relationen gleichmässig auf der entsprechenden* y*-Menge.*

42. *Transformation von* $z = 1$ *auf* $z = e^{i\vartheta_0}$. Wir haben in den Nrn. 39, 40 ϑ von links bzw. von rechts gegen 0 gehen lassen. Es ist aber klar, dass genau analoge Resultate gelten, wenn sich die Voraussetzungen (40, 2), (40, 3) auf $\vartheta \downarrow \vartheta_0$ bzw. $\vartheta \uparrow \vartheta_0$ beziehen, wobei dann ϑ in den Nennern durch $\vartheta - \vartheta_0$ und $\Phi(\vartheta)$ durch $\Phi(\vartheta) - \Phi(\vartheta_0)$ zu ersetzen ist, so dass also nunmehr für $\vartheta = \vartheta_0$ die rechtsseitigen derivierten Zahlen von $\Phi(\vartheta)$ im Intervall $\langle g_+ - k_+,\ g_+ + k_+\rangle$ und die linksseitigen im Intervall $\langle g_- - k_-,\ g_- + k_-\rangle$ liegen. Dann multipliziert sich in (40, 6) $f^{(n)}(z)$ mit $e^{in\vartheta_0}$, und zum Faktor $(1 - |z|)^n$ kommt noch der Faktor $e^{in\vartheta_0}$ hinzu. (40, 5) und (40, 6) gelten aber nunmehr, wenn z im Winkel aus dem Innern von E_z gegen $e^{i\vartheta_0}$ strebt. Dabei ist natürlich unter ψ jetzt $-\arg(1 - ze^{-i\vartheta_0})$ zu verstehen, und in (40, 5) ist $\lg(1 - z)$ durch $\lg(1 - ze^{-i\vartheta_0})$ zu ersetzen.

43. *Dritte Erweiterung des Satzes I.* Nunmehr ist ohne weiteres eine Erweiterung des Satzes XIII auf den Fall der Durchschnittsendlichkeit möglich, wobei wir zugleich die geometrischen Voraussetzungen des Satzes XII zugrunde legen. Wir formulieren unser Resultat wie folgt:

Satz XVI. Es sei $f(z)$ eine für $|z| < 1$ reguläre analytische Funktion, und es sei M eine solche Punktmenge auf E_z, dass für ein festes $\varepsilon > 0$ in der ε-Umgebung jedes Punktes von M innerhalb K_z $|\Re f(z)|$ gleichmässig beschränkt $\leqq C$ ist. Die dann nach Fatou *in der ε-Umgebung der Menge M auf E_z bis auf eine Nullmenge beim Grenzübergang im Winkel existierende und gleichmässig beschränkte Randfunktion von $\Re f(z)$ sei mit $\chi(\vartheta)$ bezeichnet. Für jeden Punkt $e^{i\vartheta_0}$ von M mögen nun die vier derivierten Zahlen von $\int\limits_{\vartheta_0}^{\vartheta} \chi(\vartheta)\,d\vartheta$ im Intervall $\langle g_+(\vartheta_0) - k_+(\vartheta_0),\ g_+(\vartheta_0) + k_+(\vartheta_0)\rangle$ für die rechtsseitigen, im Intervall $\langle g_-(\vartheta_0) - k_-(\vartheta_0),\ g_-(\vartheta_0) + k_-(\vartheta_0)\rangle$ für die linksseitigen derivierten Zahlen liegen, und es mögen überdies die Relationen*

$$\overline{\text{Lim}} \left| \frac{1}{\vartheta - \vartheta_0} \int\limits_{\vartheta_0}^{\vartheta} \chi(\vartheta)\,d\vartheta - g_+(\vartheta_0) \right| \leqq k_+(\vartheta_0) \text{ für } \vartheta \downarrow \vartheta_0, \tag{43, 1}$$

$$\overline{\text{Lim}} \left| \frac{1}{\vartheta - \vartheta_0} \int\limits_{\vartheta_0}^{\vartheta} \chi(\vartheta)\,d\vartheta - g_-(\vartheta_0) \right| \leqq k_-(\vartheta_0) \text{ für } \vartheta \uparrow \vartheta_0 \tag{43, 2}$$

gleichmässig für alle ϑ_0 auf M gelten. Dann gilt, wenn z aus dem Innern von E_z im Winkel gegen die Punkte von M strebt, gleichmässig für alle Punkte $e^{i\vartheta_0}$ von M und für $|\arg(1 - ze^{-i\vartheta_0})| \leqq \frac{\pi}{2} - \delta$, $\delta > 0$, $\Delta(\vartheta_0) = g_+(\vartheta_0) - g_-(\vartheta_0)$ gesetzt:

$$\overline{\text{Lim}} \left| \frac{\pi f(z)}{-\lg(1 - ze^{-i\vartheta_0})} + i\Delta(\vartheta_0) \right| \leqq k_+(\vartheta_0) + k_-(\vartheta_0), \tag{43, 3}$$

$$\overline{\text{Lim}} \left\{ \left| \frac{\pi}{(n+1)!}(1 - |z|)^n e^{in\vartheta_0} f^{(n)}(z) + \frac{i\Delta(\vartheta_0)\, e^{in\psi}}{n(n+1)} \cos^n \psi \right| - \right.$$
$$\left. - k_+(\vartheta_0)\, K_n(\psi) - k_-(\vartheta_0)\, K_n(-\psi) \right\} \leqq 0, \tag{43, 4}$$

wo $\psi = -\arg(1 - ze^{-i\vartheta_0})$ ist und $K_n(\psi)$ die Bedeutung (39, 8) hat.

44. *Beweis:* Es sei $C_1 > C$ eine positive Konstante derart, dass $|\Re f(z)| < C_1$ für $|z| \leqq 1 - \frac{\varepsilon}{4}$ ist. Man bilde wie beim Beweis von Satz XII endlich viele zyklisch angeordnete abgeschlossene Kreisbogen $B_1, \ldots, B_m$ auf E_z, die die Menge M samt ihren Häufungsstellen ganz im Innern enthalten und selbst im Innern der $\frac{\varepsilon}{4}$-Umgebung von M enthalten sind. Ist allgemein B_μ^* der zwischen B_μ und $B_{\mu+1}$ bzw. zwischen B_m und B_1 liegende Kreisbogen von E_z, so lassen sich die Endpunkte jedes B_μ^* durch einen Kreisbogen α_μ verbinden, der bis auf seine Endpunkte ganz innerhalb von E_z verläuft und auf dem $|\Re f(z)|$ gleichmässig beschränkt $\leqq C_1$ ist. Es möge nun die Funktion $w = F(z)$ das von den Kreisbögen B_μ und α_μ begrenzte Flächenstück konform auf das Innere von E_w abbilden, etwa so, dass ein bestimmtes Linienelement im Nullpunkt wiederum in ein solches übergeht. Bekanntlich ist $F(z)$ regulär innerhalb der Kreisbogen B_μ und es gibt zwei positive Konstanten $c_1, c_2, c_1 < c_2$, derart, dass der absolute Betrag von $F'(z)$ in einer ε_1-Umgebung von M zwischen c_1 und c_2 liegt. Durch unsere Transformation möge nun $f(z)$ in $f_1(w)$ übergehen, so dass $f(z) = f_1(F(z))$ ist. Die Randfunktion von $\Re f_1(w)$ auf E_w sei mit $\chi_1(\vartheta)$, $w = re^{i\vartheta}$, bezeichnet. Dann ist $\chi_1(\vartheta) = \chi(\varphi(\vartheta))$, wo $\varphi(\vartheta)$ innerhalb der Bildbogen der Bogen $B_1, \ldots, B_m$ monoton wachsend ist und eine positive Ableitung besitzt, deren Werte auf der ganzen Bildmenge M_1 von M zwischen zwei positiven Schranken c_3 und c_4, $c_3 < c_4$, enthalten sind. Entspricht einem Punkte ϑ_0 von M ein Punkt ϑ_0' von M_1, so folgt aus dem Satze XV, dass die vier derivierten Zahlen von $\int\limits_{\vartheta_0'}^{\vartheta} \chi_1(\vartheta)\, d\vartheta$ für $\vartheta = \vartheta_0'$ in den Intervallen $\langle g_+(\vartheta_0) - k_+(\vartheta_0),\ g_+(\vartheta_0) + k_+(\vartheta_0)\rangle$, $\langle g_-(\vartheta_0) - k_-(\vartheta_0),\ g_-(\vartheta_0) + k_-(\vartheta_0)\rangle$ liegen.

Andererseits ist $|\chi_1(\vartheta)| \leqq C_1$ auf der ganzen Kreislinie E_w. Daher können unsere oben hergeleiteten Resultate (40, 5), (40, 6) (vgl. Nr. 42) auf jeden Punkt ϑ_0' der Menge M_1 und die Funktion $f_1(w)$ angewandt werden und gelten gleichmässig für alle Punkte dieser Menge. Dabei steht allerdings in den (40, 5) und (40, 6) entsprechenden Relationen zunächst $-\lg(1 - we^{-i\vartheta_0'})$ bzw. $(1 - |w|)^n e^{in\vartheta_0'}$, wo w der Bildpunkt von z innerhalb E_w ist. Nun folgt aber aus der Existenz einer absolut nach oben und unten gleichmässig positiv beschränkten Ableitung von $F(z)$ in allen Punkten $e^{i\vartheta_0}$ von M und einer gewissen Umgebung von M auf E_z erstens, dass

$$\lg(1 - we^{i\vartheta'_0}) \sim \lg(1 - ze^{i\vartheta_0}), \tag{44, 1}$$

und zwar gleichmässig in einer Umgebung von M gilt. Daher ergibt sich (43, 3) ohne weiteres. Aus dem gleichen Grunde ist, wenn z gegen $e^{i\vartheta_0}$ aus K_z im Winkel strebt,

$$\frac{1 - |w|}{1 - |z|} \to |F'(e^{i\vartheta_0})|. \tag{44, 2}$$

Ferner folgt aus $f(z) = f_1(F(z))$ durch n-malige Differentiation

$$f^{(n)}(z) = f_1^{(n)}(w)(F'(z))^n + O(f_1'(w)) + O(f_1''(w)) + \cdots + O(f_1^{(n-1)}(w)),$$

oder, wenn man mit $(1 - |z|)^n$ multipliziert und (44, 2) beachtet,

$$(1 - |z|)^n f^{(n)}(z) = (1 - |w|)^n f_1^{(n)}(w) e^{in \arg F'(e^{i\vartheta_0})} + O(1 - |z|).$$

Andererseits wird durch die konforme Abbildung $w = F(z)$ die zur Kreislinie E_z im Punkte $e^{i\vartheta_0}$ tangierende Richtung in die Richtung der entsprechend orientierten Tangente zur Kreislinie E_w im Punkte $e^{i\vartheta'_0}$ übergeführt, so dass

$$\arg F'(e^{i\vartheta_0}) \equiv \vartheta'_0 - \vartheta \pmod{2\pi}$$

sein muss. Daher ergibt sich schliesslich

$$(1 - |w|)^n f_1^{(n)}(w) e^{in\vartheta'_0} = (1 - |z|)^n f^{(n)}(z) e^{in\vartheta_0} + O(1 - |z|).$$

Setzen wir dies ein, so ergibt sich aus dem auf die w-Ebene bezüglichen Resultat die Formel (43, 4).

45. *Zusätze zum Satz XVI.* Wir nehmen nun an, dass die Funktion $\chi(\vartheta)$ auf einem abgeschlossenen Bogen Γ von E_z durchweg beschränkt ist, und zwar mögen ihre Werte innerhalb eines Intervalls von der Länge D liegen. Dann kann man gleichmässig für alle Punkte ϑ_0 von Γ $k_+ = k_- = \frac{D}{2}$ setzen und als $g_+ = g_-$ den Mittelpunkt jenes Intervalls annehmen, so dass $\Delta = 0$ ist. Betrachten wir dann nur radiale Annäherung an die inneren Punkte von Γ, so kann in (43, 3), (43, 4) $\psi = 0$ gesetzt werden, und man erhält, da $K_n(0) = \frac{1}{n}$ ist,

$$\overline{\text{Lim}} \frac{|f(z)|}{-\lg(1 - |z|)} \leqq \frac{D}{\pi},$$

$$\overline{\text{Lim}} (1 - |z|)^n |f^{(n)}(z)| \leqq \frac{(n-1)!\,(n+1)D}{\pi}.$$

Da aber diese Relationen für jeden ganz innerhalb Γ liegenden abgeschlossenen Bogen Γ^* gleichmässig gelten, gelten sie auch gleichmässig, wenn z aus dem Innern von E_z *allseitig* gegen Γ^* strebt. So erhalten wir den

Zusatz 1 *zum Satze XVI. Ist unter den Voraussetzungen des Satzes XVI die Schwankung von* $\chi(\vartheta)$ *auf einem in* M *liegenden Bogen* Γ *von* E_z *höchstens gleich* D, *so gilt, wenn* z *gegen einen ganz innerhalb von* Γ *liegenden abgeschlossenen Teilbogen* Γ^* *aus dem Innern von* E_z *allseitig strebt:*

$$\overline{\mathrm{Lim}}\ \frac{|f(z)|}{-\lg(1-|z|)} \leqq \frac{D}{\pi}, \tag{45, 1}$$

$$\overline{\mathrm{Lim}}\ (1-|z|)^n\,|f^{(n)}(z)| \leqq \frac{(n-1)!\,(n+1)\,D}{\pi}. \tag{45, 2}$$

Insbesondere gelten die Relationen (45, 1) *und* (45, 2), *wenn* z *allseitig gegen einen Punkt* $e^{i\vartheta_0}$ *strebt, falls* $\Re f(z)$ *in einer Umgebung von* $e^{i\vartheta_0}$ *beschränkt ist und unter* D *die Schwankung von* $\chi(\vartheta)$ *im Punkte* ϑ_0 *verstanden wird.*

Wir betrachten andererseits unter den Voraussetzungen von Zusatz 1 ein Punktepaar z_1, z_2, das aus dem Innern von E_z gegen den Bogen Γ^* derart konvergiert, dass dabei

$$\frac{z_2-z_1}{1-|z_1|} \to 0 \tag{45, 3}$$

gilt. Wegen $1-|z_1|-|z_2-z_1| \leqq 1-|z_2| \leqq 1-|z_1|+|z_2-z_1|$ folgt aus (45, 3)

$$\frac{1-|z_2|}{1-|z_1|} \to 1, \quad \frac{z_2-z_1}{1-|z_2|} \to 0. \tag{45, 4}$$

Nun gilt, wegen (45, 2) mit $n=1$,

$$|f(z_2)-f(z_1)| = \left|\int_{z_1}^{z_2} f'(z)\,dz\right| = O\left(\frac{|z_2-z_1|}{\mathrm{Min}\,(1-|z|)}\right), \tag{45, 5}$$

wo $\mathrm{Min}\,(1-|z|)$ für die Strecke $z_1 z_2$ zu nehmen ist. Offenbar wird aber die kürzeste Distanz eines Punktes der Strecke $z_1 z_2$ von E_z in einem der Endpunkte der Strecke erreicht. Aus (45, 3) und (45, 4) folgt daher $f(z_2)-f(z_1) \to 0$. Wir erhalten den

Zusatz 2 zum Satz XVI. Unter den Voraussetzungen von Zusatz 1 gilt für ein Punktepaar z_1, z_2, das aus dem Innern von E_z so gegen Γ^* konvergiert, dass (45, 3) gilt, die Relation

$$f(z_2) - f(z_1) \to 0, \tag{45, 6}$$

und zwar gleichmässig, wenn (45, 3) gleichmässig gilt.

Es mögen nun für alle Punkte $e^{i\vartheta_0}$ der Menge M die drei Funktionen $k_+(\vartheta_0)$, $k_-(\vartheta_0)$, $\varDelta(\vartheta_0)$ durchweg verschwinden. Dann liefert (43, 4) für $n = 1$ die Relation

$$f'(z) = o\left(\frac{1}{1-|z|}\right),$$

gleichmässig für alle Punkte $e^{i\vartheta_0}$ von M. Da aber der Beweis des Satzes XIV nur von dieser Relation Gebrauch macht, bleibt (38, 1) auch unter unseren Voraussetzungen richtig, und wir erhalten den

Zusatz 3 zum Satze XVI. Verschwinden unter den Voraussetzungen des Satzes XVI die Grössen $k_+(\vartheta_0)$, $k_-(\vartheta_0)$, $\varDelta(\vartheta_0)$ für alle Punkte von M, so gilt, wenn z_1 und z_2 aus K_z im Winkel gegen einen Punkt $z_0 = e^{i\vartheta_0}$ von M so konvergiert, dass $\left|\frac{z_0 - z_2}{z_0 - z_1}\right|$ zwischen beliebigen aber festen positiven Schranken bleibt,

$$f(z_2) - f(z_1) \to 0, \tag{45, 61}$$

und diese Relation gilt gleichmässig für die ganze Menge M.

Lässt man in der Formulierung von Zusatz 3 die Annahme, dass $\varDelta(\vartheta_0)$ verschwindet, fallen, so kann man die folgende Überlegung anstellen. Der Einfachheit halber sei $\vartheta_0 = 0$. Dann genügt die Differenz

$$f(z) - \frac{\varDelta}{i\pi} g_0(z), \tag{45, 62}$$

wo $g_0(z)$ die Hilfsfunktion des Satzes II ist, allen Voraussetzungen des Zusatzes 3 zum Satz XVI. Es folgt, wenn $\left|\frac{z_2 - 1}{z_1 - 1}\right|$ zwischen festen positiven Schranken bleibt, wegen $1 + z_1 \to 2$, $1 + z_2 \to 2$,

$$f(z_2) - f(z_1) - \frac{\varDelta}{i\pi} \lg\left(\frac{1 - z_1}{1 - z_2}\right) \to 0. \tag{45, 63}$$

Nun wird K_z durch die Transformation $z = \frac{\zeta - 1}{\zeta + 1}$ abgebildet auf die Halbebene $\Re \zeta > 0$. Setzen wir

$$f\left(\frac{\zeta - 1}{\zeta + 1}\right) = F(\zeta), \tag{45, 64}$$

so liefert (45, 63)

$$F(\zeta_2) - F(\zeta_1) + i\frac{\Delta}{\pi} \lg \frac{\zeta_2}{\zeta_1} \to 0,$$

wenn ζ_1 und ζ_2 so ins Unendliche gehen, dass

$$|\arg \zeta_1| \leqq \frac{\pi}{2} - \delta, \quad |\arg \zeta_2| \leqq \frac{\pi}{2} - \delta, \quad \delta > 0$$

und $0 < c_1 \leqq \left|\frac{\zeta_2}{\zeta_1}\right| \leqq c_2 < \infty$ ist.

Wie lauten nun die (43, 1) und (43, 2) entsprechenden Bedingungen — mit $k_+ = k_- = 0$ für $F(\zeta)$? Wir setzen $\vartheta_0 = 0$ voraus. Dann entspricht dem Punkt $z = e^{i\vartheta}$ von E_z der Punkt it auf der imaginären Axe mit $t = \operatorname{ctg} \frac{\vartheta}{2}$. Es sei nun $u = \frac{1}{t}$, $\Re F(it) = \psi(u)$. Wegen $u = \operatorname{tg} \frac{\vartheta}{2}$ ist der Satz XV anwendbar, so dass die Relationen (43, 1) und (43, 2) in

$$\frac{1}{u}\int_0^u \psi(u)\, du \to \begin{cases} g_+ & \text{für } u \downarrow 0, \\ g_- & \text{für } u \uparrow 0 \end{cases}$$

übergehen. Diese beiden Relationen gehen aber, wenn nunmehr $t = \frac{1}{u}$ als neue Integrationsvariable eingeführt wird, in die Bedingungen

$$t \int_t^\infty \Re F(it) \frac{dt}{t^2} \to g_+, \quad t \uparrow \infty,$$

$$t \int_t^{-\infty} \Re F(it) \frac{dt}{t^2} \to g_-, \quad t \downarrow -\infty$$

über.[30] Setzen wir endlich $F(\zeta) = \frac{1}{i} \lg G(\zeta)$, so ergibt sich die folgende Formulierung:

Korollar zum Zusatz 3. Es sei $G(\zeta)$ eine für $\Re \zeta > 0$ reguläre analytische nirgends verschwindende Funktion, für die im Bereich $\Re \zeta > 0$, $|\zeta| > C_0$ die Gesamtschwankung von $\arg G(\zeta)$ gleichmässig beschränkt ist. Die dann in den Punkten $\zeta = it$ der imaginären Axe nach Fatou für hinreichend grosse $|t|$ bis auf eine t-Nullmenge beim Grenzübergang im Winkel existierende und gleichmässig beschränkte Grenzfunktion von $\arg G(\zeta)$ sei mit $\arg G(it)$ bezeichnet. Gilt dann für $t \uparrow \infty$ bzw. $t \downarrow -\infty$

$$t \int_t^\infty \arg G(it) \frac{dt}{t^2} \to g_+, \qquad t \int_t^{-\infty} \arg G(it) \frac{dt}{t^2} \to g_-,$$

so gilt, $g_+ - g_- = \Delta$ gesetzt, wenn ζ_1 und ζ_2 so ins Unendliche konvergieren, dass

$$|\arg \zeta_1| \leqq \frac{\pi}{2} - \delta, \qquad |\arg \zeta_2| \leqq \frac{\pi}{2} - \delta,$$

$$c_1 \leqq \left|\frac{\zeta_1}{\zeta_2}\right| \leqq c_2$$

für beliebig aber fest gewählte positive δ, c_1, c_2 ist, die Relation

$$\frac{G(\zeta_2)}{G(\zeta_1)} \sim \left(\frac{\zeta_2}{\zeta_1}\right)^{\frac{\Delta}{\pi}}. \tag{45,65}$$

[31]

Zusatz 4 zum Satze XVI. Unter den Voraussetzungen des Satzes XVI gilt, wenn z im Winkel gegen die Punkte $e^{i\vartheta_0}$ von M strebt,

---

[30] An sich involviert die Existenz des Lebesgueschen Integrals zugleich die absolute Integrierbarkeit des Integranden, so dass, um Aequivalente der Bedingungen (43, 1), (43, 2) für unendliches Integrationsintervall zu erhalten, eigentlich noch die Voraussetzung der absoluten Konvergenz des betreffenden Integrals hinzugenommen werden müsste. In unserem Falle wird aber im Satz XVI die Beschränktheit von $\Re f(z)$ in der Nähe von $z = 1$ vorausgesetzt. Dem entspricht aber die gleichmässige Beschränktheit von $F(\zeta)$ für hinreichend grosse ζ, sodass die absolute Konvergenz unserer Integrale aus der Messbarkeit der Integranden folgt.

[31] Für $|\zeta_1| = |\zeta_2|$ ergibt sich aus (45, 65), wenn auf beiden Seiten die absoluten Beträge verglichen werden, die Relation $|G(\zeta_2)| \sim |G(\zeta_1)|$, die in Visser (1), p. 32, als Satz 4 formuliert wird, unter der speziellen Voraussetzung, dass $\arg G(it) \to \pm \frac{\pi}{2}$ resp. für $t \to \pm \infty$ gilt, sodass Δ insbesondere $= \pi$ ist.

$$(45,7)\qquad \Im f(z) = \frac{\Delta + \Theta(k_+(\vartheta_0) + k_-(\vartheta_0))}{\pi} \lg |1 - ze^{i\vartheta_0}| + o(\lg |1 - ze^{i\vartheta_0}|),$$

und unter der Voraussetzung

$$(45,8)\qquad |\Delta(\vartheta_0)| > k_+(\vartheta_0) + k_-(\vartheta_0)$$

die Formel

$$(45,9)\qquad \Im f(z) \to -\operatorname{sgn} \Delta \infty,$$

wobei $-1 \leqq \Theta \leqq 1$ *bleibt;* (45, 7) *gilt unter gleichen Voraussetzungen gleichmässig wie der Satz XVI, während* (45, 9) *gleichmässig gilt, wenn ausserdem vorausgesetzt wird, dass* $|\Delta(\vartheta_0)| - k_+(\vartheta_0) - k_-(\vartheta_0)$ *oberhalb einer festen positiven Schranke bleibt.*

Denn aus (43, 3) folgt, wenn beide Seiten dieser Gleichung mit $-\lg(1 - ze^{i\vartheta_0})$ multipliziert werden,

$$(45,91)\qquad f(z) = \frac{i\Delta(\vartheta_0) + \Theta_1(k_+(\vartheta_0) + k_-(\vartheta_0))}{\pi} \lg(1 - ze^{i\vartheta_0}) + o(\lg(1 - ze^{i\vartheta_0}))$$

mit $|\Theta_1| \leqq 1$. Hieraus aber ergibt sich (45, 7) sofort, wenn die Imaginärteile auf beiden Seiten verglichen werden und der Imaginärteil von Θ_1 mit Θ bezeichnet wird.

(45, 9) folgt aber unter der Voraussetzung (45, 8) aus (45, 7) sofort.

Es sei endlich betont, dass der Satz XVI und die Zusätze 3 und 4 zu diesem Satz insbesondere dann ohne Weiteres angewandt werden dürfen, wenn bekannt ist, dass $\underline{\operatorname{Lim}}\, \chi(\vartheta)$ für $\vartheta \downarrow \vartheta_0$ bzw. $\vartheta \uparrow \vartheta_0$ im Intervall $\langle g_+(\vartheta_0) - k_+(\vartheta_0), g_+(\vartheta_0) + k_+(\vartheta_0)\rangle$ bzw. im Intervall $\langle g_-(\vartheta_0) - k_-(\vartheta_0), g_-(\vartheta_0) + k_-(\vartheta_0)\rangle$ liegt.

§ 10. Eine Bedingung für die Darstellbarkeit durch das Poissonsche Integral.

46. *Formulierung der Sätze.* Bei der Untersuchung von Spitzenabbildungen ($\gamma = 0$) werden wir vom folgenden Satz Gebrauch zu machen haben:

Satz XVII. Es sei $f(z) = U(z) + iV(z)$ *eine für* $|z| < 1$ *reguläre analytische Funktion, für deren Realteil* $U(z)$ *das Integral*

$$(46,1)\qquad \int_{-\pi}^{\pi}\int_{0}^{1} |U(re^{i\vartheta})|\, r\, dr\, d\vartheta$$

existiert. Der Imaginärteil $V(z)$ möge, wenn z allseitig aus K_z gegen die Punkte $e^{i\vartheta}$ des Einheitskreises konvergiert, mit eventueller Ausnahme eines ϑ-Wertes ϑ_0, gegen eine Funktion $\chi(\vartheta)$ konvergieren, die in jedem von $e^{i\vartheta_0}$ verschiedenen Punkte des Einheitskreises stetig und auf E_z gleichmässig beschränkt sei. Dann hat $f(z)$ die Gestalt

$$(46,2) \qquad f(z) = \frac{i}{2\pi}\int_{-\pi}^{\pi} \frac{e^{i\vartheta}+z}{e^{i\vartheta}-z}\chi(\vartheta)\,d\vartheta + h(z),\ h(z) = iu\frac{e^{i\vartheta_0}+z}{e^{i\vartheta_0}-z} + v,$$

wo u, v gewisse reelle Konstanten sind. — Die Umkehrung ist klar.

Unser Beweis des Satzes XVII reicht zugleich zum Beweis des folgenden allgemeineren Satzes aus:

Satz XVIII: Es sei $e^{i\vartheta_0}$ ein Punkt, der im Innern eines offenen Kreisbogens Γ von E_z liegt. σ sei eine Kreisbogensichel, deren Rand erstens aus Γ und zweitens aus einem die Endpunkte von Γ verbindenden, sonst ganz innerhalb K_z verlaufenden Kreisbogens besteht. (Für $\Gamma = E_z$ ist $\sigma = K_z$.) Es sei $f(z) = U(z) + iV(z)$ eine für $|z| < 1$ reguläre analytische Funktion, für deren Realteil $U(z)$ das Integral

$$(46,3) \qquad \iint_{\sigma} |U(re^{i\vartheta})|\, r\,dr\,d\vartheta,$$

über das Innere von σ erstreckt, existiert. Der Imaginärteil $V(z)$ möge, wenn z allseitig aus K_z gegen die Punkte $e^{i\vartheta}$ von Γ konvergiert, mit eventueller Ausnahme von $\vartheta = \vartheta_0$, gegen eine Funktion $\chi(\vartheta)$ konvergieren, die in jedem von $e^{i\vartheta_0}$ verschiedenen Punkte von Γ stetig und auf Γ gleichmässig beschränkt ist. Dann hat $f(z)$ die Gestalt

$$(46,4) \qquad f(z) = \frac{i}{2\pi}\int_{-\pi}^{\pi} \frac{e^{i\vartheta}+z}{e^{i\vartheta}-z}\chi(\vartheta)\,d\vartheta + h(z),\ h(z) = iu\frac{e^{i\vartheta_0}+z}{e^{i\vartheta_0}-z} + v + E(z),$$

wo $\chi(\vartheta)$ für ϑ-Werte, für die $e^{i\vartheta}$ ausserhalb Γ liegt, gleich 0 zu setzen und $E(z)$ eine in K_z und auf Γ reguläre analytische Funktion mit $E(e^{i\vartheta_0}) = 0$ ist, wobei $E(z)$ auf Γ reell ist und für $\Re E(z)$ die auf (46, 3) bezügliche Bedingung erfüllt ist.

47. *Hilfssätze.* Dem Beweis dieser Sätze schicken wir drei einfache Hilfssätze voraus.

Lemma 3. Ist $\chi(\vartheta)$ eine im Intervall $(-\pi, \pi\rangle$ beschränkte nach Lebesgue *integrierbare Funktion mit $|\chi(\vartheta)| \leqq C$ und bildet man daraus mit Hilfe des Poissonschen Integrals die zugehörige analytische Funktion*

$$(47,1) \qquad f(z) = \frac{1}{2\pi}\int_{-\pi}^{\pi} \frac{e^{i\vartheta}+z}{e^{i\vartheta}-z}\chi(\vartheta)\,d\vartheta = U(z) + i\,V(z),$$

so sind für $-\pi \leqq \vartheta \leqq \pi$ *die Integrale*

$$(47,2) \qquad \int_0^1 |f(re^{i\vartheta})|\,dr, \quad \int_0^1 |U(re^{i\vartheta})|\,dr, \quad \int_0^1 |V(re^{i\vartheta})|\,dr$$

höchstens gleich γC, *und die Integrale*

$$(47,3) \qquad \int_{-\pi}^{\pi}\int_0^1 |f(re^{i\vartheta})|\,r\,dr\,d\vartheta, \quad \int_{-\pi}^{\pi}\int_0^1 |U(re^{i\vartheta})|\,r\,dr\,d\vartheta, \quad \int_{-\pi}^{\pi}\int_0^1 |V(re^{i\vartheta})|\,r\,dr\,d\vartheta$$

höchstens $\gamma_1 C$, *wo* γ, γ_1 *positive absolute Konstanten sind.*

Beweis von Lemma 3: Es genügt, die Behauptung nur für die ersten Integrale (47, 2) bzw. (47, 3) zu beweisen. Ohne Beschränkung der Allgemeinheit darf $C = 1$ angenommen werden. Dann ergibt sich aus (47, 1)

$$|f(re^{i\vartheta})| \leqq \frac{1}{\pi}\int_{-\pi}^{\pi} \frac{d\varphi}{|e^{i\varphi} - re^{i\vartheta}|} \leqq \frac{2}{\pi}\int_0^{\pi} \frac{d\varphi}{|e^{i\varphi} - r|}.$$

Hieraus folgt weiter

$$\int_0^1 |f(re^{i\vartheta})|\,dr \leqq \frac{2}{\pi}\int_0^{\pi} d\varphi \int_0^1 \frac{dr}{\sqrt{(r-\cos\varphi)^2 + \sin^2\varphi}}.$$

Hier ergibt sich für das innere Integral, wenn man $r - \cos\varphi = x\sin\varphi$ setzt,

$$\int_0^1 \frac{dr}{\sqrt{(r-\cos\varphi)^2+\sin^2\varphi}} = \int_{-\operatorname{ctg}\varphi}^{\operatorname{tg}\frac{\varphi}{2}} \frac{dx}{\sqrt{x^2+1}} = \lg\left(\sqrt{x^2+1}+x\right)\Big/_{-\operatorname{ctg}\varphi}^{\operatorname{tg}\frac{\varphi}{2}} =$$

$$= \lg\left(\frac{1}{\cos\frac{\varphi}{2}} + \operatorname{tg}\frac{\varphi}{2}\right) - \lg\left(\frac{1}{\sin\varphi} - \operatorname{ctg}\varphi\right).$$

Setzen wir daher

$$(47,4)\qquad \frac{2}{\pi}\int_0^\pi \lg\frac{1+\sin\frac{\varphi}{2}}{\sin\frac{\varphi}{2}}\,d\varphi=\gamma,$$

so folgt

$$(47,5)\qquad \int_0^1 |f(re^{i\vartheta})|\,dr \leqq \gamma,$$

und damit ist die auf (47, 2) bezügliche Behauptung bewiesen. Aus (47, 5) folgt aber

$$(47,6)\qquad \int_{-\pi}^{\pi}\int_0^1 |f(re^{i\vartheta})|\,r\,dr\,d\vartheta \leqq \int_{-\pi}^{\pi}\gamma\,d\vartheta = 2\pi\gamma=\gamma',$$

womit auch die auf das erste Integral (47, 3) bezügliche Behauptung bewiesen ist.

Lemma 4. Es gilt für $|z|\uparrow 1$

$$(47,7)\qquad \Phi(z)=\int_{-\pi}^{\pi}\frac{d\vartheta}{|z-e^{i\vartheta}|}=2\lg\frac{1}{1-|z|}+O(1).$$

Beim Beweis darf offenbar z positiv $=|z|$ vorausgesetzt werden. Dann aber nimmt unser Integral die Gestalt

$$\int_{-\pi}^{\pi}\frac{d\vartheta}{\sqrt{z^2-2z\cos\vartheta+1}}$$

an. Dies ist ein elliptisches Integral, so dass man die Behauptung auch der Theorie der elliptischen Integrale unmittelbar entnehmen kann. Sie lässt sich aber leicht direkt verifizieren. Es sei $z=1-h$, $h>0$. Dann verwandelt sich (47, 7) in

$$2\int_0^\pi\frac{d\vartheta}{\sqrt{h^2+4(1-h)\sin^2\frac{\vartheta}{2}}}.$$

Führen wir hier $\sin\frac{\vartheta}{2} = x$ als neue Variable ein, so geht (47, 7) über in

$$4\int_0^1 \frac{dx}{\sqrt{1-x^2}\sqrt{h^2+4(1-h)x^2}} = 4\int_0^{\frac{1}{2}} + 4\int_{\frac{1}{2}}^1 .$$

Das zweite Integral ist aber offenbar $O(1)$ für $h \downarrow 0$. Im ersten aber ändern wir das Integral nur um $O(1)$, wenn wir $\sqrt{1-x^2}$ durch 1 ersetzen, da $1 - \frac{1}{\sqrt{1-x^2}} = O(x^2)$ für $x \downarrow 0$ ist. Führen wir dann $y = \frac{2x}{h}$ als neue Variable ein, so ergibt sich

$$\Phi(z) = 2\int_0^{\frac{1}{h}} \frac{dy}{\sqrt{1+(1-h)y^2}} + O(1).$$

Hier ist aber das unbestimmte Integral gleich

$$\frac{1}{\sqrt{1-h}} \lg\left(\sqrt{1-h}\,y + \sqrt{1+(1-h)y^2}\right),$$

so dass sich für das bestimmte Integral ergibt

$$\frac{1}{\sqrt{1-h}} \lg\left(\frac{\sqrt{1-h}}{h} + \sqrt{\frac{1-h}{h^2}+1}\right) = \lg\frac{1}{h} + O(1),$$

und daher (47, 7), w. z. b. w.

Lemma 5. Das Integral

$$(47, 8) \qquad \int_0^1 \int_{-\pi}^{\pi} \frac{r\,d\vartheta\,dr}{|1-z|}, \quad z = re^{i\vartheta},$$

konvergiert. — Dies folgt sofort aus dem Lemma 4, wenn man beide Seiten von (47, 7) mit r multipliziert und nach r von 0 bis 1 integriert.

48. *Beweis der Sätze XVII, XVIII; Anwendung des Spiegelungsprinzips.* Es genügt, den Satz XVIII zu beweisen. Ohne Beschränkung der Allgemeinheit

dürfen wir $\vartheta_0 = 0$ annehmen. Man bilde mit Hilfe der Randfunktion $\chi(\vartheta)$ von $V(z)$ auf Γ das Integral

$$(48, 1) \qquad f^*(z) = \frac{i}{2\pi} \int_{-\pi}^{\pi} \frac{e^{i\vartheta} + z}{e^{i\vartheta} - z} \chi(\vartheta)\, d\vartheta,$$

wobei $\chi(\vartheta)$ ausserhalb Γ gleich 0 zu setzen ist. Dann besitzt der Imaginärteil der Funktion $f^*(z)$ in jedem Stetigkeitspunkt der Funktion $\chi(\vartheta)$, d. h. nach Voraussetzung in jedem von 0 verschiedenen Punkte $e^{i\vartheta}$ von Γ den Randwert $\chi(\vartheta)$. Andererseits ist für den Realteil von $f^*(z)$ wegen der gleichmässigen Beschränktheit von $\chi(\vartheta)$ das (47, 3) entsprechende Integral beschränkt. Daraus folgt, wenn $f(z) - f^*(z) = f_1(z) = U_1(z) + i\, V_1(z)$ gesetzt wird, dass einerseits das über das Innere von σ erstreckte Integral

$$(48, 2) \qquad \int\int_{\sigma} |\, U_1(re^{i\vartheta})\,|\, r dr d\vartheta = C < \infty$$

ist und andererseits der Imaginärteil $V_1(z)$ in jedem von $z = 1$ verschiedenen Punkt des Bogens Γ den Randwert 0 besitzt.

Es sei σ' das Spiegelbild von σ in Bezug auf E_z. Das aus σ, σ' und I bestehende Gebiet sei mit σ^* bezeichnet. Für $\Gamma \equiv E_z$ ist offenbar σ^* mit der ganzen Riemannschen Kugel identisch. — Vermöge des Schwarzschen Spiegelungsprinzips lässt sich $f_1(z)$ in das Gebiet σ^* fortsetzen, als eine in σ^* bis eventuell auf $z = 1$ eindeutige und reguläre Funktion, die in jedem Punkt $z' = \frac{1}{\bar{z}}$ von σ' für $|z| < 1$ den Wert $\overline{f_1}(z) = U_1(z) - i\, V_1(z)$ besitzt. Führen wir aber im Integral (48, 2) $r' = \frac{1}{r}$ als neue Integrationsvariable ein, so verwandelt es sich in das über das $r'e^{i\vartheta}$-Gebiet σ' erstreckte Integral

$$(48, 3) \qquad \int\int_{\sigma'} \frac{\left| U_1\left(\frac{1}{r'} e^{i\vartheta}\right)\right|}{r'^4} r' dr' d\vartheta.$$

Hier ist nach dem Obigen $U_1\left(\frac{1}{r'} e^{i\vartheta}\right) = U_1(r' e^{i\vartheta})$. Lassen wir nun im Integral (48, 3) die Striche bei r' weg, so ergibt sich, dass für unsere in das Innere von σ^* bis auf $z = 1$ fortgesetze Potentialfunktion $U_1(z)$ auch das Integral

$$\iint_{\sigma'} \frac{|U_1(re^{i\vartheta})|}{r^4} r\,dr\,d\vartheta = C \tag{48, 4}$$

ist. Daraus folgt aber die Existenz zweier positiver Zahlen ϱ, C_1 derart, dass die Kreisscheibe $|z-1| \leqq \frac{1}{\varrho}$ ganz in σ^* liegt und

$$\iint_{|z-1|\leqq\frac{1}{\varrho}} |U_1(z)|\,r\,dr\,d\vartheta \leqq C_1 \tag{48, 5}$$

gilt.

Wir schicken nunmehr den Punkt $z=1$ durch die Transformation $\zeta = \frac{1}{z-1}$ ins Unendliche. Dann geht $f_1(z)$ in $f_1\left(1+\frac{1}{\zeta}\right) = G(\zeta)$, eine für $0 < \varrho \leqq |\zeta| < \infty$ eindeutige und reguläre Funktion von ζ, über. *Wir werden nun zuerst beweisen, dass $G(\zeta)$ im Unendlichen höchstens einen Pol zweiter Ordnung hat.*

Denn setzt man $G(\zeta) = U_2(\zeta) + i\,V_2(\zeta)$, wo $U_2(\zeta) = U_1\left(1+\frac{1}{\zeta}\right)$ ist, so folgt aus (48, 5), wegen $\frac{dz}{d\zeta} = \frac{-1}{\zeta^2}$,

$$\iint_{|z-1|\leqq\frac{1}{\varrho}} |U_1(z)|\,r\,dr\,d\vartheta = \iint_{|\zeta|\geqq\varrho} |U_2(\zeta)|\frac{1}{|\zeta|^4}\,d\tau \leqq C_1,$$

wo $d\tau$ das Flächenelement in der ζ-Ebene ist. Hieraus folgt aber für beliebig grosse positive $R \geqq 2\varrho$

$$\iint_{\varrho\leqq|\zeta|\leqq R} |U_2(\zeta)|\,d\tau \leqq R^4 \iint_{\varrho\leqq|\zeta|\leqq R} |U_2(\zeta)|\frac{1}{|\zeta|^4}\,d\tau \leqq R^4 C_1.$$

Es sei nun $g(\zeta)$ der Hauptteil von $G(\zeta)$ in der Umgebung des unendlich fernen Punktes. $g(\zeta)$ ist auf jeden Fall eine ganze Funktion von ζ, und es darf $g(0)=0$ vorausgesetzt werden. Setzt man nun $g(\zeta) = U^*(\zeta) + i\,V^*(\zeta)$, so folgt aus der obigen Ungleichung offenbar

$$\iint_{2\varrho\leqq|\zeta|\leqq R} |U^*(\zeta)|\,d\tau \leqq C_2 R^4, \tag{48, 6}$$

für eine positive Konstante C_2, da ja die Differenz $G(\zeta) - g(\zeta)$ für $|\zeta| \geqq 2\varrho$ ihrem absoluten Betrage nach beschränkt bleibt.

Es sei nun ϱ_1 eine positive Zahl $\geqq 4\varrho$. Drückt man den Wert der ganzen Funktion $g_1(u) = g(\varrho_1 u)$ in den Punkten des Kreises $|u| \leqq \frac{1}{2}$ durch die Werte ihres Realteiles $U^*(\varrho_1 e^{i\vartheta})$ auf der Kreislinie $|u| = 1$ vermöge der Formel

$$(48, 7) \qquad g(\varrho_1 u) = g_1(u) = \frac{1}{2\pi} \int_{-\pi}^{\pi} \frac{e^{i\vartheta} + u}{e^{i\vartheta} - u} U^*(\varrho_1 e^{i\vartheta})\, d\vartheta$$

aus, so gilt $\left| \frac{e^{i\vartheta} + u}{e^{i\vartheta} - u} \right| \leqq \frac{1 + \frac{1}{2}}{1 - \frac{1}{2}} = 3$. Daher folgt für alle ζ mit $|\zeta| \geqq 2\varrho$ und $2|\zeta| \leqq \varrho_1$

$$(48, 8) \qquad |g(\zeta)| \leqq \frac{3}{2\pi} \int_{-\pi}^{\pi} |U^*(\varrho_1 e^{i\vartheta})|\, d\vartheta.$$

Für ein beliebiges ζ mit $|\zeta| = r > 2\varrho$ integriere man die Relation (48, 8) nach ϱ_1 zwischen den Grenzen $2r$ und $3r$. Dann folgt

$$(48, 9) \qquad r|g(\zeta)| \leqq \frac{3}{2\pi} \int_{2r}^{3r} \int_{-\pi}^{\pi} |U^*(\varrho_1 e^{i\vartheta})|\, d\vartheta\, d\varrho_1.$$

Hier ist das Doppelintegral wegen (48, 6) $(d\tau = \varrho_1\, d\vartheta\, d\varrho_1)$ höchstens gleich

$$\frac{1}{2r} \int_{2r}^{3r} \int_{-\pi}^{\pi} |U^*(\varrho_1 e^{i\vartheta})|\, \varrho_1\, d\vartheta\, d\varrho_1 \leqq \frac{1}{2r} C_2 (3r)^4 = O(r^3),$$

sodass also für $\zeta \to \infty$ $g(\zeta) = O(|\zeta|^2)$ gilt und daher $g(\zeta)$ ein höchstens quadratisches Polynom in ζ ist, wie behauptet.

49. *Der Hauptteil von $f_1(z)$ für $z = 1$.* Nach dem Obigen hat $f_1(z)$ die Gestalt

$$(49, 1) \qquad f_1(z) = \frac{a}{(1 - z)^2} + \frac{b}{1 - z} + c + E(z), \quad E(1) = 0,$$

wo $E(z)$ in σ^* regulär ist. Nun folgt aus der vorausgesetzten Konvergenz des Integrals (46, 3) unter Berücksichtigung der Lemmata 3 und 5, dass das Integral

$$\iint\limits_{|z|\leqq 1} \left|\Re \frac{a}{(1-z)^2}\right| d\vartheta\, dr, \quad z = re^{i\vartheta}, \tag{49, 2}$$

auch konvergent sein muss. Es sei $a = |a| e^{i\alpha}$. Beachtet man, dass der Kreissektor $|z-1| < 1$, $|\arg(1-z)| < \frac{\pi}{4}$ in K_z enthalten ist, so folgt, $1 - z = \varrho e^{i\varphi}$ gesetzt, dass das Integral

$$\int_0^1 \int_{-\frac{\pi}{4}}^{\frac{\pi}{4}} \frac{|a|\,|\cos(\alpha - 2\varphi)|}{\varrho^2} d\varphi\, d\varrho = \int_{-\frac{\pi}{4}}^{\frac{\pi}{4}} |\cos(\alpha - 2\varphi)|\, d\varphi \int_0^1 \frac{|a|\, d\varrho}{\varrho^2}$$

konvergieren muss, was offenbar nur für $a = 0$ möglich ist.

Damit nimmt $f_1(z)$ die Gestalt an

$$\frac{b}{1-z} + c + E(z),$$

sodass für $z = e^{i\vartheta}$, $b = i\varrho e^{i\beta}$, $\varrho \gtreqqless 0$, $0 \leqq \beta < \pi$, wegen $\dfrac{1}{1-e^{i\vartheta}} = \dfrac{i}{2} \dfrac{e^{-i\frac{\vartheta}{2}}}{\sin\frac{\vartheta}{2}}$,

$$f_1(e^{i\vartheta}) = \frac{-\varrho e^{i\left(\beta - \frac{\vartheta}{2}\right)}}{2 \sin\frac{\vartheta}{2}} + c + E(e^{i\vartheta}),$$

$$\Im f_1(e^{i\vartheta}) = \frac{\varrho}{2} \frac{\sin\left(\frac{\vartheta}{2} - \beta\right)}{\sin\frac{\vartheta}{2}} + \Im c + \Im E(e^{i\vartheta}) = 0 \tag{49, 3}$$

für $e^{i\vartheta}$, $\vartheta \neq 0$, auf Γ gilt. Da aber hier der Nenner des ersten Gliedes für $\vartheta \to 0$ in der ersten Ordnung verschwindet, muss auch der Zähler für $\vartheta = 0$ verschwinden, und aus $\sin\beta = 0$ folgt, wegen $0 \leqq \beta < \pi$, dass β verschwindet, sodass ib reell sein muss. Dann aber nimmt die linke Seite von (49, 3) den Wert $\frac{\varrho}{2} + \Im c + \Im E(e^{i\vartheta})$ an, sodass, für $\vartheta \to 0$, wegen $E(1) = 0$,

$$\Im c = -\frac{b}{2i}, \quad \Im E(e^{i\vartheta}) = 0 \text{ für } e^{i\vartheta} \text{ auf } \Gamma$$

ist. Für diesen Wert von $\Im c$ nimmt aber nunmehr $f_1(z)$, wenn $u = \frac{\varrho}{2} = \frac{b}{2i}$, $v = \Re c$ gesetzt wird, die Gestalt an:

$$f_1(z) = iu\frac{1+z}{1-z} + v + E(z), \quad E(1) = 0,$$

womit der Satz XVIII bewiesen ist.

§ 11. Erweiterungen des Randverzerrungssatzes.

50. *Bemerkungen über die gleichmässige Gültigkeit des Satzes IV.* Unter welchen Umständen gelten nun die Formeln (11, 2), (11, 3) *gleichmässig* für eine Randpunktmenge M von G_1? Wir wollen $G_1 \equiv K_z$ annehmen, so dass $\gamma_1 = \pi$ ist. Greifen wir nun auf den Beweis des Satzes IV zurück, so sehen wir, dass der auf die Funktion (12, 2) bezügliche Bestandteil der linken Seite von (11, 2) sicher gleichmässig gegen $\frac{\gamma - \pi}{\pi}$ konvergiert, da γ ja absolut beschränkt ist. Es kommt also nur darauf an, ob das Produkt $(1 - |z|)\, g^*(z)$ gleichmässig gegen Null konvergiert, wenn z im Winkel gegen die Punkte z_0 von M strebt. Um nun (7, 5) anzuwenden, genügt es nicht, vorauszusetzen, dass der Realteil von $g^*(z)$ auf E_z in den Punkten von M gleichmässig stetig ist, was ja darauf hinausläuft, dass für z_0 auf der Menge M die Funktionen

$$(50, 1) \qquad \arg \frac{f(z) - f(z_0)}{z - z_0}$$

gegen ihre rechts- bzw. linksseitigen Grenzwerte *gleichmässig* konvergieren, wenn z jeweils längs E_z gegen z_0 strebt. Es muss vielmehr ausserdem noch vorausgesetzt werden, dass die Funktionen (50, 1) in K_z *in ihrer Gesamtheit* gleichmässig beschränkt sind. Dies wird aber sicher dann gewährleistet, wenn man das Gebiet G^* der Nr. 13 so wählen kann, dass $|\varphi'(z)|$ in allen Bildpunkten von M zwischen festen positiven Schranken bleibt. Und dies ist nach dem in Nr. 13 Gesagten z. B. dann der Fall, wenn M ein abgeschlossener zusammenhängender Bogen von E_z ist, dessen Bild ganz *im Innern* eines offenen Jordanschen Randbogens von G liegt. Unter diesen Voraussetzungen aber gelten die Formeln (11, 2) und (11, 3) in der Tat gleichmässig, wenn z jeweils gegen z_0 innerhalb eines Winkels strebt, dessen Schenkel — zwei von z_0 ausgehende Sehnen von E_z — etwa feste positive Winkel mit der Tangente an E_z in z_0 bilden.

51. *Der Fall einer Durchschnittstangente.* Eine erste Verallgemeinerungsmöglichkeit des Randverzerrungssatzes wird durch die Tatsache nahe gelegt, dass die Relation (7, 4) nach Satz XIII ja bereits aus der *Durchschnittsstetigkeit* von $\chi(\vartheta)$, d. h. aus der Gültigkeit von (36, 1) gefolgert werden kann. Wird bei der Herleitung des Randverzerrungssatzes von dieser allgemeineren Tatsache Gebrauch gemacht, so kann man die Relationen (11, 2) und (11, 3), etwa $G_1 = E_z$ gesetzt, beweisen, wenn

$$\arg \frac{f(e^{i\vartheta}) - w_0}{z - 1}$$

»im Durchschnitt« gegen $\frac{\pi}{2} - \frac{\gamma}{2}$ bzw. $-\left(\frac{\pi}{2} - \frac{\gamma}{2}\right)$ konvergiert, oder also, wenn die Richtungen der von w_0 ausgehenden Sehnen der Berandung von G »im Durchschnitt« gegen gewisse Richtungen konvergieren, sofern ihre Schwankung beschränkt bleibt. In diesem Falle ist also sogar die Existenz der Tangenten nicht wesentlich. Es ist indessen zu beachten, dass dabei von der Parameterdarstellung des Randes von G Gebrauch zu machen ist, bei der der Parameter eben erst durch die konforme Abbildung festgelegt wird, so dass man eine solche Erweiterung des Randverzerrungssatzes erst dann als einen wirklichen Einblick in den Zusammenhang zwischen dem Verhalten von $f(z)$ und dem geometrischen Charakter der Berandung von G in der Nähe von w_0 ansehen kann, wenn eine Formulierung für die Existenz einer »Durchschnittstangente« gegeben wird, die von der rein differentialgeometrisch zu charakterisierenden Parameterdarstellung abhängt. Für gewisse spezielle Zwecke mag dagegen diese Erweiterung von Interesse sein.

52. *Spezialisierung von Satz XVI für* $n = 1$. Dagegen ist eine andere Verschärfung unserer Sätze von Bedeutung, in der der Begriff der Tangente durch denjenigen der *Grenzstützen* ersetzt wird.

Wir wollen zuerst den Satz XVI für $n = 1$ und $z_0 = e^{i\vartheta_0}$ spezialisieren und etwas umformen. Wegen (39, 8) ist

$$(52, 1) \quad K_1(\psi) = \cos\psi + \operatorname{tg}\psi \int_{-\psi}^{\frac{\pi}{2}} \cos x\, dx = \cos\psi + \operatorname{tg}\psi(1 + \sin\psi) =$$

$$= \frac{\cos\psi}{1 - \sin\psi} = \frac{1 + \sin\psi}{\cos\psi}.$$

Andererseits liefert die Formel (10, 6), wenn in ihr z durch $ze^{-i\vartheta_0} = \frac{z}{z_0}$ ersetzt wird,

$$(52, 2) \qquad 1 - |z| = (1 - ze^{-i\vartheta_0}) e^{i\psi} \cos\psi = (z_0 - z) e^{-i\vartheta_0} e^{i\psi} \cos\psi.$$

Tragen wir (52, 1) und (52, 2) in die Formel (43, 4) des Satzes XVI ein, so ergibt sich

$$\overline{\text{Lim}} \Big\{ |\pi (z_0 - z) e^{i\psi} \cos\psi f'(z) + i\Delta(\vartheta_0) e^{i\psi} \cos\psi| - \\ - \frac{2}{\cos\psi} [k_+ (1 + \sin\psi) + k_- (1 - \sin\psi)] \Big\} \leqq 0,$$

oder aber (über die Bedeutung von ψ vgl. Nr. 48)

$$(52, 3) \qquad (z_0 - z) f'(z) = \frac{-i\Delta(\vartheta_0)}{\pi} + \frac{2\Theta}{\pi} \left(\frac{k_+}{1 - \sin\psi} + \frac{k_-}{1 + \sin\psi} \right) + \varepsilon(z - z_0),$$

wo $\varepsilon(z - z_0)$ gegen 0 strebt, wenn z gegen z_0 im Winkel konvergiert, und Θ eine Grösse ist, deren absoluter Betrag 1 nicht überschreitet.

53. *Die verallgemeinerten Voraussetzungen.* Es sei nun P ein einfacher Randpunkt eines endlichen einfach zusammenhängenden Gebietes G in der w-Ebene, und der Rand von G möge in der Nähe von P eine Jordankurve bilden. Entspricht $P = w_0$ bei der konformen Abbildung auf das Innere von E_z dem Punkt $z = z_0 = e^{i\vartheta_0}$, so sind damit die beiden Randbogen C_-, C_+, die in P zusammenstossen, gewissen Halbumgebungen von $z = z_0$ auf E_z mit $z = e^{i\vartheta}$, $\vartheta < \vartheta_0$ bzw. $\vartheta > \vartheta_0$ zugeordnet, so dass man bei positivem Umlauf um das Innere von G von C_- auf C_+ übertritt. Es mögen nun die Bogen C_-, C_+ im Punkte w_0 Grenzstützen besitzen, die in den Winkeln $|\arg(w - w_0) - h_-| \leqq k_-$ bzw. $|\arg(w - w_0) - h_+| \leqq k_+$ mit endlichen h_-, h_+, k_-, k_+ liegen. Dabei sollen die Winkelbestimmungen insbesondere so gewählt werden, dass sie auch längs eines in der Umgebung von w_0 liegenden, C_- mit C_+ verbindenden Querschnittes von G stetig bleiben. Sind insbesondere $h_- \pm k_-$, $h_+ \pm k_+$ die Winkel der Richtungen der vier Grenzstützen selbst mit der positiven reellen Axe, so ist $h_+ - h_- = -\gamma$ eine negative Zahl; denn die beiden Grenzstützen an C_- werden in die entsprechend gelegenen Grenzstützen an C_+ durch Drehung um w_0 in *negativer* Richtung übergeführt (nämlich durch das *Innere* von G), und daher bildet die Winkelhalbierende der beiden Grenzstützen an C_+ einen kleineren Winkel mit der positiven reellen Axe als die Winkelhalbierende der beiden Grenzstützen an C_-. Im allgemeineren Fall kann aber $\gamma = h_- - h_+$ auch 0 oder

negativ werden. Endlich soll $|\arg(w - w_0)|$ bei stetiger Fortsetzung unterhalb einer festen Schranke bleiben, wenn w den ganzen Rand von G durchläuft.

54. *Anwendung des Satzes XVI.* Strebt nun ϑ monoton wachsend gegen ϑ_0, so folgt

$$h_- - k_- \leqq \overline{\underline{\operatorname{Lim}}} \arg(f(e^{i\vartheta}) - w_0) \leqq h_- + k_-, \tag{54, 1}$$

und da dabei $\arg(e^{i\vartheta} - z_0) \to \vartheta_0 - \frac{\pi}{2}$ gilt, folgt

$$\left| \overline{\underline{\operatorname{Lim}}} \arg \frac{f(z) - w_0}{z - z_0} - h_- + \vartheta_0 - \frac{\pi}{2} \right| \leqq k_-, \quad z = e^{i\vartheta}, \quad \vartheta \uparrow \vartheta_0. \tag{54, 2}$$

Da anderseits für $\vartheta \downarrow \vartheta_0$ $\arg(e^{i\vartheta} - z_0) \to \vartheta_0 - 3\frac{\pi}{2}$ ist, folgt analog

$$\left| \overline{\underline{\operatorname{Lim}}} \arg \frac{f(z) - w_0}{z - z_0} - h_+ + \vartheta_0 - 3\frac{\pi}{2} \right| \leqq k_+, \quad z = e^{i\vartheta}, \quad \vartheta \downarrow \vartheta_0. \tag{54, 3}$$

Daher ist für $g_+ = h_+ - \vartheta_0 + 3\frac{\pi}{2}$, $g_- = h_- - \vartheta_0 + \frac{\pi}{2}$, $\Delta = h_+ - h_- + \pi$ die Formel (52, 3) auf die Funktion

$$\frac{1}{i} g(z) = \frac{1}{i} \lg \frac{f(z) - w_0}{z - z_0}$$

anwendbar, und wir erhalten

$$\frac{1}{i}(z_0 - z) g'(z) = -i \frac{h_+ - h_- + \pi}{\pi} + \tag{54, 4}$$
$$+ \frac{2\Theta}{\pi}\left(\frac{k_+}{1 - \sin\psi} + \frac{k_-}{1 + \sin\psi}\right) + \varepsilon(z - z_0),$$

oder für $h_- - h_+ = \gamma$,

$$\frac{f'(z)}{\dfrac{f(z) - w_0}{z - z_0}} = 1 + (z - z_0) g'(z) = \frac{\gamma}{\pi} + \frac{2\Theta_0}{\pi}\left(\frac{k_+}{1 - \sin\psi} + \frac{k_-}{1 + \sin\psi}\right) + \varepsilon_1(z - z_0), \tag{54, 5}$$

und diese Relation gilt gleichmässig auf einem ϑ_0-Bogen M, auf dem die Voraussetzungen über $\arg(w - w_0)$ gleichmässig gelten und die Grössen h_-, h_+, k_-, k_+ gleichmässig beschränkt sind, sofern dabei $|\psi| \leqq \frac{\pi}{2} - \delta$, $\delta > 0$ bleibt. —

Schalten wir nun, genau wie in Nr. 13 beim Beweis des Satzes IV ein Gebiet G^* dazwischen, so ergibt sich endlich, dass die Voraussetzung der Beschränktheit von $|\arg(w-w_0)|$ für alle Randpunkte w von G unwesentlich ist. —

Es seien nun z. B. längs eines ϑ_0-Bogens M auf E_z gleichmässig die Relationen (54, 2) und (54, 3) erfüllt mit festen, von ϑ_0 unabhängigen Werten von k_+ und k_- und mit gleichmässig beschränkten h_+ und h_-, für die durchweg längs M $h_- - h_+ = \pi$ gilt; ist dann M_1 ein abgeschlossener, ganz im Innern von M liegender Bogen, so folgt aus (54, 5) für $\psi = 0$ die Relation

$$\overline{\operatorname{Lim}} \left| \frac{f'(z)}{\dfrac{f(z)-f(z_0)}{z-z_0}} - 1 \right| \leqq 2\,\frac{k_+ + k_-}{\pi}, \tag{54, 6}$$

gleichmässig, wenn z radial gegen die Punkte z_0 von M_1 strebt.

55. *Der verallgemeinerte Randverzerrungssatz.* Wir fassen unsere obigen Ergebnisse im folgenden Satz zusammen:

Satz XIX: Es bestehe der Rand eines einfach zusammenhängenden Gebietes G der w-Ebene in der Nähe eines Randpunktes $P = w_0$ aus zwei Jordanbogen C_-, C_+, wobei man in w_0 beim positiven Umlauf um das Innere von G von C_- auf C_+ übertritt. Die Randbogen C_-, C_+ mögen in P Grenzstützen besitzen, die in den Winkelräumen

$$|\arg(w-w_0) - h_-| \leqq k_- \quad \text{bzw.} \quad |\arg(w-w_0) - h_+| \leqq k_+ \tag{55, 1}$$

mit endlichen h_-, h_+, k_-, k_+ liegen, wenn die Winkelbestimmungen längs eines in der Umgebung von w_0 liegenden Querschnitts von G stetig bleiben. Bildet dann $w = f(z)$ das Innere von K_z konform auf das Innere von G ab, und entspricht dabei $z_0 = e^{i\vartheta_0}$ dem Punkte w_0, so gilt, wenn z aus dem Innern von K_z im Winkel gegen z_0 strebt,

$$(z-z_0)\,g'(z) = \frac{\gamma}{\pi} - 1 + \frac{2\Theta}{\pi}\left(\frac{k_+}{1-\sin\psi} + \frac{k_-}{1+\sin\psi}\right) + \\ + \varepsilon(z-z_0), \quad g(z) = \lg \frac{f(z)-w_0}{z-z_0}, \tag{55, 2}$$

$$\frac{f'(z)}{\dfrac{f(z)-w_0}{z-z_0}} = \frac{\gamma}{\pi} + \frac{2\Theta}{\pi}\left(\frac{k_+}{1-\sin\psi} + \frac{k_-}{1+\sin\psi}\right) + \varepsilon(z-z_0), \tag{55, 3}$$

wo $\gamma = h_- - h_+$, $\psi = -\arg(1 - z e^{-i\vartheta_0})$, $|\Theta| \leqq 1$ *ist und* $\varepsilon(z - z_0)$ *gegen* 0 *konvergiert, wenn* z *so gegen* z_0 *strebt, dass dabei* $|\psi| \leqq \frac{\pi}{2} - \delta$, $\delta > 0$ *bleibt.*

Zusatz zum Satz XIX: Sind für feste k_+, k_- *die Voraussetzungen dieses Satzes längs eines freien abgeschlossenen Jordanbogens* C *des Randes von* G *gleichmässig erfüllt, sind dabei* h_+, h_- *gleichmässig beschränkt und gilt durchweg* $h_- - h_+ = \pi$, *so gilt, wenn* M_1 *der Bildbogen von* C *ist, gleichmässig auf* M_1

$$\overline{\text{Lim}} \left| \frac{f'(z)}{\frac{f(z) - f(z_0)}{z - z_0}} - 1 \right| \leqq 2 \frac{k_+ + k_-}{\pi}, \tag{55,4}$$

wenn z *aus dem Innern von* K_z *radial gegen* z_0 *auf* M_1 *strebt.*

Endlich folgt unter den Voraussetzungen des Satzes XIX für

$$\gamma > 2(k_+ + k_-) \tag{55,5}$$

nach (55, 3) aus dem Bestehen einer der beiden Relationen

$$f'(z) \to \infty, \quad \frac{f(z) - w_0}{z - z_0} \to \infty \tag{55,6}$$

das Bestehen der anderen, solange ψ auf einen Bereich

$$\frac{2k_+}{1 - \sin\psi} + \frac{2k_-}{1 + \sin\psi} \leqq \gamma - \delta, \quad \delta > 0 \tag{55,7}$$

beschränkt bleibt. Besitzt aber für (55, 5) $f'(z)$ oder $\frac{f(z) - w_0}{z - z_0}$ bei Konvergenz im Winkel einen Grenzwert oder endlichen Limsup. bzw. Liminf., so folgen aus (55, 3) entsprechende Schranken für Limsup. bzw. Liminf. des anderen Ausdrucks, solange ψ auf einen Bereich (55, 7) beschränkt bleibt. — Und genau das Gleiche gilt offenbar für die drei Relationenpaare

$$f'(z) \to 0, \quad \frac{f(z) - w_0}{z - z_0} \to 0; \tag{55,8}$$

$$\overline{\text{Lim}}\, |f'(z)| < \infty, \quad \overline{\text{Lim}} \left| \frac{f(z) - w_0}{z - z_0} \right| < \infty; \tag{55,9}$$

$$\underline{\text{Lim}}\, |f'(z)| > 0, \quad \underline{\text{Lim}} \left| \frac{f(z) - w_0}{z - z_0} \right| > 0. \tag{55,99}$$

56. *Der Fall eines allgemeinen Gebietes G_1.* Wir haben im Satze XIX die Abbildung eines Gebietes G auf das Innere von E_z betrachtet, anstatt, wie im Satze IV, auch das Gebiet G_1 allgemein zu wählen. Man kann nun in einem gewissen Umfang auch den Satz XIX auf den Fall ausdehnen, dass das zugrunde gelegte Gebiet in der z-Ebene nicht das Innere von E_z ist, sondern ein Gebiet G_1 von ähnlicher Beschaffenheit wie G. Sind dann die entsprechenden Konstanten für das Gebiet G_1 etwa $\gamma_1 > 0$, k'_+, k'_-, so kann man die Abbildung von G_1 auf G durch »Vermittelung» der Abbildung auf das Innere von E_ζ in der ζ-Ebene ausführen. Wird der Winkel ψ auf die ζ-Ebene bezogen, so ergibt sich durch Division der beiden (54, 5) entsprechenden Relationen

$$(56, 1) \qquad \frac{\dfrac{f'(z)}{f(z)-w_0}}{z-z_0} = \frac{\gamma + 2\Theta\left(\dfrac{k_+}{1-\sin\psi} + \dfrac{k_-}{1+\sin\psi}\right) + \varepsilon(w-w_0)}{\gamma_1 + 2\Theta_1\left(\dfrac{k'_+}{1-\sin\psi} + \dfrac{k'_-}{1+\sin\psi}\right) + \varepsilon_1(z-z_0)},$$

wo $|\Theta| \leqq 1$, $|\Theta_1| \leqq 1$ ist. Ist nun $\gamma_1 > 2(k'_+ + k'_-)$, so kann man für die Werte von ψ, für die

$$(56, 2) \qquad \gamma_1 > \frac{2k_+}{1-\sin\psi} + \frac{2k_-}{1+\sin\psi} + \delta,\ \delta > 0$$

ist, die obige Relation auf die Form bringen:

$$(56, 3) \qquad \frac{\dfrac{f'(z)}{f(z)-w_0}}{z-z_0} = \frac{\gamma + 2\Theta\left(\dfrac{k_+}{1-\sin\psi} + \dfrac{k_-}{1+\sin\psi}\right)}{\gamma_1 + 2\Theta_1\left(\dfrac{k'_+}{1-\sin\psi} + \dfrac{k'_-}{1+\sin\psi}\right)} + \varepsilon(z-z_0).$$

Die Hauptschwierigkeit bei der Anwendung dieser Formel besteht darin, dass der Winkel ψ ja nicht in der z- sondern in der ζ-Ebene gemessen werden muss. Nun besteht, wie wir bald zeigen werden, auch im Falle, wenn k'_+ und k'_- nicht verschwinden, noch eine gewisse angenäherte Winkelproportionalität bei der Abbildung von G_1 auf das Innere von E_ζ, die allerdings um so weniger ausgesprochen ist, je grösser die Werte von k'_+, k'_- sind. Immerhin lassen sich wenigstens im Falle relativ kleiner k'_+, k'_- Schranken für ψ aus den Werten des entsprechenden Winkels in der z-Ebene ermitteln, mit deren Hilfe dann der Anwendungsbereich der Formel (56, 3) abgegrenzt werden kann.

57. *Der Fall eines Gebiets G_1 mit einer Ecke in z_0.* In dem Falle aber, wo $k'_+ = k'_- = 0$ ist, wo also G_1 im Punkte z_0 eine Ecke der Oeffnung $\gamma_1 > 0$ bildet, ergibt sich aus der Formel (56, 3) ohne Weiteres

$$(57, 1) \qquad \frac{\frac{f'(z)}{f(z)-w_0}}{z-z_0} = \frac{\gamma}{\gamma_1} + \frac{2\Theta}{\gamma_1}\left(\frac{k_+}{1-\sin\psi} + \frac{k_-}{1+\sin\psi}\right) + \varepsilon(z-z_0),$$

solange $|\psi| \leqq \frac{\pi}{2} - \delta$ ist. Hierbei ist allerdings unter ψ noch der in der ζ-Ebene zu messende Winkel zu verstehen. Nun wird aber (vgl. Nr. 15) bei der konformen Abbildung von G_1 auf das Innere von E_ζ jeder innerhalb G_1 gelegene Winkel mit dem Scheitelpunkt in z_0 beim Übergang zur ζ-Ebene im Verhältnis $\frac{\pi}{\gamma_1}$ vergrössert — es besteht die sogenannte *Winkelproportionalität* bei der Eckenabbildung — und es wird die ins Innere von G_1 weisende Richtung der Winkelhalbierenden des Eckenwinkels von G_1 bei z_0 in die radiale Richtung beim entsprechenden Punkt ζ_0 auf E_ζ übergeführt. Versteht man daher unter ψ nunmehr den Winkel des Vektors $z - z_0$ mit der »inneren» Winkelhalbierenden des Eckenwinkels von G_1 bei z_0, so muss in der zuletzt hergeleiteten Formel ψ durch $\frac{\pi}{\gamma_1}\psi$ ersetzt werden, und ψ ist nunmehr der Bedingung zu unterwerfen $|\psi| \leqq \frac{\gamma_1}{2} - \delta,\ \delta > 0$.

Wir formulieren das Ergebnis als

Satz XX: Wird das Gebiet G des Satzes XIX in der w-Ebene auf das Gebiet G_1 des Satzes IV in der z-Ebene mit Hilfe der Funktion $w = f(z)$ konform abgebildet und versteht man unter ψ den Winkel, den die Richtung von z_0 nach z mit der inneren Winkelhalbierenden des Eckenwinkels von G_1 bei z_0 bildet, so gilt

$$(57, 2) \qquad \frac{\frac{f'(z)}{f(z)-w_0}}{z-z_0} = \frac{\gamma}{\gamma_1} + \frac{2\Theta}{\gamma_1}\left(\frac{k_+}{1-\sin\frac{\pi\psi}{\gamma_1}} + \frac{k_-}{1+\sin\frac{\pi\psi}{\gamma_1}}\right) + \varepsilon(z-z_0),\quad |\Theta| \leqq 1,$$

wo $\varepsilon(z-z_0)$ gegen 0 konvergiert, wenn z so aus dem Innern von G_1 im Winkel gegen z_0 strebt, dass $|\psi| \leqq \frac{\gamma_1}{2} - \delta,\ \delta > 0$ bleibt.

58. *Gleichmässige und allseitige Stetigkeit der Drehung am Rande.* Aus dem Beweis des Satzes V ergibt sich, wenn $G_1 \equiv K_z$ angenommen wird, dass die Formeln (14, 1), (14, 2), (14, 3) *gleichmässig* für alle Punkte z_0 eines Bogens M von E_z gelten, wie er in Nr. 50 charakterisiert wurde, wenn dabei z gegen z_0 in der dort gekennzeichneten Weise konvergiert. Die Konstante c ist dabei natürlich von z_0 abhängig.

Daraus folgt insbesondere für $\gamma = \pi$, wenn der Rand G in der Umgebung von w_0 *eine durchweg stetige Tangente* besitzt, dass die Gleichung (14, 2) für die Punkte eines gewissen Bogens von E_z um z_0, bei radialer Approximation etwa, gleichmässig gilt. Die Konstante c ist dabei gleich dem Winkel zwischen den innern Normalen in den einander entsprechenden Randpunkten von E_z und G und ist daher stetig auf einem Bogen von E_z um z_0. Daraus folgt, dass (14, 2) für einen geeigneten derartigen Bogen um z_0 und insbesondere für den Punkt z_0 selbst auch bei *allseitiger* Annäherung aus dem Innern von E_z richtig bleibt.

Durch zweimalige Anwendung dieses Resultats ergibt sich ferner: Haben unter den Voraussetzungen des Satzes IV die Ränder von G_1 und G in den Punkten z_0, w_0 stetige Tangenten, so dass insbesondere $\gamma = \gamma_1 = \pi$ ist, so bleibt die Formel (14, 2) auch richtig, wenn z aus dem Innern von G_1 *allseitig* gegen z_0 konvergiert. Dies ist ein Spezialfall des Lindelöfschen Satzes (Satz VI).

59. *Das Analogon von (14, 3) unter den Voraussetzungen des Satzes XIX.* Wir legen nunmehr die Voraussetzungen des Satzes XIX zugrunde. Um dann in der Formel (55, 3) dieses Satzes die Argumente rechts und links vergleichen zu können, müssen wir voraussetzen, dass

$$(59, 1) \qquad \gamma > 2(k_+ + k_-)$$

ist. Dann gibt es positive δ, für die die Menge der ψ mit

$$(59, 2) \qquad \gamma \geqq \frac{2k_+}{1 - \sin\psi} + \frac{2k_-}{1 + \sin\psi} + \delta, \quad \delta > 0$$

nicht leer ist. Für entsprechende z gilt dann (bei geeigneter Argumentfestlegung)

$$\arg f'(z) - \arg \frac{f(z) - w_0}{z - z_0} = \arg\left(1 + \frac{2\Theta}{\gamma}\left(\frac{k_+}{1 - \sin\psi} + \frac{k_-}{1 + \sin\psi}\right)\right) + \varepsilon_1(z - z_0).$$

Nun gilt für $|\zeta| < 1$

$$\arg(1 + \zeta) \leqq \arcsin|\zeta|$$

(dies ergibt sich sofort, wenn man vom Nullpunkt aus eine Tangente an den Kreis um den Punkt 1 mit dem Radius $|\zeta|$ legt). Hieraus folgt weiter

$$(59, 3) \quad \left|\arg f'(z) - \arg \frac{f(z)-w_0}{z-z_0}\right| \leqq \arcsin\left(\frac{2}{\gamma}\left(\frac{k_+}{1-\sin\psi} + \frac{k_-}{1+\sin\psi}\right)\right) + \varepsilon(z-z_0),$$

wo $\varepsilon(z-z_0)$ gegen 0 konvergiert, wenn z so nach z_0 strebt, dass dabei $\psi = -\arg\left(1-\frac{z}{z_0}\right)$ im Bereich (59, 2) bleibt. Hier ist der arcus sinus auf jeden Fall höchstens gleich

$$\arcsin\left(1-\frac{\delta}{\gamma}\right).$$

Die Formel (59, 3) gilt also jedenfalls, wenn z gegen z_0 innerhalb eines hinreichend schmalen Winkels um den in z_0 mündenden Radius konvergiert.

Ferner gilt die Formel (59, 3) *gleichmässig, d. h.* $\varepsilon(z-z_0)$ konvergiert gegen 0 gleichmässig für einen z_0-Bogen M_1 auf E_z, der den Voraussetzungen des Zusatzes zum Satz XIX genügt, *wenn für ein festes* ψ*-Intervall die Relationen* (59, 2) *mit festem* $\delta > 0$ *erfüllt sind, und* z *gegen* z_0 *jeweils innerhalb des entsprechenden* ψ*-Winkels konvergiert.*

60. *Das Analogon von* (14, 1) *unter den Voraussetzungen des Satzes XIX.* Andererseits gelten unter den Voraussetzungen des Satzes XIX die Formeln (54, 2) und (54, 3). Beachtet man nun, dass für jedes $z_0 = e^{i\vartheta_0}$

$$(60, 1) \qquad \psi = \psi(z_0, z) = -\arg\left(1-\frac{z}{z_0}\right) = -\Im \lg\left(1-\frac{z}{z_0}\right)$$

eine innerhalb und auf E_z beschränkte Potentialfunktion von z ist, die auf E_z für $\vartheta \downarrow \vartheta_0$ bzw. $\vartheta \uparrow \vartheta_0$ die Grenzwerte $\frac{\pi}{2}$ bzw. $-\frac{\pi}{2}$ besitzt, so ergeben sich für die Funktion

$$(60, 2) \quad P(z) = \arg\frac{f(z)-w_0}{z-z_0} - \frac{h_+ + h_-}{2} - \pi + \vartheta_0 - \frac{\pi-\gamma}{\pi}\psi(z_0, z), \ \gamma = h_- - h_+,$$

die Relationen

$$(60, 3) \qquad \overline{\lim_{\vartheta\downarrow\vartheta_0}}\,|P(z)| \leqq k_+ \quad \text{bzw.} \quad \overline{\lim_{\vartheta\uparrow\vartheta_0}}\,|P(z)| \leqq k_-.$$

Aus (60, 3) folgt aber weiter, dass die Potentialfunktion

$$P_1(z) = P(z) - \frac{k_+ + k_-}{2} - \frac{k_+ - k_-}{\pi} \psi(z_0, z)$$

nach oben beschränkt ist und für $\vartheta \to \vartheta_0$ auf E_z einen nicht positiven Limes superior besitzt. Ist daher $\varphi_1(z)$ eine innerhalb E_z reguläre Funktion mit dem Realteil $P_1(z)$, so bleibt $e^{\varphi_1(z)}$ im Innern von E_z beschränkt, und die Randwerte von $|e^{\varphi_1(z)}|$ auf E_z haben für $\vartheta \to \vartheta_0$ einen Limes superior, der $\leqq 1$ ist. Daher gilt, wenn z aus dem Innern von E_z *allseitig* gegen z_0 konvergiert, $\overline{\text{Lim}}\, |e^{\varphi_1(z)}| \leqq 1$, und daher

$$\overline{\text{Lim}} \left(P(z) - \frac{k_+ + k_-}{2} - \frac{k_+ - k_-}{\pi} \psi(z_0, z) \right) \leqq 0.$$

Genau ebenso ergibt sich

$$\underline{\text{Lim}} \left(P(z) + \frac{k_+ + k_-}{2} + \frac{k_+ - k_-}{\pi} \psi(z_0, z) \right) \geqq 0.$$

Dies bedeutet aber, dass man $P(z)$ in der Form schreiben kann

$$P(z) = \Theta \left(\frac{k_+ + k_-}{2} + \frac{k_+ - k_-}{\pi} \psi(z_0, z) \right) + \varepsilon(z - z_0), \tag{60, 4}$$

wo $|\Theta| \leqq 1$ ist und $\varepsilon(z - z_0)$ gegen 0 konvergiert, wenn z aus dem Innern von E_z allseitig gegen z_0 strebt. Da andererseits nach Definition von

$$\psi(z_0, z) = -\arg\left(1 - \frac{z}{z_0}\right) = \arg z_0 - \arg(z_0 - z),$$

wegen $\arg(z - z_0) - \arg(z_0 - z) = -\pi$[82], $\arg z_0 = \vartheta_0$,

$$\psi(z_0, z) = \vartheta_0 - \pi - \arg(z - z_0) \tag{60, 5}$$

gilt, folgt aus (60, 2), dass unter den Voraussetzungen des Satzes XIX

[82] Man beachte, dass diese Formel dann richtig ist, wenn $\arg(z_0 - z)$, $\arg(z - z_0)$ so festgelegt werden, dass $\arg(z_0 - z)$ im Intervall $\left(-\frac{\pi}{2} + \vartheta_0, \frac{\pi}{2} + \vartheta_0\right)$ und $\arg(z - z_0)$ im Intervall $\left(-\frac{3\pi}{2} + \vartheta_0, -\frac{\pi}{2} + \vartheta_0\right)$ bleiben. Offenbar sind bei diesen Festlegungen unsere Argumentfunktionen für alle z aus K_z stetig.

$$\arg \frac{f(z) - w_0}{z - z_0} = \left(\frac{\gamma}{\pi} - 1\right) \arg (z - z_0) + c + P(z) \tag{60, 6}$$

ist, wo $c = \frac{3h_- - h_+}{2} - \frac{\gamma}{\pi}\vartheta_0$ ist und für $P(z)$ die Relation (60, 4) gilt. Und die Relation (60, 4) gilt hier *gleichmässig* für einen z_0-Bogen M_1 auf E_z, wenn für ihn die Voraussetzungen des Zusatzes zum Satze XIX erfüllt sind und die Relationen (54, 2) und (54, 3) gleichmässig gelten.

Es sei noch hervorgehoben, dass bei der Herleitung der Formeln (60, 4), (60, 6), weder von der Annahme (59, 1) noch überhaupt von der Annahme, dass $\gamma > 0$ ist, Gebrauch gemacht worden.[33]

61. *Herleitung des Lindelöfschen Satzes.* Damit sind unter den Voraussetzungen des Satzes XIX die zu (14, 1) und (14, 3) analogen Formeln aufgestellt, aus denen offensichtlich sich ohne weiteres die zu (14, 2) analoge Formel ergibt. Wesentlich ist an diesen Formeln, dass die von k_+ und k_- abhängigen Gliederaggregate etwa für $\psi = 0$ gegen 0 konvergieren, wenn dies für k_+ und k_- der Fall ist. Daraus folgt, ähnlich wie in Nr. 58, dass, *wenn der Rand von G unter den Voraussetzungen des Satzes XIX im Punkte z_0 eine L-Tangente besitzt, die Formel* (14, 2) *für allseitig gegen z_0 konvergierende z gilt* — der Lindelöfsche Satz. —

62. *Grössenordnung von $f(z)$ und $f'(z)$.*

Satz XXI. Unter den Voraussetzungen von Satz IV gilt, wenn z gegen z_0 im Winkel konvergiert,

$$\frac{\lg |f(z) - w_0|}{\lg |z - z_0|} \to \frac{\gamma}{\gamma_1}, \quad \gamma \geqq 0, \tag{62, 1}$$

und für $\gamma > 0$

$$\frac{\lg |f'(z)|}{\lg |z - z_0|} \to \frac{\gamma}{\gamma_1} - 1, \quad \gamma > 0. \tag{62, 2}$$

Für $\gamma = 0$ aber gilt

$$\overline{\text{Lim}} \frac{\lg |f'(z)|}{\lg \frac{1}{|z - z_0|}} \leqq 1, \tag{62, 3}$$

[33] Das Hauptresultat (60, 4), (60, 6) dieser Nummer findet sich im Prinzip bei W. Gross (1) pp. 273—279.

$$(62,4)\qquad \overline{\lim}\ \frac{\lg\left|\int\limits_{z_0}^{z}|f'(u)|\,du\right|}{\lg\dfrac{1}{|z-z_0|}}\geqq 0.$$

Beweis: Beim Beweis von (62, 1) genügt es, $G_1 \equiv K_z$, $\gamma_1 = \pi$ anzunehmen, da, wegen $\gamma_1 > 0$, (62, 1) sich durch Division der beiden analogen Formeln ergibt, die sich auf die Abbildung von G und G_1 auf das Innere des Einheitskreises beziehen. Dann aber folgt (62, 1) unmittelbar aus dem Satz XXI°, der weiter unten in dieser Nummer bewiesen wird.

(62, 2) ergibt sich für $\gamma > 0$, wenn man die Formel (11, 3) logarithmiert:

$$\lg|f'(z)| - \lg|f(z)-w_0| + \lg|z-z_0| - \lg\frac{\gamma}{\gamma_1}\to 0,$$

durch $\lg|z-z_0|$ dividiert und (62, 1) berücksichtigt:

$$\frac{\lg|f'(z)|}{\lg|z-z_0|} - \frac{\gamma}{\gamma_1} + 1 \to 0.$$

Für $\gamma = 0$ aber folgt aus (11, 3)

$$\lg|f'(z)| - \lg|f(z)-w_0| + \lg|z-z_0| \to -\infty.$$

Dividieren wir aber die linke Seite durch $\lg\dfrac{1}{|z-z_0|}$, so bleibt auf jeden Fall der $\overline{\lim}$ der linken Seite nicht positiv. Wegen (62, 1) folgt dann (62, 3).

Um aber (62, 4) zu beweisen, gehe man von der Formel

$$(62,5)\qquad f(z)-w_0=\int\limits_{z_0}^{z} f'(u)\,du$$

mit geradlinigem Integrationsweg aus und beachte, dass, wegen (62, 1), für $\gamma = 0$

$$|f(z)-w_0| \geqq |z-z_0|^{\varepsilon}$$

für beliebig kleine positive ε gilt, sobald z, in einer festen Winkelumgebung von z_0 in G_1 bleibend, nahe genug an z_0 herankommt. Daher liefert (62, 5) für hinreichend kleine $|z-z_0|$:

$$|z - z_0|^\varepsilon \leqq \left| \int_{z_0}^{z} |f'(u)|\, du \right|,$$

$$\frac{\lg \left| \int_{z_0}^{z} |f'(u)|\, du \right|}{\lg \dfrac{1}{|z - z_0|}} \geqq -\varepsilon,$$

woraus, da ε beliebig klein angenommen worden kann, (62, 4) ohne weiteres folgt.

Aus (62, 1) folgen die am Schlusse der Nr. 30 angegebenen Tatsachen über (30, 1) und (30, 2) ohne weiteres.

Satz XXI°. Unter den Voraussetzungen des Satzes XIX gilt, wenn z gegen z_0 im Winkel konvergiert,

$$\overline{\text{Lim}} \left| \frac{\lg |f(z) - w_0|}{\lg |z - z_0|} - \frac{\gamma}{\pi} \right| \leqq \frac{k_+ + k_-}{\pi}. \tag{62, 6}$$

Zum Beweis wende man auf die Funktion $\frac{1}{i} \lg (f(z) - w_0)$ den Satz XVI an. Für diese Funktion ist $\Delta = -\gamma$. Dann ergibt sich aus (43, 3)

$$\overline{\text{Lim}} \left| \frac{\pi \lg |f(z) - w_0|}{-i \lg \left| 1 - \dfrac{z}{z_0} \right|} - i\gamma \right| \leqq k_+ + k_-,$$

woraus die Behauptung des Satzes unmittelbar folgt.[34]

§ 12. Ergänzungssätze zum Randverzerrungssatz für Spitzenabbildungen.

63. *Allgemeine Charakterisierung der Resultate.* Während der Randverzerrungssatz auch für $\gamma = 0$ gilt, lassen sich aus ihm in diesem Falle nicht die gleichen Folgerungen ziehen, wie sie für $\gamma > 0$ in den §§ 5, 6 und 11 gezogen

[34] Die Relation (62, 1) findet sich für $G_1 = K_z$ in W. Gross (2) p. 61, wo sich zugleich (p. 60) auch der Satz XXI° findet, mit etwas anderen Bezeichnungen, aber sogar unter etwas allgemeineren Annahmen über den Rand von G. Für den Spezialfall $G_1 = K_z$, $\gamma = \pi$ ist (62, 1) mit dem Satz 3 in Visser (2) p. 31 aequivalent.

worden sind. Dennoch bleiben verschiedene der oben hergeleiteten Tatsachen auch für $\gamma = 0$ richtig, zum Teil unter geeigneten einschränkenden Voraussetzungen.

Dies gilt erstens für die Formel (14, 1), die ja in der Nr. 14 auch für $\gamma=0$ bewiesen wird. Ebenso bleibt auch der im § 5 hergeleitete Satz über den Quotienten $\frac{f(z_2) - w_0}{f(z_1) - w_0}$ bei Approximation im Winkel, für $\gamma = 0 < \gamma_1$ spezialisiert, richtig, wie in Nr. 64 bewiesen werden wird.

Wird ferner vorausgesetzt, dass einer der in der Spitze zusammenstossenden Randzweige von G dort eine L-Tangente hat, ebenso wie der entsprechende Randzweig in G_1, so gilt der Satz über den Quotienten $\frac{f(z_2) - w_0}{f(z_1) - w_0}$ auch bei *halbseitiger* Konvergenz gegen z_0 an jenem Randzweig von G_1 (Nr. 64, Satz XXII).

Wird aber endlich vorausgesetzt, dass die beiden in der Spitze zusammenstossenden Randzweige von G, ebenso wie die entsprechenden Randzweige von G_1 in w_0 bzw. z_0 L-Tangenten besitzen, so bleibt nicht nur der Satz über den Quotienten $\frac{f(z_2) - w_0}{f(z_1) - w_0}$ bei *allseitiger* Annäherung an z_0 richtig, sondern es gelten auch die Formeln (14, 2), (14, 3) bei allseitiger Approximation (Nr. 65—67), und es bleibt dann ferner auch der im § 5 hergeleitete Satz über den Quotienten $\frac{f'(z_2)}{f'(z_1)}$ bei Approximation im Winkel, sowie die Formel (62, 2) gültig.

64. *Relative Schwankung der absoluten Verzerrung am Rande. Satz XXII. Es mögen die Voraussetzungen des Satzes VIII gelten, es sei aber jetzt* $0 = \gamma < \gamma_1$. *Dann gilt, wenn* z_1 *und* z_2 *über eine Winkelumgebung von* z_0 *in* G_1 *derart nach* z_0 *streben, dass dabei für feste positive* c_1, c_2

$$0 < c_1 \leqq \left|\frac{z_1 - z_0}{z_2 - z_0}\right| \leqq c_2 < \infty \tag{64, 1}$$

bleibt,

$$\frac{f(z_1) - f(z_0)}{f(z_2) - f(z_0)} \to 1, \quad \frac{f(z_2) - f(z_1)}{f(z_2) - f(z_0)} \to 0. \tag{64, 2}$$

Wird ferner vorausgesetzt, dass einer der beiden in w_0 *zusammenstossenden Randzweige von* G *— er sei mit* C *bezeichnet — in* w_0 *eine* L*-Tangente besitzt, ebenso wie der entsprechende Randzweig* C_1 *von* G_1, *so bleibt die Formel* (64, 2) *richtig, wenn* z_1, z_2 *gegen* z_0 *halbseitig am Randstück* C_1 *streben. — Besitzen endlich die* *beiden in w_0 zusammenstossenden Randzweige von G in w_0 L-Tangenten, ebenso wie die entsprechenden Randzweige von G_1 in z_0, so bleibt* (64, 2) *richtig, wenn z_1, z_2 gegen z_0 aus G_1 allseitig konvergieren.*

Beweis. Es darf ohne Beschränkung der Allgemeinheit $G_1 = K_z$, $z_0 = 1$ vorausgesetzt werden. In der Tat kann ja die Abbildung von G_1 auf G auf dem Umwege über K_z ausgeführt werden, wobei die Bedingung (64, 1) wegen der Aussage *c)* des Satzes VIII in eine analoge Bedingung übergeht.

Man betrachte nun die Funktion $h(z) = \frac{1}{i} \lg (f(z) - w_0)$, deren Realteil in G_1 irgendwie normiert sein möge. Aus der Formel (14, 1), die ja auch für $\gamma = 0$ in

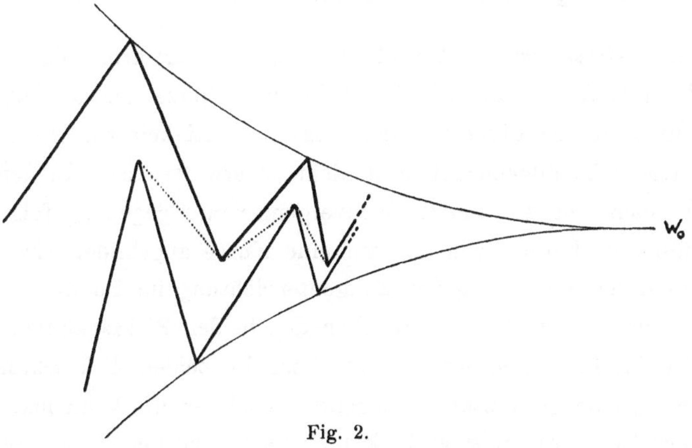

Fig. 2.

Nr. 14 bewiesen wurde, folgt, dass $\Re h(z)$ in der Umgebung von $z = 1$ stetig ist. Wendet man daher auf die Funktion $h(z)$ den Zusatz 2 zum Satz XVI mit $\vartheta_0 = 0$ an, so folgt aus (45, 6)

$$h(z_1) - h(z_2) \to 0, \tag{64, 3}$$

womit die erste Formel (64, 2) bewiesen ist. Die zweite Formel folgt daraus unmittelbar.

Wird aber vorausgesetzt, dass die Randzweige C, C_1 L-Tangenten besitzen, so verfahren wir ganz analog wie in Nr. 19. Ohne Beschränkung der Allgemeinheit darf vorausgesetzt werden, dass erstens $z_0 = 0$ und das Gebiet G_1 mit dem Kreissektor identisch ist, der aus dem Einheitskreis K_z durch die beiden unter dem Winkel $\frac{\pi}{4}$ zur negativen reellen Axe geneigten Radien herausgeschnitten wird, zweitens, dass $w_0 = 0$ ist und das Randstück C von G mit einer der beiden Teilstrecken der reellen Axe in der w-Ebene identisch ist, die zwischen $w_0 = 0$ und $w_0 = 1$ bzw. $w_0 = 0$ und $w_0 = -1$ liegen, ferner, dass G vollständig in der oberen Hälfte des Einheitskreises K_w der w-Ebene enthalten ist. Endlich darf angenommen werden, dass das Bild C_1 der Strecke C einer der beiden Begrenzungsradien des Kreissektors G_1 ist.

Nunmehr spiegele man wieder die Gebiete G bzw. G_1 an den Strecken C bzw. C_1 und wende auf die dadurch entstandenen »verdoppelten» Gebiete die Relation (64, 2) an. Sie gilt nunmehr in einem Winkel um C_1 mit der Spitze in z_0 woraus unsere Behauptung ohne weiteres folgt. Damit ist zugleich auch die letzte Behauptung von Satz XXII und daher der ganze Satz XXII bewiesen.

65. *Ein Gegenbeispiel.* Inwiefern kann man erwarten, dass die Formeln (14, 2) und (14, 3) für $\gamma = 0$, d. h. im Falle einer Spitze richtig bleiben?

Ein Blick auf die Figur 2 lehrt, dass die Gültigkeit von (14, 2) und damit auch von (14, 3) im allgemeinen Fall nicht zu erwarten ist. In der Tat würde aus (14, 2), auch nur für radiale Konvergenz von z gegen z_0, folgen, dass der nach z_0 führende Radius von E_z auf eine Kurve abgebildet wird, für die die Tangentenrichtung sich stetig der Tangentenrichtung im Punkte w_0 anschliesst. Nun bildet der in der Figur 2 zwischen den beiden Zickzacklinien eingeschlossene Bereich im Punkte w_0 eine Spitze, denn die beiden Zickzacklinien besitzen offenbar in w_0 eine gemeinsame Tangente. Andererseits kann man die Breiten der einzelnen Teilstücke unseres Zickzackbereiches zu gegebenen Neigungen der Teilstrecken des Randes so wählen, dass innerhalb dieses Bereichs keine einfache Kurve bis w_0 verlaufen kann, deren Tangentenrichtung sich an die Tangentenrichtung im Punkte w_0 stetig anschliesst.

Man braucht hierzu offenbar nur zu verlangen, dass es in beliebiger Nähe des Punktes w_0 Sehnen geben muss, deren Richtungen von der Richtung der Spitzentangente um einen festen positiven Winkel abweichen. Hierzu braucht man aber nur dafür zu sorgen, dass die Winkel, die die in der Figur punktiert gezeichneten Verbindungsstrecken der aufeinanderfolgenden Eckpunkte der einspringenden Ecken mit der Spitzentangente bilden, absolut genommen, oberhalb einer festen positiven Zahl bleiben. —

Es sind daher ergänzende Voraussetzungen nötig, um die Gültigkeit der Formeln (14, 2), (14, 3) auch im Falle $\gamma = 0$, $\gamma_1 > 0$ sicherzustellen. Eine solche Bedingung ist nun, wie wir zeigen werden, die, dass die beiden in w_0 zusammenstossenden Randstücke im Punkte w_0 L-Tangenten besitzen, — dass also, wie wir sagen werden, G in w_0 *eine L-Tangentenspitze* besitzt. Und zwar gelten dann unsere Formeln, wenn z aus dem Innern von G_1 *allseitig* gegen z_0 konvergiert, sobald auch die beiden Randzweige von G_1 in z_0 L-Tangenten haben.

Beim Beweis werden wir vom Satz XVII Gebrauch zu machen haben.

66. *Vorbereitende Transformation von G.* Um den Satz XVII anwenden zu können, müssen wir zuerst den Bereich G des Satzes IV mit einer L-Tangentenspitze in w_0 geeignet transformieren. Ohne Beschränkung der Allgemeinheit darf $G_1 = K_z$, $z_0 = 1$ vorausgesetzt werden. Nun verbinden wir die beiden in w_0 zusammenstossenden Randstücke in der Nähe von w_0 durch einen Querschnitt des Gebietes G und betrachten das durch diesen Querschnitt abgeschnittene, die Spitze enthaltende Teilstück G' von G. Bekanntlich lässt sich die Abbildungsfunktion $f_1(z)$ von G' auf K_z, die $z_0 = 1$ in w_0 überführt, in der Form darstellen $f(\varphi(z))$, wo $f(z)$ die Abbildungsfunktion des Satzes IV ist und $\varphi(z)$ im Punkte $z = 1$ regulär ist und dort eine von 0 verschiedene Ableitung besitzt. (Vgl. die in Nr. 13 über das Gebiet G^* angestellten Überlegungen.) Daher strebt $\arg \varphi'(z)$ einem festen Grenzwert zu, wenn z in K_z allseitig gegen $z_0 = 1$ konvergiert, und man darf sich auf die Betrachtung von G' beschränken. Man verlängere nun das eine der beiden in w_0 zusammenstossenden Randstücke C_1, C_2 von G', etwa C_1, längs der Spitzentangente und bilde ein von einer Jordankurve begrenztes Gebiet G'', das G' ebenso wie die von w_0 verschiedenen Punkte von C_2 im Innern enthält und zu dessen Berandung sowohl C_1 als auch ein Stück der verlängerten Spitzentangente gehört. Dann hat der Rand von G'' im Punkte w_0 eine L-Tangente, so dass nach dem Lindelöfschen Satz (Satz VI) bei der Abbildung von G'' auf die Halbebene $\mathfrak{J} u > 0$, wobei w_0 in den Nullpunkt übergeht, das Argument der Abbildungsfunktion einen festen Grenzwert besitzt, wenn w gegen w_0 strebt. Bei dieser Abbildung geht das Gebiet G' in ein Gebiet $G^{(3)}$ mit der Spitze in $u = 0$ über, wobei das eine der in der Spitze zusammenstossenden Randstücke ein Stück der reellen u-Axe ist, während das andere — wir bezeichnen es mit C_3 — wiederum eine L-Tangente in $u = 0$ besitzt (vgl. Nr. 17). Wir können also nunmehr G durch $G^{(3)}$ ersetzen.

Wiederholen wir denselben Prozess mit $G^{(3)}$ und C_3, so geht $G^{(3)}$ in ein Gebiet $G^{(4)}$ etwa in der v-Ebene über, das eine Spitze etwa im Punkte $v = 0$ besitzt, wobei das eine der beiden in $v = 0$ zusammenstossenden Randstücke ein Stück etwa der negativen reellen Axe ist, das andere aber in der Nähe von $u = 0$

analytisch ist und im Punkte $u = 0$ selbst eine L-Tangente besitzt. Daher kann man G durch $G^{(4)}$ ersetzen.

Endlich können wir vom Gebiet $G^{(4)}$ mit Hilfe eines geeigneten geradlinigen Querschnitts ein Teilgebiet abgrenzen und sodann die Ecken durch Kreisbogen »abrunden«. So gelangen wir zu einem Gebiet $G^{(5)}$ in der t-Ebene mit der Spitze in $t = t_0 = 0$.

Nun unterscheidet sich bei jedem einzelnen Schritt unserer Reduktion das Ableitungsargument der Abbildungsfunktion des alten Gebietes auf K_z vom Ableitungsargument der Abbildungsfunktion des neuen Gebietes auf K_z nur um eine Grösse, die einem festen Grenzwert zustrebt, wenn z in K_z allseitig gegen $z_0 = 1$ konvergiert. Ist daher die Formel (14, 2) für die Abbildung des Gebietes G zu beweisen, so genügt es, den Beweis für das Gebiet $G^{(5)}$ zu führen.

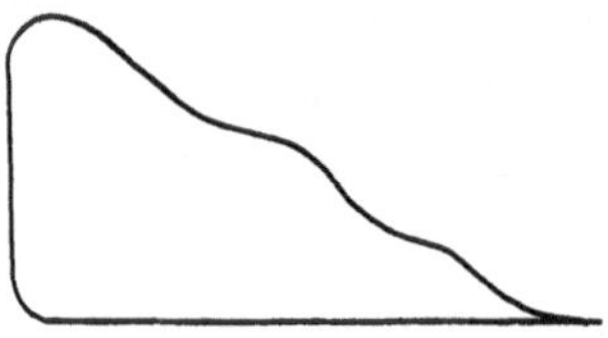

Fig. 3.

67. $\arg f'(z)$ *bei der Abbildung einer L-Tangentenspitze.* Beim Beweis der Formel (14, 2) dürfen wir annehmen, das $G_1 \equiv K_z$, und $\gamma = \pi$ ist. Ferner darf nach dem in Nr. 66 Gesagten angenommen werden, dass das Gebiet G von vornherein die Eigenschaften des Gebietes $G^{(5)}$ und daher insbesondere die in der Figur 3 gezeichnete Gestalt besitzt. Insbesondere sei $w_0 = 0$ vorausgesetzt. Bildet nun $w = f(z)$ das Innere von G so auf K_z ab, dass dabei $w = 0$ in $z = 1$ übergeht, so muss in jedem von $z = 1$ verschiedenen Punkt von E_z $\arg f'(z)$ stetig sein, da der Rand von G überall bis auf $w = 0$ eine stetige Tangente besitzt. Ferner ist der Gesamtzuwachs, den die Tangentenrichtung an G erfährt, wenn man von der Spitze aus den Rand in positiver Richtung durchläuft, gleich π. Normieren wir nun $\arg f'(z)$ so, dass es auf der oberen Hälfte von E_z in der Umgebung von $z = 1$ sich wenig von $\frac{\pi}{2}$ unterscheidet, und beachten, dass der Gesamtzuwachs π der Tangentenrichtung längs des Randes von G gleich ist dem Gesamtzuwachs 2π der Tangentenrichtung an E_z plus dem Gasamtzuwachs von $\arg f'(z)$, so sehen wir, dass für unsere Bestimmung von $\arg f'(z)$

$$\arg_{\vartheta \downarrow 0} f'(e^{i\vartheta}) \to \frac{\pi}{2}, \quad \arg_{\vartheta \uparrow 0} f'(e^{i\vartheta}) \to -\frac{\pi}{2}$$

gilt. Und aus der Stetigkeit von $\arg f'(e^{i\vartheta})$ für $0 < \vartheta < 2\pi$ folgt, dass $|\arg f'(e^{i\vartheta})|$ gleichmässig beschränkt ist. Um nun dasselbe für $|\arg f'(z)|$ in K_z zu beweisen, wenden wir auf die Funktion $\lg f'(z)$ den Satz XVII an. Denn, dass die Voraussetzungen dieses Satzes für $\Im \lg f'(z)$ erfüllt sind, haben wir soeben bewiesen. Da andererseits der Rand von G rektifizierbar ist, ist bekanntlich

$$(a) \qquad \int_0^{2\pi} |f'(r e^{i\vartheta})|\, d\vartheta$$

gleichmässig in r für $0 \leqq r < 1$ beschränkt[35]. Daraus folgt aber bekanntlich, dass auch das Integral

$$(b) \qquad \int_0^{2\pi} |\lg |f'(r e^{i\vartheta})||\, d\vartheta$$

gleichmässig in r beschränkt ist[36], woraus ohne weiteres folgt, dass auch die auf den Realteil von $\lg f'(z)$ bezügliche Voraussetzung des Satzes XVII erfüllt ist. Daher gilt

$$(67,1) \qquad \lg f'(z) = i u \frac{1+z}{1-z} + v + \frac{i}{2\pi} \int_{-\pi}^{\pi} \frac{e^{i\vartheta}+z}{e^{i\vartheta}-z} \arg f'(e^{i\vartheta})\, d\vartheta$$

mit reellen u und v. Nun gelten für die in K_z schlichte Funktion $f(z)$ die Ungleichungen des Verzerrungssatzes[37]

$$\frac{1-|z|}{(1+|z|)^2} \leqq |f'(z)| \leqq \frac{1+|z|}{(1-|z|)^2},$$

sowie die Ungleichung des Drehungssatzes[38]

---

[35] Vgl. BIEBERBACH (1), pp. 182—183.

[36] Vgl. OSTROWSKI (1) u. (2). Aus der Beschränktheit von (a) folgt zuerst nur die Beschränktheit von $\int_0^{2\pi} \overset{+}{\lg} |f'(re^{i\vartheta})|\, d\vartheta$, wo allgemein $\overset{+}{\lg}\, b = \lg b$ für $b \geq 1$ und $\overset{+}{\lg}\, b = 0$ für $b < 1$ ist. Dass aber dies mit der Beschränktheit von (b) äquivalent ist, habe ich in (1), p. 82 angegeben und in (2) p. 261 Fussnote ausgeführt.

[37] Vgl. z. B. BIEBERBACH (2), p. 77.

[38] Vgl. z. B. BIEBERBACH (2), p. 81.

$$|\arg f'(z)| \leqq 2 \lg \frac{1+|z|}{1-|z|}.$$

Daraus folgt aber, wenn z im Winkel gegen 1 strebt,

$$\lg f'(z) = O\left(\lg \frac{1}{1-|z|}\right).$$

Andererseits aber folgt, wegen der Beschränktheit von $\arg f'(e^{i\vartheta})$ aus (43, 3), Satz XVI,

$$\int_{-\pi}^{\pi} \frac{e^{i\vartheta}+z}{e^{i\vartheta}-z} \arg f'(e^{i\vartheta})\, d\vartheta = O\left(\lg \frac{1}{1-|z|}\right).$$

Daher ergibt sich aus (67, 1)

$$i u \frac{1+z}{1-z} = o\left(\lg \frac{1}{1-z}\right),$$

sodass $u = 0$ ist. Damit ergibt sich aus (67, 1)

$$\arg f'(z) = \frac{1}{2\pi} \int_{-\pi}^{\pi} \frac{(1-r^2) \arg f'(e^{i\vartheta})}{1-2r\cos(\vartheta-\varphi)+r^2} d\vartheta, \quad z = r e^{i\varphi},$$

sodass $|\arg f'(z)|$ in K_z *beschränkt* ist. Nunmehr hat man nach dem bekannten Schema zu verfahren. Für die Potentialfunktion $\psi(z) = -\arg(1-z)$ des Satzes II hat die in K_z beschränkte Potentialfunktion $\arg f'(z) - \psi$ auf E_z beschränkte und bis auf $z = -1$ stetige Randwerte, wobei der Randwert für $z = 1$ verschwindet. Daraus folgt aber bekanntlich für $z \to 1$ bei allseitiger Konvergenz aus K_z

$$\arg f'(z) = \psi + o(1) = -\arg(z-1) - \pi + o(1),$$

womit (14, 2) (und damit wegen (14, 1) auch (14, 3)) bewiesen ist.

68. *Das Verzerrungsverhältnis im Falle von L-Tangentenspitzen.* Unter der gleichen Zusatzvoraussetzung, unter der oben die Formel (14, 2) für Spitzenabbildung hergeleitet wurde, unter der Annahme nämlich, dass die in den Punkten z_0 und w_0 zusammenstossenden Randzweige von G_1 und G L-Tangenten in diesen Punkten besitzen, lässt sich auch der Satz XXII über das absolute Verzerrungs-

verhältnis für $\gamma = 0$ etwas verschärfen. Zunächst gilt bei L-Tangentenspitzen nach Satz XXII die Formel

$$\frac{f(z_1) - w_0}{f(z_2) - w_0} \to 1 \tag{68, 1}$$

unter der Annahme (64, 1), wenn z aus dem Innern von G_1 *allseitig* gegen z_0 konvergiert.

Darüber hinaus gelten aber nunmehr auch die Relationen

$$\frac{f'(z_1)}{f'(z_2)} \sim \left(\frac{z_2 - z_0}{z_1 - z_0}\right)^{\frac{\pi}{\gamma_1}}, \tag{68, 2}$$

$$\frac{\lg |f'(z)|}{\lg |z - z_0|} \to -\frac{\gamma_1}{\pi}, \tag{68, 3}$$

wenn für feste positive c_1, c_2

$$c_1 \leqq \left|\frac{z_1 - z_0}{z_2 - z_0}\right| \leqq c_2 \tag{68, 4}$$

gilt und z, z_1, z_2 im Winkel aus G_1 gegen z_0 streben.

Beim Beweis von (68, 2) und (68, 3) darf nach (21, 2) und (62, 1) vorausgesetzt werden, dass $G_1 \equiv K_z$ und $z_0 = 1$ ist. Man betrachte nun die Funktion

$$h(z) = \frac{1}{i} \lg ((z - z_0) f'(z)).$$

Dann lässt sich das oben bewiesene Resultat über die Gültigkeit von (14, 2) für $\gamma = 0$ bei allseitiger Konvergenz von z gegen $z_0 = 1$ aus dem Innern von E_z so formulieren, dass dann

$$\Re\, h(z) \to c$$

gilt. Daraus folgt aber, dass die Randfunktion von $\Re\, h(z)$ in einer Umgebung von $z_0 = 1$ in K_z beschränkt ist, und daher in der Umgebung von z_0 auf E_z nach Fatou bis auf eine Nullmenge eine Randwertfunktion besitzt, die in z_0 stetig ist. Daher genügt die Funktion $h(z)$ der Voraussetzung des Zusatzes 3 zum Satze XVI, wobei die Punktmenge M dieses Satzes aus dem einen Punkt $z_0 = 1$ besteht. Dann liefert der Zusatz 3 zum Satz XVI unmittelbar, wegen (45, 61),

$$\lg |(z_1 - z_0) f'(z_1)| - \lg |(z_2 - z_0) f'(z_2)| \to 0,$$

wenn z_1 und z_2 im Winkel gegen z_0 konvergieren und (68, 4) gilt, womit (68, 2) bewiesen ist. Andererseits aber liefert die Behauptung (43, 3) des Satzes XVI, auf $h(z)$ angewandt, da ja jetzt $k_+(\vartheta_0) = k_-(\vartheta_0) = \Delta(\vartheta_0) = 0$ ist, die Behauptung (68, 3) unmittelbar.

Wir fassen unsere Resultate zusammen im

Satz XXIII. Ist unter den Voraussetzungen des Satzes IV $\gamma = 0$ *und besitzen die in* z_0 *bzw.* w_0 *zusammenstossenden Randzweige von* G_1 *bzw.* G *in diesen Punkten L-Tangenten, so gilt, wenn das Punktepaar* z_1, z_2 *aus dem Innern von* G_1 *so gegen* z_0 *konvergiert, dass dabei* $\left|\frac{z_2 - z_0}{z_1 - z_0}\right|$ *zwischen festen positiven Schranken bleibt,*

$$\arg f'(z) + \arg(z - z_0) \to c, \tag{68, 5}$$

für eine Konstante c, wenn z allseitig gegen z_0 *geht;*

$$\frac{f'(z_2)}{f'(z_1)} \sim \left(\frac{z_1 - z_0}{z_2 - z_0}\right)^{\frac{\pi}{\gamma_1}}, \tag{68, 6}$$

wenn z_1 *und* z_2 *im Winkel gegen* z_0 *gehen;*

$$\frac{\lg |f'(z)|}{\lg |z - z_0|} \to -\frac{\gamma_1}{\pi} \tag{68, 7}$$

wenn z aus G_1 *im Winkel gegen* z_0 *geht.*

GÉOMÉTRIE. — *Sur la conservation des angles dans la transformation conforme d'un domaine au voisinage d'un point frontière.* Note [1] de M. ALEXANDRE OSTROWSKI.

Soit Γ un domaine simplement connexe du plan de ζ avec un point frontière accessible π_0 à l'infini. Dans une représentation conforme T

$$\zeta = f(z),$$

de Γ sur le demi-plan H : $\mathcal{R}z > 0$, soit $z = \infty$ l'image de π_0. Soit L un chemin de Jordan, allant à l'infini dans H, le long duquel $\arg z$ converge vers φ. Si pour $-\pi/2 < \varphi < \pi/2$ l'image de L est une ligne de Jordan Λ aboutissant à π_0 avec l'argument limite Ψ, nous dirons que T est *conforme le long de* L. On démontre aisément que, Γ étant donné, cette propriété ne dépend pas de L mais seulement de φ.

I. *Si la transformation* T *est conforme le long de deux lignes de Jordan* L_1, L_2 *avec des arguments limites* φ_1, φ_2, $-\pi/2 < \varphi_1 < \varphi_2 < \pi/2$, *elle est conforme le long de toute ligne de Jordan aboutissant à l'infini avec un argument limite* φ, $-\pi/2 < \varphi < \pi/2$, *et l'argument limite* Ψ *de la ligne correspondante dans le plan de* ζ *est une fonction linéaire de* φ

$$\Psi = a\varphi + b.$$

Si *a* est égal à *un*, la transformation conserve les angles en π_0.

II. *Pour que* T *conserve les angles en* π_0, *il est nécessaire qu'il existe un argument* φ_0 *tel que, pour chaque* $\varepsilon > 0$, Γ *ne contient aucun angle*

$$|\arg(\zeta - \zeta_0) - \varphi_0| < \frac{\pi}{2} + \varepsilon,$$

et pour un $\zeta_0 = \zeta_0(\varepsilon)$ *convenable contient l'angle*

$$|\arg(\zeta - \zeta_0) - \varphi_0| < \frac{\pi}{2} - \varepsilon.$$

Supposons que la condition de II soit satisfaite et que Γ soit tourné de la manière que φ_0 devienne égal à *zéro*. Alors :

III. *La condition nécessaire et suffisante pour que* T *conserve les*

---

[1] Séance du 24 février 1936.

angles en π_0 *est qu'il existe deux séries* ζ_ν, ζ'_ν *de points-frontière de* Γ, *avec*

$$\arg\zeta_\nu \to \frac{\pi}{2}, \qquad \frac{\zeta_\nu}{\zeta_{\nu+1}} \to 1; \qquad \arg\zeta'_\nu \to -\frac{\pi}{2}, \qquad \frac{\zeta'_\nu}{\zeta'_{\nu+1}} \to 1.$$

La démonstration de la nécessité de la condition énoncée est très simple. Il en est autrement pour la démonstration que cette condition est suffisante. Notre démonstration est fondée sur le théorème suivant qui rentre dans le type des théorèmes discuté dans un Mémoire de M. Julia (¹) :

IV. *Soit* Γ *un domaine du plan de* ζ *simplement connexe et ne contenant pas* $z = \infty$ *à l'intérieur. Soit* C *l'ensemble des points frontière de* Γ, *contenus dans le cercle* $|\zeta| \leqq \rho$ *et* ω *un point intérieur de* Γ *avec* $|\omega| > \rho$. *Dans une transformation conforme de* Γ *sur le cercle-unité* E : $|z| < 1$, *soit* $z = 0$ *l'image de* ω, *et* c *l'image de* C. *Alors* c *est mesurable sur la circonférence de* E *et la mesure de* c *est*

$$\leqq 4 \arc\sin \frac{2\sqrt{|\omega|\rho}}{\rho + |\omega|}.$$

Le théorème IV, qui est à rapprocher d'un théorème connu de M. Milloux, est assez profond. Il peut être remplacé dans la démonstration de III par d'autres théorèmes plus faciles à démontrer qui se rattachent à quelques configurations géométriques plus spéciales. Mais alors la démonstration de III devient un peu plus compliquée.

Les théorèmes II et III contiennent une solution assez complète du problème de la conservation des angles sur la frontière dans la transformation conforme. Un théorème récent de M. Wolff (²), qui indique une condition suffisante très remarquable, est une conséquence immédiate de III.

(¹) *Ann. Éc. Normale sup.*, **48**, 1932, p. 15-64.

(²) *Comptes rendus*, **200**, 1935, p. 42-43; *Proc. Akad. Weten. Amsterdam*, **38**, 1935, p. 46-50.

(Extrait des *Comptes rendus des séances de l'Académie des Sciences*, t. **202**, p. 727, séance du 2 mars 1936.)

GÉOMÉTRIE. — *Sur la transformation des plis dans la transformation conforme au voisinage d'un point frontière.* Note [1] de M. **Alexandre Ostrowski.**

Soit Γ un domaine simplement connexe du plan de ζ avec un point frontière accessible π_0 à l'infini. Dans une représentation conforme

$$\text{(T)} \qquad z = \varphi(\zeta), \qquad \zeta = f(z),$$

de Γ sur le demi-plan H : $\mathcal{R} z > 0$ soit $z = \infty$ l'image de π_0. Supposons que T conserve les angles en π_0 et Γ soit tourné de manière qu'à la direction de l'axe positif de z à l'infini corresponde la direction de l'axe positif de ζ en π_0.

Soit D : $\zeta > a_0$ une partie de l'axe positif de ζ, située à l'intérieur de Γ et telle que, pour $a_0 \neq 0$, a_0 est un point frontière de Γ. Pour tout $\rho > a_0$ désignons par β_ρ le plus grand arc de la circonférence $|\zeta| = \rho$ contenu à Γ et contenant $\zeta = \rho$.

Nous formons *le noyau* Γ^* de Γ de la manière suivante : Γ^* est en général l'ensemble de tous les points de tous les arcs β_ρ. Si cependant cet ensemble possède l'origine comme un point frontière isolé, on y ajoute l'origine.

Le noyau Γ^* de Γ ainsi formé est un domaine simplement connexe dont la frontière consiste en partie des points frontière de Γ, et en partie d'un ensemble fini ou dénombrable des arcs (ouverts) de cercle $\gamma_1, \gamma_2, \ldots$, avec l'origine comme centre. Chacun de ces arcs γ_ν est une coupure de Γ, le long de laquelle Γ^* est limitrophe d'une partie F_ν de Γ. F_ν est naturellement un domaine simplement connexe. Nous appelons ces domaines F_ν *les plis du domaine* Γ.

Si ζ est un point frontière ou intérieur d'un des plis F_ν de Γ, nous désignons par ρ_ζ le rayon de l'arc-coupure correspondant γ_ν. Si ζ est un point frontière ou intérieur de Γ^*, nous posons $\rho_\zeta = |\zeta|$. Alors :

I. *Si* ρ_ζ *tend vers l'infini on a*

$$(1) \qquad |\varphi(\zeta)| \sim |\varphi(\rho_\zeta)|.$$

---

[1] Séance du 23 mars 1936.

Ce théorème, d'une précision bien inattendue, permet de ramener l'étude du comportement de T pour ζ tendant vers π_0 par le domaine Γ tout entier, à l'étude du cas ou ζ tend vers π_0 sur l'axe positif de ζ.

Considérons maintenant l'arc de cercle L_r^+ : $|z|=r$, $0 \leqq \arg z < \pi/2$ et son image Λ_r^+ dans le plan de ζ. Quant aux points de Λ_r^+ situés dans le noyau $\Gamma^\star$ de Γ, on voit immédiatement par I, que leurs distances de l'origine pour $r \to \infty$ sont équivalentes entre elles et donc avec $|f(r)|$. Mais pour étudier l'allure de la ligne Λ_r^+ dans toute son étendue, il faut introduire l'image ζ_0 de $z=ir$. (ζ_0 est ou bien un point ou bien un ensemble de points.)

Soit C_r *le chemin le plus court* du point $f(r)$ à ζ_0, situé à l'intérieur et sur la frontière de Γ et dont l'image dans le plan de z est une ligne continue.

Alors les points de Λ_ν^+ diffèrent des points correspondants de C_r par des multiplicateurs, dont les modules sont contenus entre limites positives convergentes pour $r \to \infty$ vers

$$e^{-\left(\frac{3}{2}+\sqrt{2}\right)\pi} \quad \text{et} \quad e^{\left(\frac{3}{2}+\sqrt{2}\right)\pi}.$$

Si la partie considérée de la frontière de Γ possède en π_0 une tangente au sens usuel, les modules des multiplicateurs en question convergent vers *un*.

Ces résultats découlent immédiatement du théorème suivant, dont l'énoncé utilise la notion d'un *pli secondaire de* Γ. Nous appelons pli secondaire de Γ une partie d'un pli F_ν, détachée de F_ν par une coupure K qui est un arc de cercle avec l'origine comme centre. Alors, on a :

II. *Soient* $\mathfrak{f}$ *un pli secondaire de* Γ *et* θ *la mesure angulaire de l'arc-coupure* K *correspondant. Soit* λ *un arc de Jordan faisant une partie de* Λ_ν^+ *et contenu en* $\mathfrak{f}$, *sauf ses deux bouts* ζ_1, ζ_2 *situés sur* K. *Alors, pour* $r > r_0$, λ *est contenu dans l'anneau circulaire*

$$|\zeta_1| e^{-\left(\frac{3}{2}+\sqrt{2}\right)\theta} < |\zeta| < |\zeta_1| e^{\left(\frac{3}{2}+\sqrt{2}\right)\theta}. \tag{2}$$

Notre première démonstration du théorème I se servait d'une inégalité connue de M. Ahlfors qui conduit, en particulier, très aisément au but, si la frontière de Γ possède une tangente en π_0. Depuis, nous avons trouvé deux autres démonstrations de ce théorème, dont l'une emploie le théorème IV de notre Note précédente [1], tandis que l'autre, particulièrement

[1] *Comptes rendus*, **202**, 1936, p. 726.

simple, fait usage d'un résultat contenu dans un Mémoire connu de M. E. Lindelöf ([1]).

Notre démonstration du théorème II utilise aussi le théorème IV de la Note citée plus haut. Cependant on obtient un résultat analogue, bien qu'avec des constantes plus faibles, en modifiant et approfondissant la méthode de l'intégrale de Dirichlet, utilisée dans un Mémoire de M. J. Wolff ([2]).

Pour la classe des domaines à frontière d'un caractère spécial (linear-unbewallt) considérée par M. Warschawski ([3]), nos théorèmes fournissent les théorèmes de MM. Warschawski ([3]) et J. Wolff ([2]), en les précisant considérablement.

([1]) *Acta Soc. Scient. Fennicae*, **46**, n° 4, 1915, p. 1-35.

([2]) *Compositio Math.*, **1**, 1935, p. 217-222.

([3]) *Math. Zeitschr.*, **35**, 1932, p. 361-376; *Compositio Math.*, **1**, 1935, p. 320-325.

(Extrait des *Comptes rendus des séances de l'Académie des Sciences*, t. **202**, p. 1135, séance du 30 mars 1936.)

Zur Randverzerrung bei konformer Abbildung.

Dem Gedächtnis von Leon Lichtenstein gewidmet

Inhaltsübersicht

Literaturzusammenstellung[1])

L. Ahlfors, (1) Untersuchungen zur Theorie der konformen Abbildung und der ganzen Funktionen, Acta Societatis Scientiarum Fennicae, Nova ser. A, 1, Nr. 9 (1930), pp. 1—40.

P. Bessonoff et M. Lavrentieff, (1) Sur l'existence de la dérivée limite, Bull. de la Soc. math. de France, Vol. 58 (1930), fasc. I—II, pp. 175—198.

L. Bieberbach, (1) Lehrbuch der Funktionentheorie, Bd. 2, zweite Aufl. (1932).

M. Biernacki, (1) Sur l'allure de la représentation conforme dans le voisinage d'un point exceptionnel, Mathematica, Cluj, Vol. V (1931), pp. 1—6.

C. Carathéodory, (1) Ueber die Begrenzung einfach zusammenhängender Gebiete. Math. Ann. 73 (1913), pp. 323—370. — (2) Elementarer Beweis für den Fundamentalsatz der konformen Abbildung. Schwarz Festschrift (1914), pp. 19—41. — (3) Ueber Winkelderivierte von beschränkten analytischen Funktionen, Sitzber. der Berl. Akad., Math.-phys Klasse, (1929), pp. 39—54. — (4) Conformal Representation, Cambridge Tracts, (1932).

T. Carleman and G. H. Hardy, (1) Fourier's series and analytic functions. Proc. of the Royal Soc. of London, Vol. CI (1922), pp. 124—133.

G. H. Hardy, (1) s. Carleman and Hardy (1). — (2) A theorem concerning harmonic functions, Journal L. M. S., 1 (1926), pp, 130—131.

J. L. W. V. Jensen, (1) Investigation of a class of fundamental inequalities in the theory of analytic functions, Annals of Math. XXI (1919), pp. 1—29.

G. Julia, (1) Sur quelques majorantes utiles dans la théorie des fonctions analytiques ou harmoniques. A. É. N. S. (3) XLVIII. (1931), pp. 15—64. — (2) Principes géométriques d'analyse, II, Cahiers scientifiques, Fasc. XI (1932).

[1]) In diesem Verzeichnis sind nur Arbeiten oder Bücher angeführt, die mit dem Text in direkter Beziehung stehen. Sie werden jeweils nur mit der Angabe des Verfassers und der Nummer der Arbeit zitiert.

P. Koebe, (1) Ueber das Schwarzsche Lemma und einige damit zusammenhängende Ungleichheitsbeziehungen der Potentialtheorie und Funktionentheorie. Math. Ztschr. 6 (1920), pp. 52—84.

A. Korn, (1) Lehrbuch der Potentialtheorie, Bd. 2 (1901), pp. 348—354.

E. Landau and G. Valiron, (1) A deduction from Schwarz' Lemma. Journal of the London Math. Society, 4 (1929), pp. 162—163.

M. Lavrentieff, (1) Sur la représentation conforme, C. R. 184 (1927), pp. 1407—1409.—(2) s. Bessonoff et Lavrentieff (1).—(3) Zur Theorie der konformen Abbildung, (russisch). Abhandl. d. Physikal.-math. Instituts Stekloff, math. Abtlg. Bd. 5.

L. Lichtenstein, (1) Zur Theorie der linearen partiellen Differentialgleichungen des elliptischen Typus, Math. Ann. 67 (1909), pp. 559—575.—(2) Ueber das Poissonsche Integral und über die partiellen Ableitungen zweiter Ordnung des logarithmischen Potentials, Crelles J. Bd. 141 (1912), pp. 12—42.—(3) Zur konformen Abbildung einfach zusammenhängender Gebiete, Arch. der Math. u. Phys. (3) 25 (1917), pp. 179—180.—(4) Ueber die konforme Abbildung ebener, analytischer Gebiete mit Ecken, Crelles J. Bd. 140 (1911), pp. 100—119.

E. Lindelöf, (1) Mémoire sur certaines inégalités dans la théorie des fonctions monogènes et sur quelques propriétés nouvelles de ces fonctions dans le voisinage d'un point singulier essentiel. Acta societatis scientiarum Fennicae, Bd. 35, Nr. 7, (1908), pp. 3—35.—(2) Sur un principe général de l'analyse et ses applications à la théorie de la représentation conforme, Acta societatis scientiarum Fennicae, Bd. 46, Nr. 4, (1915), pp. 1—35.—(3) Sur la représentation conforme d'une aire simplement connexe sur l'aire d'un cercle, C. R. du quatrième Congrès des math. scand. à Stockholm (1916), pp. 59—90.

K. Löwner, (1) Untersuchungen über schlichte konforme Abbildungen des Einheitskreises. I. Math. Ann. 89 (1927), pp. 103—121.

H. Milloux, (1) Le théorème de M. Picard, suites de fonctions holomorphes, fonctions méromorphes et fonctions entières. Journ. de Math., (9) t. 3 (1924), pp. 345—401.—(2) Sur le théorème de Picard. Bull. Soc. math. de France, t. 53 (1925), pp. 181—207.

P. Montel, (1) Sur la représentation conforme. Journ. de Math., (7) t. 3 (1917), pp. 1—54.

R. Nevanlinna, (1) Ueber eine Minimumaufgabe in der Theorie der konformen Abbildung. Nachr. Ges. Wiss. Göttingen I, Nr. 37 (1933), pp. 103—115.—(2) Sur la mesure harmonique des ensembles des points. C. R. 199 (1934), pp. 512—514.—(3) Sur un principe général de l'Analyse. C. R. 199 (1934), pp. 548—550.—(4) Das harmonische Mass von Punktmengen und seine Anwendung in der Funktionentheorie, 8. Skand. Math. Kongr. (1935), pp. 116—133.

A. Ostrowski, (1) Ueber das Poissonsche Integral und fast stetige Funktionen. Jahresber. d. D. M.—V., XXXVI (1927), pp. 349—353. — (2) Ueber quasianalytische Funktionen und Bestimmtheit asymptotischer Entwicklungen. Acta math. Bd. 53 (1929), pp. 181—266. — (3) Ueber den Habitus der konformen Abbildung am Rande des Abbildungsbereiches. Acta. math., Bd. 64 (1934), pp. 81—184. — (4) Bemerkungen zur vorstehenden Note von Hrn. Warschawski. Math. Ztschr. Bd. 38 (1934), pp. 684—686.

P. Painlevé, (1) Sur la théorie de la représentation conforme. C. R. 112 (1891), pp. 653—657.

Erhard Schmidt, (1) Ueber den Millouxschen Satz, Sitzber. der Berl. Akad., Math.-phys. Klasse (1932), pp. 1—9.

G. Valiron und E. Landau, (1) A deduction from Schwarz'Lemma. Journal of the London Math. Society, 4 (1929), pp. 162—163.

C. Visser, (1) Ueber beschränkte analytische Funktionen und die Randverhältnisse bei konformen Abbildungen. Math. Ann. 107 (1933), pp. 28—39.

S. Warschawski, (1) Ueber das Randverhalten der Abbildungsfunktion bei konformer Abbildung. Math. Ztschr. Bd. 35 (1932), pp. 321—456. — (2) Zur Randverzerrung bei konformer Abbildung. Comp. math. Vol. I (1935), pp. 314—343.

J. Wolff, (1) Sur la représentation conforme des bandes. Comp. math. Vol. I (1935), pp. 217—222. — (2) Sur la conservation des angles dans la représentation conforme d'un domaine au voisinage d'un point frontière. C. R. 200 (1935), pp. 42—43. — (3) Démonstration d'un théorème sur la conservation des angles dans la représentation conforme d'un domaine au voisinage d'un point frontière, Akad. Wetensch. Amsterdam, Proc. 38 (1935), pp. 46—50.

Einleitung

Die vorliegende Abhandlung hat zum Ziel, einige Fragen zu klären, die sich auf das Randverhalten der Abbildungsfunktionen bei konformer Abbildung beziehen, wobei wir die Annahme machen, dass die Abbildung im betrachteten Randpunkt winkeltreu oder winkelproportional ist. Die ersten schärferen Ergebnisse in dieser Richtung verdankt man, nach zwei spezielleren Untersuchungen von Painlevé (1891)[2]) und Korn (1901)[3]), erst Leon Lichtenstein.

[2]) Painlevé (1).

[3]) Korn (1).

Das Wesentliche an der Lichtensteinschen Fragestellung, wie sie in zwei 1909 und 1912 erschienenen Abhandlungen [4]) behandelt wird, besteht darin, dass in ihr das Verhalten der Ableitung der Abbildungsfunktion für die *allseitige* Approximation des Bildpunktes gegen das Bild des betrachteten Randpunktes untersucht wird, sodass also dabei der Bildpunkt sowohl durch das Innere des Bildgebietes als auch längs des Randes gegen den Bildpunkt des betrachteten Randpunktes konvergiert. Die durch diese Hinwendung zur Betrachtung der allseitigen Approximation entstehende Problemstellung soll nun in der vorliegenden Untersuchung eine in einem gewissen Sinne abschliessende Behandlung erfahren.

Es sei Γ ein einfach zusammenhängendes Gebiet in der ζ-Ebene, das im unendlich fernen Punkt einen erreichbaren Randpunkt π_0 besitzt, und es sei $z = f(\zeta)$ eine Funktion, die Γ auf das Innere der Halbebene H_z: $\Re z > 0$ derart konform abbildet, dass $\zeta = \pi_0$ und $z = \infty$ einander entsprechen und die Abbildung dort winkeltreu oder winkelproportional ist. Es sei ζ ein innerer oder Randpunkt von Γ. Es handelt sich nun für uns in erster Linie darum, aus den deskriptiven Eigenschaften von Γ in der Nähe von ζ Aufschlüsse zu erhalten über die Lage des Punktes $f(\zeta)$ unter der Annahme, dass die Abbildung für die Winkelhalbierende von H_z im Unendlichen, also die reelle Axe, bekannt ist. Es gelingt, eine im Sinne der asymptotischen Aequivalenz vollständige Lösung der Frage zu geben. Hierzu hat sich der Begriff des *faltenfreien Kerns* von Γ sowie der *Faltenbereiche* von Γ fundamental erwiesen.

Um diese Begriffe einzuführen, denke man sich Γ so gedreht, dass ein Halbstrahl der positiven reellen Axe in Γ verläuft und seine Richtung im Unendlichen der Richtung der positiven z-Axe im Unendlichen entspricht. Dann lässt sich der *faltenfreie Kern* Γ^* *von* Γ als ein geeignetes Teilgebiet von Γ definieren, das einen Halbstrahl der positiven reellen Axe enthält und von jedem Kreis um den Nullpunkt, wenn überhaupt, längs eines einzigen Kreisbogens durchsetzt wird. Γ^* entsteht aus Γ durch die Abtrennung gewisser Teilgebiete längs kreisbogenförmiger Querschnitte, die zum Rand von Γ^* gehören. Diese Teilgebiete nennen wir *Falten* von Γ. Werden die Faltengebiete von Γ durch Hinzunahme der Randpunkte abgeschlossen, so entstehen die *Faltenbereiche* von Γ. Ist ζ ein innerer oder Randpunkt von Γ^*, so setzen wir $\rho_\zeta = |\zeta|$. Ist ζ ein Punkt eines der Faltenbereiche von Γ, so verstehen wir unter ρ_ζ den Radius des Querschnitts, längs dessen der betreffende Faltenbereich von Γ abgetrennt wird.

[4]) Lichtenstein (1), pp. 561—563; (4), pp. 100 — 110.

Dann besagt unser wichtigstes Ergebnis (erster Faltensatz, XXXV, § 8, Nr. 34), das die Abbildung in die Falten des Gebietes hinein zu verfolgen gestattet:

Strebt ζ über das Innere und den Rand von Γ gegen π_0, so gilt

$$|f(\zeta)| \sim |f(\rho\zeta)|^{5)}.$$

Den ersten Beweis dieses Satzes haben wir im Falle, dass beide Randzweige von Γ in π_0 Tangenten besitzen, durch Kombination einer Ahlforsschen Ungleichung mit einem Satz des Verfassers gefunden, der vor einigen Jahren veröffentlicht wurde (vergleiche den Satz XV der vorliegenden Abhandlung). Die Ausdehnung dieses Beweises auf den allgemeinsten Fall bot allerdings zuerst grosse Schwierigkeiten, zu deren Ueberwindung die Ahlforssche Methode erst verallgemeinert werden musste. In dieser Abhandlung wird ein anderer Beweis dieses Satzes entwickelt, der auf gewissen Ungleichungen für das konforme Mass beruht. Inzwischen haben wir noch einen dritten Beweis des obigen Satzes gefunden, der eine Ungleichung aus einer bekannten Arbeit von E. Lindelöf[6]) benutzt und wohl am kürzesten ist. Auf diesen letzten Beweis, sowie auf unseren ersten, mit der Ahlforsschen Methode zusammenhängenden soll an anderer Stelle eingegangen werden.

Bei allen unseren Beweisen des obigen Satzes wird von der Tatsache wesentlich Gebrauch gemacht, dass sich die notwendigen und hinreichenden Bedingungen für die Winkeltreue und Winkelproportionalität der obigen Abbildung von Γ auf H_z mit Hilfe der deskriptiven Randeigenschaften des Gebietes in der Nähe des betrachteten Punktes direkt formulieren lassen. Soll die obige Abbildung von Γ auf H_z winkeltreu im Unendlichen „im Winkel" sein, so ist hierzu auf jeden Fall notwendig, dass Γ Winkelräume enthält, deren Oeffnungen in π_0 beliebig nahe an π herankommen, und keinen Winkelraum, dessen Oeffnung in π_0 grösser als π ist. Es ist leicht zu sehen, dass, wenn diese Bedingung erfüllt ist, es einen Halbstrahl S: $\arg\zeta = \alpha$ gibt, derart, dass Γ Winkelräume mit beliebig nahe an π heranreichenden Oeffnungen enthält, deren Winkelhalbierende zu S parallel sind. — Die obige Bedingung ist aber

[5]) Dieser Satz gestattet ohne weiteres, eine Reihe von Grenzrelationen, die bisher nur als „im Winkel" gültig bekannt waren, auf die Annäherung über den ganzen faltenfreien Kern auszudehnen. So gilt z. B., dass, wenn eine Winkelderivierte im Unendlichen existiert, — d. h. der von 0 und ∞ verschiedene Grenzwert von $\frac{\zeta}{z}$ bei der Annäherung im Winkel — derselbe Grenzwert im ganzen faltenfreien Kern von T vorhanden ist. Vgl. hierzu die Bemerkungen in der Nr. 16.

[6]) Lindelöf (2), pp. 16—18.

natürlich nicht hinreichend. Herrn Carathéodory[7]) verdankt man den Satz, dass die Existenz einer Tangente im Unendlichen an den Rand von Γ unter Voraussetzung der Jordanberandung für die Winkeltreue der Abbildung hinreichend ist. Diesen Satz hat kürzlich H. J. Wolff[8]) auf einen wesentlich allgemeineren Begriff der Tangente ausgedehnt. Wir beweisen nun im Folgenden (der Hauptsatz über die Winkelproportionalität am Rande, Satz XXXIII, § 6, Nr. 29), dass, wenn die obige Winkelraumbedingung erfüllt ist, für die Winkeltreue der Abbildung von Γ auf H_z im Unendlichen notwendig und hinreichend die Existenz einer durch das Unendliche hindurchgehenden abgeschlossenen Jordankurve L mit einer zu S senkrechten Tangente im Unendlichen ist, derart, dass beide im Unendlichen zusammenstossende Zweige von L mit dem Rand von Γ je eine abzählbare Folge gemeinsamer Punkte ζ_ν, ζ_ν' haben, mit:

$$\zeta_\nu \longrightarrow \pi_0\,, \quad \zeta'_\nu \longrightarrow \pi_0$$

$$\frac{\zeta_{\nu+1}}{\zeta_\nu} \longrightarrow 1\,, \quad \frac{\zeta'_{\nu+1}}{\zeta'_\nu} \longrightarrow 1\,.$$

Der Sinn dieses Satzes ist offenbar der, dass im allgemeinsten Falle der Winkeltreue der Rand von Γ zwar keine Jordankurve mit einer Tangente im Unendlichen zu sein braucht, wohl aber mit einer geeigneten derartigen Kurve eine hinreichend dichte Menge gemeinsamer Punkte haben muss.

Unser Beweis dieses Satzes beruht wiederum auf verschiedenen Ungleichungen für das konforme Mass, wobei man mit umso weniger Vorbereitungen auskommt, je schärfer die herangezogene Ungleichung ist.

Aus der obigen Lösung des Problems der Winkeltreue ergibt sich insbesondere der oben erwähnte Wolffsche Satz als eine spezielle Folgerung ohne weiteres. Was aber die obige Aequivalenzrelation zwischen $|f(\zeta)|$ und $|f(\rho_\zeta)|$ anbetrifft, so ist in ihr insbesondere für den speziellen Fall der Jordanberandung, für die die sogenannte Bedingung der *linearen Unbewalltheit* zutrifft, ein wichtiger Satz von Herrn Warschawski[9]) in wesentlich verschärfter Form enthalten.

An den Satz von Hrn. Warschawski anknüpfend, hat Hr.

[7]) Carathéodory (2), pp. 37—41.

[8]) Wolff (2), (3).

[9]) Warschawski (1), pp. 361 — 376, (2), pp. 320 — 325. Für speziellere Klassen von Gebieten vgl. Lavrentieff (1), sowie Bessonoff u. Lavrentieff (1).

J. Wolff[10]) unter den von Hrn. Warschawski zu Grunde gelegten Voraussetzungen eine weitere Formulierung gefunden, in der eine gewissermassen zur obigen inverse Fragestellung behandelt wird. Man betrachte unter den oben zu Grunde gelegten Annahmen über Γ und die Abbildung von Γ auf H_z den Halbkreisbogens $|z| = r$ aus H_z und seine Bildkurve Λ_r in der ζ-Ebene. Was lässt sich über den asymptotischen Verlauf von Λ_r für $r \longrightarrow \infty$ sagen, wenn die Abbildung der positiven reellen z-Axe bekannt ist? Diese Frage lässt sich mit den Methoden unserer Abhandlung weitgehend und im Falle der Existenz einer Tangente im Unendlichen abschliessend beantworten. Kennt man die Lage der Endpunkte von Λ_r nicht, so folgt aus dem ersten Faltensatz auf jeden Fall, dass $|\zeta|$ für die Punkte von Λ_r in den Teilstücken, die innerhalb des faltenfreien Kerns liegen, mit $|f(r)|$ äquivalent ist, und Λ_r im Uebrigen nur in diejenigen Falten von Γ eintreten kann, für die die Radien der abschliessenden Kreisbogenquerschnitte mit $|f(r)|$ äquivalent sind. Bereits in dieser Formulierung ist der Satz von Herrn J. Wolff unter den von ihm zu Grunde gelegten Annahmen in wesentlich verschärfter Form enthalten. Kennt man aber die Lage eines Endpunktes von Λ_r, etwa $f(ir)$, so lässt sich über das zugehörige, $f(r)$ und $f(ir)$ verbindende Stück Λ_r^+ von Λ_r eine wesentlich schärfere Aussage machen. Man beschreibt den Verlauf von Λ_r^+ am besten, wenn man diese Kurve mit der Jordankurve V_r^+ vergleicht, die $f(r)$ und $f(ir)$ über Γ und den Rand von Γ gewissermassen auf „direktestem Wege" verbindet. Die Kurve V_r^+ ist dadurch charakterisiert, dass *erstens* ihre sämtlichen Punkte auf Γ und dem Rand von Γ liegen, *zweitens* die Bildkurve von V_r^+ in H_z die Punkte r und ir stetig verbindet, *drittens* jedes ihrer Teilstücke zwischen zwei innerhalb Γ liegenden Punkten nicht länger ist als jede andere Verbindungslinie dieser Punkte, die nicht ins Aeussere von Γ tritt und sich in H_z auf eine stetige Kurve abbildet. Dann lässt sich unser wichtigstes Resultat über den Verlauf von Λ_r^+ dahin formulieren, dass Λ_r^+ mit V_r^+ *asymptotisch äquivalent* ist, wenn der betreffende Randzweig von Γ im Unendlichen eine Tangente besitzt. Im allgemeinsten Fall der winkeltreuen Abbildung beweisen wir über die Faktoren, um die sich die Punkte von Λ_r^+ von den entsprechenden Punkten von V_r^+ unterscheiden, dass ihre absoluten Beträge auf jeden Fall zwischen positiven Konstanten

$$(1-\varepsilon)\, e^{-\left(\frac{3}{2}+\sqrt{2}\right)\pi}, \quad (1+\varepsilon)\, e^{\left(\frac{3}{2}+\sqrt{2}\right)\pi}, \varepsilon \longrightarrow 1,$$

[10]) Wolff (1).

liegen. Um die Darstellung nicht mit Betrachtungen über die Existenz von V_r^+ zu belasten, formulieren wir im Text der Abhandlung die den Verlauf von Λ_r^+ betreffenden Resultate direkt, sodass sie als unmittelbare Folgerungen aus dem zweiten Faltensatz (Satz XXXVIII, § 9, Nr. 38) und dem Satz XL erscheinen.

Den Beweis des zweiten Faltensatzes erbringen wir im Folgenden gleichfalls mit Hilfe der Methode des konformen Masses. Allerdings haben wir diese Ergebnisse mit etwas schlechteren Konstanten zuerst auf einem anderen Wege hergeleitet — mit Hilfe der Methode des Dirichletschen Integrals. Doch erschien es uns von Interesse, alle drei Hauptsätze dieser Abhandlung in den Kap. II und III auf möglichst einheitlichem Wege herzuleiten.

Die methodische Grundlage dieser Abhandlung bildet also, wie bereits erwähnt, die Theorie des konformen Masses, die in den beiden ersten Paragraphen des zweiten Kapitels für den Fall einfach zusammenhängender Gebiete an das Löwner—Montelsche Lemma anknüpfend ausführlich entwickelt wird. Es dürften die dabei hergeleiteten Sätze wohl noch manches andere Problem der Theorie der konformen Abbildung zu lösen gestatten.

Das erste Kapitel der Abhandlung ist aber gewissen vorbereitenden Betrachtungen gewidmet, bei denen die potentialtheoretischen Sätze direkt auf unsere Fragestellung angewandt werden. Dabei ist das Charakteristische, dass dies zumeist nach einer logarithmischen Abbildung auf das Innere eines Halbstreifens geschieht. Wir beweisen auf diesem Wege zunächst einige Ergebnisse (Sätze XV, XVI), die wir vor einigen Jahren[11]) aus einem potentialtheoretischen Satz von Lichtenstein[12]) gefolgert haben. Die ganze Deduktion gestaltet sich aber wesentlich durchsichtiger und führt weiter, wenn man die Betrachtung von vornherein im Halbstreifen durchführt. Doch handelt es sich dabei bei einem der Hauptdurchgangspunkte der ganzen Entwicklung wiederum um eine Transformation des gleichen Lichtensteinschen Satzes. Es sei hier darauf hingewiesen, dass in der oben zitierten Abhandlung[10]) von Herrn J. Wolff ein Beweis eines Satzes von Hrn. Visser[13]) — eines Spezialfalls des Satzes XII — skizziert wird, der sich mit unserer Betrachtungsweise enge berührt.

Unter den Einzelergebnissen, die sich in diesem Kapitel neu ergeben, sei auf den Satz XII verwiesen, worin insbesondere die Tatsache

---

[11]) Ostrowski (3).
[12]) Lichtenstein (2).
[13]) Visser (1), pp. 32 — 33.

enthalten ist, dass, wenn irgend ein Teilwinkelraum $\vartheta_1 \geqq \arg z \geqq \vartheta_2$ von H_z bei der betrachteten Abbildung sich konform abbildet, dasselbe dann für jeden Winkelraum $|\arg z| \leqq \frac{\pi}{2} - \delta, \delta > 0$, der Fall ist.

Manchem Leser wird vielleicht die grosse Ausführlichkeit der Darstellung im § 1 auffallen, in dem einige Tatsachen über die Beschränktheit der Argumentschwankung in der Nähe des betrachteten Randpunktes von Γ zusammengestellt werden. Natürlich kann der Leser, dem diese Tatsachen selbstverständlich erscheinen, ihre Beweise überschlagen. Indessen wurde dieser Abschnitt im Laufe der Ausarbeitung der vorliegenden Abhandlung wiederholt umgearbeitet, und wir haben dabei die Erfahrung machen müssen, dass nur eine in allen Einzelheiten ausführliche Darstellung die betreffenden Resultate zu sichern vermag.

Im übrigen wurden an manchen Stellen Tatsachen, die an sich innerhalb der vorliegenden Abhandlung nur die Rolle von Hilfssätzen spielen, weiter entwickelt, als unbedingt notwendig gewesen wäre, wenn sie uns auch selbständiges Interesse zu besitzen schienen.

Die Hauptresultate der vorliegenden Abhandlung sind in zwei vorläufigen Mitteilungen, C. R. 202 (1936), pp. 727 — 728; pp. 1135 — 1137 veröffentlicht worden.

KAPITEL I.

Anwendung der Eigenschaften harmonischer Funktionen im Halbstreifen.

§ 1. Argumentschwankung in der Nähe eines Randpunktes.

1. Wir verstehen unter H_z die rechte Halbebene $\Re z > 0$ der z-Ebene. Konvergiert z für irgend ein positives δ aus H_z gegen ∞ derart, dass dabei beständig

$$|\arg z| \leqq \frac{\pi}{2} - \delta$$

bleibt, so sagen wir, z konvergiere gegen ∞ aus H_z *im Winkel* oder über eine *Winkelumgebung*. Konvergiert ferner z gegen $z = \infty$ so, dass für irgend ein positives $d < \pi$ beständig

$$\frac{\pi}{2} > \arg z > \frac{\pi}{2} - d$$

bleibt, so sagen wir, z konvergiere gegen ∞ aus H_z *halbseitig* an der positiven imaginären Axe, und eine analoge Definition gilt für die negative imaginäre Axe. Endlich konvergiert z *allseitig* gegen ∞ aus H_z, wenn es dabei keinen weiteren Einschränkungen unterworfen wird. Es ist unmittelbar klar, wie die entsprechenden Definitionen im Falle des Einheitskreises, bzw. des Parallelstreifens (wenn der zu approximierende Grenzpunkt im Unendlichen liegt) zu formulieren sind. Es sei noch hervorgehoben, dass, wenn wir im Folgenden behaupten, irgend ein Sachverhalt gelte bei Approximation im Winkel, bzw. bei halbseitiger Approximation, dann, sofern nicht das Gegenteil angegeben wird, immer gemeint ist, der betreffende Sachverhalt gelte bei *jeder* Approximation im Winkel (also für *jedes* $\delta > 0$) bzw. bei *jeder* halbseitigen Approximation.

Definition: Es sei L ein ins Unendliche verlaufender Jordanbogen. Wir sagen, *L habe im Unendlichen die Richtung* φ, falls das Argument von z, geeignet festgelegt, gegen φ konvergiert, wenn z längs L ins Unendliche strebt.

Jeder Halbstrahl, der mit der positiven reellen Axe den Winkel φ bildet, wird als *Tangente von L im Unendlichen* bezeichnet, und der obige Sachverhalt wird auch so formuliert, dass *L im Unendlichen eine Tangente besitzt.* Offenbar bleibt die Richtung von L im Unendlichen und die Gesamtheit der Tangenten an L im Unendlichen bei jeder Parallelverschiebung der Ebene unverändert.

2. I. *Es sei Γ ein einfach zusammenhängendes Gebiet, das im Unendlichen einen erreichbaren Randpunkt π_0*[14]) *und im Endlichen einen erreichbaren Randpunkt ζ_0 besitzt. Eine bis auf die Endpunkte in Γ liegende Jordankurve λ möge ζ_0 mit π_0 verbinden. Es mögen die Werte von arg $(\zeta-\zeta_0)$ auf λ in Γ bei geeigneter stetiger Festlegung im Intervall $<\alpha, \beta>$ liegen.*

Dann bleiben die Werte von arg $(\zeta-\zeta_0)$ in Γ bei entsprechender stetiger Festlegung im Intervall

$$<\alpha-2\pi,\ \beta+2\pi>. \tag{2,1}$$

Beweis: Ohne Beschränkung der Allgemeinheit darf $\zeta_0=0$ vorausgesetzt werden. Man schneide die Ebene längs λ auf und bezeichne das entstehende Gebiet mit $\overline{E}$. Man lege die Werte von arg ζ auf dem

[14]) Es sei daran erinnert, dass einem erreichbaren Randpunkt von Γ bei der konformen Abbildung von Γ etwa auf das Innere des Einheitskreises ein einziger Peripheriepunkt des Einheitskreises entspricht, während umgekehrt diesem Peripheriepunkt ein ganzes Randpunktkontinuum von Γ entsprechen kann, das dann jenen erreichbaren Randpunkt als einzigen aus dem Inneren von Γ erreichbaren Punkt enthält. Diese Verhältnisse sind zum ersten Mal von Carathéodory, Carathéodory (1), sowie Lindelöf, Lindelöf (2), klargelegt worden.

linken Ufer von λ — d. h. auf dem Ufer, an das $\bar{E}$ beim Durchlaufen von λ von 0 nach π_0 von links grenzt — so fest, dass sie in $\langle \alpha, \beta \rangle$ liegen und bezeichne diese Wertebelegung auf λ als Funktion des Punktes ζ mit $\varphi(\zeta)$. Die dadurch eindeutig festgelegte Bestimmung des Arguments in $\bar{E}$ und auf den beiden Ufern von λ sei als Funktion des Punktes mit $\Phi(\zeta)$ bezeichnet.

Verbindet man einen Punkt ζ_1 auf dem linken Ufer von λ mit dem gegenüberliegenden Punkt ζ_1' auf dem rechten Ufer durch einen sonst in $\bar{E}$ verlaufenden, sich nicht überschneidenden Weg η, so muss η den Nullpunkt einmal umkreisen, da durch η das zwischen 0 und ζ_1 liegende Stück von λ von π_0 getrennt wird. Zugleich umkreist η, von ζ_1 nach ζ_1' durchlaufen, den Nullpunkt im positiven Sinne, da η bei ζ_1, von λ aus gesehen, nach links verläuft und daher das Stück $0\,\zeta_1$ von λ links von η bleibt. Daraus folgt, dass $\Phi(\zeta)$ in ζ_1' genau den Wert $\varphi(\zeta_1)+2\pi$ haben muss.

Man bilde nun durch die Funktion $w = \lg \zeta$ das Gebiet $\bar{E}$ auf die w-Ebene ab, indem als $\Im \lg \zeta$ der entsprechende Wert von $\Phi(\zeta)$ angenommen wird. Dabei geht das linke Ufer von λ in eine Kurve L_1 über, die sich von $-\infty$ nach $+\infty$ hinzieht und stets im Parallelstreifen $\alpha \leqq \Im w \leqq \beta$ verläuft. Die Bildkurve L_2 des rechten Ufers von λ entsteht aus L_1 durch Verschiebung um 2π parallel zur imaginären Axe nach oben. Alle Punkte des Bildgebietes $\bar{G}$ von $\bar{E}$ haben nun die Eigenschaft dass sie sich sowohl mit L_1 als auch mit L_2 verbinden lassen, ohne dass dabei unterwegs L_2 bzw. L_1 getroffen wird. Diese Eigenschaft kommt aber weder den Punkten mit $\Im w \leqq \alpha$, noch den Punkten mit $\Im w \geqq \beta + 2\pi$ zu. Daher liegt $\bar{G}$ im Parallelstreifen $\alpha < \Im w < \beta + 2\pi$.

Wir sehen, dass $\Phi(\zeta)$ zwischen α und $\beta+2\pi$ bleibt.

Nun wird Γ durch λ in zwei Teilgebiete zerschnitten, von denen das eine, Γ_0^+ an das linke Ufer, das andere, Γ_0^- an das rechte Ufer von λ grenzt. Wählen wir auf λ die durch $\varphi(\zeta)$ gegebene Bestimmung des Arguments, so ergeben sich in Γ_0^+ durch stetige Fortsetzung die durch $\Phi(\zeta)$ gegebenen Werte. Im Inneren von Γ_0^- ergeben sich aber dabei die durch $\Phi(\zeta) - 2\pi$ gegebenen Werte, da der Funktion $\Phi(\zeta)$ am rechten Ufer von λ die Argumente $\varphi(\zeta)+2\pi$ entsprechen. Die Werte von $\Phi(\zeta)$ und $\Phi(\zeta)-2\pi$ liegen aber im Intervall $\langle \alpha - 2\pi, \beta + 2\pi \rangle$, womit I bewiesen ist.

3. Aus dem damit bewiesenen Satz ergeben sich unmittelbar folgende Korollare:

a) Es sei Γ ein einfach zusammenhängendes Gebiet, das im Unendlichen einen erreichbaren Randpunkt π_0 und im Innern einen Punkt ζ_0

besitzt. Eine bis auf π_0 *in* Γ *liegende Jordankurve* λ *möge* ζ_0 *mit* π_0 *verbinden. Durch einen in* Γ *liegenden,* λ *nur in* ζ_0 *treffenden Einschnitt möge* Γ *in ein Teilgebiet* Γ_0 *verwandelt werden. Liegen dann die Werte von arg* $(\zeta - \zeta_0)$ *auf* λ *bis auf* ζ_0 *und* π_0 *bei geeigneter stetiger Festlegung im Intervall* $< \alpha, \beta >$, *so bleiben die Werte arg* $(\zeta - \zeta_0)$ *in* Γ_0 *bei entsprechender stetigen Festlegung im Intervall* (2,1).

Denn man braucht zum Beweise offenbar nur I auf Γ_0 anzuwenden. — Unter den Voraussetzungen des Korollars a) liegt natürlich die Schwankung von arg $(\zeta - \zeta_0)$ auch in jedem Teilgebiet von Γ_0 im gleichen Intervall (2,1). Daraus folgt aber sofort:

b) Gelten die Voraussetzungen von a) und wird aus Γ *durch einen,* λ *nur in einem Punkte treffenden Jordanquerschnitt*[15]) *ein Teilgebiet* Γ_1 *abgegrenzt, das ein unendliches, in* π_0 *mündendes Stück von* λ *enthält, so liegen die Argumentwerte von* $\zeta - \zeta_0$ *in* Γ_1 *bei stetiger Festlegung im Anschluss an die Werte auf* λ *im Intervall* (2,1).

Denn zieht man im Komplementärgebiet Γ_1' von Γ_1 in bezug auf Γ einen Einschnitt bis zum Punkte ζ_0, der λ nicht mehr trifft, so wird durch diesen Einschnitt aus Γ ein Teilgebiet erzeugt, in dem Γ_1 liegt.

Insbesondere ergibt sich aus dem Satz I und den beiden obigen Korollaren, dass die Schwankung von arg $(\zeta - \zeta_0)$ bei entsprechender stetiger Festlegung in einer hinreichend nahen allseitigen Umgebung von π_0 im Intervall (2, 1) bleibt. Dabei muss aber die „Nähe" im *topologischen* und nicht im *metrischen* Sinne aufgefasst werden. Man kann diese Auffassung etwa so präzisieren: Bildet man Γ so konform auf den Parallelstreifen $|\Im w| < \pi$ ab, dass π_0 in den „rechten" unendlich fernen Punkt $+\infty$ übergeht, so wird eine Umgebung dieses unendlich fernen Punktes im Parallelstreifen durch jeden Querschnitt abgegrenzt, der beide Randgeraden des Parallelstreifens miteinander verbindet. Diese Umgebung liegt umso „näher" an den betreffenden unendlich fernen Punkt, je weiter nach rechts sämtliche Punkte des betreffenden Querschnitts liegen. Dabei könnten aber sehr wohl gewissen Punkten aus jeder solchen Umgebung Punkte des Gebietes Γ entsprechen, die etwa innerhalb des Einheitskreises liegen, also vom metrischen Standpunkt der Γ-Ebene aus durchaus nicht etwa gegen π_0 konvergieren.

Legt man den soeben gekennzeichneten topologischen Begriff der „Nähe" zugrunde, so können wir als weitere Korollare formulieren:

c) Unter den Voraussetzungen des Satzes I bzw. des Korollars a) liegen die Argumentwerte von $\zeta - \zeta_0$ *in einer topologisch hinreichend na-*

---

[15]) Für die hier und weiter in Betracht kommenden topologischen Eigenschaften einfach zusammenhängender Gebiete vgl. Carathéodory (1).

hen Umgebung von π_0 *bei entsprechend stetiger Festlegung im Intervall* (2, 1).

d) Es sei Γ *ein einfach zusammenhängendes Gebiet mit einem erreichbaren Randpunkt* π_0 *im Unendlichen. Es möge ein im Endlichen gelegener innerer oder Randpunkt* ζ_0 *von* Γ *die Eigenschaft haben, dass der Winkelraum*

$$\Delta : \gamma \leqq \arg(\zeta - \zeta_0) \leqq \delta$$

ganz in Γ *verläuft. Verbindet man* ζ_0 *mit dem Rand von* Γ *durch einen Weg* q, *dessen innere Punkte* Δ *nicht treffen, so wird durch einen Einschnitt längs* q *aus* Γ *ein Gebiet* Γ_0 *erzeugt, in dem die Argumentwerte von* $\zeta - \zeta_0$ *bei entsprechender stetiger Festlegung im Intervall* $<\delta - 2\pi, \gamma + 2\pi>$ *liegen.* (Wenn ζ_0 ein Randpunkt ist, fällt Γ_0 mit Γ zusammen).

Zum Beweise braucht man nur den Satz I bzw. das Korollar a) zweimal anzuwenden, indem man als Λ einmal den Halbstrahl: $\arg(\zeta - \zeta_0) = \gamma$ und das andere Mal den Halbstrahl: $\arg(\zeta - \zeta_0) = \delta$ wählt. Es ergeben sich so für die Argumentwerte von $\zeta - \zeta_0$, die durch stetige Fortsetzung aus Δ entstehen, die Intervalle $\langle\gamma - 2\pi, \gamma + 2\pi\rangle$, $\langle\delta - 2\pi, \delta + 2\pi\rangle$. Der Durchschnitt dieser beiden Intervalle ist aber gerade das Intervall $\langle\delta - 2\pi, \gamma + 2\pi\rangle$. Wie man sieht, gehen in diesem Falle die Schranken über das ursprüngliche Intervall nach beiden Seiten um $2\pi - (\delta - \gamma)$ hinaus.

Insbesondere gelten die gleichen Schranken unter den Voraussetzungen von d) in jeder topologisch hinreichend nahen Umgebung von π_0.

Es sei endlich noch bemerkt, dass die in den Behauptungen von Satz I und den Korollaren a)—d) vorkommenden abgeschlossenen Intervalle sich durch die entsprechenden offenen Intervalle ersetzen lassen, da $\arg z$ eine harmonische, nicht konstante Funktion ist.

4. Das für unsere späteren Betrachtungen Wesentliche am Korollar c) zum Satz I ist, dass unter den entsprechenden Voraussetzungen die Schwankung von $\arg(\zeta - \zeta_0)$ in einer Umgebung von π_0 überhaupt *beschränkt* ist. Der Punkt ζ_0 ist aber dabei zunächst ein fester innerer oder Randpunkt. Wenn nun ζ_0 im Innern von Γ liegt oder ein geradlinig erreichbarer Randpunkt ist, dann genügt natürlich bereits die Existenz einer irgendwo in Γ liegenden Jordankurve Λ, die in π_0 mündet und längs deren die Schwankung von $\arg(\zeta - \zeta_0)$ beschränkt bleibt, da man ja dann Λ durch einen in Γ liegenden Streckenzug mit ζ_0 verbinden kann und dadurch nur ein beschränkter Zuwachs an Argumentschwankung hinzukommt. Es ist nun leicht zu sehen, dass dies nicht mehr richtig zu bleiben braucht, wenn ζ_0 ausserhalb Γ liegt, da

dann unendlich viele topologisch beliebig nahe bei π_0 liegende Randstücke sich beliebig oft um ζ_0 herum winden könnten.

Dagegen lässt sich dies noch beweisen, falls die topologische Nähe für π_0 mit der metrischen zusammenfällt, d. h. falls die Distanzen der Randpunkte von Γ vom Nullpunkt ins Unendliche streben, wenn man längs des Randes gegen π_0 geht[16]). Wir behaupten nämlich den folgenden Satz:

II. *Es sei* Γ *ein einfach zusammenhängendes Gebiet der* ζ*-Ebene mit dem Rand* R*, das im Unendlichen einen erreichbaren Randpunkt* π_0 *besitzt. Es möge* Γ *die Eigenschaft haben, dass, wenn man längs* R *gegen* π_0 *geht, die Distanzen der dabei durchlaufenen Randpunkte vom Nullpunkt ins Unendliche konvergieren. Es seien* ζ_0, ζ_1 *zwei beliebige (nicht notwendig verschiedene) im Endlichen gelegene Punkte der* ζ*-Ebene.*

Gibt es einen in Γ *verlaufenden und in* π_0 *mündenden Jordanbogen* Λ^**, längs dessen das* arg $(\zeta-\zeta_0)$, *irgendwie stetig festgesetzt, absolut beschränkt bleibt, so gibt es eine, durch einen im Endlichen liegenden Querschnitt von* Γ *abgegrenzte Umgebung von* π_0, *in der das* arg $(\zeta-\zeta_1)$, *irgendwie stetig festgesetzt, absolut beschränkt bleibt.*

Beweis: Man verbinde ζ_0 mit ζ_1 durch eine Strecke s und grenze durch einen aus endlich vielen Strecken bestehenden Querschnitt q_1 von Γ eine solche Umgebung Γ_0 von π_0 in Γ ab, dass alle Punkte von s ausserhalb von Γ_0 liegen.

Ist ζ_2 irgend ein innerer Punkt von q_1, so verbinde man ζ_0 mit ζ_2 durch eine Strecke s_1 und grenze von Γ_0 durch einen aus endlich vielen Strecken bestehenden Querschnitt q eine solche Umgebung Γ_1 von π_0 ab, dass s_1 ganz ausserhalb von Γ_1 liegt. Ist dann ζ_3 irgend ein innerer Punkt von q, so kann man ζ_2 mit ζ_3 durch einen Streckenzug S_1 verbinden, der ganz in Γ liegt. Der Streckenzug S_1 lässt sich so abändern, dass er bis auf ζ_3 ganz ausserhalb Γ_1 liegt. Der aus s_1 und S_1 bestehende Streckenzug S verbindet ζ_0 mit dem Randpunkt ζ_3 von Γ_1 und bleibt bis auf ζ_3 ausserhalb Γ_1. S kann ferner als doppelpunktsfrei vorausgesetzt werden, indem man eventuell vorhandene, geschlossene Teilstücke von S weglässt.

---

[16]) Es läuft dies darauf hinaus, dass in diesem Fall der Punkt π_0 ein sogenanntes „punktförmiges Primende" im Sinne von Carathéodory (1) ist, m. a. W.: Bildet man Γ konform auf das Innere des Einheitskreises etwa der w-Ebene ab, und entspricht dabei π_0 der Peripheriepunkt w_0 des Einheitskreises, so entspricht umgekehrt w_0 in der ζ-Ebene der einzige Randpunkt π_0, sodass, wenn eine Punktfolge w_ν aus dem Inneren des Einheitskreises gegen w_0 konvergiert, die entsprechenden Punkte ζ_ν innerhalb Γ stets gegen π_0 konvergieren.

Wir behaupten nun zuerst, dass in Γ_1 arg $(\zeta - \zeta_0)$ *stetig und gleichmässig beschränkt festlegbar ist.* Denn man kann annehmen, dass der Weg Λ^* samt seinem Anfangspunkt ζ_4 *innerhalb* Γ_1 liegt, da man ja Λ^* beliebig verkürzen kann. Zugleich kann man annehmen, dass ζ_4 *geradlinig* erreichbar ist. Nun verbinde man ζ_4 mit ζ_3 durch einen Streckenzug Λ_1 aus endlich vielen Strecken, der bis auf ζ_3 in Γ_1 liegt und Λ^* bis auf ζ_4 nicht trifft.

Man kann dann an Γ_1 einen um S liegenden Schlauch Γ_2 anfügen, der an Γ_1 nur längs eines zusammenhängenden Teilstückes von q grenzt und ζ_0 und ζ_3 zu Randpunkten hat, die übrigen Punkte von S aber im Innern enthält. Es genügt z. B., um Γ_2 zu bilden, eine Kreisscheibe mit ihrem Mittelpunkte längs S von ζ_3 nach ζ_0 fahren zu lassen, wobei der Radius von einem hinreichend kleinen Wert für ζ_3 an eigentlich monoton und stetig abnimmt und in ζ_0 den Wert 0 annimmt, und sodann diejenigen Punkte der überstrichenen Fläche zu betrachten, die ausserhalb Γ_1 liegen. Das aus Γ_1 und Γ_2 zusammengesetzte, einfach zusammenhängende Gebiet Γ_3 hat π_0 als einen erreichbaren Randpunkt und enthält die Jordankurve $\Lambda = \Lambda^* + \Lambda_1 + S$, die π_0 mit ζ_0 verbindet, bis auf diese beiden Punkte im Inneren. Andererseits ist die Schwankung von arg $(\zeta - \zeta_0)$ auf dem Streckenzug $\Lambda_1 + S$ sowieso beschränkt, sodass alle Voraussetzungen des Satzes I erfüllt sind. Daher ist die Schwankung von arg $(\zeta - \zeta_0)$ in Γ_3 beschränkt und daher erst recht in Γ_1, womit die obige Behauptung bewiesen ist.

Um nun von ζ_0 zu ζ_1 überzugehen, darf man offenbar annehmen, dass die positive reelle Axe in die Richtung von ζ_0 nach ζ_1 weist und auf der Geraden durch ζ_0, ζ_1 liegt, da ja die Schwankung des Arguments von der Wahl der Anfangsrichtung unabhängig ist. Da nun auf der Strecke s selbst keine Punkte von Γ_1 liegen, kann die Funktion arg $(\zeta - \zeta_1)$ in Γ_1 stetig und so gewählt werden, dass durchweg $|\arg(\zeta - \zeta_0) - \arg(\zeta - \zeta_1)| < \pi$ bleibt. Denn, wenn ζ oberhalb bzw. unterhalb der reellen Axe liegt, liegen beide Argumente modulo 2π im Intervall $(0, \pi)$ bzw. im Intervall $(\pi, 2\pi)$. Liegt aber ζ auf der Geraden durch ζ_0 und ζ_1, so sind die Argumente von $\zeta - \zeta_0$ und $\zeta - \zeta_1$ modulo 2π kongruent. Daher ist die Schwankung von $\zeta - \zeta_1$ in Γ_1 höchstens um 2π grösser als diejenige von $\zeta - \zeta_0$, womit der Satz II bewiesen ist.

Bemerkung zum Satz II. *Der Satz II ist insbesondere dann anwendbar, wenn die beiden in* π_0 *zusammenstossenden Randzweige von* Γ *in einer Umgebung von* π_0 *Jordancharakter besitzen.*

5. Bei den bisherigen Betrachtungen waren die Argumentwerte von $\zeta - \zeta_0$ (bzw. $\zeta - \zeta_1$) nur für die inneren Punkte von Γ definiert.

Man kann indessen auch am Rande das Argument von $\zeta - \zeta_0$ nach

Anbringung eines ζ_0 von ∞ trennenden Querschnittes q im stetigen Anschluss an die Werte im Inneren definieren. Es sei zunächst ζ_1 ein erreichbarer Randpunkt von Γ, der durch q von ζ_0 getrennt wird und die Eigenschaft hat, dass kein weiterer Randpunkt von Γ bei der konformen Abbildung auf H_z in denselben Randpunkt von H_z übergeht wie ζ_1. Ist L ein in ζ_1 mündender, sonst in Γ verlaufender Jordanbogen, so definiert man arg $(\zeta_1 - \zeta_0)$ als Grenzwert von arg $(\zeta - \zeta_0)$ auf L — dass dieser Grenzwert von der Wahl von L unabhängig ist, ist leicht einzusehen. Natürlich erhalten aber zwei verschiedene, in einem Punkt liegende Randpunkte im allgemeinen auch verschiedene Werte von arg $(\zeta - \zeta_0)$ zugeordnet.

Handelt es sich aber um ein sogenanntes Primende (oder Randelement) ζ_1, das bei der Abbildung von Γ auf H_z etwa *einem* Randpunkt von H_z entspricht und doch aus einem ganzen Kontinuum von Werten besteht[17]), so wird ζ_1 eine unendliche und sogar kontinuierliche Menge von Werten zugeordnet, die man erhält, wenn man alle Punktfolgen aus Γ betrachtet, die gegen ζ_1 konvergieren, und alle Häufungsstellen der zugehörigen Argumentwerte von $\zeta - \zeta_0$ ins Auge fasst. Im Falle der Existenz von nicht punktförmigen Primenden ist also arg $(\zeta - \zeta_0)$ sogar dann eine *mehrdeutige* Funktion von ζ auf dem Rande, wenn man die verschiedenen Randpunkte, die in einem und demselben Punkte liegen, als verschieden ansieht. Natürlich handelt es sich dabei aber stets um Punkte und Primenden, die von ζ_0 durch einen beliebigen aber festen Querschnitt getrennt worden sind.

Ist nun unter den Voraussetzungen des Satzes I C einer der beiden im Randpunkte π_0 zusammenstossenden Randzweige von Γ, so wird man im allgemeinsten Falle die Existenz der Tangente an C in π_0 folgendermassen definieren: Es muss das für irgend ein geeignetes ζ_0 aus Γ längs C im stetigen Anschluss an das Innere einer Umgebung von π_0 in Γ definierte Argument von $\zeta - \zeta_0$ einem bestimmten Werte φ_0 zustreben, wenn man längs C gegen π_0 geht. Dass arg $(\zeta - \zeta_0)$ für gewisse ζ ein ganzes Kontinuum von Werten annimmt, braucht dabei nicht zu stören, es fragt sich nur, ob für jedes positive ε stets die Ungleichung

$$|\arg(\zeta - \zeta_0) - \varphi_0| < \varepsilon$$

gilt, sobald nur ζ auf C, topologisch genommen, nahe genug bei π_0 liegt. In diesem Sinne soll im Folgenden die Existenz der Tangente an einen Randzweig eines Gebietes im Unendlichen verstanden werden. Die

[17]) Dieses Kontinuum kann trotzdem einen erreichbaren Randpunkt von Γ enthalten.

Definition der Tangente an eine Jordankurve ist hierin natürlich als spezieller Fall enthalten.

Es ist indessen von Interesse, dass in gewissen Fällen sich ein noch wesentlich allgemeinerer Tangentenbegriff, den man Herrn J. Wolff[18]) verdankt, auch bewährt. Wir werden nämlich sagen, ein in π_0 mündender Zweig C des Randes von Γ besitze dort einen Halbstrahl s mit der Richtung φ als eine W-Tangente im Unendlichen, wenn Folgendes der Fall ist: Es gibt zwei Jordanbögen γ_1, γ_2, die s im Unendlichen berühren und diesen Halbstrahl im Uebrigen zwischen sich enthalten, ohne ihn zu treffen. Verbindet man die Endpunkte von γ_1 und γ_2 durch einen Jordanquerschnitt q, der sonst weder γ_1 noch γ_2 noch C trifft, und betrachtet man das von $\gamma_1 \gamma_2 q$ begrenzte Gebiet, in dem s verläuft, so liegen alle Punkte von C, die, metrisch genommen, nahe genug bei π_0 liegen, ganz innerhalb oder ganz ausserhalb dieses Gebietes. Eine W-Tangente ist *deshalb* nicht notwendig eine Tangente in dem oben definierten Sinne, weil, wie schon früher erwähnt, es sehr wohl Punkte von C geben kann, die, topologisch genommen, beliebig nahe bei π_0 liegen und andererseits etwa im Innern des Einheitskreises bleiben und dort so verteilt sind, dass für sie die Argumente von $\zeta - \zeta_0$ für kein ζ_0 gegen φ_0 konvergieren. Im Uebrigen ist leicht zu sehen, dass mit s zugleich auch jeder andere Halbstrahl mit derselben Richtung im Unendlichen eine W-Tangente an C in π_0 sein muss[19]).

Umgekehrt braucht eine Tangente im oben definierten Sinne keine W-Tangente zu sein. Man kann es z. B. so einrichten, dass C eine unendliche Folge von Randpunkten ζ_1, ζ_2, ... enthält, die alle *im Unendlichen* liegen und längs C, topologisch genommen, gegen π_0 konvergieren. Wenn man dafür sorgt, dass die Grenzargumente für $\zeta_\nu - \zeta_0$

[18]) In den Abhandlungen von Wolff, Wolff (2), (3), wird dieser Tangentenbegriff wenigstens implizite zugrunde gelegt.

[19]) In unserer oben zitierten Abhandlung, Ostrowski (3) p. 96, ist eine Definition der Ecke (und damit der Tangente) gegeben worden, die in der dort gewählten Fassung zu Missverständnissen Anlass geben könnte. Die dortige Formulierung könnte unter Benutzung der obigen Bezeichnungen als die Definition einer W-Tangente aufgefasst werden, während, wie wir hier ausdrücklich hervorheben möchten, wir nur an die Definition der allgemeinen Tangente im oben zitierten Sinne gedacht haben. Dass insbesondere die Winkeltreue auch für eine W-Tangente gilt, geht aus der dort gegebenen Beweisführung keineswegs hervor, ist vielmehr erst in den beiden Abhandlungen von Hrn. J. Wolff, Wolff (2), (3) bewiesen worden. Um die Formulierung an der angegebenen Stelle zu präzisieren, sind dort in den Zeilen 6, 7 von oben die Worte: „alle Randpunkte von G, die hinreichend nahe bei P liegen" zu ersetzen durch: „alle Randpunkte von G, die im Sinne der topologischen Anordnung der Randelemente hinreichend nahe bei P liegen".

gegen φ_0 konvergieren, aber sämtlich von φ_0 verschieden sind, so hat kein in π_0 mündendes Stück von C eine W-Tangente in π_0, während man es leicht erreichen kann, dass eine Tangente in unserem Sinne wirklich vorliegt.

Ferner ist zu bemerken, dass unsere obige Definition der Tangente durchaus von der Wahl von ζ_0 abhängig sein kann. Trotzdem ist sie nützlich, wie sich später herausstellen wird, da gewisse Sätze auch dann richtig bleiben, wenn es überhaupt Werte von ζ_0 gibt, in bezug auf die C in π_0 eine Tangente hat. Dagegen ist es sehr leicht zu sehen, dass unter den Voraussetzungen des Satzes II[20]) es auf die Wahl von ζ_0 nicht ankommt. Genauer gesagt, wenn C für ein ζ_0 in π_0 Tangenten hat und, falls man längs C gegen π_0 geht, die Distanz der Punkte von C vom Nullpunkt gegen ∞ strebt, so hat C auch für jedes andere ζ_0 die gleichen Tangenten, und dann ist es an sich auch nicht nötig, ζ_0 auf das Innere von Γ zu beschränken.

Im Folgenden werden wir uns stets nur mit Tangenten im oben definierten Sinne befassen bis auf die Nr. 19, in der wir kurz auf einen neueren Satz von Herrn J. Wolff über W-Tangenten eingehen.

6. III. *Es möge ein einfach zusammenhängendes Gebiet Γ in der Ebene mit einem erreichbaren Randpunkt π_0 im Unendlichen so konform auf die rechte z-Halbebene H_z abgebildet werden, dass π_0 in den unendlich fernen Punkt übergeht. Es mögen dabei die beiden Randzweige C_1, C_2 von Γ, die in π_0 zusammenstossen, dort für einen Punkt ζ_0 aus Γ Tangenten besitzen mit den Richtungen ψ_1, ψ_2, wo also ψ_1, bzw. ψ_2 die Grenzwerte von arg $(\zeta - \zeta_0)$ auf diesen Randzweigen sind, wenn ζ längs C_1 bzw. C_2 ins Unendliche geht. Es möge C_1 etwa der negativen, C_2 der positiven imaginären Axe entsprechen. Dann ist $\psi_1 \leqq \psi_2$, und die Schwankung des Argumentes von $\zeta - \zeta_0$ ist in einer gewissen, durch einen ganz im Endlichen verlaufenden Querschnitt von Γ abgetrennten Umgebung von π_0 beschränkt.*

Beweis: Ohne Beschränkung der Allgemeinheit darf $\zeta_0 = 0$ vorausgesetzt werden. Es sei ε eine beliebig kleine positive Zahl, und es seien C_1' und C_2' in π_0 mündende Stücke von C_1 bzw. C_2, deren Anfangspunkte ξ_1 bzw. ξ_2 im Endlichen liegen und geradlinig erreichbar sind und auf denen arg ζ sich von ψ_1 bzw. ψ_2 höchstens um ε unterscheidet. Man verbinde ξ_1 mit ξ_2 durch einen aus endlich vielen Strecken und Kreisbögen bestehenden und im Endlichen liegenden Querschnitt q von Γ, der 0 von π_0 trennt.

[20]) d. h. also, wenn es sich bei dem zu π_0 gehörenden Randelement um ein „punktförmiges Primende" handelt.

Es sei T eine in Γ verlaufende und in π_0 mündende Jordankurve mit dem Anfangspunkt im Nullpunkt. Man kann T als einen Streckenzug voraussetzen, der zwischen jedem im Endlichen liegenden Punkt und 0 nur aus endlich vielen Strecken besteht, in seiner ganzen Ausdehnung aber natürlich auch unendlich viele Strecken enthalten kann. Es sei Γ_0 das durch q abgegrenzte Teilgebiet von Γ, das ein unendliches Stück von T enthält. Es sei ferner ζ_1 der letzte Punkt von q, der angetroffen wird, wenn man längs T von 0 aus ins Unendliche geht, und es sei das von ζ_1 nach π_0 laufende Stück von T mit T_1 bezeichnet. *Wir wollen nun zeigen, dass man* ξ_1, ξ_2 *durch zwei solche Punkte* η_1 *bzw.* η_2 *auf* C_1' *bzw.* C_2' *ersetzen kann, das ein* η_1 *mit* η_2 *verbindender Kreisbogen mit dem Mittelpunkt im Nullpunkt in* Γ *liegt.*

Denn es sei R grösser als die maximale Distanz der Punkte von q vom Nullpunkt und K der Kreis um 0 mit dem Radius R. T_1 trifft K nur in endlich vielen Punkten, da nur endlich viele Teilstrecken von T_1 K überhaupt treffen können. Insbesondere ist die Anzahl der Punkte, in denen K von T_1 durchsetzt wird, sicher ungerade, da T_1 einen Punkt ζ_1 innerhalb K mit π_0 verbindet. Es gibt daher einen Teilbogen $\varkappa$ von K, dessen zwei Endpunkte η_1, η_2 auf dem Rande von Γ_0 liegen und der von T_1 in einer ungeraden Anzahl von Punkten durchsetzt wird. $\varkappa$ liegt daher bis auf η_1, η_2 in Γ_0. Nun ist T_1 ein Querschnitt von Γ_0, der ζ_1 mit π_0 verbindet und daher C_1' von C_2' trennt. Die beiden Teilgebiete, in die Γ_0 durch T_1 zerlegt wird, seien mit Γ_{01} und Γ_{02} bezeichnet, wobei C_1' zum Rande von Γ_{01} und C_2' zum Rande von Γ_{02} gehört. Wenn nun der eine Endpunkt η_1 von $\varkappa$ zum Rand von Γ_{01} gehört, so muss der andere Endpunkt η_2 auf dem Rande von Γ_{02} liegen, da $\varkappa$ T_1 eine ungerade Anzahl von Malen durchsetzt. Da aber diese Endpunkte nur anf C_1' und C_2' liegen können, verbindet $\varkappa$ einen Punkt η_1 von C_1' mit einem Punkt η_2 von C_2'. *Wir können daher von vornherein annehmen, dass* q *ein Kreisbogen mit dem Mittelpunkt im Nullpunkt ist.*

Es sei nun zuerst $\psi_1 = \psi_2$, und es sei $\varepsilon < \frac{\pi}{4}$ gewählt. Dann liegen alle Punkte von C_1', C_2' im Winkelraum

$$|\arg \zeta - \psi_1| < \frac{\pi}{4}. \tag{6, 1}$$

Da anderseits längs q die Argumente von ξ_1 und ξ_2 stetig zusammenhängen, liegen die stetig fortgesetzten Argumente aller Punkte von q zwischen den Argumentwerten von ξ_1 und ξ_2, sodass auch q in (6, 1) liegt. Somit liegt der ganze Rand von Γ_0 in (6, 1). Wäre nun Γ_0 nicht *ganz* in (6, 1) enthalten, so müsste das ganze Aeussere von (6, 1) zu Γ_0 gehören, sodass der Nullpunkt ein innerer oder Randpunkt von Γ_0 wäre, während der Nullpunkt nach Konstruktion ausserhalb Γ_0 liegt. Daher liegt Γ_0 in (6, 1), und die Schwankung des Arguments ist in Γ_0 endlich, womit für $\psi_1 = \psi_2$ der Satz III bewiesen ist.

Es sei nun $\psi_1 \neq \psi_2$, und ε bei der obigen Konstruktion sei kleiner als $\frac{|\psi_2 - \psi_1|}{2}$ gewählt. Dann liegt auf q sicher der Punkt

$$\eta_0 = Re^{i\frac{\psi_1 + \psi_2}{2}}$$

mit dem Argument $\frac{\psi_1 + \psi_2}{2}$. Der Halbstrahl $\sigma : t\,\eta_0,\ 1 < t < \infty$, liegt dann ganz in Γ_0, da sich auf σ durchweg durch stetige Fortsetzung der Argumentwert $\frac{\psi_1 + \psi_2}{2}$ ergibt, der ausserhalb der Intervalle $< \psi_1 - \varepsilon,\ \psi_1 + \varepsilon >$, und $< \psi_2 - \varepsilon,\ \psi_2 + \varepsilon >$ liegt. Verbinden wir nun η_0 mit dem Nullpunkt innerhalb Γ durch einen Streckenzug σ_1, der σ bis auf η_0 nicht trifft, so bleibt die Schwankung von $\arg \zeta$ auf $\sigma_1 + \sigma$ beschränkt, und aus dem Korollar a) zum Satz I folgt die zweite Behauptung des Satzes III auch für $\psi_1 \neq \psi_2$.

Um aber einzusehen, dass $\psi_1 < \psi_2$ ist, betrachte man das Bildgebiet G_0 von Γ_0 in der z-Ebene, das von H_z durch einen Querschnitt q' abgegrenzt wird. Sind die Bildpunkte von ξ_1, ξ_2, resp. z_1, z_2, so geht man beim positiven Umlauf um G_0 längs der imaginären Axe von $+ i\infty$ bis z_2, sodann längs q' von z_2 nach z_1 und endlich von z_1 längs der imaginären Axe nach $-i\infty$. Daher liegt Γ_0 zur linken Hand, wenn man längs q von ξ_2 nach ξ_1 geht. Insbesondere liegt dabei der Strahl σ links von q; der Nullpunkt muss also dabei rechts von q liegen, und es folgt $\arg \xi_2 > \arg \xi_1$. Da aber $\arg \xi_1$ in $< \psi_1 - \varepsilon,\ \psi_1 + \varepsilon >$ und $\arg \xi_2$ in $< \psi_2 - \varepsilon,\ \psi_2 + \varepsilon >$ liegt und $\varepsilon < \frac{\psi_1 + \psi_2}{2}$ ist, muss $\psi_1 < \psi_2$ sein, w. z. b. w.

§. 2. Beschränkte harmonische Funktionen im Halbstreifen.

7. Es möge nun das Gebiet Γ, für das etwa die Voraussetzungen des Satzes I oder des Korollars a) dazu erfüllt sind, mit Hilfe der Funktion $\zeta = f(z)$ auf die rechte Halbebene H_z der z-Ebene so konform abgebildet werden, dass der unendlich ferne Randpunkt π_0 dem Punkt $z = \infty$ entspricht. Durch eine weitere Transformation $z = e^w$, $w = \lg z$ wird Γ auf den Parallelstreifen $|\Im w| < \frac{\pi}{2}$ so abgebildet, dass π_0 in den

Punkt $w=+\infty$ übergeht. Ist dann $\zeta=g(w)$, so folgt aus dem Satze I, bzw. dem Korollar a) dazu, dass $\Phi(w)=\arg(g(w)-\zeta_0)$ in einem gewissen Halbstreifen

$$S^*: |\Im w| < \frac{\pi}{2}, \Re w > u_0$$

gleichmässig absolut beschränkt und stetig festlegbar ist.

Wir wollen nun zuerst einige Sätze für derartige im Halbstreifen S^* gleichmässig absolut beschränkte harmonische Funktionen $\Phi(w)$ herleiten. Es sei die Bemerkung vorausgeschickt, dass in diesen Sätzen weder der Wert von u_0 noch die Lage des Halbstreifens, noch im allgemeinen die Tatsache, dass die Breite des Halbstreifens gleich π ist, eine Rolle spielt, da man durch eine lineare Transformation jeden Halbstreifen in jeden anderen überführen kann. Nur bei den expliziten Formeln muss der Halbstreifen parallel zu S^* orientiert und der Wert π in leicht ersichtlicher Weise durch die Breite des Streifens im allgemeinen Falle ersetzt werden. Ferner setzen wir allgemein in der w-Ebene von S^*: $w=u+iv$.

Ist w ein Punkt innerhalb S^*, dessen Abstand vom Rande von $S^* > d > 0$ ist, und ist für einen Punkt w' von S^* $w'=w+\rho e^{i\vartheta}$, $0 \leqq \rho < d$, so lässt sich $\Phi(w')$ mit Hilfe des Poissonschen Integrals darstellen

$$\Phi(w')=\frac{1}{2\pi}\int_{-\pi}^{+\pi}\frac{(d^2-\rho^2)\,\Phi(w+d e^{i\chi})}{d^2-2d\rho\cos(\vartheta-\chi)+\rho^2}\,d\chi; \tag{7,1}$$

daraus folgt weiter

$$\Phi(w')-\Phi(w)=\frac{\rho}{\pi}\int_{-\pi}^{+\pi}\frac{(d\cos(\vartheta-\chi)-\rho)\,\Phi(w+d e^{i\chi})}{d^2-2d\rho\cos(\vartheta-\chi)+\rho^2}\,d\chi, \tag{7,2}$$

woraus, wenn eine Schranke von $|\Phi(w)|$ in S^* mit a bezeichnet wird,

$$|\Phi(w')-\Phi(w)| \leqq 2\,\frac{a\rho(d+\rho)}{(d-\rho)^2} \tag{7,3}$$

folgt.

IV. *Es sei $\Phi(w)$, $|\Phi(w)| \leqq a$, eine in S^* gleichmässig beschränkte reguläre harmonische Funktion.*

A. *Ist M eine innerhalb S^* ins Unendliche verlaufende Jordankurve, die im Unendlichen eine Gerade $\Re w = v_0$, $-\frac{\pi}{2} < v_0 < \frac{\pi}{2}$, zur Asymptote hat, und konvergiert $\Phi(w)$ gegen einen Wert ψ, wenn w längs M ins*

Unendliche geht, so strebt $\Phi(w)$ *auch längs jeder anderen in* S^* *ins Unendliche laufenden Kurve mit der gleichen Asymptote gegen denselben Wert* ψ.

B. *Ist* $f(w)$ *eine in* S^* *reguläre Funktion mit* $\Phi(w)$ *als Imaginärteil,* c *die Schwankung von* $\Phi(w)$ *in* S^* *und* w *ein beliebiger Punkt von* S^* *mit der Distanz* t *vom Rande von* S^*, *so gilt*

$$(7,4) \qquad |f'(w)| \leqq \frac{2c}{t}. \text{[21]}$$

Beweis: A. folgt aus (7,3) unmittelbar. Beim Beweis von B. darf man annehmen, dass $a = \frac{c}{2}$ ist, da man sonst nur zu $\Phi(w)$ eine geeignete Konstante zu addieren braucht, wodurch $f'(w)$ nicht beeinflusst wird. Nunmehr differenziert man für ein d mit $0 < d < t$ (7,1) nach ρ für ein χ, das der Gradientenrichtung von $\Phi(w)$ entspricht, und es ergibt sich die Abschätzung

$$|f'(w)| = \sqrt{\left(\frac{\partial \Phi(w)}{\partial u}\right)^2 + \left(\frac{\partial \Phi(w)}{\partial v}\right)^2} \leqq \frac{2c}{d},$$

aus der (7,4) sofort folgt, wenn man d gegen t wachsen lässt. Offenbar spielt beim Beweis des Satzes IV die Breite und die genaue Lage des Halbstreifens S^* keine Rolle.

Eine der Aussage des Teils A. von IV analoge Aussage lässt sich auch dann machen, wenn M einen der beiden Randstrahlen von S^* zur Asymptote hat. Ist z. B. $\Re w = -\frac{\pi}{2}$ die Asymptote von M, so ist ψ auch der Grenzwert von $\Phi(w)$ längs jeder ins Unendliche laufenden Jordankurve mit der gleichen Asymptote, *die oberhalb* M *liegt.* Wir formulieren die vollständigen Sätze indessen für eine in einem *Winkelraum* beschränkte harmonische Funktion.

IV'. *Es sei* $\Phi(w)$ *eine in der Halbebene* H_w: $\Re w > 0$ *gleichmässig beschränkte harmonische Funktion, die auch auf der negativen imaginären Axe stetig ist und dort gegen Null konvergiert, wenn* w *gegen* $-i\infty$ *geht. Ist dann L eine in* H_w *verlaufende Jordankurve, die im Unendlichen die negative imaginäre Axe berührt, so strebt* $\Phi(w)$ *auch längs L gegen Null.*

Beweis: Es sei $\Phi_1(w)$ eine in H_w beschränkte harmonische Funktion, die auf der negativen imaginären Axe die gleichen Randwerte hat wie $\Phi(w)$, auf der positiven imaginären Axe aber verschwindet. Man

[21]) (7,4) rührt von Lindelöf her. Lindelöf (1), p. 15. Vgl. auch Koebe (1) p. 61, sowie Jensen (1), p. 28.

kann z. B. $\Phi_1(w)$ mit Hilfe des Poissonschen Integrals bilden. Da die Randwerte von $\Phi_1(w)$ im Unendlichen gegen Null streben, strebt $\Phi_1(w)$ nach dem Schwarzschen Satz gegen Null auch längs L. Man braucht daher nur $\Phi(w) - \Phi_1(w)$ zu betrachten, d. h. man kann von vornherein annehmen, dass die Randwerte von $\Phi(w)$ auf der negativen imaginären Axe durchweg verschwinden. Man kann ferner ohne Beschränkung der Allgemeinheit annehmen, dass $|\Phi(w)| < \pi$ überall in H_w ist. Ist dann $\Phi^*(w)$ die in H_w beschränkte harmonische Funktion, die auf der negativen imaginären Axe verschwindet und auf der positiven imaginären Axe gleich π ist, so gilt offenbar

$$|\Phi(w)| \leqq \Phi^*(w).$$

Es genügt daher, die Behauptung für $\Phi^*(w)$ zu beweisen.

Nun ist aber bekannt, dass die Werte von $\Phi^*(w)$ auf dem Halbstrahl aus H_w, der mit der negativen imaginären Axe den Winkel φ bildet, $0 < \varphi < \pi$, gleich φ sind. Da aber L „zuletzt" in jeden Winkelraum $-\pi + \varepsilon > \arg w > -\pi$ hineinkommt, folgt die Behauptung unmittelbar. — Offenbar gilt die analoge Tatsache, wenn die negative und die positive Axe vertauscht werden.

IV''. *Es sei in der w-Ebene eine vom Nullpunkt ausgehende und ins Unendliche verlaufende Jordankurve M gegeben, die im Unendlichen die Richtung χ_1 hat und für ein $\chi_2 > \chi_1$ den Halbstrahl $s: \arg w = \chi_2$ nur im Nullpunkt trifft. Das „zwischen" M und s liegende Gebiet, das alle hinreichend weit von Nullpunkt entfernten Punkte des Winkelraumes $\chi_2 > \arg w > \frac{\chi_1 + \chi_2}{2}$ enthält, sei mit G bezeichnet. $\Psi(w)$ sei eine in G und in den inneren Punkten von s und M definierte beschränkte harmonische Funktion, deren Werte gegen einen Wert ψ konvergieren, wenn w längs M ins Unendliche strebt. Ist dann L irgend eine in G verlaufende Jordankurve, die M im Unendlichen berührt, so strebt $\Psi(w)$ auch längs L gegen den gleichen Wert ψ.*

Beweis: Man bilde das Gebiet G so auf die rechte Halbebene $H_{w'}$ der w'-Ebene ab, dass die unendlich fernen Punkte einander entsprechen, s in die positive und M in die negative imaginäre Axe übergeht. Dann bildet sich L auf eine Jordankurve L' ab, die in $H_{w'}$ verläuft und die negative imaginäre Axe im Unendlichen berührt. — Dies folgt nach bekannten Sätzen aus den über G gemachten Annahmen ohne weiteres, wird aber übrigens im § 3 im Satze X von Neuem bewiesen, wobei vom Satz IV'' kein Gebrauch gemacht wird[22]. — Nunmehr genügt es,

[22]) Der Satz IV'' wird zuerst in der Nr. 13 beim Beweis des Satzes XII benutzt.

die Behauptung des Satzes IV′ auf L' anzuwenden, um den Satz IV″ zu beweisen.

Offenbar gilt der Satz, mutatis mutandis, auch für $\chi_2 < \chi_1$.

8. Konvergiert eine reelle Funktion $\Phi(w)$ auf einem Halbstrahl $\Im w = v_0$, $u > u_0$, gegen einen Wert ψ, sodass $\Phi(w) - \psi \to 0$ mit $u \uparrow \infty$ ist, so ist es gelegentlich von Vorteil, für den absoluten Betrag von $\Phi(w) - \psi$ eine monoton für $u \uparrow \infty$ gegen Null abnehmende Majorante $\varepsilon(u)$ zu benützen. Man kann $\varepsilon(u)$ z. B. definieren als

$$\varepsilon(u) = \operatorname*{Sup}_{u_1 \geqq u} \mid \Phi(u_1 + i v_0) - \psi \mid . \tag{8,1}$$

V. *Es sei* $\Phi(w)$ *eine innerhalb* S^* *reguläre und gleichmässig absolut beschränkte Potentialfunktion, die auch noch auf den beiden begrenzenden Halbstrahlen* $v = \pm \frac{\pi}{2}$, $u > u_0$, *stetig ist und längs dieser Halbstrahlen gegen Null konvergiert.*

1). $\Phi(w)$ *konvergiert gegen Null, wenn* w *über* S^* *ins Unendliche strebt (und damit gilt dies gleichmässig in* v *für* $u \uparrow \infty$).

2). *Ist in* S^* $\mid \Phi(w) \mid \leqq a$ *und sind* $\varepsilon_1(u)$ *und* $\varepsilon_2(u)$ *zwei für* $u > u_0$ *positive und mit* $u \uparrow \infty$ *monoton gegen Null fallende Funktion von* u, *derart, dass für* $u > u_0$

$$\left| \Phi\left(u + i\frac{\pi}{2}\right) \right| \leqq \varepsilon_1(u), \qquad \left| \Phi\left(u - i\frac{\pi}{2}\right) \right| \leqq \varepsilon_2(u) \tag{8,2}$$

gilt, so gibt es eine nur von a, $\varepsilon_1(u)$, $\varepsilon_2(u)$ *und* u_0 *abhängige, für* $u > u_0$ *positive und für* $u \uparrow \infty$ *gegen Null abnehmende Funktion* $\varepsilon(u)$ *derart, dass für* $u > u_0$, $|v| \leqq \frac{\pi}{2}$ *stets gilt:*

$$\mid \Phi(u + i v) \mid \leqq \varepsilon(u). \tag{8,3}$$

3). *Die beiden ersten partiellen Ableitungen von* Φ: $\frac{\partial \Phi}{\partial u}$, $\frac{\partial \Phi}{\partial v}$ *konvergieren für jedes positive* δ *mit* $u \uparrow \infty$ *gegen Null gleichmässig im Halbstreifen* $u > u_0$, $|v| \leqq \frac{\pi}{2} - \delta$.

Bemerkung: Offenbar bleibt der Satz V mutatis mutandis richtig, wenn der Halbstreifen S^* eine von π verschiedene Breite hat und anders liegt. Nur hängt dann natürlich $\varepsilon(u)$ insbesondere von der Breite des Halbstreifens ab.

Beweis: Die Behauptung 1) des obigen Satzes ergibt sich, wenn S^* konform auf den Einheitskreis abgebildet wird, unmittelbar aus der bekannten Tatsache, dass ein Poissonschen Integral in einem Stetigkeitspunkt der Randfunktion aus dem Inneren allseitig gegen den Wert der Randfunktion in diesem Punkt konvergiert[23]. Dass Φ durch das Poissonsche Integral darstellbar ist, folgt aus der Beschränktheit von Φ[24]. Die Behauptung 2) ergibt sich nach demselben Satz nach der Tatsache, dass die Werte von $\Phi(w)$ innerhalb S^* eingeschlossen sind zwischen den Werten von zwei Potentialfunktionen $\Phi_1(w)$ und $-\Phi_1(w)$, wobei $\Phi_1(w)$ auf den drei Teilstücken des Randes die Randwerte $\varepsilon_1(u)$, a, $\varepsilon_2(u)$ hat. (Die Funktion $\Phi_1(w)$ kann man z. B. mit Hilfe des Poissonschen Integrals ohne weiteres bilden). Man braucht dann nur die Funktion $\varepsilon(u)$ für $\Phi_1(w)$ zu berechnen.

Die Behauptung 3) geht beim Uebergang zum Einheitskreis in einen Satz von Lichtenstein über, wonach in einem Stetigkeitspunkt eines Poissonschen Integrals die Ableitung der zugehörigen analytischen Funktion bei der Annäherung an den betreffenden Randpunkt α aus dem Inneren des Einheitskreises im Winkel $= 0\left(\frac{1}{z-\alpha}\right)$ ist[25]. Es ist aber viel einfacher, die Behauptung 3) direkt in der w-Ebene zu beweisen. Denn beschränkt man w auf den Bereich $|v| \leqq \frac{\pi}{2} - \delta$, $u \geqq u_0 + \delta$, so ist $\Phi(w)$ auf einer Kreisscheibe mit dem Radius $\frac{\delta}{2}$ um jeden Punkt aus diesem Bereich noch regulär. Daher gilt für $w' = w + e^{i\vartheta}\rho$, $0 < \rho < \frac{\delta}{2}$:

$$\Phi(w') = \frac{1}{2\pi}\int_{-\pi}^{\pi} \frac{\left(\left(\frac{\delta}{2}\right)^2 - \rho^2\right)\Phi\left(w + \frac{\delta}{2}e^{i\chi}\right)}{\left(\frac{\delta}{2}\right)^2 - \delta\rho\cos(\vartheta - \chi) + \rho^2}\, d\chi;$$

differenziert man nun diese Darstellung nach ρ und setzt sodann $w' = w$, $\rho = 0$, so ergibt sich

$$\frac{\partial\Phi(w)}{\partial\rho} = \frac{2}{\pi\delta}\int_{-\pi}^{\pi}\Phi\left(w + \frac{\delta}{2}e^{i\chi}\right)\cos(\vartheta - \chi)\, d\chi, \tag{8,4}$$

woraus wegen (8,3)

---

[23]) vgl. Ostrowski (1).

[24]) Der Satz ist längst bekannt, vgl. etwa Ostrowski (4).

[25]) vgl. Lichtenstein (2).

$$\left|\frac{\partial \Phi(w)}{\partial \rho}\right| \leqq \frac{4}{\delta}\,\varepsilon\left(u-\frac{\delta}{2}\right).$$

Hieraus folgt aber, etwa für $\vartheta = 0, \frac{\pi}{2}$:

$$\left|\frac{\partial \Phi(w)}{\partial u}\right| \leqq \frac{4}{\delta}\,\varepsilon\left(u-\frac{\delta}{2}\right), \qquad \left|\frac{\partial \Phi(w)}{\partial v}\right| \leqq \frac{4}{\delta}\,\varepsilon\left(u-\frac{\delta}{2}\right),$$

womit die Behauptung 3) bewiesen ist.

Korollar. *Es möge die Voraussetzung von V dahin abgeändert werden, dass $\Phi(w)$ auf dem oberen Randstrahl gegen ψ_2 und auf dem unteren Randstrahl gegen ψ_1 konvergiert, und es seien $\varepsilon_1(u)$, $\varepsilon_2(u)$ die entsprechend für $\Phi(w)-\psi_1$, $\Phi(w)-\psi_2$ definierten Majoranten.*

1). $\Phi(w)-\left(\frac{\psi_2-\psi_1}{\pi}\left(v+\frac{\pi}{2}\right)+\psi_1\right)$ *konvergiert mit $u \uparrow \infty$ gegen Null gleichmässig in S^*.*[26]

2). *Für eine nur von a, $\varepsilon_1(u)$, $\varepsilon_2(u)$, u_0 abhängige, monoton gegen Null fallende Funktion $\varepsilon(u)$ gilt:*

$$\left|\Phi(w)-\left(\frac{\psi_2-\psi_1}{\pi}\left(v+\frac{\pi}{2}\right)+\psi_1\right)\right| \leqq \varepsilon(u).$$

3). *Für jedes positive δ gilt gleichmässig für $|v| \leqq \frac{\pi}{2}-\delta$ mit $u \uparrow \infty$*

$$\frac{\partial \Phi}{\partial u} \longrightarrow 0, \qquad \frac{\partial \Phi}{\partial v} \longrightarrow \frac{\psi_2-\psi_1}{\pi}.$$

Zum Beweis braucht man nur den Satz V auf die Differenz $\Phi(w)-\left(\frac{\psi_2-\psi_1}{\pi}\left(v+\frac{\pi}{2}\right)+\psi_1\right)$ anzuwenden.

9. VI. *Es sei $\Phi(w)$ eine im Halbstreifen $S^*: |v| < \frac{\pi}{2}$, $u > u_0$, reguläre harmonische Funktion. Es liege $|\Phi(w)|$ für jedes positive δ im Halbstreifen $S_\delta^*: |v| < \frac{\pi}{2}-\delta$, $u > u_0+\delta$, unterhalb einer von w unabhängigen Schranke K_δ. Es seien M_1, M_2 zwei in S^* liegende, ins Unendliche verlaufende Jordanbögen, die die Strahlen $v = v_1$, bzw. $v = v_2$, $v_1 < v_2$, zu Asymptoten haben, wobei*

[26]) Diese Tatsache ist natürlich längst bekannt.

$$-\frac{\pi}{2} < v_1 < v_2 < \frac{\pi}{2}$$

ist. Es möge $\Phi(w)$ *längs* M_1 *bzw. längs* M_2 *resp. gegen die Werte* ψ_1, ψ_2 *streben.*

Dann strebt $\Phi(w)$ *längs jeder in* S^* *liegenden Jordankurve mit einer Asymptote* $v = v'$, $-\frac{\pi}{2} < v' < \frac{\pi}{2}$, *gegen einen Grenzwert, und zwar gegen*

$$\frac{\psi_2 - \psi_1}{v_2 - v_1}(v' - v_1) + \psi_1, \tag{9,1}$$

und allgemeiner strebt die Differenz

$$\Phi(w) - \left(\frac{\psi_2 - \psi_1}{v_2 - v_1}(v - v_1) + \psi_1\right) \tag{9,2}$$

mit $u \uparrow \infty$ *gegen Null, und zwar gleichmässig in jedem Halbstreifen* S_δ^*.[27]

Zugleich konvergieren die Ableitungen $\frac{\partial \Phi}{\partial u}$, $\frac{\partial \Phi}{\partial v}$ *mit* $u \uparrow \infty$ *gleichmässig in jedem* S_δ^* *gegen Null, bzw. gegen* $\frac{\psi_2 - \psi_1}{v_2 - v_1}$.

Bemerkung: Wegen IV darf man die Kurven M_1 bzw. M_2 als die Strahlen $v = v_1$, $u > u_0$, bzw. $v = v_2$, $u > u_0$ annehmen. Ferner darf unbeschadet der Allgemeinheit $\psi_1 = \psi_2 = 0$ vorausgesetzt werden, da wir sonst ja nur von $\Phi(w)$ die in S^* absolut beschränkte harmonische Funktion $\frac{\psi_2 - \psi_1}{v_2 - v_1}(v - v_1) + \psi_1$ abzuziehen brauchen. Dann kann weiter nach Satz V vorausgesetzt werden, dass $\Phi(w)$ mit $u \uparrow \infty$ gleichmässig für $v_1 \leqq v \leqq v_2$ gegen Null konvergiert. Ferner folgt aus den Voraussetzungen nach IV B unmittelbar, dass die beiden Ableitungen von Φ: $\frac{\partial \Phi}{\partial u}$, $\frac{\partial \Phi}{\partial v}$ in jedem Halbstreifen S_δ^* absolut gleichmässig beschränkt sind und zwar absolut unterhalb $\frac{8}{\delta} K_{\frac{\delta}{2}}$ bleiben. Endlich folgt der auf die Ableitungen $\frac{\partial \Phi}{\partial u}$, $\frac{\partial \Phi}{\partial v}$ bezügliche Teil der Behauptung von VI unmittelbar aus dem Satze V, angewendet auf den Halbstrei-

[27]) Der Satz rührt, wenn die Voraussetzungen und Bedingungen auf Halbstreifen bezogen werden, in etwas schwächerer Formulierung von Carleman und Hardy her, vgl. Carleman and Hardy (1), pp. 132, 133, sowie Hardy (2).

fen $S_{\frac{\delta}{2}}^*$, sobald der erste Teil der Behauptung von Satz VI bewiesen ist.

Beweis von VI: Aus der Konvergenz von $\Phi(w)$ nach Null für $v_1 \leqq v \leqq v_2$ folgt, dass die beiden ersten Ableitungen von Φ im Halbstreifen

$$v_1 + \frac{v_2 - v_1}{4} \leqq v \leqq v_2 - \frac{v_2 - v_1}{4}, \quad u > u_0, \tag{9,3}$$

gegen Null konvergieren, gleichmässig in v für $u \uparrow \infty$. Ist nun $F(w)$ eine in S^* analytische Funktion von w mit $\Im F(w) = \Phi(w)$, so konvergiert daher $F'(w)$ im Halbstreifen (9,3) gleichmässig gegen Null mit $w \uparrow \infty$. Anderseits sind, wie oben bemerkt, die ersten Ableitungen von Φ in jedem S_δ^* gleichmässig beschränkt, und dasselbe gilt daher auch für $F'(w)$. Nunmehr folgt aus einem bekannten Montel'schen Satz, angewendet auf $F'(w)$, die gleichmässige Konvergenz von $F'(w)$ gegen Null in jedem Halbstreifen $S_{2\delta}^*$, d. h. in jedem Halbstreifen S_δ^*. Daher konvergiert insbesondere $\frac{\partial \Phi}{\partial v}$ gegen Null mit $u \uparrow \infty$ gleichmässig in jedem S_δ. Ist nun für ein $\delta < \frac{v_2 - v_1}{4}$ w ein beliebiger Punkt aus S_δ^*, w' der Punkt aus S_δ^* mit der Ordinate v_1 und derselben Abszisse wie w, so folgt aus

$$\Phi(w) - \Phi(w') = \int_{v_1}^{v} \frac{\partial \Phi(u + iv)}{\partial v} dv$$

wegen der gleichmässigen Konvergenz des Integranden nach 0, dass $\Phi(w)$ mit $u \uparrow 0$ gegen denselben Grenzwert 0 konvergiert, wie $\Phi(w')$, und zwar gleichmässig in S_δ^*. Damit ist der Satz VI bewiesen.

VI'. *Unter den Voraussetzungen des Satzes VI sei $\Phi(w)$ im ganzen Halbstreifen S^* gleichmässig beschränkt. Ist dann M eine in S^* verlaufende Jordankurve mit der Asymptote $v = \frac{\pi}{2}$ oder $v = -\frac{\pi}{2}$ im Unendlichen und strebt $\Phi(w)$ gegen einen Grenzwert ψ, wenn man längs M ins Unendliche geht, so ist dieser Grenzwert gleich*

$$\frac{\psi_2 - \psi_1}{v_2 - v_1}\left(\frac{\pi}{2} - v_1\right) + \psi_1 \quad \textit{bzw.} \quad \frac{\psi_2 - \psi_1}{v_2 - v_1}\left(-\frac{\pi}{2} - v_1\right) + \psi_1 .$$

Ist aber $\psi_1 = \psi_2$ und ist M' irgend eine in S^* ins Unendliche verlaufende Jordankurve, längs deren $\Phi(w)$ einem Grenzwert ψ zustrebt, so ist dieser Grenzwert gleich $\psi_1 = \psi_2$, ob M' im Unendlichen eine Asymptote hat oder nicht.

Beweis: Ohne Beschränkung der Allgemeinheit darf angenommen werden, dass $\psi_1 = \psi_2 = 0$ ist. Schneidet dann M' für irgend ein v' mit $-\frac{\pi}{2} < v' < \frac{\pi}{2}$ den Halbstrahl $v = v'$, $u > u_0$ unendlich oft in beliebig grosser Entfernung vom Nullpunkt, so muss ψ dem Grenzwert 0 gleich sein, dem $\Phi(w)$ längs $v = v'$ zustrebt, womit der Satz in diesem Falle bewiesen ist. Sonst hat M' eine Asymptote, und man braucht nur die Fälle zu betrachten, wo diese Asymptote eine der Geraden $v = \pm\frac{\pi}{2}$ ist.

Es möge nun $M' = M$ etwa $v = \frac{\pi}{2}$ zur Asymptote im Unendlichen haben, und es sei $\psi \neq 0$. Dann strebt die in S^* harmonische Funktion $\Phi(w) - \frac{2v\psi}{\pi}$ sowohl längs M als auch längs der positiven reellen Axe gegen 0. Man darf annehmen, dass M im Punkte $u = u_0 + 1$ der reellen Axe beginnt und sonst die reelle Axe nicht mehr trifft. Dann begrenzen M und der Halbstrahl $s: u \geqq u_0 + 1$ der reellen Axe ein Gebiet G, das in S^* verläuft. Bildet man G konform auf den Einheitskreis ab, so folgt wie beim Beweis des Satzes V, dass $\Phi(w) - \frac{2v\psi}{\pi}$ gegen 0 strebt, wenn w in G beliebig ins Unendliche geht, also auch insbesondere längs des Halbstrahles $v = \frac{\pi}{4}$. Daher muss $\Phi(w)$ längs dieses Halbstrahles gegen $\frac{\psi}{2}$ konvergieren, während nach Satz VI der Grenzwert von $\Phi(w)$ auch längs dieses Halbstrahles gleich 0 sein muss. Damit ist der Satz VI' bewiesen. —

Es sei nun $P(z)$ eine im Einheitskreis E_z der z-Ebene reguläre harmonische Funktion, deren Werte gegen einen Grenzwert ψ streben, wenn z aus dem Innern von E_z gegen einen Peripheriepunkt z_0 *im Winkel* konvergiert, d. h. zwischen zwei beliebigen, von z_0 ausgehenden Sehnen. Dann werden wir sagen, *$P(z)$ besitze ψ im Randpunkt z_0 als Randwert* oder *ist in z_0 gleich ψ*. Strebt aber $P(z)$ gegen ψ, wenn z aus E_z *allseitig* gegen z_0 geht, so werden wir sagen, *$P(z)$ besitze ψ in z_0 als den allseitigen Randwert*. Analoge Definitionen gelten für analytische Funktionen.

Es sei G ein einfach zusammenhängendes Gebiet der z-Ebene und z_0 ein erreichbarer Randpunkt von G. $P(z)$ sei in G regulär harmonisch. Man bilde G konform auf das Innere des Einheitskreises E_ζ der

ζ-Ebene ab, wobei z_0 etwa in ζ_0 übergehen möge. Hat dann die in E_ζ harmonische Funktion $Q(\zeta)$, in die $P(z)$ übergeht, in ζ_0 einen Randwert ψ, so ist dies der Fall, wie die konforme Abbildung von G auf E_ζ auch gewählt werden möge. Wir sagen dann, $P(z)$ *besitze* ψ *in* z_0 *als Randwert* oder *ist in* z_0 *gleich* ψ, wobei aber das Gebiet G zunächst wesentlich ist. Wir werden daher, wenn in einer und derselben Betrachtung mehrere Gebiete vorkommen, sagen, $P(z)$ *besitze* ψ *in* z_0 *von* G *aus als Randwert.*

Unter Benutzung dieser Definitionen gilt:

Korollar zum Satz VI'. *Es möge die in einem einfach zusammenhängenden Gebiet G der z-Ebene reguläre harmonische Funktion $P(z)$ in einem erreichbaren Randpunkt z_0 von G den Randwert ψ haben. Es sei ferner $P(z)$ in einer allseitigen Umgebung von z_0 in G absolut beschränkt. Strebt dann $P(z)$ längs eines in G verlaufenden und in z_0 mündenden Jordanbogens L gegen ψ', so muss $\psi' = \psi$ sein. Und dasselbe gilt, wenn $P(z)$ eine komplexe, analytische Funktion ist.*

Zum Beweis genügt es, G auf das Innere des Einheitskreises und sodann auf einen Halbstreifen S^* so abzubilden, dass z_0 in den unendlich fernen Punkt von S^* übergeht. Dann ist die aus $P(z)$ entstehende Potentialfunktion in einem Teilhalbstreifen S_1^* von S^* beschränkt, und es genügt, den Satz VI' auf den aus L entstehenden Jordanbogen M' anzuwenden. — Die damit bewiesene Tatsache ist deshalb wichtig, weil sie in einem gewissen Masse die Unabhängigkeit der Randwerte von $P(z)$ vom Gebiet G impliziert. Für komplexe, analytische $P(z)$ läuft diese Tatsache auf einen bekannten Satz von Hrn. E. Lindelöf hinaus.

VII. *Unter den Voraussetzungen des Satzes VI mögen für ein $\delta > 0$ w und w' innerhalb S^*_δ gegen ∞ konvergieren. Dann gilt, unter $F(w)$ eine in S^* analytische Funktion mit $\Im F(w) = \Phi(w)$ verstanden,*

$$F(w) - F(w') - \frac{\psi_2 - \psi_1}{v_2 - v_1}(w - w') = 0\,(w - w'). \tag{9, 4}$$

Beweis: Nach den Cauchy-Riemannschen Differentialgleichungen läuft der letzte Teil der Behauptung von VI darauf hinaus, dass in S_δ^*

$$F'(w) \to \frac{\psi_2 - \psi_1}{v_2 - v_1} \tag{9, 5}$$

gilt. Nun folgt für den geradlinigen Integrationsweg

401

$$F(w) - F(w') = \int_{w'}^{w} F'(w)\,dw = \frac{\psi_2 - \psi_1}{v_2 - v_1}(w - w') +$$

$$+ \int_{w'}^{w} \left(F'(w) - \frac{\psi_2 - \psi_1}{v_2 - v_1} \right) dw .$$

Dass aber hier das letzte Integral $0(w - w')$ ist, folgt aus (9, 5) unmittelbar.

Korollar. *Bleibt für irgend ein positives* $k > 0$

(9,6) $$|w - w'| < k,$$

so gilt

(9,7) $$F(w) - F(w') - \frac{\psi_2 - \psi_1}{v_2 - v_1}(w - w') \to 0 .$$

§ 3. Allgemeines über Winkeltreue und Winkelproportionalität am Rande.

10. Aus den im § 2 bewiesenen Sätzen wollen wir nun Folgerungen über das Verhalten von Richtungen bei konformer Abbildung ziehen.

Definition: Es seien G bzw. Γ zwei einfach zusammenhängende Gebiete, die im Unendlichen je einen erreichbaren Randpunkt p_0 bzw. π_0 haben und so aufeinander konform abgebildet werden, dass dabei p_0 und π_0 einander entsprechen. Es sei L ein in G verlaufender Jordanbogen, der in p_0 mündet und dort eine Richtung besitzt. Entspricht bei der Abbildung L ein in Γ verlaufender und in π_0 mündender Jordanbogen Λ, der gleichfalls im Unendlichen eine Richtung hat, so sagen wir, L werde bei unserer Abbildung *konform im Unendlichen abgebildet.*

VIII. *Es sei* Γ *ein einfach zusammenhängendes Gebiet der* ζ*-Ebene, das im Unendlichen einen erreichbaren Randpunkt* π_0 *besitzt und das so auf den Winkelraum* R: $\alpha_1 < \arg z < \alpha_2$ *der* z*-Ebene konform abgebildet wird, dass* π_0 *in den unendlich fernen Punkt übergeht.*

Ist L *ein ins Unendliche verlaufender Jordanbogen in* R, *der im Unendlichen eine Richtung* φ *mit* $\alpha_1 < \varphi < \alpha_2$ *hat, und wird bei unserer Abbildung* L *konform im Unendlichen abgebildet, so gilt dasselbe für jeden analogen Bogen* L' *aus* R *mit derselben Richtung* φ *im Unendlichen.*

Beweis: Durch eine Parallelverschiebung der Ebene können wir erreichen, dass der Nullpunkt in Γ liegt, so dass das Korollar c) zum Satze I anwendbar wird. Bildet man dann R logarithmisch auf den Parallelstreifen $\alpha_1 < \Im w < \alpha_2$ ab, so ist daher das Argument der Abbildungsfunktion $\zeta(w)$ von Γ auf den Parallelstreifen in einem Halbstreifen S^*: $\Re w > u_0$, $\alpha_1 < \Im w < \alpha_2$, beschränkt. Beim Uebergang zum Halbstreifen S^* der w-Ebene entspricht aber dort L' ein Jordanbogen M', der die Gerade $\Re w = \varphi$ im Unendlichen zur Asymptote hat. Daher ergibt sich VIII unmittelbar aus IV.

IX. *Wird unter den Voraussetzungen des Satzes VIII ein Jordanbogen Λ aus Γ mit der Richtung ψ im Unendlichen konform im Unendlichen auf einen Jordanbogen L in R abgebildet und ist für ein $\delta > 0$ der Teil des Winkelraumes* $|\arg \zeta - \psi| < \delta$ *mit* $|\zeta| > \rho_0$ *in* Γ *enthalten, so wird auch jeder Λ im Unendlichen berührende Jordanbogen aus Γ konform abgebildet, und sein Bildbogen hat im Unendlichen die gleiche Richtung, wie der Bildbogen von Λ.*

Beweis: Durch eine Parallelverschiebung der ζ-Ebene kann man erreichen, dass der ganze Winkelraum R_1: $|\arg \zeta - \psi| < \delta$ in Γ liegt. Ist dann Γ_1 das R_1 entsprechende Teilgebiet von R, so braucht man nur den Satz VIII auf die konforme Abbildung von Γ_1 auf R_1 anzuwenden.

11. X. *Es sei Γ ein einfach zusammenhängendes Gebiet der ζ-Ebene mit einem erreichbaren Randpunkt π_0 im Unendlichen. Der Rand von Γ möge zwei freie Jordanbögen C_1, C_2 enthalten, die in π_0 zusammenstossen und dort Tangenten besitzen mit den Richtungen ψ_1 bzw. ψ_2, wo also ψ_1, ψ_2 die Grenzwerte des stetig festgesetzten $\arg \zeta$ auf diesen Randzweigen sind, wenn ζ ins Unendliche geht. Es möge Γ so auf die rechte Halbebene H_z der z-Ebene konform abgebildet werden, dass π_0 in $z = \infty$ übergeht. C_1 möge dabei ein auf der negativen imaginären Axe liegender Halbstrahl c_1, C_2 ein auf der positiven imaginären Axe liegender Halbstrahl c_2 entsprechen. Wir bezeichnen die Punktmenge $\Gamma + C_1 + C_2$ mit $\bar{\Gamma}$ und die Punktmenge $H_z + c_1 + c_2$ mit $\bar{H}_z$. Dann wird jeder auf $\bar{H}_z$ ins Unendliche laufender Jordanbogen mit einer Tangente im Unendlichen in $\bar{\Gamma}$ konform im Unendlichen abgebildet, und das Analoge gilt für jeden auf $\bar{\Gamma}$ verlaufenden Jordanbogen mit einer Tangente im Unendlichen.*

Es seien ψ_1^*, ψ_2^* die Grenzrichtungen von C_1, C_2 im Unendlichen, im stetigen Anschluss an irgend eine stetige Festlegung von $\arg \zeta$ in einer Umgebung von π_0 definiert, sodass $\psi_1^* \equiv \psi_1$, $\psi_2^* \equiv \psi_2$ (mod. 2π) ist.

Entsprechen dann zwei Jordanbögen aus $\bar{H}_z$ mit den Richtungen φ_1, φ_2 im Unendlichen in Γ Jordanbögen, die im Unendlichen die Richtungen χ_1, χ_2 haben, so gilt

$$\chi_2 - \chi_1 = \frac{\psi_2^* - \psi_1^*}{\pi}(\varphi_2 - \varphi_1) \tag{11,1}$$ [28]).

[28]) Dieser Satz rührt von Herrn Carathéodory her. Carathéodory (2). Vgl. auch Lindelöf (3).

Beweis: Ohne Beschränkung der Allgemeinheit darf angenommen werden, dass $\zeta = 0$ in Γ liegt. Nach Satz III ist dann die Schwankung von $\arg \zeta$ bei stetiger Festlegung in einer Umgebung Γ_0 von π_0 in Γ beschränkt, und es kann offenbar angenommen werden, dass die im Anschluss an diese Festlegung bestimmten Grenzrichtungen auf C_1, C_2 mit ψ_1^*, ψ_2^* identisch sind. Dann gilt $\psi_2^* \geqq \psi_1^*$. Zugleich kann vorausgesetzt werden, dass Γ_0 aus Γ durch Anbringen eines Querschnitts entsteht, der einen Punkt von C_1 mit einem Punkt von C_2 verbindet.

Geht man nun vermöge $z = e^w$ zum Parallelstreifen $|\Im w| \leqq \frac{\pi}{2}$ über, so entspricht einem Teilgebiet von Γ_0 ein Halbstreifen S^*: $|\Im w| < \frac{\pi}{2}$, $\Re w > u_0$. Nunmehr ist aber der Satz V nebst dem Korollar auf die Funktion $\Phi(w) = \arg \zeta$ anwendbar, und die Behauptung 1) des Korollars ergibt sowohl die erste Behauptung des Satzes X als auch die Formel (11,1).

Nunmehr ist auch der Beweis, dass ein auf Γ verlaufender Jordanbogen Λ mit der Richtung χ im Unendlichen sich konform abbildet, leicht zu erbringen. Gilt zunächst $\psi_1^* < \chi < \psi_2^*$ und ist ε eine beliebig kleine positive Zahl, $\varepsilon < \psi_2^* - \chi$, $\varepsilon < \chi - \psi_1^*$, so seien L_1, L_2 die Halbstrahlen aus H_z: $\arg z = \varphi_1$, $\arg z = \varphi_2$, deren Richtungen im Unendlichen nach der konformen Abbildung in $\chi - \varepsilon$, bzw. in $\chi + \varepsilon$ übergehen. Dann verläuft offenbar Λ „zuletzt" zwischen den Bildkurven von L_1, L_2. Daher liegt das Bild L von Λ in H_z „zuletzt" zwischen L_1 bzw. L_2. Für $\varepsilon \downarrow 0$ konvergieren aber φ_1 und φ_2 gegen einen Wert φ, der wegen (11,1) mit χ vermöge der Relation $\chi - \psi_1 = \frac{\psi_2^* - \psi_1^*}{\pi}\left(\varphi + \frac{\pi}{2}\right)$ zusammenhängt. Daher hat L im Unendlichen die Richtung φ.

Ist aber etwa $\chi = \psi_1$, so verläuft der Strahl Λ_ε: $\arg \zeta = \psi_1 + \varepsilon$ für hinreichend kleine positive ε „zuletzt" in Γ und seine Bildkurve L_ε hat im Unendlichen eine Richtung, die für $\varepsilon \downarrow 0$ gegen $-\frac{\pi}{2}$ konvergiert. Da aber das Bild von Λ „zuletzt" zwischen der negativen imaginären Axe und L_ε verläuft, muss auch L im Unendlichen die Richtung $-\frac{\pi}{2}$ besitzen. Genau analog wird für $\chi = \psi_2$ geschlossen. Damit ist X in allen Teilen bewiesen.

Bemerkung: Ist $\psi_2^* - \psi_1^* = \pi$, so wird nach (11,1) auch $\chi_2 - \chi_1 = \varphi_2 - \varphi_1$, und die Abbildung ist *winkeltreu im Unendlichen*, und zwar *allseitig.* Im allgemeineren Fall, solange $\psi_2 - \psi_1 \neq 0$ ist, spricht man von der (*allseitigen*) *Winkelproportionalität* im Unendlichen[29]. Für $\psi_2 - \psi_1 = 0$ endlich handelt es sich um eine *Spitzenabbildung.*

12. XI. *Es möge ein einfach zusammenhängendes Gebiet* Γ *der* ζ*-Ebene mit einem erreichbaren Randpunkt* π_0 *im Unendlichen so konform auf* H_z *abgebildet werden, dass* $\zeta = \pi_0$ *in* $z = \infty$ *übergeht, und es mögen dabei zwei ins Unendliche verlaufende Jordanbögen* L_1, L_2 *in* H_z *mit den Richtungen* φ_1 *bzw.* φ_2 *im Unendlichen, wobei* $-\frac{\pi}{2} < \varphi_1 < \varphi_2 < \frac{\pi}{2}$ *ist, im Unendlichen konform abgebildet werden. Dann wird jede in* H_z *verlaufende Jordankurve, die im Unendlichen eine Richtung* φ *mit* $-\frac{\pi}{2} < \varphi < \frac{\pi}{2}$ *hat, im Unendlichen konform abgebildet. Haben die Bildkurven* Λ_1, Λ_2 *von* L_1, L_2 *im Unendlichen die Richtungen* ψ_1 *bzw.* ψ_2, *so entspricht jeder Richtung* φ *mit* $-\frac{\pi}{2} < \varphi < \frac{\pi}{2}$ *bei der Abbildung in* Γ *die Richtung*

$$(12,1) \qquad (\psi_2 - \psi_1)\,\frac{\varphi - \varphi_1}{\varphi_2 - \varphi_1} + \psi_1 .$$

Darüber hinaus konvergiert die Differenz

$$(12,2) \qquad \arg \zeta - \left[(\psi_2 - \psi_1)\,\frac{\arg z - \varphi_1}{\varphi_2 - \varphi_1} + \psi_1 \right]$$

für jeden $\delta > 0$ *gegen Null, wenn* z *in* H_z *so ins Unendliche geht, dass*

$$|\arg z| \leqq \frac{\pi}{2} - \delta$$

bleibt. Zugleich ist $\psi_1 \leqq \psi_2$.

Beweis. Ohne Beeinträchtigung der Allgemeinheit darf angenommen werden, dass $\zeta = 0$ in Γ liegt. Geht man dann vermöge $z = e^w$ zur w-Ebene über, so folgt aus dem Korollar c) zum Satz I, dass $\arg \zeta$ als Funktion $\Phi(w)$ in einem gewissen Halbstreifen $\Re\, w > u_0$, $|\Im\, w| < \frac{\pi}{2}$, bei geeigneter stetiger Festlegung im Intervall $\langle \psi_1 - 3\pi, \psi_1 + 3\pi \rangle$ liegt, also beschränkt ist. Dann aber ergeben sich die ersten Behauptungen des Satzes XI, die sich auf die Ausdrücke (12, 1) und (12, 2) beziehen, aus dem Satz VI ohne weiteres.

[29]) Herr Carathéodory spricht in Carathéodory (2), p. 38, von Quasikonformität.

Dass aber $\psi_1 \leqq \psi_2$ ist, folgt aus dem Satz III, angewandt auf das Bildgebiet etwa des Winkelraumes $-\frac{\pi}{4} < \arg z < \frac{\pi}{4}$, wenn man diesen Winkelraum durch $z' = z^2$ auf $H_{z'}$ weiter abbildet.

Bemerkung zum Satz XI. Offenbar bleiben sämtliche Behauptungen des Satzes XI erhalten, wenn man in ihm die Halbebene H_z durch einen Winkelraum $\delta_1 < \arg z < \delta_2$ ersetzt, sofern in ihm π sinngemäss durch $\delta_2 - \delta_1$ ersetzt wird. Man braucht ja nur durch eine weitere Transformation $z' = \alpha z^{\frac{\pi}{\delta_2 - \delta_1}}$ mit geeignetem α diesen Winkelraum auf H_z abzubilden.

13. Natürlich gibt es eine analoge Formulierung auch für den Fall, dass die Konformität der Abbildung im Unendlichen für zwei Jordanbögen *aus* Γ mit verschiedenen Richtungen im Unendlichen vorausgesetzt wird. Wir geben eine etwas allgemeinere Formulierung:

XII. *Es seien* Γ, C *zwei einfach zusammenhängende Gebiete in der* ζ*- bzw.* z*-Ebene, mit je einem erreichbaren Randpunkt* π_0, p_0 *im Unendlichen. Wir betrachten alle Jordankurven in* Γ, *bzw.* C *mit Tangenten im Unendlichen, längs deren* π_0 *bzw.* p_0 *erreicht werden. Bei stetiger Fortsetzung der Argumente in* Γ, C *möge das grösste offene Intervall, das von den Grenzrichtungen solcher Kurven aus* Γ *im Unendlichen durchlaufen wird,* (δ_1, δ_2) *sein, wo* $\delta_1 < \delta_2$ *ist. Ebenso sei das kleinste abgeschlossene Intervall, das sämtliche Grenzrichtungen im Unendlichen solcher Kurven aus* C *enthält,* $\langle d_1, d_2 \rangle$ *mit* $d_1 \leqq d_2$.

Es möge nun Γ *auf* C *so konform abgebildet werden, dass* π_0 *in* p_0 *übergeht. Wenn dann zwei Jordanbögen* Λ_1, Λ_2 *aus* Γ *mit den Richtungen* φ_1, φ_2 *im Unendlichen, wo* $\delta_1 < \varphi_1 < \varphi_2 < \delta_2$ *ist, sich im Unendlichen konform abbilden, so gilt dasselbe für jede Jordankurve* Λ *aus* Γ *mit der Richtung* φ *im Unendlichen, sobald* $\delta_1 < \varphi < \delta_2$ *ist. Die* Λ *in* C *entsprechende Kurve* L *hat im Unendlichen eine Richtung* ψ, *wo*

$$\frac{\psi - d_1}{\varphi - \delta_1} = \frac{d_2 - d_1}{\delta_2 - \delta_1} = \frac{\psi_2 - \psi_1}{\varphi_2 - \varphi_1} \tag{13, 1}$$

gilt, wenn ψ_1 *bzw.* ψ_2 *die Richtungen der Bildkurven* L_1, L_2 *von* Λ_1, Λ_2 *im Unendlichen sind.*

Beweis. Ohne Beschränkung der Allgemeinheit kann angenommen werden, dass $\zeta = 0$ in Γ liegt, da dies durch eine Parallelverschiebung sofort zu erreichen ist.

Es sei $\varepsilon > 0$, aber so klein gewählt, dass $\delta_1 + \varepsilon < \varphi_1 < \varphi_2 < \delta_2 - \varepsilon$ ist. Für ein ζ_0 aus Γ ist der Winkelraum $\Delta : \delta_1 + \varepsilon < \arg(\zeta - \zeta_0) < \delta_2 - \varepsilon$

406

ganz in Γ enthalten. Ist D das Bildgebiet von Δ in C, so kann auf die Abbildung von D auf Δ der Satz XI angewandt werden, nach der Bemerkung am Schlusse der Nr. 12, wenn man durch eine Parallelverschiebung der ζ-Ebene ζ_0 in den Nullpunkt bringt, wodurch ja die Richtungen im Unendlichen nicht verändert werden. Es folgt dabei für die der Richtung φ in C entsprechende Richtung ψ

$$\frac{\psi - \psi_1}{\varphi - \varphi_1} = \frac{\psi_2 - \psi_1}{\varphi_2 - \varphi_1} = \tau \tag{13,2}$$

für jedes φ aus dem Intervall $(\delta_1 + \varepsilon, \delta_2 - \varepsilon)$, d. h. für *jedes* φ aus (δ_1, δ_2) Zugleich gilt $\psi_2 \geqq \psi_1$.

Durchläuft nun φ alle Richtungen aus dem Intervall (δ_1, δ_2), so durchläuft das vermöge (13,2) bestimmte ψ das Intervall $(\psi_1 + \tau(\delta_1 - \varphi_1), \psi_1 + \tau(\delta_2 - \varphi_1))$ für $\psi_2 > \psi_1$ oder nimmt durchweg den einen Wert ψ_1 an, wenn $\psi_2 = \psi_1$ ist.

Wir behaupten nun, dass das Intervall

$$< \psi_1 + \tau(\delta_1 - \varphi_1), \psi_1 + \tau(\delta_2 - \varphi_1) > \tag{13,3}$$

mit dem Intervall $< d_1, d_2 >$ *identisch ist.*

Es sei zunächst $\psi_1 = \psi_2 = \psi$. Es genügt zu zeigen, dass $d_1 = d_2$ ist. Es sei nun $d_1 < d_2$. Ist dann $d_1 < \psi < d_2$ und ist $\varepsilon > 0$ so klein, dass auch $d_1 + \varepsilon < \psi < d_2 - \varepsilon$ ist, so enthält C für ein z_1 den Winkelraum $d_1 + \varepsilon < \arg(z - z_1) \leqq d_2 - \varepsilon$. Bilden wir dann diesen Winkelraum durch die logarithmische Abbildung $w = \log(z - z_1)$ auf den Parallelstreifen $S: d_1 + \varepsilon \leqq \Im w \leqq d_2 - \varepsilon$ ab, so gehen gewisse unendliche Teilstücke von L_1 und L_2 in zwei Jordankurven L_1', L_1' über, die in S liegen, gegen $+\infty$ konvergieren und den Halbstrahl $\Im w = \psi$ zur gemeinsamen Asymptote haben. Da aber nach dem Korollar c) zum Satz I in einem Halbstreifen S^*: $\Re w > u_0$, $d_1 + \varepsilon \leqq \Im w \leqq d_2 - \varepsilon$, $\arg \zeta$ stetig und *beschränkt* festlegbar ist, müsste $\arg \zeta$ nach Satz IV längs L_1' und L_2' die gleichen Grenzwerte haben, während seine Grenzwerte φ_1, φ_2 ja verschieden sind.

Daher kann für $d_1 < d_2$ nur $d_1 = \psi$ oder $d_2 = \psi$ sein. Es sei etwa $d_1 = \psi$. Es sei $\frac{d_1 + d_2}{2} = d$ gesetzt und es sei z_0 ein innerer Punkt von C, derart, dass der Halbstrahl $s: \arg(z - z_0) = d$ *ganz* in C liegt.

Nun können die Kurven L_1 und L_2 sich nicht in beliebiger Nähe des unendlich fernen Punktes schneiden, da ja $\arg \zeta$ auf beiden verschiedene Grenzwerte hat. Wir können daher durch eine Abänderung von endlichen Teilbögen dieser Kurven erreichen, dass sie beide in z_0 beginnen und sich nicht mehr schneiden. Es möge dann etwa L_2 *zwischen* s und L_1 liegen — d. h. in demjenigen der beiden von $s + L_1$ begrenzten Gebiete, das ein unendliches Stück des Halbstrahles $\arg(z - z_0) = \frac{d + d_1}{2}$ enthält. Es sei dieses Gebiet mit G bezeichnet. Dann ist nach Korollar c) zum Satz I die Funktion $\arg \zeta - \varphi_1 = \Phi(z)$ in G beschränkt. Zugleich streben ihre Werte längs L_1 nach der Annahme gegen Null. Nach dem Satz IV" gilt daher dasselbe auch für L_2, während nach unseren Annahmen dieser Grenzwert gleich $\varphi_2 - \varphi_1 \neq 0$ sein müsste. Daher ist $\psi = d_1$ unmöglich, und genau ebenso sieht man die Unmöglichkeit von $\psi = d_2$ ein. Daher ist $d_1 < d_2$ unmöglich, und es muss $d_1 = d_2 = \psi$ sein, womit dieser Teil der Behauptung bewiesen ist.

Es sei nun $\psi_1 < \psi_2$. Wenn dann das Intervall $\langle d_1, d_2 \rangle$ über das Intervall (13,3) etwa nach rechts hinausragt, gibt es ein $\varepsilon > 0$, so dass

$$d_1 + \varepsilon < \psi_1 + \tau(\delta_2 - \varphi_1) < d_2 - \varepsilon$$

gilt. Für ein z_0 liegt der Winkelraum $\Delta: d_1 + \varepsilon \leq \arg(z - z_0) \leq d_2 - \varepsilon$ *ganz* in C und wird bei unserer Abbildung auf ein Teilgebiet Γ_0 von Γ abgebildet. Dann kann auf die Abbildung von Δ auf Γ_0 der Satz XI angewandt werden (vgl. die Bemerkung am Schlusse von Nr. 12), und wir sehen, dass *jeder* Richtung ψ mit $d_1 + \varepsilon < \psi < d_2 - \varepsilon$ in Γ_0 eine Richtung φ entspricht, die mit ψ vermöge (13,2) zusammenhängt. Da aber das Intervall $(d_1 + \varepsilon, d_2 - \varepsilon)$ nach rechts über das Intervall (13,3) hinausragt, müsste das Intervall der vorkommenden φ-Werte nach rechts über das Intervall (δ_1, δ_2) hinausragen, entgegen der Annahme. Damit ist der Satz XII vollständig bewiesen.

Korollar. *Insbesondere enthält unter der Annahmen des Satzes XI für* $\psi_2 > \psi_1$ *das Gebiet* Γ *für jedes* ε *mit* $\pi > \varepsilon > 0$ *einen in* π_0 *mündenden Winkelraum von der Oeffnung* $(\pi - \varepsilon)\frac{\psi_2 - \psi_1}{\varphi_2 - \varphi_1}$ *und keinen in* π_0 *mündenden Winkelraum von der Oeffnung* $(\pi + \varepsilon)\frac{\psi_2 - \psi_1}{\varphi_2 - \varphi_1}$[30]. *Für* $\psi_2 = \psi_1$ *aber enthält* Γ *keinen Winkelraum positiver Oeffnung, der in* π_0 *mündet.*

14. Wenn unter den Voraussetzungen des Satzes XII $\delta_2 - \delta_1 \neq 0$ und $d_2 - d_1 \neq 0$ ist, werden wir die Abbildung von Γ auf C als *winkelproportional* im Unendlichen *im Winkel* bezeichnen. Für $\delta_2 - \delta_1 = d_2 - d_1 \neq 0$ handelt es sich um *die Winkeltreue* im Unendlichen *im*

[30]) Diese Behauptung findet sich unter der Voraussetzung der Existenz einer Winkelderivierten in Ahlfors (1), p. 35.

Winkel. Es liegt nun die Frage nahe, ob bei der Abbildung von Γ auf C die Winkeltreue bzw. die Winkelproportionalität für *alle* ∞^2 Abbildungen, bei denen π_0 in p_0 übergeht, zugleich besteht oder ob dies sehr wohl für einige unter diesen ∞^2 Abbildungen gelten kann, ohne für die anderen richtig zu bleiben. Obgleich diese Frage mit den Methoden der vorliegenden Abhandlung auch im allgemeinen Falle behandelt werden könnte, wollen wir uns hier nur auf den Fall beschränken, dass C ein Winkelraum ist. In diesem Falle gilt

XIII. *Lässt sich ein einfach zusammenhängendes Gebiet Γ der ζ-Ebene mit einem erreichbaren Randpunkt π_0 im Unendlichen so auf einen Winkelraum Δ der z-Ebene konform abbilden, dass π_0 in $z = \infty$ übergeht, und ist diese Abbildung im Unendlichen im Winkel winkelproportional, so gilt dasselbe für jede Abbildung von Γ auf Δ, bei der π_0 in $z = \infty$ übergeht.*

Denn man erhält jede der fraglichen Abbildungen von Γ auf Δ aus einer beliebigen unter ihnen, indem man diese mit einer geeigneten konformen Abbildung von Δ auf sich selbst zusammensetzt, bei der $z = \infty$ ein Fixpunkt ist. Diese letzten Abbildungen sind aber sicher winkeltreu im Unendlichen.

In denselben Gedankengang gehört auch der folgende Satz:

XIV. *Es sei Γ ein einfach zusammenhängendes Gebiet der ζ-Ebene mit einem erreichbaren Randpunkt π_0 im Unendlichen. Γ_0 sei ein Teilgebiet von Γ, das von Γ durch einen ganz im Endlichen verlaufenden Querschnitt q abgegrenzt wird und zu dessen Rand π_0 gehört. Es sei ferner Δ ein Winkelraum der z-Ebene. Man denke sich Γ und Γ_0 so konform auf Δ abgebildet, dass beide Male π_0 in $z = \infty$ übergeht. Dann können beide Abbildungen nur gleichzeitig im Unendlichen im Winkel winkelproportional sein.*

Beweis: Bei der Abbildung von Γ auf Δ möge Γ_0 in das Teilgebiet Δ_0 von Δ übergehen, das von Δ durch einen Querschnitt q' abgegrenzt wird. Man erhält dann die gegebene Abbildung von Γ_0 auf Δ, indem man eine geeignete Abbildung von Δ_0 auf Δ ausführt, bei der $z = \infty$ invariant bleibt und die daher nach Satz X im Unendlichen winkeltreu ist. Daraus folgt die Behauptung des Satzes unmittelbar.

Man betrachte z. B. die Halbebene $\Re\,\zeta > 0$, aufgeschnitten längs eines Jordanbogens L, der einen Punkt ζ_1 der positiven reellen Axe mit dem unendlich fernen Punkt verbindet und im Unendlichen die positive imaginäre Axe berührt. Das so entstehende Gebiet H_L hat im Unendlichen erstens den längs der positiven reellen Axe erreichbaren Randpunkt π_0 und daneben einen zweiten unendlich entfernten Randpunkt π_1, der längs jedes „zwischen" L und der positiven imaginären Axe ins

Unendliche laufenden Jordanbogens erreicht wird. *Bildet man nun H_L so auf H_z ab, dass π_0 in $z=\infty$ übergeht, so ist die Abbildung im Unendlichen im Winkel winkeltreu.* Denn man verbinde ζ_1 mit dem Nullpunkt durch einen Jordanquerschnitt von H_L, der π_1 von π_0 trennt, und bezeichne das dabei abgegrenzte Teilgebiet, das an π_0 grenzt, mit H_L^0. Dann wird H_L^0 nach dem Satz X auf H_z winkeltreu im Unendlichen abgebildet, und dasselbe gilt daher nach Satz XIV auch für H_L. Offenbar bleibt das Gesagte richtig, wenn L anstatt der positiven die negative imaginäre Axe berührt.

15. XV. *Unter den Voraussetzungen des Satzes XI gilt für jedes $\delta>0$ für ein Punktepaar z, z' aus H_z mit $z\to\infty$, $z'\to\infty$ und $|\arg z|\leq \leq\frac{\pi}{2}-\delta$, $|\arg z'|\leq\frac{\pi}{2}-\delta$, wenn $\zeta=f(z)$ eine konforme Abbildung von Γ auf H_z vermittelt, bei der π_0 in $z=\infty$ übergeht und die Richtungen der positiven reellen Axen im Unendlichen einander entsprechen:*

$$\frac{f(z)}{f(z')}=\left(\frac{z}{z'}\right)^{\frac{\psi_2-\psi_1}{\varphi_2-\varphi_1}+\varepsilon(z,z')} \tag{15,1}$$

wo $\varepsilon(z, z')$ gegen 0 konvergiert, wenn z und z' unter den obigen Bedingungen ins Unendliche streben[31]).

Beweis: Geht man nach Anbringung geeigneter Querschnitte vermittelst der Transformationen $W=\log\zeta$, $w=\log z$ zum Halbstreifen S^* in der w-Ebene und zur Funktion $W=F(w)=\log f(e^w)$ über, so reduziert sich (15,1) auf

$$\frac{F(w)-F(w')}{w-w'}\to\frac{\psi_2-\psi_1}{\varphi_2-\varphi_1},\quad w\to\infty,\ w'\to\infty,$$

und dies ist mit der Formel (9,4) äquivalent.

Korollar. *Unter den Voraussetzungen des Satzes XV gilt*

$$f(z)=z^{\frac{\psi_2-\psi_1}{\varphi_2-\varphi_1}+\varepsilon(z)} \tag{15,2}$$

---

[31]) Der Satz wurde unter der Voraussetzung, dass $\left|\frac{z}{z'}\right|$ zwischen zwei positiven Schranken bleibt, in Ostrowski (3) hergeleitet. Für den Fall, dass $\left|\frac{z}{z'}\right|=1$ ist, rührt der Satz bereits von Visser, Visser (1), her.

410

wo $\varepsilon(z)$ *gegen* 0 *konvergiert, wenn* z *im Winkelraum* $|\arg z| \leqq \frac{\pi}{2} - \delta$, $\delta > 0$, *ins Unendliche strebt.*

Beweis: Es genügt offenbar, in (15,1) $z' = 1$ zu setzen.

XVI. *Unter den Voraussetzungen des Satzes XV für* $\psi_1 \neq \psi_2$ *gilt für jedes positive* δ *bei geeigneter Festlegung des Arguments für* $z \to \infty$ *mit* $|\arg z| \leqq \frac{\pi}{2} - \delta$

(15,3) $$\arg f'(z) - \arg \frac{\zeta}{z} \to 0.$$

Insbesondere existiert bei winkeltreuer Abbildung Lim $\arg f'(z)$ *im Winkel und gibt die Grenzdrehung der Ebene um den betrachteten Randpunkt an.*[32]).

Beweis: Setzt man $z = e^w$, wo w auf den Halbstreifen S^* beschränkt werden kann, und

(15,4) $$\lg \zeta = \Psi(w) + i\,\Phi(w),$$
so gilt

$$f'(z) = (\Psi'_u + i\,\Phi'_u)\frac{\zeta}{z} = (\Phi'_v + i\,\Phi'_u)\frac{\zeta}{z},$$

$$\arg f'(z) - \arg \frac{\zeta}{z} = \arg(\Phi'_v + i\,\Phi'_u).$$

Nach dem letzten Teil der Behauptung von VI gilt aber

(15,5) $$\Phi'_u \to 0, \qquad \Phi'_v \to \frac{\psi_2 - \psi_1}{\varphi_2 - \varphi_1}.$$

Dieser letzte Grenzwert ist nun nach Satz XI positiv, sodass bei entsprechender Festlegung des Arguments in S_δ^*: $\Re\, w < u_0$, $|\Im\, w| \leqq \frac{\pi}{2} - \delta$,

(15,6) $$\arg(\Phi'_v + i\,\Phi'_u) \to 0$$

gilt, womit der Satz bewiesen ist.

Korollar. *Insbesondere besitzt* $\arg f'(z)$ *stets einen Grenzwert, wenn* z *so ins Unendliche strebt, dass* $\arg z = \varphi$, $|\varphi| < \frac{\pi}{2}$ *ist. Die Bildkurve* Λ_φ

---

32) Der Satz wurde zuerst in etwas allgemeinerer Form in Ostrowski (3), pp. 116 ff., aufgestellt und bewiesen.

des Halbstrahls arg $z = \varphi$ in der ζ-Ebene besitzt eine Tangente, deren Richtung sich stetig der Richtung der Tangente an Λ_φ im Unendlichen annähert, sodass insbesondere längs Λ_φ der Radiusvektor von einem Punkt an eine monotone Funktion der Bogenlänge wird.

16. Am Satze XI ist insbesondere hervorzuheben, dass in ihm die Winkeltreue oder Winkelproportionalität in *jedem* Winkel $|\arg z| \leqq \varphi$, $\varphi < \frac{\pi}{2}$ aus dem entsprechenden Sachverhalt für wenigstens zwei Halbstrahlen erschlossen wird. Eine ähnliche Tatsache lässt sich auch in bezug auf die Existenz der *Winkelderivierten* beweisen. Darunter versteht man[33]) unter den Voraussetzungen des Satzes XI den Grenzwert $\lim\limits_{z\to\infty} \frac{\zeta}{z}$, sofern dieser Grenzwert für $|\arg z| \leqq \frac{\pi}{2} - \delta$ für jedes positive δ existiert. Aus dem Satze XV folgt auf jeden Fall, dass die Winkelderivierte *im Falle der winkeltreuen Abbildung* existiert, wenn es für irgend welche positive K und δ eine Folge von Punkten z_ν in H_z mit den Bildpunkten ζ_ν und mit

$$(16,1) \qquad \frac{1}{K} \leqq \left|\frac{z_{\nu+1}}{z_\nu}\right| \leqq K, \qquad |\arg z_\nu| \leqq \frac{\pi}{2} - \delta,$$

gibt, derart, dass die Zahlenfolge $\left|\frac{\zeta_\nu}{z_\nu}\right|$ einen Grenzwert besitzt. Es lässt sich aber anderseits beweisen, dass die Winkelderivierte bereits existiert, wenn sie längs irgend eines Strahles $\arg z = \varphi$, $|\varphi| < \frac{\pi}{2}$ vorhanden ist oder allgemeiner längs eines Jordanbogens, der in H_z ins Unendliche geht — ohne dass die Winkeltreue der Abbildung vorausgesetzt zu werden braucht (Wohl aber muss die Argumentschwankung in einer Umgebung von π_0 beschränkt sein). Doch soll der übrigens sehr einfache Beweis an anderer Stelle veröffentlicht werden, da von den angegebenen Tatsachen im Folgenden kein Gebrauch gemacht werden wird.

Kapitel II.

Der Hauptsatz über Winkeltreue und Winkelproportionalität am Rande

§ 4. Der konforme Winkel.

17. Es sei C ein beliebiges Kontinuum auf der ζ-Kugel und Γ irgend eines der einfach zusammenhängenden Gebiete, in die die ζ-Ku-

[33]) vgl. Carathéodory (3).

gel durch C zerlegt wird. Es sei ω ein Punkt aus Γ und γ ein Randstück von Γ, das also ein Teil von C ist. Bildet man Γ so auf den Einheitskreis E_z: $|z| < 1$ ab, dass dabei ω in $z = 0$ übergeht, so wird die Länge des Bildes $\varkappa$ von γ als *das konforme Mass*[34]) *von* γ *oder als der konforme Winkel*[35]) bezeichnet, *unter dem* γ *von* ω *aus innerhalb* Γ *gesehen wird.* Wir schreiben dafür $m_{\Gamma,\omega}\gamma$ oder auch mit Hrn. Warschawski[36]) $m_{C,\omega}\gamma$.

Ist γ eine Randpunktmenge von Γ, der bei der obigen konformen Abbildung auf E_z eine messbare Menge $\varkappa$ entspricht, so ist unter $m_{\Gamma,\omega}\gamma$ das Mass von $\varkappa$ zu verstehen, und γ heisst *messbar in* Γ. Ist $m_{\Gamma,\omega}\gamma = 0$, so heisst γ eine *Nullmenge in* Γ. Es ist leicht zu sehen, dass die Eigenschaft von γ, messbar oder eine Nullmenge in Γ zu sein, von der Wahl von ω unabhängig ist. In der Tat entspricht ja einer Transformation des Einheitskreises in sich, bei der der Nullpunkt geändert wird, eine Transformation der Peripherie des Einheitskreises, die analytisch ist und daher weder an der Messbarkeit einer Menge noch an ihrer Eigenschaft, eine Nullmenge zu sein, etwas ändert.

Zur Beurteilung der Messbarkeit einer Randpunktmenge von Γ ist der folgende Satz gelegentlich wichtig:

XVII. *Es sei* Γ *ein einfach zusammenhängendes Gebiet der* ζ *-Ebene mit wenigstens zwei Randpunkten und* K *eine offene oder abgeschlossene Punktmenge. Dann ist die Gesamtheit* M *der Randpunkte von* Γ, *die in* K *liegen, stets messbar in bezug auf* Γ, *und ihr Mass ist insbesondere positiv, wenn* K *offen ist und überhaupt Randpunkte von* Γ *enthält.*

Beweis: Wir beweisen den Satz zuerst für den Fall, dass K *eine offene Kreisscheibe* $|\zeta - \zeta_0| < \sigma$, $\sigma > 0$ *ist.* Ohne Beschränkung der Allgemeinheit kann man $\zeta_0 = 0$ und $\sigma = 1$ annehmen.

Man bilde Γ durch $\zeta = f(z)$ konform auf den Einheitskreis E_z der z-Ebene ab. Dann entsprechen den Peripheriepunkten von E_z bis auf eine Nullmenge N erreichbare Randpunkte von Γ, und die Funktion $|f(e^{i\vartheta})|$ ist auf einer massgleichen Teilmenge des Intervalls $(O, 2\pi)$ messbar, als Grenzfunktion der Folge $\left|f\left(\left(1-\frac{1}{n}\right)e^{i\vartheta}\right)\right|$ von stetigen

[34]) vgl. Warschawski (1), p. 339.

[35]) Hr. R. Nevanlinna spricht in Nevanlinna (1), p. 103, vom Winkelmass, und in weiteren Abhandlungen (2), (3), (4) vom *harmonischen Mass.* In den zitierten Abhandlungen wird das konforme Mass auch für *mehrfach* zusammenhängende Gebiete definiert. Wir beschränken uns in dieser Abhandlung durchweg auf den Fall *einfach zusammenhängender* Gebiete.

[36]) vgl. Warschawski (1), p. 339).

Funktionen von ϑ[37]. Daher ist nach der Definition der Messbarkeit die Teilmenge des Intervalls $(0, 2\pi)$, auf der $|f(e^{i\vartheta})| < 1$ gilt, sicher messbar. Dass aber die Menge der ϑ mit $|f(e^{i\vartheta})| < 1$ *positives* Mass hat, wenn sie nicht leer ist, ist der Inhalt eines Satzes, den wir vor einigen Jahren bewiesen haben[38].

Damit ist der Satz XVII in dem Falle, dass K eine offene Kreisscheibe ist, bewiesen.

Es sei nun K eine beliebige offene Punktmenge. Dann lässt sich K überdecken durch die Vereinigungsmenge von abzählbar vielen offenen Kreisscheiben K_ν, $\nu = 1, 2, \ldots$, die alle in K enthalten sind. Ist nun allgemein M_ν die Menge der Randpunkte von Γ, die in K_ν liegen, so gilt $M = \sum_{\nu=1}^{\infty} M_\nu$. Analoges gilt für Bildpunktmenge μ von M auf der Peripherie des Einheitskreises, woraus die Messbarkeit von μ und daher von M sofort folgt. Enthält aber K einen Randpunkt von Γ, so ist ein Randpunkt von Γ in einem K_ν enthalten, so dass dann das Mass eines der M_ν sicher positiv ist, und dasselbe gilt erst recht für M.

Ist endlich K eine abgeschlossene Punktmenge, so lässt sie sich als Durchschnitt einer Folge von in einander geschachtelten offenen Punktmengen $K^{(\nu)}$ darstellen. Daher ist dann die Bildmenge μ von M auf der Peripherie des Einheitskreises ein Durchschnitt einer Folge von messbaren Mengen und daher auch selbst messbar, w. z. b. w.[39].

Ist $\bar{\gamma}$ die zu γ komplementäre Randpunktmenge von Γ, so gilt offenbar

$$m_{\Gamma,\omega}\gamma + m_{\Gamma,\omega}\bar{\gamma} = 2\pi. \tag{17, 1}$$

Offenbar ist $m_{\Gamma,\omega}\gamma$ insofern eine Invariante bei konformer Abbildung, als, wenn bei einer konformen Abbildung von Γ auf Γ_1 ω in ω_1 und γ in γ_1 übergeht, dann

---

[37]) Es folgt dies unmittelbar aus dem bekannten Satze von Fatou, den in diesem Zusammenhang zuerst Carathéodory zur Geltung gebracht hat.

[38]) Ostrowski (2), pp. 251, 252. Ein anderer Beweis dieses Satzes soll an anderer Stelle veröffentlicht werden.

[39]) Es sei hier noch eine einfache Verallgemeinerung des Satzes XVII vermerkt, die aus der obigen Fassung unmittelbar folgt. Wendet man auf abzählhar viele offene und abgeschlossene ebene Punktmengen endlich oder abzählbar oft die Operationen der Addition, der Differenzenbildung und der Durchschnittsbildung an, so ergeben sich die allgemeinsten ebenen sogenannten B-Mengen. Wendet man aber solche Prozesse auf messbare Mengen an, so entstehen wiederum messbare Mengen. *Daher kann K im Satz XVII als eine beliebige ebene B-Menge vorausgesetzt werden.*

114

(17,2) $$m_{\Gamma,\omega}\gamma = m_{\Gamma_1,\omega_1}\gamma_1$$

gilt.

Ist $P_\varkappa(z)$ die in E_z harmonische und beschränkte Funktion, die im Sinne der in der Nr. 9 gegebenen Definition auf $\varkappa$ fast überall gleich 1 und auf der komplementären Randmenge fast überall gleich 0 ist, so folgt aus dem Gaussschen Mittelwertsatz, dass $P_\varkappa(0) = \frac{1}{2\pi} m_{\Gamma,\omega}\gamma$ ist. Auf der ζ-Kugel entspricht $P_\varkappa(z)$ eine in Γ harmonische und beschränkte Funktion $P_{\Gamma,\gamma}(\zeta)$, deren Wert in ω gleich $\frac{1}{2\pi} m_{\Gamma,\omega}\gamma$ ist. $P_{\Gamma,\gamma}(\zeta)$ ist dadurch charakterisiert, dass sie eine in Γ beschränkte harmonische Funktion ist, deren Randwerte in den erreichbaren Punkten von γ gleich 1 und in denen von $\bar{\gamma}$ gleich 0 sind, natürlich von je einer Nullmenge abgesehen. Dies folgt leicht nach dem Fatouschen Satze über das Poissonsche Integral aus dem Satze von Hrn. Carathéodory, wonach die Bilder erreichbarer Punkte von $\gamma + \bar{\gamma}$ die Peripherie von E_z bis auf eine Nullmenge ausfüllen. Wir nennen $P_{\Gamma,\gamma}(\zeta)$ *das charakteristische Potential von* γ *in* Γ.

Es sei nun $f(\zeta)$ eine in Γ reguläre Funktion, für die in Γ $|f(\zeta)| \leqq 1$ ist und deren absolute Beträge bei Annäherung an γ bis auf eine Nullmenge in der Grenze $\leqq \varepsilon$, $\varepsilon > 0$, bleiben[40]). Geht man dann zum Einheitskreis E_z in der z-Ebene über, so folgt bekanntlich aus der *Jensen*schen Ungleichung für den Wert der entsprechenden Funktion im Nullpunkt, d. h. für $f(\omega)$, die Abschätzung

$$|f(\omega)| \leqq \varepsilon^{\frac{1}{2\pi} m_{\Gamma,\omega}\gamma}$$

Zugleich wird in dieser Ungleichung das Gleichheitszeichen (für $\varepsilon = \frac{1}{e}$) für diejenige in Γ reguläre und nicht verschwindende Funktion $F(\zeta)$ erreicht, für die $\Re \log F(\zeta)$ gleich dem um 1 verminderten charakteristischen Potential von γ in Γ ist. Daher kann $m_{\Gamma,\omega}\gamma$ auch als die grösste positive Zahl m charakterisiert werden, derart, dass für jede in Γ reguläre Funktion $f(\zeta)$ mit $|f(\zeta)| \leqq 1$, für die bei Annäherung an

[40]) Dabei sind die Grenzwerte im Sinne der Nr. 9 zu verstehen, so dass die in den betreffenden Randpunkt mündenden Kurven, längs deren die Randwerte angenommen werden, erst mit Hilfe der Abbildung auf den Einheitskreis zu charakterisieren sind. Die hierin bei gleichzeitiger Betrachtung verschiedener Gebiete steckende Schwierigkeit wird im Folgenden mit Hilfe des Korollars zum Satz VI' sowie allgemeiner mit Hilfe des Satzes XXV'' überwunden.

die Punkte von γ bis auf eine Nullmenge der $\overline{\text{Lim}}$ des absoluten Betrages $\leqq \varepsilon$ bleibt, $|f(\omega)| \leqq \varepsilon^{\frac{m}{2\pi}}$ ist[41]).

XVIII. *Es sei g eine Gerade, ω ein Punkt ausserhalb g und s eine Strecke auf g, die sich auch ins Unendliche erstrecken darf und von ω aus unter dem Winkel α erscheint. Dann gilt*

$$m_{g,\omega}\, s = 2\alpha. \tag{17,3}$$

Beweis: Man darf annehmen, dass einer der Endpunkte von s der Fusspunkt q des von ω auf g gefällten Lotes ist, da man jede Strecke s aus zwei Strecken mit dieser Eigenschaft durch Addition oder Subtraktion zusammensetzen kann. Ist dann p der andere Endpunkt von s, so lege man durch ω und p einen auf g orthogonalen Halbkreis und ziehe die Tangenten an diesen Halbkreis in p und ω bis zu ihrem Schnittpunkt in t. (Vgl. Fig. 1). Dann hat man nur zu zeigen, dass der Winkel $t\omega p$ gleich α ist. Nun gilt aber $\sphericalangle\, t\omega p = \sphericalangle\, tp\omega = \sphericalangle\, p\omega q = \alpha$, da tp und $q\omega$ parallel sind.

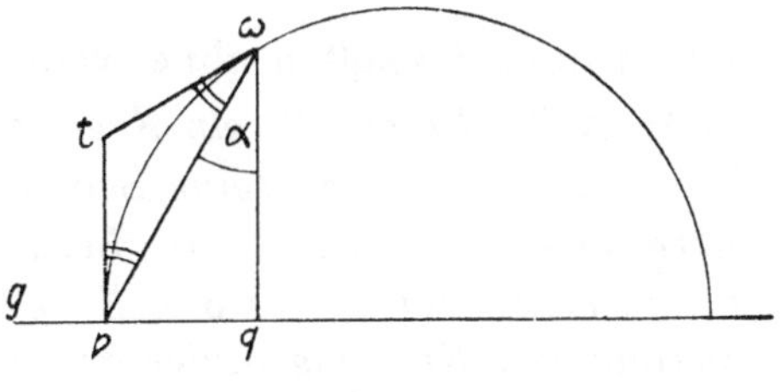

Fig 1.

Ist insbesondere s ein in einem Punkte ζ_0 auf g beginnender Halbstrahl, so ist $\pi - \alpha$ der Winkel zwischen $\omega\zeta_0$ und s, sodass also der Halbstrahl h_α, der bis auf seinen Anfangspunkt ζ_0 in einer durch g begrenzten Halbebene H verläuft und mit s den Winkel $\pi - \alpha$ bildet, der geometrische Ort der Punkte ist, von denen aus s in bezug auf H unter dem konformen Winkel 2α erscheint.

Bildet man nun H auf einen Kreis k_z der z-Ebene ab, sodass s in einen Kreisbogen $\varkappa$ übergeht, so geht h_α in einen in k_z verlaufenden Kreisbogen η_α über, der die Endpunkte von $\varkappa$ verbindet und in diesen Punkten mit s den Winkel $\pi - \alpha$ bildet. η_α ist dann der geometrische Ort der Punkte, von denen aus $\varkappa$ in bezug auf k_z unter dem konformen Winkel 2α erscheint. Hier kann k_z auch eine Halbebene sein.

41) Man findet derartige Ungleichungen für verschiedene spezielle Gebiete ausführlich behandelt in Julia (1) und (2).

18. Wir betrachten nun die konformen Winkel noch für drei weitere wichtige Konfigurationen.

XIX. *Es sei* R_σ *ein Winkelraum mit der Winkelöffnung* $2\sigma\pi$, *dem Scheitel* 0 *und den Schenkeln* s_1, s_2. *Dann ist der geometrische Ort der Punkte, von denen aus* s_1 *in bezug auf* R_σ *unter dem konformen Winkel* α *erscheint, der in* 0 *beginnende, in* R_σ *verlaufende Halbstrahl, der mit* s_2 *den Winkel* $\sigma\alpha$ *bildet. — Auf diesem Halbstrahl ist also das charakteristische Potential von* s_1 *in* R_σ *gleich* $\frac{\alpha}{2\pi}$.

Beweis: Ohne Beschränkung der Allgemeinheit kann angenommen werden, dass R_σ mit dem Winkelraum $0 < \arg\zeta < 2\sigma\pi$ identisch und s_1 der Halbstrahl $\arg\zeta = 2\sigma\pi$ ist.

Durch die Transformation $z = \zeta^{\frac{1}{2\sigma}}$ wird dann R_σ in die Halbebene $\Im z > 0$ und s_1 in die negative reelle Axe übergeführt. Die Punkte ζ mit $\arg\zeta = \sigma\alpha$ gehen dann in die Punkte mit $\arg z = \frac{\alpha}{2}$ über, woraus die Behauptung nach dem oben Gesagten ohne weiteres folgt.

Korollar 1 zu Satz XIX. *Es sei* S_σ *ein Kreisbogenzweieck, dessen Winkel gleich* $2\sigma\pi$ *sind, und* s_1, s_2 *seien seine Seiten. Dann ist der geometrische Ort der Punkte, von denen aus* s_1 *in bezug auf* S_σ *unter dem konformen Winkel* α *erscheint, der die beiden Eckpunkte von* S_σ *verbindende und in* S_σ *verlaufende Kreisbogen, der mit* s_2 *den Winkel* $\sigma\alpha$ *bildet.*

Zum Beweis braucht man nur S_σ auf R_σ konform abzubilden, indem der eine Eckpunkt in $z = 0$ und der andere in $z = \infty$ übergeführt wird. Bildet man R_σ logarithmisch auf einen Parallelstreifen ab, so ergibt sich weiter:

Korollar 2 zu Satz XIX. *Es sei* S *ein Parallelstreifen, dessen beide Grenzgeraden* s_1, s_2 *den Abstand* a *haben. Der geometrische Ort der Punkte, von denen aus* s_1 *unter dem konformen Winkel* α *in bezug auf* S *erscheint, ist die in* S *verlaufende, zu* s_1 *und* s_2 *parallele Gerade, die von* s_2 *den Abstand* $\frac{\alpha}{2\pi}a$ *hat.*

— Es sei $H^{(\rho)}$ das Gebiet $\Im z > 0$, $|z| > \rho$, das also von zwei Halbstrahlen der reellen Axe und der oberen Hälfte k'_ρ der Kreislinie $|z| = \rho$ begrenzt wird. ω sei ein Punkt von $H^{(\rho)}$ mit $|\omega| = d > \rho$. Wir wollen nun $m_{H^{(\rho)}, \omega}\, k'_\rho$ abschätzen.

Zu dem Zwecke bilde man $H^{(\rho)}$ durch

(18,1) $$\zeta = \frac{z-\rho}{z+\rho}$$

auf den Winkelraum $R = R_{\frac{1}{4}} : 0 < \arg \zeta < \frac{\pi}{2}$, wobei k'_ρ in die positive imaginäre Axe $l : \arg \zeta = \frac{\pi}{2}$ übergeht. Dann ist nach XIX

(18,2) $$m_{R,\,\zeta}\, l = 4 \arg \zeta.$$

Nun durchlaufen die Bilder der Punkte ω mit $|\omega| = d$ den Halbkreis k, der auf der positiven reellen Axe senkrecht steht und sie in den Punkten

(18,3) $$\frac{d-\rho}{d+\rho},\ \frac{d+\rho}{d-\rho}$$

trifft. Daraus folgt, dass der Mittelpunkt von k der Punkt

$$\frac{1}{2}\left(\frac{d-\rho}{d+\rho} + \frac{d+\rho}{d-\rho}\right) = \frac{d^2+\rho^2}{d^2-\rho^2}$$

ist und der Radius die Länge

$$\frac{1}{2}\left(\frac{d+\rho}{d-\rho} - \frac{d-\rho}{d+\rho}\right) = \frac{2\,d\rho}{d^2-\rho^2}$$

hat. Der nach einem Punkte von k gezogene Radiusvektor bildet nun den maximalen Winkel mit der positiven reellen Axe, wenn er k berührt.

Dieser maximale Winkel ist dann offenbar

(18,4) $$\arcsin\left(\frac{2\,d\rho}{d^2-\rho^2} \Big/ \frac{d^2+\rho^2}{d^2-\rho^2}\right) = \arcsin \frac{2\,d\rho}{d^2+\rho^2},$$

und der zugehörige Berührungspunkt liegt auf dem Einheitskreis $|\zeta| = 1$, da das Produkt der Zahlen (18,3) gleich 1 ist, sodass k den Einheitskreis orthogonal schneidet. Dem Einheitskreis $|\zeta| = 1$ entspricht aber in der z-Ebene vermöge unserer Abbildung die imaginäre Axe, sodass das zugehörige ω gleich id sein muss [42]). Wegen (18,2) folgt daher

XX. Für jeden Punkt ω von $H^{(\rho)}$ gilt

(18,5) $$m_{H^{(\rho)},\,\omega}\, k'_\rho \leq 4 \arcsin \frac{2\,|\omega|\,\rho}{|\omega|^2+\rho^2},$$

---

[42]) vgl. für diese Transformation Bieberbach (1), pp. 135—136.

wobei das Gleichheitszeichen nur für die Punkte auf der positiven imaginären Axe richtig ist.

Aus XX ergibt sich aber weiter:

XXI. *Es sei E_ρ für $\rho > 0$ das längs des Halbstrahles $(-\infty, -\rho >$ aufgeschnittene Aeussere der Kreislinie $k_\rho : |z| = \rho$ und ω ein Punkt von E_ρ. Dann gilt*

$$(18,6) \qquad m_{E_\rho, \omega} k_\rho \leqq 4 \arcsin \frac{2\sqrt{\rho\,|\,\omega\,|}}{\rho + \omega},$$

wo das Gleichheitszeichen nur für reelle $\omega > \rho$ richtig ist.

Denn durch die Transformation $z' = \sqrt{z}$ geht E_ρ in $-iH^{(\sqrt{\rho})}$ über und ω in $\sqrt{\omega}$. Wendet man darauf den Satz XX an, so ergibt sich (18,6).

19. Die Betrachtung des charakteristischen Potentials liefert ein gelegentlich sehr brauchbares Kriterium für die Winkelproportionalität bei konformer Abbildung.

XXII. *Es sei Γ ein Gebiet in der ζ-Ebene, mit einem erreichbaren Randpunkt π_0 im Unendlichen und γ einer der beiden in π_0 zusammenstossenden Randzweige* [43]). *Damit eine Abbildung von Γ auf H_z* [44]), *bei der π_0 in $z = \infty$ übergeht, im Unendlichen winkelproportional im Winkel ist, ist notwendig, dass das charakteristische Potential $P_{\Gamma,\gamma}(\zeta)$ auf jedem in Γ liegenden, in π_0 mündenden Jordanbogen L mit einer Richtung φ im Unendlichen einen Grenzwert hat, der eine lineare Funktion von φ ist, und hinreichend, dass wenigstens längs zweier solcher Jordanbögen L_1, L_2 mit verschiedenen Richtungen φ_1, φ_2 im Unendlichen Grenzwerte von $P_{\Gamma,\gamma}(\zeta)$ existieren.*

Beweis: Man bilde Γ konform auf H_z ab, sodass π_0 in $z = \infty$ und γ in die positive oder negative imaginäre Axe übergeht. Ist dies etwa die positive imaginäre Axe, so geht $P_{\Gamma,\gamma}(\zeta)$ in $\frac{1}{\pi} \arg z + \frac{1}{2}$ über, woraus die als notwendig angegebene Bedingung ohne weiteres für diejenigen φ folgt, die im *offenen* Richtungsintervall der Bögen L liegen, und dann natürlich auch für die Endpunkte dieses Intervalls, denen ja die beiden Richtungen der imaginären Axe entsprechen müssen.

Ist andererseits die oben als hinreichend angegebene Bedingung erfüllt, so kann man annehmen, dass L_1, L_2 den gleichen Anfangspunkt haben und sich nicht mehr treffen. Das „zwischen" L_1, L_2 enthaltene Teilgebiet Γ_0 von Γ bildet sich dann auf ein Teilgebiet G_0 von H_z ab,

[43]) Es kommt dabei auf die Wahl des Anfangspunktes von γ nicht an.

[44]) Unter H_z wird hier wie überall im Text die rechte z-Halbebene verstanden.

und es folgt aus den Annahmen durch zweimalige Anwendung des Satzes X, dass die Abbildung von Γ_0 auf G_0 im Unendlichen winkelproportional ist. Daher gibt es in Γ_0 und damit in Γ zwei ins Unendliche verlaufende Jordanbögen L'_1, L'_2, die im Unendlichen verschiedene Richtungen φ_1', φ_2' besitzen und für die φ_1', φ_2' im *offenen* Intervall (φ_1, φ_2) liegen. L_1', L_2' bilden sich aber im Unendlichen konform ab, woraus die Behauptung des Satzes nach Satz XI sofort folgt.

Daraus lässt sich leicht der folgende Satz herleiten:

XXIII. *Es sei g ein einfach zusammenhängendes Gebiet der ζ-Ebene mit einem Randpunkt π_0 im Unendlichen, der längs einer in g verlaufenden Jordankurve Λ erreicht wird. G sei ein einfach zusammenhängendes, g enthaltendes Gebiet, dessen Rand den unendlich fernen Punkt enthält. Der längs Λ erreichbare unendlich ferne Randpunkt von G sei gleichfalls mit π_0 bezeichnet. Die konformen Abbildungen von g und G auf H_z, bei denen π_0 in $z = \infty$ übergeht, mögen im Unendlichen im Winkel winkeltreu sein.*

Ist dann Γ ein in G enthaltenes und g enthaltendes einfach zusammenhängendes Gebiet, so ist jede Abbildung von Γ auf H_z, bei der der längs Λ erreichbare unendlich ferne Randpunkt π_0 in $z = \infty$ übergeht, im Unendlichen im Winkel winkeltreu.

Beweis: Man kann annehmen, dass G die rechte Halbebene H_ζ ist, da man sonst die ganze Konfiguration der entsprechenden vorbereitenden Transformation unterwerfen kann. Ferner kann angenommen werden, dass ein Randpunkt von Γ auf der *positiven* reellen Axe liegt. Denn liegt ein Randpunkt von Γ in H_ζ, so ist dies durch eine Parallelverschiebung parallel zur imaginären Axe sofort zu erreichen, sonst aber ist Γ mit H_ζ identisch.

Andererseits muss dann nach der am Schlusse von Nr. 13 aus dem Satz XII gefolgerten Tatsache g für jedes $\varepsilon > 0$ einen Winkelraum von der Oeffnung $\pi - \varepsilon$ enthalten. Daraus folgt aber, dass man in H_ζ zwei in einem Punkt ζ_0 der positiven reellen Axe beginnende und in bezug auf die reelle Axe symmetrische Jordanbögen L, L' finden kann, derart, dass *erstens* L bis auf ζ_0 innerhalb des ersten Quadranten ins Unendliche verläuft und dort die positive imaginäre Axe berührt und *zweitens* kein Randpunkt von g rechts von und auf der Kurve $L + L'$ liegt. Daher liegt auch der Rand von Γ zwischen der imaginären Axe und $L + L'$. Das Gebiet rechts von $L + L'$ sei mit g^* bezeichnet.

Man gehe nun von ζ_0 längs der reellen Axe nach links bis zum ersten Randpunkt $\zeta_1 > 0$ von Γ und bezeichne die Strecke $\zeta_0 \zeta_1$ mit s. ζ_1 trennt zusammen mit π_0 den Rand von Γ in zwei Stücke γ und γ_1. Bei jeder Abbildung von Γ auf H_z, bei der ζ_1 in $z = 0$ und π_0 in $z = \infty$

420

übergeht, entspricht ein fester der Zweige γ, γ_1, etwa γ, der positiven reellen Axe und der andere der negativen. Es sei $P(\zeta)$ das charakteristische Potential von γ in Γ. Um zu beweisen, dass $P(\zeta)$ längs der Halbstrahlen $\arg \zeta = \varphi$, $-\frac{\pi}{2} < \varphi < \frac{\pi}{2}$ gegen $\frac{\varphi}{\pi} + \frac{1}{2}$ konvergiert, betrachte man die beiden Gebiete Γ^+ bzw. Γ^-, die von $\gamma_1 + s + L$ bzw. $\gamma + s + L'$ begrenzt sind und je ein unendliches Stück der positiven reellen Axe enthalten. Ebenso sei H^+ bzw. H^- die längs $L + s$ bzw. $L' + s$ aufgeschnittene Halbebene H_ζ. Offenbar ist

$$H^+ \supset \Gamma^+ \supset g^*,\ H^- \supset \Gamma^- \supset g^*.$$

$P^+(\zeta)$ sei das charakteristische Potential der beiden Ufer von $L + s$ in H^+ und $P^-(\zeta)$ das charakteristische Potential der beiden Ufer von $L' + s$ in H^-.

Dann gilt in g^*

$$1 - P^-(\zeta) \leqq P(\zeta) \leqq P^+(\zeta). \tag{19,1}$$

Denn $P^+(\zeta) - P(\zeta)$ ist $\geqq 0$ auf $s + L$, da dort $P^+(\zeta) = 1$ ist, und $\geqq 0$ auf γ_1, da dort $P(\zeta) = 0$ gilt. Daher gilt in Γ^+ und erst recht in g^* $P^+(\zeta) - P(\zeta) \geqq 0$, und genau ebenso folgt $1 - P^-(\zeta) \leqq P(\zeta)$ (in g^*).

Aus (19,1) folgt aber die Behauptung sofort, da sowohl $P^+(\zeta)$ als auch $1 - P^-(\zeta)$ mit $\arg \zeta \to \varphi$ in g^* gegen $\frac{\varphi}{\pi} + \frac{1}{2}$ konvergieren. Es folgt dies nach dem am Schlusse von Nr. 14 bei der Besprechung des dort angegebenen Beispiels Gesagten unmittelbar aus dem Satz XXII. Damit ist der Satz XXIII bewiesen.

Aus dem Satz XXIII folgt sofort der kürzlich von Hrn. J. Wolff[45]) gefundene und nach einer ganz anderen Methode bewiesene Satz wonach, wenn der Rand eines einfach zusammenhängenden Gebietes Γ mit einem erreichbaren Randpunkt π_0 im Unendlichen dort eine W-Tangente im Sinne der am Schlusse der Nr. 5 besprochenen Definition besitzt, jede konforme Abbildung von Γ auf H_z, die π_0 in $z = \infty$ überführt, im Unendlichen im Winkel winkeltreu ist. Umgekehrt lässt sich der Satz XXIII aus diesem Wolffschen Satz sofort folgern, sobald man G als H_z angenommen hat. Doch ergeben sich beide Sätze aus dem Hauptsatz über Winkelproportionalität am Rande bei konformer Abbildung, den wir im § 6 beweisen werden, ohne weiteres.

[45]) Wolff (2), (3).

§ 5. Ungleichungen für konforme Masse.

20. Im Folgenden werden für uns gewisse Abschätzungen wichtig sein, die für die konformen Masse unter relativ geringen Annahmen über das Gebiet gelten. Das erste und wichtigste Resultat in dieser Richtung ist das *Löwner—Montel*sche Lemma.

XXIV. *Es sei* Γ *ein einfach zusammenhängendes Gebiet und* Γ^* *ein einfach zusammenhängendes Teilgebiet von* Γ, *das mit* Γ *eine in* Γ *und* Γ^* *messbare Menge* γ *erreichbarer Randpunkte gemeinsam hat. Ist dann* ω *ein innerer Punkt von* Γ^*, *so gilt*

$$m_{\Gamma,\,\omega}\gamma \geqq m_{\Gamma^*,\,\omega}\gamma\,. \tag{20,1}$$

Man kann diesen Satz so interpretieren: Es seien γ_1 bzw. γ_1^* die zu γ komplementären Randpunktmengen von Γ bzw. Γ^*. Dann wird γ_1 durch γ_1^* vom Punkte ω gewissermassen „abgeschirmt" und γ_1^* liegt (im Sinne der konformen Abbildung) *„näher"* an ω als γ_1, sodass γ_1^* daher von ω aus unter „grösserem" konformem Winkel gesehen wird als γ_1, woraus (20.1) wegen (17,1) folgt. [46]

Beweis des Satzes XXIV. Ohne Beschränkung der Allgemeinheit kann Γ als das Innere des Einheitskreises der z-Ebene und ω als der Punkt $z=0$ angenommen werden. Es sei (20,1) falsch, sodass

$$d = m_{\Gamma^*,\,0}\gamma - m_{\Gamma,\,0}\gamma > 0 \tag{20,2}$$

ist. Die Menge γ lässt sich bekanntlich durch eine Vereinigungsmenge von punktfremden offenen Intervallen $\sum\limits_{\nu=1}^{\infty}\alpha_\nu$ auf dem Einheitskreis überdecken, sodass, wenn allgemein die Länge des Kreisbogens α_ν wieder mit α_ν bezeichnet wird,

$$d > \sum_{\nu=1}^{\infty}\alpha_\nu - m_{\Gamma,0}\gamma > 0 \tag{20,3}$$

ist. Es sei nun die in α_ν liegende Teilmenge von γ mit δ_ν bezeichnet. δ_ν ist nicht nur in bezug auf Γ messbar, sondern auch in bezug auf Γ^*. Denn ist $\varkappa$ die durch die Endpunkte von α_ν hindurchgehende, auf dem

[46]) Der Satz wurde zuerst für den Fall, dass γ ein Randbogen ist, in Löwner (1), p. 112 und Montel (1), pp. 31 — 32 (Fussnote) bewiesen. Für weitere Beweise und Umformungen vgl. Bieberbach (1), pp. 121 — 122, sowie Warschawski (1) pp. 338 ff. Im allgemeinsten Fall ist (20,1) möglicherweise in Nevanlinna (4) enthalten. Doch ist uns diese Abhandlung beim Abschluss des Manuskripts nur aus dem Referat im Zentralblatt für Mathematik, 12 (1935), pp. 78—79 bekannt geworden.

Einheitskreis senkrecht stehende Kreislinie, so ist die Menge der innerhalb $\varkappa$ liegenden Randpunkte von Γ^* nach dem Satz XVII messbar in bezug auf Γ^* und δ_ν ist ihr Durchschnitt mit der als messbar vorausgesetzten Menge γ.

Es gilt nun wegen (20,2) und (20,3)

$$m_{\Gamma^*,0}\,\gamma = \sum_{\nu=1}^{\infty} m_{\Gamma^*,0}\,\delta_\nu ,$$

$$\sum_{\nu=1}^{\infty} (m_{\Gamma^*,0}\,\delta_\nu - \alpha_\nu) > 0 ,$$

sodass es daher einen offenen Kreisbogen α auf dem Einheitskreis und eine in α liegende messbare Randpunktmenge δ von Γ^* gibt, für die

$$m_{\Gamma^*,0}\,\delta > \alpha \tag{20,4}$$

gilt. Es sei nun $P(z)$ das charakteristische Potential von α in bezug auf den Einheitskreis. In jedem Punkt von δ, der ja im Innern von α liegt, ist dann $P(z)=1$ für *allseitige* Annäherung aus dem Innern des Einheitskreises und daher erst recht für allseitige Annäherung aus dem Innern von Γ^*. Es sei $P^*(z)$ das charakteristische Potential von δ in Γ^*. In den Punkten von δ gilt sicher, wenn z aus dem Innern von Γ^* gegen diese Punkte strebt,

$$\underline{\text{Lim}}\,(P(z) - P^*(z)) \geqq 0 ,$$

da $P^*(z) \leqq 1$ ist. In den Punkten der zu δ komplementären Randpunktmenge $\bar{\delta}$ von Γ^* ist aber bis auf eine Nullmenge (in bezug auf Γ^*) $\text{Lim}\, P^*(z) = 0$, sodass auch auf $\bar{\delta}$ $\underline{\text{Lim}}\,(P(z) - P^*(z)) \geqq 0$ ist, bis auf eine Nullmenge in bezug auf Γ^*. Daher gilt in Γ^* durchweg $P(z) \geqq P^*(z)$[47]), und damit auch $P(0) \geqq P^*(0)$, $m_{\Gamma,0}\,\alpha = \alpha \geqq m_{\Gamma^*,0}\,\delta$, entgegen (20,4). Damit ist der Satz XXIV bewiesen.

In der Relation (20,1) gilt selbstverständlich das Gleichheitszeichen, wenn Γ mit Γ^* identisch ist. Aus dem Satz XVII folgt nun, dass dort sonst, wenn γ keine Nullmenge in Γ ist, das *Grösser*zeichen gilt. Denn es sei $P^*(z)$ das charakteristische Potential von γ in Γ^* und $P(z)$ dasjenige von γ in Γ. Dann gilt nach (20,1) sicher in Γ^*: $P^*(z) \leqq P(z)$, und,

[47]) denn wenn ein in einem einfach zusammenhängenden Gebiete gleichmässig beschränktes Potential am Rande bis auf eine Nullmenge nicht negativen $\underline{\text{Lim}}$ hat, ist es im Innern nicht negativ. Es folgt dies daraus, dass ein solches Potential nach Übergang zum Einheitskreis durch das Poissonsche Integral darstellbar ist.

um zu zeigen, dass $P^*(z)$ in Γ^* überall *kleiner* als $P(z)$ ist, genügt es, einen Randpunkt von Γ^* innerhalb Γ nachzuweisen, in dem $P(z)-P^*(z)$ nicht verschwindet. Nun ist $P(z)$ innerhalb Γ stetig und *positiv*, nach der Annahme, dass $m_{\Gamma,0}\gamma>0$ ist. Ist aber D^* die Menge der Randpunkte von Γ^*, die innerhalb Γ liegen, so ist ja ihr Mass in Γ^* nach XVII *positiv*, und es gibt daher auf ihr sicher einen Punkt, in dem $P^*(z)$ längs eines geeigneten Weges gegen 0 strebt. Daher kann $P(z)-P^*(z)$ innerhalb Γ^* nicht durchweg verschwinden.

Anderseits kann man auch eine gelegentlich bequem zu benutzende Schranke für die Differenz $m_{\Gamma,\omega}\gamma - m_{\Gamma^*,\omega}\gamma$ angeben. Wir bezeichnen zu dem Zwecke mit D die Randpunktmenge von Γ, die *ausserhalb* Γ^*, und mit D^*, wie oben, die Randpunktmenge von Γ^*, die *innerhalb* Γ liegt. Es sei ferner für den Augenblick die Menge der Γ und Γ^* gemeinsamen Randpunkte, die nicht in γ enthalten sind, mit γ_0 bezeichnet. Dann gilt, da auch $m_{\Gamma,\omega}\gamma_0 - m_{\Gamma^*,\omega}\gamma_0 \geqq 0$ ist, nach (17,1)

$$m_{\Gamma,\omega}\gamma - m_{\Gamma^*,\omega}\gamma \leqq m_{\Gamma,\omega}(\gamma+\gamma_0) - m_{\Gamma^*,\omega}(\gamma+\gamma_0) =$$
$$= m_{\Gamma^*,\omega}D^* - m_{\Gamma,\omega}D \leqq m_{\Gamma^*,\omega}D^*.$$

Wir fassen das Resultat im Satz zusammen:

XXV. *Unter den Voraussetzungen des Satzes* XXIV *sei* Γ^* *von* Γ *verschieden und* γ *in* Γ *keine Nullmenge. Dann gilt, wenn* D^* *die Randpunktmenge von* Γ^* *innerhalb* Γ *und* D *die Randpunktmenge von* Γ *ausserhalb* Γ^* *bezeichnet:*

(20,5) $$0 < m_{\Gamma,\omega}\gamma - m_{\Gamma^*,\omega}\gamma \leqq m_{\Gamma^*,\omega}D^* - m_{\Gamma,\omega}D \leqq m_{\Gamma^*,\omega}D^*.$$

In der obigen Formulierung der Sätze XXIV und XXV wurde die Messbarkeit von γ explizite in Γ *und* Γ^* vorausgesetzt. Man kann nun beweisen, dass aus der Messbarkeit von γ in Γ dasselbe auch in Γ^* folgt.

XXV'. *Wird unter den Voraussetzungen des Satzes XXIV über die Menge* γ *nur vorausgesetzt, dass sie in bezug auf* Γ *messbar ist, so ist* γ *auch in bezug auf* Γ^* *messbar.*

Beweis: Ohne Beschränkung der Allgemeinheit darf Γ als die Halbebene $\Im z>0$ vorausgesetzt werden. Ist γ nicht beschränkt, so sei γ_1 die Gesamtheit der Punkte von γ, die im Intervall $<-1, 1>$ liegen, γ_2 die komplementäre Menge zu γ_1 in bezug auf γ. γ_1 (und damit auch γ_2) ist nach Satz XVII messbar, da γ_1 der Durchschnitt von γ mit einer abgeschlossenen Menge ist. Es genügt, den Satz für γ_1 zu beweisen, da durch die Transformation $z'=\frac{1}{z}$ γ_2 ins Innere des Intervalls

$\langle -1, 1 \rangle$ gebracht wird. Wir können daher von vornherein annehmen, dass γ in $\langle -1, 1 \rangle$ liegt.

Ist nun R ein Intervall auf der reellen Axe, so ist die Gesamtheit der Randpunkte von Γ^*, die in R liegen, nach Satz XVII in bezug auf Γ^* messbar. Ist $R = \Sigma R_\nu$ eine Vereinigungsmenge von Intervallen auf der reellen Axe, so gilt daher dasselbe für die Gesamtheit aller in R liegenden Randpunkte von Γ^*. Nun kann man für jedes ν, $\nu = 1, 2, 3 \ldots$ zu γ eine in $\langle -1, 1 \rangle$ liegende Intervallmenge $R^{(\nu)}$ finden, die γ enthält und deren Mass in Γ sich höchstens um $\frac{1}{\nu}$ vom Mass von γ in Γ unterscheidet. Die Durchschnittsmenge aller $R^{(\nu)}$ sei mit $\mathfrak{M}$ bezeichnet, die in $\mathfrak{M}$ liegende Randpunktmenge von Γ^* mit M. Dann ist M in bezug auf Γ^* messbar als Durchschnitt einer Folge von messbaren Mengen. Andererseits ist M zwischen γ und ihrer in bezug auf Γ massgleichen Hülle $\mathfrak{M}$ enthalten und daher auch in bezug auf Γ messbar. Daher gilt nach Satz XXIV wegen $\gamma \subset \mathfrak{M}$

$$m_{\Gamma,\omega}\gamma = m_{\Gamma,\omega}\mathfrak{M} = m_{\Gamma,\omega} M \geqq m_{\Gamma^*,\omega} M. \tag{20,6}$$

Ist nun γ eine Nullmenge in bezug auf Γ, so ist nach (20,6) M eine Nullmenge in bezug auf Γ^*, und dasselbe gilt für die Teilmenge γ von M. Ist aber $m_{\Gamma,\omega}\gamma > 0$, so ist $M - \gamma$ eine Nullmenge in Γ und daher auch in Γ^*, und es folgt, dass $\gamma = M - (M - \gamma)$ gleichfalls in bezug auf Γ^* messbar ist, w. z. b. w.

Es sei noch bemerkt, dass der Satz XXV' nicht umkehrbar ist. Man kann ein einfach zusammenhängendes Teilgebiet Γ^* der oberen Halbebene Γ konstruieren, derart, dass eine gewisse auf der reellen Axe liegende Randpunktmenge von Γ^*, die in bezug auf Γ^* messbar und sogar eine Nullmenge ist, in bezug auf Γ nicht messbar ist. Doch soll ein solches Beispiel an anderer Stelle veröffentlicht werden.

In der Folge wird besonders die Tatsache zu benutzen sein, dass, wenn die Menge γ des Satzes XXIV eine Nullmenge in bezug auf Γ ist, sie es auch in bezug auf Γ^* sein muss. In Verbindung mit dem Korollar zum Satz VI' lässt sich daraus leicht die folgende Formulierung herleiten:

XXV''. *Es sei Γ ein einfach zusammenhängendes Gebiet der z-Ebene und Γ^* ein Teilgebiet von Γ, das mit Γ eine in Γ messbare Menge γ erreichbarer Randpunkte gemeinsam hat. $P(z)$ sei eine in Γ reguläre und absolut beschränkte harmonische Funktion. Es sei γ' eine in bezug auf Γ massgleiche Teilmenge von γ. Dann besitzt $P(z)$ auf einer in bezug auf Γ^* mit γ massgleichen Teilmenge γ'' von γ' Randwerte* *sowohl von Γ als auch von Γ^* aus, und die beiden so auf γ'' definierten Randwertfunktionen sind einander gleich.*

Beweis: Bildet man Γ konform auf das Innere des Einheitskreises ab, so folgt aus dem bekannten Fatouschen Satz, dass $P(z)$ in allen erreichbaren Randpunkten von Γ, bis auf eine Nullmenge in bezug auf Γ, Randwerte von Γ aus hat. Man darf daher annehmen, dass $P(z)$ in *jedem* Punkt von γ' einen Randwert von Γ aus hat, indem man sonst γ' durch eine massgleiche Teilmenge ersetzt.

Da ferner $\gamma - \gamma'$ nach den Sätzen XXIV und XXV' auch in bezug auf Γ^* eine Nullmenge ist, darf man $\gamma = \gamma'$ voraussetzen. Durch Abbildung von Γ^* auf den Einheitskreis folgt sodann ganz analog wie oben, dass $P(z)$ in einer in bezug auf Γ^* massgleichen Teilmenge γ'' von γ' Randwerte von Γ^* aus hat. Ist z_0 ein Punkt von γ'', so kann aber nach dem Korollar zum Satz VI' der Randwert von $P(z)$ in z_0 von Γ aus nicht verschieden vom Randwert von Γ^* aus sein, womit der Satz XXV'' bewiesen ist.

21. XXVI. *Es sei Γ ein Gebiet in der ζ-Ebene, in dessen Rand eine Strecke σ mit den Endpunkten A, B enthalten ist. (Vgl. Fig. 2). Ein A und B verbindender Kreisbogen $\varkappa$ möge mit σ ein Segment S einschliessen, das ausserhalb Γ verläuft. Die Winkel von S bei A und B seien gleich $2\pi\alpha$, wo $0 \leqq \alpha < 1$ ist (sodass S für $\alpha = 0$ mit σ zusammenfallen kann).*

Der zu σ komplementäre Randteil von Γ sei mit λ bezeichnet. Es möge nun Γ auf ein Gebiet G in der z-Ebene konform abgebildet wer-

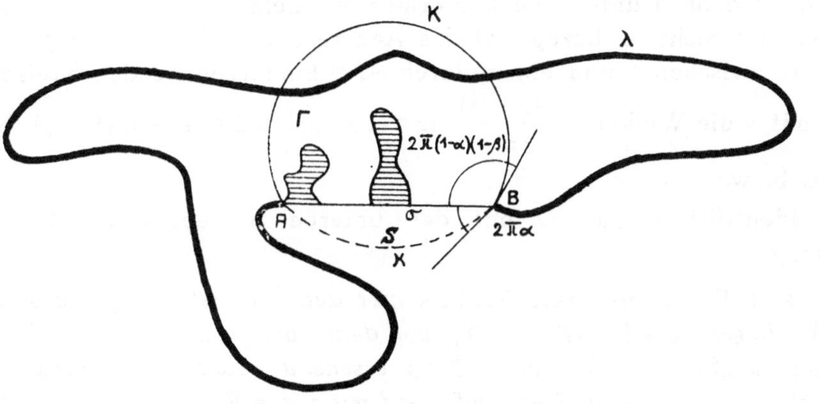

Fig. 2.

den, das in der unteren Halbebene liegt und in seinem Rand eine Strecke l der reellen z-Axe enthält, die dem Randstück λ von Γ entspricht

(Vgl. Fig. 3). *Es sei k ein die Endpunkte von l verbindender Kreisbogen, der mit dem unteren Ufer von l ein Segment (k) bildet und mit l den Winkel $\pi\beta$ einschliesst. Dann entsprechen allen Punkten von G ausserhalb (k) in der ζ-Ebene Punkte, die zwischen σ und einem durch A*

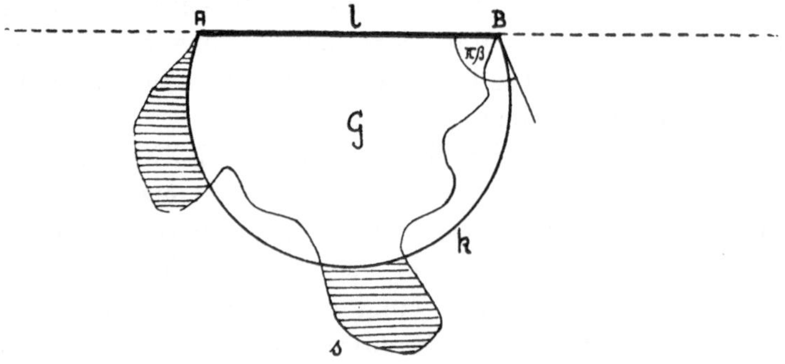

Fig. 3.

und B hindurchgehenden Kreisbogen K liegen, der mit σ den Winkel $2\pi(1-\alpha)(1-\beta)$ einschliesst und auf der α abgewandten Seite von σ liegt[48]. (In den Fig. 2, 3 sind die von den in Frage kommenden Punkten erfüllten Gebiete schraffiert dargestellt).

Beweis: Denn von den Punkten von G ausserhalb (k) aus erscheint l nach dem Korollar 1 zum Satz XIX in bezug auf die untere Halbebene unter konformen Winkeln $< 2\pi(1-\beta)$, daher nach Satz XXIV erst recht in bezug auf G. Von den entsprechenden Punkten in der ζ-Ebene aus erscheint dann σ unter den konformen Winkeln $> 2\pi\beta$ in bezug auf Γ, daher erst recht in bezug auf das Aeussere von S. Daher liegen diese Punkte zwischen σ und einem durch A, B hindurchgehenden Kreisbogen, der mit σ die Winkel $\frac{2\pi(1-\alpha)}{2\pi}(2\pi(1-\beta)) = 2\pi(1-\alpha)(1-\beta)$ bildet, w. z. b. w.

Identifiziert man G mit der unteren Halbebene der z-Ebene, so folgt

Korollar 1 zum Satz XXVI. *Unter den Voraussetzungen des Satzes XXVI liegen die Punkte von Γ, von denen aus σ in bezug auf Γ unter einem konformen Winkel $> 2\pi\beta$ erscheint, zwischen σ und einem Kreisbogen, der A und B verbindet und mit σ den Winkel $2\pi(1-\alpha)(1-\beta)$ bildet.*

---

[48]) Vgl. hierzu den Satz des Abschnitts 18. in Carathéodory (2), pp. 39—40, sowie Carathéodory (4), p. 91.

Es sei unter den Voraussetzungen des Korollars 1: $\frac{1}{4} \leqq (1-\alpha)(1-\beta) < \frac{1}{2}$. Dann verläuft der Kreisbogen K ganz auf der $\varkappa$ abgewandten Seite von σ. Für die grösste Distanz seiner Punkte vom Mittelpunkt von σ erhält man dann, $\gamma = 2\pi(1-\alpha)(1-\beta)$ gesetzt, durch eine bekannte trigonometrische Betrachtung den Wert

$$d = \frac{\sigma}{2} \operatorname{tg} \frac{\gamma}{2}.$$

Beschreibt man also um den Mittelpunkt von σ einen Kreis mit dem Radius d, so erscheint σ in bezug auf Γ von jedem Punkt von Γ ausserhalb dieses Kreises unter einem Winkel $< 2\pi\beta$. Nun gilt aber

$$(21,1) \qquad \gamma = 2 \operatorname{arctg} \frac{2d}{\sigma}, \quad 2\pi(1-\beta) = \frac{2}{1-\alpha} \operatorname{arctg} \frac{2d}{\sigma}$$

und

$$(21,2) \qquad 2\pi\beta = 2\pi - \frac{2}{1-\alpha} \operatorname{arctg} \frac{2d}{\sigma}.$$

Da aber für das vermöge (21,1) aus gegebenen Werten α, σ und $d \geqq \frac{\sigma}{2}$ hergeleitete β sicher $\frac{1}{4} \leqq (1-\alpha)(1-\beta) < \frac{1}{2}$ gilt, folgt:

Korollar 2 zum Satz XXVI. *Unter den Voraussetzungen des Satzes XXVI erscheint σ von jedem Punkt ω von Γ aus, dessen Distanz vom Mittelpunkt von σ nicht kleiner als $d \geqq \frac{\sigma}{2}$ ist, in bezug auf Γ höchstens unter dem konformen Winkel (21,2).*

Wie man sieht, ist hier die Schranke (21, 2) für $\alpha = 0$ grösser als π, für $\alpha = \frac{1}{2}$ allerdings kann die Schranke (21, 1) beliebig klein gemacht werden, wenn d ins Unendliche geht. In diesem Fall liegt Γ in einer Halbebene, in deren Rand σ enthalten ist. Die Schranke (21, 2) wird aber für $\alpha = 0$ erreicht, wenn Γ die längs σ aufgeschnittene Ebene und ω der „höchste" Punkt von K über σ ist.

In der Formulierung des Satzes XXVI wird verlangt, dass das Bildgebiet G von Γ in einer Halbebene liegt, deren Rand die Strecke l enthält. Es ist leicht zu sehen, dass man statt der Halbebene ein Kreisbogenzweieck benutzen kann, dessen eine Seite das Bild von λ ist. Wenn die Winkel des Zweiecks gleich π sind, d. h. das Zweieck sich auf einen Kreis reduziert, genügt es, dieses Zweieck auf eine Halbebene

428

abzubilden. Sonst aber hat man das Zweieck durch eine geeignete Potenztransformation auf eine Halbebene abzubilden, wobei alle Winkel in den Ecken des Zweiecks mit einem und demselben Faktor multipliziert werden.

Wird über das Gebiet Γ über die Annahmen des Satzes XXVI hinaus vorausgesetzt, dass der unendlich ferne Punkt nicht in seinem Innern liegt, so kann man anstatt der im Korollar 2 gegebenen Abschätzung andere aufstellen, bei denen die Schranke beliebig kleiner Werte fähig ist. Zugleich braucht man dabei σ nicht mehr als eine Strecke vorauszusetzen. Wir geben zwei derartige Abschätzungen.

22. XXVII. *Es sei Γ ein einfach zusammenhängendes Gebiet, das vollständig auf einer bestimmten Seite H einer Geraden g liegt und eine in Γ messbare Randpunktmenge C besitzt, deren sämtliche Punkte von einem Punkte q von g eine Distanz $\leq \rho$ haben. ω sei ein Punkt von Γ mit der Distanz $d > \rho$ von q. Dann gilt für den konformen Winkel, unter dem C von ω aus in bezug auf Γ erscheint:*

$$
\begin{aligned}
m_{\Gamma,\omega}\, C &\leq 4 \text{ arc sin } \frac{2\rho d}{d^2+\rho^2} = \\
&= 4 \text{ arc cos } \frac{d^2-\rho^2}{d^2+\rho^2} < \frac{4\pi\rho d}{d^2+\rho^2} < 4\pi\frac{\rho}{d}\,.
\end{aligned}
\tag{22,1}
$$

Hier wird das Gleichheitszeichen nur erreicht, wenn Γ mit dem aus H durch das Herausschneiden des Kreises um q mit dem Radius ρ entstehenden Gebiet, C bis auf eine Nullmenge mit dem in H liegenden Halbkreis um q mit dem Radius ρ identisch ist und ω auf dem Lot auf g durch q liegt.

Beweis: Ohne Beschränkung der Allgemeinheit darf vorausgesetzt werden, dass g die reelle Axe der z-Ebene, $q = 0$ und H mit der oberen Halbebene identisch ist, ferner, dass C mit der Menge *aller* Randpunkte von Γ mit $|z| \leq \rho$ zusammenfällt. Man bilde das Gebiet $H^{(\rho)}$, das aus allen Punkten mit $\Im z > 0$, $|z| > \rho$ besteht. Der Halbkreis $\varkappa : |z| = \rho$, $\Im z \geq 0$, zerschneidet Γ in endlich oder unendlich viele einfach zusammenhängende Gebiete. Dasjenige unter ihnen, das ω enthält, sei mit Γ^* bezeichnet. Γ^* ist ein Teilgebiet von $H^{(\rho)}$. Die Menge der Randpunkte von Γ^*, die nicht auf $\varkappa$ liegen, sei mit γ bezeichnet, die Menge der übrigen, auf $\varkappa$ liegenden Randpunkte mit $\bar{\gamma}$. Die zu C komplementäre Randpunktmenge von Γ sei mit $\bar{C}$ bezeichnet. Dann folgt aus dem Satz XXV, wenn Γ^* von Γ verschieden ist und es in γ überhaupt Punkte gibt:

$$m_{\Gamma^*,\omega}\, \gamma < m_{\Gamma,\omega}\, \gamma \leq m_{\Gamma,\omega}\, \bar{C}\,,$$

da dann γ nach Satz XVII keine Nullmenge in Γ^* und wegen XXIV keine Nullmenge in Γ ist.

Daher folgt wegen (17,1), wenn man zu komplementären Randpunktmengen übergeht:

$$m_{\Gamma^*,\omega}\,\bar{\gamma} > m_{\Gamma,\omega}\,C. \tag{22,2}$$

Andererseits ist $\bar{\gamma}$ abgeschlossen und daher messbar in bezug auf $H^{(\rho)}$. Daher gilt, da $\bar{\gamma}$ auf $\varkappa$ liegt, nach Satz XXV, wenn Γ^* nicht mit $H^{(\rho)}$ identisch ist,

$$m_{\Gamma^*,\omega}\,\bar{\gamma} \leqq m_{H^{(\rho)},\omega}\,\bar{\gamma} \leqq m_{H^{(\rho)},\omega}\,\varkappa,$$

wo in einer der beiden Relationen das *Kleiner*zeichen gilt, und daher

$$m_{\Gamma,\omega}\,C \leqq m_{H^{(\rho)},\omega}\,\varkappa, \tag{22,3}$$

wobei das Gleicheitszeichen nur gilt, wenn Γ mit $H^{(\rho)}$ zusammenfällt. Aus dem Satz XX folgt dann die Behauptung sofort.

23. Lässt man die Voraussetzung fallen, dass Γ in einer Halbebene enthalten ist, so lässt sich anstatt XXVII die folgende, allerdings wesentlich tiefer liegende Abschätzung beweisen:

XXVIII. *Es sei Γ ein einfach zusammenhängendes Gebiet der z-Ebene, das den unendlich fernen Punkt nicht im Innern enthält und eine in Γ messbare Randpunktmenge C besitzt, die im Kreise $|z| \leqq \rho$ liegt. Ist ω ein innerer Punkt von Γ mit $|\omega| > \rho$, so gilt für den konformen Winkel in bezug auf Γ, unter dem C von ω aus erscheint:*

$$\begin{aligned} m_{\Gamma,\omega}\,C &\leqq 4 \arcsin \frac{2\sqrt{|\omega|\,\rho}}{\rho + |\omega|} = \\ &= 4 \arccos \frac{|\omega| - \rho}{|\omega| + \rho} < 4\pi \sqrt{\frac{\rho}{|\omega|}}. \end{aligned} \tag{23,1}$$

Hier gilt das Gleichheitszeichen nur, wenn Γ durch eine Drehung um den Nullpunkt in das Gebiet E_ρ des Satzes XXI übergeht, C mit der Kreislinie $|z| = \rho$ bis auf eine Nullmenge identisch ist und ω auf der Verlängerung des geradlinigen Einschnittes von Γ nach rückwärts liegt.

Beweis: Da die Voraussetzungen und Behauptungen gegenüber einer Transformation von der Form $z' = az$ invariant sind, darf $\rho = 1$ und ω positiv > 1 vorausgesetzt werden.

Die Gesamtheit der Punkte von Γ, die ausserhalb des Einheitskreises E_z liegen, zerfällt in endlich oder unendlich viele einfach zusammenhängende Gebiete, von denen eines ω enthält und mit Γ^* bezeichnet werden möge. Die Gesamtheit der Punkte der Kreislinie E_z, die im Rand von Γ^* vorkommen, sei mit $\varkappa$ bezeichnet. $\varkappa$ ist nach Satz XVII messbar.

Es genügt, (23,1) unter der Annahme zu beweisen, dass C die *Gesamt*menge der Randpunkte von Γ mit $|z| \leqq 1$ ist. Wir zeigen zuerst, dass, wenn Γ^* nicht mit Γ identisch ist,

$$m_{\Gamma, \omega}\, C < m_{\Gamma^*, \omega}\, \varkappa \tag{23,2}$$

gilt. Denn es sei $\overline{C}$ die zu C komplementäre Randpunktmenge von Γ und $\overline{\varkappa}$ die zu $\varkappa$ komplementäre Randpunktmenge von Γ^*. $\overline{C}$ ist nicht leer, da Γ den unendlich fernen Punkt nicht im Innern enthält. Nach Satz XVII ist $\overline{C}$ keine Nullmenge in Γ. Daher folgt aus dem Satz XXV

$$m_{\Gamma^*, \omega}\, \overline{\varkappa} \leqq m_{\Gamma, \omega}\, \overline{\varkappa} \leqq m_{\Gamma, \omega}\, \overline{C},$$

wo in einer der beiden Ungleichungen das *Kleiner*zeichen gilt. Durch den Uebergang zu den komplementären Randpunktmengen folgt (23,2).

Durch die Transformation $z' = \dfrac{1}{z}$ wird Γ^* in ein Gebiet Γ' übergeführt, das innerhalb $E_{z'}$ liegt und den Nullpunkt nicht im Innern enthält. $\varkappa$ geht dabei in eine gleichfalls messbare Punktmenge $\varkappa'$ auf der Kreislinie $E_{z'}$ über und ω in $\omega' = \dfrac{1}{\omega}$, wo $0 < \omega' < 1$ ist. Offenbar gilt

$$m_{\Gamma^*, \omega}\, \varkappa = m_{\Gamma', \omega'}\, \varkappa'.$$

Man verbinde ω' mit dem Nullpunkt längs eines Radius von $E_{z'}$ und bezeichne mit $z_0' \geqq 0$ den ersten Randpunkt von Γ', der angetroffen wird, wenn man längs dieses Radius von ω' nach dem Nullpunkt geht. Nun wende man auf die Kreisscheibe $E_{z'}$ die Transformation

$$w = \frac{z' - z_0'}{1 - z' z_0'}$$

an, durch die, da z_0' reell ist, $E_{z'}$ in E_w übergeht. Dabei geht Γ' in ein Gebiet Γ_0 über, z_0' und ω' gehen über in $w = 0$ und $w = \eta$, wobei $0 < \eta \leqq \omega'$ ist. $w = 0$ ist nunmehr ein Randpunkt von Γ_0, während die halboffene Strecke $(0, \eta >$ in Γ_0 enthalten ist. Der Menge $\varkappa'$ möge $\varkappa_0$ entsprechen, es ist dies die Gesamtheit der auf der Kreisscheibe E_w liegenden Randpunkte von Γ_0. Offenbar gilt wieder

$$m_{\Gamma', \omega'}\, \varkappa' = m_{\Gamma_0, \eta}\, \varkappa_0.$$

Es genügt daher,

$$(23,3) \qquad m_{\Gamma_{0},\gamma}\,\varkappa_0 \leqq 4 \text{ arc sin } \frac{2\sqrt{\eta}}{1+\eta} = 4 \text{ arc sin } \frac{2}{\sqrt{\eta}+\frac{1}{\sqrt{\eta}}}$$

zu beweisen, da wegen $1 > \omega' \geqq \eta$ sicher

$$\frac{2}{\sqrt{\eta}+\frac{1}{\sqrt{\eta}}} \leqq \frac{2}{\sqrt{\omega'}+\frac{1}{\sqrt{\omega'}}}$$

ist. Es sei nun die zu $\varkappa_0$ komplementäre Randpunktmenge von Γ_0 mit γ bezeichnet. Es genügt zu beweisen, dass

$$(23,4) \qquad m_{\Gamma_{0},\gamma}\,\gamma \geqq 2\pi - 4 \text{ arc sin } \frac{2\sqrt{\eta}}{1+\eta} = 4 \text{ arc sin } \frac{1-\eta}{1+\eta}$$

ist.

Nun liegt aber γ innerhalb E_w und „verbindet" $w=0$ mit der Peripherie von E_w, sodass es auf jedem Kreis $|w|=\rho$, $0 \leqq \rho < 1$, Punkte von γ gibt. Daher gilt nach dem Satz von *Milloux-Erhardt Schmidt-R. Nevanlinna* [49]) für das charakteristische Potential der Randpunktmenge γ von Γ_0

$$(23,5) \qquad P_{\Gamma_{0},\gamma}(w) \geqq \frac{2}{\pi} \text{ arc sin } \frac{1-\eta}{1+\eta}, \quad |w| = \eta,$$

und das Gleichheitszeichen gilt hier nur, wenn Γ_0 aus dem längs des Radius $< 0,1)$ aufgeschnittenen Einheitskreis E_w durch Drehung um den Nullpunkt hervorgeht und w auf der Verlängerung nach rückwärts des Einschnitts von Γ_0 liegt. Daraus ergibt sich aber nunmehr die Behauptung von XXVIII unmittelbar.

24. Der Herleitung einer weiteren allgemeinen Abschätzung für konforme Masse schicken wir einen auch an sich interessanten Satz über Maxima von harmonischen Funktionen auf Halbstrahlen voraus.

---

[49]) Es handelt sich um eine bekannte Abschätzung von Milloux, Milloux (1), p. 348, sowie (2), p. 182, in der allerdings die genauen Konstanten, die wir hier benutzen müssen, erst in Erhard Schmidt (1) und Nevanlinna (1) ermittelt wurden. Die Betrachtung der Jordaneinschnitte, auf die sich Hr. Erhard Schmidt beschränkt, ist für unseren Zweck allerdings nicht ausreichend. Es sei ferner noch auf Lavrentieff (3) hingewiesen, wo gleichfalls die genauen Konstanten in der entsprechenden Abschätzung hergeleitet werden, indessen unter der Annahme, dass das Extremalgebiet eine stückweise analytische Berandung hat, deren Begründung a. a. O. in Aussicht gestellt wird, bisher aber noch nicht veröffentlicht wurde.

XXIX. *Es sei* G *ein einfach zusammenhängendes Gebiet der* z*-Ebene und* Δ *ein Winkelraum* $\alpha < \arg z < \beta$, $|z| > 0$.

$P(z)$ *sei eine Funktion, die in den in* Δ *liegenden inneren Punkten von* G *harmonisch, gleichmässig nach oben beschränkt und nicht konstant, ausserhalb* G *in* Δ *gleich Null und in allen aus dem Inneren von* G *erreichbaren Randpunkten von* G, *die in* Δ *und auf dem Rand von* Δ *liegen, nicht positiv ist, d. h. bei allseitiger Annäherung aus* G *an diese Randpunkte nicht positiven Häufungsvorrat hat.*

Wird dann für jedes γ *mit* $\alpha < \gamma < \beta$ *die obere Grenze von* $P(z)$ *auf dem Halbstrahl* S_γ: $\arg z = \gamma$, $|z| > 0$ *mit* $M(\gamma)$ *bezeichnet und ist* $M(\gamma)$ *im Intervall* (α, β) *nicht negativ, so ist* $M(\gamma)$ *eine konvexe Funktion von* γ *im Intervall* (α, β), *d. h. es gilt für* $\alpha < \alpha_1 < \gamma < \beta_1 < \beta$

$$M(\gamma) \leqq \frac{\gamma - \alpha_1}{\beta_1 - \alpha_1} M(\beta_1) + \frac{\beta_1 - \gamma}{\beta_1 - \alpha_1} M(\alpha_1). \tag{24,1}$$

Ferner gilt, wenn $P(z)$ *nicht in den in* Δ *liegenden Punkten von* G *mit einer linearen Funktion von* $\arg z$ *zusammenfällt, für* $\alpha < \alpha_1 < \gamma < \beta_1 < \beta$ *für jedes* z_0 *aus* G *auf* $S_{\frac{\alpha_1 + \beta_1}{2}}$

$$P(z_0) < \frac{M(\alpha_1) + M(\beta_1)}{2} \tag{24,2}$$

und allgemeiner für jedes z_0 *auf* S_γ

$$P(z) < \frac{\gamma - \alpha_1}{\beta_1 - \alpha_1} M(\beta_1) + \frac{\beta_1 - \gamma}{\beta_1 - \alpha_1} M(\alpha_1). \tag{24,3}$$

Beweis. Wir nehmen an, dass $P(z)$ in den in Δ liegenden Punkten von G mit keiner linearen Funktion von $\arg z$ identisch ist, da sonst (24,1) trivial ist. Zum Beweis von (24,1) genügt es, (24,2) zu beweisen, da daraus (24,1) für $\gamma = \frac{\beta_1 + \alpha_1}{2}$ folgt, was bekanntlich für die Konvexität ausreichend ist. Ohne Beschränkung der Allgemeinheit darf vorausgesetzt werden, dass $\alpha_1 = -\beta_1$ ist, sodass z_0 auf der positiven reellen Axe liegt.

Die Gesamtheit aller Punkte, die sowohl in G als auch im Winkelraum $\Delta_1 : \alpha_1 < \arg z < \beta_1$ liegen, sei mit G^* bezeichnet. G^* ist offen und kann eventuell in mehrere einfach zusammenhängende Gebiete zerfallen. Eines unter ihnen enthält z_0 und möge mit G_1 bezeichnet werden. Der Rand von G_1 kann erstens Punkte der Halbstrahlen S_{α_1}, S_{β_1} enthalten, zweitens Randpunkte von G aus Δ. In den Randpunkten

433

von G_1 ist daher $P(z)$ entweder $\leqq 0$ oder $\leqq M(\alpha_1)$ oder $\leqq M(\beta_1)$. Daher gilt sicher in G_1, da $P(z)$ in G_1 nicht konstant ist,

$$P(z) < M(\alpha_1) + M(\beta_1). \tag{24,4}$$

Man darf annehmen, dass $M(\alpha_1) + M(\beta_1) > 0$ ist, da sonst $M(\alpha_1) = M(\beta_1) = 0$ und (24,2) direkte Folge von (24,4) wäre.

Spiegelt man G_1 an der positiven reellen Axe, so sei das entstehende Gebiet mit $\overline{G}_1$ bezeichnet, und G_1^* sei die Menge der G_1 und $\overline{G}_1$ gemeinsamen Punkte. Das grösste in G_1^* enthaltene Gebiet, das z_0 enthält, sei mit G_0 bezeichnet. G_0 ist einfach zusammenhängend und symmetrisch in bezug auf die reelle Axe. Daher ist mit $P(z)$ auch $P_1(z) = P(\bar{z})$ eine in G_0 reguläre harmonische Funktion. Wir setzen $P(z) + P_1(z) = Q(z)$. Auch $Q(z)$ ist in G_0 regulär harmonisch und nach oben beschränkt. In den erreichbaren Randpunkten von G_0, die auf S_{α_1} liegen, ist $P(z) \leqq M(\alpha_1)$, $P(\bar{z}) \leqq M(\beta_1)$, daher

$$Q(z) \leqq M(\alpha_1) + M(\beta_1). \tag{24,5}$$

Dasselbe ergibt sich in analoger Weise für die erreichbaren Randpunkte von G_0 auf S_{β_1}.

Jeder der übrigen erreichbaren Randpunkte z_1 von G_0 ist entweder ein Randpunkt von G oder der Spiegelpunkt in bezug auf die reelle Axe von einem Randpunkt von G. Im ersten Falle ist in ihm $P(z_1) \leqq 0$ und $P_1(z_1) < M(\alpha_1) + M(\beta_1)$, nämlich, wenn $\bar{z}_1$ innerhalb G_1 liegt, wegen (24,4) und, wenn $\bar{z}_1$ zum Rande von G_1 gehört, wegen $P(\bar{z}_1) \leqq 0$. Daher gilt in ihm (24,5) mit *Kleiner*-Zeichen. Im zweiten Falle ist in ihm $P_1(z_1) \leqq 0$ und analog wie oben $P(z_1) < M(\alpha_1) + M(\beta_1)$, sodass auch dann (24,5) mit *Kleiner*-Zeichen richtig ist. Daher gilt (24,5) auch im Innern von G_0 und zwar mit dem *Kleiner*-Zeichen, wenn $Q(z)$ nicht konstant in G_0 und nicht identisch gleich $M(\alpha_1) + M(\beta_1)$ ist.

Wäre aber $Q(z)$ in G_0 identisch gleich $M(\alpha_1) + M(\beta_1)$, so könnte G_0 nach der obigen Herleitung keine Randpunkte im Innern von Δ_1 haben. Es müsste daher $Q(z) = M(\alpha_1) + M(\beta_1)$ sowohl auf S_{α_1} als auch auf S_{β_1} sein. Dann müsste aber nach der Herleitung von (24,5) $P(z)$ in allen Punkten von S_{α_1} gleich $M(\alpha_1)$ und in allen Punkten von S_{β_1} gleich $M(\beta_1)$ sein. Zugleich müsste dann $P(z_0) = \frac{1}{2} Q(z_0) = \frac{1}{2}(M(\alpha_1) + M(\beta_1))$ sein. Bilden wir aber dann mit der entsprechenden Bestimmung von arg z

$$R(z) = P(z) - \left(\frac{\arg z - \alpha_1}{\beta_1 - \alpha_1} M(\beta_1) + \frac{\beta_1 - \arg z}{\beta_1 - \alpha_1} M(\alpha_1) \right),$$

so ist $R(z)$ harmonisch und beschränkt im Innern und verschwindet auf den beiden Schenkeln von Δ_1. Da $R(z)$ aber auch in einem inneren Punkt z_0 von Δ_1 verschwindet, so folgt, dass $R(z)$ in Δ_1 durchweg verschwindet, sodass $P(z)$ in Δ_1 und daher auch in allen in Δ liegenden Punkten von G mit einer linearen Funktion von $\arg z$ zusammenfällt.

Ist dies also nicht der Fall, so folgt

$$P(z_0) = \frac{1}{2} Q(z_0) < \frac{M(\alpha_1) + M(\beta_1)}{2}.$$

Damit ist zugleich auch (24,1) bewiesen.

Um nun (24,3) zu beweisen, seien α_2 und β_2 so gewählt, dass $\alpha_1 < \alpha_2 < \gamma = \frac{\alpha_2 + \beta_2}{2} < \beta_2 < \beta_1$ ist.

Dann folgt aus (24,1)

$$M(\alpha_2) \leqq \frac{\alpha_2 - \alpha_1}{\beta_1 - \alpha_1} M(\beta_1) + \frac{\beta_1 - \alpha_2}{\beta_1 - \alpha_1} M(\alpha_1), \tag{24,6}$$

$$M(\beta_2) \leqq \frac{\beta_2 - \alpha_1}{\beta_1 - \alpha_1} M(\beta_1) + \frac{\beta_1 - \beta_2}{\beta_1 - \alpha_1} M(\alpha_1), \tag{24,7}$$

und aus (24,2), angewandt auf α_2 und β_2, wegen (24,6) und (24,7):

$$P(z_0) < \frac{M(\alpha_2) + M(\beta_2)}{2} = \frac{\gamma - \alpha_1}{\beta_1 - \alpha_1} M(\beta_1) + \frac{\beta_1 - \gamma}{\beta_1 - \alpha_1} M(\alpha_1),$$

womit (24,3) bewiesen ist.

Zusatz zum Satz XXIX. *Ist der Häufungsvorrat von $P(z)$ in* a l l e n *Randpunkten von G in und auf dem Rand von Δ nicht negativ — und nicht nur in den erreichbaren Randpunkten — so braucht G im obigen Beweis nicht als* e i n f a c h *zusammenhängend vorausgesetzt zu werden.*

In der Formulierung von XXIX mit dem obigen Zusatz ist offenbar der bekannte Satz enthalten, wonach für eine in Δ reguläre harmonische und beschränkte Funktion $Q(z)$ das Maximum ihres absoluten Betrages auf Halbstrahlen $\arg z = \gamma$ eine konvexe Funktion von γ ist. Denn, um die entsprechende Ungleichung vom Typus (24,1) herzuleiten, braucht man nur durch Hinzufügung einer geeigneten Konstanten zu erreichen, dass $M(\alpha_1)$, $M(\beta_1)$ und $M(\gamma)$ positiv werden, und sodann aus Δ alle Punkte mit negativem $Q(z)$ wegzulassen.

Geht man durch die logarithmische Abbildung zur $\log z$-Ebene über, so ergibt sich ein zu XXIX analoger Satz, in dem Δ durch einen Parallelstreifen und die Halbstrahlen $\arg z = \gamma$ durch die in diesem Parallelstreifen verlaufenden Geraden ersetzt werden. Der so umgeformte Satz liefert offenbar eine auch direkt leicht beweisbare Verallgemeinerung des Dreigeraden- und des Dreikreisesatzes.

25. XXX. *Es sei G ein rechts von der imaginären Axe der z-Ebene liegendes einfach zusammenhängendes Gebiet, in dessen Berandung eine abgeschlossene endliche Strecke σ auf der imaginären Axe als freies Randstück enthalten ist. C sei das zu σ komplementäre Stück des Randes von G und s sei eine in G verlaufende Strecke, deren Endpunkte auf C liegen. Bildet s mit σ den Winkel α, $\frac{\pi}{2} \geq \alpha > 0$, so erscheint σ von allen Punkten von s aus in bezug auf G unter einem konformen Winkel $< 2(\pi - \alpha)$.*

Der **Beweis** zerfällt in drei Teile.

A. Es sei $P(z)$ das charakteristische Potential von σ in bezug auf G. Wir zeigen zuerst, dass in allen erreichbaren Punkten von C $P(z)$ den Grenzwert 0 hat. Zu dem Zwecke bilde man G konform auf das Innere des Einheitskreises E_ζ der ζ-Ebene ab, sodass σ etwa auf die untere Hälfte von E_ζ abgebildet wird. Die Endpunkte von σ gehen dabei in $\zeta = \pm 1$ über. C aber entspricht in der ζ-Ebene die obere Hälfte von E_ζ, ohne ihre reellen Punkte. $P(z)$ geht dabei in diejenige in E_ζ harmonische Funktion $P^*(z)$ über, die auf der unteren Hälfte von E_ζ gleich 1 und auf der oberen Hälfte gleich 0 ist, zunächst bis auf Mengen vom Masse 0. $P^*(z)$ ist aber regulär auf den beiden Hälften von E_ζ, bis auf die Punkte ± 1. Daher verschwindet $P^*(z)$ in *jedem* inneren Punkt der oberen Hälfte von E_ζ, woraus die obige Behauptung für jeden erreichbaren Punkt von C ohne weiteres folgt.

B. *Wir beweisen nunmehr die Behauptung des Satzes für $\alpha = \frac{\pi}{2}$, d. h. wenn s senkrecht auf σ steht.* Ohne Beschränkung der Allgemeinheit darf dabei vorausgesetzt werden, dass s auf der positiven reellen Axe liegt. z_0 sei ein innerer Punkt von s. Spiegelt man das Gebiet G an der positiven reellen Axe, so ergibt sich ein neues Gebiet $\bar{G}$, das gleichfalls z_0 im Innern enthält.

G_0 sei dann das „grösste" sowohl in G als auch in $\bar{G}$ enthaltene zusammenhängende Gebiet, das z_0 enthält. Wir behaupten nun, dass jeder Randpunkt von G_0 entweder ein Punkt von C oder der Spiegelpunkt eines Punktes von C an der reellen Axe ist. Um dies einzusehen, beachte man, dass der Rand von G durch s in zwei Teile getrennt wird, von denen einer keine Punkte von σ enthält. Dieses Randstück von G, vermehrt um die beiden Endpunkte von s, bezeichnen wir mit γ, und das Spie-

436

gelbild von γ an der reellen Axe mit $\bar{\gamma}$. Das durch $\gamma+s$ begrenzte Teilgebiet von G sei mit G_1 bezeichnet, das zu G_1 spiegelbildlich gelegene, durch $\bar{\gamma}+s$ begrenzte Teilgebiet von $\bar{G}$ mit $\bar{G}_1$. $\bar{G}$ und $\bar{G}_1$ liegen in der rechten Halbebene. Andererseits ist $\gamma+\bar{\gamma}$ ein Kontinuum, das die z-Ebene eventuell in mehrere Teilgebiete zerlegt, von denen eines, G^*, z_0 enthält. Jeder Punkt von G^*, der nicht auf s liegt, liegt dann entweder in G_1 oder in $\bar{G}_1$. Daher liegt G^* ganz in der rechten Halbebene. Das Gebiet G_0 ist nun offenbar ein Teilgebiet von G^*, da bei der Bildung von G_0 eine „grössere" Menge von Punkten aus der z-Ebene entfernt wurde. Jeder Randpunkt z_1 von G_0 ist daher entweder ein Randpunkt von G^* oder liegt im Innern von G^*. Ist z_1 ein innerer Punkt von G^*, so liegt z_1 innerhalb der rechten Halbebene und gehört daher entweder C oder dem Spiegelbild von C an, da er weder auf σ noch auf dem Spiegelbild von σ liegen kann. Ist aber z_1 ein Randpunkt von G^*, so gehört er zu γ oder zu $\bar{\gamma}$. Im ersten Falle ist z_1 in C enthalten, im zweiten der Spiegelpunkt eines Punktes von C.

Daher muss für jeden aus G_0 erreichbaren Randpunkt z' von G_0 entweder $P(z')$ oder $P(\bar{z}')$ verschwinden. Denn ist z' ein Punkt von C, so folgt dies direkt aus dem unter A. Bewiesenen. Sonst ist aber der Spiegelpunkt $\bar{z}'$ von z' ein Punkt von C.

Die in G_0 harmonische nicht negative Funktion $P(z)+P(\bar{z})=Q(z)$ ist dort $\leqq 2$ und hat in jedem erreichbaren Randpunkt von G_0 den $\overline{\text{Lim}}$ nicht grösser als 1, da dort weder $P(z)$ noch $P(\bar{z})$ grösser als 1 sein kann, und eine der beiden Funktionen sicher verschwindet. Daher ist $Q(z)$ in G_0 nicht grösser als 1 und sogar sicher <1, da sonst $Q(z)$ in $G_0 \equiv 1$ sein müsste, während $Q(z)$ in den beiden Endpunkten von s verschwindet. Daher ist auf s, wo $Q(z)=2P(z)$ gilt, $P(z)<\frac{1}{2}$, und σ erscheint von diesen Punkten aus in bezug auf G unter einem Winkel $<2\pi\cdot\frac{1}{2}=\pi$, wie behauptet.

C. Es sei nunmehr $0<\alpha<\frac{\pi}{2}$. Der der imaginären Axe am nächsten liegende Endpunkt von s sei mit z_1, der andere mit z_2 bezeichnet. Es möge der Halbstrahl von z_1 nach z_2 etwa mit der *positiven* imaginären Axe den Winkel α und mit der negativen den Winkel $\pi-\alpha$ bilden. Wir betrachten nun den Winkelraum Δ: $\frac{\pi}{2}-\varepsilon>\arg(z-z_1)>0$ mit

437

$\frac{\pi}{2}-\alpha>\varepsilon>0$ und wenden auf ihn und das Gebiet G sowie die Funktion $P(z)$ nach einer Verschiebung des Nullpunktes den Satz XXIX an. Dabei soll $P(z)$ ausserhalb G gleich 0 gesetzt werden, und σ hat weder mit dem Innern noch mit dem Rand von Δ einen Punkt gemeinsam. Dann ist das Maximum von $P(z)$ in den in Δ liegenden Punkten von G mit $\arg(z-z_1)=0$ kleiner als $\frac{1}{2}$, nach dem unter B. Bewiesenen. Auf einem Halbstrahl $\arg(z-z_1)=\frac{\pi}{2}-\varepsilon$ ist das entsprechende Maximum sicher ≤ 1. Daraus folgt nach dem Satz XXIX für alle z auf s

$$P(z)\leq\frac{\frac{\pi}{2}-\varepsilon-\alpha}{\frac{\pi}{2}-\varepsilon}\cdot 1+\frac{\alpha}{\frac{\pi}{2}-\varepsilon}\cdot\frac{1}{2},$$

woraus für $\varepsilon\downarrow 0$ weiter folgt

$$P(z)\leq\frac{\frac{\pi}{2}-\alpha}{\frac{\pi}{2}}+\frac{\alpha}{2\cdot\frac{\pi}{2}}=\frac{\pi-\alpha}{\pi}. \tag{25,1}$$

Es seien nun α_1 und β_1 so gewählt, dass

$$\frac{\pi}{2}>\beta_1>\alpha=\frac{\beta_1+\alpha_1}{2}>\alpha_1>0$$

ist. Dann folgt aus (24,2) für $\gamma=\alpha$, da $P(z)$ sicher keine lineare Funktion von $\arg(z-z_1)$ ist — sie ist ja auf σ konstant und verschwindet auf den ausserhalb σ liegenden Stücken den Halbstrahls $\arg(z-z_1)=\frac{\pi}{2}$, wenn z_1 auf der imaginären Axe liegt —:

$$P(z)<\frac{1}{2}\left(\frac{\pi-\alpha_1}{\pi}+\frac{\pi-\beta_1}{\pi}\right)=\frac{\pi-\alpha}{\pi}.$$

Daher erscheint σ von z aus unter einem konformen Winkel $<2(\pi-\alpha)$, wie behauptet.

Korollar 1. zum Satz XXX. *Unter den Voraussetzungen des Satzes XXX sei λ ein Jordanbogen, der bis auf seine Endpunkte z_1, z_2, die auf C liegen, in G verläuft und zugleich in einem Winkelraum*

$$-\left(\frac{\pi}{2}-\alpha\right) \leqq \arg(z-z_1) \leqq \frac{\pi}{2}-\alpha, \; 0<\alpha<\frac{\pi}{2}$$

liegt. Dann erscheint σ *von jedem Punkt von* λ *aus in bezug auf* G *unter einem konformen Winkel* $<2(\pi-\alpha)$.

Denn für jeden Punkt z_0 von λ liegt auf dem durch z_0 hindurchgehenden Halbstrahl durch z_1 eine Strecke s, die z_0 im Innern enthält, zwei Randpunkte von G verbindet, die nicht auf σ liegen, und mit der imaginären Axe einen Winkel β, $\frac{\pi}{2} \geqq \beta \geqq \alpha$ bildet. Dann erscheint σ von z_0 aus unter einem konformen Winkel $<2(\pi-\beta) \leqq 2(\pi-\alpha)$.

Für die Anwendungen ist allerdings oft eine Formulierung günstiger, die sich aus dem Satz XXX durch eine lineare Transformation ergibt.

Korollar 2. zum Satz XXX. *Unter den Voraussetzungen des Satzes XXX sei* s' *ein Kreisbogen, der zwei Punkte von* C *verbindet und im übrigen in* G *verläuft. Verlängert man* s' *bis zu seinen Schnittpunkten* z', z'' *mit der imaginären Axe, so möge einer dieser Schnittpunkte, etwa* z' *ausserhalb* σ *liegen, und die Verlängerung von* s' *in ihm mit einer der beiden Richtungen der imaginären Axe einen Winkel* α *bilden, mit* $\frac{\pi}{2} \geqq \alpha > 0$. *Dann erscheint* σ *in bezug auf* G *von jedem Punkt von* s' *aus unter einem konformen Winkel* $<2(\pi-\alpha)$.

Zum Beweis genügt es, die z-Ebene einer linearen Transformation zu unterwerfen, bei der die imaginäre Axe in sich und z' in den unendlich fernen Punkt übergeht, und sodann den Satz XXX anzuwenden. — Offenbar kann man die Formulierung des Korollars 1. mit Hilfe der im Korollar 2. enthaltenen Verallgemeinerung des Satzes XXX noch weiter verschärfen, indem man die Kurve λ zwischen geeignete Kreisbögen einschliesst. Zugleich übersieht man, dass man die obigen Aussagen unter Zuhilfenahme weiterer Voraussetzungen noch wesentlich verschärfen kann. Ohne weitere Spezialisierung der Voraussetzungen ist dies allerdings nicht mehr möglich. Man betrachte, um sich hiervon zu überzeugen, die ganze rechte Halbebene als Gebiet G und wähle $z=0$ und $z=\infty$ als die Punkte z_1, z_2, während der Strahl $\arg z = \frac{\pi}{2}-\beta$, $\frac{\pi}{2} \geqq \beta > 0$ als s gewählt wird. Dann erscheint von jedem inneren Punkt z_0 von s aus in bezug auf G die negative imaginäre Axe unter dem konformen Winkel β. Ist also σ eine Teilstrecke der negativen imaginären Axe, deren Endpunkte hinreichend nahe bei 0 und ∞ liegen, so erscheint σ

von z_0 aus unter einem konformen Winkel in bezug auf G, der sich beliebig wenig von β unterscheidet.

Die Anwendung des Satzes XXX und der Korollare dazu ist natürlich nur vorteilhaft, wenn z_1 und z_2 sehr nah bei σ relativ zur Grösse von σ liegen. Sonst liefern die Sätze XXVI und XXVII bessere Resultate.

§ 6. Der Hauptsatz über die Winkelproportionalität am Rande bei konformer Abbildung.

26. XXXI. *Es seien* ε *und* $d < \frac{\pi}{2}$ *zwei positive Zahlen, und es sei* β *beliebig reell. Dann gibt es eine nur von* ε *und* d *abhängige positive Funktion* $u(\varepsilon, d)$ *mit der folgenden Eigenschaft: Es seien* r_1, r_2 *zwei positive Zahlen mit* $\frac{r_2}{r_1} = e^{\varepsilon}$. *Es sei* R *das Gebiet in der* ζ*-Ebene:*

$$r_1 < |\zeta| < r_2, \qquad |\arg \zeta - \beta| < d,$$

und es sei $H(\zeta)$ *eine innerhalb und auf dem Rand von* R *reguläre, positive, harmonische Funktion, deren Werte auf dem geradlinigen Begrenzungsstück von* R:

$$\arg z = \beta - d, \quad r_1 \leq \zeta \leq r_2,$$

grösser als $\frac{d}{2}$ *sind. Dann sind die Werte von* $H(\zeta)$ *in jedem Punkte des Bogens* σ:

(26,1) $$|\zeta| = \sqrt{r_1 r_2}, \qquad \beta - d \leq \arg \zeta \leq \beta$$

grösser als $u(\varepsilon, d)$.

Beweis: Beim Beweis darf offenbar R mit einer positiven, geeignet gewählten Konstanten multipliziert werden, da dabei der Wertevorrat von $H(\zeta)$ auf entsprechenden Teilstücken von R unverändert bleibt. Daher darf ohne Beeinträchtigung der Allgemeinheit $r_1 r_2 = 1$ vorausgesetzt werden, sodass R das Gebiet ist:

$$e^{-\frac{\varepsilon}{2}} < |\zeta| < e^{\frac{\varepsilon}{2}}, \qquad |\arg \zeta - \beta| < d.$$

Es sei nun $K(\zeta)$ eine innerhalb R reguläre und beschränkte harmonische Funktion, deren Werte im Innern der rechten Randstrecke ($\arg \zeta = \beta - d$, $e^{-\frac{\varepsilon}{2}} < |\zeta| < e^{\frac{\varepsilon}{2}}$) gleich $\frac{d}{2}$ und im Innern der drei übrigen Randstücke von R gleich Null sind. Offenbar gilt innerhalb R

$$H(\zeta) > K(\zeta).$$

da $H(\zeta)-K(\zeta)$ innerhalb R beschränkt und auf dem Rande bis eventuell auf vier Eckpunkte positiv ist.

Die Funktion $K(\zeta)$ ist auf dem Bogen σ stetig, ein schliesslich des rechten Endpunktes $e^{i(\beta-d)}$, da ja in diesem Punkt die Randfunktion stetig ist. Anderseits ist $K(\zeta)$ im Innern von R positiv. Daher gilt dasselbe auf dem ganzen *abgeschlossenen* Bogen σ. Es sei dann $u(\varepsilon, d)$ das Minimum von $K(\zeta)$ auf σ. $u(\varepsilon, d)$ ist dann offenbar positiv, woraus die Behauptung folgt.

27. XXXII. *Ein einfach zusammenhängendes Gebiet Γ der ζ-Ebene möge einen unendlichen Randpunkt π_0 besitzen. π_0 sei längs aller in Γ ins Unendliche verlaufender Jordanbögen erreichbar, deren Richtungen im Unendlichen einem offenen Intervall (α, β) angehören. Es sei (α, β) das grösste offene Intervall mit dieser Eigenschaft, und es möge der Rand von Γ eine Folge von Randpunkten ζ_ν enthalten mit*

$$\zeta_\nu \longrightarrow \infty, \quad \frac{\zeta_{\nu+1}}{\zeta_\nu} \longrightarrow 1, \quad \arg \zeta_\nu \longrightarrow \beta. \tag{27,1}$$

Bildet man Γ so konform auf H_z, $R_z > 0$, ab, dass π_0 in $z=\infty$ übergeht, so bildet sich jeder in Γ verlaufende Jordanbogen Λ, der im Unendlichen die Richtung β hat, auf einen Jordanbogen L in H_z ab, der die positive imaginäre Axe im Unendlichen berührt.

Beweis: Es sei $r_0 > 0$ so gewählt, dass erstens der Halbstrahl s: $|\zeta| \geqq r_0$, $\arg \zeta = \dfrac{\alpha+\beta}{2}$ in Γ liegt und zweitens der Kreis $|\zeta| = r_0$ den Rand von Γ trifft.

Ohne Beschränkung der Allgemeinheit kann angenommen werden, dass $|\zeta_0| = r_0$ ist und, allgemein $|\zeta_\nu| = r_\nu$ gesetzt,

$$r_0 < r_1 < r_2 < \dots$$

ist. Für jedes r_ν sei β_ν der Kreisbogen um den Nullpunkt mit dem Radius r_ν, der in einem Punkt von s beginnt und sich dann in *positiver* Richtung (um den Nullpunkt) bis zu dem zuerst angetroffenen Schnittpunkt mit dem Rand von Γ erstreckt.

Ohne Beschränkung der Allgemeinheit kann angenommen werden, dass dieser zuerst angetroffene Schnittpunkt stets ζ_ν ist. Dann liegen $\zeta_1, \zeta_2, \dots$ sämtlich auf einem Randstück C von Γ, das ζ_0 und π_0 verbindet. Es sei $P(\zeta)$ das charakteristische Potential von C in Γ. Das durch $s+\beta_0+C$ begrenzte Gebiet, das von den Bögen β_ν, $\nu = 1, 2, \dots$, durchsetzt wird, sei mit Γ^* bezeichnet.

Ohne Beschränkung der Allgemeinheit kann ferner angenommen werden, dass bei der betrachteten konformen Abbildung von Γ auf H_z: $z=f(\zeta)$ dem Punkte ζ_0 der Nullpunkt $z=0$ entspricht, da sonst die zu untersuchende Abbildung mit einer konformen Abbildung von H_z auf sich selbst kombiniert werden kann, die $z=\infty$ invariant lässt und linear ist, also auch die Tangente im Unendlichen invariant lässt.

Wir beweisen zuerst: A. *Für jedes* $\varepsilon > 0$ *strebt* $P(\zeta)$ *gegen 1, wenn man in* Γ^* *über solche Punkte ins Unendliche geht, für die arg* $\zeta \geq \beta + \varepsilon$ *ist.*

Denn sonst gäbe es eine Folge von Punkten $\xi_\mu \to \infty$ mit arg $\xi_\mu \geq \beta + \varepsilon$, für die $P(\xi_\mu) \leq a < 1$ gilt. Es sei nun $\varkappa$ eine positive Zahl $< \frac{1-a}{4}$ und δ so bestimmt, dass $0 < \delta < \frac{\beta-\alpha}{2}$ und $\sin\delta \leq \frac{1}{2}\varkappa^2 \sin\varepsilon$ ist. Es sei dann r_0' so gewählt, dass der Halbstrahl s': $|\zeta| \geq r_0'$, arg $\zeta = \beta - \delta$ ganz in Γ verläuft. Man kann offenbar beim Beweis von A. annehmen, dass $r_0 = r_0'$ ist, da bei „Verkürzung" von C das charakteristische Potential von C nicht wächst. Es sei β_ν' allgemein der Teilbogen von β_ν, der links von s' verläuft. Bezeichnet man die Teilstrecke von s' zwischen $r_\nu e^{i(\beta-\delta)}$ und $r_{\nu+1} e^{i(\beta-\delta)}$ mit σ_ν, so grenzt der Querschnitt $c_\nu = \beta_\nu' + \sigma_\nu + \beta_{\nu+1}$ von Γ ein Teilgebiet Γ_ν ab, das s nicht trifft. Der Mittelpunkt von σ_ν sei mit q_ν bezeichnet. (Vgl. Fig. 4, wo c_ν stark ausgezogen ist.)

Wir unterscheiden nun zwei Fälle.

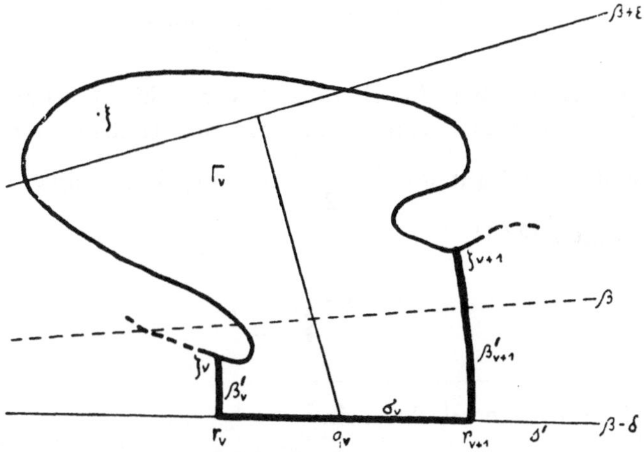

Fig. 4.

1) Es gibt Punkte ξ_μ, die in den Gebieten Γ_ν mit beliebig grossen ν liegen. Damit gibt es ein $\xi = \xi_\mu$, das in einem Gebiet Γ_ν liegt mit

$$(27{,}2)\qquad \frac{r_{\nu+1}}{r_\nu}-1<\varkappa^2\sin\varepsilon,\quad \frac{r_{\nu+1}}{r_\nu}<\frac{3}{2},$$

$$(27{,}3)\qquad |\arg\zeta_\nu-\beta|<\delta,\quad |\arg\zeta_{\nu+1}-\beta|<\delta.$$

Da aber $P(\zeta)$ auf c_ν nicht negativ und auf dem komplementären Randstück von Γ_ν gleich 1 ist, folgt, wenn c_ν von ξ aus in bezug auf Γ_ν unter dem konformen Winkel γ erscheint,

$$(27{,}4)\qquad 1-P(\xi)\leq\frac{\gamma}{2\pi},\qquad 1-a\leq\frac{\gamma}{2\pi}.$$

Wir schätzen nun γ mit Hilfe des Satzes XXVIII ab. Um zunächst den Radius eines Kreises um q_ν zu finden, in dem c_ν enthalten ist, beachte man (vgl. Fig. 4), dass die halbe Länge der Strecke σ_ν nach (27,2)

$$\frac{r_{\nu+1}-r_\nu}{2}=\frac{r_\nu}{2}\left(\frac{r_{\nu+1}}{r_\nu}-1\right)<\frac{1}{2}r_\nu\varkappa^2\sin\varepsilon$$

ist. Die Sehne des Bogens β_ν aber ist $<2r_\nu\sin\delta$, sodass die Distanz aller Punkte des Querschnitts c_ν von q_ν kleiner ist als

$$(27{,}5)\qquad \rho=\frac{1}{2}\varkappa^2r_\nu\sin\varepsilon+2r_{\nu+1}\sin\delta.$$

Andererseits ist aber die Distanz d von ξ bis q_ν wenigstens gleich der Länge des Lotes, das von q_ν aus auf den Halbstrahl $\arg\zeta=\beta+\varepsilon$ gefällt ist, und daher gilt $d\geq\frac{r_\nu+r_{\nu+1}}{2}\sin(\varepsilon+\delta)>r_\nu\sin\varepsilon$. Daher folgt aus XXVIII wegen (23,1):

$$\gamma<4\pi\sqrt{\frac{\rho}{d}},$$

$$\gamma<4\pi\sqrt{\frac{\frac{1}{2}\varkappa^2r_\nu\sin\varepsilon+2r_{\nu+1}\sin\delta}{r_\nu\sin\varepsilon}}\leq4\pi\sqrt{\varkappa^2\left(\frac{1}{2}+\frac{r_{\nu+1}}{r_\nu}\right)}<8\pi\varkappa,$$

$$\gamma<8\pi\varkappa,$$

sodass wegen (27,4)

443

$$1 - a < 4\varkappa$$

folgt, entgegen der Definition von $\varkappa$, womit der Fall 1) erledigt ist.

2) Liegt der Fall 1) nicht vor, so liegen unendlich viele ξ_μ in einem festen Gebiet Γ_ν, und es gibt unter ihnen solche mit beliebig grosser Distanz von q_ν. Ist dann ρ der Radius eines Kreises um q_ν, in dem der ganze Querschnitt c_ν liegt, so kann man ein ξ_μ finden, dessen Distanz d von q_ν so gross ist, dass

$$4\pi \sqrt{\frac{\rho}{d}} < 2\pi(1-a)$$

ist. Da aber nach dem Satz XXVIII

$$\gamma < 4\pi \sqrt{\frac{\rho}{d}}$$

ist, steht dies im Widerspruch zu (27,4). Damit ist die Behauptung *A.* bewiesen.

28. Die obige Behauptung *A.* kann man offenbar insbesondere so formulieren:

Es gibt eine Folge positiver $R_1 < R_2 < R_3 \ldots,\ R_1 > r_0$, die ins Unendliche wächst, mit der Eigenschaft, dass, wenn für ein ζ aus Γ^* $|\zeta| \geqq R_n$, $\arg \zeta \geqq \beta + \frac{1}{n}$ gilt, dann sicher $1 \geqq P(\zeta) \geqq 1 - \frac{1}{n}$ ist.

Wir setzen nun für $n = 1, 2, \ldots$

$$p_n = R_n e^{i\left(\beta + \frac{1}{n}\right)}, \quad p_n' = R_{n+1} e^{i\left(\beta + \frac{1}{n}\right)}$$

und verbinden jedes Punktepaar p_n, p_n' durch die Strecke $te^{i\left(\beta + \frac{1}{n}\right)}$, $R_n \leqq t \leqq R_{n+1}$, jedes Punktepaar p_n', p_{n+1} durch den Kreisbogen $|\zeta| = R_{n+1}$, $\beta + \frac{1}{n} \geqq \arg \zeta \geqq \beta + \frac{1}{n+1}$, und endlich p_1 mit ζ_0 durch eine Strecke. Dann erhält man einen ins Unendliche verlaufenden Jordanbogen Λ_1, der in ζ_0 beginnt, durch alle Punkte p_n, p_n' hindurchgeht und die Eigenschaft hat, dass, wenn man längs der Stücke von Λ_1, die in Γ^* liegen (sofern es solche gibt), ins Unendliche geht, $P(\zeta)$ gegen 1 strebt. Wir bezeichnen die höchstens abzählbar vielen Teilbögen von Λ_1, in denen Λ_1 das Gebiet Γ^* durchsetzt, in irgend einer Reihenfolge mit $\lambda_1, \lambda_2, \ldots$.

Es sei nun Λ ein bis auf seine Endpunkte in Γ verlaufender Jordanbogen, der in π_0 mit der Richtung β mündet. Wir dürfen annehmen,

444

dass Λ im Punkte ζ_0 beginnt. Wir betrachten andererseits das Gebiet $\bar{\Gamma}$, das durch $\Lambda_1+\beta_0+s$ begrenzt ist und ein unendliches Stück des Halbstrahles $\arg\zeta=\beta$ enthält (Vgl. Fig. 5). *Wir nehmen zuerst an, dass Λ bis auf ζ_0 und π_0 in $\bar{\Gamma}$ verläuft.*

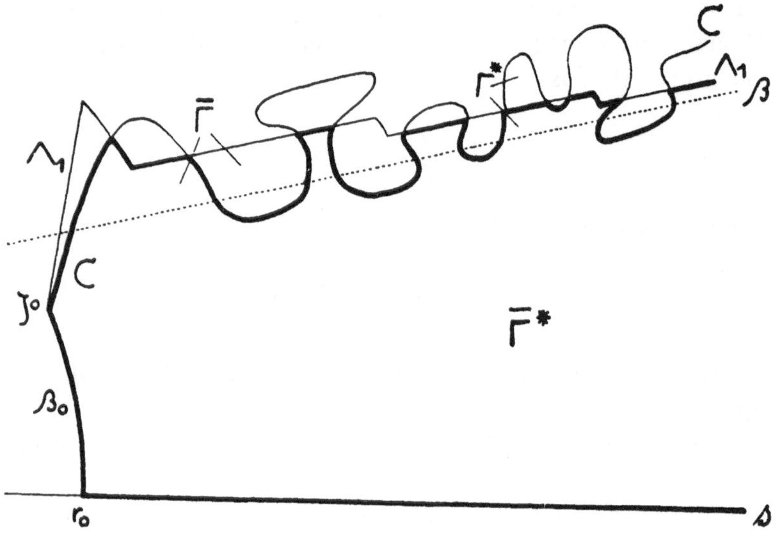

Fig. 5.

Unser Satz ist dann für ein solches Λ bewiesen, wenn wir zeigen, *dass $P(\zeta)$ gegen 1 strebt, wenn man längs Λ ins Unendliche geht.* Denn da ζ_0 in $z=0$ übergeht, gilt

(28.1) $$P(\zeta)=\frac{1}{\pi}\left(\arg f(\zeta)+\frac{\pi}{2}\right).$$

und aus $P(\zeta)\longrightarrow 1$ folgt $\arg f(\zeta)\longrightarrow\frac{\pi}{2}$.

Es sei nun $P_0(\zeta)$ das in $\bar{\Gamma}$ beschränkte Potential, das durch die folgenden Randwerte festgelegt ist: $P_0(\zeta)$ soll, von einer Nullmenge abgesehen, 1) auf $s+\beta_0$ gleich 0; 2) auf den in Γ^* verlaufenden Stücken λ_ν von Λ_1 gleich $P(\zeta)$; 3) auf den ausserhalb und auf dem Rand von Γ^* verlaufenden Teilstücken von Λ_1 gleich 1 sein.

Offenbar kann $P_0(\zeta)$ ohne weiteres gebildet werden, indem man $\bar{\Gamma}$ auf den Einheitskreis konform abbildet und das Poissonsche Integral benützt. $P_0(\zeta)$ ist eindeutig bestimmt, und die Werte von $P_0(\zeta)$ in $\bar{\Gamma}$ liegen zwischen 0 und 1. Da ferner die Randbedingungen sich nur auf höchstens abzählbar viele Randstücke von $\bar{\Gamma}$ beziehen, denen beim

445

Übergang zum Einheitskreis jedes Mal ganze Teilbögen des Einheitskreises entsprechen, werden die angegebenen Randwerte von $P_0(\zeta)$ in allen erreichbaren Randpunkten bis auf abzählbar viele *allseitig* angenommen.

Es sei $\overline{\Gamma^*}$ das einfach zusammenhängende Gebiet, das $\overline{\Gamma}$ und Γ^* gemeinsam ist (Vgl. Fig. 5, in der der Rand von $\overline{\Gamma^*}$ stark ausgezogen ist). Λ liegt offenbar in $\overline{\Gamma^*}$,

Dann gilt in $\overline{\Gamma^*}$:

(28,2) $$P_0(\zeta) \leqq P(\zeta).$$

Denn auf $s+\beta_0$ ist $P_0(\zeta)=0$, auf den in Γ^* liegenden Teilstücken λ_ν von Λ_1 ist $P_0(\zeta) = P(\zeta)$ und nach XXV″ auf den in und auf dem Rande von $\overline{\Gamma^*}$ liegenden Teilstücken von C ist in den aus $\overline{\Gamma^*}$ erreichbaren Punkten $P(\zeta)=1$, bis auf eine Nullmenge in bezug auf $\overline{\Gamma^*}$. Dies ist aber der gesamte Rand von $\overline{\Gamma^*}$, sodass (28,2) bis auf eine Nullmenge auf dem Rand von $\overline{\Gamma^*}$ gilt und daher wegen der Beschränktheit von $P(\zeta)-P_0(\zeta)$ auch im Innern. Insbesondere gilt also auf Λ

$$1 \geqq P(\zeta) \geqq P_0(\zeta),$$

und es genügt zu zeigen, das $P_0(\zeta)$ auf Λ gegen 1 strebt. Wir vergleichen nun $P_0(\zeta)$ in $\overline{\Gamma}$ mit dem charakteristischen Potential $P_1(\zeta)$ von Λ_1 in bezug auf $\overline{\Gamma}$, das sich ja von $P_0(\zeta)$ in bezug auf die Randwerte nur dadurch unterscheidet, dass es auf den Stücken von Λ_1, die in Γ^* liegen, nicht gleich $P(\zeta)$ ist, sondern den Wert 1 hat. Es gilt daher

(28,3) $$P_1(\zeta) - P_0(\zeta) = P_2(\zeta),$$

wo $P_2(\zeta)$ ein in $\overline{\Gamma}$ beschränktes reguläres Potential ist, das auf dem Rande von $\overline{\Gamma}$ nur in den Teilbögen λ_ν von 0 verschieden ist. Und zwar ist $P_2(\zeta)$ auf λ_ν gleich $P_1(\zeta) - P_0(\zeta) = 1 - P(\zeta)$. Nach dem oben Bewiesenen strebt aber $1 - P(\zeta)$ gegen 0, wenn man längs der Bögen λ_ν ins Unendliche geht. Daher streben die Randwerte von $P_2(\zeta)$ gegen 0, wenn man längs des Randes von $\overline{\Gamma}$ ins Unendliche geht. Wegen der Beschränktheit von $P_2(\zeta)$ folgt daraus, dass die Werte von $P_2(\zeta)$ gegen 0 streben, wenn man allseitig aus $\overline{\Gamma}$ gegen den unendlich fernen Randpunkt geht. Daher strebt $P_2(\zeta)$ insbesondere gegen 0, wenn man längs Λ ins Unendliche geht, und wir haben wegen (28,3) nur zu beweisen, dass $P_1(\zeta)$ längs Λ gegen 1 strebt. Dies ergibt sich aber sofort, wenn man $\overline{\Gamma}$ so konform auf H_z abbildet, dass die unendlich fernen Punkte

446

einander entsprechen und ζ_0 in $z = 0$ übergeht. Denn diese Abbildung ist ja nach Satz X im Unendlichen winkelproportional, sodass Λ in eine Kurve übergeht, die die positive imaginäre Axe im Unendlichen berührt. Dies bedeutet aber dann, dass das zugehörige charakteristische Potential gegen 1 strebt, wie aus der zu (28,1) analogen Relation oder auch direkt aus dem Satz XXII folgt.

Verläuft aber Λ nicht ganz in $\overline{\Gamma}$ (wohl aber in $\overline{\Gamma^*}$), so kann man offenbar eine ζ_0 mit π_0 verbindende und sonst in $\overline{\Gamma}$ verlaufende Jordankurve Λ' finden, sodass Λ zwischen C und Λ' verläuft. Bei der betrachteten Abbildung von Γ auf H_z geht Λ auf jeden Fall in einen Jordanbogen über, der dann *zwischen* der positiven reellen Axe und der Bildkurve L' von Λ' ins Unendliche verläuft und daher dort die imaginäre Axe berühren muss, da dies für L' nach dem bereits Bewiesenen der Fall ist. *Damit ist der Satz* XXXII *vollständig bewiesen.*

Es sei noch bemerkt, dass wir beim Beweis des Satzes XXXII anstatt des recht tief liegenden Satzes XXVIII auch mit den Abschätzungen eines der Sätze XXVI oder XXVII auskommen könnten, wobei allerdings gewisse Vorbereitungen erst nötig wären, die sich bei der Anwendung des Satzes XXVIII erübrigen.

29. **Hauptsatz über die Winkelproportionalität am Rande bei konformer Abbildung.** XXXIII. *Ein einfach zusammenhängendes Gebiet* Γ *der* ζ*-Ebene möge im Unendlichen einen Randpunkt* π_0 *besitzen, der längs aller in* Γ *ins Unendliche verlaufender Jordanbögen erreichbar ist, deren Richtungen einem offenen Intervall* (α, β) *angehören. Es sei zugleich* (α, β) *das grösste offene Intervall dieser Art. Es sei* $z = f(\zeta)$ *eine konforme Abbildung von* Γ *auf die rechte Halbebene* H_z *der* z*-Ebene, bei der* π_0 *in* $z = \infty$ *übergeht.*

Notwendig und hinreichend, damit diese Abbildung im Unendlichen im Winkel winkelproportional ist, ist die Existenz von zwei unendlichen Folgen erreichbarer Randpunkte ζ_ν, ζ_ν' $(\nu = 1, 2, \ldots)$ *mit*

$$(29,1) \qquad |\zeta_\nu| \uparrow \infty, \qquad \left|\frac{\zeta_{\nu+1}}{\zeta_\nu}\right| \longrightarrow 1, \ \arg \zeta_\nu \longrightarrow \beta;$$

$$(29,2) \qquad |\zeta_\nu'| \uparrow \infty, \qquad \left|\frac{\zeta_{\nu+1}'}{\zeta_\nu'}\right| \longrightarrow 1, \ \arg \zeta_\nu' \longrightarrow \alpha.$$

Beweis: Es sei die betrachtete konforme Abbildung winkelproportional im Unendlichen. Der Proportionalitätsfaktor ist dann nach Satz XII gleich $\dfrac{\beta - \alpha}{\pi}$.

Gäbe es nun keine Folge ζ_ν mit der verlangten Eigenschaft, so müsste es zwei positive Zahlen ε, d und zwei ins Unendliche wachsende Folgen positiver Zahlen r_ν, r_ν' mit

$$\frac{r_\nu'}{r_\nu} = e^\varepsilon, \quad r_{\nu+1} > r_\nu'$$

geben, derart, dass die Kreisbogenvierecke

$$(R_\nu) \qquad r_\nu < |\zeta| < r_\nu', \quad |\arg \zeta - \beta| < d$$

nebst ihren Randpunkten im Innern von Γ liegen würden. Die Funktion $H(\zeta) = \frac{\beta - \alpha}{\pi}\left(\frac{\pi}{2} - \arg f(\zeta)\right)$, wo der Hauptwert zu nehmen ist, erfüllt dann von einem ν an die Voraussetzungen des Satzes XXXI auf jedem R_ν. Denn $H(\zeta)$ ist innerhalb Γ durchweg positiv, und ihre Werte auf dem Halbstrahl $\arg \zeta = \beta - d$ konvergieren wegen der Winkelproportionalität mit dem Proportionalitätsfaktor $\frac{\beta - \alpha}{\pi}$ gegen d, bleiben also ausserhalb eines gewissen Kreises um den Nullpunkt grösser als $\frac{d}{2}$. Ist daher $u(\varepsilon, d)$ die Funktion des Satzes XXXI, so gilt für $u_0 = \operatorname{Min}(d, u(\varepsilon, d))$ von einem ν an:

$$(29,3) \qquad H\left(\sqrt{r_\nu r_\nu'}\, e^{i\left(\beta - \frac{u_0}{2}\right)}\right) \geq u(\varepsilon, d) \geq u_0 .$$

Anderseits aber folgt aus der Winkelproportionalität mit dem Faktor $\frac{\beta - \alpha}{\pi}$ für $\nu \to \infty$

$$H\left(\sqrt{r_\nu r_\nu'}\, e^{i\left(\beta - \frac{u_0}{2}\right)}\right) \to \frac{u_0}{2},$$

was (29,3) widerspricht.

Aus Symmetriegründen muss es auch eine Folge ζ_ν' geben mit den Eigenschaften (29,2), womit die Notwendigkeit unserer Bedingung erwiesen ist.

Ist aber andererseits die im Satz angegebene Bedingung erfüllt, so folgt aus dem Satz XXXII, dass es in Γ einen Jordanbogen Λ gibt, der ins Unendliche verläuft, dort die Richtung β hat und dessen Bildbogen L in H_z die positive imaginäre Axe im Unendlichen berührt. Aus Symmetriegründen gibt es ebenso einen Jordanbogen Λ_1, der in Γ ins Unendliche verläuft, dort die Richtung α hat und dessen Bildbogen L_1

448

in H_z die negative imaginäre Axe im Unendlichen berührt. Wir können Λ und Λ_1 in ein und demselben Punkte ζ_0 von Γ beginnen lassen und zugleich annehmen, dass sie sich nicht mehr im Endlichen schneiden. Dann wird durch unsere Abbildung das von $\Lambda + \Lambda_1$ begrenzte Teilgebiet Γ' von Γ auf ein Teilgebiet G' von H_z abgebildet, das von $L + L_1$ begrenzt wird. Diese Abbildung ist, wie sich durch zweimalige Anwendung des Satzes X ergibt, im Unendlichen winkelproportional mit dem Proportionalitätsfaktor $\frac{\beta - \alpha}{\pi}$. Daher sind etwa für die in G' verlaufenden unendlichen Teilstücke der Strahlen $\arg z = \pm \frac{\pi}{4}$ die Voraussetzungen des Satzes XI erfüllt, und aus diesem Satz, angewandt auf Γ und H_z, ergibt sich die Winkelproportionalität der Abbildung unmittelbar. Damit ist der Satz XXXIII bewiesen.

Offenbar bleibt der Satz XXXIII auch dann richtig, wenn die Halbebene H_z in ihm durch irgend einen Winkelraum mit der Oeffnung $\gamma > 0$ ersetzt wird. Nur ist dann der Winkelproportionalitätsfaktor $\frac{\beta - \alpha}{\pi}$ natürlich durch $\frac{\beta - \alpha}{\gamma}$ zu ersetzen. Zum Beweis braucht man nur den Winkelraum durch eine Potenztransformation auf eine Halbebene abzubilden.

Der Satz XXIII der Nr. 19, ebenso wie der in Nr. 19 erwähnte Satz von Herrn J. Wolff sind unmittelbare Folgerungen aus dem Satz XXXIII.

Kapitel III.

Die Faltensätze.

§ 7. Eine vorbereitende Abschätzung.

30. Es sei nun Γ ein Gebiet, das den Voraussetzungen des Satzes XXXIII genügt und sich auf H_z vermöge $\zeta = \varphi(z)$, $z = f(\zeta)$ so abbildet, dass π_0 in $z = \infty$ übergeht und die Abbildung im Unendlichen im Winkel *winkeltreu* ist. Dann muss $\beta - \alpha = \pi$ sein, und es möge Γ so um den Nullpunkt gedreht sein, dass $\beta = \frac{\pi}{2}$, $\alpha = -\frac{\pi}{2}$ ist. Ferner müssen dann die notwendigen Bedingungen des Satzes XXXIII erfüllt sein,

sodass es zwei Zahlenfolgen ζ_ν, ζ_ν' mit den Eigenschaften (29,1), (29,2) gibt.

Ist dann Λ der Bildbogen der positiven reellen Axe der z-Ebene, so wird Λ nach dem Korollar zum Satze XVI für $r \geqq r_0'$ von jedem Kreis $|\zeta| = r$ genau in einem Punkte getroffen.

Es sei nun $R_0 > 1$ so gross gewählt, dass folgendes zutrifft:

1) Entfernt man aus H_z die Halbkreisscheibe um den Nullpunkt mit dem Radius R_0, so sei das übrig bleibende Gebiet mit $\overline{H}$ bezeichnet, sein Bildgebiet in der ζ-Ebene mit $\overline{\Gamma}$. Dann enthält $\overline{\Gamma}$ den Nullpunkt $\zeta = 0$ nicht im Innern.

2) Jeder Punkt des Bildbogens des Halbstrahles $z \geqq R_0$ auf Λ hat eine Distanz vom Nullpunkt $> r_0'$.

Zugleich sei R_0 so gewählt, dass den Punkten $R_0 e^{\pm i\frac{\pi}{2}}$ einfache erreichbare Randpunkte von Γ entsprechen und $\overline{\Gamma}$ daher von Γ durch einen *Jordan*querschnitt $\overline{\Lambda}$ abgegrenzt wird. Es sei $\overline{r}$ das Maximum von $|\zeta|$ auf $\overline{\Lambda}$.

Es sei $r_0 > r_0'$ so gewählt, dass *erstens* der Halbstrahl $\zeta > r_0$ in Γ liegt, dass *zweitens* für jedes $r \geqq r_0$ der Kreisbogen des Kreises $|\zeta| = r$ zwischen der positiven reellen Axe und Λ ganz in $\overline{\Gamma}$ enthalten ist und dass *drittens* $r_0 > \overline{r}$ ist, sodass alle Punkte des Bildes $\overline{\Lambda}$ der Halbkreislinie $|z| = R_0$, $-\frac{\pi}{2} < \arg z < \frac{\pi}{2}$ innerhalb des Kreises $|\zeta| < r_0$ liegen.

Durch jeden Punkt der positiven reellen Axe mit $\zeta = r > r_0$ lege man einen Kreisbogen um den Nullpunkt und verlängere ihn nach oben und unten jeweils bis zum ersten Treffpunkt mit dem Rande von $\overline{\Gamma}$. Die Gesamtheit aller inneren Punkte aller dieser Kreisbögen bildet ein Teilgebiet Γ^* von Γ und $\overline{\Gamma}$, das wir als den *faltenfreien Kern von* Γ bezeichnen wollen. Offenbar hängt Γ^* sowohl von der Lage des Nullpunktes als auch von der Wahl von r_0 ab. Doch ist dies für das Folgende nicht wesentlich.

Für jedes $r > r_0$ soll der in Γ^* enthaltene Kreisbogen des Kreises $|\zeta| = r$ nebst seinen Endpunkten mit Θ_r bezeichnet werden. Anderseits sollen die Halbkreise $|z| = r$, $-\frac{\pi}{2} < \arg z < \frac{\pi}{2}$ mit L_r bezeichnet werden. Der Bildbogen Λ_r von L_r in Γ ist zum Teil in Γ^* enthalten, zum Teil vielleicht nicht. Die Gesamtheit der Punkte dieses Bildbogens, die in Γ^* enthalten sind, nebst ihren Häufungsstellen, möge mit Λ_r^* bezeichnet werden. Wir wollen dann zuerst die folgende Tatsache beweisen:

XXXIV. *Gelten die in dieser Nummer eingeführten Voraussetzungen und Bezeichnungen, so lässt sich zu jedem* $\varepsilon > 0$ *ein* $r(\varepsilon) > R_0$ *so wählen, dass für* $r \geqq r(\varepsilon)$ Λ_r^* *im Kreisring*

$$|\varphi(r)|\, e^{-\varepsilon} \leqq |\zeta| \leqq |\varphi(r)|\, e^{\varepsilon} \tag{30,1}$$

liegt.

Beweis: Es genügt, die Behauptung für die Teilmenge Λ_r' von Λ_r^* zu beweisen, der die Punkte von L_r mit $\arg z \geqq 0$ entsprechen. Ohne Beschränkung der Allgemeinheit kann angenommen werden, dass für $\nu = 1, 2, 3 \ldots$ $|\zeta_\nu| > r_0$ ist und dass alle ζ_ν zum Rand von Γ^* gehören, da man ja diese Randpunkte sonst durch die Endpunkte der entsprechenden Θ_r ersetzen kann.

Man kann offenbar $\varepsilon < 1$ annehmen. Sei dann

$$\delta = \frac{\varepsilon}{6400}. \tag{30,2}$$

Wegen der Winkeltreue im Unendlichen und nach dem Korollar zum Satz XVI wird auf der Bildkurve C_δ des Halbstrahls $\arg z = \frac{\pi}{2} - \delta$ von einem r an

$$\left| \arg \zeta - \left(\frac{\pi}{2} - \delta\right) \right| < \frac{\delta}{2} \tag{30,3}$$

sein, und zugleich wird C_δ von jedem Kreis mit diesem und grösserem r als Radius genau in einem Punkt getroffen werden. Es sei dies für alle $r \geqq \frac{r_1}{e}$ stets der Fall.

Dem Punkt auf C_δ mit der Distanz r_1 vom Nullpunkt möge der Punkt $R_1 e^{i\left(\frac{\pi}{2} - \delta\right)}$ entsprechen. R_1 geht mit r_1 ins Unendliche und daher kann r_1 so gross angenommen werden, dass $R_1 > R_0$ ist und ferner für alle $R \geqq R_1$ und für alle ϑ mit $0 \leqq \vartheta \leqq \frac{\pi}{2} - \delta$

$$\left| \log \left| \frac{\varphi(R e^{i\vartheta})}{\varphi(R)} \right| \right| < \frac{\varepsilon}{2} \tag{30,4}$$

gilt, was nach Satz XV sicher möglich ist. Endlich sei $r_1 > 64\, e\, r_0$ und so gross, dass für alle ζ_ν mit $|\zeta_\nu| \geqq \frac{r_1}{e}$

$$\left| \frac{\zeta_\nu}{\zeta_{\nu-1}} \right| < e^\delta \tag{30,5}$$

und

(30,6) $$\left|\arg \zeta_\nu - \frac{\pi}{2}\right| < \frac{\delta}{2}$$

ist. Um XXXIV zu beweisen, genügt es zu zeigen, dass *für alle* $r \geq R_1$ *jeder Punkt von* Λ_r' *im Kreisring*

(30,7) $$\left|\varphi\left(re^{i\left(\frac{\pi}{2}-\delta\right)}\right)\right| e^{-\frac{\varepsilon}{2}} \leq |\zeta| \leq \left|\varphi\left(re^{i\left(\frac{\pi}{2}-\delta\right)}\right)\right| e^{\frac{\varepsilon}{2}}$$

liegt.

31. Für die Punkte von Λ_r', denen z mit $0 \leq \arg z \leq \frac{\pi}{2} - \delta$ entsprechen, folgt (30,7) ohne weiteres aus (30,4). Es sei nun $r \geq R_1$, und man setze

(31,1) $$re^{i\left(\frac{\pi}{2}-\delta\right)} = z_0, \quad \varphi(z_0) = \zeta_0.$$

Da $\delta < \frac{1}{50}$ ist, gibt es unter den ζ_ν zwei, ζ' und ζ'', für die bzw.

(31,2) $$|\zeta_0|\, e^{-50\delta} < |\zeta'| < |\zeta_0|\, e^{-49\delta}, \qquad |\zeta_0|\, e^{49\delta} < |\zeta''| < |\zeta_0|\, e^{50\delta}$$

ist. Es sei ferner ζ^* ein ζ_ν mit

(31,3) $$e^{-\frac{\delta}{2}} |\zeta_0| < |\zeta_\nu| < e^{\frac{\delta}{2}} |\zeta_0|.$$

Es seien nun k', k'' (vgl. Fig. 6 [50])) die Kreisbögen um den Null-

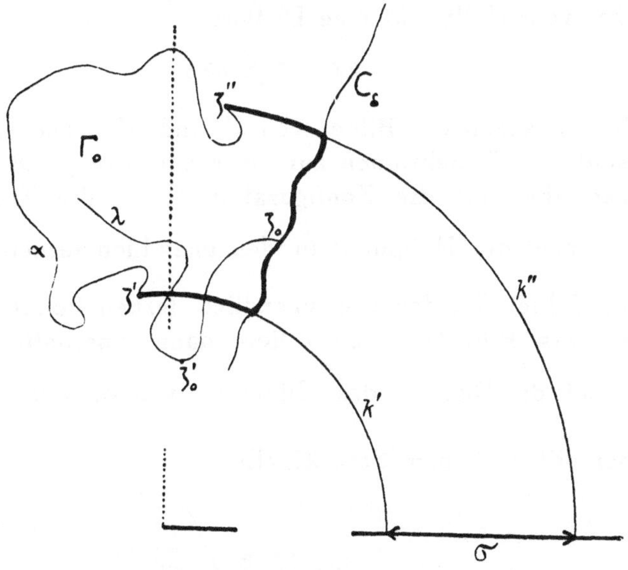

Fig. 6.

[50]) Diese Figur gibt die Verhältnisse nur schematisch wieder.

punkt durch ζ' bzw. ζ'' und zwar zwischen ζ' und $|\zeta'|$ bzw. zwischen ζ'' und $|\zeta''|$. Die Strecke $<|\zeta'|, |\zeta''|>$ auf der reellen Axe sei mit σ bezeichnet. Dann stellt $k' + \sigma + k''$ einen Querschnitt q' von Γ dar, der zusammen mit einem Randstück α von Γ ein Teilgebiet Γ_0 von Γ abgrenzt, in dem ζ_0 enthalten ist. α verbindet offenbar ζ' mit ζ''.

Wir zeigen nun zuerst, dass α von ζ_0 aus in bezug auf Γ unter einem konformen Winkel $> \pi$ erscheint. Es genügt nach Satz XXIV zu zeigen, dass dies in bezug auf Γ_0 der Fall ist. Bildet man aber Γ_0 durch eine logarithmische Abbildung $w = \log \frac{\zeta}{\zeta^*}$ so auf die w-Ebene ab, dass ζ^* in $w = 0$ übergeht, so seien die Bilder von $\Gamma_0, \alpha, q', \zeta_0$ resp. mit G, β, Q, w_0 bezeichnet. Dann gilt $|w_0| < 3\delta$. Denn wegen (31,3), (30,3) und (30,6) gilt

$$\left| \log|\zeta_0| - \log|\zeta^*| \right| \leqq \frac{\delta}{2},$$

$$\left| \arg \zeta^* - \arg \zeta_0 \right| < \frac{\delta}{2} + \delta + \frac{\delta}{2} = 2\delta,$$

so dass

$$|w_0| = |\log \zeta_0 - \log \zeta^*| \leqq \sqrt{(2\delta)^2 + \left(\frac{\delta}{2}\right)^2} < 3\delta$$

ist.

Anderseits liegt Q ausserhalb des Kreises $|w| = 48\delta$. Denn das Bild von σ hat vom Nullpunkt eine Distanz

$$> \pi - 2\delta > 3 > 48\delta.$$

Was aber die Distanzen der Bilder von k' und k'' vom Nullpunkt anbetrifft, so sind ihre Projektionen auf die reelle Axe $> 48\delta$.

Uebt man aber auf die Konfiguration G, w_0 die Transformation $u = \frac{1}{w}$ aus, so geht der Nullpunkt in den unendlich fernen Punkt über und G in ein Gebiet G_1, das den unendlich fernen Punkt nicht im Innern enthält. Das Bild Q_1 von Q liegt dann innerhalb des Kreises $|u| < \frac{1}{48\delta}$, und die Distanz des Bildes u_0 von w_0 vom Nullpunkt ist $> \frac{1}{3\delta}$. Daher gilt nach dem Satz XXVIII

$$m_{G_1, u_0} Q_1 = m_{\Gamma_0, \zeta_0} q' < 4\pi \sqrt{\frac{\frac{1}{48\delta}}{\frac{1}{3\delta}}} = \pi.$$

453

Daher muss

(31,3) $$m_{\Gamma_0, \zeta_0}\, \alpha > \pi$$

sein, wie behauptet.

Sind nun die ζ', ζ'' in H_z entsprechenden Punkte etwa z', z'', wo $0 < |z_1| < |z_2|$ ist, so erscheint die Strecke $<z', z''>$ von z_0 aus in bezug auf H_z unter einem konformen Winkel $> \pi$, so dass z_0 *innerhalb* des auf $<z_1, z_2>$ als Durchmesser errichteten, in H_z verlaufenden Halbkreises k_0 liegt. Dann aber muss auch jeder Punkt des Kreisbogens $\varkappa : |z| = |z_0|, \frac{\pi}{2} > \arg z \geqq \frac{\pi}{2} - \delta$ in k_0 liegen, so dass $<z_1, z_2>$ von *jedem* Punkt von $\varkappa$ aus unter einem konformen Winkel $> \pi$ in bezug auf H_z erscheint. Ist daher λ (vgl. Fig. 6) das Bild von $\varkappa$ in Γ, so erscheint α von allen Punkten von λ aus in bezug auf Γ unter einem konformen Winkel, der $> \pi$ ist.

32. Es sei nun ζ_0' ein Punkt von λ, der *ausserhalb* Γ_0 liegt. Dann werden ζ_0' und α voneinander durch den in Figur 6 stark ausgezogenen Querschnitt q von Γ getrennt. Dieser Querschnitt q besteht aus dem Stück von C_δ zwischen k' und k'', sowie aus den Stücken von k' und k'' zwischen ζ', bzw. ζ'' und C_δ. Um eine Abschätzung nach oben für den konformen Winkel $m_{\Gamma, \zeta_0'}\, \alpha$ zu finden, unter dem α von ζ_0' aus in bezug auf Γ erscheint, darf man nach Satz XXIV α durch q ersetzen, und Γ durch das entsprechende Teilgebiet Γ'. Wird ferner das aus $\overline{\Gamma}$ durch Weglassen des zwischen α und q enthaltenen Stücks von Γ entstehende Teilgebiet von Γ' mit $\overline{\Gamma}'$ bezeichnet, so wird $\overline{\Gamma}'$ von Γ' durch den Querschnitt $\overline{\Lambda}$ abgegrenzt und lässt sich als dasjenige der beiden in Γ' an $\overline{\Lambda}$ angrenzenden Teilgebiete charakterisieren, in dem ζ_0' liegt. Aus der Formel (20,5) des Satzes XXV folgt

(32,1) $$m_{\Gamma', \zeta_0'}\, q \leqq m_{\overline{\Gamma}', \zeta_0'}\, q + m_{\overline{\Gamma}', \zeta_0'}\, \overline{\Lambda}.$$

Um hier $m_{\overline{\Gamma}', \zeta_0'}\, q$ abzuschätzen, bilde man $\overline{\Gamma}'$ logarithmisch vermöge $w = \log \zeta$ auf die w-Ebene ab. Dann geht ζ_0 in einen Punkt w_0 über, von dem die Bildpunkte von q nach (31,3), (30,3) und (30,6) höchstens den Abstand $\rho = \sqrt{(50\,\delta)^2 + (2\,\delta)^2} < 51\,\delta$ haben. Es sei d der Abstand von $\log \zeta_0'$ bis w_0. Dann folgt aus dem Satz XXVIII, *wenn* $d > \rho$ *ist*,

(32,2) $$m_{\overline{\Gamma}', \zeta_0'}\, q < 4\pi \sqrt{\frac{\rho}{d}} < 4\pi \sqrt{\frac{50\,\delta}{d}}.$$

Anderseits folgt nach Satz XXVIII

$$m_{\Gamma', \zeta_0'} \Lambda < 4\pi \sqrt{\frac{r_0}{|\zeta_0'|}}$$

und daher, *wenn*

(32,3) $$|\zeta_0'| \geqq 64\, r_0$$

ist,

$$m_{\Gamma', \zeta_0'} \Lambda < \frac{\pi}{2},$$

so dass schliesslich unter der Annahme (32,3) folgt

$$\pi < m_{\Gamma', \zeta_0'}\, q < \frac{\pi}{2} + 4\pi \sqrt{\frac{50\,\delta}{d}},$$

$$\sqrt{\frac{50\,\delta}{d}} > \frac{1}{8}, \quad \frac{50\,\delta}{d} > \frac{1}{64}, \quad d < 3200\,\delta.$$

Und die gleiche Abschätzung gilt natürlich erst recht, wenn $d \leqq \rho < 50\,\delta$ ist, so dass, wegen (30,2),

$$d < 3200 \cdot \frac{\varepsilon}{6400} = \frac{\varepsilon}{2}$$

folgt. Aus $d \geqq \left| \Re \log \frac{\zeta_0}{\zeta_0'} \right|$ folgt dann

(32,4) $$|\zeta_0|\, e^{-\frac{\varepsilon}{2}} < |\zeta_0'| < |\zeta_0|\, e^{\frac{\varepsilon}{2}}.$$

(32,4) ist damit für alle Punkte auf λ ausserhalb Γ_0 *unter der Annahme* (32,3) bewiesen. Aus (32,4) folgt aber dann weiter

$$|\zeta_0'| > \frac{|\zeta_0|}{e} \geqq \frac{r_1}{e} > 64\, r_0,$$

sodass in (32,3) nie das Gleichheitszeichen gelten kann. Gäbe es aber auf λ einen Punkt ζ_0' ausserhalb Γ_0 mit $|\zeta_0'| < 64\, r_0$, so müsste auf einem Bogen von λ, der von diesem Punkt bis zum Rand von Γ_0 führt, ein Punkt existieren, in dem (32,3) *mit dem Gleichheitszeichen* gilt. Denn ein solcher Teilbogen von λ muss zuerst k' oder k'' treffen; der Radius von k' aber ist grösser als $\frac{|\zeta_0|}{e} > \frac{r_1}{e} > 64\, r_0$. Daher gilt in *allen* Punkten von λ ausserhalb Γ_0 die Relation (32,4). Liegt aber ein Punkt ζ_0' von λ in oder auf dem Rande von Γ_0 und zugleich in Γ^*, so gilt für ihn nach Konstruktion von Γ^* erst recht (32,4). Damit ist aber (32,4) für alle Punkte von λ aus Γ^* bewiesen, und damit ist auch der Beweis von XXXIV erbracht.

455

§ 8. Der erste Faltensatz.

33. Aus XXXIV kann nun leicht eine analoge Behauptung über das Bild λ_r von Θ_r in H_z gefolgert werden. Es sei das Minimum von $|z|$ auf λ_r mit r_1 und das Maximum von $|z|$ auf λ_r mit r_2 bezeichnet, und es möge

$$r_1 = |z_1|, \quad r_2 = |z_2|$$

sein, wo z_1 und z_2 auf λ_r liegen.

Offenbar geht dann mit r auch r_1 (und dann auch r_2) ins Unendliche, da ja Θ_r ein Querschnitt von Γ ist, der gegen π_0 konvergiert, so dass das Analoge für den Bildquerschnitt λ_r von Θ_r in H_z der Fall sein muss.

Den Punkten z_1, z_2, r_1, r_2 von H_z mögen in Γ resp. die Punkte ζ_1, ζ_2, c_1, c_2 entsprechen. Da z_1 und z_2 auf λ_r liegen, liegen ζ_1 und ζ_2 auf Θ_r, so dass $|\zeta_1| = |\zeta_2| = r$ ist. Anderseits liegen ζ_1 und c_1 auf $\Lambda^*_{r_1}$, so dass mit $r \to \infty$ nach XXXIV

$$\frac{|\zeta_1|}{|c_1|} = \frac{r}{|c_1|} \to 1$$

gilt und analog

$$\frac{r}{|c_2|} \to 1, \quad \frac{|c_1|}{|c_2|} \to 1.$$

Daraus folgt aber nach Satz XV, dass auch

$$\frac{|f(c_1)|}{|f(c_2)|} = \frac{r_1}{r_2} \to 1 \tag{33,1}$$

gilt.

Um die Bedeutung der Relation (33,1) zu erkennen, führen wir den Begriff der *Hauptfalten* von Γ ein. Die Randpunkte von Γ^*, die nicht zum Rand von $\overline{\Gamma}$ gehören, liegen auf gewissen Kreisbögen um dem Nullpunkt. Wird ein solcher Kreisbogen nach beiden Seiten bis zu seinen Treffpunkten mit dem Rand von Γ verlängert, so ergibt sich offenbar ein Querschnitt von Γ, dessen eines Ufer an Γ^* grenzt, das andere aber an ein einfach zusammenhängendes Teilgebiet $\mathfrak{F}$ von Γ, das wir als ein „durch diesen Querschnitt abgeschlossenes" *Faltengebiet* oder eine *Hauptfalte* von Γ bezeichnen. Liegen die Randpunkte von $\mathfrak{F}$, die zum Rand von Γ gehören, in einem Randstück L von Γ, so sagen wir auch, $\mathfrak{F}$ sei eine Hauptfalte von L. Die Vereinigungsmenge eines Faltengebiets mit dessen Rand soll ein *Faltenbereich* heissen.

Ist ζ ein Punkt aus einem Faltenbereich von Γ, so verstehen wir unter ρ_ζ den Radius des Querschnitts, durch den das zugehörige Faltengebiet abgeschlossen wird. Liegt aber ein Punkt ζ innerhalb oder auf dem Rande von Γ^*, so soll unter ρ_ζ einfach $|\zeta|$ verstanden werden.

Es ist leicht einzusehen, dass, wenn ζ über das Innere oder den Rand von Γ gegen π_0 strebt, ρ_ζ ins Unendliche konvergieren muss. Denn sonst gäbe es eine Punktfolge ζ_ν aus Γ mit $\zeta_\nu \to \pi_0$, für die alle ρ_{ζ_ν} beschränkt $< r$ wären. Dann aber müsste der Querschnitt Θ_r von Γ alle Punkte der Querschnitte mit den Radien ρ_{ζ_ν} von π_0 trennen, damit aber auch die durch diese Querschnitte abgeschlossenen Faltengebiete und damit auch die Punkte ζ_ν, die also nicht gegen π_0 konvergieren könnten.

Bei der obigen Definition der Hauptfalten und der Grösse ρ_ζ ist offenbar der Nullpunkt wesentlich ausgezeichnet. Will man analoge Grössen unter Zugrundelegung eines vom Nullpunkt verschiedenen Punktes ζ_0 definieren, so ist es am einfachsten, die Ebene einer Parallelverschiebung zu unterwerfen, bei der ζ_0 in den Nullpunkt übergeht, und sodann, nachdem im entsprechend verschobenen Gebiet die Hauptfalten und die zugehörigen abschliessenden Querschnitte gebildet sind, die Transformation rückgängig zu machen. Man erhält dann ein System von Teilgebieten $\mathfrak{F}'$ von Γ, deren abschliessende Querschnitte Kreisbögen mit dem Mittelpunkt ζ_0 sind. Ist dann ζ ein innerer oder Randpunkt eines $\mathfrak{F}'$, so bezeichnen wir den Radius des $\mathfrak{F}'$ abschliessenden Querschnitts mit ρ_ζ'. Wenn ζ in keinem $\mathfrak{F}'$ liegt, ist ρ_ζ' ganz analog zu definieren, wie oben ρ_ζ.

Für das Folgende ist nun die Tatsache von Interesse, dass, wenn ζ über das Innere und den Rand von Γ gegen π_0 konvergiert,

$$\overline{\lim}\ |\rho_\zeta - \rho_\zeta'| \leqq |\zeta_0| \tag{33,2}$$

ist. Um diese Relation zu beweisen, seien $\mathfrak{F}$ bzw. $\mathfrak{F}'$ die Hauptfalten in bezug auf den Nullpunkt bzw. ζ_0, die zu ζ gehören, k, k' die Kreise um den Nullpunkt bzw. ζ_0, auf denen die $\mathfrak{F}$ bzw. $\mathfrak{F}'$ abschliessenden Querschnitte q bzw. q' liegen, ρ_ζ bzw. ρ_ζ' ihre Radien. Haben k und k' wenigstens einen Punkt gemeinsam, so muss bekanntlich $|\rho_\zeta' - \rho_\zeta| \leqq |\zeta_0|$ sein. Treffen sich aber k und k' nicht, so muss eines der Gebiete $\mathfrak{F}$, $\mathfrak{F}'$ das andere als Teilgebiet enthalten, da dann q und q' zwei einander nicht treffende Querschnitte des einfach zusammenhängenden Gebietes Γ sind. Es sei etwa $\mathfrak{F}$ und damit q in $\mathfrak{F}'$ enthalten. Da jeder innere Punkt von q ein Randpunkt von Γ^* ist und innerhalb $\mathfrak{F}'$ liegt, gibt es zu jedem ε mit $1 > \varepsilon > 0$ einen Punkt ζ_1, der sowohl innerhalb $\mathfrak{F}'$ als auch *innerhalb* Γ^* liegt und für den $||\zeta_1| - \rho_\zeta| < \varepsilon$ ist. Dann strebt sicher $|\zeta_1|$ mit $\zeta \to \pi_0$ gegen ∞. Der Querschnitt $\Theta_{|\zeta_1|}$ von Γ^* und von Γ verbindet dann ζ_1 mit einem Punkt der positiven reellen Axe. Würde nun $\Theta_{|\zeta_1|}$ q' nicht treffen, so müsste in $\mathfrak{F}'$ der Punkt $|\zeta_1|$ der positiven reellen Axe liegen. Dies ist aber für hinreichend grosse $|\zeta_1|$ unmöglich, da in Γ nach dem Korollar zum Satz XII ein Winkelraum positiver Oeffnung liegt, der sowohl einen unendlichen Halbstrahl der positiven reellen Axe als auch einen unendlichen Halbstrahl der Parallelen zur positiven reellen Axe durch ζ_0 enthält. Daher treffen alle $\Theta_{|\zeta_1|}$ sicher q, sobald ρ_ζ gross genug geworden sind. Dann aber gilt

$$\big|\,|\zeta_1| - \rho_\zeta'\big| \leqq |\zeta_0|, \qquad |\rho_\zeta - \rho_\zeta'| \leqq |\zeta_0| + \varepsilon,$$

und daher für $\varepsilon \to 0$

$$\overline{\lim}\,|\rho_\zeta - \rho_\zeta'| \leqq |\zeta_0|, \qquad \text{w. z. b. w.}$$

Offenbar ist für die Definition der Hauptfalten und der Grösse ρ_ζ durchaus unwesentlich, dass die Abbildung von Γ auf H_z im Unendlichen im Winkel *winkeltreu* ist, es genügt vielmehr, dass sie dort *winkelproportional* ist. Ebenso wenig wesentlich ist die Orientierung in bezug auf die positive reelle Axe. Daher werden wir diese Begriffe ohne weiteres auch für den allgemeinsten Fall des Gebietes betrachten, für das die Voraussetzungen und Bedingungen des Satzes XXXIII zutreffen.

34. Wir behaupten nun:

XXXV. **(Der erste Faltensatz).** *Es sei Γ ein Gebiet der ζ-Ebene, für das die Voraussetzungen des Satzes XXXIII zutreffen und dessen Abbildung durch $z = f(\zeta)$ auf H_z im Unendlichen im Winkel winkelproportional ist. Es möge Γ so orientiert werden, dass die Richtungen der positiven reellen Axen der ζ- und der z-Ebene sich im Unendlichen entsprechen. Dann gilt, wenn ζ durch das Innere und den Rand von Γ gegen π_0 konvergiert,*

$$\frac{|f(\zeta)|}{|f(\rho_\zeta)|} \to 1. \tag{34,1}$$

Beweis: Wir nehmen zuerst an, dass der Satz bereits für alle Gebiete bewiesen ist, bei denen der Nullpunkt nicht im Inneren liegt. Ist diese Voraussetzung bei Γ nicht erfüllt, so sei $-\zeta_0$ ein Randpunkt von Γ. Unterwirft man Γ der Parallelverschiebung $\xi = \zeta + \zeta_0$, so ergibt sich aus Γ ein Gebiet Γ', das den Nullpunkt nicht im Innern enthält. Für die entsprechende Abbildung von Γ' auf H_z ist (34,1) nach Voraussetzung richtig. Einem Punkt ζ innerhalb oder auf dem Rand von Γ möge dann in der ξ-Ebene der Punkt ξ entsprechen. Das zugehörige, für Γ' gebildete ρ_ξ sei mit ρ_ζ' bezeichnet. Dem Punkt ρ_ζ' auf der positiven reellen ξ-Axe entspricht in Γ der Punkt $\rho_\zeta' - \zeta_0$. Daher gilt

$$\frac{|f(\zeta)|}{|f(\rho_\zeta' - \zeta_0)|} \longrightarrow 1,$$

wenn ζ gegen π_0 strebt. Nach dem Satz XV gilt aber wegen (33,2)

$$\frac{|f(\rho_\zeta' - \zeta_0)|}{|f(\rho_\zeta)|} \longrightarrow 1,$$

woraus (34,1) folgt.

Wir können daher nunmehr annehmen, dass der Nullpunkt nicht im Innern von Γ liegt. Dann kann man offenbar Γ durch eine Potenztransformation auf ein Gebiet abbilden, dessen entsprechende Abbildung auf H_z nunmehr im Unendlichen im Winkel winkeltreu ist, so dass man dies von vornherein voraussetzen kann. Dann folgt (34,1) für solche Punkte ζ, die Γ^* angehören, unmittelbar aus (33,1).

Es möge nun ζ ein Randpunkt von Γ^* sein. Dann kann man in Γ^* einen Punkt ζ' finden, der beliebig nah bei ζ liegt, so dass sowohl $|f(\zeta') - f(\zeta)|$ als auch $||\zeta'| - |\zeta|| = ||\zeta'| - \rho_\zeta|$ beliebig klein ist. Da aber für ζ' (34,1) bereits bewiesen ist, gilt (34,1) auch für alle Punkte ζ auf dem Rande vom Γ^*.

Liegt nun aber ζ in einem Faltenbereich $\mathfrak{F}$ von Γ^*, ohne auf dem $\mathfrak{F}$ abschliessenden Querschnitt q zu liegen, und entspricht $\mathfrak{F}$ in H_z ein Teilgebiet F von H_z, das von einem Stück σ der imaginären Axe und einem die Endpunkte von σ verbindenden Kontinuum c abgegrenzt wird, so gilt offenbar für jeden Punkt z von c

(34,2)
$$\frac{|z|}{f(\rho_\zeta)} \longrightarrow 1,$$

da ja c das Bild von q ist. Nun wird aber offenbar das Maximum und das Minimum des absoluten Betrages in F gerade auf c angenommen, so dass (34,2) auch für jeden Punkt von F gelten muss. Damit ist aber der Satz vollständig bewiesen.

35. Berücksichtigt man den Satz XV, so ergibt sich:

Korollar 1 zum Satz XXXV: *Unter den Voraussetzungen des Satzes* XXXV *gilt für ein durch das Innere und den Rand von* Γ *gegen* π_0 *konvergierendes* ζ

(35,1)
$$|f(\zeta)| = \rho_\zeta^{\frac{\beta-\alpha}{\pi}(1+\varepsilon(\zeta))}$$

und für ein Paar von Punkten ζ_1, ζ_2, *die durch das Innere uud den Rand von* Γ *gegen* π_0 *streben,*

$$(35,2)\qquad \frac{|f(\zeta_1)|}{|f(\zeta_2)|} = \left(\frac{\rho_{\zeta_1}}{\rho_{\zeta_2}}\right)^{\frac{\beta-\alpha}{\pi}(1+\varepsilon(\zeta_1,\zeta_2))},$$

wo $\varepsilon(\zeta)$, $\varepsilon(\zeta_1, \zeta_2)$ *gegen 0 konvergieren.*

Besitzt aber $f(\zeta)$ *eine Winkelderivierte in* π_0, *so können in* (35,1) *und* (35,2) *die rechten Seiten durch* $\rho_\zeta^{\frac{\beta-\alpha}{\pi}}(1+\varepsilon(\zeta))$ *bzw.* $\left(\frac{\rho_{\zeta_1}}{\rho_{\zeta_2}}\right)^{\frac{\beta-\alpha}{\pi}}(1+\varepsilon(\zeta_1, \zeta_2))$ *ersetzt werden.*

— Um die *Ausdehnung einer Falte* $\mathfrak{F}$ zu messen, liegt es am nächsten die beiden Quotienten $K_+(\mathfrak{F}) = \frac{\text{Max}\,|\zeta|}{\rho}$ und $K_-(\mathfrak{F}) = \frac{\rho}{\text{Min}\,|\zeta|}$ zu betrachten, wo Maxima und Minima für den entsprechenden Faltenbereich zu bilden sind und ρ der Radius des die Falte abschliessenden Querschnitts ist. Wir bezeichnen $K_+(\mathfrak{F})$ und $K_-(\mathfrak{F})$ resp. als *Höhen*-bzw. *Tiefenschwankung* von $\mathfrak{F}$ und Max $(K_+(\mathfrak{F}), K_-(\mathfrak{F})) = K(\mathfrak{F})$ als *die relative Grösse* von $\mathfrak{F}$.

Es sei nun L einer der beiden in π_0 zusammenstossenden Randzweige von Γ, etwa vom Treffpunkt mit Λ aus beginnend. Wir wollen dann, um uns einfacher ausdrücken zu können, die Gesamtheit aller Punkte ζ auf L und in den Hauptfalten von L, für die $\rho_\zeta = \rho$ ist, als den entsprechenden *Faltenbereich* $\mathfrak{F}_\rho$ von L bezeichnen. $\mathfrak{F}_\rho$ kann aus einem oder mehreren Faltenbereichen in dem oben definierten Sinne bestehen, daneben aber auch aus einzelnen Punkten und Kreisbögen. Da für jedes ρ die Menge $\mathfrak{F}$ abgeschlossen ist, lässt sich auch für diese Mengen, genau wie oben, *Höhenschwankung, Tiefenschwankung und relative Grösse* definieren. Lassen wir nun ρ ins Unendliche gehen, und ist dabei $\varkappa =$ *Limsup* der relativen Grösse von $\mathfrak{F}_\rho$ beschränkt, so nennen wir L *linear unbewallt* in π_0 und $\varkappa$ die *Unbewalltheitskonstante* von L in π_0. Ist $\varkappa = 1$, so nennen wir L *regulär unbewallt in* π_0. Dann sind auch $\varkappa_+ =$ *Limsup* der Höhenschwankungen von $\mathfrak{F}_\rho$ und $\varkappa_- =$ *Limsup* der Tiefenschwankungen von $\mathfrak{F}_\rho$ beschränkt und umgekehrt. Zugleich gilt offenbar $\varkappa = \text{Max}(\varkappa_+, \varkappa_-)$ [51]. Aus dem ersten Faltensatz folgt nun

[51]) vgl. für die Begriffe der linearen und regulären Unbewalltheit für den Fall von Jordankurven Warschawski (1), pp. 355, 356. Allerdings ist die dort benutzte Unbewalltheitskonstante im allgemeinen grösser als $\varkappa$, liegt aber stets zwischen $\varkappa$ und $\varkappa_+ \varkappa_-$.

offenbar insbesondere, dass, wenn L linear unbewallt ist und ζ „zwischen" L und der positiven reellen Axe gegen π_0 geht, dann

$$\frac{1}{\varkappa_-(1+\varepsilon)} < \frac{|f(\zeta)|}{f(|\zeta|)|} < \varkappa_+(1+\varepsilon) \tag{35,3}$$

gilt, wo ε mit $|\zeta| \uparrow \infty$ gegen 0 konvergiert. Für den Fall einer Jordanberandung rührt dieses Resultat, in etwas schwächerer Formulierung, von Herrn Warschawski her[52]).

Mit Hilfe des Begriffs der linearen Unbewalltheit lässt sich nun der Satz XXXV auf einen etwas allgemeineren Fall ausdehnen:

Korollar 2 zum Satz XXXV. *Es seien Γ bzw. Γ_1 zwei Gebiete der ζ- bzw. η-Ebene, für die die Voraussetzungen des Satzes XXXV erfüllt sind. Ihre unendlich fernen Punkte seien mit π_0 bzw. π_1 bezeichnet, L_1 sei einer der in π_1 zusammenstossenden Randzweige von Γ_1, der in π_1 linear unbewallt mit der Unbewalltheiskonstanten $\varkappa \geqq 1$ ist. Es möge Γ auf Γ_1 durch $\eta = F(\zeta)$ so konform abgebildet werden, dass π_0 und π_1 einander entsprechen. L_1 möge dabei L in Γ entsprechen. Dann gilt, wenn ζ über L oder zwischen L und der positiven reellen Axe gegen π_0 konvergiert,*

$$\frac{1}{\varkappa} \leqq \overline{\lim} \left| \frac{F(\zeta)}{F(\rho_\zeta)} \right| \leqq \varkappa. \tag{35,4}$$

Beweis: Es möge die betrachtete Abbildung von Γ auf Γ_1 durch Vermittlung je einer konformen Abbildung auf H_z gebildet werden, bei denen π_0 und π_1 in $z = \infty$ übergehen. ζ, ρ_ζ mögen dabei in H_z die Punkte z, z_0 und in Γ_1 die Punkte $\eta = F(\zeta)$, $\eta_0 = F(\rho_\zeta)$ entsprechen. Es gilt dann nach (34,1)

$$\left| \frac{z}{z_0} \right| \longrightarrow 1.$$

Anderseits folgt aus (35,2), wenn γ die $\beta - \alpha$ entsprechende Grösse bei Γ_1 ist,

$$\left| \frac{z}{z_0} \right| = \left(\frac{\rho_\eta}{\rho_{\eta_0}} \right)^{\frac{\gamma}{\pi}(1+\varepsilon(\eta, \eta_0))},$$

$$\frac{\rho_\eta}{\rho_{\eta_0}} = \left| \frac{z}{z_0} \right|^{\frac{\pi}{\gamma(1+\varepsilon(\eta, \eta_0))}} \longrightarrow 1.$$

[52]) vgl. Warschawski (1), pp. 361—375, sowie (2), pp. 320 — 325, 342, 343.

Ferner ist $\rho_{\gamma_{10}} = |\eta_0|$ und nach Annahme

$$\frac{1}{\varkappa_+} \leqq \overline{\lim} \frac{\rho_{\gamma_1}}{|\eta|} \leqq \varkappa_- .$$

Daraus folgt aber

(35,41) $$\frac{1}{\varkappa_-} \leqq \overline{\lim} \left| \frac{\eta}{\eta_0} \right| \leqq \varkappa_+ ,$$

und daraus folgt (35,4).

Im Zusammenhang mit diesem Korollar ist der folgende Satz von Interesse:

XXXVI. *Unter den Voraussetzungen des Korollars 2 zum Satz* XXXV *ist der Randzweig* L_1^* *des Bildgebietes* Γ_1^* *von* Γ^* *innerhalb* Γ_1 *der zwischen* L_1 *und der positiven reellen Axe liegt, in* π_1 *linear unbewallt mit der Unbewalltheitskonstanten* $\leqq \varkappa$.

Beweis: Die Relation (35,41) liefert für die Punkte ζ in Γ^*, da dort $|\zeta| = \rho_\zeta$ gilt,

(35,5) $$\frac{1}{\varkappa_-} \leqq \overline{\lim} \left| \frac{F(\zeta)}{F(|\zeta|)} \right| \leqq \varkappa_+ .$$

Man bilde nun Γ^* auf H_z ab, so dass π_0 in $z = \infty$ übergeht. Dann gilt für die Punkte z, z', die ζ bzw. $|\zeta|$ entsprechen, da Γ^* faltenfrei ist, nach XXXV

(35,6) $$\left| \frac{z}{z'} \right| \longrightarrow 1.$$

Die durch die beiden Abbildungen vermittelte Abbildung von Γ_1^* auf H_z sei durch $\eta = \psi(z)$ gegeben. Dann folgt wegen (35,6) nach dem Satz XV aus (35,5)

(35,7) $$\frac{1}{\varkappa_-} \leqq \overline{\lim} \left| \frac{\psi(z)}{\psi(|z|)} \right| \leqq \varkappa_+ .$$

Es sei nun η_1 ein Punkt einer Hauptfalte $\mathfrak{F}$ von L_1^* mit dem abschliessenden Querschnitt q und z_1 der entsprechende Punkt von H_z. Dann muss das Bild des Kreisbogens $|z| = |z_1|$, $\arg z \geqq 0$ q in einem Punkte η_2 mit $|\eta_2| = \rho_{\gamma_{11}}$ durchsetzen. Anderseits gilt, wenn der $\rho_{\gamma_{11}}$ in H_z entsprechende Punkt mit z_0 bezeichnet wird, nach dem ersten Faltensatz

(35,8) $$\frac{|z_1|}{|z_0|} \longrightarrow 1.$$

Man wende nun (35,7) auf z_1 an. Dann folgt wegen $\psi(z_1) = \eta_1$:

462

(35,9) $$\frac{1}{\varkappa_-} \leqq \overline{\lim} \left| \frac{\eta_1}{\psi(|z_1|)} \right| \leqq \varkappa_+ .$$

Nun folgt aber aus (35,8) nach Satz XV

$$|\psi(|z_1|)| \sim |\psi(|z_0|)| \sim |\psi(z_0)| = \rho_{\tau_1} .$$

Daher liefert (35,9)

(35,91) $$\frac{1}{\varkappa_-} \leqq \overline{\lim} \frac{|\eta_1|}{\rho_{\tau_1}} \leqq \varkappa_+ ,$$

womit die Behauptung bewiesen ist.

Bemerkung: Für $\varkappa = 1$, d. h. wenn L_1 in τ_1 *regulär unbewallt* ist, gilt dasselbe für L_1^*. Insbesondere folgt, dass bei der Abbildung des Satzes XXXV von Γ auf H_z das Bild von Γ^* ein Teilgebiet von H_z ist, dessen Rand im Unendlichen regulär unbewallt ist. Ferner gilt offensichtlich die Behauptung des Satzes XXXVI auch für jedes Teilgebiet von Γ^*, das sein eigener faltenfreier Kern ist und ein unendliches Teilstück der positiven reellen Axe enthält.

§ 9. Der zweite Faltensatz.

36. Wir kehren nun zur Fragestellung zurück, auf die sich die Behauptung des Satzes XXXIV bezog. Für ein hinreichend grosses $r > 0$ betrachten wir unter den Voraussetzungen von XXXIV das Bild Λ_r in der ζ-Ebene des Halbkreises $L_r : |z| = r$, $\Re z \geqq 0$. Es genügt natürlich, sich auf die obere Hälfte L_r^+ von L_r mit $\Im z \geqq 0$ und ihr Bild Λ_r^+ zu beschränken. XXXIV besagt, dass alle Punkte von Λ_r^+, *die in* Γ^* *liegen*' für $r \uparrow \infty$ äquivalent sind. Diejenigen Punkte von Λ_r^+ aber, die in den Falten von $\overline{\Gamma}$ verlaufen, können sich natürlich, je nach der relativen Grösse der betreffenden Falte, wesentlich von den Punkten von Λ_r^* entfernen. Immerhin lässt sich in jedem Falle folgendes sagen: Es sei ζ_0 der $z = r$ entsprechende Punkt in der ζ-Ebene. Für ein $\delta > 0$ betrachte man alle Falten $\mathfrak{F}_\rho$ mit $\dfrac{|\zeta_0|}{1+\delta} \leqq \rho \leqq |\zeta_0|(1+\delta)$. Die oberen Grenzen der $\varkappa_+(\mathfrak{F}_\rho)$ bzw. $\varkappa_-(\mathfrak{F}_\rho)$ für diese Falten seien resp. mit M_r^+, M_r^- bezeichnet. Dann liegen offenbar alle Punkte von Λ_r^+ in einem Kreisring

(36,1) $$\frac{1}{1+\varepsilon} \frac{|\zeta_0|}{M_r^-} \leqq |\zeta| \leqq |\zeta_0| M_r^+ (1+\varepsilon),$$

wo man ε mit $r \uparrow \infty$ gegen 0 streben lassen kann. Dieses Resultat gestattet ohne weiteres den folgenden Satz zu formulieren:

XXXVII. *Unter den Voraussetzungen des Satzes XXXV möge der Randzweig C von* Γ, *der der positiven imaginären Axe entspricht, linear unbewallt in* π_0 *mit der Unbewalltheitskonstanten* $\varkappa$ *sein. Dann liegen die Bilder des Viertelkreises* $|z| = r, \ \frac{\pi}{2} \geqq \arg z \geqq 0$ *in einem Kreisring*

$$(36,2) \qquad \frac{|\zeta_0|}{\varkappa + \varepsilon} \leqq |\zeta| \leqq |\zeta_0| (\varkappa + \varepsilon),$$

wo ζ_0 *dem Punkte* $z = r$ *entspricht und* ε *mit* $r \uparrow \infty$ *gegen* 0 *strebt.*

Im Falle, dass der Rand von Γ von einer Jordankurve mit einer Tangente im Unendlichen gebildet wird, rührt dieser Satz in etwas schwächerer Formulierung von Herrn J. Wolff her[53]).

37. Um nun im allgemeinsten Falle mit der Fragestellung von Nr. 36 weiter zu kommen, führen wir zuerst zwei neue Begriffe ein.

Ist wieder unter den Voraussetzungen des Satzes XXXIII C das Bild der positiven imaginären z-Axe, so sei $r > 0$, ζ_0 der r in Γ entsprechende Punkt, $\rho = |\zeta_0|$. Für jede Hauptfalte von C, die durch Querschnitte mit dem Radius ρ abgeschlossen wird, bilde man die obere Grenze der Argumentvariation in dieser Falte und nehme dann wiederum die obere Grenze aller dieser Zahlen, die dem gewählten $\rho = |\zeta_0|$ entsprechen. Die so gebildete Zahl sei mit σ_r bezeichnet. Wir werden nun zu einem besonders scharfen Resultat unter der Annahme kommen, dass $\sigma_r \longrightarrow 0$ mit $r \uparrow \infty$ gilt. Diese Annahme ist offenbar ein gewisser Ersatz für die Annahme, dass C im Unendlichen eine Tangente hat.

Ferner definieren wir *Nebenfalten* von Γ bzw. von C. Darunter verstehen wir Teilgebiete von Γ, die von Γ durch Kreisbogenquerschnitte mit dem Mittelpunkt im Nullpunkt abgetrennt werden und deren Rand, von dem betreffenden Querschnitt abgesehen, ein Teilstück von C ist. Jede Hauptfalte von C ist zugleich eine Nebenfalte.

Nach dem Satz XXXIV sind nun alle Punkte von Λ_r^+, die in Λ_r^* enthalten sind, für $r \longrightarrow \infty$ unter einander äquivalent. Um die Lage der Teilstücke von Λ_r^+ zu diskutieren, die in den Haupfalten von C liegen, sei ζ_0 das Randelement von C, das ir entspricht. ζ_0 gehöre zur Falte $\mathfrak{F}_0$, die sich auch auf ein Randelement von Γ reduzieren kann. Dann kann man den Inhalt des *zweiten Faltensatzes* etwas unpräzise so formulieren, dass Λ_r^+ im Falle der Winkeltreue für $\sigma_r \longrightarrow 0$ *auf dem asymptotisch kürzesten Wege innerhalb* Γ *nach* ζ_0 *führt.* Es sind hierin vier Aussagen enthalten:

---

[53]) Vgl. Wolff (1), pp. 217—222, sowie Warschawski (2), pp. 326—328.

1) Dringt Λ_r^+ in eine Hauptfalte $\mathfrak{F}$ von C ein, die von $\mathfrak{F}_0$ verschieden ist, so ist der in $\mathfrak{F}$ liegende Bogen von Λ_r^+ mit seinem Eintrittspunkt in $\mathfrak{F}$ äquivalent für $r \uparrow \infty$.

2) Die in $\mathfrak{F}_0$ verlaufenden Teilbögen von Λ_r^+, deren *beide* Endpunkte auf dem $\mathfrak{F}_0$ abschliessenden Querschnitt q_0 liegen, sind mit ihrem Eintrittspunkt äquivalent.

3) Der Verlauf von Λ_r^+ vom *letzten Schnittpunkt mit* q_0 *bis* ζ_0 wird *erstens* dadurch charakterisiert, dass dieses Stück in eine Nebenfalte $\mathfrak{f}$ von $\mathfrak{F}_0$ nur mit einem mit dem Eintrittspunkt äquivalenten Bogen eintritt, wenn es einen gegen ζ_0 in Γ gehenden Weg gibt, der in $\mathfrak{f}$ nicht eintritt.

4) *Zweitens* kann das vollständig in $\mathfrak{F}_0$ liegende Endstück λ_r von Λ_r^+ (im asymptotischen Sinne) keinen Weg „unnötig hin und her zurücklegen". Dies bedeutet: Sind q_1, q_2 zwei Kreisbogenquerschnitte von $\mathfrak{F}_0$ mit dem Mittelpunkt im Nullpunkt und den Radien ρ_1, ρ_2, und sind q_1, q_2 durch wenigstens drei Teilbögen von λ_r mit einander in $\mathfrak{F}_0$ verbunden, so gilt

$$\frac{\rho_1}{\rho_2} \longrightarrow 1 . \tag{37,1}$$

38. Alle diese Aussagen ergeben sich unmittelbar aus der folgenden Formulierung, die wir nunmehr beweisen wollen:

XXXVIII. **(Zweiter Faltensatz).** *Unter den Voraussetzungen des Satzes* XXXIII *sei die Abbildung von* Γ *auf* H_z *im Unendlichen im Winkel winkeltreu. Das der positiven imaginären* z*-Axe entsprechende Randstück von* Γ *sei mit* C *bezeichnet. Es sei* $\mathfrak{f}$ *eine Nebenfalte, die in einer Hauptfalte* $\mathfrak{F}$ *von* C *enthalten ist, und* λ *ein Teilbogen der Bildkurve* Λ_r^+ *des Viertelkreises* L_r^+: $|z| = r, \frac{\pi}{2} > \arg z > 0$, *der in* $\mathfrak{f}$ *verläuft, während seine beiden Endpunkte* ζ_1, ζ_2 *auf dem* $\mathfrak{f}$ *abschliessenden, abgeschlossenen Querschnitt* q *liegen. Der Punkt* $\zeta = 0$ *möge weder innerhalb noch auf dem Rande von* $\mathfrak{f}$ *liegen. Dann liegen alle Punkte von* λ *im Kreisring*

$$|\zeta_1|\, e^{-k\Theta} < |\zeta| < |\zeta_1|\, e^{k\Theta}, \tag{38,1}$$

wo Θ *der zu* q *gehörende Zentriwinkel ist und die absolute Konstante* k *gleich* $\frac{1}{2} + \sqrt{3}$ *gesetzt werden kann.*

Beweis: Dem zu q komplementären Randstück c von $\mathfrak{f}$ möge in der z-Ebene die offene Strecke σ der positiven imaginären Axe entsprechen. Mit g sei das Bildgebiet von $\mathfrak{f}$ bezeichnet. Dann entspricht λ ein innerhalb g verlaufender und die Bildpunkte z_1, z_2 von ζ_1, ζ_2 verbindender Teilbogen s' des Halbkreises $|z| = r$, $\Re z \geqq 0$, der auf der imaginären Axe senkrecht steht und dessen auf der negativen imaginären Axe liegender Endpunkt $-ir$ die Strecke σ nicht trifft. Daher kann nur einer der Punkte z_1, z_2 Endpunkt von σ sein. Ist dies weder für z_1 noch für z_2 der Fall, so erscheint nach dem Korollar 2 zum Satz XXX σ von jedem Punkt von s aus in bezug auf g unter einem konformen Winkel $< \pi$. Ist aber etwa z_1 ein Endpunkt von σ, so liegt λ im Uebrigen ausserhalb des auf σ als Durchmesser errichteten Halbkreises, und aus dem Korollar 1 zum Satz XIX folgt dasselbe. c erscheint daher von jedem Punkt von λ aus in bezug auf $\mathfrak{f}$ unter einem konformen Winkel $\leqq \pi$, sodass q von jedem Punkt von λ aus in bezug auf $\mathfrak{f}$ unter einem konformen Winkel $\geqq \pi$ erscheint.

Es sei nun ζ_0 der Punkt von q, der den Bogen q halbiert. Durch eine logarithmische Abbildung $w = \log \frac{\zeta}{\zeta_0}$ geht $\mathfrak{f}$ in ein Gebiet Γ_0 der w-Ebene über, wobei ζ_0 in $w = 0$ übergeht. q geht dann in eine durch den Nullpunkt hindurchgehende, auf der imaginären Axe liegende Strecke γ über, die im Innern des Kreises $|w| \leqq \frac{\Theta}{2}$ liegt. ζ' sei irgend ein Punkt von λ, ω sein Bildpunkt in der w-Ebene. Dann folgt aus der Abschätzung (23,1) des Satzes XXVIII, da $m_{\Gamma_0, \omega}\gamma \geqq \pi$ ist und in (23,1) das Gleichheitszeichen nicht gelten kann, wenn $|\omega| > \frac{\Theta}{2}$ ist,

$$\pi < 4 \arc \sin \frac{2\sqrt{|\omega|\frac{\Theta}{2}}}{\frac{\Theta}{2} + |\omega|}, \quad \frac{2\sqrt{2|\omega|\Theta}}{\Theta + 2|\omega|} > \sqrt{\frac{1}{2}},$$

$$(\Theta + 2|\omega|)^2 < 16|\omega|\Theta, \quad (2|\omega|)^2 - 6 . 2|\omega|\Theta + \Theta < 0,$$

$$|\omega| < \left(\frac{3}{2} + \sqrt{2}\right)\Theta < 3\Theta. \tag{38,2}$$

Gehen wir zurück zur ζ-Ebene, so folgt wegen $|\zeta_0| = |\zeta_1|$

$$e^{-\left(\frac{3}{2}+\sqrt{2}\right)\Theta} < \left|\frac{\zeta'}{\zeta_1}\right| < e^{\left(\frac{3}{2}+\sqrt{2}\right)\Theta} \tag{38,3}$$

Daher liegt die ganze Kurve λ im Kreisring (38,1), w. z. b. w.

466

Aus dem damit bewiesenen Satz folgen offenbar die unter 1) — 4) gemachten Angaben unmittelbar, da für $r > r_0$ die Voraussetzungen des Satzes XXXVIII sicher zutreffen und für $\sigma_r \rightarrow 0$ auch Θ gegen Null konvergiert.

Zugleich sehen wir, dass die obigen Aussagen auf jeden Fall dann zutreffen, wenn man r über solche Werte ins Unendliche gehen lässt, für die σ_r gegen Null konvergiert.

Beim Beweis des Satzes wurde natürlich nur von dem Teil des Satzes XXX Gebrauch gemacht, der sich auf $\alpha = \frac{\pi}{2}$ bezieht. Für den Beweis dieses Teiles ist aber der Satz XXIX nicht nötig und ebenso wenig der a. a. O. unter *C.* angegebene Teil des Beweises. Wird aber der Satz XXX im ganzen Umfang angewandt, so ergibt sich eine Erweiterung des Satzes XXXVIII auf einen wesentlich allgemeineren Fall. Anstatt nämlich über den Bogen λ anzunehmen, dass er auf der Bildkurve eines auf der imaginären Axe der z-Ebene senkrecht stehenden Halbkreises liegt, genügt es, vorauszusetzen, dass die entsprechende Kurve in der z-Ebene in den innerhalb g verlaufenden Teilstücken nur Sehnen hat, deren Richtungen mit der reellen Axe Winkel $\leqq \frac{\pi}{2} - \alpha$, $0 < \alpha \leqq \frac{\pi}{2}$, bilden. Dann erscheint im obigen Beweise c in bezug auf $\mathfrak{f}$ von jedem Punkt von λ aus unter einem konformen Winkel $\leqq 2(\pi - \alpha)$, und q unter einem konformen Winkel $\geqq 2\alpha$. Die Anwendung des Satzes XXVIII liefert dann

$$2\alpha < 4 \arcsin \frac{2\sqrt{|\omega| \cdot \frac{\Theta}{2}}}{\frac{\Theta}{2} + |\omega|},$$

$$\frac{2\sqrt{2|\omega|\Theta}}{\Theta + 2|\omega|} > \sin\frac{\alpha}{2},$$

$$8|\omega|\Theta > 4|\omega|^2 \sin^2\frac{\alpha}{2} + 4|\omega|\Theta \sin^2\frac{\alpha}{2} + \Theta^2 \sin^2\frac{\alpha}{2},$$

$$\left(\frac{2|\omega|\sin^2\frac{\alpha}{2}}{\Theta}\right)^2 - 2\left(\frac{2|\omega|\sin^2\frac{\alpha}{2}}{\Theta}\right)\left(2 - \sin^2\frac{\alpha}{2}\right) + \sin^4\frac{\alpha}{2} < 0,$$

$$\frac{2|\omega|\sin^2\frac{\alpha}{2}}{\Theta} < 2 - \sin^2\frac{\alpha}{2} + \sqrt{4 - 4\sin^2\frac{\alpha}{2}} = 1 + \cos^2\frac{\alpha}{2} + 2\cos\frac{\alpha}{2},$$

$$(38,4) \qquad |\omega| < \frac{\left(1+\cos\frac{\alpha}{2}\right)^2}{2\sin^2\frac{\alpha}{2}}\Theta = \frac{\Theta}{2}\operatorname{ctg}^2\frac{\alpha}{4}.$$

Wir sehen:

XXXIX. Werden die Voraussetzungen des Satzes XXXVIII *über* λ *dahin abgeändert, dass die Bildkurve von* λ *in der z-Ebene nur Sehnen hat, deren Richtungen mit der reellen Axe Winkel* $\leqq \frac{\pi}{2} - \alpha$, $0 < \alpha \leqq \frac{\pi}{2}$, *bilden, so bleibt die Behauptung des Satzes XXXVIII richtig, wenn in ihr der Kreisring* (38,1) *durch den Kreisring*

$$(38,5) \qquad |\zeta_1|\, e^{-\frac{\Theta}{2}\operatorname{ctg}^2\frac{\alpha}{4}} < |\zeta| < |\zeta_1|\, e^{\frac{\Theta}{2}\operatorname{ctg}^2\frac{\alpha}{4}}$$

ersetzt wird.

Damit bleiben auch im Falle des Satzes XXXIX die obigen Aussagen 1)—4) der Nr. 37 bestehen.

Endlich ist leicht zu übersehen, dass man im Satz XXXIX im Sinne der Bemerkungen am Schlusse von Nr. 25 die Sehnen durch Kreisbögen ersetzen kann.

Die Abbildung von Γ auf H_z möge durch $\zeta = \varphi(z)$ vermittelt werden. Was lässt sich nun aus den gewonnenen Ergebnissen über den Verlauf der Bildmenge Λ_r^+ des Viertelkreises $|z| = r$, $\frac{\pi}{2} \geqq \arg z \geqq 0$, sagen, wenn $\sigma_r \to 0$ gilt?

Λ_r^+ zerfällt in zwei Stücke, von denen das erste, $\overline{\Lambda}_r^+$, sich vom Anfangspunkt $\varphi(r)$ bis zum letzten Eintrittspunkt ζ_1 von Λ_r^+ in die letzte Falte $\mathfrak{F}_0$ erstreckt, das andere, $\overline{\overline{\Lambda}}_r^+$ aber von ζ_1 an vollständig innerhalb der Falte $\mathfrak{F}_0$ verläuft (vgl. Fig. 7). $\overline{\overline{\Lambda}}_r^+$ kann auch eine leere Menge sein.

Die Distanzen der Punkte von $\overline{\Lambda}_r^+$ vom Nullpunkt sind nun nach XXXIV und nach den Aussagen 1) und 2) der Nr. 37 äquivalent mit $|\varphi(r)|$. Was aber $\overline{\overline{\Lambda}}_r^+$ anbetrifft, so kann man dafür verschieden scharfe Abschätzungen angeben, je nachdem, ob man nur die Falle $\mathfrak{F}_0$ kennt, in der $\overline{\overline{\Lambda}}_r^+$ verläuft, oder ob auch die Lage des Endpunktes (bzw. des Endelementes) ζ_0 von Λ_r^+ bekannt ist. Im ersten Falle liegt offenbar jeder Punkt von $\overline{\overline{\Lambda}}_r^+$ im Kreisring

$$\frac{\rho_{\zeta_0}}{K_-(\mathfrak{F}_0)} \leqq |\zeta| \leqq \rho_{\zeta_0} K_+(\mathfrak{F}_0).$$

Daher liegt die ganze Menge Λ_r^+ in einem Kreisring

$$(38,6)\qquad (1-\varepsilon)\frac{|\varphi(r)|}{K_-(\mathfrak{z}_0)} \leqq |\zeta| \leqq (1+\varepsilon)\,|\varphi(r)|\,K_+(\mathfrak{z}_0),$$

wo ε mit $r\to\infty$ gegen 0 geht.

Ist aber auch die Lage von ζ_0 bekannt, so kann man folgendermassen verfahren. Man betrachte alle Kurven, die den ζ_0 abschliessenden Querschnitt mit ζ_0 verbinden — es genügt, Bilder von Jordankurven der z-Ebene zu betrachten, die aus der rechten z-Halbebene in ir münden. Für jede solche Kurve bestimme man Max $\frac{|\zeta|}{\rho_{\zeta_0}}$ und Max $\frac{\rho_{\zeta_0}}{|\zeta|}$. Die untere Grenze der Zahlen Max $\frac{|\zeta|}{\rho_{\zeta_0}}$ für alle in Betracht kommenden Kurven sei mit $\mu_+(\zeta_0)$ bezeichnet, und analog die untere Grenze der Zahlen Max $\frac{\rho_{\zeta_0}}{|\zeta|}$ mit $\mu_-(\zeta_0)$. Dann liegen alle Punkte von $\overline{\Lambda}_r^+$ und damit auch von Λ_r^+ in einem Kreisring

$$(38,7)\qquad (1-\varepsilon)\frac{|\varphi(r)|}{\mu_-(\zeta_0)} \leqq |\zeta| \leqq (1+\varepsilon)\,|\varphi(r)|\,\mu_+(\zeta_0),$$

wo ε mit $r\to\infty$ gegen 0 strebt.

Man vergleiche hierzu die Figur 7, wo Λ_r^+ sehr stark und $\overline{\Lambda}_r^+$ sehr schwach ausgezogen sind. —

Bisher wurde an der Voraussetzung festgehalten, dass die Abbildung von Γ auf H_z im Unendlichen im Winkel *winkeltreu* und nicht nur *winkelproportional* ist. Man kann aber offenbar den Fall der Winkelproportionalität durch eine Potenztransformation auf den der Winkeltreue zurückführen, wobei, wenn der Nullpunkt innerhalb Γ liegt, eine vorbereitende Transformation nötig wird. Die obigen Resultate bleiben dabei unverändert gültig, bis auf den Satz XXXIX, in dem der von α abhängige Faktor im Exponenten abzuändern ist.

39. Um die Sätze XXXVIII und XXXIX anzuwenden, ist es übrigens gar nicht nötig, die Annahme $\sigma_r\to 0$ zu machen, wenn dann die Resultate auch abgeschwächt werden. Denn unter den Voraussetzungen des Satzes XXXIII ist ja Θ in der Grenze für $r\to\infty$ höchstens gleich π, sodass die Kreisringe (38,3) und (38,5) in die Kreisringe übergehen

$$(39,1)\qquad |\zeta_1|\,e^{-\left(\frac{3}{2}+\sqrt{2}\right)(\pi+\varepsilon)} \leqq |\zeta| \leqq |\zeta_1|\,e^{\left(\frac{3}{2}+\sqrt{2}\right)(\pi+\varepsilon)},$$

$$(39{,}2)\qquad |\zeta_1|\, e^{-\frac{\pi+\varepsilon}{2}\operatorname{ctg}^2\frac{\alpha}{4}} \leqq |\zeta| \leqq |\zeta_1|\, e^{\frac{\pi+\varepsilon}{2}\operatorname{ctg}^2\frac{\alpha}{4}},$$

wo ε mit $r \longrightarrow \infty$ gegen 0 konvergiert.

Kombiniert man nun dies mit dem Satz XXXV, der über die Eintrittspunkte von Λ_r^+ in $\mathfrak{F}_0$ Aufschluss gibt, so folgt

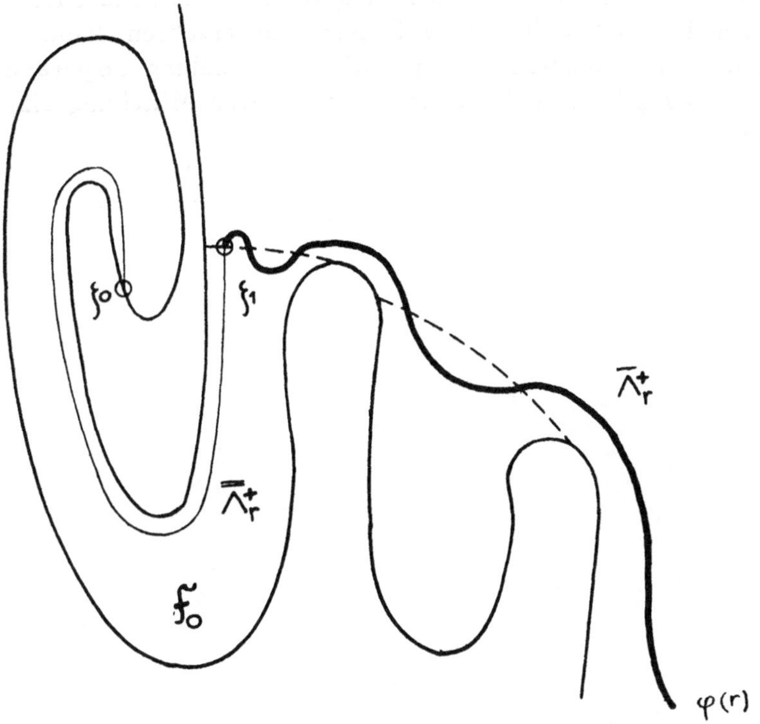

Fig. 7.

XL. *Unter den Voraussetzungen des Satzes XXXIII sei die Abbildung von Γ auf H_z im Unendlichen winkeltreu. Ist dann Λ_r^+ das Bild des Viertelkreises $|z| = r$, $\frac{\pi}{2} \geqq \arg z \geqq 0$, so liegt Λ_r^+ in einem Kreisring*

$$(39{,}3)\quad (1-\varepsilon)\frac{|\varphi(r)|}{\mu_-(\zeta_0)}\, e^{-\left(\frac{3}{2}+\sqrt{2}\right)\pi} \leqq |\zeta| \leqq (1+\varepsilon)\,|\varphi(r)|\,\mu_+(\zeta_0)\, e^{\left(\frac{3}{2}+\sqrt{2}\right)\pi},$$

wo ε mit $r \longrightarrow \infty$ gegen 0 konvergiert, $\zeta = \varphi(z)$ die betrachtete Abbildung von Γ auf H_z vermittelt, ζ_0 das Bild von $z = ir$ ist und $\mu_-(\zeta_0)$, $\mu_+(\zeta_0)$ die oben angegebene Bedeutung haben.

470

Bei dem Satz XL ist es allerdings unwesentlich, dass die Abbildung von Γ auf H_z im Unendlichen winkeltreu oder auch nur winkelproportional ist. Die Behauptung dieses Satzes gilt nämlich mit etwas schwächeren Konstanten bereits dann, wenn nur die Erreichbarkeit von π_0 vorausgesetzt wird. Es lässt sich dies durch Kombination des obigen Beweises für den Satz XXXVIII mit einer weiteren Betrachtung zeigen, die man entweder mit Hilfe der *Ahlfors*schen Methode oder mit Hilfe der Methode des Dirichletschen Integrals durchführen kann. Da aber beides über den Rahmen der in dieser Abhandlung angewandten Methoden hinausgeht, soll darauf in einer späteren Mitteilung eingegangen werden.

On the Convergence of Theodorsen's and Garrick's Method of Conformal Mapping[1]

A. M. Ostrowski*

Introduction

We consider a simple, closed, rectifiable curve C in the w-plane, $w=\rho e^{i\theta}$, containing the origin in its interior. The equation of C in polar coordinates may be

$$\rho=e^{P(\theta)}, \tag{15.1}$$

θ being the vectorial angle, where $P(\theta)=\lg\rho$ is uniform, continuous and periodic with period 2π. Let

$$w=f(z),\quad f(0)=0,\quad f'(0)>0,\quad z=re^{i\varphi} \tag{15.2}$$

give the conformal mapping of the interior of C upon the interior of E_z, the unit circle. If $P'(\theta)$ exists and is bounded, we obtain for C the parametric representation

$$\theta=\theta(\varphi)=\arg f(e^{i\varphi}),\quad \rho=|f(e^{i\varphi})|=e^{P[\theta(\varphi)]}. \tag{15.3}$$

In order to obtain a functional relation implying the unknown function $\theta(\varphi)$ we consider the branch of the function $\lg(f(z)/z)$, which is real for $z=0$. This branch is in E_z regular and uniform and remains continuous on the boundary.[2] Since for $z=e^{i\varphi}$ we have

$$\Re\lg\frac{f(z)}{z}=P(\theta(\varphi)),\quad \Im\lg\frac{f(z)}{z}=\theta(\varphi)-\varphi+2m\pi$$

for an unknown integer m, we see that the function $\theta(\varphi)-\varphi$ is the conjugate function to $P(\theta(\varphi))$, that is to say that the Fourier series of $\theta(\varphi)-\varphi$ is an allied series to that of $P(\theta(\varphi))$.

The function $\theta(\varphi)-\varphi$ is a periodic function with a period 2π and represents the boundary values of the harmonic function $\Im\lg(f(z)/z)$; since according to our assumptions this harmonic function vanishes at the origin, we have, by Gauss' mean value theorem,

$$\int_0^{2\pi}(\theta(\varphi)-\varphi)d\varphi=0. \tag{15.4}$$

We can therefore represent $\theta(\varphi)-\varphi$ in terms of $P(\theta(\varphi))$ by the well-known integral

$$\theta(\varphi)-\varphi=-\frac{1}{2\pi}\int_0^{\pi}[P(\theta(\varphi+t))-P(\theta(\varphi-t))]\cot\frac{t}{2}\,dt. \tag{15.5}$$

Equation (15.5) is a nonlinear integral equation for $\theta(\varphi)$ and the starting point of Theodorsen's and Garrick's method for the determination of $\theta(\varphi)$ [8, p. 11]† and [9, p. 8 and 9]. As soon as $\theta(\varphi)$ is determined the functions $f(z)/z$ and $f(z)$ are obtained for instance from Poisson's integral and the problem of conformal mapping can be considered as solved.

In the last 40 years very much subtle and ingenious work has been spent on the right-hand integral in (15.5). It was thus all the more a surprise to the pure mathematicians that the frontal attack launched on the integral equation (15.5) by Theodorsen and Garrick in order to obtain numerical results, met

[1] The preparation of this paper was sponsored (in part) by the Office of Naval Research.
*National Bureau of Standards, Los Angeles, Calif., and University of Basle, Basle, Switzerland.
[2] Compare reference [2].
†Figures in brackets indicate the literature references at the end of this paper.

with full success. In many contours used in aerodynamics the first two steps alone of the method of successive approximations elaborated by Theodorsen and Garrick give an approximation sufficient for all practical purposes.

Theodorsen and Garrick start from an initial value $\theta_0(\varphi)$ and derive a sequence of functions $\theta_\nu(\varphi)$ by the recurrence formula

$$\theta_{\nu+1}(\varphi)-\varphi=-\frac{1}{2\pi}\int_0^\pi [P(\theta_\nu(\varphi+t))-P(\theta_\nu(\varphi-t))] \cot\frac{t}{2}\,dt, \quad \nu=0,1,2,\cdots. \tag{15.6}$$

In all the examples treated by them this sequence $\theta_\nu(\varphi)$ converges rapidly to the function $\theta(\varphi)$ in question.

Both papers quoted do not contain any proof of the convergence or estimate of the accuracy of the approximations. In 1945, in a very remarkable paper [10], S. E. Warschawski supplied this proof and derived sharp estimates for the approximations. However, Warschawski assumed throughout his discussion that $\theta_0(\varphi)\equiv\varphi$, while Garrick and Theodorsen reserve explicitly the possibility of choosing $\theta_0(\varphi)$ in an appropriate way, different from φ.

Warschawski makes the assumption that for a certain ϵ, $0<\epsilon<1$,

$$|P'(\theta)|\leq\epsilon, \quad (0\leq\theta\leq2\pi) \tag{15.7}$$

and proves then

$$\theta_\nu-\theta=O\left(\epsilon^{\frac{\nu}{2}}\right). \tag{15.8}$$

Under the further assumption that for the same value of ϵ

$$|P''(\theta)|\leq\epsilon \tag{15.9}$$

Warschawski proves even

$$\theta_\nu-\theta=O(\nu^{\frac{1}{2}}\epsilon^\nu); \tag{15.10}$$

further, under the additional assumption

$$|P'''(\theta)|\leq\epsilon \tag{15.11}$$

he proves that $\theta'_\nu(\varphi)$ converge uniformly to $\theta'(\varphi)$ and that even

$$\theta'_\nu-\theta'=O(\nu^{\frac{1}{2}}\epsilon^\nu). \tag{15.12}$$

In his discussion Warschawski obtains not only the general estimates (15.8), (15.10), and (15.12) but also the corresponding inequalities with explicitly worked out numerical coefficients.[3]

The leading idea of Warschawski's method was the use of Parseval's formula and the inequalities between the mean values of the squares of conjugate functions derived from it, and the same type of argument is used in the present paper.

Warschawski estimates in the first line the mean values of $(\theta_\nu-\theta)^2$, $(\theta'_\nu-\theta')^2$ and $(\theta''_\nu-\theta'')^2$; from these estimates appropriate limits for $|\theta_\nu-\theta|$, $|\theta'_\nu-\theta'|$ are easily derived.

The choice $\theta_0(\varphi)\equiv\varphi$ adopted throughout by Warschawski is even from the theoretical point of view an unnecessarily restricted one. Although Theodorsen and Garrick usually start with this initial value they point out themselves in a certain example that this choice is a "relatively poor one". They say explicitly, "Indeed, the closer the choice of the function $\bar{\epsilon}_0(\theta)$ is to the final solution $\bar{\epsilon}(\theta)$, the more rapid is the convergence".[4] We show in this paper that the results of Warschawski can be proved and improved also under the hypothesis of a more or less arbitrary initial function $\theta_0(\varphi)$. We prove that (15.10) remains valid if the inequality (15.9) is replaced by the assumption that $|P''(\theta)|$ is uniformly bounded and that already under this assumption the sequence θ'_ν converges to θ'; we obtain

$$\theta'_\nu-\theta'=O\left(\nu^{\frac{1}{2}}\epsilon^{\frac{\nu}{2}}\right). \tag{15.13}$$

The estimate (15.12) can be derived under the hypothesis that both $|P''(\theta)|$ and $|P'''(\theta)|$ are uniformly bounded—it is not necessary that they are "small". As a matter of fact we prove the more general theorem in which under the hypothesis (15.7) and the assumption that the first m derivatives of $P(\theta)$ are uniformly bounded, the uniform convergence of the first m-1 derivatives of θ_ν to the corresponding derivatives of θ is shown.

However all these results, although important from the theoretical point of view, cannot be immediately applied to the problems of practical computation. In practice we do not work with θ_ν as they are derived successively from formula (15.6) but with modified functions which are obtained from the

[3] Further he investigates what range of values of ϵ would ensure that the contours corresponding to the approximating functions $\theta_\nu(\varphi)$ would be star-shaped.
[4] [9, p. 13]. The last remark must not however be taken too literally.

integral in (15.6) by approximate integration and undergo under circumstances certain smoothing processes.

For that reason it is practically more important to obtain a good estimate of error of the initial function θ_0 and to derive an estimate for the corresponding function θ_1, estimates which may then be used at each step of the computation. Such estimates are given in theorem 1, formula (15.54), and in theorem 2, formula (15.60).

In our discussion we concern ourselves with a generalization of equation (15.5) in which φ is replaced by a more or less arbitrary function $\gamma(\varphi)$:

$$\theta(\varphi)-\gamma(\varphi)=-\frac{1}{2\pi}\int_0^{\pi}[P(\theta(\varphi+t))-P(\theta(\varphi-t))]\cot\frac{t}{2}\,dt. \qquad (15.14)$$

In this case we cannot any longer assume the existence of a solution of (15.14) which followed in the case of equation (15.5) from the general theory of conformal mapping. However, it is possible to prove the existence (and the uniqueness) of this solution under hypothesis (15.7) and the existence of its derivatives up to the $(m-1)$st order, if $P(\theta)$ has bounded first m derivatives.

We deal from the beginning with (15.14), although in the case of (15.8) where the existence and the properties of a solution $\theta(\varphi)$ can be taken as granted, the discussion can be a little simplified. The results are contained in the theorems 1–3, which are proved in sections 4 to 6 of the paper after some lemmata are developed in sections 1 to 3. In section 1 we give a table of notations which are employed throughout the paper without being each time introduced anew.

In this paper we deal only with the theoretical aspect of the method. In the following paper[5] we develop a practical procedure for this method.

1. Notations. Lemmata 1–3

In what follows we use throughout the following notations:

$$Tf=-\frac{1}{2\pi}\int_0^{\pi}(f(\varphi+t)-f(\varphi-t))\cot\frac{t}{2}\,dt, \qquad (15.15)$$

$$\mathcal{M}f=\frac{1}{2\pi}\int_0^{2\pi}f(t)dt, \qquad (15.16)$$

$$P_\nu^{(k)}=P_\nu^{(k)}(\varphi)=P^{(k)}(\theta_\nu(\varphi)) \quad P_\nu=P_\nu^{(0)} \quad (k=0,1,\ldots;\ \nu=0,1,\ldots), \qquad (15.17)$$

$$D_\nu^{(k)}=\sqrt{\mathcal{M}(\theta_{\nu+1}^{(k)}-\theta_\nu^{(k)})^2} \quad D_\nu=D_\nu^{(0)} \quad (k=0,1,\ldots;\ \nu=0,1,\ldots), \qquad (15.18)$$

$$E=D_0=\sqrt{\mathcal{M}(\theta_1-\theta_0)^2}, \qquad (15.19)$$

$$\mu=\sqrt{\mathcal{M}\theta_0'^2}, \qquad (15.20)$$

$$\tau=\sqrt{\mathcal{M}\gamma'^2},\ \tau'=\sqrt{\mathcal{M}\gamma''^2}, \qquad (15.21)$$

$$\sigma=\frac{1}{\epsilon}\sqrt{2\pi E\frac{\tau+\mu}{1-\epsilon}}, \qquad (15.22)$$

$$E'=\sqrt{D_0'}+\frac{\sigma\eta_2}{2}=\sqrt[4]{\mathcal{M}(\theta_1'-\theta_0')^2}+\frac{\sigma\eta_2}{2}. \qquad (15.23)$$

Lemma 1. *We have if* $P'(\theta),\ldots,P^{(m)}(\theta)$ *and* $\theta',\ldots,\theta^{(m)}$ *are continuous:*

$$\frac{d^m}{d\varphi^m}P(\theta(\varphi))=P'(\theta)\theta^{(m)}+B_m(\theta), \qquad (15.24)$$

where

$$B_1(\theta)=0,\quad B_2(\theta)=P''(\theta)\theta'^2, \qquad (15.25)$$

$$B_m(\theta)=mP''(\theta)\theta'\theta^{(m-1)}+A_m(\theta)\quad (m\geq 3), \qquad (15.26)$$

[5] See paper 16 in this volume.

$$A_m(\theta)=\sum_{\mu=2}^{m} P^{(\mu)}(\theta)C_{m,\mu}(\theta', \ldots, \theta^{(m-2)}), \quad (m\geq 3), \tag{15.27}$$

and $C_{m,\mu}$ are polynomials in $\theta', \ldots, \theta^{(m-2)}$ with integral numerical coefficients. In particular we have

$$C_{m,m}=\theta'^m. \tag{15.28}$$

The proof by induction is immediate.

Lemma 2. (*Minkowski's inequality*). *If $f_1(\varphi), f_2(\varphi), \ldots, f_k(\varphi)$ are integrable in the square in $<-\pi, \pi>$ we have*

$$\sqrt{\mathcal{M}(f_1+\ldots+f_k)^2}\leq\sqrt{\mathcal{M}f_1^2}+\ldots+\sqrt{\mathcal{M}f_k^2}. \tag{15.29}$$

This follows at once from the integral form of the so-called general Minkowski's inequality [4, p. 31, 146].

Lemma 3. (*Warschawski's inequality*) [10, p. 18]. *If $f(\varphi)$ is a real absolutely continuous and periodic function with period 2π and if $[f'(\varphi)]^2$ is integrable, then we have for any φ and ψ*

$$|f(\varphi)^2-f(\psi)^2|\leq\sqrt{\int_0^{2\pi} f(t)^2dt\int_0^{2\pi} f'(t)^2dt}. \tag{15.30}$$

If in particular $\int_0^{2\pi} f(\varphi)d\varphi=0$, then we have

$$|f(\varphi)|\leq\sqrt[4]{\int_0^{2\pi} f(t)^2dt\int_0^{2\pi} f'(t)^2dt}. \tag{15.31}$$

Proof: Under the hypothesis $\int_0^{2\pi} f(\varphi)d\varphi=0$ there exists a value ψ with $f(\psi)=0$, and (15.31) follows from (15.30). To prove (15.30), we can assume without loss of generality that $\varphi<\psi<\varphi+2\pi$. From the identity

$$f(\psi)^2-f(\varphi)^2=2\int_\varphi^\psi f(t)f'(t)dt=-2\int_\psi^{\varphi+2\pi} f(t)f'(t)dt$$

it follows that

$$|f(\varphi)^2-f(\psi)^2|\leq 2\int_\varphi^\psi |ff'|dt,$$

$$|f(\varphi)^2-f(\psi)^2|\leq 2\int_\psi^{\varphi+2\pi} |ff'|dt,$$

$$|f(\varphi)^2-f(\psi)^2|\leq\frac{1}{2}\left\{2\int_\varphi^\psi |ff'|\,dt+2\int_\psi^{\varphi+2\pi} |ff'|\,dt\right\}=\int_\varphi^{\varphi+2\pi}|ff'|\,dt=\int_0^{2\pi}|f||f'|dt,$$

and (15.30) follows from the Cauchy-Schwarz inequality.

2. Properties of Conjugate Functions. Lemmata 4–5

If $U(\varphi)$ is a periodic function with period 2π and $U^2(\varphi)$ integrable, then the "development"

$$U(\varphi)=\sum_{\nu=0}^{\infty}(a_\nu \cos \nu\varphi+b_\nu \sin \nu\varphi) \tag{15.32}$$

can be written down although this formula is to be understood in the well-known symbolic sense. In this case there exists also a function $V(\varphi)$ periodic with a period 2π and with integrable $V^2(\varphi)$, such that the s) mbolic development of $V(\varphi)$ is

$$V(\varphi)=\sum_{\nu=1}^{\infty}(-b_\nu \cos \nu\varphi+a_\nu \sin \nu\varphi) \tag{15.33}$$

$V(\varphi)$ is defined uniquely except on a zero set. Any of the functions $V(\varphi)+\text{const.}$ is then called the conjugate or allied function to $U(\varphi)$. Among all these conjugate functions the functions corresponding to the development (15.33) are characterized by the equation

$$\mathcal{M} V=0. \tag{15.34}$$

A periodic function with period 2π satisfying (15.34) will be called normed. It follows from Parseval's formula that if $V(\varphi)$ is conjugate to $U(\varphi)$ we have

$$\mathcal{M}(U^2)-(\mathcal{M} U)^2=\mathcal{M}(V^2)-(\mathcal{M} V)^2=\frac{1}{2}\sum_{\nu=1}^{\infty}(a_\nu^2+b_\nu^2). \tag{15.35}$$

If V is a normed conjugate to U, we have in particular from (15.34) and (15.35):

$$\mathcal{M}(V^2)\leq\mathcal{M}(U^2). \tag{15.36}$$

If among the functions conjugate to $U(\varphi)$ there exists one $V_1(\varphi)$ which is piecewise continuous, then only the functions $V_1(\varphi)+\text{const.}$ are to be called conjugate to $U(\varphi)$ and may only be subject to modification in the points of discontinuity. In this sense the following theorem is true:

Lemma 4. *If $U(\varphi)$ is periodic with period 2π and absolutely continuous and $U'^2(\varphi)$ is integrable, then the normed conjugate function $V(\varphi)$ is absolutely continuous, $V'^2(\varphi)$ is integrable and $V'(\varphi)$ is a normed conjugate function to $U'(\varphi)$.*[6]

In applying this result repeatedly it is generalized in the following way:

Lemma 5. *If $U(\varphi)$ is periodic with period 2π and if for a positive integer k, U, U', . . ., $U^{(k-1)}$ are absolutely continuous while $U^{(k)2}(\varphi)$ is integrable, then for the normed conjugate function $V(\varphi)$, the functions V, V', . . ., $V^{(k-1)}$ are absolutely continuous, $V^{(k)2}(\varphi)$ is integrable and $V^{(k)}(\varphi)$ is a normed conjugate function to $U^{(k)}(\varphi)$.*

If $U(\varphi)$ is periodic with period 2π and $U^2(\varphi)$ is integrable, then we obtain a normed conjugate function, $V(\varphi)$ to $U(\varphi)$, from the integral formula

$$V(\varphi)=TU(\varphi), \tag{15.37}$$

where the integral on the right (15.15) converges for almost all values of φ. In particular this integral converges certainly for all values of φ for which $U(\varphi)$ has a finite derivative or more generally satisfies a Lipschitz condition of positive order.

3. Lemmata on Certain Recurrent Formulae. Lemmata 6–8

Lemma 6. *Let ϵ, a and b be three constants with $0<\epsilon<1$, $a\geq 0$, $b\geq 0$, and $X_\nu(\nu=0, 1, 2, \ldots)$ be an infinite sequence of nonnegative numbers satisfying the inequalities*

$$X_{\nu+1}\leq\epsilon X_\nu+a+b\sqrt{X_\nu}. \tag{15.38}$$

Then if

$$\lambda=\left[\frac{\frac{b}{2}+\sqrt{\frac{b^2}{4}+a(1-\epsilon)}}{1-\epsilon}\right]^2 \tag{15.39}$$

is the one positive root of the equation

$$\lambda=\epsilon\lambda+a+b\sqrt{\lambda} \tag{15.40}$$

we have for all X_ν:

$$X_\nu\leq\max(X_0,\lambda). \tag{15.41}$$

Proof: If we have for one ν: $X_\nu\leq\lambda$, it follows from (15.38)

$$X_{\nu+1}\leq\epsilon\lambda+a+b\sqrt{\lambda}=\lambda.$$

[6] For proof, see [7, p. 223].

If on the other hand $X_\nu > \lambda$, we have by (15.38)

$$\frac{X_{\nu+1}}{X_\nu} \le \epsilon + \frac{a}{X_\nu} + \frac{b}{\sqrt{X_\nu}} < \epsilon + \frac{a}{\lambda} + \frac{b}{\sqrt{\lambda}} = 1,$$

therefore $X_{\nu+1} < X_\nu$ and we have in any case

$$X_{\nu+1} \le \max(X_\nu, \lambda).$$

(15.41) follows now by induction.

Lemma 7. *Let $X_\nu\ (\nu=0,1,\ldots)$, be a sequence of nonnegative numbers satisfying the recurrence formula*

$$X_{n+1} \le X_n + C_0 n^\sigma \sqrt{X_n} + C_1 n^\rho + C_2 \sqrt{n} \left(\sum_{\nu=1}^{n} \nu^k \epsilon^\nu X_\nu^\eta \right)^\tau \tag{15.42}$$

where C_0, C_1, C_2, k, η, τ, are positive constants with $\eta\tau=1$, $\sigma \ge 0$, ρ a positive constant $\ge 2\sigma+1$ and ϵ a positive constant <1.

Then we have for a positive constant α:

$$X_n \le \alpha n^{\rho+1} \quad (n=1,2,\ldots). \tag{15.43}$$

Proof. Put

$$C_3 = C_2 \left(\sum_{\nu=1}^{\infty} \epsilon^\nu \nu^{k+\eta\rho+\eta} \right)^\tau \tag{15.44}$$

and take an integer n_0 with

$$n_0 > \left(\frac{2C_3}{\rho} \right)^{\frac{1}{\rho-\frac12}}. \tag{15.45}$$

Then we will prove (15.43) with

$$\alpha = \max\left(X_1, \ldots, X_{n_0}, \frac{2C_1}{\rho}, C_0^2 \right). \tag{15.46}$$

We prove this by induction, assuming that (15.43) is true for $1, \ldots, n$ and showing that then (15.43) is also true for $n+1$. By (15.46) it is sufficient to assume $n \ge n_0$. Then we have to show that

$$X_n + C_0 n^\sigma \sqrt{X_n} + C_1 n^\rho + C_2 \sqrt{n} \left(\sum_{\nu=1}^{n} \nu^k \epsilon^\nu X_\nu^\eta \right)^\tau \le \alpha(n+1)^{\rho+1}$$

and by our assumptions it is sufficient to show that

$$C_0 \alpha^{\frac12} n^{\frac{\rho+1}{2}+\sigma} + \alpha n^{\rho+1} + C_1 n^\rho + C_2 \sqrt{n}\, \alpha \left(\sum_{\nu=1}^{n} \epsilon^\nu \nu^{k+\eta\rho+\eta} \right)^\tau \le \alpha(n+1)^{\rho+1};$$

this will follow certainly from

$$\alpha\left(n^{\frac{\rho+1}{2}+\sigma} + n^{\rho+1} \right) + C_1 n^\rho + \alpha C_2 \sqrt{n} \left(\sum_{\nu=1}^{\infty} \epsilon^\nu \nu^{k+\eta\rho+\eta} \right)^\tau \le \alpha(n+1)^{\rho+1},$$

that is by (15.44), from

$$\alpha\left[(n+1)^{\rho+1} - n^{\rho+1} - n^{\frac{\rho+1}{2}+\sigma} - C_3\sqrt{n} \right] \ge C_1 n^\rho.$$

But we have

$$(n+1)^{\rho+1} - n^{\rho+1} - n^{\frac{\rho+1}{2}+\sigma} > (\rho+1)n^\rho - n^{\frac{\rho+1}{2}+\sigma}$$

$$= \rho n^\rho + n^\rho \left(1 - n^{\frac{2\sigma+1-\rho}{2}} \right) \ge \rho n^\rho$$

and we have therefore only to show that

$$\alpha(\rho n^\rho - C_3\sqrt{n}) \ge C_1 n^\rho, \quad \frac{\alpha\rho - C_1}{\alpha C_3} \ge n^{\frac12-\rho},$$

$$\frac{\rho}{C_3} \ge n^{\frac12-\rho} + \frac{C_1}{\alpha C_3}. \tag{15.47}$$

But from (15.45) and (15.46) we have

$$n^{\frac{1}{2}-\rho} \leq \frac{1}{2}\frac{\rho}{C_3}, \quad \frac{1}{\alpha}\frac{C_1}{C_3} \leq \frac{1}{2}\frac{\rho}{C_3}$$

and by adding we obtain (15.47). Lemma 7 is proved.

Lemma 8. *Let X_ν ($\nu=0, 1, \ldots$) be a sequence of nonnegative numbers satisfying the recurrence formula*

$$X_{n+1}^2 \leq \epsilon X_n^2 + C_1 n \epsilon^{\frac{n}{2}} X_n + C_2 \left(\sum_{\nu=1}^{n} \nu^k \epsilon^{\frac{\nu}{2}} X_\nu^{2\eta} \right)^\tau + C_3 \quad (n=0,1,\ldots), \tag{15.48}$$

where ϵ, C_1, C_2, C_3, k, η, τ are positive constants and $\eta\tau=1$, $\epsilon<1$. Then the sequence X_ν is bounded.

Proof. On applying lemma 7 to the sequence X_ν^2 with $\sigma=1$, $\rho=3$, we see that $X_\nu = O(\nu^4)$. But then $\epsilon^{\frac{n}{2}} X_n$ is bounded as $n \to \infty$ and the same is true for $\left(\sum_{\nu=1}^{n} \nu^k \epsilon^{\frac{\nu}{2}} X_\nu^{2\eta} \right)^\tau$. X_ν^2 satisfies therefore an inequality of the form

$$X_{n+1}^2 \leq \epsilon X_n^2 + a$$

and our assertion follows from lemma 6.

4. Theorem 1. Convergence of $\theta_\nu(\varphi)$

Theorem 1. *Let $P(\theta)$ be periodic with period 2π and have a uniformly bounded derivative $P'(\theta)$,*

$$|P'(\theta)| \leq \epsilon, \quad \epsilon<1, \tag{15.49}$$

where the constant ϵ is positive and <1.[7] *Let $\theta_0(\varphi)$ and $\gamma(\varphi)$ be two functions of φ absolutely continuous, while $\theta_0'(\varphi)$ and $\gamma'(\varphi)$ are integrable in the square in any finite interval. Let further $\theta_0(\varphi)-\varphi$ and $\gamma(\varphi)-\varphi$ be periodic with period 2π.*

Define, starting with $\theta_0(\varphi)$, the sequence of functions $\theta_n(\varphi)$ ($n=0, 1, \ldots$) by the recurrence formula

$$\theta_{n+1}(\varphi) = \gamma(\varphi) + TP(\theta_n) \quad (n=0, 1, \ldots). \tag{15.50}$$

α. *Then the integral equation*

$$\theta(\varphi) - TP(\theta) = \gamma(\varphi) \tag{15.50a}$$

has one and only one continuous solution $\theta(\varphi)$ for which $\theta(\varphi)-\varphi$ is periodic with period 2π and which satisfies (15.50a) *almost everywhere.*

β. *All $\theta_\nu(\varphi)$ are absolutely continuous, $\theta_\nu'(\varphi)$ are integrable in the square and each difference $\theta_\nu(\varphi)-\varphi$ is periodic with period 2π.*

γ. *The sequence $\theta_\nu(\varphi)$ converges uniformly to $\theta(\varphi)$ and we have in the notations of section 1 for $\nu=0, 1, \ldots$:*

$$D_\nu \leq E\epsilon^\nu \tag{15.51}$$

$$D_\nu' \leq 2\mu\epsilon^\nu + \frac{2\tau}{1-\epsilon} \leq 2\mu + \frac{2\tau}{1-\epsilon} \tag{15.52}$$

$$|\theta_{\nu+1} - \theta_\nu| \leq 2 \left\{ \pi E \left(\mu\epsilon^\nu + \frac{\tau}{1-\epsilon} \right) \right\}^{\frac{1}{2}} \epsilon^{\frac{\nu}{2}} \tag{15.53}$$

$$|\theta_0 - \theta| \leq \frac{2\left\{ \pi E \left(\mu + \frac{\tau}{1-\epsilon} \right) \right\}^{\frac{1}{2}}}{1-\sqrt{\epsilon}} \tag{15.54}$$

$$|\theta_\nu - \theta| \leq \frac{2\left\{ \pi E \left(\mu + \frac{\tau}{1-\epsilon} \right) \right\}^{\frac{1}{2}} \epsilon^{\frac{\nu}{2}}}{1-\sqrt{\epsilon}} \tag{15.55}$$

[7] This condition is a very sharp one; in 1947 H. Wittich [13] gave without knowing Warschawski's paper as a sufficient condition $\epsilon<1/12$.

155

$$\sqrt{\mathcal{M}\theta_\nu'^2} \leq \mu\epsilon^\nu + \frac{\tau}{1-\epsilon} \leq \mu + \frac{\tau}{1-\epsilon}. \tag{15.56}$$

Proof: The part β of the theorem follows at once from the lemma 5.
We have by (15.50) for $n=1, 2, \ldots$

$$\theta_{n+1}(\varphi) - \theta_n(\varphi) = T[P(\theta_n) - P(\theta_{n-1})]$$

and therefore by (15.36)

$$D_n = \sqrt{\mathcal{M}(\theta_{n+1}-\theta_n)^2} \leq \sqrt{\mathcal{M}(P(\theta_n)-P(\theta_{n-1}))^2} \leq \epsilon\sqrt{\mathcal{M}(\theta_n-\theta_{n-1})^2} = \epsilon D_{n-1},$$

and therefore by induction in virtue of (15.19)

$$D_n \leq D_0\epsilon^n = E\epsilon^n,$$

that is (15.51).

Again it follows from (15.50) by lemma 5

$$\theta_{n+1}' - \gamma' = TP'(\theta_n)\theta_n'$$

and therefore by (15.36)

$$\mathcal{M}(\theta_{n+1}'-\gamma')^2 \leq \mathcal{M}[P'(\theta_n)\theta_n']^2 < \epsilon^2\mathcal{M}\theta_n'^2.$$

Thence by (15.29)

$$\sqrt{\mathcal{M}\theta_{n+1}'^2} \leq \sqrt{\mathcal{M}\gamma'^2} + \sqrt{\mathcal{M}(\theta_{n+1}'-\gamma')^2} \leq \sqrt{\mathcal{M}\gamma'^2} + \epsilon\sqrt{\mathcal{M}\theta_n'^2}$$

and by (15.20) and (15.21) in iterating this repeatedly

$$\sqrt{\mathcal{M}\theta_n'^2} \leq \mu\epsilon^n + (1+\epsilon+\ldots+\epsilon^{n-1})\tau,$$

and (15.56) is proved.

It follows now by (15.29)

$$D_n' = \sqrt{\mathcal{M}(\theta_{n+1}'-\theta_n')^2} \leq \sqrt{\mathcal{M}\theta_{n+1}'^2} + \sqrt{\mathcal{M}\theta_n'^2} < 2\mu\epsilon^n + \frac{2\tau}{1-\epsilon},$$

and (15.52) is proven. But then, by lemma 3

$$|\theta_{n+1}-\theta_n| \leq \sqrt{2\pi D_n D_n'} < 2\sqrt{\pi E\left(\mu+\frac{\tau}{1-\epsilon}\right)}\,\epsilon^{\frac{n}{2}},$$

that is (15.53). It follows that the series $\theta_0 + \sum_{\nu=0}^{\infty}(\theta_{\nu+1}-\theta_\nu)$ is convergent uniformly in any finite interval, that is, that the sequence $\theta_\nu(\varphi)$ tends uniformly to a limit $\theta(\varphi)$.

We have then

$$\theta_n - \theta = -\sum_{\nu=n}^{\infty}(\theta_{\nu+1}-\theta_\nu), \qquad |\theta_n-\theta| \leq 2\sqrt{\pi E\left(\mu+\frac{\tau}{1-\epsilon}\right)}\sum_{\nu=n}^{\infty}\epsilon^{\frac{\nu}{2}} = \frac{2\sqrt{\pi E\left(\mu+\frac{\tau}{1-\epsilon}\right)}}{1-\sqrt{\epsilon}}\,\epsilon^{\frac{n}{2}},$$

and (15.54), (15.55) are proved.

θ is measurable, $P(\theta)$ measurable and bounded and $T(P(\theta))$ exists almost everywhere. Then by (15.50), (15.49), and (15.36) for $n\to\infty$:

$$\sqrt{\mathcal{M}[T(P(\theta))+\gamma-\theta]^2} \leq \sqrt{\mathcal{M}[T(P(\theta))-T(P(\theta_n))]^2} + \sqrt{\mathcal{M}(\theta_{n+1}-\theta)^2} \leq \epsilon\sqrt{\mathcal{M}(\theta-\theta_n)^2} + \sqrt{\mathcal{M}(\theta_{n+1}-\theta)^2} \to 0,$$

and (15.50a) follows.

To prove finally the uniqueness of $\theta(\varphi)$, assume that there are two solutions $\theta(\varphi)$ and $\theta^*(\varphi)$ of (15.50a). Then we have

$$\theta-\theta^* = T(P(\theta)-P(\theta^*)), \qquad \mathcal{M}(\theta-\theta^*)^2 \leq \mathcal{M}(P(\theta)-P(\theta^*))^2$$

and therefore by (15.49) $\mathcal{M}(\theta-\theta^*)^2 \leq \epsilon^2\mathcal{M}(\theta-\theta^*)^2$. It follows, since $\theta-\theta^*$ is continuous,

$$\mathcal{M}(\theta-\theta^*)^2 = 0, \qquad \theta-\theta^* = 0.$$

5. Theorem 2. Convergence of $\theta_\nu(\varphi)$ and $\theta'_\nu(\varphi)$

Theorem 2. *A. Suppose that beyond the hypotheses of theorem* 1 $P''(\theta)$ *exists and is bounded:*

$$|P''(\theta)|\leq\eta_2,\ \eta_2<\infty. \tag{15.57}$$

Then we have

$$D'_n\leq E'^2n^2\epsilon^n \qquad (n>0), \tag{15.58}$$

$$|\theta_{n+1}-\theta_n|\leq\sqrt{2\pi E}\,E'\,n\epsilon^n \quad (n>0), \tag{15.59}$$

$$|\theta_n-\theta|\leq\sqrt{2\pi E}\,E'\frac{n\epsilon^n}{(1-\epsilon)^2} \quad (n>0). \tag{15.60}$$

B. Suppose that beyond the hypotheses of A, $\theta'_0(\varphi)$ *and* $\gamma'(\varphi)$ *are absolutely continuous, while* $\theta''_0(\varphi)$ *and* $\gamma''(\varphi)$ *exist and are integrable in the square in any finite interval. Then* $\theta'(\varphi)$ *exists and is continuous, the functions* $\theta_\nu(\varphi)$ *are absolutely continuous, converge uniformly in any finite interval to* $\theta'(\varphi)$ *and we have*

$$D''_n=O(1) \tag{15.61}$$

$$D'_n=O(n\epsilon^n) \tag{15.62}$$

$$\theta_{n+1}-\theta_n=O(\sqrt{n}\,\epsilon^n) \tag{15.63}$$

$$\theta_n-\theta=O(\sqrt{n}\,\epsilon^n) \tag{15.64}$$

$$\theta'_{n+1}-\theta'_n=O\left(\sqrt{n}\,\epsilon^{\frac{n}{2}}\right) \tag{15.65}$$

$$\theta'_n-\theta'=O\left(\sqrt{n}\,\epsilon^{\frac{n}{2}}\right). \tag{15.66}$$

Proof. Under the hypotheses of A we have

$$\theta'_{n+1}-\theta'_n=T(P'(\theta_n)\theta'_n-P'(\theta_{n-1})\,\theta'_{n-1}),$$

and therefore all $\theta_n(\varphi)$ are absolutely continuous, while $\theta'_n(\varphi)$ are integrable with their squares. Further

$$D'^2_n\leq\mathcal{M}[P'(\theta_n)\theta'_n-P'(\theta_{n-1})\theta'_{n-1}]^2.$$

The bracketed expression is equal to

$$P'(\theta_n)\,(\theta'_n-\theta'_{n-1})+(P'(\theta_n)-P'(\theta_{n-1}))\,\theta'_{n-1}$$

and its modulus is by (15.49) and (15.57) is less than or equal to

$$\epsilon|\theta'_n-\theta'_{n-1}|+\eta_2|\theta_n-\theta_{n-1}|\;|\theta'_{n-1}|;$$

therefore by (15.29)

$$D'_n\leq\epsilon D'_{n-1}+\eta_2\sqrt{\mathcal{M}(\theta_n-\theta_{n-1})^2\theta'^2_{n-1}} \quad (n>0). \tag{15.67}$$

Put now $\sqrt{D'_\nu}=g_\nu\epsilon^{\frac{\nu}{2}}$; then by lemma 3 and by (15.51)

$$|\theta_n-\theta_{n-1}|\leq\sqrt{2\pi E}\;g_{n-1}\epsilon^{n-1}$$

and (15.67) becomes by (15.56)

$$g_n^2\leq g_{n-1}^2+2cg_{n-1}$$

with $c=\frac{\eta_2}{\epsilon}\sqrt{\pi E\frac{\tau+\mu}{2(1-\epsilon)}}=\frac{\sigma\eta_2}{2}$; it follows

$$g_n<g_{n-1}+c\leq g_0+nc \quad (n>0).$$

We have therefore

$$D'_n \leq \left(\sqrt{D'_0}+\frac{\sigma\eta_2}{2}n\right)^2 \epsilon^n, \quad D'_n \leq E'^2 n^2 \epsilon^n \quad (n>0),$$

that is (15.58). From lemma 3 we have now

$$|\theta_{n+1}-\theta_n| \leq \sqrt{2\pi D_n D'_n} \leq E'\sqrt{2\pi E}\, n\epsilon^n \quad (n>0),$$

that is (15.59). Finally we have

$$|\theta_n-\theta| \leq \sum_{\nu=n}^{\infty} |\theta_{\nu+1}-\theta_\nu| \leq E'\sqrt{2\pi E} \sum_{\nu=n}^{\infty} \nu\epsilon^\nu \quad (n>0),$$

and (15.60) follows at once. The part A of the theorem 2 is proved.

Under the hypotheses of part B we have

$$\theta''_{n+2}-\theta''_{n+1}=T[P'_{n+1}\theta''_{n+1}-P'_n\theta''_n+P''_{n+1}\theta'^2_{n+1}-P''_n\theta'^2_n]$$

and by (15.36)

$$D''^2_{n+1} \leq \mathcal{M}[P'_{n+1}\theta''_{n+1}-P'_n\theta''_n+P''_{n+1}\theta'^2_{n+1}-P''_n\theta'^2_n]^2.$$

The bracketed expression is equal to

$$P''_{n+1}(\theta'_{n+1}-\theta'_n)^2+2\theta'_n P''_{n+1}(\theta'_{n+1}-\theta'_n)+\theta''_n(P'_{n+1}-P'_n)+(P''_{n+1}-P''_n)\theta'^2_n+P'_{n+1}(\theta''_{n+1}-\theta''_n),$$

and its modulus is in virtue of (15.57)

$$\leq \eta_2\{(\theta'_{n+1}-\theta'_n)^2+2|\theta'_n|\,|\theta'_{n+1}-\theta'_n|+|\theta_{n+1}-\theta_n|\,|\theta''_n|\}+\epsilon|\theta''_{n+1}-\theta''_n|+|P''_{n+1}-P''_n|\theta'^2_n.$$

By (15.29) it now follows that

$$D''_{n+1} \leq \epsilon D''_n+\eta_2 S+T, \tag{15.68}$$

where

$$S=\sqrt{\mathcal{M}(\theta'_{n+1}-\theta'_n)^4}+2\sqrt{\mathcal{M}[(\theta'_{n+1}-\theta'_n)^2\theta'^2_n]}+\sqrt{\mathcal{M}[(\theta_{n+1}-\theta_n)^2\theta''^2_n]}, \tag{15.69}$$

$$T=\sqrt{\mathcal{M}[(P''_{n+1}-P''_n)^2\theta'^4_n]}. \tag{15.70}$$

Here we have

$$|P''_{n+1}-P''_n| \leq 2\eta_2.$$

Put now for $\nu=0,1,\ldots$

$$U_\nu=\sqrt{\mathcal{M}\theta'^4_\nu},\ V_\nu=\sqrt{\mathcal{M}\theta''^2_\nu}. \tag{15.71}$$

Then we have from (15.70)

$$T \leq 2\eta_2 U_n. \tag{15.72}$$

For the different terms of S we obtain by lemma 3 and (15.56) and (15.58)

$$|\theta'_{n+1}-\theta'_n| \leq \sqrt{2\pi D'_n D''_n}, \quad \sqrt{\mathcal{M}(\theta'_{n+1}-\theta'_n)^4}=O(n^2\epsilon^n D''_n),$$

$$\sqrt{\mathcal{M}[(\theta'_{n+1}-\theta'_n)^2\theta'^2_n]}=O(\sqrt{D'_n D''_n})=O\left(n\epsilon^{\frac{n}{2}}\sqrt{D''_n}\right), \qquad \sqrt{\mathcal{M}[(\theta_{n+1}-\theta_n)^2\theta''^2_n]} \leq \sqrt{2\pi D_n D'_n}\,V_n=O(V_n)$$

and therefore by (15.68), (15.69), and (15.72)

$$D''_{n+1}-\epsilon D''_n=O(n^2\epsilon^n D''_n)+O\left(n\epsilon^{\frac{n}{2}}\sqrt{D''_n}\right)+O(U_n)+O(V_n). \tag{15.73}$$

158

To express U_n and V_n we start from

$$\theta'_n = \theta'_0 + \sum_{\nu=1}^{n} (\theta_\nu - \theta'_{\nu-1}).$$

From this and by lemma 3 we have

$$|\theta'_n| \leq |\theta'_0| + \sum_{\nu=0}^{n-1} \sqrt{2\pi D'_\nu D'}$$

and by (15.71) and (15.58)

$$U_n = O(1) + O\left(\sum_{\nu=0}^{n-1} \nu \epsilon^{\frac{\nu}{2}} \sqrt{D''_\nu}\right)^2. \tag{15.74}$$

Put now

$$W_n = U_{n-1} + \epsilon U_{n-2} + \cdots + \epsilon^{n-1} U_0 = \sum_{\nu=0}^{n-1} \epsilon^{n-\nu-1} U_\nu, \quad (n=1, 2, \cdots). \tag{15.75}$$

Then we have by (15.74) for $n \geq 1$:

$$W_n = O(1) + O\left[\left(\sum_{\nu=0}^{n-1} \nu \epsilon^{\frac{\nu}{2}} \sqrt{D''_\nu}\right)^2\right]. \tag{15.76}$$

From $\theta''_{\nu+1} - \gamma'' = T(P'_\nu \theta''_\nu + P''_\nu \theta'^2_\nu)$ we have by (15.29), and (15.36)

$$\mathcal{M}(\theta''_{\nu+1} - \gamma'')^2 \leq \mathcal{M}(P'_\nu \theta''_\nu + P''_\nu \theta'^2_\nu)^2 \leq [\sqrt{\mathcal{M} P'^2_\nu \theta''^2_\nu} + \sqrt{\mathcal{M} P''^2_\nu \theta'^4_\nu}]^2 \leq [\epsilon V_\nu + \eta_2 U_\nu]^2,$$

$$\sqrt{\mathcal{M}(\theta''_{\nu+1} - \gamma'')^2} \leq \epsilon V_\nu + \eta_2 U_\nu,$$

by (15.71). Thence, since by (15.71) and (15.21)

$$V_{\nu+1} = \sqrt{\mathcal{M} \theta''^2_{\nu+1}} = \sqrt{\mathcal{M}(\theta''_{\nu+1} - \gamma'' + \gamma'')^2} \leq \sqrt{\mathcal{M}(\theta''_{\nu+1} - \gamma'')^2} + \tau',$$

we obtain

$$V_{\nu+1} \leq \tau' + \epsilon V_\nu + \eta_2 U_\nu,$$

$$V_{\nu+1} \leq \epsilon^{\nu+1} V_0 + \eta_2 (U_\nu + \epsilon U_{\nu-1} + \ldots + \epsilon^\nu U_0) + \tau'(1 + \epsilon + \ldots + \epsilon^\nu)$$

$$V_n \leq \frac{\tau'}{1-\epsilon} + V_0 + \eta_2 W_n,$$

and we have finally

$$V_n = O(1) + O\left[\left(\sum_{\nu=0}^{n-1} \nu \epsilon^{\frac{\nu}{2}} \sqrt{D''_\nu}\right)^2\right].$$

Introduce this and (15.74) into (15.73). We obtain

$$D''_{n+1} - \epsilon D''_n = O(n^2 \epsilon^n D''_n) + O\left(n \epsilon^{\frac{n}{2}} \sqrt{D''_n}\right) + O\left(\sum_{\nu=0}^{n-1} \nu \epsilon^{\frac{\nu}{2}} D''_\nu\right)^2 + O(1).$$

Put now $\sqrt{D''_\nu} = x_\nu$. Then we have

$$x^2_{n+1} \leq \epsilon x^2_n + c_1 n \epsilon^{\frac{n}{2}} x_n + c_2 \left(\sum_{\nu=0}^{n} \nu \epsilon^{\frac{\nu}{2}} x_\nu\right)^2 + c_3,$$

for suitable constants c_1, c_2, c_3. From lemma 8 we have now

$$x_\nu = O(1), \quad D''_n = O(1),$$

that is (15.61).

By lemma 3 and (15.58) it follows further

$$\theta'_{n+1} - \theta'_n = O\left(n \epsilon^{\frac{n}{2}}\right).$$

Therefore $\sum_{\nu=1}^{\infty} (\theta'_{\nu+1} - \theta'_\nu)$ converges uniformly and $\theta'_n(\varphi)$ is uniformly convergent to a continuous function, which must be $\theta'(\varphi)$. We see further that θ'_ν must be uniformly bounded.

We return now to (15.67) and use that $|\theta_n'|$ is uniformly bounded. Then it follows from (15.51)

$$D_n' - \epsilon D_{n-1}' \leq \eta_2 \max |\theta_{n-1}'| D_{n-1} \leq c\epsilon^n.$$

In iterating this we obtain

$$D_n' \leq \epsilon^2 D_{n-2}' + 2c\epsilon^n, \quad D_n' \leq \epsilon^3 D_{n-3}' + 3c\epsilon^n, \quad \ldots, \quad D_n' \leq (D_0' + nc)\epsilon^n = O(n\epsilon^n),$$

that is (15.62), and therefore by lemma 3

$$\theta_{n+1} - \theta_n = O(\sqrt{n}\,\epsilon^n), \quad \theta_n - \theta = O(\sqrt{n}\,\epsilon^n),$$

$$\theta_{n+1}' - \theta_n' = O\left(\sqrt{n}\,\epsilon^{\frac{n}{2}}\right), \; \theta_n' - \theta' = O\left(\sqrt{n}\,\epsilon^{\frac{n}{2}}\right),$$

and the theorem 2 is proved.

6. Theorem 3. Convergence of $\theta_\nu^{(m)}(\varphi)$

Theorem 3. Let for an integer $m \geq 1$ the function $P(\theta)$ be periodic with period 2π and suppose that P has bounded derivatives up to the order m:

$$|P^{(k)}(\theta)| \leq \eta_k, \quad (0 < \theta \leq 2\pi, k = 1, 2, \ldots, m), \tag{15.77}$$

where $\eta_1 = \epsilon < 1$.

Let $\theta_0(\varphi)$ and $\gamma(\varphi)$ be two functions of φ, absolutely continuous with their first $m-1$ derivatives, while $\theta_0^{(m)}(\varphi)$ and $\gamma^{(m)}(\varphi)$ are integrable with their squares in any finite interval. We suppose further that $\theta_0(\varphi) - \varphi$ and $\gamma(\varphi) - \varphi$ are periodic with period 2π.

The integral equation (15.51) has then a unique solution $\theta(\varphi)$ which is absolutely continuous with its $m-1$ derivatives.

If we define by means of the recurrence formula

$$\theta_{n+1}(\varphi) - \gamma(\varphi) = TP(\theta_n(\varphi))$$

the sequence of functions $\theta_\nu(\varphi)$ $(\nu = 1, 2, \ldots)$, this sequence has the following properties:

α. For each ν, $\theta_\nu(\varphi) - \varphi$ is periodic with period 2π; $\theta_\nu(\varphi)$, $\theta_\nu'(\varphi), \ldots, \theta_\nu^{(m-1)}(\varphi)$ are absolutely continuous while $\theta^{(m)}(\varphi)$ is integrable with its square.

β. We have for $n \to \infty$

$$D_n^{(\mu)} = O(n^\mu \epsilon^n) \quad (\mu = 0, 1, \ldots, m-1), \tag{15.78}$$

$$D_n^{(m)} = O(1), \tag{15.79}$$

$$\theta_{n+1}^{(\mu)} - \theta_n^{(\mu)} = O(n^{\mu+\frac{1}{2}}\epsilon^n) \quad (\mu = 0, \ldots, m-2), \tag{15.80}$$

$$\theta_{n+1}^{(m-1)} - \theta_n^{(m-1)} = O\left(n^{\frac{m-1}{2}} \epsilon^{\frac{n}{2}}\right), \tag{15.81}$$

$$\theta_n^{(\mu)} - \theta^{(\mu)} = O(n^{\mu+\frac{1}{2}}\epsilon^n) \quad (\mu = 0, \ldots, m-2), \tag{15.82}$$

$$\theta_n^{(m-1)} - \theta^{(m-1)} = O\left(n^{\frac{m-1}{2}} \epsilon^{\frac{n}{2}}\right). \tag{15.83}$$

Proof. We prove first the properties of the $\theta_\nu(\varphi)$ under α. They are true by hypothesis for $\nu = 0$; suppose that they are true for a certain value of ν, then for this value $\theta_{\nu+1}(\varphi) - \gamma(\varphi)$ is conjugate to $P_\nu(\varphi)$. By lemma 1, $P_\nu^{(k)}(\varphi)$ $(k = 0, 1, \ldots, m-1)$ are absolutely continuous while $P_\nu^{(m)}(\varphi)$ is integrable in the square. By lemma 5 the same is true for $\theta_{\nu+1}(\varphi)$. On the other hand $P_\nu(\varphi)$ is under our assumption periodic with the period 2π. Therefore α is true for $\nu+1$ and therefore for all ν.

Further, the inequalities (15.80) and (15.81) follow at once from (15.78) and (15.79) by lemma 3 and the inequalities (15.82), (15.83) from (15.80), (15.81). Thus we have only to prove the formulae (15.78) and (15.79).

Since the assertions of our theorem are already proven for $m = 1$, 2 by theorem 1 and theorem 2, we can assume $m \geq 3$ and proceed by induction. We assume that our theorem is already proved for all smaller values of m and that therefore we have

$$D_n^{(\lambda)} = O(n^\lambda \epsilon^n) \quad (\lambda = 0, 1, \ldots, m-2) \tag{15.84}$$

$$D_n^{(m-1)} = O(1), \tag{15.85}$$

$$\theta_{n+1}^{(\lambda)} - \theta_n^{(\lambda)} = O\left(n^{\lambda+\frac{1}{2}}\epsilon^n\right) \quad (\lambda = 0, \ldots, m-3) \tag{15.86}$$

$$\theta_{n+1}^{(m-2)} - \theta_n^{(m-2)} = O\left(n^{\frac{m-2}{2}}\epsilon^{\frac{n}{2}}\right) \tag{15.87}$$

$$\theta_n^{(\lambda)} - \theta^{(\lambda)} = O\left(n^{\lambda+\frac{1}{2}}\epsilon^n\right) \quad (\lambda = 0, \ldots, m-3) \tag{15.88}$$

$$\theta_n^{(m-2)} - \theta^{(m-2)} = O\left(n^{\frac{m-2}{2}}\epsilon^{\frac{n}{2}}\right). \tag{15.89}$$

It follows then that each of the $m-1$ sequences

$$\theta_n^{(\lambda)} \quad (\lambda = 0, 1, \ldots, m-2)$$

converges uniformly to a limit which is respectively $\theta^{(\lambda)}(\varphi)$, that therefore $\theta(\varphi)$ has $m-2$ continuous derivatives, and further that all expressions

$$|\theta_n^{(\lambda)}| = O(1) \quad (\lambda = 0, 1, \ldots, m-2; \quad n = 0, 1, \ldots), \tag{15.90}$$

that is are bounded from above by a constant independent of n and λ.

Since $\theta_{n+2} - \theta_{n+1}$ is conjugate to $P_{n+1} - P_n$, we have by lemma 5 for $k = m-1$ or m

$$\theta_{n+2}^{(k)} - \theta_{n+1}^{(k)} = T \frac{d^k}{d\varphi^k}(P(\theta_{n+1}) - P(\theta_n)).$$

Therefore by (15.36)

$$D_{n+1}^{(k)2} \leq \mathcal{M}\left[\frac{d^k}{d\varphi^k}P(\theta_{n+1}) - \frac{d^k}{d\varphi^k}P(\theta_n)\right]^2$$

and by lemma 1 and (15.29)

$$D_{n+1}^{(k)} \leqq \sqrt{\mathcal{M}[P'_{n+1}\theta_{n+1}^{(k)} - P'_n\theta_n^{(k)}]^2} + \sqrt{\mathcal{M}[B_k(\theta_{n+1}) - B_k(\theta_n)]^2} = T_1^{(k)} + T_2^{(k)}, \tag{15.91}$$

where $T_1^{(k)}$, $T_2^{(k)}$ designate respectively the first and second square root to the right.

We discuss first $T_2^{(k)}$. By lemma 1 we have $T_2^{(1)} \equiv 0$,

$$T_2^{(2)} = \sqrt{\mathcal{M}[P''_{n+1}\theta'^2_{n+1} - P''_n\theta'^2_n]^2} \tag{15.92}$$

and for $k \geq 3$ by (15.26) in the notation of lemma 1

$$T_2^{(k)} \leq k\sqrt{\mathcal{M}[P''_{n+1}\theta'_{n+1}\theta_{n+1}^{(k-1)} - P''_n\theta'_n\theta_n^{(k-1)}]^2} + \sqrt{\mathcal{M}[A_k(\theta_{n+1}) - A_k(\theta_n)]^2} \quad (k \geq 3). \tag{15.93}$$

We have obviously for $k = 2$, $m = 3$ by (15.77) and (15.90)

$$P''_{n+1}\theta'^2_{n+1} - P''_n\theta'^2_n = P''_{n+1}(\theta'^2_{n+1} - \theta'^2_n) + (P''_{n+1} - P''_n)\theta'^2_n = O(|\theta'_{n+1} - \theta'_n|) + O(|\theta_{n+1} - \theta_n|),$$

$$\sqrt{\mathcal{M}(P''_{n+1}\theta'^2_{n+1} - P''_n\theta'^2_n)^2} = O(D'_n) + O(D_n),$$

$$T_2^{(2)} = O(n\epsilon^n). \tag{15.94}$$

Further for $k \geq 3$ in virtue of (15.77)

$$|P''_{n+1}\theta'_{n+1}\theta_{n+1}^{(k-1)} - P''_n\theta'_n\theta_n^{(k-1)}| \leq |\theta'_n\theta_n^{(k-1)}(P''_{n+1} - P''_n)| + |P''_{n+1}\theta_n^{(k-1)}(\theta'_{n+1} - \theta'_n)| + |P''_{n+1}\theta'_{n+1}(\theta_{n+1}^{(k-1)} - \theta_n^{(k-1)})|$$

$$\leq \eta_3|\theta'_n|\,|\theta_n^{(k-1)}|\,|\theta_{n+1} - \theta_n| + \eta_2|\theta_n^{(k-1)}|\,|\theta'_{n+1} - \theta'_n| + \eta_2|\theta'_{n+1}|\,|\theta_{n+1}^{(k-1)} - \theta_n^{(k-1)}|$$

$$= O(|\theta_{n+1}^{(k-1)} - \theta_n^{(k-1)}|) + O(|\theta_n^{(k-1)}|(|\theta_{n+1} - \theta_n| + |\theta'_{n+1} - \theta'_n|)),$$

and this is by (15.86) with $\lambda = 0$ and by lemma 3 equal to

$$O(|\theta_{n+1}^{(k-1)} - \theta_n^{(k-1)}|) + O\left(\left(\sqrt{n}\,\epsilon^n + \sqrt{n}\,\epsilon^{\frac{n}{2}}\sqrt{D'_n}\right)|\theta_n^{(k-1)}|\right).$$

It follows now by (15.29)

$$\sqrt{\mathcal{M}(P''_{n+1}\theta'_{n+1}\theta^{(k-1)}_{n+1}-P''_n\theta'_n\theta^{(k-1)}_n)^2}\leq O(D^{(k-1)}_n)+O\left(\left(\sqrt{n}\,\epsilon^n+\sqrt{n}\,\epsilon^{\frac{n}{2}}\sqrt{D''_n}\right)\sqrt{\mathcal{M}\theta^{(k-1)2}_n}\right),$$

$$\sqrt{\mathcal{M}(P''_{n+1}\theta'_{n+1}\theta^{(k-1)}_{n+1}-P''_n\theta'_n\theta^{(k-1)}_n)^2}\leq O(D^{(k-1)}_n)+O(\sqrt{n}\,\epsilon^n\sqrt{\mathcal{M}\theta^{(k-1)2}_n})+O\left(\sqrt{n}\,\epsilon^{\frac{n}{2}}\sqrt{D''_n}\sqrt{\mathcal{M}\theta^{(k-1)2}_n}\right). \tag{15.95}$$

Further it follows from (15.77) and (15.59) that

$$P^{(\mu)}(\theta_{n+1})=P^{(\mu)}(\theta_n)+O(\epsilon^n)\quad(\mu=0,1,\ldots,m-1)$$

and therefore in virtue of (15.27), by lemma 1 and by (15.90) and (15.28):

$$A_{m-1}(\theta_{n+1})=\sum_{\mu=2}^{m-1}P^{(\mu)}(\theta_n)C_{m-1,\mu}(\theta'_{n+1},\ldots,\theta^{(m-3)}_{n+1})+O(\epsilon^n), \tag{15.96}$$

$$A_m(\theta_{n+1})=\sum_{\mu=2}^{m-1}P^{(\mu)}(\theta_n)C_{m,\mu}(\theta'_{n+1},\ldots,\theta^{(m-2)}_{n+1})+O(1), \tag{15.97}$$

where $A_{m-1}(\theta)$ is the expression from lemma 1.

Again we have by (15.86) and (15.87), since the expressions $C_{k,\mu}$ are polynomials,

$$C_{m-1,\mu}(\theta'_{n+1},\ldots,\theta^{(m-3)}_{n+1})-C_{m-1,\mu}(\theta'_n,\ldots,\theta^{(m-3)}_n)=O\left(n^{m-\frac{5}{2}}\epsilon^n\right)\quad(\mu=2,\ldots,m-1)$$

$$C_{m,\mu}(\theta'_{n+1},\ldots,\theta^{(m-2)}_{n+1})-C_{m,\mu}(\theta'_n,\ldots,\theta^{(m-2)}_n)=O\left(n^{\frac{m-2}{2}}\epsilon^{\frac{n}{2}}\right)\quad(\mu=2,\ldots,m).$$

Therefore we have

$$A_{m-1}(\theta_{n+1})=A_{m-1}(\theta_n)+O\left(n^{m-\frac{5}{2}}\epsilon^n\right),\quad A_m(\theta_{n+1})=A_m(\theta_n)+O(1),$$

$$\sqrt{\mathcal{M}[A_{m-1}(\theta_{n+1})-A_{m-1}(\theta_n)]^2}=O\left(n^{m-\frac{5}{2}}\epsilon^n\right) \tag{15.98}$$

$$\sqrt{\mathcal{M}[A_m(\theta_{n+1})-A_m(\theta_n)]^2}=O(1). \tag{15.99}$$

If now $k=m$, it follows from (15.93), (15.95), (15.85), and (15.99)

$$T_2^{(m)}=O(1)+O\left(\sqrt{n}\,\epsilon^{\frac{n}{2}}\sqrt{\mathcal{M}\theta^{(m-1)2}_n}\right),\quad(k=m\geq 3). \tag{15.100}$$

If on the other hand we have $k=m-1$, $T_2^{(2)}$ is given by (15.94), and we can therefore assume $k\geq 3$, $m\geq 4$; but then (15.84) is applicable for $\lambda=2$ and for $\lambda=k-1=m-2$ and (15.90) is applicable for $\lambda=2$. We have then

$$\sqrt{\mathcal{M}(P''_{n+1}\theta'_{n+1}\theta^{(k-1)}_{n+1}-P''_n\theta'_n\theta^{(k-1)}_n)^2}=O(n^{m-2}\epsilon^n)+O(n^{\frac{1}{2}}\epsilon^n)=O(n^{m-2}\epsilon^n).$$

In combining this with (15.93) and (15.98) we obtain finally

$$T_2^{(m-1)}=O(n^{m-2}\epsilon^n)\,(k=m=3,4,\ldots), \tag{15.101}$$

since this is true also for $m=3$ in virtue of (15.94).

On the other hand we have for T_1^k

$$|P'_{n+1}\theta^{(k)}_{n+1}-P'_n\theta^{(k)}_n|=|P'_{n+1}(\theta^{(k)}_{n+1}-\theta^{(k)}_n)+(P'_{n+1}-P'_n)\theta^{(k)}_n|\leq\epsilon|\theta^{(k)}_{n+1}-\theta^{(k)}_n|+\eta_2|\theta^{(k)}_n||\theta_{n+1}-\theta_n$$

and therefore by (15.29) and (15.59)

$$T_1^{(k)}\leqq\epsilon D^{(k)}_n+O(\sqrt{n}\,\epsilon^n)\sqrt{\mathcal{M}\theta^{(k)2}_n}.$$

Introducing this and (15.101), (15.100) into (15.91), we obtain

$$D^{(m-1)}_{n+1}\leq\epsilon D^{(m-1)}_n+O(n^{m-2}\epsilon^n)+O(\sqrt{n}\,\epsilon^n)\sqrt{\mathcal{M}\theta^{(m-1)2}_n}, \tag{15.102}$$

$$D_{n+1}^{(m)} \leqq \epsilon D_n^{(m)} + O(1) + O\left(\sqrt{n}\,\epsilon^{\frac{n}{2}} \sqrt{\mathcal{M}\theta_n^{(m)2}}\right) + O\left(\sqrt{n}\,\epsilon^{\frac{n}{2}} \sqrt{\mathcal{M}\theta_n^{(m-1)2}}\right). \tag{15.103}$$

On the other hand it follows from

$$\theta_n^{(k)} = \theta_0^{(k)} + \sum_{\nu=1}^{n} (\theta_\nu^{(k)} - \theta_{\nu-1}^{(k)})$$

that

$$\sqrt{\mathcal{M}\theta_n^{(k)2}} \leq \sqrt{\mathcal{M}\theta_0^{(k)2}} + \sum_{\nu=0}^{n-1} D_\nu^{(k)}. \tag{15.104}$$

(15.102) assumes now the form

$$D_{n+1}^{(m-1)} \leq \epsilon D_n^{(m-1)} + O(n^{m-2}\epsilon^n) + O\left(\sqrt{n}\,\epsilon^n \sum_{\nu=0}^{n-1} D_\nu^{(m-1)}\right)$$

or if we put generally $D_\nu^{(m-1)} = \epsilon^\nu X_\nu$ $(\nu = 0, 1, \ldots)$,

$$X_{n+1} \leq X_n + C_1 n^{m-2} + C_2 \sqrt{n} \sum_{\nu=0}^{n-1} \epsilon^\nu X_\nu$$

and by lemma 7 with $k=0$ we have

$$X_n = O(n^{m-1}), \quad D_n^{(m-1)} = O(n^{m-1}\epsilon^n),$$

and this is (15.78) with $\mu = m-1$. It follows now from (15.104) for $k = m-1$ that $\mathcal{M}\theta^{(m-1)2}$ is $O(1)$. (15.103) becomes in introducing (15.104) with $k=m$

$$D_{n+1}^{(m)} \epsilon D_n^{(m)} + b\sqrt{n}\,\epsilon^{\frac{n}{2}} \sum_{\nu=0}^{n-1} D_\nu^{(m)} + O(1) \leq \epsilon D_n^{(m)} + C \sum_{\nu=0}^{n-1} \epsilon^{\frac{\nu}{4}} D_\nu^{(m)} + O(1), \tag{15.105}$$

and if we apply the lemma 8 in replacing there ϵ by $\epsilon^{\frac{1}{4}}$ we see that $D_n^{(m)} = O(1)$ and that is (15.79). We see now that the sequence $\theta_\nu^{(m-1)}$ is uniformly convergent to a continuous function which must be $\theta^{(m-1)}$ and (15.82), (15.83) follow now immediately from (15.81). The proof of theorem 3 is completed.

7. References

[1] S. N. Bernstein, Sur l'interpolation trigonométrique par la méthode des moindres carrés, C. R. Acad. Sc. de l'U. R. S. S. **4**, (1934).

[2] C. Carathéodory, Conformal representation, Cambridge tracts (Cambridge University Press, Cambridge, 1932).

[3] I. E. Garrick, Conformal mapping in aerodynamics with emphasis on the method of successive conjugates, see this volume.

[4] G. H. Hardy, J. E. Littlewood, and G. Pólya, Inequalities (Cambridge University Press, Cambridge, 1934).

[5] I. Naiman, Numerical evaluation of the ϵ-integral occurring in the Theodorsen arbitrary-airfoil potential theory, originally issued April 1944 as Advance Restricted Report L4D27a.

[6] I. Naiman, Numerical evaluation by harmonic analysis of the ϵ-function of the Theodorsen arbitrary-airfoil potential theory, NACA Wartime Report L-153 (originally ARR No. L5H18, Sept. 1945).

[7] W. Seidel, Über die Ränderzuordnung bei konformen Abbildungen, Math. Ann. **104** (1931).

[8] T. Theodorsen, Theory of wing sections of arbitrary shape, NACA Report No. 411, 1931.

[9] T. Theodorsen and I. E. Garrick, General potential theory of arbitrary wing sections, NACA Report No. 452, 1933.

[10] S. E. Warschawski, On Theodorsen's method of conformal mapping of nearly circular regions. Quart. Appl. Math., **III**, No. 1, 12 to 28 (April 1945).

[11] E. J. Watson, Formulae for the computation of the functions employed for calculating the velocity distribution about a given aerofoil, Aeronautical Research Council, R. and M. No. 2176, May 1945.

[12] H. Wittich, Bemerkungen zur Druckverteilungsrechnung nach Theodorsen-Garrick, Jb. dtsch. Luftfahrt-Forsch. **I**, 52 to 57 (1941).

[13] H. Wittich, Konforme Abbildung einfach zusammenhängender Gebiete, Z. angew. Math. Mech. vol. 25/27, 131 to 132 (1947)

On a Discontinuous Analogue of Theodorsen's and Garrick's Method[1]

A. M. Ostrowski[2]

The integral equation

$$\theta(\varphi)-\gamma(\varphi)=-\frac{1}{2\pi}\int_0^\pi [P(\theta(\varphi+t))-P(\theta(\varphi-t))] \cot\frac{t}{2}\,dt$$

discussed in the preceding paper[3] is solved theoretically by a method of successive approximations which involves the repeated computation of the singular integral occurring in the equation. If this integral is replaced by an approximating sum, it is very difficult to estimate the influence of the approximation errors on the convergence of the process. We will therefore consider in what follows an *approximating problem* obtained by replacing the singular integral in our integral equation by a *sum* and give a procedure for the complete solution of this problem. The difference between this solution and the solution of the original integral equation can then be discussed by using the results of our preceding paper and involves only a single discussion of the approximation errors.

Our procedure depends upon the two following theorems.

Theorem 1. *Consider for a positive, odd integer $p=2n+1$ the two sets of p values*

$$g_\nu;\quad x_\nu=\frac{2\nu\pi}{p}-\pi\quad(\nu=1,2,\ldots,p).\tag{16.1}$$

Then

$$g(x)=\frac{1}{p}\sum_{\nu=1}^{p} g_\nu\frac{\sin p\dfrac{x-x_\nu}{2}}{\sin\dfrac{x-x_\nu}{2}}\tag{16.2°}$$

is a trigonometric polynomial of degree n satisfying the conditions

$$g_\nu=g(x_\nu)\quad(\nu=1,2,\ldots,p).\tag{16.3}$$

The normed[4] *conjugate trigonometric polynomial to $g(x)$ is*

$$f(x)=\frac{1}{p}\sum_{\nu=1}^{p} g_\nu\frac{\cos\dfrac{x-x_\nu}{2}-\cos p\dfrac{x-x_\nu}{2}}{\sin\dfrac{x-x_\nu}{2}}.\tag{16.4°}$$

The values of $f(x)$

$$f_\nu=f(x_\nu)\quad(\nu=1,2,\ldots,p)\tag{16.5}$$

are connected with the g_ν by p linear relations

$$f_\mu=\sum_{\nu=1}^{p}\alpha_{\mu\nu}g_\nu\quad(\mu=1,2,\ldots,p)\tag{16.6}$$

[1] The preparation of this paper was sponsored (in part) by the Office of Naval Research.

[2] National Bureau of Standards, Los Angeles, Calif. and University of Basle, Basle, Switzerland.

[3] A. Ostrowski, On the convergence of Theodorsen's and Garrick's method of conformal mapping.

[4] The normed conjugate trigonometric polynomial is one, whose Fourier expansion has the constant term = 0.

with an antisymmetric matrix A, *the elements* $\alpha_{\mu\nu}$ *of which depend only on the difference* $\mu-\nu$. *We have*

$$\alpha_{\nu\nu}=0, \quad (\nu=1,\cdots,p) \tag{16.7}$$

$$p\alpha_{\mu\nu}=\left\{\begin{array}{ll} -\tan(\mu-\nu)\dfrac{\pi}{2p}, & (\mu-\nu \text{ even}) \\ \cot(\mu-\nu)\dfrac{\pi}{2p}, & (\mu-\nu \text{ odd}) \end{array}\right\}. \tag{16.8°}$$

Proof. It is verified immediately that the expression $g(x)$ given in (16.2°) satisfies the conditions (16.3), since if we take $x=x_\mu$, the numerators $\sin p(x_\mu-x_\nu)/2$ vanish for $\mu\neq\nu$, while the limit of the coefficient of g_μ is obtained by the Bernoulli-L'Hôpital rule as 1.

Consider now the expression

$$U=2e^{i\frac{p+1}{2}u}\,\frac{e^{i\frac{p-1}{2}u}-e^{i\frac{1-p}{2}u}}{e^{iu}-e^{-iu}}+1. \tag{16.9°}$$

In using here Euler's formula we obtain

$$U=i\,\frac{\cos u-e^{ipu}}{\sin u}=\frac{\sin pu+i(\cos u-\cos pu)}{\sin u},$$

so that

$$\Re U=\frac{\sin pu}{\sin u}, \quad \Im U=\frac{\cos u-\cos pu}{\sin u}. \tag{16.10°}$$

On the other hand we obtain from (16.9°)

$$U=2e^{2iu}\,\frac{e^{i(p-1)u}-1}{e^{2iu}-1}+1=2\sum_{\nu=1}^{\frac{p-1}{2}}e^{2\nu iu}+1 \tag{16.11°}$$

and see that both expressions (16.10°) are trigonometrical polynomials of degree $n=(p-1)/2$ in $2u$ and further that $\Im U$ is the (normed) conjugate trigonometric polynomial of $\Re U$. It follows that the expression (16.2°) is a trigonometric polynomial of degree n and that the expression (16.4°) is the (normed) conjugate trigonometric polynomial to $g(x)$.

If we put now x_μ into (16.4°), we obtain the formula (16.6) where $\alpha_{\mu\nu}$ are given by

$$\alpha_{\mu\nu}=\frac{1}{p}\left(\frac{\cos\dfrac{x-x_\nu}{2}-\cos p\,\dfrac{x-x_\nu}{2}}{\sin\dfrac{x-x_\nu}{2}}\right)_{x\to x_\mu}. \tag{16.12°}$$

If $\mu=\nu$, we determine $\alpha_{\nu\nu}$ in making $x\to x_\nu$ and see at once by Bernoulli-L'Hôpital rule that $\alpha_{\nu\nu}=0$. If $\mu\neq\nu$, we have

$$\alpha_{\mu\nu}=\frac{1}{p}\,\frac{\cos(\mu-\nu)\dfrac{\pi}{p}-\cos(\mu-\nu)\pi}{\sin(\mu-\nu)\dfrac{\pi}{p}}=\frac{1}{p}\,\frac{\cos(\mu-\nu)\dfrac{\pi}{p}-(-1)^{\mu-\nu}}{\sin(\mu-\nu)\dfrac{\pi}{p}}$$

and the relations (16.8°) follow immediately.

Theorem 2. *For a positive even integer* $p=2n$ *the expression*

$$g(x)=\frac{1}{p}\sum_{\nu=1}^{p}g_\nu\sin p\,\frac{x-x_\nu}{2}\cot\frac{x-x_\nu}{2} \tag{16.2^e}$$

is a trigonometric polynomial of degree n satisfying in the points (16.1) *the conditions* (16.3).

The normed conjugate trigonometric polynomial to $g(x)$ *is given by*

$$f(x)=\frac{1}{p}\sum_{\nu=1}^{p}g_\nu\left(1-\cos p\,\frac{x-x_\nu}{2}\right)\cot\frac{x-x_\nu}{2} \tag{16.4^e}$$

and its values (16.5) *are connected with the* g_ν *by p linear relations* (16.6) *where the matrix* A_p *is again an antisymmetric matrix in which the* $\alpha_{\mu\nu}$ *depend only on* $\mu-\nu$ *and are given by* [5]

$$\alpha_{\mu\nu}=\frac{1}{p}(1-(-1)^{\mu-\nu})\cot(\mu-\nu)\frac{\pi}{p}=\left\{\begin{array}{ll}0 & (\mu-\nu \text{ even})\\ \frac{2}{p}\cot(\mu-\nu)\frac{\pi}{p} & (\mu-\nu \text{ odd})\end{array}\right\}. \qquad (16.8^\bullet)$$

Proof. The relations (16.3) are in this case again immediately verified.
Consider the expression

$$U=-i\frac{e^{i(p+1)u}+e^{i(p-1)u}-2e^{-iu}}{2\sin u}-1, \qquad (16.9^\bullet)$$

whose real and imaginary parts are

$$\left.\begin{array}{l}\Re U=\dfrac{\sin(p+1)u+\sin(p-1)u}{2\sin u}=\sin pu\cot u\\[2ex] \Im U=-\dfrac{\cos(p+1)u+\cos(p-1)u-2\cos u}{2\sin u}=(1-\cos pu)\cot u\end{array}\right\}. \qquad (16.10^\bullet)$$

On the other hand, using Euler's formula for sin u, we obtain

$$U=1+2\sum_{\nu=1}^{n-1}e^{i2\nu u}+e^{i2nu},\qquad \Re U=1+2\sum_{\nu=1}^{n-1}\cos 2\nu u+\cos 2nu,\qquad \Im U=2\sum_{\nu=1}^{n-1}\sin 2\nu u+\sin 2nu. \quad (16.11^\bullet)$$

We see that (16.2•) gives for $g(x)$ a trigonometric polynomial of degree n and (16.4•) for $f(x)$ the conjugate normed trigonometric polynomial. We obtain now the formulae (16.6) where the values of the $\alpha_{\mu\nu}$ are given by

$$\alpha_{\mu\nu}=\left(\left(1-\cos p\,\frac{x-x_\nu}{2}\right)\cot\frac{x-x_\nu}{2}\right)_{x\to x_\mu}$$

and the expressions (16.8•) follow immediately. The theorem II is proved.

The formulae (16.8°) show that in the case of an odd $p=2n+1$ we have exactly $n=(p-1)/2$ different $|\alpha_{\mu\nu}|\neq 0$, while for even $p=2n$ we have exactly $[(p/4]$ values of $|\alpha_{\mu\nu}|$ different from zero. This makes the case of an even p particularly adaptable for use on high-speed computing machines with restricted high-speed memory. This case presents further the advantage that in using the formula (16.6) the computing work is reduced by ½. On the other hand for an odd p the interpolating polynomial (16.2°) is the most general trigonometric polynomial of degree $(p-1)/2$, uniquely determined by (16.3).

We obtain an interesting transformation of formulae (16.6) if we define f_μ, g_μ, $\alpha_{\mu\nu}$ for *all* integer values of μ and ν as *periodic functions with period p*. Then the formulae (16.8°) and (16.8•) give the right values of $\alpha_{\mu\nu}$ for *all* integers μ and ν. It follows further from the same formulae that

$$\alpha_{\mu\mu+\nu}=-\alpha_{\mu\mu-\nu}. \qquad (16.13)$$

We can now transform the formulae (16.6) into the following formulae

$$f_\mu=\sum_{\nu=1}^{\frac{p-1}{2}}\alpha_{\mu\mu+\nu}(g_{\mu+\nu}-g_{\mu-\nu})\quad(\mu=1,2,\ldots,p). \qquad (16.14)$$

Indeed, in the case of an *odd* $p=2n+1$, (16.6) can be written in the form

$$f_\mu=\sum_{\nu=-n}^{n}\alpha_{\mu\mu+\nu}g_{\mu+\nu},$$

and (16.14) follows at once from (16.13) and $\alpha_{\mu\mu}=0$.

[5] These formulae (16.8•) have been given by E. J. Watson, Formulae for the computation of functions employed for calculating the velocity distribution about a given aerofoil, Aeronautical Research Council, R. and M. No. 2176, May 1945; I. Naiman, Numerical evaluation of the integral occuring in the Theodorsen arbitrary-airfoil potential theory, originally issued April 1944 as Advance Restricted Report L4D27a; I. E. Garrick, Conformal mapping in aerodynamics with emphasis on the method of successive conjugates, see this volume.

If p is even and of the form $4m$, we have from (16.6)

$$f_\mu = \sum_{-(2m-1)}^{2m} \alpha_{\mu\mu+\nu} g_{\mu+\nu} \quad (\mu=1,2,\ldots,p)$$

and (16.14) follows again if we use that by (16.8^e) $\alpha_{\mu\mu+2m}=0$ and $(p-1)/2=2m-1+½$.

Finally, if we have $p=4m+2$, we obtain from (16.6)

$$f_\mu = \sum_{-(2m-1)}^{2m+2} \alpha_{\mu\mu+\nu} g_{\mu+\nu} \quad (\mu=1,2,\ldots,p).$$

But here $\alpha_{\mu\mu+2m+2}=\alpha_{\mu\mu+2m}=0$ because the difference of the indices is even, and $\alpha_{\mu\mu+2m+1}=\alpha_{\mu\mu+(p/2)}$ vanishes by (16.8^e) too. Thus the limits of the sum are $\pm(2m-1)=\pm(p-4)/2$, and (16.14) follows again if we use that $2m-1$ is the greatest odd number [6] $\leq(p-1)/2$.

In the case of an even p the formulae (16.14) show in connection with (16.8^e) that the expressions of the f_μ with even μ only contain the g_ν with odd ν and vice versa.

We are now going to derive some orthogonality relations for transformation (16.6). We introduce from now on the notation

$$Su = S_x u(x) = \frac{1}{p}\sum_{\nu=1}^{p} u(x_\nu) \tag{16.15}$$

where the index x is explicitly indicated if u contains more than one variable. For instance, we have from the theory of roots of unity

$$S_x e^{ikx}=0 \quad (\pm k=1,2,\ldots,p-1). \tag{16.16}$$

We notice first that if we take all $g_\mu=1$, we must have

$$g(x)\equiv 1, \qquad f(x)\equiv 0.$$

But then we obtain from (16.6)

$$\sum_{\nu=1}^{p} \alpha_{\mu\nu}=0 \quad (\mu=1,2,\ldots,p), \tag{16.17}$$

and since A_p is antisymmetric

$$\sum_{\mu=1}^{p} \alpha_{\mu\nu}=0 \quad (\nu=1,2,\ldots,p). \tag{16.18}$$

We now write formulae (16.2^o), (16.2^e) in the form

$$g(x)=\frac{1}{p}\sum_\nu g_\nu \varphi_\nu(x) \tag{16.19}$$

and (16.4^o), (16.4^e) as

$$f(x)=\frac{1}{p}\sum_\nu g_\nu \psi_\nu(x). \tag{16.20}$$

For an odd $p=2n+1$ we have from (16.10^o) and (16.11^o)

$$\varphi_\nu(x)=\frac{\sin p\dfrac{x-x_\nu}{2}}{\sin\dfrac{x-x_\nu}{2}}=2\sum_{\kappa=1}^{n}\cos\kappa(x-x_\nu)+1, \tag{16.21}$$

$$\psi_\nu(x)=\frac{\cos\dfrac{x-x_\nu}{2}-\cos p\dfrac{x-x_\nu}{2}}{\sin\dfrac{x-x_\nu}{2}}=2\sum_{\kappa=1}^{n}\sin\kappa(x-x_\nu). \tag{16.22}$$

We have then by (16.16)

$$S(\varphi_\nu+i\psi_\nu)=S\left(2\sum_{\kappa=1}^{n}e^{i\kappa(x-x_\nu)}+1\right)=2\sum_{\kappa=1}^{n}e^{-i\kappa x_\nu}Se^{i\kappa x}+1=1,$$

[6] See, in the case of an even p, the references in footnote 5.

and therefore

$$S\varphi_\nu(x)=1, \qquad S\psi_\nu(x)=0. \tag{16.23}$$

Further, we have

$$S(\varphi_\nu+i\psi_\nu)(\varphi_\mu\pm i\psi_\mu)=S\left(1+2\sum_{\kappa=1}^{n} e^{i\kappa(x-x_\nu)}\right)\left(1+2\sum_{\lambda=1}^{n} e^{\pm i\lambda(x-x_\mu)}\right)$$

$$=1+2\sum_{\kappa=1}^{n} e^{-i\kappa x_\nu}Se^{i\kappa x}+2\sum_{\lambda=1}^{n} e^{\mp i\lambda x_\mu}Se^{\pm i\lambda x}+4\sum_{\kappa,\lambda=1}^{n} e^{-i(\kappa x_\nu\pm\lambda x_\mu)}Se^{i(\kappa\pm\lambda)x}$$

and therefore on taking the real part on both sides in the cases of + and − sign, respectively,

$$S\varphi_\nu\varphi_\mu-S\psi_\nu\psi_\mu=1 \tag{16.24}$$

$$S\varphi_\nu\varphi_\mu+S\psi_\nu\psi_\mu=2\varphi_\mu(x_\nu)-1 \tag{16.25}$$

$$S\varphi_\nu\varphi_\mu=\varphi_\mu(x_\nu)=\varphi_\nu(x_\mu) \tag{16.26}$$

$$S\psi_\nu\psi_\mu=\varphi_\mu(x_\nu)-1=\varphi_\nu(x_\mu)-1. \tag{16.27}$$

It follows now from (16.19), (16.20), and (16.27)

$$\frac{1}{p}\sum_{\mu=1}^{p} f_\mu^2=Sf^2(x)=\frac{1}{p^2}S\sum_{\mu,\nu=1}^{p} g_\mu g_\nu\psi_\mu\psi_\nu=\frac{1}{p^2}\sum_{\mu,\nu=1}^{p} g_\mu g_\nu S\psi_\mu\psi_\nu=\frac{1}{p^2}\sum_{\mu,\nu=1}^{p} g_\mu g_\nu(\varphi_\mu(x_\nu)-1)$$

$$=\frac{1}{p^2}\sum_{\nu=1}^{p} g_\nu\sum_{\mu=1}^{p} g_\mu\varphi_\mu(x_\nu)-\frac{1}{p^2}\left(\sum_{\mu=1}^{p} g_\mu\right)^2=\frac{1}{p}\sum_{\nu=1}^{p} g_\nu g(x_\nu)-\left(\frac{1}{p}\sum_{\nu=1}^{p} g_\nu\right)^2,$$

$$Sf^2=Sg^2-(Sg)^2, \tag{16.28}$$

$$\sum_{\nu=1}^{p} f_\nu^2=\sum_{\nu=1}^{p} g_\nu^2-\frac{1}{p}\left(\sum_{\nu=1}^{p} g_\nu\right)^2. \tag{16.29}$$

Consider now the case of an even $p=2n$; in this case we have in (16.19) and (16.20):

$$\varphi_\nu=\sin n(x-x_\nu)\cot\frac{x-x_\nu}{2}=1+2\sum_{\kappa=1}^{n-1}\cos\kappa(x-x_\nu)+\cos n(x-x_\nu) \tag{16.30}$$

$$\psi_\nu=(1-\cos n(x-x_\nu))\cot\frac{x-x_\nu}{2}=2\sum_{\kappa=1}^{n-1}\sin\kappa(x-x_\nu)+\sin n(x-x_\nu). \tag{16.31}$$

It follows from

$$S(\varphi_\nu+i\psi_\nu)=1+2\sum_{\kappa=1}^{n-1}Se^{i\kappa(x-x_\nu)}+Se^{in(x-x_\nu)}=1$$

that the formulae (16.23) remain valid for an even p. Further, we have

$$S(\varphi_\nu+i\psi_\nu)(\varphi_\mu\pm i\psi_\mu)=S\left(1+2\sum_{\kappa=1}^{n-1}e^{i\kappa(x-x_\nu)}+e^{in(x-x_\nu)}\right)\left(1+2\sum_{\lambda=1}^{n-1}e^{\pm i\lambda(x-x_\mu)}+e^{\pm in(x-x_\mu)}\right)$$

$$=1+2\sum_{\kappa=1}^{n-1}e^{-i\kappa x_\nu}Se^{i\kappa x}+2\sum_{\lambda=1}^{n-1}e^{\pm i\lambda x_\mu}Se^{\pm i\lambda x}+4\sum_{\kappa,\lambda=1}^{n-1}e^{-i(\kappa x_\nu\pm\lambda x_\mu)}Se^{i(\kappa\pm\lambda)x}+e^{-inx_\nu}Se^{inx}$$

$$+e^{\mp inx_\mu}Se^{\pm inx}+2\sum_{\kappa=1}^{n-1}e^{-i(\kappa x_\nu\pm nx_\mu)}Se^{i(\kappa\pm n)x}+2\sum_{\lambda=1}^{n-1}e^{-i(nx_\nu\pm\lambda x_\mu)}Se^{i(n\pm\lambda)x}+e^{-i(nx_\nu\pm nx_\mu)}Se^{i(n\pm n)}.$$

In virtue of (16.16) the second, third, fifth, sixth, seventh and eighth terms of the right-hand side are zero and there remains

$$1+4\sum_{\kappa,\lambda=1}^{n-1}e^{-i(\kappa x_\nu\pm x_\mu)}Se^{i(\kappa\pm\lambda)x}+e^{-in(x_\nu\pm x_\mu)}Se^{i(n\pm n)x}.$$

169

In taking here on both sides the real part we obtain in the cases of + and − sign, respectively

$$S\varphi_\nu\varphi_\mu - S\psi_\nu\psi_\mu = 1 + \Re e^{-i\frac{p}{2}(x_\nu + x_\mu)} = 1 + (-1)^{\nu+\mu},$$

$$S\varphi_\nu\varphi_\mu + S\psi_\nu\psi_\mu = 1 + 4\sum_{\kappa=1}^{n-1}\cos\kappa(x_\nu - x_\mu) + \cos n(x_\nu - x_\mu) = 2\varphi_\mu(x_\nu) - 1 - (-1)^{\nu+\mu},$$

$$S\varphi_\nu\varphi_\mu = \varphi_\mu(x_\nu) = \varphi_\nu(x_\mu) \tag{16.32}$$

$$S\psi_\nu\psi_\mu = \varphi_\nu(x_\mu) - 1 - (-1)^{\nu+\mu}. \tag{16.33}$$

We denote now by $S^e\varphi$ and $S^o\varphi$, respectively

$$S^e\varphi = \frac{1}{p}\sum_{\kappa=1}^{n}\varphi(x_{2\kappa}), \qquad S^o\varphi = \frac{1}{p}\sum_{\kappa=1}^{n}\varphi(x_{2\kappa-1}).$$

From (16.31) we see that

$$\psi_\nu(x_\mu) = 0 \quad (\nu - \mu \text{ even}); \tag{16.34}$$

it follows from (16.34) and (16.33) that

$$S^e\psi_\nu\psi_\mu = 0 \quad (\nu \text{ or } \mu \text{ even}); \qquad S^e\psi_\nu\psi_\mu = \varphi_\nu(x_\mu) - 2 \quad (\nu,\ \mu \text{ odd}), \tag{16.35}$$

$$S^o\psi_\nu\psi_\mu = 0 \quad (\nu \text{ or } \mu \text{ odd}); \qquad S^o\psi_\nu\psi_\mu = \varphi_\nu(x_\mu) - 2 \quad (\nu,\ \mu \text{ even}), \tag{16.36}$$

and therefore in using that $\varphi_\mu(x_\nu) = p\delta_{\mu\nu}$ ($\delta_{\mu\nu}$ is Kronecker's symbol).

$$\frac{1}{p}\sum_{\kappa=1}^{n} f_{2\kappa}^2 = \frac{1}{p^2}\sum_{\mu,\nu=1}^{p} g_\mu g_\nu S^e\psi_\mu\psi_\nu = \frac{1}{p^2}\sum_{\kappa,\lambda=1}^{n} g_{2\kappa-1}g_{2\lambda-1}S^e\psi_{2\kappa-1}\psi_{2\lambda-1}$$

$$= \frac{1}{p^2}\sum_{\kappa,\lambda=1}^{n} g_{2\kappa-1}g_{2\lambda-1}\varphi_{2\kappa-1}(x_{2\lambda-1}) - \frac{2}{p^2}\sum_{\kappa,\lambda=1}^{n} g_{2\kappa-1}g_{2\lambda-1} = \frac{1}{p}\sum_{\lambda=1}^{n} g_{2\kappa-1}^2 - \frac{2}{p^2}\left(\sum_{\kappa=1}^{n} g_{2\kappa-1}\right)^2.$$

The argument is completely symmetric if we interchange the x_ν with odd and even indices. Thus we obtain

$$\sum_{\kappa=1}^{\frac{p}{2}} f_{2\kappa}^2 = \sum_{\kappa=1}^{\frac{p}{2}} g_{2\kappa-1}^2 - \frac{2}{p}\left(\sum_{\kappa=1}^{\frac{p}{2}} g_{2\kappa-1}\right)^2; \qquad \sum_{\kappa=1}^{\frac{p}{2}} f_{2\kappa-1}^2 = \sum_{\kappa=1}^{\frac{p}{2}} g_{2\kappa}^2 - \frac{2}{p}\left(\sum_{\kappa=1}^{\frac{p}{2}} g_{2\kappa}\right)^2, \tag{16.37}$$

$$\sum_{\nu=1}^{p} f_\nu^2 = \sum_{\nu=1}^{p} g_\nu^2 - \frac{2}{p}\left(\left(\sum_{\kappa=1}^{\frac{p}{2}} g_{2\kappa}\right)^2 + \left(\sum_{\kappa=1}^{\frac{p}{2}} g_{2\kappa-1}\right)^2\right). \tag{16.38}$$

In what follows we shall consider the f_ν and g_ν as the components of two vectors ξ, η in the p-dimensional space. It follows then from (16.29) and (16.38) that both for odd and even p

$$|\xi| \le |\eta|, \qquad |A_p\eta| \le |\eta|. \tag{16.39}$$

If P is a given function, we shall understand by $P(\eta)$ the vector with the components $P(g_1)$, $P(g_2)$, $\ldots$, $P(g_p)$.

We are now going to prove the following theorem.

Theorem 3. *Suppose that for a positive integer p a square matrix A of order p has the property that for any vector ξ in p-dimensional space R_p we have*

$$|A\xi| \le |\xi|. \tag{16.40}$$

Let $P(x)$ be a continuous function for which $P'(x)$ exists almost everywhere and satisfies

$$|P'(x)| \le \epsilon, \quad 0 < \epsilon < 1 \tag{16.41}$$

for a positive $\epsilon < 1$. Let finally η be an arbitrary vector in R_p.

Then the vector equation

$$\xi - \eta = AP(\xi) \tag{16.42}$$

has a solution ξ *which is uniquely determined and can be obtained as the limit of a sequence of vectors* ξ_n *deduced by the recurrence formula*

$$\xi_{n+1}-\eta=AP(\xi_n) \tag{16.43}$$

from an arbitrary "initial" vector ξ_0; *we have*

$$|\xi_n-\xi|\leq\frac{\epsilon^n}{1-\epsilon}|\xi_1-\xi_0|. \tag{16.44}$$

Proof. It follows from (16.41) by the mean value theorem that for arbitrary x and x^*

$$|P(x)-P(x^*)|\leq\epsilon|x-x^*|.$$

We have therefore for two arbitrary vectors ξ and ξ^* the inequality

$$|P(\xi)-P(\xi^*)|\leq\epsilon|\xi-\xi^*|. \tag{16.45}$$

Suppose now that ξ and ξ^* are two solutions of (16.42). Then we have

$$\xi-\xi^*=A(P(\xi)-P(\xi^*)),$$

and it follows from (16.40) and (16.45) that

$$|\xi-\xi^*|\leq|P(\xi)-P(\xi^*)|\leq\epsilon|\xi-\xi^*|;$$

we see that $\xi-\xi^*$ must vanish. The uniqueness of ξ is proved.
We write now (16.43) for n and $n-1$ and subtract. If follows then from (16.45)

$$\xi_{n+1}-\xi_n=A(P(\xi_n)-P(\xi_{n-1})), \qquad |\xi_{n+1}-\xi_n|\leq|P(\xi_n)-P(\xi_{n-1})|\leq\epsilon|\xi_n-\xi_{n-1}|.$$

Iterating this, we obtain

$$|\xi_{p+n+1}-\xi_{p+n}|\leq\epsilon^n|\xi_{p+1}-\xi_p| \quad (p\geq 0,\ n=1, 2, \ldots),$$

$$|\xi_{n+1}-\xi_n|\leq\epsilon^n|\xi_1-\xi_0|, \tag{16.46}$$

and we see that the series $\sum_{n=0}^{\infty}(\xi_{n+1}-\xi_n)$ is absolutely convergent.
Therefore with $n\to\infty$

$$\xi_n=\xi_0+\sum_{\nu=0}^{n-1}(\xi_{\nu+1}-\xi_\nu)$$

converges to a vector ξ as asserted in our theorem. (16.42) follows then from (16.43) with $n\to\infty$.
Finally, we obtain from

$$\xi-\xi_n=\sum_{\nu=n}^{\infty}(\xi_{\nu+1}-\xi_\nu)$$

and from (16.46) the estimate

$$|\xi-\xi_n|\leq|\xi_{n+1}-\xi_n|\frac{1}{1-\epsilon}\leq\frac{\epsilon^n}{1-\epsilon}|\xi_1-\xi_0|.$$

Theorem 3 is proved.
We return now to the discussion of the matrix A_p in order to determine its eigenvalues.

We consider first an antisymmetric matrix $C\ \gamma_{\mu\nu}$ defined by $C'=-\overline{C}$, that is

$$\gamma_{\mu\nu}=-\overline{\gamma}_{\nu\mu} \quad (\mu, \nu=1, \ldots, p), \tag{16.47}$$

and assume that from

$$x_\mu=\sum_{\nu=1}^{p}\gamma_{\mu\nu}y_\nu \quad (\mu=1, \ldots, p)$$

always follows

$$\sum_{\nu=1}^{p}|x_\nu|^2=\sum_{\nu=1}^{p}|y_\nu|^2-\frac{1}{p}\left|\sum_{\nu=1}^{p}y_\nu\right|^2. \tag{16.48}$$

This can be stated differently if we consider the vectors $\xi=(x_1, \ldots, x_p)$, $\eta=(y_1, \ldots, y_p)$ and define generally for a vector $\eta=(y_1, \ldots, y_p)$ as its *trace* $t\eta$ the vector, all components of which are equal to

$$\frac{y_1+\ldots+y_p}{p}. \tag{16.49}$$

A vector η with $t\eta=0$ will be called a *diagonal vector*.
By our assumption it follows from

$$\xi=C\eta \tag{16.50}$$

always that

$$|\xi|^2=|\eta|^2-|t\eta|^2 \tag{16.51}$$

If we take now $\eta'=(1,1, \ldots,1)$ it follows from (16.51) $|C\eta'|=0$, $C\eta'=0$ and η' is an eigenvector of C belonging to the eigenvalue 0. Further it follows now

$$\sum_{\nu=1}^{p}\gamma_{\mu\nu}=\sum_{\mu=1}^{p}\gamma_{\mu\nu}=0. \tag{16.52}$$

We see from (16.52) that ξ in (16.50) is always a diagonal vector:

$$t\xi=tC\eta=0. \tag{16.53}$$

On substituting in (16.48) the expression of x_μ, we obtain

$$\sum_{\nu=1}^{p}|\gamma_{\mu\nu}|^2=1-\frac{1}{p}; \qquad \sum_{\nu=1}^{p}\gamma_{\mu\nu}\overline{\gamma}_{\lambda\nu}=-\frac{1}{p} \quad (\mu\neq\lambda). \tag{16.54}$$

On multiplying (16.50) on both sides by $\overline{C}'$ we obtain in virtue of (16.54)

$$\overline{C}'\xi=\eta-t\eta$$

and since $\overline{C}'=-C$

$$C\xi=-\eta+t\eta. \tag{16.55}$$

Suppose now that η is a diagonal vector. Then from (16.50) and (16.55)

$$C^2\eta=-\eta, \tag{16.56}$$

and we see that -1 is an eigenvalue of C^2 to which belongs the $(p-1)$-dimensional set of diagonal vectors as eigenvectors.
We have by (16.56) for any vector η with $t\eta=0$:

$$C(C\eta\pm i\eta)=\pm i(C\eta\pm i\eta)$$

and we see that $C\eta+i\eta$, if it does not vanish, is an eigenvector of C to the eigenvalue i and $C\eta-i\eta$, if it does not vanish, an eigenvector to the eigenvalue $-i$. From

$$\eta=\frac{1}{2i}\left[(C\eta+i\eta)-(C\eta-i\eta)\right]$$

follows that these eigenvectors to the eigenvalues $\pm i$, together with the vector η', form a complete system of p independent vectors. If in particular p is odd and C is a real matrix, i and $-i$ are then eigenvalues of multiplicities $(p-1)/2$.

Consider now for an even $p=2n$ an antisymmetric matrix $D=(\delta_{\mu\nu})$ defined by $D'=-\overline{D}$, that is

$$\delta_{\nu\mu}=-\delta_{\mu\nu} \quad (\mu,\nu=1, \ldots, p)$$

and assume that from

$$x_\mu=\sum_{\nu=1}^{p}\delta_{\mu\nu}y_\nu \quad (\mu=1, \ldots, p)$$

always follows

$$\sum_{\nu=1}^{p}|x_\nu|^2=\sum_{\nu=1}^{p}|y_\nu|^2-\frac{1}{n}\left|\sum_{\lambda=1}^{n}y_{2\lambda}\right|^2-\frac{1}{n}\left|\sum_{\lambda=1}^{n}y_{2\lambda-1}\right|^2. \tag{16.57}$$

To state this in vectorial language consider again the vectors $\xi=(x_1, \ldots, x_p)$, $\eta=(y_1, \ldots, y_p)$ and define now as the trace $t\eta$ of η the vector $t\eta=(z_1,z_2, \ldots, z_p)$, where

$$z_{2\kappa}=\frac{1}{n}\sum_{\lambda=1}^{n}y_{2\lambda}, \qquad z_{2\kappa-1}=\frac{1}{n}\sum_{\lambda=1}^{n}y_{2\lambda-1} \qquad (\kappa=1, \ldots, n). \tag{16.58}$$

Then it follows from $\xi=D\eta$ always

$$|\xi|^2=|\eta|^2-|t\eta|^2. \tag{16.59}$$

A vector η with $t\eta=0$ will be called again *diagonal vector*.
We have for the two vectors

$$\eta'=(1,0,1,0, \ldots), \qquad \eta''=(0,1,0,1, \ldots),$$

$$t\eta'=\eta', \quad t\eta''=\eta''$$

and from (16.59)

$$D\eta'=D\eta''=0; \tag{16.60}$$

η' and η'' are then two independent eigenvectors of D to the eigenvalue 0.
From (16.60) it follows further

$$\sum_{\kappa=1}^{n}\delta_{\mu 2\kappa}=\sum_{\kappa=1}^{n}\delta_{\mu 2\kappa-1}=0 \quad (\mu=1, \ldots, p). \tag{16.61}$$

On putting the expressions of x_μ into (16.57) we obtain at once

$$\sum_{\nu=1}^{p}|\delta_{\nu\nu}|^2=1-\frac{1}{n}, \tag{16.62}$$

$$\sum_{\nu=1}^{p}\delta_{\mu\nu}\bar{\delta}_{\lambda\nu}=\begin{cases}-\dfrac{1}{n} & \mu-\nu\neq 0, \quad \mu-\nu \text{ even}\\[2ex] 0 & \mu-\nu \text{ odd}\end{cases} \tag{16.63}$$

and therefore for any vector η

$$\bar{D}'\xi=\bar{D}'D\eta=\eta-t\eta,$$

that is, since $\bar{D}'=-D$,

$$D^2\eta=-\eta+t\eta. \tag{16.64}$$

It follows now at once that all diagonal vectors are eigenvectors of D^2 to the eigenvalue -1, and therefore, in virtue of

$$D(D\eta\pm i\eta)=\pm i(D\eta\pm i\eta),$$

for any diagonal vector η, $D\eta+i\eta$, if it does not vanish, is an eigenvector of D to the eigenvalue i and $D\eta-i\eta$, if it does not vanish, an eigenvector of D to the eigenvalue $-i$. And exactly as for the matrix C we see that $+i$ and $-i$ are eigenvalues of D of the multiplicities n_+, n_- with $n_++n_-=2n-2$ and possess correspondingly n_+, n_- independent eigenvectors. If in particular D is a real matrix, we have $n_+=n_-=n-1$.

In applying our results to the matrix A_p, we see that it has only linear elementary divisors and its fundamental polynomial is either $\lambda(\lambda^2+1)^n$ or $\lambda^2(\lambda^2+1)^n$ according as we have $p=2n+1$ or $2n$. With choice of appropriate coordinates the matrix A_p becomes a diagonal matrix with the diagonal $(i,-i, \ldots ,i,-i,0)$ or $(i,-i, \ldots ,i,-i,0,0)$ for odd and even p.

Consider now the recurrence formula (16.43) in which

$$P(x)=ax, \quad a>1.$$

On choosing appropriate coordinates, we separate this formula into p recurrence formulae

$$x_1^{(n+1)}-y_1=iax_1^{(n)},\quad x_2^{(n+1)}-y_2=-iax_2^{(n)},\quad \cdots$$

or

$$x_1^{(n+1)}-\frac{y_1}{1-ia}=ia\left(x_1^{(n)}-\frac{y_1}{1-ia}\right),\ \cdots,$$

and we see that with $n\to\infty$ the convergence of $x_1^{(n)}$ is only possible for special values of y_1 and $x_1^{(0)}$. It follows that in the convergence condition (16.41) of theorem 3,

$$\operatorname{Max}|P'(x)|<1, \tag{16.65}$$

the upper bound 1 cannot be replaced by any greater number.

Conformal Mapping of A Special Ellipse on the Unit Circle[1]

A. M. Ostrowski [2]

1. Introduction

In order to compare the approximate values obtained by different methods with the exact values, we compute in this paper the exact values for an ellipse

$$\frac{\xi^2}{a^2}+\frac{\eta^2}{b^2}=1 \tag{1.1}$$

in the ζ—plane where $\zeta=\xi+i\eta$. We discuss the case $a=1.2$, $b=1$ in detail. This nearly circular ellipse was chosen since the convergence in such cases is usually much faster and a relatively small number of steps brings out the speed of convergence characteristic of different methods.

2. Mapping of the Ellipse on the Unit Circle

The mapping of (1.1) on the unit circle $|z|=|x+iy|\leq 1$ in the z-plane, subject to the condition that $\zeta=0$, $z=0$ correspond, and that the segments $|\xi|\leq a, |\eta|\leq b$ map into the segments $|x|\leq 1, |y|\leq 1$, is given in the interior and on the boundary by the explicit formula

$$z=\sqrt{k}\ \mathrm{sn}\left[2\frac{K}{\pi}\ \mathrm{arc\ sin}\ \frac{\zeta}{c}\right]. \tag{1.2}$$

The values of k, K are determined from

$$k=\frac{\theta_2(\tau)^2}{\theta_3(\tau)^2}\doteq 4q^{\frac{1}{2}}\frac{(1+q^2+q^6)^2}{(1+2q+2q^4)^2}, \qquad q=e^{i\pi\tau}=\left(\frac{a-b}{a+b}\right)^2, \tag{1.3}$$

$$K=\int_0^{\frac{\pi}{2}}\frac{dt}{\sqrt{(1-t^2)(1-k^2t^2)}}, \tag{1.4}$$

and $2c=2\sqrt{a^2-b^2}$ is the focal length of the ellipse (1.1).

In our case we have [3]

$$q=\frac{1}{121}, \qquad k^2=.12387\ 23221, \qquad K=1.62315\ 2658. \tag{1.5}$$

We use the inversion of (1.2)

$$\zeta=(a^2-b^2)^{\frac{1}{2}}\sin\left[\frac{\pi}{2K}\int_0^{\frac{z}{\sqrt{k}}}\frac{dt}{\sqrt{(1-t^2)(1-k^2t^2)}}\right] \tag{1.6}$$

and compute ζ for the points

$$z_\nu=e^{i\theta_\nu}, \quad \theta_\nu=\frac{\nu\pi}{40} \qquad (\nu=0,1,2,\ldots,20)$$

---

[1] The preparation of this paper was sponsored in part by the Office of Naval Research, and in part by the Aeronautical Research Laboratory ,Wright Air Development Center, ARDC, USAF.

[2] National Bureau of Standards, and University of Basle, Basle, Switzerland.

[3] K was obtained from the manuscript tables computed in the National Bureau of Standards Computation Laboratory.

on the circumference of the unit circle in the first quadrant. We expand (1.6) in powers of k^2:

$$\int_0^\alpha \frac{dt}{\sqrt{(1-t^2)(1-k^2t^2)}}=(\arc \sin \alpha)\sum_{\nu=0}^{\infty} p_\nu^2 k^{2\nu}-\sqrt{1-\alpha^2}\sum_{\nu=0}^{\infty} p_\nu^2 k^{2\nu} T_\nu$$

where

$$p_\nu=\binom{-\frac{1}{2}}{\gamma}=\frac{1\cdot 3\cdot 5\ldots(2\nu-1)}{2\cdot 4\ldots 2\nu}$$

and T_ν is given by the recurrence formula

$$T_\nu=T_{\nu-1}+\frac{\alpha^{2\nu-1}}{2\nu p_\nu}\qquad(\nu=1,2,\ldots),\qquad T_0=0.$$

The computation [4] was carried out under the direction of Irene Stegun in the National Bureau of Standards Computation Laboratory and required 120 man-hours (on the usual desk calculators). The results corresponding to $\nu=0,1,2,\ldots,20$ are given below in tabular form. For each ν there are given coordinates x,y of the corresponding points on the ellipse defined in (1.1).

Since in the Theodorsen and Garrick method only the arguments of the points on the given contour corresponding to the points on the unit circle are directly obtained, the values in radians of the argument θ_ν of the points z_ν were computed [5] with an error of less than 10^{-7}. These are given in the fourth column of table 1.

TABLE 1.

ν	x_ν	y_ν	θ_ν	ν	x_ν	y_ν	θ_ν
0	1. 2000000	0. 0000000	0. 0000000	10	0. 6883389	0. 8191245	0. 8719402
1	1. 1918120	. 1166198	. 0975403	11	. 6178853	. 8572476	. 9462610
2	1. 1679970	. 2294058	. 1939409	12	. 5476430	. 8897905	1. 0190764
3	1. 1305561	. 3352474	. 2882732	13	. 4777814	. 9173198	1. 0906121
4	1. 0821620	. 4321502	. 3799370	14	. 4083790	. 9403112	1. 1610733
5	1. 0255652	. 5192249	. 4686603	15	. 3394503	. 9591567	1. 2306470
6	. 9632011	. 5964267	. 5544271	16	. 2709661	. 9741725	1. 2995040
7	. 8970258	. 6642377	. 6373862	17	. 2028660	. 9856066	1. 3678027
8	. 8285098	. 7234042	. 7177750	18	. 1350693	. 9936452	1. 4356913
9	. 7587061	. 7747603	. 7958670	19	. 0674814	. 9984176	1. 5033106
				20	. 0000000	1. 0000000	1. 5707963

[4] This method of computation was suggested by A. M. Ostrowski in discussions with F. L. Alt, I. Stegun, and J. Todd.
[5] By A. M. Ostrowski and R. Weiller.

Theodorsen's and Garrick's Method for Conformal Mapping of the Unit Circle into an Ellipse [1]

A. M. Ostrowski [2]

The points $\rho(\phi)\exp\{i\theta(\phi)\}$ of the ellipse defined by (1.1) corresponding to the points $e^{i\phi}$ on the unit circle in the conformal transformation considered in section 1.2 can be determined from the integral equation [1] [3]

$$\theta(\phi)-\phi=\frac{1}{2\pi}\int_0^{\pi}[P(\theta(\phi+t))-P(\theta(\phi-t))]\cot\tfrac{1}{2}t\,dt, \tag{2.1}$$

where $P(\theta)$ is the logarithm of the radius-vector of the ellipse (1.1). Specifically

$$P(\theta)=-\tfrac{1}{2}\log\left(\frac{\cos^2\theta}{a^2}+\frac{\sin^2\theta}{b^2}\right)=\tfrac{1}{2}\log\frac{72}{61-11\cos 2\theta}.$$

The central numerical problem of the method is that of approximation to an integral of the type

$$\frac{1}{2\pi}\int_0^{\pi}[\psi(x+t)-\psi(x-t)]\cot\tfrac{1}{2}t\,dt. \tag{2.2}$$

Theodorsen [5], Theodorsen and Garrick [6] and afterward Naiman [2] used the rectangle formula and, in approximating the term corresponding to the singularity at $t=0$, estimated the derivative of $\psi(t)$ graphically.

In Naiman [2] the method was improved by replacing the rectangle formula by Simpson's rule and using numerical differentiation. In applying both methods to higher harmonics the results were as indicated by Naiman [2], in the case of 40 abscissae, as follows:

Harmonics	Rectangle formula	Simpson's rule
1	1.01434	0.99977
5	1.05280	0.99840
10	1.06112	0.95420

The exact value in each case was 1.

The use of trigonometrical interpolation was obviously indicated, and Wittich [8], [9], Watson [7], and Naiman [2] developed such formulae for the subdivision of the circle in $2n$ equal parts for some special values of n. The general formulae for $2n$ and $2n+1$ equal parts were developed and discussed by A. M. Ostrowski [4].

These formulae are as a rule used to compute numerically the integrals giving the successive approximations of Theodorsen's and Garrick's method. A. M. Ostrowski considered [4], together with the functional equation (2.1), the "approximate" matrix equation. The computation of the *exact* solution of this approximate equation can be done by the method of successive approximations and then the computations actually done are the same as in the original method of Theodorsen and Garrick. On the other hand the solution of the approximate matrix equation can be found by other methods, for instance by Newton's method.[4]

[1] The preparation of this paper was sponsored in part by the Office of Naval Research, and in part by the Aeronautical Research Laboratory, Wright Air Development Center, ARDC, USAF.

[2] National Bureau of Standards, and University of Basle, Switzerland.

[3] Figures in brackets indicate the literature references on p. 5.

[4] Computations in this direction have been carried out in the Applied Mathematics Division of the National Bureau of Standards under the directions of Gertrude Blanch, Los Angeles, and Irene Stegun, Washington.

In the numerical example with which we deal in this report we use the decomposition of the circle into 20 equal parts. However, since the map is doubly symmetric, the problem reduces to that of a system of 4 equations with 4 unknowns.

The variables chosen are the values of $\theta(\phi)$ for $\phi=\nu\pi/10$ ($\nu=6, 7, 8, 9$), specifically:

$$z_1=\theta\left(\frac{9\pi}{10}\right), \quad z_2=\theta\left(\frac{8\pi}{10}\right), \quad z_3=\theta\left(\frac{7\pi}{10}\right), \quad z_4=\theta\left(\frac{6\pi}{10}\right). \tag{2.3}$$

Their "true values" are easily obtained from the table in section 1.2 by subtracting from π the θ_ν corresponding to $\nu=4,8,12,16$. We find

$$z_1=2.76165\,57, \quad z_2=2.42381\,77, \quad z_3=2.12251\,63, \quad z_4=1.84208\,87. \tag{2.4}$$

In using formulae (6) and (8°) of paper [4] for $n=10$, equation (1) is replaced by an approximate system which, after some reductions resulting from the symmetry, becomes

$$\left.\begin{aligned} z_1&=(\kappa-\lambda)P(z_2)+\lambda P(z_4)+\gamma_1\\ z_3&=-\kappa P(z_2)+(\kappa+\lambda)P(z_4)+\gamma_3\\ z_2&=-(\kappa+\lambda)P(z_1)+\kappa P(z_3)+\gamma_2\\ z_4&=-\lambda P(z_1)+(\lambda-\kappa)P(z_3)+\gamma_4 \end{aligned}\right\} \tag{2.5}$$

where

$$\kappa=\frac{1}{10}\cot\frac{\pi}{10}, \qquad \lambda=\frac{1}{10}\cot\frac{3\pi}{10},$$

$$\gamma_1=\frac{9}{10}\pi-\kappa P(0), \qquad \gamma_3=\frac{7}{10}\pi-\lambda P(0),$$

$$\gamma_2=\frac{4}{5}\pi+\lambda P\left(\frac{\pi}{2}\right), \qquad \gamma_4=\frac{3}{5}\pi+\kappa P\left(\frac{\pi}{2}\right).$$

The solutions z_1^∞, z_2^∞, z_3^∞, z_4^∞, of (2.5) have been computed by Newton's method with an absolute error less than $9\cdot10^{-8}$:

$$z_1^\infty=2.76159\,41 \qquad z_2^\infty=2.42389\,45 \tag{2.6}$$

$$z_3^\infty=2.12245\,44 \qquad z_4^\infty=1.84212\,21$$

The differences between these values and (2.5), which will be denoted by $\Delta_\nu^\infty=z_\nu^\infty-z_\nu$, are given by:

$$10^5\Delta_1^\infty=-6.16, \quad 10^5\Delta_2^\infty=7.67, \quad 10^5\Delta_3^\infty=-6.21, \quad 10^5\Delta_4^\infty=3.34. \tag{2.7}$$

On the other hand the computation of the solution of (2.5) can be carried out by iteration. If we use the formulas

$$\left.\begin{aligned} z_1^{k+1}&=(\kappa-\lambda)P(z_2^{(k)})+\lambda P(z_4^{(k)})+\gamma_1\\ z_3^{k+1}&=-\kappa P(z_2^{(k)})+(\kappa+\lambda)P(z_4^{(k)})+\gamma_3\\ z_2^{k+1}&=-(\kappa+\lambda)P(z_1^{(k+1)})+\kappa P(z_3^{(k+1)})+\gamma_2\\ z_4^{k+1}&=-\lambda P(z_1^{(k+1)})+(\lambda-\kappa)P(z_3^{(k+1)})+\gamma_4 \end{aligned}\right\}, \tag{2.8}$$

with starting values $z_2^0=2.4$, $z_4^0=1.85$, we obtain the results given below.

k	$z_1^{(k)}$	$z_2^{(k)}$	$z_3^{(k)}$	$z_4^{(k)}$
1	2. 76	2. 4244	2. 129	1. 8419
2	2. 76164	2. 42388 4	2. 1224	1. 84212 6
3	2. 76159 33	2. 42389 47	2. 12245 59	1. 84212 26
4	2. 76159 42	2. 42389 45	2. 12245 44	1. 84212 21
5	2. 76159 41	2. 42389 45	2. 12245 44	1. 84212 21
6	2. 76159 41	2. 42389 45	2. 12245 44	1. 84212 21

The comparison of these values with the values (2.4) shows that it is not worth while going beyond $k=3$. In this case the maximum absolute error of $z_\nu^{(k)}$ is less than $1.3\cdot 10^{-4}$.

The convergence appears fairly fast due to the smallness of the eccentricity of the ellipse. In order to improve the approximation one has, however, to apply the corresponding formulas with, say, 40 abscissae in starting from the values obtained above. Thus the scheme of the whole computation has to be changed from one step to another. This appears to be a considerable drawback of the method.

References

[1] I. Naiman, Numerical evaluation of the ϵ-integral occuring in the Theodorsen arbitrary-airfoil potential theory, National Advisory Committee for Aeronautics, ARR No. L4D27a (1944).

[2] I. Naiman, Numerical evaluation by harmonic analysis of the ϵ-function of the Theodorsen arbitrary-airfoil potential theory, National Advisory Committee for Aeronautics, ARR No. L5H18 (1945).

[3] A. M. Ostrowski, On the convergence of Theodorsen's and Garrick's method of conformal mapping, NBS Applied Mathematics Series 18, p. 149–164 (1952).

[4] A. M. Ostrowski, On a discontinuous analogue of Theodorsen's and Garrick's method, NBS Applied Mathematics Series 18, p. 165–174 (1952).

[5] T. Theodorsen, Theory of wing section of arbitrary shape, National Advisory Committee for Aeronautics, Report No. 411 (1931).

[6] T. Theodorsen and I. E. Garrick, General potential theory of arbitrary wing sections, National Advisory Committee for Aeronautics, Report No. 452 (1933).

[7] E. J. Watson, Formulae for the computation of the functions employed for calculating the velocity distribution about a given aerofoil, Aeronautical Research Council, R. and M. No. 2176 (May 1945).

[8] H. Wittich, Bemerkungen zur Druckverteilungsrechnung nach Theodorsen-Garrick, Jb. Dtsch. Luftfahrt-Forsch. vol. I, 52–57 (1941).

[9] H. Wittich, Konforme Abbildung einfach zusammenhängender Gebiete, Z. angew. Math. Mechan. vol. 25/27, 131 to 132 (1947).

XV Numerical Analysis

Konvergenzdiskussion und Fehlerabschätzung für die Newton'sche Methode bei Gleichungssystemen

Einleitung. Um nach der Newton'schen Methode eine Lösung des Gleichungssystems

$$f(x,y)=0,\ g(x,y)=0 \tag{1}$$

zu finden, bildet man, von einer angenäherten Lösung x_0, y_0 ausgehend, eine Folge von Näherungen (x_n, y_n) mit Hilfe von Gleichungen

$$\begin{aligned} f'_x(x_n, y_n)(x_{n+1}-x_n)+f'_y(x_n, y_n)(y_{n+1}-y_n)+f(x_n, y_n)&=0\\ g'_x(x_n, y_n)(x_{n+1}-x_n)+g'_y(x_n, y_n)(y_{n+1}-y_n)+g(x_n, y_n)&=0\,. \end{aligned} \tag{2}$$

Während es im Falle einer Variabel eine Reihe von Untersuchungen über die Konvergenz und die Fehlerabschätzung bei der Newton'schen Methode gibt[1]), sind mir nur zwei Stellen in der Literatur bekannt, die darauf für den Fall der *Gleichungssysteme* eingehen, allerdings ohne die Untersuchung bis zu den für den Rechner brauchbaren Regeln durchzuführen[2]).

[1]) Zum Beispiel: *A. L. Cauchy*, Leçons sur le calcul différentiel, Paris 1829 (Note sur la détermination approximative des racines d'une équation algébrique ou transzendante), wiederabgedruckt in Oeuvres complètes (II), Tome 4, pp. 573—609.

J. B. Fourier, Analyse des équations déterminées, Paris 1831; (Ostwalds Klassiker); Nr. 127.

G. Faber, J. f. d. r. u. a. M., 138 (1910), pp. 1—21.

A. Ostrowski, Sur la convergence et l'estimation des erreurs dans quelques procédés pour la résolution des équations numériques. Erscheint in der Festschrift für *D. A. Grawe*.

[2]) *C. Runge*, Separation und Approximation der Wurzeln; I B 3a, Enzyklopädie der Mathematischen Wissenschaften, I[1] (1899), insbesondere pp. 446—448.

Fr. A. Willers, Methoden der praktischen Analysis; Berlin 1928, insbesondere pp. 176—178.

C. Runge sagt a. a. O., daß das Verfahren (quadratisch) konvergiert, wenn die Ausgangsnäherung gut genug ist, ohne die hinreichende Bedingung durchzurechnen und insbesondere den Bereich abzuschätzen, in dem „alle in Betracht kommenden Werte" liegen. Ferner wird bei *Runge* angedeutet, wie man aus der Kleinheit des „Einsetzungsresultats" von (x_0, y_0) in f und g auf die Güte der Näherung rückschließen kann, wobei aber wiederum eine klare Abgrenzung der „in Betracht kommenden Werte" fehlt. Die Tendenz dieser Andeutungen wird durch das Korollar 1 zu unserem Satz I in Nr. 4 bestätigt.

Hr. *Willers* gibt a. a. O. den Weg an, auf dem hinreichende Konvergenzbedingungen berechnet werden können. Allerdings hängen die so zu berechnenden Schranken nicht nur von den ersten und zweiten, sondern auch von den *dritten* Ableitungen der Funktionen f und g ab.

Wir werden nun im folgenden zuerst die *Konvergenz* des Newton'schen Verfahrens unter den folgenden Voraussetzungen beweisen:

Es sei $\mathfrak{R}'$ ein axenparalleles, abgeschlossenes Quadrat, in dem eine Lösung (ξ, η) von (1) liegt. Es sei $\mathfrak{R}^*$ das „verdoppelte" $\mathfrak{R}'$, d. h. das axenparallele Quadrat mit dem gleichen Mittelpunkt wie $\mathfrak{R}'$, aber doppelt so großen Kanten — oder irgend ein Bereich, der dieses „verdoppelte" $\mathfrak{R}'$ enthält. f und g seien in $\mathfrak{R}^*$ mit ihren ersten und zweiten Ableitungen stetig, und die Funktionaldeterminante von f und g sei in $\mathfrak{R}^*$ von 0 verschieden.

Es sei $\mathfrak{M}$ eine obere Schranke der absoluten Beträge der drei Ableitungen *zweiter* Ordnung von f und g in $\mathfrak{R}^*$, M analog eine obere Schranke der absoluten Beträge der Ableitungen *erster* Ordnung von f und g in $\mathfrak{R}^*$, $m > 0$ endlich eine untere Schranke des absoluten Betrages der Funktionaldeterminante von f und g in $\mathfrak{R}^*$. Ferner sei

$$\delta_n = \mathrm{Max}\,(|\,\xi - x_n\,|, |\,\eta - y_n\,|). \tag{3}$$

Dann gilt für $n \geqq 0$, wenn der Punkt $P_0\,(x_0, y_0)$ im Mittelpunkt von $\mathfrak{R}'$ *liegt und* *

$$\delta_0 < \frac{m}{4\,M\,\mathfrak{M}} \tag{4}$$

ist:

$$\delta_{n+1} \leqq \frac{4\,M\,\mathfrak{M}}{m}\,\delta_n^2\,, \tag{5}$$

und das Verfahren konvergiert. (Vgl. Nr. 1.)

Man sieht, daß in diesem Falle das Verfahren „quadratisch" konvergiert, d. h. die Anzahl der richtigen Dezimalen bei den Produkten $\frac{4\,M\,\mathfrak{M}}{m}\,\xi$, $\frac{4\,M\,\mathfrak{M}}{m}\,\eta$ sich praktisch bei jedem Schritt verdoppelt.

Da man allerdings ξ und η nicht kennt, muß man, um die Konvergenz sicherzustellen, das Quadrat $\mathfrak{R}'$ so klein annehmen, daß seine Seiten kleiner als $\frac{m}{4\,M\,\mathfrak{M}}$ sind.

Für den Rechner ist freilich eine andere Fragestellung wichtiger. Er hört ja im allgemeinen mit der weiteren Rechnung auf, sobald die letzte Korrektur, also auch

$$d_n = \mathrm{Max}\,(|\,x_{n+1} - x_n\,|, |\,y_{n+1} - y_n\,|) \tag{6}$$

so klein ist, daß sie die verlangte Genauigkeit praktisch nicht mehr zu beeinflussen vermag. Es ist aber wichtig, auch in diesem Falle *genaue*

Fehlerabschätzungen zu haben, d. h. also Abschätzungen für δ_{n+1} in Abhängigkeit von d_n. *Eine solche, unter der Voraussetzung* $8 M \mathfrak{M} \delta_n \leqq m$ *geltende, sehr gut brauchbare Abschätzung ist* (Vgl. die Formeln (2, 8), (2, 9)):

$$\delta_{n+1} \leqq \frac{48 M \mathfrak{M}}{m} d_n^2 . \quad — \tag{7}$$

Die oben angeführten Resultate sind allerdings nur dann anwendbar, wenn man die *Existenz* einer Lösung in $\mathfrak{R}'$ bewiesen hat, womit sich der Rechner in der Praxis wohl in den seltensten Fällen abgeben wird. Daher ist eine Formulierung von Interesse, bei der aus der relativen Kleinheit der Werte von $f(x_0, y_0)$ und $g(x_0, y_0)$ oder aus der relativen Kleinheit von d_0 direkt auf die Existenz einer Lösung in $\mathfrak{R}'$ geschlossen werden kann.

Das einfachste und brauchbarste Resultat ergibt sich mit Hilfe des Wertes von d_0. Man bilde nämlich das Quadrat

$$|x - x_0| \leqq 2 d_0 , \quad |y - y_0| \leqq 2 d_0 \tag{8}$$

und bestimme in ihm obere Schranken M, $\mathfrak{M}$ für die absoluten Beträge der ersten bzw. der zweiten Ableitungen von f und g, sowie eine positive untere Schranke m für den absoluten Betrag der Funktionaldeterminante von f und g. Wenn dann

$$8 \mathfrak{M} M d_0 < m \tag{9}$$

ist, so liegt im obigen Quadrat eine Lösung (ξ, η) von (1), gegen die die nach dem Verfahren (2) bestimmten Näherungspunkte konvergieren (Satz I).

Bei der Anwendung dieses Resultats wird unter Umständen die Ermittlung eines positiven Wertes von m Schwierigkeiten bereiten. Ist aber Δ_0 der absolute Betrag der Funktionaldeterminante im Punkte x_0, y_0, so läßt sich die obige Bedingung (9) ersetzen durch

$$16 \mathfrak{M} M d_0 < \Delta_0 . \tag{10}$$

Es gilt dann

$$\delta_1 < \frac{16 M \mathfrak{M}}{\Delta_0} d_0^2 \tag{11}$$

(Satz II).

Das so formulierte Ergebnis kommt wohl den Bedürfnissen des Rechners am besten entgegen, da in ihm mit d_0 und Δ_0 sowieso nur die Größen benutzt werden, die er bei seiner Rechnung zu ermitteln hat, und sich zugleich eine sehr brauchbare Fehlerschranke ergibt. Man wird dieses Resultat in der Praxis so anwenden, daß man, wenn es auf die Ausgangsnäherung nicht anwendbar ist, zunächst weiter rechnet, bis man zu einer Näherung kommt, auf die, als eine neue Ausgangsnäherung, dieses Resultat anwendbar wird.

Daneben ist es natürlich von Interesse, ein ähnliches Kriterium für den Fall anzugeben, wo die Werte von $f(x_0, y_0)$ und $g(x_0, y_0)$ relativ klein sind. Denn die Berechnung dieser Werte entspricht ja dem sehr natürlichen Bestreben des Rechners, die Genauigkeit der errechneten Näherungen durch „Einsetzen“ nachzuprüfen. Hierüber ergibt sich aus dem Satz I ein einfaches, im Text als Korollar 1 zum Satz I formuliertes Ergebnis.

Sodann gehen wir auf eine weitere, für den Rechner wichtige Frage ein. Es wird nämlich gelegentlich empfohlen, bei der Anwendung der Näherungsformel (2) die Werte der Ableitungen von f und g nicht jedesmal neu zu berechnen, sondern bei jedem einzelnen Schritt die im Ausgangspunkt ermittelten Werte zu benutzen. Wir zeigen nun, daß auch das so abgeänderte Verfahren konvergiert, wenn der Ausgangspunkt die Lösung gut genug approximiert. Die Konvergenz ist allerdings wesentlich schwächer, da dabei die Anzahl der richtig ermittelten Dezimalen der Anzahl der Näherungsschritte proportional ist. Trotzdem ist es in den meisten Fällen am günstigsten, das Verfahren (2) mit dem so abgeänderten Verfahren zu kombinieren. Wir zeigen, daß man im allgemeinen mit einem Mindestmaß an Rechnungen auskommt, wenn man bei Anwendung der Formeln (2) die partiellen Ableitungen nur *jedes dritte Mal* neu berechnet. Wenn allerdings die Ausgangsnäherung bereits gut genug ist, und man nicht mehr als eine Versechsfachung der Anzahl der genauen Dezimalen beabsichtigt, kann durchweg mit den im Ausgangspunkt ermittelten Werten der Ableitungen gerechnet werden.

Dabei machen wir zum Vergleich der Rechenarbeit Gebrauch von einer, nur sehr konventionell aufzufassenden Einheit für die Rechenarbeit, die wir als „Horner” bezeichnen. Es ist dies die Rechenarbeit, die zur Ermittlung der Werte eines Funktionenpaares in einem vorgegebenen Punkt dient[3]). Es braucht kaum betont zu werden, daß die Benutzung einer solchen Einheit nur zum Vergleich der Rechenarbeit

[3]) Ein dem bekannten Hornerschen Schema nachgebildetes Verfahren für die Berechnung der Werte eines Polynoms in zwei Variabeln findet sich ausführlich geschildert bei *H. Scheffler*, Die Auflösung der algebraischen und transzendenten Gleichungen mit einer und mehreren Unbekannten in reellen und komplexen Zahlen nach neuen und zur praktischen Anwendung geeigneten Methoden, Braunschweig 1859, pp. 56—61.

innerhalb eines bestimmten Problems angebracht ist und auch dann nur unter bestimmten Voraussetzungen.

Im wesentlichen kann man *dann* die Rechenarbeit in Horner überschlagen, wenn man mit der Rechenmaschine rechnet. Falls es sich dagegen um mehr oder weniger gut tabulierte Funktionswerte handelt, wird man die sparsamste Anordnung für die Verwendung der besprochenen Rechenverfahren sich jedesmal den Umständen entsprechend neu zu überschlagen haben — und dasselbe gilt, wenn die Vergrößerung der Anzahl der Dezimalen in ihrer Wirkung auf die Rechenarbeit zu berücksichtigen ist.

1. Für eine Funktion $F(x, y)$ schreiben wir allgemein auch $F(Q)$, wo Q der Punkt mit den Koordinaten x, y ist. Um nun die Formeln (5) und (7) zu beweisen, nehmen wir an, es liege im Mittelpunkt eines axenparallelen, abgeschlossenen Quadrats $\mathfrak{R}$ der (x, y)-Ebene eine Lösung $P(\xi, \eta)$ des Gleichungssystems (1). Über f und g setzen wir voraus, daß sie in $\mathfrak{R}$ mit ihren ersten und zweiten Ableitungen stetig sind und daß die Funktionaldeterminante

$$\Delta(x, y) = f'_x g'_y - f'_y g'_x$$

in $\mathfrak{R}$ nicht verschwindet. Setzen wir dann allgemein:

$$u_n = \xi - x_n, \quad v_n = \eta - y_n,$$

so folgt aus (2), wenn wir die Punkte (x_ν, y_ν) mit P_ν bezeichnen und P_n in $\mathfrak{R}$ liegt:

$$f'_x(P_n)u_{n+1} + f'_y(P_n)v_{n+1} = f(P_n) + f'_x(P_n)u_n + f'_y(P_n)v_n = A\,. \tag{1,1}$$

Für A aber folgt aus der bekannten Restgliedformel, wenn mit P^* ein geeigneter Punkt auf der Strecke (P, P_n) bezeichnet wird:

$$-A = f(P) - f(P_n) - f'_x(P_n)u_n - f'_y(P_n)v_n = \tfrac{1}{2}\left(f''_{xx}(P^*)u_n^2 + 2f''_{xy}(P^*)u_n v_n + f''_{yy}(P^*)v_n^2\right).$$

Daher gilt unter Benutzung von (3)

$$|A| \leqq \tfrac{1}{2}\delta_n^2\left(|f''_{xx}(P^*)| + 2\,|f''_{xy}(P^*)| + |f''_{yy}(P^*)|\right)\,. \tag{1,2}$$

Analog ergibt sich aus der zweiten der Gleichungen (2)

$$g'_x(P_n)u_{n+1} + g'_y(P_n)v_{n+1} = B\,, \tag{1,3}$$

wo für ein P^{**} auf der Strecke (P, P_n)

$$|B| \leqq \tfrac{1}{2}\delta_n^2\left(|g''_{xx}(P^{**})| + 2\,|g''_{xy}(P^{**})| + |g''_{yy}(P^{**})|\right) \tag{1,2^0}$$

ist.

Durch Auflösung von (1,1) und (1,3) nach u_{n+1} und v_{n+1} folgt:

$$u_{n+1} = \alpha_1(P_n)A + \beta_1(P_n)B\,, \qquad v_{n+1} = \alpha_2(P_n)A + \beta_2(P_n)B, \tag{1,4}$$

wo

$$\begin{aligned} \alpha_1(Q) &= \frac{g'_y(Q)}{\Delta(Q)}\,, & \beta_1(Q) &= \frac{-f'_y(Q)}{\Delta(Q)} \\ \alpha_2(Q) &= \frac{-g'_x(Q)}{\Delta(Q)}\,, & \beta_2(Q) &= \frac{f'_x(Q)}{\Delta(Q)} \end{aligned} \tag{1,5}$$

ist.

Es sei nun μ eine obere Schranke der absoluten Beträge aller vier Funktionen (1,5) in $\mathfrak{R}$. Offenbar kann man, wenn M eine obere Schranke für die absoluten Beträge der ersten Ableitungen von f und g in $\mathfrak{R}$ und m eine positive untere Schranke für den absoluten Betrag der Funktionaldeterminante von f und g in $\mathfrak{R}$ ist,

$$\mu = \frac{M}{m} \tag{1,6}$$

setzen. Andererseits sei

$$K = \operatorname*{Max}_{Q < \mathfrak{R}} \left(|f''_{xx}(Q)| + 2\,|f''_{xy}(Q)| + |f''_{yy}(Q)|\,,\ |g''_{xx}(Q)| + 2\,|g''_{xy}(Q)| + |g''_{yy}(Q)| \right). \tag{1,61}$$

Offenbar gilt, wenn $\mathfrak{M}$ eine obere Schranke für die absoluten Beträge der zweiten Ableitungen von f und g in $\mathfrak{R}$ ist,

$$K \leqq 4\,\mathfrak{M}. \tag{1,7}$$

Dann folgt aus (1,4), (1,2), ($1,2^0$)

$$|u_{n+1}| \leqq \mu K \delta_n^2\,, \qquad |v_{n+1}| \leqq \mu K \delta_n^2\,,$$

$$\delta_{n+1} \leqq \mu K \delta_n^2\,,\ (\mu K \delta_{n+1}) \leqq (\mu K \delta_n)^2 \leqq \cdots \leqq (\mu K \delta_0)^{2^{n+1}}\,, \tag{1,8}$$

woraus unter der Bedingung

$$\mu K \delta_0 < 1 \tag{1,9}$$

die Konvergenz des Verfahrens folgt. Denn wegen $\mu K \delta_n < 1$ ist dann sicher $\delta_{n+1} < \delta_n$, und P_{n+1} (und damit alle P_ν) liegen sicher in $\mathfrak{R}$. *Hieraus folgt aber das in der Einleitung ausgesprochene Resultat* (5) *unter der Voraussetzung* (4) *ohne weiteres.*

2. Es handelt sich nun darum, eine Abschätzung von δ_{n+1} durch d_n zu finden, also *eine Abschätzung des Fehlers.* Zu dem Zwecke gehen wir wieder unter den Voraussetzungen von Nr. 1 und der Annahme (1,9) von den Relationen (2) aus, wenden aber jetzt auf

$$-f(P_n) = f(P) - f(P_n) \quad \text{und} \quad -g(P_n) = g(P) - g(P_n)$$

den gewöhnlichen Mittelwertsatz an. Dann folgt:

$$f'_x(P_n)(x_{n+1} - x_n) + f'_y(P_n)(y_{n+1} - y_n) = f'_x(Q)u_n + f'_y(Q)v_n\,,$$

$$g'_x(P_n)(x_{n+1} - x_n) + g'_y(P_n)(y_{n+1} - y_n) = g'_x(Q')u_n + g'_y(Q')v_n\,,$$

wo Q, Q' auf der Strecke (P, P_n) liegen. Aus diesen beiden Gleichungen folgt aber

$$u_n = \frac{Z_1(x_{n+1} - x_n) + Z_2(y_{n+1} - y_n)}{N}\,, \tag{2,1}$$

wo

$$N = f'_x(Q)g'_y(Q') - f'_y(Q)g'_x(Q')\,,$$

$$Z_1 = f'_x(P_n)g'_y(Q') - g'_x(P_n)f'_y(Q)\,, \quad Z_2 = f'_y(P_n)g'_y(Q') - g'_y(P_n)f'_y(Q)$$

gesetzt ist. Für N gilt nun

$$N - \Delta(Q) = f'_x(Q)\bigl(g'_y(Q') - g'_y(Q)\bigr) - f'_y(Q)\bigl(g'_x(Q') - g'_x(Q)\bigr)$$

und daher, wenn der Mittelwertsatz auf die Differenzen in den Klammern angewandt wird,

$$|N - \Delta(Q)| \leqq 4M\mathfrak{M}\delta_n. \tag{2,2}$$

Wenn also

$$\delta_n \leqq \frac{m}{8M\mathfrak{M}} \tag{2,3}$$

ist, gilt wegen $|\Delta(Q)| \geqq m$:

$$|N| \geqq \frac{m}{2}\,. \tag{2,4}$$

Hier haben M, m, $\mathfrak{M}$ für $\mathfrak{R}$ die gleiche Bedeutung wie in Nr. 1.

Ziehen wir nun auf den beiden Seiten von (2,1) $x_{n+1} - x_n$ ab, so folgt

$$u_{n+1} = \frac{Z_1 - N}{N}(x_{n+1} - x_n) + \frac{Z_2}{N}(y_{n+1} - y_n)\,. \tag{2,5}$$

Hier ist aber

$$Z_1 - N = g'_y(Q')\,(f'_x(P_n) - f'_x(Q)) - f'_y(Q)\,(g'_x(P_n) - g'_x(Q'))$$

und daher nach dem Mittelwertsatz

$$|\, Z_1 - N \,| \leqq 4 M \mathfrak{M} \delta_n,$$

und ebenso folgt

$$|\, Z_2 \,| \leqq 4 M \mathfrak{M} \delta_n.$$

Daher liefert (2,5)

$$u_{n+1} \leqq \frac{16 M \mathfrak{M}}{m} d_n \cdot \delta_n \,.$$

Da aus Symmetriegründen die gleiche Abschätzung für v_{n+1} gilt, folgt wegen (2,3)

$$\delta_{n+1} \leqq \frac{16 M \mathfrak{M}}{m} d_n \delta_n \leqq 2 d_n \,. \tag{2,6}$$

Wegen $|\, \delta_{n+1} - \delta_n \,| \leqq d_n$ folgt weiter

$$\delta_n \leqq 3 d_n \tag{2,7}$$

und daher aus (2,6)

$$\delta_{n+1} \leqq \frac{48 M \mathfrak{M}}{m} d_n^2 \,. \tag{2,8}$$

Eine schärfere Abschätzung erhalten wir, wenn wir auf beiden Seiten von (2,8) d_n addieren. Dann ergibt sich wegen (2,6) allgemein

$$\delta_n \leqq \delta_{n+1} + d_n \leqq d_n \left(1 + \frac{48 M \mathfrak{M}}{m} d_n\right),$$

$$\delta_{n+1} \leqq \frac{16 M \mathfrak{M}}{m} d_n^2 \left(1 + \frac{48 M \mathfrak{M}}{m} d_n\right), \quad n = 0, 1 \cdots . \tag{2,9}$$

Die Abschätzung (7) der Einleitung folgt unter den dort genannten Voraussetzungen aus (2,8) unmittelbar.

3. An die obigen Entwicklungen mögen einige Bemerkungen geknüpft werden.

a) Wir notieren zuerst die leicht zu beweisende Ungleichung

$$d_n - \delta_{n+1} \leqq \delta_n \leqq d_n + \delta_{n+1} \,, \tag{3,1}$$

deren rechte Seite bereits oben benutzt wurde. Da für $d_n \to 0$ wegen (2,9) $\delta_{n+1} = o(d_n)$ ist, folgt aus (3,1) unter der Voraussetzung (2,3) für $n = 0$ mit $n \to \infty$

$$\delta_n \sim d_n. \tag{3,2}$$

b) Was die Bedingung (4) anbetrifft, so kann man, wie schon in der Einleitung bemerkt wurde, ihr Erfülltsein zunächst nur dann feststellen, wenn die Kante von $\mathfrak{R}'$ kleiner als die rechte Seite von (4) ist. Es sei s die Kante von $\mathfrak{R}'$, dann ist $\delta_0 \leqq s$ und

$$\frac{4\,M\,\mathfrak{M}}{m}\,\delta_n \leqq \left(\frac{4\,M\,\mathfrak{M}}{m}\,s\right)^{2^n}. \tag{3,3}$$

Die Bedingung (2,3) ist daher bereits für δ_0 und daher für alle δ_n erfüllt, wenn

$$\theta = \frac{4\,M\,\mathfrak{M}}{m}\,s \leqq \tfrac{1}{2}$$

ist.

Ist aber $\theta > \frac{1}{2}$, so wird man n in (2,3) und daher in (2,6) und (2,9) der Bedingung unterwerfen, daß $\theta^{2^n} \leqq \frac{1}{2}$ ist. Einfacher ist es aber, in diesem Falle die Formel (2,4) etwas abzuschwächen. Setzen wir

$$\theta^{2^n} = \theta_n\,, \tag{3,4}$$

so folgt aus (2,2) und (3,3)

$$|\,N - \Delta(Q)\,| \leqq \theta_n m,$$
$$|\,N\,| \geqq (1 - \theta_n)\,m. \tag{3,5}$$

Mit dieser Abschätzung von $|\,N\,|$ wird aber (2,6) zu

$$\delta_{n+1} \leqq \frac{8\,M\,\mathfrak{M}}{(1-\theta_n)\,m}\,d_n\,\delta_n \leqq \frac{2\,\theta_n}{1-\theta_n}\,d_n\,. \tag{3,6}$$

Durch Addition von d_n wird hieraus

$$\delta_n \leqq \frac{1+\theta_n}{1-\theta_n}\,d_n\,, \tag{3,7}$$

$$\delta_{n+1} \leqq \frac{8\,M\,\mathfrak{M}}{m}\;\frac{1+\theta_n}{(1-\theta_n)^2}\,d_n^2\,. \tag{3,8}$$

c) Dem Rechner wird zumeist die Bestimmung von m Schwierigkeiten bereiten. Man kann nun m und zugleich M folgendermaßen abschätzen, wenn $\mathfrak{R}$ klein genug ist, d. h. wenn die Lösung bereits gut genug angenähert wurde.

Man berechnet ja auf jeden Fall $\Delta(P_0)$, da dies zur Bestimmung von x_1 und y_1 nötig ist. Es sei nun $|\Delta(P_0)| = \Delta_0$ gesetzt. Dann folgt

$$\Delta'_x(x, y) = f''_{xx} g'_y + f'_x g''_{xy} - f''_{xy} g'_x - f'_y g''_{xx},$$

$$|\Delta'_x(x, y)| \leqq 4 M \mathfrak{M},$$

$$|\Delta'_y(x, y)| \leqq 4 M \mathfrak{M},$$

wenn (x, y) in $\mathfrak{R}$ liegt. Es sei nun die Kante von $\mathfrak{R}' \leqq s$. Dann gilt in $\mathfrak{R}^*$

$$|\Delta(x, y) - \Delta(x_0, y_0)| \leqq 16 s M \mathfrak{M},$$

$$|\Delta(x, y)| \geqq \Delta_0 - 16 s M \mathfrak{M}. \tag{3,9}$$

Wenn daher

$$s \leqq \frac{\Delta_0}{32 M \mathfrak{M}} \tag{3,91}$$

ist, gilt

$$m \geqq \frac{\Delta_0}{2}. \tag{3,92}$$

Offenbar ergibt sich analog, wenn

$$M_0 = \operatorname{Max}\left(|f'_x(P_0)|, |f'_y(P_0)|, |g'_x(P_0)|, |g'_y(P_0)|\right)$$

gesetzt wird,

$$M \leqq M_0 + 4 s \mathfrak{M}. \tag{3,93}$$

Die Anwendbarkeit der Formel (3,92) ist aber an die Bedingung (3,91) gebunden.

d) Endlich sei noch darauf aufmerksam gemacht, daß wir in der Formulierung der Einleitung *nicht* ausdrücklich vorausgesetzt haben, $P(\xi, \eta)$ sei die einzige Lösung von (1) in $\mathfrak{R}'$. Da aber unter der Annahme (4) oder, wenn die Kante von $\mathfrak{R}'$ mit s bezeichnet wird, unter der Annahme

$$s < \frac{m}{4 M \mathfrak{M}}, \tag{3,94}$$

die Folge P_n gegen *jede* Lösung von (1) in $\mathfrak{R}'$ konvergieren muß, folgt, *daß es in* $\mathfrak{R}'$ *nur eine Lösung von* (1) *geben kann, sobald* (3,94) *erfüllt ist.*

4. In der Praxis wird man allerdings in den seltensten Fällen der Rechnung einen Existenzbeweis für eine Lösung in $\mathfrak{R}'$ vorausschicken. Man wird vielmehr, sobald die Werte von $f(P_0)$ und $g(P_0)$ klein genug sind, annehmen, daß es in der Nähe von P_0 eine Lösung von (1) gibt, und versuchen, sie als Grenze der Punktfolge P_n zu berechnen. Wir wollen nun die Frage beantworten, in welchem Falle man aus der „Kleinheit“ von $f(P_0)$ und $g(P_0)$ auf die Konvergenz des Verfahrens schließen kann.

Es ist allerdings nicht praktisch, zur Beurteilung der Güte einer Näherung die Werte der Funktionen f und g zu berechnen, da man damit im allgemeinen ein Drittel der Arbeit zu leisten hat, die zur Berechnung einer weiteren, in der Regel besseren Newton'schen Näherung zu leisten ist. Bezieht man sich dagegen auf die Werte von d_0 (bzw. $d_1, d_2, \ldots$), so ergeben sich zugleich einfachere Formeln. Wir beweisen daher zuerst einen auf d_0 bezüglichen Satz. Wir wollen dabei und später von der Bezeichnung Gebrauch machen:

$$k_n = \operatorname{Max}\big(|f(P_n)|, |g(P_n)|\big). \tag{4,1}$$

I. *$f(x, y)$, $g(x, y)$ seien zwei im Quadrat*

$$(\mathfrak{R}_0) \quad |x-x_0| \leqq 2d_0, \quad |y-y_0| \leqq 2d_0$$

mit ihren ersten und zweiten Ableitungen stetige Funktionen, wobei d_0 durch (6) *definiert ist. $\mathfrak{M}$ sei eine obere Schranke der absoluten Beträge der zweiten Ableitungen von f und g in $\mathfrak{R}_0$, M eine obere Schranke der absoluten Beträge der ersten Ableitungen von f und g in $\mathfrak{R}_0$, m endlich eine als positiv vorausgesetzte untere Schranke des absoluten Betrages der Funktionaldeterminante von f und g in $\mathfrak{R}_0$. Gilt dann*

$$8\,\mathfrak{M} M d_0 < m, \tag{4,2}$$

so liegt in $\mathfrak{R}_0$ eine und nur eine Lösung der Gleichungen (1), *gegen die die Newton'sche Punktfolge P_n, $n = 0, 1, \ldots$, von P_0 aus gebildet, konvergiert. Zugleich gilt, $|\Delta(P_n)| = \Delta_n$ gesetzt,*

$$d_{n+1} \leqq \frac{4\,\mathfrak{M} M}{\Delta_{n+1}} d_n^2\,, \tag{4,3}$$

$$d_{n+1} \leqq \frac{m}{4\,\mathfrak{M} M} \left(\frac{4\,\mathfrak{M} M}{m} d_0\right)^{2^n+1}. \tag{4,4}$$

Beweis. Die Punkte P_0, P_1 liegen sicher in $\mathfrak{R}_0$. Daher folgt aus (2) für $n=0$, 1 durch Auflösung nach $x_{n+1}-x_n$ und $y_{n+1}-y_n$ unter Benutzung der Bezeichnung (4,1)

$$d_n \leqq \frac{2\,M\,k_n}{\Delta_n} \leqq \frac{2\,M}{m}\,k_n\,. \tag{4,5}$$

Ferner folgt aus der Restgliedsformel wegen (2) für $n=0$

$$f(P_1)=\tfrac{1}{2}\left(f''_{xx}(P^*)\,(x_1-x_0)^2+2\,f''_{xy}(P^*)\,(x_1-x_0)\,(y_1-y_0)+f''_{yy}(P^*)\,(y_1-y_0)^2\right),$$

wo P^* auf der Strecke P_0, P_1 und daher in $\mathfrak{R}_0$ liegt. Daher gilt

$$|\,f\,(P_1)\,| \leqq 2\,\mathfrak{M}\,d_0^2\,,$$

und daher, da die gleiche Abschätzung für $g(P_1)$ gilt,

$$k_1 \leqq 2\,\mathfrak{M}\,d_0^2\,, \tag{4,51}$$

und folglich, wegen (4,5),

$$d_1 \leqq \frac{4\,\mathfrak{M}\,M}{\Delta_1}\,d_0^2 \leqq \frac{4\,\mathfrak{M}\,M}{m}\,d_0^2\,. \tag{4,6}$$

Wegen (4,2) folgt aber hieraus

$$d_1 \leqq \tfrac{1}{2}\,d_0,$$

und daher liegt das Quadrat

$$(\mathfrak{R}_1) \quad |\,x-x_1\,| \leqq 2\,d_1, \quad |\,y-y_1\,| \leqq 2\,d_1$$

innerhalb $\mathfrak{R}_0$. In $\mathfrak{R}_1$ liegt aber der nächste Näherungspunkt P_2. Setzt man die gleiche Überlegung weiter fort, so gelangt man zu einer Folge von in einander geschachtelten Quadraten, deren Kanten gegen 0 konvergieren und in denen bzw. die Punkte P_n liegen. Daher konvergieren die Punkte P_n gegen einen Grenzpunkt $P(\xi,\,\eta)$, der in $\mathfrak{R}_0$ liegt und in dem f und g verschwinden müssen. Das letztere folgt unmittelbar aus der Relation

$$k_{n+1} \leqq 2\,\mathfrak{M}\,d_n^2, \tag{4,61}$$

die mit (4,51), angewandt auf d_n, identisch ist.

(4,3) ist ferner mit (4,6), angewandt auf d_n, identisch, und (4,4) folgt aus (4,3).

Wir beweisen endlich, daß in $\mathfrak{R}_0$ nur eine Lösung von (1) liegen kann. Denn es möge neben $P(\xi, \eta)$ in $\mathfrak{R}_0$ noch eine zweite Lösung $P'(\xi', \eta')$ liegen. Dann verschwinden die beiden Funktionen von t

$$f\big(t\xi+(1-t)\,\xi',\, t\eta+(1-t)\,\eta'\big)\,,\quad g\big(t\xi+(1-t)\,\xi',\, t\eta+(1-t)\,\eta'\big)$$

für $t=0$ und $t=1$. Nach dem Rolle'schen Satze folgt hieraus die Existenz zweier Punkte Q, Q' auf der Strecke von P nach P', in denen

$$f'_x(Q)\;(\xi-\xi')+f'_y(Q)\;(\eta-\eta')=0$$

und

$$g'_x(Q')\,(\xi-\xi')+g'_y(Q')\,(\eta-\eta')=0$$

gilt. Das Verschwinden der Determinante dieser Gleichungen liefert

$$\Delta(Q)=\begin{vmatrix} f'_x(Q) & f'_y(Q) \\ g'_x(Q)-g'_x(Q') & g'_y(Q)-g'_y(Q') \end{vmatrix}\,.$$

Die Elemente der zweiten Zeile der Determinante rechts sind aber absolut $\leqq 2\,\mathfrak{M}\cdot 2d_0$, so daß die Determinante rechts absolut genommen den Betrag von $8\,\mathfrak{M}\,M d_0$ nicht überschreitet, während $|\,\Delta(Q)\,|\geqq m$ nach *
(4,2) größer als $8\,\mathfrak{M}\,M d_0$ ist. Daher kann P' von P nicht verschieden sein, und der Satz I ist vollständig bewiesen.

Korollar 1 zum Satz I. *Ersetzt man in den Voraussetzungen des Satzes* I *das Quadrat* $\mathfrak{R}_0$ *durch das Quadrat*

$$|\,x-x_0\,|\leqq\frac{4\,M\,k_0}{m}\,,\qquad |\,y-y_0\,|\leqq\frac{4\,M\,k_0}{m} \tag{4,7}$$

und die Annahme (4,2) *durch*

$$16\,\mathfrak{M}\,M^2\,k_0<m^2, \tag{4,71}$$

so bleiben die Behauptungen des Satzes I *gültig.*

In der Tat folgt aus (4,5), daß das Quadrat $\mathfrak{R}_0$ in (4,7) enthalten ist. Andererseits ist auch (4,2) zugleich mit (4,71) wegen (4,5) erfüllt.

Korollar 2 zum Satz I. *Unter den Voraussetzungen des Satzes I bzw. des Korollars* 1 *dazu gilt:*

$$\delta_n<\frac{4\,M\,\mathfrak{M}}{m}\,d_{n-1}^2\;\frac{1}{1-\left(\dfrac{4\,M\,\mathfrak{M}}{m}\,d_{n-1}\right)^2}\,. \tag{4,8}$$

In der Tat gilt offenbar, $\varepsilon = \frac{4 M \mathfrak{M}}{m} d_{n-1}$ gesetzt,

$$\frac{4 M \mathfrak{M}}{m} \delta_n \leqq \frac{4 M \mathfrak{M}}{m} (d_n + d_{n+1} + \cdots) ,$$

dies ist aber wegen (4,3)

$$\leqq \varepsilon^2 + \varepsilon^4 + \varepsilon^8 + \cdots = \frac{\varepsilon^2}{1 - \varepsilon^2} ,$$

woraus (4,8) unmittelbar folgt.

Es sei noch bemerkt, daß für die Gültigkeit von I und der Korollare dazu über $\Delta(x, y)$ nur $|\Delta(P_n)| \geqq m$, $n = 0, 1, \ldots,$ vorausgesetzt zu werden braucht.

Wenn für den Ausgangspunkt P_0 die obigen Bedingungen nicht erfüllt sind, so wird man zunächst nach der Newton'schen Methode weitere Näherungspunkte $P_1, P_2, \ldots$ suchen. Sobald eine der Zahlen d_ν, k_ν genügend klein geworden ist, läßt sich das entsprechende Resultat anwenden und man kann zugleich die obigen Abschätzungen benutzen. Sonst aber ist der kleine Wert von k_0 oder d_0 nicht durch die Nähe einer Lösung bedingt.

5. Bei der Anwendung der in Nr. 4 bewiesenen Resultate hat man die Größenordnung der ersten und zweiten Ableitungen in einem gegebenen Gebiet zu überschlagen, was im Falle, daß f und g Polynome sind, nicht schwer ist. Dagegen ist die Abschätzung von $|\Delta(x, y)|$ *nach unten* oft sehr umständlich. Daher liegt es nahe, nur den Wert $\Delta(P_0)$, der ja sowieso berechnet werden muß, in Betracht zu ziehen und die Werte $\Delta(P_n)$ nach unten abzuschätzen.

Nun folgt, wenn M und $\mathfrak{M}$ auf der Strecke $P_n P_{n+1}$ die gleiche Bedeutung haben wie oben, ähnlich wie in Nr. 3 unter c):

$$|\Delta(P_{n+1}) - \Delta(P_n)| \leqq 4 M \mathfrak{M} (|x_{n+1} - x_n| + |y_{n+1} - y_n|) \leqq 8 M \mathfrak{M} d_n ,$$

und daher

$$\Delta_{n+1} \geqq \Delta_n - 8 M \mathfrak{M} d_n. \tag{5,1}$$

Es möge nun in den Voraussetzungen des Satzes I die Annahme (4,2) durch

$$16 \mathfrak{M} M d_0 < \Delta_0,\ 16 \mathfrak{M} M d_0 \leqq \alpha \Delta_0 ,\ \alpha < 1 \tag{5,2}$$

ersetzt werden. Dann gilt wegen (5,1)

$$\Delta_1 \geqq \Delta_0 - 8 \mathfrak{M} M d_0 \geqq \left(1 - \frac{\alpha}{2}\right) \Delta_0 > \frac{\Delta_0}{2} . \tag{5,3}$$

Andererseits folgt wie bei (4,5)

$$d_n \leqq \frac{2\,M\,k_n}{\Delta_n}\,, \quad (n=0,1)$$

und daher insbesondere wegen (4,51)

$$d_1 \leqq \frac{2\,M\,k_1}{\Delta_1} \leqq \frac{4\,\mathfrak{M}\,M\,d_0^2}{\Delta_1}\,, \tag{5,31}$$

$$\frac{16\,\mathfrak{M}\,M\,d_1}{\Delta_1} \leqq \left(\frac{16\,\mathfrak{M}\,M\,d_0}{\Delta_0}\right)^2 \left(\frac{\Delta_0}{2\,\Delta_1}\right)^2 < \left(\frac{16\,\mathfrak{M}\,M\,d_0}{\Delta_0}\right)^2 \leqq \alpha^2\,, \tag{5,4}$$

$$16\,\mathfrak{M}\,M\,d_1 < \Delta_1\,,$$

$$2\,d_1 \leqq \frac{16\,\mathfrak{M}\,M\,d_0}{\Delta_0}\,\frac{\Delta_0}{2\,\Delta_1}\,d_0 < d_0\,.$$

Daher liegt das Quadrat $\mathfrak{R}_1$ innerhalb $\mathfrak{R}_0$ und für den Punkt P_1 gelten die analogen Annahmen wie für P_0, so daß sich unsere Überlegung ad infinitum fortsetzen läßt. Daher konvergieren die Punkte P_ν gegen einen Punkt (ξ, η), der innerhalb $\mathfrak{R}_0$ liegt und eine Lösung von (1) darstellt.

Zugleich gilt, wenn die Formeln (5,31) für d_{n-1} und d_n, (5,4) für Δ_{n-1} und Δ_n benutzt werden:

$$\delta_n \leqq 2\,d_n \leqq \frac{8\,\mathfrak{M}\,M\,d_{n-1}^2}{\Delta_n}\,, \tag{5,51}$$

$$\delta_n \leqq \frac{16\,\mathfrak{M}\,M\,d_{n-1}^2}{\Delta_{n-1}}\,\frac{\Delta_{n-1}}{2\,\Delta_n} < \frac{16\,\mathfrak{M}\,M}{\Delta_{n-1}}\,d_{n-1}^2\,. \tag{5,52}$$

Für eine Überschlagsbetrachtung ist es allerdings wichtig, in diesen Formeln anstatt Δ_{n-1} und Δ_n einen von Δ_0 abhängigen Ausdruck einzuführen.

Nun muß α wegen (5,4) für Δ_n durch α^{2^n} ersetzt werden. Daher folgt durch sukzessive Anwendung von (5,3)

$$\Delta_n \geqq \left(1-\frac{\alpha}{2}\right)\left(1-\frac{\alpha^2}{2}\right)\left(1-\frac{\alpha^4}{2}\right)\cdots\left(1-\frac{\alpha^{2^{n-1}}}{2}\right)\Delta_0\,,$$

und dies ist, wie man durch vollständige Induktion leicht beweist, für $0 < \alpha < 1$ größer als $\left(1-\alpha+\frac{\alpha}{2^n}\right)\Delta_0$. Daraus folgt aber

$$\Delta_n > (1-\alpha)\,\Delta_0\,,\ ^{4)} \tag{5,53}$$

und daher nach (5,51)

$$\delta_n \leqq \frac{1}{1-\alpha}\,\frac{8\,\mathfrak{M}\,M}{\Delta_0}\,d_{n-1}^2\ ; \tag{5,6}$$

Für δ_1 ergibt sich aus (5,51) und (5,1) insbesondere die schärfere Relation

$$\delta_1 \leqq \frac{1}{1-\frac{\alpha}{2}}\,\frac{8\,\mathfrak{M}\,M}{\Delta_0}\,d_0^2 < \frac{16\,\mathfrak{M}\,M\,d_0^2}{\Delta_0}\,. \tag{5,7}$$

Zusammenfassend erhalten wir als unser wichtigstes Ergebnis:

II. *$f(x, y), g(x, y)$ mögen für ein $d_0 > 0$ im Quadrat*

$$(\mathfrak{R})\quad |\,x - x_0\,| < 2d_0,\ |\,y - y_0\,| < 2d_0\,,$$

mit den ersten und zweiten Ableitungen stetig sein. Es sei

$$\Delta_0 = |\,\Delta(x_0, y_0)\,| = \left|\frac{\partial\,(f(x_0, y_0),\, g(x_0, y_0))}{\partial\,(x_0, y_0)}\right| > 0\ ,$$

und es seien M, $\mathfrak{M}$ positive Zahlen mit (5,2). Sind dann in $\mathfrak{R}$ die ersten Ableitungen von f und g absolut $\leqq M$ und die zweiten Ableitungen absolut $\leqq \mathfrak{M}$ und gilt für die vermöge der Formeln (2) berechneten $x_1 - x_0$, $y_1 - y_0$

$$|\,x_1 - x_0\,| \leqq d_0,\ |\,y_1 - y_0\,| \leqq d_0,$$

so liegt in $\mathfrak{R}$ eine Lösung (ξ, η) von (1), gegen die die Folge der vermöge (2) berechneten Punkte $P_n(x_n, y_n)$ konvergiert. Zugleich gelten unter Benutzung der Bezeichnungen (3), (6) und $|\,\Delta(P_n)\,| = \Delta_n$ die Abschätzungen (5,52), (5,6), (5,7), wo sicher für $n = 0, 1, \ldots$

---

[4]) Man kann zum Beweis von (5,53) statt der erwähnten Ungleichung auch die folgende Identität benutzen:

$$\left(1-\alpha^{2^n}\right)\prod_{\nu=0}^{n-1}\left(1-\frac{\alpha^{2^\nu}}{2}\right) = (1-\alpha)\prod_{\nu=0}^{n-1}\left(1+\frac{\alpha^{2^\nu}\,(1-\alpha^{2^\nu})}{2}\right). \tag{5,531}$$

$$d_n \leqq \frac{\Delta_n}{16 M \mathfrak{M}} \left(\frac{16 M \mathfrak{M}}{\Delta_0} d_0 \right)^{2^n} = \frac{\Delta_n}{16 M \mathfrak{M}} \alpha^{2^n} \tag{5,8}$$

$$d_{n+1} \leqq \frac{8 M \mathfrak{M}}{\Delta_n} d_n^2 \leqq \frac{\Delta_n}{32 \mathfrak{M} M} \alpha^{2^{n+1}} . \tag{5,9}$$

gilt.

In der Tat folgt (5,8) aus (5,4) durch wiederholte Anwendung unmittelbar. Um aber (5,9) zu erhalten, beachte man, daß (5,31), für d_n und d_{n+1} geschrieben,

$$d_{n+1} \leqq \frac{4 \mathfrak{M} M d_n^2}{\Delta_{n+1}} = \frac{8 \mathfrak{M} M d_n^2}{\Delta_n} \frac{\Delta_n}{2 \Delta_{n+1}} < \frac{8 \mathfrak{M} M d_n^2}{\Delta_n}$$

liefert, wegen der aus (5,3), für Δ_n und Δ_{n+1} geschrieben, folgenden Relation $2 \Delta_{n+1} > \Delta_n$.

6. Bei der zahlenmäßigen Berechnung der sukzessiven Näherungspunkte P_ν besteht in der Regel der Hauptteil der Rechenarbeit in der Berechnung der Werte von

$$f(P_n) , g(P_n) , f'_x(P_n) , g'_x(P_n) , f'_y(P_n) , g'_y(P_n) . \tag{6,1}$$

Die daneben weiter auszuführenden Rechnungen sind, wenigstens beim Gebrauch einer Rechenmaschine oder der Logarithmen, zu vernachlässigen. Trifft dies nun für das Gleichungssystem (1) zu, so kann man durch eine leichte Abänderung der Gleichungen (2) eine nicht unwesentliche Ersparnis in der Rechenarbeit erzielen.

Wir wollen im folgenden als eine, natürlich sehr konventionelle Einheit für Rechenarbeit das Berechnen der Werte eines Funktionenpaares in einem gegebenen Punkt ansehen und dafür die Bezeichnung: ein „Horner“ benutzen[5]). Dann verlangt der Übergang von P_n zu P_{n+1} vermöge der

[5]) Da man im Falle, daß f und g Polynome sind, im allgemeinen gleich leicht bzw. gleich schwer die Werte dieser Polynome und ihrer Ableitungen berechnet, brauchen die für die Spezifizierung eines Horner zugrunde gelegten Polynome nicht genauer angegeben zu werden. Anders kann es natürlich sein, wenn f und g keine Polynome sind. Unter Umständen wird man z. B. die Werte der Ableitungen viel leichter berechnen können als diejenigen der Funktionen, und dann ist das Verfahren (2) in seiner ursprünglichen Gestalt unbedingt vorzuziehen. Ferner wird bei der obigen Definition eines Horner die Anzahl der Dezimalstellen nicht weiter festgelegt. Es ist dies bei Rechnungen mit der Rechenmaschine nicht sehr wesentlich, wird aber wichtig, wenn die Anzahl der Dezimalen über diejenige der benutzten Rechenmaschine hinausgeht. Diese Vorbehalte darf man unter keinen Umständen aus den Augen verlieren, wenn man einen Überschlag mit der Anzahl der Horner macht.

Gleichungen (2) drei Horner. Da aber, wenn sich die Punkte P_n nicht mehr sehr stark vom Grenzpunkt unterscheiden, auch die Variationen der Werte der vier Ableitungen

$$f'_x(P_n)\,,\; f'_y(P_n)\,,\; g'_x(P_n)\,,\; g'_y(P_n) \tag{6,2}$$

nur sehr klein sind, liegt es nahe, von einem Näherungspunkt an weiterhin mit festen, diesem Näherungspunkt entsprechenden Werten der vier Ableitungen (6,2) zu rechnen und nur die Werte von $f(P_n)$ und $g(P_n)$ bei jedem Schritt weiter auszurechnen.

Dieses Verfahren läuft, wenn P_0 als der Ausgangspunkt angesehen wird, auf die Benutzung des Gleichungssystems

$$\begin{aligned} f'_x(P_0)\,(x_{n+1}-x_n) + f'_y(P_0)\,(y_{n+1}-y_n) + f(P_n) &= 0 \\ g'_x(P_0)\,(x_{n+1}-x_n) + g'_y(P_0)\,(y_{n+1}-y_n) + g(P_n) &= 0 \end{aligned} \tag{6,3}$$

hinaus. Wir wollen daher zunächst untersuchen, wie sich die sukzessiven Näherungspunkte bei diesem Verfahren verhalten.

Zu dem Zwecke benutzen wir die gleichen Voraussetzungen und Bezeichnungen wie in der Nr. 1, sowie die Bezeichnungen (3) und (6). Dann kann die erste der Gleichungen (6,3) in der Form geschrieben werden

$$f'_x(P_0)\,(u_n-u_{n+1}) + f'_y(P_0)\,(v_n-v_{n+1}) + f(P_n) = 0$$

oder

$$f'_x(P_0)\,u_{n+1} + f'_y(P_0)\,v_{n+1} = f'_x(P_0)\,u_n + f'_y(P_0)\,v_n + f(P_n) = A'\,. \tag{6,31}$$

Für A' ergibt sich aber unter Benutzung der Bezeichnung (1,1)

$$A' = A + \bigl(f'_x(P_0)-f'_x(P_n)\bigr)\,u_n + \bigl(f'_y(P_0)-f'_y(P_n)\bigr)\,v_n = A + A_1\,.$$

Hier gilt für A die Abschätzung (1,2), wo P^* ein Punkt der Strecke (P, P_n) ist, also in $\mathfrak{R}$ liegt. Für A_1 aber ergibt sich in analoger Weise durch Anwendung des Mittelwertsatzes die Abschätzung

$$|A_1| \leqq 2\mathfrak{M}(|x_n-x_0|+|y_n-y_0|)\,\delta_n$$

oder, da der Klammerausdruck rechts $\leqq 2(\delta_0+\delta_n)$ ist,

$$|A_1| \leqq 4\,\delta_n^2\,\mathfrak{M} + 4\,\delta_0\,\delta_n\,\mathfrak{M}\,.$$

Für A aber folgt aus (1,2) und (1,7)

$$|A| \leqq 2\mathfrak{M}\delta_n^2$$

und daher

$$|A'| \leqq 6\mathfrak{M}\delta_n^2 + 4\mathfrak{M}\delta_0\delta_n .$$

Eine zu (6,31) analoge Relation ergibt sich aus der zweiten der Gleichungen (6,3). Durch die Auflösung der beiden so entstehenden Gleichungen nach u_{n+1}, v_{n+1} folgt

$$\delta_{n+1} \leqq \frac{4M\mathfrak{M}}{m}\delta_n(3\delta_n + 2\delta_0) . \tag{6,4}$$

Wir setzen nun

$$\frac{12M\mathfrak{M}}{m} = \varkappa$$

und nehmen an, δ_0 sei bereits so klein, daß

$$\varkappa\delta_0 = \frac{12M\mathfrak{M}}{m}\delta_0 < 1 \tag{6,5}$$

ist. Dann ist die Voraussetzung (4) auf jeden Fall erfüllt, so daß, für $n=0$, wo ja (6,3) auf (2) hinausläuft, aus (5) folgt

$$\delta_1 \leqq \frac{\varkappa}{3}\delta_0^2 < \frac{\delta_0}{3} . \tag{6,50}$$

Ist nun, für $\nu = 1, 2, \ldots\ldots, n$,

$$\delta_n < \delta_{n-1} < \delta_{n-2} < \cdots < \delta_1 < \frac{\delta_0}{3} , \tag{6,51}$$

so folgt aus (6,4)

$$\delta_{n+1} < \varkappa\delta_0\delta_n , \quad n = 1, 2, \ldots\ldots , \tag{6,6}$$

und daher $\delta_{n+1} < \delta_n$, so daß (6,51) allgemein gilt.

Aus (6,6) folgt nun, wegen (6,5), daß δ_n für $n \to \infty$ gegen 0 strebt, so daß also unter der Voraussetzung (6,5) auch das vereinfachte Verfahren (6,3) eine gegen die in $\mathfrak{R}$ liegende Lösung von (1) konvergierende Punktfolge liefert. Dagegen ist die Konvergenz im allgemeinen, wie man sagt, „linear", so daß die Anzahl der sicheren Dezimalen proportional der Anzahl der Näherungsschritte ist. Gegen diese Verschlechterung der Konvergenz fällt dann natürlich die Verminderung der Rechenarbeit auf ein Drittel bei jedem auf den ersten folgenden Schritt *auf die Dauer* nicht mehr ins Gewicht.

7. Trotzdem ist es aber möglich, durch Kombination der Ansätze (2) und (6,3) zu einer Vereinfachung zu kommen. Nehmen wir an, wir berechnen, von P_n ausgehend, wofür die Relation

$$\varkappa\,\delta_n < 1$$

gilt, den nächsten Näherungspunkt vermöge der Gleichungen (2), von da an aber die weiteren Näherungspunkte $P_{n+\nu}$ vermöge der Gleichungen

$$f'_x(P_n)\,(x_{n+\nu}-x_{n+\nu-1}) + f'_y(P_n)\,(y_{n+\nu}-y_{n+\nu-1}) + f(P_{n+\nu-1}) = 0$$

$$g'_x(P_n)\,(x_{n+\nu}-x_{n+\nu-1}) + g'_y(P_n)\,(y_{n+\nu}-y_{n+\nu-1}) + g\,(P_{n+\nu-1}) = 0\,.$$

Dann ergibt sich aus den obigen Relationen (5), (6,50) und (6,6) nach der entsprechenden Änderung der Bezeichnungen

$$\delta_{n+1} \leqq \frac{\varkappa}{3}\,\delta_n^2\,, \quad \delta_{n+2} \leqq \frac{\varkappa^2}{3}\,\delta_n^3\,, \quad \delta_{n+3} \leqq \frac{\varkappa^3}{3}\,\delta_n^4\,, \ldots$$

und allgemein

$$\delta_{n+\nu} \leqq \frac{\varkappa^\nu}{3}\,\delta_n^{\nu+1}\,.$$

Andererseits ist die Anzahl der zur Berechnung von $P_{n+\nu}$ nötigen Horner gleich $2+\nu$. Für $\nu=4$, d. h. nach Leistung von 6 Horner, ergibt sich dann $\frac{\varkappa^4}{3}\,\delta_n^5$ als Fehlerschranke. Wendet man dagegen diese 6 Horner so auf, daß man aus P_{n+1} wiederum vermöge des Ansatzes (2) die nächste Näherung berechnet, so erhält man durch zweimalige Anwendung der Formel (4) als Schranke für den Fehler

$$\frac{\varkappa}{3}\left(\frac{\varkappa}{3}\,\delta_n^2\right)^2 = \frac{\varkappa^3}{27}\,\delta_n^4\,,$$

und dies ist von niedrigerem Grade in δ_n und auch, sobald $\varkappa\,\delta_n < \frac{1}{9}$ wird, numerisch größer als der obige Wert.

Man erhält daher auf jeden Fall mit demselben Aufwand an Rechenarbeit eine schnellere Konvergenz, wenn man nach jedesmaliger Anwendung des Ansatzes (2) *dreimal* den Ansatz (6,3) benutzt, oder kürzer gesagt, wenn man beim Übergang von P_n zu P_{n+1} die Werte der ersten Ableitungen von f und g nur bei jedem *vierten* Schritt neu berechnet.

Noch besser ist es allerdings, wenn man nach jedesmaliger Anwendung des Ansatzes (2) den Ansatz (6,3) *zweimal* benutzt. In der Tat gelangt man auf diese Weise durch Aufwendung von 5 Horner zur Größenordnung δ_n^4, und daher durch Anwendung von $5n$ Horner zur Größenordnung $\delta_n^{4^n}$. Werden aber Ableitungen von f und g nur bei jedem vierten Schritt neu berechnet, so wird damit nach Anwendung von $6m$ Horner die Größenordnung von $\delta_n^{5^n}$ erzielt.

Will man nun z. B. 30 Horner aufwenden, so erhält man auf den beiden angegebenen Wegen, bzw. $\delta_n^{4^6}$, $\delta_n^{5^5}$ und 4^6 ist größer als 5^5.

Man könnte natürlich auch die Ableitungen von f und g bei jedem zweiten Schritt neu berechnen. Dann würde man nach Aufwendung von $4n$ Horner bis zur Größenordnung $\delta_n^{3^n}$ gelangen. Dies ist aber ungünstiger als das vorhin angegebene Verfahren. Im allgemeinen läßt sich die folgende *Faustregel* angeben:

Man soll die Ableitungen von f und g bei jedem dritten Schritt neu berechnen. Will man dann noch einen oder zwei Horner aufwenden, so ist der Ansatz (6,3) zu benutzen. Sollen dagegen 3 Horner aufgewendet werden, so ist es am günstigsten, wenn man zuletzt zweimal abwechselnd die Ansätze (2) und (6,3) benutzt. Wenn endlich noch 4 Horner aufzuwenden sind, so ist zuerst vom Ansatz (2) und sodann vom Ansatz (6,3) Gebrauch zu machen.

Auf die Begründung dieser Regel gehen wir nicht ein, da ja wohl der Rechner sowieso in jedem einzelnen Falle sich die günstigste Kombination aus den obigen Angaben zurecht legen kann.

Im übrigen überlegt man leicht, daß wenn man nicht *mehr* will, als die gegebene Anzahl der richtigen Dezimalstellen zu versechsfachen, man am einfachsten zunächst einmal den Ansatz (2) und sodann hinreichend oft den Ansatz (6,3) anwenden soll.

8. Wir wollen nun die obigen Ergebnisse an einigen Beispielen erläutern, die wir der einschlägigen Literatur entnehmen.

Unser erstes Beispiel ist dem Lehrbuch von *Whittaker* und *Robinson*[6]) entnommen. Es handelt sich um das Beispiel von 2 Gleichungen:

$$f \equiv x^3 + 2y^2 - 1 = 0$$
$$g \equiv 5y^3 + x^2 - 2xy - 4 = 0\,.$$

Durch einige Versuche wird festgestellt, daß eine Wurzel ξ, η im Quadrat

[6]) *E. T. Whittaker* and *G. Robinson*, The Calculus of Observations; a Treatise on Numerical Mathematics; London 1926, pp. 88—90.

$$-0{,}650 < x < -0{,}649; \quad 0{,}798 < y < 0{,}799$$

liegt. Von den Werten

$$x_0 = -0{,}6494; \quad y_0 = 0{,}7981$$

ausgehend, werden die ersten Korrekturen bestimmt. Es ergibt sich

$$f(x_0, y_0) = 0{,}620 \cdot 10^{-4}; \; g(x_0, y_0) = 0{,}959 \cdot 10^{-4}$$

$$x_1 - x_0 = -0{,}1597 \cdot 10^{-4}; \; y_1 - y_0 = -0{,}1310 \cdot 10^{-4}.$$

Wie genau werden nun die Lösungen durch x_0 bzw. y_0 approximiert? Man erhält zunächst durch einfache Überschlagsrechnung im obigen Quadrat

$$M < 11, \; \mathfrak{M} < 24, \; m > 20.$$

Andererseits ist offenbar

$$\delta_0 < 10^{-3}, \; d_0 \leqq 1{,}6 \cdot 10^{-5}.$$

Da die Bedingung (4) offenbar erfüllt ist, ergibt sich aus (5)

$$\delta_1 \leqq \frac{4 \cdot 11 \cdot 24}{20} \cdot 10^{-6} = 52{,}8 \cdot 10^{-6},$$

so daß danach x_1 und y_1 bis auf 6 Einheiten der fünften Dezimalen genau sind.

Viel bessere Abschätzungen ergeben sich aus der Formel (2,9), da die Bedingung (2,3) hier erfüllt ist:

$$\delta_1 \leqq \frac{16 \cdot 11 \cdot 24}{20} \cdot 2{,}56 \cdot 10^{-10} \cdot \left(1 + \frac{48 \cdot 11 \cdot 24}{20} \cdot 1{,}6 \cdot 10^{-5}\right),$$

$$\delta_1 < 5{,}5 \cdot 10^{-8},$$

so daß danach x_1, y_1 bis auf 5 Einheiten der achten Dezimalen richtig sind.

Dabei haben wir als gegeben vorausgesetzt, daß im obigen Quadrat eine Lösung des Gleichungssystems enthalten ist. Dies ergibt sich aber unmittelbar aus dem Satze I oder dem Korollar 1 dazu. Denn um das Korollar 1 zum Satz I anzuwenden, beachte man, daß $k_0 < 10^{-4}$ ist. Bildet man nun mit den obigen Schranken für M und m das Quadrat (4,7) ($M = 11$, $m = 20$), so ergibt eine einfache Überschlagsrechnung, daß in ihm die Funktionaldeterminante von f und g absolut $> 20 = m$ und die absoluten Beträge der ersten Ableitungen $< 11 = M$ sind. Die absoluten Beträge der zweiten Ableitungen sind aber in ihm kleiner als

$$24 < 10^3 < \frac{10^4 \cdot 20^2}{16 \cdot 11^2} < \frac{m^2}{16 M^2 \cdot k_0} .$$

Daher liegt im Quadrat (4,7) eine Lösung der Gleichungen (1), gegen die die von x_0, y_0 aus gebildeten Näherungspunkte konvergieren und für die dann die obigen Abschätzungen gelten.

Ein besseres Resultat ergibt sich mit Hilfe des Satzes I. Denn danach haben wir nur das axenparallele Quadrat zu betrachten mit dem Mittelpunkt x_0, y_0, dessen Kantenlänge $4d_0 < 4 \cdot 1{,}6 \cdot 10^{-5} < 6{,}4 \cdot 10^{-5}$ ist. Wegen

$$\mathfrak{M} < 24 < 10^3 < \frac{m}{8 M d_0}$$

liegt nach dem Satze I im Quadrat $\mathfrak{R}_0$ eine Lösung der Gleichungen (1).

Das nächste Beispiel sei einem Werk von *Runge* und *König*[7]) entnommen. Das Gleichungssystem

$$f \equiv 2x^3 - y^2 - 1 = 0 , \quad g \equiv xy^3 - y - 4 = 0$$

hat eine Lösung in der Nähe von P_0: $x_0 = 1{,}2$; $y_0 = 1{,}7$. Durch Einsetzen dieser Werte ergibt sich

$$f(P_0) = -0{,}434 \quad ; \quad g(P_0) = 0{,}1956.$$

Durch die Anwendung des Newton'schen Verfahrens folgt

$$x_1 - x_0 = 0{,}0349 \quad ; \quad y_1 - y_0 = -0{,}0390 .$$

Für den neuen Näherungspunkt P_1 gilt

$$f(P_1) = 74{,}70 \cdot 10^{-4} \quad ; \quad g(P_1) = -19{,}87 \cdot 10^{-4}.$$

Und von hier aus ergibt sich die zweite Korrektur

$$x_2 - x_1 = -6{,}253 \cdot 10^{-4} \quad ; \quad y_2 - y_1 = 5{,}263 \cdot 10^{-4},$$

$$f(P_2) = 252{,}8 \cdot 10^{-8} \quad ; \quad g(P_2) = -54{,}8 \cdot 10^{-8},$$

$$x_3 - x_2 = -215{,}7 \cdot 10^{-8} \quad ; \quad y_3 - y_2 = 166{,}6 \cdot 10^{-8}.$$

---

[7]) *C. Runge* und *H. König*, Vorlesungen über numerisches Rechnen; Berlin 1924, pp. 178—179.

Um die Genauigkeit der entstehenden Näherungen beurteilen zu können, überschlagen wir zunächst im Quadrat

$$(\mathfrak{R}^*) \quad 1 < x < 1{,}4; \; 1{,}5 < y < 1{,}9$$

obere Schranken M, $\mathfrak{M}$ für die ersten und zweiten Ableitungen von f und g, sowie eine untere Schranke m für die Funktionaldeterminante von f und g. Es ergibt sich z. B.

$$M = 16; \quad \mathfrak{M} = 19; \quad m = 38.$$

Es handelt sich zunächst darum, festzustellen, ob es in der Nähe von P_0 wirklich eine Lösung des Gleichungssystems gibt. Indessen reichen hierzu der Satz I und das Korollar 1 dazu, auf P_0 angewandt, nicht aus, da weder $k_0 = 0{,}434$ noch $d_0 = 0{,}039$ hinreichend klein sind. Wir gehen daher vom nächsten Näherungspunkt P_1 aus. Dafür gilt

$$k_1 < 76 \cdot 10^{-4} \quad ; \quad d_1 < 7{,}6 \cdot 10^{-4}.$$

Nunmehr ist der Satz I sowie das Korollar 1 dazu anwendbar. Denn für das Korollar hat man mit den obigen Werten von M und m das Quadrat (4,7) zu betrachten, das im folgenden Quadrat liegt:

$$(\mathfrak{R}) \quad |x - x_1| \leqq 0{,}0128, \; |y - y_1| \leqq 0{,}0128.$$

In diesem Quadrat gelten nun die obigen Schranken und zugleich gilt in ihm offenbar

$$19 = \mathfrak{M} \leqq \mathfrak{M}^* = \frac{38^2 \cdot 10^4}{16 \cdot 16^2 \cdot 76};$$

daher liegt in $\mathfrak{R}$ eine Lösung unseres Gleichungssystems. Engere Schranken ergeben sich mit Hilfe des Satzes I. Denn dann hat man nur das Quadrat

$$(\mathfrak{R}_1) \quad |x - x_1| \leqq 2d_1 < 15{,}2 \cdot 10^{-4} \; ; \; |y - y_1| < 15{,}2 \cdot 10^{-4}$$

zu betrachten, in dem die obigen Schranken M, $\mathfrak{M}$, m gültig sind und nachzuprüfen, daß die Relation gilt:

$$19 = \mathfrak{M} < \mathfrak{M}_1^* = \frac{m}{8 M d_1} = \frac{38 \cdot 10^5}{8 \cdot 16 \cdot 76}.$$

Nunmehr ergibt sich aber, da

$$\delta_1 \leqq 2d_1 < 15{,}2 \cdot 10^{-4}$$

und die Bedingung (4) für δ_1 erfüllt ist, die Abschätzung für δ_2

$$\delta_2 \leqq \frac{4M\mathfrak{M}}{m}\delta_1^2 = 32\,\delta_1^2 \leqq 10^{-4}\ ,$$

so daß x_2 und y_2 in den ersten vier Dezimalen nach dem Komma richtig sind.

In der Tat ergeben $x_3 - x_2$ und $y_3 - y_2$ nur Korrekturen, die sich auf die sechste Dezimale beziehen. Man erhält so

$$x_3 = 1{,}234272173 \quad ; \quad y_3 = 1{,}661527966.$$

Um die Genauigkeit dieser Werte abzuschätzen, benutzen wir (2,9):

$$\delta_3 \leqq \frac{16M\mathfrak{M}}{m}\,d_2^2\left(1+\frac{48M\mathfrak{M}}{m}d_2\right) < 7 \cdot 10^{-10}\ .$$

Daher ist der Fehler bei unseren Werten kleiner als eine Einheit der neunten Dezimalen, und wir erhalten für die genauen Werte:

$$\xi = 1{,}234272173 \pm 10^{-9} \quad ; \quad \eta = 1{,}661527966 \pm 10^{-9}.$$

Korrekturen:

p. 280 16. Z. v.o. ist «in» durch «im Mittelpunkt von» ersetzt worden.
p. 291 Für den Beweis, dass $\Delta(Q)$ absolut kleiner ist als $8\,\mathcal{M}\,Md_0$, vergleiche man die Abhandlung 91 im Abschnitt X, durch die man die Betrachtung des Textes ersetzen möge, aus welcher nur eine doppelt so grosse Schranke folgt.

Basel, 19. Mai 1936.

(Eingegangen den 22. Mai 1936.)

ÜBER EINE MODIFIKATION DES NEWTONSCHEN NÄHERUNGSVERFAHRENS

1. Das Newtonsche Näherungsverfahren zur Bestimmung der Wurzeln einer reellen Gleichung

$$f(x)=0 \tag{1,1}$$

besteht darin, dass man, von einer ersten Näherung x_0 ausgehend, die Folge der Zahlen x_ν vermöge der Vorschrift:

$$x_{\nu+1}=x_\nu-\frac{f(x_\nu)}{f'(x_\nu)}, \qquad (\nu=0,\ 1,\ 2,\ldots) \tag{1,2}$$

bildet. Unter gewissen Voraussetzungen konvergiert in der Tat die so gebildete Zahlenfolge (1,2) gegen eine Wurzel ζ der Gleichung (1,1). Ist nun $f'(x)$ in der Nähe von ζ stetig, so ist klar, dass im Konvergenzfall von einem ν an die Ableitungswerte $f'(x_\nu)$ sich wenig voneinander unterscheiden, und es liegt daher nahe, von einem ν an den Wert der Ableitung in der Formel (1,2) nicht mehr neu zu berechnen, sondern mit einem festen Wert der Ableitung weiter zu rechnen.

Auch dieses Verfahren konvergiert, wie wir an einer anderen Stelle bewiesen haben, unter Umständen gegen eine Wurzel ζ. Die Konvergenz dieses Verfahrens ist allerdings auf die Dauer (entgegen einer gelegentlich ausgesprochenen Behauptung[1] wesentlich schlechter als diejenige des ursprünglichen von Newton, da sie nur *linear* ist, d. h. die Anzahl der richtigen Dezimalen ist bei diesem Verfahren im wesentlichen der Anzahl der Rechenschritte proportional. Die Konvergenz des Newtonschen Verfahrens ist dagegen *quadratisch*, d. h. die Anzahl der richtigen Dezimalen wird im wesentlichen bei jedem Schritt verdoppelt.

---

[1] Vgl. Whittaker and Robinson, The Calculus of Observations 2nd. edition (1926) p. 91, vgl. p. 89 der russischen Übersetzung, Moskau (1933).

2. Um die Konvergenzbedingungen für die oben charakterisierte Modifikation des Newtonschen Verfahrens zu formulieren, bezeichnen wir mit C eine positive Konstante $<\frac{1}{2}$ und mit λ die kleinere Wurzel der Gleichung

$$\frac{C}{2}\lambda^2-\lambda+1=0.$$

Es sei nun $-\frac{f(x_0)}{f'(x_0)}=h$ gesetzt und $f(x)$ im Intervall $\mathfrak{J}<x_0, x_0+\lambda h>$ reell und zweimal differenzierbar. Darüber hinaus sei in $\mathfrak{J}$ durchweg

$$|f''(x)|\leqq\mathfrak{M},$$

und es gelte

$$\frac{|f(x_0)|\mathfrak{M}}{f'(x_0)^2}\leqq C.$$

Dann liegt nach einem bereits von Cauchy bewiesenen Satz[2] genau eine (einfache) Wurzel ζ von $f(x)$ in $\mathfrak{J}$. Wie wir kürzlich[3] bewiesen haben, konvergiert dann die von x_0 aus gebildete Newtonsche Zahlenfolge x_ν gegen ζ.

Bildet man nun von $x_0=y_1$ aus die Zahlenfolge y_ν vermöge

$$y_{\nu+1}=y_\nu-\frac{f(y_\nu)}{f'(x_0)}, \tag{2,1}$$

so konnten wir in der oben zitierten Abhandlung—unter der Voraussetzung

$$C\leqq\frac{1}{3}\ -$$

beweisen, dass die Folge y_ν gegen ζ konvergiert.

3. In der vorliegenden Abhandlung soll nun bewiesen werden, dass die Folge y_ν *bereits unter der Bedingung* $C<\frac{1}{2}$ *gegen* ζ *konvergiert.* Zugleich sollen aber noch weitere Modifikationen des obigen Verfahrens in Betracht gezogen werden, die durch die Bedürfnisse des praktischen Rechners nahegelegt werden.

Erstens wird man bei der Anwendug der Formel (2,1) in der Regel ein für allemal den Koeffizienten

$$\varkappa=-\frac{1}{f'(x_0)} \tag{3,1}$$

---

[2] Oeuvres complètes (II), Tome 4, pp. 553—609. An der angegeben Stelle wird be Cauchy allerdings nur bewiesen, dass eine Wurzel von $f(x)$ im grösseren Intervall $<x_0, x_0+2h>$ liegt. In der obigen Formulierung wurde der Satz erst in der unten zitierten Arbeit angegeben.

[3] A. Ostrowski, Sur la convergence et l'estimation des erreurs dans quelques procédés pour la résolution des équations numériques (dédié a D. A. Gravé à l'occasion du cinquantenaire de son activité scientifique). Erscheint im Jubiläumsband für D. A. Gravé.

berechnen und weiterhin nach der Formel

$$y_{\nu+1}=y_\nu+\varkappa f(y_\nu)$$

rechnen. Im allgemeinen lässt sich aber $\varkappa$ nicht als endlicher Dezimalbruch darstellen, sodass man praktisch $\varkappa$ durch einen *Näherungswert* ersetzt. Hat man dann $\varkappa$ beim Übergang zu genaueren Näherungswerten mit immer grösserer und grösserer Genauigkeit auszurechnen, so geht dabei zum Teil gerade der Vorteil verloren, dass man mit einem festen $\varkappa$-Wert rechnen kann. Wir werden nun beweisen, dass unser Konvergenzsatz auch dann noch richtig bleibt, wenn man $\varkappa$ in geeigneter Weise abrundet, d. h. also, dass auch das Rechenschema

$$y_{\nu+1}=y_\nu+(1+\varepsilon)\,\varkappa f(y_\nu) \tag{3,2}$$

eine gegen ζ konvergente Zahlenfolge liefert, wenn ε hinreichend klein angenommen wird.

Indessen wird auch bei Benutzung dieser Formel das Rechenschema (3,2) praktisch nicht genau anzuwenden sein, da ja im allgemeinen die Berechnung des Wertes von $f(y_\nu)$ als endlicher Dezimalbruch entweder unmöglich oder unnötig umständlich wäre. Man wird daher auch hier geeignet abrunden, d. h. das Schema (3,2) durch

$$y_{\nu+1}=y_\nu+(1+\varepsilon)\,\varkappa f(y_\nu)+\varepsilon_\nu \tag{3,3}$$

ersetzen, wo der «Abrundungsfehler» ε_ν hinreichend klein anzunehmen ist. Wir werden nun zeigen, dass auch für das so abgeänderte Schema noch der obige Konvergenzsatz richtig bleibt, wenn nur ε_ν relativ zu $|(1+\varepsilon)\,\varkappa f(y_\nu)|$ klein genug ist.

Endlich gilt dies alles auch dann, wenn die Ausgangsnäherung y_1 nicht mehr gleich x_0, sondern ganz beliebig innerhalb $\mathfrak{J}$ angenommen wird.

4. Die genaue Formulierung der zu beweisenden Tatsache lautet folgendermassen:

Satz. *Es sei* $0<C<\frac{1}{2}$ *und*

$$\lambda=\frac{1-\sqrt{1-2C}}{C}, \qquad 1<\lambda<2, \tag{4,1}$$

die kleinere Wurzel der Gleichung

$$\frac{C}{2}\lambda^2-\lambda+1=0. \tag{4,11}$$

Es sei $f(x)$ *im Punkte* x_0 *differenzierbar und es sei*

$$h=-\frac{f(x_0)}{f'(x_0)}. \tag{4,2}$$

Im abgeschlossenen Intervall $\mathfrak{J}<x_0, x_0+\lambda h>$ sei $f(x)$ reell und zweimal differenzierbar und es gelte dort durchweg

$$\left|\frac{f''(x)\,f(x_0)}{f'(x_0)^2}\right| \leqq C. \tag{4,3}$$

Es sei

$$\varepsilon_0=\operatorname{Min}\left(\frac{C}{2},\ 1-\lambda C\right),\quad |\varepsilon| \leqq \frac{\varepsilon_0}{3}. \tag{4,4}$$

Nunmehr bilde man von einer beliebigen Zahl y_1 aus $\mathfrak{J}$ ausgehend rekurrent die Zahlenfolge y_ν vermöge

$$y_{\nu+1}=y_\nu-\frac{1+\varepsilon}{f'(x_0)}f(y_\nu)+\varepsilon_\nu, \tag{4,5}$$

wobei jedesmal ε_ν beliebig bestimmt werden kann, sofern nur

$$|\varepsilon_\nu| \leqq \frac{\varepsilon_0^2}{6}\left|\frac{1+\varepsilon}{f'(x_0)}f(x_\nu)\right| \tag{4,6}$$

ist.

Dann verläuft die Zahlenfolge y_ν in $\mathfrak{J}$ und konvergiert gegen die in $\mathfrak{J}$ liegende Wurzel ζ von $f(x)$, und zwar gilt

$$\frac{|\zeta-y_{\nu+1}|}{|\zeta-y_\nu|} \leqq 1-\frac{\varepsilon_0}{3}. \tag{4,7}$$

5. Beweis des Satzes. Unbeschadet der Allgemeinheit darf vorausgesetzt werden, dass

$$x_0=0,\qquad f(x_0)=1,\qquad f'(x_0)=-1,\qquad h=1 \tag{5,1}$$

ist. In der Tat wird der allgemeine Fall auf diesen sofort zurückgeführt, indem man die Funktion $f(x)$ durch

$$\frac{f(x_0+hx)}{f(x_0)}$$

ersetzt. Dann läuft (4,3), (4,5) auf

$$|f''(x)| \leqq C,$$

$$y_{\nu+1}=y_\nu+(1+\varepsilon)f(y_\nu)+\varepsilon_\nu$$

hinaus.

Wir führen neben den Zahlen y_ν die Zahlen y'_ν ein vermöge

$$y'_1=y_1,\qquad y'_\nu=y_\nu-\varepsilon_{\nu-1},\qquad (\nu>1),$$

sodass

$$y'_{\nu+1}=y_\nu+(1+\varepsilon)f(y_\nu) \tag{5,2}$$

ist.

6. *Wir wollen zunächst beweisen, dass alle y_ν und y'_ν in $\mathfrak{J}$ liegen.*

Es möge y_ν in $\mathfrak{J}$ liegen. Aus der Gleichung (4,11) folgt

$$\frac{1}{\lambda} - \frac{C}{2}\lambda = 1 - \lambda C \geqq \varepsilon_0,$$

wegen $0 \leqq y_\nu \leqq \lambda$ folgt daher

$$\frac{1}{y_\nu} - \frac{C}{2} y_\nu \geqq \frac{1}{\lambda} - \frac{C}{2}\lambda \geqq \varepsilon_0,$$

also

$$1 - \frac{C}{2} y_\nu^2 \geqq \varepsilon_0 y_\nu. \tag{6,1}$$

Andererseits folgt aus der Taylorschen Entwicklung für $0 \leqq y \leqq \lambda$ und (5,2):

$$f(y) = 1 - y + \frac{\theta}{2} C y^2, \qquad |\theta| \leqq 1, \tag{6,2}$$

$$y'_{\nu+1} = y_\nu + (1+\varepsilon)\left(1 - y_\nu + \frac{\theta}{2} C y_\nu^2\right), \tag{6,3}$$

$$y'_{\nu+1} \geqq -\varepsilon y_\nu + (1+\varepsilon)\left(1 - \frac{C}{2} y_\nu^2\right),$$

daher wegen (4,4) und (6,1)

$$y'_{\nu+1} \geqq -\varepsilon y_\nu + (1+\varepsilon) y_\nu \varepsilon_0 = \{\varepsilon_0 - \varepsilon(1-\varepsilon_0)\} y_\nu$$

$$\geqq \left\{\varepsilon_0 - \frac{\varepsilon_0}{3}(1-\varepsilon_0)\right\} y_\nu \geqq \frac{2}{3}\varepsilon_0 y_\nu,$$

$$y'_{\nu+1} \geqq \frac{2}{3}\varepsilon_0 y_\nu \geqq 0. \tag{6,4}$$

7. Andererseits gilt wegen (4,11)

$$\lambda - \left(1 + \frac{C}{2} y_\nu^2\right) = \frac{C}{2}(\lambda^2 - y_\nu^2) \geqq \frac{C}{2}(\lambda + y_\nu)(\lambda - y_\nu)$$

$$\geqq \frac{C}{2}\lambda(\lambda - y_\nu).$$

Daher folgt aus (6,3)

$$y'_{\nu+1} = (1+\varepsilon)\left(1 + \frac{\theta}{2} C y_\nu^2\right) - \varepsilon y_\nu \leqq (1+\varepsilon)\left(1 + \frac{C}{2} y_\nu^2\right) - \varepsilon y_\nu$$

$$\leqq (1+\varepsilon)\left\{\lambda - \frac{C}{2}\lambda(\lambda - y_\nu)\right\} - \varepsilon y_\nu$$

$$= (\lambda - y_\nu)\left\{\varepsilon - (1+\varepsilon)\frac{C}{2}\lambda\right\} + \lambda,$$

$$\lambda - y'_{\nu+1} \geqq (\lambda - y_\nu) \left\{ (1+\varepsilon) \frac{C}{2} \lambda - \varepsilon \right\},$$

oder wegen (4,4) und (4,1)

$$\lambda - y'_{\nu+1} \geqq (\lambda - y_\nu)\{(1+\varepsilon)\varepsilon_0 - \varepsilon\}$$
$$= (\lambda - y_\nu)\{\varepsilon_0 - \varepsilon(1-\varepsilon_0)\},$$

$$\lambda - y'_{\nu+1} \geqq \frac{2}{3}\varepsilon_0(\lambda - y_\nu). \tag{7,1}$$

Aus den Formeln (6,4), (7,1) folgt nun weiter

$$-(1+\varepsilon) f(y_\nu) = y_\nu - y'_{\nu+1} \leqq \left(1 - \frac{2}{3}\varepsilon_0\right) y_\nu, \tag{7,2}$$

$$(1+\varepsilon) f(y_\nu) = y'_{\nu+1} - y_\nu \leqq \left(1 - \frac{2}{3}\varepsilon_0\right)(\lambda - y_\nu). \tag{7,3}$$

8. Wir wollen nun analoge Ungleichungen für $y_{\nu+1}$ herleiten. Zu diesem Zweck beachte man, dass sich (4,6) unter den Annahmen (5,1) und unter der Benutzung der Grössen $y'_{\nu+1}$ auf

$$|\varepsilon_\nu| \leqq \frac{\varepsilon_0^2}{6} |y'_{\nu+1} - y_\nu| \tag{8,1}$$

reduziert. Ist nun $y'_{\nu+1} \geqq y_\nu$, so folgt aus (7,1) nnd (7,3)

$$\lambda - y_{\nu+1} = \lambda - y'_{\nu+1} - \varepsilon_\nu \geqq \frac{2}{3}\varepsilon_0(\lambda - y_\nu) - \frac{\varepsilon_0^2}{6}\left(1 - \frac{2}{3}\varepsilon_0\right)(\lambda - y_\nu)$$
$$\geqq \varepsilon_0(\lambda - y_\nu)\left(\frac{2}{3} - \frac{\varepsilon_0}{6} + \frac{\varepsilon_0^3}{9}\right) \geqq \frac{\varepsilon_0}{2}(\lambda - y_\nu).$$

Ist aber $y'_{\nu+1} < y_\nu$, so folgt aus (8,1)

$$y_{\nu+1} = y_\nu - (y_\nu - y'_{\nu+1}) + \varepsilon_\nu \leqq y_\nu,$$

sodass in beiden Fällen

$$\lambda - y_{\nu+1} \geqq \frac{\varepsilon_0}{2}(\lambda - y_\nu) \tag{8,2}$$

ist.

Analog folgt, wenn $y'_{\nu+1} \leqq y_\nu$ ist, aus (6,4), (7,2)

$$y_{\nu+1} = y'_{\nu+1} + \varepsilon_\nu \geqq \frac{2}{3}\varepsilon_0 y_\nu - \frac{\varepsilon_0^2}{6}\left(1 - \frac{2}{3}\varepsilon_0\right) y_\nu$$
$$\geqq \varepsilon_0 y_\nu \left(\frac{2}{3} - \frac{\varepsilon_0}{6} + \frac{\varepsilon_0^2}{9}\right) \geqq \frac{\varepsilon_0}{2} y_\nu.$$

Ist aber $y'_{\nu+1} > y_\nu$, so folgt aus (8,1)

$$y_{\nu+1} \geqq y_\nu + (y'_{\nu+1} - y_\nu) - \frac{\varepsilon_0^2}{6}(y'_{\nu+1} - y_\nu) \geqq y_\nu,$$

sodass in beiden Fällen

$$y_{\nu+1} \geqq \frac{\varepsilon_0}{2} y_\nu \tag{8,3}$$

ist.

Da aber y_1 nach der Voraussetzung in $\mathfrak{J}$ liegt, folgt aus (6,4), (7,1), (8,2), (8,3) sukzessive, dass alle y_ν, y'_ν in $\mathfrak{J}$ liegen.

9. Wir wollen nunmehr beweisen, dass für jedes ν

$$\frac{|\zeta - y'_{\nu+1}|}{|\zeta - y_\nu|} \leqq 1 - \frac{\varepsilon_0}{3} - \frac{\varepsilon_0^2}{3}, \quad (\nu = 0, 1, 2, \ldots) \tag{9,1}$$

gilt. Zu dem Zwecke beachte man, dass (5,2) sich in der Form schreiben lässt

$$\zeta - y'_{\nu+1} = \zeta - y_\nu + (1+\varepsilon)\{f(\zeta) - f(y_\nu)\},$$

da $f(\zeta) = 0$ ist. Hieraus folgt nach Division durch $\zeta - y_\nu$, wenn ξ_ν eine geeignete Zahl aus $\mathfrak{J}$ bezeichnet, nach dem Mittelwertsatz

$$\frac{\zeta - y'_{\nu+1}}{\zeta - y_\nu} = 1 + (1+\varepsilon) f'(\xi_\nu). \tag{9,2}$$

Andererseits folgt in $\mathfrak{J}$ wegen $f'(0) = -1$, $|f''(x)| \leqq C$:

$$-1 - \lambda C \leqq f'(x) \leqq -1 + \lambda C,$$

und daher, wegen $0 < 1 - \frac{\varepsilon_0}{3} \leqq 1 + \varepsilon \leqq 1 + \frac{\varepsilon_0}{3}$, $\lambda C \leqq 1 - \varepsilon_0$:

$$-(2-\varepsilon_0)\left(1 + \frac{\varepsilon_0}{3}\right) \leqq (1+\varepsilon) f'(x) \leqq -\varepsilon_0\left(1 - \frac{\varepsilon_0}{3}\right),$$

$$-1 + \frac{\varepsilon_0}{3} + \frac{\varepsilon_0^2}{3} \leqq 1 + (1+\varepsilon) f'(x) \leqq 1 - \varepsilon_0 + \frac{\varepsilon_0^2}{3}$$

$$= 1 - \frac{\varepsilon_0}{3} - \frac{\varepsilon_0^2}{3} - \frac{2}{3}(\varepsilon_0 - \varepsilon_0^2),$$

woraus wegen $\varepsilon_0 < \frac{1}{4}$ und (9,2) die Relation (9,1) unmittelbar folgt.

10. Nunmehr ist (4,7) leicht zu beweisen. Aus (9,1) folgt

$$|y'_{\nu+1} - y_\nu| \leqq |\zeta - y'_{\nu+1}| + |\zeta - y_\nu| \leqq 2|\zeta - y_\nu|. \tag{10,1}$$

Andererseits gilt wegen (9,1) und (8,1)

$$\frac{|\zeta-y_{\nu+1}|}{|\zeta-y_\nu|} \leqq \frac{|\zeta-y'_{\nu+1}|}{|\zeta-y_\nu|} + \frac{|\varepsilon_\nu|}{|\zeta-y_\nu|}$$

$$\leqq 1 - \frac{\varepsilon_0}{3} - \frac{\varepsilon_0^2}{3} + \frac{\varepsilon_0^2}{3} \cdot \frac{|y'_{\nu+1}-y_\nu|}{2|\zeta-y_\nu|},$$

und daher wegen (10,1)

$$\frac{|\zeta-y_{\nu+1}|}{|\zeta-y_\nu|} \leqq 1 - \frac{\varepsilon_0}{3} - \frac{\varepsilon_0^2}{3} + \frac{\varepsilon_0^2}{3},$$

womit (4,7) bewiesen ist.

Aus (4,7) folgt aber offenbar sofort

$$y_\nu \to \zeta,$$

womit der Beweis unseres Satzes vollständig erbracht ist.

11. Zum Schlusse gehen wir noch auf die Grenzfälle $C=0$, $C=\frac{1}{2}$ ein. In diesen Fällen würde (4,4) $\varepsilon_0=0$, $\varepsilon=0$ ergeben, d. h. das «Abrundungsverbot». In der Tat sieht man leicht ein, dass in beiden Fällen die Verhältnisse besonders liegen. Dabei legen wir die Annahmen (5,1) zugrunde, was offenbar erlaubt ist.

Für $C=0$ hat man es mit der linearen Funktion $1-x$ zu tun und bei einer solchen führt bereits der erste Schritt des obigen Verfahrens zur Nullstelle $x=1=\lambda$, sodass ein Aufrunden bereits aus dem Intervall hinausführt.

Für $C=\frac{1}{2}$ aber ist unter den betrachteten Funktionen $f(x)=\left(1-\frac{x}{2}\right)^2$ enthalten, und bei dieser Funktion führt wiederum bereits der erste Schritt zur Nullstelle $x=2=\lambda$, sodass auch hier das Aufrunden aus dem Intervall $\mathfrak{J}$ hinausführt.

Immerhin ist es auch für $C=\frac{1}{2}$ von Interesse zu zeigen, dass wenigstens das obige Verfahren mit $\varepsilon=\varepsilon_\nu=0$ konvergiert.

Es sei also y_1 eine beliebige Zahl aus $\mathfrak{J}$, und es sei generell für $\nu \geqq 1$

$$y_{\nu+1}=y_\nu+f(y_\nu), \qquad (\nu=1, 2, \ldots) \tag{11,1}$$

Der in den Nummern 6—8 geführte Beweis, dass alle y_ν in $\mathfrak{J}$ liegen verläuft ganz analog, wenn man nur ε_0, ε, ε_ν durchweg gleich Null setzt. Dagegen führt die Ungleichung (9,1) hier offenbar nicht mehr zum Ziel. Geht man indessen auf ihren Beweis zurück, so kann man die Formel (9,2) in unserem Falle in der Form

$$\frac{\zeta-y_{\nu+1}}{\zeta-y_\nu}=1+f'(\xi_\nu)$$

schreiben. Die Ungleichung (9,3) liefert an sich für $|f'|$ die Schranken 0 und 2, indessen nur dann, wenn im ganzen Intervall $\mathfrak{J}$ durchweg $f''(x) = +\frac{1}{2}$ oder $f''(x) = -\frac{1}{2}$ ist. Ist das aber nicht der Fall, so gibt es eine positive Zahl d, $0 < d < 1$, sodass im ganzen Intervall

$$-d \geqq f'(x) \geqq d-2 \tag{11,3}$$

ist.

Dann folgt aber offenbar

$$\frac{|\zeta - y_{\nu+1}|}{|\zeta - y_\nu|} \leqq 1-d,$$

sodass in diesem Falle die Konvergenz evident ist.

Es bleiben also nur noch die Fälle zu untersuchen, in denen $f''(x) \equiv \frac{1}{2}$ oder $f''(x) \equiv -\frac{1}{2}$ ist Für $f''(x) \equiv \frac{1}{2}$ reduziert sich $f(x)$ auf $\left(1 - \frac{x}{2}\right)^2$ und hier führt, wie bereits oben erwähnt, schon der erste Schritt zur Wurzel $x = 2$. Im Falle $f''(x) \equiv -\frac{1}{2}$ haben wir es in der Kurve $y = f(x) \equiv 1 - x - \frac{x^2}{4}$ über dem x-Intervall $\mathfrak{J}$ mit einem nach unten konvexen Parabelbogen zu tun, und dann ist die Konvergenz geometrisch evident. Man überblickt sofort, dass in diesem Falle die Zahlenfolge y_ν stets monoton gegen die Wurzel ζ konvergiert.

(Eingegangen den 13-ten April 1937.)

ა. მ. ოსტროვსკი

ნიუტონის ალგორითმის ერთი სახეცვლილების შესახებ

რ ე ზ უ მ ე

ნიუტონის ალგორითმი, $f(x)=0$ ნამდვილი განტოლების ფესვების გამოთვლისათვის, მდგომარეობს შემდეგში: გამოვალთ რა საწყისი x_0 მიახლოვებიდან, გამოვთვლით მიმდევრობით x_1, x_2, ... რიცხვებს რეკურენტულ ფორმულების საშუალებით:

$$x_{\nu+1} = x_\nu - \frac{f(x_\nu)}{f'(x_\nu)}, \qquad \nu = 0, 1, \ldots$$

გარკვეულ პირობებში, მიმდევრობა x_ν იკრიბება და აქვს ზღვრად $f(x)=0$ განტოლების ფესვი.

გამოთვლების გამარტივების მიზნით ზოგჯერ სარგებლობენ ფორმულით

$$x_{\nu+1}=x_\nu-\frac{f(x_\nu)}{f'(x_0)},\quad \nu=0,\ 1,\ \ldots$$

წინამდებარე შრომაში ჩვენ ვამტკიცებთ ნიუტონის ამ სახეშეცვლილი ალგორითმის კრებადობის შესახებ შემდეგ თეორემას:

ვთქვათ C დადებითი რიცხვია $<\frac{1}{2}$; აღვნიშნოთ

$$\lambda=\frac{1-\sqrt{1-2C}}{C}$$

ვიგულისხმოთ, რომ $f'(x_0)$ არსებობს და განსხვავებულია ნულისაგან. აღვნიშნოთ

$$h=-\frac{f(x_0)}{f'(x_0)}$$

ამას გარდა დაუშვათ, რომ დახურულ $\mathfrak{J}=<x_0,\ x_0+\lambda h>$ შუალედში $f(x)$ არის ნამდვილი, ორჯერ წარმოებადი ფუნქცია და ამ შუალედში ადგილი აქვს უტოლობას

$$\left|\frac{f''(x)f(x_0)}{f'(x_0)^2}\right|\leqq C.$$

აღვნიშნოთ $\varepsilon_0=\mathrm{Min}\left(\frac{C}{2},\ 1-\lambda C\right)$ და შევარჩიოთ ნამდვილი ε რიცხვი ისე, რომ $|\varepsilon|\leqq\frac{\varepsilon_0}{3}$. ავიღოთ $\mathfrak{J}$ შუალედში ნებისმიერი y_1, რიცხვი და შევადგინოთ მიმდევრობა $y_1,\ y_2,\ \ldots$ შემდეგი რეკურენტული ფორმულების მიხედვით

$$y_{\nu+1}=y_\nu-\frac{1+\varepsilon}{f'(x_0)}f(y_\nu)+\varepsilon_\nu,\quad \nu=1,\ 2,\ \ldots$$

სადაც ε_ν-თი ($\nu=1,\ 2,\ \ldots$) აღნიშნულია ნამდვილი რიცხვები, რომლებიც აკმაყოფილებენ შემდეგ უტოლობებს

$$|\varepsilon_\nu|\leqq\frac{\varepsilon_0^2}{6}\left|\frac{1+\varepsilon}{f'(x_0)}f(y_\nu)\right|;$$

მაშინ y_ν—რიცხვთა მიმდევრობა მოთავსებულია მთლიანად $\mathfrak{J}$ შუალედში და იკრიბება ამ შუალედში მდებარე $f(x)=0$ განტოლების ერთად ერთი ζ ფესვისაკენ. ამასთანავე ადგილი აქვს შემდეგ დამოკიდებულების

$$\left|\frac{\zeta-y_{\nu+1}}{\zeta-y_\nu}\right|\leqq 1-\frac{\varepsilon_0}{3}.$$

Über die Konvergenz und die Abrundungsfestigkeit des Newtonschen Verfahrens

Einleitung

Um die Konvergenz des Newtonschen Verfahrens [1] für die Bestimmung der Wurzeln einer reellen Gleichung

$$f(x) = 0$$

von einem Näherungswert x_1 aus zu sichern, gibt es zwei Systeme von Voraussetzungen. Die eine Gruppe von Voraussetzungen geht im Prinzip auf Fourier zurück und besteht im Wesentlichen darin, dass im betrachteten Intervall $f''(x)$ sein Vorzeichen nicht wechselt. Diese Voraussetzungen lassen eine besonders anschauliche geometrische Deutung zu, sind aber in vielen Fällen sehr umständlich nachzuprüfen.

Die zweite Gruppe von Voraussetzungen geht auf einen Satz von Cauchy zurück, der in einer Note zu seinen «Leçons sur le calcul différentiel», 1829 [2] bewiesen wurde. Um das Cauchysche Resultat zu formulieren, setzen wir voraus, dass $f(x)$ und $f'(x)$ in einem Punkte x_0 nicht verschwinden, und setzen

$$-\frac{f(x_0)}{f'(x_0)} = h.$$

Es sei $f(x)$ nun im abgeschlossenen Intervall $\mathfrak{J}$ zwischen x_0 und $x_0 + 2h$ reell, zweimal beschränkt differenzierbar und $\mathfrak{M}$ eine obere Schranke von $|f''(x)|$ in $\mathfrak{J}$. Ferner sei m die untere Grenze von $|f'(x)|$ in $\mathfrak{J}$.

Dann besagt das Cauchysche Resultat:

Ist

$$C = \frac{|h|\,\mathfrak{M}}{|f'(x_0)|} = \frac{|f(x_0)|\,\mathfrak{M}}{f'(x_0)^2} < \frac{1}{2}, \tag{1}$$

so liegt in $\mathfrak{J}$ eine einzige Wurzel ζ von $f(x)$. Ist aber

$$\frac{|h|\,\mathfrak{M}}{m} = \frac{|f(x_0)|\,\mathfrak{M}}{m\,|f'(x_0)|} < \frac{1}{2}, \tag{2}$$

so konvergiert die nach dem Newtonschen Verfahren von x_0 aus rekurrent gebildete Zahlenfolge

---

[1] In der englischen Literatur wird das betreffende Verfahren als das Newton-Raphsonsche Verfahren bezeichnet, da die explizite Form (3) erst von Raphson (1690) formuliert wurde, während Newton fünf Jahre früher nur eine allgemeine Anleitung zur Bildung von sukzessiven Approximationen angab, die allerdings, explizite durchgeführt, auf die Raphsonsche Form der Regel führt.

[2] Oeuvres complètes (II), tome 4, p. 573—609.

$$x_1 = x_0 - \frac{f(x_0)}{f'(x_0)}, \ldots, x_{n+1} = x_n - \frac{f(x_n)}{f'(x_n)}, \ldots \tag{3}$$

gegen ζ.

Zugleich beweist Cauchy, dass in diesem Falle die Konvergenz der x_n gegen ζ «quadratisch» ist, d. h., dass bei jedem weiteren Schritt der Näherungsfehler im Wesentlichen quadriert wird.

Dieses Cauchysche Resultat blieb trotz seiner Einfachheit und Prägnanz über ein Jahrhundert fast unbeachtet [3]. Genau ein Jahrhundert später, 1929, hat P. Romanowsky zwei in der gleichen Richtung gehende, aber im Allgemeinen schwächere Abschätzungen veröffentlicht [4].

Die Bedingung (2) ist, wie man leicht sieht, sicher erfüllt, wenn man $C < \frac{1}{4}$ voraussetzt. Ich habe nun kürzlich [5] gezeigt, dass auch die Konvergenz der Folge (3) bereits unter der Annahme (1) besteht, deren Nachprüfung ja die offenbar unter Umständen sehr schwierige Ermittlung der unteren Grenze von $|f'(x)|$ nicht verlangt.

In der vorliegenden Mitteilung sollen nun diese Resultate in mehreren Richtungen verschärft und verallgemeinert werden. Erstens ist es leicht zu zeigen, dass unter der Annahme $C \leqslant \frac{1}{2}$ eine einzige Wurzel von $f(x)$ bereits im Intervall zwischen x_0 und $x_0 + \lambda h$ liegt, wo

$$\lambda = \frac{1 - \sqrt{1 - 2C}}{C}$$

ist — und dabei braucht die Grösse $\mathfrak{M}$ nur in diesem Intervall ermittelt zu werden. Sodann zeige ich aber, dass unter der Voraussetzung $C \leqslant \frac{1}{2}$ die Folge (3) auch dann gegen ζ konvergiert, wenn man nicht vom Anfangspunkt x_0 des Intervalls ausgeht, sondern in einem beliebigen Punkt y_0 des Intervalls $\mathfrak{J}$ beginnt.

Diese Verschärfung des früheren Resultats ist insbesondere dann von Bedeutung, wenn man der Tatsache Rechnung tragen will, dass bei der Berechnung der sukzessiven Approximationen x_ν ja so gut wie nie die Newtonsche Formel g e n a u angewandt wird, sondern dass dabei der betreffende Wert ab- oder aufgerundet wird. In Bezug auf das erlaubte Mass der Abrundung herrscht nun bei der numerischen Durchführung des Verfahrens sehr starke Unsicherheit. Es genügt, darauf hinzuweisen, dass unter den Fourierschen Voraussetzungen alle Näherungswerte auf einer bestimmten Seite der Wurzel bleiben. Wird nun zu grob abgerundet, so kann der nächste Näherungswert auf die «falsche» Seite der Wurzel zu liegen kommen, wodurch die Konvergenz unter Umständen hinfällig werden kann. In der Tat ist das Newtonsche Verfahren oftmals in Bezug auf die Abrundung ausserordentlich empfindlich.

Wir erweitern nun unseren Konvergenzsatz dahin, dass bei jedem einzelnen Schritt zugleich Abrundungsschranken angegeben werden, innerhalb deren der jeweilige Näherungswert noch nach Belieben abgeändert werden kann, ohne dass die Fehlerschranke wesentlich verschlechtert wird. Den genauen Wortlaut des sich so ergebenden Kon-

---

[3] Wir kennen nur ein Zitat dieser Stelle in der Literatur, nämlich bei W h i t t a k e r and R o b i n s o n, The Calculus of Observations, 2nd. edition (1926), p. 86.

[4] Zeitschr. f. angew. Math. u. Mech., **9**, (1929), 420—421.

[5] A. O s t r o w s k i, Sur la convergence et l'estimation des erreurs dans quelques procédés pour la résolution des équations numériques (dédié à D. A. Gravé à l'occasion du cinquantenaire de son activité scientifique). Erscheint im Jubiläumsband für D. A. Gravé.

vergenzsatzes fassen wir im Satze III zusammen, dessen Beweis der erste Paragraph der Arbeit gewidmet ist.

Auch unter den so wesentlich erweiterten Voraussetzungen bleiben die Abschätzungen für die Geschwindigkeit der Konvergenz und den n-ten Näherungsfehler, die wir in der oben erwähnten Arbeit für den klassischen Fall der Newtonschen Näherung aufgestellt haben, erhalten, sofern der Ausgangswert y_0 zwischen x_0 und ζ liegt. Allgemeiner bleiben diese Ungleichungen erhalten, sobald für einen der Näherungswerte x_ν die Ungleichung

$$\left| \frac{f(x_\nu)\mathfrak{M}}{f'(x_\nu)} \right| \leqslant \frac{1}{2}$$

erfüllt ist. Wir beweisen nun, dass diese Relation e r s t e n s gilt, sobald x_ν zwischen x_0 und ζ liegt, z w e i t e n s, sobald sie für irgendeinen der vorhergehenden Näherungswerte richtig ist, endlich, dass sie bereits für den z w e i t e n Näherungswert x_2 richtig ist, sobald die Differenz $x_1 - y_0$ bei der Abrundung absolut nicht verkleinert wird, also ihr absoluter Betrag genau berechnet oder aufgerundet wird. Unser Beweis dieser letzten Tatsache verlangt ziemlich ausgedehnte Vorbereitungen, nämlich eine Diskussion von drei Extremalaufgaben, die im § 2 durchgeführt wird. Die Fehlerabschätzungen selbst werden im dritten Paragraphen durchgeführt, wobei hervorzuheben ist, dass der Inhalt des zweiten Paragraphen nur zum Beweis benutzt wird, dass unter der oben angegebenen Abrundungsfestsetzung

$$\left| \frac{f(x_2)\mathfrak{M}}{f'(x_2)} \right| \leqslant \frac{1}{2}$$

gilt. Der Leser also, der sich nur für solche Näherungswerte interessiert, bei denen $y_0 = x_0$ ist oder y_0 zwischen x_0 und ζ liegt, kann diesen Paragraphen überschlagen. Es scheint mir indessen, dass die Bedeutung, die das Newtonsche Näherungsverfahren, namentlich wegen seiner schnellen Konvergenz, in der Praxis besitzt, eine eingehende Diskussion unter den allgemeinsten Voraussetzungen rechtfertigt.

Im Übrigen ist es klar, dass eine Untersuchung, wie die vorliegende, in der ein vor allem für die praktische Mathematik wichtiger Begriff wie die Abrundungsschranke einerseits und die wesentlich theoretisch orientierten Fragestellungen andererseits in engster Wechselwirkung behandelt werden, sehr verschieden angelegt werden kann. Der Verfasser nimmt nicht an, dass die von ihm gewählte Form der Fragestellung die endgültige ist. Indessen dürfte es sich unter allen Umständen lohnen, den Anfang zu machen.

§ 1. Konvergenzbeweis

1. Wir werden im Folgenden zwei verschiedene Gruppen von Voraussetzungen benutzen:

V o r a u s s e t z u n g e n A. *Es sei $f(x)$ im abgeschlossenen Intervall $\mathfrak{J}$ zwischen x_0 und $x_0 + d$, $d \gtrless 0$, reell und zweimal differenzierbar. Es sei $f(x_0) \neq 0$, $f'(x_0) \neq 0$ und $\mathfrak{M}$ eine obere Grenze von $|f''(x)|$ in $\mathfrak{J}$. Es sei*

$$C = \frac{|f(x_0)|\mathfrak{M}}{(f'(x_0))^2} \leqslant \frac{1}{2} \tag{1,1}$$

und

$$\lambda = \frac{1-\sqrt{1-2C}}{C} = \frac{2}{1+\sqrt{1-2C}} \leqslant 2 \tag{1,2}$$

die kleinere Wurzel der Gleichung

$$g(x) \equiv \frac{C}{2} x^2 - x + 1 = 0.$$

Endlich sei

$$h = -\frac{f(x_0)}{f'(x_0)}, \quad \lambda \leqslant \frac{d}{h} \leqslant 2.$$

Voraussetzungen B. *Es sei* $f(x)$ *im abgeschlossenen Intervall* $\mathfrak{J} = \langle 0, d \rangle$ *reell und zweimal differenzierbar und es sei* $f(0) = 1$, $f'(0) = -1$ *und in* $\mathfrak{J}$

$$|f''(x)| \leqslant C, \quad 0 < C \leqslant \frac{1}{2}.$$

Endlich sei $\lambda \leqslant d \leqslant 2$, *wo* λ *die Bedeutung* (1,2) *hat.*

Man übersieht sofort, dass, wenn für eine Funktion $f(x)$ die Voraussetzungen A zutreffen, die Funktion

$$\frac{f(x_0 + hx)}{f(x_0)}, \quad h = -\frac{f(x_0)}{f'(x_0)}, \tag{1,3}$$

den Voraussetzungen B genügt.

2. I. *Unter den Voraussetzungen* B *gilt für jedes* x *aus dem Intervall* $\mathfrak{J}$

$$x - \frac{f(x)}{f'(x)} \geqslant \frac{1}{2} - C. \tag{2,1}$$

Beweis. Die linke Seite von (2, 1) lässt sich, wie man unmittelbar verifiziert, auf die Form bringen

$$\frac{f(x) - xf'(x)}{-f'(x)} = \frac{1 - \int_0^x xf''(x)\,dx}{1 - \int_0^x f''(x)\,dx}.$$

Hier ist aber der Nenner wegen $|f''(x)| \leqslant C$ zwischen den Grenzen $1 \pm Cx$ enthalten; also wegen $x \leqslant 2$, $C \leqslant \frac{1}{2}$ nicht negativ und höchstens gleich 2. Der Zähler aber ist grösser oder gleich

$$1 - C\int_0^x x\,dx = 1 - \frac{C}{2} x^2 \geqslant 1 - 2C,$$

woraus die Behauptung unmittelbar folgt.

3. II. *Unter den Voraussetzungen* A *besitzt* $f(x)$ *im Intervall* $\mathfrak{J}$ *genau eine Wurzel* ζ. ζ *liegt zwischen den Schranken* $\zeta_0 h$ *und* λh, *wo* $h = -\frac{f(x_0)}{f'(x_0)}$ *und* ζ_0 *die positive Wurzel der Gleichung* $\frac{C}{2} x^2 + x - 1 = 0$ *ist. Für jedes zwischen* x_0 *und* ζ *gelegene* x *gilt*

$$\frac{|f(x)\mathfrak{M}|}{f'(x)^2} \leqslant C. \tag{3,1}$$

Beweis. Ohne Beschränkung der Allgemeinheit kann angenommen werden, dass die Voraussetzungen B gelten, da durch die in Nr. 1 angegebene Transformation (1,3) der allgemeine Fall auf diesen speziellen zurückgeführt werden kann. Dann ist aber $h=1$ und es gilt, wegen $f(0)=1$, $f'(0)=-1$, für θ, θ' mit $|\theta|<1$, $|\theta'|<1$,

$$f(\lambda)=f(0)+\lambda f'(0)+\frac{\lambda^2}{2}f''(2\theta)\leqq 1-\lambda+\frac{\lambda^2}{2}C=0$$

und

$$f(\zeta_0)=f(0)+\zeta_0 f'(0)+\frac{\zeta_0^2}{2}f''(2\theta')\geqq 1-\zeta_0-\frac{\zeta_0^2}{2}C=0,$$

so dass $f(x)$ zwischen ζ_0 und λ verschwindet.

Andererseits ist, $\varphi(x)=x+f(x)$ gesetzt, $\varphi'(0)=0$ und für $0<x\leqq d\leqq 2$

$$|\varphi'(x)|=|1+f'(x)|=\left|\int_0^x f''(x)dx\right|\leqq Cx\leqq\frac{x}{2}.$$

Die Existenz einer von ζ verschiedenen Nullstelle η von $f(x)$ in $\mathfrak{J}$ stände nun im Widerspruch mit

$$|\eta-\zeta|=|\varphi(\eta)-\varphi(\zeta)|=\left|\int_\zeta^\eta \varphi'(x)\,dx\right|<|\eta-\zeta|\frac{\eta+\zeta}{2}<|\eta-\zeta|.$$

4. Setzt man

$$F(x)=\frac{f(x)}{f'(x)^2}, \tag{4,1}$$

so haben wir nunmehr nur

$$F(x)\leqq 1,\quad 0\leqq x\leqq\zeta, \tag{4,2}$$

zu beweisen, da $f(x)$ zwischen 0 und ζ nicht negativ ist. Durch Differentiation ergibt sich

$$f'(x)F'(x)=1-2f''(x)F(x). \tag{4,3}$$

Andererseits folgt aus dem Mittelwertsatz

$$f'(x)-f'(0)\leqq Cx\leqq\frac{x}{2}\leqq 1,$$

so dass $f'(x)$ in $\mathfrak{J}$ nicht positiv ist und nur für $x=2$ verschwinden kann, allerdings nur dann, wenn in $\mathfrak{J}$ $f''(x)\equiv\frac{1}{2}$ und $f(x)\equiv\frac{1}{4}x^2-x+1$ ist [6].

Ist nun $f''(0)<\frac{1}{2}$, so folgt aus (4,3), dass $F'(x)$ für $x=0$ negativ ist, so dass $F(x)$ dort abnimmt und rechts von $x=0$ zunächst kleiner als 1 bleibt. Damit bleibt aber auch $F'(x)$ negativ und es ergibt sich, dass $F(x)$ bis $x=\zeta$ monoton abnimmt gegen den Wert 0 für $x=\zeta$, also zwischen 0 und ζ beständig positiv und kleiner als 1 bleibt.

[6] Hieraus folgt insbesondere, dass unter den Voraussetzungen des Satzes II die Wurzel eine einfache Wurzel ist, mit alleiniger Ausnahme des Falles, wo $f''(x)\equiv\frac{1}{2}$,

$$f(x)\equiv\frac{1}{4}x^2-x+1=\frac{(x-2)^2}{4}$$

ist.

5. Es sei nun $f''(0)=\frac{1}{2}$. Wir bilden dann für $0<\rho<1$ den Ausdruck

$$f_\rho(x)=1-x+\rho\int_0^x (x-t)f''(t)\,dt.$$

Für $\rho\uparrow 1$ konvergieren $f_\rho(x)$ und $f_\rho'(x)$ gleichmässig in $\mathfrak{J}$ respektive gegen $f(x)$ und $f'(x)$. Da auf $f_\rho(x)$ die Voraussetzungen B zutreffen, besitzt $f(x)$ in $\mathfrak{J}$ genau eine Nullstelle ζ_ρ, die für $\rho\uparrow 1$ gegen ζ konvergiert. Zwischen 0 und ζ_ρ gilt nun, da $|f_\rho''(x)|<\frac{1}{2}$ ist,

$$\frac{f_\rho(x)}{f_\rho'(x)^2}\leqslant 1,$$

woraus für $\rho\uparrow 1$ (4,2) auch in diesem Falle folgt. Damit ist II bewiesen.

Bemerkung. Wie das Beispiel der Funktion

$$f(x)=f(x_0)+f'(x_0)(x-x_0)+\frac{\mathfrak{M}}{2}(x-x_0)^2 \tag{5,1}$$

zeigt, lässt sich im Satze II der Wert von λ durch keinen absolut kleineren Wert ersetzen.

Man kann aber andererseits leicht einsehen, dass, wenn $C>\frac{1}{2}$ ist, der Satz nicht mehr richtig bleibt, wenn man d durch kh für irgendein noch so grosses k ersetzt. Denn dann besitzt die Funktion (5,1), die ja durch die Substitution der Nr. 1 in $1-x+\frac{C}{2}x^2$ übergeht, überhaupt keine reellen Wurzeln.

6. III. *Unter den Voraussetzungen* A *wähle man ein* ε *so, dass*

$$0\leqslant\varepsilon\leqslant 1-2C \tag{6,1}$$

ist, und bilde von einem beliebigen Punkte x_1 *aus* $\mathfrak{J}$ *ausgehend rekurrent die Zahlenfolgen* x_ν, x_ν' *vermöge*

$$\left.\begin{aligned} &x_1'=x_1,\quad h_1=-\frac{f(x_1')}{f'(x_1')},\quad x_2=x_1'+h_1,\\ &|\delta_1|\leqslant\frac{\varepsilon}{8}\,\frac{\mathfrak{M}}{|f'(x_0)|}h_1^2,\quad x_2'=x_2+\delta_1,\end{aligned}\right\} \tag{6,2}$$

$$h_\nu=-\frac{f(x_\nu')}{f'(x_\nu')},\quad x_{\nu+1}=x_\nu'+h_\nu,\quad \nu=1,2,\ldots, \tag{6,3}$$

$$|\delta_\nu|\leqslant\frac{\varepsilon}{8}\,\frac{\mathfrak{M}}{|f'(x_0)|}h_\nu^2,\quad x_{\nu+1}'=x_{\nu+1}+\delta_\nu,\quad \nu=1,2,\ldots \tag{6,4}$$

Dabei sind δ_ν *für jedes* ν *willkürlich zu wählende reelle Grössen, die nur den Ungleichungen* (6,4) *unterworfen werden.*

Dann verlaufen beide Folgen x_ν, x_ν' *in* $\mathfrak{J}$ *und konvergieren gegen die Wurzel* ζ *von* $f(x)$.

Bemerkung. Wir bezeichnen die Grösse δ_ν als den Abrundungsfehler von h_ν bzw. x_ν. Ferner setzen wir $h_\nu'=h_\nu+\delta_\nu$ und bezeichnen h_ν', x_ν' als die abgerundeten Werte von h_ν bzw. x_ν. Natürlich können die δ_ν auch positiv sein, so dass es sich dann in Wahrheit um die Aufrundung handelt.

7. Beweis von III. Ohne Beschränkung der Allgemeinheit darf angenommen werden, dass die Voraussetzungen B zutreffen, so dass insbesondere $\mathfrak{M}=C$ ist.

Es sei nun zunächst (bis zur Nr. 12) $0\leqslant x_1<\zeta$. Wir werden dann für jedes ν die folgenden drei Behauptungen beweisen:

a) $2|f'(x'_\nu)|\geqslant|f'(x'_{\nu-1})|,$ (7,1)

b) setzt man

$$d_\nu=\frac{2C\left(1+\frac{\varepsilon}{2}\right)|h_\nu|}{f'(x'_\nu)}, \tag{7,2}$$

so gilt

$$d_\nu\leqslant d^2_{\nu-1}\leqslant d_1^{2^{\nu-1}}\leqslant 1, \tag{7,3}$$

c) x_ν, x'_ν liegen in $\mathfrak{J}$.

Von diesen drei Behauptungen ist für $\nu=1$ a) gegenstandslos, c) eine unmittelbare Folge aus der Definition von $x_1=x'_1$, b) aber reduziert sich nach Satz II auf

$$2C\left(1+\frac{\varepsilon}{2}\right)\leqslant 1. \tag{7,4}$$

Dies folgt unmittelbar aus

$$2C(1+\varepsilon)\leqslant(1-\varepsilon)(1+\varepsilon)=1-\varepsilon^2.$$

Man beachte, dass in (7,4) sicher das Kleinerzeichen gilt, also $d_1<1$ bleibt, wenn $C<\frac{1}{2}$ ist.

8. Wir nehmen nun an, dass unsere drei Behauptungen für $\nu=1,\ldots,n$ zutreffen, und beweisen, dass sie dann auch für $\nu=n+1$ gelten. Wir beginnen mit dem Beweis von c).

Ist $x'_n>\zeta$, so ist $h_n<0$. Aus I folgt dann:

$$x'_n>x_{n+1}\geqslant\frac{1}{2}-C\geqslant\frac{\varepsilon}{2}.$$

Aus (6,4) folgt aber

$$|\delta_n|\leqslant\frac{\varepsilon}{4}\left(\frac{C}{2}h_n^2\right)=|h_n|\left(\frac{\varepsilon}{8}C|h_n|\right), \tag{8,1}$$

$$|\delta_n|\leqslant\frac{\varepsilon}{4},\quad|\delta_n|\leqslant\frac{1}{8}|h_n|,\quad\frac{7}{8}<\frac{h'_\nu}{h_\nu}<\frac{9}{8}, \tag{8,2}$$

wegen

$$C\leqslant\frac{1}{2},\quad|h_n|=x'_n-x_{n+1}\leqslant 2,\quad\varepsilon\leqslant 1,$$

$$\varepsilon C=\frac{1}{2}\varepsilon\cdot 2C\leqslant\frac{\varepsilon(1-\varepsilon)}{2}\leqslant\frac{1}{8}.$$

Daher liegt $x'_{n+1}=x_{n+1}+\delta_n$ sicher zwischen x'_n und $\frac{\varepsilon}{2}-\frac{\varepsilon}{2}$, d. h. in $\mathfrak{J}$. Für $x'_n=\zeta$ ist auch $x_{n+1}=\zeta$, $h_n=0$, $\delta_n=0$, $x'_{n+1}=\zeta$.

9. Es sei nun $0\leqslant x'_n<\zeta$. Dann ist

$$h_n=x_{n+1}-x'_n=\frac{f(x'_n)}{-f'(x'_n)}\geqslant 0.$$

Nun gilt aber nach dem Taylorschen Satz

$$0 < f(x'_n) = 1 - x'_n + \frac{1}{2} f''(2\theta)\, x'^2_n \leqslant 1 - x'_n + \frac{C}{2} x'^2_n, \quad 0 \leqslant \theta < 1,$$

und

$$-f'(x'_n) \geqslant 1 - Cx'_n.$$

Daher folgt

$$x_{n+1} \leqslant x'_n + \frac{\frac{C}{2} x'^2_n - x'_n + 1}{1 - Cx'_n}.$$

Da aber identisch

$$\frac{C}{2} x'^2_n - x'_n + 1 = (x'_n - \lambda)\left(\frac{C}{2} x'_n - \frac{1}{\lambda}\right)$$

ist, folgt hieraus

$$\lambda - x_{n+1} \geqslant (\lambda - x'_n)\left(1 + \frac{\frac{C}{2} x'_n - \frac{1}{\lambda}}{1 - Cx'_n}\right) = (\lambda - x'_n)^2 \frac{C}{2} \frac{1}{1 - Cx'_n}. \tag{9,1}$$

Daher gilt sicher

$$x'_n \leqslant x_{n+1} \leqslant \lambda,$$

so dass x_{n+1} in $\mathfrak{J}$ liegt.

Andererseits folgt aus (8,2), dass, wenn δ_n negativ ist, wegen $h = x_{n+1} - x'_n$ immer noch x'_{n+1} zwischen x'_n und x_{n+1} und daher in $\mathfrak{J}$ liegt. Für positive δ_n aber genügt es zu beweisen, dass $\delta_n < \lambda - x_{n+1}$ ist. Dies folgt aber wegen (9,1) aus $\lambda - x'_n \geqslant |h|$, da man dann ja nur

$$\frac{1}{1 - Cx'_n} \geqslant \frac{\varepsilon}{4}$$

zu beweisen hat. Die linke Seite dieser Ungleichung ist aber $\geqslant 1$, während die rechte sicher < 1 ist. Damit ist die Behauptung c) für $\nu = n + 1$ bewiesen.

10. Um die Behauptung a) für $\nu = n + 1$ zu beweisen, beachte man, dass

$$|f'(x'_{n+1})| \geqslant |f'(x'_n)| - \mathfrak{M}\,|h'_n| = |f'(x'_n)|\left(1 - C\frac{|h'_n|}{|f'(x'_n)|}\right) \tag{10,1}$$

ist. Andererseits gilt

$$\frac{C\,|h'_n|}{|f'(x'_n)|} = \frac{1}{2} \frac{2C\,|h_n|}{|f'(x'_n)|}\left(1 + \frac{\delta_n}{h_n}\right),$$

und dies ist wegen $|h_n| \leqslant 2$ nach Definition von d_n und (8,1)

$$\leqslant \frac{d_n}{2\left(1 + \frac{\varepsilon}{2}\right)}\left(1 + \varepsilon \frac{C\,|h_n|}{8}\right) \leqslant \frac{d_n}{2} \frac{1 + \frac{\varepsilon}{8}}{1 + \frac{\varepsilon}{2}} \leqslant \frac{d_n}{2} \leqslant \frac{1}{2},$$

so dass aus der obigen Ungleichung

$$|f'(x'_{n+1})| \geqslant \frac{1}{2} |f'(x'_n)|$$

folgt, d. h. a) für $\nu = n + 1$.

11. Um endlich b) für $\nu = n + 1$ zu beweisen, beachte man, dass

$$f(x'_{n+1}) = f(x'_n + h_n + \delta_n) = f(x'_n + h_n) + f'(\xi)\,\delta_n,$$

wo ξ in $\mathfrak{J}$ liegt. Hier ist aber

$$f'(\xi) = f'(0) + f''(2\vartheta)\xi, \quad 0 < \vartheta < 1,$$
$$|f'(\xi)| \leqq 1 + 2C \leqq 2$$

und nach der Taylorentwicklung mit dem Restglied zweiter Ordnung für $|\theta| \leqq 1$

$$|f(x'_n + h_n)| = \left|\frac{\theta}{2}\mathfrak{M} h_n^2\right| \leqq \frac{1}{2} C h_n^2,$$

so dass nach (6,4)

$$|f(x'_{n+1})| \leqq \frac{1}{2} C h_n^2 + \frac{\varepsilon}{4} C h_n^2 = \frac{1+\frac{\varepsilon}{2}}{2} C h_n^2$$

ist. Hieraus folgt aber für $h_{n+1} = -\frac{f(x'_{n+1})}{f'(x'_{n+1})}$:

$$|h_{n+1}| \leqq \frac{1+\frac{\varepsilon}{2}}{2} \frac{C h_n^2}{|f'(x'_{n+1})|}, \tag{11,1}$$

$$d_{n+1} = \frac{2C\left(1+\frac{\varepsilon}{2}\right)|h_{n+1}|}{|f'(x'_{n+1})|} \leqq d_n^2 \left(\frac{f'(x'_n)}{2f'(x'_{n+1})}\right)^2,$$

oder wegen der Relation a), die ja oben für $\nu = n+1$ bewiesen wurde,

$$d_{n+1} \leqq d_n^2,$$

woraus die volle Behauptung b) folgt. Zugleich ist damit die Gültigkeit von (11,1) für alle $n = 1, 2, \ldots$ bewiesen.

Es sei noch bemerkt, dass in der obigen Deduktion nicht von der Annahme $x_1 < \zeta$ direkt Gebrauch gemacht wurde, sondern von der Ungleichung (3,1) des Satzes II, so dass *die obige Betrachtung unverändert richtig bleibt, wenn* (3,1) *für* x_1 *gilt.*

12. Wir knüpfen nunmehr an die Formel (11,1) an und kombinieren sie mit der Relation

$$2^n |f'(x'_{n+1})| \geqq |f'(x'_1)|. \tag{12,1}$$

Dann ergibt sich

$$|h_{n+1}| \leqq 2^{n-1}\left(1+\frac{\varepsilon}{2}\right) C \frac{h_n^2}{|f'(x'_1)|}$$

oder

$$\left|2\frac{h_{n+1}}{f'(x'_1)}\left(1+\frac{\varepsilon}{2}\right)C\right| \leqq 2^{n-2}\left|2\frac{h_n}{f'(x'_1)}\left(1+\frac{\varepsilon}{2}\right)C\right|^2 \tag{12,2}$$

und daher durch wiederholte Anwendung dieser Formel

$$\left|2\frac{h_{n+1}}{f'(x'_1)}\left(1+\frac{\varepsilon}{2}\right)C\right| \leqq 2^E\left|2\frac{h_1}{f'(x'_1)}\left(1+\frac{\varepsilon}{2}\right)C\right|^{2^n}, \tag{12,3}$$

wo

$$E = n-2+2(n-3)+\ldots+2^{n-1}(-1) =$$
$$= \sum_{\varkappa=0}^{n-1}(n-2-\varkappa)2^\varkappa = (n-1)\sum_{\varkappa=0}^{n-1}2^\varkappa - \sum_{\varkappa=0}^{n-1}(\varkappa+1)2^\varkappa.$$

Hier ist aber der Minuend $=(n-1)(2^n-1)$, der Subtrahend aber ergibt sich für $x=2$ aus

$$\sum_{\varkappa=0}^{n-1}(\varkappa+1)x^{\varkappa}=\left(\frac{x^{n+1}-x}{x-1}\right)'=\frac{((n+1)x^n-1)(x-1)-(x^{n+1}-x)}{(x-1)^2},$$

ist also gleich

$$(n+1)2^n-1-2\cdot 2^n+2=(n-1)2^n+1.$$

Daher ist

$$E=(n-1)(2^n-1)-((n-1)2^n+1)=-n.$$

Daher gilt

$$\left|2\left(1+\frac{\varepsilon}{2}\right)C\frac{h_{n+1}}{f'(x_1')}\right|\leqslant 2^{-n}\left|2\left(1+\frac{\varepsilon}{2}\right)C\frac{h_1}{f'(x_1')}\right|^{2^n}. \tag{12,4}$$

Da aber hier nach (7,3)

$$\left|2\left(1+\frac{\varepsilon}{2}\right)C\frac{h_1}{f'(x_1')}\right|=d_1\leqslant 1$$

ist, folgt

$$h_n=-\frac{f(x_n')}{f'(x_n')}\longrightarrow 0,$$

und daher, da $f'(x)$ in $\mathfrak{J}$ absolut beschränkt ist, strebt $f(x_n')$ gegen 0. Daher muss jede konvergente Teilfolge der x_n' gegen ζ konvergieren, so dass ζ die einzige Häufungsstelle und damit der Grenzwert der x_n' ist. Wegen (6,4) ist aber $\delta_{n-1}=x_n'-x_n\longrightarrow 0$, so dass auch $x_n\longrightarrow\zeta$ gilt. Damit ist der Satz III für den Fall bewiesen, dass für $x_1'=x_1$ (3,1) gilt. Natürlich ist damit der Beweis auch für den Fall erbracht, dass für irgendeines der x_n' (3,1) gilt, also z. B., wenn **irgendeines** der $x_n'\leqslant\zeta$ wird.

13. Es mögen nun sämtliche $x_\nu'>\zeta$ bleiben. Dann gilt nach (8,2)

$$f(x_\nu')<0,\quad h_\nu<0,\quad h_\nu'<0,$$

so dass die Folge x_ν' monoton abnimmt und beständig oberhalb ζ bleibt. Daher ist die Folge der x_ν' konvergent gegen einen Wert ζ_0. Da aber dann nach (8,2)

$$x_{\nu+1}'-x_\nu'=h_\nu'\longrightarrow 0,\quad h_\nu=-\frac{f(x_\nu')}{f'(x_\nu')}\longrightarrow 0$$

sein muss, und $f'(x_\nu)$ nach oben beschränkt bleibt, gilt

$$f(x_\nu')\longrightarrow 0,\quad f(\zeta_0)=0,\quad \zeta_0=\zeta,$$

womit der Beweis des Satzes III vollendet ist.

§ 2. Einige Extremalaufgaben

14. Problem I. *Es seien C, ζ positive Zahlen mit $C\leqslant\frac{1}{2}$ und, unter λ die Grösse (1,2) verstanden, $\zeta<\lambda$. Wir betrachten alle reellen stückweise stetig im Intervall $\langle 0,\zeta\rangle$ differenzierbaren Funktionen $g(x)$, für die*

$$g(0)=1,\quad \int_0^{\zeta} g(x)\,dx=1,\quad |g'(x)|\leqslant C \tag{14,1}$$

ist. Es ist dann die untere Grenze u (ζ, C) *von* $g(\zeta)$ *für die Gesamtheit dieser Funktionen zu bestimmen*[7].

Bei der Behandlung dieses Problems ist es zweckmässig, die Voraussetzung $\int_0^\zeta g(x)\,dx = 1$ durch

$$\int_0^\zeta g(x)\,dx \geqq 1 \tag{14,2}$$

zu ersetzen. Es wird sich nämlich herausstellen, dass der unter dieser Voraussetzung hergeleitete Wert für die untere Grenze von $g(\zeta)$ gerade für solche Funktionen angenommen wird, für die in (14,2) das Gleichheitszeichen gilt.

Es sei $y = g(x)$ eine der Konkurrenzfunktionen. Der zugehörige Kurvenbogen zwischen den Punkten $P_0(0, 1)$ und $P_1(\zeta, g(\zeta))$ ist in der Fig. 1 gezeichnet. Legt man nun durch die Punkte P_0 und P_1 Halbstrahlen, die jeweils den Winkel arc tg C mit der positiven, bzw. negativen x-Axe bilden, so erhält man einen Streckenzug P_0PP_1. Es sei für diesen Streckenzug die Ordinate als Funktion der Abszisse durch die Gleichung $y = g_0(x)$ gegeben, und es sei α die Abszisse von P. Es ist dann klar, dass im Intervall $(0, \zeta)$ durchweg $g_0(x) \geqq g(x)$ und daher

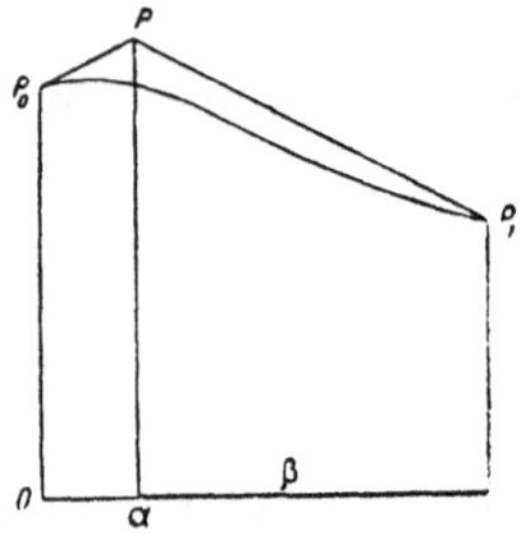

Fig. 1.

$$\int_0^\zeta g_0(x)\,dx \geqq \int_0^\zeta g(x)\,dx \geqq 1$$

ist. In der Tat gilt im Intervall $(0, \alpha)$

$$g(x) = 1 + \int_0^x g'(x)\,dx \leqq 1 + Cx = g_0(x)$$

und im Intervall (α, ζ)

$$g(x) = g(\zeta) + \int_x^\zeta (-g'(x))\,dx \leqq g(\zeta) + C(\zeta - x) = g_0(x).$$

Daher kann man sich bei der Bestimmung von $u(\zeta, C)$ von vornherein auf die Betrachtung der Funktionen von der Art von $g_0(x)$ beschränken, die in einem Intervall $(0, \alpha)$ linear mit der Ableitung C und im komplementären Intervall (α, ζ) linear mit der Ableitung $-C$ sind. Für eine solche Funktion liegt aber offenbar der Punkt P_1 dann am tiefsten, wenn die Strecke PP_1 am tiefsten verschoben wird, d. h. so tief, dass der Flächeninhalt des Fünfecks $O\zeta P_1PP_0$ gleich 1 wird.

15. Es möge nun das Fünfeck in der Fig. 1 bereits dieser Grenzlage entsprechen, und die zugehörige Funktion $g_0(x)$ sei mit $g^*(x)$ bezeichnet. Setzen wir $\zeta - \alpha = \beta$, so ergibt sich für den Flächeninhalt des Fünfecks der Ausdruck

$$\left(1 + \frac{C\zeta}{2}\right)\zeta - C\beta^2 = 1,$$

[7] In der Folge wird die Lösung dieses Problems nur für $C = \frac{1}{2}$ benutzt.

woraus, $\gamma = C\beta$ gesetzt,

$$\gamma = \gamma(C) = \sqrt{C\left(\frac{C}{2}\zeta^2 + \zeta - 1\right)} \qquad (15,1)$$

folgt. Andererseits ergibt sich aus der nebenstehenden Figur für die Strecke ζP_1 der Ausdruck $1 + C\zeta - 2C\beta$, so dass schliesslich als *die Lösung unseres Problems*

$$u(\zeta, C) = 1 + C\zeta - 2\gamma \qquad (15,2)$$

folgt, *wo* γ *die Bedeutung* (15,1) *hat.*

Zugleich sieht man, dass von allen Konkurrenzfunktionen nur $g^*(x)$ an der Stelle ζ den Minimalwert $u(\zeta, C)$ annimmt.

Wir denken uns nun die Funktion $g^*(x)$ auch in das Intervall $\langle \zeta, 2 \rangle$ fortgesetzt, durch die Forderung, dass sie in diesem Intervall linear mit der Ableitung $-C$ bleibt. Es ist also in der obigen Figur die Strecke PP_1 nach rechts bis zur Ordinate $x = 2$ zu verlängern. Die so im Intervall $\langle 0,2 \rangle$ definierte Funktion wird im Folgenden mit

$$g^*(x) = g^*(C, \zeta, x)$$

bezeichnet.

16. Problem II. *Es ist der grösste Wert* $v_0 = v_0(\zeta)$ *von* v, $\zeta < v \leqq 2$, *zu bestimmen derart, dass für jede den Voraussetzungen des Problems I genügende und im ganzen Intervall* $\langle 0, v \rangle$ *stückweise stetig differenzierbare Funktion* $g(x)$ *die Ungleichung*

$$\left| \frac{1}{g(x)^2} \int_{\zeta}^{x} g(x)\, dx \right| \leqq 1 \qquad (16,1)$$

für $\zeta \leqq x \leqq v$ *gilt, und zwar für alle* C *mit* $0 < C \leqq \frac{1}{2}$.

Setzt man

$$G(x) = \frac{1}{g(x)^2} \int_{\zeta}^{x} g(x)\, dx, \qquad (16,2)$$

so folgt

$$g(x)\, G'(x) = 1 - 2\, g'(x)\, G(x). \qquad (16,3)$$

Aus $|g'(x)| \leqq C \leqq \frac{1}{2}$ für $0 \leqq x \leqq v \leqq 2$ folgt

$$g(x) \geqq 1 - \frac{x}{2} \geqq 0,$$

so dass $G(x)$ sicher positiv ist. Daher folgt aus (16,3)

$$g(x)\, G'(x) \leqq 1 + G(x),$$

$$\frac{d}{dx} \log(1 + G(x)) \leqq \frac{1}{g(x)},$$

$$\log(1 + G(x)) \leqq \int_{\zeta}^{x} \frac{dx}{g(x)}. \qquad (16,4)$$

Offenbar gilt in (16,4) das Gleichheitszeichen, wenn für $x > \zeta$ durchweg $g'(x) = -C = -\frac{1}{2}$ ist. Andererseits gilt nach der oben gefundenen Lösung des Problems I für $x \geqq \zeta$ wegen $|g'(x)| \leqq C$

$$g(x) \geqq u(\zeta, C) - C(x-\zeta) = g^*(C, \zeta, x),$$

und hier nimmt die rechte Seite als Funktion von C ihren kleinsten Wert für $C=\frac{1}{2}$ an, da mit Vergrösserung von C das Konkurrenzfeld des zugehörigen Extremalproblems erweitert wird. Daher folgt aus (15,2) und (15,1) für $C=\frac{1}{2}$:

$$g(x) \geqq 1-2\gamma_0+\zeta-\frac{x}{2} = g^*\left(\frac{1}{2}, \zeta, x\right), \tag{16,5}$$

$$\gamma_0 = \sqrt{\frac{\zeta^2}{8}+\frac{\zeta}{2}-\frac{1}{2}}. \tag{16,6}$$

17. Unter Benutzung der Schranke (16,5) folgt aus (16,4) durch Integration

$$\sqrt{1+G(x)} \leqq \frac{1-2\gamma_0+\zeta-\frac{\zeta}{2}}{1-2\gamma_0+\zeta-\frac{x}{2}}. \tag{17,1}$$

Offenbar bleibt $G(x) \leqq 1$, solange die rechte Seite von (17,1) $\leqq \sqrt{2}$ bleibt. Daraus *ergibt sich für x die gesuchte Schranke*

$$x \leqq \sqrt{\frac{1}{2}}\,\varphi(\zeta) = \sqrt{\frac{1}{2}}\left(\zeta+2(\sqrt{2}-1)(1-2\gamma_0+\zeta)\right) = v_0(\zeta). \tag{17,2}$$

Setzen wir $\zeta+2=\eta$, so gehen die Ausdrücke für $\varphi(\zeta)$ und γ_0 über in

$$\varphi(\zeta) = (2\sqrt{2}-1)\eta - 4(\sqrt{2}-1)\gamma_0 - 2\sqrt{2}, \tag{17,3}$$

$$\gamma_0^2 = \frac{\eta^2}{8}-1. \tag{17,4}$$

Die Bedingung (17,2) geht dann über in

$$x-\zeta \leqq \sqrt{\frac{1}{2}}\varphi-\eta+2 = 2\eta-\eta-\sqrt{\frac{1}{2}}\eta-2(2-\sqrt{2})\gamma_0 =$$
$$=(2-\sqrt{2})\left(\frac{\eta}{2}-2\gamma_0\right),$$

$$2\frac{x-\zeta}{2-\sqrt{2}} \leqq \eta-\sqrt{2\eta^2-16} = \frac{16-\eta^2}{\eta+\sqrt{2\eta^2-16}} = (2-\zeta)\frac{4+\eta}{\eta+\sqrt{2\eta^2-16}},$$

oder endlich

$$\frac{x-\zeta}{2-\zeta} \leqq \frac{2-\sqrt{2}}{2}\,\frac{\eta+4}{\eta+\sqrt{2\eta^2-16}}. \tag{17,5}$$

Da aber hier der zweite Faktor rechts $\geqq 1$ ist, genügt es für das Bestehen von (16,1), wenn

$$\frac{x-\zeta}{2-\zeta} \leqq \frac{2-\sqrt{2}}{2} = 0{,}29289\ldots \tag{17,6}$$

ist.

18. Problem III. *Es möge $g(y)$ alle im Intervall $\langle 0, y_0 \rangle$ reellen, stetigen und differenzierbaren Funktionen mit der Eigenschaft*

$$g(0)=a \geqq \frac{y_0}{2}, \quad |g'(y)| \leqq \frac{1}{2} \quad \text{für} \quad 0 \leqq y \leqq y_0 \tag{18,1}$$

durchlaufen. Es wird nach der unteren Grenze des Ausdrucks

$$\frac{\int_0^{y_0} g(y)\,dy}{g(y_0)} \tag{18,2}$$

gefragt.

Wir betrachten unter den Konkurrenzfunktionen zunächst diejenigen, die an der Stelle y_0 irgendeinen festen Wert $g(y_0)=z_0$ haben. Dann zeigt ein Blick auf Fig. 2, dass unter allen diesen Funktionen diejenige, $g_\alpha(y)$, den kleinsten Wert des Integrals $\int_0^{y_0} g(y)\,dy$, d. h. den kleinsten Betrag des entsprechenden Flächeninhalts in der Figur liefert, die zwischen 0 und einem geeigneten α linear mit der Ableitung $-\frac{1}{2}$ und zwischen α und y_0 mit der Ableitung $+\frac{1}{2}$ ist. Die zugehörige Kurve ist der in der Fig. 2 stark ausgezogene, einmal gebrochene Streckenzug. Der diesem Streckenzug entsprechende Flächeninhalt ist sofort zu berechnen. Es ergibt sich dafür, da

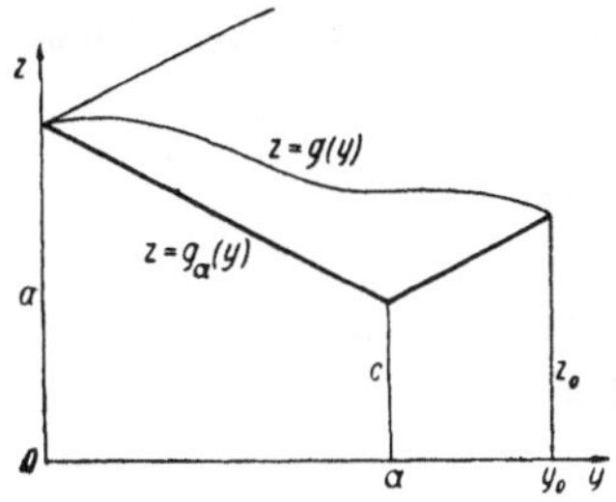

Fig. 2.

$$\alpha = a + \frac{y_0}{2} - z_0$$

und die $y=\alpha$ entsprechende Ordinate

$$c = \frac{a}{2} + \frac{z_0}{2} - \frac{y_0}{4}$$

ist,

$$\frac{\alpha}{2}(c+a) + \frac{y_0-\alpha}{2}(c+z_0) = \frac{a^2 + ay_0 - \frac{y_0^2}{4} - 2az_0 + y_0 z_0 + z_0^2}{2}. \tag{18,3}$$

Offenbar brauchen nunmehr nur derartige von z_0 als Parameter abhängige Funktionen in Betracht gezogen zu werden.

19. Der Quotient (18,2) hat dann als Funktion von z_0 die Gestalt

$$\frac{1}{2}\left(z_0 + \frac{a^2 + ay_0 - \frac{y_0^2}{4}}{z_0}\right) - a + \frac{y_0}{2}.$$

Dieser Ausdruck aber wird am Kleinsten gleichzeitig mit der Summe

$$z_0 + \frac{a^2 + ay_0 - \frac{y_0^2}{4}}{z_0},$$

und diese Summe nimmt ihren kleinsten Wert dann an, wenn die beiden Summanden einander gleich sind, d. h. für

$$z_0 = \sqrt{a^2 + ay_0 - \frac{y_0^2}{4}},$$

sofern der entsprechende Wert von z_0 überhaupt möglich ist, d. h. sofern das daraus berechnete α zwischen 0 und y_0 liegt. Diese Bedingung läuft aber auf

$$0 \leqslant a + \frac{y_0}{2} - \sqrt{a^2 + ay_0 - \frac{y_0^2}{4}} \leqslant y_0,$$

d. h., auf die beiden Ungleichungen

$$\sqrt{a^2+ay_0-\frac{y_0^2}{4}}\leqslant a+\frac{y_0}{2},$$

$$\sqrt{a^2+ay_0-\frac{y_0^2}{4}}\geqslant a-\frac{y_0}{2}$$

hinaus, von denen die erste aus $y_0>0$ unmittelbar folgt, während die zweite wegen $\frac{y_0}{2}\leqslant a$ leicht durch Quadrieren folgt. Daher ergibt sich nunmehr als das Minimum von (18, 3)

$$\sqrt{a^2+ay_0-\frac{y_0^2}{4}}-\left(a-\frac{y_0}{2}\right), \tag{19, 1}$$

und *dies ist die gesuchte untere Grenze,* so dass für jede Funktion $g(y)$, die den Bedingungen des Problems III genügt, die Ungleichung gilt

$$\frac{\int\limits_0^{y_0} g(y)\,dy}{g(y_0)}\geqslant\sqrt{a^2+ay_0-\frac{y_0^2}{4}}-\left(a-\frac{y_0}{2}\right). \tag{19, 2}$$

§ 3. Fehlerabschätzungen

20. IV. *Gelten zugleich mit den Voraussetzungen von Satz III die Voraussetzungen* B, *so gilt stets*

$$\frac{|f(x_2')|}{f'(x_2')^2}\leqslant 1, \tag{20, 1}$$

wenn der zugehörige Abrundungsfehler δ_2 nicht positiv gewählt wird, also x_2 zu x_2' nicht auf-, sondern im eigentlichen Sinne abgerundet wird.

B e m e r k u n g. Die auf δ_2 bezügliche Bedingung ist nach dem beim Beweis von Satz III bewiesenen offenbar unnötig, wenn die Ungleichung (20, 1) bereits für x_1 gilt. Ferner folgt aus (7, 3), dass die Ungleichung (20, 1) für alle x_n mit $n>2$ dann sicher gilt, ohne irgendwelche über die Formulierung von III hinausgehenden Festsetzungen, wenn sie nur für x_2 richtig ist. Insbesondere darf offenbar $\delta_2=0$ gesetzt werden, so dass die Relation (20, 1) für x_2 sicher gilt.

B e w e i s v o n IV. Es darf $x_1'>\zeta$ angenommen werden, da sonst die Behauptung mit (7, 3) beim Beweis des Satzes III bereits bewiesen ist. Wir setzen

$$x_1'=x,\quad h_1=-\frac{f(x)}{f'(x)}=-h(x),\quad h(x)>0. \tag{20, 2}$$

Unser Ziel ist nunmehr, eine untere Schranke für $\frac{h}{x-\zeta}$ zu finden. Wir verifizieren zuerst, dass sicher

$$\frac{|f'(\zeta)|}{x-\zeta}\geqslant\frac{|f'(\zeta)|}{2-\zeta}\geqslant\frac{1}{2} \tag{20, 3}$$

ist. In der Tat folgt aus der in Nr. 15 entwickelten Lösung des Extremalproblems I nach (15, 1) und (15, 2)

$$|f'(\zeta)|\geqslant u\left(\zeta,\frac{1}{2}\right)=1+\frac{\zeta}{2}-2\sqrt{\frac{\zeta^2}{8}+\frac{\zeta}{2}-\frac{1}{2}},$$

5*

oder, wenn $\eta = \zeta + 2$ gesetzt wird,

$$2|f'(\zeta)| \geqslant \eta - \sqrt{2\eta^2 - 16},$$

$$\frac{2|f'(\zeta)|}{2-\zeta} \geqslant \frac{\eta - \sqrt{2\eta^2-16}}{4-\eta} = \frac{16-\eta^2}{4-\eta}\,\frac{1}{\eta + \sqrt{2\eta^2-16}},$$

$$\frac{2|f'(\zeta)|}{2-\zeta} \geqslant \frac{\eta+4}{\eta+\sqrt{2\eta^2-16}} \geqslant 1,$$

da der Ausdruck unter dem Wurzelzeichen für $\eta \leqslant 4$ die Schranke 4 nicht übersteigt, und damit ist (20, 3) bewiesen.

21. Wir setzen nun

$$-f'(\zeta+y) = g(y), \quad |f'(\zeta)| = g(0) = a, \quad x - \zeta = y_0.$$

Dann sind wegen (20, 3) die Bedingungen des Extremalproblems III für die Funktion $g(y)$ befriedigt, und es gilt nach (19, 2)

$$h(x) = \frac{\int_0^{y_0} g(y)\,dy}{g(y_0)} \geqslant \sqrt{a^2 + a(x-\zeta) - \frac{(x-\zeta)^2}{4}} - \left(a - \frac{x-\zeta}{2}\right), \tag{21, 1}$$

$$\frac{h(x)}{x-\zeta} \geqslant \sqrt{\left(\frac{a}{x-\zeta}+\frac{1}{2}\right)^2 - \frac{1}{2}} - \left(\frac{a}{x-\zeta} - \frac{1}{2}\right). \tag{21, 2}$$

Setzt man

$$u = \frac{a}{x-\zeta} - \frac{1}{2},$$

wo nach (20, 3) $u \geqslant 0$ ist, so verwandelt sich die rechte Seite von (21, 2) in den Ausdruck

$$\sqrt{(u+1)^2 - \frac{1}{2}} - u, \tag{21, 3}$$

dessen Ableitung nach u

$$\frac{u+1}{\sqrt{(u+1)^2 - \frac{1}{2}}} - 1$$

offenbar für $u \geqslant 0$ positiv ist, so dass (21, 3) für alle $u \geqslant 0$ nicht unterhalb $\frac{\sqrt{2}}{2}$ kommt. Daher ergibt sich schliesslich

$$\frac{h(x)}{x-\zeta} \geqslant \sqrt{\frac{1}{2}}. \tag{21, 4}$$

Nunmehr folgt aus (21, 4) wegen $\delta_2 \leqslant 0$:

$$x_2' - \zeta = x - h(x) + \delta_2 - \zeta \leqslant x - \zeta - h = (x-\zeta)\left(1 - \frac{h}{x-\zeta}\right) \leqslant$$
$$\leqslant (x-\zeta)\left(1 - \sqrt{\frac{1}{2}}\right) \leqslant (2-\zeta)\left(1 - \sqrt{\frac{1}{2}}\right),$$

$$\frac{x_2' - \zeta}{2-\zeta} \leqslant 1 - \sqrt{\frac{1}{2}}. \tag{21, 5}$$

Setzt man aber

$$-f'(x) = g(x),$$

so genügt $g(x)$ den Voraussetzungen des Problems II im Intervall $0 \leqslant x \leqslant x_2$, und da für $x = x_2'$ wegen (21, 5) die Bedingung (17, 6) erfüllt ist, gilt dafür (16, 1), d. h. die Behauptung (20, 1), womit der Beweis von IV erbracht ist.

22. Wir wollen nun die Geschwindigkeit der Konvergenz und die Fehlergrösse bei dem Verfahren des Satzes III abschätzen. Es wird sich dann dabei darum handeln, über die Geschwindigkeit, mit der die h_n' gegen 0 konvergieren, Aufschluss zu erhalten, sowie eine Abschätzung von $|\zeta - x_{n+1}'|$ durch $h_n' = x_{n+1}' - x_n$ zu finden. Wir setzen dabei zunächst voraus, dass für x_n' die Relation (3, 1) gilt, was für $x_1 = x_1' < \zeta$ für alle n der Fall ist und für $x_1 > \zeta$ nach Satz IV sicher von $n = 2$ an zutrifft, sofern, z. B., δ_2 nicht positiv angenommen wird. Dann ergeben sich die weiteren Näherungen $x_{n+\nu}'$ aus x_n' so, als ob x'_n der Ausgangswert x_1' wäre. Insbesondere ist dann nach dem beim obigen Beweis des Satzes III Bewiesenen die Ungleichung (3, 1) auch für alle $x_{n+\nu}'$, $\nu \geqslant 0$, richtig, und es gilt die Relation (12, 4), wenn in ihr x durch x_n', n durch ν und h_{n+1} durch $h_{n+\nu}$ ersetzt wird:

$$\left|2\left(1+\frac{\varepsilon}{2}\right)C\frac{h_{n+\nu}}{f'(x_n')}\right| \leqslant 2^{-\nu}\left|2\left(1+\frac{\varepsilon}{2}\right)C\frac{h_n}{f'(x_n')}\right|^{2^\nu}, \tag{22, 1}$$

oder, $\left|2C\dfrac{h_{n+\nu}}{f'(x_n')}\right| = k_\nu$ gesetzt:

$$k_\nu \leqslant 2^{-\nu}\left(1+\frac{\varepsilon}{2}\right)^{2^\nu - 1} k_0^{2^\nu}. \tag{22, 2}$$

Um in dieser Formel h durch h' zu ersetzen, beachte man, dass wegen (8, 1)

$$\left|\frac{h_n'}{h_n} - 1\right| = \left|\frac{\delta_n}{h_n}\right| \leqslant \frac{\varepsilon}{8}C|h_n| = \frac{\varepsilon}{8}2C\frac{|h_n|}{2} \leqslant \frac{\varepsilon(1-\varepsilon)}{8} = \frac{u}{8},$$

wo $0 \leqslant u = \varepsilon(1-\varepsilon) \leqslant \frac{1}{4}$ ist. Daher gilt, wenn

$$\left|2C\frac{h_{n+\nu}'}{f'(x_n')}\right| = k_\nu' \tag{22, 3}$$

gesetzt wird,

$$k_\nu \geqslant \frac{k_\nu'}{1+\frac{u}{8}}, \quad |k_0| \leqslant \frac{k_0'}{1-\frac{u}{8}},$$

und daher wegen (22, 2)

$$2^\nu \frac{k_\nu'}{k_0'^{2^\nu}} \leqslant \left(1+\frac{\varepsilon}{2}\right)^{2^\nu - 1}\left(1+\frac{u}{8}\right)\left(1-\frac{u}{8}\right)^{-2^\nu} \leqslant K^{2^\nu - 1},$$

$$K = \left(1+\frac{\varepsilon}{2}\right)\left(1+\frac{u}{8}\right)\left(1-\frac{u}{8}\right)^{-2}. \tag{22, 4}$$

23. Wir wollen nun beweisen, dass $K \leqslant 1+\varepsilon$ ist. Zu dem Zwecke zeigen wir zunächst, dass

$$\frac{1+\frac{u}{8}}{\left(1-\frac{u}{8}\right)^2} \leqslant 1 + \frac{1}{2}u$$

ist. In der Tat reduziert sich diese Relation nach Multiplikation mit $2(8-u)^2$, wenn alle Glieder auf die rechte Seite gebracht werden, auf

$$u(u^2-14u+16)\geqslant 0,$$

was wegen $0\leqslant u\leqslant\frac{1}{4}$ sicher der Fall ist. Daher gilt

$$K\leqslant\left(1+\frac{\varepsilon}{2}\right)\left(1+\frac{1}{2}u\right)=1+\varepsilon-\frac{\varepsilon^2}{2}-\frac{\varepsilon^3}{2}\leqslant 1+\varepsilon.$$

Somit folgt aus (22, 4) nach Multiplikation mit $(1+\varepsilon)2^{-\nu}k_0'^{2^\nu}$

$$k_\nu'(1+\varepsilon)\leqslant 2^{-\nu}\left((1+\varepsilon)k_0'\right)^{2^\nu},$$

oder,

$$(1+\varepsilon)k_0'=\left|2(1+\varepsilon)C\frac{h_n'}{f'(x_n')}\right|=q_n$$

gesetzt,

$$\left|2(1+\varepsilon)C\frac{h_{n+\nu}'}{f'(x_n')}\right|\leqslant 2^{-\nu}q_n^{2^\nu}, \tag{23, 1}$$

$$|h_{n+\nu}'|\leqslant 2^{-\nu-1}\frac{|f'(x_n')|}{(1+\varepsilon)C}q_n^{2^\nu}. \tag{23, 2}$$

24. (23, 1) liefert für $\nu=1$

$$\frac{|x_{n+2}'-x_{n+1}'|}{(x_{n+1}'-x_n')^2}\leqslant(1+\varepsilon)\frac{C}{|f'(x_n')|}. \tag{24, 1}$$

Andererseits folgt aus (23, 2) wegen

$$|\zeta-x_{n+1}'|=\left|\sum_{\nu=1}^{\infty}(x_{n+\nu+1}'-x_{n+\nu}')\right|\leqslant\sum_{\nu=1}^{\infty}|h_{n+\nu}'|:$$

$$|\zeta-x_{n+1}'|\leqslant\frac{|f'(x_n')|}{2(1+\varepsilon)C}\sum_{\nu=1}^{\infty}2^{-\nu}q_n^{2^\nu}=\frac{2(1+\varepsilon)C}{|f'(x_n')|}h_n'^2\sum_{\nu=1}^{\infty}2^{-\nu}q_n^{2^\nu-2}$$

Wenn nun, wie vorausgesetzt, (3, 1) für x_n' erfüllt ist, so ist $q_n\leqslant 1$. Setzt man daher

$$Q(q_n)=\sum_{\nu=1}^{\infty}2^{-\nu}q_n^{2^\nu-2}, \tag{24, 2}$$

so ist $Q(q_n)\leqslant 1$, und es ergibt sich schliesslich

$$|\zeta-x_{n+1}'|\leqslant\frac{2(1+\varepsilon)C}{|f'(x_n')|}h_n'^2Q(q_n)\leqslant\frac{2(1+\varepsilon)C}{|f'(x_n')|}h_n'^2. \tag{24, 3}$$

Gehen wir nunmehr vermöge der Transformation (1, 3) von den Voraussetzungen B zu den Voraussetzungen A über, so ergibt sich zusammenfassend das Resultat:

V. *Unter den Voraussetzungen des Satzes III gilt für jedes n, für das x_n' die Relation* (3, 1) *erfüllt:*

$$\frac{|x_{n+2}'-x_{n+1}'|}{(x_{n+1}'-x_n')^2}\leqslant(1+\varepsilon)\frac{\mathfrak{M}}{|f'(x_n')|}, \tag{24, 4}$$

$$|\zeta-x_{n+1}|\leqslant\frac{2(1+\varepsilon)\mathfrak{M}}{|f'(x_n')|}(x_{n+1}'-x_n')^2. \tag{24, 5}$$

Die Relation (3, 1) *ist für alle* x'_n, $n \geqslant 1$, *erfüllt, wenn* x_0 *und* ζ *durch* x_1 *getrennt werden. Trennt aber* ζ x_0 *und* x_1, *so gilt* (3, 1) *sicher für alle* x'_n *mit* $n \geqslant 2$, *wenn bei der in der Formulierung von Satz III gestatteten Abrundung von* x_2 *zu* x'_2 x_2 *von* x_0 *durch* x'_2 *getrennt wird.*

25. Die im Satze III angegebenen Abrundungsschranken sind wesentlich an der Ungleichung (2, 1) des Satzes I orientiert, die angibt, wie nah ein x_ν höchstens an den Anfangspunkt des Intervalls herankommen kann. Es ist daher nicht ohne Interesse, zu zeigen, dass die Schranke $\frac{1}{2} - C$ des Satzes I durch keine positive, von C unabhängige Schranke ersetzt werden kann. Um dies zu zeigen, untersuchen wir zunächst allgemein die obere Schranke des Ausdrucks

$$h(x) = \frac{f(x)}{f'(x)}, \tag{25, 1}$$

wo $f(x)$ den Voraussetzungen B genügen möge. Wir dürfen uns auf den Fall beschränken, dass $x > \zeta$ ist, da sonst $h(x)$ negativ und $x - \frac{f(x)}{f'(x)} > x$ ist. Durch Differentiation folgt

$$h'(x) = 1 - \frac{f''(x)}{f'(x)} h(x) = 1 + \frac{f''(x)}{|f'(x)|} h(x). \tag{25, 2}$$

Der Koeffizient bei $h(x)$ wird aber hier am grössten, wenn für $x > \zeta$

$$f''(x) = \frac{1}{2}, \quad f'(x) = f'(\zeta) + \frac{1}{2}(x - \zeta)$$

ist. Daher folgt

$$h'(x) \leqslant 1 + \frac{\frac{1}{2}}{|f(\zeta)| - \frac{1}{2}(x - \zeta)} h(x),$$

oder, wenn man die untere Schranke (15, 2) des Extremalproblems I für $|f'(\zeta)|$ benutzt,

$$h'(x) \leqslant 1 + \frac{\frac{1}{2} h(x)}{1 + \frac{\zeta}{2} - 2\gamma_0 - \frac{1}{2}(x - \zeta)}, \quad \gamma_0 = \sqrt{\frac{(\zeta + 2)^2}{8} - 1}. \tag{25, 3}$$

Hier wird das Gleichheitszeichen offenbar erreicht für

$$-f'(x) \equiv g(x) = 1 + \frac{\zeta}{2} - 2\gamma_0 - \frac{1}{2}(x - \zeta) = u - \frac{x - \zeta}{2}, \tag{25, 4}$$

$$u = \frac{\zeta + 2}{2} - 2\gamma_0. \tag{25, 5}$$

Unter Benutzung dieser Bezeichnungen kann unsere Ungleichung geschrieben werden:

$$h'(x) \leqslant 1 - \frac{g'(x)}{g(x)} h(x), \quad h'(x)\, g(x) + g'(x)\, h(x) \leqslant g(x),$$

$$(h(x)\, g(x))' \leqslant g(x),$$

oder, wenn man von ζ bis x integriert und zugleich berücksichtigt, dass $h(x)$ für $x = \zeta$ verschwindet:

$$h(x)\, g(x) \leqslant \int_\zeta^x g(x)\, dx,$$

und endlich

$$h(x) \leqslant \frac{\int_{\zeta}^{x} g(x)\,dx}{g(x)}. \tag{25, 6}$$

26. Benutzt man die Bezeichnungen

$$\zeta + 2 = \eta, \quad x - \zeta = y,$$

so folgt aus (25, 6) und (25, 4)

$$h(x) \leqslant \frac{uy - \frac{y^2}{4}}{u - \frac{y}{2}} = y\frac{u - \frac{y}{4}}{u - \frac{y}{2}}, \tag{26, 1}$$

und die Schranke rechts ist offenbar grösser als $x - \zeta$. Hieraus folgt weiter

$$x - h(x) \geqslant \zeta + y - y\frac{u - \frac{y}{4}}{u - \frac{y}{2}} = \zeta - \frac{y^2}{4u - 2y},$$

und diese Schranke nimmt monoton ab mit wachsendem y, so dass sie ihren kleinsten Wert für $y = 2 - \zeta$ annimmt. Daher folgt

$$x - h(x) \geqslant \zeta - \frac{(2-\zeta)^2}{4u - 2(2-\zeta)} = \eta - 2 - \frac{(4-\eta)^2}{4u - 2(4-\eta)},$$

oder, wenn man für u seinen Ausdruck durch η

$$u = \frac{\eta}{2} - 2\sqrt{\frac{\eta^2}{8} - 1} = \frac{\eta}{2} - 2\gamma_0$$

einsetzt,

$$x - h(x) \geqslant \eta - 2 - \frac{(4-\eta)^2}{4\eta - 8 - 8\gamma_0} = \eta - 2 - \frac{(4-\eta)^2(4\eta - 8 + 8\gamma_0)}{(4\eta - 8)^2 - 64\left(\frac{\eta^2}{8} - 1\right)} =$$

$$= \eta - 2 - \frac{4\eta - 8 + 8\gamma_0}{8} = \frac{\eta}{2} - 1 - \sqrt{\frac{\eta^2}{8} - 1}.$$

Wir erhalten daher

$$x - h(x) \geqslant \frac{\eta}{2} - 1 - \sqrt{\frac{\eta^2}{8} - 1}, \tag{26, 2}$$

und hier gilt das Gleichheitszeichen für $-f'(x) \equiv g(x)$, $x = 2$.

Die Ableitung der rechten Seite von (26, 2) ist gleich

$$\frac{\sqrt{\frac{\eta^2}{8} - 1} - \frac{\eta}{4}}{2\sqrt{\frac{\eta^2}{8} - 1}},$$

und dies ist wegen

$$\left(\sqrt{\frac{\eta^2}{8} - 1}\right)^2 - \frac{\eta^2}{16} = \frac{\eta^2}{16} - 1 \leqslant 0$$

nicht positiv, so dass die Schranke in (26, 2) ihren kleinsten Wert für $\eta \uparrow 4$, $\zeta \uparrow 2$ erreicht. Dieser Wert ist aber gleich 0. *Daher können für ζ, die hinreichend nah bei 2 liegen, die Newtonschen Näherungspunkte, die aus $x=2$ hervorgehen, in beliebige Nähe von $x=0$ gelangen.*

27. Wir knüpfen endlich an die obigen Betrachtungen einige Bemerkungen über die Abrundungsfehler bei der Anwendung des Newtonschen Verfahrens unter den Fourierschen Voraussetzungen an. Wir formulieren die Fourierschen Voraussetzungen wie folgt:

$f(x)$ und $f'(x)$ seien reell und stetig und $f''(x)$ vorhanden im abgeschlossenen Intervall $\mathfrak{J}$ zwischen x_1 und b, $x_1 \lesseqgtr b$. Ferner möge $f''(x)$ in $\mathfrak{J}$ keine Vorzeichenwechsel haben, und es gelte

$$f(x_1) f''(x_1) > 0, \quad f(b) < 0 \text{ [8]}.$$

Wird beim Newtonschen Verfahren von einem Näherungswert x_1 (an die Wurzel ζ) aus der nächste Näherungswert x_2 gebildet, so ergibt sich, $x_2 - x_1 = h$ gesetzt:

$$f(x_2) = f(x_1 + h) = \frac{h^2}{2} f''(\xi_1),$$

$$\zeta - x_2 = \frac{f(\zeta) - f(x_2)}{f'(\xi_2)} = -\frac{h^2}{2} \frac{f''(\xi_1)}{f'(\xi_2)},$$

und daher

$$\frac{\zeta - x_1}{x_2 - x_1} = 1 - \frac{h}{2} \frac{f''(\xi_1)}{f'(\xi_2)}, \tag{27,1}$$

wo ξ_1 zwischen x_1 und x_2 und ξ_2 zwischen x_2 und ζ liegt. Wird nun $x_2 - x_1$ beim Ab- oder Aufrunden durch $h' = \frac{x_2 - x_1}{1 + \varepsilon}$ ersetzt, so gilt

$$\frac{\zeta - x_1}{h'} = \frac{1 - \frac{h}{2} \frac{f''(\xi_1)}{f'(\xi_2)}}{1 + \varepsilon}.$$

Sind nun *die Fourierschen Voraussetzungen erfüllt,* so liegt x_2 zwischen x_1 und ζ, so dass die rechte Seite von (27,1) > 1 ist und den Wert $1 + \left| \frac{h}{2} \frac{f''(\xi_1)}{f'(\xi_2)} \right|$ hat. Damit nun das Verfahren auch weiter von $x_2' = x_1 + h'$ aus unter den Fourierschen Voraussetzungen anwendbar bleibt, muss auch x_2' zwischen x_1 und ζ liegen, so dass

$$\varepsilon < \left| \frac{h}{2} \frac{f''(\xi_1)}{f'(\xi_2)} \right|$$

sein muss. Andererseits darf durch Übergang von x_2 zu x_2' die Genauigkeit nicht erheblich verschlechtert werden, so dass man die gleiche Abschätzung auch für $|\varepsilon|$ verlangen wird. Bezeichnet man daher das Minimum von $|f''(x)|$ zwischen x_1 und ζ mit $\mathfrak{M}_1$ und das Maximum von $|f'(x)|$ mit M, so ergibt sich die Regel:

Der Wert von h ist nur höchstens soweit ab- oder aufzurunden, als der relative Fehler, d. h. $\left| \frac{h'}{h} - 1 \right|$, unterhalb $\frac{1}{2} \frac{|h| \mathfrak{M}_1}{M}$ bleibt.

[8] Vgl. Nr. 4 unserer in der Fussnote [5] zitierten Arbeit.

Wie man sieht, versagt diese Festsetzung, wenn man keine feste untere Schranke von $|f''(x)|$ finden kann, und bei jeder Wahl der Abrundungsschranke die Gefahr besteht, dass man auf die «falsche» Seite der Nullstelle gerät. In diesem Fall ist es besser, mit Hilfe von Satz III und den dazu gehörigen Abrundungsregeln zu rechnen, da dann im Allgemeinen C bereits sehr klein sein wird. Man kann auch so vorgehen, dass man beim Übergang von h zu h' den absoluten Betrag von h n i e a u f-, sondern nur a b r undet.

(Поступило в редакцию 5/IV 1937 г.)

О сходимости алгоритма Ньютона и его устойчивости по отношению к округлению цифр

А. М. Островский (Базель)

(Резюме)

В настоящей работе мы изучаем сходимость ньютонова алгоритма для вычисления корней вещественных уравнений, исходя из постановки вопроса, указанной Cauchy. При этом мы обращаем особое внимание на те изменения, которые претерпевают условия сходимости и формулы для оценки погрешности в связи с необходимостью при отдельных шагах вычислений округлять результаты, что в практике играет большую роль. Наш главный результат состоит в следующей теореме:

Допустим, что $f(x)$ в закрытом интервале $\mathfrak{J}$ между x_0 и x_0+d, $d \gtrless 0$, вещественна, непрерывна и два раза диференцируема. Допустим, что $f(x_0) \neq 0$, $f'(x_0) \neq 0$, и положим

$$\mathfrak{M} = \sup_{\mathfrak{J}} |f''(x)|, \quad h = -\frac{f(x_0)}{f'(x_0)}, \quad C = \frac{|f(x_0)|\mathfrak{M}}{f'(x_0)^2}.$$

Допустим, что $0 < C < \frac{1}{2}$ и, обозначая через λ выражение $\frac{1}{C}(1-\sqrt{1-2C})$,

$$\lambda \leqslant \frac{d}{h} \leqslant 2.$$

Выбрав ε так, что $0 \leqslant \varepsilon \leqslant 1-2C$, вычислим, исходя из произвольно выбранного числа x_1 в интервале $\mathfrak{J}$, две последовательности чисел x_ν, x'_ν, $\nu = 1, 2, \ldots$, пользуясь формулами

$$x'_1 = x_1, \quad h_1 = -\frac{f(x'_1)}{f'(x'_1)}, \quad x_2 = x'_1 + h_1,$$

$$|\delta_1| \leqslant \frac{\varepsilon}{8} \frac{\mathfrak{M}}{|f'(x_0)|} h_1^2, \quad x'_2 = x_2 + \delta_1,$$

$$h_\nu = -\frac{f(x'_\nu)}{f'(x'_\nu)}, \quad x_{\nu+1} = x'_\nu + h_\nu, \quad \nu = 1, 2, \ldots,$$

$$|\delta_\nu| \leqslant \frac{\varepsilon}{8} \frac{\mathfrak{M}}{|f'(x'_\nu)|} h_\nu^2, \quad x'_{\nu+1} = x_{\nu+1} + \delta_\nu, \quad \nu = 1, 2, \ldots$$

При этом δ_ν *обозначают произвольные вещественные числа, удовлетворяющие указанным неравенствам.*

Тогда все числа x_ν, x'_ν *остаются в интервале* $\mathfrak{J}$ *и сходятся к единственному лежащему в* $\mathfrak{J}$ *корню* ζ *уравнения* $f(x)=0$.

Допустим, что для одного из чисел x'_ν, $\nu=n$, *имеет место соотношение*

$$\frac{|f(x)|\,\mathfrak{M}.}{f'(x)^2}\leqslant C. \qquad (*)$$

Тогда это же соотношение имеет место для всех x'_ν *с* $\nu\geqslant n$, *и, кроме того, имеет место оценка погрешностей*

$$\frac{\left|x'_{\nu+2}-x'_{\nu+1}\right|}{\left(x'_{\nu+1}-x_\nu\right)^2}\leqslant(1+\varepsilon)\,\frac{\mathfrak{M}}{\left|f'\left(x'_\nu\right)\right|},\quad \nu\geqslant n,$$

$$\left|\zeta-x'_{\nu+1}\right|\leqslant\frac{2(1+\varepsilon)\,\mathfrak{M}}{\left|f'\left(x'_\nu\right)\right|}\left(x'_{\nu+1}-x'_\nu\right)^2,\quad \nu\geqslant n.$$

Соотношение (*) *имеет место для* x_1, *если* x_1 *расположено между* x_0 *и* ζ. *Если же* ζ *лежит между* x_0 *и* x_1, *то* (*) *имеет место для* x'_2, *если* δ_2 *выбирается так, чтобы* x_2 *лежало не дальше от* ζ, *чем* x_2.

Über einen Fall der Konvergenz des Newtonschen Näherungsverfahrens

Einleitung

In einer kürzlich veröffentlichten Arbeit [1] haben wir, an einen Ansatz von Cauchy anknüpfend, die Konvergenz des Newtonschen Näherungsverfahrens unter den folgenden Bedingungen behandelt:

Es sei

$$-\frac{f(x_0)}{f'(x_0)} = h \neq 0, \neq \infty$$

und $f(x)$ im abgeschlossenen Intervall $\mathfrak{J} = \langle x_0, x_0 + \Lambda h \rangle$ reell und zweimal beschränkt differenzierbar. Ist $\mathfrak{M}$ eine obere Schranke von $|f''(x)|$ in $\mathfrak{J}$, so möge

$$C = \frac{|f(x_0)|\,\mathfrak{M}}{f'(x_0)^2} \leqslant \frac{1}{2}$$

sein und,

$$\lambda = \frac{1-\sqrt{1-2C}}{C} = \frac{2}{1+\sqrt{1-2C}} \leqslant 2$$

gesetzt, $\Lambda \geqslant \lambda$. Dann konvergiert die von x_0 aus gebildete Newtonsche Folg

$$x_{\nu+1} = x_\nu - \frac{f(x_\nu)}{f'(x_\nu)}, \quad \nu = 0, 1, 2, \ldots,$$

gegen die einzige in $\mathfrak{J}$ liegende Wurzel ζ von $f(x)$ [2].

In der Cauchyschen Abhandlung [3], an die unsere Untersuchungen anknüpften, wurde bei diesem Konvergenzsatz insofern mehr vorausgesetzt, als an Stelle des Intervalls $\mathfrak{J}$ das Intervall $\mathfrak{J}_0 = \langle x_0, x_0 + 2h \rangle$ betrachtet und vor allem an Stelle der Annahme $C \leqslant \frac{1}{2}$ die Annahme gemacht wird, dass

$$m = \min_{\mathfrak{J}_0} |f'(x)| > 0$$

[1] A. Ostrowski, Über die Konvergenz und die Abrundungsfestigkeit des Newtonschen Verfahrens, Recueil mathématique, **2(44):6**, (1937), 1073.

[2] In der obigen Abhandlung wurde ein wesentlich allgemeinerer Satz bewiesen, doch kommt für diese Mitteilung nur der angegebene Wortlaut in Betracht.

[3] Cauchy, Oeuvres complètes, (II), tome 4, p.p. 573—609.

und

$$C_0 = \frac{|f(x_0)|\,\mathfrak{M}}{m\,|f'(x_0)|} < \frac{1}{2}$$

ist.

Es ist nun von Interesse, dass, wenn man C_0 durch die Grösse

$$C^* = \frac{|f(x_0)|\,\mathfrak{M}}{m^2}$$

ersetzt, die Konvergenz des Newtonschen Verfahrens bereits dann bewiesen werden kann, wenn C^* kleiner als 2 bleibt, allerdings unter wesentlicher Vergrösserung des Intervalls. Dem Beweis dieser Tatsache ist die vorliegende Mitteilung gewidmet.

Der genaue Wortlaut des Satzes findet sich in Nr. 1.

1. Satz. *Es seien $f(x_0)$ und $f'(x_0)$ von 0 verschieden, und es sei,*

$$h = h_0 = -\frac{f(x_0)}{f'(x_0)} \tag{1, 1}$$

gesetzt, $f(x)$ im Intervall $\mathfrak{J} = \langle x_0, x_0 + \Lambda h \rangle$ für ein $\Lambda > 0$ reell und zweimal beschränkt differenzierbar. Ferner sei

$$m = \min_{\mathfrak{J}} |f'(x)|, \quad \mathfrak{M} = \max_{\mathfrak{J}} |f''(x)|, \tag{1, 2}$$

$$m > 0, \quad \frac{|f(x_0)|}{m^2}\,\mathfrak{M} = 2q \leq 2, \tag{1, 3}$$

$$x_{\nu+1} = x_\nu - \frac{f(x_\nu)}{f'(x_\nu)} = x_\nu + h_\nu, \quad h_\nu = -\frac{f(x_\nu)}{f'(x_\nu)}, \quad \nu = 0, 1, \ldots, \tag{1, 4}$$

gesetzt.

1) *Liegt in $\mathfrak{J}$ eine [wegen $f'(x) \neq 0$ einzige] Nullstelle ζ von $f(x)$ mit*

$$\frac{\zeta - x_0}{h} \leq \Lambda - 1, \tag{1, 5}$$

so verlaufen alle x_ν in $\mathfrak{J}$ und konvergieren gegen ζ.

2) *Ist $q < 1$ und*

$$\Lambda \leq Q = \sum_{\nu=0}^{\infty} q^{2^\nu - 1}, \tag{1, 6}$$

so liegt in $\mathfrak{J}$ eine einzige Nullstelle ζ von $f(x)$, gegen die die dann durchweg in $\mathfrak{J}$ verlaufende Punktfolge x_ν konvergiert.

2. Beweis. Wir setzen allgemein $|f(x_\nu)| = |f_\nu|$. Ohne Beschränkung der Allgemeinheit darf

$$f(x_0) = 1, \quad f'(x_0) = -1, \quad h = h_0 = 1 \tag{2, 1}$$

vorausgesetzt werden, da man sonst nur $f(x)$ durch

$$\frac{f(x_0 + h(x - x_0))}{f(x_0)}$$

zu ersetzen braucht.

Es mögen nun zunächst die Punkte $x_0, x_1, \ldots, x_n$, $n > 0$, in $\mathfrak{J}$ enthalten sein. Dann gilt für $\nu = 0, 1, \ldots, n-1$

$$f(x_{\nu+1}) = f(x_\nu + h_\nu) = f(x_\nu) + h_\nu f'(x_\nu) + \frac{h_\nu^2}{2} f''(x_\nu + \theta h_\nu), \quad 0 < \theta < 1,$$

oder

$$f(x_{\nu+1}) = \frac{1}{2} h_\nu^2 f''(x_\nu + \theta h_\nu), \tag{2, 2}$$

oder, da mit x_ν und $x_{\nu+1} = x_\nu + h_\nu$ auch $x_\nu + \theta h_\nu$ in $\mathfrak{J}$ liegt,

$$f_{\nu+1} \leqslant \frac{1}{2} h_\nu^2 \mathfrak{M}. \tag{2, 3}$$

Aus (2,3) folgt nach (1,4)

$$f_{\nu+1} \leqslant \frac{1}{2} \frac{f_\nu^2 \mathfrak{M}}{m^2}, \quad \frac{\mathfrak{M} f_{\nu+1}}{m^2} \leqslant \frac{1}{2} \left(\frac{\mathfrak{M} f_\nu}{m^2} \right)^2. \tag{2, 4}$$

Aus dieser letzten Formel folgt aber unter Benutzung von (1,3) sukzessive:

$$\frac{\mathfrak{M} f_1}{m^2} \leqslant 2q^2, \ldots, \frac{\mathfrak{M} f_\nu}{m^2} \leqslant 2q^{2^\nu} \leqslant 2q, \quad \nu = 1, 2, \ldots, n. \tag{2, 5}$$

Ferner folgt aus (1, 4) und (2, 3):

$$|h_{\nu+1}| = \frac{f_{\nu+1}}{|f'(x_{\nu+1})|} \leqslant \frac{f_{\nu+1}}{m} \leqslant |h_\nu| \cdot \frac{1}{2} \frac{f_\nu \mathfrak{M}}{m^2}, \tag{2, 5$_1$}$$

$$|h_{\nu+1}| \leqslant |h_\nu| q^{2^\nu}, \quad \nu = 0, 1, \ldots, n-1, \tag{2, 6}$$

$$h_{\nu+1} \leqslant q^{2^{\nu+1}-1} \tag{2, 7}$$

Andererseits folgt aus (2,4) und (2,5):

$$f_{\nu+1} \leqslant \frac{1}{2} f_\nu^2 \frac{\mathfrak{M}}{m^2} = f_\nu \cdot \frac{1}{2} \frac{f_\nu \mathfrak{M}}{m^2},$$

$$f_{\nu+1} \leqslant f_\nu q^{2^\nu}, \quad f_{\nu+1} \leqslant q^{2^{\nu+1}-1}, \quad \nu = 0, 1, \ldots, n-1. \tag{2, 8}$$

3. Es möge nun ferner vorausgesetzt werden, dass in $\mathfrak{J}$ eine Nullstelle ζ von $f(x)$ liegt, die dann sicher einfach ist, da $f'(x)$ durchweg < 0 ist. Dann gilt für $\nu = 0, 1, \ldots, n$,

$$\varphi(x) = x - \frac{f(x)}{f'(x)} \tag{3, 1}$$

gesetzt,

$$\zeta - x_{\nu+1} = \varphi(\zeta) - \varphi(x_\nu) = \int_{x_\nu}^{\zeta} \varphi'(x)\, dx = \int_{x_\nu}^{\zeta} \frac{f(x) f''(x)}{f'(x)^2} dx,$$

$$|\zeta - x_{\nu+1}| \leqslant |\zeta - x_\nu| \frac{\mathfrak{M}}{m^2} \max |f(x)|,$$

wo das Maximum von $|f(x)|$ im Intervall zwischen x_ν und ζ zu nehmen ist. Da aber $f(x)$ in $\mathfrak{J}$ monoton ist, ist in diesem Intervall $\max |f(x)| = f_\nu$. Andererseits folgt aus (2, 8), dass $f_\nu \leqslant 1$ ist, wenn $x_0, x_1, \ldots, x_\nu$ in $\mathfrak{J}$ liegen. Daher gilt wegen (1, 3)

$$|\zeta - x_{\nu+1}| \leqslant 2 |\zeta - x_\nu|, \tag{3, 2}$$

solange $x_0, x_1, \ldots, x_\nu$ in $\mathfrak{J}$ liegen.

4. Wir machen nun weiter, über die Annahmen der Nr. 3 hinaus, die Annahme, dass die Punkte $x_0, x_1, \ldots, x_{\mu+1}$ in $\mathfrak{J}$ liegen, wobei

$$x_0 < x_1 < \ldots < x_\mu < \zeta < x_{\mu+1}, \quad \mu \geqslant 0, \tag{4, 1}$$

gilt. Dann liegen, wie nun gezeigt werden soll, alle Punkte x_ν, $\nu = 0, 1, \ldots$, in $\mathfrak{J}$.

Wegen $f'(x) < 0$ ist $f(x_{\mu+1}) < 0$. Daher ist $h_{\mu+1} < 0$ und $x_{\mu+2} < x_{\mu+1}$. Sind nun alle weiteren $x_\nu \geqslant \zeta$, so liegen sie zwischen ζ und $x_{\mu+1}$, also in $\mathfrak{J}$. Sonst sei $x_{\varkappa+1}$ das erste x_ν mit $\varkappa > \mu$, das $< \zeta$ ist. Es genügt offenbar zu zeigen, dass $x_{\varkappa+1}$ in $\mathfrak{J}$ liegt, da ja sodann die ganze Überlegung in gleicher Weise von $x_{\varkappa+1}$ aus durchgeführt werden kann, wie sie oben von x_0 aus durchgeführt wurde. Dabei darf $x_{\varkappa+1} < x_\mu$ angenommen werden.

Um diesen Nachweis zu führen, wende man (3, 2) auf $\nu = \mu$ an, wobei $\zeta - x_\mu = a$ gesetzt wird. Es ergibt sich

$$x_{\mu+1} - \zeta \leqslant 2 |\zeta - x_\mu| \leqslant 2a. \tag{4, 2}$$

Ferner gilt für $\nu = \mu + 1, \ldots, \varkappa$ wegen (2, 6)

$$|h_\varkappa| \leqslant |h_\nu| \leqslant |h_\mu| = x_{\mu+1} - x_\mu. \tag{4, 3}$$

Aus

$$|h_{\mu+1}| = |x_{\mu+2} - x_{\mu+1}| \leqslant x_{\mu+1} - x_\mu$$

folgt nun, dass $x_{\mu+2}$ rechts von x_μ oder in x_μ liegt. Daher ist $\varkappa > \mu + 1$, so dass

$$x_{\varkappa+1} < x_\mu < \zeta < x_\varkappa < x_{u+1}$$

ist (vgl. die nebenstehende Figur).

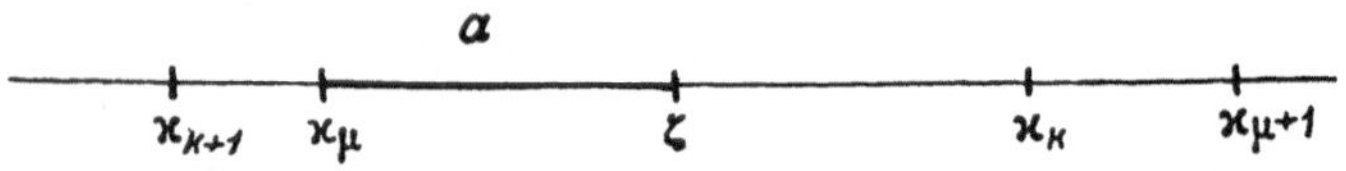

Wäre nun wirklich $x_{\varkappa+1} < x_\mu$, so wäre $|x_\varkappa - x_{\varkappa+1}| = |x_\varkappa - \zeta| + |\zeta - x_{\varkappa+1}|$. Da aber $x_\varkappa$ und alle vorhergehenden x_ν in $\mathfrak{J}$ liegen, so wäre nach (3,2)

$$|x_\varkappa - \zeta| \geqslant \frac{1}{2} |\zeta - x_{\varkappa+1}|.$$

Wegen $x_{\varkappa+1} < x_\mu < \zeta$ ist aber $|\zeta - x_{\varkappa+1}| > |\zeta - x_\mu| = a$, so dass

$$x_\varkappa - \zeta > \frac{a}{2}, \quad |x_\varkappa - x_{\varkappa+1}| > \frac{3a}{2}, \quad |h_\varkappa| > \frac{3a}{2}$$

wäre. Daher wäre erst recht

$$|h_{\varkappa-1}| > \frac{3a}{2}, \quad |h_{\mu+1}| > \frac{3a}{2}.$$

Da aber $h_{\mu+1}, \ldots, h_{\varkappa-1}$ alle negativ sind, folgt $x_{\mu+1} - x_\varkappa > \frac{3a}{2}$ und daher

$$x_{\mu+1} - \zeta = x_{\mu+1} - x_\varkappa + x_\varkappa - \zeta > \frac{3a}{2} + \frac{a}{2} = 2a,$$

im Widerspruch mit der Relation (4, 2). Daher ist $x_{\varkappa+1} \geqslant x_\mu$, und unsere obige Behauptung ist bewiesen, so dass alle x_ν in $\mathfrak{J}$ liegen.

5. Ist nun $q < 1$, so ist nunmehr leicht zu zeigen, dass unter der Annahme (1, 6) im Intervall $\mathfrak{J} = \langle x_0, x_0 + \Lambda \rangle$ sicher eine Nullstelle ζ von $f(x)$ liegt. Denn wäre $f(x)$ in $\mathfrak{J}$ von 0 verschieden, so wäre für jedes x_ν aus $\mathfrak{J}$ das zugehörige h_ν positiv. Liegen nun die Punkte $x_0, x_1, \ldots, x_n$ in $\mathfrak{J}_0$, wie dies ja für x_0 der Fall ist, so gilt wegen (2, 7) für $x_{n+1} = x_0 + \sum_{\nu=0}^{n} h_\nu$:

$$0 < x_{n+1} - x_0 \leqq \sum_{\nu=0}^{n} q^{2^\nu - 1} < Q, \tag{5, 1}$$

so dass dann x_{n+1} und damit sämtliche x_ν in $\mathfrak{J}$ liegen. Dann aber konvergieren die x_ν monoton wachsend gegen einen Wert, der sicher $x_0 + \Lambda$ nicht übertrifft und daher eine in $\mathfrak{J}$ liegende Nullstelle von $f(x)$ sein muss, entgegen der Annahme.

6. Wir zeigen nun, dass die x_ν gegen ζ konvergieren. Hierzu genügt es zu beweisen, dass alle x_ν in $\mathfrak{J}_0$ liegen, da ja dann die Konvergenz der Folge der x_ν vermöge der Relation (1, 4) aus der Konvergenz der Reihe $\Sigma |h_\nu|$ folgt. Sind nun alle $x_\nu \leqq \zeta$, so ist nichts zu beweisen. Sonst sei $x_{\mu+1}$ das erste x_ν, das rechts von ζ liegt. Da dann die Relation (5, 1) auch für $n = \mu$ gilt, liegt $x_{\mu+1}$ noch in $\mathfrak{J}$. Dann folgt aber aus dem in Nr. 4 Gezeigten, dass alle x_ν in $\mathfrak{J}$ liegen und daher $x_\nu \longrightarrow \zeta$ ist. Damit ist die Behauptung 2) unseres Satzes bewiesen.

7. Ist aber $q \leqq 1$ und liegt in $\mathfrak{J}$ eine Wurzel ζ von $f(x)$ mit $\zeta \leqq x_0 + \Lambda - 1$, so folgt, wenn alle $x_\nu \leqq \zeta$ bleiben, ihre Konvergenz gegen ζ, da ζ die einzige Wurzel in $\mathfrak{J}$ ist. Bleiben dagegen nicht alle $x_\nu \leqq \zeta$, so möge μ so beschaffen sein, dass

$$x_0 < \ldots < x_\mu < \zeta < x_{\mu+1}$$

ist. Dann folgt aus (2, 5) für $\nu = \mu - 1$

$$x_{\mu+1} - x_\mu = |h_\mu| \leqq 1,$$

so dass auch $x_{\mu+1}$ in $\mathfrak{J}$ liegt und daher nach dem in Nr. 4 Bewiesenen dasselbe für alle x_ν der Fall ist.

Ist nun $f_{\mu+1} < f_\mu$, so folgt aus (2, 3) für $\nu = \mu$, dass

$$\frac{f_{\mu+1}\mathfrak{M}}{m^2} = 2q_1 < 2$$

ist, so dass für die Quotienten $\frac{\mathfrak{M} f_{\mu+\nu}}{m^2}$ und die $h_{\mu+1+\nu}$ für $\nu \geqq 0$ nach (2, 5) und (2, 6) die Abschätzungen gelten

$$\frac{\mathfrak{M} f_{\mu+\nu}}{m^2} \leqq 2q_1^{2^\nu - 1},$$

$$|h_{\mu+\nu+1}| \leqq |h_{\mu+\nu}| q_1^{2^\nu - 1},$$

$$|h_{\mu+1+\nu}| \leqq |h_{\mu+1}| q_1^{2^\nu - 1}.$$

Hieraus folgt aber die Konvergenz der unendlichen Reihe $\sum_{\nu=0}^{\infty} h_{\mu+1+\nu}$, so dass die Folge x_ν, die ja ganz in $\mathfrak{J}$ verläuft, gegen einen in $\mathfrak{J}$ liegenden Grenzwert konvergiert, der mit ζ identisch sein muss.

Ist aber $f_{\mu+1} = f_\mu$, so bedeutet dies, dass im Intervall zwischen x_μ und $x_{\mu+1}$ der im Restgliedausdruck vorkommende Zwischenwert der zweiten Ableitung, absolut genommen, gleich $\mathfrak{M}$ ist. Daraus folgt aber, dass in diesem Intervall $f''(x)$ konstant $= \pm\mathfrak{M}$ bleibt. $f''(x)$ hat aber sicher nicht den Wert $\mathfrak{M}$, da sonst im Punkte x_μ, der ja links von der Nullstelle liegt, wegen $f(x_\mu) > 0 > f'(x_\mu)$ die Fourierbedingung für die Konvergenz des Newtonschen Verfahrens erfüllt wäre und die x_ν von x_μ aus gegen ζ monoton zunehmend konvergieren müssten, während $x_{\mu+1} > \zeta$ ist. Daher ist $f''(x) = -\mathfrak{M}$, so dass die Fourierbedingung in $x_{\mu+1}$ erfüllt ist, und die x_ν konvergieren von $x_{\nu+1}$ aus monoton abnehmend gegen ζ. Damit ist gezeigt, dass die Folge x_ν in jedem Falle gegen ζ konvergiert, und unser Satz ist vollständig bewiesen.

(Поступило в редакцию 5/VIII 1937 г.)

Об одном случае сходимости алгоритма Ньютона

А. М. Островский (Базель)

(Резюме)

В настоящей заметке изучается алгоритм Ньютона

$$x_{\nu+1} = x_\nu + h_\nu, \quad h_\nu = -\frac{f(x_\nu)}{f'(x_\nu)}, \quad \nu = 0, 1, \ldots,$$

при следующих предположениях:

Функция $f(x)$ вещественна и имеет в интервале $\mathfrak{J} = \langle x_0, x_0 + \Lambda h\rangle$ абсолютно ограниченную вторую производную, где $h = \frac{f(x_0)}{f'(x_0)}$ и $f(x_0) \neq 0$, $f'(x_0) \neq 0$. Кроме того, полагая

$$m = \min_{\mathfrak{J}} |f'(x)|, \quad \mathfrak{M} = \max_{\mathfrak{J}} |f''(x)|,$$

предполагается, что

$$m > 0, \quad \frac{|f(x_0)|}{m^2}\mathfrak{M} = 2q \leq 2.$$

Доказываются два следующих предложения:

1. *Если в $\mathfrak{J}$ находится корень ζ функции $f(x)$, удовлетворяющий неравенству*

$$\frac{\zeta - x_0}{h} \leq \Lambda - 1,$$

то все x_ν остаются в $\mathfrak{J}$ и сходятся к ζ.

2. *Если $q < 1$ и*

$$\Lambda \leq \sum_{\nu=1}^{\infty} q^{2^\nu - 1},$$

то в $\mathfrak{J}$ находится один корень ζ функции $f(x)$, к которому сходится последовательность x_ν, остающаяся в $\mathfrak{J}$.

SUR LA CONVERGENCE ET L'ESTIMATION DES ERREURS DANS QUELQUES PROCÉDÉS DE RÉSOLUTION DES ÉQUATIONS NUMÉRIQUES.

Introduction. Un procédé, très remarquable sous plusieurs rapports, de résolution des équations numériques, dû à M. de Misès, a été publié [1]) il y a quelques années. On considère l'équation

$$(1) \qquad f(x)=0$$

dans l'intervalle $[A, B]$, où $f(x)$ est continue. En désignant par c un nombre positif plus petit que

$$(2) \qquad \frac{1}{\operatorname{Max}\left|\frac{f(x_2)-f(x_1)}{x_2-x_1}\right|},$$

on part d'un nombre x_1, $x_1 \varepsilon [A, B]$, en posant successivement

$$x_2=x_1+cf(x_1),\quad x_3=x_2+cf(x_2),\quad \ldots,\quad x_{n+1}=x_n+cf(x_n),\ \ldots$$

Alors, s'il y a pour $f(x_1)>0$ des racines de (1) dans l'intervalle (x_1, B), la suite x_ν converge vers la plus petite de ces racines. Sinon, x_n atteint pour un certain n une valeur $>B$.

De même, pour $f(x_1)<0$, s'il y a des racines de (1) entre A et x_1, la suite x_ν converge vers la plus grande de ces racines, sinon, un x_n est plus petit que A.

Comme on le voit, ce procédé n'est assujetti qu'à une seule condition, à savoir que

$$\left|\frac{f(x_2)-f(x_1)}{x_2-x_1}\right|$$

est borné dans l'intervalle $[A, B]$. Dans ce qui suit nous allons d'abord étudier la rapidité de la convergence de ce procédé.

---

[1]) Dans le mémoire de R. de Misès et H. Pollaczek-Geiringer, Praktische Verfahren der Gleichungsauflösung, Ztschr. f. angew. Math. u. Mechanik, t. 9 (1929), pp. 58—62. Quelques points essentiels de cette méthode reviennent à M. Bauer et L. Fejér. Cf. M. Bauer, Zur Bestimmung der reellen Wurzeln einer algebr ischen Gleichung durch Iteration, Jahresbericht d. Deutschen Mathematiker-Vereinigung, t. 25 (1916), pp. 294—301. Je dois la connaissance de ce dernier mémoire à une aimable communication de M. N. Tschebotareff, qui m'est parvenue pendant l'impression.

Dans le cas où la suite x_ν converge vers une racine ζ de (1), et que $f'(\zeta)$ existe et est différent de zéro, nous allons démontrer (Théorème II), que l'on a pour $\nu \longrightarrow \infty$

$$(3) \qquad \frac{\zeta - x_{\nu+1}}{\zeta - x_\nu} \longrightarrow 1 - cf'(\zeta)\ ^{2)}.$$

Donc, dans ce cas, le nombre de décimales exactes de x_ν est proportionnel à ν, la convergence est *linéaire*.

Il est à remarquer que le procédé en question converge aussi si c est *égal* à (2). Dans ce cas, si en particulier on a $cf'(\zeta) = 1$, la convergence est plus rapide. On a alors, si $f''(\zeta)$ existe,

$$(4) \qquad \frac{\zeta - x_{\nu+1}}{(\zeta - x_\nu)^2} \longrightarrow -\frac{1}{2}\frac{f''(\zeta)}{f'(\zeta)},$$

c'est-à-dire, que la convergence est au moins aussi bonne que par le procédé de Newton.

Pour les relations (3) et (4) il est nécessaire que $f'(\zeta) \neq 0$. La convergence devient sensiblement plus faible, si ζ est une racine multiple. Nous allons montrer (Théorème III) que, si pour un $\alpha > 0$

$$(5) \qquad \left|\frac{f(x)}{(\zeta - x)^{1+\alpha}}\right| \longrightarrow k,$$

on a pour $\nu \longrightarrow \infty$

$$(6) \qquad \nu^{1/\alpha}\,|\zeta - x_\nu| \longrightarrow \frac{1}{(kc\alpha)^{1/\alpha}}.$$

Dans le cas le plus général nous pourrons du moins donner des estimations de $\zeta - x_\nu$ en fonction de $x_\nu - x_{\nu-1}$ suffisantes pour le calcul pratique.

La deuxième partie de notre mémoire s'occupe du procédé de Newton et de quelques modifications de ce procédé. Dans le procédé de Newton on forme, en partant de x_0, la suite des nombres

$$x_{\nu+1} = x_\nu - \frac{f(x_\nu)}{f'(x_\nu)}.$$

La convergence de ce procédé vers une racine de $f(x)$ est en général très rapide — „quadratique". Tout de même, comme les x_ν restent en général d'un seul côté de la racine cherchée ζ, il y a lieu d'essayer d'enfermer ζ entre *deux* suites convergentes. Or, à cet effet, il est tout à fait superflu de combiner le procédé de Newton avec la méthode de fausse position („*regula falsi*") ou avec une méthode proposée par Fourier. En effet, l'application de ces méthodes exige un travail calculatoire assez considérable, tandis que l'on peut trouver directement des limites de l'erreur $|\zeta - x_\nu|$ très précises et très faciles à calculer. (Cf. la formule (5,9) au numéro 5.) En vérité, une évaluation bien précise de cette sorte a été déjà donnée par Cauchy (1829) dans une note trop peu connue[3]). Nous don-

[2]) Cf. le mémoire de M. Bauer cité plus haut, p. 299—300.

[3]) Cauchy, „Leçons sur le calcul différentiel", Paris 1829 (Note sur la détermination approximative des racines d'une équation algébrique ou transcendante), réimprimé dans les Oeuvres complètes (II), t. 4, p. 573—609.

nons un résultat (Théorèmes V, VI) plus précis et surtout plus commode pour la pratique et nous l'étendons ensuite au cas d'une variable complexe (Théorème VII).

On a essayé de simplifier le procédé de Newton en remplaçant $f'(x_\nu)$ dans les dénominateurs par $f'(x_0)$, et l'on trouve même parfois dans les traités l'affirmation que le procédé de Newton ainsi simplifié converge avec la même rapidité que le procédé original. Notre théorème VIII contient des conditions assez générales pour la convergence du „procédé simplifié", ainsi que quelques résultats sur sa convergence, dont il suit qu'elle est beaucoup moins rapide que celle du procédé original. Tout de même nous montrons dans le dernier numéro 10 du mémoire que l'on parvient à un procédé dont la convergence est en général même plus rapide que celle du procédé de Newton, — relativement au travail calculatoire dépensé, — si l'on ne calcule les dénominateurs $f'(x_\nu)$ qu'à chaque deuxième opération. Ce dernier résultat repose toutefois sur l'introduction *d'une unité du travail calculatoire,* — nous l'appelons un *Horner* — qui est fort conventionnelle et ne peut être utilisée que dans des conditions assez restrictives.

1. Soit $f(x)$ une fonction continue dans l'intervalle (fermé) $J=[A,B]$. Soit

$$M=\sup_{x',x''\in J}\left|\frac{f(x')-f(x'')}{x'-x''}\right| \tag{1,1}$$

fini[4]) et

$$0<c\leqslant\frac{1}{M}. \tag{1,2}$$

Soit x_1 un nombre de l'intervalle J. Supposons, pour fixer les idées, que $f(x_1)>0$. (Si $f(x_1)<0$, il suffit de multiplier l'équation (1) par -1.)

Posons

$$x_2=x_1+cf(x_1),\ldots,\quad x_{\nu+1}=x_\nu+cf(x_\nu),\ldots, \tag{1,3}$$

tant que x_ν ne sorte pas de l'intervalle J. Alors on a $x_2>x_1$, et $f(x)$ est certainement positive dans la partie de l'intervalle ouvert (x_1, x_2), contenue dans J. Car, si pour un x_0 avec $x_1<x_0\leqslant x_2$, $f(x_0)=0$, on a

$$\left|\frac{x_1-x_0}{f(x_1)-f(x_0)}\right|\leqslant\left|\frac{x_2-x_1}{f(x_1)}\right|=c,\quad c\geqslant\frac{1}{M}.$$

Donc, d'après (1,1) et (1,2), on a $x_0=x_2$,

$$\frac{f(x_1)-f(x_2)}{x_2-x_1}=\frac{f(x_1)}{x_2-x_1}=M. \tag{1,4}$$

D'autre part, on a pour tout couple de nombres ξ, η avec $x_1\leqslant\xi<\eta\leqslant x_2$

$$\frac{f(\xi)-f(\eta)}{\xi-\eta}\leqslant M,$$

[4]) Par le symbole sup on désigne suivant M. Hausdorff la borne supérieure exacte. De même inf désigne la borne inférieure exacte.

Supposons qu'on ait pour un couple de nombres ξ, η avec $x_1 \leqslant \xi < \eta \leqslant x_2$

$$f(\xi) - f(\eta) < M(\xi - \eta).$$

On a certainement

$$f(x_1) - f(\xi) \leqslant M(\xi - x_1),$$
$$f(\eta) - f(x_2) \leqslant M(x_2 - \eta);$$

de ces trois inégalités il suit que

$$f(x_1) = f(x_1) - f(x_2) < M(x_2 - x_1)$$

contrairement à (1,4), donc on a pour $x_1 \leqslant x \leqslant x_2$

(1,5) $$f(x) = f(x_1) - M(x - x_1).$$

Pour $f(x_2) = 0$ on a évidemment $x_2 = x_3 = \ldots$ Pour $f(x_2) \neq 0$, les mêmes considérations peuvent être appliquées à x_2, x_3, etc. Donc, si aucun des x_ν ne sort de J, on a $x_\nu \uparrow \zeta$, $f(x_\nu) \to f(\zeta)$, et d'après (1,3),

$$\zeta = \zeta + cf(\zeta), \quad f(\zeta) = 0,$$

tandis que dans l'intervalle (x, ζ) $f(x)$ est positive.

Des considérations analogues s'appliquent au procédé

(1,6) $x_2 = x_1 - cf(x_1), \quad x_3 = x_2 - cf(x_2), \quad \ldots, \quad x_{\nu+1} = x_\nu - cf(x_\nu), \quad \ldots$

tant que x_ν ne sort pas de l'intervalle J. (On réduit (1,6) à (1,3) en prenant dans (1,3) c négatif.) Donc:

I. *Si dans le procédé de M. de Misès $f(x_1) > 0$ et tous les nombres x_ν définis par* (1,3) *restent $\leqslant B$, la suite x_ν converge en montant vers une limite ζ, et ζ est la plus petite racine de* (1) *contenue dans* $(x_1, B]$. *Si pour un ν, $x_\nu = \zeta$, on a $c = M$,*

(1,7) $$f(x) = f(x_{\nu-1}) - M(x - x_{\nu-1}), \quad x_\nu \geqslant x \geqslant x_{\nu-1}.$$

Si $f(x_1) > 0$ et tous les nombres x_ν définis par (1,6) *restent $\geqslant A$, la suite x_ν converge en descendant vers une limite ζ, qui est la plus grande racine de* (1) *contenue dans* $[A, x_1)$. *Si pour un ν, $x_\nu = \zeta$, on a*

(1,8) $$c = M, \quad f(x) = f(x_{\nu-1}) + M(x - x_{\nu-1}), \quad x_\nu \leqslant x \leqslant x_{\nu-1}$$ [5]).

2. On peut se borner à la considération de la suite (1,3). En utilisant cette suite, il suffit de définir M comme

(2,1) $$\sup_{x', x'' \in [x_1, B]} \left| \frac{f(x') - f(x'')}{x' - x''} \right|.$$

Dans ce qui suit, nous supposons qu'on a toujours $x_\nu < \zeta$, $\nu = 1, 2, \ldots$, et que $f(x_1) > 0$. Posons

(2,2) $$\rho_\nu = \frac{f(x_\nu)}{\zeta - x_\nu} = \frac{f(x_\nu) - f(\zeta)}{\zeta - x_\nu}.$$

---

[5]) La démonstration de la convergence du procédé de M. de Misès donnée dans le mémoire cité suppose qu'on ait $c < \frac{1}{M}$.

On a évidemment $\rho_\nu > 0$ et d'après (1,3)

$$\frac{x_{\nu+1} - x_\nu}{\zeta - x_\nu} = c\rho_\nu, \quad \zeta - x_\nu = \frac{f(x_\nu)}{\rho_\nu} = \frac{x_{\nu+1} - x_\nu}{c\rho_\nu}, \tag{2,3}$$

$$\frac{\zeta - x_{\nu+1}}{\zeta - x_\nu} = 1 - c\rho_\nu, \tag{2,4}$$

$$\frac{\zeta - x_n}{\zeta - x_1} = \prod_{\nu=1}^{n-1} (1 - c\rho_\nu). \tag{2,5}$$

Supposons d'abord que dans l'intervalle $[x_1, B]$ la borne inférieure

$$\inf_{x', x'' \in [x_1, B]} \left| \frac{f(x') - f(x'')}{x' - x''} \right| = m$$

soit positive. Alors on a $\frac{1}{c} \geqslant M \geqslant \rho_\nu \geqslant m$, donc d'après (2,2) — (2,4)

$$\frac{1}{m} \geqslant \frac{\zeta - x_\nu}{f(x_\nu)} \geqslant \frac{1}{M} \geqslant c, \tag{2,6}$$

$$\frac{1}{cM} - 1 \leqslant \frac{\zeta - x_\nu}{x_\nu - x_{\nu-1}} \leqslant \frac{1}{cm} - 1, \tag{2,7}$$

$$1 - cM \leqslant \frac{\zeta - x_{\nu+1}}{\zeta - x_\nu} \leqslant 1 - cm. \tag{2,8}$$

Appliquons ces formules à l'exemple suivant:

$$f(x) = x^4 - 3x^3 - x^2 + x + 6 = 0,$$

$A = 1$, $B = 2$, $M = 8{,}856\ldots$, $m = 6$, $c = \frac{1}{10}$, $\zeta = 1{,}521379\ldots$;

$$\begin{array}{lll}
x_1 = 1; & \zeta - x_1 = 0{,}521; & f(x_1) = 4; \\
x_2 = 1{,}4; & \zeta - x_2 = 0{,}121; & f(x_2) = 1{,}050; \\
x_3 = 1{,}505; & \zeta - x_3 = 0{,}016; & f(x_3) = 0{,}144; \\
x_4 = 1{,}519; & \zeta - x_4 = 0{,}002; & f(x_4) = 0{,}020; \\
x_5 = 1{,}521; & \zeta - x_5 = 0{,}000; & f(x_5) = 0{,}004;
\end{array}$$

$$\frac{\zeta - x_1}{f(x_1)} = 0{,}130, \quad \frac{\zeta - x_2}{f(x_2)} = 0{,}12, \quad \frac{\zeta - x_3}{f(x_3)} = 0{,}11, \quad \frac{\zeta - x_4}{f(x_4)} = 0{,}1, \quad \ldots$$

Ces quotients sont en effet contenus entre $\frac{1}{m} = 0{,}166\ldots$ et $c = 0{,}1$. De même les quotients

$$\frac{\zeta - x_2}{x_2 - x_1} = 0{,}302, \quad \frac{\zeta - x_3}{x_3 - x_2} = 0{,}152, \quad \frac{\zeta - x_4}{x_4 - x_3} = 0{,}143$$

sont contenus entre $\frac{1}{cM} - 1 = 0{,}13\ldots$ et $\frac{1}{cm} - 1 = 0{,}66\ldots$

Enfin les nombres

$$\frac{\zeta - x_2}{\zeta - x_1} = 0{,}23, \quad \frac{\zeta - x_3}{\zeta - x_2} = 0{,}13, \quad \frac{\zeta - x_4}{\zeta - x_3} = 0{,}12$$

sont contenus entre $1 - cM = 0{,}114$ et $1 - cm = 0{,}4$.

Dans cet exemple, le calcul des nombres M et m est particulièrement direct — il s'agit de trouver le maximum et le minimum de $|f'(x)|$ dans l'intervalle $[1, 2]$. Il est à peine nécessaire de dire que toujours, quand la fonction $f(x)$ est dérivable dans l'intervalle $[A, B]$, il suffit d'évaluer le maximum et le minimum de $|f'(x)|$ dans l'intervalle considéré, pour avoir les valeurs exactes de M et m.

3. Nous abandonnons maintenant l'hypothèse $m>0$. Supposons que $f'(\zeta)$ existe. Alors on a évidemment

$$\rho_\nu \longrightarrow -f'(\zeta). \tag{3,1}$$

Donc d'après (2,3) et (2,4):

II. *Si, dans les hypothèses du théorème* I, $f'(\zeta)$ *existe et est différent de* 0, *on a*

$$\frac{\zeta - x_{\nu+1}}{\zeta - x_\nu} \longrightarrow 1 - c\,|f'(\zeta)|, \quad \frac{\zeta - x_{\nu+1}}{x_{\nu+1} - x_\nu} \longrightarrow \frac{1}{c\,|f'(\zeta)|} - 1. \tag{3,2}$$

Enfin supposons que l'on ait

$$\frac{1}{c} = M = |f'(\zeta)| \neq 0, \quad M = -f'(\zeta), \tag{3,3}$$

que $f'(x)$ existe dans le voisinage à gauche de ζ et que $f''(\zeta)$ existe.

Alors on a d'après (1,3)

$$\zeta - x_{\nu+1} = \zeta - x_\nu + \frac{1}{f'(\zeta)} f(x_\nu),$$

$$f'(\zeta)(\zeta - x_{\nu+1}) = f(x_\nu) - [f(\zeta) + f'(\zeta)(x_\nu - \zeta)].$$

Or, en posant ici pour l'expression de droite $(x_\nu - \zeta)^2\,\mathfrak{M}$, $\mathfrak{M}$ converge vers $\frac{f''(\zeta)}{2}$[6]). Donc, on a dans ce cas

$$\frac{\zeta - x_{\nu+1}}{(\zeta - x_\nu)^2} \longrightarrow \frac{1}{2}\frac{f''(\zeta)}{f'(\zeta)}, \tag{3,4}$$

c'est-à-dire, la rapidité de la convergence correspondant à celle du procédé de Newton[7]). Cependant, cette valeur de c n'est utilisable que si l'on connait la valeur de la dérivée en l'endroit cherché, ce qui est évidemment bien rare.

Remplaçons maintenant l'hypothèse du théorème II par

$$\frac{|f(x)|}{|\zeta - x|^{1+\alpha}} \longrightarrow k, \quad x \uparrow \zeta, \quad \alpha > 0, \quad k > 0. \tag{3,5}$$

Posons

$$k\,|\zeta - x_\nu|^\alpha = q_\nu. \tag{3,6}$$

---

[6]) Cf. par exemple De la Vallée Poussin, „Cours d'analyse infinitésimale", 3. éd., t. I (1914), pp. 108—109.

[7]) Nous étudions la rapidité de la convergence du procédé de Newton dans le No. 4.

On a d'après (2,2) et (2,4) pour $\nu \to \infty$

$$(3,7) \qquad \rho_\nu \sim q_\nu, \quad \rho_\nu \to 0,$$

$$q_{\nu+1} = q_\nu (1 - c\rho_\nu)^\alpha, \quad q_{\nu+1} \sim q_\nu \sim \rho_\nu,$$

$$q_{\nu+1} - q_\nu = q_\nu [(1 - c\rho_\nu)^\alpha - 1] = - q_\nu [\alpha c\rho_\nu + O(\rho_\nu^2)],$$

$$(3,8) \qquad d_\nu = \frac{1}{q_{\nu+1}} - \frac{1}{q_\nu} = -\frac{q_{\nu+1} - q_\nu}{q_\nu q_{\nu+1}} = \frac{\alpha c\rho_\nu}{q_{\nu+1}} [1 + O(\rho_\nu)] \to \alpha c.$$

Or

$$\frac{1}{q_n} = \frac{1}{q_1} + \sum_{\nu=1}^{n-1} d_\nu,$$

donc d'après (3,8)

$$\frac{1}{n} \frac{1}{q_n} \to \alpha c, \quad n q_n \to \frac{1}{\alpha c},$$

et d'après (3,6)

$$(3,9) \qquad \nu^{1/\alpha} |\zeta - x_\nu| \to \frac{1}{(k\alpha c)^{1/\alpha}}.$$

III. *Si dans les hypothèses du théorème* I, *pour un* $\alpha > 0$ *et un* $k > 0$,

$$(3,91) \qquad \frac{|f(x)|}{|\zeta - x|^{1+\alpha}} \to k, \quad x \to \zeta,$$

on a

$$(3,92) \qquad |\zeta - x_\nu| \sim \frac{1}{(k\alpha c\nu)^{1/\alpha}}.$$

Pour $\alpha = 1$, on a une racine double et

$$(3,93) \qquad \nu |\zeta - x_\nu| \to \frac{1}{kc}.$$

4. Dans le procédé de Newton on établit, en partant d'une valeur x_0, la suite suivante

$$(4,1) \quad x_1 = x_0 - \frac{f(x_0)}{f'(x_0)}, \; x_2 = x_1 - \frac{f(x_1)}{f'(x_1)}, \; \ldots, \; x_{\nu+1} = x_\nu - \frac{f(x_\nu)}{f'(x_\nu)}, \; \ldots$$

L'application de ce procédé suppose donc dans tous les cas que $f'(x)$ existe et est différente de 0 aux points consécutifs x_ν.

Le premier énoncé des conditions suffisantes pour la convergence du procédé de Newton est dû à Fourier.

Conditions de Fourier: on suppose $f(x)$ continue ainsi que sa dérivée première $f'(x)$ et douée d'une dérivée seconde $f''(x)$ dans l'intervalle fermé J de x_0 à b ($x_0 \lesseqgtr b$). De plus, on suppose que $f''(x)$ ne change pas de signe dans J et que l'on a

$$(4,2) \qquad f(x_0) f''(x_0) > 0, \quad f(x_0) f(b) < 0 \; [8].$$

IV. *Si les conditions de Fourier sont remplies, $f(x)$ possède une seule racine ζ à l'intérieur de l'intervalle J, $f'(x)$ reste différente de* 0 *entre x_0 et ζ et la suite* (4,1) *converge vers ζ.*

[8]) Dans ce qui suit nous appelons les conditions énoncées „conditions de Fourier" bien que les conditions données par Fourier (Analyse des équations déterminées, Paris 1831, livre 2, III, VI), ainsi que les conditions qu'on trouve généralement dans les traités d'algèbre soient un peu plus restrictives.

Démonstration. Supposons que $x_0 < b$. (Si $x_0 > b$, il suffit de changer le signe de la variable indépendante.) Supposons de plus que l'on ait dans J, $f''(x) \geqslant 0$. (Si $f''(x)$ admet dans J des valeurs négatives, on multiple $f(x)$ par -1.)

Alors on a, d'après (4,2), $f(x_0) > 0$, $f(b) < 0$. *Donc $f'(x_0)$ est négative*, car de $f'(x_0) \geqslant 0$ il suit que $f'(x)$ reste non négative dans tout l'intervalle J et $f(x)$ ne pourrait devenir négative.

Soit ζ la plus petite racine de $f(x)$ dans J. *Alors $f'(x)$ reste négative dans l'intervalle* $[x_0, \zeta)$. Car, si l'on a

$$x_0 < \xi < \zeta, \quad f'(\xi) = 0$$

il s'ensuit que $f'(x)$ reste non négative pour $x > \xi$. Donc on aurait $f(x) \geqslant f(\xi) > 0$ pour $x \geqslant \xi$.

Si $f'(x)$ ne possède pas de racines dans J, il est clair que $f(x)$ n'a pas d'autres racines que ζ dans J. Or, supposons que $f'(x)$ devienne égale à 0 dans J, et soit $\eta \geqslant \zeta$ le *dernier* point dans J où $f'(\eta) = 0$. Alors $f'(x)$ est non positive entre x_0 et η et non négative entre η et b. Donc $f(x)$ ne croit pas entre x_0 et η et ne décroit pas entre η et b. Donc les valeurs de $f(x)$ entre η et b sont négatives et *la fonction $f(x)$ ne change de signe qu'une fois entre x_0 et b.*

Maintenant on a évidemment $x_1 > x_0$, puisque $\dfrac{f(x_0)}{f'(x_0)} < 0$. De (4,1) on a

$$\frac{\zeta - x_1}{\zeta - x_0} = 1 - \frac{1}{f'(x_0)} \frac{f(\zeta) - f(x_0)}{\zeta - x_0} = 1 - \frac{f'(\xi)}{f'(x_0)}, \tag{4,3}$$

où ξ est situé entre x_0 et ζ (au sens étroit); d'autre part $f'(x_0) \leqslant f'(\xi) < 0$. Donc $x_0 < x_1 \leqslant \zeta$.

Si $x_1 = \zeta$, on a évidemment $\zeta = x_1 = x_2 = \ldots$ Si $x_1 < \zeta$, on peut appliquer le même raisonnement à x_1, etc. Donc on a en tout cas $x_0 \leqslant x_1 \leqslant x_2 \leqslant \ldots \leqslant \zeta$,

$$x_\nu \uparrow x' \leqslant \zeta.$$

Il est aisé de voir qu'on a $x' = \zeta$, car autrement on aurait

$$x' < \zeta, \quad f(x_\nu) \to f(x'), \quad f'(x_\nu) \to f'(x') < 0,$$

$$x' = x' - \frac{f(x')}{f'(x')},$$

donc x' serait une racine dans J plus petite que ζ; le théorème IV est démontré.

Il n'est pas dépourvu d'intérêt de considérer le cas où un des nombres x_ν devient égal à ζ. Si c'est le cas de x_1, on a d'après (4,3)

$$f'(x_0) = \frac{f(\zeta) - f(x_0)}{\zeta - x_0} = \int_0^1 f'(x_0 + t(\zeta - x_0))\, dt.$$

Donc on a $f''(x) = 0$ dans un intervalle adjoint à ζ à gauche, et l'on voit aisément que cette condition est aussi suffisante pour qu'on ait $x_\nu = \zeta$ avec un $\nu \geqslant 1$.

5. Considérons maintenant le cas plus général, dans lequel les conditions de Fourier ne sont plus nécessairement satisfaites.

Soit ζ une racine quelconque de l'équation $f(x)=0$. Supposons que $f(x)$ possède une dérivée continue dans l'intervalle $[x_0, \zeta]$ et que de plus: ou bien

A) $f''(\zeta)$ *existe*,

ou bien

B) $f''(x)$ *existe dans l'intervalle* $[x_0, \zeta]$,

ou bien

C) $f''(x)$ *est continue dans l'intervalle* $[x_0, \zeta]$.

Alors je dis qu'on a dans l'hypothèse A):

$$(5,1) \qquad -f'(x_0)(\zeta-x_1)=f(\zeta)-[f(x_0)+f'(x_0)(\zeta-x_0)]=\frac{1}{2}M(\zeta-x_0)^2,$$

où M tend vers $f''(\zeta)$ pour $x_0 \to \zeta$;

dans l'hypothèse B):

$$(5,2) \qquad -f'(x_0)(\zeta-x_1)=(\zeta-x_0)^2\frac{1}{2}f''(\eta), \quad \eta \in (x_0, \zeta);$$

dans l'hypothèse C):

$$(5,3) \qquad -f'(x_0)(\zeta-x_1)=\int_{x_0}^{\zeta}(\zeta-u)f''(u)\,du.$$

La formule (5,3) est immédiate. (5,2) est le reste de Lagrange pour la série de Taylor [9]). La démonstration que $M \to f''(\zeta)$ dans (5,1) est un peu moins directe:

Posons $x_0=\zeta-h$. Alors nous avons à démontrer

$$(5,4) \qquad \frac{f(\zeta)-f(\zeta-h)-hf'(\zeta-h)}{h^2} \to \frac{1}{2}f''(\zeta), \quad h \to 0.$$

Or, l'expression de gauche est égale à

$$\int_0^1 \frac{f'(\zeta-th)-f'(\zeta)}{h}\,dt+\frac{f'(\zeta)-f'(\zeta-h)}{h},$$

où le deuxième terme converge vers $f''(\zeta)$ par définition. Quant à l'intégrale, on a évidemment

$$f'(\zeta-th)-f'(\zeta)=-th[f''(\zeta)+\varepsilon],$$

où ε est une fonction de t et de h, qui tend vers 0 avec h, *uniformément* pour $0 \leqslant t \leqslant 1$. Donc on a

$$\int_0^1 \frac{f'(\zeta-th)-f'(\zeta)}{h}\,dt=-\int_0^1 f''(\zeta)\,t\,dt-\int_0^1 \varepsilon t\,dt,$$

où la première intégrale de droite est égale à $-\frac{f''(\zeta)}{2}$, tandis que la seconde tend vers 0 avec h, et (5,4) est démontré.

---

9) Cf. De la Vallée Poussin, l. c., pp. 110, 111.

Supposons maintenant que la suite (4,1) *converge vers* ζ, *que* $f'(x)$ *soit continue dans un intervalle contenant* ζ *et chacun des* x_ν, $f'(\zeta) \neq 0$ *et que* $f''(\zeta)$ *existe.*

Alors il résulte de (5,1) en y écrivant x_ν pour x_0, $x_{\nu+1}$ pour x_1:

(5,5) $$\frac{\zeta - x_{\nu+1}}{(\zeta - x_\nu)^2} \to -\frac{1}{2}\frac{f''(\zeta)}{f'(\zeta)}, \quad \nu \to \infty$$ [10]),

c'est-à-dire que la convergence de la suite de Newton est „quadratique".

En particulier, on a dans ce cas

$$\frac{\zeta - x_{\nu+1}}{\zeta - x_\nu} \to 0, \quad \frac{x_{\nu+1} - x_\nu}{\zeta - x_\nu} \to 1,$$

(5,51) $$\frac{\zeta - x_{\nu+1}}{(x_{\nu+1} - x_\nu)^2} \to -\frac{1}{2}\frac{f''(\zeta)}{f'(\zeta)},$$

(5,52) $$\frac{x_{\nu+1} - x_\nu}{(x_\nu - x_{\nu-1})^2} \to -\frac{1}{2}\frac{f''(\zeta)}{f'(\zeta)}.$$

Une conséquence intéressante de (5,52) est que *la série*

$$\sum_{\nu=0}^{\infty} |x_{\nu+1} - x_\nu|^\varepsilon$$

converge pour tout $\varepsilon > 0$.

Supposons maintenant que l'on ait dans l'hypothèse B) pour un $\alpha > 0$, $x \to \zeta$

(5,6) $$\frac{|f'(x)|}{|\zeta - x|^\alpha} \to k > 0.$$

Si $\alpha \leq 1$, il résulte de (5,2), écrite pour x_ν et $x_{\nu+1}$ au lieu de x_0 et x_1:

$$|\zeta - x_{\nu+1}| \sim \frac{1}{2}\frac{|f''(\zeta)|}{k}|\zeta - x_\nu|^{2-\alpha},$$

(5,61) $$\frac{|\zeta - x_{\nu+1}|}{|\zeta - x_\nu|^{2-\alpha}} \to \frac{1}{2}\frac{|f''(\zeta)|}{k}.$$

Pour $\alpha = 1$, on a évidemment $k = |f''(\zeta)|$, donc

(5,62) $$\frac{|\zeta - x_{\nu+1}|}{|\zeta - x_\nu|} \to \frac{1}{2}.$$

Pour $\alpha > 1$, ajoutons à l'hypothèse (5,6) la suivante:

(5,7) $$\frac{|f''(x)|}{|\zeta - x|^{\alpha-1}} \to \alpha k,$$

---

[10]) La relation (5,5) se trouve en principe chez Fourier, l. c., livre 2, XXXII, avec une démonstration fort peu satisfaisante et sous des hypothèses apparemment très restrictives. Le caractère quadratique de la convergence du procédé de Newton se trouve aussi déduit dans le cas des fonctions analytiques dans un mémoire de Schröder, Math. Ann., t. 2 (1871), pp. 322—324.

et supposons de plus, que $f''(x)$ est continue dans un intervalle contenant ζ et tous les x_ν. Alors on a pour l'intégrale figurant en (5,3) à droite, en y remplaçant x_0 par x_ν,

$$\left|\int_{x_\nu}^{\zeta} (\zeta - u) f''(u)\, du\right| \sim ak \int_{x_\nu}^{\zeta} (\zeta - u)^\alpha\, du = \frac{\alpha}{\alpha+1} k (\zeta - x_\nu)^{\alpha+1}.$$

Donc

$$k|\zeta - x_\nu|^\alpha |\zeta - x_{\nu+1}| \sim \frac{\alpha}{\alpha+1} k |\zeta - x_\nu|^{\alpha+1},$$

$$(5{,}71) \qquad \frac{\zeta - x_{\nu+1}}{\zeta - x_\nu} = \frac{\alpha}{\alpha+1} = 1 - \frac{1}{p},$$

où p est la multiplicité de la racine ζ de $f(x)$ [11]).

Nous allons enfin déduire quelques estimations directes pour „l'erreur" $|\zeta - x_\nu|$ en fonction de $|x_\nu - x_{\nu-1}|$.

Supposons que les conditions de Fourier soient satisfaites. Alors on a par définition, en utilisant la formule des accroissement finis,

$$x_\nu - x_{\nu-1} = \frac{f(\zeta) - f(x_{\nu-1})}{f'(x_{\nu-1})} = (\zeta - x_{\nu-1}) \frac{f'(\xi_\nu)}{f'(x_{\nu-1})},$$

$$\frac{\zeta - x_{\nu-1}}{x_\nu - x_{\nu-1}} = \frac{f'(x_{\nu-1})}{f'(\xi_\nu)}, \quad \xi_\nu \varepsilon (x_{\nu-1}, \zeta).$$

D'autre part, il résulte de (5,2), en y remplaçant x_0 et x_1 par $x_{\nu-1}$ et x_ν,

$$\frac{\zeta - x_\nu}{(\zeta - x_{\nu-1})^2} = -\frac{1}{2} \frac{f''(\eta_\nu)}{f'(x_{\nu-1})}, \quad \eta_\nu \varepsilon (x_{\nu-1}, \zeta),$$

donc, en combinant ces formules,

$$(5{,}8) \qquad \frac{\zeta - x_\nu}{(x_\nu - x_{\nu-1})^2} = -\frac{1}{2} \frac{f''(\eta_\nu) f'(x_{\nu-1})}{f'(\xi_\nu)^2}.$$

Supposons maintenant que $f''(x)$ soit bornée dans l'intervalle (x_0, ζ), et que l'on ait

$$|f''(x)| \leqslant M, \quad x \varepsilon (x_0, \zeta).$$

D'autre part, $f'(x)^2$ atteint sa valeur minimum en ζ. Il en résulte

$$(5{,}81) \qquad |\zeta - x_\nu| \leqslant |x_\nu - x_{\nu-1}|^2 \frac{M |f'(x_{\nu-1})|}{2 f'(\zeta)^2}.$$

En appliquant cette formule, on remplacera $f'(\zeta)$ par $f'(b)$ ou bien par la valeur de $f'(x)$ en un point quelconque situé entre ζ et b. On obtient donc en formant

$$(5{,}9) \qquad y_\nu = x_{\nu-1} + (x_\nu - x_{\nu-1}) \left(1 + |x_\nu - x_{\nu-1}| \frac{M |f'(x_{\nu-1})|}{2 f'(b)^2}\right),$$

une valeur approchée de ζ, telle que ζ est situé entre x_ν et y_ν, et $|\zeta - y_\nu|$ est du même ordre du grandeur que $\zeta - x_\nu$. En particulier on a

$$(5{,}91) \qquad \left|\frac{\zeta - y_\nu}{\zeta - x_\nu}\right| = \frac{M}{|f''(\eta_\nu)|} \left|\frac{f'(\xi_\nu)}{f'(b)}\right|^2 - 1.$$

---

[11]) Cf. pour le cas des fonctions analytiques Schröder, l. c.

L'expression de droite est ici en général relativement petite. Cependant, on peut la faire aussi petite que l'on veut, en appliquant (5,9) deux fois. La valeur $y_\nu^{(0)}$, obtenue la première fois, est située entre ζ et b. On peut alors remplacer b la formule (5,9) par $y_\nu^{(0)}$ et de même prendre pour M la borne supérieure M_ν de $|f''(x)|$ dans l'intervalle $(x_{\nu-1}, y_\nu^{(0)})$. Si $f''(x)$ est continue en ζ, l'expression

$$\frac{M_\nu}{f''(\eta_\nu)}\left|\frac{f'(\xi_\nu)}{f'(y_\nu^{(0)})}\right|^2 - 1$$

est, pour ν suffisamment grand, aussi petite que l'on veut. Pour le calcul pratique, il suffira de la faire plus petite que *un*. Dans ce cas on aura $|\zeta - y_\nu| < |\zeta - x_\nu|$ [12]).

L'application des formules développées dans ce numéro nécessite ou bien une discussion assurant la validité des conditions de Fourier ou bien la recherche d'une valeur de x_0 déjà suffisamment approchée.

Le théorème que nous allons exposer dans le No. suivant permet dans la plupart des cas d'épargner au calculateur toute analyse préalable concernant l'existence et la séparation de la racine cherchée.

---

12) On a à plusieurs reprises essayé de compléter le procédé de Newton, pour enfermer la racine cherchée ζ entre *deux* suites convergeant vers ζ. Fourier (l. c., livre 2, VII — X) propose de calculer avec les x_ν la suite des y'_ν,

$$y'_{\nu+1} = y'_\nu - \frac{f(y'_\nu)}{f'(x_\nu)},$$

en partant de $y'_0 = b$. Or, on peut démontrer que, bien que l'on ait $y'_\nu \longrightarrow \zeta$, les quotients $\frac{|\zeta - y'_\nu|}{|\zeta - x_\nu|}$ tendent vers ∞, si $f''(x)$ est continue. D'autre part, Dandelin (Mém. de l'Acad. roy. de Bruxelles, t. 3 (1826), p. 30) propose de combiner le procédé de Newton avec „la règle de fausse position" en formant la suite y''_ν:

$$y''_0 = b, \quad y''_{\nu+1} = y''_\nu - \frac{y''_\nu - x_\nu}{f(y''_\nu) - f(x_\nu)} f(y''_\nu).$$

On déduit immédiatement de la représentation graphique bien connue que la suite y''_ν converge vers ζ plus rapidement que y'_ν. De plus, en supposant que $f''(x)$ satisfait dans $[x_0, b]$ une condition de Lipschitz d'ordre positif, on peut démontrer que l'expression $\frac{|\zeta - y''_\nu|}{|\zeta - x_\nu|}$ tend, lorsque $\nu \longrightarrow \infty$, vers une limite finie et différente de 0, qui dépend de b d'une manière continue et peut être rendue arbitrairement petite en prenant b suffisamment approché de ζ. D'autre part, la formation des y''_ν exige, ainsi que celle de y'_ν, 50 % du travail calculatoire superflu. Ces deux méthodes sont donc inférieures à celle proposée dans le texte, puisqu'on peut former y_ν, dès que la valeur de $x_\nu - x_{\nu-1}$ reste audessous de la limite de l'erreur demandée, sans former $y_1, y_2, \ldots, y_{\nu-1}$. Cependant, on peut obtenir, avec la règle de fausse position, des bornes très reserrées en combinant directement b avec x_ν et en répétant le même procédé pour la valeur obtenue et x_ν.

6. Dans ce numéro nous allons démontrer la *règle* suivante:

V. *Soit* $f(x)$ *continue ainsi que sa dérivée au point* x_0 *et* $f(x_0) \neq 0$, $f'(x_0) \neq 0$. *Soit* J *l'intervalle fermé de* x_0 *à* $x_0 + 2h$, *où*

$$h = -\frac{f(x_0)}{f'(x_0)}.$$

Supposons que $f'(x)$ *soit continue dans l'intervalle* J *et que* $f''(x)$ *existe et est bornée à l'intérieur de* J.

Soit M *une borne supérieure de* $|f''(x)|$ *à l'intérieur de* J. *Si l'on a*

$$2M|h| \leqslant |f'(x_0)|, \tag{6,1}$$

$f(x)$ *possède une et une seule racine* ζ *dans* J, *et la suite de Newton* (4,1), *formée en partant de* x_0, *converge vers* ζ. *De plus, on a*

$$\frac{|x_{\nu+1} - x_\nu|}{|x_\nu - x_{\nu-1}|^2} \leqslant \frac{M}{2|f'(x_\nu)|}, \tag{6,2}$$

$$|\zeta - x_{\nu+1}| \leqslant \frac{M}{|f'(x_\nu)|} |x_{\nu+1} - x_\nu|^2 = \delta_{\nu+1}, \tag{6,3}$$

et ζ *est situé dans l'intervalle* $[x_{\nu+1} - \delta_{\nu+1}, \; x_{\nu+1} + \delta_{\nu+1}]$ [13]).

Démonstration. Nous allons démontrer d'abord qu'en posant

$$x_1 = x_0 + h, \quad h_1 = -\frac{f(x_1)}{f'(x_1)}, \quad J_1 = [x_1, \; x_1 + 2h_1],$$

l'intervalle J_1 est contenu dans J et la relation $2M|h_1| \leqslant |f'(x_1)|$ est satisfaite. En effet, on a, en utilisant l'expression de Lagrange pour le reste de la formule de Taylor,

$$f(x_1) = f(x_0 + h) = f(x_0) + hf'(x_0) + \frac{1}{2} h^2 f''(\xi) = \frac{1}{2} h^2 f''(\xi),$$

ξ étant contenu entre x_0 et x_1, donc

$$|f(x_1)| \leqslant \frac{1}{2} |h|^2 M.$$

D'autre part,

$$f'(x_1) = f'(x_0 + h) = f'(x_0) + hf''(\eta),$$

---

[13]) Le théorème V précise deux théorèmes de Cauchy (l. c., pp. 575—577). Quant à *l'existence* et *l'unicité* de la racine ζ en J, Cauchy les prouve dans son „théorème II", p. 575. Il est vrai que Cauchy fait l'hypothèse $2Mh < |f'(x_0)|$, mais sa démonstration s'étend immédiatement au cas où (6,1) est satisfaite avec le signe d'égalité. Quant à la *convergence* de la suite de Newton, elle est prouvée dans le „théorème III" de Cauchy, pp. 576—577, sous l'hypothèse que $2M|h|$ est plus petit que *la valeur minimum de* $|f'(x)|$ dans tout l'intervalle J. Enfin, au lieu de l'inégalité (6,2), Cauchy prouve l'inégalité

$$\frac{|x_{\nu+1} - x_\nu|}{|x_\nu - x_{\nu-1}|^2} \leqslant \frac{M}{2m_\nu},$$

où m_ν est la valeur minimum de $|f'(x)|$ dans l'intervalle $[x_\nu - |x_\nu - x_{\nu-1}|, \; x_\nu + |x_\nu - x_{\nu-1}|]$. Notre résultat est évidemment non seulement plus précis que celui de Cauchy, mais surtout plus commode pour le calculateur, qui est ainsi dispensé de calculer ou estimer m_ν.

η étant contenu entre x_0 et x_0+h. Donc d'après (6,1)

$$|f'(x_1)| \geqslant |f'(x_0)| - |h| M \geqslant \frac{1}{2} |f'(x_0)|.$$

Il en résulte pour h_1

(6,4) $$|h_1| \leqslant \frac{1}{2} |h|^2 \frac{M}{|f'(x_1)|},$$

$$\frac{2M|h_1|}{|f'(x_1)|} \leqslant \frac{1}{4} \left|\frac{2hM}{f'(x_0)}\right|^2 \left|\frac{f'(x_0)}{f'(x_1)}\right|^2 \leqslant \frac{1}{4} 2^2 = 1.$$

D'autre part, d'après (6,4)

$$\left|\frac{h_1}{h}\right| \leqslant \frac{1}{2} |h| \frac{M}{|f'(x_1)|} \leqslant \frac{1}{2} \cdot 2|h| \frac{M}{|f'(x_0)|} \leqslant \frac{1}{2},$$

donc $2|h_1| \leqslant |h|$ et J_1 est contenu dans J.

En appliquant le même raisonnement successivement à x_1, x_2 etc., on voit qu'en posant

(6,5) $$-\frac{f(x_\nu)}{f'(x_\nu)} = h_\nu, \quad x_{\nu+1} = x_\nu + h_\nu, \quad J_\nu = [x_\nu, x_\nu + 2h_\nu],$$

chaque intervalle J_ν est contenu dans l'intervalle précédent $J_{\nu-1}$, et la longueur $2|h_\nu|$ de J_ν converge vers 0, puisque on a $\left|\frac{h_{\nu+1}}{h_\nu}\right| \leqslant \frac{1}{2}$. Donc la suite x_ν converge vers un point ζ situé dans J et ζ est une racine de $f(x)$, puisque on a, par définition de x_ν,

$$\zeta = \zeta - \frac{f(\zeta)}{f'(\zeta)}.$$

D'autre part, on a pour chaque x à l'intérieur au sens étroit de J:

$$f'(x) = f'(x_0) + (x - x_0) f''(\eta),$$

$$|f'(x)| \geqslant |f'(x_0)| - |x - x_0| M > |f'(x_0)| - 2M|h| \geqslant 0.$$

Donc $f'(x)$ conserve le même signe à l'intérieur de J, et $f(x)$ possède une seule racine ζ dans J, qui ne peut être une racine multiple que si $\zeta = x_0 + 2h$. (Ce dernier cas n'est d'ailleurs possible que si $f(x)$ est un polynôme quadratique en x dans l'intervalle J, et ne peut se présenter que si l'on a pour tout ν $2M|h_\nu| = |f'(x_\nu)|$.) D'autre part, la relation (6,2) résulte de (6,4) immédiatement si l'on applique cette dernière relation à x_ν. Enfin, puisque ζ est contenu dans l'intervalle $J_{\nu+1}$, on a

$$|\zeta - x_{\nu+1}| \leqslant 2h_{\nu+1} \leqslant |h_\nu|^2 \frac{M}{|f'(x_\nu)|};$$

c'est la relation (6,3) et le théorème V est démontré.

7. En appliquant la règle V, on a à vérifier que (6,1) est satisfaite. Si h n'est pas encore suffisamment petit, on applique plusieurs fois le procédé de Newton jusqu'à ce que le théorème V puisse être appliqué. Si pour cet h ou un des h_ν suivants l'expression de gauche en (6,1) est plus petite que l'expression de droite, il est préférable d'appliquer la règle suivante plus précise:

VI. *Remplaçons dans l'hypothèse de* V *pour un* $\alpha > 2$ *l'intervalle* J *par l'intervalle* $J^* = \left[x_0, \, x_0 + \frac{2\alpha - 2}{2\alpha - 3} h\right]$ *et l'inégalité* (6,1) *par*

$$aM\,|h| \leqslant |f'(x_0)|. \tag{7,1}$$

Alors on a pour $\nu = 1, 2, \ldots$

$$\alpha M\,|h_\nu| < |f'(x_\nu)|,$$

$f(x)$ *possède une et une seule racine* ζ *à l'intérieur au sens étroit de* J^*, *et la suite* x_ν *converge vers* ζ. *De plus, on a, en posant* $A = \frac{\alpha(2\alpha - 3)}{(2\alpha - 1)(\alpha - 2)}$,

$$\frac{|x_{\nu+1} - x_\nu|}{|x_\nu - x_{\nu-1}|^2} \leqslant \frac{AM}{2\,|f'(x_0)|},$$

$$|\zeta - x_{\nu+1}| < \frac{AM}{|f'(x_0)|}\,|x_{\nu+1} - x_\nu|^2.$$

On prouve l'énoncé VI en poursuivant le même raisonnement que nous avons employé pour la démonstration de V et en remarquant qu'on a maintenant

$$f'(x_1) \geqslant \frac{\alpha - 1}{\alpha}\,|f'(x_0)|, \qquad \left|\frac{h_{\nu+1}}{h_\nu}\right| \leqslant \frac{1}{2(\alpha - 1)},$$

$$|f'(x_\nu)| \geqslant |f'(x_0)| - M\,|x_\nu - x_0| > |f'(x_0)|\left(1 - \frac{2\alpha - 2}{\alpha(2\alpha - 3)}\right) = \frac{|f'(x_0)|}{A}.$$

On voit aisément que l'expression A décroît, si α croît de 2 à l'infini, et converge vers 1. Pour $\alpha = 3$, on a $A = \frac{9}{5}$.

8. Nos résultats précédents peuvent être étendus aux fonctions analytiques d'une variable complexe.

VII. *Soit* $f(z)$ *holomorphe au point* z_0 *et* $f'(z_0) \neq 0$. *Soit* $h_0 = -\frac{f(z_0)}{f'(z_0)}$ *et* K_0 *le cercle*

$$|z - z_1| \leqslant |h_0|, \quad z_1 = z_0 + h_0.$$

Supposons que $f(z)$ *soit holomorphe dans* K_0. *Alors si l'on a dans* K_0

$$|f''(z)| \leqslant \frac{1}{2}\frac{|f'(z_0)|}{|h_0|} = \frac{1}{2}\frac{|f'(z_0)|^2}{|f(z_0)|}, \tag{8,1}$$

$f(z)$ *possède en* K_0 *une et une seule racine* ζ, *vers laquelle la suite de Newton*

$$z_0, \; z_1, \; \ldots, \; z_{\nu+1} = z_\nu - \frac{f(z_\nu)}{f'(z_\nu)}, \; \ldots \tag{8,2}$$

converge en restant à l'intérieur de K_0. *Si* ζ *est situé à l'intérieur au sens étroit de* K_0, *c'est une racine simple.* ζ *ne peut être situé sur la périphérie de* K_0 *que si* $f(z)$ *est un polynôme quadratique.*

De plus on a, en posant $M = \sup_{z \in K_0} |f''(z)|$:

(8,3) $$\frac{|z_{\nu+1} - z_\nu|}{|z_\nu - z_{\nu-1}|^2} \leqslant \frac{M}{2|f'(z_\nu)|}.$$

(8,4) $$|\zeta - z_{\nu+1}| \leqslant \frac{M}{|f'(z_\nu)|} |z_{\nu+1} - z_\nu|^2.$$

Démonstration. (8,1) peut s'écrire

(8,5) $$2M|h_0| \leqslant |f'(z_0)|.$$

Nous allons d'abord montrer, en posant

$$h_1 = -\frac{f(z_1)}{f'(z_1)}, \quad z_2 = z_1 + h_1,$$

que l'on a

(8,51) $$2M|h_1| \leqslant |f'(z_1)|$$

et que le cercle

(K_1) $$|z - z_2| \leqslant |h_1|$$

est contenu dans K_0. En effet on a, en intégrant le long du segment rectiligne allant de z_0 à z_1,

(8,6) $$f(z_1) = \int_{z_0}^{z_1} (z_1 - z)\, f''(z)\, dz = h_0^2 \int_0^1 (1-t) f''(z_0 + th_0)\, dt,$$

$$|f(z_1)| \leqslant \frac{M}{2} |h_0|^2,$$

(8,7) $$|h_1| \leqslant \frac{1}{2} |h_0|^2 \frac{M}{|f'(z_1)|},$$

(8,8) $$\left|\frac{2Mh_1}{f'(z_1)}\right| \leqslant M^2 \frac{|h_0|^2}{|f'(z_1)|^2} = \frac{1}{4} \left|\frac{f'(z_0)}{f'(z_1)}\right|^2 \left|\frac{2Mh_0}{f'(z_0)}\right|^2.$$

D'autre part, on a

$$f'(z_1) = f'(z_0) + \int_{z_0}^{z_1} f''(z)\, dz,$$

et d'après (8,5)

$$|f'(z_1)| \geqslant |f'(z_0)| - |h_0| M \geqslant \frac{1}{2} |f'(z_0)|.$$

Donc $\left|\frac{f'(z_0)}{f'(z_1)}\right| \leqslant 2$ et l'on conclue de (8,8)

$$\left|\frac{2Mh_1}{f'(z_1)}\right| \leqslant \left|\frac{2Mh_0}{f'(z_0)}\right|^2 \leqslant 1,$$

d'où résulte immédiatement (8,51).

D'autre part on a d'après (8,7)

$$\left|\frac{h_1}{h_0}\right| \leqslant \frac{1}{4} \left|\frac{2Mh_0}{f'(z_0)}\right| \left|\frac{f'(z_0)}{f'(z_1)}\right| \leqslant \frac{1}{2}.$$

Donc, comme le rayon $|h_1|$ de K_1 est au plus égal à la moitié du rayon $|h_0|$ de K_0 et que la périphérie de K_1 passe par le centre de K_0, on conclue que K_1 est contenu dans K_0.

Or, la même déduction peut être exactement appliquée aux points z_1, z_2 etc. Il en résulte l'existence d'une suite infinie de cercles K_ν, $\nu=1, 2, \ldots$, aux centres z_ν et aux rayons $|h_\nu|=\left|\frac{f(z_\nu)}{f'(z_\nu)}\right|$, tels que chaque K_ν est contenu dans $K_{\nu-1}$ et que les rayons $|h_\nu|$ convergent vers 0.

Donc la suite z_ν converge vers un point ζ situé ou bien à l'intérieur ou bien sur la périphérie de K_0. On obtient de (8,2) pour $\nu\to\infty$

$$\zeta=\zeta-\frac{f(\zeta)}{f'(\zeta)},$$

donc $f(\zeta)=0$.

D'autre part on obtient pour $\nu=0, 1, \ldots$

$$(8{,}52) \qquad |2Mh_\nu|\leqslant|f'(z_\nu)|,$$

$$(8{,}71) \qquad |h_{\nu+1}|\leqslant\frac{1}{2}|h_\nu|^2\frac{M}{|f'(z_\nu)|},$$

c'est-à-dire (8,3), et enfin

$$(8{,}72) \qquad 2^\nu|f'(z_\nu)|\geqslant|f'(z_0)|.$$

Nous allons maintenant montrer qu'il n'y a pas d'autres racines que ζ dans K_0. En effet, supposons que, pour un ζ^* qui est situé dans K_0, on ait $f(\zeta^*)=0$. Alors il résulte de (8,2) et (8,52)

$$f'(z_\nu)(\zeta^*-z_{\nu+1})=-[f(\zeta^*)-f(z_\nu)-(\zeta^*-z_\nu)f'(z_\nu)]=$$

$$=-\int_{z_\nu}^{\zeta^*}(\zeta^*-z)f''(z)\,dz=(\zeta^*-z_\nu)^2\int_0^1(t-1)f''(z_\nu+t(\zeta^*-z_\nu))\,dt,$$

$$\left|\frac{\zeta^*-z_{\nu+1}}{\zeta^*-z_\nu}\right|\leqslant\left|\frac{\zeta^*-z_\nu}{f'(z_\nu)}\right|\frac{M}{2}=\frac{1}{4}\prod_{\mu=0}^{\nu-1}\left|2\frac{\zeta^*-z_{\mu+1}}{\zeta^*-z_\mu}\right|\left|\frac{\zeta^*-z_0}{h_0}\right|\left|\frac{2h_0M}{2^\nu f'(z_\nu)}\right|,$$

où, pour $\nu=0$, le produit a la valeur *un*. D'après (8,72), il suit que

$$\left|2\frac{\zeta^*-z_{\nu+1}}{\zeta^*-z_\nu}\right|\leqslant\frac{1}{2}\prod_{\mu=0}^{\nu-1}\left|2\frac{\zeta^*-z_{\mu+1}}{\zeta^*-z_\mu}\right|,$$

et l'on conclue de cette dernière inégalité, écrite successivement pour $\nu=$ $=0, 1, \ldots$,

$$\left|\frac{\zeta^*-z_{\nu+1}}{\zeta^*-z_\nu}\right|\leqslant\frac{1}{4}.$$

Donc la suite z_ν converge vers ζ^* et ζ^* est l'unique racine de $f(z)$ dans K_0.

Enfin, puisque ζ est contenu dans $K_{\nu+1}$, on a d'après (8,71)

$$|\zeta-z_{\nu+1}|\leqslant2|h_{\nu+1}|\leqslant\frac{M}{|f'(z_\nu)|}|z_{\nu+1}-z_\nu|^2,$$

et c'est (8,4).

Enfin on a pour chaque z à l'intérieur au sens étroit de K_0

$$f'(z) = f'(z_0) + \int_{z_0}^{z} f''(z)\, dz,$$

$$|f'(z)| \geqslant |f'(z_0)| - |z - z_0| M > |f'(z_0)| - 2|h_0| M \geqslant 0.$$

Donc on a $f'(z) \neq 0$ à l'intérieur au sens étroit de K_0.

Enfin ζ ne peut être situé sur la périphérie de K_0 que si l'on a le signe d'égalité dans toutes nos estimations, ce qui n'est possible que si $f''(z) = \text{const.}$ et $f(z)$ est un polynôme quadratique. Donc le théorème VI est démontré [14]).

9. Nous allons maintenant étudier la convergence du procédé qu'on obtient du procédé (4,1) de Newton, en remplaçant partout $f'(x_\nu)$ par sa valeur initiale $f'(x_0)$. Si dans l'intervalle (x_0, ζ) $|f'(x)|$ atteint sa valeur maximum en x_0, on a affaire avec un cas particulier du procédé de M. de Misès. Nous allons faire une hypothèse plus large.

VIII. *Soit $f(x)$ continue ainsi que sa dérivée $f'(x)$ en x_0 et $f'(x_0) \neq 0$. Soit J l'intervalle (fermé) de x_0 à $x_0 + 2h$, où*

$$h = -\frac{f(x_0)}{f'(x_0)}.$$

Supposons que $f(x)$ et $f'(x)$ soient continues dans J et que $f''(x)$ existe et est bornée à l'intérieur de J.

Soit M une borne supérieure de $|f''(x)|$ à l'intérieur de J. Si l'on a

(9,1) $$3M|h| \leqslant |f'(x_0)|,$$

$f(x)$ possède une et une seule racine ζ dans J, vers laquelle converge la suite

(9,2) $$x_1 = x_0 - \frac{f(x_0)}{f'(x_0)}, \quad x_2 = x_1 - \frac{f(x_1)}{f'(x_0)}, \quad \ldots, \quad x_{\nu+1} = x_\nu - \frac{f(x_\nu)}{f'(x_0)}, \ldots$$

De plus, on a

(9,3) $$\left|\frac{x_{\nu+1} - x_\nu}{x_\nu - x_{\nu-1}}\right| < 2|h| \frac{M}{|f'(x_0)|} \leqslant \frac{2}{3},$$

(9,4) $$\frac{|x_{\nu+1} - x_\nu|}{|x_\nu - x_{\nu-1}|} \to 1 - \frac{f'(\zeta)}{f'(x_0)}.$$

Démonstration. Posons

$$h = h_0, \quad \frac{M}{|f'(x_0)|} = \varkappa, \quad h_\nu = -\frac{f(x_\nu)}{f'(x_0)}, \quad \nu = 1, 2, \ldots$$

---

[14]) Quant à l'existence (et l'unicité) d'une racine de $f(z)$ dans K_0, elle a été démontrée par Cauchy (l. c.) sous la condition

$$4M|h_0| < |f'(z_0)|,$$

qui est évidemment plus étroite que (8,5). La convergence du procédé de Newton a été démontré par Cauchy (l. c.) sous la condition encore plus étroite

$$4M|h_0| < \min_{z \in K_0} |f'(z)|.$$

On trouve une étude du procédé de Newton dans le cas d'une variable complexe dans un mémoire de M. G. Faber, Ueber die Newtonsche Näherungsformel, Journ. f. d. r. u. a. Math., t. 138 (1910), p. 1—21.

On peut supposer que $h_0 \neq 0$. Supposons que pour un $n \geqslant 1$ tous les points $x_0, x_1, \ldots, x_n$ soient contenus à l'intérieur de J, ce qui est immédiat pour $n=1$. Alors on peut former

$$h_\nu = -\frac{f(x_\nu)}{f'(x_0)} = -\frac{f(x_{\nu-1}+h_{\nu-1})}{f'(x_0)}, \quad \nu = 1, 2, \ldots, n,$$

donc, d'après la formule des accroissements finis,

$$(9,5) \qquad h_\nu = -\frac{f(x_{\nu-1}) + h_{\nu-1} f'(\xi_\nu)}{f'(x_0)} = h_{\nu-1}\left(1 - \frac{f'(\xi_\nu)}{f'(x_0)}\right),$$

$$h_\nu = h_{\nu-1}\frac{f'(x_0) - f'(\xi_\nu)}{f'(x_0)} = h_{\nu-1}(x_0 - \xi_\nu)\frac{f''(\xi'_\nu)}{f'(x_0)},$$

où ξ_ν est situé entre $x_{\nu-1}$ et x_ν et ξ'_ν entre x_0 et ξ_ν, donc dans J. Il s'ensuit pour $\nu = 1, 2, \ldots, n$

$$(9,6) \qquad \left|\frac{h_\nu}{h_{\nu-1}}\right| \leqslant |\xi_\nu - x_0| \frac{M}{|f'(x_0)|} < (|h_0| + |h_1| + \ldots + |h_{\nu-1}|)\varkappa.$$

Pour $\nu = n = 1$, on a

$$(9,7) \qquad |h_1| < |h_0|^2 \varkappa \leqslant \frac{1}{3}|h_0|.$$

Quant à la relation (9,6) pour $\nu = 2, 3, \ldots, n$, elle n'est démontrée que *dans l'hypothèse que tous les points* $x_0, x_1, \ldots, x_n$ *sont situés dans* J.

Nous affirmons maintenant qu'on a pour $\nu = 1, 2, \ldots$

a) $|h_1| + |h_2| + \ldots + |h_\nu| < 3|h_1| < |h_0|$,

b) $\left|\frac{h_{\nu+1}}{h_\nu}\right| < 2|h_0|\varkappa$.

En effet, supposons que la relation a) soit déjà démontrée pour $\nu = 1, 2, \ldots, n$, ce qui est, d'après (9,7), en tout cas vrai pour $n = 1$. Alors tous les points $x_0, x_1, \ldots, x_{n+1}$ sont situés dans J, donc on peut appliquer (9,6) pour $\nu = 1, 2, \ldots, n+1$, et l'on a

$$\left|\frac{h_{\nu+1}}{h_\nu}\right| < (|h_0| + |h_1| + \ldots + |h_\nu|)\varkappa \leqslant 2|h_0|\varkappa, \quad \nu = 0, 1, \ldots, n.$$

Donc les relations b) sont valables pour $\nu = 0, 1, \ldots, n$.

Mais maintenant on a pour $\nu = 1, 2, \ldots, n$ d'après (9,1)

$$\left|\frac{h_{\nu+1}}{h_\nu}\right| < \frac{2}{3}, \quad |h_{\nu+1}| < \left(\frac{2}{3}\right)^\nu |h_1|,$$

$$|h_1| + |h_2| + \ldots + |h_{n+1}| < |h_1|\left\{1 + \frac{2}{3} + \left(\frac{2}{3}\right)^2 + \ldots\right\} = 3|h_1|,$$

et d'après (9,7) la relation a) pour $\nu = n+1$. Donc les deux relations a) et b) sont valables pour $\nu = 1, 2, \ldots$, et notre affirmation est démontrée. Il s'ensuit en particulier que tous les x_ν sont situés dans J et que la série $x_0+h_0+h_1+\ldots$ converge vers un nombre ζ situé dans J. Donc on a

$$x_\nu \to \zeta, \quad f(x_\nu) \to 0, \quad f(\zeta)=0.$$

De plus on a

$$|\zeta - x_1| \leqslant \sum_{\nu=1}^{\infty} |h_\nu| \leqslant 3|h_1| < |h_0|,$$

donc ζ est situé à l'intérieur au sens étroit de J.

D'autre part, on a dans J

$$|f'(x)-f'(x_0)| \leqslant M|x-x_0| \leqslant 2|h|M \leqslant \frac{2}{3}|f'(x_0)|,$$

donc $f'(x)$ est différente de 0 dans J et ζ est l'unique racine de $f(x)$ dans J. (9,3) suit immédiatement de la relation b) et (9,4) est une conséquence immédiate de (9,5), où ξ_ν est situé entre $x_{\nu-1}$ et x_ν et tend vers ζ avec x_ν. Le théorème VIII est donc complètement démontré.

En tenant compte de la relation

$$\zeta - x_\nu = (x_{\nu+1}-x_\nu)+(x_{\nu+2}-x_{\nu+1})+\ldots,$$

on déduit de (9,3):

(9,8) $$\frac{|\zeta - x_\nu|}{|x_\nu - x_{\nu-1}|\,|x_1-x_0|} \leqslant \frac{2\varkappa}{1-2|h|\varkappa},$$

et en particulier

(9,9) $$\frac{|\zeta - x_1|}{|x_1-x_0|^2} \leqslant \frac{2\varkappa}{1-2|h|\varkappa},$$

(9,91) $$\frac{|\zeta - x_2|}{|x_1-x_0|^3} \leqslant \frac{4\varkappa^2}{1-2|h|\varkappa}.$$

Le théorème VIII reste valable pour le cas d'une fonction $f(x)$ de la variable complexe x, holomorphe dans le cercle $|x-x_1| \leqslant |h_0|$, si l'on remplace J dans l'énoncé du théorème VIII par ce cercle. En effet, notre démonstration de VIII reste valable à l'exception de la démonstration de (9,6). Or, on peut modifier cette dernière démonstration de la manière suivante: On a

$$h_\nu = -\frac{f(x_{\nu-1}+h_{\nu-1})}{f'(x_0)} = -\frac{f(x_{\nu-1})+\int_{x_{\nu-1}}^{x_\nu} f'(x)\,dx}{f'(x_0)},$$

$$h_\nu = \frac{h_{\nu-1}f'(x_0)-\int_{x_{\nu-1}}^{x_\nu} f'(x)\,dx}{f'(x_0)} = \frac{1}{f'(x_0)}\int_{x_{\nu-1}}^{x_\nu}[f'(x_0)-f'(x)]\,dx,$$

$$h_\nu = \frac{-1}{f'(x_0)}\int_{x_{\nu-1}}^{x_{\nu-1}+h_{\nu-1}} dx \int_{x_0}^{x} f''(y)\,dy,$$

$$|h_\nu| < \frac{|h_{\nu-1}|}{|f'(x_0)|}(|x_{\nu-1}-x_0|+|h_{\nu-1}|)M,$$

et (9,6) en suit immédiatement.

232

10. Il est utile de comparer la rapidité de la convergence pour le procédé original de Newton à celle du „procédé de Newton simplifié“ du No 9, ainsi qu'a une combinaison de ces procédés.

Supposons que $\delta = |\zeta - x_0|$ soit suffisamment petit. Alors il résulte de la formule (6,3) que les approximations successives données par le procédé de Newton possèdent les ordres de grandeur

$$\delta^2, \quad \delta^4, \quad \delta^8, \quad \delta^{16}, \quad \ldots$$

En appliquant le procédé de Newton simplifié, on a d'après (9,8) successivement des approximations possédant les ordres de grandeur

$$\delta^2, \quad \delta^3, \quad \delta^4, \quad \ldots$$

Supposons enfin qu'on applique le procédé de Newton et le procédé simplifié *alternativement*, en calculant $f(x)$ de nouveau en sautant chaque fois un tour, c'est-à-dire seulement pour $x_0, x_2, x_4, \ldots$, et en remplaçant dans (4,1) resp. $f'(x_1), f(x_3), f'(x_5), \ldots$ par $f'(x_0), f'(x_2), f'(x_4), \ldots$ Nous appelons ce procédé le *procédé de Newton alterné*. Alors on obtient par (9,9) et (9,91) les ordres de grandeur suivants pour les approximations consécutives:

$$\delta^2, \quad \delta^3, \quad \delta^6, \quad \delta^9, \quad \delta^{18}, \quad \delta^{27}, \quad \ldots$$

Cependant, pour comparer l'efficacité de ces différents procédés, il faut tenir compte du travail exigé pour une étape du procédé en question.

Pour définir une unité de travail calculatoire suffisante pour notre but — bien que fort conventionnelle — nous négligerons le travail d'une simple division nécessaire pour le calcul de $x_{\nu+1} - x_\nu$ et supposons que le travail de calcul d'une valeur de $f(x)$ pour un x quelconque soit sensiblement le même que pour le calcul de $f'(x)$. Ce travail, nécessaire pour le calcul de $f(x)$ ou de $f'(x)$, sera employé dans ce qui suit comme unité de travail calculatoire. Nous l'appelons un *„Horner“*. Il est à peine nécessaire de remarquer que le travail d'un Horner est généralement très différent pour les fonctions $f(x)$ différentes.

Avec cette convention on voit que dans le procédé de Newton on dépense consécutivement 2, 4, 6, 8,... Horners. Dans le procédé de Newton simplifié on dépense consécutivement 2, 3, 4,... Horners. Enfin dans le procédé de Newton alterné on dépense consécutivement 2, 3; 5, 6; 8, 9;... Horners. En particulier, en dépensant 6 Horners dans nos procédés, on atteint les ordres de grandeur suivants:

$$\delta^8, \quad \delta^7, \quad \delta^9.$$

Il apparaît que le procédé alterné est à la longue le plus économique. Ce procédé présente encore cet avantage qu'on calcule plus fréquemment les valeurs de $f(x)$ que celles de $f'(x)$, ce qui implique un plus grand nombre de contrôles que dans le procédé original de Newton.

On a considéré à plusieurs reprises [15]) une généralisation du procédé de Newton qui utilise les valeurs des trois fonctions $f(x)$, $f'(x)$, $f''(x)$

---

[15]) Cauchy, l. c., pp. 582—588. Schröder, l. c. Faber, l. c.

et dont l'application permet d'arriver consécutivement aux ordres de grandeur

$$\delta^3, \quad \delta^9, \quad \delta^{27}, \quad \ldots$$

Ce procédé est un peu plus compliqué, mais plus économique, que celui de Newton. Cependant on y emploie, pour arriver à un certain ordre d'approximation, le même nombre de Horners que dans le procédé de Newton alterné sans avoir le même nombre de contrôles.

Nous arrivons à la conclusion que *le procédé de Newton alterné est le meilleur pour le calcul pratique, si l'on part d'une valeur* x_0 *suffisamment rapprochée.*

Il s'agit du problème suivant : étant donnée une fonction $f(t)$ ou bien dans un intervalle fini ou bien pour une suite finie des points équidistants, reconnaître si elle peut être représentée dans la forme

$$f(t)=\sum_{\nu=1}^{n} a_\nu \cos(p_\nu t+\varepsilon_\nu) \qquad (0<p_1<p_2<\dots),$$

ou bien du moins approchée par des expressions de cette forme, c'est-à-dire écrite comme

$$f(t)=\sum_{\nu=1}^{n} a_\nu \cos(p_\nu t+\varepsilon_\nu)+R(t).$$

Le problème peut être rapproché de la théorie des fonctions quasi périodiques de M. H. Bohr, bien que l'introduction du reste $R(t)$ donne lieu aux problèmes nouveaux. Dans la littérature qu'on trouve discutée dans les livres de K. Stumpff, *Grundlagen und Methoden der Periodenforschung*, Berlin (1937), et H. Wold, *A study in the analysis of stationary time series* (1938), on trouve surtout relevé le point de vue de l'analyse de Fourier et de la théorie de corrélation. De l'autre côté, on utilise parfois des analogies analytiques de la méthode acoustique des résonateurs de Helmholtz, un point de vue qui a été surtout développé par M. et Mme Labrouste.

Du point de vue analytique, l'introduction des moyennes de la forme

$$\lim_{T\to\infty}\frac{1}{T}\int_a^{a+T} f(t)\,dt$$

s'impose, mais dans le problème présent, où T reste borné, on n'obtient une bonne approximation qu'en appliquant ce procédé deux fois au plus. Cette objection s'applique à la méthode de Golitzine-Kryloff aussi bien qu'à la méthode de Fuhrich partant des idées de M. Norbert Wiener sur les moyennes des autocorrélations.

La méthode la plus souvent employée est celle du *périodogramme* de Schuster, à laquelle on parvient le plus simplement en partant du problème extrémal

$$\int_a^{a+T} [f(x) - a\cos(qx+\varepsilon)]^2 \, dx = \min.,$$

en variant a avec q et ε fixes.

On obtient comme condition pour q que

$$P(q) = \left| \int f(x)\, e^{iqx}\, dx \right|^2$$

atteint le maximum.

C'est cette fonction $P(q)$ qui se réduit au périodogramme de Schuster. Toutefois ce résultat, lui aussi, n'est pas exact mais seulement valable si $\frac{1}{T}$ est négligeable.

Pour le calcul exact des q, on peut chercher les racines de la dérivée de $P(q)$, c'est-à-dire de l'équation

$$J\left\{ \int x f(x)\, e^{iqx}\, dx \int f(x)\, e^{-iqx}\, dx \right\} = 0.$$

Dans ces cas, dès qu'on a une valeur approchée de q, on peut employer la méthode de Newton pour calculer la correction en déterminant $P''(q)$ et ceci permet aussi d'étudier le cas, où il y a une variation lente de q dans l'intervalle analysé.

Dans le cas des fonctions quasi périodiques, les monomes de la forme

$$a\cos(qx+\varepsilon),$$

qu'on obtient par la méthode du périodogramme, jouissent de la propriété que leur influence sur l'abaissement de $\int_a^{a+T} f^2(x)\, dx$

est cumulative, c'est-à-dire que l'abaissement de $\int_a^{a+T} f^2(x)\,dx$ produit en retranchement de $f(x)$ la somme

$$a_1 \cos(q_1 x + \varepsilon_1) + a_2 \cos(q_2 x + \varepsilon_2)$$

est égal à la somme des abaissements dus aux deux termes individuellement.

Dans le problème envisagé ici, ce résultat n'est plus valable qu'approximativement et ceci seulement si

$$\alpha = \frac{4 q_1}{T(q_1^2 - q_2^2)} \qquad (q_1 > q_2)$$

est suffisamment petit.

Dans le cas de représentation de $f(t)$ « pure » où le terme de reste $R(t)$ ne se présente plus, il y a des méthodes algébriques pour calculer les q, inaugurées par Lagrange (1772 et 1778) dont les résultats n'ont été retrouvés qu'en partie au commencement de ce siècle. La plus simple de ces méthodes est celle de Willers qui soulève d'ailleurs le problème de traitement pratique et simplifié des systèmes linéaires surabondants; la méthode la plus élégante et la plus générale est celle de Lagrange, de 1772.

Il y a lieu de mentionner aussi l'idée de M. F. Bernstein d'appliquer la transformation de Laplace. Cette idée repose apparemment plutôt sur un malentendu, mais elle donne lieu à un problème d'interpolation intéressant : trouver la fonction

$$\frac{Z_{2n-1}(x)}{P_{2n}(x)}$$

où Z et P sont des degrés indiqués, P étant pair, si $3n$ valeurs de la fonction sont données. La résolution de ce problème peut être réduite explicitement à un système de n équations à n inconnues.

ANALYSE MATHÉMATIQUE. — *Sur les matrices peu différentes d'une matrice triangulaire.* Note (*) de M. **Alexandre Ostrowski**, présentée par M. Henri Villat.

Bornes pour les déterminants et les racines fondamentales portant sur les bornes des modules des éléments situés au-dessous et au-dessus de la diagonale principale.

1. I. *Soit* $A=(a_{\mu\nu})$ $(\mu, \nu=1, \ldots, n)$ *une matrice telle que l'on ait*

$$|a_{\mu\nu}| \leqq m \quad (\mu>\nu), \qquad |a_{\mu\nu}| \leqq M \quad (\mu<\nu). \tag{1}$$

Posons en supposant $0<m<M$:

$$\delta(m, M)=\frac{M m^{\frac{1}{n}}-m M^{\frac{1}{n}}}{M^{\frac{1}{n}}-m^{\frac{1}{n}}} \tag{2}$$

et décrivons autour des n éléments $a_{\mu\mu}$ *de* A *les cercles fermés de rayon* $\delta(m, M)$. *Alors toutes les racines fondamentales de* A *sont situées dans ces cercles. La valeur* (2) *de* $\delta(m, M)$ *ne peut être remplacée dans cet énoncé par aucun nombre plus petit.*

2. Le théorème I se déduit facilement du théorème suivant :

II. *Supposons dans les hypothèses de* I *que l'on ait*

$$|a_{\mu\mu}| \geqq 1 \quad (\mu=1, \ldots, n). \tag{3}$$

Alors la condition nécessaire et suffisante pour que toutes les matrices satisfaisant à ces conditions soient régulières est que l'on ait

$$\frac{m}{(1+m)^n}<\frac{M}{(1+M)^n}. \tag{4}$$

Si (4) *est satisfait le module du déterminant de* A *est*

$$\geqq \frac{(1+m)^n(1+M)^n}{M-m}\left[\frac{M}{(1+M)^n}-\frac{m}{(1+m)^n}\right]. \tag{5}$$

De (4) découlent en particulier les deux conditions *nécessaires*

$$m<\frac{1}{n-1}, \qquad m M^{n-1}<1. \tag{6}$$

(*) Séance du 26 novembre 1951.

3. Pour un vecteur $\xi = (x_1, \ldots, x_n)$, nous posons généralement

$$(7) \qquad |\xi|_1 = \sum_{\nu=1}^{n} |x_\nu|, \qquad |\xi|_\infty = \operatorname{Max}_\nu |x_\nu|, \qquad |\xi|_2 = \sqrt{|x_1|^2 + \ldots + |x_n|^2}.$$

III. *Supposons dans les hypothèses du théorème* II *que la condition* (4) *soit satisfaite et posons* $q = (1 + m)/(1 + \mathrm{M})$. *Alors on a, si deux vecteurs* ε, η *sont liés par* $\varepsilon = \mathrm{A}\eta$, *la relation*

$$(8) \qquad |\eta|_\varkappa \leqq \frac{\mathrm{M} - m}{(\mathrm{M} + 1)(\mathrm{M} q^n - m)} |\varepsilon|_\varkappa \qquad (\varkappa = 1, 2, \infty).$$

Pour $\varkappa = 2$ on peut ajouter dans l'expression de droite en (8) le facteur $q^{1/4}$.

4. On peut généraliser le théorème II au cas où les relations (1) et (3) sont remplacées par les inégalités plus générales

$$(9) \qquad |a_{\mu\nu}| \leqq m_\mu \quad (\mu > \nu), \qquad |a_{\mu\nu}| \leqq \mathrm{M}_\mu \quad (\mu < \nu), \qquad |a_{\mu\mu}| \geqq \alpha.$$

Alors, la condition nécessaire et suffisante pour que toutes les matrices satisfaisant aux inégalités (9) soient régulières est que l'on ait

$$(10) \qquad \alpha_1 \prod_{\nu=2}^{n} (m_\nu + \alpha_\nu) - \sum_{\varkappa=2}^{n} m_\varkappa \prod_{\mu=\varkappa+1}^{n} (m_\mu + \alpha_\mu) \prod_{\mu=1}^{\varkappa-1} (m_\mu + \alpha_\mu) > 0.$$

Si la condition (10) est satisfaite, l'expression de gauche en (10) est la borne inférieure exacte des modules des déterminants du type A. On démontre ce résultat ainsi que le théorème II en calculant la valeur du déterminant

$$(11) \qquad \begin{vmatrix} 1 & -\mathrm{M}_1 & \ldots & -\mathrm{M}_1 \\ -m_2 & 1 & \ldots & -\mathrm{M}_2 \\ \ldots\ldots & \ldots\ldots & \ldots & \ldots\ldots \\ -m_n & -m_n & \ldots & 1 \end{vmatrix}$$

et en appliquant un résultat que nous avons établi en 1937 [1].

Les démonstrations des résultats énoncés seront publiées ailleurs.

---

[1] A. OSTROWSKI, *Comm. Math. Helv.*, 10, 1937, p. 69-96.

(Extrait des *Comptes rendus des séances de l'Académie des Sciences*, t. 233, p. 1558-1560, séance du 19 décembre 1951.)

On the Rounding Off of Difference Tables for Linear Interpolation

In order to simplify linear interpolation many tables contain the differences $\Delta(x) = f(x + d) - f(x)$ between two consecutive values of the function. Since the values of $f(x)$ given in the tables are usually rounded off the question arises whether the value of $\Delta(x)$ given in the table must be the difference between the rounded off values $\overline{f(x)}$ of $f(x)$ and $\overline{f(x + d)}$ of $f(x + d)$ or $\bar{\Delta}$, the result of the rounding off applied to $\Delta(x)$. It appears on the first view plausible that we obtain better results in the second case since we use here more information about $f(x)$. However, the detailed analysis shows that this is not so. If the values $f(x)$ are given with n decimals so that the rounding off errors do not exceed $h = \frac{1}{2}\, 10^{-n}$, the part of the interpolation error due to the rounding off of $f(x)$ and $f(x + d)$ does not exceed h, if the difference used is $\overline{f(x + d)} - \overline{f(x)}$, while if we use $\bar{\Delta}$, this error can come arbitrarily near to $2h$.

Since this situation is not apparently realized by all computers of tables, I should like to develop an observation on this subject which was published elsewhere.[1]

We give first an example.

In computing the decimal logarithm log 9684.8 we start from the values log 9684 = 3.986 054 78; log 9685 = 3.986 099 63 and from the rounded off values log 9684 = 3.986 05; log 9685 = 3.986 10 with an error $< h = \frac{1}{2}\, 10^{-5}$.

We have

$$\Delta = 4.485 \cdot 10^{-5}, \qquad \bar{\Delta} = 4 \cdot 10^{-5}.$$

We obtain then by the "complete" interpolation

$$\log 9684.8 = 3.986\,054\,78 + 0.8 \cdot 4.485 \cdot 10^{-5} = 3.986\,090\,66,$$

while in using the rounded off values of both logarithms and $\bar{\Delta}$ we obtain

$$3.986\,05 + 0.8 \cdot 4 \cdot 10^{-5} = 3.986\,082.$$

The difference is $.866 \cdot 10^{-5} > h$, while, if we take instead of $\bar{\Delta}$ the difference $5 \cdot 10^{-5}$ of the rounded off values, we obtain the value 3.986 09 and the whole rounding off error is $.066 \cdot 10^{-5} < h$.

From the following theoretical discussion it follows in particular, that if the rounding off errors of $f(x)$ and $f(x + d)$ can be considered as independent random variables, the probability that the rounding off error of the value of $f(x + td)$, obtained in using $\bar{\Delta}$, is $>(1 + \eta)h$, $0 \leqq \eta < 1$, is equal to $\frac{1}{4}(t - 2\eta + \eta^2/t)$, if $1 > t > \eta$. Without loss of generality, we can consider a function $f(x)$ with the two values $f(0) = f_0$, $f(1) = f_1$. Then for $0 < t < 1$, linear interpolation gives

$$L(t) = (1 - t)f_0 + tf_1 = f_0 + t\Delta, \qquad \Delta = f_1 - f_0. \tag{1}$$

For an $h = \frac{1}{2}\,10^{-n}$ we denote generally by $\bar{a}$ the result of rounding off of a to n decimals, so that we have generally

$$|a - \bar{a}| \leqq h, \qquad \bar{a} \equiv 0 \pmod{2h}. \tag{2}$$

We use the notations

$$f_i = \overline{f_i} + \epsilon_i, \qquad |\epsilon_i| \leqq h, \qquad (i = 0, 1), \tag{3}$$

$$\bar{\Delta} = \overline{f_1} - \overline{f_0}. \tag{4}$$

With $\bar{\Delta}$ we form

$$L^* = \overline{f_0} + t\bar{\Delta}, \tag{5}$$

$$L - L^* = \epsilon_0 + t(\Delta - \bar{\Delta}). \tag{6}$$

We consider now for a constant η with $0 \leqq \eta < 1$ in the ϵ_0, ϵ_1-plane the set $S(t, \eta)$ of points for which we have

$$|L - L^*| > (1 + \eta)h,$$

that is,

$$|\epsilon_0 + t(\Delta - \bar{\Delta})| > (1 + \eta)h, \tag{7}$$

where

$$\begin{cases} \Delta - \bar{\Delta} \equiv \epsilon_1 - \epsilon_0 \pmod{2h}, \\ |\Delta - \bar{\Delta}| < h. \end{cases} \tag{8}$$

Our problem is to determine the area of $S(t, \eta)$. The inequality (7) can be satisfied only for $t > \eta$, since $|\epsilon_0| \leqq h$, $|\Delta - \bar{\Delta}| \leqq h$.

We have

$$|\epsilon_0| \leqq h, \qquad |\epsilon_1| \leqq h. \tag{9}$$

Further we must have

$$|\epsilon_1 - \epsilon_0| > h,$$

since otherwise $\bar{\Delta}$ would be $\bar{f}_1 - \bar{f}_0$ and in that case the left side of (7) is $\leqq h$.

We will have therefore two cases accordingly as

$$\text{I. } \epsilon_1 - \epsilon_0 > h \qquad \text{or} \qquad \text{II. } \epsilon_1 - \epsilon_0 < -h.$$

In both cases we have

$$\epsilon_1\epsilon_0 < 0. \tag{10}$$

Case I. $h \geqq \epsilon_1 > 0 > \epsilon_0 \geqq -h,\ \epsilon_1 - \epsilon_0 > h.$
Here we have from (8)

$$\Delta - \bar{\Delta} = \epsilon_1 - \epsilon_0 - 2h,$$

and (7) becomes

$$\epsilon_0 + t(\epsilon_1 - \epsilon_0) - 2th < -(1 + \eta)h, \tag{11}$$

since the left hand expression in (11) cannot be $>h$.

The points satisfying (11) lie beneath the straight line

$$(1 - t)\epsilon_0 + t\epsilon_1 + (1 + \eta - 2t)h = 0 \tag{12}$$

The line (12) meets $\epsilon_0 = -h$ in the point

$$P_0(\epsilon_0 = -h,\ \epsilon_1 = (1 - \eta/t)h)$$

and the line $\epsilon_1 - \epsilon_0 = h$ in the point

$$P_1(\epsilon_0 = (t - \eta - 1)h,\ \epsilon_1 = (t - \eta)h).$$

The corresponding part of the set $S(t, \eta)$ is therefore the shaded triangle in the diagram

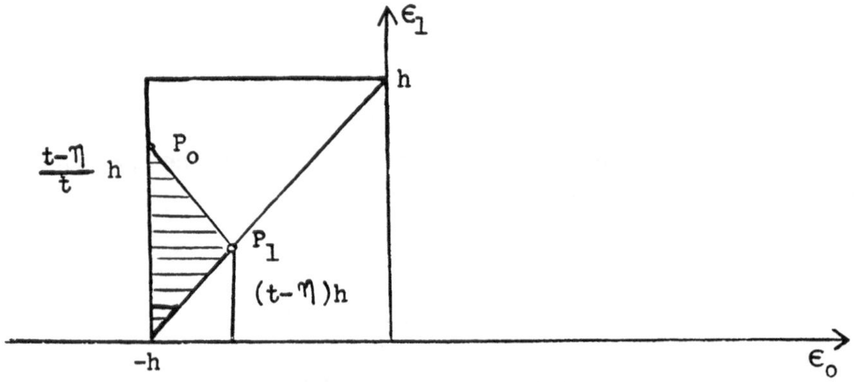

and has the area $\frac{1}{2}(t - \eta)^2h^2/t$. In the case II we have an entirely symmetric argument and have therefore for the total area of $S(t, \eta)$ the expression $(t - \eta)^2h^2/t$, while all points (ϵ_0, ϵ_1) satisfying (9) cover the area $4h^2$.

We see that the "geometric" probability that the point (ϵ_0, ϵ_1) will fall into the set $S(t, \eta)$ is $\frac{1}{4}(t - \eta)^2/t$, an expression that is not only positive for $t > \eta$, but even fairly large.

A. M. OSTROWSKI

American University
Washington, D. C.

This work was performed on a National Bureau of Standards contract with the American University.

[1] A. OSTROWSKI, *Vorlesungen über Differential und Integralrechnung*. Basel, 1951, v. 2, p. 294–296.

On Over and Under Relaxation in the Theory of the Cyclic Single Step Iteration

In order to speed up the sometimes very tedious computations in solving equations by the single step method, the device of the so-called "incomplete relaxation" (under or over relaxation) has been often used, although apparently no systematic discussion of this device has been as yet tried.[1]

It may seem, however, that in the case of the "relaxation procedure" the speeding up can be achieved in this way only in special cases, at least in the case of a symmetric positive definite matrix. Indeed, if the progress of the computation is measured by the decrease of a corresponding quadratic form $A(\zeta_k)$ depending on the k-th approximating vector ζ_k, we have the formula

$$A(\zeta_k) - A(\zeta_{k+1}) = q_k(2 - q_k)\, |r_{N_k}^{(k)}|^2 / a_{N_k N_k} \tag{1}$$

where N_k is the index of the variable the value of which is improved at the k-th step, $r_{N_k}^{(k)}$ the corresponding "residual", q_k a coefficient characterizing the degree of the incomplete relaxation at this step. (We have usually $0 < q_k \leq 2$; for $0 < q_k < 1$, we have *under relaxation* and for $1 < q_k \leq 2$ *over relaxation*, while for $q_k = 1$ we have the usual complete relaxation.)[2] However, the above formula shows that *the decrease* of $A(\zeta_k)$ *is maximum* if q_k is taken as 1. Thus far the improvement in the case of $q_k \neq 1$ appears to be only possible if for such a value of q_k one of the residuals *at the next steps* will come out particularly large.

In what follows we discuss completely the case of a real 2×2 matrix, symmetric or not. It then turns out that, if the *cyclic* single step iteration converges, this convergence can indeed in all cases be essentially improved in using the incomplete relaxation with a convenient coefficient q, the same at each step. It turns out that even in many cases of unsymmetric matrices where the usual cyclic single step iteration diverges, it is made convergent in using a convenient incomplete relaxation.

The usual cyclic single step iteration is applied to a system of equations

$$\sum_{\nu=1}^{n} a_{\mu\nu} x_\nu = y_\mu \qquad (\mu = 1, \cdots, n) \tag{2}$$

with a non-singular matrix $A = (a_{\mu\nu})$. We can assume without loss of generality that $y_\mu = 0$ $(\mu = 1, \cdots, n)$, since we can always obtain this by changing the origin. Then we get from one approximation vector $\xi = (x_1, \cdots, x_n)$ the next one $\xi' = (x_1', \cdots, x_n')$ by the formula

$$a_{\mu\mu} x_\mu' = a_{\mu\mu} x_\mu - \sum_{\nu=\mu}^{n} a_{\mu\nu} x_\nu - \sum_{\nu=1}^{\mu-1} a_{\mu\nu} x_\nu' \qquad (\mu = 1, \cdots, n). \tag{3}$$

This is replaced for the incomplete relaxation with a coefficient q by

$$a_{\mu\mu} x_\mu' = a_{\mu\mu} x_\mu - q \sum_{\nu=\mu}^{n} a_{\mu\nu} x_\nu - q \sum_{\nu=1}^{\mu-1} a_{\mu\nu} x_\nu' \qquad (\mu = 1, \cdots, n) \tag{4}$$

and this can be written in the form

$$a_{\mu\mu} x_\mu' + q \sum_{\nu=1}^{\mu-1} a_{\mu\nu} x_\nu' = a_{\mu\mu} (1 - q) x_\mu - q \sum_{\nu=\mu+1}^{n} a_{\mu\nu} x_\nu. \tag{5}$$

We now decompose A into the sum

$$A = L + D + R \tag{6}$$

where D is the diagonal matrix containing the main diagonal of A, while in L all elements on the diagonal and to the right of it and in R all elements on the diagonal and to the left of it vanish. We make here the assumption, which is usually made in the theory of the single step iteration, that none of the diagonal elements of A vanishes; then we can write (5) in the form

$$(D + qL)\xi' = ((1 - q)D - qR)\xi$$

and in solving this, since the triangular matrix $D + qL$ is non-singular, we obtain

$$\xi' = (D + qL)^{-1} ((1 - q)D - qR)\xi.$$

If now we put

$$Q_q = (D + qL)^{-1}((1 - q)D - qR) \tag{7}$$

we see that the k-th iterated vector ξ_k is obtained from the starting vector ξ_0 by the formula

$$\xi_k = Q_q^k \xi_0 \qquad (k = 1, 2, \cdots).$$

In order that our iteration be convergent for any starting vector ξ_0, it is necessary and sufficient that the maximum modulus Λ_q of the *characteristics* roots of the matrix Q_q be less than 1. The speed of the convergence is then measured by Λ_q. The smaller Λ_q, the faster is the convergence.

The characteristic equation of (7),

$$|\lambda E - (D + qL)^{-1}((1 - q)D - qR)| = 0,$$

becomes, if the matrix of the left hand expression is multiplied by $D + qL$,

$$|\lambda(D + qL) - ((1 - q)D - qR)| = 0. \tag{8}$$

We discuss this equation only in the case of a *real matrix A with $n = 2$*. Here the number

$$u = (a_{12}a_{21})/(a_{11}a_{22}) \tag{9}$$

s the characteristic constant of the problem. Our results are contained in the following four theorems.

THEOREM 1. *If $u > 1$ then for all q from $(0, 2)$ we have $\Lambda_q > 1$ and the process is divergent.*

THEOREM 2. *Suppose that $u < 1$ and put*

$$q_0 = 2/(1 + (1 - u)^{\frac{1}{2}}). \tag{10}$$

Then with monotonically increasing q, Λ_q is monotonically decreasing for $q < q_0$ and monotonically increasing for $q > q_0$, so that the optimal value of Λ_q is

$$\Lambda_{\text{opt}} = \Lambda_{q_0} = |u|/(1 + (1 - u)^{\frac{1}{2}})^2 \qquad (u < 1). \tag{11}$$

THEOREM 3. *Suppose that $u < 0$. Then a necessary and sufficient condition for the convergence of our procedure is that*

$$0 < q < q_1 = 2(1 + |u|^{\frac{1}{2}})^{-1}. \tag{12}$$

If $0 < u < 1$, we have convergence for all q with $0 < q < 2$.

THEOREM 4. *Suppose that $|u| < 1$. Then a necessary and sufficient condition for $\Lambda_q < \Lambda_1$ is that q be contained in the interior of the interval between 1 and $1 + u$.*

To prove these theorems we start from the corresponding case of (8)

$$\begin{vmatrix} (\lambda + q - 1)a_{11} & qa_{12} \\ \lambda q a_{21} & (\lambda + q - 1)a_{22} \end{vmatrix} = 0.$$

Without loss of generality we can assume that $a_{11} > 0$, $a_{22} > 0$. In dividing the first row and the first column by $a_{11}^{\frac{1}{2}}$ and the second row and second column by $a_{22}^{\frac{1}{2}}$ we can reduce A to the form

$$A = \begin{pmatrix} 1 & \beta \\ \alpha & 1 \end{pmatrix}, \qquad u = \alpha\beta.$$

Our equation for λ becomes now

$$(13)\quad N_q(\lambda) = \begin{vmatrix} \lambda + q - 1 & q\beta \\ \lambda q\alpha & \lambda + q - 1 \end{vmatrix}$$
$$= \lambda^2 + \lambda(2q - 2 - q^2u) + (q - 1)^2 = 0.$$

For $q = 1$ we obtain

$$(14)\qquad \Lambda_1 = |u|$$

and we see that the usual cyclic single step iteration converges, for an arbitrary starting vector, only if $|u| < 1$.

In the following discussion we assume $u \neq 0$. The discriminant Δ of the polynomial $N_q(\lambda)$ is

$$\Delta = \frac{1}{4} q^2u\ (uq^2 - 4\,q + 4).$$

This vanishes for $q = q_0 = 2/(1 + (1 - u)^{\frac{1}{2}})$, where obviously

$$(15)\qquad \begin{cases} 1 < q_0 < 2 & (0 < u < 1) \\ 0 < q_0 < 1 & (u < 0), \end{cases}$$

while the other root $2/(1 - (1 - u)^{\frac{1}{2}})$ exceeds 2 if $0 < u < 1$ and is negative if $u < 0$. We see therefore that

$$(16)\qquad \begin{cases} \Delta > 0 & (u > 1) \\ \operatorname{Sgn} \Delta = \operatorname{Sgn} u(q_0 - q) & (u < 1). \end{cases}$$

We consider now two cases according as $\Delta \leq 0$ or $\Delta > 0$. By (16), Δ is negative only if $u < 1$ and either $0 < u < 1$ and $q_0 < q \leq 2$ or $u < 0$ and $0 < q < q_0$. In both cases we have obviously from (13), $\Lambda_q = |q - 1|$ $(\Delta < 0)$ and in particular

$$(17)\qquad \begin{cases} \Lambda_q = q - 1 & (u > 0,\ \ 2 \geq q \geq q_0) \\ \Lambda_q = 1 - q & (u < 0,\ \ 0 < q \leq q_0). \end{cases}$$

In virtue of (16), the hypothesis $u > 1$ of theorem 1 is never realized for a negative Δ. Theorem 2 follows immediately from formulas (17). Theorem 3 follows from the fact that by (17) $\Lambda_q < 1$, while for $u < 0$, in any case $q_0 < q_1$ and q cannot exceed q_0 by (17). It follows finally from (17) that for $u > 0$ the condition

$$(18)\qquad \Lambda_q < \Lambda_1 = |u|$$

is equivalent to $q < 1 + u$ while q remains $\geq q_0 > 1$. On the other hand, if we have $u < 0$, the condition (18) is equivalent to $q > 1 + u$, while q remains $\leq q_0 < 1$. Therefore theorem 4 and all our assertions are true in case $\Delta \leq 0$.

Now let $\Delta > 0$. If λ is the root of $N_q(\lambda)$ with $|\lambda| = \Lambda_q$, we have

$$(19)\qquad \lambda = R + \epsilon\Delta^{\frac{1}{2}},\quad R = \frac{u}{2}\left(q^2 - 2\,\frac{q - 1}{u}\right),$$

where $\epsilon = \operatorname{Sgn} R$. We have obviously

$$(20)\qquad \Lambda_q = \epsilon\lambda.$$

The monotonicity of λ with respect to q depends on the sign of

$$\frac{d\lambda}{dq} = 2\frac{qu\lambda - \lambda - (q-1)}{2\lambda - q^2u - 2 + 2q}.$$

By (19), the denominator is equal to

$$2(\lambda - R) = 2\epsilon\Delta^{\frac{1}{2}}$$

and has the sign of ϵ. If we denote the numerator by δ, we have

(21) $$\delta = \lambda(qu - 1) + 1 - q$$

and therefore, by (20),

(22) $$\operatorname{Sgn}\frac{d\Lambda_q}{dq} = \operatorname{Sgn}\delta.$$

We deal first with the case $u > 1$. Here we have $\Delta > 0$, the roots of (13) are real and, since

$$N_q(1) = 1 - q^2u - 2 + 2q + q^2 - 2q + 1 = q^2(1-u) < 0,$$

one root λ exceeds 1, and so $\Lambda_q > 1$. We see that in this case we have divergence for any value of $q > 0$ and theorem 1 is proved.

Since for $u = 1$, A becomes singular, from now on we can make the assumptions

(23) $$u < 1, \quad q_0 \text{ is real}, \quad \Delta > 0.$$

We have then in particular from (16)

(24) $$\begin{cases} \text{either} & u > 0, \quad q < q_0, \quad q_0 > 1 \\ \text{or} & u < 0, \quad q > q_0, \quad q_0 < 1. \end{cases}$$

We prove now the following lemma, the proof of which is the main difficulty of the paper:

Lemma. *Under the assumptions* (23) $u\delta$ *is always negative.*

Denote by δ_1 and δ_2 the two values of δ corresponding to the two roots of $N_q(\lambda)$. We have from (21) and (13) after some simplifications

(25) $$\delta_1 + \delta_2 = qu(q^2u - 3q + 2),$$

(26) $$\delta_1\delta_2 = (q-1)uq^2(1-u).$$

The expression on the right in (25) vanishes for $q = q_2$, where

(27) $$q_2 = 4/(3 + (9 - 8u)^{\frac{1}{2}}) < 1 \qquad (u < 1),$$

while the other root exceeds 2 for $u > 0$ and is negative for $u < 0$. Therefore we have

(28) $$\operatorname{Sgn}(\delta_1 + \delta_2) = \operatorname{Sgn} u(q_2 - q).$$

We will now consider separately the cases $u > 0$ and $u < 0$, and prove in the first case $\delta < 0$ and in the second $\delta > 0$.

In the case $u > 0$ we have $1 > u > 0$, and, since $\Delta > 0$, $q < q_0$. From (24) and (27) it follows that

(29) $$2 > q_0 > 1 > q_2.$$

If q exceeds 1, it follows from (29), (28), and (26) that

$$\delta_1 + \delta_2 < 0, \quad \delta_1\delta_2 > 0, \quad \delta_1 < 0, \quad \delta_2 < 0$$

and therefore $\delta < 0$.

If $q < 1$, it follows from (26) that $\delta_1\delta_2 < 0$. On the other hand the expression of R in (19), for $u > 0$, $q < 1$, becomes positive. We have therefore in this case $\epsilon = 1$, λ is the greater root of $N_q(\lambda)$ and since $qu - 1$ in (21) becomes negative, we have

$$\delta = \text{Min}\,(\delta_1, \delta_2).$$

But then it follows from $\delta_1\delta_2 < 0$ that δ is negative in this case also.

We consider now the case $u < 0$. Since Δ is assumed positive, we have here by (16), $q > q_0$, while on the other hand from (24) and (27) it follows that

$$q_2 < q_0 < 1.$$

Since therefore in any case $q > q_2$, we have from (28)

$$\delta_1 + \delta_2 > 0. \tag{30}$$

On the other hand we conclude from (26)

$$\text{Sgn}\,\delta_1\delta_2 = \text{Sgn}(1 - q). \tag{31}$$

If therefore $q < 1$, we have $\delta_1\delta_2 > 0$ and from (30)

$$\delta_1 > 0, \quad \delta_2 > 0, \quad \delta > 0.$$

Suppose now $q > 1$; since in this case, by (19), R is negative, we have $\epsilon = -1$, $\Lambda_q = -\lambda$ and from (21) it follows now, since the coefficient of λ in (21) is negative, that

$$\delta = \text{Max}(\delta_1, \delta_2).$$

But now we see from (30) that δ is again positive. Hence our lemma is proved.

We see now, from (22), that in the case of positive Δ, Λ_q monotonically decreases for $q < q_0$ and monotonically increases for $q > q_0$, as we already deduced from (17) in the case of negative Δ.

The minimum of Λ_q is obtained for $q = q_0$. We have, in applying for instance (17) and in using (10),

$$\Lambda_{q_0} = |(1 - (1-u)^{\frac{1}{2}})/(1 + (1-u)^{\frac{1}{2}})| = |u|(1 + (1-u)^{\frac{1}{2}})^{-2} \qquad (u < 1), \tag{32}$$

and theorem 2 is completely proved.

The expression (32) is less than $|u|$ unless $u = 1$. For $|u| < 1$, we therefore always have an improvement in using incomplete relaxation with $q = q_0$, which is particularly pronounced for small $|u|$, since we have

$$\Lambda_{q_0} \sim |u|/4 \qquad (u \to 0). \tag{33}$$

As to the values of q for which we have convergence at all, we have, since $\Lambda_0 = 1$, convergence when q is in the interval $(0, q_0)$. On the other hand, the roots of (13) become, for $q = 2$,

$$2u - 1 \pm 2(u^2 - u)^{\frac{1}{2}}; \tag{34}$$

they are complex for $1 > u > 0$ and it follows from (17) that

$$\Lambda_2 = 1 \qquad (u > 0). \tag{35}$$

For $1 > u > 0$ we therefore have convergence for all q from $(0, 2)$.

If, on the contrary, $u < 0$, we obtain

$$\Lambda_2 = 1 - 2u + 2(u^2 - u)^{\frac{1}{2}} \qquad (u < 0)$$

and this exceeds 1. To obtain the value q_1 of q between q_0 and 2 for which Λ_q becomes 1, observe that

$$N_q(-1) = (2 - q)^2 + uq^2, \quad N_q(1) = q^2(1 - u).$$

For $u < 0$, $N_q(1)$ does not vanish while $N_q(-1)$ vanishes for

$$q_1 = 2/(1 + |u|^{\frac{1}{2}}) \qquad (u < 0). \tag{36}$$

Thus q_1 lies always between q_0 and 2, and since for $q = q_1$ the product of two roots of (13) is $(q_1 - 1)^2 < 1$, we have indeed

$$\Lambda_{q_1} = 1 \qquad (u < 0).$$

We have therefore for $u < 0$ convergence if and only if q lies in the interval $(0, q_1)$. In particular we have here for suitable values of q convergence for all negative u, but these values become small for large value of $-u$. Theorem 3 is thus completely proved.

It remains finally to answer the question for what values of q does the incomplete relaxation give any improvement at all, that is to say, $\Lambda_q < |u|$ (of course we assume here $|u| < 1$).

Now we have, by (14), $\Lambda_1 = |u|$ and the same is true for $q = 1 + u$:

$$\Lambda_1 = |u| = \Lambda_{1+u} \qquad (|u| < 1). \tag{37}$$

Indeed, we verify immediately that $1 + u \gtrless q_0$ according as u is positive or negative; therefore the roots of (13) are complex for $q = 1 + u$, and (37) follows from (17).

But now it follows from theorem 2 that we have improvement in the case of the incomplete relaxation (in contrast to the case $q = 1$) if and only if q lies in the interior of the interval between 1 and $1 + u$. Theorem 4 is thus proved.

We discuss finally a special example of a symmetric 2×2 matrix in which the improvement of the convergence due to the introduction of the incomplete relaxation is easily demonstrated explicitly.

Let
$$A = \begin{pmatrix} 1 & 3/5 \\ 3/5 & 1 \end{pmatrix}.$$

We have in this case by (10), (11), and (14)

$$\Lambda_1 = u = 9/25 > 1/3, \quad q_0 = 10/9, \quad \Lambda_{q_0} = 1/9. \tag{38}$$

The formulas for the cyclic single step iteration with $q = 1$ are in this case

$$x_1^{(\nu+1)} = -3x_2^{(\nu)}/5, \quad x_2^{(\nu+1)} = -3x_1^{(\nu+1)}/5 \tag{39}$$

and it is readily verified that, in putting $\xi_\nu = (x_1^{(\nu)}, x_2^{(\nu)})$, we have

$$\xi_\nu = (9/25)^\nu \xi_0.$$

In taking $\bar{\xi}_0 = (1, 1)$ we have then

$$|\bar{\xi}_\nu| = \sqrt{2}(9/25)^\nu. \tag{40}$$

Consider on the other hand the over relaxation with the value of $q = 10/9$. Here the components of the approximating vectors are to be computed from the equations

$$x_1^{(\nu+1)} = -x_1^{(\nu)}/9 - 2x_2^{(\nu)}/3, \quad x_2^{(\nu+1)} = -x_2^{(\nu)}/9 - 2x_1^{(\nu+1)}/3.$$

If we put $\xi_\nu = (x_1^{(\nu)}, x_2^{(\nu)})$ and assume again $\xi_0 = (1, 1) = \bar{\xi}_0$, we obtain as is readily verified

$$\xi_\nu = 3^{-2\nu-1}(3 - 24\nu, 3 + 8\nu) \qquad (\nu = 0, 1, \cdots).$$

Here we have

$$|\xi_\nu| \sim 8(10)^{\frac{1}{2}}\nu 9^{-\nu}/3 \qquad (\nu \to \infty).$$

We give in what follows a table of the initial values of $|\bar{\xi}_\nu|$ and $|\xi_\nu|$.

ν	$\lvert\bar{\xi}_\nu\rvert$	$\lvert\xi_\nu\rvert$
1	0.5091	0.8780
2	0.1833	0.2010
3	0.06598	0.03388
4	0.02375	0.005048
5	0.008551	0.0007037

Although the difference between q_0 and 1 is very small, in fact 1/9, the improvement is already observed at ξ_3 and becomes more and more pronounced from there on.

A. Ostrowski

American University, Washington, D. C.
University of Basle, Switzerland

This paper was prepared under a contract of the National Bureau of Standards with the American University, Washington, D. C.

[1] S. P. Frankel, "Convergence rates of iterative treatments of partial differential equations," *MTAC*, v. 4, 1950, p. 65–75.
[2] A. M. Ostrowski, *On the Linear Iteration Procedures for Symmetric Matrices*. NBS *Report* no. 1844, August 1952, p. 23, (68).

On Nearly Triangular Matrices [1]

A. M. Ostrowski [2]

A discussion is presented of the change in the inverse of a triangular matrix if on one side the zeros are replaced by sufficiently small numbers and on the other side the nonvanishing elements are varied by sufficiently small amounts.

1. Introduction

Consider a system of linear equations

$$\sum_{\nu=1}^{n} a_{\mu\nu}x_\nu = y_\mu \qquad (\mu=1, \ldots, n), \tag{1}$$

with the matrix A, in which all diagonal elements $a_{\mu\mu}$ ($\mu=1, \ldots, n$) are not equal to 0 and the elements off the diagonal satisfy for two positive numbers m, M the inequalities

$$\left.\begin{aligned} |a_{\mu\nu}| &\leqq m|a_{\mu\mu}| \quad (\nu<\mu;\ \mu=1, \ldots, n), \\ |a_{\mu\nu}| &\leqq M|a_{\mu\mu}| \quad (\nu>\mu;\ \mu=1, \ldots, n-1). \end{aligned}\right\} \tag{2}$$

If m is very small, the system does not essentially differ from the corresponding "triangular" system in which all $a_{\mu\nu}$ with $\nu<\mu$ are replaced by zeros and the matrix of which will be denoted by $A^{(0)}$. It then appears plausible that the solution of this triangular system does not differ very much from that of the system (1).

However, the value of the determinant of the order n

$$\begin{vmatrix} 1 & -M & 0 & & & 0 & 0 \\ 0 & 1 & -M & & & & 0 \\ & & \cdot & \cdot & & & \\ & & & \cdot & \cdot & & \\ & & & & \cdot & \cdot & \\ & & & & & \cdot & \\ 0 & & & & & 1 & -M \\ -m & 0 & & & & 0 & 1 \end{vmatrix} = 1-mM^{n-1},$$

shows that if M is, for instance, greater than or equal to 10, the determinant of our system will not be necessarily different from zero unless $m<10^{-(n-1)}$. A detailed study of the problems connected with the matrices characterized by (2) appears, therefore, to be of importance and interest.

As the first problem in this connection, we give a necessary and sufficient condition that any matrix A satisfying conditions (2) be nonsingular. If $m<M$, this condition is given by

$$\frac{m}{(1+m)^n} < \frac{M}{(1+M)^n}, \tag{3}$$

---

[1] This paper was prepared under a National Bureau of Standards contract with American University.

[2] American University and University of Basle, Switzerland.

and, if $m=M$, by [3]

$$m<\frac{1}{n-1}. \tag{3°}$$

In order to obtain a precise measure of the influence of the change from A to $A^{(0)}$, we have to discuss the estimates (for convenient norms) of the norm of the matrix $A^{-1}-A^{(0)-1}$.

We consider, in particular, two such norms defined in section 5 and denoted by $|A^{-1}-A^{(0)-1}|_p$, $(p=1,\infty)$, which are particularly suitable for the problems of numerical analysis. Assuming, without loss of generality, that $a_{\mu\mu}=1$ $(\mu=1, \ldots, n)$, we show that for given values of m, M such that $M\geqq 1.5/n$, $n\geqq 4$, we have

$$|A^{-1}-A^{(0)-1}|_p\leqq(1+M)^{n-1}\frac{\delta}{1-\delta}\quad\left(M\geqq\frac{1.5}{n}, n\geqq 4\right), \tag{4}$$

where $1-\delta$ is the smallest modulus of the determinant attainable for the matrices A and is connected with m by the relation

$$\delta=\frac{M_n m}{1-\theta\dfrac{m}{M}},\qquad 0<\theta<1, \tag{5}$$

with

$$M_n=\frac{(1+M)^n-nM-1}{M}. \tag{6}$$

If $M<1.5/n$, the formula (4) need not be valid any longer, but we can prove in this case the relation

$$|A^{-1}-A^{(0)-1}|_p\leqq\frac{6nm}{1-2nm}\qquad(M\leqq 1.5/n) \tag{7}$$

is valid as long as m remains less than $1/2n$.

The estimate (7) is not a "best" estimate for all values of $M\leqq 1.5/n$, but still it is not far from the best, since for $m=M\leqq 1/(n-1)$ we have

$$|A^{-1}-A^{(0)-1}|_p\leqq\frac{(n-1)m}{1-(n-1)m}\qquad\left(m=M<\frac{1}{n-1}\right), \tag{8}$$

which cannot be improved for any value of $m<1/(n-1)$.

The condition (3) is derived in section 4, theorem B. However, we derive it as a special case of a more general theorem, where in the inequalities (2) the expressions m, M *depend on* μ, that is to say, change from one row to another. The necessary and sufficient condition for all matrices A to be regular (theorem A, section 4) is in this case rather unwieldy, but still may be very useful in some cases because it contains $2n-2$ instead of two essential parameters. The direct derivation of theorem B is, of course, much simpler, since, as the reader will immediately see, the computations of the determinant Ω_n in section 2 can be considerably shortened in this case. The connection between the formal algebra of sections 2 and 3 and theorems A and B is provided by a result concerning the so-called H-determinants and M-determinants published 16 years ago [1]. The results about the norms $|A^{-1}-A^{(0)-1}|_p$ are obtained by using the explicit representation of the inverse matrix of a certain matrix Δ_n, which provides a majorant for all matrices A^{-1}. The formulas giving Δ_n^{-1} are derived in the second part of section 3, and in section 6 the norms $|\Delta_n^{-1}-\Delta_n^{(0)-1}|_p$ are derived and discussed. The corresponding inequalities for $|A^{-1}-A^{(0)-1}|_p$ are then obtained in section 8, by using a new theorem (lemma III) concerning the connection between the H-determinants and the M-determinants.

---

[3] This condition (3°) is already contained in some results in a paper [2][4], and also can be deduced from a well-known theorem of the theory of determinants discussed in [4].

[4] Figures in brackets indicate the literature references at the end of this paper.

In this section is given another application of this theorem in estimating the variation in the inverse matrix of a triangular matrix satisfying the conditions (2) with $m=0$. We obtain an unexpectedly simple and elegant formula (120).

In section 8, the results are applied explicitly to the problems concerning the linear system (1). It may be finally remarked that these results, with obvious changes, remain valid if in the matrix of (1) the rows and the columns are interchanged, although no mention is made of it explicitly at every step.[5]

2. Value of the Determinant Ω_n

Let K_n be defined by

$$K_n=\begin{vmatrix} \kappa_n & \delta_n & 0 & 0 & \dots & 0 & 0 \\ \kappa_{n-1} & \kappa_{n-1} & \delta_{n-1} & 0 & \dots & 0 & 0 \\ \kappa_{n-2} & \kappa_{n-2} & \kappa_{n-2} & \delta_{n-2} & \dots & 0 & 0 \\ \cdot & \cdot & \cdot & \cdot & \dots & \cdot & \cdot \\ \cdot & \cdot & \cdot & \cdot & \dots & \cdot & \cdot \\ \cdot & \cdot & \cdot & \cdot & \dots & \cdot & \cdot \\ \kappa_2 & \kappa_2 & \kappa_2 & \kappa_2 & \dots & \kappa_2 & \delta_2 \\ \kappa_1 & \kappa_1 & \kappa_1 & \kappa_1 & \dots & \kappa_1 & \kappa_1 \end{vmatrix} \qquad (n\geqq 3), \tag{9}$$

$$K_1=\kappa_1, \qquad K_2=\begin{vmatrix} \kappa_2 & \delta_2 \\ \kappa_1 & \kappa_1 \end{vmatrix}=\kappa_1(\kappa_2-\delta_2),$$

where in the μ-th row all elements to the left of the main diagonal and on this diagonal are equal to $\kappa_{n-\mu+1}$, the next element to the right is $\delta_{n-\mu+1}$, and all other elements are 0. κ_μ, δ_μ are here independent variables. In subtracting the second column from the first, we obtain $K_n=(\kappa_n-\delta_n)K_{n-1}$, and therefore the following formula, valid also for $n=1, 2$:

$$K_n=\kappa_1 \prod_{\nu=2}^{n} (\kappa_\nu-\delta_\nu). \tag{10}$$

Consider now for $n\geqq 3$ the determinant

$$T_n=\begin{vmatrix} \delta_n & 0 & 0 & 0 & \dots & 0 & \beta_n \\ \gamma_{n-1} & \delta_{n-1} & 0 & 0 & \dots & 0 & \beta_{n-1} \\ \gamma_{n-2} & \gamma_{n-2} & \delta_{n-2} & 0 & \dots & 0 & \beta_{n-2} \\ \cdot & \cdot & \cdot & \cdot & \dots & \cdot & \cdot \\ \cdot & \cdot & \cdot & \cdot & \dots & \cdot & \cdot \\ \cdot & \cdot & \cdot & \cdot & \dots & \cdot & \cdot \\ \gamma_2 & \gamma_2 & \gamma_2 & \gamma_2 & \dots & \delta_2 & \beta_2 \\ 1 & 1 & 1 & 1 & \dots & 1 & 0 \end{vmatrix} \qquad (n\geqq 3). \tag{11}$$

---

[5] Some of the results contained in the sections 2 to 5 have been published without proof in [3].

We have in particular

$$T_3=\begin{vmatrix} \delta_3 & 0 & \beta_3 \\ \gamma_2 & \delta_2 & \beta_2 \\ 1 & 1 & 0 \end{vmatrix}=-(\delta_3\beta_2+\beta_3(\delta_2-\gamma_2)). \tag{12}$$

Developing T_n in the elements of the first line and using the value (10) of K_n, we obtain for $n\geqq 4$

$$T_n=\delta_n T_{n-1}-\beta_n\prod_{\nu=2}^{n-1}(\delta_\nu-\gamma_\nu),$$

$$\frac{T_n}{\delta_2\ldots\delta_n}=\frac{T_{n-1}}{\delta_2\ldots\delta_{n-1}}-\frac{\beta_n}{\delta_n}\prod_{\nu=2}^{n-1}\left(1-\frac{\gamma_\nu}{\delta_\nu}\right),$$

and therefore generally for $n\geqq 4$

$$\frac{T_n}{\delta_2\ldots\delta_n}=-\left[\frac{\beta_n}{\delta_n}\prod_{\nu=2}^{n-1}\left(1-\frac{\gamma_\nu}{\delta_\nu}\right)+\frac{\beta_{n-1}}{\delta_{n-1}}\prod_{\nu=2}^{n-2}\left(1-\frac{\gamma_\nu}{\delta_\nu}\right)+\cdots+\frac{\beta_4}{\delta_4}\prod_{\nu=2}^{3}\left(1-\frac{\gamma_\nu}{\delta_\nu}\right)\right]+\frac{T_3}{\delta_2\delta_3}. \tag{13}$$

Since by (12)

$$\frac{T_3}{\delta_2\delta_3}=-\frac{\beta_3}{\delta_3}\left(1-\frac{\gamma_2}{\delta_2}\right)-\frac{\beta_2}{\delta_2}$$

we obtain

$$\frac{-T_n}{\delta_2\ldots\delta_n}=\sum_{\mu=2}^{n}\frac{\beta_\mu}{\delta_\mu}\prod_{\nu=2}^{\mu-1}\left(1-\frac{\gamma_\nu}{\delta_\nu}\right),$$

where $\prod_{\nu=2}^{1}$ is identically 1, and therefore finally

$$T_n=-\sum_{\mu=2}^{n}\beta_\mu\prod_{\nu=\mu+1}^{n}\delta_\nu\prod_{\nu=2}^{\mu-1}(\delta_\nu-\gamma_\nu). \tag{14}$$

If we now put

$$T_n^*=\begin{vmatrix} \delta_1 & 0 & 0 & \ldots & 0 & \beta_1 \\ \gamma_2 & \delta_2 & 0 & \ldots & 0 & \beta_2 \\ \cdot & \cdot & \cdot & \cdots & \cdot & \cdot \\ \cdot & \cdot & \cdot & \cdots & \cdot & \cdot \\ \cdot & \cdot & \cdot & \cdots & \cdot & \cdot \\ \gamma_{n-1} & \gamma_{n-1} & \gamma_{n-1} & \ldots & \gamma_{n-1} & \beta_{n-1} \\ 1 & 1 & 1 & \ldots & 1 & 0 \end{vmatrix} \quad (n\geqq 3), \tag{15}$$

$$T_3^*=\begin{vmatrix} \delta_1 & 0 & \beta_1 \\ \gamma_2 & \delta_2 & \beta_2 \\ 1 & 1 & 0 \end{vmatrix},$$

this becomes T_n if the indices of β_ν, γ_ν, δ_ν are replaced by their complements with respect to $n+1$. We obtain then from (14)

$$T_n^*=-\sum_{\mu=2}^{n}\beta_{n+1-\mu}\prod_{\nu=\mu+1}^{n}\delta_{n+1-\nu}\prod_{\nu=2}^{\mu-1}(\delta_{n+1-\nu}-\gamma_{n+1-\nu}),$$

or in replacing the summation index μ by $n+1-\kappa$

$$T_n^* = -\sum_{\kappa=1}^{n-1} \beta_\kappa \prod_{\nu=n+2-\kappa}^{n} \delta_{n+1-\nu} \prod_{\nu=2}^{n-\kappa} (\delta_{n+1-\nu} - \gamma_{n+1-\nu})$$

and finally, if in both products ν is replaced by $n+1-\lambda$,

$$T_n^* = -\sum_{\kappa=1}^{n-1} \beta_\kappa \prod_{\lambda=1}^{\kappa-1} \delta_\lambda \prod_{\lambda=\kappa+1}^{n-1} (\delta_\lambda - \gamma_\lambda). \tag{16}$$

Consider now for $n \geqq 3$ the determinant

$$\Omega_n = \begin{vmatrix} \alpha_1 & -M_1 & -M_1 & \cdots & -M_1 \\ -m_2 & \alpha_2 & -M_2 & \cdots & -M_2 \\ -m_3 & -m_3 & \alpha_3 & \cdots & -M_3 \\ \cdot & \cdot & \cdot & \cdots & \cdot \\ \cdot & \cdot & \cdot & \cdots & \cdot \\ \cdot & \cdot & \cdot & \cdots & \cdot \\ -m_n & -m_n & -m_n & \cdots & \alpha_n \end{vmatrix}. \tag{17}$$

If we subtract here the last column from each of the preceding ones, we obtain

$$\begin{vmatrix} M_1+\alpha_1 & 0 & 0 & \cdots & 0 & -M_1 \\ M_2-m_2 & M_2+\alpha_2 & 0 & \cdots & 0 & -M_2 \\ M_3-m_3 & M_3-m_3 & M_3+\alpha_3 & \cdots & 0 & -M_3 \\ \cdot & \cdot & \cdot & \cdots & \cdot & \cdot \\ \cdot & \cdot & \cdot & \cdots & \cdot & \cdot \\ \cdot & \cdot & \cdot & \cdots & \cdot & \cdot \\ M_{n-1}-m_{n-1} & M_{n-1}-m_{n-1} & M_{n-1}-m_{n-1} & \cdots & M_{n-1}-m_{n-1} & -M_{n-1} \\ -(\alpha_n+m_n) & -(\alpha_n+m_n) & -(\alpha_n+m_n) & \cdots & -(\alpha_n+m_n) & \alpha_n \end{vmatrix}.$$

Here the subdeterminant corresponding to the last element of the last row is obviously $\prod_{\nu=1}^{n-1} (M_\nu+\alpha_\nu)$, so that Ω_n is the sum of $\alpha_n \prod_{\nu=1}^{n-1} (M_\nu+\alpha_\nu)$, and

$$-(\alpha_n+m_n) \begin{vmatrix} M_1+\alpha_1 & 0 & 0 & \cdots & 0 & -M_1 \\ M_2-m_2 & M_2+\alpha_2 & 0 & \cdots & 0 & -M_2 \\ M_3-m_3 & M_3-m_3 & M_3+\alpha_3 & \cdots & 0 & -M_3 \\ \cdot & \cdot & \cdot & \cdots & \cdot & \cdot \\ \cdot & \cdot & \cdot & \cdots & \cdot & \cdot \\ \cdot & \cdot & \cdot & \cdots & \cdot & \cdot \\ M_{n-1}-m_{n-1} & M_{n-1}-m_{n-1} & M_{n-1}-m_{n-1} & \cdots & M_{n-1}+\alpha_{n-1} & -M_{n-1} \\ 1 & 1 & 1 & \cdots & 1 & 0 \end{vmatrix}.$$

This last determinant becomes T_n^* if we put

$$\delta_\nu = M_\nu + \alpha_\nu, \quad \gamma_\nu = M_\nu - m_\nu, \quad \beta_\nu = -M_\nu \qquad (\nu = 1, \ldots, n-1),$$

and has therefore by (16) the value

$$-\sum_{\kappa=1}^{n-1} (-M_\kappa) \prod_{\lambda=1}^{\kappa-1} (M_\lambda + \alpha_\lambda) \prod_{\lambda=\kappa+1}^{n-1} (m_\lambda + \alpha_\lambda).$$

We obtain therefore for Ω_n the expression

$$\Omega_n = \alpha_n \prod_{\nu=1}^{n-1} (M_\nu + \alpha_\nu) - \sum_{\kappa=1}^{n-1} M_\kappa \prod_{\lambda=1}^{\kappa-1} (M_\lambda + \alpha_\lambda) \prod_{\lambda=\kappa+1}^{n} (m_\lambda + \alpha_\lambda). \tag{18}$$

The determinant Ω_n can be also written in the form

$$\Omega_n = \begin{vmatrix} \alpha_n & -m_n & -m_n & \ldots & -m_n & -m_n \\ -M_{n-1} & \alpha_{n-1} & -m_{n-1} & \ldots & -m_{n-1} & -m_{n-1} \\ -M_{n-2} & -M_{n-2} & \alpha_{n-2} & \ldots & -m_{n-2} & -m_{n-2} \\ \cdot & \cdot & \cdot & \ldots & \cdot & \cdot \\ \cdot & \cdot & \cdot & \ldots & \cdot & \cdot \\ \cdot & \cdot & \cdot & \ldots & \cdot & \cdot \\ -M_2 & -M_2 & -M_2 & \ldots & \alpha_2 & -m_2 \\ -M_1 & -M_1 & -M_1 & \ldots & -M_1 & \alpha_1 \end{vmatrix}, \tag{19}$$

and we obtain therefore from (18)

$$\Omega_n = \alpha_1 \prod_{\nu=2}^{n} (m_\nu + \alpha_\nu) - \sum_{\kappa=2}^{n} m_\kappa \prod_{\mu=\kappa+1}^{n} (m_\mu + \alpha_\mu) \prod_{\mu=1}^{\kappa-1} (M_\mu + \alpha_\mu). \tag{20}$$

3. The Matrix Δ_n and Its Inverse

We consider now the matrix

$$\Delta_n = \begin{pmatrix} 1 & -M & -M & \ldots & -M \\ -m & 1 & -M & \ldots & -M \\ \cdot & \cdot & \cdot & \ldots & \cdot \\ \cdot & \cdot & \cdot & \ldots & \cdot \\ \cdot & \cdot & \cdot & \ldots & \cdot \\ -m & -m & -m & \ldots & 1 \end{pmatrix} \tag{21}$$

Its determinant is obtained from Ω_n in putting in (20)

$$\alpha_1 = \alpha_2 = \ldots \alpha_n = 1; \quad m_2 = m_3 = \ldots = m_n = m; \quad M_1 = M_2 = \ldots = M_{n-1} = M.$$

We obtain

$$|\Delta_n| = (m+1)^{n-1} - m \sum_{\kappa=2}^{n} (m+1)^{n-\kappa} (M+1)^{\kappa-1},$$

and this becomes, if $M \neq m$,

$$|\Delta_n| = (m+1)^{n-1} - m(M+1)\,\frac{(M+1)^{n-1}-(m+1)^{n-1}}{M-m}$$

$$= \frac{1}{M-m}\,[(m+1)^{n-1}(M-m+m(M+1)) - m(M+1)^n],$$

$$|\Delta_n| = \frac{1}{M-m}\,[M(m+1)^n - m(M+1)^n] \qquad (m \neq M),^6 \tag{22}$$

while for $m=M$ we obtain from (22) in letting $M \to m$:

$$|\Delta_n| = [1-(n-1)m](1+m)^{n-1} \qquad (m=M). \tag{23}$$

In particular, if $0<m<M$, a necessary and sufficient condition for $|\Delta_n|>0$ is

$$\frac{m}{(m+1)^n} < \frac{M}{(M+1)^n}. \tag{24}$$

We assume now in particular

$$0<m<M. \tag{25}$$

If we introduce the abbreviations

$$M_n = \frac{(1+M)^n - nM - 1}{M}, \quad m_n = \frac{(1+m)^n - nm - 1}{m}, \tag{26}$$

we can write (22) in the form

$$(M-m)|\Delta_n| = M(1+nm+mm_n) - m(1+nM+MM_n) = M-m-mM(M_n-m_n),$$

and therefore, if we put

$$\delta = 1 - |\Delta_n|, \tag{27}$$

$$\frac{\delta}{mM} = \frac{M_n - m_n}{M-m}. \tag{28}$$

It follows from (25) for $n>2$

$$\frac{M_n-m_n}{M-m} = \sum_{\nu=2}^{n}\binom{n}{\nu}\frac{M^{\nu-1}-m^{\nu-1}}{M-m} > \sum_{\nu=2}^{n}\binom{n}{\nu} M^{\nu-2} = \frac{(1+M)^n-1-nM}{M^2} = \frac{M_n}{M},$$

so that from (28) we have

$$\frac{M_n}{1-\frac{m}{M}} > \frac{\delta}{m} > M_n. \tag{29}$$

It follows in particular that if (24) holds, then $\delta>0$, $0<|\Delta_n|<1$.

In solving (29) with respect to m and δ, we obtain

$$\frac{\delta}{M_n+\frac{\delta}{M}} < m < \frac{\delta}{M_n}, \quad m = \frac{\delta}{M_n+\theta\frac{\delta}{M}}, \quad 0<\theta<1, \tag{30}$$

$$M_n m < \delta < \frac{M_n m}{1-\frac{m}{M}}, \quad \delta = \frac{M_n m}{1-\theta\frac{m}{M}}, \quad 0<\theta_1<1. \tag{30^0}$$

[6] This formula can be also obtained from the formulas given in the proof of theorem III in [3a, p. 113].

In order to discuss the meaning of the condition (24), consider the curve

$$y=f(x)=\frac{x}{(1+x)^n}; \tag{31}$$

we have

$$f'(x)=\frac{1-(n-1)x}{(1+x)^{n+1}}, \quad f''(x)=n\,\frac{(n-1)x-2}{(1+x)^{n+2}}.$$

For $x>0$ the curve (31) has one maximum at $x=1/(n-1)$ and an inflection point at $x=2/(n-1)$.

In figure 1 the curve (31) is drawn (computed for $n=5$). The portion of this curve from the point 0 to the highest point T will be denoted as the *ascending branch* and the portion between T and $x=\infty$ as the *descending branch.*

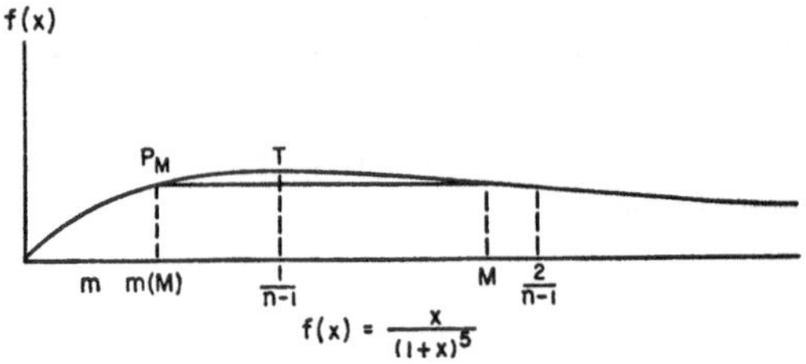

FIGURE 1.

If we assume that in (24) m is less than M, we see that either

$$0<m<\frac{1}{n-1}, \quad M>\frac{1}{n-1} \tag{32}$$

or

$$m<M\leqq\frac{1}{n-1}. \tag{32'}$$

In order to find for a given $M>1/(n-1)$ the range of values of m satisfying (24) we find on the curve the second point P_M with the same ordinate as the point $x=M$; then if the abcissa $m(M)$ corresponds to P_M, we have $0<m<m(M)$.

Finally we prove that from (24) and $m<M$ it always follows

$$mM^{n-1}<1. \tag{33}$$

Indeed, in proving (33) we can obviously assume that M is greater than 1 and therefore on the descending branch in the diagram. But then we have

$$\frac{1}{1+\frac{1}{M^{n-1}}}=\frac{M^{n-1}}{1+M^{n-1}}>\frac{M}{1+M},$$

and therefore in raising it to the nth power

$$\frac{\frac{1}{M^{n-1}}}{\left(1+\frac{1}{M^{n-1}}\right)^n}>\frac{M}{(1+M)^n}.$$

We see that $1/M^{n-1}$ must lie, in figure 1, between M and $m(M)$, and it follows that $1/M^{n-1}>m$, that is (33).

We are now going to determine the inverse matrix

$$\Delta_n^{-1}=(\alpha_{\mu\nu}) \qquad (\mu,\nu=1,\ldots,n) \tag{34}$$

of Δ_n, if its determinant (22) resp. (23) is not equal to 0. It is sufficient for this purpose to solve the corresponding linear system

$$x_\mu - m\sum_{\nu=1}^{\mu-1} x_\nu - M\sum_{\nu=\mu+1}^{n} x_\nu = z_\mu \qquad (\mu=1,\ldots,n) \tag{35}$$

for indeterminate z_μ. Put

$$\left.\begin{aligned} &x_1+\ldots+x_n=s, && \frac{m-M}{M+1}=\sigma,\\ &\frac{M}{1+M}=\lambda, && 1+\sigma=\frac{1+m}{1+M}=q,\\ &\frac{z_\nu}{1+M}=\alpha_\nu, && \alpha_\nu+\lambda s=y_\nu \end{aligned}\right\}. \tag{36}$$

Then the system (35) is equivalent with

$$(1+M)x_\mu=(m-M)(x_1+\ldots+x_{\mu-1})+Ms+z_\mu \quad (\mu=1,\ldots,n),$$

$$x_\mu=\sigma(x_1+\ldots+x_{\mu-1})+y_\mu \qquad (\mu=1,\ldots,n),$$

or in putting

$$S_\nu=x_1+\ldots+x_\nu \quad (\nu=1,\ldots,n), \qquad S_0=0:$$

$$S_\mu-S_{\mu-1}=\sigma S_{\mu-1}+y_\mu, \qquad S_\mu=(1+\sigma)S_{\mu-1}+y_\mu=qS_{\mu-1}+y_\mu,$$

$$S_\mu q^{-\mu}=S_{\mu-1}q^{-\mu+1}+y_\mu q^{-\mu} \quad (\mu=1,\ldots,n),$$

$$S_\mu q^{-\mu}=\sum_{\nu=1}^{\mu} y_\nu q^{-\nu},$$

$$S_\mu=\sum_{\nu=1}^{\mu} y_\nu q^{\mu-\nu} \qquad (\mu=1,\ldots,n), \tag{37}$$

$$x_\mu=\sum_{\nu=1}^{\mu-1} y_\nu (q-1)\,q^{\mu-\nu-1}+y_\mu \qquad (\mu=1,\ldots,n). \tag{38}$$

From (37) for $\mu=n$ we have by (36)

$$S_n=s=\sum_{\nu=1}^{n} y_\nu q^{n-\nu}=\lambda s\sum_{\nu=1}^{n} q^{n-\nu}+\sum_{\nu=1}^{n}\alpha_\nu q^{\mu-\nu},$$

$$s=\lambda s\,\frac{q^n-1}{q-1}+\sum_{\nu=1}^{n}\alpha_\nu q^{\mu-\nu}, \tag{39}$$

where for $m=M$, $q=1$ the coefficient of λs is to be replaced by n. Since for $m\neq M$

$$1-\lambda\,\frac{q^n-1}{q-1}=\frac{m-Mq^n}{m-M}=\frac{Mq^n-m}{M-m},$$

we have from (39) and (22)

$$s=Q\sum_{\nu=1}^{n}\alpha_\nu q^{n-\nu} \qquad (m\neq M), \tag{40}$$

$$Q=\frac{M-m}{Mq^n-m}=\frac{(M+1)^n}{|\Delta_n|} \qquad (m\neq M), \tag{41}$$

while for $m=M$ we obtain again (40) in defining Q by

$$Q=\frac{m+1}{1-(n-1)m}=\frac{(m+1)^n}{|\Delta_n|} \qquad (m=M). \tag{41°}$$

If we now replace in (38) y_ν by $\lambda s+\alpha_\nu$ and use for s the expression from (40),

$$x_\mu=(q-1)\sum_{\nu=1}^{\mu-1}\alpha_\nu q^{\mu-\nu-1}+\alpha_\mu+\lambda s\left[(q-1)\sum_{\nu=1}^{\mu-1}q^{\mu-\nu-1}+1\right].$$

But here the expression within the brackets is $q^{\mu-1}$, and we obtain therefore

$$x_\mu=\sum_{\nu=1}^{\mu-1}\alpha_\nu q^{\mu-\nu-1}(q-1)+\alpha_\mu+\lambda Q q^{\mu-1}\sum_{\nu=1}^{n}\alpha_\nu q^{n-\nu} \qquad (\mu=1,\ldots,n)$$

and finally in introducing α_μ from (36)

$$x_\mu=\sum_{\nu=1}^{\mu-1}z_\nu q^{\mu-\nu-1}\frac{q-1}{M+1}+\frac{z_\mu}{M+1}+\frac{\lambda Q q^{\mu-1}}{M+1}\sum_{\nu=1}^{n}z_\nu q^{n-\nu} \qquad (\mu=1,\ldots,n). \tag{42}$$

Introduce the two following triangular matrices:

$$U_n(q)=(u_{\mu\nu})=\begin{pmatrix} 0 & 0 & . & . & . & . & . & 0\\ 1 & 0 & . & . & . & . & . & .\\ q & 1 & 0 & & & & & .\\ q^2 & q & . & ., & & & & .\\ . & . & . & . & . & & & .\\ . & . & . & . & . & . & & .\\ . & . & . & . & . & . & . & .\\ . & . & . & . & q^2 & q & 1 & 0 \end{pmatrix}, \tag{43}$$

$$u_{\mu\nu}=\begin{cases} q^{\mu-\nu-1} & (\mu>\nu)\\ 0 & (\mu\leqq\nu),\end{cases} \tag{44}$$

$$V_n(q)=(v_{\mu\nu})=\begin{pmatrix} 0 & q^{-1} & q^{-2} & q^{-3} & \ldots & q^{-n+1}\\ 0 & 0 & q^{-1} & q^{-2} & \ldots & q^{-n+2}\\ . & . & . & . & \ldots & .\\ . & . & . & . & \ldots & .\\ . & . & . & . & \ldots & .\\ 0 & 0 & 0 & 0 & \ldots & 0 \end{pmatrix}, \tag{45}$$

$$v_{\mu\nu}=\begin{cases} 0 & (\mu\geqq\nu)\\ q^{\mu-\nu} & (\mu<\nu).\end{cases} \tag{46}$$

We see then that in (42) the matrix corresponding to the first right-hand sum is

$$\frac{q-1}{M+1}U_n=\frac{m-M}{(M+1)^2}U_n,$$

whereas to the second right-hand sum in (42) corresponds the matrix

$$\frac{\lambda Q}{M+1} q^{n-1}(qU_n+E_n+V_n),$$

where E_n is the unit matrix. We obtain

$$\Delta_n^{-1}=\left(\frac{m-M}{(M+1)^2}+\frac{MQq^n}{(M+1)^2}\right)U_n+\left(\frac{1}{M+1}+\frac{MQq^{n-1}}{(M+1)^2}\right)E_n+\frac{MQq^{n-1}}{(M+1)^2} V_n.$$

The coefficient of U_n is here equal to $(mQ)/(M+1)^2$, both in the case (41) and (41°), and we have finally

$$\Delta_n^{-1}=\frac{mQ}{(M+1)^2} U_n+\left(\frac{1}{M+1}+\frac{MQq^{n-1}}{(M+1)^2}\right)E_n+\frac{MQq^{n-1}}{(M+1)^2} V_n. \tag{47}$$

We now denote by s_μ the sum of the elements in the μth row of the matrix (47) and by t_μ the corresponding sum in the μth column. If we first assume $m\neq M$, for the matrices U_n and V_n, the μth row sums are, respectively, equal to

$$\frac{q^{\mu-1}-1}{q-1}; \qquad \frac{1-q^{\mu-n}}{q-1},$$

and the νth column sums are

$$\frac{q^{n-\nu}-1}{q-1}; \qquad \frac{1-q^{1-\nu}}{q-1}.$$

We obtain now from (47) by (36)

$$\begin{aligned}(M+1)^2 s_\mu &= mQ\frac{q^{\mu-1}-1}{q-1}+M+1+MQq^{n-1}+MQ\frac{q^{n-1}-q^{\mu-1}}{q-1}\\ &=\frac{Q}{\sigma}[mq^{\mu-1}-m+Mq^n-Mq^{n-1}+Mq^{n-1}-Mq^{\mu-1}]+M+1\\ &=\frac{M+1}{m-M}Q[Mq^n-m+(m-M)q^{\mu-1}]+M+1,\end{aligned}$$

and this is by (41) equal to $(M+1)Qq^{\mu-1}$. We have finally

$$s_\mu=\frac{Q}{M+1} q^{\mu-1}=\frac{(M+1)^{n-1}}{|\Delta_n|} q^{\mu-1}, \tag{48}$$

and this remains true also for $m=M$, as is immediately seen.

Similarly, we have

$$\begin{aligned}(M+1)^2 t_\nu &= mQ\frac{q^{n-\nu}-1}{q-1}+M+1+MQq^{n-1}+MQ\frac{q^{n-1}-q^{n-\nu}}{q}\\ &=\frac{Q}{\sigma}[mq^{n-\nu}-m+Mq^n-Mq^{n-1}+Mq^{n-1}-Mq^{n-\nu}]+M+1\\ &=\frac{M+1}{m-M}Q[Mq^n-m+(m-M)q^{n-\nu}]+M+1=(M+1)Qq^{n-\nu},\end{aligned}$$

and we have

$$t_\nu=\frac{Q}{M+1} q^{n-\nu}=\frac{(M+1)^{n-1}}{|\Delta_n|} q^{n-\nu}, \tag{49}$$

relation which is also immediately verified for the case $m=M$.

4. Bounds for the Determinants, depending on Ω_n and Δ_n

A determinant

$$M=\begin{vmatrix} \alpha_1 & -m_{12} & \dots & -m_{1n} \\ -m_{21} & \alpha_2 & \dots & -m_{2n} \\ \cdot & \cdot & \dots & \cdot \\ \cdot & \cdot & \dots & \cdot \\ \cdot & \cdot & \dots & \cdot \\ -m_{n1} & -m_{n2} & \dots & \alpha_n \end{vmatrix} \tag{50}$$

will be called an *M-determinant* if all diagonal elements α_ν are positive, all elements off the main diagonal $-m_{\mu\nu}$ $(\mu\neq\nu)$ are not positive and the determinant M, as well as all principal (coaxial) minors of M of all degrees, are positive.

In what follows we will have to use a theorem given by the author in 1937 [1], and which will be formulated as the following:

Lemma I. *If we have for the M-determinant (50) and a determinant $H=|h_{\mu\nu}|$ $(\mu,\nu=1,\dots,n)$ of order n, the inequalities*

$$|h_{\nu\nu}|\geqq\alpha_\nu, \qquad |h_{\mu\nu}|\leqq m_{\mu\nu} \qquad (\mu\neq\nu;\ \mu,\nu=1,\ \dots,\ n), \tag{51}$$

then $H\neq0$, and we have

$$|H|\geqq M. \tag{52}$$

If (H), (M), respectively, denote the matrices of the determinants H and M, the inverse matrix of (H) is majorized by the inverse matrix of (M)

$$(H)^{-1}\ll(M)^{-1}. \tag{52°}$$

Suppose now that in the determinant Ω_n given by (17) all α_ν are positive and m_ν, M_ν nonnegative. Then it follows from (18) that Ω_n is a monotonically decreasing function of all m_ν and from (20) that M is also monotonically decreasing in all M_ν. Suppose now that for a certain set of values of α_ν, m_ν, M_ν the determinant $\Omega_n\neq0$. Then replace the m_ν and M_ν corresponding to certain rows $(\nu_1,\ \dots,\nu_\kappa)$ by zeros; the determinant Ω_n cannot decrease and remains therefore positive; but then Ω_n becomes equal to the product of $\alpha_{\nu_1}\alpha_{\nu_2}\ \dots\ \alpha_{\nu_\kappa}$ with the principal minor complementary to the set of indices $\nu_1,\ \dots,\nu_\kappa$. Therefore, all principal minors of Ω_n are positive. We see that Ω_n *is an M-determinant, if the conditions*

$$\alpha_\nu>0, \quad m_\nu\geqq0, \quad M_\nu\geqq0 \qquad (\nu=1,\ \dots\ ,n); \tag{53}$$

are satisfied and $\Omega_n\neq0$. But now we can easily deduce the following theorem.

A. *Consider the set of all determinants $A=|a_{\mu\nu}|$ satisfying the conditions*

$$|a_{\mu\nu}|\leqq m_\mu \quad (\nu<\mu), \qquad |a_{\mu\nu}|\leqq M_\mu \quad (\nu>\mu), \qquad |a_{\mu\mu}|\geqq\alpha_\mu \qquad (\mu,\nu=1,\ \dots\ ,n), \tag{54}$$

where α_μ are n given positive constants and m_μ, M_μ are $2n-2$ given nonnegative constants. Then in order that no determinant A of this set vanishes, it is necessary and sufficient that $\Omega_n>0$. If this condition is satisfied, we have

$$|A|\geqq\Omega_n. \tag{55}$$

Proof: Since in the case $\Omega_n>0$, Ω_n is an M-determinant, the sufficiency of our condition follows immediately from the inequality (52) mentioned above.

If $\Omega_n=0$, we can take obviously $a_{\mu\mu}=\alpha_\mu$ and $a_{\mu\nu}=-m_\mu$ or $a_{\mu\nu}=-M_\mu$ according as $\nu<\mu$ or $\nu>\mu$ and obtain a vanishing determinant A satisfying the condition (54).

Suppose now $\Omega_n<0$, then it follows from the form (17) of Ω_n that Ω_n becomes positive if all m_μ are replaced by zeros. There exists, therefore, such a positive $t<1$ that Ω_n vanishes if all m_μ in (17) are replaced by tm_μ, but then we obtain a vanishing determinant A of our set in taking $a_{\mu\mu}=\alpha_\mu$ and $a_{\mu\nu}=-tm_\mu$ or $a_{\mu\nu}=-M_\mu$, according as $\nu<\mu$ or $\nu>\mu$. The theorem A is proved.

In specializing the matrix of Ω_n to Δ_n and in assuming that in particular $0<m<M$, we obtain immediately from (22) and the theorem A:

B. *Consider for two positive constants m, M, $m\leqq M$, the set of all determinants $A=|a_{\mu\nu}|$ of the nth order for which*

$$|a_{\mu\mu}|\geqq 1 \quad (\mu=1,\ldots,n), \quad |a_{\mu\nu}|\leqq m \quad (\nu<\mu), \quad |a_{\mu\nu}|\leqq M \quad (\nu>\mu), \tag{56}$$

then, in order that no determinant A of this set vanish, it is necessary and sufficient that for $m<M$ the inequality

$$\frac{m}{(1+m)^n}<\frac{M}{(1+M)^n} \qquad (m<M), \tag{57}$$

holds, and if this inequality is satisfied, we have for each determinant A of the set

$$|A|\geqq|\Delta_n|=\frac{(1+m)^n(1+M)^n}{M-m}\left[\frac{M}{(1+M)^n}-\frac{m}{(1+m)^n}\right]. \tag{58}$$

If $m=M$, the condition becomes

$$m<\frac{1}{n-1} \qquad (M=m) \tag{57°}$$

and we have, if (57°) is satisfied,

$$|A|\geqq|\Delta_n|=[1-(n-1)m](1+m)^{n-1} \qquad (m=M). \tag{58°}$$

From theorem B we can deduce the following theorem.

C. *Let $A=(a_{\mu\nu})$ $(\mu,\nu=1,\ldots,n)$ be a matrix satisfying the conditions*

$$|a_{\mu\nu}|\leqq m \quad (\nu<\mu), \qquad |a_{\mu\nu}|\leqq M \quad (\nu>\mu), \tag{59}$$

where m, M are two constants with $0<m<M$. Put

$$\delta(m,M)=\frac{Mm^{1/n}-mM^{1/n}}{M^{1/n}-m^{1/n}}. \tag{60}$$

Then all fundamental roots of the matrix A are contained in the set of the n closed circles described around the elements $a_{\mu\mu}$ with the radius $\delta(m,M)$. The value (60) of $\delta(m,M)$ cannot be improved if $A=\Delta_n$.[7]

Proof: Let λ be a fundamental root of A so that the matrix $\lambda E-A$ is singular. Put $\min_\mu|\lambda-a_{\mu\mu}|=\alpha$; we then have to prove that $\alpha\leqq\delta(m,M)$. If $\alpha=0$, there is nothing to prove. Suppose $\alpha>0$, and consider the matrix

$$\frac{\lambda E-A}{\alpha}=(b_{\mu\nu}).$$

For this matrix we have

$$|b_{\mu\mu}|\geqq 1, \quad |b_{\mu\nu}|\leqq\frac{m}{\alpha} \quad (\nu<\mu), \qquad |b_{\mu\nu}|\leqq\frac{M}{\alpha} \quad (\nu>\mu).$$

[7] For $M=m$, $\delta(m,M)$ becomes $(n-1)m$, but in this case our result is contained in Gerschgorin's theorem, cf. [4]. From the theorem C the result given by Stein and Rosenberg in [3a] as theorem III follows immediately.

Therefore, we have by theorem B

$$\frac{\frac{m}{\alpha}}{\left(1+\frac{m}{\alpha}\right)^n} \geqq \frac{\frac{M}{\alpha}}{\left(1+\frac{M}{\alpha}\right)^n},$$

and therefore,

$$\frac{1+\frac{m}{\alpha}}{m^{1/n}} \leqq \frac{1+\frac{M}{\alpha}}{M^{1/n}},$$

$$\alpha\left(\frac{1}{m^{1/n}}-\frac{1}{M^{1/n}}\right) \leqq \frac{M}{M^{1/n}}-\frac{m}{m^{1/n}},$$

$$\alpha \leqq \frac{M^{1-\frac{1}{n}}-m^{1-\frac{1}{n}}}{m^{-1/n}-M^{-1/n}}=\delta(m, M).$$

5. Bounds of the Matrix Δ_n^{-1}

For an n dimensional vector $\xi=(x_1, \ldots, x_n)$ the Hölder norm corresponding to the exponent $p \geqq 1$ is given by

$$|\xi|_p=\sqrt[p]{|x_1|^p+\ldots+|x_n|^p} \qquad (p \geqq 1). \tag{61}$$

We will only use the three cases corresponding to $p=1, 2, \infty$:

$$|\xi|_p=|x_1|+\ldots+|x_n|, \quad |\xi|_\infty=\max_\nu |x_\nu|, \quad |\xi|_2=\sqrt{|x_1|^2+\ldots+|x_n|^2}. \tag{62}$$

We have among these three norms the following inequalities:

$$|\xi|_\infty \leqq |\xi|_1 \leqq n|\xi|_\infty, \tag{63,a}$$

$$|\xi|_\infty \leqq |\xi|_2 \leqq \sqrt{n}|\xi|_\infty, \tag{63,b}$$

$$|\xi|_1 \leqq \sqrt{n}|\xi|_2 \leqq \sqrt{n}|\xi|_1, \tag{63,c}$$

which are immediately verified. The left-hand inequality (63, c) implies the well-known inequality between the arithmetical mean and the arithmetical mean of the squares. If $A=(a_{\mu\nu})$ is an $n \times n$ matrix, we define its norm corresponding to the exponent p $(1 \leqq p \leqq \infty)$ by

$$|A|_p=\max_{\xi \neq 0} \frac{|A\xi|_p}{|\xi|_p} \tag{64}$$

and denote it by $|A|_p$. We will use here too only the cases $p=1, 2, \infty$.

In applying to the definition (64) the formulas (63, b), and (63, c) we obtain immediately

$$\frac{1}{\sqrt{n}}|A|_1 \leqq |A|_2 \leqq \sqrt{n}\,|A|_1, \tag{65,a}$$

$$\frac{1}{\sqrt{n}}|A|_\infty \leqq |A|_2 \leqq \sqrt{n}\,|A|_\infty. \tag{65,b}$$

For $p=1$, ∞ the expressions of $|A|_1$, $|A|_\infty$ are easy to write down; we have, as is well known and very easy to prove,

$$|A|_1=\max_\nu \sum_\mu |a_{\mu\nu}| \tag{66,a}$$

$$|A|_\infty=\max_\mu \sum_\nu |a_{\mu\nu}|. \tag{66,b}$$

As to $|A|_2$, its expression is irrational; $|A|_2$ is the square root of the maximum fundamental root of the symmetric and nonnegative matrix AA^*. Since the direct computation of $|A|_2$ is difficult in most cases, we prove the following estimate for $|A|_2$:

LEMMA II. *We have for any matrix A*

$$\frac{1}{n}\max(|A|_1,|A|_\infty)\leqq|A|_2\leqq\sqrt{|A|_1|A|_\infty}, \tag{67}$$

The first part of (67) follows from (65,a) and (65,b). To prove the second part, we introduce the notations

$$s_\mu=\sum_\nu|a_{\mu\nu}|,\quad t_\nu=\sum_\mu|a_{\mu\nu}|\qquad(\mu,\nu=1,\ldots,n).$$

The sum of the moduli of all elements in the μth row of AA^* can be estimated as follows

$$|\sum_{\nu,\kappa}a_{\mu\kappa}a_{\nu\kappa}|\leqq\sum_\kappa\sum_\nu|a_{\mu\kappa}a_{\nu\kappa}|=\sum_\kappa|a_{\mu\kappa}|t_\kappa\leqq s_\mu|A|_1\leqq|A|_\infty|A|_1.$$

Equation (67) follows now from the theorem of Frobenius that the modulus of each fundamental root of a square matrix does not exceed the greatest sum of the moduli of the elements of this matrix in different rows.

If we now apply these results to the matrix Δ_n^{-1} discussed in the section 3, we obtain from (48), (49), (66,a) and (66,b)

$$|\Delta_n^{-1}|_1=|\Delta_n^{-1}|_\infty=\frac{Q}{M+1}=\frac{(M+1)^{n-1}}{|\Delta_n|}, \tag{68}$$

and from (67) and (65,a)

$$\frac{Q}{\sqrt{n}(M+1)}\leqq|\Delta_n^{-1}|_2\leqq\frac{Q}{M+1}=\frac{(M+1)^{n-1}}{|\Delta_n|}. \tag{69}$$

In combining these inequalities with the results given in section 4, we obtain the following theorem.

D. *Let $A=(a_{\mu\nu})$ be a square matrix of order n satisfying conditions (56), and let (57) be satisfied. Then we have*

$$|A^{-1}|_p\leqq\frac{(M+1)^{n-1}}{|\Delta_n|}\qquad(p=1,2,\infty);$$

and therefore for any vector ξ

$$|A\xi|_p\geqq\frac{|\Delta_n|}{(M+1)^{n-1}}|\xi|_p\qquad(p=1,2,\infty). \tag{70}$$

PROOF: It follows from (52°) of lemma I at once in virtue of (66,a) and (66,b) that

$$|A^{-1}|_p\leqq|\Delta_n^{-1}|_p=\frac{Q}{M+1}\qquad(p=1,\infty);$$

further, the matrix $A^{-1}(A^{-1})^*$ is majorized by $\Delta_n^{-1}(\Delta_n^{-1})^*$. By a well-known theorem of Frobenius, therefore, the maximum modulus of a fundamental root of $A^{-1}(A^{-1})^*$ is majorized by that of $\Delta_n^{-1}(\Delta_n^{-1})^*$, and so we also have

$$|A^{-1}|_2\leqq|\Delta_n^{-1}|_2\leqq\frac{Q}{M+1}.$$

By definition (64), therefore, in putting $A\xi=\eta$, we have

$$|A^{-1}\eta|_p\leqq\frac{Q}{M+1}|\eta|_p,$$

and this is equivalent to (70).

6. Bounds of the Matrix $\Delta_n^{-1}-\Delta_n^{(0)-1}$

We denote by $\Delta_n^{(0)}$ the matrix obtained from (21) in replacing m by zero:

$$\Delta^{(0)}=\begin{bmatrix} 1 & -M & -M & \dots & -M \\ 0 & 1 & -M & \dots & -M \\ \cdot & \cdot & \cdot & \dots & \cdot \\ \cdot & \cdot & \cdot & \dots & \cdot \\ \cdot & \cdot & \cdot & \dots & \cdot \\ 0 & 0 & 0 & \dots & 1 \end{bmatrix}. \tag{71}$$

We will prove the following theorem:

E. *If $0<m<M$ and (57) is satisfied, then the matrix $\Delta_n^{-1}-\Delta_n^{(0)-1}$ is a nonnegative matrix and we have*

$$|\Delta_n^{-1}-\Delta_n^{(0)-1}|_p=\max_{1\leqq\nu\leqq n}(1+M)^{\nu-1}\frac{(1+m)^{n-\nu}-|\Delta_n|}{|\Delta_n|} \qquad (p=1,\infty). \tag{72}$$

PROOF: Since $\Delta_n^{(0)}$ satisfies the inequalities (51), it follows from (52°) that $\Delta_n^{-1}-\Delta_n^{(0)-1}$ is nonnegative. Denote by $s_\mu^{(0)}$ and $t_\nu^{(0)}$ the sums of the elements in the μth row and in the νth column of $\Delta_n^{(0)-1}$, and by $\bar{s}_\mu$ and $\bar{t}_\nu$ the corresponding expressions for the matrix $\Delta_n^{-1}-\Delta_n^{(0)-1}$. We have

$$\bar{s}_\mu=s_\mu-s_\mu^{(0)},\quad \bar{t}_\nu=t_\nu-t_\nu^{(0)} \qquad (\mu,\nu=1,\ldots,n). \tag{73}$$

It follows then from the formulas (48) and (49) that $\bar{s}_\mu$ runs for $\mu=n, n-1, \ldots, 1$ through the same set of values as $\bar{t}_\nu$ for $\nu=1, \ldots, n$.

Formula (49) can be written in the form

$$t_\nu=\frac{q^{n-\nu}(M+1)^{n-1}}{|\Delta_n|}=\frac{(1+m)^{n-\nu}(1+M)^{\nu-1}}{|\Delta_n|}. \tag{74}$$

Since Δ_n becomes 1 for $m=0$, we have (72) and E is proved.

Discussion of $|\Delta_n^{-1}-\Delta_n^{(0)-1}|_p$. We prove first that $t_\nu-t_\nu^{(0)}$ increases with ν as long as the condition

$$1-\frac{m}{M}\geqq|\Delta_n| \tag{75}$$

is satisfied. Indeed, put

$$k_\nu\equiv\frac{t_{\nu+1}-t_{\nu+1}^{(0)}}{t_\nu-t_\nu^{(0)}}=(M+1)\frac{(1+m)^{n-\nu-1}-|\Delta_n|}{(1+m)^{n-\nu}-|\Delta_n|}. \tag{76}$$

In solving the three inequalities

$$k_\nu \gtreqqless 1 \tag{77}$$

with respect to $|\Delta_n|$, we obtain correspondingly

$$|\Delta_n|\lesseqqgtr\sigma_\nu\equiv\left(1-\frac{m}{M}\right)(1+m)^{n-\nu-1}. \tag{78}$$

The inequalities $k_\nu\geqq1$ $(\nu=1, \ldots, n)$ are obviously satisfied in virtue of (75) as long as

$\nu \leqq n-1$. We have, therefore, in this case, in using (72)

$$\operatorname*{Max}_{\nu}\,(t_\nu - t_\nu^{(0)}) = (1+M)^{n-1}\,\frac{1-|\Delta_n|}{|\Delta_n|} = (1+M)^{n-1}\,\frac{\delta}{1-\delta},$$

$$|\Delta_n^{-1} - \Delta_n^{(0)\,-1}|_p = (1+M)^{n-1}\,\frac{1-|\Delta_n|}{|\Delta_n|} = (1+M)^{n-1}\,\frac{\delta}{1-\delta} \qquad \left(p=1,\infty;\quad |\Delta_n| \leqq 1-\frac{m}{M}\right). \tag{79}$$

Condition (75) can be written by using the notation (27), as $\delta \geqq m/M$, and in virtue of (29) this is certainly satisfied if we have $MM_n \geqq 1$,

$$(M+1)^n - nM - 2 \geqq 0. \tag{80}$$

Condition (80) becomes for $n=3$: $M \geqq 0.5321$. *For* $n \geqq 4$, *(80) is in any case satisfied, if we have*

$$M \geqq \frac{1.5}{n} \qquad (n \geqq 4). \tag{81}$$

Indeed, if the relation (80) is satisfied for a positive M, it is satisfied for any greater value because the coefficients of all positive powers of M in the left-hand expression are greater than or equal to 0. To prove the sufficiency of (81), it is sufficient to prove that $(1+1.5/n)^n \geqq 3.5$ $(n \geqq 4)$. But here the left-hand expression is monotonically increasing with n, and this inequality follows, therefore, from $(5.5/4)^4 = 3.75\ \ldots > 3.5$.

Suppose now that we have

$$1-\frac{m}{M} \leqq |\Delta_n| \leqq 1, \quad \delta \leqq \frac{m}{M}. \tag{82}$$

Then we have, since $0 < m < 1/(n-1)$,

$$\frac{(1+m)^{n-\nu}-1}{m} \leqq \frac{\left(1+\dfrac{1}{n-1}\right)^{n-\nu}-1}{\dfrac{1}{n-1}} \leqq (n-1)\left(\left(1+\frac{1}{n-1}\right)^{n-1}-1\right) \leqq (e-1)(n-1),$$

$$(1+m)^{n-\nu} = 1 + 1.72\,\theta n m, \quad 0<\theta<1$$

$$(1+m)^{n-\nu} - |\Delta_n| = 1.72\,\theta n m + 1 - |\Delta_n|,$$

and therefore by (82) $(1+m)^{n-\nu} - |\Delta_n| \leqq 1.72\theta n m + m/M$.

For $n \geqq 4$ we have in the case (82), since the inequality (81) is not satisfied,

$$\frac{1}{M} \leqq \frac{n}{1.5}$$

and, therefore, finally

$$(1+m)^{n-\nu} - |\Delta_n| \leqq 2.39 nm \qquad (\nu = 1, \ldots, n) \tag{83}$$

On the other hand, since $M < 1.5/n$, $(1+M)^{\nu-1} \leqq (1+1.5/n)^n < e^{1.5} = 4.481689$, and, therefore, from (72) and (73)

$$t_\nu - t_\nu^{(0)} \leqq 10.72 n\,\frac{m}{|\Delta_n|} \quad \left(\nu=1,\ldots,n;\quad |\Delta_n| \geqq 1-\frac{m}{M};\quad n>3\right),$$

$$|\Delta_n^{-1} - \Delta_n^{(0)\,-1}|_p \leqq 10.72 n\,\frac{m}{|\Delta_n|} \quad \left(p=1,\infty;\quad |\Delta_n| \geqq 1-\frac{m}{M};\quad n>3\right). \tag{84}$$

To obtain a lower bound, we take in (74) $\nu=1$. We obtain, since for $n>3$, $0<|\Delta_n| \leqq 1$,

$$t_1 - t_1^{(0)} = \frac{(1+m)^{n-1} - |\Delta_n|}{|\Delta_n|} \geqq \frac{(n-1)m}{|\Delta_n|} \geqq 0.75 n\,\frac{m}{|\Delta_n|},$$

and, therefore,

$$|\Delta_n^{-1}-\Delta_n^{(0)-1}|_p \geqq 0.75n\frac{m}{|\Delta_n|} \qquad (p=1,\infty;n\geqq 4). \tag{85}$$

To obtain the exact value of $|\Delta_n^{-1}-\Delta_n^{(0)-1}|_p$ if (75) is not satisfied, we return to the inequalities (78) which are equivalent to (77).

Denote by n_0 the smallest integer between 1 and n, such that we have

$$\sigma_{n_0-1}\geqq|\Delta_n|>\sigma_{n_0} \qquad (1\leqq n_0\leqq n). \tag{86}$$

The parts of this inequality implying σ_0 or σ_n must be disregarded, that is to say, this inequality reduces to $|\Delta_n|>\sigma_1$ for $n_0=1$ and to $\sigma_{n-1}\geqq|\Delta_n|$ for $n_0=n$. Then we see at once that $\max(t_\nu-t_\nu^{(0)})=t_{n_0}-t_0^{(0)}$, and therefore

$$|\Delta_n^{-1}-\Delta_n^{(0)-1}|_p=t_{n_0}-t_0^{(0)}=\frac{(1+M)^{n_0-1}(1+m)^{n-n_0}-|\Delta_n|}{|\Delta_n|} \qquad (p=1,\infty). \tag{87}$$

For $m=M$ we have $n_0=1$, and therefore by (23)

$$|\Delta_n^{-1}-\Delta_n^{(0)-1}|_p=\frac{(n-1)m}{1-(n-1)m} \qquad \left(m=M<\frac{1}{n-1}\right). \tag{87°}$$

7. Bounds of $A^{-1}-A^{(0)-1}$

In order to obtain the theorem corresponding to E for a determinant A satisfying conditions (56), (57) of theorem B, we prove first the following important lemma, which generalizes considerably the relation (52°) of lemma I.

LEMMA III. *Consider n positive numbers $\alpha_1,\ldots,\alpha_n$ and $2n^2-2n$ nonnegative numbers $m_{\mu\nu}$, $\epsilon_{\mu\nu}$ ($\mu\neq\nu$; $\mu,\nu=1,\ldots,n$), such that the matrices*

$$M=\begin{pmatrix} \alpha_1 & -m_{12}-\epsilon_{12} & \ldots & -m_{1n}-\epsilon_{1n} \\ -m_{21}-\epsilon_{21} & \alpha_2 & \ldots & -m_{2n}-\epsilon_{2n} \\ \cdot & \cdot & \ldots & \cdot \\ \cdot & \cdot & \ldots & \cdot \\ \cdot & \cdot & \ldots & \cdot \\ -m_{n1}-\epsilon_{n1} & -m_{n2}-\epsilon_{n2} & \ldots & \alpha_n \end{pmatrix}, \tag{88}$$

$$M^{(0)}=\begin{pmatrix} \alpha_1 & -m_{12} & \ldots & -m_{1n} \\ -m_{21} & \alpha_2 & \ldots & -m_{2n} \\ \cdot & \cdot & \ldots & \cdot \\ \cdot & \cdot & \ldots & \cdot \\ \cdot & \cdot & \ldots & \cdot \\ -m_{n1} & -m_{n2} & \ldots & \alpha_n \end{pmatrix} \tag{89}$$

are M-matrices.

Consider n constants A_μ ($\mu=1,\ldots,n$), such that

$$|A_\mu|\geqq\alpha_\mu \qquad (\mu=1,\ldots,n) \tag{90}$$

and $2n^2-2n$ *constants* $a_{\mu\nu}$, $b_{\mu\nu}$ $(\mu\neq\nu;\quad \mu,\nu=1,\ldots,n)$ *such that*

$$|a_{\mu\nu}|\leqq m_{\mu\nu},\quad |b_{\mu\nu}-a_{\mu\nu}|\leqq\epsilon_{\mu\nu}\quad(\mu\neq\nu;\quad \mu,\nu=1,\ldots,n), \tag{91}$$

and form the two matrices

$$A=\begin{pmatrix} A_1 & b_{12} & \cdots & b_{1n} \\ b_{21} & A_2 & \cdots & b_{2n} \\ \cdot & \cdot & \cdots & \cdot \\ \cdot & \cdot & \cdots & \cdot \\ \cdot & \cdot & \cdots & \cdot \\ b_{n1} & b_{n2} & \cdots & A_n \end{pmatrix}, \tag{92}$$

$$A^{(0)}=\begin{pmatrix} A_1 & a_{12} & \cdots & a_{1n} \\ a_{21} & A_2 & \cdots & a_{2n} \\ \cdot & \cdot & \cdots & \cdot \\ \cdot & \cdot & \cdots & \cdot \\ \cdot & \cdot & \cdots & \cdot \\ a_{n1} & a_{n2} & \cdots & A_n \end{pmatrix}. \tag{93}$$

Then we have

$$A^{-1}-A^{(0)-1}\ll M^{-1}-M^{(0)-1}. \tag{94}$$

PROOF: We write $M=P-T$, $M^{(0)}=P-T^{(0)}$, where the matrices T, $T^{(0)}$ have zeros in the main diagonal and off the main diagonal, respectively, the nonnegative elements $m_{\mu\nu}+\epsilon_{\mu\nu}$, $m_{\mu\nu}$ and where P is the diagonal matrix

$$\begin{pmatrix} \alpha_1 & & & & \\ & \alpha_2 & & 0 & \\ & & \cdot & & \\ & & & \cdot & \\ & 0 & & & \cdot \\ & & & & \alpha_n \end{pmatrix}.$$

We can develop the inverse of $P-T=P(E-P^{-1}T)$ (E is the unit matrix) in the following way:

$$(P-T)^{-1}=\sum_{\kappa=0}^{\infty}(P^{-1}T)^{\kappa}P^{-1}. \tag{96}$$

The convergence of this development and the validity of (96) follow easily from the fact that the determinant of the matrix $P-tT$ does not vanish for $|t|\leqq 1$, which follows immediately from lemma I. The corresponding development holds also for $(P-T^{(0)})^{-1}$, and we obtain therefore

$$M^{-1}-M^{(0)-1}=\sum_{\kappa=1}^{\infty}[(P^{-1}T)^{\kappa}-(P^{-1}T^{(0)})^{\kappa}]P^{-1}. \tag{97}$$

The elements of $P^{-1}T$ are here $(m_{\mu\nu}+\epsilon_{\mu\nu})/\alpha_\mu$ or zeros, and those of $P^{-1}T^0$ are $m_{\mu\nu}/\alpha_\mu$ or zeros; therefore all elements of the matrices

$$(P^{-1}T)^\kappa-(P^{-1}T^{(0)})^\kappa \qquad (\kappa=1,2,\ldots) \tag{98}$$

are polynomials in $m_{\mu\nu}/\alpha_\mu$ and $\epsilon_{\mu\nu}/\alpha_\mu$ with nonnegative coefficients. Denote by Q the diagonal matrix

$$Q=\begin{bmatrix} A_1 & & & & \\ & A_2 & & 0 & \\ & & \cdot & & \\ & & & \cdot & \\ & 0 & & & \cdot \\ & & & & A_n \end{bmatrix}.$$

nd write $A=Q-S$, $A^{(0)}=Q-S^{(0)}$, where the elements of S are $b_{\mu\nu}$ or zeros, and those of $S^{(0)}$, $a_{\mu\nu}$ or zeros. Since, therefore, we have

$$Q^{-1}S\ll P^{-1}T, \qquad Q^{-1}S^{(0)}\ll P^{-1}T^{(0)},$$

we have

$$A^{-1}=\sum_{\kappa=0}^{\infty}(Q^{-1}S)^\kappa Q^{-1}, \qquad A^{(0)-1}=\sum_{\kappa=0}^{\infty}(Q^{-1}S^{(0)})^\kappa Q^{-1},$$

$$A^{-1}-A^{(0)-1}=\sum_{\kappa=0}^{\infty}[(Q^{-1}S)^\kappa-(Q^{-1}S^{(0)})^\kappa]Q^{-1}. \tag{99}$$

But now the elements of $(Q^{-1}S)^\kappa-(Q^{-1}S^{(0)})^\kappa$ are obtained from those of (98) in substituting there $a_{\mu\nu}/A_\mu$ instead of $m_{\mu\nu}/\alpha_\mu$ and $(b_{\mu\nu}-a_{\mu\nu})/A_\mu$ instead of $\epsilon_{\mu\nu}/\alpha_\mu$. Further, we have by (90) and (91)

$$\left|\frac{a_{\mu\nu}}{A_\mu}\right|\leqq\frac{m_{\mu\nu}}{\alpha_\mu}, \qquad \left|\frac{b_{\mu\nu}-a_{\mu\nu}}{A_\mu}\right|\leqq\frac{\epsilon_{\mu\nu}}{\alpha_\mu},$$

and therefore, since the coefficients in (98) are as already mentioned not negative,

$$(Q^{-1}S)^\kappa-(Q^{-1}S^{(0)})^\kappa\ll(P^{-1}T)^\kappa-(P^{-1}T^{(0)})^\kappa$$

and

$$\sum_{\kappa=1}^{\infty}[(Q^{-1}S)^\kappa-(Q^{-1}S^{(0)})^\kappa]\ll\sum_{\kappa=1}^{\infty}[(P^{-1}T)^\kappa-(P^{-1}T^{(0)})^\kappa]. \tag{100}$$

But from (100) by virtue of (90) it follows that the development (99) is majorized by (97) and our lemma is proved.

Under the conditions of theorem B in section 4, if the inequalities (56) and (57) are satisfied, we can apply lemma III in replacing the matrix M by Δ_n, $M^{(0)}$ by $\Delta_n^{(0)}$. We obtain

F. *Under the conditions of theorem B, if the inequalities* (56) *and* (57) *are satisfied, we have*

$$|A^{-1}-A^{(0)-1}|_p\leqq|\Delta_n^{-1}-\Delta_n^{(0)-1}|_p=\max_{1\leqq\nu\leqq n}(1+M)^{\nu-1}\frac{(1+m)^{n-\nu}-|\Delta_n|}{|\Delta_n|} \qquad (p=1,\infty), \tag{101}$$

where the values and the estimates for the right-hand expression in (101) *are obtained from the formulas* (79) *to* (87°).

Lemma III can be applied to many problems similar to that solved by theorem F. For instance, in the theory of the solutions of linear equations, the following problem has to be dealt with, although its complete discussion is usually avoided:

Consider a "triangular" system of linear equations

$$\sum_{\nu=\mu}^{n} a_{\mu\nu} x_\nu = y_\mu \qquad (\mu=1, \ldots, n), \tag{102}$$

where the coefficients $a_{\mu\nu}$ are only approximate values to the "true" values $b_{\mu\nu}$. Suppose that we have generally

$$|b_{\mu\nu} - a_{\mu\nu}| \leqq \epsilon \qquad (\nu \geqq \mu); \tag{103}$$

how far is the solution of the system

$$\sum_{\nu=\mu}^{n} b_{\mu\nu} x_\nu = y_\mu \tag{104}$$

influenced if the $b_{\mu\nu}$ are replaced by $a_{\mu\nu}$?

If we denote the matrix of (102) by $A^{(0)}$ and that of (104) by A, the question can be answered by giving estimates of $|A^{-1} - A^{(0)-1}|_p$ $(p=1, \infty)$. Suppose that we have generally

$$b_{\mu\mu} = a_{\mu\mu} = 1, \quad |a_{\mu\nu}| \leqq M_\mu \qquad (\mu > \nu; \quad \mu = 1, \ldots, n-1) \tag{105}$$

and consider the matrix

$$\Delta(M_1, \ldots, M_{n-1}) = \begin{pmatrix} 1 & -M_1 & \ldots & -M_1 \\ 0 & 1 & \ldots & -M_2 \\ \cdot & \cdot & \ldots & \cdot \\ \cdot & \cdot & \ldots & \cdot \\ \cdot & \cdot & \ldots & \cdot \\ \cdot & \cdot & \ldots & \cdot \\ 0 & 0 & \ldots & 1 \end{pmatrix}, \tag{106}$$

where all elements to the left of the main diagonal are zeros, and all elements to the right of the main diagonal in the μth row are equal to $-M_\mu$.

We obtain from lemma III at once the majorization

$$A^{-1} - A^{(0)-1} \ll \Delta(M_1+\epsilon, \ldots, M_{n-1}+\epsilon)^{-1} - \Delta(M_1, \ldots, M_{n-1})^{-1}.$$

To obtain the inverse of the matrix $\Delta(M_1, \ldots, M_{n-1})$, consider the system of linear equations

$$x_\mu - M_\mu(x_{\mu+1} + \ldots + x_n) = u_\mu \qquad (\mu=1, \ldots, n). \tag{107}$$

To solve it explicitly, we put

$$s_\mu = \sum_{\kappa=\mu}^{n} x_\kappa \qquad (\mu=1, \ldots, n), \tag{108}$$

$$1+M_\mu = N_\mu, \qquad N_\mu N_{\mu+1} \ldots N_n = P_\mu \qquad (\mu=1, \ldots, n-1) \qquad N_n = 1, \qquad P_n = 1. \tag{109}$$

Then (107) becomes

$$x_\mu = M_\mu s_{\mu+1} + u_\mu \qquad (\mu=1, \ldots, n), \tag{110}$$

$$s_\mu = N_\mu s_{\mu+1} + u_\mu \qquad (\mu=1, \ldots, n), \tag{111}$$

where $s_{n+1}=0$. Dividing (111) by P_μ, we obtain

$$\frac{s_\mu}{P_\mu} \ \frac{s_{\mu+1}}{P_{\mu+1}} + \frac{u_\mu}{P_\mu}$$

and therefore

$$s_\mu = P_\mu \sum_{\kappa=\mu}^{n} \frac{u_\kappa}{P_\kappa};$$

introducing this in (110) we have

$$x_\mu = u_\mu + M_\mu P_{\mu+1} \sum_{\kappa=\mu+1}^{n} \frac{u_\kappa}{P_\kappa} \qquad (\mu=1,\ldots,n;\ P_{n+1}=0). \tag{112}$$

We obtain therefore for the inverse of our $\Delta(M_1, \ldots, M_{n-1})$, if E denotes the unit matrix,

$$\Delta(M_1, \ldots, M_{n-1})^{-1} = E + DT, \tag{113}$$

where D is the diagonal matrix

$$D = \begin{pmatrix} M_1P_2 & & & & \\ & M_2P_3 & & 0 & \\ & & \ddots & & \\ & 0 & & M_{n-1}P_n & \\ & & & & 0 \end{pmatrix}, \tag{114}$$

and T the triangular matrix

$$T = \begin{pmatrix} 0 & \frac{1}{P_2} & \frac{1}{P_3} & \cdots & \frac{1}{P_n} \\ & 0 & \frac{1}{P_3} & \cdots & \frac{1}{P_n} \\ & & 0 & \cdots & \frac{1}{P_n} \\ & & & \ddots & \\ & 0 & & & \\ & & & & 0 \end{pmatrix}. \tag{115}$$

The expressions

$$\Delta(M_1+\epsilon, \ldots, M_{n-1}+\epsilon)^{-1} - \Delta(M_1, \ldots, M_{n-1})^{-1} \tag{116}$$

obtained from (113), (114), (115) are rather unwieldy; however, we shall obtain for its norm corresponding to $p=1$ (cf. 66,a) a very simple and elegant expression.

Indeed, if we take the sum of the elements in the νth column of $\Delta(M_1, \ldots, M_{n-1})^{-1}$ and denote it by t'_ν, we have

$$t'_\nu = 1 + \frac{1}{P_\nu} \sum_{\mu=1}^{\nu-1} M_\mu P_{\mu+1} = 1 + \sum_{\mu=1}^{\nu-1} M_\mu \prod_{\kappa=\mu+1}^{\nu-1} (1+M_\kappa).$$

If we now write out $t'_{\nu+1}$, we obtain

$$t'_{\nu+1} = 1 + \left[\sum_{\mu=1}^{\nu-1} M_\mu \prod_{\kappa=\mu+1}^{\nu-1} (1+M_\kappa)\right](1+M_\nu) + M_\nu;$$

and in comparing this with the expression for t'_ν we see that we have $t'_{\nu+1} \equiv (1+M_\nu)t'_\nu$ and therefore

$$t'_\nu = \prod_{\kappa=1}^{\nu-1} (1+M_\kappa). \tag{117}$$

We obtain now for the sum of the elements in the νth column of (116)

$$t_1 = 0, \quad t_2 = \epsilon,$$

$$t_\nu = \prod_{\kappa=1}^{\nu-1} (1+M_\kappa+\epsilon) - \prod_{\kappa=1}^{\nu-1} (1+M_\kappa) \qquad (\nu=1, \ldots, n).$$

In multiplying this by $1+M_\nu+\epsilon$, we obtain

$$\prod_{\kappa=1}^{\nu} (1+M_\kappa+\epsilon) - \prod_{\kappa=1}^{\nu} (1+M_\kappa) - \epsilon \prod_{\kappa=1}^{\nu-1} (1+M_\kappa),$$

and comparing this with $t_{\nu+1}$,

$$t_{\nu+1} = (1+M_\nu+\epsilon)t_\nu + \epsilon \prod_{\kappa=1}^{\nu-1} (1+M_\kappa). \tag{118}$$

Therefore, t_ν is monotonically increasing with ν, and we see that the norm of (116) corresponding to $p=1$ has the value

$$\prod_{\nu=1}^{n-1} (1+M_\nu+\epsilon) - \prod_{\nu=1}^{n-1} (1+M_\nu) \tag{119}$$

and obtain therefore

$$|A^{-1} - A^{(0)-1}|_1 \leqq \prod_{\nu=1}^{n-1} (1+M_\nu+\epsilon) - \prod_{\nu=1}^{n-1} (1+M_\nu) \tag{120}$$

as the solution of our problem. In applications it may be better to use the recurrence formula (118). If all M_μ have the same value M, the expression (113) coincides with that obtained in section 5 for Δ_n^{-1} for $m=0$. But in this case we see from (48) and (49) that the row sums run through the same values as the sums in the columns. We obtain, therefore, in this case the expression

$$(M+1+\epsilon)^{n-1} - (M+1)^{n-1} = (n-1)\epsilon(M+1+\theta\epsilon), \quad 0<\theta<1,$$

as the norm of (116), both for $p=1$ and $p=\infty$.

8. Linear Systems With a Nearly Triangular Matrix

The results of the preceding sections give the means to discuss the following problem concerning the system (1) in the introduction under the conditions (2) and the "triangular" system

$$\sum_{\nu=\mu}^{n} a_{\mu\nu} x_\nu = y_\mu \qquad (\mu=1, \ldots, n), \tag{121}$$

with the matrix $A^{(0)}$. In discussing this problem we can obviously assume that $a_{\mu\mu}=1$ $(\mu=1, \ldots, n)$. Then the difference between the solution of (1) and that of (121) is given by the vector $(A^{-1}-A^{(0)-1})\eta$, $\eta=(y_1, \ldots, y_n)$, and the norm of this vector corresponding to one of the indices $p=1, \infty$ does not exceed $|A^{-1}-A^{(0)-1}|_p|\eta|_p$ $(p=1,\infty)$, and can indeed for suitable choice of the vector η attain this limit. Therefore, the norms $|A^{-1}-A^{(0)-1}|_p$ measure the error committed in replacing the system (1) by (121).

For an $\epsilon>0, M>0$ being given, how small must $m>0$ be taken in order that we have

$$|A^{-1} - A^{(0)-1}|_p \leqq \epsilon \qquad (p=1,\infty)? \tag{122}$$

If we introduce the quantities $|\Delta_n|$ and δ corresponding by (22), (23), and (27) to m and M, we obtain from (79) and (94) the condition

$$(1+M)^{n-1}\frac{\delta}{1-\delta}\leqq\epsilon$$

$$\delta\leqq\frac{\epsilon}{(1+M)^{n-1}+\epsilon}\qquad\left(|\Delta_n|\leqq 1-\frac{m}{M}\right) \tag{123}$$

as long as the condition (75) is satisfied and therefore certainly as long as $M\geqq 1.5/n$ $(n\geqq 4)$.

On the other hand, we have by (30)

$$m=\frac{\delta}{M_n+\theta\dfrac{\delta}{M}}, \tag{124}$$

and from (123) and (124)

$$m\leqq\frac{\epsilon}{M_n(1+M)^{n-1}+\left(M_n+\dfrac{\theta}{M}\right)\epsilon}\qquad\left(|\Delta_n|\leqq 1-\frac{m}{M}\right). \tag{125}$$

We see that it will be sufficient to take

$$m\leqq m_0\equiv\frac{\epsilon}{M_n(1+M)^{n-1}+\left(M_n+\dfrac{1}{M}\right)\epsilon}\qquad\left(|\Delta_n|\leqq 1-\frac{m}{M}\right) \tag{126}$$

to solve our problem, for instance, if we have $M\geqq 1.5/n$ $(n\geqq 4)$ or $M\geqq 0.5321$ $(n=3)$. For small values of ϵ obviously, only the first term in the denominator is essential, and we have

$$m_0\approx K(n,M)\epsilon,\quad K(n,M)=\frac{1}{M_n(1+M)^{n-1}}. \tag{127}$$

Tables 1 and 2 give the values of $K(n,M)$ for a set of integer M from 1 to 10 and some values of $M>1.5/n$. We have obviously

$$K(n,M)<\frac{1}{M^{2n-2}}. \tag{128}$$

TABLE 1. $K(n,M)$

M	$n=3$	$n=4$	$n=5$	$n=6$	$n=7$	$n=8$	$n=9$	$n=10$
1	.0625	.0114	.(2)240	.(3)548	.(3)130	.(4)316	.(5)778	.(5)193
2	.0111	.(2)103	.(3)106	.(4)115	.(5)126	.(6)140	.(7)155	.(8)172
3	.(2)347	.(3)193	.(4)116	.(6)719	.(7)448	.(8)280	.(9)175	.(10)109
4	.(2)143	.(4)526	.(5)206	.(7)821	.(8)328	.(9)131	.(11)524	.(12)210
5	.(3)694	.(4)182	.(6)498	.(7)138	.(9)383	.(10)106	.(12)295	.(14)821
6	.(3)378	.(5)736	.(6)149	.(8)204	.(10)619	.(11)126	.(13)258	.(15)526
7	.(3)223	.(5)336	.(7)522	.(9)815	.(10)127	.(12)199	.(14)211	.(16)486
8	.(3)140	.(5)168	.(7)207	.(9)255	.(11)315	.(13)389	.(15)480	.(17)592
9	.(4)926	.(6)903	.(8)900	.(10)900	.(12)900	.(14)900	.(16)900	.(18)900
10	.(4)636	.(6)515	.(8)424	.(10)351	.(12)290	.(14)239	.(16)198	.(18)164

TABLE 2. $K(n, M)$

M	$n=3$	$n=4$	$n=5$	$n=6$	$n=7$	$n=8$	$n=9$	$n=10$
.1	------	------	------	------	------	------	------	------
.2	------	------	------	------	------	.0328	.0197	.0121
.3	------	------	.0866	.0399	.0196	.0101	.(2)533	.(2)289
.4	------	.117	.0438	.0180	.(2)788	.(2)359	.(2)169	.(3)809
.5	.254	.0718	.0241	.(2)891	.(2)349	.(2)142	.(3)592	.(3)252
.6	.181	.0464	.0141	.(2)470	.(2)165	.(3)602	.(3)224	.(4)848
.7	.134	.0313	.00864	.(2)260	.(3)825	.(3)270	.(4)902	.(4)305
.8	.102	.0218	.00548	.(2)150	.(3)431	.(3)127	.(4)382	.(4)116
.9	.0789	.0156	.00359	.(3)894	.(3)233	.(4)623	.(4)169	.(5)462
1.0	.0625	.0114	.00240	.(3)548	.(3)130	.(4)316	.(5)778	.(5)193
	$n=15$	$n=20$	$n=25$	$n=30$	$n=35$	$n=40$	$n=45$	$n=50$
.1	.0157	.(2)439	.(2)138	.(3)469	.(3)166	.(4)604	.(4)224	.(5)841
.2	.(2)137	.(3)188	.(4)281	.(5)439	.(6)697	.(6)112	.(7)180	.(8)290
.3	.(3)167	.(4)112	.(6)793	.(7)570	.(8)413	.(9)299	.(10)217	.(11)157
.4	.(4)242	.(6)809	.(7)277	.(9)957	.(10)331	.(11)114	.(13)395	.(14)137
.5	.(5)399	.(7)681	.(8)118	.(10)204	.(12)354	.(14)613	.(15)106	.(17)184
.6	.(6)729	.(8)658	.(10)597	.(12)543	.(14)494	.(16)449	.(18)409	.(20)372
.7	.(6)146	.(9)721	.(11)357	.(13)177	.(16)879	.(18)436	.(20)216	.(22)107
.8	.(7)317	.(10)886	.(12)248	.(15)695	.(17)195	.(20)545	.(22)153	.(25)428
.9	.(8)743	.(10)121	.(13)197	.(16)322	.(19)525	.(22)856	.(24)140	.(27)228
1.0	.(8)186	.(11)182	.(14)178	.(17)173	.(20)169	.(23)165	.(26)162	.(29)158

The bound in (126) is obviously the "best" under the condition (75), save that the factor $1/M$ of ϵ in the denominator could be replaced by an (unknown) fraction of it.

If $M<1.5/n$, the use of the general formula (87) is very cumbersome. We can, however, obtain a good working limit for m in the following way. If the inequalities (2) are valid for an $M<1.5/n=M^{(n)}$, then they are also satisfied if M is replaced by $M^{(n)}$, but then the limit for m obtained for $M^{(n)}$ is also sufficient for our M. We obtain therefore in this case the sufficient condition for (122) in the form

$$m \leqq m_0' \equiv \frac{\epsilon}{M_n^{(n)}(1+M^{(n)})^{n-1}+\left(M_n^{(n)}+\dfrac{1}{M_n}\right)\epsilon}. \tag{129}$$

Table 3 gives the values of $K(n,M^{(n)})$ for $n=1,2,\ldots, 50$.

TABLE 3. $M=M^{(n)}=1.5/n$

n	$(1+M)^n-nM-1$	$K(n,M)$	n	$(1+M)^n-nM-1$	$K(n,M)$
3	.871	.255	27	1.805	.00755
4	1.074	.134	28	1.811	.00723
5	1.213	.0866	29	1.817	.00694
6	1.315	.0623	30	1.822	.00667
7	1.393	.0480	31	1.827	.00642
8	1.454	.0387	32	1.831	.00619
9	1.504	.0323	33	1.836	.00597
10	1.546	.0276	34	1.840	.00577
11	1.580	.0240	35	1.844	.00558
12	1.610	.0213	36	1.848	.00540
13	1.635	.0190	37	1.851	.00524
14	1.658	.0172	38	1.854	.00508
15	1.677	.0157	39	1.857	.00493
16	1.695	.0144	40	1.860	.00480
17	1.710	.0133	41	1.863	.00466
18	1.724	.0124	42	1.866	.00454
19	1.736	.0116	43	1.869	.00442
20	1.748	.0109	44	1.871	.00431
21	1.758	.0102	45	1.873	.00420
22	1.768	.00965	46	1.876	.00410
23	1.776	.00914	47	1.878	.00401
24	1.784	.00869	48	1.880	.00391
25	1.792	.00827	49	1.882	.00383
26	1.799	.00789	50	1.884	.00374

The expression for m_0' can be written in introducing the value of $M_n^{(n)}$ as

$$\frac{3}{2n}\cdot\frac{\epsilon}{\left(1+\frac{1.5}{n}\right)^{n-1}\left(\left(1+\frac{1.5}{n}\right)^n-2.5\right)+\left(\left(1+\frac{1.5}{n}\right)^n-1.5\right)\epsilon}.$$

We observe now that for any positive α and positive x the expression $(1+x/n)^{n-\alpha}$ monotonically increases and tends to e^x if the positive n increases monotonically to ∞. Indeed, if we put $u=1/n$, take the logarithm of this expression, differentiate it with respect to u, and multiply by u^2, we obtain

$$\frac{x(u-\alpha u^2)}{1+ux}-\log(1+ux)$$

but this expression vanishes for $u=0$ and decreases for positive u, since its derivative is

$$\frac{-xu}{(1+ux)^2}(2\alpha+x+\alpha xu).$$

We see, therefore, that

$$\left(1+\frac{1.5}{n}\right)^{n-1}\uparrow e^{1.5},\qquad \left(1+\frac{1.5}{n}\right)^n\uparrow e^{1.5}$$

and our bound for m can therefore be replaced by

$$\frac{3}{2n}\cdot\frac{\epsilon}{e^{1.5}(e^{1.5}-2.5)+(e^{1.5}-1.5)\epsilon}>\frac{\epsilon}{(5.93+1.99\epsilon)n};$$

we can replace therefore the condition $m\leqq m_0'$ by the simpler condition

$$m\leqq m_0=\frac{\epsilon}{n}\frac{1}{6+2\epsilon}. \tag{130}$$

On the other hand, we obtain at once the solution of our problem in the case $m=M<1/(n-1)$ from (87°).

$$m \leqq m_0 \equiv \frac{1}{n-1}\frac{\epsilon}{1+\epsilon} \qquad \left(m=M<\frac{1}{n-1}\right). \tag{131}$$

This is a "best" condition, whereas the condition (130) can still be improved. We see however, in comparing (130) with (131), that the bound in (130) cannot be improved by a factor greater than 6.

From the condition (130) we can finally derive the inequality (7) of the introduction. Indeed, if positive $m_0<1/2n$ is given, we can solve (130) with respect to ϵ,

$$\epsilon=\frac{6nm_0}{1-2nm_0},$$

and obtain therefore, in applying (130) for $m=m_0$, the inequality

$$|A^{-1}-A^{(0)-1}|_p \leqq \frac{6nm_0}{1-2nm_0},$$

which holds for all positive $m_0<1/2n$ and gives the inequality (7) if we replace here m_0 by m.

9. References

[1] A. Ostrowski, Über die Determinanten mit überwiegender Hauptdiagonale, Comm. Math. Helv. **10,** 69–96 (1937).

[2] A. Ostrowski, Sur les conditions générales pour la régularité des matrices, Rendic. di Mat. e. d. s. applicaz. [V] **10,** 156–168 (1951).

[3] A. Ostrowski, Sur le matrices peu différentes d'une matrice triangulaire, Compt. rend. **233,** 1558–1560 (1951).

[3a] P. Stein and R. L. Rosenberg, On the solution of linear simultaneous equations by iteration, J. London Math. Soc. **23,** 111–117 (1948).

[4] O. Taussky-Todd, A recurring theorem on determinants, Am. Math. Monthly **56,** 672–676 (1949).

WASHINGTON, January 27, 1953.

Note on a Logarithm Algorithm

In a recent note,[1] D. SHANKS developed a well-known algorithm for the computation of logarithms,[2] in a way particularly suitable for use on automatic computing machines. In what follows I should like to point out that, if we use the value of $\mu = \ln a_0$ (the natural logarithm of a_0), the number of operations necessary for this computation can be cut down considerably in replacing about a third of the single steps indicated by Shanks by one division and one addition.

We assume as in the paper quoted that $a_0 > a_1 > 1$. To compute $\lambda = \log_{a_0} a_1$, we determine a sequence of numbers $a_2, a_3, a_4, \cdots, (a_i > 1)$ and a sequence of positive integers $n_1, n_2, \cdots$, by the relations

$$a_i^{n_i} \leq a_{i-1} < a_i^{n_i+1}, \quad a_{i+1} = a_{i-1}/a_i^{n_i} \quad (i = 1, 2, \cdots).$$

We then have

$$\lambda = \frac{1}{n_1+} \frac{1}{n_2+} \cdots;$$

if we stop at the calculation of n_i we have an approximate value of λ by taking the ith convergent:

$$\mu_i = \frac{P_i}{Q_i} = \frac{1}{n_1+} \frac{1}{n_2+} \cdots \frac{1}{n_i} = \lambda - \eta_i.$$

We will show that we have for η_i the formula

$$\text{(I)} \qquad \eta_i = \eta_i^* + \rho_i, \quad \eta_i^* = (-1)^i \frac{a_{i+1} - 1}{\mu Q_i},$$

where the *error term* ρ_i can be estimated by

$$\text{(II)} \qquad |\rho_i| \leq \mu Q_i \eta_i^2 \leq \mu |\eta_i|^{3/2} \leq \mu/Q_i^3$$

as soon as we have

$$\text{(III)} \qquad \mu/Q_i \leq 1.7933 \cdots.$$

For $a_0 = 10$ we have $\mu = \mu_{10} \doteqdot 2.3026$ and (III) is certainly satisfied from $i = 2$ on. For $a_0 = 2$ we have

$$\mu = \mu_2 \doteqdot 0.6931.$$

Thus if we want, e.g., to compute $\log_2 a_1$ with an error less than 10^{-9} it is sufficient to stop with the computation of n_i as soon as Q_i exceeds 10^3. In determining n_i by successive division we will already have the value of $a_{i+1} = a_{i-1}/a_i^{n_i}$ and then apply (I).[3]

In order to prove (I)–(III), observe that we have for all positive integers

(1) $$a_{2\nu+1} = \frac{a_1^{Q_{2\nu}}}{a_0^{P_{2\nu}}}, \quad a_{2\nu} = \frac{a_0^{P_{2\nu-1}}}{a_1^{Q_{2\nu-1}}}.$$

Indeed, since $P_1 = 1, Q_1 = n_1, P_2 = n_2, Q_2 = n_1n_2 + 1$, our formulae are verified immediately for

$$a_2 = \frac{a_0}{a_1^{n_1}}, \quad a_3 = \frac{a_1}{a_2^{n_2}} = \frac{a_1^{n_1n_2+1}}{a_0^{n_2}}.$$

From there on we proceed by induction, using the well-known relations $P_i = n_iP_{i-1} + P_{i-2}$, $Q_i = n_iQ_{i-1} + Q_{i-2}$.

If we write now $\epsilon = (-1)^i$ we have from (1), for an even $i = 2\nu$:

$$a_{i+1} = e^{\mu\lambda Q_i - \mu P_i} = e^{\mu Q_i(\lambda-\mu_i)},$$

that is,

(2) $$a_{i+1} = e^{\epsilon\mu Q_i\eta_i};$$

this formula also holds in the case of an odd i, where we have $\epsilon = -1$.

From (2) we have now

(3) $$a_{i+1} - 1 = \epsilon\mu Q_i\eta_i + \theta(\mu Q_i\eta_i)^2,$$

where θ is the value of the series

$$\frac{e^\gamma - 1 - \gamma}{\gamma^2} = \sum_{\nu=0}^{\infty} \frac{\gamma^\nu}{(\nu+2)!}, \quad \gamma = \epsilon\mu Q_i\eta_i.$$

Therefore we have certainly $|\theta| \leq 1$, if $|\gamma|$ does not exceed the positive root γ_0 of the equation

$$e^p = 1 + p + p^2;$$

we find

$$\gamma_0 \doteqdot 1.7933.$$

Assuming now that we have

(4) $$\mu Q_i|\eta_i| \leq \gamma_0,$$

we obtain (I), with $\rho_i = -\theta(\mu Q_i\eta_i^2)$, on dividing (3) by $\epsilon\mu Q_i$. The estimates (II) follow then immediately as we have $|\eta_i| \leq 1/Q_i^2$, $|\theta| \leq 1$. On the other hand, if (III) is satisfied, so is (4), since $Q_i|\eta_i| \leq 1/Q_i$.

We give for $a_0 = 10$, $a_1 = 2$ the exact values of the η_i and the values η_i^* computed by (I), in the last two columns of the following table for $i = 1, \cdots, 7$. The three first columns of this table contain the corresponding values of Q_i, a_i and μ_i. Although the values of the a_i are given in the same example treated by

Shanks with 9 decimals for $i = 1, \cdots, 6$, we have recomputed them and computed further a_7 and a_8 on the 10×10 Friden Desk Calculator without double precision or any similar artifice.

In computing $P_i/Q_i + \eta_i^*$ it is better not to compute the second term separately from (I) but to use the formula

$$P_i/Q_i + \eta_i^* = \left[P_i + (-1)^i \frac{a_{i+1} - 1}{\mu}\right] \Big/ Q_i,$$

in replacing in this way two divisions by one only.

i	Q_i	a_i	μ_i	η_i^*	η_i
1	3	2	.33333 33333 333	-3.619×10^{-2}	-3.2×10^{-2}
2	10	1.25	.30000 00000 000	1.042×10^{-3}	1.03×10^{-3}
3	93	1.024	.30107 52688 1720	-4.549×10^{-5}	-4.527×10^{-5}
4	196	1.00974 1958	.30102 04081 6327	9.6083×10^{-6}	9.5875×10^{-6}
5	485	1.00433 6278	.30103 09278 3505	-9.32654×10^{-7}	-9.32171×10^{-7}
6	2136	1.00104 1546	.30102 99625 468	3.312105×10^{-8}	3.311717×10^{-8}
7	13301	1.00016 2900	.30102 99977 4453	-2.081453×10^{-9}	$-2.0805493 \times 10^{-9}$
8		1.00006 3748			

We see from this table that, while the error of μ_6 is 3.3×10^{-8}, the improved method gives already $\mu_4 + \eta_4^*$ with the error 2.1×10^{-8}. On the other hand in using all computations which give μ_6 we obtain at once a_7 and from there on obtain $\mu_6 + \eta_6^*$ by (I); this is in error by about 3.2×10^{-12}. If we go on to $i = 7$ the error of μ_7 is 2.2×10^{-9}, while since we obtain at once a_8, we get from (I) the approximation $\mu_7 + \eta_7^*$ the error of which is about 9.0×10^{-14}. Here, however, the result is already influenced by the rounding off error in our value of a_8. If we use instead the value of a_8 obtained by double precision: 1.00006 37223 565, we obtain for η_7^* the improved value $\bar{\eta}_7^* = -2.0806156 \times 10^{-9}$ and the error of $\mu_7 + \bar{\eta}_7^*$ is then 6.6×10^{-14}. We see that it is hardly worth-while to go over to double precision unless we need essentially more than 10 decimals.

As the essential steps in the original method consist in the successive determination of *integers*, it is clear that this method is not very sensitive with respect to the rounding off. It appears a little unexpected that the same is true to a very great extent for the improvement of this method proposed here. It turns out that the denominators μQ_i in the formula (I) are sufficiently great to counterbalance to a certain extent the rounding off errors in the a_i.

It may be finally remarked that from a certain point of view the conclusions of D. Shanks concerning the linear character of convergence are perhaps slightly too optimistic. As a matter of fact the amount of work will not be measured by the number of "cycles," i.e., the number of partial quotients of the continued fraction used, but the total number of divisions; and this will be measured not by the number of the n_i but by their sum $n_1 + n_2 + \cdots + n_i$. About this sum, however, KHINTCHINE has proved[4] that its order "in the average" is not that of i but that of $i \lg i$. The "linearity of convergence" will probably fall off in the long run in the "general case."[5]

A. M. OSTROWSKI

Mathematical Institute of the University
Basle, Switzerland

[1] Daniel Shanks, "A Logarithm Algorithm," *MTAC*, v. 8, 1954, p. 60–64.

[2] See, e.g., J. Tropfke, *Geschichte der Elementar-Mathematik*. Bd. II: 3. Aufl., 1933, p. 241–242.

[3] In applying (I) we can of course replace the division by μ by the multiplication with $M = 1/\mu = \log_{a_0} e$, i.e., with the module of the logarithms to the base a_0. In this way we replace two divisions indicated in (I) by one division and one multiplication.

[4] A. Khintchine, *Metrische Kettenbruchprobleme. Comp. Math.*, v. 1, 1935, p. 360–382, especially p. 376, 377.

[5] Dr. D. Shanks to whom this note was submitted in manuscript made the very interesting remark that the use of $\mu = \ln a_0$ can be eliminated from my formula (I) in replacing μ by

$$P_i(a_i - 1) + P_{i-1}(a_{i+1} - 1) = \mu + O\left(\frac{1}{Q_{i-1}}\right).$$

However, in this case, the exact error estimate in (II) has to be slightly changed.

Determinanten mit überwiegender Hauptdiagonale und die absolute Konvergenz von linearen Iterationsprozessen*)

(*Paul Finsler zum sechzigsten Geburtstag*)

Einleitung

1. Sei $A = (a_{\mu\nu})$ eine quadratische Matrix n-ter Ordnung. Das zu dieser Matrix gehörende allgemeine lineare Gleichungssystem kann dann in der Form geschrieben werden

$$A\xi' = \eta' , \qquad \xi = (x_1, \ldots, x_n) , \qquad \eta = (y_1, \ldots, y_n) , \tag{1}$$

wo ξ der gesuchte und η der gegebene Vektor ist. Die Striche bei ξ und η deuten an, daß ξ und η durch die entsprechenden *Spalten*vektoren zu ersetzen sind.

Wird (1) durch *Iteration* gelöst, so wird eine unendliche Vektorenfolge

$$\xi_\kappa(x_1^{(\kappa)}, \ldots, x_n^{(\kappa)}) \tag{2}$$

aufgestellt, die – im Konvergenzfalle – gegen einen Lösungsvektor ξ von (1) konvergiert. Durch Einsetzen von ξ_κ in (1) ergeben sich die *Residualvektoren*

$$A\xi_\kappa' - \eta' = \varrho_\kappa' , \qquad \varrho_\kappa = (r_1^{(\kappa)}, \ldots, r_n^{(\kappa)}) , \tag{3}$$

$$r_\mu^{(\kappa)} = \sum_{\nu=1}^{n} a_{\mu\nu} x_\nu^{(\kappa)} - y_\mu \qquad (\mu = 1, \ldots, n) , \tag{4}$$

deren „Kleinheit" den Grad der Annäherung an die Lösung charakterisiert.

---

*) Diese Arbeit wurde (zum Teil) ausgeführt im Rahmen eines Forschungsauftrages des *National Bureau of Standards* an die *American University*, Washington D. C.

2. Im folgenden beschäftigen wir uns zuerst mit der Iteration in *Einzelschritten*. Wir nehmen von nun an ein für allemal an, daß für alle ν

$$A_\nu \equiv a_{\nu\nu} \neq 0 \qquad (\nu = 1, \ldots, n) \tag{5}$$

gilt. Unter der *Einzelschrittiteration* verstehen wir eine solche sukzessive Erzeugung der Vektorenfolge (2), bei der beim Übergang von ξ_κ zu $\xi_{\kappa+1}$ *nur eine* der Komponenten von ξ_κ überhaupt geändert wird, im allgemeinen so, daß die entsprechende Komponente des Residualvektors zu Null gemacht wird. Ist etwa der Index dieser Komponente N_κ – wir nennen N_κ den κ-ten *Leitindex* –, so wird also $\delta_\kappa = x_{N_\kappa}^{(\kappa+1)} - x_{N_k}^{(\kappa)}$ so gewählt, daß $r_{N_\kappa}^{(\kappa+1)} = 0$ wird. Daraus folgt

$$\delta_\kappa = x_{N_\kappa}^{(\kappa+1)} - x_{N_\kappa}^{(\kappa)} = -\frac{R_\kappa}{A_{N_\kappa}}, \tag{6}$$

$$R_\kappa = r_{N_\kappa}^{(\kappa)}. \tag{7}$$

Die einzelnen Komponenten von $\varrho_{\kappa+1}$ errechnen sich nach (6), (7) aus den Relationen

$$r_\mu^{(\kappa+1)} = r_\mu^{(\kappa)} - a_{\mu N_\kappa} \frac{R_\kappa}{A_{N_\kappa}} \qquad (\mu = 1, \ldots, n). \tag{8}$$

Allerdings bedeutet die Festsetzung (7) in (6) und (8) eine Idealisierung des Rechenschemas, da man bei der Benutzung der Formeln (6) und (8) sowieso *abrunden* wird. Schon deshalb ist es von Interesse, eine Modifikation des Ansatzes (7) ins Auge zu fassen, bei der R_κ durch die Formel gegeben wird

$$R_\kappa = q_\kappa r_{N_\kappa}^{(\kappa)}, \qquad 0 < q_\kappa < 2, \tag{9}$$

wo q_κ zwischen 0 und 2 liegt, und dann natürlich $r_{N_\kappa}^{(\kappa+1)}$ nicht mehr notwendig verschwindet. Ist $q_\kappa \neq 1$, so sprechen wir von *unvollständiger Relaxation*, für $q_\kappa < 1$ von *Unterrelaxation* (underrelaxation), für $q_\kappa > 1$ von *Überrelaxation* (overrelaxation). Doch wird der Fall der unvollständigen Relaxation in dieser Arbeit wohl zum erstenmal systematisch untersucht, so daß unsere Literaturangaben sich ausschließlich auf den Ansatz (7) beziehen.

Die zeitlich erste systematische Veröffentlichung über eine Iterationsverfahren zur Auflösung linearer Gleichungssysteme erfolgte wohl 1845 durch Jacobi [11][1]), nachdem ein Jahr vorher Argelander [2] über eine

---

[1]) Die Zahlen in eckigen Klammern weisen auf die unter den gleichen Nummern im Literaturverzeichnis am Ende der Arbeit aufgeführten Abhandlungen hin.

Anwendung des gleichen Verfahrens in einem speziellen Fall berichtet und Gerling noch früher in verschiedenen Werken die Gaußschen Ansätze zur Relaxationsmethode ausführlich erläutert hatte.

Das Jacobische Verfahren wird heute auch als die *Iteration in Gesamtschritten* bezeichnet. Es besteht darin, daß aus den Komponenten (2) des Näherungsvektors ξ_κ sämtliche Komponenten von $\xi_{\kappa+1}$ durch die Formeln

$$x_\mu^{(\kappa+1)} = -\frac{1}{A_\mu}\Big(\sum_{\substack{\nu=1\\ \nu\neq\mu}}^{n} a_{\mu\nu}\, x_\nu^{(\kappa)} - y_\mu\Big) \tag{10}$$

bestimmt werden. Die Konvergenzbedingung für dieses Verfahren ergibt sich nach von Mises und Geiringer [14] aus der Betrachtung der Gleichung

$$\begin{vmatrix} \lambda\, a_{11} & a_{12} \dots & a_{1n} \\ a_{21} & \lambda\, a_{22} \dots & a_{2n} \\ \dots & \dots & \dots \\ a_{n1} & a_{n2} \dots & \lambda\, a_{nn} \end{vmatrix} = 0 \;, \tag{11}$$

wo die Determinante links aus derjenigen von A durch Multiplikation der Elemente der Hauptdiagonale mit λ hervorgeht.

Für die Konvergenz des Jacobischen Verfahrens (10) bei jeder Wahl von ξ_1 und η ist notwendig und hinreichend, daß der absolute Betrag $\sigma(A)$ der absolut größten Wurzel von (11) kleiner als 1 ist. Zugleich konvergieren dann die Komponentenfolgen von ξ_κ wie die Abschnitte einer Potenzreihe mit dem Konvergenzradius $\sigma(A)$.

3. Es kommt bei der Einzelschrittiteration in erster Linie auf die Wahl der Leitindizes N_κ, oder, wie wir sagen werden, auf die *Steuerung* des Verfahrens an. Für diese Steuerung kommen im wesentlichen folgende drei Möglichkeiten in Frage:

a) Man wählt N_κ unter Berücksichtigung der Werte der κ-ten Residuen, das heißt der Komponenten von ϱ_κ. Dann spricht man von einer *Relaxationsmethode* im engeren Sinn.

b) Man kann N_κ periodisch alle Werte von 1 bis n in dieser Reihenfolge unendlich oft durchlaufen lassen. Wir sprechen dann von *zyklischer Steuerung* und vom *zyklischen Einzelschrittverfahren* [2]).

c) Man kann von vornherein die Folge der Werte N_κ beliebig vor-

[2]) Eine interessante Abwandlung dieses Verfahrens hat kürzlich A. C. Aitken [1] angegeben.

schreiben, indessen so, daß dabei jeder Index unendlich oft als Leitindex auftritt. In diesem Fall werden wir von *freier Steuerung* sprechen.

Anscheinend war Gauß der erste, der das Iterationsverfahren in Einzelschritten anzuwenden pflegte, worüber wir aus seiner Korrespondenz [7], aus einem Bericht von Dedekind [5] und vor allem aus Veröffentlichungen von Gerling [10], [10a], [10b] unterrichtet sind. Gauß benutzte die Relaxationssteuerung, und zwar wählte er als Leitindex den Index, der den größten absoluten Betrag von δ_κ in (6) liefert. Über ein Jahrhundert später wurde eine analoge Relaxationsvorschrift durch Southwell [28] entdeckt, der N_κ so wählt, daß $| r^{(\kappa)}_{N_\kappa} |$ *maximal* ist. Von Southwell rührt auch der Name *Relaxation* her.

Die ersten eingehenden Veröffentlichungen über das Einzelschrittverfahren für *Matrizen von definiten quadratischen Formen* rühren von C. L. Gerling [10], C. A. Schott (1855) [26], Seidel (1874) [27] und P. A. Nekrassoff (1884) [15] her.

Dabei ist die von Seidel vorgeschlagene Relaxationsvorschrift allerdings eine andere als diejenigen von Gauß und Southwell, da Seidel diejenige Komponente des Residualvektors zu Null zu machen sucht, bei der dies die stärkste Verkleinerung eines gewissen quadratischen Ausdrucks bewirkt.

Vor allem aber hat Seidel einen Beweis für die Konvergenz seines Verfahrens bei jeder Wahl von ξ_1 und η für definite symmetrische Matrizen gegeben, den man als durchaus korrekt ansehen kann, wenn auch die Schlußüberlegungen von Seidel etwas vage ausklingen.

4. Das zyklische Einzelschrittverfahren ist anscheinend zuerst in einer Abhandlung von Nekrassoff diskutiert worden (1884) [15], und zwar für definite quadratische Formen, und sodann 1892 [13] zusammen mit Mehmke im allgemeinsten Falle.

Trotzdem wird das zyklische Einzelschrittverfahren heute ziemlich allgemein als das „Seidelsche Iterationsverfahren" bezeichnet, während Seidel in seiner Abhandlung ausdrücklich die zyklische Steuerung nicht empfiehlt, vielleicht, weil sein Konvergenzbeweis nur die Relaxationssteuerung voraussetzt.

Im Falle des zyklischen Einzelschrittverfahrens haben zuerst 1929 von Mises und Geiringer [14] für definite quadratische Formen einen Konvergenzbeweis gegeben. Allerdings ist ihre Fassung dieses Beweises offensichtlich ergänzungsbedürftig. Obgleich diese Fassung wiederholt reproduziert wurde, ist sie wohl erst bei Schmeidler [24] mit genügender Strenge durchgeführt worden.

5. Einen auf ganz anderer Grundlage beruhenden Beweis für die Konvergenz des zyklischen Einzelschrittverfahrens hat Reich [23] gegeben und zugleich bewiesen, daß für eine symmetrische, aber nicht definite Matrix das Verfahren (bei geeigneter Wahl des Ausgangsvektors) divergiert. Reich benutzt das folgende, zuerst von Nekrassoff [15], [16] gegebene und seitdem wiederholt, zum Beispiel von Cesari [3] und R. J. Schmidt [25] wiederentdeckte Kriterium für die Konvergenz des zyklischen Einzelschrittverfahrens bei jeder Wahl von ξ_1 und η.

Es möge die Matrix A in der Form dargestellt werden:

$$A = L + D + R \, , \tag{12}$$

wo in L alle Elemente auf der Hauptdiagonale und rechts davon verschwinden, in R die Elemente der Hauptdiagonale und links davon verschwinden, während D eine Diagonalmatrix ist, deren Hauptdiagonale mit derjenigen von A übereinstimmt. Dann lautet das Nekrassoffsche Konvergenzkriterium für die zyklische Einzelschrittiteration dahin, daß die absoluten Beträge aller Wurzeln der Gleichung

$$|(L + D)\lambda + R| = 0 \tag{13}$$

kleiner als 1 sind. Die Gleichung (13) ist offenbar die Fundamentalgleichung der Matrix $-(L + D)^{-1} R$. Der absolute Betrag der absolut größten Wurzel von (13) kann dann als das Maß für die Konvergenz des zyklischen Einzelschrittverfahrens benutzt werden. Wir wollen diesen absoluten Betrag im folgenden als die *Nekrassoff-Zahl* N_A von A bezeichnen[3]).

6. Bereits von Gauß (siehe Gerling [10], p. 392) ist eine Verallgemeinerung der Einzelschrittiteration vorgeschlagen worden, bei der beim Übergang von ξ_κ zu $\xi_{\kappa+1}$ nicht nur *eine Komponente*, sondern *eine Gruppe von Komponenten* von ξ_κ abgeändert wird. Sind die Indizes dieser Komponenten etwa $m_1, \ldots, m_g$, so werden wir sie als *aktive* und alle übrigen Indizes als *passive* Indizes bezeichnen. Im folgenden werden α und γ stets durch *alle aktiven* und β durch *alle passiven* Indizes beim κ-ten Schritt laufen. Es wird nun festgesetzt:

$$x_\beta^{(\kappa+1)} = x_\beta^{(\kappa)} \, , \tag{14}$$

[3]) Bei der Diskussion dieser Größe ist die folgende von Nekrassoff [15] gegebene Relation sehr nützlich:

$$\lambda_1 \lambda_2 \ldots \lambda_{n-1} = \frac{a_{12}\, a_{23} \, \ldots \, a_{n1}}{a_{11} \, \ldots \, a_{nn}} \, ,$$

wo $\lambda_1, \lambda_2, \ldots, \lambda_{n-1}$ die $n-1$ Wurzeln von $\frac{1}{\lambda} |(L + D)\lambda + R|$ sind.

während die den aktiven Indizes entsprechenden Komponenten von $\xi_{\kappa+1}$ aus den entsprechenden Teilgleichungen von (1) bestimmt werden. Setzt man allgemein

$$x_\alpha^{(\kappa+1)} - x_\alpha^{(\kappa)} = \delta_\alpha^{(\kappa)} , \tag{15}$$

so bestimmt man die $\delta_\alpha^{(\kappa)}$ aus den g Gleichungen

$$A_\alpha \delta_\alpha^{(\kappa)} + \sum_{\gamma \neq \alpha} a_{\alpha\gamma} \delta_\gamma^{(\kappa)} = - r_\alpha^{(\kappa)} , \tag{16}$$

sofern sie auflösbar sind.

Derartige Iterationen werden nach dem Vorschlag von v. Mises und Geiringer als *Gruppeniterationen* bezeichnet.

Um auch hier der Möglichkeit der unvollständigen Relaxation Rechnung zu tragen, verallgemeinern wir die obige Vorschrift dahin, daß die $x_\beta^{(\kappa+1)}$ und $\delta_\alpha^{(\kappa)}$ sich immer noch aus den Gleichungen (14) und (16) bestimmen, während (15) durch

$$x_\alpha^{(\kappa+1)} = x_\alpha^{(\kappa)} + q_\kappa^{(\alpha)} \delta_\alpha^{(\kappa)} \tag{17}$$

ersetzt wird. Die Konstanten $q_\kappa^{(\alpha)}$ sind hier positive Zahlen, die auf jeden Fall den Bedingungen

$$0 < q_\kappa^{(\alpha)} < 2 \tag{18}$$

genügen sollen.

Wird die allgemeine Gruppeniteration betrachtet, so besteht das *Problem der Steuerung* darin, bei jedem Schritt g sowie die aktiven Indizes α zu wählen. Wird diese Wahl nur durch die Bedingung eingeschränkt, daß jeder Index unendlich oft aktiv ist, so sprechen wir auch hier von „*freier Steuerung*".

7. Wir werden im folgenden eines der charakterisierten Iterationsverfahren als *absolut konvergent* für die Matrix A bezeichnen, wenn es bei fester Wahl der Leitindizes bzw. der aktiven Indizes und der Konstanten q_κ, $q_\kappa^{(\alpha)}$ für eine beliebige Wahl des Anfangsvektors ξ_1 und des konstanten Vektors η konvergiert und *konvergent bleibt, wenn die Elemente von A mit beliebigen Faktoren vom absoluten Betrag 1 multipliziert werden.*

Offenbar wird die absolute Konvergenz eines Iterationsverfahrens durch solche Kriterien sichergestellt, in denen die Elemente von A nur mit ihren absoluten Beträgen auftreten, während zum Beispiel die Bedingung der Definitheit der als symmetrisch vorausgesetzten Matrix A für $n > 2$ diesen Charakter nicht hat.

In der Tat sind für die Konvergenz des zyklischen Einzelschrittverfahrens mehrere Kriterien aufgestellt worden, in denen nur die $|a_{\mu\nu}|$ vorkommen. Hierher gehören zum Beispiel:

1. Das *Zeilensummenkriterium.* Das zyklische Einzelschrittverfahren konvergiert, wenn

$$\sum_{\substack{\nu=1\\ \nu\neq\mu}}^{n} | a_{\mu\nu} | < | a_{\mu\mu} | \qquad (\mu = 1, \ldots, n) \tag{19}$$

gilt. (Nekrassoff [13], [16].)

2. *Das Spaltensummenkriterium.* Das zyklische Einzelschrittverfahren konvergiert, wenn

$$\sum_{\substack{\mu=1\\ \mu\neq\nu}}^{n} | a_{\mu\nu} | < | a_{\nu\nu} | \qquad (\nu = 1, \ldots, n) \tag{20}$$

gilt (Mehmke [12], [13]).

Beide Kriterien sind oft wiederentdeckt worden, vgl. zum Beispiel [4], [14], [9].

Im folgenden soll nun das allgemeinste Kriterium für die absolute Konvergenz der zyklischen Einzelschrittiteration aufgestellt werden, aus dem sich durch einfache Spezialisierungen sowohl (19) und (20), als auch eine Reihe von weiteren analogen Kriterien ergeben. Zugleich wird sich herausstellen, daß auch das allgemeinste Kriterium für die absolute Konvergenz des Jacobischen Verfahrens (10) genau ebenso lautet.

Dies ist deshalb sehr bemerkenswert, weil im allgemeinen die Konvergenzbereiche der Jacobischen und der Einzelschrittiteration sich nur teilweise überdecken.

8. Wir setzen im folgenden

$$| a_{\mu\nu} | = \alpha_{\mu\nu} \qquad (\mu, \nu = 1, \ldots, n) \tag{21}$$

und bezeichnen als die *Begleitmatrix zu A* die Matrix

$$A_B = \begin{pmatrix} \alpha_{11} & -\alpha_{12} & \ldots & -\alpha_{1n} \\ -\alpha_{21} & \alpha_{22} & \ldots & -\alpha_{2n} \\ \ldots & \ldots & \ldots & \ldots \\ -\alpha_{n1} & -\alpha_{n2} & \ldots & \alpha_{nn} \end{pmatrix}. \tag{22}$$

Eine Matrix vom Typus (22) werden wir als eine *eigentliche M-Matrix* oder *M-Matrix* schlechthin bezeichnen, wenn ihre Diagonalelemente positiv[4]), ihre Determinante positiv und die Determinanten aller ihrer

[4]) Die Positivität der Diagonalelemente ist eine Folge der beiden anderen Definitionseigenschaften einer M-Matrix. Siehe den Satz IX in der Nr. 34 am Schlusse dieser Arbeit.

Andererseits läßt sich die Annahme, daß die Determinanten aller Hauptminoren nicht negativ sind, in zwei Richtungen abschwächen. Man kann diese Annahme durch eine der beiden folgenden ersetzen:

Hauptminoren aller Ordnungen nicht negativ sind. Eine Matrix, deren Begleitmatrix eine M-Matrix ist, bezeichnen wir als eine *eigentliche H-Matrix* oder *H-Matrix* schlechthin.

Wir haben verschiedene Eigenschaften der H- und M-Matrizen bereits in einer früheren Abhandlung [17] bewiesen. Im folgenden werden wir weitere Tatsachen über diese Matrizen benötigen, vor allem den folgenden

Satz I. *Notwendig und hinreichend, damit A eine H-Matrix ist, ist, daß kein Diagonalelement von A verschwindet und daß die nicht-negative Matrix*

$$\Omega = \left(\frac{\alpha_{\mu\nu}}{\alpha_{\mu\mu}}\right) - E = \begin{pmatrix} 0 & \frac{\alpha_{12}}{\alpha_{11}} & \cdots & \frac{\alpha_{1n}}{\alpha_{11}} \\ \frac{\alpha_{21}}{\alpha_{22}} & 0 & \cdots & \frac{\alpha_{2n}}{\alpha_{22}} \\ \cdots & \cdots & \cdots & \cdots \\ \frac{\alpha_{n1}}{\alpha_{nn}} & \frac{\alpha_{n2}}{\alpha_{nn}} & \cdots & 0 \end{pmatrix} \qquad (23)$$

die Maximalwurzel $\sigma_A < 1$ hat.

Zur Erläuterung sei daran erinnert, daß nach einem Satz von Perron [21] eine nicht negative Matrix (das heißt eine Matrix mit nicht negativen Elementen) eine nicht negative Fundamentalwurzel besitzt, die nicht kleiner ist als der absolute Betrag jeder anderen Fundamentalwurzel. Diese Wurzel nennt man die *Maximalwurzel der Matrix.*

Die Maximalwurzel σ_A von (23) soll im folgenden als die *Jacobische Konstante der Matrix A* bezeichnet werden, und zwar auch dann, wenn $\sigma_A \geqq 1$ ist.

9. Wir werden nun beweisen, daß die Bedingung für die absolute Konvergenz der zyklischen Einzelschrittiteration für die Matrix A darin be-

---

I. Die Hauptminoren aus einer *Hauptreihe* sind nicht negativ, wobei unter einer *Hauptreihe* von Hauptminoren eine solche Sequenz von n Hauptminoren der Ordnungen $1, 2, 3, \ldots, n$ verstanden wird, daß jedes Element dieser Sequenz zugleich ein Hauptminor des nächstfolgenden Elementes ist.

II. Sowohl die Diagonalelemente als auch alle Hauptminoren der Ordnungen $n-2$, $n-4, \ldots$ (also gleicher *Parität* mit n) sind nicht negativ.

Daß jede der Bedingungen I, II (verbunden mit der Positivität von $|A_B|$) für eine M-Matrix charakteristisch ist, hat kürzlich Herr Kotelanski [11a] bewiesen, allerdings in anderer Einkleidung und unter Beschränkung auf den Fall, daß alle $\alpha_{\mu\nu}$ $(\mu \neq \nu)$ positiv sind. Im Buche von Gantmacher [10c] findet sich die entsprechende Tatsache bewiesen nur unter der Annahme $\alpha_{\mu\nu} \geqq 0$, zugleich unter Vereinfachung des Beweises von Kotelanski. Andererseits überträgt sich der auf II bezügliche Beweis von Kotelanski ohne weiteres auch auf den Fall $\alpha_{\mu\nu} \geqq 0$.

182

steht, daß A eine H-Matrix ist. Wir beweisen allerdings wesentlich mehr. Diese Bedingung ist bereits *notwendig* für die Konvergenz des Einzelschrittverfahrens für die Begleitmatrix A_B von A bei jeder Wahl von ξ_1 und η. Andererseits konvergiert, wenn diese Bedingung erfüllt ist, das Einzelschrittverfahren und sogar allgemeiner dasjenige der Gruppeniteration für die Matrix A *bei freier Steuerung*; man darf dabei sogar in einem gewissen Umfang *unvollständige Relaxation* zulassen. Genauer werden wir die folgenden Sätze beweisen:

Satz II. *Sei*

$$M = \begin{pmatrix} m_{11} & -m_{12} & \cdots & -m_{1n} \\ -m_{21} & m_{22} & \cdots & -m_{2n} \\ \cdots & \cdots & \cdots & \cdots \\ -m_{n1} & -m_{n2} & \cdots & m_{nn} \end{pmatrix} \tag{24}$$

eine Matrix, bei der die Elemente der Hauptdiagonale positiv und die übrigen Elemente nicht positiv sind. Konvergiert das zyklische Einzelschrittverfahren (mit dem Ansatz (7)) *für diese Matrix für jede Wahl des Ausgangsvektors* ξ_1, *so ist* M *eine* M-*Matrix*[5]).

Satz III. *Sei* A *eine* H-*Matrix und* σ_A *ihre Jacobische Konstante. Sei* t_1 *eine beliebige positive Zahl* <1 *und* t_2 *und* t *beliebige positive Zahlen mit*

$$t_2 < \frac{1-\sigma_A}{1+\sigma_A}\,, \qquad \sigma_A < t < 1\,. \tag{25}$$

Dann konvergiert die Einzelschrittiteration und allgemeiner die Gruppeniteration bei freier Steuerung für jede Wahl von ξ_1 *und* η. *Dabei ist auch die unvollständige Relaxation mit den folgenden Einschränkungen zugelassen: Bei der Einzelschrittiteration müssen die Faktoren* q_κ *in* (9) *der Bedingung*

$$t_1 \leqq q_\kappa \leqq 1 + t_2 \qquad (\kappa = 1, 2, \ldots) \tag{26^1}$$

genügen. Bei der Gruppeniteration müssen die Faktoren $q_\kappa^{(\alpha)}$ *in* (17) *der Bedingung genügen*

$$|\, q_\kappa^{(\alpha)} - 1 \,| \leqq t_2\,, \tag{26^2}$$

bzw., wenn nur Unterrelaxation zugelassen wird, das heißt alle $q_\kappa^{(\alpha)} \leqq 1$ *bleiben, der Bedingung*

$$1 \geqq q_\kappa^{(\alpha)} \geqq t\,. \tag{26^3}$$

---

[5]) II hängt zusammen mit dem Satz VI von Stein und Rosenberg in [28a], und der Beweis von II ließe sich durch Benutzung dieses Satzes abkürzen.

Setzt man

$$\tau_\kappa = \sum_\alpha | r_\alpha^{(\kappa)} | \, , \tag{27}$$

wo die Summation über alle beim κ-ten Schritt aktiven Indizes α erstreckt wird, so konvergiert

$$\sum_{\kappa=1}^{\infty} \tau_\kappa \, . \tag{28}$$

In diesem Satze ist insbesondere ein Resultat von H. Geiringer [9], p. 377, enthalten, bei dem die Folge der Leitindizes aus Gruppen von je n Elementen besteht und jede dieser Gruppen eine Permutation von $1, 2, \ldots, n$ ist.

10. Die zu den obigen Sätzen analogen Aussagen im Falle der Jacobischen Iteration lassen sich im Satze zusammenfassen :

Satz IV. *Notwendig und hinreichend, damit das Jacobische Verfahren* (10) *für die Matrix A absolut konvergiert, ist, daß A eine H-Matrix ist. Dann gilt zugleich für die in Nr. 2 eingeführte Größe $\sigma(A)$:*

$$\sigma(A) \leqq \sigma_A \, . \tag{29}$$

Eine ähnliche Rolle wie in (29) für die Jacobische Iteration spielt die Jacobische Konstante σ_A von A auch für die zyklische Einzelschrittiteration. Namentlich ist die Nekrassoff-Zahl N_A von A höchstens gleich σ_A Indessen ist diese Tatsache nur ein Spezialfall eines wesentlich allgemeineren Sachverhalts, der sich auf eine allgemeinere Klasse von linearen Iterationsverfahren bezieht.

Werden die Elemente einer Matrix A mit verschiedenen nicht negativen Zahlen $\leqq 1$ multipliziert, so nennen wir die so entstehende Matrix eine *abgestumpfte Teilmatrix von A* (truncated part of A), entstanden aus A durch den Prozeß des *Abstumpfens* (truncation).

Es werde nun die nicht singuläre Matrix A abzählbar unendlich oft als Summe von zwei abgestumpften Teilmatrizen U_κ, V_κ,

$$A = U_\kappa + V_\kappa \qquad (\kappa = 1, 2, \ldots) \, , \tag{30}$$

dargestellt, wobei die Determinante von U_κ nicht verschwindet. Wir betrachten dann die Folge linearer Operationen :

$$\xi'_{\kappa+1} = H_\kappa \xi'_\kappa + (E - H_\kappa) A^{-1} \eta' \, , \qquad H_\kappa = - U_\kappa^{-1} V_\kappa \tag{31}$$

und fragen, wann die so entstehende Iteration konvergiert.

Der Ansatz (31) fällt in die Klasse der von G. E. Forsythe [5a] als allgemeine (nicht stationäre) lineare Iterationsprozesse bezeichneten Prozesse. Ein solcher Prozeß wird durch den Ansatz

$$\xi'_{\kappa+1} = H_\kappa \xi'_\kappa + (E - H_\kappa) A^{-1} \eta' \qquad (\kappa = 1, 2, \ldots) \tag{32}$$

gegeben, in dem aber H_κ eine *beliebige* Matrix n-ter Ordnung ist. Sind alle H_κ miteinander identisch $= H$, so spricht man von einem *stationären linearen Iterationsprozeß*. In diesem letzteren Falle ist für die Konvergenz des Prozesses für eine beliebige Wahl von ξ_1 und η notwendig und hinreichend, daß die absoluten Beträge aller Fundamentalwurzeln von H kleiner als 1 sind. Eine analoge Konvergenzbedingung für den allgemeinsten *nicht stationären* linearen Iterationsprozeß wird in der Nr. 30 hergeleitet.

Wird nun im Ansatz (31) eine *feste* Zerlegung (30) zugrunde gelegt, so entsteht eine Klasse von stationären Iterationsprozessen, in die zum Beispiel die zyklische Einzelschrittiteration gehört. Diese Iteration entspricht dem Ansatz $U = L + D$, $V = R$ in den Bezeichnungen von (12). Dabei wird allerdings in Abänderung der Bezeichnungen der Nr. 2 mit $\xi_{\kappa+1}$ der Vektor bezeichnet, der aus ξ_κ nach *Ausführung des vollständigen Zyklus von n Einzelschritten entsteht.*

In die gleiche Klasse gehört die *zyklische Gruppeniteration*, bei der die n Komponenten $x_1, \ldots, x_n$ ein für allemal in k Gruppen zerlegt werden und nacheinander auf die Komponenten der einzelnen Gruppen die Gruppeniteration angewandt wird, wobei die Reihenfolge der Gruppen auch fest bleibt. Es ist leicht zu sehen, daß das Resultat der Ausübung eines vollständigen Zyklus dieser Iterationen gleichfalls in der Form (31) geschrieben werden kann, wobei sogar insbesondere die Diagonalelemente von V alle verschwinden. Hierher gehören auch die von H. Geiringer [9], p. 373–376, diskutierten Iterationsprozesse.

Für die Iterationsprozesse vom Typus (31) gelten nun die beiden folgenden Sätze, mit denen der Satz II und der Kern des Satzes III weitgehend verallgemeinert werden:

Satz V. *Es sei A eine Matrix mit positiven Diagonalelementen und reellen nicht positiven Elementen außerhalb der Hauptdiagonale. Gilt für A die Zerlegung*

$$A = U + V$$

in zwei abgestumpfte Teilmatrizen U, V, wo U eine M-Matrix ist und alle Diagonalelemente von V verschwinden, so ist für die Konvergenz des statio-

nären linearen Iterationsprozesses

$$\xi'_{\kappa+1} = H\,\xi'_\kappa + (E - H)A^{-1}\eta' \ , \qquad H = -\,U^{-1}V \ ,$$

für beliebige ξ_1 *und* η *notwendig, daß* A *eine* M*-Matrix ist*[6]).

Satz VI. *Es sei* A *eine* H*-Matrix* n*-ter Ordnung. Dann konvergiert der Iterationsprozeß* (31) *für eine beliebige Folge der Zerlegungen* (30), *sofern dabei die Diagonalelemente von* V_κ *verschwinden, und es gilt für jedes* $\varepsilon > 0$:

$$|\,\xi_{\kappa+1} - \xi_\kappa\,| = O((\sigma_A + \varepsilon)^\kappa) \qquad (\kappa \to \infty)\ . \tag{33}$$

11. Die Beweise der angegebenen Sätze beruhen auf den Eigenschaften der H- und M-Matrizen. Wir stellen in Nr. 12 einige Hilfssätze aus einer früheren Abhandlung des Verfassers zusammen, von denen im folgenden Gebrauch gemacht wird. Der Hilfssatz D der Nr. 13 über einparametrige Scharen von M-Matrizen ist die Grundlage des Beweises des Satzes I, der in Nr. 15 erbracht wird. In Nr. 14 werden verschiedene einfache Kriterien für H-Matrizen zusammengestellt, die in den Anwendungen unserer Resultate nützlich sein dürften. In den Nummern 16, 17 wird ein einfacher, aber recht nützlicher Hilfssatz über nicht negative Matrizen bewiesen, aus dem ein neues Analogon der Gerschgorinschen Kreise zur Abgrenzung der Eigenwerte (Satz VII, Nr. 18) hergeleitet werden kann. Der wichtige Hilfssatz F der Nummern 19 bis 20 führt sofort zum Beweis der Sätze V (Nr. 20), II und IV (Nr. 21). Der Beweis des Satzes III zieht sich durch die Nummern 22–27 hin, während in Nr. 28 im Anschluß daran der lineare Charakter der Konvergenz im Falle der Relaxation aufgewiesen wird. In den Nummern 29, 30 wird ein allgemeines Konvergenzkriterium für nicht stationäre lineare Iterationsprozesse hergeleitet (Satz VIII, Nr. 30). Endlich wird in der Nr. 33 der Satz VI aus dem in den Nummern 31,32 entwickelten Hilfssatz G gefolgert. Der Satz IX, der in der Nr. 34 formuliert und bewiesen wird, bezieht sich auf die charakteristischen Eigenschaften einer M-Matrix.

Mit dem Hilfssatz H (Nr. 35) und dem Satz X (Nr. 36) wird in einem gewissen Umfang die Frage beantwortet, inwiefern für eine M-Matrix der nicht negative Typus ihrer Inversen charakteristisch ist. Endlich zeigen wir in den Nummern 37, 38, daß aus unseren Sätzen die Konvergenz des sogenannten Hardy-Croßschen „Verfahrens der sukzessiven Kompensation" für einen kontinuierlichen Balken in sehr allgemeinen Fällen unmittelbar folgt.

---

[6]) Der Beweis von V ließe sich stark abkürzen durch Benutzung des Satzes VI in [28a].

§ 1. Eigenschaften von M- und H-Matrizen (Nrn. 12–18)

12. Wir stellen zunächst einige Eigenschaften von M-Matrizen zusammen, von denen im folgenden Gebrauch zu machen sein wird[7]).

Hilfssatz A. *Sei*

$$M = \begin{pmatrix} m_{11} & -m_{12} & \dots & -m_{1n} \\ -m_{21} & m_{22} & \dots & -m_{2n} \\ \dots & \dots & \dots & \dots \\ -m_{n1} & -m_{n2} & \dots & m_{nn} \end{pmatrix} \qquad (34)$$

eine M-Matrix. Gilt dann für eine Matrix $A = (a_{\mu\nu})$

$$|a_{\mu\mu}| \geqq m_{\mu\mu}, \quad |a_{\mu\nu}| \leqq m_{\mu\nu} \quad (\mu \neq \nu; \mu, \nu = 1, \dots, n), \qquad (35)$$

so gilt

$$\|A\| \geqq |M| > 0 .$$

Dies ist ein Teil von Satz I unserer oben zitierten Abhandlung [17], p. 69. In A steckt eine Art *Monotonieprinzip: Die Determinante von M wird nicht verkleinert, wenn die Elemente von M monoton wachsen, jedoch so, daß die Elemente außerhalb der Hauptdiagonale nicht positiv werden.* Zugleich bleibt dabei M eine M-Matrix, wie man sich sofort überzeugt, wenn man A auf die Hauptminoren von M anwendet.

Daraus folgt aber offenbar, wenn man alle $m_{\mu\nu}$, die zugleich außerhalb der Hauptdiagonale und außerhalb eines festen Hauptminors von M liegen, durch Nullen ersetzt:

Hilfssatz B. *In einer M-Matrix sind alle Hauptminoren aller Ordnungen positiv.*

---

[7]) Wir benutzen diese Gelegenheit, um einige sinnstörende Versehen zu berichtigen, die sich in unsere Abhandlung [17] eingeschlichen haben; p. 70, 9. Zeile von oben, lies $|h_{\mu\mu}|$ statt $h_{\mu\mu}$; p. 73, Formel (13), lies $|h_{\mu\mu}|$ statt $h_{\mu\mu}$ sowie $\sum\limits_{\substack{\nu=1 \\ \nu\neq\mu}}^{n}$ anstatt $\sum\limits_{\substack{\mu=1 \\ \mu\neq\nu}}^{n}$; p. 73, 4. Zeile von unten, lies 1881 statt 1899; p. 76, in der Formel (18), ist das Produktzeichen rechts wegzulassen; p. 86, in der Formel (11, 1), ist links y_μ durch $m_{\mu\mu} y_\mu$, und rechts 1 durch M zu ersetzen; p. 96, 6. Zeile von unten, lies $\frac{s_1}{s_2}$ statt $\frac{s_2}{s_1}$. Endlich ist auf p. 74 der Satz IV versehentlich für *beliebige* uneigentliche M-Determinanten formuliert worden. Es ist daher p. 74 in der 13. Zeile von oben nach „Jede" einzuschalten: „eigentliche oder irreduzible uneigentliche". Ferner ist der vorletzte Absatz auf p. 74, von „Es sei ..." bis „charakterisiert" ganz zu streichen und ebenso p. 87 der erste Absatz der Nr. 13, also von „Ist nun ..." bis „M-Determinante ist".

Die Tatsache B steckt implizite in den Überlegungen auf p. 78 von [17], ohne indessen dort ausdrücklich formuliert worden zu sein.

Hilfssatz C. *Die inverse Matrix zu einer M-Matrix hat durchweg nicht negative Elemente. Gelten für eine Matrix A die Relationen* (35), *so werden die Elemente von* A^{-1} *majorisiert durch diejenigen von* M^{-1}.

Dies ist der erste Teil von Satz III unserer Abhandlung [17], p. 71.

13. **Hilfssatz D.** *Es mögen in der Matrix*

$$C(\kappa) = \begin{pmatrix} c_{11} & -c_{12} & \dots & -c_{1n} \\ -c_{21} & c_{22} & \dots & -c_{2n} \\ \dots & \dots & \dots & \dots \\ -c_{n1} & -c_{n2} & \dots & c_{nn} \end{pmatrix} \tag{36}$$

die n^2 *Elemente stetig von einem reellen Parameter* κ *abhängen, der ein gewisses zusammenhängendes (offenes oder abgeschlossenes oder halboffenes) Intervall J durchläuft, und es mögen für alle* κ *aus J die Relationen gelten:*

$$|C(\kappa)| \neq 0 \,, \quad c_{\mu\mu} > 0 \,, \quad c_{\mu\nu} \geqq 0 \quad (\mu \neq \nu\,; \mu, \nu = 1, \dots, n). \tag{37}$$

Ist dann $C(\kappa)$ *für ein* κ_0 *aus J eine M-Matrix, so gilt dasselbe für alle* κ *aus J.*

Zum *Beweis* nehmen wir an, daß $C(\kappa_1)$ für ein κ_1 aus J keine M-Matrix sei. Es sei etwa, um Ideen zu fixieren, $\kappa_1 > \kappa_0$. Dann gibt es, wenn wir κ von κ_0 bis κ_1 wachsen lassen, ein κ_2 derart, daß bei κ_2 die Eigenschaft von C, eine M-Matrix zu sein, „zum erstenmal aufhört". Dies bedeutet, daß $C(\kappa)$ im offenen Intervall (κ_0, κ_2) noch durchweg eine M-Matrix ist, während dies für das Intervall $(\kappa_0, \kappa_2 + \varepsilon)$ für beliebig kleines $\varepsilon > 0$ nicht mehr stimmt. Da dann links von κ_2 die Determinanten von $C(\kappa)$ und von allen Hauptminoren $\geqq 0$ sind, gilt dasselbe auch für $\kappa = \kappa_2$. Wegen (37) ist aber dann $|C(\kappa_2)| > 0$, so daß $C(\kappa_2)$ eine M-Matrix ist. Nach der obigen Tatsache B sind aber die Determinanten aller Hauptminoren von $C(\kappa_2)$ *positiv*, und daher ist $C(\kappa_2)$ auch in einer gewissen rechtsseitigen Umgebung von κ_2 eine M-Matrix. Mit diesem Widerspruch ist der Hilfssatz D bewiesen.

Offenbar ist durch D zugleich das folgende allgemeine Prinzip bewiesen:

Es möge durch endlich viele nur von den absoluten Beträgen der Elemente abhängige Bedingungen eine Klasse von Matrizen n-ter Ordnung definiert werden, in der alle Matrizen stetig zusammenhängen und regulär sind. Ent-

hält diese Matrizenklasse eine H-Matrix, so sind sämtliche Matrizen der Klasse H-Matrizen.

14. Wir stellen noch verschiedene, nur von den absoluten Beträgen der Elemente abhängige Kriterien zusammen, durch die gewisse Klassen von H-Matrizen gekennzeichnet werden.

Jede der folgenden Bedingungen a) bis h) ist *hinreichend*, damit die $(n \times n)$-Matrix $A = (a_{\mu\nu})$ eine H-Matrix ist.

Wir setzen

$$Z_\mu = \sum_{\substack{\nu=1 \\ \nu \neq \mu}}^{n} | a_{\mu\nu} | \, , \qquad S_\mu = \sum_{\substack{\nu=1 \\ \nu \neq \mu}}^{n} | a_{\nu\mu} | \, . \tag{38}$$

a) *Es ist*

$$Z_\mu < | a_{\mu\mu} | \qquad (\mu = 1, \ldots, n) \, . \tag{39¹}$$

b) *Es ist*

$$S_\mu < | a_{\mu\mu} | \qquad (\mu = 1, \ldots, n) \, . \tag{39²}$$

c) *Es gilt für ein* α *mit* $0 \leqq \alpha \leqq 1$:

$$Z_\mu^\alpha S_\mu^{1-\alpha} < | a_{\mu\mu} | \qquad (\mu = 1, \ldots, n) \, . \tag{40}$$

d) *Es gilt für ein* α *mit* $0 \leqq \alpha \leqq 1$ *und alle Paare verschiedener Indizes* ν, μ:

$$Z_\mu^\alpha S_\mu^{1-\alpha} Z_\nu^\alpha S_\nu^{1-\alpha} < | a_{\mu\mu} | | a_{\nu\nu} | \, . \tag{41}$$

In den Relationen (40) und (41) darf man die Produkte vom Typus $Z_\mu^\alpha S_\mu^{1-\alpha}$ durch die Summen ersetzen: $\alpha Z_\mu + (1-\alpha) S_\mu$.

e) *Man setze für ein* $p > 1$

$$Z_\mu^{(p)} = [\sum_{\substack{\nu=1 \\ \nu \neq \mu}}^{n} | a_{\mu\nu} |^p]^{\frac{1}{p}} \, , \qquad S_\mu^{(p)} = [\sum_{\substack{\nu=1 \\ \nu \neq \mu}}^{n} | a_{\nu\mu} |^p]^{\frac{1}{p}} \, . \tag{42}$$

Es gilt dann für $q = \dfrac{p}{p-1}$ *eine der beiden Relationen:*

$$\sum_{\mu=1}^{n} \frac{1}{1 + \left(\dfrac{| a_{\mu\mu} |}{Z_\mu^{(p)}} \right)^q} < 1 \, , \qquad \sum_{\mu=1}^{n} \frac{1}{1 + \left(\dfrac{| a_{\mu\mu} |}{S_\mu^{(p)}} \right)^q} < 1 \, . \tag{43}$$

f) *Man setze*

$$m_\mu = \operatorname{Max} (| a_{\mu 1} |, \ldots, | a_{\mu\,\mu-1} |, | a_{\mu\,\mu+1} |, \ldots, | a_{\mu n} |) \quad (\mu = 1, \ldots, n) \, . \tag{44}$$

Es gilt

$$\sum_{\mu=1}^{n} \frac{m_\mu}{| a_{\mu\mu} | + m_\mu} < 1 \, . \tag{45}$$

Natürlich gilt dasselbe, wenn man Zeilen mit Kolonnen vertauscht.

g) *Man setze*

$$\operatorname*{Max}_{\mu>\nu}\left|\frac{a_{\mu\nu}}{a_{\mu\mu}}\right| = m\ , \qquad \operatorname*{Max}_{\mu<\nu}\left|\frac{a_{\mu\nu}}{a_{\mu\mu}}\right| = M\ . \tag{46}$$

Es gilt

$$m<M\ , \qquad \frac{m}{(1+m)^n} < \frac{M}{(1+M)^n}\ .\ ^{8)} \tag{47}$$

Eine äquivalente Formulierung erhält man, wenn man in (46) $a_{\mu\mu}$ durch $a_{\nu\nu}$ ersetzt.

h) *Man setze*

$$p_1 = \left|\frac{1}{a_{11}}\right| \sum_{\nu>1} |a_{1\nu}|\ ,$$

$$p_\mu = \left|\frac{1}{a_{\mu\mu}}\right| \left[\sum_{\kappa<\mu} |a_{\mu\kappa}|\, p_\kappa + \sum_{\lambda>\mu} |a_{\mu\lambda}|\right] \qquad (\mu = 2, \ldots, n)\ . \tag{48}$$

Dann gilt

$$p_\mu < 1 \qquad (\mu = 1, \ldots, n)\ .\ ^{9)} \tag{48^1}$$

15. *Beweis des Satzes* I (vgl. Nr. 8). Man beachte, daß eine M-Matrix durch Multiplikation ihrer Zeilen mit positiven Zahlen wieder in eine M-Matrix übergeht, so daß A dann und nur dann eine H-Matrix ist, wenn in den Bezeichnungen von (21) bis (23) $E - \Omega$ eine M-Matrix ist. Man betrachte die Schar der Matrizen

$$C(\kappa) = E - \kappa\Omega \qquad \left(0 \leqq \kappa \leqq \frac{1}{\sigma_A}\right). \tag{49}$$

Nach der Definition von σ_A verschwindet die Determinante $|\lambda E - \Omega|$ für $\lambda > \sigma_A$ nicht, so daß

$$|E - \kappa\Omega| \neq 0 \qquad \left(0 \leqq \kappa < \frac{1}{\sigma_A}\right) \tag{50}$$

gilt. Ist nun $\sigma_A < 1$, so gilt (50) sicher für $0 \leqq \kappa \leqq 1$, und da $C(0)$ eine M-Matrix ist, gilt dies nach dem Hilfssatz D der Nr. 13 auch für $\kappa = 1$, so daß A eine H-Matrix ist.

---

[8]) Vgl. für die Kriterien a) bis g) die Abhandlungen [18], [19], [20].

[9]) Das entsprechende Kriterium für die Konvergenz des zyklischen Einzelschrittverfahrens ist von Nekrassoff in [13], [16] gegeben worden, zugleich mit verschiedenen Verallgemeinerungen. Daß daher dieses Kriterium auch für den H-Charakter der Matrix A hinreichend ist, folgt aus dem Satz II.

Wird umgekehrt A als ein H-Matrix vorausgesetzt, so ist die Determinante $| E - \Omega |$ positiv, und dasselbe gilt nach dem Hilfssatz A von Nr. 12 mit $0 \leqq \kappa \leqq 1$ für $| E - \kappa\Omega |$. Dann bleibt die Determinante $| \lambda E - \Omega | \neq 0$ für $\lambda \geqq 1$, so daß $\sigma_A < 1$ sein muß. Damit ist der Satz I bewiesen.

16. Wir werden im folgenden als eine *positive Diagonalmatrix* eine Matrix bezeichnen, deren Diagonalelemente alle positiv sind, während alle Elemente außerhalb der Hauptdiagonalen verschwinden. Es sei ferner daran erinnert, daß eine Matrix K *reduzibel* heißt, wenn sie sich durch geeignete kogrediente Umstellung der Zeilen und Kolonnen auf die Form bringen läßt $\begin{pmatrix} Q & O \\ S & R \end{pmatrix}$, wo Q und R quadratische Matrizen sind, während O aus lauter Nullen besteht. Ist K nicht reduzibel, so heißt K *irreduzibel*. K und K' sind beide zugleich reduzibel oder beide zugleich irreduzibel. Unter der Benutzung dieser Bezeichnungen läßt sich der folgende Hilfssatz formulieren:

Hilfssatz E. *Ist* $K = (k_{\mu\nu})$ *eine nicht negative Matrix mit der Maximalwurzel* σ, *so läßt sich für jedes positive* ε *eine solche positive Diagonalmatrix* P *mit den Diagonalelementen* $p_\mu = p_{\mu\mu}$ *finden, daß in der nicht negativen Matrix* PKP^{-1} *in jeder Kolonne die Elementensumme* $\sigma + \varepsilon$ *nicht übersteigt. Ist aber* K *irreduzibel, so läßt sich* P *so wählen, daß in* PKP^{-1} *jede der Kolonnensummen den Wert* σ *hat.*

17. *Beweis des Hilfssatzes* E. An den in Nr. 8 erwähnten Perronschen Satz anknüpfend, hat Frobenius [6], p. 459, bewiesen, daß wenn eine nicht negative Matrix $K = (k_{\mu\nu})$ irreduzibel ist, zu ihrer Maximalwurzel σ ein positiver Eigenvektor $(p_1, p_2, \ldots, p_n)$ von K' gehört, so daß

$$\sum_{\nu=1}^{n} k_{\nu\mu} p_\nu = \sigma p_\mu \,, \qquad p_\mu > 0 \qquad (\mu = 1, \ldots, n) \tag{51}$$

gilt. Aus (51) folgt

$$\sum_{\nu=1}^{n} p_\nu k_{\nu\mu} p_\mu^{-1} = \sigma \qquad (\mu = 1, \ldots, n) \,,$$

womit die Behauptung von E für irreduzible Matrizen bewiesen ist.

Wir dürfen von nun an annehmen, daß die Behauptung von E für alle Matrizen niedrigerer Ordnung als n bewiesen ist. Ist nun K reduzibel, so kann man K in der Form $\begin{pmatrix} Q & O \\ S & R \end{pmatrix}$ schreiben, wo O aus Nullen besteht, während Q und R quadratische Matrizen sind.

Ist m die Ordnung von R, so kann man nach der Annahme m positive Zahlen $p_{n-m+1}, \ldots, p_n$ und $n-m$ positive Zahlen $q_1, \ldots, q_{n-m}$ so finden, daß

$$\sum_{\nu=1}^{n-m} q_\nu k_{\nu\mu} q_\mu^{-1} \leqq \sigma + \frac{\varepsilon}{2} \qquad (\mu = 1, \ldots, n-m) , \tag{52}$$

$$\sum_{\nu=n-m+1}^{n} p_\nu k_{\nu\mu} p_\mu^{-1} \leqq \sigma + \varepsilon \qquad (\mu = n-m+1, \ldots, n) \tag{53}$$

gilt. Setzt man dann

$$\operatorname*{Max}_{\mu=1,\ldots,n-m} \sum_{\nu=n-m+1}^{n} p_\nu k_{\nu\mu} q_\mu^{-1} = u , \quad \varrho = \frac{2u}{\varepsilon} + 1 , \quad p_\mu = \varrho q_\mu \quad (\mu = 1, \ldots, n-m),$$

so folgt aus (52)

$$\sum_{\nu=1}^{n} p_\nu k_{\nu\mu} p_\mu^{-1} \leqq \sigma + \varepsilon \qquad (\mu = 1, \ldots, n-m) ,$$

und dies zusammen mit (53) liefert den Beweis von E.

Die dem Hilfssatz E analoge Tatsache für *Zeilensummen* folgt durch den Übergang zu transponierten Matrizen.

18. Aus E folgt leicht der

Satz VII. *Man ersetze in der Matrix A alle Diagonalelemente durch Nullen und alle übrigen Elemente durch ihre absoluten Beträge. Hat die entstehende Matrix R die Maximalwurzel σ, so liegen alle Fundamentalwurzeln von A in der Gesamtheit der Kreise*[10])

$$| \lambda - a_{\mu\mu} | \leqq \sigma \qquad (\mu = 1, \ldots, n) . \tag{54}$$

Beweis. Sei ε eine beliebige positive Zahl. Man wende das Lemma E auf die Matrix R an und bestimme die positive Diagonalmatrix P so, daß die Kolonnensummen in PRP^{-1} die Größe $\sigma + \varepsilon$ nicht übersteigen. Die entsprechende Matrix PAP^{-1} hat die gleichen Fundamentalwurzeln und die gleichen Diagonalelemente wie A. Wendet man daher auf PAP^{-1} den Satz von Gerschgorin an, so folgt, daß alle Fundamentalwurzeln von A in den Kreisen um die $a_{\mu\mu}$ mit dem Radius $\sigma + \varepsilon$ liegen. Wegen der Willkür von ε folgt die Behauptung nunmehr sofort.

---

[10]) Der Satz VII ist ein gewisses Analogon zum Satz von Gerschgorin, für den sowie für die anschließende Literatur auf den Bericht von O. Taußky-Todd [29] verwiesen sei.

§ 2. Charakterisierung der absolut konvergenten Iterationsverfahren

(Nrn. 19—28)

19. **Hilfssatz F.** *Es sei*

$$A = U + V \tag{55}$$

eine Zerlegung der Matrix A mit nicht verschwindenden Diagonalelementen in die Summe von zwei abgestumpften Teilmatrizen, wobei U eine H-Matrix ist und alle Diagonalelemente von V verschwinden. Man bilde die entsprechende Zerlegung von A_B in (22)

$$A_B = U_B + V_B \tag{56}$$

und setze

$$H = -U^{-1}V \; ; \qquad \tilde{H} = -U_B^{-1}V_B \; . \tag{57}$$

Seien ϱ_0 und ϱ die Fundamentalwurzeln von H und $\tilde{H}$ mit maximalen absoluten Beträgen.

Dann wird H majorisiert durch $\tilde{H}$:

$$H \ll \tilde{H} \; , \tag{58}$$

ϱ ist reell und $\geqq 0$ und es gilt

$$|\varrho_0| \leqq \varrho \; . \tag{59}$$

Ist $\varrho < 1$ oder $\sigma_A < 1$, so gilt

$$\varrho \leqq \sigma_A < 1 \; . \tag{60}$$

20. *Beweis.* Werden die Zeilen von A und damit von U und V mit von Null verschiedenen Konstanten multipliziert, so werden H und $\tilde{H}$ nicht geändert und ebenso bleiben ϱ_0, ϱ und σ_A unverändert. Wir können daher von Anfang an annehmen, daß alle Diagonalelemente von A und U gleich 1 sind. ϱ_0 und ϱ sind bzw. die Wurzeln mit maximalen absoluten Beträgen der Gleichungen

$$|\lambda U + V| = 0 \; , \qquad |\lambda U_B + V_B| = 0 \; ,$$

die wir in der Form

$$\left| E + (U - E) + \frac{1}{\lambda} V \right| = 0 \; , \tag{61}$$

$$\left| E + (U_B - E) + \frac{1}{\lambda} V_B \right| = 0 \tag{62}$$

schreiben können.

Da $\frac{1}{\varrho}$ die Wurzel mit dem minimalen absoluten Betrag der Gleichung $| E + (U_B - E) + \lambda V_B | = 0$ ist, folgt, daß keine der Matrizen der Schar

$$E + (U_B - E) + \kappa V_B \, ; \qquad \left(0 \leqq \kappa < \frac{1}{|\varrho|}\right) \tag{63}$$

eine verschwindende Determinante hat. Und da für $\kappa = 0$ die Matrix (63) nach der Annahme eine M-Matrix ist, folgt aus dem Hilfssatz D von Nr. 13, daß alle Matrizen (63) M-Matrizen sind. Andererseits aber ist (63) sicher keine M-Matrix mehr für $\kappa = \frac{1}{|\varrho|}$, da sonst nach dem Hilfssatz A die Determinante von (63) keine Wurzel mit dem absoluten Betrag $\frac{1}{|\varrho|}$ haben könnte. Daher verschwindet die Determinante von (63) für $\frac{1}{|\varrho|}$, und wir sehen, daß $\varrho \geqq 0$ ist.

Ist $\varrho = 0$, $| V_B | = 0$, so sind die Matrizen (63) M-Matrizen für alle positiven κ, und nach dem Hilfssatz A von Nr. 12 kann die Gleichung (61) nur für $\lambda = 0$ befriedigt werden. Da aber dann $| V | = 0$ ist, folgt in diesem Falle $\varrho_0 = 0$.

Ist aber $\varrho > 0$, so folgt aus dem Hilfssatz A, daß (61) sicher nicht befriedigt werden kann, solange $\frac{1}{|\lambda|} < \frac{1}{\varrho}$ ist, so daß (59) auch in diesem Falle gilt.

Da U eine H-Matrix ist, wird nach dem Hilfssatz C, U^{-1} durch U_B^{-1} majorisiert, woraus (58) folgt.

Nehmen wir nun an, daß $\varrho < 1$ ist, so ist nach dem Hilfssatz A die Matrix (63) für $\kappa = 1$ eine M-Matrix, und daher ist die Determinante von $E + \theta(U_B - E) + \theta V_B$ für $| \theta | \leqq 1$ nicht 0. Dann hat aber die Gleichung $| \lambda E + U_B - E + V_B | = 0$ keine Lösungen vom absoluten Betrage $\geqq 1$, und wir sehen, daß $\sigma_A < 1$ ist.

Nehmen wir aber an, daß $\sigma_A < 1$ ist, so haben die Matrizen der Schar

$$E + s\,(U_B - E) + s\,V_B \qquad \left(0 \leqq s < \frac{1}{\sigma_A}\right) \tag{64}$$

von Null verschiedene Determinanten, und da $s = 0$ einer M-Matrix entspricht, sind alle Matrizen (64) M-Matrizen. Hätten wir nun

$$\varrho > \sigma_A \, , \qquad \frac{1}{\varrho} < \frac{1}{\sigma_A} \, ,$$

so könnte man eine Zahl s so finden, daß

$$\frac{1}{\varrho} < s < \frac{1}{\sigma_A} \,, \qquad 1 < s$$

gilt, und da die entsprechende Matrix (64) eine M-Matrix ist, erhalten wir noch eine M-Matrix, wenn wir in (64) den Faktor s bei $U_B - E$ durch 1 und den Faktor s bei V_B durch $\frac{1}{\varrho}$ ersetzen. Dann aber wäre

$$\left| E + (U_B - E) + \frac{1}{\varrho} V_B \right| \neq 0 \,,$$

entgegen der Definition von ϱ. Damit ist der Beweis des Hilfssatzes F vollendet.

Der Satz V (vgl. Nr. 10) folgt unmittelbar aus dem Hilfssatz F und dem Satz I der Nr. 8, der ja bereits in der Nr. 15 bewiesen wurde, da im Konvergenzfalle die Zahl ϱ für die Matrix $H = - U^{-1} V$ kleiner als 1 sein muß und dann auch $\sigma_A < 1$ folgt.

21. Aus dem Hilfssatz F folgen aber auch die Sätze II und IV (vgl. die Nrn. 9 und 10) sofort.

Beweis des Satzes II. Man wende unter den Annahmen des Satzes II den Hilfssatz F an und bilde $U = U_B$ aus M, indem man alle Elemente von M rechts von der Hauptdiagonale durch Nullen ersetzt. Hier ist nach Voraussetzung $\varrho_0 = \varrho < 1$, und daher $\sigma_M < 1$, so daß M nach Satz I eine M-Matrix ist.

Beweis des Satzes IV. Man wende den Hilfssatz F an, indem als U die aus Diagonalelementen von A bestehende Diagonalmatrix genommen wird. Dann ist das zugehörige ϱ gerade gleich σ_A. Konvergiert das Jacobische Iterationsverfahren für A_B, so läuft es nach dem an die Gleichung (11) anknüpfenden Kriterium darauf hinaus, daß $\varrho = \sigma_A < 1$ ist, und nach dem Satz I ist A eine H-Matrix. Zugleich folgt (29) aus (59). Ist aber A eine H-Matrix, also $\sigma_A = \varrho < 1$, so konvergiert das Jacobische Verfahren für A_B und daher wegen (29) absolut.

22. *Beweis des Satzes* III (vgl. Nr. 9). Offenbar kommt es darauf an, zu zeigen, daß unter den Bedingungen des Satzes die Folge der Residualvektoren ϱ_κ gegen 0 konvergiert. Ist $\xi = (x_1, \ldots, x_n)$ die Lösung von (1), so hat die Verschiebung des Ursprungs um ξ den Effekt, daß in (1) der Vektor η verschwindet, während die durch (3) gegebenen Residualvektoren sich nicht ändern. *Wir können daher* $\eta = 0$ *annehmen.* Werden

dann die Zeilen von A mit festen, von 0 verschiedenen Faktoren multipliziert, so werden die Komponenten von ϱ_κ in (4) mit denselben festen Faktoren multipliziert. Man kann so erreichen, daß alle $a_{\nu\nu} \equiv A_\nu = 1$ werden.

Werden ferner die Komponenten x_ν von ξ vermöge $x_\nu = p_\nu x'_\nu$ transformiert, wo die p_ν nicht verschwinden, so werden die Kolonnen von A mit entsprechenden Faktoren multipliziert, während die Residualvektoren sich nicht ändern. Nach dem Hilfssatz E der Nr. 16 kann aber auf diese Weise erreicht werden, daß die Summen der absoluten Beträge in den Kolonnen von $A-E$ für ein beliebig kleines positives ε die Schranke $\sigma_A + \varepsilon$ nicht übersteigen. Und man kann dieses ε so klein wählen, daß die Ungleichungen (25) noch richtig bleiben, wenn in ihnen σ_A durch $\sigma_A + \varepsilon$ ersetzt wird. Wir *können daher* ohne Beschränkung der Allgemeinheit *über A annehmen, daß für ein konstantes s*:

$$A_\nu = a_{\nu\nu} = 1 \qquad (\nu = 1, \ldots, n) \, ,$$

$$\sum_{\substack{\mu=1 \\ \mu \neq \nu}}^{n} | a_{\mu\nu} | < s \qquad (\nu = 1, \ldots, n) \, , \tag{65}$$

$$t_2 < \frac{1-s}{1+s} \, , \qquad s < t < 1 \tag{66}$$

gilt.

Bei der Beurteilung der „Größe“ eines Vektors werden wir anstatt der „Euklidischen Länge“ von dem Jordanschen „*écart*“ Gebrauch machen, indem wir für den Vektor $\zeta = (z_1, \ldots, z_n)$ setzen

$$| \zeta |_1 = | z_1 | + \cdots + | z_n | \, .$$

Offenbar gilt auch für diese Größe die Dreiecksungleichung. Es sei ferner daran erinnert, daß im folgenden α und γ durch *sämtliche aktiven* und β durch *sämtliche passiven* Indizes laufen.

Wir setzen nun für jedes $\kappa = 1, 2, \ldots$

$$\tau_\kappa = \sum_\alpha | r_\alpha^{(\kappa)} | \tag{67}$$

und wollen zuerst zeigen, daß eine positive, nur von s, t, t_1 und t_2 abhängige positive Konstante u existiert, derart daß für $\kappa = 1, 2, \ldots$

$$| \varrho_{\kappa+1} |_1 - | \varrho_\kappa |_1 \leqq - u \tau_\kappa \, , \tag{68}$$

$$| r_\beta^{(\kappa+1)} - r_\beta^{(\kappa)} | \leqq 2 \tau_\kappa \tag{69}$$

gilt. (69) wird in der Nr. 24 bewiesen, während der Beweis von (68) sich bis zur Nr. 26 hinzieht.

23. Wir benutzen im folgenden die Bezeichnungen der Nr. 6.

Um zu einer Abschätzung der Größe der Zahlen δ_α, die sich aus den Gleichungen (16) bestimmen, zu gelangen, setzen wir

$$m_{\mu\nu} = | a_{\mu\nu} | \qquad (\mu \neq \nu) , \qquad m_{\mu\mu} = 0 \qquad (\mu = 1, \ldots, n) , \tag{70}$$

wo nach (65)

$$\sum_{\mu=1}^{n} m_{\mu\nu} \leqq s \qquad (\nu = 1, \ldots, n) \tag{71}$$

ist, und denken uns beim κ-ten Schritt die Größen Δ_α, berechnet aus dem linearen System

$$\Delta_\alpha = \sum_\gamma m_{\alpha\gamma} \Delta_\gamma + | r_\alpha^{(\kappa)} | , \tag{72}$$

das beim κ-ten Schritt dem System (16) entsprechend gebildet ist.

Dann folgt aus dem Hilfssatz C der Nr. 12

$$| \delta_\alpha^{(\kappa)} | \leqq \Delta_\alpha . \tag{73}$$

Setzen wir konform mit (67)

$$\sum_\alpha \Delta_\alpha = \sigma , \qquad \sum_\alpha | r_\alpha^{(\kappa)} | = \tau , \tag{74}$$

wo der einfacheren Schreibweise halber der Index κ bei σ und τ weggelassen wird, so folgt aus (72)

$$\sigma \geqq \tau . \tag{75}$$

Durchläuft nun, wie schon in Nr. 6 gesagt, β alle passiven Indizes, so gilt

$$\sum_\alpha \sum_\beta m_{\beta\alpha} \Delta_\alpha = \sum_\alpha \Delta_\alpha \sum_{\mu=1}^{n} m_{\mu\alpha} - \sum_\alpha \sum_\gamma m_{\gamma\alpha} \Delta_\alpha$$

und daher, wegen (71), (72), (74),

$$\sum_\alpha \sum_\beta m_{\beta\alpha} \Delta_\alpha \leqq s\sigma - \sigma + \tau . \tag{76}$$

Aus (4) folgt, wenn μ von 1 bis n läuft,

$$r_\mu^{(\kappa+1)} - r_\mu^{(\kappa)} = (x_\mu^{(\kappa+1)} - x_\mu^{(\kappa)}) + \sum_{\substack{\nu=1 \\ \nu \neq \mu}}^{n} a_{\mu\nu} (x_\nu^{(\kappa+1)} - x_\nu^{(\kappa)}) . \tag{77}$$

24. Ist hier μ ein *passiver Index* β, so folgt aus (14) und (17)

$$r_\beta^{(\kappa+1)} - r_\beta^{(\kappa)} = \sum_\alpha a_{\beta\alpha} q_\kappa^{(\alpha)} \delta_\alpha^{(\kappa)} ,$$

und daher wegen (26^1), (26^2), (73)

$$| r_\beta^{(\kappa+1)} | - | r_\beta^{(\kappa)} | \leqq | r_\beta^{(\kappa+1)} - r_\beta^{(\kappa)} | \leqq (1 + t_2) \sum_\alpha m_{\beta\alpha} \Delta_\alpha . \tag{78}$$

Wird hier über alle passiven Indizes β summiert, so ergibt sich wegen (76)

$$\sum_\beta |r_\beta^{(\kappa+1)}| - \sum_\beta |r_\beta^{(\kappa)}| \leqq (1+t_2) \sum_\beta \sum_\alpha m_{\beta\alpha} \Delta_\alpha \leqq (1+t_2)(s\sigma - \sigma + \tau) \ . \quad (79)$$

Da die Ausdrücke rechts in (78) nicht negativ sind, folgt zugleich aus (79)

$$| r_\beta^{(\kappa+1)} - r_\beta^{(\kappa)} | \leqq (1+t_2)(s\sigma - \sigma + \tau) \qquad (g \geqq 1) \ , \quad (80)$$

womit, wegen

$$s\sigma - \sigma + \tau = \tau - (1-s)\sigma \leqq \tau - (1-s)\tau = s\tau \ ,$$

(69) bewiesen ist.

In (78), (79) und (80) ist, wenn nur Unterrelaxation zugelassen wird, der Faktor $1 + t_2$ durch 1 zu ersetzen.

Für $g = 1$ können wir offenbar die $q_\kappa^{(\alpha)}$ mitführen:

$$\sum_\beta | r_\beta^{(\kappa+1)} | - \sum_\beta | r_\beta^{(\kappa)} | \leqq q_\kappa^{(\alpha)}(s\sigma - \sigma + \tau) \qquad (g = 1) \ . \quad (79')$$

25. Ist dagegen μ in (77) ein *aktiver Index* α, so folgt

$$r_\alpha^{(\kappa+1)} - r_\alpha^{(\kappa)} = q_\kappa^{(\alpha)} \delta_\alpha^{(\kappa)} + \sum_{\gamma \neq \alpha} a_{\alpha\gamma} q_\kappa^{(\gamma)} \delta_\gamma^{(\kappa)}$$
$$= q_\kappa^{(\alpha)} [\delta_\alpha^{(\kappa)} + \sum_{\gamma \neq \alpha} a_{\alpha\gamma} \delta_\gamma^{(\kappa)}] + \sum_\gamma (q_\kappa^{(\gamma)} - q_\kappa^{(\alpha)}) a_{\alpha\gamma} \delta_\gamma^{(\kappa)} \ .$$

Wegen (16) ist hier der Faktor in der eckigen Klammer gleich $-r_\alpha^{(\kappa)}$, so daß wir schließlich erhalten

$$r_\alpha^{(\kappa+1)} - (1 - q_\kappa^{(\alpha)}) r_\alpha^{(\kappa)} = \sum_\gamma (q_\kappa^{(\gamma)} - q_\kappa^{(\alpha)}) a_{\alpha\gamma} \delta_\gamma^{(\kappa)} \ , \quad (81)$$

und daher wegen (26^2), (73), (72):

$$| r_\alpha^{(\kappa+1)} | - | 1 - q_\kappa^{(\alpha)} || r_\alpha^{(\kappa)} | \leqq 2t_2 \sum_\gamma m_{\alpha\gamma} \Delta_\gamma = 2t_2(\Delta_\alpha - | r_\alpha^{(\kappa)} |) \ . \quad (82)$$

Hier ist allerdings der Faktor $2t_2$, der die aus (26^2) folgende Schranke für $| q_\kappa^{(\alpha)} - q_\kappa^{(\gamma)} |$ darstellt, durch den aus (26^3) folgenden Faktor $(1 - t)$ zu ersetzen, wenn dabei nur die Unterrelaxation zugelassen wird. Im Falle der Einzelschrittiteration $(g = 1)$ kann (82) durch

$$| r_\alpha^{(\kappa+1)} | - | 1 - q_\kappa^{(\alpha)} || r_\alpha^{(\kappa)} | = 0 \qquad (g = 1) \quad (82')$$

ersetzt werden. Summiert man (82) über α, so folgt, wegen (74),

$$\sum_\alpha | r_\alpha^{(\kappa+1)} | - \sum_\alpha | r_\alpha^{(\kappa)} | \leqq \sum_\alpha (| q_\kappa^{(\alpha)} - 1 | - 1) | r_\alpha^{(\kappa)} | + 2t_2(\sigma - \tau) \ . \quad (83)$$

Hier sind die Faktoren $| q_\kappa^{(\alpha)} - 1 | - 1$, wegen ($26^2$), $\leqq -(1 - t_2)$, während, wenn nur die Unterrelaxation zugelassen wird, wegen (26^3), $| q_\kappa^{(\alpha)} - 1 | - 1 = -q_\kappa^{(\alpha)} \leqq -t$ ist.

26. Daher folgt durch Addition von (79) und (83)

$$|\varrho_{\kappa+1}|_1 - |\varrho_\kappa|_1 \leqq -(1-t_2)\tau + 2t_2(\sigma-\tau) + (1+t_2)(s\sigma - \sigma + \tau) =$$

$$= -\sigma(1+s)\left(\frac{1-s}{1+s} - t_2\right), \qquad (84)$$

und da hier der letzte Klammerfaktor nach (66) positiv ist, folgt schließlich wegen (75) die Relation (68) mit

$$u = (1 - s - t_2(1+s)) .$$

Wird nur die Unterrelaxation in Betracht gezogen, so ist (84) zu ersetzen durch

$$|\varrho_{\kappa+1}|_1 - |\varrho_\kappa|_1 \leqq -t\tau + (1-t)(\sigma-\tau) + s\sigma - \sigma + \tau$$
$$= -\sigma(t-s) \leqq -\tau u , \qquad u > 0 . \qquad (85)$$

Für $g = 1$ endlich, also im Falle eines Einzelschrittes, folgt durch Addition von (79′) und (82′)

$$|\varrho_{\kappa+1}|_1 - |\varrho_\kappa|_1 \leqq q_\kappa^{(\alpha)}(s\sigma - \sigma + \tau) + (|1 - q_\kappa^{(\alpha)}| - 1)\tau .$$

Hier ist der Ausdruck rechts für $q_\kappa^{(\alpha)} \leqq 1$ gleich

$$-q_\kappa^{(\alpha)}(1-s)\sigma \leqq -q_\kappa^{(\alpha)}(1-s)\tau$$

und für $q_\kappa^{(\alpha)} > 1$ gleich

$$2(q_\kappa^{(\alpha)} - 1)\tau - q_\kappa^{(\alpha)}(1-s)\sigma \leqq (q_\kappa^{(\alpha)}(1+s) - 2)\tau .$$

Wegen (26[1]) und (66) folgt schließlich auch in diesem Falle die Relation (68) mit

$$u = \mathrm{Min}\left[t_1(1-s), (1+s)\left(\frac{1-s}{1+s} - t_2\right)\right]. \qquad (86)$$

27. Aus (68) folgt nunmehr, daß die nicht negativen Größen $|\varrho_\kappa|_1$ gegen einen Grenzwert ϱ konvergieren. Die demnach konvergente unendliche Reihe

$$\sum_{\sigma=1}^{\infty} (|\varrho_\sigma|_1 - |\varrho_{\sigma+1}|_1) = |\varrho|_1 - \varrho$$

ist eine Majorante von

$$u \sum_{\sigma=1}^{\infty} \tau_\sigma ,$$

so daß die Reihe (28) konvergiert. Setzen wir

$$\varepsilon_\kappa = \sum_{\sigma=\kappa}^{\infty} \tau_\sigma , \qquad (87)$$

so gilt $\varepsilon_\kappa \downarrow 0$ $(\kappa \to \infty)$.

Sei nun β ein beim κ-ten Schritt passiver Index, und es sei λ die erste ganze Zahl $>\kappa$, so daß β beim λ-ten Schritt aktiv wird. Dann folgt nach (69)

$$| r_\beta^{(\lambda)} - r_\beta^{(\kappa)} | \leqq \sum_{\sigma=\kappa}^{\lambda-1} | r_\beta^{(\sigma+1)} - r_\beta^{(\sigma)} | \leqq 2 \sum_{\sigma=\kappa}^{\lambda-1} \tau_\sigma \leqq 2\varepsilon_\kappa ,$$

$$| r_\beta^{(\kappa)} | \leqq 2\varepsilon_\kappa + | r_\beta^{(\lambda)} | .$$

Da aber β beim λ-ten Schritt aktiv ist, gilt

$$| r_\beta^{(\lambda)} | \leqq \tau_\lambda \leqq \varepsilon_\lambda \leqq \varepsilon_\kappa ,$$

so daß wir schließlich erhalten

$$| r_\beta^{(\kappa)} | < 3\varepsilon_\kappa . \tag{88}$$

Für die beim κ-ten Schritt aktiven Indizes α gilt

$$\sum_\alpha | r_\alpha^{(\kappa)} | = \tau_\kappa \leqq \varepsilon_\kappa ,$$

so daß

$$| \varrho_\kappa |_1 \leqq (3n - 2)\varepsilon_\kappa , \tag{89}$$

$\varrho_\kappa \to 0$ folgt, womit der Beweis des Satzes III vollendet ist.

28. Im Falle der Relaxationsvorschrift etwa vom Southwellschen Typus[11]) kann man über die Geschwindigkeit der Konvergenz etwas mehr aussagen. Werden beim κ-ten Schritt die g_κ aktiven Indizes so gewählt, daß die $| r_\alpha^{(\kappa)} |$ die größten sind, so gilt

$$\tau_\kappa \geqq \frac{g_\kappa}{n} | \varrho_\kappa |_1 ,$$

und daher, wenn wir von der unvollständigen Relaxation absehen, so daß $t_1 = 1$, $t_2 = 0$, $u = 1 - s$ gesetzt werden kann,

$$| \varrho_{\kappa+1} |_1 \leqq \left(1 - \frac{g_\kappa}{n}(1 - s)\right) | \varrho_\kappa |_1 . \tag{90}$$

Die Konvergenz ist hier wenigstens vom sogenannten *linearen Typus*, und zwar, wie man leicht sieht, auch *vor* der Transformation, durch die s nahe an σ_A herangebracht wurde.

---

[11]) In diesem Falle ist für eine positive symmetrische Matrix und $q = 1$ der Konvergenzbeweis von Temple [30] erbracht worden.

§ 3. Verallgemeinerungen und Ergänzungen (Nrn. 29–38)

29. Wir betrachten nunmehr den allgemeinsten nichtstationären linearen Prozeß zur Auflösung von (1):

$$\xi'_{\kappa+1} = H_\kappa \xi'_\kappa + (E - H_\kappa) A^{-1} \eta' \qquad (\kappa = 1, 2, \ldots) \; . \tag{91}$$

Bei der Untersuchung der Konvergenz eines solchen Prozesses darf man $\eta = 0$ annehmen, da dies durch eine Translation erreicht werden kann, sofern $|A| \neq 0$ ist, so daß es sich um die Bedingung dafür handelt, daß,

$$G_\kappa = H_\kappa H_{\kappa-1} \ldots H_1 \tag{92}$$

gesetzt, für einen beliebigen Vektor ξ stets

$$\lim_{\kappa \to \infty} G_\kappa \xi' = 0 \tag{93}$$

gilt. Dabei kann man allerdings nicht mehr, wie im Falle eines stationären Prozesses, wo alle H_κ gleich sind, die *Fundamentalwurzeln* der H_ν benutzen.

Wir führen folgende Definitionen ein: Für eine Matrix $A = (a_{\mu\nu})$ verstehen wir unter $\Lambda(A) = \Lambda_2(A)$ die Quadratwurzel aus der größten Fundamentalwurzel der Matrix AA^*; $\Lambda_\infty(A)$ soll die größte unter den „Zeilensummen" $\sum_{\nu=1}^{n} |a_{\mu\nu}|$ bedeuten und analog $\Lambda_1(A)$ die größte unter den „Kolonnensummen" $\sum_{\mu=1}^{n} |a_{\mu\nu}|$. Ferner setzen wir für den Vektor $\xi = (x_1, x_2, \ldots, x_n)$:

$$\begin{aligned} &|\xi| \equiv |\xi|_2 = \sqrt{|x_1|^2 + \cdots + |x_n|^2} \; , \\ &|\xi|_1 = |x_1| + \cdots + |x_n| \; , \qquad |\xi|_\infty = \operatorname*{Max}_\mu |x_\mu| \; . \end{aligned} \tag{94}$$

Dann gilt, wie bekannt und leicht zu sehen ist,

$$|A\xi'|_p \leqq \Lambda_p(A)\,|\xi'|_p \qquad (p = 1, 2, \infty) \; . \tag{95}$$

Man sieht ebenso leicht ein, daß $\Lambda_p(A)$ die kleinste Konstante c_p ist, für die $|A\xi'|_p \leqq c_p |\xi'|_p$ für jeden Vektor ξ ist. Daraus folgt aber wiederum die Ungleichung

$$\Lambda_p(AB) \leqq \Lambda_p(A)\,\Lambda_p(B) \; , \tag{96}$$

die übrigens für $p = 1$ oder ∞ auch durch direkte Rechnung sofort zu bestätigen ist.

30. Nunmehr ist die folgende Tatsache leicht zu beweisen:

Satz VIII. *Notwendig und hinreichend, damit der nicht stationäre Iterationsprozeß* (91) *für jede Wahl von* ξ_1 *und* η *gegen die Lösung* ξ *von* (1) *konvergiert, ist daß* $\Lambda_p(H_\kappa H_{\kappa-1} \ldots H_1) \to 0 \quad (\kappa \to \infty)$ *gilt, für einen der drei Werte von* p.

Bemerkung. Daß die Bedingungen $\Lambda_p(G_\kappa) \to 0 \quad (\kappa \to \infty)$ für $p = 1, 2, \infty$ äquivalent sind, folgt direkt aus den leicht beweisbaren Ungleichungen

$$\frac{1}{\sqrt{n}} \Lambda_i(A) \leqq \Lambda_2(A) \leqq n \Lambda_i(A) \qquad (i = 1, \infty) \ . \tag{97}$$

Beweis. Daß die Bedingung hinreichend ist, folgt aus (95). Es möge nun umgekehrt (93) für jeden Vektor ξ gelten. Sei ξ_κ für jedes κ ein Vektor mit $|\xi_\kappa|_p = 1$ und $|G_\kappa \xi'_\kappa|_p = \Lambda_p(G_\kappa)$. Sind $x_1^{(\kappa)}, x_2^{(\kappa)}, \ldots, x_n^{(\kappa)}$ die Komponenten von ξ_κ, so gilt

$$G_\kappa \xi'_\kappa = \sum_{\nu=1}^{n} x_\nu^{(\kappa)} G_\kappa \eta'_\nu \ ,$$

wo η_ν die Koordinatenvektoren sind. Daher gilt, da $|x_\nu^{(\kappa)}| \leqq 1$ ist, wegen $G_\kappa \eta'_\nu \to 0 \quad (\kappa \to \infty)$,

$$\Lambda_p(G_\kappa) = |G_\kappa \xi'_\kappa|_p \leqq \sum_{\nu=1}^{n} |G_\kappa \eta'_\nu|_p \to 0 \qquad (\kappa \to \infty) \ ,$$

w. z. b. w.

Korollar. *Für die Konvergenz von* (91) *ist hinreichend, daß für ein festes* q *mit* $0 < q < 1$ *und einen der Indizes* $p = 1, 2, \infty$ *für alle* κ

$$\Lambda_p(H_\kappa) \leqq q \qquad (\kappa = 1, 2, \ldots) \tag{98}$$

gilt. In der Tat ist mit (98) wegen (96) das Kriterium des Satzes VIII erfüllt [12]).

31. **Hilfssatz G.** *Seien* $P = (p_{\mu\nu})$ *eine nicht negative Matrix der Ordnung* n *mit der Maximalwurzel* $\varrho < 1$ *und* A_κ $(\kappa = 1, 2, \ldots)$ *eine Folge von Matrizen, die sämtlich durch* P *majorisiert werden. Es sei jedes* A_κ *in eine Summe von zwei abgestumpften Teilmatrizen* U_κ, V_κ, $A_\kappa = U_\kappa + V_\kappa$ *zerlegt, derart, daß* $E - U_\kappa$ *nicht singulär ist. Man bilde die Matrizen*

$$H_\kappa = (E - U_\kappa)^{-1} V_\kappa \qquad (\kappa = 1, 2, \ldots) \tag{99}$$

und die Produkte

$$G_\kappa = H_\kappa H_{\kappa-1} \ldots H_1 \ . \tag{100}$$

---

[12]) Der Übergang vom Kriterium des Satzes VIII zum Fall der *stationären Iteration* kann mit Hilfe des Theorems 1 von We. Gautschi [8] leicht hergestellt werden.

Dann sind die absoluten Beträge der Fundamentalwurzeln der H_κ höchstens gleich ϱ und die absoluten Beträge der Fundamentalwurzeln der G_κ höchstens gleich ϱ^κ. Ferner entspricht jedem positiven $\varepsilon < 1 - \varrho$ eine nur von P und ε abhängige Konstante C derart, daß

$$\Lambda_p(G_\kappa) \leqq C(\varrho + \varepsilon)^\kappa \qquad (\kappa = 1, 2, \ldots; p = 1, 2, \infty) \tag{101}$$

gilt.

32. *Beweis.* Nach dem Hilfssatz E der Nr. 16, angewandt auf P', läßt sich für ein beliebiges positives $\varepsilon < 1 - \varrho$ eine Diagonalmatrix Q mit den positiven Diagonalelementen $q_1, \ldots, q_n$ so bestimmen, daß

$$\Lambda_\infty(QPQ^{-1}) = s \leqq \varrho + \varepsilon < 1 \tag{102}$$

gilt. Ist dann die Summe der absoluten Beträge der Elemente der ν-ten Zeile in den Matrizen $QU_\kappa Q^{-1}$, $QV_\kappa Q^{-1}$, $QH_\kappa Q^{-1}$ bzw. u_ν, v_ν, h_ν, so gilt

$$u_\nu + v_\nu \leqq s < 1 \ .$$

Ferner gilt

$$QH_\kappa Q^{-1} = (E - QU_\kappa Q^{-1})^{-1} QV_\kappa Q^{-1}, \quad (E - QU_\kappa Q^{-1})QH_\kappa Q^{-1} = QV_\kappa Q^{-1},$$
$$QH_\kappa Q^{-1} = QV_\kappa Q^{-1} + (QU_\kappa Q^{-1})(QH_\kappa Q^{-1}) \ ,$$

und daher, wenn die Elemente der Matrizen $QH_\kappa Q^{-1}$, $QU_\kappa Q^{-1}$, $QV_\kappa Q^{-1}$ bzw. mit $h_{\mu\nu}$, $u_{\mu\nu}$ $v_{\mu\nu}$ bezeichnet werden,

$$h_{\mu\nu} = v_{\mu\nu} + \sum_{\lambda=1}^{n} u_{\mu\lambda} h_{\lambda\nu} \qquad (\mu, \nu = 1, \ldots, n) \ ,$$
$$| h_{\mu\nu} | \leqq | v_{\mu\nu} | + \sum_{\lambda=1}^{n} | u_{\mu\lambda} | | h_{\lambda\nu} | \ ,$$

und, wenn über $\nu = 1, \ldots, n$ summiert wird,

$$h_\mu \leqq v_\mu + \sum_{\lambda=1}^{n} h_\lambda | u_{\mu\lambda} | \ . \tag{103}$$

Sei $h = \Lambda_\infty(QH_\kappa Q^{-1}) = \operatorname{Max}_\mu h_\mu = h_m$, dann folgt aus (103) für $\mu = m$ wegen $u_m \leqq s < 1$:

$$h \leqq v_m + h u_m \ ,$$

$$h \leqq \frac{v_m}{1 - u_m}, \quad 1 - h \geqq 1 - \frac{v_m}{1 - u_m} = \frac{1 - u_m - v_m}{1 - u_m} \geqq 1 - s \ ,$$

$$h = \Lambda_\infty(QH_\kappa Q^{-1}) \leqq \Lambda_\infty(QPQ^{-1}) = s < \varrho + \varepsilon \ , \tag{104}$$

und ferner wegen (96)

$$\Lambda_\infty(QG_\kappa Q^{-1}) \leqq (\varrho + \varepsilon)^\kappa \qquad (\kappa = 1, 2, \ldots) \ . \tag{105}$$

Aus (104) folgt nach der bekannten Frobeniusschen Ungleichung, daß die Fundamentalwurzeln von $QH_\kappa Q^{-1}$ und daher auch von H_κ absolut $\leqq \varrho + \varepsilon$ und daher $\leqq \varrho$ sind; aus (105) folgt ebenso, daß die Fundamentalwurzeln von G_κ absolut $\leqq (\varrho + \varepsilon)^\kappa$ und daher $\leqq \varrho^\kappa$ sind. Ist ferner der Quotient der größten der Zahlen q_μ durch die kleinste gleich c, so folgt aus (105)

$$\Lambda_\infty(G_\kappa) \leqq \Lambda_\infty(Q)\,\Lambda_\infty(Q^{-1})(\varrho + \varepsilon)^\kappa = c(\varrho + \varepsilon)^\kappa \qquad (\kappa = 1, 2, \ldots)\ ,$$

woraus, wegen (97), die Behauptungen (101) sofort folgen.

33. Der Satz VI (vgl. Nr. 10) folgt nunmehr leicht. Es genügt wiederum anzunehmen, daß $\eta = 0$ und alle Diagonalelemente von A gleich 1 sind. Wendet man den Hilfssatz G der Nr. 31 auf $A_\kappa \equiv E - A$ und die Matrix $P = E - A_B$ an, so folgt aus (58) und (101)

$$\Lambda_\infty(H_\kappa \ldots H_1) \leqq \Lambda_\infty(\tilde{H}_\kappa \ldots \tilde{H}_1) \leqq C(\varrho + \varepsilon)^\kappa \qquad (\kappa = 1, 2, \ldots)\ ,$$

wenn allgemein $\tilde{H}_\kappa = -\,U_{\kappa_B}^{-1} V_{\kappa_B}$ gesetzt wird.

Dann folgt aber die Behauptung des Satzes VI und namentlich die Relation (33) aus (95), angewandt auf $H_\kappa \ldots H_1$.

34. **Satz IX.** *Sei A eine Determinante vom Typus*

$$A = \begin{vmatrix} \alpha_{11} & -\alpha_{12} & \ldots & -\alpha_{1n} \\ -\alpha_{21} & \alpha_{22} & \ldots & -\alpha_{2n} \\ \ldots & \ldots & \ldots & \ldots \\ -\alpha_{n1} & -\alpha_{n2} & \ldots & \alpha_{nn} \end{vmatrix}\ , \qquad (106)$$

wo sämtliche $\alpha_{\mu\nu} \geqq 0$ und sämtliche koaxiale Unterdeterminanten, ebenso wie die Determinante A selbst nicht negativ sind. Ist dann eines der Diagonalelemente $\alpha_{\nu\nu} = 0$, so verschwindet A und zugleich verschwindet jeder der $n!$ Terme in der Entwicklung der Determinante A.

Beweis. Da die Behauptung für $n = 1$ trivial ist, dürfen wir beim Beweis annehmen, daß der Satz für kleinere Werte von n bereits bewiesen ist.

Unbeschadet der Allgemeinheit können wir annehmen, daß $\alpha_{11} = 0$ ist. Bekanntlich entspricht jeder Permutation P der n Indizes $1, 2, \ldots, n$ ein Term der Determinante A, den wir mit T_P bezeichnen wollen. Unter diesen Permutationen wollen wir vor allem diejenigen herausgreifen, die einen n-gliedrigen Zyklus C_n darstellen. Ist etwa

$$C_n = (\kappa_1, \kappa_2, \ldots, \kappa_{n-1}, \kappa_n)\ ,$$

so gilt $T_{C_n} = -\alpha_{\varkappa_1\varkappa_2}\ldots\alpha_{\varkappa_n\varkappa_1} \leqq 0$. In der Tat, der diesem Term nach der allgemeinen Determinantentheorie zugeordnete Vorzeichenfaktor ist $(-1)^{n-1}$, während von den n Faktoren der Faktor $(-1)^n$ beigesteuert wird. Wir haben nun

$$A = \sum_{C_n} T_{C_n} + \sum_{P*} T_{P*} \,, \tag{107}$$

wo die erste Summe über alle n-gliedrigen Zyklen erstreckt wird, während in der zweiten Summe die Permutationen $P*$ jedesmal wenigstens zwei Zyklen enthalten. Ist nun eine Zyklenzerlegung der Permutation $P*$ etwa

$$P* = C_1 C_2 \ldots C_m \,,$$

so möge der Index 1 etwa im Zyklus C_1 stecken. Das dem Zyklus C_1 entsprechende Produkt der $\alpha_{\mu\nu}$ steckt aber dann mit einem gewissen Vorzeichen in einer koaxialen Unterdeterminante von A; in der auch das Element α_{11} vorkommt und auf die daher unser Satz bereits angewandt werden darf. Daher verschwindet dieses C_1 entsprechende Produkt und daher gilt auch $T_{P*} = 0$ für jedes $P*$.

Nunmehr sind aber alle Terme rechts in (107) $\leqq 0$, woraus, wegen $A \geqq 0$ folgt, daß jedes der $T_{C_n} = 0$ ist, und der Satz IX ist bewiesen[13]).

35. **Hilfssatz H.** *Sei A eine Matrix vom Typus*

$$A = \begin{pmatrix} \alpha_{11} & -\alpha_{12} & \ldots & -\alpha_{1n} \\ -\alpha_{21} & \alpha_{22} & \ldots & -\alpha_{2n} \\ \ldots & \ldots & \ldots & \ldots \\ -\alpha_{n1} & -\alpha_{n2} & \ldots & \alpha_{nn} \end{pmatrix}, \tag{108}$$

wo für $\mu \neq \nu$ sämtliche $\alpha_{\mu\nu} \geqq 0$, alle $\alpha_{\mu\mu}$ reell sind und $|A| \neq 0$ ist.

I. *Gibt es dann einen Vektor $\xi(x_1, \ldots, x_n)$ mit nicht negativen x_ν, so daß alle Komponenten des Vektors $A\xi'$ positiv sind, so ist A eine M-Matrix.*

II. *Gibt es einen Vektor $\xi(x_\nu)$ mit nicht negativen und nicht sämtlich verschwindenden x_ν derart, daß alle Komponenten von $A\xi'$ nicht negativ sind, und ist die Matrix A irreduzibel, so ist A eine M-Matrix.*

[13]) Man übersieht leicht, daß die gleiche Überlegung einen etwas allgemeineren Satz beweist: Eine Determinante $A = (a_{\mu\nu})$ läßt sich in der Form darstellen

$$A = \sum_{C_n} T_{C_n} + \sum c \Delta_k \Delta_l \ldots \Delta_m \,,$$

wo die T_{C_n} alle Terme von A durchlaufen, die n-gliedrigen Zyklen entsprechen, während in der zweiten Summe rechts die Koeffizienten c gewisse ganze Zahlen sind und die Ausdrücke $\Delta_k, \Delta_l, \ldots, \Delta_m$ koaxiale Unterdeterminanten von A. Natürlich ist in der zweiten Summe rechts jedes Glied von der Gesamtdimension n in bezug auf die $a_{\mu\nu}$, und die Gesamtheit der in den entsprechenden Faktoren vorkommenden Indizes stimmt mit der Gesamtheit aller Indizes $1, 2, \ldots, n$ überein.

Beweis. Wir zeigen zuerst, daß, wenn alle Komponenten x_ν von ξ positiv sind und diejenigen von $A\xi'$ nicht negativ, dann A sicher eine M-Matrix ist. In der Tat ändert sich der Charakter einer M-Matrix nicht, wenn ihre Kolonnen durch positive Zahlen dividiert werden. Dies bedeutet aber, daß wir von vornherein alle $x_\nu = 1$ voraussetzen können. Die Komponenten von $A\xi'$ werden dann zu den Ausdrücken $\alpha_{\mu\mu} - \sum_{\substack{\nu=1 \\ \nu \neq \mu}}^{n} \alpha_{\mu\nu}$. Sind diese Summen nicht negativ, so folgt daraus nach dem bekannten Hadamardschen Satz, daß A und alle Hauptminoren von A nicht negativ sind. Wegen $|A| \neq 0$ ist damit nach der Definition der Nummer 8 der M-Charakter von A erwiesen.

Um nunmehr den Teil I des Hilfssatzes zu beweisen, beachte man, daß unter den Voraussetzungen dieses Teiles die Komponenten von $A\xi$ positiv bleiben, wenn die x_ν um hinreichend kleine Beträge variiert werden. Da sie aber nicht negativ sind, kann man sie dabei sämtlich positiv machen, und die Behauptung von I ergibt sich aus dem Obigen unmittelbar.

Unter den Voraussetzungen des Teiles II des Hilfssatzes können wir durch kogrediente Vertauschung von Zeilen und Kolonnen erreichen, daß die verschwindenden x_ν die Indizes $k+1, \ldots, n$ haben, während die ersten x_ν $(\nu = 1, \ldots, k)$ sämtlich von 0 verschieden sind. Wäre nun $k<n$, so wären die $n-k$ letzten Komponenten von $A\xi'$ gleich $-\sum_{\nu=1}^{k} \alpha_{\mu\nu} x_\nu$ $(\mu = k+1, \ldots, n)$. Da sie aber nach Annahme $\geqq 0$ und die $x_1, \ldots, x_k$ positiv sind, folgt daraus $\alpha_{\mu\nu} = 0$ $(\nu = 1, \ldots, k;$ $\mu = k+1, \ldots, n)$, so daß A reduzibel wäre. Daher verschwindet keines der x_ν, und unsere Behauptung folgt aus dem Obigen.

Korollar. *Ist für eine reelle Matrix A vom Typus* (108), *wo für* $\mu \neq \nu$ *sämtliche* $\alpha_{\mu\nu} \geqq 0$ *sind und* $|A| \neq 0$ *ist, die Inverse* A^{-1} *nicht negativ, so ist A eine M-Matrix.*

Bildet man in der Tat die Zeilensummen von A^{-1}, so hat für den aus diesen Zeilensummen gebildeten Vektor ξ der Vektor $A\xi'$ sämtliche Komponenten $=1$, so daß die Behauptung aus dem Fall I des Hilfssatzes H folgt[14]).

36. Aus dem Hilfssatz H läßt sich nunmehr ein Kriterium für den M-Charakter einer reellen Matrix $A = (a_{\mu\nu})$ herleiten, bei dem keine Annahmen über die Vorzeichen der $a_{\mu\nu}$ zugrunde gelegt werden.

[14]) Für den Fall, daß sowohl die Determinante $|A|$ als auch sämtliche $\alpha_{\mu\nu}$ $(\mu \neq \nu)$ in (108) positiv sind, ergibt sich aus einem Satz von Herrn Kotelanski, [11a], p. 502, daß die Matrix A bereits dann eine M-Matrix ist, wenn eine ganze Zeile oder eine ganze Kolonne von A^{-1} aus nicht negativen Elementen besteht.

Satz X. *Es sei A eine reelle $(n \times n)$-Matrix mit der Eigenschaft, daß so wohl A^{-1} als auch $(A + \lambda E)^{-1}$ für alle hinreichend großen λ lauter nicht negative Elemente hat. Dann ist A eine eigentliche M-Matrix.*

Beweis. Nach dem Hilfssatz H genügt es, zu beweisen, daß alle Elemente von A außerhalb der Hauptdiagonale $\leqq 0$ sind. Da man durch kogrediente Vertauschungen von Zeilen und Kolonnen jedes Element von A in die letzte Kolonne bringen kann, genügt es, unsere Behauptung für die *Elemente der letzten Kolonne* von A zu beweisen.

Wir schreiben nun $|A + \lambda E|$ als eine geränderte Determinante

$$|A + \lambda E| = \begin{vmatrix} b_{\mu\nu} & x_\mu \\ y_\nu & z \end{vmatrix},$$

wo $B = (b_{\mu\nu})$ eine quadratische Matrix $(n - 1)$-ter Ordnung ist. Werden die Determinante von B mit $|B|$ und die den Elementen $b_{\mu\nu}$ entsprechenden adjungierten Minoren von B mit $B_{\mu\nu}$ bezeichnet, so liefert die bekannte Entwicklung einer einfach geränderten Determinante für $|A + \lambda E|$ den Ausdruck

$$|A + \lambda E| = z\,|B| - \sum_{\mu,\nu=1}^{n-1} B_{\mu\nu} x_\mu y_\nu .$$

(Vgl. Kowalewski, Determinantentheorie, 1. Aufl., 1909, p. 90.) Daher folgt für das zu y_ν gehörende algebraische Komplement $C(y_\nu)$ von $A + \lambda E$

$$C(y_\nu) = -\sum_{\mu=1}^{n-1} B_{\mu\nu} x_\mu \qquad (\nu = 1, \ldots, n - 1) .$$

Damit ergibt sich aber aus unserer Annahme

$$\sum_{\mu=1}^{n-1} B_{\mu\nu} x_\mu \leqq 0 \qquad (\lambda > \lambda_0,\, \nu = 1, \ldots, n - 1) .$$

Entwickeln wir hier den Ausdruck links nach fallenden Potenzen von λ, so beginnt $B_{\nu\nu}$ mit λ^{n-2}, während die $B_{\mu\nu}$ für $\mu \neq \nu$ höchstens vom Grade $n - 3$ sind. Daher liefert die obige Ungleichung für $\lambda \to \infty$

$$x_\nu \lambda^{n-2} + O(\lambda^{n-3}) \leqq 0 \qquad (\lambda \to \infty) ,$$

woraus $x_\nu \leqq 0$ $(\nu = 1, 2, \ldots, n - 1)$ folgt.

Wir sehen, daß in der Tat alle Elemente von A außerhalb der Hauptdiagonalen nicht positiv sind, womit der Satz X bewiesen ist.

37. Die Einzelschrittiteration, wie sie durch die Formeln (6) bis (9) der Nr. 2 beschrieben wird, läßt sich auch auffassen als die Iteration des Residualvektors ϱ_κ, wie er durch (3) und (4) definiert ist. Wir wollen der Einfachheit halber im folgenden $a_{\mu\mu} = A_\mu = 1$ $(\mu = 1, \ldots, n)$ vor-

aussetzen. Es ergibt sich dann aus (8) und (9)

$$r_\mu^{(\kappa+1)} = r_\mu^{(\kappa)} - q_\kappa a_{\mu N_\kappa} r_{N_\kappa}^{(\kappa)} \qquad (\mu = 1, \ldots, n) \ . \tag{109}$$

Um (109) vektortheoretisch zu interpretieren, führen wir die zu A gehörenden Kolonnenmatrizen ein:

$$\Delta_\nu = \begin{pmatrix} 0 & \ldots & 0 & a_{1\nu} & 0 & \ldots & 0 \\ \cdots & \cdots & \cdots & \cdots & \cdots & \cdots & \cdots \\ 0 & \ldots & 0 & a_{\nu-1\nu} & 0 & \ldots & 0 \\ 0 & \ldots & 0 & 1 & 0 & \ldots & 0 \\ 0 & \ldots & 0 & a_{\nu+1\nu} & 0 & \ldots & 0 \\ \cdots & \cdots & \cdots & \cdots & \cdots & \cdots & \cdots \\ 0 & \ldots & 0 & a_{n\nu} & 0 & \ldots & 0 \end{pmatrix} \qquad (\nu = 1, \ldots, n) \ , \tag{110}$$

wobei also die ν-te Kolonne in Δ_ν mit der ν-ten Kolonne in A übereinstimmt, während alle übrigen Kolonnen von Δ_ν aus Nullen bestehen. Dann läßt sich offenbar (109) in der Form schreiben

$$\varrho'_{\kappa+1} = (E - q_\kappa \Delta_{N_\kappa})\, \varrho'_\kappa \ . \tag{111}$$

Man beachte andererseits, daß wenn $|A| \neq 0$ ist, durch geeignete Wahl von ξ_1 sich $\varrho'_1 = A\xi'_1 - \eta'$ einem beliebigen Vektor gleichmachen läßt. Wenn daher das Einzelschrittverfahren bei einer geeigneten Steuerung für die Matrix A für jede Wahl von ξ_1 konvergiert, bedeutet dies, daß die durch (111) definierte Vektorenfolge ϱ_κ für jede Wahl des Anfangsvektors ϱ_1 gegen 0 konvergiert. Ist daher A insbesondere eine H-Matrix und genügen die q_κ der Bedingung (26^1) des Satzes III, so konvergiert die durch (111) erzeugte Vektorenfolge ϱ_κ für jede Wahl von ϱ_1 gegen 0, sofern die Folge der Leitindices N_κ so gewählt wird, daß dabei jeder Index unendlich oft auftritt.

38. Aus dem obigen Resultat ergibt sich nun insbesondere, daß das sogenannte Hardy-Croßsche Verfahren der sukzessiven Kompensation für einen kontinuierlichen Balken (*Hardy-Cross Balancing Process for a Continuous Beam*) stets konvergiert, wenn dabei jede Stütze unendlich oft benutzt wird[15]).

In der Tat, im Falle des Hardy-Croßschen Verfahrens, wie es von Oldenburger [16a] formuliert wird, hat man zu setzen

$$a_{\nu\nu}=1\,,\ a_{\nu-1\nu}=\sigma_\nu\,,\ a_{\nu+1\nu}=\tau_\nu\,,\ a_{\mu\nu}=0 \ \ (|\mu-\nu|>1) \ \ (\nu=1,\ldots,n)\,, \tag{112}$$

[15]) Die Konvergenz des Hardy-Croßschen Verfahrens ist von R. Oldenburger [16a] in dem speziellen Falle bewiesen worden, daß das Verfahren abwechselnd auf alle Stützen mit geraden, und sodann auf alle Stützen mit ungeraden Nummern in einer festen Reihenfolge angewandt wird.

wobei

$$\sigma_\nu = s_\nu(1 - T_\nu) \quad (\nu = 2, \ldots, n), \quad \tau_\nu = r_\nu T_\nu \quad (\nu = 1, \ldots, n-1) \tag{113}$$

gilt für geeignete T_ν, r_ν, s_ν, die den Bedingungen

$$0 \leqq T_\nu \leqq 1, \quad 0 \leqq r_\nu < 1, \quad 0 \leqq s_\nu < 1 \quad (\nu = 1, \ldots, n) \tag{114}$$

genügen. Dann ist die Kolonnensumme der (nicht negativen) Elemente von A außerhalb der Hauptdiagonalen offenbar gleich

$$\sigma_\nu + \tau_\nu < 1 - T_\nu + T_\nu = 1 \quad (\nu = 2, \ldots, n-1)$$

und gleich $\tau_1 < 1$ oder $\sigma_n < 1$ bzw. für $\nu = 1$ oder $\nu = n$. Daher ist die zugehörige Matrix A nach dem Kriterium b) von Nr. 14 eine M-Matrix.

LITERATURVERZEICHNIS

[1] *Aitken, A. C.*, Studies in Practical Mathematics, V. On the iterative solution of a system of linear equations, Proc. Roy. Soc. Edinburgh Sect. A 63 (1950) p. 52–60.

[2] *Argelander*, Über die Anwendung der Methode der kleinsten Quadrate auf einen besondern Fall. Astr. Nachr. Nr. 491 (1844), p. 163.

[3] *Cesari, L.*, Sulla risoluzione dei sistemi di equazioni lineari per approssimazioni successive. Rendic. Accad. Naz. dei Lincei (62) 25 (1937), p. 422–428.

[4] *Collatz, L.*, Über die Konvergenzkriterien bei Iterationsverfahren für lineare Gleichungssysteme, Math. Z. 53 (1950), p. 149–161.

[5] *Dedekind, R.*, Festschrift zur Feier des 150-jährigen Bestehens der Königl. Gesellschaft der Wissenschaften zu Göttingen (1901), 45–59; Werke, 2. Bd., p. 293–306, namentlich p. 300–301.

[5a] *Forsythe, G. E.*, Theory of Selected Methods of Finite Matrix Inversion and Decomposition. National Bureau of Standards Report INA 52–5 vom 13. August 1951.

[6] *Frobenius, G.*, Über Matrizen aus nicht-negativen Elementen. Sitzungsber. preuss. Akad. Wiss. Berlin, Math.-Nat. Kl. (1912), p. 456–477.

[7] *Gauß, C. F.*, Werke, Bd. IX, p. 278–281.

[8] *Gautschi, Werner*, On the asymptotic behavior of the powers of matrices. Duke Math. J. 20 (1953), p. 127–140.

[9] *Geiringer, H.*, On the Solution of Systems of Linear Equations by Certain Iterative Methods. Reißner Anniversary Volume (1949), p. 365–393.
Geiringer, H., siehe von Mises, R.

[10] *Gerling, C. L.*, Die Ausgleichsrechnung usw. Hamburg-Gotha 1843.

[10a] *Gerling, C. L.*, Beiträge zur Geographie von Kurhessen. Cassel 1831–1839.

[10b] *Gerling, C. L.*, Pothenotsche Aufgabe. Marburg 1840.

[10c] *Gantmacher, F. R.*, Die Theorie der Matrizen. Moskau 1953. (Russisch.) p. 338 bis 339.

[11] *Jacobi, C. G. F.*, Über eine neue Auflösungsart der bei der Methode der kleinsten Quadrate vorkommenden linearen Gleichungen. Astr. Nachr. Nr. 523 (1845), p. 297; Werke, 3. Bd., p. 467–478.

[11a] *Kotelanski, D. M.*, Über einige Eigenschaften von Matrizen mit positiven Elementen (russisch). Mosk. Math. Samml. XI (LXXIII) (1953), p. 497–506.

[12] *Mehmke, R.*, Über das Seidelsche Verfahren, um lineare Gleichungen bei einer sehr großen Anzahl der Unbekannten durch sukzessive Annäherung aufzulösen. Mosk. Math. Samml. XVI (1892), p. 342–345.

[13] *Mehmke, R. und Nekrassoff, P. A.*, Auflösung eines linearen Systems von Gleichungen durch sukzessive Annäherung (zwei Briefe von Mehmke deutsch, zwei Briefe von Nekrassoff russisch). Mosk. Math. Samml. XVI (1892), p. 437–459.

[14] *von Mises, R. und Geiringer, H.*, Praktische Verfahren der Gleichungsauflösung. Zusammenfassender Bericht, Z. angew. Math. Mech. 9 (1929), p. 58–77 und p. 152–164.

[15] *Nekrassoff, P. A.*, Die Bestimmung der Unbekannten nach der Methode der kleinsten Quadraten für sehr große Anzahl der Unbekannten (russisch). Mosk. Math. Samml. XII (1884), p. 189–204.

[16] *Nekrassoff, P. A.*, Zum Problem der Auflösung von linearen Gleichungssystemen mit einer großen Anzahl von Unbekannten durch sukzessive Approximationen. Ber. Petersburger Akad. der Wissenschaften LXIX (1892), Nr. 5, p. 1–18. (Russisch.)
Nekrassoff, P. A., siehe Mehmke.

[16a] *Oldenburger, R.*, Convergence of Hardy-Cross' Balancing Process. J. Appl. Mechanics 7 (1940), p. 166–170.

[17] *Ostrowski, A.*, Über die Determinanten mit überwiegender Hauptdiagonale. Comment. Math. Helv. 10 (1937), p. 69–96.

[18] *Ostrowski, A.*, Über das Nichtverschwinden einer Klasse von Determinanten und die Lokalisierung der charakteristischen Wurzeln von Matrizen. Compositio Math. 9 (1951), p. 209–226.

[19] *Ostrowski, A.*, Sur les conditions générales pour la régularité des matrices. Rendic. di Mat. e. d. s. Applicaz. (V) 10 (1951), p. 156–168.

[20] *Ostrowski, A.*, Sur les matrices peu différentes d'une matrice triangulaire. C. R. Acad. Sci. Paris 233 (1951), p. 1558–1560.

[21] *Perron, O.*, Grundlagen für eine Theorie des Jacobischen Kettenbruchalgorithmus. Math. Ann. 64 (1907), p. 47–52.

[22] *Perron, O.*, Zur Theorie der Matrices. Math. Ann. 64 (1907), p. 248–263.

[23] *Reich, E.*, On the convergence of the classical iterative method of solving linear simultaneous equations. Ann. Math. Statistics 20 (1949), p. 448–451.

[24] *Schmeidler, W.*, Vorträge über Determinanten und Matrizen mit Anwendungen in Physik und Technik. Berlin 1949.

[25] *Schmidt, R. J.*, On the numerical solution of linear simultaneous equations by an iterative method. Philos. Mag. (7) 32 (1941), p. 369–383.

[26] *Schott, C. A.*, Solution of normal equations by indirect elimination. Report Supt., U. S. Coast Survey (1855), p. 255–264.

[27] *Seidel, L.*, Über ein Verfahren usw. Abh. Bayer. Akad. Wiss. Math.-Nat. Kl. 11 (1874), p. 81–108.

[28] *Southwell, R. V.*, Stress calculations in the frame-works by the method of systematic relaxation of constraints. I, II. Proc. Roy. Soc. London, Ser. A 151 (1935), p. 56–95.

[28a] *Stein, P. and Rosenberg, R. L.*, On the solution of linear simultaneous equations by iteration. J. London Math. Soc. 23 (1948), p. 111–118.

[29] *Taussky-Todd, O.*, A recurring theorem on determinants. Amer. Math. Monthly 56 (1949), p. 672–676.

[30] *Temple, G.*, The general theory of relaxation method applied to linear systems. Proc. Roy. Soc. London, Ser. A 169 (1939), p. 476–500.

(Eingegangen den 4. Juni 1954.)

Über Verfahren von Steffensen und Householder zur Konvergenzverbesserung von Iterationen

Mauro Picone zum 70. Geburtstag

Von Alexander Ostrowski, Basel[1])

1. Um die *Fixpunkte* einer reellen Transformation $y = \varphi(x)$, das heisst die Grössen ζ mit $\zeta = \varphi(\zeta)$ zu bestimmen, wird oft das sogenannte Iterationsverfahren[2]) benutzt, das, mit einem *Anfangswert* x_0 beginnend, vermöge der Rekursionsvorschrift $x_{\nu+1} = \varphi(x_\nu)$ in günstigen Fällen eine unendliche Folge x_ν liefert, die gegen ζ konvergiert. Gibt es eine Umgebung von ζ derart, dass für jedes x_0 aus dieser Umgebung die zugehörige Folge x_ν existiert und gegen ζ konvergiert, so heisst nach Ritt ζ ein *Anziehungspunkt* für die obige Iteration. Existiert dagegen eine Umgebung von ζ derart, dass für jedes $x_0 \neq \zeta$ aus dieser Umgebung die zugehörige unendliche Folge x_ν entweder nicht existiert oder, sofern keines der x_ν den Wert ζ annimmt, nicht gegen ζ konvergiert, so heisst nach Ritt ζ ein *Abstossungspunkt* für die obige Iteration.

2. Existiert $\varphi'(\zeta)$, so ist ζ ein Anziehungspunkt, wenn $|\varphi'(\zeta)| < 1$ ist, und ein Abstossungspunkt, wenn $|\varphi'(\zeta)| > 1$ ist. Insbesondere ist im Falle $|\varphi'(\zeta)| < 1$ die Konvergenz um so schneller, je kleiner $|\varphi'(\zeta)|$ ist, wenn auch, solange $\varphi'(\zeta) \neq 0$ ist, nur «*linear*». Ist aber $\varphi'(\zeta) = 0$, so ist die Konvergenz wesentlich schneller, «*überlinear*», und wenn $\varphi(x) - \zeta = O(|x - \zeta|^p)$, $p > 1$, ist, sogar *wenigstens von der Ordnung* p, also zum Beispiel für $p = 2$ «*quadratisch*».

3. Um die Konvergenzverhältnisse in der Umgebung von ζ zu verbessern, hat Steffensen 1933[3]) folgendes Verfahren vorgeschlagen: Man bilde von $x_0 = y_0$ ausgehend die Werte $\varphi(x_0) = x_1$, $\varphi(x_1) = x_2$ und wende sodann die

[1]) Mathematische Anstalt der Universität Basel.

[2]) Vergleiche zum Beispiel Fr. A. Willers, *Methoden der praktischen Analysis*, 2. Aufl. (Walter de Gruyter, Berlin 1950), S. 256.

[3]) J. F. Steffensen, Skand. Aktuarietidskr. *16*, 64–72 (1933).

Regula falsi auf die Gleichung $F(x) \equiv x - \varphi(x) = 0$ und auf die beiden Approximationen x_0, x_1 an. Dann erhalten wir als die nächste Approximation

$$y_1 = \frac{x_0 F(x_1) - x_1 F(x_0)}{F(x_1) - F(x_0)} = \frac{x_0 x_2 - x_1^2}{x_0 - 2 x_1 + x_2} .$$

Drücken wir hier y_1 direkt durch $y_0 = x_0$ aus, so erhalten wir $y_1 = \Phi(y_0)$, wo

$$\Phi(y) = \frac{y\varphi(\varphi(y)) - \varphi(y)^2}{y - 2\varphi(y) + \varphi(\varphi(y))} \tag{1}$$

ist, wobei allerdings $\Phi(y) \equiv \zeta$ wird, wenn $\varphi(x)$ linear, $= a x + b$ ist.

STEFFENSEN betrachtete verschiedene Beispiele, in denen die Iteration vermöge der Funktion Φ sehr schnell gegen ζ konvergiert, sogar dann, wenn $|\varphi'(\zeta)| \geqq 1$ ist. WILLERS bemerkt in seinem Lehrbuch[4]), dass «dieses Verfahren immer zum Ziel führt», allerdings ohne diese Bemerkung zu begründen oder ihren Gültigkeitsbereich zu charakterisieren, und gibt in einem Aufsatz[5]) eine elegante geometrische Diskussion des Verfahrens.

4. Im folgenden werden wir nun beweisen, dass unter sehr allgemeinen Regularitätsbedingungen für $\varphi(x)$, die wohl praktisch zumeist erfüllt sind, in der Tat jeder Fixpunkt ζ von $\varphi(x)$ ein Anziehungspunkt für die Iteration vermöge der Iterationsfunktion $\Phi(y)$ ist.

Es wird dabei im folgenden durchweg vorausgesetzt, dass alle vorkommenden Funktionen und Variablen *reell* sind.

Es ergibt sich aus unsern Resultaten, dass, wenn $\varphi'(\zeta)$ existiert und $\neq 1$ ist, ζ ein Anziehungspunkt für $\Phi(y)$ mit überlinearer Konvergenz ist. Ist andererseits $\varphi'(\zeta) = 1$ und gilt zugleich für ein $\lambda > 1$ für $x \downarrow \zeta$ und $x \uparrow \zeta$ $(x \to \zeta \pm 0)$

$$|\varphi'(x) - 1| \sim \gamma_{\pm} |x - \zeta|^{\lambda - 1} \quad (x \to \zeta \pm 0) , \tag{2}$$

so ist ζ wiederum ein Anziehungspunkt für die obige Iteration, und es gilt

$$\Phi'(\zeta) = 1 - \frac{1}{\lambda} , \tag{3}$$

so dass die Konvergenz der neuen Iteration linear ist. Darüber hinaus ergibt sich aber unter geeigneten Annahmen eine weitere Verbesserung des Konvergenztypus auch dann, wenn die Konvergenz für die Iteration vermöge $\varphi(x)$ von der Ordnung $p > 1$ ist.

---

4) FR. A. WILLERS, *Methoden der praktischen Analysis*, 2. Aufl. (Walter de Gruyter, Berlin 1950), S. 259.

5) FR. A. WILLERS, Z. angew. Math. Mech. *28*, 125–126 (1948).

5. In seinem 1953 erschienenen Buche[6]) hat A. S. HOUSEHOLDER das Steffensensche Verfahren dahin verallgemeinert, dass er zugleich *zwei* Iterationen

$$y = \varphi_1(x), \quad y = \varphi_2(x)$$

mit gemeinsamem Fixpunkt ζ betrachtet und aus ihnen die neue Iterationsfunktion

$$\Phi(y) = \frac{y\,\varphi_1(\varphi_2(y)) - \varphi_1(y)\,\varphi_2(y)}{y - \varphi_1(y) - \varphi_2(y) + \varphi_1(\varphi_2'y))} \tag{4}$$

bildet. Doch bezieht sich seine Diskussion nur auf den Fall, wo

$$(\varphi_1'(\zeta) - 1)(\varphi_2'(\zeta) - 1) \neq 0 \tag{5}$$

ist, und $\varphi_1(x)$ und $\varphi_2(x)$ genügend oft differenzierbar sind.

Im folgenden behandeln wir nun gleich den allgemeineren Householderschen Ansatz unter wesentlich weniger einschränkenden Voraussetzungen. Es ergibt sich dabei allerdings, dass die Benutzung von zwei *verschiedenen* Iterationsfunktionen φ_1, φ_2 nur in einem recht speziellen Fall (Nr. 12) ein besseres Ergebnis liefert, als wenn man eine geeignete dieser Funktionen direkt im Ansatz von STEFFENSEN benutzt. Die genauen Formulierungen unserer Resultate findet man weiter unten in den Nummern 7, 12–16, 20.

Es sei endlich noch bemerkt, dass wenn $\varphi_1'(\zeta)$ und $\varphi_2'(\zeta)$ beide *positiv* sind, man sich in den weiteren Betrachtungen sowohl in den Voraussetzungen als auch in den Behauptungen entweder durchweg auf die rechtsseitige oder durchweg auf die linksseitige Konvergenz von y gegen ζ beschränken kann.

6. Wir bemerken zuerst, dass die Bildung von $\Phi(y)$ vermöge (4) invariant ist gegenüber der Translation, so dass man bei den weiteren Beweisen $\zeta = 0$ annehmen darf. In der Tat verifiziert man unmittelbar, dass, wenn man

$$\psi_i(x) = \varphi_i(\zeta + x) - \zeta \quad (i = 1, 2)$$

setzt und die zu den beiden Funktionen $\psi_1(x)$ und $\psi_2(x)$ gehörende Householdersche Iterationsfunktion mit Ψ bezeichnet, dann die Relation gilt

$$\Psi(y) = \Phi(y + \zeta) - \zeta\,.$$

Aus (4) folgt sofort:

$$\Phi(y) - y = \frac{-(\varphi_1(y) - y)(\varphi_2(y) - y)}{y - \varphi_1(y) - \varphi_2(y) + \varphi_1(\varphi_2(y))}\,. \tag{6}$$

[6]) A. S. HOUSEHOLDER, *Principles of Numerical Analysis* (McGraw-Hill, New York 1953), S. 126–128.

7. Da im folgenden durchweg die Existenz der ersten Ableitungen von $\varphi_i(y)$ in ζ vorausgesetzt wird, gelten also für $y \to \zeta$, $|y - \zeta| = \varrho$ gesetzt, die Formeln

$$\varphi_i(y) = \alpha_i (y - \zeta) + o(\varrho) \quad (i = 1, 2;\ y \to \zeta)\,, \tag{7}$$

wo α_i die Ableitungen von $\varphi_i(y)$ in ζ sind.

Gilt nun (5), das heisst

$$(\alpha_1 - 1)(\alpha_2 - 1) \neq 0\,, \tag{8}$$

so lässt sich bereits *beweisen, dass für die Iteration vermöge* $\Phi(y)$, ζ *einen Anziehungspunkt mit überlinearer Konvergenz darstellt.* In der Tat ergibt sich aus (4) und (7) für $\zeta = 0$:

$$\Phi(y) = \frac{\alpha_1 \alpha_2 y^2 + o(\varrho^2) - (\alpha_1 y + o(\varrho))(\alpha_2 y + o(\varrho))}{y - \alpha_1 y - \alpha_2 y + \alpha_1 \alpha_2 y + o(\varrho)} =$$

$$= \frac{o(\varrho^2)}{(1 - \alpha_1)(1 - \alpha_2) y + o(\varrho)} = o(\varrho)\,.$$

8. Will man allerdings einerseits die Fälle $\alpha_1 = 1$, $\alpha_2 = 1$ betrachten, und andererseits auch in dem oben zuerst betrachteten Fall weitere Aussagen machen, so müssen über das Verhalten von $\varphi_i(y)$ weitere Annahmen gemacht werden. Wir formulieren diese Annahmen folgendermassen:

Es soll für $i = 1, 2$ je eine Zahl $\lambda_i > 1$ existieren derart, dass für $y \to \zeta$

$$E_i(y) \equiv \frac{\varphi_i(y) - \alpha_i(y - \zeta)}{\varrho^{\lambda_i}} = O(1) \quad (\lambda_i > 1,\ y \to \zeta,\ i = 1, 2) \tag{9}$$

gilt, das heisst

$$\varphi_i(y) = \alpha_1(y - \zeta) + E_i(y)\, \varrho^{\lambda_i}\,, \tag{10}$$

wo $E_i(y)$ *für* $y \to \zeta$ *beschränkt bleibt.*

Wir nehmen in der folgenden Diskussion an, dass λ_1 und λ_2 *endlich* sind, das heisst, dass die $\varphi_i(y)$ nicht linear sind. Auf den Fall, dass φ_1 oder φ_2 linear sind, ist es offenbar nicht nötig einzugehen, da dann ζ aus einer *linearen Gleichung* zu bestimmen ist.

9. Wir bezeichnen nun den Zähler und Nenner im Ausdruck (4) bzw. mit $Z(y)$ und $N(y)$, so dass

$$Z(y) = y\, \varphi_1(\varphi_2(y)) - \varphi_1(y)\, \varphi_2(y)\,, \tag{11}$$

$$N(y) = y - \varphi_1(y) - \varphi_2(y) + \varphi_1(\varphi_2(y)) \tag{12}$$

ist. Ferner soll im folgenden von der Konvention Gebrauch gemacht werden, dass, wenn bei den Funktionsbezeichnungen E_i, φ_i kein Argument angegeben wird, dieses Argument immer y ist.

10. Setzen wir in $Z(y)$ die Ausdrücke (10) ein, so ergibt sich für $\varrho = 0$

$$Z(y) = \alpha_1 \alpha_2 y^2 + \alpha_1 E_2 \varrho^{\lambda_2} y + E_1(\varphi_2) |\varphi_2|^{\lambda_1} y - \alpha_1 \alpha_2 y^2$$
$$- \alpha_2 y E_1 \varrho^{\lambda_1} - \alpha_1 y E_2 \varrho^{\lambda_2} - E_1 E_2 \varrho^{\lambda_1+\lambda_2} =$$
$$= E_1(\varphi_2) |\varphi_2|^{\lambda_1} y - \alpha_2 y E_1 \varrho^{\lambda_1} - E_1 E_2 \varrho^{\lambda_1+\lambda_2} .$$

Hier gilt aber $|\varphi_2| = |\alpha_2| \varrho + O(\varrho^{\lambda_2})$,

$$|\varphi_2|^{\lambda_1} = |\alpha_2|^{\lambda_1} \varrho^{\lambda_1} + O(\varrho^{\lambda_1+\lambda_2-1}) , \tag{13}$$

so dass wir schliesslich erhalten

$$Z(y) = T_Z y \varrho^{\lambda_1} + O(\varrho^{\lambda_1+\lambda_2}) , \tag{14}$$

$$T_Z = |\alpha_2|^{\lambda_1} E_1(\varphi_2) - \alpha_2 E_1 . \tag{15}$$

Setzen wir andererseits (10) in den obigen Ausdruck (12) für $N(y)$ ein, so ergibt sich für $\varrho = 0$

$$N(y) = (1-\alpha_1)(1-\alpha_2) y - E_1 \varrho^{\lambda_1} - E_2 \varrho^{\lambda_2} + \alpha_1 E_2 \varrho^{\lambda_2} + E_1(\varphi_2) |\varphi_2|^{\lambda_1} . \tag{16}$$

Machen wir hier von (13) Gebrauch, so erhalten wir

$$N(y) = (\alpha_1 - 1)(\alpha_2 - 1) y + (\alpha_1 - 1) E_2 \varrho^{\lambda_2} + T_N \varrho^{\lambda_1} + O(\varrho^{\lambda_1+\lambda_2-1}) , \tag{17}$$

$$T_N = |\alpha_2|^{\lambda_1} E_1(\varphi_2) - E_1 . \tag{18}$$

11. Diese Formeln müssen indessen in dem Fall $\alpha_1 = 1$, $\alpha_2 = \pm 1$ noch weiter entwickelt werden. Man beachte, dass für $\alpha_2 = \pm 1$ aus (7) folgt, wenn $\operatorname{sgn} y = \varepsilon$ gesetzt wird,

$$|\varphi_2| = \varrho (1 + \varepsilon \alpha_2 E_2 \varrho^{\lambda_2-1}) \quad (\alpha_2 = \pm 1) .$$

Setzt man dies in (16) ein und berücksichtigt $\alpha_1 = 1$, so ergibt sich

$$N = \varrho^{\lambda_1} [E_1(\varphi_2)(1 + \varepsilon \alpha_2 E_2 \varrho^{\lambda_2-1})^{\lambda_1} - E_1] ,$$

$$\varrho^{-\lambda_1} N = E_1(\varphi_2) - E_1 + \varepsilon \lambda_1 \alpha_2 E_1(\varphi_2) E_2 \varrho^{\lambda_2-1} + O(\varrho^{2\lambda_2-2}) \quad (\alpha_1 = |\alpha_2| = 1) . \tag{19}$$

Da wir bei der Betrachtung der Fälle mit $\alpha_1 = |\alpha_2| = 1$ die weitere Annahme machen werden, dass *die Ableitung von $E_1(y)$ in den beiden einseitigen offenen*

Umgebungen von ζ existiert, können wir hier weiter entwickeln:

$$E_1(\varphi_2) = E_1(\alpha_2 y) + E_2 \varrho^{\lambda_2} E_1'(\xi)\,, \quad \xi = \alpha_2 y + \theta E_2 \varrho^{\lambda_2}\,, \quad 0 < \theta < 1\,,$$

$$\frac{E_1(\varphi_2) - E_1(\alpha_2 y)}{\varrho^{\lambda_2 - 1}} = \frac{\varrho E_2}{\xi} \xi E_1'(\xi) = O(\xi E_1'(\xi))\,,$$

da für $\varrho \to 0$ zugleich $|\xi| \sim \varrho$ ist. Daher folgt wegen (19)

$$E_1(\varphi_2) = E_1(\alpha_2 y) + \varrho^{\lambda_2 - 1} O(\xi E_1'(\xi))\,, \tag{19a}$$

$$\left.\begin{aligned} \varrho^{-\lambda_1} N = {} & E_1(\alpha_2 y) - E_1 + \varepsilon \lambda_1 \alpha_2 E_1(\alpha_2 y) E_2 \varrho^{\lambda_2 - 1} \\ & + \varrho^{\lambda_2 - 1} O(\xi E_1'(\xi)) + O(\varrho^{2\lambda_2 - 2}) \quad (\alpha_1 = |\alpha_2| = 1)\,, \end{aligned}\right| \tag{20}$$

wo $\xi \to 0$ mit $\varrho \to 0$ gilt.

12. Machen wir nun die Annahme (8), so folgt wegen (9) und (10) aus (17), wenn Min $(\lambda_1, \lambda_2) = \lambda > 1$ gesetzt wird,

$$\frac{y}{N} = \frac{1}{(\alpha_1 - 1)(\alpha_2 - 1)} + O(\varrho^{\lambda - 1})\,.$$

Nunmehr folgt aber wegen (14)

$$\Phi = \frac{Z}{N} = \frac{T_Z}{(\alpha_1 - 1)(\alpha_2 - 1)} \varrho^{\lambda_1} + O(\varrho^{\lambda_1 + \lambda - 1})\,. \tag{21}$$

Ist $\alpha_2 = 0$, $T_Z = 0$, so folgt aus (14) bereits $Z/N = O(\varrho^{\lambda_1 + \lambda_2 - 1})$. Wir sehen daher:

Unter den Annahmen (8), (9) *und* (10) *gilt* $\Phi(y) - \zeta = O(\varrho^{\lambda_1})$ *und für* $\alpha_2 = 0$ *sogar* $\Phi(y) - \zeta = 0(\varrho^{\lambda_1 + \lambda_2 - 1})$.

Man sieht insbesondere, dass für $\alpha_2 \neq 0$ im Falle (8) es auf die Wahl von φ_2 gar nicht ankommt, so dass man ebensogut $\varphi_1 = \varphi_2$ setzen kann. Ist dagegen $\alpha_2 = 0$, so kann es vorteilhaft sein, φ_1 verschieden von φ_2 zu wählen, wenn nämlich $\lambda_1 > \lambda_2$ ist[7]).

13. Wir betrachten nunmehr die Fälle, in denen (8) nicht erfüllt ist. In diesen Fällen müssen zusätzliche Annahmen über die Grössen $E_i(y)$ gemacht werden. Wir betrachten zunächst den Fall $\alpha_1 \neq 1$, $\alpha_2 = 1$ und beweisen:

[7]) Die Annahmen unseres oben hergeleiteten Resultats treffen zu auf den von Householder (siehe Fussnote 6) allein betrachteten Fall. Nimmt man der einfacheren Schreibweise wegen $\zeta = 0$ an, so setzt Householder die Funktionen $\varphi_i(x)$ $(i = 1, 2)$ in der Form

$$\varphi_i(x) = \alpha_r^{(i)} x^r + \alpha_{r+1}^{(i)} x^{r+1} + \cdots$$

mit gemeinsamem natürlichem r an, wobei für $r = 1$ vorausgesetzt wird, dass $(\alpha_r^{(1)} - 1)(\alpha_r^{(2)} - 1) \neq 0$ ist. Er erhält dann für $r > 1$: $\Phi(y) = O(\varrho^{2r-1})$ und für $r = 1$: $\Phi(y) = O(\varrho^2)$.

Es sei $\alpha_1 \neq 1, \alpha_2 = 1$; *es sei ferner die Ableitung* $E_1(y)$ *sowohl in der rechtsseitigen als auch in der linksseitigen Umgebung von* ζ, *mit eventueller Ausnahme von* ζ, *vorhanden und dort* $\varrho\, E_1(y)$ *gleichmässig beschränkt. Ist zugleich mit* $E_2(y)$ *auch* $1/E_2(y)$ *in einer Umgebung von* ζ *gleichmässig beschränkt, so gilt* $\Phi(y) - \zeta = O(\varrho^{\lambda_1})$.

In der Tat gilt nach den obigen Annahmen für $\zeta = 0$ nach dem Mittelwertsatz der Differentialrechnung, wegen (15) und (18):

$$T_Z = T_N = E_1(y + E_2\, \varrho^{\lambda_2}) - E_1 = O(\varrho^{\lambda_2 - 1})\,.$$

Daher folgt aus (17)

$$N = (\alpha_1 - 1)\, E_2\, \varrho^{\lambda_2} + O(\varrho^{\lambda_1 + \lambda_2 - 1})$$

und daher schliesslich, wegen (14),

$$\Phi = \frac{Z}{N} = \frac{1}{(\alpha_1 - 1)\, E_2} \cdot \frac{O(\varrho^{\lambda_1 + \lambda_2})}{\varrho^{\lambda_2} + O(\varrho^{\lambda_1 + \lambda_2 - 1})} = O(\varrho^{\lambda_1})\,, \tag{22}$$

was zu beweisen war.

Wir sehen, dass sich für $\alpha_1 \neq 0$ eine wesentliche Konvergenzverbesserung ergibt, während im Falle $\alpha_1 = 0$ wir die gleiche Grössenordnung für Φ wie für φ_1 erhalten haben, und diese Grössenordnung lässt sich, wie eine eingehendere Diskussion zeigt, im allgemeinen nicht verbessern.

14. Wir betrachten nunmehr die Fälle, in denen $\alpha_1 = 1$ ist. Hier werden wir je nach dem Wert von α_2 mehrere Unterfälle unterscheiden.

Wir beweisen zuerst:

Ist $\alpha_1 = 1$, $\alpha_2 = 0$ und $1/E_1(y)$ *in einer Umgebung von* ζ *gleichmässig beschränkt, so gilt* $\Phi(y) - \zeta = 0(\varrho^{\lambda_2})$.

In der Tat folgt unter den jetzigen Annahmen für $\zeta = 0$ aus (14), (15), (17) und (18)

$$Z = O(\varrho^{\lambda_1 + \lambda_2})\,, \quad N = -E_1\, \varrho^{\lambda_1} + O(\varrho^{\lambda_1 + \lambda_2 - 1})\,,$$

woraus die Behauptung unmittelbar folgt.

Wie man sieht, ergibt sich auch in diesem Falle keine Verbesserung gegenüber φ_2.

15. *Ist* $\alpha_1 = 1$, $\alpha_2 \neq 0, \pm 1$ *und strebt* $E_1(y)$ *für* $y \downarrow \zeta$ *bzw.* $y \uparrow \zeta$ *gegen von* 0 *verschiedene Grenzwerte* P_+, P_-, *so gilt*

$$\Phi(y) - \zeta = \beta\, y + o(\varrho)\,, \quad \beta = \frac{|\alpha_2|^{\lambda_1} - \alpha_2}{|\alpha_2|^{\lambda_1} - 1}\,. \tag{23}$$

In der Tat ergibt sich jetzt für $\zeta = 0$ aus (14), (15), (17) und (18)

$$Z \sim \left(|\alpha_2|^{\lambda_1} E_1(\varphi_2) - \alpha_2 E_1\right) y \varrho^{\lambda_1} \sim P_\pm(|\alpha_2|^{\lambda_1} - \alpha_2) y \varrho^{\lambda_1},$$

$$N \sim \left(|\alpha_2|^{\lambda_1} E_1(\varphi_2) - E_1\right) \varrho^{\lambda_1} \sim P_\pm(|\alpha_2|^{\lambda_1} - 1) \varrho^{\lambda_1},$$

je nachdem ob $y \downarrow \zeta$ oder $y \uparrow \zeta$ gilt, und daher $Z/N \sim \beta y$, wie behauptet.

Offenbar ist in unserem Falle $\beta \neq 0$, so dass die Kombination von φ_1 mit φ_2 auf jeden Fall ein wesentlich schlechteres Ergebnis liefert, als wenn man φ_2 mit φ_2 kombiniert. Ist $\alpha_2 < -1$, so ist $\beta > 1$, so dass ζ für Φ zu einem Abstossungspunkt wird. Liegt α_2 zwischen -1 und 0, so ist β negativ und kann sowohl $\leqq -1$ als auch > -1 sein. Immerhin ergibt sich für hinreichend kleine Werte von α_2: $|\beta| < 1$. Ist andererseits $\alpha_2 > 1$, so ist β positiv und kleiner als 1, so dass sich immerhin ein Anziehungspunkt ergibt. Ist aber $0 < \alpha_2 < 1$, so gilt sogar $0 < \beta_2 < \alpha_2$, so dass eine Konvergenzverbesserung gegenüber φ_2 zu konstatieren ist. In der Tat gilt ja in diesem Falle

$$\frac{\beta}{\alpha_2} = \frac{1 - |\alpha_2|^{\lambda_1 - 1}}{1 - |\alpha_2|^{\lambda_1}} < 1 .$$

16. Wir betrachten nunmehr den Fall $\alpha_1 = \alpha_2 = 1$. Hier ergibt sich für $\zeta = 0$ aus (20), wenn $E_1'(y)$ in den beiden einseitigen offenen Umgebungen von ζ existiert und $\varrho E_1'(y)$ mit $\varrho \to 0$ gegen 0 konvergiert,

$$\varrho^{-\lambda_1} N = \varepsilon \lambda_1 E_1 E_2 \varrho^{\lambda_2 - 1} [1 + o(1)] .$$

Daher folgt aus (6) und (10)

$$\Phi - y = - \frac{E_1 E_2 \varrho^{\lambda_1 + \lambda_2}}{\varepsilon \lambda_1 E_1 E_2 \varrho^{\lambda_1 + \lambda_2 - 1} [1 + o(1)]} = - \frac{y}{\lambda_1} + o(\varrho) .$$

Wir sehen:

Ist $\alpha_1 = \alpha_2 = 1$, $E_1 E_2 \neq 0$ *und ist* $\varrho E_1'(y) \to 0$ *für* $\zeta \to 0$, *so gilt:*

$$\Phi - \zeta = \left(1 - \frac{1}{\lambda_1}\right) (y - \zeta) + \sigma (y - \zeta) . \tag{24}$$

In diesem Falle erhalten wir also die lineare Konvergenz. Über die Bedeutung der Annahme $\varrho E_1'(y) \to 0$ vergleiche man Nr. 23.

17. Endlich sei der Fall $\alpha_1 = 1$, $\alpha_2 = -1$ betrachtet. Hier folgt aus (20), wenn wir annehmen, dass E_1' vorhanden ist und $\varrho E_1'(y) = O(1)$ bleibt für $\varrho \to 0$:

$$\varrho^{-\lambda_1} N = E_1(-y) - E_1(y) + O(\varrho^{\lambda_2 - 1}) . \tag{25}$$

Andererseits folgt aus (14) und (15) durch Division mit $y\,\varrho^{\lambda_1}$:

$$\frac{\varrho^{-\lambda_1} Z}{y} = E_1(\varphi_2) + E_1(y) + O(\varrho^{\lambda_2 - 1})$$

und daher, wegen der Beschränktheit von $\varrho\, E_1'$, nach (19a)

$$\frac{\varrho^{-\lambda_1} Z}{y} = E_1(-y) + E_1(y) + O(\varrho^{\lambda_2 - 1}). \tag{26}$$

Für die weitere Diskussion ist offenbar das Verhalten von $E_1(-y)$ und $E_1(y)$ massgebend. Hier betrachten wir zwei Fälle, die wir als den Fall u) und Fall g) bezeichnen, weil sie im Falle eines ganzzahligen λ_1 mit der Annahme zusammenhängen, dass λ_1 ungerade bzw. gerade ist.

18. Im Falle u) setzen wir voraus, dass für $y \to 0$ die Relation besteht

$$u) \quad E_1(y) = \varepsilon\, P + O(\varrho) \quad (P \neq 0)\,, \tag{27}$$

$\varepsilon = \operatorname{sgn} y$ gesetzt. In diesem Falle folgt aus (25) und (26)

$$\frac{\varrho^{-\lambda_1} Z}{y} = O(\varrho) + O(\varrho^{\lambda_2 - 1})\,, \quad \varrho^{-\lambda_1} N = -2\,\varepsilon\, P + O(\varrho) + O(\varrho^{\lambda_2 - 1})\,,$$

und daher durch Division

$$u) \quad \Phi = \frac{Z}{N} = O(\varrho^2) + O(\varrho^{\lambda_2})\,. \tag{28}$$

19. Im Falle g) dagegen setzen wir voraus, dass

$$g) \quad E_1(y) = P + O(\varrho) \quad (P \neq 0)\,, \tag{29}$$

ist. Hier folgt

$$\varrho^{-\lambda_1} N = O(\varrho) + O(\varrho^{\lambda_2 - 1})\,, \quad \frac{\varrho^{-\lambda_1} Z}{y} = 2\,P + O(\varrho) + O(\varrho^{\lambda_2 - 1})\,,$$

und daher durch Division

$$\frac{\Phi}{y} = \frac{2\,P + O(\varrho) + O(\varrho^{\lambda_2 - 1})}{O(\varrho) + O(\varrho^{\lambda_2 - 1})}\,. \tag{30}$$

In diesem Falle gilt $|\,\Phi/y\,| \to \infty$, so dass ζ sicherlich kein Anziehungspunkt für $\Phi(y)$ ist. Man kann sogar im Fall g) Beispiele bilden, in denen ζ nicht einmal ein Fixpunkt bleibt. Setzt man zum Beispiel $\varphi_1(x) = x + x^2$, $\varphi_2(x) = -x + x^3$, so ergibt eine leichte Rechnung, dass $\Phi = y - 1/y$ ist, so dass Φ für $y \to 0$ nicht endlich bleibt, anstatt gegen 0 zu konvergieren.

20. Zusammenfassend erhalten wir:

Es sei $\alpha_1 = -\alpha_2 = 1$ *und es sei* $E_1'(y)$ *vorhanden und* $\varrho\, E_1'(y)$ *gleichmässig beschränkt, sowohl für* $y \uparrow \zeta$ *als auch für* $y \downarrow \zeta$. *Nimmt man an, dass für ein* $P \neq 0$ $E_1(y) = P + O(\varrho)$ *oder* $= -P + O(\varrho)$ *ist, je nachdem, ob y von rechts oder von links gegen* ζ *konvergiert, so gilt* (28), *so dass die Ordnung der Konvergenz der Iteration vermöge* Φ *wenigstens gleich* Min $(2, \lambda_2) > 1$ *ist.*

Gilt dagegen für beidseitige Konvergenz von y gegen ζ, $E_1(y) = P + O(\varrho)$ *für ein* $P \neq 0$, *so ist* ζ *sicherlich kein Anziehungspunkt für die Iteration vermöge* Φ *und braucht nicht einmal ein Fixpunkt dieser Iteration zu sein.*

21. Man wird sich nun vor allem dafür interessieren, ob man durch den Householderschen Ansatz ein besseres Ergebnis erhalten kann, als indem man eine geeignete der beiden Funktionen φ_1, φ_2 mit sich selbst, wie im Ansatz von Steffensen, kombiniert. Geht man die oben betrachteten Fälle durch, so sieht man, dass in allen Fällen, bis auf den in Nr. 12 betrachteten Fall, man durch den Steffensenschen Ansatz entweder ein besseres Resultat bekommt oder ein ebensogutes mit weniger Annahmen. Eine Verbesserung gegenüber dem Steffensenschen Ansatz ist im Falle der Nr. 12 dann vorhanden, wenn $\lambda_1 > \lambda_2$ und $\alpha_2 = 0$, $\alpha_1 \neq 0$ ist, da dann beim Householderschen Ansatz die Ordnung der Konvergenz $\lambda_1 + \lambda_2 - 1$ ist, während sie, wenn φ_1 mit sich selbst kombiniert wird, nur λ_1, und wenn φ_2 mit sich selbst kombiniert wird, nur $2\lambda_2 - 1$ ist.

22. Es möge noch der Sinn der in der obigen Diskussion benutzten Annahmen über $E_1'(y)$ erläutert werden. Die Annahme, dass $\varrho\, E_1'(y) = O(1)$ ist, läuft darauf hinaus, dass $\varphi_1'(y)$ *in einer Umgebung von* ζ *vorhanden und dass dort*

$$\varphi_1'(y) - \alpha_1 = O(\varrho^{\lambda_1 - 1}) \quad (y \to \zeta) \tag{31}$$

ist. In der Tat folgt aus (10), dass $E_1(y)$ für $y \neq \zeta$ zugleich mit $\varphi_1(y)$ in einer Umgebung von ζ differenzierbar ist. Differenziert man nun (10) nach y, so folgt für $\zeta = 0$

$$\varphi_1'(y) = \alpha_1 + E_1'(y)\, \varrho^{\lambda_1} + \varepsilon\, \lambda_1\, E_1(y)\, \varrho^{\lambda_1 - 1} \quad (\varepsilon = \operatorname{sgn} y), \tag{32}$$

und daher nach (31)

$$\varrho\, E_1'(y) = O(1)\,.$$

Existiert umgekehrt $E_1'(y)$ und ist $\varrho\, E_1'(y) = O(1)$, so folgt aus (32) die Relation (31).

23. Was andererseits die Bedingung

$$\varrho\, E_1'(y) \to 0 \quad (\varrho \to 0) \tag{33}$$

anbetrifft, so ist sie etwas allgemeiner als die Annahme, dass

$$\frac{\varphi_1'(y) - \alpha_1}{\varrho^{\lambda_1 - 1}} \to \begin{cases} \gamma_+ \neq 0 & (y \downarrow \zeta), \\ \gamma_- \neq 0 & (y \uparrow \zeta). \end{cases} \tag{34}$$

Man kann nämlich leicht zeigen, dass aus (33) und der oben vorausgesetzten Beschränktheit von $E_1(y)$ nicht etwa folgt, dass $E_1(y)$ für $y \downarrow \zeta$, $y \uparrow \zeta$ gegen von 0 verschiedene Grenzwerte konvergiert. Wird aber neben (33) auch noch explizite vorausgesetzt:

$$E_1(y) \to \begin{cases} \sigma_+ \neq 0 & (y \downarrow \zeta), \\ -\sigma_- \neq 0 & (y \uparrow \zeta), \end{cases} \tag{35}$$

so lässt sich zeigen, dass die Annahmen (33) und (35) zusammen äquivalent sind mit der Annahme (34), wobei

$$\gamma_\pm = \lambda_1 \sigma_\pm . \tag{36}$$

In der Tat folgt aus (32), wenn man dort (33) und (35) berücksichtigt, sofort (34) und (36).

Gilt aber umgekehrt (34), so wende man auf den Quotienten

$$E_1(y) = \frac{E_1(y)\, \varrho^{\lambda_1}}{\varrho^{\lambda_1}}$$

die Bernoulli-l'Hôpitalsche Regel an; dann folgt aus (34), wegen $\left(E_1(y)\, \varrho^{\lambda_1}\right)' = \varphi_1'(y) - \alpha_1$

$$E_1(y) \to \frac{\gamma_\pm}{\lambda_1},$$

das heisst (35) und (36). Wird aber dies in (32) eingetragen, so ergibt sich sodann auch (33).

24. Das Steffensensche Verfahren wird gelegentlich in der neueren Literatur als «*Aitken's δ^2-Prozess*» bezeichnet, was allerdings, wie uns scheint, auf einem Missverständnis beruht. In der betreffenden Arbeit von AITKEN[8]) handelt es sich um die Bemerkung, dass, wenn die Zahlenfolge a_ν aus einer linearen Rekursionsvorschrift endlicher Ordnung (einer linearen Differenzengleichung mit konstanten Koeffizienten) entspringt, und $a_{\nu+1}/a_\nu \to \lambda$ gilt, dann der Ausdruck

$$\frac{a_{\nu+1}\, a_{\nu-1} - a_\nu^2}{a_{\nu+1} - 2\, a_\nu + a_{\nu-1}} \tag{37}$$

[8]) A. C. AITKEN, *Studies in Practical Mathematics. II. The Evaluation of the Latent Roots and Latent Vectors of a Matrix*, Proc. roy. Soc., Edinburgh, *57*, 291–295 (1937).

noch schneller gegen λ konvergiert. Dies trifft in der Tat unter sehr allgemeinen Annahmen zu, wobei indessen festzustellen ist, dass, wenn die Konvergenz von $a_{\nu+1}/a_\nu$, wie es gewöhnlich der Fall ist, linear ist, auch der Ausdruck (37) gleichfalls *linear* gegen λ konvergiert, aber mit kleinerem Quotienten als $a_{\nu+1}/a_\nu$. Es wird also dabei die *Ordnung der Konvergenz* nicht erhöht, und andererseits wird auch durch die Anwendung des Aitkenschen δ^2-Prozesses die ganze Folge a_ν *nicht geändert*, sondern nur in vorteilhafterer Weise ausgenützt. Wird andererseits durch den Steffensenschen Iterationsprozess die Iterationsfunktion $\varphi(x)$ durch die Iterationsfunktion $\Phi(y)$ ersetzt, so wird dabei auch die ganze Folge der Iterationswerte vollständig geändert. Insofern scheint es uns, dass, obgleich die Formel (37) formale Ähnlichkeit mit der Formel (1) aufweist, es kaum gerechtfertigt sein dürfte, den Steffensenschen Ansatz mit dem Aitkenschen δ^2-Prozess zu identifizieren.

Summary

Steffensen discovered that the iteration by $y = \varphi(x)$ can be considerably improved if $\varphi(x)$ is replaced by the function

$$\Phi(y) = \frac{y\,\varphi(\varphi(y)) - \varphi(y)^2}{y - 2\,\varphi(y) + \varphi(\varphi(y))}.$$

This procedure has been generalized by Householder, who starts from *two* iterations $y = \varphi_1(x)$, $y = \varphi_2(x)$ with a common fix-point and builds up the new iterating function

$$\Phi^*(y) = \frac{y\,\varphi_1(\varphi_2(y)) - \varphi_1(y)\,\varphi_2(y)}{y - \varphi_1(y) - \varphi_2(y) + \varphi_1(\varphi_2(y))}.$$

We prove under very general conditions that any fix-point of $\varphi(x)$, resp. any common fix-point of $\varphi_1(x)$ and $\varphi_2(x)$ becomes a point of attraction for Steffensen's or Householder's iterating function, and compare both procedures.

(Eingegangen: 26. August 1955.)

Über näherungsweise Auflösung von Systemen homogener linearer Gleichungen

Von ALEXANDER OSTROWSKI, Basel[1])

1. Die Lösung des linearen homogenen Systems

$$S\,\zeta' = 0\,, \tag{1}$$

wo S eine $n \times n$-Matrix mit verschwindender Determinante ist und ζ als ein n-dimensionaler (Zeilen-) Vektor gesucht wird, kann nach den Vorschriften der Determinantentheorie ausgeführt werden, entweder durch die Aufstellung geeigneter Zeilen von Unterdeterminanten von S oder durch schrittweise Reduktion von S auf eine kanonische Form, in der eine Reihe von Zeilen aus lauter Nullen besteht.

Da aber in der numerischen Praxis sehr oft die Determinante von S nicht genau verschwindet, sondern nur «sehr klein» ist, ergeben sich dabei gewisse Schwierigkeiten und Unsicherheiten, die in zusammenfassenden Darstellungen über numerische Behandlung linearer Gleichungen eher nur flüchtig berührt werden. Es dürfte daher der im folgenden mitzuteilende Satz von Interesse sein, der eine allgemeine Methode zur Aufstellung solcher «angenäherter Lösungen» enthält sowie eine Handhabe zur Beurteilung des gemachten Fehlers liefert. Wird nämlich anstelle der singulären Matrix S die «gestörte» Matrix $S + A$ betrachtet, wo $A = (a_{\mu\nu})$ eine $n \times n$-Matrix mit gegen 0 strebenden Elementen $a_{\mu\nu}$ ist, so wähle man einen *festen* n-dimensionalen Vektor η und betrachte die Gleichung

$$(S + A)\,\xi' = \eta'\,. \tag{2}$$

Verschwindet die Determinante von $S + A$ nicht, so wird dann «im allge-

[1]) Mathematische Anstalt der Universität Basel.

meinen» $|\xi|$ ins Unendliche gehen, zugleich wird der normierte Vektor $\xi/|\xi|$ sich von einem geeigneten Lösungsvektor von (1) um

$$O\left(\sqrt{\sum_{\mu,\nu} |a_{\mu\nu}|^2}\right)$$

unterscheiden.

2. Genauer lautet unser Ergebnis wie folgt:

Satz 1. *Es sei S eine $n \times n$-Matrix vom Rang $n - k$, $1 \leqq k \leqq n - 1$. Es sei $A = (a_{\mu\nu})$ eine $n \times n$-Matrix mit variablen Elementen $a_{\mu\nu}$, die gegen 0 streben, derart, dass dabei die Determinante von $S + A$ von 0 verschieden ist. Es sei $\eta \neq 0$ ein konstanter Vektor, für den die Gleichung*

$$S\,\zeta' = \eta' \tag{3}$$

keine Lösung hat. Dann gibt es zu einem Lösungsvektor ξ von (2) einen (variablen) Lösungsvektor π von (1), derart, dass

$$\frac{\xi}{|\xi|} = \pi + O\left(\sqrt{\sum_{\mu,\nu} |a_{\mu\nu}|^2}\right) \tag{4}$$

gilt[2]).

3. *Beweis.* Bekanntlich lassen sich zwei nicht singuläre konstante $n \times n$-Matrizen B, C derart finden, dass

$$BSC \equiv S_0 = \begin{pmatrix} O_k & O \\ O & E_{n-k} \end{pmatrix} \tag{5}$$

gilt, wo O_k eine aus lauter Nullen bestehende $k \times k$-Matrix und E_{n-k} die Einheitsmatrix der Ordnung $n - k$ ist, während die beiden Matrizen O aus lauter Nullen bestehen. Setzen wir dann

$$BAC = A_0 = (a^{(0)}_{\mu\nu}) \,, \tag{6}$$

$$C^{-1}\,\zeta' = \zeta'_0 \,, \quad C^{-1}\,\xi' = \xi'_0 \,, \quad B\,\eta' = \eta'_0 \,, \tag{7}$$

so gehen die Gleichungen (1) und (2) über in

$$S_0\,\zeta'_0 = 0 \,, \tag{1*}$$

$$(S_0 + A_0)\,\xi'_0 = \eta'_0 \,. \tag{2*}$$

---

[2]) Die Bedingung, die im obigen Satz dem Vektor η auferlegt wurde, lässt sich bekanntlich auch so formulieren, dass der Vektor η nicht auf der gesamten Schar der linksseitigen Nullvektoren von S senkrecht stehen darf. In der numerischen Praxis lässt sich dieses Kriterium allerdings nur sehr selten verwenden, so dass man eventuell für η nacheinander n linear unabhängige Vektoren einsetzen wird, zum Beispiel die n Koordinaten-Einheitsvektoren.

Setzen wir dann

$$\eta_0 = (y_1, \ldots, y_n), \quad \xi_0 = (x_1, \ldots, x_n), \tag{8}$$

so gilt nach Voraussetzung des Satzes für ein geeignetes $\varkappa$ zwischen 1 und k:

$$y_\varkappa \neq 0, \quad 1 \leqq \varkappa \leqq k. \tag{9}$$

4. Wir setzen ferner

$$(x_1, \ldots, x_k, 0, \ldots, 0) = \sigma, \quad (0, \ldots, 0, x_{k+1}, \ldots, x_n) = \varrho, \tag{10}$$

so dass $\xi_0 = \sigma + \varrho$ ist. Offenbar ist $S_0 \sigma' = 0$, $S_0 \xi_0' = \varrho$. Um $A_0 \xi_0'$ geeignet darzustellen, führen wir allgemein den der ν-ten Kolonne von A_0 entsprechenden Vektor C_ν ein, so dass

$$C_\nu' = (a_{1\nu}^{(0)}, \ldots, a_{n\nu}^{(0)}) \quad (\nu = 1, 2, \ldots, n)$$

ist. Dann können wir (2*) in der Form

$$(S_0 + A_0)\,\xi_0' = \sum_{\nu=1}^{n} x_\nu C_\nu + \varrho' = \eta_0' \tag{11}$$

schreiben. Vergleichen wir rechts und links in (11) die $\varkappa$-te Komponente, so folgt

$$y_\varkappa = \sum_{\nu=1}^{n} a_{\varkappa\nu}^{(0)} x_\nu,$$

da $\varkappa \leqq k$ ist, und daher

$$|y_\varkappa| \leqq |\xi_0| \sqrt{\sum_{\nu=1}^{n} |a_{\varkappa\nu}^{(0)}|^2}. \tag{12}$$

5. Setzen wir daher für die Norm $|A_0|_2$ von A_0:

$$\alpha = |A_0|_2 = \sqrt{\sum_{\mu,\nu} |a_{\mu\nu}^{(0)}|^2}, \tag{13}$$

so folgt wegen (9)

$$\frac{1}{|\xi_0|} \leqq \frac{\alpha}{|y_\varkappa|}, \quad |\xi_0| \to \infty. \tag{14}$$

Dividieren wir nun die rechtsseitige Relation in (11) durch $|\xi_0|$, so ergibt sich

$$\sum_{\nu=1}^{n} \frac{x_\nu}{|\xi_0|} C_\nu + \frac{\varrho'}{|\xi_0|} = \frac{\eta_0'}{|\xi_0|}, \tag{15}$$

$$\frac{|\varrho|}{|\xi_0|} \leqq \frac{|\eta_0|}{|\xi_0|} + \sum_{\nu=1}^{n} \frac{|x_\nu|}{|\xi_0|} |C_\nu|,$$

und daraus, da $\sum_{\nu=1}^{n} |C_\nu|^2 = \alpha^2$ ist, nach der Cauchy-Schwarzschen Ungleichung wegen (14)

$$\frac{|\varrho|}{|\xi_0|} \leqq \frac{|\eta_0|}{|\xi_0|} + \alpha \leqq \alpha \left(\frac{|\eta_0|}{|y_\varkappa|} + 1 \right). \tag{16}$$

Damit gilt nunmehr

$$\xi_0 = \sigma + \varrho = \sigma + O(|\xi_0|\,\alpha) . \tag{17}$$

6. Aus (17) folgt weiter wegen (7) $\xi' = C\,\sigma' + C\,\varrho'$, und daher, wenn $C\,\sigma' = |\,\xi\,|\,\pi'$ gesetzt wird – unter π eine geeignete Lösung von (1) verstanden –,

$$\xi' = |\,\xi|\,\pi' + C\,\varrho' = |\xi|\,\pi' + O\,(|\,\xi_0|\,\alpha) . \tag{18}$$

Aus (7) folgt aber

$$|\,\xi_0| = O(|\,\xi|) ,$$

so dass aus (18) durch Division mit $|\,\xi\,|$ endlich

$$\frac{\xi}{|\xi|} = \pi + O(\alpha) \tag{19}$$

folgt. Setzen wir nun

$$|A|_2 = \sqrt{\sum_{\mu,\nu} |a_{\mu\nu}|^2}$$

und bilden in analoger Weise $|\,B\,|_2$ und $|\,C\,|_2$, so folgt bekanntlich[3]) aus (6)

$$\alpha = |A_0|_2 \leqq |B|_2\,|A|_2\,|C|_2$$

und daher für ein konstantes $c = |\,B\,|_2\,|\,C\,|_2$:

$$\alpha \leqq c\,|A|_2 .$$

Tragen wir dies in (19) ein, so ergibt sich die Behauptung (4), und Satz 1 ist bewiesen.

7. Der Vektor π in (4) kann «wesentlich variabel» sein, das heisst braucht auch nach geeigneter Normierung nicht gegen einen konstanten Lösungsvektor von (1) zu konvergieren. Man betrachte zum Beispiel für $u \to 0$, $v \to 0$ die Matrizen

$$S = \begin{pmatrix} 0 & 0 & 0 \\ 0 & 0 & 0 \\ 0 & 0 & 1 \end{pmatrix}, \quad (S + A) = \begin{pmatrix} u & 0 & 0 \\ 0 & v & 0 \\ 0 & 0 & 1 \end{pmatrix}.$$

Für $\eta = (1, 1, 1)$ ergibt sich $\xi = (1/u,\ 1/v,\ 1)$,

$$\frac{\xi}{|\xi|} = \left(\frac{1}{\sqrt{1 + u^2 + \frac{u^2}{v^2}}},\ \frac{1}{\sqrt{1 + v^2 + \frac{v^2}{u^2}}},\ \frac{1}{\sqrt{1 + \frac{1}{u^2} + \frac{1}{v^2}}} \right). \tag{20}$$

---

[3]) Vergleiche zum Beispiel A. OSTROWSKI, *Über Normen von Matrizen*, Math. Z. *63*, pp. 3 und 13 (1955).

Streben nun u und v derart nach 0, dass für geeignete Teilfolgen sowohl $u/v \to 0$ als auch $v/u \to 0$ gilt, so ergeben sich in der Grenze als zugehörige Häufungsvektoren von (20) sowohl (1, 0, 0) als auch (0, 1, 0).

8. In dem obigen Beispiel hängt A analytisch von *zwei* gegen 0 strebenden Parametern ab. Handelt es sich dagegen nur um *einen* analytisch eingehenden Parameter, so konvergiert π nach geeigneter Normierung in der Tat gegen einen *konstanten Lösungsvektor* von (1) von der Länge 1. Genauer:

Satz 2. *Unter den Voraussetzungen von Satz* 1 *seien die* $a_{\mu\nu}$ *analytische Funktionen eines Parameters* t, *regulär in* $t = 0$. *Setzt man dann*

$$\frac{t}{|t|} = \varepsilon , \tag{21}$$

so gilt für den Vektor π *in* (4) *mit einem geeigneten natürlichen* j

$$\varepsilon^j \pi = \tau + O(t) , \tag{22}$$

wo τ *ein konstanter Lösungsvektor von* (1) *von der Länge* 1 *ist.*

9. *Beweis.* Wird (2) aufgelöst, so erhält man für den Vektor ξ, nach wachsenden Potenzen von t entwickelt,

$$\xi = t^{-j}\left(U + O(t)\right) , \tag{23}$$

wo U ein von t unabhängiger konstanter Vektor ist. Der Exponent j ist hier *positiv*, da $|\xi|$ ins Unendliche strebt. Daraus folgt weiter

$$\frac{\xi}{|\xi|} = \varepsilon^{-j}\left(\tau + O(t)\right) , \tag{24}$$

wo $U/|U| = \tau$ gesetzt ist. Andererseits folgt aus unseren Annahmen, dass $a_{\mu\nu} = O(t)$, $|A|_2 = O(t)$ ist; und (22) folgt nunmehr aus (24) und (4).

10. In der Praxis ist wohl am wichtigsten der Fall, wo A eine skalare Matrix $t\,E_n$ und t der «Fehler» des in Betracht kommenden Eigenwerts ist. Dann ist $|A|_2 = t\sqrt{n}$, so dass der Fehler bei der Bestimmung des zugehörigen Eigenvektors von der gleichen Grössenordnung ist wie derjenige des Eigenwerts. Andererseits ist in diesem Falle die natürliche Zahl j der Formel (22) gleich 1, sofern S nur *lineare Elementarteiler* hat, also insbesondere reell-symmetrisch oder allgemeiner hermitisch ist. Es folgt dies daraus, dass, wenn der charakteristischen Wurzel 0 von S nur lineare Elementarteiler entsprechen, die Determinante von $S + t\,E$ für $t = 0$ eine Nullstelle genau der k-ten Ordnung hat, während ihre Unterdeterminanten der ersten Ordnung durch t^{k-1}, nicht aber durch t^k teilbar sind.

Ist insbesondere S reell-symmetrisch und t reell, so folgt

$$\frac{\xi}{|\xi|} = \tau \operatorname{sgn} t + O(t) . \qquad (25)$$

Dies liefert in der Praxis die Möglichkeit, die Konvergenz gegen den Vektor τ zu erhalten, indem man durch Vorzeichenänderung die erste nicht merklich gegen 0 konvergierende Komponente von $\xi/|\xi|$ durch eventuelle Multiplikation mit -1 positiv macht.

Summary

If a singular $n \times n$-matrix S is approximated by $S + A$, an approximation to a non-trivial solution of $S\zeta' = 0$ is obtained from a solution ξ of $(S + A)\ \xi' = \eta'$ in forming $\xi/|\xi|$. The vector η is here a conveniently chosen constant vector, and the error is, if $A = (a_{\mu\nu})$,

$$O\left(\sqrt{\sum_{\mu,\nu} |a_{\mu\nu}|^2}\right).$$

(Eingegangen: 29. Dezember 1956.)

A Method of Speeding Up Iterations with Super-Linear Convergence

1. If we have an iteration

$$z_{k+1} = \varphi(z_k) \tag{1}$$

with a fixed point ζ,

$$\zeta = \varphi(\zeta),$$

the iteration with the Steffenson iterating function $\Phi(z)$:

$$\Phi(z) = \frac{z\varphi(\varphi(z)) - \varphi(z)^2}{z - 2\varphi(z) + \varphi(\varphi(z))} \tag{2}$$

with the same fixed point ζ provides a better and even non-linear convergence to ζ if $\varphi'(\zeta)$ is different from 1 and, in general, at least linear convergence if $\varphi'(\zeta) = 1$.[2] However, if the convergence of the iteration sequence (1) is *super-linear* the convergence with the iterating function (2) need not be better or even as good as the iteration by the iterating function $\varphi(\varphi(z))$. If we have, for instance,

$$\varphi(z) = z^2,$$

we obtain by (2), as $z \to 1$,

$$\Phi(z) = \frac{z^3}{z^2 + z - 1} \sim -z^3,$$

and in this case the iteration sequence converges with $|z_1| < 1$ more slowly to zero than the iteration sequence obtained from $\varphi(\varphi(z)) = z^4$.

2. However, in the case of a super-linear convergence, there is another possibility of improving the convergence. If we have, for a certain $n > 1$,

$$\frac{\varphi(z) - \zeta}{(z - \zeta)^n} \to \alpha \neq 0, \infty \quad (z \to \zeta) \tag{3}$$

[1] This paper was prepared (in part) under a National Bureau of Standards contract with the American University.

[2] *Cf.*, for detailed discussion, A. Ostrowski, Uber Verfahren von Steffensen und Householder zur Konvergenzverbesserung von Iterationen, *ZAMP* **7** (1956) pp. 218–229.

we obtain an improvement of convergence in using the iteration function

$$\Psi(z) = \varphi(\varphi(z)) - \frac{(\varphi(z) - \varphi(\varphi(z)))^{n+1}}{(z - \varphi(z))^n}. \tag{4}$$

As a matter of fact, we have then with $z \to \zeta$

$$\frac{\Psi(z) - \zeta}{(z - \zeta)^{n^2}} \to 0 \qquad (z \to \zeta). \tag{5}$$

This is obviously an improvement over $\varphi(\varphi(z))$ since we have

$$\frac{\varphi(\varphi(z)) - \zeta}{(z - \zeta)^{n^2}} \to \alpha^{n+1} \qquad (z \to \zeta) \tag{6}$$

from (3)

For $n = 2$, an heuristic argument leading up to (4) has been referred to by WIELANDT.[3]

As a matter of fact, the formulæ (3), (5) and (6) have unequivocal meaning only for an integer n. However, if n is not an integer but a rational number with an *odd* denominator the above formulæ and their derivation in the following sections remain meaningful in the real case. On the other hand, if everything is real, our formulæ and the proofs remain correct for arbitrary $n > 1$ if α is positive and only values of $z > \zeta$ are considered.

3. A formula more precise than (5) can be obtained by assuming a little more than (3). Put

$$z - \zeta = \delta; \tag{7}$$

then (3) can be written in the form

$$\phi(z) - \zeta = \alpha\delta^n(1 + \epsilon(z)), \qquad \epsilon(z) \to 0 \quad (z \to \zeta). \tag{8}$$

Then if we have

$$\epsilon(z) = O(|\delta|^p), \qquad p > 1 \quad (z \to \zeta), \tag{9}$$

and

$$\text{Min}\,(p, n - 1) = d, \tag{10}$$

(5) can be replaced by

$$\Psi(z) - \zeta = O(|z - \zeta|^{n+d}) \qquad (z \to \zeta). \tag{11}$$

In general we have $d = 1$, and then the use of the iteration (4) gives an improvement of $\frac{1}{4} = 25\%$ for $n = 2$ and $\frac{1}{9} = 11.1\%$ for $n = 3$.

---

[3] H. WIELANDT, Beiträge zur mathematischen Behandlung komplexer Eigenwertprobleme. V. Bestimmung höhener Eigenwerte durch gebrochene Iteration, *Aerodynamische Versuchsanstalt Göttingen*, Report B44/J/37, p. 10. (This report can be ordered from the Aerodynamische Versuchsanstalt Göttingen).

As a matter of fact, the formula (11) can be replaced by more precise ones. All these results are, however, contained in the formula (17) which we are now going to derive.

4. We write in the following discussion

$$\phi(z) = z_1 , \qquad \phi(z_1) = \phi(\phi(z)) = z_2 ,$$

$$\epsilon = \epsilon(z), \qquad \epsilon_1 = \epsilon(z_1) = \epsilon(\phi(z)),$$

$$\Delta = \operatorname{Min} (|\epsilon|, |\epsilon_1|, |\delta|^{n-1}). \tag{12}$$

Then we can write (8) as

$$z_1 - \zeta = \alpha\delta^n(1 + \epsilon),$$

and it follows that

$$z - z_1 = (z - \zeta) - (z_1 - \zeta) = \delta(1 - \alpha\delta^{n-1} + o(\Delta)),$$

$$\frac{\delta}{z - z_1} = 1 + \alpha\delta^{n-1} + o(\Delta),$$

$$\frac{\delta^n}{(z - z_1)^n} = 1 + n\alpha\delta^{n-1} + o(\Delta). \tag{13}$$

5. Replacing z in (8) by z_1 , we have

$$z_2 - \zeta = \alpha(z_1 - \zeta)^n(1 + \epsilon_1) = \alpha^{n+1}\delta^{n^2} (1 + \epsilon)^n(1 + \epsilon_1),$$

$$z_2 - \zeta = \alpha^{n+1}\delta^{n^2}(1 + n\epsilon + \epsilon_1 + o(\Delta)). \tag{14}$$

From (14) obviously (6) follows. Further,

$$z_1 - z_2 = (z_1 - \zeta) - (z_2 - \zeta) = (z_1 - \zeta)(1 - \alpha(z_1 - \zeta)^{n-1}(1 + \epsilon_1)),$$

$$z_1 - z_2 = \alpha\delta^n(1 + \epsilon)(1 + o(\Delta)) = \alpha\delta^n(1 + \epsilon + o(\Delta)),$$

$$(z_1 - z_2)^{n+1} = \alpha^{n+1}\delta^{n^2+n}(1 + (n + 1)\epsilon + o(\Delta)). \tag{15}$$

6. Multiplying (13) by (15) we obtain

$$\frac{(z_1 - z_2)^{n+1}}{(z - z_1)^n} = \alpha^{n+1}\delta^{n^2}(1 + (n + 1)\epsilon + n\alpha\delta^{n-1} + o(\Delta)). \tag{16}$$

From the definition of $\Psi(z)$ in (4) we have

$$\Psi(z) - \zeta = (z_2 - \zeta) - \frac{(z_1 - z_2)^{n+1}}{(z_1 - z)^n}$$

and therefore, by (14) and (16), we have

$$\frac{\Psi(z) - \zeta}{\alpha^{n+1}\delta^{n^2}} = (1 + n\epsilon + \epsilon_1 + o(\Delta)) - (1 + (n + 1)\epsilon + n\alpha\delta^{n-1} + o(\Delta))$$

or

$$\frac{\Psi(z) - \zeta}{\alpha^{n+1}(z - \zeta)^{n^2}} = \epsilon_1 - \epsilon - n\alpha\delta^{n-1} + o(\Delta). \tag{17}$$

From (17), (5) follows at once and so does (11) under the hypothesis (9), using (10).

If we take for instance $\varphi(z) = z^2$, $\zeta = 0$, $\varphi(\varphi(z)) = z^4$, we get from (4)

$$\Psi(z) = z^4 - \frac{(z^2 - z^4)^3}{(z - z^2)^2},$$

$$\frac{\Psi(z)}{z^4} = z^4 + 2z^3 - 2z.$$

Then we have from (4)

$$\Psi(z) = -2z^5(1 - z^2 - \tfrac{1}{2}z^3),$$

conformally with (17), since in our case we have

$$\epsilon = \epsilon_1 = 0, \qquad \alpha = 1, \qquad n = 2, \qquad \delta = z.$$

American University, Washington, D.C.
and
University of Basel, Switzerland

On Trends and Problems in Numerical Approximation

There is a saying of Tchebycheff transmitted to me by my teacher A. Grave, who once belonged to the Tchebycheff circle: In antiquity mathematical problems were proposed by the gods--for instance, duplication of the cube. In the classical period they were proposed by such demigods as Newton and Leibnitz, Euler and Lagrange. Today they are proposed by the technician.

This was said in the eighties of the last century. Need I say that it is even more true today? In any case the spirit of this saying has remained alive in Russian mathematics and is one of the reasons why the best of the Russian mathematicians living today--although they may be very fond of topology--are always prepared to deal with an applied problem and are proud to help to "turn the wheels."

Things are different in Western Europe; and even in England, where the corresponding tradition goes back to Newton, we observe today a cleavage among mathematicians into the purely pure and the purely applied.

However, today I should like rather to speak about the difficulties which arise among the mathematicians who are already very much interested and willing to work in the domain of numerical mathematics. The problem is that of the art of computation versus the science of computation. To the practical computer the problems in computation which are particularly interesting to the scientist often appear futile and unnecessary. The man who is conscious of getting the Results--with a capital R--sometimes becomes rather ironical about us rigorous mathematicians. Thus Southwell, full of exultation over the many beautiful and useful results he obtained, says that "their mathematics" is "new mathematics more powerful though less rigorous than the old."*

They proudly note that their methods give promise of success in fields where "orthodox mathematics" has failed completely.

Now I would not be afraid to walk on a bridge computed by a man in this spirit, but I must confess that I would rather hesitate to fly in a plane for which the computations were prepared in this high-spirited way. Even if we can't solve all problems, when we can deal with a problem we can offer proof against hope, rule against discretion.

One of the fields where this difficulty is felt in particularly high degree is that of relaxation. The practical relaxer has it "in his fingertips" how to steer the successive relaxations. He relies upon his experience. Sometimes he is condescending enough to try to explain to us how he does it, and sometimes he even succeeds. But generally he expects that, by trial and error, you just acquire "the feel of it."

However, today we have to feed a voracious robot, the high-speed computer; and although it is almost omnivorous, the fingertip-rules are just the kind of food you cannot feed the monster.

Of course, this difficulty becomes very serious when you have to deal with a completely definite and analytic problem--for instance with a system of linear algebraic equations. In this connection Kendall once proposed in the introduction to an excellent and important paper to "call a relaxation procedure convergent if within its framework a convergent iterative procedure can be constructed by inserting initially fixed criteria into all steps requiring judgement on the part of the computer." This is, of course, a point of view which is characteristic of a rather desperate sense of helplessness. Of what use is it to me to know that there exists a convergent sequence of iterations if I am strongly advised to use a completely different one?

Now in this particular case orthodox mathematics is not completely helpless. If I may refer to a result I proved some years ago while working with the National Bureau of Standards, there exists a very wide class of matrices for which any completely arbitrary sequence of relaxations is convergent to the solution, unless one of the equations of the system is completely dropped out from a certain step on. And into this class fall many of the systems which have to be dealt with in the Hardy Cross method. §

Furthermore, the fingertip-rules rely on continuous inspection of partial results while they are being obtained. They tend to arrange, at each step, the next step to be particularly efficient. This is obviously the best <u>tactics</u> but need not be the best <u>strategy</u>. Indeed, some years ago, in discussing a class of matrices I was able to show in fairly general examples that this "tactical" approach gives a substantially slower convergence than the more systematic one based on general theorems of a purely mathematical character. #

There is another point which ought to be mentioned in this connection. There are among us some people who have an inborn liking and facility for computation--who are born computers. We are happy to have them among us: they bring a gift of the gods with them. However, every mathematician who has had to teach mathematics to such born computers knows to what extent they are in danger of an anti-scientific mentality. The path of least resistance is for them: shoot first and then look. And I think that today it is particularly important that such people be trained in a serious and scientific way. Only in this way will they be able to make the best use of their great gift. The insidious allurement of the path of least resistance is, as in all walks of life, the greatest impediment to the full development of a personality.

There is another very important matter which it is good to discuss openly. Error estimates derived in a completely rigorous way before starting a computation (estimates a priori) are usually too conservative, the bounds for the errors obtained being easily a hundred or a thousand times the order of magnitude observed in practice. Of course, rigorous deduction must apply to all cases without exception, and therefore it may happen that the estimate is bad because some extremely exceptional possibilities had to be taken into account. In assuming that such exceptional cases are sufficiently rare to be neglected, we can easily get away with considerably less work. Suppose we do so!

Often in using the approximation obtained we can get a better estimate (the estimate a posteriori). Then we at least know where we are. But of course to be really satisfied with this situation, one must consider the computer's time as expendable.

Further, if there does not exist a good estimate a posteriori we can often have the results checked by an experiment, perhaps on a model, and the situation is again saved.

However, if even this possibility is not available, we gamble, we take a chance. Is this justified?

You often find formulated the postulate (it is sometimes called Cournot's Lemma) that if the probability of a happening is particularly small, this happening ought to be considered as impossible. Sometimes mathematicians are even asked to prove it. Now of course this lemma is false and cannot be rigorously proved either by mathematical arguments or by dialectics. It is silly to say that if the probability of an accident is one in ten million, the accident is impossible. You need only have a look at today's newspaper. But it is not at all silly to say that if there is a probability of one in ten million that a certain action of ours will be connected with a fatal accident, this is no reason to stop these actions. This is not silly because we daily drive a car.

You see that Cournot's Lemma is, in Kantian terminology, a Theorem of Practical and not of Pure Reason (of the Praktische Vernunft and not of the Reine Vernunft). The decision becomes in this way a very personal matter depending partly on the temperament and partly, of course, on the occupation. A commercial pilot in peace and a military pilot in war are on opposite ends of the scale. The first is bad if he takes a chance, the second is worse if he does not.

Of course what matters is usually not the probability but the mathematical expectation. The coefficient of the probability may rather aggravate the decision to be taken. To mention some quite extreme cases, luckily only very few of us may ever be called upon to take the responsibility of a computation on which may depend the future of an industry, the prestige of a country, or the destruction of millions of human lives. In this respect I cannot help feeling that an utterance like the quoted one by Southwell could too easily dull the sense of responsibility of a computer, while in our opinion this sense ought to be kept alive as much as possible.

The problem of linear approximation--if I may now return to the particular subject of today's session--is first and foremost that of interpolation. The theory of interpolation has a long and proud history.** It is the one domain in mathematics which has given us the most beautiful formal structures in algebra and the most varied cross-connections with all fields of analysis. And although of course there have been quite a number of lopsided developments, the direct touch with applications has allowed this theory to regain ever and ever again its splendid growth--as Antheus regained his force in touching the earth. In what follows I can mention only some special problems which appear to me to be equally of theoretical and of practical interest.

Newton--who came into this theory after Gregory--already developed what is probably the most complete and general scheme of polynomial interpolation in his theory of <u>divided differences</u>. It is a pity that Newton had no more luck in his choice of notations in this theory than he had in the calculus of fluxions. His notation does not bring out the functional operator character of the divided difference process. This is probably the reason why this algorithm is little known outside of a rather narrow circle of people. Thus the Lagrangian form of the interpolation formula became a central result of the algebra, and very few people realize that this is just another way of writing a Newtonian formula.

The high point of interpolation theory was reached in its classical period with the idea of Gauss to choose conveniently the interpolation abscissas to get the best approximation for the integral. This turned out to be a most fruitful mathematical idea. It was generalized to infinite intervals and to different weight functions. Connections with the theory of continued fractions were discovered. The theory of different kinds of orthogonal polynomials arose from these considerations. The discussion of eigenvalues and eigenfunctions led to the more recent connections with the theory of integral equations, and finally to the most modern developments on the Schroedinger equation. How rich and lively the development was may be seen from the fact that Heine's Handbook of Spherical Harmonics, once the most important treatment of the subject, is today almost completely forgotten.

We can, I think, date the beginning of a new period in the theory of interpolation, the "post-classical" one, with the paper of Tchebycheff which introduced the new idea of choosing the interpolation formula in such a way as to insure the equality of the coefficients in the integrated formula. Since these coefficients are the weights with which the data enter into the formula, this point of view was well justified by the theory of observational errors. Many developments belong to this period: the discussion of convergence of interpolation formulas, their derivation from the conformal mapping, the whole work of the Hungarian school, the beautiful theory of Bernstein's polynomials, Thiele's theory of reciprocal differences.

The fate of Tchebycheff's idea is curious. Tchebycheff's determination of the corresponding abscissas is a tour de force of analysis. But Tchebycheff failed to notice that the roots of his polynomials from the order $n = 10$ are no longer all real. After this had been discovered, Tchebycheff's idea was hardly ever developed beyond the case he had considered. As a matter of fact, the postulates of the theory of observational errors are almost satisfied if the quotients of the coefficients are not too different from 1. It is therefore only natural to ask for the smallest constant $C_n > 1$ such that there exists a quadrature formula with n abscissas, the coefficients of which have ratios $\leq C_n$. Here too we could generalize by introducing preassigned weight factors. Good results in this direction would be not only theoretically important but also, in the light of the recent findings of Ch. Blanc, of considerable interest for the practical computer.

Another theory which arose in this period but has not, in my opinion, been sufficiently followed up is Thiele's theory of reciprocal differences. They correspond in the case of approximations by <u>rational functions</u> to Newton's divided differences in their relation to polynomial approximation. However, except for several important papers by Noerlund, not very much has been done to unearth the many connections which probably exist between this theory and other branches of analysis.

The last period in the theory of interpolation, the modern one, is characterized by the introduction of the points of view of functional analysis. This is now in full development and thus not much need be said. The first treatments of the error term considered as a result of a functional operation are due, though not in this terminology, to Peano, Kowalewski, and particularly Radon, who gave a very general formula for the error term, using the theory of the adjoint linear differential equation. The discussion still goes on.

There is here one interesting problem which begins to crystallize from this discussion. In many cases the error term can be written as the product $ch^m f^{(k)}(\xi)$ of a constant and a power of h--the <u>step</u> or <u>range</u> of the interpolation, with an intermediate value of a certain derivative of the function to be represented. In other cases it was not possible to obtain such a <u>monomial form</u> of the error term, and only representations containing two or more monomials of the kind described could be obtained. There are different methods to obtain such a monomial representation; and sometimes, if one method does not work, another may still be useful. It is, I think, of a certain interest to find complete criteria for the existence of a monomial representation of the error term, and efficient methods for obtaining it if it exists at all.

Closely connected with the existence of the monomial error term is an argument the gist of which goes back to Carl Runge. Suppose we have $ch^m f^{(k)}(\xi)$ as the error term. Repeat the same computation with the double step $2h$. The value of the error term becomes $c\,2^m h^m f^{(k)}(\eta)$. Therefore, if the k-th derivative changes only slowly, relative to its value, the difference between the two values computed will be about the $(2^m - 1)$-th multiple of the original error. This argument may in practice give quite a good estimate of the error, if no other method is available. Of course the argument given is anything but rigorous. It may be that it can be made rigorous in a certain sense from the probabilistic point of view.

We have already emphasized that the mentality of the computer has a very strong statistical trend. It is therefore only natural to ask whether the explicit use of statistical ideas could supply valuable information. This idea has in recent years been discussed by Ch. Blanc. Obviously the discussion depends very much on the class of functions considered and its "statistical structure," but the results are probably indicative of the general situation with which the practical computer has to deal. In the case of the integration formula, the interesting result is to what extent the Simpson rule appears to be more favorable than the other Newton-Cotes formulas. Otherwise the Gauss formula appears to be statistically the very best one and is closely followed by the Tchebycheff formula. §§ The discussion is apparently much more difficult in the case of differential equations. Only partial results have been attained in this case, and further discussion may turn out to be fruitful not only for the practical computer but also for the statistician.

Finally I should like to present some observations on the impact of high-speed computers on our subject--observations which deal only with two rather special points from this immense subject. In the classical theory of computation an expression which is given in the form of a quotient is considered unsuitable for numerical purposes if the denominator tends to zero. This is no longer true. On the other hand we have in analysis many representations of important numbers in this form, for instance derivatives. In the case of a high-speed computer, if we want to obtain the approximate value of such an expression--say with 10 decimals--it is usually sufficient to compute both the numerator and the denominator with about 20 decimals, i.e. to work with double precision. I know that computers generally do not like double precision, and many computational laboratories do not even have a double precision routine prepared at all. It is true, of course, that machine time is multiplied by four in this case. Still I think that the greater analytical possibilities of this mode of computation will finally bring it about that even triple precision will be considered a matter of everyday technique.

The other observation is concerned with methods for accelerating the convergence of iterative procedures. Curiously enough, we are probably more interested in such methods now than in former times when they were perhaps more necessary. The reason may be that while we formerly used for computational labor rather conventional units (I used to call them Horners), today machine time can be measured in dollars, and this unit is well known the world over. In any case we are usually not satisfied if the convergence is only linear, and we look in such cases for an improvement of the method in question to make the convergence at least quadratic. An exception is perhaps the Bernoullian method for solution of algebraic equations, which appears somehow to appeal to many computers although it is linear in its original form.

In the case of the inversion of a linear operator, where a series $I + K + K^2 + K^3 + \dots$ has to be summed, I was apparently the first to point out## that a method to achieve quadratic convergence can be based on the Eulerian product $(1 + K)(1 + K^2)(1 + K^4)\dots = \frac{1}{1 - K}$, an observation which has since been rediscovered quite a number of times. Characteristically this method applied to a linear algebraic system does not give a quadratically convergent method for finding a special solution of a given system, but rather a method for finding the inverse matrix. I had a corresponding experience in the theory of linear differential equations. It appears that in many cases in order to get a quadratically convergent procedure, the problem in question has to be attacked on a larger front and considerably generalized.

It is hardly necessary to remind you that the mathematical problems of the theory of numerical approximation are usually anything but easy. As a rule they require a considerable force of penetration. They may require a combination of youthful inventiveness and a mature mastery of extensive parts of our science. Still, if it is true that the Book of Nature is written in mathematical language, this language is certainly not the language of second-rate or secondhand mathematics.

NOTES

*R. V. Southwell, Relaxation Methods in Engineering Science. Oxford University Press (1951), p. 242.

§A. Ostrowski, Determinanten mit überwiegender Hauptdiagonale und die absolute Konvergenz von linearen Iterationsprozessen, Comm. Math. Helv. 30 (1955), pp. 175-210, particularly pp. 208-209.

#A. Ostrowski, On the linear iteration procedures for symmetric matrices, Rendiconti di Mathematica e delle sue applicazioni (series V), vol. XIII (1954), pp. 140-162, particularly pp. 161-162.

**Extensive bibliographies are found, for instance, in Householder's Principles of Numerical Analysis and in F. B. Hildebrand's Introduction to Numerical Analysis.

§§See Ch. Blanc and W. Liniger, Stochastische Fehlerauswertung bei numerischen Methoden, Zeitschrift für angewandte Mathematik und Mechanik 35 (1955), pp. 121-130.

##A. Ostrowski, Sur une transformation de la série de Liouville-Neumann, C. R. 203 (1936), pp. 602-604; Sur quelques transformations de la série de Liouville-Neumann, C. R. 206 (1938), pp. 1345-1347.

On Gauss' Speeding Up Device in the Theory of Single Step Iteration

1. In this paper we consider throughout *real* numbers, vectors and matrices. In order to solve the linear system

$$\sum_{\nu=1}^{n} a_{\mu\nu} x_\nu = y_\mu, \quad a_{\mu\mu} = A_\mu \quad (\mu = 1, \cdots, n) \tag{1}$$

Received in the present version 7 October 1957. This work was performed under a contract of the National Bureau of Standards with the American University and University of California at Los Angeles.

with the matrix A, $A_\mu \neq 0$ $(\mu = 1, \cdots, n)$ and non-vanishing determinant, by the *single step iteration* we form, starting from an arbitrary (row) vector ξ_0, a sequence of vectors

$$\xi_k = (x_1^{(k)}, \cdots, x_n^{(k)}) \quad (k = 1, 2, \cdots) \tag{2}$$

obtained in the following way: For any integer $k (k \geqslant 0)$ choose a value N_k of the "leading index" from the indices $1, \cdots, n$; then if

$$\rho_k = (r_1^{(k)}, \cdots, r_n^{(k)}) \quad (k = 0, 1, 2, \cdots) \tag{3}$$

is the k-th *residual vector* defined by

$$r_\mu^{(k)} = \sum_{\nu=1}^{n} a_{\mu\nu} x_\nu^{(k)} - y_\mu \quad (\mu = 1, \cdots, n; k = 0, 1, \cdots), \tag{4}$$

we put

$$x_\mu^{(k+1)} = x_\mu^{(k)} \quad (\mu \neq N_k), \qquad x_{N_k}^{(k+1)} = x_{N_k}^{(k)} - \frac{r_{N_k}^{(k)}}{A_{N_k}}. \tag{5}$$

In studying this iteration we can and will restrict ourselves to the case where all y_μ vanish, since we can always by a convenient change of the origin make all $y_\mu = 0$, without changing the ρ_k.

2. We consider in what follows only the case where the matrix of the system (1) is *symmetric* and the quadratic form

$$K(\xi) = \sum_{\mu,\nu=1}^{n} a_{\mu\nu} x_\mu x_\nu = \xi A \xi' \tag{6}$$

defined for an arbitrary vector $\xi = (x_1, \cdots, x_n)$, is *positive definite*. In this case it is well known and immediately verified that if the vector ξ_{k+1} is obtained from the vector ξ_k by the transformation (5), we have

$$K(\xi_{k+1}) = K(\xi_k) - (r_{N_k}^{(k)})^2 / A_{N_k}. \tag{7}$$

In using (7) it was proved by Seidel, 1874 [13], that the single step iteration is always convergent if N_k is chosen at each step so that

$$(r_{N_k}^{(k)})^2 / A_{N_k} = \max_\mu (r_\mu^{(k)})^2 / A_\mu \tag{8}$$

This is Seidel's relaxation procedure.

This special rule goes back to F. R. Helmert, 1872 [7]. The relaxation rule indicated previously by Gauss [4] and Gerling [6] is different, as is the one proposed by Southwell [14], but the rule (8) is apparently the most advantageous one. Cf. the discussion in [9], p. 158–9.

On the other hand Schmeidler [12] and Reich [11] proved in using (7) that the single step procedure is convergent in the *cyclic* case when N_k runs periodically through all indices $1, \cdots, n$.

3. Gauss [4], [1], [6] and [15] proposed the following modification of the above procedure in order to speed up the convergence. Put

(9)
$$x_\nu = z_\nu - z_0, \quad a_{0\nu} = a_{\nu 0} = -\sum_{\mu=1}^{n} a_{\mu\nu} \quad (\nu = 1, \cdots, n)$$
$$a_{00} = A_0 = -\sum_{\nu=1}^{n} a_{0\nu} = \sum_{\mu,\nu=1}^{n} a_{\mu\nu},$$

where z_0 can be arbitrarily chosen. Then the system (1) can be written in the form (assuming $y_\mu = 0$)

(10)
$$\sum_{\nu=0}^{n} a_{\mu\nu} z_\nu = 0 \quad (\mu = 0, 1, \cdots, n),$$

where the first equation is, of course, not independent of the last n equations but is useful for the sake of uniformity and for checking purposes.

In particular A_0 is positive since by (9) A_0 is the value of the quadratic form (6) for $x_\nu = 1$ $(\nu = 1, \cdots, n)$.

4. From a solution $(z_0, z_1, \cdots, z_n)$ of the system (10) we obtain at once by (9) the solution $(x_1, \cdots, x_n)$ of the system (1). The idea of Gauss is now to apply the procedure described in (4) and (5) to the system (10). If we obtain then, starting from a vector $\zeta_0 = (z_0^{(0)}, z_1^{(0)}, \cdots, z_n^{(0)})$, a sequence of vectors

$$\zeta_k = (z_0^{(k)}, z_1^{(k)}, \cdots, z_n^{(k)}),$$

we consider at the same time the corresponding vectors

$$\xi_k = (z_1^{(k)} - z_0^{(k)}, \cdots, z_n^{(k)} - z_0^{(k)}).$$

If then in the passage from ζ_k to ζ_{k+1} the leading index $N_k \neq 0$, we have

(11)
$$\sum_{\nu=0}^{n} a_{\mu\nu} z_\nu^{(k)} = \sum_{\nu=1}^{n} a_{\mu\nu}(z_\nu^{(k)} - z_0^{(k)}) = r_\mu^{(k)} \quad (\mu = 1, \cdots, n),$$
$$z_{N_k}^{(k+1)} = z_{N_k}^{(k)} - \frac{\sum_{\nu=0}^{n} a_{N_k\nu} z_\nu^{(k)}}{A_{N_k}} = z_{N_k}^{(k)} - \frac{r_{N_k}^{(k)}}{A_{N_k}},$$
$$z_\mu^{(k+1)} = z_\mu^{(k)} \quad (\mu \neq N_k).$$

Since here $z_0^{(k+1)} = z_0^{(k)}$, we see that the corresponding n-dimensional vectors ξ_k, ξ_{k+1} are connected exactly by the formulae (5), so that in this case there is no essential change compared with the original method.

5. If, however, $N_k = 0$, then only $z_0^{(k)}$ is changed and therefore *all components* $x_1, \cdots, x_n$ are changed by the same amount. In this case we have obviously a new possibility and the question arises whether in this case the convergence is indeed speeded up. Of course, by 'convergence' in this case is not meant the convergence of the vectors ζ_k but that of the corresponding vectors ξ_k. This question is apparently not as yet settled, as widely contradictory opinions are to be found in the literature; see [14] and [3].

Our conclusions are stated at the start of section 8 and at the end of the paper.

6. In what follows we will say that the two $(n+1)$-dimensional vectors $\zeta = (z_0, z_1, \cdots, z_n)$ and $\zeta' = (z_0', z_1', \cdots, z_n')$ are equivalent, if we have $z_\nu - z_0 = z_\nu' - z_0'$. In the class of vectors equivalent to ζ there exists a *reduced* one: $\hat{\zeta} = (0, x_1, \cdots, x_n)$, and the corresponding n-dimensional vector $\xi = (x_1, \cdots, x_n)$ is uniquely determined.

If we define the component of the residual vector corresponding to the index 0 by

$$r_0^{(k)} = \sum_{\nu=0}^{n} a_{0\nu} z_\nu^{(k)} = \sum_{\nu=1}^{n} a_{0\nu}(z_\nu^{(k)} - z_0^{(k)}) = -\sum_{\nu=1}^{n} r_\nu^{(k)}, \tag{12}$$

we see from (11) and (12) that the residual vector for the system (10) does not depend on the component z_0 but only on the corresponding vector ξ. It follows then from (9) and (6)

$$\sum_{\mu,\nu=0}^{n} a_{\mu\nu} z_\mu z_\nu = \sum_{\mu=0}^{n} z_\mu \left(\sum_{\nu=1}^{n} a_{\mu\nu} z_\nu + a_{\mu 0} z_0 \right)$$

$$= \sum_{\mu=0}^{n} z_\mu \sum_{\nu=1}^{n} a_{\mu\nu} x_\nu = \sum_{\nu=1}^{n} x_\nu \sum_{\mu=0}^{n} a_{\mu\nu} z_\mu$$

$$= \sum_{\nu=1}^{n} x_\nu \left(\sum_{\mu=1}^{n} a_{\mu\nu} z_\mu + a_{0\nu} z_0 \right)$$

$$= \sum_{\nu=1}^{n} x_\nu \sum_{\mu=1}^{n} a_{\mu\nu} x_\mu,$$

$$\sum_{\mu,\nu=0}^{n} a_{\mu\nu} z_\mu z_\nu = \sum_{\mu,\nu=1}^{n} a_{\mu\nu} x_\mu x_\nu. \tag{13}$$

7. It is obvious that the algebraic identity corresponding to (7) remains true for the system (10), although the corresponding quadratic form is only *semi-definite*. Therefore from (13) it follows that the relation (7) is also true for $N_k = 0$ where $r_0^{(k)}$ is given by (12), and the quadratic form K is the positive definite quadratic form (6). But then it follows from (7) that in any case

$$\lim_{k\to\infty} (r_{N_k}^{(k)})^2 / A_{N_k} = 0. \tag{14}$$

8. We discuss first the cyclic one step iteration. In this case we will prove that the procedure remains convergent, but for any $n \geqslant 2$ there exist matrices for which the modified procedure is slower and others for which the modified procedure is indeed faster than the original one. This agrees with results mentioned by Forsythe and Motzkin [3], footnote 24.

9. It follows from (14) that lim $r_{N_k}^{(k)} = 0$. Therefore from (5) and the corresponding formula for ζ_k with $N_k = 0$,

$$x_\mu^{(k+1)} - x_\mu^{(k)} \to 0 \quad (k \to \infty\,;\, \mu = 1, \cdots, n),$$

and by (4)

$$r_\mu^{(k+1)} - r_\mu^{(k)} \to 0 \quad (k \to \infty\,;\, \mu = 1, \cdots, n).$$

More generally for each constant integer γ,

$$r_\mu^{(k+\gamma)} - r_\mu^{(k)} \to 0 \quad (k \to \infty\,;\, \mu = 1, \cdots, n).$$

But for any fixed μ, among the $n + 1$ consecutive values of k there is one for which $N_k = \mu$; therefore it follows that

$$r_\mu^{(k)} \to 0 \quad (k \to \infty\,;\, \mu = 1, \cdots, n),$$

and, since the determinant in (4) does not vanish,

$$x_\mu^{(k)} \to 0 \quad (k \to \infty\,;\, \mu = 1, \cdots, n).$$

We see that the *modified procedure* is indeed *convergent.*

10. In comparing the rate of convergence of the original and the modified procedure it is better to change our notations in the following way. If we start with a vector $\xi_0 = X_0$ and apply the complete n-cycle of single steps corresponding to $N_k = 1, \cdots, n$, the obtained vector will be denoted by X_1, and the vectors obtained in repeating each time the complete n-cycle will be denoted by X_2, $X_3, \cdots, X_k = \xi_{nk}, \cdots$.

In the same way, in the modified cyclic procedure we obtain, starting from a vector $\zeta_0 = Z_0$ and applying each time the *whole* $(n + 1)$-*cycle* corresponding to $N_k = 0, 1, \cdots, n$, the sequence of vectors $Z_1, Z_2, \cdots, Z_k = \zeta_{nk}, \cdots$.

11. We decompose A in the following way:

$$A = L + D + L^*, \tag{15}$$

where D is the diagonal matrix with the elements $a_{11}, \cdots, a_{nn}$, while in L all elements to the right and on the main diagonal and in L^* all elements to the left and on the main diagonal vanish. Then the rate of convergence of the usual cyclic single step iteration depends on the maximum modulus λ_N of the roots of the equation

$$|\lambda(L + D) + L^*| = 0, \tag{16}$$

and we have, if $\lambda_N > 0$:

$$X_k = O(\lambda_N{}^k k^{n-2}) \quad (k \to \infty), \tag{17}$$

while the starting vector X_0 can be chosen so that $X_k \lambda_N{}^{-k}$ does not tend to 0 as $k \to \infty$. The proof of this is quite similar to the following proof of the corresponding results for the modified single step iteration; see (25). If $\lambda_N = 0$, then X_1 vanishes identically, and the solution is obtained at the most in n steps.

12. We will now characterize in a similar way the rate of convergence of the modified procedure. We have for the matrix $\hat{A}$ of the system (10) the decomposition corresponding to (15):

$$\hat{A} = \begin{pmatrix} a_{00} & a_{0\nu} \\ a_{\nu 0} & A \end{pmatrix} = \hat{L} + \hat{D} + \hat{L}^* \tag{18}$$

and obtain between Z_0 and Z_1, as in the theory of the usual cyclic one step iteration, the relations

$$\begin{aligned} (\hat{L} + \hat{D})Z_1 + \hat{L}^*Z_0 &= 0, \\ Z_1 &= -(\hat{L} + \hat{D})^{-1}\hat{L}^*Z_0. \end{aligned} \tag{19}$$

13. As has been mentioned above the result of this operation is not changed if Z_0 is replaced by the corresponding reduced vector $\hat{Z}_0 = (0, x_1^{(0)}, \cdots, x_n^{(0)})$. Before we go on from Z_1, we replace therefore Z_1 again by the corresponding reduced vector $\hat{Z}_1 = (0, x_1^{(1)}, \cdots, x_n^{(1)})$. For this purpose we apply the transformation $x_\mu = Z_\mu - Z_0$ $(\mu = 1, \cdots, n)$ which is equivalent to left multiplication by the $(n + 1) \times (n + 1)$-matrix

$$N_0 = \begin{pmatrix} 0 & 0 \\ -1 & E_n \end{pmatrix}, \tag{20}$$

where the first row consists of 0's and the first column, with the exception of the 0 on the top, of -1's.

We have then finally, putting

$$Q_0 = -N_0(\hat{L} + \hat{D})^{-1}\hat{L}^*, \tag{21}$$

$$\hat{Z}_k = Q_0^k\hat{Z}_0 \quad (k = 1, 2, \cdots). \tag{22}$$

14. If Q_0 vanishes identically, we have at once $Z_1 = \cdots = Z_k = \cdots = 0$, and the solution of (1) is attained at the first step. We can and will therefore assume that $Q_0 \neq 0$. We use then the following result due to Werner Gautschi [5].

If for any matrix $C = (c_{\mu\nu})$ we define as its "norm"

$$N(C) = \sqrt{\sum_{\mu,\nu} |c_{\mu\nu}|^2},$$

then if C is a square matrix of order n for which the greatest modulus of a fundamental root is Λ, we have

$$N(C^k) = O(\Lambda^k k^{p-1}) \quad (k \to \infty), \tag{23}$$

where p is the greatest multiplicity of a fundamental root of C with the modulus Λ. As a matter of fact (23) is not the *best* possible result, cf. [10], p. 5, Satz V. But Werner Gautschi's result is completely sufficient for our purpose.

15. If we apply this to the singular matrix (21) and denote the maximal modulus of a fundamental root of Q_0 by λ_G, then p does not exceed $n - 1$ if $\lambda_G > 0$, as will follow later from (31). We have therefore

$$N(Q_0^k) = O(\lambda_G^k k^{n-2}) \quad (k \to \infty). \tag{24}$$

Further it follows from (22), in applying the Cauchy-Schwarz inequality,

$$|\hat{Z}_k| \leqslant N(Q_0^k)\,|Z_0|,$$

and we obtain therefore

$$\hat{Z}_k = O(\lambda_G^k k^{n-2}) \quad (k \to \infty). \tag{25}$$

16. On the other hand it is easy to show that for a conveniently chosen starting vector Z_0 the expression $Z_k\lambda_G^{-k}$ does not tend to zero. Indeed, if η is an eigenvector of Q_0 corresponding to a fundamental root λ with $|\lambda| = \lambda_G$, we have

$$\lambda\eta' = Q_0\eta'$$

and iterating

$$\lambda^k\eta' = Q_0^k\eta'.$$

But, since the first row in Q_0 consists of zeros, the vector η is a reduced one and can be taken as $\hat{Z}_0$. Then we have

$$\hat{Z}_k = \lambda^k\hat{Z}_0, \quad \hat{Z}_k\lambda_G^{-k} = \left(\frac{\lambda}{\lambda_G}\right)^k \hat{Z}_0,$$

and this does not tend to zero as $k \to \infty$. If $\lambda_G = 0$, then Z_1 vanishes identically.

17. We shall now transform the fundamental equation of Q_0, and we introduce for this purpose the matrix

$$N_\epsilon = \begin{pmatrix} \epsilon & 0 \\ -1 & E_n \end{pmatrix}, \tag{26}$$

where the first row and the first column consist respectively of 0's and -1's with the exception of the first element ϵ. N_ϵ corresponds to the transformation

$$y_0 = \epsilon Z_0, \quad y_\nu = Z_\nu - Z_0 \quad (\nu = 1, \cdots, n) \tag{27}$$

and for $\epsilon \to 0$ goes into N_0. Since the inverse of (27) is for $\epsilon \neq 0$

$$Z_0 = \frac{1}{\epsilon}y_0, \quad Z_\nu = y_\nu + \frac{1}{\epsilon}y_0 \quad (\nu = 1, \cdots, n),$$

we have

$$N_\epsilon^{-1} = \begin{pmatrix} \epsilon^{-1} & 0 \\ \epsilon^{-1} & E_n \end{pmatrix}, \tag{28}$$

where the first column consists of ϵ^{-1}, while the first row with the exception of the first element contains only 0's.

The fundamental equation of Q_0 can be written in the form

$$\lim_{\epsilon \to 0} |\lambda E + N_\epsilon(\hat{L} + \hat{D})^{-1}\hat{L}^*| = 0. \tag{29}$$

18. On the other hand we have identically, since $|N_\epsilon| = \epsilon$,

$$(|\hat{L} + \hat{D}|)(|\lambda E + N_\epsilon(\hat{L} + \hat{D})^{-1}\hat{L}^*|) = \epsilon|\lambda(\hat{L} + \hat{D})N_\epsilon^{-1} + \hat{L}^*|, \tag{30}$$

and we obtain the fundamental equation of Q_0 in taking the limit for $\epsilon \to 0$ on the right in (30).

Now we have

$$(\hat{L} + \hat{D})N_\epsilon^{-1} = \begin{pmatrix} \epsilon^{-1}a_{00} & 0 \\ \epsilon^{-1}\sum_{\mu \leq \nu} a_{\nu\mu} & L + D \end{pmatrix},$$

where $a_{n0} + a_{n1} + \cdots + a_{nn} = 0$ by (9); and we have therefore identically

$$\epsilon|\lambda(\hat{L} + \hat{D}) + \hat{L}^*| = \lambda \begin{vmatrix} a_{00} & a_{0\nu} \\ \sum_\mu a_{\nu\mu} & \lambda(L + D) + L^* \end{vmatrix}.$$

λ_G is therefore the maximum modulus of the roots of the equation of degree n

$$G(\lambda) = \begin{vmatrix} a_{00} & a_{0\nu} \\ \sum_{\mu \leq \nu} a_{\nu\mu} & \lambda(L + D) + L^* \end{vmatrix} = 0. \tag{31}$$

One root of this equation is zero.

19. In specializing for $n = 2$ we obtain in particular, if we put $a_{11} = a_1$, $a_{22} = a_2$, $a_{12} = a_{21} = \sigma$ and assume $\sigma \neq 0$:

$$G_2(\lambda) = \begin{vmatrix} a_1 + a_2 + 2\sigma & -a_1 - \sigma & -a_2 - \sigma \\ -\sigma & \lambda a_1 & \sigma \\ 0 & \lambda\sigma & \lambda a_2 \end{vmatrix}$$

$$= (a_1 + a_2 + 2\sigma)a_2 a_1 \lambda^2 - \sigma\lambda(a_1 + \sigma)(a_2 + \sigma),$$

$$\lambda_G = \frac{|\sigma(a_1 + \sigma)(a_2 + \sigma)|}{a_1 a_2(a_1 + a_2 + 2\sigma)}, \tag{32}$$

while the equation (16) for λ_N reduces to $\lambda^2 a_1 a_2 - \lambda\sigma^2 = 0$, and gives

$$\lambda_N = \frac{\sigma^2}{a_1 a_2}. \tag{33}$$

From (32) and (33) we have

$$\frac{\lambda_G}{\lambda_N} = \frac{|a_1 + \sigma|\,|a_2 + \sigma|}{|\sigma|\,(a_1 + a_2 + 2\sigma)}. \tag{34}$$

20. If we square this, subtract 1 and multiply by the square of the denominator we obtain

$$[(a_1 + \sigma)(a_2 + \sigma) - \sigma(a_1 + a_2) - 2\sigma^2][(a_1 + \sigma)(a_2 + \sigma) + \sigma(a_1 + a_2) + 2\sigma^2]$$
$$= (a_1 a_2 - \sigma^2)(a_1 a_2 + 2(a_1 + a_2)\sigma + 3\sigma^2).$$

Since the first factor is positive, we see that $\lambda_G \gtreqless \lambda_N$ according as

$$\varphi(\sigma) \equiv 3\sigma^2 + 2(a_1 + a_2)\sigma + a_1 a_2 \gtreqless 0. \tag{35}$$

Here $\sigma \neq 0$ is subject only to the condition $|\sigma| \leqslant \sqrt{a_1 a_2}$. We have obviously

$$\varphi(-\sqrt{a_1 a_2}) = 4\sqrt{a_1 a_2}\left(\sqrt{a_1 a_2} - \frac{a_1 + a_2}{2}\right).$$

Since this is $\leqslant 0$, we see that $\varphi(-\sigma)$ has two positive roots σ_1, σ_2 with $\sigma_1\sigma_2 = \frac{a_1a_2}{3}$, and

$$0 < \sigma_1 < \sqrt{a_1a_2} \leqslant \sigma_2.$$

It follows that for $n = 2$ we have $\lambda_G < \lambda_N$, if $\sigma_1 < -\sigma < \sqrt{a_1a_2}$, and $\lambda_G > \lambda_N$, if $-\sqrt{a_1a_2} < -\sigma < \sigma_1$. The modified procedure is in the first case faster and in the second slower than the original one.

21. To prove the corresponding result for $n > 2$ consider the matrix A of the quadratic form, for a sufficiently small positive ε *

$$K(\xi) = a_1x_1^2 + 2\sigma x_1x_2 + a_2x_2^2 + \sum_{\mu=3}^{n} x_\mu^2. \tag{36}$$

In the corresponding determinant (31) for $G(\lambda)$ the elements in the first column are

$$a_{\mu 0} + a_{\mu 1} + \cdots + a_{\mu\mu} = -(a_{\mu,\mu+1} + \cdots + a_{\mu n})$$

and vanish therefore for $\mu \geqslant 2$. The same is true for the elements $\lambda a_{\mu\nu}$ to the left of the main diagonal with $\mu > 2$ and $\nu < \mu$, while the elements on the diagonal, $\lambda a_{\mu\mu}$ $(\mu > 2)$, become respectively λ. We obtain therefore

$$G(\lambda) = \lambda^{n-2}G_2(\lambda)$$

so that λ_G is given in this case by (32), replacing $a_1 + a_2$ durch $a_1 + a_2 + \varepsilon(n-2)$. *

22. In the same way it follows from (16) that λ_N is again given by (33). We can have in this case, according to the chosen values of σ, either $\lambda_G > \lambda_N$ or $\lambda_G < \lambda_N$.

It may finally be remarked that the value of λ_G is not changed, if the $(n+1)$-st equation in (10) and the corresponding new variable z_0 are not put at the beginning but are interpolated between two indices $\mu, \mu+1$ or even put at the end. Indeed this amounts to the old process applied to a transformation of $\hat{\xi}_0$ by a finite sequence of single step iterations, but then $\hat{\xi}_0$ is carried over into the *general* reduced vector, and the invariance of λ_G follows then from the characterization of λ_G contained in the developments of numbers 15 and 16.

23. We consider now Seidel's relaxation procedure (8). Then in the modified procedure we obtain the speeding up for an index k for which we have

$$(r_0^{(k)})^2/A_0 > (r_\mu^{(k)})^2/A_\mu \quad (\mu \neq 0), \tag{37}$$

that is to say, by (12):

$$\left|\sum_{\nu=1}^{n} r_\nu^{(k)}\right|/A_0^{\frac{1}{2}} > |r_\mu^{(k)}|/A_\mu^{\frac{1}{2}} (\mu \neq 0). \tag{38}$$

We will now show that this inequality is impossible, if we have

$$A_0^{\frac{1}{2}} \geq \sum_{\nu=1}^{n} A_\nu^{\frac{1}{2}} - \min_{1\leqslant\mu\leqslant n} A_\mu^{\frac{1}{2}}. \tag{39}$$

Indeed, if we put

$$|r_\mu^{(k)}| = p_\mu A_\mu^{\frac{1}{2}}, \quad \mu = 1, \cdots, n,$$

we have from (38) and (39), since one of the r_μ and therefore one of the p_μ vanish:

$$|\sum_{\nu=1}^{n} r_\nu^{(k)}|/A_0^{\frac{1}{2}} \leqslant \sum_{\nu=1}^{n} p_\nu (A_\nu/A_0)^{\frac{1}{2}} \leqslant A_0^{-\frac{1}{2}}(- \min_{1 \leqslant \mu \leqslant n} A_\mu^{\frac{1}{2}} + \sum_{\nu=1}^{n} A_\nu^{\frac{1}{2}}) \max p_\mu$$

$$\leqslant \max p_\mu = \max_{1 \leqslant \mu \leqslant n} (|r_\mu^{(k)}| A_\mu^{-\frac{1}{2}}).$$

Therefore, in order that (37) be possible at all we must have

$$\sqrt{A_0} < \sum_{\mu=1}^{n} \sqrt{A_\mu} - \min_{1 \leqslant \mu \leqslant n} \sqrt{A_\mu}. \tag{40}$$

24. In order to discuss the situation under the condition (40) we consider the $r_\mu^{(k)}$ as *stochastic variables* and discuss the probability for (37) under suitable assumptions on the distribution of the $r_\mu^{(k)}$. We put

$$\beta_\nu = \sqrt{A_\nu} > 0 \quad (\nu = 0, 1, \cdots, n) \tag{41}$$

and denote the sequence of the vectors $\rho_k (k = 0, 1, \cdots)$ by S. In the following formulae the index of ρ, that is the upper index of $r_\nu^{(k)}$, will be dropped whenever it is possible without danger of misunderstanding.

Then our problem can be described as the problem of computing the probability

$$P\left[\frac{1}{\beta_0}\left|\sum_{\nu=1}^{n} r_\nu\right| > \max_{1 \leqslant \nu \leqslant n} \frac{|r_\nu|}{\beta_\nu}; \quad \rho \in S\right] \tag{42}$$

defined in the usual way as the limit of the relative density, and ascertaining whether (42) is positive. As the relations in the brackets of (42) are homogeneous in the r_ν, each of the vectors $\rho \in S$ can and is from now on assumed to be normed in such a way that we have

$$\max_{1 \leqslant \nu \leqslant n} \frac{|r_\nu|}{\beta_\nu} = 1. \tag{43}$$

25. Denote the N-th section $(\rho_1, \cdots, \rho_N)$ of S by $S^{(N)}$ and put

$$\Phi^{(N)}(\sigma) = P\left[\sum_{\nu=1}^{n} r_\nu \leqslant \sigma, \quad \rho \in S^{(N)}\right]. \tag{44}$$

This is the "finite" probability in the classical sense, and we put then

$$\Phi(\sigma) = \lim_{N \to \infty} \Phi^{(N)}(\sigma), \tag{45}$$

if this limit exists.

For any k, $k = 1, \cdots, n$, we denote by $S_k^{(N)}$ the sequence of the vectors ρ_λ, $\lambda \leqslant N$, for which k is leading index corresponding to $\rho_{\lambda-1}$ and therefore $r_k^{(\lambda)} = 0$.

Further we write S_k for the complete partial sequence of S corresponding to these vectors.

We denote further by $L_\mu(N)$ the number of vectors ρ_λ in $S^{(N)}$ whose leading index is μ and put

$$\Phi_k^{(N)}(\sigma) = P\left[\sum_{\nu=1}^{n} r_\nu \leqslant \sigma; \quad \rho \in S_k^{(N)}\right]. \tag{46}$$

Denote now by $S_{k,\mu}$ the partial sequence of S containing the vectors ρ_λ such that μ is leading index for ρ_λ and k is leading index for $\rho_{\lambda-1}$, and therefore by (8) and (43) $r_k^{(\lambda)} = 0$, $|r_\mu^{(\lambda)}| = \beta_\mu$, and by $S_{k,\mu}^{(N)}$ the sequence of the vectors ρ_λ from $S_{k,\mu}$ with $\lambda \leqslant N$. Put then

$$\Phi_{k,\mu}^{(N)}(\sigma) = P\left[\sum_{\nu=1}^{n} r_\nu \leqslant \sigma; \rho \in S_{k,\mu}^{(N)}\right], \tag{47}$$

and denote by $H_{k,\mu}(N)$ the probability that the leading index μ in $S^{(N)}$ follows the leading index k.

26. We define further

$$H_k = \lim_{N\to\infty} \frac{1}{N} L_k(N), \tag{48}$$

$$H_{k,\mu} = \lim_{N\to\infty} H_{k,\mu}(N), \tag{49}$$

$$\Phi_k(\sigma) = \lim_{N\to\infty} \Phi_k^{(N)}(\sigma), \tag{50}$$

$$\Phi_{k,\mu}(\sigma) = \lim_{N\to\infty} \Phi_{k,\mu}^{(N)}(\sigma) \tag{51}$$

if the limits (48)–(51) exist. We have then obviously by elementary probabilities

$$\Phi^{(N)}(\sigma) = \sum_{k=1}^{n} \Phi_k^{(N)}(\sigma) \frac{L_k(N)}{N+1}, \tag{52}$$

$$\Phi_k^{(N)}(\sigma) = \sum_{\mu=1}^{n} \Phi_{k,\mu}^{(N)}(\sigma) H_{k,\mu}(N). \tag{53}$$

We see that, if the limits (48), (49) and (51) exist, $\Phi_k(\sigma)$ and $\Phi(\sigma)$ also exist and we have

$$\Phi(\sigma) = \sum_{k=1}^{n} \Phi_k(\sigma) H_k, \tag{54}$$

$$\Phi_k(\sigma) = \sum_{\mu=1}^{n} \Phi_{k,\mu}(\sigma) H_{k,\mu}. \tag{55}$$

27. We define now n vector-fields F_k consisting respectively of all vectors ρ normed according to (43), for which the component r_k vanishes. Each of the fields

F_k can again be decomposed into $n-1$ vector-fields $F_{k,\mu}(k \neq \mu)$ consisting respectively of all vectors ρ normed according to (43) with $r_k = 0$, $|r_\mu| = \beta_\mu$. A vector ρ can of course belong to several of these fields.

In the fields F_k, $F_{k,\mu}$ we will now define in a suitable way the following *geometric probabilities:*

$$\Phi_k^*(\sigma) = P\left[\sum_{\nu=1}^{n} r_\nu \leqslant \sigma;\ \rho \in F_k\right], \tag{56}$$

$$\omega_{k,\mu} = P[|r_\mu| = \beta_\mu;\ \rho \in F_k], \tag{57}$$

$$\Phi^*_{k,\mu}(\sigma) = P\left[\sum_{\nu=1}^{n} r_\nu \leqslant \sigma;\ \rho \in F_{k,\mu}\right]. \tag{58}$$

Of course, to define these geometric probabilities we must use a convenient model, which presents itself here in a very natural way. If the components $r_\nu^{(\lambda)}$ of the residual vector ρ_λ are computed up to a certain number of decimal places, they are approximated by certain fractions $\dfrac{q_\nu^{(\lambda)}}{m}$, where m is a power of 10. It is then natural to assume that, if the subscripts k and μ are fixed, the integers $q_\nu^{(\lambda)}$ vary uniformly within their limits. We consider therefore $n+1$ integers

$$m,\ m_\nu \quad (\nu = 1, \cdots, n)$$

tending to infinity in such a way that we have

$$\frac{m_\nu}{m} \to \beta_\nu \quad (\nu = 1, \cdots, n).$$

We define then

$$\Phi_k^*(\sigma) = \lim_{m\to\infty} P\left[\sum_{\nu=1}^{n} q_\nu \leqslant \sigma m;\ \max_{1\leqslant\nu\leqslant n} \frac{|q_\nu|}{m_\nu} = 1,\ q_k = 0\right], \tag{59}$$

$$\omega_{k,\mu} = \lim_{m\to\infty} P\left[|q_\mu| = m_\mu;\ \max_{1\leqslant\nu\leqslant n} \frac{|q_\nu|}{m_\nu} = 1,\ q_k = 0\right], \tag{60}$$

$$\Phi^*_{k,\mu} = \lim_{m\to\infty} P\left[\sum_{\nu=1}^{n} q_\nu \leqslant \sigma m;\ |q_\mu| = m_\mu,\ q_k = 0,\ \max_{1\leqslant\nu\leqslant n} \frac{|q_\nu|}{m_\nu} = 1\right]. \tag{61}$$

28. It is easy to compute the $\omega_{k,\mu}$. Assume $k = 1$. Then the probability $\omega_{1,\mu}$ in (60) is obtained in considering the right parallelepiped $|x_\lambda| \leqslant m_\lambda$ $(\lambda = 2, \cdots, n)$, as the quotient of the area of the two faces $|x_\mu| = m_\mu$ by the complete area of all faces. In putting temporarily $m_2 \cdots m_n = M$ we obtain

$$\frac{2M/m_\mu}{2\sum_{\lambda=2}^{n} M/m_\lambda} = \frac{m/m_\mu}{\sum_{\lambda=2}^{n} m/m_\lambda},$$

and this tends to

$$\frac{1/\beta_\mu}{\sum_{\nu=1}^{n} 1/\beta_\nu - 1/\beta_1}.$$

In replacing here β_1 by β_k we obtain finally

$$\omega_{k,\mu} = \frac{1/\beta_\mu}{\sum_{\nu=1}^{n} 1/\beta_\nu - 1/\beta_k} \qquad (k \neq \mu). \tag{62}$$

We write this differently in introducing the expressions

$$\sigma_\lambda = \frac{1/\beta_\lambda}{\sum_{\nu=1}^{n} 1/\beta_\nu}. \tag{63}$$

Then we have obviously

$$\sum_{\lambda=1}^{n} \sigma_\lambda = 1, \tag{64}$$

and (62) becomes

$$\frac{\sigma_\mu}{\sum_{\nu=1}^{n} \sigma_\nu - \sigma_k} = \frac{\sigma_\mu}{1 - \sigma_k}.$$

If we now define $\omega_{k,k}$ as 0, we obtain

$$\omega_{k,\mu} = \begin{cases} \dfrac{\sigma_\mu}{1 - \sigma_k} & (k \neq \mu), \\ 0 & (k = \mu). \end{cases} \tag{65}$$

The values $\Phi^*_{k,\mu}(\sigma)$ and $\Phi_k^*(\sigma)$ have already been computed in another communication [8], and we will give $\Phi^*_{k,\mu}(\sigma)$ later on. In particular we have

$$\Phi_k^*(\sigma) = \sum_{\substack{\mu=1 \\ \mu \neq k}}^{n} \omega_{k,\mu} \Phi^*_{k,\mu}(\sigma). \tag{66}$$

29. We make now two fundamental assumptions about the sequence S under consideration:

(67) *Hypothesis A.* $\Phi_{k,\mu}(\sigma) = \Phi^*_{k,\mu}(\sigma) \quad (k \neq \mu;\, k, \mu = 1, \cdots, n)$

(68) *Hypothesis B.* $H_{k,\mu}(N) \to \omega_{k,\mu} \quad (N \to \infty,\, k \neq \mu;\, k, \mu = 1, \cdots, n).$

It follows then from (55) that we have

$$\Phi_k(\sigma) = \Phi_k^*(\sigma). \tag{69}$$

In order to obtain the value of $\Phi(\sigma)$ we will now prove the existence of the limit (48).

30. We have obviously

$$(70) \qquad \sum_{k=1}^{n} L_k(N) = N + 1,$$

$$L_\mu(N) = \sum_{\substack{k=1 \\ k\neq\mu}}^{n} H_{k,\mu}(N) L_k(N-1).$$

If we replace here each $L_k(N-1)$ by $L_k(N)$, the modulus of the error does not exceed $\sum_{\substack{k=1 \\ k\neq\mu}}^{n} H_{k,\mu} = 1$, and we obtain

$$\sum_{\substack{k=1 \\ k\neq\mu}}^{n} H_{k,\mu}(N) L_k(N) = L_\mu(N) + e_\mu(N), \quad |e_\mu(N)| \leqslant 1.$$

Divide this by N and put

$$(71) \qquad \frac{L_k(N)}{N} = h_k(N).$$

Then we obtain

$$(72) \quad \sum_{\substack{k=1 \\ k\neq\mu}}^{n} H_{k,\mu}(N) h_k(N) - h_\mu(N) = \epsilon_\mu(N), \quad \epsilon_\mu(N) = O\left(\frac{1}{N}\right) \quad (\mu = 1, \cdots, n).$$

In the same way we obtain from (70)

$$(73) \qquad \sum_{k=1}^{n} h_k(N) = 1 + \frac{1}{N}.$$

If we replace in the equations (72) and (73) the $h_\mu(N)$ by x_μ, the equations become for $N \to \infty$ by (68) and (65)

$$(74) \qquad \sigma_\mu \sum_{\substack{k=1 \\ k\neq\mu}}^{n} \frac{x_k}{1-\sigma_k} = x_\mu \quad (\mu = 1, \cdots, n),$$

$$(75) \qquad \sum_{k=1}^{n} x_k = 1.$$

We consider first the system (74). If we divide by σ_μ and add $\dfrac{x_\mu}{1-\sigma_\mu}$ on both sides, we obtain

$$\sum_{k=1}^{n} \frac{x_k}{1-\sigma_k} = \frac{x_\mu}{\sigma_\mu} + \frac{x_\mu}{1-\sigma_\mu} = \frac{x_\mu}{\sigma_\mu(1-\sigma_\mu)}.$$

Denoting the expression on the left by γ we get

$$(76) \qquad x_\mu = \gamma\sigma_\mu(1-\sigma_\mu).$$

31. On the other hand, if we put the value (76) for $\gamma = 1$ into the system (74), the system is satisfied; we see that the rank of (74) is exactly $n - 1$. We can therefore choose $n-1$ of the equations (74) in such a way that they form, taken together with (75), a system of the rank n. Therefore the corresponding $n-1$ equations (72) form, taken together with the equation (73), a linear system which remains regular in the limit $N \to \infty$. Therefore its solutions $h_k(N)$ tend to the solution of the system (74), (75); and this solution is obtained from (76), if γ is chosen so that (75) is fulfilled. But then we have

$$\sum_{\mu=1}^{n} x_\mu = 1 = \gamma\left(1 - \sum_{\mu=1}^{n} \sigma_\mu^2\right),$$

$$\frac{L_k(N)}{N} \to H_k = \frac{\sigma_k(1-\sigma_k)}{1 - \sum_{\nu=1}^{n} \sigma_\nu^2}. \tag{77}$$

If we introduce here the values (63) of the σ_ν, we obtain

$$H_k = \frac{\beta_k^{-1}(\sum_\lambda \beta_\lambda^{-1} - \beta_k^{-1})}{2 \sum_{\nu \neq \lambda} \beta_\nu^{-1}\beta_\lambda^{-1}}. \tag{78}$$

It follows now from (54), (55), (68), (65):

$$\Phi(\sigma) = \sum_{k=1}^{n} H_k \sum_{\substack{\mu=1 \\ \mu \neq k}}^{n} \omega_{k,\mu}\Phi^*_{k,\mu}(\sigma). \tag{79}$$

32. An explicit formula for $\Phi^*_{k,\mu}(\sigma)$ can be written simply by using the expression for a function $F(\sigma)$ which was defined and computed in a previous paper [8]. In replacing the integer n used in that paper by $n-2$ (for $n \geqslant 3$) we define $F(\sigma)$ as the probability

$$F(\sigma) = P[\xi_1 + \xi_2 + \cdots + \xi_{n-2} \leqslant \sigma;\ |\xi_\nu| \leqslant \alpha_\nu \quad (\nu = 1, \cdots, n-2)]. \tag{80}$$

The α_ν are $n-2$ positive numbers. Then we have for $F(\sigma)$ (see formula (5) in [8]):

$$F(\sigma) = \frac{1}{2^{n-2}(n-2)!}\cdot\frac{1}{\alpha_1 \cdots \alpha_{n-2}} \prod_{\nu=1}^{n-2} (1 - S^{2\alpha_\nu})(\alpha + \sigma)_+^{n-2}, \tag{81}$$

$$\alpha = \alpha_1 + \cdots + \alpha_{n-2}.$$

Here S is the operator defined by

$$S^\eta f(\alpha) = f(\alpha - \eta).$$

The computed expression consists of 2^{n-2} terms of the form

$$\pm\ (\alpha - 2\alpha_{\lambda_1} - 2\alpha_{\lambda_2} - \cdots + \sigma)_+^{n-2}.$$

The subscript $+$ signifies that, if the expression within the parentheses is negative, the whole expression has to be replaced by 0, while otherwise the subscript can be dropped.

In particular we have pointed out in [8], p. 6, that $F(\sigma)$ is *strictly monotonically increasing* with σ for $-\alpha \leqslant \sigma \leqslant \alpha$ and grows from $F(-\alpha) = 0$ to $F(\alpha) = 1$.

We see that we have

$$1 > F(\sigma) > 0 \quad (|\sigma| < \alpha). \tag{82}$$

$F(\sigma)$ is further a continuous function of σ. We obtain therefore the same value of the probability, if we replace in (80) the condition $\leqslant \sigma$ by the condition $< \sigma$.

33. $\Phi^*_{k,\mu}(\sigma)$ is by definition (58) the arithmetical mean of the two probabilities

$$P\Big[\sum_{\substack{\nu=1\\ \nu\neq k,\mu}}^{n} r_\nu \leqslant \sigma - \beta_\mu;\ |r_\nu| \leqslant \beta_\nu\Big],\ P\Big[\sum_{\substack{\nu=1\\ \nu\neq k,\mu}}^{n} r_\nu \leqslant \sigma + \beta_\mu;\ |r_\nu| \leqslant \beta_\nu\Big].$$

We have therefore

$$\Phi_{k,\mu}(\sigma) = \tfrac{1}{2}[F_{k,\mu}(\sigma - \beta_\mu) + F_{k,\mu}(\sigma + \beta_\mu)]. \tag{83}$$

The function $F_{k,\mu}$ is here obtained from (81), if the $\alpha_1, \cdots, \alpha_{n-2}$ are identified with the $n - 2$ of the numbers β_ν which remain after deleting β_μ and β_k. Introducing (83) into (79) we obtain finally the complete expression of $\Phi(\sigma)$.

If we return now to the problem of computing the probability (42) and norm here the r_ν according to (43), we see that we have to compute

$$P\Big[\Big|\sum_{\nu=1}^{n} r_\nu\Big| > \beta_0,\ \max_{1\leqslant\nu\leqslant n} \frac{|r_\nu|}{\beta_\nu} = 1,\ \min_{1\leqslant\nu\leqslant n} |r_\nu| = 0\Big].$$

This is the sum of the two probabilities

$$P\Big[\sum_{\nu=1}^{n} r_\nu < -\beta_0;\ \max_{1\leqslant\nu\leqslant n} \frac{|r_\nu|}{\beta_\nu} = 1,\ \min_{1\leqslant\nu\leqslant n} |r_\nu| = 0\Big],$$

$$P\Big[\sum_{\nu=1}^{n} r_\nu > \beta_0;\ \max_{1\leqslant\nu\leqslant n} \frac{|r_\nu|}{\beta_\nu} = 1,\ \min_{1\leqslant\nu\leqslant n} |r_\nu| = 0\Big].$$

But these two probabilities have the same value, and the first of them is obviously $\Phi(-\beta_0)$. We obtain therefore for the probability (42) the expression

$$2\Phi(-\beta_0) = \sum_{k=1}^{n} H_k \sum_{\substack{\mu=1\\ \mu\neq k}}^{n} \omega_{k,\mu}[F_{k,\mu}(-\beta_0 - \beta_\mu) + F_{k,\mu}(-\beta_0 + \beta_\mu)]. \tag{84}$$

34. We will now prove that (84) is *positive* under the condition (40), that is

$$\beta_0 < \sum_{\nu=1}^{n} \beta_\nu - \min_{1\leqslant\nu\leqslant n} \beta_\nu. \tag{85}$$

Observe that all terms in (84) are non-negative. It is therefore sufficient to prove that under the condition (85) at least one of the expressions $F_{k,\mu}(-\beta_0 \pm \beta_\mu)$ is positive, that is to say, by (82), that for convenient choice of k and μ either $\beta_0 + \beta_\mu$ or $|\beta_0 - \beta_\mu|$ is less than $\sum_{\nu=1}^{n} \beta_\nu - \beta_\mu - \beta_k$. Assume now that the β_ν are ordered increasingly

$$\beta_1 \leqslant \beta_2 \leqslant \cdots \leqslant \beta_n$$

and put

$$\beta = \beta_1 + \cdots + \beta_n.$$

Then I say that for $k = 1$, $\mu = 2$ we always have

$$|\beta_0 - \beta_2| < \beta - \beta_1 - \beta_2, \tag{86}$$

that is to say that

$$F_{1,2}(-\beta_0 + \beta_2) > 0.$$

To prove (86) consider the two cases $\beta_0 \geqslant \beta_2$ and $\beta_0 < \beta_2$. In the first case (86) reduces to

$$\beta_0 - \beta_2 < \beta - \beta_1 - \beta_2, \quad \beta_0 < \beta - \beta_1,$$

and this is exactly (85). In the second case (86) reduces to

$$\beta_2 - \beta_0 < \beta - \beta_1 - \beta_2, \quad \beta_0 > -(\beta - \beta_1 - 2\beta_2);$$

but here the expression on the right is not positive, as

$$(\beta_3 - \beta_2) + \beta_4 + \cdots + \beta_n \geqslant 0.$$

We have now proved that under the condition (40) and the assumptions of Nr. 29 the probability for the speeding up of Seidel's relaxation procedure in using Gauss' device is *positive*.

The author gratefully acknowledges discussions with T. S. Motzkin and O. Taussky-Todd.

University of Basel
Basel, Switzerland

1. R. DEDEKIND, "Gauss in seiner Vorlesung über die Methode der kleinsten Quadrate," *Festschrift zur Feier des 150-jährigen Bestehens der königlichen Gesellschaft der Wissenschaften zu Göttingen*. Berlin, 1901, p. 45–49.
2. R. DEDEKIND, *Gesammelte mathematische Werke*. Herausgegeben von R. Fricke, E. Noether, & Ö. Ore. Bd. II. 1931, Braunschweig. p. 293–306, especially p. 300–301.
3. G. E. FORSYTHE & T. S. MOTZKIN, "An extension of Gauss' Transformation for improving the condition of systems of linear equations," *MTAC*, v. 6, 1952, p. 9–17.
4. C. F. GAUSS, "Letter to Gerling," 26 December 1823, *Werke*, v. 9, p. 278–281. For an annotated translation of Gauss' letter by G. E. Forsythe, see *MTAC*, v. 5, 1951, p. 255–258.
5. WERNER GAUTSCHI, "The asymptotic behaviour of the powers of matrices," *Duke Mathematical Journal*, v. 20, 1953, p. 127–140.
6. CHRISTIAN LUDWIG GERLING, *Die Ausgleichsrechnung der practischen Geometrie*. Hamburg and Gotha, 1843.
7. F. R. HELMERT, *Die Ausgleichsrechnung nach der Methode der kleinsten Quadrate, mit Anwendung auf die Geodäsie und die Theorie der Messinstrumente*, Leipzig, 1872, p. 136.
8. A. M. OSTROWSKI, "Two explicit formulae for the distribution function of the sums of n uniformly distributed independent variables," *Archiv der Mathematik*, v. 3, 1952, p. 3–11.
9. A. M. OSTROWSKI, "On the linear iteration procedures for symmetric matrices," *Rendiconti di Matematica e delle sue applicazioni*, Serie V, v. 8, 1954, p. 140–163.
10. A. M. OSTROWSKI, "Ueber Normen von Matrizen," *Math. Zeitschr.*, v. 63, 1955, p. 2–18.
11. E. REICH, "On the convergence of the classical iterative method of solving linear simultaneous equations," *Annals Math. Stat.*, v. 20, 1949, p. 448–451.
12. W. SCHMEIDLER, *Vorträge über Determinanten und Matrizen mit Anwendungen in Physik und Technik*, Berlin, 1949.
13. LUDWIG SEIDEL, "Über ein Verfahren, die Gleichungen, auf welche die Methode der kleinsten Quadrate führt, sowie lineare Gleichungen überhaupt, durch successive Annäherung aufzulösen," Akad. Wiss., Munich, *Mathematisch-Naturwissenschaftliche Abteilung*, v. 11, No. 3, 1874, p. 81–108.
14. R. V. SOUTHWELL, "Stress-calculation in frameworks by the method of systematic relaxation of constraints," I & II, Roy. Soc. London, *Proc.*, A 151, 1935, p. 56–95.
15. R. ZURMUHL, *Matrizen, Eine Darstellung für Ingenieure*. Berlin, 1950, p. 280 ff. [See *MTAC*, v. 5, 1951, p. 13–14.]

Corrections:

p. 494 8th line f.a. after "form" is added "for a sufficiently small positive ε".
16th line f.a. after (32) is added "replacing $a_1 + a_2$" with "$a_1 + a_2 + \varepsilon(n - 2)$".

ON APPROXIMATION OF EQUATIONS BY ALGEBRAIC EQUATIONS*

A. M. OSTROWSKI†

INTRODUCTION

Some years ago D. I. Muller [1] developed a method for the solution of algebraic equations, approximating them by quadratic equations. The method proved extremely efficient in many tests. However, the theoretical discussion given by Muller can hardly be considered as adequate, in my opinion, as his convergence proof culminates in a vicious circle (cf. the formulae (15)–(17) of his paper).

In this article I give a detailed and rigorous theoretical discussion of the method from the point of view of local convergence.

Some parts of the argument run closely parallel to the proofs given in my book [2] in the discussion of n-point inverse interpolation. This book will be cited hereafter as S.

This article begins with a special chapter about Newton's divided differences, which had to be added as the usual discussion of these differences could not be directly used in the present connection.

I discuss in this article generally approximation by polynomials of order $n - 1$ ($n \geqq 3$) as does Muller in his paper.

My attention was drawn to this method by Dr. V. Pereyra of the Numerical Analysis Institute of the University of Buenos Aires. I am grateful to him for discussions concerning Chapter II of this article.

CHAPTER I. NEWTON'S DIVIDED DIFFERENCES

1. Hereafter, functions and variables referred to need not be real. If derivatives of functions of a complex variable are used, these functions are assumed to be analytic on the corresponding sets of points. In the case of functions of a real variable, derivatives are assumed to be continuous up to the highest order occurring in the discussion.

For any function $f(x)$ defined for $x = x_1$ and $x = x_2$, we define the symbol $[x_1, x_2]_x f$ for $x_1 \neq x_2$ by

$$[x_1, x_2]_x f \equiv \frac{f(x_2) - f(x_1)}{x_2 - x_1} \qquad (x_1 \neq x_2). \tag{I.1}$$

For $x_1 = x_2$ the symbol is of course defined by

* Received by the editors November 4, 1963. This investigation was carried out under the contract DA-91-591-EUC-2150 of the University of Basel with the U. S. Army.

† University of Basel, Basel, Switzerland.

(I.2) $$[x_1, x_1]_x f \equiv f'(x)|_{x=x_1},$$

provided $f'(x_1)$ exists.

The subscript x can be dropped if either $f(x)$ is defined as a function of *one* variable x only, or if the symbol $[x_1, x_2]f$ has the meaning

(I.3) $$[x_1, x_2]f \equiv [x_1, x_2]_{x_2} f.$$

If $f(x)$ does not depend on x_1, x_2, the expression (I.1) is a symmetric function of x_1 and x_2.

2. If x, x_1, x_2 are all distinct the two operators $[x_1, x]$ and $[x_2, x]$ *commute*, that is to say we have

(I.4) $$[x_1, x][x_2, x]f \equiv [x_2, x][x_1, x]f,$$

provided $f(x)$ does not depend on x_1 and x_2. Indeed, the common value of both sides of (I.4) is seen at once to be

$$\frac{(x - x_1)f(x_2) + (x_1 - x_2)f(x) + (x_2 - x)f(x_1)}{(x - x_1)(x_1 - x_2)(x_2 - x)},$$

and this is obviously a symmetric function of x, x_1, x_2.

If x, x_1, $\cdots$, x_m are all distinct, put

(I.5) $$[x_1, x][x_2, x] \cdots [x_m, x]_t f \equiv [x, x_1, \cdots, x_m]_t f.$$

This is, by (I.4), a symmetric function in x_1, $\cdots$, x_m if $f(t)$ does not contain any of the variables x, x_1, $\cdots$, x_m. We shall prove that (I.5) is then symmetric in all $m + 1$ arguments. To do this, it is sufficient to prove that (I.5) does not change if x is interchanged with x_1. But, putting

$$[x_2, x] \cdots [x_m, x]_t f = g(x; x_2, \cdots, x_m),$$

we see that the expression (I.5) becomes

$$[x_1, x]_x\, g(x; x_2, \cdots, x_m)$$

and our assertion follows from what has been said about (I.1).

3. In (I.5) the subscript t can be dropped if f is a function of one variable only. This expression is also written as $f(x, x_1, \cdots, x_m)$.

From the symmetry of the right-hand expression in (I.5) follows (interchanging x with x_k) the general formula

(I.6) $$[x_1, \cdots, x_m]f = [x_1, \cdots, x_k][x_k, \cdots, x_m]f$$

and, of course, the analogous decomposition into a product of several operators.

As an example, consider $f(x) = x^m$. We obtain recursively, denoting by p, q_1, $\cdots$, q_m non-negative integers:

$$[x_1, x]x^m = \sum x^p x_1^{q_1} \qquad (p + q_1 = m - 1)$$

$$[x_2, x][x_1, x]x^m = \sum_{p+q_1=m-1} x_1^{q_1}[x_2, x]x^p = \sum_{p+q_1+q_2=m-2} x_1^{q_1}x^p x_2^{q_2}, \cdots,$$

$$\begin{aligned} &[x_k, x_{k-1}, \cdots, x_1, x]x^m \\ &= \sum x^p x_1^{q_1} \cdots x_k^{q_2} \qquad (p + q_1 + \cdots + q_k = m - k), \cdots, \\ &[x_{m-1}, \cdots, x_1, x]x^m = x_{m-1} + x_{m-2} + \cdots + x_1 + x, \\ &[x_m, x_{m-1}, \cdots, x_1, x]x^m = 1. \end{aligned} \tag{I.7}$$

4. We will denote the smallest convex (closed) polygonal domain containing all x, $x_\nu (\nu = 1, \cdots, m)$ by $P(x, x_1, \cdots, x_m)$ and in particular in the case of real x, x_ν by $\langle x, x_1, \cdots, x_m \rangle$. Assume that $f^{(m)}(t)$ is continuous in $\langle x, x_1, \cdots, x_m \rangle$ or, if not all x, x_ν are real, analytic in $P(x, x_1, \cdots, x_m)$. We have obviously

$$[x_1, x_2] f = \frac{f(x_1) - f(x_2)}{x_1 - x_2} = \frac{1}{x_1 - x_2} \int_{x_2}^{x_1} f'(t)\, dt.$$

Introducing here the new variable of integration t_1 by

$$t = (1 - t_1)x_1 + t_1 x, \qquad dt = -(x_1 - x)dt_1,$$

we obtain:

$$[x_1, x] f = \int_0^1 f'[(1 - t_1)x_1 + t_1 x]\, dt_1.$$

Applying here to both sides the operator $[x_2, x]$ and differentiating under the sign of integration, we get

$$[x_2, x_1, x] f = \int_0^1 dt_1 \int_0^1 d\tau_2\, t_1 f''[(1 - t_1)x_1 + t_1(1 - \tau_2)x_2 + t_1 \tau_2 x];$$

here we introduce in the inner integral the new variable of integration

$$t_2 = t_1\tau_2, \qquad dt_2 = t_1\, d\tau_2,$$

and obtain

$$[x_2, x_1, x]f = \int_0^1 \int_0^{t_1} f''[(1 - t_1)x_1 + (t_1 - t_2)x_2 + t_2 x]\, dt_2\, dt_1.$$

Proceeding in the same way we get

$$\begin{aligned} &[x_m, \cdots, x_1, x]f \\ &= \int_0^1 \int_0^{t_1} \cdots \int_0^{t_{m-1}} f^{(m)}[(1 - t_1)x_1 + \cdots + t_m x]\, dt_m\, dt_1 \end{aligned} \tag{I.8}$$

and this formula is immediately verified by induction.

5. Now suppose x and all x_ν real and denote by Ω and ω the maximum and the minimum of $f^{(m)}$ in $\langle x, x_1, \cdots, x_m \rangle$. Then we obtain upper and lower bounds of the expression (I.8) by replacing therein $f^{(m)}$ by the constants Ω and ω, that is, replacing f by $\Omega x^m/m!$ and $\omega x^m/m!$. Using (I.8) we see that (I.8) is contained between $\Omega/m!$ and $\omega/m!$. We have therefore, as $f^{(m)}$ is assumed to be continuous,

$$[x_m, \cdots, x_1, x]f = \frac{f^{(m)}(\xi)}{m!}, \qquad \xi \in \langle x, x_1, \cdots x_m \rangle. \tag{I.9}$$

If x, x_ν are not all real, the modulus of $f^{(m)}$ assumes its maximum at a point ξ of $p(x, x_1, \cdots, x_m)$ and the modulus of (I.8) is then

$$\leqq | f^{(m)}(\xi) | \, [x_m, \cdots, x_1, x] \frac{x^m}{m!} = \frac{| f^{(m)}(\xi) |}{m!},$$

so that we have

$$[x_m, \cdots, x_1, x]f = \theta \frac{f^{(m)}(\xi)}{m!}, \; | \theta | \leqq 1, \xi \in P(x, x_1, \cdots, x_m). \tag{I.10}$$

If we know that $f^{(m+1)}$ is continuous in $P(x, x_1, \cdots, x_m)$ we can obtain a better result. Put

$$M_{m+1} = \max | f^{(m+1)}(t) | \qquad (t \in P(x, x_1, \cdots, x_m)).$$

Then denoting by ζ an arbitrary point of $P(x, x_1, \cdots, x_m)$ and subtracting $f^{(m)}(\zeta)/m!$ from both sides of (I.8), we have

$$[x_m, \cdots, x_1 \, x]f - \frac{f^{(m)}(\zeta)}{m!} = \int_0^1 \int_0^{t_1} \cdots \int_0^{t_{m-1}} F(t_1, \cdots, t_m) \, dt_m \cdots dt_1,$$

$$F(t_1, \cdots, t_m) = f^{(m)}[(1 - t_1)x_1 + \cdots + (t_{m-1} - t_m)x_m + t_m x - f^{(m)}(\zeta).$$

On the other hand, if δ is the greatest distance between two points of $p(x, x_1, \cdots, x_m)$ we have $| F(t_1, \cdots, t_m) | \leqq \delta M_{m+1}$ and therefore

$$[x_m, \cdots, x_1, x]f = \frac{f^{(m)}(\zeta)}{m!} + \theta\delta \frac{M_{m+1}}{m!}, \quad | \theta | \leqq 1. \tag{I.10$'$}$$

6. From (I.9) it follows that if $x_\nu \to t$, $x \to t (\nu = 1, \cdots, m)$, the expression (I.9) tends to $f^{(m)}(t)/m!$. This limit can therefore be considered as the reasonable definition of $[t, t, \cdots, t]_x f$, where the argument t is repeated $m + 1$ times. We will denote this symbol more simply by $[t^{m+1}]_x f$.

More generally, consider k groups of variables

$$x_1, \cdots, x_{m_1}; \quad y_1, \cdots, y_{m_2}; \quad \cdots; \quad z_1, \cdots, z_{m_k}$$

and the corresponding expression

$$[x_1, \cdots, x_{m_1}; y_1, \cdots, y_{m_2}; \cdots; z_1, \cdots, z_{m_k}]_x f \tag{I.11}$$

Now let the x_ν tend to t_1, the y_ν tend to t_2, $\cdots$, the z_ν tend to t_k. If the limit of (I.11) exists it can be denoted by

$$[t_1, \cdots, t_1; t_2, \cdots, t_2; \cdots; t_k, \cdots, t_k]_x f$$

where t_1 is repeated m_1 times, $\cdots$, t_k, m_k times. To indicate the number of repetitions we will use for the limit of (I.11) the notation

$$[t_1^{m_1}, t_2^{m_2}, \cdots, t_k^{m_k}]_x f. \tag{I.12}$$

7. We shall now prove a formula for (I.12). Suppose that $t_1, \cdots, t_k$ are all distinct and that $m_1, \cdots, m_k$ are natural integers; then I assert that

$$[t_1^{m_1}, \cdots, t_k^{m_k}]_x f = \frac{\partial^{m_1-1}}{\partial t_1^{m_1-1}} \cdots \frac{\partial^{m_k-1}}{\partial t_k^{m_k-1}} [t_1, \cdots, t_k]_x f, \tag{I.13}$$

assuming that the derivatives of $f(x)$ occurring in (I.13) are continuous at the points indicated and in their neighborhoods.

This formula is already established for $k = 1$ and also for $m_1 = m_2 = \cdots = m_k = 1$. Put

$$m_1 + m_2 + \cdots + m_k = M.$$

Then we can assume that (I.13) is already proved for all lesser values of M. Further, it can be assumed that not all m_k have the value 1 and that in particular $m_1 > 1$ since (I.11) is symmetric. Finally, we assume that all x_μ; y_μ; $\cdots$; z_μ are distinct among themselves and from $t_1, \cdots, t_k$. We can decompose (I.11) by means of (I.6) as

$$[x_1, \cdots, x_{m_1}]_{x_{m_1}}[x_{m_1}, y_1, \cdots, y_{m_2}; \cdots; z_1, \cdots, z_{m_k}]_x f,$$

and this is obviously equal to

$$[x_1, \cdots, x_{m_1}]_t[t, y_1, \cdots, y_{m_2}; \cdots; z_1, \cdots, z_{m_k}]_x f.$$

Now let $x_1, \cdots, x_{m_1}$ tend to t_1; then we obtain as the limit of (I.11)

$$\frac{\partial^{m_1-1}}{\partial t_1^{m_1-1}} [t_1, y_1, \cdots, y_{m_2}; \cdots; z_1, \cdots, z_{m_k}]_x f.$$

But here (I.13) can be applied to

$$[t_1, y_1, \cdots, y_{m_2}; \cdots; z_1, \cdots, z_{m_k}]_x f$$

and (I.13) is proved for the general case.

As a matter of fact, we obtain here the limit of (I.11) with the x_μ first going to their limit, then the y_μ to their limit and so on, instead of all variables going to their limits simultaneously. This is, however, permissible by virtue of our assumption about the continuity of the corresponding derivatives of f.

From (I.13) we conclude that the expression (I.12) is symmetric with respect to the $t_1^{m_1}, \cdots, t_1^{m_k}$. From the definition of (I.12) as the limit of (I.11) it follows that the formulae (I.9), (I.10) and (I.10′) remain valid if the x_ν are no longer assumed to be distinct.

8. Let $\phi(x)$ be a function of one variable x and $x_1, \cdots, x_n, x, n+1$ distinct points. Then we can write (I.1) for $\phi(x)$ in the form

$$\phi(x) = \phi(x_1) + (x - x_1)\phi(x, x_1).$$

Applying the same formula to $\phi(x, x_1)$ as a function of x we have

$$\phi(x, x_1) = \phi(x_2, x_1) + (x - x_2)\phi(x, x_1, x_2)$$

and proceed in the same way until we have

$$\phi(x, x_1, \cdots, x_{n-1}) = \phi(x_n, x_{n-1}, \cdots, x_1) + (x - x_n)\phi(x, x_1, \cdots, x_n).$$

Eliminating successively $\phi(x, x_1), \phi(x, x_1, x_2), \cdots$, we obtain finally

$$\phi(x) = L_{n-1}(\phi; x) + R_{n-1},$$

$$\begin{aligned} L_{n-1}(\phi; x) = \phi(x_1) &+ (x - x_1)[x_1, x_2]\phi \\ &+ (x - x_1)(x - x_2)[x_1, x_2, x_3]\phi \\ &+ \cdots + (x - x_1) \cdots (x - x_{n-1})[x_1, \cdots, x_n]\phi, \\ R_{n-1} &= (x - x_1) \cdots (x - x_n)[x, x_1, \cdots, x_n]\phi. \end{aligned} \tag{I.14}$$

This is the classical interpolation formula of Newton. L_{n-1} is the approximating polynomial of degree $n - 1$ and R_{n-1} is the remainder term. For real or not necessarily real $x_1, \cdots, x_n$ we can write R_{n-1}, by (I.9) and (I.10), in one of the forms

$$\begin{aligned} R_{n-1} &= (x - x_n) \cdots (x - x_n) \frac{\phi^{(n)}(\xi)}{n!}; \\ R_{n-1} &= (x - x_1) \cdots (x - x_n)\theta \frac{\phi^{(n)}(\xi)}{n!}, \quad |\theta| \leqq 1 \end{aligned} \tag{I.15}$$

with a ξ from $p(x_1, \cdots, x_n, x)$ if $\phi(x)$ is assumed to have there continuous nth derivatives. Since (I.15) vanishes in all points $x_1, \cdots, x_n$ we see that L_{n-1} coincides with $\phi(x)$ at these n points. The polynomial $L_{n-1}(x)$ is therefore the Lagrangian interpolating polynomial corresponding to the interpolation points x_ν.

9. The formula $\phi(x) = L_{n-1} + R_{n-1}$ in (I.14) is an identity. We can therefore let groups of interpolation points x_ν become equal, so that R_{n-1} becomes, for instance, in the case of §6,

$$(x - t_1)^{m_1} \cdots (x - t_k)^{m_k}[x, t_1^{m_1}, \cdots, t_k^{m_k}]\phi. \tag{I.16}$$

The corresponding limiting process is allowed if $\phi(x)$ has continuous nth derivatives in $P(x, t_1, \cdots, t_k)$. In this case (I.14) becomes another form of the Hermite interpolation formula.

The polynomial L_{n-1} does not depend here on the way in which the m_1 variables x_ν with the value t_1, the m_2 variables x_ν with the value t_2 and so on, are ordered. But the coefficients of L_{n-1} in (I.14) do, of course, depend on this ordering.

If we have for instance $x_1 = t_1$, $x_2 = t_1$, $x_3 = t_2$, L_2 becomes

$$L_2(x) = \phi(t_1) + (x - t_1)\phi'(t_1) + (x - t_1)^2 \frac{d}{dt_1}[t_1, t_2]\phi,$$

while, if we have $x_1 = t_1$, $x_2 = t_2$, $x_3 = t_1$, we have the same polynomial L_2 written in the form

$$L_2(x) = \phi(t_1) + (x - t_1)[t_1, t_2]\phi + (x - t_1)(x - t_2)\frac{d}{dt_1}[t_1, t_2]\phi.$$

It is easy to verify directly that both polynomials are, indeed, identical.

CHAPTER II. THE CONVERGENCE PROOF

10. Newton's method of approximation to a root ζ of $f(x) = 0$ can be introduced developing, for $\zeta = x_0 + h$, $f(\zeta) = f(x_0 + h)$ in the Taylor series

$$0 = f(x_0 + h) = f(x_0) + hf'(x_0) + \frac{h^2}{2}f''(x_0) + \cdots.$$

If higher powers of h can be neglected, we get a good approximation of h by taking only the first two terms of the development and obtain in this way the equation

$$f(x_0) + h_0 f'(x_0) = 0$$

which gives Newton's correction h_0 of x_0. If x_0 is not a sufficiently close approximation to ζ, it could happen that at least h^3 can be neglected. It was therefore proposed by Halley to keep the first *three terms* of the development and to obtain the correction from the quadratic equation:

$$f(x_0) + hf'(x_0) + \frac{h^2}{2}f''(x_0) = 0. \tag{II.1}$$

This method offers also the advantage that (II.1) could have complex roots even if $f(x)$ were real, and in this case we can hope to get at the complex roots of $f(x)$, even starting with a real first approximation.

Of course, the left side expression in (II.1) can be interpreted as an interpolating polynomial for $f(x)$ with three interpolating points coinciding with x_0. We can therefore, more generally, assume that we have three approximating values for ζ, x_1, x_2, x_3 (which need not be distinct). Forming by (I.14) the corresponding interpolating polynomial for $f(x)$ with these interpolation points:

$$L_2(x) \equiv f(x_1) + (x - x_1)[x_1, x_2]f + (x - x_1)(x - x_2)[x_1, x_2, x_3]f,$$

we solve the equation $L_2(x) = 0$. Then one of the roots of $L_2(x)$ can be expected to give a better approximation of ζ.

As long as computing was manual and even after desk machines came into use this method did not become popular since the psychological resistance of the (human) computer against repeated solving of quadratic equations was too strong. The situation became different with automatic computing and in many tests this method proved to be surprisingly efficient, inasmuch as convergence usually does not depend on the choice of starting values.

11. We will discuss the more general problem, starting with $n > 2$ approximations $x_1, \cdots, x_n$ to a root ζ of a function $f(x)$, where $x_1, \cdots, x_n$ need not be distinct and $f(x)$ is assumed to have continuous nth derivative in $P(\zeta, x_1, \cdots, x_n)$.

Form by (I.14) the corresponding approximation polynomial of degree $n - 1$

$$\text{(II.2)} \qquad \begin{aligned} L_{n-1}(f, x) \equiv f(x_1) &+ (x - x_1)[x_1, x_2]f \\ &+ \cdots + (x - x_1) \cdots (x - x_{n-1})[x_1, \cdots, x_n]f \end{aligned}$$

and assume that $x_1, \cdots, x_n$ lie in the ϵ-neighborhood $U_\epsilon(\zeta)$ of ζ, $|x - \zeta| \leqq \epsilon$. We shall now prove the

THEOREM 1. *Assume that ζ is a root with the exact multiplicity $p < n$ of the function $f(x)$, analytic on the neighborhood $U_{3\epsilon}(\zeta)$ of ζ. Then if ϵ is sufficiently small, for any n numbers $x_1, \cdots, x_n$ lying in $U_\epsilon(\zeta)$ the polynomial* (II.2) *has exactly p roots in $U_\epsilon(\zeta)$ and all other roots of this polynomial lie outside $U_{3\epsilon}(\zeta)$.*

12. In the proof we can assume, without loss of generality, $\zeta = 0$.

We give first some estimates which will be used later. Assume that $\phi^{(n-1)}(x)$ is continuous for $|x| \leqq \epsilon$ and put

$$\text{(II.3)} \qquad M_\kappa = \max_{|x| \leqq 3\epsilon} |\phi^{(\kappa)}(x)| \qquad (\kappa = 0, 1, \cdots, n - 1).$$

Then if

$$\text{(II.4)} \qquad |x| \leqq 3\epsilon, \qquad |x_\nu| \leqq \epsilon \qquad (\nu = 1, 2, \cdots, n),$$

we have for the polynomial $L_{n-1}(\phi, x)$ in (I.14)

$$
\text{(II.5)}\qquad
\begin{aligned}
| L_{n-1}(\phi, x) | \leqq M_0 &+ \frac{4}{1!}\epsilon M_1 \\
&+ \frac{4^2}{2!}\epsilon^2 M_2 + \cdots + \frac{4^{n-1}}{(n-1)!}\epsilon^{n-1} M_{n-1} .
\end{aligned}
$$

Indeed, we have for the νth term in L_{n-1} for a ξ with $|\xi| \leqq \epsilon$:

$$
\begin{aligned}
| x - x_1 | \cdots | x - x_{\nu-1} | \, | [x_1, \cdots, x_\nu]\phi | &\leqq (4\epsilon)^{\nu-1} \frac{| \varphi^{(\nu-1)}(\xi) |}{(\nu-1)!} \\
&\leqq \frac{4^{\nu-1}}{(\nu-1)!}\epsilon^{\nu-1} M_{\nu-1} .
\end{aligned}
$$

13. The estimate (II.5) can be used in the following connection. Develop $f(x)$ by the Maclaurin Formula,

$$
\text{(II.6)}\qquad f(x) = T(x) + \phi(x), \qquad T(x) = \sum_{\nu=0}^{n-1} \frac{f^{(\nu)}(0)}{\nu!} x^\nu,
$$

where $\phi(x)$ is the remainder. Then $L_{n-1}(f, x)$ is the sum $L_{n-1}(T, x) + L_{n-1}(\phi, x)$. But as $T(x)$ is a polynomial of degree $n - 1$, we have $L_{n-1}(T, x) = T(x)$. Denoting $L_{n-1}(\phi, x)$ by $L^*(x)$ we have

$$
L_{n-1}(f, x) - T(x) = L^*(x).
$$

To obtain the estimates of the M_κ for our $\phi(x)$, put

$$
\text{(II.7)}\qquad K = \max | f^{(n)}(x) | \qquad (| x | \leqq 3\epsilon)
$$

and observe that we have

$$
| \phi(x) | \leqq K \frac{| x |^n}{n!} \leqq K \frac{(3\epsilon)^n}{n!} \qquad (| x | \leqq 3\epsilon).
$$

Differentiating (II.6) κ times for $\kappa = 1, 2, \cdots, n - 1$ we get

$$
f^{(\kappa)}(x) = \sum_{\nu=0}^{n-1-\kappa} \frac{f^{(\kappa+\nu)}(0)}{\nu!} x^\nu + \phi^{(\kappa)}(x),
$$

where now the remainder term is $\phi^{(\kappa)}(x)$ and we have therefore

$$
| \varphi^{(\kappa)}(x) | \leqq K \frac{(3\epsilon)^{n-\kappa}}{(n-\kappa)!} \qquad (| x | \leqq 3\epsilon, \kappa = 0, 1, \cdots, n - 1)
$$

Hence we have

$$
\epsilon^\kappa 4^\kappa \frac{M_\kappa}{\kappa!} \leqq \frac{4^\kappa \epsilon^n 3^{n-k}}{\kappa!(n-\kappa)!} K = \frac{K}{n!} 4^\kappa 3^{n-k} \binom{n}{\kappa} \epsilon^n,
$$

and by (II.5) under the conditions (II.4)

$$(\text{II}.8)\qquad \begin{aligned} |L^*(x)| &\leqq K\frac{\epsilon^n}{n!}\sum_{\kappa=0}^{n-1}\binom{n}{\kappa}4^\kappa 3^{n-\kappa} = (7^n-1)K\frac{\epsilon^n}{n!},\\ L_{n-1}(f,x) &= T(x)+L^*(x),\quad |L^*(x)| < \frac{7^nK}{n!}\epsilon^n \qquad (|x|\leqq 3\epsilon). \end{aligned}$$

14. We write hereafter $L(x)$ for $L_{n-1}(f, x)$. Then by our assumptions the polynomial $T(x)$ in (II.6) begins with a_px^p, $a_p \neq 0$. Dividing $f(x)$ by a_p we can therefore, without loss of generality, assume that

$$(\text{II}.9)\qquad T(x) = x^p + a_{p+1}x^{p+1} + \cdots + a_{n-1}x^{n-1}.$$

Put

$$(\text{II}.10)\qquad A = 1 + |a_{p+1}| + \cdots + |a_{n-1}|;$$

then I say that the assertion of our Theorem is valid if we have

$$(\text{II}.11)\qquad \epsilon \leqq \frac{1}{6A},\qquad \epsilon \leqq \frac{1}{2}\frac{n!}{7^nK}.$$

To prove this observe that we have for $|x| \leqq 3\epsilon$, by virtue of (II.11),

$$(\text{II}.12)\qquad \begin{aligned} \left|\frac{T(x)}{x^p}\right| &\geqq 1 - |a_{p+1}|(3\epsilon) - |a_{p+2}|(3\epsilon)^2 - \cdots - a_{n-1}|(3\epsilon)^{n-p-1}\\ &\geqq 1 - 3\epsilon A \geqq \tfrac{1}{2} \qquad (|x| \leqq 3\epsilon),\\ |T(x)| &\geqq \tfrac{1}{2}|x|^p \qquad (|x| \leqq 3\epsilon). \end{aligned}$$

We see that $T(x)$ has on the circular disk $|x| \leqq 3\epsilon$ no zeros save the p zeros at the origin.

15. On the other hand, by virtue of (II.11), we have from (II.8) for $|x| \leqq 3\epsilon$:

$$|L^*(x)| < \frac{7^nK}{n!}\epsilon^n = \frac{\epsilon\, 7^nK}{n!}\epsilon^{n-1} < \tfrac{1}{2}\epsilon^{n-1}$$

and, for $\epsilon \leqq |x| \leqq 3\epsilon$, by virtue of (II.12), $|L^*(x)| < \frac{1}{2}|x|^{n-1} \leqq T(x)$,

$$(\text{II}.13)\qquad |L^*(x)| < |T(x)| \qquad (\epsilon \leqq |x| \leqq 3\epsilon).$$

We can therefore apply Rouché's theorem to the contours $|x| = \epsilon$ and $|x| = 3\epsilon$ and it follows that the sum $L(x) = T(x) + L^*(x)$ has within both contours exactly as many roots as $T(x)$, that is, p roots, and that all other roots of $L(x)$ lie outside $|x| = 3\epsilon$.

Thus Theorem 1 is proved.

16. Using the result obtained with Theorem 1 we can now construct an iteration procedure for computing a root of the equation $f(x) = 0$. Assuming the hypothesis of Theorem 1 verified, we take from among the roots of $L(x) = 0$ that or one of those having the least distance from x_n and are then sure to get one of the p roots of $L(x)$ in the neighborhood $U_\epsilon(\zeta)$. This root may be denoted by x_{n+1}.

Starting now from $x_2, \cdots, x_n, x_{n+1}$ we obtain in the same way an x_{n+2} which lies also in $U_\epsilon(\zeta)$, and proceeding in the same way we obtain an infinite sequence x_ν. We shall now prove:

THEOREM 2. *Under the assumptions of Theorem 1 the infinite sequence x_ν constructed as indicated above tends to the root ζ of $f(x)$, if ϵ is sufficiently small.*

17. *Proof.* Without loss of generality we can assume that $\zeta = 0$. Developing $f(x)$ in the neighborhood of 0 with remainder of order p and making use of the assumptions (II.9) and (II.11) we have, with a ξ from $U_\epsilon(0)$ and a θ' with $|\theta'| \leqq 1$ by (I.10′)

$$\text{(II.10}') \quad f(x_{n+1}) = x_{n+1}^p + \theta' \frac{x_{n+1}^{p+1}}{(p+1)!} f^{(p+1)}(\xi) = x_{n+1}^p \left[1 + \theta \frac{x_{n+1} M_{p+1}}{(p+1)!}\right]$$

with $|\theta| \leqq 1$, where M_{p+1} is the maximum of $|f^{(p+1)}(x)|$ in $U_\epsilon(0)$.

Then taking ϵ such that, in addition to the restrictions (II.11),

$$\text{(II.11}') \qquad \epsilon M_{p+1} \leqq 1,$$

we have

$$\text{(II.12}') \qquad |x_{n+1}|^p \leqq 2\,|f(x_{n+1})|.$$

18. On the other hand, it follows from (I.14) and (I.15), since $L_{n-1}(f, x_{n+1}) = 0$, that

$$\text{(II.13)} \qquad |f(x_{n+1})| \leqq \frac{M_n}{n!} \prod_{\nu=1}^{n} |x_{n+1} - x_\nu|,$$

where M_n is the maximum of $|f^{(n)}(x)|$ in $U_\epsilon(0)$.

Introducing this into (II.12′) we have

$$|x_{n+1}|^p \leqq 2\frac{M_n}{n!} \prod_{\nu=1}^{n} |x_{n+1} - x_\nu| = 2^{-n} C^p \prod_{\nu=1}^{n} |x_{n+1} - x_\nu|,$$

$$C = \left\{\frac{2^{n+1} M_n}{n!}\right\}^{1/p}.$$

Observe that this inequality remains valid with the same value of C if we replace ϵ in our assumptions by any smaller positive number. From (II.14) it now follows that, as $|x_{n+1} - x_\nu| \leqq 2\epsilon$,

$$\text{(II.15)} \qquad |x_{n+1}| \leqq 2^{-n/p} C \prod_{\nu=1}^{n} |x_{n+1} - x_\nu|^{1/p} \leqq C\epsilon^{n/p}.$$

If we replace in this deduction x_1 by x_{n+1}, we obtain similarly

$$|x_{n+2}| \leqq C\epsilon^{n/p},$$

and proceeding in the same way:

$$\text{(II.16)} \qquad |x_\nu| \leqq C\epsilon^{n/p} \qquad (\nu = n+1, \cdots, 2n).$$

19. Take now a positive $\delta < n/p - 1$ and assume ϵ so small that

$$C\epsilon^{n/p-1-\delta} < 1;$$

then we have from (II.16):

$$|x_\nu| \leqq \epsilon^{1+\delta} \qquad (\nu = n+1, \cdots, 2n).$$

We can therefore, using $x_{n+1}, \cdots, x_{2n}$, replace ϵ by $\epsilon^{1+\delta}$. We obtain then:

$$|x_\nu| \leqq \epsilon^{(1+\delta)^2} \qquad (\nu = 2n+1, \cdots, 3n),$$

and proceeding in the same way, for any natural integer k:

$$\text{(II.17)} \qquad |x_\nu| \leqq \epsilon^{(1+\delta)^k} \qquad (\nu = kn+1, \cdots, (k+1)n).$$

But then we have $x_\nu \to 0$ and Theorem 2 is proved.

20. Observe that if one of the $x_1, \cdots, x_n$ is exactly equal to 0, then, since $L_{n-1}(f, x)$ is the corresponding interpolating polynomial, this polynomial too has 0 as one of its roots. If $p = 1$ this will then be exactly x_{n+1} since Theorem 1 is applicable and the following $x_{n+\kappa}$ have all the value 0 so that the iteration procedure practically stops.

It can be different if $p > 1$. In this case 0 is certainly, under the conditions of Theorem 1, one of the roots of L_{n-1}, lying in $U_\epsilon(0)$. However, it may not be the root nearest to x_n.

In practical computation the vanishing of the value of f for one of the x_ν signals just that one of the roots has been found. On the other hand, if one of the values $f(x_\nu)(\nu = 1, \cdots, n)$, say $f(x_{\nu_0})$, is distinctly smaller than all other values, it is certainly justified to take from among the roots of $L_{n-1}(x)$ the one nearest to x_{ν_0} which need not be nearest to x_n. However, it will be shown (see Chapter IV, Lemma 4) that if we keep to the rule of choosing each x_ν nearest to $x_{\nu-1}$ monotony establishes itself automatically from a certain x_ν on.

21. We show finally by an example why p was assumed $<n$. Consider indeed the equation

$$f(x) \equiv x^3 = 0.$$

The approximating quadratic polynomial corresponding to the interpolating points x_1, x_2, x_3 is then

$$x^2 - Ax + B \equiv \frac{x^3 - (x - x_1)(x - x_2)(x - x_3)}{x_1 + x_2 + x_3},$$

so that we have

$$A = \frac{x_1 x_2 + x_1 x_3 + x_2 x_3}{x_1 + x_2 + x_3}, \qquad B = \frac{x_1 x_2 x_3}{x_1 + x_2 + x_3}.$$

Take now an arbitrary small positive $\delta < 1$ and put

$$x_i = \delta^2 \zeta_i, \qquad | \zeta_i | = 1 \qquad\qquad (i = 1, 2, 3),$$

choosing the ζ_i so that $0 < \zeta_1 + \zeta_2 + \zeta_3 < \delta^{10}$. Then we have

$$A = \delta^2 \frac{\bar{\zeta}_1 + \bar{\zeta}_2 + \bar{\zeta}_3}{\zeta_1 + \zeta_2 + \zeta_3} \zeta_1 \zeta_2 \zeta_3$$

and

$$B = \delta^4 \frac{\zeta_1 \zeta_2 \zeta_3}{\zeta_1 + \zeta_2 + \zeta_3},$$

$$| A | = \delta^2, \qquad | B | > \delta^4/\delta^{10} = 1/\delta^6.$$

But then, if $u_1, u_2, | u_1 | \leqq | u_2 |$, are the zeros of $x^2 - Ax + B$ we have

$$| u_2 |^2 \geqq | u_1 u_2 | > 1/\delta^6, \qquad | u_2 | > 1/\delta^3,$$

$$| u_1 | \geqq | u_2 | - | u_1 + u_2 | \geqq \frac{1}{\delta^3} - \delta^2 = \frac{1 - \delta^5}{\delta^3}.$$

We see that for $\delta \downarrow 0$ both roots of $x^2 - Ax + B$ tend to ∞, so that Theorem 1 certainly does not hold in this case.

CHAPTER III. ASYMPTOTIC ERROR ANALYSIS FOR $p = 1$

22. We carry the error analysis through here only in the most important case $p = 1$, that is $f'(\zeta) \neq 0$, as in this case the discussion is simpler. The general case will be treated in Chapter IV. We will assume in the following discussion, without loss of generality, $\zeta = 0$. Only in the formulation of the final results will this assumption be dropped. Since in our discussion the convergence of our process will be assumed as established, we can operate with the starting values $x_1, \cdots, x_n$ tending to 0, in order to simplify the writing of the formulae.

Under the conditions of Theorems 1 and 2 we can develop $f(x)$ in the neighborhood of the origin and have, as in §8 of Chapter II:

$$f(x_{n+1}) = f'(0)x_{n+1} + \theta' f''(\xi)x_{n+1}^2, \, | \theta' | \leqq \tfrac{1}{2}, \, | \xi | \leqq \epsilon,$$

$$\text{(III.1)} \quad x_{n+1} = \frac{f(x_{n+1})}{f'(0)} \frac{1}{1 + \theta f''(\xi)x_{n+1} / | f'(0) |}, \, | \theta | \leqq \tfrac{1}{2}, \, | \xi | \leqq \xi.$$

On the other hand, by (I.14)

$$f(x_{n+1}) = \prod_{\nu=1}^{n} (x_{n+1} - x_\nu)[x_1, \cdots, x_n, x_{n+1}]f.$$

We introduce this value of $f(x_{n+1})$ into (III.1) and use for the divided difference the expressions (I.10) and (I.10′). Then we have

$$\frac{x_{n+1}}{\prod_{\nu=1}^{n} (x_{n+1} - x_\nu)} = \theta_1 \frac{f^{(n)}(\xi)}{f'(0)n!} \frac{1}{1 + \theta f''(\xi)x_{n+1} / | f'(0) |}$$

(III.2)
$$= \frac{f^{(n)}(0) + \theta_2\, \delta f^{(n+1)}(\xi_2)}{f'(0)n!(1 + \theta f''(\xi_1)x_{n+1}) / | f'(0) |}, \; | \theta | \leqq \tfrac{1}{2}, \; | \theta_1 | \leqq 1, \; | \theta_2 | \leqq 1,$$

$$| \xi | \leqq \epsilon, \; | \xi_\lambda | \leqq \epsilon, \; \lambda = 1, 2,$$

where δ is $= 2\max(| x_1 |, \cdots, | x_{n+1} |)$.

23. Denote by M_n, M_2 some upper bounds of $| f^{(n)}(x) |$, $| f''(x) | / | f'(0) |$ for $| x | \leqq \epsilon$. Obviously, these bounds remain valid if ϵ diminishes. We can therefore assume that

$$\epsilon M_2 \leqq \tfrac{1}{2}$$

and, putting

$$C = 2 \frac{M_n}{| f'(0) |}, \qquad \kappa = 2^n C,$$

it follows from (II.2) that

(III.3)
$$| x_{n+1} | \leqq C \prod_{\nu=1}^{n} | x_{n+1} - x_\nu |.$$

Now I say that if ϵ is assumed smaller than $\kappa^{-1/(n-1)}$, we have

(III.4)
$$| x_{n+1} | \leqq \kappa | x_1 \cdots x_n |.$$

Indeed, put

$$\min_{\nu=1,2,\cdots,n} | x_\nu | = u.$$

If we had $| x_{n+1} | \geqq u$, it would follow from (III.3) that

$$| x_{n+1} | \leqq C \cdot 2 | x_{n+1} | \cdot 2^{n-1} \epsilon^{n-1} = \kappa | x_{n+1} | \epsilon^{n-1},$$

and we would have $\epsilon \geqq \kappa^{-1/(n-1)}$.

Therefore $| x_{n+1} | < u$ and each factor $| x_{n+1} - x_\nu |$ in (III.3) is $\leqq 2 | x_\nu |$. But then (III.4) follows immediately.

From (III.4) we see in particular that we have in the sequence x_ν from a certain ν on

(III.5)
$$| x_\nu | > | x_{\nu+1} | > \cdots.$$

24. From now on the discussion of S, Chapter 13, beginning with §2, can be applied without any change and we obtain therefore, according to the formulae (13.27) and (13.28):

$$\log | x_\nu - \zeta | \sim -\alpha \mu_n^{\ \nu} \tag{III.6}$$

where α is a positive constant and μ_n the maximal root of

$$x^n - x^{n-1} - \cdots - x - 1 = 0.$$

We see that the convergence is of the same type as in the corresponding inverse interpolation method.

Similarly, as in Chapter 13 of S, we can improve considerably the relation (III.6) if $f^{(n)}(\zeta) \neq 0$. We can further assume, by virtue of (III.5), that

$$| x_1 | > | x_2 | > \cdots > | x_{n+1} |.$$

Assuming $f^{(n)}(0) \neq 0$, we can rewrite (III.2) as

$$x_{n+1} = \frac{1}{n!}\left(\frac{f^{(n)}(0)}{f'(0)} + O(x_n)\right) \prod_{\nu=1}^{n} (x_{n+1} - x_\nu). \tag{III.7}$$

But by virtue of (III.4), we have for each ν in the product in (III.7)

$$x_{n+1} - x_\nu \sim -x_\nu$$

and obtain therefore,

$$\frac{\zeta - x_N}{\prod_{\nu=N-n}^{N-1} (\zeta - x_\nu)} \to \frac{-1}{n!}\frac{f^{(n)}(\zeta)}{f'(\zeta)} \qquad (N \to \infty). \tag{III.8}$$

25. Dividing on both sides of (III.7) by $\prod_{\nu=1}^{n} | x_\nu |$, we have

$$\frac{x_{n+1}}{\prod_{\nu=1}^{n} | x_\nu |} = \left(\frac{(-1)^n}{n!}\frac{f^{(n)}(0)}{f'(0)} + O(x_1)\right) \prod_{\nu=1}^{n} \left(1 - \frac{x_{n+1}}{x_\nu}\right).$$

But here, by virtue of (III.4), each factor in the product is

$$1 + O\left(\frac{x_1 \cdots x_n}{x_\nu}\right) = 1 + O(x_1)$$

and we have therefore,

$$\frac{| x_{n+1} |}{\prod_{\nu=1}^{n} | x_\nu |} = C_1 | 1 + O(x_1) |, \qquad C_1 = \left| \frac{1}{n!}\frac{f^{(n)}(0)}{f'(0)} \right|. \tag{III.9}$$

If we put now

$$\log \frac{1}{|x_\nu|} \equiv y_\nu, \qquad -\log C_1 = (n-1)\gamma,$$

we obtain from (III.9)

$$y_{n+1} - \sum_{\nu=1}^{n} y_\nu = (n-1)\gamma + O(x_1),$$

and replacing x_ν by $x_{\mu+\nu-1}$, y_ν by $y_{\mu+\nu-1}$, we obtain

$$y_{\mu+n} - \sum_{\nu=0}^{n-1} y_{\mu+\nu} = (n-1)\gamma + k_{n+\mu},\ k_{n+\mu} = O(x_\mu),$$

and finally, putting

$$v_\nu = y_\nu + \gamma \qquad (\nu = 1, 2, \cdots),$$

$$\text{(III.10)} \qquad v_{\mu+n} - \sum_{\nu=0}^{n-1} v_{\mu+\nu} = k_{n+\mu} = O(x_\mu) \qquad (\mu \to \infty).$$

26. But (III.10) is a difference equation of the same type as (13.35) in S and we have therefore, proceeding as in §17 of Chapter 13 of S

$$v_\nu = \alpha\mu_n^\nu + O(q_n^\nu), \qquad y_\nu = \alpha\mu_n^\nu - \gamma + O(q_n^\nu),$$

where q_n is the maximal modulus of all roots $\neq \mu_n$ of the equation

$$x^n - x^{n-1} - \cdots - x - 1 = 0.$$

It follows that

$$|x_\nu - \zeta| = e^\gamma e^{-\alpha\mu_n^\nu}(1 + O(q_n^\nu))$$

$$\text{(III.11)} \qquad = \left(\frac{n!\,|f'(\zeta)|}{|f^{(n)}(\zeta)|}\right)^{1/(n-1)} e^{-\alpha\mu_n^\nu}(1 + O(q_n^\nu)) \quad (f^{(n)}(\zeta) \neq 0, \nu \to \infty),$$

$$\text{(III.12)} \qquad \frac{|x_{\nu+1} - \zeta|}{|x_\nu - \zeta|^{\mu_n}} = e^{-\gamma(\mu_n - 1)} + O(q_n^\nu) = \left(\frac{|f^{(n)}(\zeta)|}{|f'(\zeta)|\,n!}\right)^{\mu_n - 1} + O(q_n^\nu) \qquad (\nu \to \infty).$$

Observe that we have here (cf. Chapter 13 of S):

$$\text{(III.13)} \qquad 0 < q_n < \mu_n - 1 < 1.$$

CHAPTER IV. ASYMPTOTIC ERROR ANALYSIS FOR $p > 1$

27. We resume the problem treated in Chapter III but now assume $p > 1$, and in particular

$$\text{(IV.1)} \qquad f^{(p)}(\zeta) \neq 0, \qquad f^{(n)}(\zeta) \neq 0, \qquad 2 \leqq p \leqq n - 1.$$

We can assume in this discussion first that $\zeta = 0$ and state only the final result with the general value of ζ. Further, we write

$$| x_\nu | = \xi_\nu \qquad (\nu = 1, 2, \cdots),$$

and assume the conditions of Theorems 1 and 2 to be satisfied.

If we pass from the values $x_{\nu+1}, \cdots, x_{\nu+n}$ by the method described in Chapter II to the next approximation $x_{\nu+n+1}$, we have, on applying (II.10′) with necessary changes,

$$\text{(IV.2)} \qquad \xi_{\nu+n+1}^p = p! \left| \frac{f(x_{\nu+n+1})}{f^{(p)}(0)} \right| \frac{1}{1 + \dfrac{\theta\epsilon_0}{p+1} \dfrac{M_{p+1}}{f^{(p)}(0)}},$$

where we write generally

$$M_\kappa = \max_{|x| \leqq \epsilon} | f^{(\kappa)}(x) | \qquad (\kappa = 1, 2, \cdots),$$

and

$$\text{(IV.3)} \qquad \epsilon_0 = \max(\xi_{\nu+1}, \xi_{\nu+2}, \cdots, \xi_{\nu+n}).$$

28. On the other hand, using (I.10′), we have from (I.14), written for $x = x_{\nu+n+1}$ and $x_{\nu+1}, \cdots, x_{\nu+n}$

$$f(x_{\nu+n+1}) = \prod_{\kappa=1}^{n} (x_{\nu+n+1} - x_{\nu+\kappa})[x_{\nu+1}, \cdots, x_{\nu+n+1}]f,$$

$$f(x_{\nu+n+1}) = \left[\frac{f^{(n)}(0)}{n!} + 2\theta\epsilon_0 \frac{M_{n+1}}{n!}\right] \prod_{\kappa=1}^{n} (x_{\nu+n+1} - x_{\nu+\kappa}).$$

Introducing this into (IV.2), and putting

$$\text{(IV.4)} \qquad T = \frac{p!}{4n!} \left| \frac{f^{(n)}(0)}{f^{(p)}(0)} \right|,$$

we have

$$\text{(IV.5)} \qquad \begin{aligned} \xi_{\nu+n+1}^p &= 4TU \prod_{\kappa=1}^{n} | x_{\nu+n+1} - x_{\nu+\kappa} |, \\ U &= \frac{1 + \theta_1 \epsilon_0 M_{n+1}/f^{(n)}(0)}{1 + \theta_2 \epsilon_0 M_{p+1}/f^{(p)}(0)}, \quad | \theta_1 | \leqq 2, | \theta_2 | \leqq 1. \end{aligned}$$

Since $\xi_\nu \to 0$ as $\nu \to \infty$, ϵ_0 can be assumed, for $\nu \geqq \nu_0$, so small that

$$\text{(IV.6)} \qquad \tfrac{1}{2} \leqq U \leqq 2 \qquad (\nu \geqq \nu_0).$$

Observe that if the hypothesis of Theorems 1 and 2 are satisfied, we have $\xi_\mu \leqq \epsilon_0$, $\mu \geqq \nu + 1$.

It follows obviously from (IV.6) and (IV.5) that for $\nu \geqq \nu_0$, $x_{\nu+n+1}$ can only vanish if one of the n preceding $x_{\nu+1}, \cdots, x_{\nu+n}$ vanishes. It follows therefore that if for a $\nu > \nu_0$, $x_{\nu+1}, \cdots, x_{\nu+n}$ do not vanish, then no x_μ for $\mu > \nu$ vanishes.

We will now prove several Lemmas.

29. LEMMA 1. *Under the conditions of Theorems* 1 *and* 2 *take a positive* δ *with*

$$\delta < \frac{1}{2^{n+3}}, \qquad (1-\delta)^n > \frac{1}{2}, \tag{IV.7}$$

and assume that we have for $\nu \geqq \nu_0$

$$\epsilon_0 < \frac{\delta}{2^{n+3}T}, \qquad \epsilon_0 < 1(\nu \geqq \nu_0), \qquad \xi_{\nu+1} \cdots \xi_{\nu+n} > 0. \tag{IV.8}$$

If we have then

$$\xi_{\nu+n+1} \leqq \delta^{p+1} \min(\xi_{\nu+1}, \cdots, \xi_{\nu+n}), \tag{IV.9}$$

it follows that

$$\xi_{\nu+n+2} \leqq \delta\xi_{\nu+n+1}. \tag{IV.10}$$

30. *Proof.* Assume that we have instead of (IV.10)

$$\xi_{\nu+n+2} > \delta\xi_{\nu+n+1}. \tag{IV.11}$$

From (IV.5)-(IV.9) it follows that

$$\begin{aligned} \xi_{\nu+n+1}^p &> 2T(1-\delta)^n\xi_{\nu+1} \cdots \xi_{\nu+n}, \\ \xi_{\nu+n+1}^{p-1} &> T\frac{\xi_{\nu+1}}{\xi_{\nu+n+1}}\xi_{\nu+2} \cdots \xi_{\nu+n} \geqq \frac{T}{\delta^{p+1}}\xi_{\nu+2} \cdots \xi_{\nu+n}. \end{aligned} \tag{IV.12}$$

On the other hand, we have, applying (IV.5) with $\nu + 1$ instead of ν and using (IV.6) and (IV.11),

$$\xi_{\nu+n+2}^{p-1} \leqq \frac{16T}{\delta}\prod_{\kappa=2}^{n} |\xi_{\nu+n+2} + \xi_{\nu+\kappa}|. \tag{IV.13}$$

31. We now arrange $\xi_{\nu+2}, \cdots, \xi_{\nu+n}$ in decreasing order and denote them in this order by

$$\eta_2 \geqq \eta_3 \geqq \cdots \geqq \eta_n. \tag{IV.14}$$

Further, we put

$$\xi_{\nu+n+1} = \eta_{n+1}, \qquad \xi_{\nu+n+2} = \eta. \tag{IV.15}$$

Then it follows from (IV.12) and (IV.13) that

(IV.16) $$\eta_{n+1}^{p-1} > \frac{T}{\delta^{p+1}} \eta_2 \cdots \eta_n ,$$

(IV.17) $$\eta^{p-1} < \frac{16T}{\delta} \prod_{\kappa=2}^{n} (\eta + \eta_\kappa).$$

32. We show first that $\eta_2 > \eta \geqq \eta_n$. Indeed, if we had $\eta \geqq \eta_2$, it would follow from (IV.17) that

$$\eta^{p-1} < \frac{16T}{\delta} 2^{n-1} \eta^{n-1}, \qquad \eta^{n-p} > \frac{\delta}{2^{n+3}T}, \qquad \epsilon_0 \geqq \eta > \frac{\delta}{2^{n+3}T},$$

contrary to (IV.8). And, if we had $\eta < \eta_n$, it would follow from (IV.17) that

$$\eta^{p-1} < \frac{16T}{\delta} 2^{n-1} \eta_2 \cdots \eta_n ,$$

or, dividing on both sides by δ^{p-1} and using (IV.11),

$$\eta_{n+1}^{p-1} < \frac{2^{n+3}T}{\delta^p} \eta_2 \cdots \eta_n ,$$

and comparing this with (IV.16), we have

$$2^{n+3}T\delta > T, \qquad \delta > \frac{1}{2^{n+3}},$$

contrary to (IV.7).

33. Therefore, there exists a k with $2 \leqq k \leqq n - 1$, such that

(IV.18) $$\eta_k > \eta \geqq \eta_{k+1}, \qquad 2 \leqq k \leqq n - 1.$$

But then we have in (IV.17),

$$\eta + \eta_\kappa \leqq \begin{cases} 2\eta, & \kappa > k \\ 2\eta_\kappa , & \kappa \leqq k, \end{cases}$$

and it follows from (IV.17) that

$$\eta^{p-1} < \frac{16T}{\delta} 2^{n-1} \eta_2 \cdots \eta_k \eta^{n-k},$$

or, putting $s = p - 1 - (n - k)$ and using (VI.8), (IV.3)

$$\eta^s < \frac{2^{n+3}T}{\delta} \eta_2 \cdots \eta_k < \frac{\eta_2 \cdots \eta_k}{\epsilon_0} \leqq 1.$$

But then it follows that $s \geqq 1$ and, by (IV.11)

(IV.19) $$\delta^s \eta_{n+1}^s < \frac{2^{n+3}T}{\delta} \eta_2 \cdots \eta_k .$$

34. On the other hand, dividing (IV.16) by η_{n+1}^{n-k} and using (IV.9)

$$\eta_{n+1}^{s} > \frac{T}{\delta^{p+1}} \eta_2 \cdots \eta_k \frac{\eta_{k+1}}{\eta_{n+1}} \cdots \frac{\eta_n}{\eta_{n+1}},$$

$$\eta_{n+1}^{s} > \frac{T}{\delta^{(n-k+1)(p+1)}} \eta_2 \cdots \eta_k > \frac{T}{\delta^{(n-k+1)p}} \eta_2 \cdots \eta_k .$$

Comparing this with (IV.19) we have

$$2^{n+3}\delta^{(n+k+1)p} > \delta^{1+p-(n-k+1)}, \qquad \delta > \delta^{(p+1)(n-k)} > \frac{1}{2^{n+3}},$$

contrary to (IV.7)

Thus Lemma 1 is proved.

35. Applying Lemma 1 repeatedly we obtain

LEMMA 2. *Under the conditions of Lemma* 1 *assume that we have, beyond* (IV.9),

(IV.20) $$\xi_{\nu+n+1} \leqq \delta^{(p+1)^{2n}} \min (\xi_{\nu+1}, \cdots, \xi_{\nu+n})$$

and ϵ_0 *so small that, beyond* (IV.8),

(IV.21) $$\epsilon_0 < \frac{\delta^{(p+1)^{2n}}}{2^{n+3}} .$$

Then we have

$$\xi_{\nu+n+2} \leqq \delta^{(p+1)^{2n-1}} \xi_{\nu+n+1},$$

and generally

(IV.22) $$\xi_{\nu+n+\kappa+1} \leqq \delta^{(p+1)^{2n-\kappa}} \xi_{\nu+n+\kappa} \qquad (\kappa = 1, 2, \cdots, 2n).$$

We have in particular under the conditions of Lemma 2, putting $\mu = \nu + n$,

(IV.23) $$0 < \xi_{\mu+2n+1} \leqq \delta\xi_{\mu+2n} \leqq \cdots \leqq \delta^{\kappa+1}\xi_{\mu+2n-\kappa} \leqq \cdots \leqq \delta^{2n+1}\xi_{\mu} .$$

36. LEMMA 3. *Under the conditions of Theorems* 1 *and* 2 *take a positive* δ *satisfying* (IV.7) *and assume that for a certain* $\mu \geqq \nu_0$ *we have* (IV.23) *and*

(IV.24) $$\xi_\mu < \frac{\delta}{2^{n+3}T} .$$

Then we have for all $\kappa \geqq 0$

(IV.25) $$\xi_{\mu+\kappa+1} \leqq \delta\xi_{\mu+\kappa} \qquad (\kappa = 0, 1, \cdots).$$

Proof. (IV.25) is obviously satisfied by virtue of (IV.23) for $\kappa = 0, 1, \cdots, 2n$. It is therefore sufficient to prove (IV.25) for $\kappa = 2n + 1$, that is

(IV.26) $$\xi_{\mu+2n+2} \leqq \delta\xi_{\mu+2n+1},$$

since from (IV.26) it then follows that the conditions of our Lemma remain satisfied if μ is replaced by $\mu + 1$ and the whole assertion of the Lemma follows by induction.

In proving (IV.26) we put

$$\xi_{\mu+2n+2} = \xi, \tag{IV.27}$$

to simplify the notation.

37. We show first that we have under the conditions of our Lemma

$$\xi^p_{\mu+n+\lambda+2} > T\xi^{n-\lambda}_{\mu+n+1}\prod_{\kappa=1}^{\lambda} \xi_{\mu+n+1+\kappa} \qquad (\lambda = 0, 1, \cdots, n-1), \tag{IV.28}$$

where, for $\lambda = 0$, the product is, of course, to be replaced by 1.

Indeed, we have from (IV.5) and (IV.6), as $\mu \geqq \nu_0$:

$$\xi^p_{\mu+n+\lambda+2} > 2T\prod_{\kappa=1}^{n} | x_{\mu+n+\lambda+2} - x_{\mu+\lambda+1+\kappa} |.$$

Since we have, however, in the right-hand product, by (IV.23),

$$\xi_{\mu+n+\lambda+2} \leqq \delta\xi_{\mu+\lambda+1+\kappa} \qquad (\lambda = 0, 1, \cdots, n-1; \kappa = 1, 2, \cdots, n),$$

we have further

$$\xi^p_{\mu+n+\lambda+2} > 2T\prod_{\kappa=1}^{n} (\xi_{\mu+\lambda+1+\kappa} - \xi_{\mu+n+\lambda+2}) \geqq 2T(1-\delta)^n \prod_{\kappa=1}^{n} \xi_{\mu+\lambda+1+\kappa}.$$

But here we can replace in the right-hand term $(1-\delta)^n$ by $\frac{1}{2}$ and the first $n - \lambda$ factors of the product, respectively, $\xi_{\mu+\lambda+2}, \xi_{\mu+\lambda+3}, \cdots, \xi_{\mu+n+1}$ by the last of these factors, and (IV.28) follows immediately.

38. Using again (IV.5) and (IV.6) we have obviously

$$\xi^p < 8T\prod_{\kappa=1}^{n} (\xi + \xi_{\mu+n+1+\kappa}). \tag{IV.29}$$

The positive number-axis is decomposed by the n numbers

$$\xi_{\mu+n+2} > \xi_{\mu+n+3} > \cdots > \xi_{\mu+2n+1}$$

into the $n + 1$ intervals

$$\mathfrak{J}_0(x \geqq \xi_{\mu+n+2}), \qquad \mathfrak{J}_\lambda(\xi_{\mu+n+\lambda+1} > x \geqq \xi_{\mu+n+\lambda+2})$$
$$(\lambda = 1, \cdots, n-1, \qquad \mathfrak{J}_n(\xi_{\mu+2n+1} > x > 0)).$$

If ξ lies in $\mathfrak{J}_0$, we have from (IV.29) by (IV.24), since by Theorem 1 $\xi \leqq \xi_\mu$,

$$\xi^p < 2^{n+3}T\xi^n, \qquad \frac{1}{2^{n+3}T} < \xi^{n-p} \leqq \xi < \frac{\delta}{2^{n+3}T},$$

and this is impossible as $\delta < 1$.

39. Assume now that ξ lies in one of the intervals $\mathfrak{J}_\lambda$, $\lambda = 1, \cdots, n-1$. Then in the product in (IV.29) we have, for the corresponding λ,

$$\xi + \xi_{\mu+n+1+\kappa} \leqq \begin{cases} 2\xi_{\mu+n+1+\kappa}, & (\kappa = 1, \cdots, \lambda) \\ 2\xi, & (\kappa = \lambda+1, \cdots, n). \end{cases}$$

We have therefore from (IV.29)

$$\xi^p < 2^{n+3} T \xi^{n-\lambda} \prod_{\kappa=1}^{\lambda} \xi_{\mu+n+1+\kappa},$$

and replacing here ξ on the right by $\xi_{\mu+n+\lambda+1}$ and on the left by $\xi_{\mu+n+\lambda+2}$ gives

$$\xi^p_{\mu+n+\lambda+2} < 2^{n+3} T \xi^{n-\lambda}_{\mu+n+\lambda+1} \prod_{\kappa=1} \xi_{\mu+n+1+\kappa}.$$

Comparing this with (IV.28) we obtain

$$2^{n+3} T \xi^{n-\lambda}_{\mu+n+\lambda+1} \prod_{\kappa=1}^{\lambda} \xi_{\mu+n+1+\kappa} > T \xi^{n-\lambda}_{\mu+n+1} \prod_{\kappa=1}^{\lambda} \xi_{\mu+n+1+\kappa},$$

or, dividing on both sides by T and by the product $\prod_{\kappa=1}^{\lambda} \xi_{\mu+n+1+\kappa}$,

$$2^{n+3} \xi^{n-\lambda}_{\mu+n+\lambda+1} > \xi^{n-\lambda}_{\mu+n+1},$$

$$\left(\frac{\xi_{\mu+n+\lambda+1}}{\xi_{\mu+n+1}}\right)^{n-\lambda} > \frac{1}{2^{n+3}}.$$

But here we have, by (IV.23), as λ runs from 1 to $n-1$,

$$\frac{\xi_{\mu+n+\lambda+1}}{\xi_{\mu+n+1}} \leqq \delta < \frac{1}{2^{n+3}},$$

and this is impossible since $n - \lambda \geqq 1$.

We see that ξ lies in the interval $\mathfrak{J}_n$.

40. For a ξ from the interval $\mathfrak{J}_n$ we have from (IV.29)

$$\xi^p \leqq 2^{n+3} T \prod_{\kappa=1}^{n} \xi_{\mu+n+1+\kappa}.$$

Dividing this by the inequality obtained from (IV.28) for $\lambda = n - 1$,

$$\xi^p_{\mu+2n+1} > T \xi_{\mu+n+1} \prod_{\kappa=1}^{n-1} \xi_{\mu+n+1+\kappa},$$

we obtain

$$\left(\frac{\xi}{\xi_{\mu+2n+1}}\right)^p < 2^{n+3} \frac{\xi_{\mu+2n+1}}{\xi_{\mu+n+1}}.$$

But here the right-hand expression is, by (IV.23) and (IV.7),

$$\leqq 2^{n+3}\delta^{n} \leqq 2^{n+3}\delta^{p+1} < \delta^{p}$$

which proves (IV.26) and Lemma 3.

41. LEMMA 4. *If under the conditions of Theorems* 1 *and* 2 *all* x_ν *from a certain* ν *on are* $\neq 0$, *we have*

$$\frac{x_{\nu+1}}{x_\nu} \to 0 \qquad (\nu \to \infty)\,. \tag{IV.30}$$

Proof. Without loss of generality, we can assume that none of the x_ν vanishes for $\nu > \nu_0$. If (IV.30) were not true, there would exist a positive $\delta > 0$, which can be assumed $< 1/2^{n+3}T$ and $< 1/2^{n+3}$, such that we would have an infinite number of values of ν with

$$\frac{|x_{\nu+1}|}{|x_\nu|} > \delta.$$

This would, however, signify, by virtue of Lemma 3, that we have from a certain $\nu = \nu_1$ on

$$|x_\nu| > \delta^{(p+1)^{2n}} \min (|x_{\nu-1}|, \cdots, |x_{\nu-n}|), \qquad (\nu \geqq \nu_1)\,. \tag{IV.31}$$

42. But then it follows, putting

$$\Delta = \delta^{(p+1)^{2n}} < 1,$$

for any $\nu \geqq \nu_1$

$$|x_\nu| \geqq \Delta |x_{\nu-\kappa_1}| \geqq \Delta^{\kappa_1} |x_{\nu-\kappa_1}|$$

with a positive $\kappa_1 \leqq n$. We can go on in the same way until we get an index $\nu' < \nu_1$ such that $0 < \nu - \kappa_1 - \cdots - \kappa_s = \nu' < \nu_1$, and

$$|x_\nu| \geqq \Delta^{\kappa_1+\cdots+\kappa_s} |x_{\nu'}|, \qquad 0 < \nu' = \nu - \kappa_1 - \cdots - \kappa_s < \nu_1\,;$$

therefore, putting

$$P = \min (|x_1|, \cdots, |x_{\nu_1}|)/\Delta^{\nu_1},$$

$$|x_\nu| \geqq \Delta^{\nu} P, \qquad (\nu \geqq \nu_1)\,,$$

contrary to the formula (II.17).

43. Consider, for a fixed $p > 1$ and a general integer $n > p$,

$$g_n(x) \equiv px^n - x^{n-1} - \cdots - x - 1 \qquad (n > p > 1). \tag{IV.32}$$

By Theorem 12.2 of S the equation $g_n(x) = 0$ has a unique simple positive root ρ_n while the moduli of all other roots are $< \rho_n$.

We will now prove

LEMMA 5. *All* ρ_n *are* > 1 *and increase with* $n \uparrow \infty$ *monotonically to* $1 + 1/p$,

$$(\text{IV}.33) \qquad 1 < \rho_n \uparrow 1 + \frac{1}{p} \qquad (p < n \uparrow \infty).$$

Denoting by ρ_n^* *the maximal modulus of all roots of* g_n *different from* ρ_n, *we have*

$$(\text{IV}.34) \qquad \rho_n^* < \rho_n - \frac{1}{p} < 1;$$

$g_n(x)$ *has no multiple roots.*

44. *Proof.* Since $g_n(1) = p - n < 0$, we have clearly $\rho_n > 1$. On the other hand, we have the identity $g_{n+1}(x) \equiv xg_n(x) - 1$ and it follows $g_n(\rho_{n+1}) = 1/\rho_{n+1} > 0$, so that $\rho_{n+1} > \rho_n$. We have identically

$$g_n(x) = px^n - \frac{x^n - 1}{x - 1} = = x^n\left(p - \frac{1}{x-1}\left(1 - \frac{1}{x^n}\right)\right)$$

and therefore

$$\rho_n - 1 = \frac{1}{p}\left(1 - \frac{1}{\rho_n^n}\right).$$

But for $n \uparrow \infty, 1/\rho_n^n$ tends to 0 and we see that $\rho_n \to 1 + 1/p$. This proves (IV.33).

45. In the proof of (IV.34) we write instead of ρ_n simply ρ and put $1/\rho_n = \xi$. Dividing $g_n(x)$ by $x - \rho$, we obtain by synthetic division

$$\frac{g_n(x)}{x - \rho} = c_0 x^{n-1} + c_1 x^{n-2} + \cdots + c_{n-1},$$

where

$$(\text{IV}.35) \qquad \begin{aligned} &c_0 = p, \qquad c_1 = p\rho - 1, \qquad c_2 = p\rho^2 - \rho - 1, \cdots, \\ &c_\nu = p\rho^\nu - \rho^{\nu-1} - \cdots - 1 \qquad (\nu = 0, 1, \cdots, n-1). \end{aligned}$$

Using the equation $g_n(\rho) = 0$, the c_ν can be written as

$$(\text{IV}.36) \quad c_\nu = \frac{1}{\rho} + \frac{1}{\rho^2} + \cdots + \frac{1}{\rho^{n-\nu}} = \xi\,\frac{1 - \xi^{n-\nu}}{1 - \xi} \quad (\nu = 0, 1, \cdots, n-1).$$

Now I say that we have, as in §10, Chapter 13, of S

$$\frac{c_{\nu+1}}{c_\nu} < \frac{c_\nu}{c_{\nu-1}} \qquad (\nu = 1, 2, \cdots, n-2).$$

Indeed, for $\nu = 1$, this is equivalent, by (IV.35), to

$$p^2\rho^2 - p\rho - p < (p\rho - 1)^2 = p^2\rho^2 - 2p\rho + 1,$$

$$p\rho - p < 1, \qquad \rho < 1 + \frac{1}{p},$$

and this is certainly true by (IV.33). And for $\nu > 1$ this is proved by literally the same argument as in §10, Chapter 13, of S.

But then it follows (loc. cit.) by the theorem of Eneström and Kakeya that we have

$$\rho_n^* < \frac{c_1}{c_0} = \frac{p\rho - 1}{p} = \rho - \frac{1}{p}$$

and this proves (IV.34).

46. The multiple roots of $g_n(x)$ are also roots of

$$G_n(x) = (x - 1)g_n(x) = px^{n+1} - (p + 1)x^n + 1$$

and of $G_n'(x) = (n + 1)px^n - (p + 1)nx^{n-1}$, and therefore, since 0 is not a root of $g_n(x)$, a multiple root could only be $n(p + 1)/p(n + 1)$. But $g_n(x)$ has by Descartes' rule of signs only one positive root, ρ_n, and this one is simple. Thus Lemma 5 is completely proved.

47. Put now

$$\Gamma = (4T)^{1/(n-p)} = \left(\frac{p!}{n!} \frac{|f^{(n)}(\zeta)|}{|f^{(p)}(\zeta)|}\right)^{1/(n-p)}. \tag{IV.38}$$

Under the hypotheses of Theorems 1 and 2 we have by substituting (IV.3) in (IV.5)

$$U = 1 + O(\xi_{\nu+1})$$

and

$$\xi_{\nu+n+1}^p = \Gamma^{n-p}(1 + O(\xi_{\nu+1})) \prod_{\kappa=1}^{n} \left[1 + O\left(\frac{\xi_{\nu+n+1}}{\xi_{\nu+\kappa}}\right)\right] \prod_{\kappa=1}^{n} \xi_{\nu+\kappa}. \tag{IV.39}$$

48. We now need the following

LEMMA 6. *Assume that the equation*

$$x^n - \sum_{\kappa=0}^{n-1} p_\kappa x^\kappa = 0, \qquad p_\kappa \geqq 0 \qquad (\kappa = 0, \cdots, n - 1), \tag{IV.40}$$

has a positive root σ. Consider an infinite sequence u_ν ($\nu = 1, 2, \cdots$) satisfying the difference inequality

$$u_{\nu+n} - \sum_{\kappa=0}^{n-1} p_\kappa u_{\nu+\kappa} \geqq 0 \qquad (\nu = 1, 2, \cdots), \tag{IV.41}$$

and such that $u_1, \cdots, u_n$ are positive. Then we have

$$u_\nu \geqq \alpha\sigma^\nu \qquad (\nu = 1, 2, \cdots), \tag{IV.42}$$

where α is given by

$$\alpha = \min_{\kappa=1,\cdots,n} \frac{u_\kappa}{\sigma^\kappa}. \tag{IV.43}$$

Proof. The relation (IV.42) is obviously true, by virtue of (IV.43), for $\nu = 1, 2, \cdots, n$. Assume that (IV.42) is true for $\nu = 1, 2, \cdots, n + N - 1$ with an $N \geqq 1$. Then we have from (IV.41)

$$u_{n+N} \geqq \sum_{\kappa=0}^{n-1} p_\kappa u_{N+\kappa} \geqq \alpha \sum_{\kappa=0}^{n-1} p_\kappa \sigma^{N+\kappa} = \alpha\sigma^N \sum_{\kappa=0}^{n-1} p_\kappa \sigma^\kappa.$$

But the last right-hand sum has the value σ^n since σ satisfies the equation (IV.40). We see that (IV.42) is also satisfied for $\nu = n + N$ and therefore for all $\nu \geqq 1$. Thus Lemma 6 is proved.

49. Returning now to (IV.39) we write this formula as

$$\xi_{\nu+n+1}^p = \Gamma^{n-p}(1 + \epsilon_\nu) \prod_{\kappa=1}^{n} \xi_{\nu+\kappa} \tag{IV.44}$$

where

$$1 + \epsilon_\nu = (1 + O(\xi_{\nu+1})) \prod_{\kappa=1}^{n} \left[1 + O\left(\frac{\xi_{\nu+n+1}}{\xi_{\nu+\kappa}}\right)\right],$$

that is

$$\epsilon_\nu = O\left(\xi_{\nu+1} + \sum_{\kappa=1}^{n} \frac{\xi_{\nu+n+1}}{\xi_{\nu+\kappa}}\right), \tag{IV.45}$$

since, by Lemma 4 and (II.17), $\xi_{\nu+1}/\xi_\nu \to 0$, $\xi_{\nu+1} \to 0$. We have in (IV.44) $\epsilon_\nu \to 0$.

Put now for $\nu = 1, 2, \cdots$

$$z_\nu = -\log(\Gamma\xi_\nu) \to \infty, \quad w_\nu = z_{\nu+1} - z_\nu \to \infty, \quad v_\nu = w_\nu - 1. \tag{IV.46}$$

Then we obtain from (IV.44)

$$p z_{\nu+n+1} - \sum_{\kappa=1}^{n} z_{\kappa+n} = O(\epsilon_\nu). \tag{IV.47}$$

Replacing ν by $\nu - 1$ in this formula and subtracting we get

$$p w_{\nu+n} - \sum_{\kappa=1}^{n} w_{\nu+\kappa-1} = o(1).$$

Introduce here the v_ν by (IV.46) and $\kappa - 1$ instead of κ as the summation variable; we have finally

$$p v_{\nu+n} - \sum_{\kappa=0}^{n-1} v_{\nu+\kappa} = o(1) + n - p.$$

50. Since $v_\nu \to \infty$ it follows now that from a certain ν on, $\nu \geqq \nu_0$, all v_ν are positive and we have

$$p v_{\nu+n} - \sum_{\kappa=0}^{n-1} v_{\nu+\kappa} > 0 \qquad (\nu \geqq \nu_0).$$

Putting then $v_{\nu_0+\nu} = u_\nu$, the conditions of Lemma 6 are satisfied for the sequence u_ν and we have therefore for an $\alpha > 0$ and a σ, which is, by Lemma 5, >1:

$$u_\nu \geqq \alpha\sigma^\nu \qquad (\nu = 1, 2, \cdots),$$

that is,

$$v_\nu \geqq \frac{\alpha}{\sigma^{\nu_0}}\sigma^\nu \qquad (\nu \geqq \nu_0).$$

But then it follows from (IV.46) that for a certain positive β we have

$$w_\nu \geqq \beta\sigma^\nu \qquad (\nu \geqq \nu_0),$$

$$\frac{\xi_\nu}{\xi_{\nu+1}} \geqq e^{\beta\sigma^\nu} \qquad (\nu \geqq \nu_0),$$

and we see that we have

$$\frac{\xi_{\nu+1}}{\xi_\nu} = o(s^\nu)$$

for any arbitrarily small positive s. Since the same holds, by (II.17), for ξ_ν we have in (IV.47) $\epsilon_\nu = o(s^\nu)$ so that (IV.47) becomes

$$z_{\nu+n+1} - \frac{1}{p}\sum_{\kappa=1}^{n} z_{\nu+\kappa} = o(s^\nu) \tag{IV.48}$$

where the positive s can be taken as small as we will.

51. But here the characteristic polynomial of the difference equation (IV.48) is $g_n(x)$ of Lemma 5 and all conditions of Theorem 12.1 of S are satisfied with $m = 1$, so that we can use (12.16) of S with $u_1 = \rho_n$, $u_2 = \rho_n^* < 1$. We obtain

$$z_\nu = \alpha\rho_n^\nu + O(\rho_n^{*\nu}),$$

where α must be > 0 as $z_\nu \to \infty$. Using (IV.46) we get finally with $\nu \to \infty$

$$| x_\nu - \zeta | = \frac{1}{\Gamma} e^{-\alpha\rho_n^\nu}(1 + O(\rho_n^{*\nu})), \tag{IV.49}$$

$$\frac{| x_{\nu+1} - \zeta |}{| \chi_\nu - \zeta |^{\rho_n}} = \Gamma^{\rho_n - 1} + O(\rho_n^{*\nu}), \tag{IV.50}$$

where Γ is given by (IV.38) and we have for ρ_n and ρ_n^* the inequalities (IV.34).

REFERENCES

[1] D. I. Muller, *A method for solving algebraic equations using an automatic computer*, Math. Tables Aids Comput., 10 (1956), pp. 208–215.

[2] A. M. Ostrowski, *Solution of Equations and Systems of Equations*, Academic Press, New York, 1960.

Zur Entwicklung der numerischen Analysis.

Von ALEXANDER OSTROWSKI in Basel*).

Wenn man über numerische Mathematik oder, wie ich lieber sage, numerische Analysis zu sprechen sich anschickt, gehört es sich, daß man klar sagt, was das eigentlich ist.

Nun, die numerische Analysis ist derjenige Zweig der Analysis, der sich abgibt mit der Aufstellung der numerischen Rechenverfahren und mit der Prüfung beziehungsweise Sicherung ihrer praktischen Brauchbarkeit. Ich denke, Sie sehen alle, daß diese Definition einen Pferdefuß hat. Die praktische Brauchbarkeit eines Verfahrens hängt ganz wesentlich ab von den materiellen Hilfsmitteln, die bei der Rechnung benutzt werden können.

Ob man mit der Hand rechnet oder mit dem Rechenschieber, mit dem gewöhnlichen Rechenautomaten oder einem elektronischen Computer, muß man von vornherein sagen, bevor man von der praktischen Brauchbarkeit eines Verfahrens spricht. Und so sieht es aus, als ob unser Zweig der Analysis von Voraussetzungen abhängt, die ganz sicher nichts mit dem Axiomensystem zu tun haben, das der Analysis zugrunde liegt.

Natürlich handelt es sich nicht um eine unübersteigbare Barriere zwischen der numerischen Analysis und der reinen Mathematik, sondern um eine Schwierigkeit, die eben zu überwinden ist.

Es handelt sich darum, geeignete Einheiten zur Beurteilung des numerischen Aufwandes einer Rechnung einzuführen, deren absoluter Wert von der materiellen Grundlage der Rechnung abhängt, während die analytische Betrachtung mit der Abzählung dieser Einheiten, unabhängig von ihrem absoluten Wert, operiert. Eine ähnliche Situation liegt ja seit 100 Jahren in der Theorie der partiellen Differentialgleichungen vor, wo man eine Lösungsmethode nach der Gesamtordnung der zu lösenden gewöhnlichen Differentialgleichungen beurteilt. Andererseits könnte eine lineare Differentialgleichung hundert-

*) Festvortrag, gehalten auf der Jubiläumstagung zum 75jährigen Bestehen der DMV am 13. IX. 1965 in Freiburg i. Br.

ster Ordnung leicht explizite auflösbar sein, und eine Differentialgleichung erster Ordnung auf die Painlevéschen Transzendenten führen.

Wenn man über die Entwicklung der numerischen Mathematik in den letzten 75 Jahren, vor allem im deutschen Sprachgebiet, zu berichten hat, kann man nicht umhin, mit einer Persönlichkeit zu beginnen, deren wesentliche Leistungen über 150 Jahre zurückliegen, welche aber mit die bedeutsamsten Entwicklungslinien in der numerischen Mathematik vorgezeichnet hat. Ich meine natürlich Carl Friedrich Gauß.

Gauß' sensationellste Leistung, die Wiederauffindung der Ceres, hatte als Hintergrund die Methode der kleinsten Quadrate; wenn auch die Priorität der Publikation[1]) Legendre nicht abzustreiten ist, so stellen die zahlreichen Abhandlungen, die Gauß später dieser Methode gewidmet hat, in großartiger Eleganz und Allgemeinheit der Ansätze ein leuchtendes Vorbild für zahlreiche spätere Untersuchungen über diese Methode dar. Sie zeigen, wie man die analytische Strenge auch in die Behandlung von mit Unsicherheit behafteten Daten hineinbringen kann.

Im Zusammenhang damit steht die Gaußsche Behandlung der linearen Gleichungssysteme. Wie sehr die Theorie der linearen algebraischen Gleichungssysteme zum wichtigsten Kapitel der gesamten numerischen Analysis werden würde, konnte freilich auch Gauß noch nicht ahnen. Denn die Anwendungen der linearen Gleichungssysteme auf numerische Auflösung von partiellen Differentialgleichungen, auf diejenige von Integralgleichungen sowie auf lineare Optimierungsprobleme lagen noch in weiter Ferne.

Gauß hat klar erkannt, daß die klassische Auflösungsmethode der sukzessiven Elimination, die ja normalerweise mit einigen Tücken und Fallen behaftet ist, in Kombination mit *normalen Gleichungssystemen* wirklich fool-proof ist, d. h. von jedermann gebraucht werden kann, und für den täglichen Gebrauch des Astronomen und vor allem des Geodäten zu empfehlen ist[2]). Dank dem Lehrbuch von Gerling[3]), das in engster Fühlungnahme mit Gauß entstanden war, ist diese Methode zum wichtigsten Rechenwerkzeug des Geodäten geworden und ist es bis heute geblieben.

---

1) Vgl. den Überblick über die Geschichte der Methode der kleinsten Quadrate in Jordans Handbuch der Vermessungskunde, Bd. I, 8. Aufl. 1935, namentlich pp. 1—8.

2) Vgl. das oben zitierte Handbuch der Vermessungskunde, Bd. I.

3) C. L. Gerling, Die Ausgleichsrechnungen der praktischen Geometrie oder die Methode der kleinsten Quadrate mit ihren Anwendungen für geodätische Aufgaben, Hamburg und Gotha 1843.

Zugleich hat aber Gauß auch die Methode der sukzessiven Approximationen für lineare Gleichungssysteme entwickelt, deren Prinzip man heute das Gauß-Seidelsche nennt[4]). Was allerdings das heute als das Gauß-Seidelsche bezeichnete Verfahren anbetrifft, so findet es sich bei Gauß gar nicht und wird von Seidel ausdrücklich verworfen.

Auch die Gruppeniteration, die im Gerlingschen Lehrbuch vorgeschlagen wird, geht auf Gauß zurück. Ein anderer Vorschlag zur Gruppeniteration findet sich in der Theoria motus[5]). Ferner hat Gauß auch über eine Beschleunigungsmethode bei der Auflösung linearer Gleichungen nachgedacht, die sich in der praktischen Anwendung allerdings weniger effektiv erweist, als man annehmen konnte[6]). Die Theoria motus enthält auch einen Vorschlag zur Ausdehnung der Regula falsi auf das zweidimensionale Gebiet. Dieser Vorschlag ist allerdings erst in der neueren Zeit wieder aufgegriffen worden. Bei verschiedenen exakten Durchführungen der Gaußschen Idee mußte freilich der eigentliche Ansatz von Gauß nicht unwesentlich abgeändert werden[7]). Ich darf ferner an die Erfindung der Gaußschen Logarithmen erinnern, des weiteren an die Art und Weise, wie Gauß zur Analyse der Korrektheit einer Logarithmentafel in bezug auf die Abrundungen statistische Gesichtspunkte herangezogen hat[8]).

Eine weitere, besonders bahnbrechende Leistung ist die Gaußsche Methode der angenäherten Integration, bei der die Allgemeinheit des Ansatzes in besonders schöner Weise durch den Fund belohnt wurde, daß die gesuchten Interpolationsabszissen ausgerechnet die Wurzeln der Legendreschen Polynome sind. Gerade an diese Methode hat sich eine an Ergebnissen besonders reiche Fülle von späteren Arbeiten angeschlossen[9]).

---

4) Vgl. A. Ostrowski, On the linear iteration procedures for symmetric matrices, Rendiconti di mat. e delle sue applicazioni, (V) XIII, 1954, namentlich die Fußnote p. 141 sowie pp. 158—162.

5) Vgl. A. Ostrowski, On the convergence of Gauss' alternating procedure in the method of the least squares, Annali di mat. pura ed applicata, (IV) XLVIII, 1959, pp. 229—236.

6) Vgl. A. Ostrowski, On Gauss' speeding up device in the theory of single step iteration, MTAC, XII, 1958, pp. 116—132.

7) Vgl. z. B. L. Bittner, Mehrpunktverfahren zur Auflösung von Gleichungssystemen, ZAMM, **43**, 1963, pp. 111—126.

8) Vgl. die Rezension des Vegaschen Thesaurus in Astr. Nachr. **756**, 1851, wiederabgedruckt in Gauss' Werken, III, pp. 257—264.

9) Vgl. den Artikel von C. Runge und F. Willers in der Enzyklopädie der math. Wissenschaften, Bd. II 3.1, IIC2, Numerische und graphische Quadratur und Integration gewöhnlicher und partieller Differentialgleichungen, abgeschlossen Febr. 1915, pp. 47—176, namentlich pp. 58—82 sowie die dort angegebene Literatur.

Auch in der Interpolationstheorie verdankt man Gauß eine Reihe von speziellen wichtigen Formeln für polynomiale Interpolation sowie eine trigonometrische Interpolationsformel. Im Nachlaß von Gauß hat sich eine größere Arbeit über diese Dinge befunden.

Wie Sie sehen, finden sich bei Gauß bereits die meisten Fragestellungen der modernen numerischen Analysis behandelt, und die Gaußschen Überlegungen enthalten Keime sehr vieler, heute systematisch entwickelter Methoden. Nur für das Problem der numerischen Auflösung von gewöhnlichen und partiellen Differentialgleichungen finden sich bei Gauß keine allgemeinen Ansätze.

Die aufgezählten Ergebnisse allein genügen aber, um zu zeigen, daß es sich dabei um eine ganz wesentliche Komponente des Gaußschen Gesamtwerkes handelt. Daß sie bisher keine adäquate Gesamtdarstellung gefunden hat, ist nur darauf zurückzuführen, daß der Sinn für numerische Analysis noch lange nach Gauß nicht in genügendem Maße geweckt werden konnte. Nicht einmal Felix Klein ist es gelungen, eine solche Gesamtdarstellung für die Materialien für eine wissenschaftliche Biografie von Gauß zu erhalten. Der hübsche Aufsatz von Männchen[10]) gleitet an der gewaltigen Gesamtleistung von Gauß nur streifend ab.

So hat sich auch hier, wie einst bei Archimedes, wieder gezeigt, daß eine noch so große Persönlichkeit den Fluß der Entwicklung nicht umlenken kann, wenn die Zeit dazu noch nicht reif ist, d. h. wenn die sozialen und materiellen Voraussetzungen noch nicht vorliegen.

Es muß allerdings auch gesagt werden, daß, während vom rein analytischen Standpunkt aus sowohl die Gaußsche Behandlung der kleinsten Quadrate als auch diejenige der Gaußschen Integrationsmethode zu Schaustücken der Analysis gehören, bei vielen anderen, von Gauß vorgeschlagenen Verfahren eine exakte Behandlung zumeist fehlt. Hier steht Gauß wohl noch auf dem Standpunkt des achtzehnten Jahrhunderts, daß es der Erfolg sei, der ein numerische Verfahren rechtfertigt.

So sind denn diese Verfahren vor allem in die Kreise der Astronomen und Geodäten durchgesickert und haben weiter fortgewirkt durch viele Jahrzehnte hindurch. Nun handelte es sich bei Astronomen und Geodäten damals vor allem um Leute, die „Zeit hatten" und vom Bestreben beseelt waren, aus den gegebenen Daten das Bestmögliche herauszuholen, ohne Rücksicht auf Zeitverlust. Unter diesen Umständen war die Weiterentwicklung dieser Verfahren sehr gehemmt.

10) Vgl. den Aufsatz von P. Männchen, Gauss als Zahlenrechner, Gauss' Werke, X 2, pp. 1—76.

Dazu kommt, daß die Welt der Geodäten recht hierarchisch aufgebaut ist und daß viele Jahrzehnte die Weiterentwicklung der Ansätze eine Art Geheimratsprivileg war. Und es ist ja die Tendenz der hierarchisch aufgebauten Behörden, wasserdicht abgeschlossene, separate Universa zu schaffen.

Was die Technik anbetrifft, so handelte es sich bei einem Ingenieur um einen Mann, der vor allem *möglichst bald* eine Lösung haben wollte und daher, wenn es irgend ging, eine grafische Lösung anstrebte. Über alle Bedenken in bezug auf die Genauigkeit und Präzision half ja der Begriff des Sicherheitskoeffizienten hinweg. Daher bezogen sich durch viele Jahre nach Gauß die meisten Veröffentlichungen über Annäherungsmathematik auf grafische Methoden.

Zwar haben schon zu Gauß' Lebzeiten und in den Jahrzehnten danach immer wieder bedeutende Analytiker sich der numerischen Probleme angenommen. Hierzu gehören zum Beispiel die Cauchyschen Untersuchungen zur Methode von Newton-Raphson[11]) und dann vor allem eine Arbeit von G. Dandelin[12]) aus dem Jahre 1826. Diese letztere enthält freilich den sehr bald in die Lehrbücher übergegangenen Vorschlag, die Newton-Raphsonsche Methode zur Auflösung von Gleichungen mit derjenigen der Regula falsi mit einem konstanten Punkt zu kombinieren – es ist dies, als wenn man einen ausgedienten Droschkengaul mit einem edlen Rennpferd zusammenspannen wollte. Denn das eine Verfahren ist quadratisch konvergent und das andere nur linear. Andererseits enthält diese Arbeit wirklich geniale Ideen zur später nach Gräffe bennanten Methode, Ideen, die von Gräffe[13]) selbst gar nicht beachtet wurden und erst ein Jahrhundert später exakt[14]) durchgeführt werden konnten.

Sieht man von zahlreichen Abhandlungen ab, die durch die Gaußsche Methode zur Berechnung von Integralen ausgelöst wurden, so

---

11) Vgl. A. L. Cauchy, Leçons sur le calcul différentiel, Paris, 1892, wiederabgedruckt in Cauchys Werken, (2)4, vgl. insbesondere pp. 226, 258 sowie pp. 593—594 des Wiederabdrucks.

12) Vgl. G. Dandelin, Recherches sur la résolution des équations numériques, N. Mém. Acad. Bruxelles **3**, 1826, pp. I—V, 1—71.

13) C. H. Gräffe, Die Auflösung der höheren algebraischen numerischen Gleichungen als Beantwortung einer von der königlichen Akademie der Wissenschaften zu Berlin gestellten Preisfrage, Zürich 1837, pp. I, II, 1—44.

14) Vgl. A. Ostrowski, Recherches sur la méthode de Gräffe et sur les zéros des polynômes et des séries de Laurent, Acta math. **72**, pp. 99—257 und **75**, pp. 183—186.

sind ferner zwei Arbeiten von Jacobi[15]) zu nennen, eine über iterative Auflösung von linearen Gleichungen und sodann namentlich eine zweite zur Hauptachsentransformation, die analytisch wie numerisch bedeutsam ist und an welche gerade in den letzten Jahren viel angeknüpft wurde, nicht zuletzt auch dank einer neuen Idee, die in diese Theorie von Givens[16]) und implizite von Lanczos[17]) hineingebracht wurde.

Unter den vereinzelten Leistungen in der zweiten Hälfte des vorigen Jahrhunderts ist besonders der Adamssche Vorschlag[18]) zu nennen, zur numerischen Integration der gewöhnlichen Differentialgleichungen eine geeignete Extrapolationsformel zu verwenden. Aus diesem Vorschlag hat sich allmählich eine allgemeine Integrationsmethode entwickelt, die man heute wohl als die wirksamste und flexibelste auf diesem Gebiet ansehen kann. Ebenso wäre der Name von Glaisher zu erwähnen, der sich eingehend mit der Theorie und Praxis der mathematischen Tafeln abgegeben hat.

In der zweiten Hälfte des vorigen Jahrhunderts wurde die Pflege der seriösen numerischen Analysis in Rußland weitergetrieben, wo einerseits die Differenzenrechnung einer der Hauptunterrichtsgegenstände auf der Universität blieb – die hohe Regierung wünschte, daß sämtliche „höhere Rechnungsarten" auf der Universität gelehrt würden. Vor allem war es aber die Tradition von Tschebyscheff, die ständig nachwirkte. In der Linie dieser Tradition liegt es, daß sich unter den reinen Analytikern in Rußland keine snobistische Haltung gegenüber der numerischen Mathematik ausbilden konnte, während im Westen leider der Graben zwischen der reinen Mathematik und ihren Anwendungen, namentlich auf technische Probleme, immer wieder aufgerissen wurde. So wurde mir einmal von einer, vielleicht apokryphen, Äußerung Dirichlets berichtet, er liebe die Zahlentheorie, weil sie sich gar nicht anwenden läßt. Allerdings habe ich einmal eine

15) Vgl. C. G. F. Jacobi, Über eine neue Auflösungsart der bei der Methode der kleinsten Quadrate vorkommenden, linearen Gleichungen, Astr. Nachr. **523**, 1845, pp. 297—306, wiederabgedruckt in den Werken, Bd. 3, pp. 467—478; über ein leichtes Verfahren, die in der Theorie der Seklärstörungen vorkommenden Gleichungen aufzulösen, Crelle, XXX, 1845, pp. 51—94, wiederabgedruckt in den Werken, Bd. 1, pp. 227—278.

16) Vgl. W. Givens, A method of computing eigenvalues and eigenvectors suggested by classical results on symmetric matrices, in simultaneous linear equations and the determination of eigenvalues, NBS Applied Mathematics Series **29**, 1953, pp. 117—122.

17) C. Lanczos, An iteration method for the solution of the eigenvalue problem of linear differential and integral operators, J. of Research of the NBS **45**, 1950, pp. 255 bis 282.

18) Vgl. F. Bashforth und J. C. Adams, An attempt to test theories of capillary action, Cambridge 1883, p. 18.

Arbeit zur hydrodynamischen Theorie der Wellen gesehen, in der das Reziprozitätsgesetz der quadratischen Reste angewandt wurde. Und übrigens braucht diese Bemerkung nicht unbedingt ernst genommen zu werden: die Mathematiker haben nun einmal eine Vorliebe für paradoxal zugespitzte Sentenzen.

Und nunmehr kommen wir zum Jahre 1890, dem Gründungsjahr der DMV. Es war dabei ein wesentliches Anliegen der führenden Persönlichkeiten der DMV, auch der angewandten Mathematik einen gebührenden Platz zuzuweisen, und dies kommt in den ersten Bänden des Jahresberichts der DMV sehr deutlich zum Ausdruck. Allerdings gelang es trotzdem nicht, das Interesse der führenden Mathematiker in Deutschland zu wecken.

Immerhin übernimmt 1897 Mehmke anstelle von Schlömilch die Mitredaktion der Zeitschrift für Mathematik und Physik, und ab 1901 tritt C. Runge als zweiter Herausgeber neben Mehmke in diese Redaktion ein. Es wird beschlossen, von 1901 an die Zeitschrift für Mathematik und Physik ausschließlich der angewandten Mathematik, d. h. der numerischen Mathematik, und den Anwendungen der Mathematik auf Mechanik und Physik zu widmen. Trotzdem blieben freilich die meisten Abhandlungen zur Approximationsmathematik in dieser Zeitschrift den grafischen Methoden gewidmet.

Eine weitere Entwicklungslinie zeichnet sich nunmehr allerdings deutlich ab, nämlich die Theorie der numerischen Auflösung von Differentialgleichungen. Runge veröffentlicht 1895[19]) eine Abhandlung, in der eine Methode zur numerischen Integration der gewöhnlichen Differentialgleichungen erster Ordnung entwickelt wurde. Es schwebte dabei Runge vor, Formeln zu finden, die der Simpsonschen Formel in der klassischen Integrationstheorie analog wären. Diese Formel liefert nämlich bessere Approximation, als nach der reinen Konstantenabzählung zu erwarten wäre. Es war freilich offensichtlich, daß die Rungeschen Formeln die Möglichkeiten noch nicht ausschöpften.

Nach einem nicht ganz gelungenen Versuch von K. Heun[20]), hier weiterzukommen, der nur zeigte, wie schwierig das Problem in Wahrheit ist, gelang es ein Jahr später W. Kutta[21]), damals Assistent an der TH München, ein abschließendes Ergebnis in dieser Richtung zu finden.

19) C. Runge, Über die numerische Auflösung von Differentialgleichungen, Math. Ann. **46**, 1895, pp. 167—178.

20) K. Heun, Neue Methoden zur approximativen Integration der Differentialgleichungen einer unabhängigen Veränderlichen, ZfMuP **45**, 1900, pp. 23—38.

21) W. Kutta, Beitrag zur näherungsweisen Integration totaler Differentialgleichungen, ZfMuP **46**, 1901, pp. 435—453.

Allerdings blieb bei allen diesen Untersuchungen die Frage nach der exakten Fehlerabschätzung ungelöst, die Aufgabe war vielmehr, eine Übereinstimmung mit möglichst vielen Gliedern der Taylorentwicklung zu finden. Der Vorschlag von Runge, zur Kontrolle die ganze Rechnung mit halbiertem Schritt zu wiederholen, zeigt nur, wie sehr auch Runge noch auf die astronomische Wirklichkeit eingestellt war, wo die Frage des Zeitaufwandes keine besondere Rolle spielte. Erst 1923 wurde von Bieberbach[22]) eine exakte Fehlerabschätzung für die Kuttasche Methode ohne Beweis veröffentlicht.

Das Interesse für exakte Behandlung des Problems war aber so gering, daß sich erst 1949 die Notwendigkeit ergab, Bieberbachs Beweis seiner Abschätzung erscheinen zu lassen[23]). Inzwischen wurde nämlich die Adamssche Methode in den Vereinigten Staaten durch Milne auf eine ganz besonders flexible und für praktische Rechnung brauchbare Gestalt gebracht und es wurde nötig, die Milnesche Methode mit derjenigen von Kutta exakt zu vergleichen[24]).

Eine Wende in der Einstellung der Mathematiker zur numerischen Mathematik hätte nach der Idee von Felix Klein 1904 eintreten sollen, als Runge den neugeschaffenen Lehrstuhl für angewandte Mathematik in Göttingen übernahm. Runge war in der Tat für diesen Posten wie kein anderer damals geeignet. Auf seine ersten mathematischen Jahre geht die Entdeckung des Rungeschen Entwicklungssatzes in der Funktionentheorie zurück sowie einige algebraisch-arithmetische Veröffentlichungen. Andererseits hatte er sich sogar als Physiker einen großen Namen als Mitentdecker der Paschen-Rungeschen Spektralserie geschaffen. Und vor allem lag eine Reihe von Arbeiten zur numerischen Mathematik vor, deren Ansätze sich durch große Allgemeinheit auszeichneten und die zugleich von der Beherrschung weiter Gebiete der Analysis Zeugnis ablegten. Halbengländer von Geburt, war Runge in seiner persönlichen Art ein hundertprozentiger Gentleman.

Allerdings hat die etwas hemmungslose Atmosphäre, in der sich die numerische Analysis jener Zeit bewegte, den Mann, der von seiner Jugend her so gut wußte, was mathematische Strenge ist, dies nun immer wieder vergessen lassen. Dazu kommt, daß bei ihm in seinen

22) L. Bieberbach, Theorie der Differentialgleichungen, 1. Aufl., Berlin 1923, p. 45.

23) Vgl. L. Bieberbach, On the remainder of the Runge-Kutta formula in the theory of ordinary differential equations (From communications to A. M. Ostrowski), Z. angew. Math. Phys. **2**, 1951, pp. 233—248.

24) Vgl. W. Richter, Estimation de l'erreur commise dans la méthode de M. W. E. Milne pour l'intégration d'un système de n équations différentielles du premier ordre, Thèse, Neuchâtel, 1952, Bull. Soc. Neuchâteloise sc. nat. **75**, pp. 5—43.

Göttinger Jahren eine gewisse methodische Erstarrung festzustellen war. Wenn ich an ihn zurückdenke, so habe ich das Gefühl, daß, wenn er die Wahl hätte, eine Rechnung mit dem Rechenschieber oder mit der Rechenmaschine durchzuführen, er selbstverständlich zum Rechenschieber gegriffen hätte. Freilich wußte er mit dem Rechenschieber virtuos umzugehen.

Damit war die Anpassung von Runge an das mathematische Klima im Göttingen jener Zeit erschwert, obwohl er von Felix Klein aufs nachdrücklichste unterstützt wurde. Es kommt dies am deutlichsten zum Ausdruck in der berühmten (oder berüchtigten) Bemerkung von Landau: „Es handelt sich ja bei der numerischen Mathematik bloß um Schmieröl."

Man darf allerdings diese Äußerung Landau nicht zu übelnehmen. Seit den Anfängen seiner mathematischen Karriere hatte Landau einen wahren Augiasstall in der analytischen Zahlentheorie auszuräumen gehabt, wobei er es in Kauf nehm, auf sehr viele Füße zu treten. Daß sich dabei allmählich eine äußerst aggressive Mentalität ausbildet, ist natürlich. Aber andererseits hat Landau nur in sehr unfreundlicher Weise etwas zum Ausdruck gebracht, was wohl die meisten Göttinger Mathematiker im Stillen dachten. So hat denn auch Runge in Göttingen nicht eigentlich Schule machen können.

In der Tat waren es sogar ganz bestimmte, typische Fehler, über die die numerischen Mathematiker bis in das erste Viertel dieses Jahrhunderts nur zu oft stolperten. Zum Beispiel wurde die Überlegung gemacht, daß, wenn man mit einer bestimmten Anzahl von Dezimalen rechnete und die Rechnung so weit kam, daß die nächste Korrektur auch an der letzten Dezimalen nichts mehr ändern konnte, daß dann die Rechnung zu Ende sei und das Resultat im Rahmen der verlangten Genauigkeit nunmehr erzielt sei. Dies läuft genau genommen auf die Annahme hinaus, daß eine unendliche Reihe konvergiert, wenn ihr allgemeines Glied gegen Null strebt. Freilich macht die obige Charakterisierung dieser Schlußweise nicht genügend klar, wie zwingend dieser Fehlschluß sich dem Rechner geradezu aufdrängt.

Ein anderer, in der numerischen Mathematik sehr lange begangener Schlußfehler bestand darin, daß, wenn man einen iterativen Prozeß durchführt und dabei über gewisse Parameter verfügen kann, man diese Parameter so zu wählen hat, daß das Resultat jeweils beim Abbrechen mit dem nächsten Schritt möglichst günstig sei. Man beachte aber, daß der gekennzeichnete Gesichtspunkt ein rein „taktischer" ist und wenn man in dieser Weise vorgeht, man leicht in eine

„strategisch" ungünstige Lage kommen kann, wie an Beispielen gezeigt worden ist[25]).

Eine weitere Abweichung von der bei den reinen Mathematikern üblichen Schlußweise besteht darin, daß man den Beweis der Richtigkeit eines bestimmten Verfahrens nicht liefert und es gelegentlich für ausreichend ansieht, seine Brauchbarkeit in einem ausgewählten Spezialfall nachzuweisen. Die Begründung ist, man könne ja unmöglich alle in der Praxis auftretenden Möglichkeiten überblicken oder gar mathematisch fassen.

Solche Fehlschlüsse kommen natürlich bei einer seriösen mathematischen Schulung sehr selten vor, und zum Glück gab es immer wieder sogar mathematische Physiker, deren mathematische Schulung gut genug war. Dies trifft namentlich bei einem Physiker zu, dessen Namen ich hier nennen muß. Es handelt sich um W. Ritz (1878–1909), der der Wissenschaft viel zu früh entrissen wurde, aber in der sogenannten Ritzschen Methode seinen Namen wohl verewigt hat. Diese Methode wird zwar oft ziemlich unbekümmert angewandt, aber der von Ritz gegebene Beweis für die Konvergenz seiner Methode in einem wichtigen Spezialfall[26]) enthält implizit ein höchst bedeutsames Moment, die Erkenntnis nämlich, daß der Extremalansatz in sich bereits wichtige Elemente für den Konvergenzbeweis bergen kann. Und im übrigen wußte Ritz, daß seine Methode in jedem einzelnen Falle eines Beweises bedarf.

Ich habe das Gefühl, daß erst mit der 1919 erfolgten Berufung von Mises nach Berlin die erste mathematisch seriöse Schule der angewandten Mathematik in Deutschland sich weithin auszuwirken begann. Von Mises war eine ungemein dynamische Persönlichkeit und zugleich wie Runge erstaunlich vielseitig. Er kannte sich namentlich besonders gut auf dem Gebiet der Technik aus. Wegen seiner Dynamik sah man ihm die gelegentlichen schweren Schnitzer irgendwie freundlich nach. Man hat ihm sogar seine Wahrscheinlichkeitsrechnung verziehen. Zugleich war die mathematische Atmosphäre in Berlin wesentlich offener und weniger verkrampft als in Göttingen. Der über allem schwebende Olympier Erhardt Schmidt, der offene Sinn von Issai Schur für alles mathematisch bedeutsame und die impulsive Jugendlichkeit von Bieberbach sicherten ein geistiges Klima, in dem von Mises seine Aktivität frei entfalten konnte.

25) Vgl. die in der Note 4 zitierte Arbeit.

26) Vgl. W. Ritz, Über eine neue Methode zur Lösung gewisser Variationsprobleme der mathematischen Physik, Crelle, CXXXV, 1908, pp. 1—61, wiederabgedruckt in Gesammelten Werken, pp. 192—250.

Ferner schuf von Mises mit Hilfe des Vereins deutscher Ingenieure die ZAMM, die Zeitschrift für die angewandte Mathematik und Mechanik. Die Zeitschrift für Mathematik und Physik war nämlich bereits während des ersten Weltkrieges 1917 mit dem 64-sten Band sanft entschlafen.

Ich betone besonders die Schaffung der ZAMM, weil damals die Unterbringung von Abhandlungen zur numerischen Analysis in den üblichen mathematischen Zeitschriften mit Schwierigkeiten verbunden war. Daher sind solche Abhandlungen oft in Sitzungsberichten aller möglichen Akademien und Gesellschaften zerstreut, und ferner finden Sie mathematisch wertvolle Diskussionen auch in mancher technischen Abhandlung, aus deren Titel man nicht auf ihren mathematischen Gehalt schließen könnte. Daher ist es für die numerische Analysis von Bedeutung, daß Zeitschriften existieren, die die Pflege der numerischen Mathematik sich als eines ihrer Ziele setzen.

Daneben macht sich aber, wie ich bei dieser Gelegenheit feststellen möchte, das Fehlen eines großen internationalen Dokumentationszentrums für numerische Analysis sehr bemerkbar. Es wäre ein solches umso wichtiger, als gerade heute eine große Anzahl von Abhandlungen zur numerischen Mathematik hektographiert erscheint. Sie werden dann gewöhnlich in Amerika als „prepublication-copy" bezeichnet, aber die Veröffentlichung durch den Druck läßt in der Regel auf sich warten, wenn sie überhaupt erfolgt.

So muß man heute in Ermangelung eines guten Dokumentationszentrums schon über viele persönliche Beziehungen verfügen, um sich das gesamte Material über irgend einen Gegenstand zu verschaffen.

Im übrigen hat es in Deutschland an Lehrbüchern der numerischen Mathematik nicht gefehlt, da man ja darüber Vorlesungen für Astronomen und an den technischen Hochschulen halten mußte. Hierzu gehören die älteren Lehrbücher von Biermann, Lüroth, Bruhns sowie aus der neueren Zeit Lindow, v. Sanden und Runge-König. Dazu kommen noch einige monographische Darstellungen, wie zum Beispiel die beiden Rungeschen Bücher über die Theorie und Praxis der Reihen und Gleichungen. Doch blieb das Niveau dieser Bücher sehr elementar und erst mit dem Lehrbuch von Willers erschien ein Werk, das den Leser an die Front der Wissenschaft führte.

Weilt von den früher erwähnten Persönlichkeiten nur Herr Bieberbach unter uns, so komme ich damit zu neueren Entwicklungen und zu Persönlichkeiten, die in hohem Maße lebend und aktiv sind. Ich werde selbstverständlich von Lebenden nil nisi bene sagen; andererseits hat heute die numerische Mathematik in Deutschland solchen

Aufschwung genommen, daß ich unmöglich auf einzelne Persönlichkeiten und ihre Leistungen eingehen kann, sondern mich auf die Charakterisierung einiger Kristallisationszentren beschränken muß.

In den dreißiger Jahren hatte sich die materielle Grundlage der numerischen Mathematik insofern verschoben, als der Gebrauch von Rechenmaschinen sehr allgemein geworden war und damit auch die Kriterien für die numerische Durchführbarkeit eines Verfahrens verschoben wurden. Dazu wirkte sich bald darauf auch der technische Charakter des zweiten Weltkrieges sehr wesentlich aus, und der Bedarf an numerischen Mathematikern wuchs stark an. Die große Arbeit, die in Deutschland in den Kriegsjahren auf unserem Gebiet geleistet wurde, findet ihren Niederschlag im FIAT-Bericht, in den von Herrn Walter herausgegebenen Bänden über angewandte Mathematik.

Mit dem Weggang von von Mises war nun die rein wissenschaftliche Betätigung des Berliner Zentrums stark beeinträchtigt, während die Tätigkeit, die Herr Walter an der TH Darmstadt entwickelte, sich fühlbar gemacht hat, vor allem, weil eine ganze Reihe von der numerischen Mathematik gewidmeten Dissertationen in Darmstadt erschien und auch mehrere tüchtige Kräfte auf dem Gebiet herangebildet wurden.

Komme ich nun zur Gegenwart, so habe ich in erster Linie die Tätigkeit von Kollegen Collatz zu erwähnen, sowie die von ihm inspirierte Hamburger Schule. Die drei Lehrbücher, um die Herr Collatz die mathematische Literatur auf unserem Gebiete bereichert hat, über die Eigenwertprobleme[27]), über die numerische Lösung von Differentialgleichungen[28]) sowie über die Anwendungen der Funktionalanalysis[29]) stellen eigentliche Handbücher in bester Tradition dar, in denen ein ungeheures Material auf durchaus persönliche Art durchgearbeitet und vermittelt wurde.

Eine Tendenz, die gerade im Schaffen von Collatz und seiner Schule mit besonderem Nachdruck vertreten wurde, nämlich die starke Heranziehung der Funktionalanalysis[30]), die zugleich auch in der

27. L. Collatz, Eigenwerttheorie und ihre numerische Behandlung, 1945, I—XIII, pp. 1—338, sowie eine spätere Ausgabe unter dem Titel: Eigenwertaufgaben mit technischen Anwendungen, 2. Aufl., 1963, I—XIV, pp. 1—500.

28) L. Collatz, Numerische Behandlung der Differentialgleichungen, 2. Aufl., 1955, I—XV, pp. 1—526. Als 3. Aufl.: The numerical treatment of differential equations, 1960, I—XV, 1—568.

29. L. Collatz, Funktionalanalysis und numerische Mathematik, 1964, I—XVI, pp. 1—371.

30) Vgl. die im zuletzt zitierten Buch von Collatz angeführten Arbeiten von L. Collatz und J. Schröder.

UdSSR sehr betont wurde, erwies sich als von durchschlagender Bedeutung und wurde wesentlich für die Mentalität des numerischen Mathematikers von heute. Man kann nämlich die Funktionalanalysis nicht anders als in voller Strenge betreiben und anwenden. Damit ist der Begriff der Strenge auch in der numerischen Mathematik in unserem Sprachgebiet zum absoluten Postulat geworden und kann nicht mehr von einem voll ausgebildeten numerischen Mathematiker weggedacht werden.

Wer Gelegenheit hatte, in den letzten Jahren Symposia über die Probleme der numerischen Mathematik mitzumachen, dem ist die Selbstverständlichkeit, mit der Strenge und Klarheit als gleichbedeutend angesehen wurden, in besonderem Maße aufgefallen.

Gestatten Sie mir ferner, in diesem Zusammenhang auch auf die Rolle des Zentrums für numerische Mathematik an der ETH Zürich hinzuweisen. Nicht nur sind aus diesem Kreis bedeutende Leistungen hervorgegangen und sind in seinem Rahmen mehrere besonders tüchtige Mathematiker vorgebildet worden, sondern dieses Zentrum spielte auch deshalb eine so bedeutende Rolle, weil es eine Art Brücke zwischen dem deutschen und dem angelsächsischen Sprachgebiet bildete. Im Zusammenhang mit der Schaffung der großen elektronischen Rechenmaschinen hat nämlich die numerische Mathematik in den Vereinigten Staaten einen sehr großen Aufschwung genommen, wenn auch die Ausbildung von wissenschaftlich geschulten numerischen Analytikern damit nicht ganz Schritt hielt. Es sind wirklich viele erstklassige Leute auf diesem Gebiet da, aber der Bedarf ist noch viel größer. In diesem Zusammenhang ist die Wechselwirkung zwischen der neuen und der alten Welt besonders lebhaft und ersprießlich geworden.

Es wäre noch manches andere Zentrum in Deutschland zu erwähnen, diejenigen in München, Köln und so weiter, doch fehlt mir dazu die Zeit.

Der wesentliche Grund für das Aufblühen der numerischen Analysis im letzten Jahrzehnt in Deutschland ist natürlich das Aufkommen von elektronischen Rechenmaschinen und ihre Verbreitung in Mitteleuropa. Dadurch sind die Kriterien für die numerische Durchführbarkeit verschiedener Verfahren vollständig umgeworfen worden. Es ist damit die Möglichkeit geschaffen worden, die sogenannte numerische Konvergenz der mathematisch exakten Konvergenz anzunähern. Denn die mathematische Konvergenz ist ein infinitärer Begriff, und wenn man nur die Möglichkeit hat, eine beschränkte Anzahl von numerischen Schritten auszuführen, wäre es sinnlos, aus der mathematischen Konvergenz auf die numerische Brauchbarkeit eines Verfahrens zu schließen. In dem Augenblick aber, in dem eine Rechenmaschine bereit ist, eine noch so langweilige Rechnung beliebig oft zu wiederholen, verschiebt sich die Situation auf eine andere Ebene. Das eigentliche Problem ist dann zumeist nur die Frage nach der Akkumulation der Abrundungsfehler.

Ein weiteres wichtiges Moment, das die elektronischen Rechenmaschinen gebracht haben, liegt in der großen Bedeutung, die sie für so viele Probleme der Technik und der Organisation erlangten. Dadurch ist auch das Prestige des Mathematikers in der heutigen Welt wesentlich gewachsen. Zugleich sind aber auch die Wirkungsmöglichkeiten der Mathematiker ganz andere geworden; denn der Gebrauch einer elektronischen Rechenmaschine verlangt zum Teil mathematisch hochqualifizierte Kräfte.

Haben wir früher so oft Schwierigkeiten gehabt, in unserem Fach junge Leute unterzubringen, von denen man wichtige Leistungen in Forschung und Lehre erwarten konnte, so können wir heute in vielen Fällen solche Kräfte an fortschrittlichen Recheninstituten unterbringen, was zugleich den Vorteil bietet, daß ihnen der Sinn für die Zusammenarbeit mit dem praktisch tätigen Mathematiker nähergebracht wird.

So wurde zum Beispiel am römischen Institut von Mauro Picone ein großer Teil von italienischen Mathematikern in den ersten Nachkriegsjahren durchgehalten und für unsere Wissenschaft geradezu gerettet.

In diesem Zusammenhang darf aber wohl ein warnendes Wort nicht unterlassen werden. Betrachten Sie es als eine Bemerkung vom schweizerischen oder vom kleinstaatlichen Standpunkt aus. Die Bürger der mathematischen Republik waren wohl seit vielen Jahrzehnten bei uns besonders unabhängig, wesentlich unabhängiger als zum Beispiel in der Medizin oder in der Philosophie. Einem jungen Mitarbeiter gegenüber den Papst zu spielen, ist ja auch nicht besonders gescheit; wenn er wirklich gut ist, wird er vielleicht morgen die Riemannsche Hypothese beweisen ... In den wenigen Fällen, in denen Versuche einer zu starken Beeinflussung vorlagen, waren wohl immer viele Kollegen bereit, ohne viel Aufhebens für Remedur zu sorgen.

Es ist nun klar, daß heute diese Situation sich verschieben könnte. Die großen wissenschaftlichen Rechenzentren sind zugleich auch finanziell wichtige Machtzentren geworden. Die Möglichkeiten der Beeinflussung des jungen Nachwuchses sind größer. Auch die Versuchung, die damit an unsern Nachwuchs herantritt, ist stärker geworden. Ich spreche hier natürlich nur von potentiellen Möglichkeiten, doch wenn man nicht wachsam ist, könnten sie auch aktuell werden. Sorgen wir dafür, daß unser wissenschaftlicher Nachwuchs seine Unabhängigkeit in der Forschung und in seiner menschlichen Haltung beibehält. Nur dann wird die nächste Mathematikergeneration vor ihrer Wissenschaft und vor ihrer Nation bestehen können.

(Eingegangen: 20. IX. 1965)

Prof. Dr. A. Ostrowski
Certenago/Montagnola, Ti.
Schweiz

The Round-off Stability of Iterations

Der Verfasser beweist, daß im Satz von Weissinger-Collatz-Schröder über die Konvergenz von Iterationen die Konvergenz bestehen bleibt, wenn Abrundungsfehler erlaubt werden, deren Größe allerdings mit wachsendem Index in geeigneter Weise gegen 0 konvergieren muß.

The author proves that in the Weissinger-Collatz-Schroeder Theorem on convergence of iterations the convergence remains if round-off errors are allowed, which must however tend to 0 with growing index.

Автор доказывает, что в теореме Вейсингера-Коллатца-Шредера о сходимости итераций эта сходимость не теряется, если допускать ошибки округления, в предположении что эти ошибки сходятся определенным образом к нулю с возрастающим индексом.

Introduction

1. If the transformation $F(u)$ is repeatedly applied, then the sequence of the iterates

$$u_\nu = F(u_{\nu-1}) \qquad (\nu = 1, 2, \ldots)$$

converges to a fixed point ζ of the transformation F, provided $F(u)$ is a "contracting" transformation and u_0 is already "almost a fixed point", i.e. $|F(u_0) - u_0|$ is sufficiently small.

2. The precise formulation of this principle in a complete metric space is given by the following theorem which goes back to J. Weissinger [4], L. Collatz [1] and J. Schröder [2]:

Theorem 1: *Consider a metric space B, in which generally the distance of a and b will be denoted by $|a, b|$. Assume that for the elements of a complete subset B_0 of B a transformation $F(u)$ is defined, for which $F(u) \in B$ if $u \in B_0$, and such that for two arbitrary elements u, v of B_0 we have*

$$(1) \qquad |F(u), F(v)| \leqq m\,|u, v|, \quad 0 < m < 1 \qquad (u, v) \in B_0$$

where $m = m(B_0)$ is a fixed positive constant < 1.

Assume further, that an element $u_0 \in B_0$ has the property that all $u \in B$, which satisfy the inequality

$$(2) \qquad |u, F(u_0)| \leqq \frac{m}{1-m}\,|u_0, F(u_0)|$$

lie also in B_0. Then there exists in B_0 a unique fixed point ζ, $F(\zeta) = \zeta$, which also satisfies (2) *and the sequence of the iterates of u_0,*

$$(3) \qquad u_0,\ u_1 = F(u_0),\quad u_2 = F(u_1), \ldots, u_{\nu+1} = F(u_\nu), \ldots$$

converges to ζ.

3. The iteration sequence (3) can be used very often in numerical praxis. However, in this case the expressions in (3) are of course only in exceptional cases computed *exactly* and have usually to be replaced by suitable approximations. The question arises, whether the "distorted" sequence obtained from (3) in this way is still convergent to ζ.

4. The problem can be precisely formulated in the following way. Assume, that we have a sequence of non-negative numbers ε_ν $(\nu = 0, 1, \ldots)$ such that

$$(4) \qquad \varepsilon_\nu \leqq \varepsilon \qquad (\nu = 1, 2, \ldots).$$

Form a sequence $v_0, v_1, v_2, \ldots$ from B such that

$$(5) \qquad v_0 = u_0, \quad |v_1, F(v_0)| \leqq \varepsilon_0, \ldots, \quad |v_{\nu+1}, F(v_\nu)| \leqq \varepsilon_\nu, \ldots .$$

What can be said under the hypotheses of theorem 1 about the convergence of the v_ν to ζ?

The ε_ν in (5) can be interpreted as the "round-off errors" of the u_ν.

5. We prove (see theorem 2, No. 10), that if $\varepsilon_\nu \to 0$ and all v_ν $(\nu \geqq 1)$ lie in B_0, the sequence v_ν indeed converges to ζ. Now, all v_ν $(\nu \geqq 1)$ lie in B_0, provided B_0 contains all points v of B with the property, for a suitable D,

$$(6) \qquad |v, \zeta| \leqq D, \qquad D \leqq \frac{\operatorname{Max}\left(\varepsilon, (1-m)\,\varepsilon_0 + m\,|u_0, F(u_0)|\right)}{1-m}.$$

This is proved in sections 11. and 12.

This formulation is however not directly applicable since we usually do not know ζ. We show therefore (in the sections 14—16), that in the above formulation the inequality (6) can be replaced by the inequality, for a suitable U,

$$(7) \qquad |v, v_1| \leqq U, \qquad U \leqq \frac{m}{1-m}\left(|v, u_0| + \varepsilon + \varepsilon_0\right).$$

6. Our discussions allow also to deal with the problem of the a priori limitation of the number of iterations necessary to approximate ζ with a given precision (see No. 13).

7. I owe to Prof. L. COLLATZ the knowledge of a result due to URABE [3], in which a somewhat similar problem was discussed. URABE's set up can be interpreted as given by (5) where however all $\varepsilon_0, \varepsilon_1, \ldots$ have the fixed value ε. In this case we cannot of course expect any convergence at all. URABE obtains an estimate for the $\overline{\lim}\, |v_\nu, \zeta|$ as $\varepsilon/(1-m)$.

URABE's results are obtained immediately from our Discussion (No. 16) and we derive beyond that (No. 17) a formula for the a priori estimate of the number of iterations necessary in order to obtain under URABE's assumption the inequality

$$(8) \qquad |v_n, \zeta| \leqq \frac{\varepsilon}{1-m}(1+\eta)$$

for a given positive η.

8. The simplest proof of the Theorem 1 is added in the Appendix, No.18, since it may not be accessible to all readers.

Theorem 2

9. We discuss now first the following problem. Consider a sequence of non-negative numbers $\varepsilon_1, \varepsilon_2, \ldots$ and an m with $0 < m < 1$. Take the sequence of positive numbers α_ν satisfying the relation

$$(9) \qquad \alpha_{\nu+1} \leqq \varepsilon_\nu + m\,\alpha_\nu \qquad (\nu = 1, 2, \ldots).$$

How far is the behaviour of the α_ν determined by that of the ε_ν?

a) Assume first only that all ε_ν are bounded, $\varepsilon_\nu \leqq p$, $p > 0$. Putting then $\gamma = p/(1-m)$, $p = \gamma - m\gamma$, (9) can be written as

$$\alpha_{\nu+1} - \gamma \leqq m\,(\alpha_\nu - \gamma).$$

This formula shows that if ever one of the differences $\alpha_\nu - \gamma$ becomes negative, all further differences are negative. If on the other side all differences $\alpha_\nu - \gamma \geqq 0$, then they tend to 0. We obtain:

If all ε_ν in (9) are $\leqq p$, then

$$(10) \qquad \overline{\lim}\,\alpha_\nu \leqq \frac{p}{1-m}.$$

The relation (10) remains obviously also valid, if $\varepsilon_\nu \leqq p$ is only true from a certain ν on. Assume now that we have $\overline{\lim}\,\varepsilon_\nu \leqq p$; then for any positive δ we have from a certain ν on $\varepsilon_\nu \leqq$ $\leqq p + \delta$ and therefore (10) is true, if p is replaced by $p + \delta$. For $\delta \downarrow 0$ we obtain again (10). In particular (10) is true if we have $\varepsilon_\nu \to p$.

A corollary which we will use in what follows is:

If in (9) $\varepsilon_\nu \to 0$, we have $\alpha_\nu \to 0$.

10. Theorem 2. *Suppose that under the hypotheses of Theorem 1 a sequence v_ν in (5) exists and lies in B_0, while we have $\varepsilon_\nu \to 0$. Then the sequence v_ν tends to ζ.*

Proof. Putting

$$(11) \qquad |v_\nu, \zeta| = \alpha_\nu$$

we have by (5)

$$\alpha_{\nu+1} = |v_{\nu+1}, \zeta| \leqq \varepsilon_\nu + |F(v_\nu), F(\zeta)| \leqq \varepsilon_\nu + m\,|v_\nu, \zeta| \leqq \varepsilon_\nu + m\,\alpha_\nu,$$

so that the α_ν satisfy (9), and from $\varepsilon_\nu \to 0$ follows $\alpha_\nu \to 0$; this is the assertion of Theorem 2.

A spherical neighborhood of ζ containing the v_ν

11. We will determine now a spherical neighborhood R of ζ with the property, that if R is contained in B_0, then all v_ν, save perhaps $u_0 = v_0$, lie in R and therefore in B_0. Put

(12) $$\sigma = |u_0, u_1| = |u_0, F(u_0)|,$$

(13) $$E_n = \sum_{\nu=0}^{n-1} \varepsilon_\nu\, m^{n-\nu-1} \qquad (n \geqq 1)$$

and

(14) $$D_n = m^n \frac{\sigma}{1-m} + E_n \qquad (n \geqq 1), \qquad D_0 = \frac{\sigma}{1-m}.$$

We verify then at once

(15) $$D_{n+1} = m\,D_n + \varepsilon_n \qquad (n \geqq 0).$$

On the other hand we have from (13) and (14)

(16) $$E_n \leqq m^{n-1}\,\varepsilon_0 + \varepsilon\,\frac{1-m^{n-1}}{1-m} \qquad (n \geqq 1),$$

(17) $$D_n \leqq m^{n-1}\left(\frac{m\,\sigma}{1-m} + \varepsilon_0\right) + \varepsilon\,\frac{1-m^{n-1}}{1-m} = \frac{\varepsilon}{1-m} + m^{n-1}\left(\frac{m\,\sigma + (1-m)\,\varepsilon_0}{1-m} - \frac{\varepsilon}{1-m}\right) \qquad (n \geqq 0).$$

From (17) we have immediately for $n \geqq 1$

$$D_n \leqq \operatorname{Max}\left(\frac{\varepsilon}{1-m}, \frac{m\,\sigma + (1-m)\,\varepsilon_0}{1-m}\right) \qquad (n \geqq 1).$$

Putting

(18) $$D = \sup_{\nu \geqq 1} D_\nu$$

we have then

(19) $$D \leqq \frac{1}{1-m} \operatorname{Max}\left(\varepsilon, m\,\sigma + (1-m)\,\varepsilon_0\right).$$

12. We are going now to prove that if under the conditions of the Theorem 1 all points u of B which satisfy the relation

(20) $$|u, \zeta| \leqq D,$$

that is which are contained in the spherical neighborhood R of ζ, defined by (20), lie in B_0, then the construction (5) can be carried out for $n \to \infty$ and all v_ν obtained in this manner, save perhaps u_0, lie in R.

This follows by the definition of D from the relation

(21) $$|v_n, \zeta| \leqq D_\nu \qquad (n = 1, 2, \ldots),$$

which we are going now to prove.

It follows from the Theorem 1, that we have $|\zeta, u_1| \leqq m\,\sigma/(1-m)$; but then by (5) we have $|v_1, \zeta| \leqq m\,\sigma/(1-m) + \varepsilon_0 = D_1$. Therefore (21) is satisfied for v_1.

Assume now that a v_n satisfies (21). Then we have from (5)

$$|v_{n+1}, \zeta| \leqq \varepsilon_n + |F(v_n), F(\zeta)| \leqq \varepsilon_n + m\,|v_n, \zeta| \leqq m\,D_n + \varepsilon_n$$

and this is by (15) D_{n+1}.

We see that then (21) is also satisfied for $n+1$, and (21) is generally proved by induction.

13. To give in this case an a priori bound for n, from which on we have $D_n < \delta$, for a given $\delta > 0$, denote by N an integer such that we have

(22) $$\varepsilon_k \leqq \frac{(1-m)\,\delta}{3} \qquad (k \geqq N).$$

Then it follows $\sum_{\nu=N}^{n-1} \varepsilon_\nu\, m^{n-1-\nu} \leqq \frac{\delta}{3}$.

On the other hand we have

$$\sum_{\nu=1}^{N-1} \varepsilon_\nu m^{n-1-\nu} < \varepsilon \frac{m^{n-N}}{1-m} \leqq \frac{\delta}{3},$$

as soon as we have $3 \varepsilon m^{n-N} \leqq (1-m)\delta$. Put $\varrho_0 = m\sigma/(1-m)$. Then, if we have further

$$m^{n-1} \leqq \frac{\delta}{3(\varrho_0 + \varepsilon_0)},$$

it follows that $D_n < \delta$.

We obtain, after N has been determined, for n the two inequalities

(23) $$n \geqq N + \frac{\lg \frac{3\varepsilon}{(1-m)\delta}}{\lg \frac{1}{m}}, \qquad n - 1 \geqq \frac{\lg \frac{3\varrho_0 + 3\varepsilon_0}{\delta}}{\lg \frac{1}{m}}.$$

We see, that with $\delta \downarrow 0$ we have $D_n \leqq \delta$ for the n, which have at least the order of $N + \frac{\lg(1/\delta)}{\lg(1/m)}$.

A sperical neighborhood of v_1 containing the v_ν

14. We are going now to find a sperical neighborhood R^* of v_1 with the property, that if R^* is contained in B_0, then all v_ν, save perhaps $u_0 = v_0$, lie in R^* and therefore in B_0.

Put

(24) $$\varrho = |v_1, u_0|.$$

We have by (12) and (5)

(25) $$|\varrho - \sigma| \leqq \varepsilon_0 .$$

Put generally

(26) $$U_n = \frac{1 - m^{n-1}}{1-m}(\varepsilon_0 + m\varrho) + \sum_{\nu=1}^{n-1} \varepsilon_\nu m^{n-\nu-1} \qquad (n > 1),\ U_1 = 0 .$$

We have then in particular $U_2 = \varepsilon_0 + m\varrho + \varepsilon_1$ and generally, as is verified immediately,

(27) $$U_{n+1} = m U_n + \varepsilon_n + (\varepsilon_0 + m\varrho) \qquad (n \geqq 1).$$

15. Observe, that if $v_1 \in B_0$, we have by (5), (1) and (24)

(28) $$|v_1, F(v_1)| \leqq \varepsilon_0 + |F(u_0), F(v_1)| \leqq \varepsilon_0 + m\varrho .$$

We are going to prove now that we have generally, if $n \geqq 1$ and $v_1, \ldots, v_{n-1} \in B_0$, then

(29) $$|v_\nu, v_1| \leqq U_\nu \qquad (\nu = 1, \ldots, n;\ v_1, \ldots, v_{n-1} \in B_0).$$

Indeed, (29) is obvious for $\nu = 1$. Assuming that (29) is already satisfied for $\nu = n-1$, we have for $n \geqq 2$ by (3) and (28)

$$\begin{aligned} |v_n, v_1| &\leqq \varepsilon_{n-1} + (\varepsilon_0 + m\varrho) + |F(v_{n-1}), F(v_1)| \\ &\leqq \varepsilon_{n-1} + (\varepsilon_0 + m\varrho) + m|v_{n-1}, v_1| \\ &\leqq \varepsilon_{n-1} + (\varepsilon_0 + m\varrho) + m U_{n-1}, \end{aligned}$$

and this is $= U_n$ by (27).

16. Put now

(30) $$\sup_{n \geqq 1} U_n = U$$

and consider the spherical neighborhood R^* of v_1 given by

(31) $$|v, v_1| \leqq U .$$

From what we have just proved, if follows that if $R^* \subset B_0$ then all v_ν, save perhaps v_0, lie in R^* and therefore in B_0.

If we have $\varepsilon_\nu \to 0$, the above discussion can be applied to insure that the condition of the Theorem 2 is satisfied. If however we only know that the ε_ν are bounded, i.e. that the condition (4) is satisfied, we have from (26)

(32) $$U_n \leqq \frac{1-m^{n-1}}{1-m}(\varepsilon + \varepsilon_0 + m\varrho), \qquad U \leqq \frac{\varepsilon + \varepsilon_0 + m\varrho}{1-m}.$$

The last inequality corresponds to the result by Urabe, which is obtained taking there in $\varepsilon_0 = \varepsilon$.

The number of steps sufficient for the required precision

17. Returning now to the formula (19) for D and the estimate (17), we see that if

$$\varepsilon < m\,\sigma + (1 - m)\,\varepsilon_0, \tag{33}$$

then v_1 lies in the distance D of ζ, while $\overline{\lim}_{n\to\infty} D_n \leqq \varepsilon/(1 - m)$. In this case we can ask from what value of ν on the distance $|v_\nu, \zeta|$ becomes with good presicion $\leqq \varepsilon/(1 - m)$. This has of course only some interest, if little is known about the ε_ν except (4).

We will for a small $\eta > 0$ demand, that

$$D_\nu \leqq \frac{\varepsilon}{1 - m}(1 + \eta). \tag{34}$$

Writing (17) as

$$D_\nu \leqq \frac{\varepsilon}{1 - m}\left[1 + m^{\nu-1}\left(\frac{m\,\sigma + (1 - m)\,\varepsilon_0}{\varepsilon} - 1\right)\right],$$

we see that (34) is satisfied, if we have

$$m^{\nu-1}\left(\frac{m\,\sigma + (1 - m)\,\varepsilon_0}{\varepsilon} - 1\right) \leqq \eta,$$

$$m^\nu \leqq \frac{m\,\eta\,\varepsilon}{m\,\sigma + (1 - m)\,\varepsilon_0 - \varepsilon}. \tag{35}$$

Appendix

18. A proof of the Theorem 1: If there were in B_0 two different fixed points ζ_1, ζ_2 of F, we would have by

$$|\zeta_1, \zeta_2| = |F(\zeta_1), F(\zeta_2)| \leqq m|\zeta_1, \zeta_2| \tag{1}$$

and we see, that $|\zeta_1, \zeta_2| = 0, \zeta_1 = \zeta_2$.

Denote the spherical neighborhood of u_1 defined by (2) by R'. u_1 lies already in R'. Assume that for an n already $u_{n-1} \in R'$. Then we have for u_n:

$$|u_n, u_1| = |F(u_{n-1}), F(u_0)| \leqq m|u_{n-1}, u_0| \leqq m(|u_{u-1}, u_1| + |u_1, u_0|)$$

and this is, since $u_{n-1} \in R'$,

$$\leqq m\left(\frac{m}{1 - m} + 1\right)|u_1, u_0| = \frac{m}{1 - m}|u_1, u_0|.$$

We see that all u_ν lie in R'.

For an $n > 1$ and a natural p, we have, since $u_{p+1} \in R'$,

$$|u_{n+p}, u_n| \leqq m|u_{n-1+p}, u_{n-1}| \leqq \ldots \leqq m^{n-1}\,|u_{p+1}, u_1| \leqq \frac{m^n}{1 - m}\,|u_0, u_1|.$$

We see that $|u_{n+p}, u_n| \to 0$ with $n \to \infty$ uniformly in p, so that the convergence condition is satisfied and and we have $u_\nu \to \zeta\ (\nu \to \infty)$ where $\zeta \in B_0$.

Going now in the relation $u_{\nu+1} = F(u_\nu)$ to the limit, we obtain $\zeta = F(\zeta)$ and ζ is a fixed point of F indeed. Theorem 1 is proved.

References

1 L. Collatz, Einige Anwendungen funktional-analytischer Methoden in der praktischen Analysis, ZAMP **IV**, 327–357, (1963).

2 J. Schröder, Neue Fehlerabschätzungen für verschiedene Iterationsverfahren, ZAMM **36**, S. 168–181, (1956).

3 M. Urabe, Convergence of numerical iteration in solution of equations, J. sc. Hiroshima Univ., Ser. A, **19**, pp. 479–489, (1956).

4 J. Weissinger, Zur Theorie und Anwendung des Iterationsverfahrens. Math. Nachr. **8**, S. 193–212, (1952).

Manuskripteingang: 27. 9. 1965

Anschrift: Prof. Dr. A. M. Ostrowski, Mathematisches Institut der Universität, Basel, Rheinsprung 21, Schweiz.

Contributions to the Theory of the Method of Steepest Descent

Communicated by L. COLLATZ

Abstract

Applying the method of steepest descent to $F(x_1, \ldots, x_n)$ one obtains a sequence of points ξ_ν. To obtain conditions for convergence of ξ_ν, the derived set H of the ξ_ν in the case of divergence is studied. In this case H is a continuum on which not only grad F vanishes everywhere, but also the rank of the Hessian of F is everywhere less than $n-1$.

Introduction

In the Method of Steepest Descent applied to a function $F(\xi)$ in n-dimensional space, we obtain a sequence of points ξ_ν for which $F(\xi_\nu)$ monotonically decreases and converges to a value F_∞. However, the question whether the sequence ξ_ν converges itself requires further discussion.

In this paper we make definite assumptions about $F(\xi)$ and generalize the procedure of Steepest Descent conveniently. We prove then that the set of limiting points of ξ_ν, H, is a continuum on which the gradient of $F(\xi)$, $F'(\xi)$, vanishes everywhere. It follows then that the sequence ξ_ν is certainly convergent if the zeros of $F'(\xi)$ form a finite set in the domain considered, or a set which does not contain any continuum.

In the general case, we prove that if H does not reduce to one point, the Hessian of $F(\xi)$ vanishes every where on H and even, under some further conditions, that in this case the rank of the Hessian of $F(\xi)$ is $\leqq n-2$ everywhere on H. On the other hand, if F is analytic and $n=2$, we prove that we always have convergence. Finally, we show that if ξ_ν converges to ζ, and if the Hessian of $F(\zeta)$ does not vanish, the convergence is at least of the type of the geometric series so that

$$\lim \sqrt[\nu]{|\xi_\nu - \zeta|} < 1.$$

The techniques used in the above results are essentially based on Lemmas 1 and 6.

1. Consider an open bounded domain Ω in n-dimensional space, and a function $F(\xi)$ belonging to C^2 in Ω. Assume further that for a certain constant C we have $F(\xi) < C$ everywhere in Ω, while if ξ tends to the boundary, S, of Ω, $F(\xi)$ tends to C:

$$F(\xi) \to C \quad (\xi \to S, \xi \in \Omega). \tag{1.1}$$

Assume that a point ξ_0 of S has the property that

$$F'(\xi) \to g \neq 0 (\xi \to \xi_0, \xi \in \Omega) \tag{1.2}$$

where $F'(\xi) = \text{grad}\, F(\xi)$ denotes the gradient vector of F in the general point ξ in Ω while g is a *nonvanishing* n-dimensional vector which we will denote by $F'(\xi_0)$. We assume further that if $-\zeta$ is a direction which forms with the direction of g an angle less than $\pi/2$, the direction ζ issuing from ξ_0 points into the interior of Ω, and also that we have for the directional derivative of F at ξ_0 in the direction ζ:

(1.3) $$F'_\zeta(\xi_0) = g_\zeta,$$

where g_ζ is the projection of the vector g on the direction ζ. We denote by $F''(\xi)$ the Hessian matrix of F, that is

(1.4) $$F''(\xi) = (F''_{x_\mu x_\nu}(\xi)),$$

and by Λ^* an upper bound for the moduli of all eigenvalues of $F''(\xi)$ for all $\xi \in \Omega$. We assume that a finite Λ^* exists.

Put

(1.5) $$g = F'(\xi_0) = \kappa_0\, \varphi_0, \qquad \kappa_0 = |F'(\xi_0)| > 0$$

where φ_0 is the unit vector in the direction of g.

2. To form the sequence corresponding to the Method of Steepest Descent, starting with ξ_0, choose two fixed numbers ε, δ with

(2.1) $$0 < \delta < 1, \qquad 0 < \varepsilon < 1,$$

take a unit vector, ψ_0, satisfying the condition

(2.2) $$(\psi_0, \varphi_0) \geqq \delta,$$

take an arbitrary real ε_0 with $|\varepsilon_0| \leqq \varepsilon$, and form

(2.3) $$r_0 = (1 + \varepsilon_0)\frac{\delta}{\Lambda^*}, \qquad \tau_0 = r_0\, \kappa_0.$$

We will then obtain the next point of our sequence as

(2.4) $$\xi_1 = \xi_0 - \tau_0\, \psi_0,$$

that is, going from ξ_0 in the direction opposite to that of ψ_0 a distance τ_0.

To discuss the properties of ξ_1 we introduce

(2.5) $$\xi^{(t)} = \xi_0 - t\,\tau_0\,\psi_0 \qquad (0 \leqq t \leqq 1),$$

and consider the function $F(\xi^{(t)}) = F(\xi_0 - t\,\tau_0\,\psi_0)$. Observe that for sufficiently small positive t, $\xi^{(t)}$ certainly lies in Ω.

3. As long as $\xi^{(t)}$ lies in Ω we obviously have for the derivatives of $F(\xi^{(t)})$ with respect to t:

$$\frac{dF}{dt}(\xi^{(t)}) = -\tau_0(\psi_0, F'(\xi^{(t)})), \qquad \frac{d^2F}{dt^2}(\xi^{(t)}) = \tau_0^2(\psi_0\, F''(\xi^{(t)})\, \psi_0')$$

where the expression in parentheses is the value of the quadratic form with the matrix $F''(\xi^{(t)})$, corresponding to the components of the unit vector ψ_0.

Assume now that t is so small that the whole segment between ξ_0 and $\xi^{(t)}$, excluding ξ_0, lies in Ω. Developing $F(\xi_0-\tau_0\psi_0)$ in powers of t with the remainder of second order, we obtain

$$F(\xi^{(t)})-F(\xi_0)=-t\,\tau_0(\psi_0,F'(\xi_0))+\tfrac{1}{2}t^2\tau_0^2(\psi_0\,F''(\eta)\,\psi_0),$$

where η lies on the segment connecting ξ_0 with $\xi^{(t)}$.* As the last factor is in modulus $\leqq \Lambda^*$, we can write, using (1.5) and the definition of Λ^*,

(3.1)
$$\begin{aligned} F(\xi^{(t)})-F(\xi_0)&=-t\,\tau_0\,\kappa_0\left[(\psi_0,\varphi_0)-\frac{\theta}{2}\,t\,\frac{\tau_0}{\kappa_0}\Lambda^*\right]\\ &=-t\,\tau_0\,\kappa_0\left[(\psi_0,\varphi_0)-\frac{\theta}{2}\,t\,\delta(1+\varepsilon_0)\right],\quad |\theta|\leqq 1\end{aligned}$$

Here the bracketed expression is by (2.2) and (2.3), as $t\leqq 1$,

$$\geqq \delta-\frac{1}{2}\,t\,\delta(1+\varepsilon_0)=\delta\left(\frac{2-t}{2}-\frac{t\,\varepsilon_0}{2}\right)\geqq\delta\,\frac{1-\varepsilon_0}{2},$$

and we obtain

(3.2)
$$F(\xi_0)-F(\xi^{(t)})\geqq t\,\tau_0\,\kappa_0\,\delta\,\frac{1-\varepsilon_0}{2}.$$

4. This inequality has been proved for t such that the whole segment between ξ_0 and $\xi^{(t)}$, save ξ_0, lies in Ω. Now we will show that (12) is true also for $t=1$. Indeed, otherwise there would exist a $t_0\leqq 1$ such that $\xi^{(t_0)}$ lies on the boundary S of Ω, while all $\xi^{(t)}$ with $0<t<t_0$ lie in Ω. Then, applying (3.2) to such t and letting t tend to t_0, the left-side expression in (3.2) would go, by (1.1) to 0 while the limit of the right-side expression is $\frac{1}{2}t_0\,\tau_0\,\kappa_0\,\delta(1-\varepsilon_0)>0$. With this contradiction it follows that (3.2) holds also for $t=1$, and we have for ξ_1 given by (2.4), using (2.3),

(4.1)
$$F(\xi_0)-F(\xi_1)\geqq\frac{1}{2}\,\tau_0\,\kappa_0\,\delta(1-\varepsilon_0)\geqq\frac{1}{2}\,\frac{\delta^2}{\Lambda^*}\,\kappa_0^2(1-\varepsilon_0^2).$$

As we can now take $t=1$ in (3.1) we have further

(4.2)
$$F(\xi_0)-F(\xi_1)=\tau_0\,\kappa_0\left[(\psi_0,\varphi_0)-\frac{\theta}{2}\,\delta(1+\varepsilon_0)\right],\qquad|\theta|\leqq 1.$$

5. Since ξ_1 lies in Ω, the assumptions made in sec. 1, 2 about ξ_0 hold also for ξ_1 if only $F'(\xi_1)$ is $\neq 0$. If $F'(\xi_1)=0$, then we reach a point with a stationary value of F and the problem can be considered as solved. However, in general, $F'(\xi)$ is not 0, at least as long as we have

(5.1)
$$(\psi_0,\varphi_0)>\delta(1+\varepsilon_0).$$

* We use here the fact that the Taylor formula with the θ-remainder of the second order also holds if we assume that the second derivative exists only in the considered interval and not necessarily at its endpoints. See for instance E. LANDAU [1], Theorem 176 on p. 119.

To prove this, develop the value of $F(\xi_0)$ in a Taylor series around ξ_1 with a remainder of the second order. We obtain, as in sec. 3, for an η' on the inter- (ξ_0, ξ_1):

$$F(\xi_0)-F(\xi_1)=\tau_0(\psi_0, F'(\xi_1))+\tfrac{1}{2}\tau_0^2(\psi_0 F''(\eta')\psi_0'),$$
$$=\tau_0(\psi_0, F'(\xi_1))+\frac{\theta_1}{2}\tau_0\kappa_0\delta(1+\varepsilon_0), \qquad |\theta_1|\leqq 1.$$

Comparing this with (4.2) we have, dividing by $\tau_0\kappa_0$:

$$(\psi_0, \varphi_0)-\frac{\theta}{2}\delta(1+\varepsilon_0)=\frac{(\psi_0, F'(\xi_1))}{\kappa_0}+\frac{\theta_1}{2}\delta(1+\varepsilon_0),$$
$$\frac{(\psi_0, F''(\xi_1))}{\kappa_0}=(\psi_0, \varphi_0)-\frac{\theta+\theta_1}{2}\delta(1+\varepsilon_0)\geqq(\psi_0, \varphi_0)-\delta(1+\varepsilon_0),$$

and our assertion follows immediately.

6. Assuming that $F'(\xi_1)\neq 0$, we can form ξ_2 in the same way, and proceed in the same manner forming the infinite sequence $\xi_1, \xi_2, \dots$ unless for one of the ξ_ν obtained in this way, $F'(\xi_\nu)$ vanishes. The general rule for our procedure can then be described in the following way. Assuming that $F'(\xi_\nu)\neq 0$ put

(6.1) $$F'(\xi_\nu)=\kappa_\nu\varphi_\nu, \quad \kappa_\nu=|F'(\xi_\nu)|>0, \quad F(\xi_\nu)=F_\nu,$$

(6.2) $$r_\nu=(1+\varepsilon_\nu)\frac{\delta}{\Lambda^*}, \quad |\varepsilon_\nu|\leqq\varepsilon, \quad \tau_\nu=r_\nu\kappa_\nu$$

and choose a unit vector ψ_ν satisfying the condition

(6.3) $$(\psi_\nu, \varphi_\nu)\geqq\delta.$$

Then $\xi_{\nu+1}$ is obtained from ξ_ν by

(6.4) $$\xi_{\nu+1}=\xi_\nu-\tau_\nu\psi_\nu.$$

It follows by induction that the assumptions made in sec. 1 and 2 about ξ_0 hold also for ξ_ν. We obtain in particular from (4.1)

(6.5) $$F_\nu-F_{\nu+1}\geqq\frac{1}{2}\tau_\nu\kappa_\nu\delta(1-\varepsilon_\nu)=\frac{1}{2}\frac{\delta^2}{\Lambda^*}\kappa_\nu^2(1-\varepsilon_\nu^2)=\frac{1}{2}\frac{1-\varepsilon_\nu}{1+\varepsilon_\nu}\Lambda^*\tau_\nu^2.$$

Of course, if $F'(\xi_\nu)$ vanishes, for the first time for a certain ξ_ν, then ξ_ν is a stationary point of F and our iteration procedure terminates. However, by what has been proved in sec. 5, our sequence ξ_ν remains infinite if we have at each ν

(6.6) $$(\psi_\nu, \varphi_\nu)>\delta(1+\varepsilon).$$

7. As, by (6.5), the values F_ν are strictly decreasing and F is continuous on the closed domain $\Omega\cup S$, we have certainly

$$F_\nu\downarrow F_\infty$$

for a certain finite value F_∞. It follows then that the infinite series

$$\sum_{\nu=0}^{\infty}(F_\nu - F_{\nu+1})$$

converges, and from (6.5) that

$$\sum_{\nu=0}^{\infty}\frac{1}{2}\frac{\delta^2}{\Lambda^*}\kappa_\nu^2(1-\varepsilon^2)$$

converges; that is to say,

$$\sum_{\nu=0}^{\infty}\kappa_\nu^2<\infty, \quad \sum_{\nu=0}^{\infty}|\xi_{\nu+1}-\xi_\nu|^2<\infty. \tag{7.1}$$

In particular, it follows that

$$\zeta_{\nu+1}-\xi_\nu \to 0. \tag{7.2}$$

Without loss of generality we can assume that $F_\infty=0$,

$$F_\nu \downarrow 0. \tag{7.3}$$

8. The basis for our discussion is given by the following theorem:

Theorem 1. *Assume that P_ν is an infinite sequence of points in n-dimensional space R^n such that* 1) *P_ν form a bounded set, and* 2)

$$d(P_{\nu+1}, P_\nu)\to 0 \quad (\nu\to\infty). \tag{8.1}$$

Then the set of limiting points of the sequence P_ν,

$$H=\{P_\nu\}',$$

is a continuum, that is, a bounded, closed, connected set.

We gave a proof of this theorem elsewhere (Ostrowski [*4*], Theorem 28.1, pp. 203, 204). The following proof may be of some interest since it illustrates particularly well the usefulness of the *method of nets* in this class of problems.

9. Proof. For a fixed $\varepsilon>0$, construct in R^n an n-dimensional "net", N, formed, for instance, by the hyperplanes:

$$x_1=\nu\varepsilon \ (-\infty<\nu<\infty); \ \ldots, \ x_n=\nu\varepsilon \ (-\infty<\nu<\infty).$$

Then R^n is decomposed into cells

$$(\nu_\kappa-1)\varepsilon\leqq x_\kappa\leqq \nu_\kappa\varepsilon \qquad (\kappa=1,2,\ldots,n),$$

and there are only a finite number of these cells containing any of the points P_ν.

If Q, Q_1 are two different points of H, we say that a sequence of cells

$$C_1, C_2, \ldots, C_m \tag{9.1}$$

connects Q with Q_1 if C_1 contains Q, C_m contains Q_1, and if each of these C_ν is adjacent to its immediate neighbors in (9.1). Denote by n_0 an integer such that we have $d(P_{\nu+1}, P_\nu)<\varepsilon$ for $\nu\geqq n_0$. By assumption we can then find integers p_1, q_1 such that $n_0<p_1<q_1$ and $d(P_{p_1}, Q)<\varepsilon$, $d(P_{q_1}, Q_1)<\varepsilon$. Taking then for each of the

P_ν with $p_1 \leqq \nu \leqq q_1$ a cell containing these P_ν, these cells obviously form a chain (9.1) of cells connecting Q with Q_1, such that each cell in this chain contains a P_ν with $p_1 \leqq \nu \leqq q_1$. We can further assume that this chain (9.1) contains any cell *at most once* after deleting some "loops" in the sequence (9.1).

10. From our assumptions, it follows now that there exists an infinite sequence of integers,

$$p_1 < q_1 < p_2 < q_2 < p_3 < q_3 < \cdots,$$

such that

$$d(P_{p_\nu}, Q_1) < \varepsilon, \quad d(P_{q_\nu}, Q) < \varepsilon \qquad (\nu = 1, 2, \ldots).$$

We can then apply the above argument to each couple of integers p_ν, q_ν and obtain a chain T_ν of cells connecting Q with Q_1, containing each cell at most once and such that each of its cells contains at least one P_μ with $p_\nu \leqq \mu \leqq q_\nu$.

Since, however, all these chains T_ν contain only cells belonging to a finite set, we can have only a finite number of different T_ν and, therefore, there must exist an infinite subsequence of identical T_ν

$$T_{m_1} = T_{m_2} = \cdots, \quad m_1 < m_2 < \cdots. \tag{10.1}$$

Each cell of the chain (10.1) contains an infinite number of P_ν with different indices and, therefore, also a point of H. It follows, therefore, that we can interpolate between Q and Q_1 a sequence of points, Q_μ, of H such that

$$d(Q_\mu, Q_{\mu-1}) < 2\varepsilon\sqrt{n} \, (1 \leqq \mu \leqq m), \quad d(Q_m, Q) < 2\varepsilon\sqrt{n}.$$

As $\varepsilon > 0$ can be taken arbitrarily small, we see that H is a connected set. Since it is obviously closed, our theorem is proved.

11. It is very easy to prove the converse of Theorem 1, i.e., that every continuum in R^n is the derived set of a convenient sequence of points, P_ν, from R^n satisfying the conditions of Theorem 1. It is sufficient to this purpose to construct in R^n an infinite sequence of nets N_ν corresponding to

$$\varepsilon = \frac{1}{2^\nu},$$

to take in each of these nets all vertices belonging to cells containing at least one point of H, and to order these vertices conveniently.

The condition of boundedness of the sequence P_ν is essential for the validity of Theorem 1. If the sequence P_ν is not bounded, we obtain a better insight into the situation if we project the sequence P_ν stereographically onto the unit sphere, into the sequence π_ν. It is then easy to see that the sequence π_ν has as its derived set a continuum on the sphere, and this is even true if in the condition (8.1) the Euclidean distance is replaced by the corresponding spherical distance of π_ν and $\pi_{\nu+1}$. On the other hand, it follows easily that every continuum on the sphere is the derived set of a sequence of points on the sphere, π_ν, with $d(\pi_{\nu+1}, \pi_\nu) \to 0$. If we go back to the plane, the corresponding points in the plane do not necessarily satisfy the condition (8.1). However, interpolating on every segment $\overline{P_\nu P_{\nu+1}}$ a certain finite number of additional points we make (8.1) valid; and we do not introduce in this way new limiting points as is seen at once by going back to the sphere.

We see that if we omit the condition of boundedness in Theorem 1, the derived set can be characterized as an arbitrary set of points whose stereographic projection is a continuum.

12. Lemma 1*. *Assume that for a* $Q \geqq 1$ *and a sequence of nonnegative numbers* $u_0, u_1, u_2, \ldots, u_p$ *we have*

(12.1) $$Q u_\sigma \geqq u_\sigma + u_{\sigma+1} + \cdots + u_p \qquad (\sigma = 0, 1, \ldots, p).$$

Denote by

(12.2) $$s = [4Q^2] \geqq 4$$

the greatest integer contained in $4Q^2$. *Then, if* $s < p$, *we have*

(12.3) $$u_{m+s} \leqq \tfrac{1}{4} u_m \quad (0 \leqq m \leqq p - s).$$

Proof. Replacing σ by v in (12.1) and adding both sides of (12.1) over $v = m$, $m+1, \ldots, m+s$, we have

$$Q \sum_{v=m}^{m+s} u_v \geqq u_m + 2u_{m+1} + \cdots + (s+1) u_{m+s} + \cdots,$$

if $m \leqq p - s$.

On the other hand, it follows from (12.1) for $\sigma = m$:

$$Q u_m \geqq u_m + u_{m+1} + \cdots + u_p \geqq \sum_{v=m}^{m+s} u_v .$$

We obtain therefore

$$Q^2 u_m \geqq u_m + 2u_{m+1} + \cdots + (s+1) u_{m+s} + \cdots$$

and

$$u_{m+s} \leqq \frac{Q^2}{s+1} u_m .$$

But it follows from (12.2) that

$$4Q^2 - 1 < s, \qquad \frac{Q^2}{s+1} < \frac{1}{4}$$

and our Lemma is proved.

13. Lemma 2. *Assume that a point* ζ *in* Ω *belongs to* H *and that for a certain spherical neighborhood of* ζ *in* Ω, *with the radius* ρ, *and for a constant* Γ *we have*

(13.1) $$F(\xi) \leqq \Gamma |F'(\xi)|^2 \qquad (|\xi - \zeta| \leqq \rho).$$

Then the sequence ξ_v *tends to* ζ *and we have*

(13.2) $$\overline{\lim} |\xi_v - \zeta|^{1/v} < 1$$

and, more precisely,

(13.3) $$\overline{\lim} |\xi_v - \zeta|^{1/v} \leqq \frac{1}{2^{1/s}},$$

* The gist of this Lemma was given without proof in my note, A. Ostrowski [3].

where

$$(13.4)\qquad s=[4Q^2],\quad Q=\operatorname{Max}\left(\frac{1+\varepsilon}{(1-\varepsilon)^3}\frac{2\Lambda^*}{\delta^2}\Gamma,1\right).$$

14. Proof. Without loss of generality we can assume that ζ is the origin and that Γ satisfies the inequality

$$(14.1)\qquad \Gamma\geqq\frac{(1-\varepsilon)^3\delta^2}{2\Lambda^*(1+\varepsilon)}.$$

From (6.5) we have, solving with respect to τ_ν^2,

$$(14.2)\qquad \tau_\nu^2\leqq C(F_\nu-F_{\nu+1}),\quad C=\frac{1+\varepsilon}{1-\varepsilon}\frac{2}{\Lambda^*}.$$

15. Assume now that for certain integers m and $p>s$ we have

$$(15.1)\qquad \tau_{m+\sigma}\leqq\rho\qquad(\sigma=0,\dots,p).$$

Then we have from (14.2), using (7.3),

$$\sum_{\nu=\sigma}^{p}\tau_{m+\nu}^2\leqq C(F_{m+\sigma}-F_{m+p+1})\leqq C\,F_{m+\sigma}\qquad(\sigma=0,1,\dots,p)$$

and, using (13.1) and (6.1) for $\xi=\xi_{m+\sigma}$,

$$\sum_{\nu=\sigma}^{p}\tau_{m+\nu}^2\leqq C\,\Gamma\,\kappa_{m+\sigma}^2\qquad(\sigma=0,1,\dots,p).$$

Using here for $\kappa_{m+\sigma}$ the expression from (6.2) and the value of C from (14.2), we get

$$\sum_{\nu=\sigma}^{p}\tau_{m+\nu}^2\leqq C\,\Gamma\frac{\Lambda^{*2}}{(1-\varepsilon)^2\delta^2}\tau_{m+\sigma}^2\leqq\frac{1+\varepsilon}{1-\varepsilon}\frac{2}{\Lambda^*}\frac{\Lambda^{*2}}{(1-\varepsilon)^2\delta^2}\Gamma\,\tau_{m+\sigma}^2$$

and by (13.4)

$$\sum_{\nu=\sigma}^{p}\tau_{m+\nu}^2\leqq Q\,\tau_{m+\sigma}^2\qquad(\sigma=0,1,\dots,p);$$

if we write generally

$$(15.2)\qquad \tau_{m+\nu}^2=u_\nu$$

we obtain finally

$$\sum_{\nu=\sigma}^{p}u_\nu\leqq Q\,u_\sigma\qquad(\sigma=0,1,\dots,p).$$

16. Observe that by (13.4) our Q is $\geqq 1$. Therefore Lemma 1 can be applied and we have by (12.3) and (15.2)

$$(16.1)\qquad u_{\nu+s}\leqq\tfrac{1}{4}u_\nu,\quad \tau_{m+\nu+s}\leqq\tfrac{1}{2}\tau_{m+\nu}\qquad(\nu=0,1,\dots,p-s).$$

Since the origin is a point of accumulation of the ξ_ν, and the τ_ν tend to zero, there exists an m_0 such that we have

$$(16.2)\qquad |\xi_{m_0}|\leqq\frac{\rho}{3},\quad |\xi_{m_0+\sigma}|\leqq\rho\ \ (\sigma=1,\dots,s+1);\quad \sum_{\nu=0}^{s}\tau_{m_0+\nu}<\frac{\rho}{3}.$$

17. We are now going to show that all $|\xi_\nu|$, $\nu \geqq m_0$, are $\leqq \rho$. Indeed, if this were not true, there would exist a p such that we have (15.1), while $|\xi_{m_0+p+1}|$ is $>\rho$ and p in (15.1) is by (16.2) certainly $>s$, so that (16.1) can be used. But then we have by (16.1) and (16.2)

$$|\xi_{m_0+p+1}-\xi_{m_0}| \leqq \sum_{\nu=0}^{p} \tau_{m_0+\nu} \leqq \left(1+\frac{1}{2}+\cdots\right) \sum_{\nu=0}^{s-1} \tau_{m_0+\nu} \leqq \frac{2\rho}{3}$$

and from the first relation (16.2) follows

$$|\xi_{m_0+p+1}| \leqq |\xi_{m_0}| + \frac{2\rho}{3} \leqq \rho;$$

we see that indeed $|\xi_\nu| \leqq \rho$ $(\nu \geqq m_0)$ as asserted. Our argument shows further that from some ν on, (16.1) generally holds, that is

(17.1) $$\tau_{\nu+s} \leqq \tfrac{1}{2}\tau_\nu \qquad (\nu \geqq m_0)$$

18. Observe now that ρ in (13.1) can be taken arbitrarily small so that all $|\xi_\nu|$, $\nu \geqq m_0$, are arbitrarily small for a convenient m_0. We see that our ξ_ν tend indeed to 0.

We have therefore for each $\nu > 0$

$$\xi_\nu = \sum_{\mu=\nu}^{\infty} (\xi_\mu - \xi_{\mu+1}), \qquad |\xi_N| \leqq \sum_{\mu=N}^{\infty} \tau_\mu .$$

But then

$$|\xi_\nu| \leqq \sum_{\sigma=0}^{s-1} \tau_{\nu+\sigma} + \sum_{\sigma=0}^{s-1} \tau_{\nu+\sigma+s} + \sum_{\sigma=0}^{s-1} \tau_{\nu+\sigma+2s} + \cdots$$

and using (17.1), for $\nu \geqq m$, for a convenient m,

(18.1) $$|\xi_\nu| \leqq (1+\tfrac{1}{2}+\tfrac{1}{4}+\cdots) \sum_{\sigma=0}^{s-1} \tau_{\nu+\sigma} = 2 \sum_{\sigma=0}^{s-1} \tau_{\nu+\sigma} \qquad (\nu \geqq m).$$

Dividing $\nu - m > 0$ by s we can write for a convenient integer $\kappa > 0$,

(18.2) $$\nu = m + \kappa s + \nu_0, \qquad \nu_0 = 0, 1, \ldots, s-1.$$

19. It follows now from (18.1) and (18.2), applying repeatedly (17.1),

$$|\xi_\nu| \leqq 2 \sum_{\sigma=0}^{s-1} \tau_{m+\nu_0+\kappa s+\sigma} \leqq 2^{-\kappa}\, 2 \sum_{\sigma=0}^{s-1} \tau_{m+\nu_0+\sigma},$$

or, putting

(19.1) $$\tau = \operatorname*{Max}_{\nu_0=0,1,\ldots,s-1} 2 \sum_{\sigma=0}^{s-1} \tau_{m+\nu_0+\sigma}:$$
$$|\xi_\nu| \leqq \frac{\tau}{2^\kappa}, \qquad |\xi_\nu|^{1/\nu} \leqq \frac{\tau^{1/\nu}}{2^{\kappa/\nu}}.$$

But then, since by (18.2)

$$\frac{\kappa}{\nu} \to \frac{1}{s} \qquad (\nu \to \infty),$$

(13.3) follows immediately. Lemma 2 is proved.

20. Theorem 2. *Assume that for a ζ in H we have* Det $F''(\zeta)\neq 0$. *Then the sequence ξ_ν tends to ζ and we have for the s given by* (13.4) *for a suitable Γ:*

(20.1) $$\overline{\lim}\ \sqrt[\nu]{|\xi_\nu-\zeta|}\leqq 2^{-1/s}.$$

Proof. Without loss of generality we can assume $\zeta=0$. Then $F(\xi)$ as well as $F'(\xi)$ vanishes at the origin while $F''(\xi)$ is nonsingular at the origin, so that we can write, as the derivatives of the second order of $F(\xi)$ are continuous in Ω,

(20.2) $$F(\xi)=F_2(\xi)+o(|\xi|^2)\qquad (\xi\to 0),$$

where $F_2(\xi)$ is the homogeneous part of the dimension 2 in the Taylor development of $F(\xi)$ in the neighborhood of the origin. By the assumption, the n eigenvalues of $F_2(\xi)$, $\lambda_1,\dots,\lambda_n$, do not vanish and can be ordered in such a way that

(20.3) $$0<|\lambda_1|\leqq\cdots\leqq|\lambda_n|.$$

21. Choosing the axes conveniently, we have

$$F_2(\xi)=\sum_{\mu=1}^{n}\lambda_\mu x_\mu^2,$$

and therefore by (20.2) and (20.3)

$$|F_2(\xi)|\leqq|\lambda_n|\,|\xi|^2,\qquad |F(\xi)|\leqq(|\lambda_n|+o(1))\,|\xi|^2\qquad(\xi\to 0).$$

On the other hand,

$$F_2'(\xi)=(2\lambda_1 x_1,\dots,2\lambda_n x_n),$$

$$|F_2'(\xi)|^2=4\sum_{\mu=1}^{n}\lambda_\mu^2 x_\mu^2\geqq 4\lambda_1^2\,|\xi|^2,$$

$$|F'(\xi)|^2\geqq(4\lambda_1^2+o(1))\,|\xi|^2\qquad(\xi\to 0)$$

and therefore, with $|\xi|\to 0$,

$$|F(\xi)|\leqq\left[\left(\frac{|\lambda_n|}{4\lambda_1^2}\right)+o(1)\right]|F'(\xi)|^2.$$

But now Lemma 2 can be applied, and the assertion of Theorem 2 follows immediately.

22. If instead of assuming that $F''(\zeta)$ is *nonsingular* we assume that $F''(\zeta)$ is *positive definite*, more than (20.1) can be proved, as has been shown in OSTROWSKI [*4*], Ch. 28, sec. 7.

On the other hand it follows from our theorem that if the sequence ξ_ν does not converge, the rank of $F''(\zeta)$ is $\leqq n-1$ in every point ζ of H. We will prove in what follows that then the rank of $F''(\zeta)$ in all points ζ of H is even $\leqq n-2$, if $F(\xi)$ belongs to C^4 in Ω (Theorem 3).

However, before proving this, we have to develop several lemmas.

23. Lemma 3. *Assume that the origin and a certain neighborhood $\Omega_0^{(\xi)}$ of the origin lie in the interior of Ω. Assume that we have for all ξ of $\Omega_0^{(\xi)}$ a one-to-one* *transformation*

$$y_\nu = x_\nu + a_\nu(\xi), \quad x_\nu = y_\nu + b_\nu(\eta), \qquad (\nu = 1, 2, \ldots, n) \tag{23.1}$$

of $\Omega_0^{(\xi)}$ *on a domain* $\Omega_0^{(\eta)}$ *in the vector space of the vectors*

$$\eta = (y_1, \ldots, y_n)$$

where a_ν *and* b_ν *are assumed to have continuous first derivatives in the corresponding domains. Assume that all* a_ν *and* b_ν *as well as their first derivatives vanish at the origin. Putting then* $F(\xi) = G(\eta)$ *we have, if* ξ *goes to* 0 *over points with* $|F'(\xi)| > 0$,

$$\frac{|G'(\eta)|}{|F'(\xi)|} \to 1 \qquad (\xi \to 0). \tag{23.2}$$

24. Proof. We have by (23.1)

$$G'_{y_\nu} = \sum_{\sigma=1}^{n} F'_{x_\sigma} \frac{\partial x_\sigma}{\partial y_\nu} = F_{x_\nu} + \sum_{\sigma=1}^{n} F'_{x_\sigma} \frac{\partial b_\sigma}{\partial y_\nu},$$

$$|G'_{y_\nu} - F'_{x_\nu}|^2 \leqq |F'|^2 \sum_{\sigma=1}^{n} \left(\frac{\partial b_\sigma}{\partial y_\nu}\right)^2,$$

$$\sum_{\nu=1}^{n} |G'_{y_\nu} - F'_{x_\nu}|^2 \leqq |F'|^2 \sum_{\sigma, \nu=1}^{n} \left(\frac{\partial b_\sigma}{\partial y_\nu}\right)^2,$$

$$|G' - F'| \leqq |F'| \sqrt{\sum_{\sigma, \nu=1}^{n} \left(\frac{\partial b_\sigma}{\partial y_\nu}\right)^2} = o(|F'(\xi)|),$$

and, by the triangle inequality,

$$\frac{|G'| - |F'|}{|F'|} \to 0 \qquad (\xi \to 0),$$

and (23.2) follows immediately. Lemma 3 is proved.

25. We will say that a function belongs to the class $C^k(u, v, \ldots)$ if it is defined and continuous with its first derivatives with respect to the variables $u, v, \ldots$ up to the k-th order in a convenient neighborhood of the origin $u = v = \cdots = 0$. If such a function vanishes for $u = v = \cdots = 0$, we say that it belongs to the class C_0^k. If, in addition to that, its partial derivatives up to the order $m-1$ vanish at the origin $u = v = \cdots = 0$, we say that it belongs to the class $C_{0^m}^k$.

26. Lemma 4. *Consider the function*

$$G = \sum_{\sigma=1}^{s} \lambda_\sigma y_\sigma^2 + \sum_{\mu, \nu=1}^{s} g_{\mu\nu} y_\mu y_\nu, \qquad g_{\mu\nu} = g_{\nu\mu}, \tag{26.1}$$

where the s real constants λ_σ *are* $\neq 0$, *while the* $g_{\mu\nu}$ *are functions of* $n = s + t$ *variables* y_σ, u_τ $(\sigma = 1, \ldots, s;\ \tau = 1, \ldots, t)$, *belonging to the class* $C_0^1(y_\sigma, u_\tau)$.

Then G can be written in a neighborhood of the origin in the form

(26.2) $$G=\sum_{\sigma=1}^{s}\lambda_\sigma w_\sigma^2,$$

where

(26.3) $$w_\nu=y_\nu+a_\nu(y_\sigma, u_\tau)$$

and the a_ν belong to the class $C^1_{0^2}(y_\sigma, u_\tau)$.

27. Proof. Without loss of generality we can assume $\lambda_1=1$. For $s=1$ it is sufficient to take

$$a_1(y_1, u_\tau)=y_1[\sqrt{1+g_{11}}-1]$$

and it is immediately verified that this a_1 belongs to $C^1(y_\sigma, u_\tau)$ and that

$$a_1(0;0)=\frac{\partial a_1(0;0)}{\partial y_1}=\frac{\partial a_1(0;0)}{\partial u_\tau}=0 \qquad (\tau=1,\dots,t).$$

28. Assume now that $s>1$ and that Lemma 4 is already proved for all smaller values of s. Putting

$$\sum_{\nu=2}^{s} g_{1\nu}y_\nu=a, \qquad \frac{a}{1+g_{11}}=A_1(y_\sigma, u_\tau),$$

it is clear that a as well as A_1 belong to the class $C^1_{0^2}(y_\sigma, u_\tau)$. Putting now

$$w=y_1+A_1(y_\sigma, u_\tau),$$

we can write

$$G=(1+g_{11})y_1^2+2(1+g_{11})A_1y_1+\sum_{\sigma=2}^{s}\lambda_\sigma y_\sigma^2+\sum_{\mu,\nu=2}^{s}g_{\mu\nu}y_\mu y_\nu.$$

Add after the second right-hand term and subtract term by term from the last sum the expression

$$(1+g_{11})A_1^2=\frac{1}{1+g_{11}}\sum_{\mu,\nu=2}^{s}g_{1\mu}g_{1\nu}y_\mu y_\nu,$$

and put

$$h_{\mu\nu}=g_{\mu\nu}-\frac{g_{1\mu}g_{1\nu}}{1+g_{11}}.$$

The $h_{\mu\nu}$ belong to the class $C^1_0(y_\sigma, u_\tau)$ and it follows now that

(28.1) $$G=(1+g_{11})w^2+H, \quad H=\sum_{\sigma=2}^{s}\lambda_\sigma y_\sigma^2+\sum_{\mu,\nu=2}h_{\mu\nu}y_\mu y_\nu.$$

Put $\sqrt{1+g_{11}}=1+b$, where b belongs to $C^1_0(y_\sigma, u_\tau)$, and

$$w_1=(1+b)w=(1+b)(y_1+A_1)=y_1+by_1+A_1+bA_1,$$

$$by_1+A_1+bA_1=a_1,$$

(28.2) $$w_1=y_1+a_1(y_\sigma, u_\tau),$$

where a_1 belongs to $C^1_{0^2}(y_\sigma, u_\tau)$. The first term in (28.1) becomes now w_1^2.

29. Solving (28.2) with respect to y_1, we obtain

$$y_1 = w_1 + A(w_1, y_2, \ldots, y_s; u_\tau),$$

where $A = -a_1$ belongs to C_0^1. Replacing now y_1 in the $h_{\mu\nu}$ by the above expression, our $h_{\mu\nu}$ become functions of the $s-1$ arguments $y_2, \ldots, y_s$ and $t+1$ parameters $w_1, u_1, \ldots, u_t$, belonging as functions of these n variables to the class C_0^1. But now our lemma can already be applied to H, and H can be transformed into the sum

$$\sum_{\sigma=2}^{s} \lambda_\sigma w_\sigma^2$$

by convenient transformations of the type (26.3). Lemma 4 is proved.

30. Lemma 5. *Consider, for an integer $s>0$, a function*

$$G(y_1, \ldots, y_s; u_1, \ldots, u_t) = \sum_{\sigma=1}^{s} \lambda_\sigma y_\sigma^2 + G^*, \tag{30.1}$$

where none of the λ_σ vanish and G^* belongs to the class $C^3(y_\sigma, u_\tau)$. Assume further that G^* vanishes with its derivatives of the first order on the manifold

$$y_1 = y_2 = \cdots = y_s = 0, \tag{30.2}$$

while the second derivatives of G^* with respect to the y_σ, $G^{*\prime\prime}_{y_\mu y_\nu}$, vanish at the origin. Then G can be written in the form (26.2) *with the expressions* (26.3) *for the w_ν, where the a_ν belong to the class $C_0^1(y_\sigma, u_\tau)$.**

31. Proof. Developing G into a Taylor series in powers of the s arguments y_σ, observe that under our assumptions the constant and linear terms of this development vanish. If we use the integral form of the remainder of the second order, we obtain

$$G^* = \int_0^1 (1-v) \left(\sum_{\sigma=1}^{s} y_\sigma D_{\alpha_\sigma} \right)^2 G^*(\alpha_\sigma + v\, y_\sigma)\, dv,$$

where the operators D_{α_σ} denote the partial derivation with respect to α_σ and, after the differentiations have been carried out, all α_σ have to be replaced by 0. Developing this formula, we obtain

$$G^* = \sum_{\mu,\nu=1}^{s} g_{\mu\nu} y_\mu y_\nu, \qquad g_{\mu\nu} = \int_0^1 (1-v)\, G^{*\prime\prime}_{\alpha_\mu \alpha_\nu}(\alpha_\sigma + v\, y_\sigma)\, dv. \tag{31.1}$$

32. It follows immediately from (31.1) that under our hypotheses the $g_{\mu\nu}$ belong to the class $C_0^0(y_\sigma, u_\tau)$. On the other hand, since G^* belongs to $C^3(y_\sigma, u_\tau)$, the expressions (31.1) can be differentiated with respect to each of our variables under the sign of integration, and we see that their partial derivatives of the first order are continuous in the neighborhood of the origin. But then all assumptions of Lemma 4 hold and Lemma 5 follows immediately from Lemma 4.

33. Theorem 3. *Assume that F belongs to C^4 in Ω and that the rank of the Hessian matrix F'' is exactly $n-1$ at a point ζ of H. Then the ξ_ν tend to ζ.*

* This Lemma is an extension of the so-called MORSE's Lemma, MORSE [1], pp. 172/3, Lemma 7.3.

34. Proof. Let the assertion of Theorem 3 be false. Without loss of generality we can assume that ζ is the origin.

Developing F in a Taylor series in powers of the x, we have

$$F = F_2 + F^*,$$

where F_2 is the aggregate of the terms of second dimension in the x_ν, as the constant and the linear terms vanish at the origin.

35. Then the rank of the quadratic form F_2 is $n-1$ and by a suitable orthogonal transformation which does not change the whole situation the matrix of F_2 can be reduced to the diagonal form. We can therefore assume from the beginning that

$$F_2 = \sum_{\sigma=1}^{n-1} \lambda_\sigma x_\sigma^2, \tag{35.1}$$

where none of the λ_σ vanishes.

As to F^*, it belongs to $C^4_{0^3}(x_1, \ldots, x_n)$ since the derivatives of F up to the order 4 are continuous and F_2 has the same values of the partial derivatives of the second order at the origin as F.

36. Every point of H must satisfy the $n-1$ equations

$$F'_{x_\sigma} = 2\lambda_\sigma x_\sigma + F^{*\prime}_{x_\sigma} = 0 \qquad (\sigma = 1, \ldots, n-1). \tag{36.1}$$

These equations are satisfied at the origin for $x_n = 0$; on the other hand, the Jacobian of the left-side expressions is

$$|F''_{x_\sigma x_\kappa}| = |2\lambda_\sigma \delta_{\sigma\kappa} + F^{*\prime\prime}_{x_\sigma x_\kappa}| \qquad (\sigma, \kappa = 1, \ldots, n-1).$$

At the origin however, this is $= 2^{n-1}\lambda_1 \ldots \lambda_{n-1} \neq 0$.

Therefore the equations (36.1) can be solved with respect to $x_1, \ldots, x_{n-1}$:

$$x_\sigma = T_\sigma(x_n) \tag{36.2}$$

where T_σ belong to the same class as $F^{*\prime}_{x_\sigma}$, i.e. to $C^3_{0^2}(x_n)$.

37. Thence the curve (36.2) has in the neighborhood of the origin continuous tangent as well as continuous curvature. We can therefore find a spherical neighborhood U' of O, such that an arc γ of the curve (36.2) begins in a point A of the boundary of U' and ends in a point B of this boundary, while γ is inside U' a simple arc going through the origin. It follows further from the classical uniqueness theorem that, if U' is chosen sufficiently small, any common solution of the equations (36.1) lying with the corresponding value of x_n in U' must lie on the arc γ.

38. We are now going to prove that a segment γ' of the arc γ, adjacent to the origin O, belongs completely to H. Indeed, since H is a continuum containing O, there exist infinitely many points of H different from O and lying on γ. Let C be such a point and assume that it lies on γ between O and B, so that the points $AOCB$ are consecutive on γ. If then on the portion OC of γ the points of H are everywhere dense, this arc lies completely in the closed set H and can be taken as γ'.

If this is not the case, there exists between O and C an open arc γ^* beginning in a and ending in b which does not contain any point of H. If we take this arc out of γ, γ is reduced to two closed arcs AOa and bCB without points in common. Denote by $p>0$ the distance of these two arcs.

As C and O belong to the continuum H, they can be connected, for every $\varepsilon>0$, by a chain of points

$$O=B_0, B_1, \ldots, B_m=C,$$

so that the distance of two consecutive points B_ν, $B_{\nu+1}$ is $\leqq\varepsilon$.

39. If we choose $\varepsilon<p$, this sequence of points can certainly not lie on γ between C and O. Thence, it goes from C in the direction of B and then enters again U in the neighborhood of A and goes along AO.

But then, since ε can be taken arbitrarily small, points of H are certainly everywhere dense on the arc AO, and since H is closed, the whole arc AO belongs to H and can be taken as γ'.

As γ' belongs to H and U', the gradient of F vanishes everywhere on γ', while the rank of the Hessian matrix of F is in every point of γ' exactly $n-1$, if U' is chosen sufficiently small.

Denote by P' an *inner point* of γ'. Then there exists a neighborhood of U_1 of P' contained in U' and such that all points of H lying in U_1 belong to γ'. If we now take our point P' as origin, the whole above discussion is valid, but we can assume from now on that the origin lies *inside* the arc γ' belonging to H.

40. Introduce now instead of $x_1, \ldots, x_{n-1}$ new variables defined by

$$y_\sigma = x_\sigma - T_\sigma \qquad (\sigma=1, \ldots, n-1). \tag{40.1}$$

Observe that the transformation (40.1) is of the type of the transformation (23.1) in Lemma 3. If we solve the equations (40.1) in a convenient neighborhood of the origin with respect to $x_1, \ldots, x_{n-1}$ and introduce these values into F, F becomes a function

$$G(y_1, \ldots, y_{n-1}, x_n)$$

which also belongs to C^3 $(y_1, \ldots, y_{n-1}, x_n)$. The gradient of G vanishes then in virtue of (23.2) on the set corresponding to H in a neighborhood of the origin and the value of G at the origin is 0.

41. Observe that F^*, if expressed through the y_σ and x_n, belongs to $C_{0^3}^3$ $(y_1, \ldots, y_{n-1}, x_n)$. As to F_2, it becomes

$$\sum_{\sigma=1}^{n-1} \lambda_\sigma (y_\sigma + T_\sigma)^2 = \sum_{\sigma=1}^{n-1} \lambda_\sigma y_\sigma^2 + 2\sum_{\sigma=1}^{n-1} \lambda_\sigma y_\sigma T_\sigma + \sum_{\sigma=1}^{n-1} \lambda_\sigma T_\sigma^2.$$

The second and the third right-hand terms belong here to $C_{0^3}^3\,(y_1, \ldots, y_{n-1}, x_n)$ and we have

$$G = \sum_{\sigma=1}^{n-1} \lambda_\sigma y_\sigma^2 + G^* \tag{41.1}$$

where G^* belongs to $C_{0^3}^3\,(y_1, \ldots, y_{n-1}, x_n)$.

By our transformation (40.1) the arc γ' goes over into an interval $I=<d_1, d_2>$, $d_1<0<d_2$, on the x_n-axis, i.e. on

$$y_1=\cdots=y_{n-1}=0.$$

Then both G and the gradient of G vanish on I and the same is true by (41.1) for G^* and $G^{*\prime}$. As to the second derivatives of G^* at the origin, they vanish because G_2 has the same values of these derivatives as G.

42. But now the conditions of the Lemma 5 are satisfied since we can cut down I so as to make it symmetric with respect to the origin and such a symmetric interval corresponds to a spherical neighborhood in the one dimensional space. Therefore, there exists a transformation of the type (26.3), carrying G into the form

$$G=\sum_{\sigma=1}^{n-1}\lambda_\sigma w_\sigma^2. \tag{42.1}$$

Observe on the other hand that the combination of the transformations (40.1) and (26.3) is again a transformation of the same type so that Lemma 3 can be applied to the transformation from $x_1, \ldots, x_n$ to $w_1, \ldots, w_{n-1}, x_n$. Denoting the length of the gradient of G by K, we have from (42.1)

$$K^2=4\sum_{\sigma=1}^{n-1}\lambda_\sigma^2 w_\sigma^2.$$

Comparing this with the expression (42.1) for G and putting

$$\operatorname*{Min}_{\sigma=1,\ldots,n-1}(|\lambda_\sigma|)=\lambda_0,$$

we have

$$|F|=|G|\leqq\frac{K^2}{4\lambda_0},$$

and using (23.2) we get, finally,

$$|F(\xi)|\leqq\frac{\kappa(\xi)^2}{2\lambda_0}$$

as soon as ξ lies in a convenient neighborhood of the origin, $|\xi|\leqq\rho$. But now Lemma 2 can be applied and the assertion of Theorem 3 follows immediately.

43. Lemma 6. *Assume that the origin and a certain convex neighborhood $\Omega_0^{(\xi)}$ of the origin both lie in the interior of Ω. Assume that we have for all ξ from $\Omega_0^{(\xi)}$ a one-to-one transformation*

$$\begin{aligned} y_\nu&=x_\nu+a_\nu(\xi),\\ x_\nu&=y_\nu+b_\nu(\eta)\end{aligned}\qquad(\nu=1,2,\ldots,n) \tag{43.1}$$

of $\Omega_0^{(\xi)}$ on a domain $\Omega_0^{(\xi)}$ in the vector space of the vectors $\eta=(y_1, \ldots, y_n)$, where a_ν and b_ν are assumed to have continuous first derivatives in the corresponding domains. Denote by $\alpha(\xi)$, $\beta(\eta)$ respectively the vectors with the components $a_\nu(\xi)$, $b_\nu(\eta)$ and by

$$D(\eta)=\left(\frac{\partial(b_\nu)}{\partial(y_\mu)}\right) \tag{43.2}$$

the Jacobian matrix of the b_ν *with respect to* y_μ *and consider, as a generalization of the Jacobian matrix, the Kowalewski matrix,*

(43.3) $$d^* = d^*(\xi', \ldots, \xi^{(n)}) = \left(\frac{\partial a_1(\xi')}{\partial x_\nu}, \ldots, \frac{\partial a_n(\xi^{(n)})}{\partial x_\nu}\right),$$

where each a_ν *is a function of the vector* $\xi^{(\nu)}$ *depending on the subscript* ν.

Putting then $F(\xi) = G(\eta)$, *write similarly to* (6.1), *for the gradient* $G'(\eta)$ *of* G:

(43.4) $$G'(\eta) = K(\eta)\,\Phi(\eta), \quad K(\eta) \geqq 0, \quad |\Phi(\eta)| = 1.$$

44. *Then, for any positive* $\varepsilon' \leqq \frac{1}{10}$, *if throughout* $\Omega_0^{(\xi)}$ *and* $\Omega_0^{(\eta)}$ *the inequalities*

(44.1) $$|d^*|_2 \leqq \varepsilon', \quad |D|_2 \leqq \varepsilon' \quad (\xi', \ldots, \xi^{(n)} \in \Omega_0^{(\xi)}, \eta \in \Omega_0^{(\eta)})$$

*hold**, *we have*

(44.2) $$K(\eta) = (1 + \theta\varepsilon')\,\kappa(\zeta) \quad (\xi \in \Omega_0^{(\xi)}), \quad |\theta| \leqq 1.$$

If further, for a subscript σ, *the elements* ξ_σ, $\xi_{\sigma+1}$ *of the sequence defined by* (6.4) *lie in* $\Omega_0^{(\xi)}$, *we have for the corresponding elements* η_σ, $\eta_{\sigma+1}$ *of* $\Omega_0^{(\eta)}$:

(44.3) $$\eta_{\sigma+1} - \eta_\sigma = -(1 + \theta\varepsilon')\, r_\sigma \kappa_\sigma \chi_\sigma = \frac{1 + \theta_1\varepsilon'}{1 + \theta\varepsilon'}\, r_\sigma K_\sigma \chi_\sigma, \quad |\theta|, |\theta_1| \leqq 1$$

where

(44.4) $$K_\sigma = K(\eta_\sigma), \quad \Phi_\sigma = \Phi(\eta_\sigma), \quad r_\sigma = (1 + \varepsilon_\sigma)\frac{\delta}{\Lambda^*}$$

and χ_σ *satisfies the relations*

(44.5) $$|\chi_\sigma| = 1, \quad (\chi_\sigma, \Phi_\sigma) = (\psi_\sigma, \varphi_\sigma) + 5\theta_2\varepsilon'.$$

Finally we have

(44.6) $$G(\eta_\sigma) - G(\eta_{\sigma+1}) \geqq \frac{1 - \varepsilon^2}{3\Lambda^*}\,\delta^2 K_\sigma^2.$$

45. Proof. We have by (43.1), considering G' and F' as row-vectors,

$$G'_{y_\mu} = \sum_{\sigma=1}^{n} F'_{x_\sigma} \frac{\partial x_\sigma}{\partial y_\mu} = F_{x_\mu} + \sum_{\sigma=1}^{n} F'_{x_\sigma} \frac{\partial b_\sigma}{\partial y_\mu},$$

(45.1) $$G'(\eta) = (I + D(\eta))\,F'(\xi), \quad G'(\eta) - F'(\xi) = D(\eta)\,F'(\xi).$$

By (44.1), we have then

(45.2) $$|G' - F'| \leqq \varepsilon' |F'(\xi)|, \quad |G'| = |F'| + \varepsilon'\theta |F'|,$$

and (44.2) follows immediately.

* By the symbol $|M|_2$ for the matrix $M = (m_{ij})$ we denote the expression $\sqrt{\sum_{ij} |m_{ij}|^2}$.

On the other hand, it follows from (45.2) and (44.1), for a vector ψ with $|\psi|=1$, that if $\kappa>0$

$$|(\psi, G'-F')| \leqq \varepsilon' \kappa,$$
$$(\psi, G')=(\psi, F')+\theta \varepsilon' \kappa=\kappa(\xi)\left((\psi, \varphi)+\theta_3 \varepsilon'\right).$$

Dividing this on both sides by $K(\eta)$, we obtain

$$(\psi, \Phi)=\frac{\kappa}{K}\left((\psi, \varphi)+\theta_3 \varepsilon'\right)=\frac{(\psi, \varphi)+\theta_3 \varepsilon'}{1+\theta_1 \varepsilon'}=(\psi, \varphi)+\frac{5}{2} \theta_4 \varepsilon', \tag{45.3}$$

since

$$\left|\frac{(\psi, \varphi)+\theta \varepsilon'}{1+\theta_1 \varepsilon'}-(\psi, \varphi)\right|=\left|\frac{\theta \varepsilon'-\theta_1 \varepsilon'}{1+\theta_1 \varepsilon'}\right| \leqq \frac{2 \varepsilon'}{9/10}.$$

46. Assuming now that both ξ_σ and $\xi_{\sigma+1}$ lie in Ω_0, we have from (43.1)

$$\eta_{\sigma+1}-\eta_\sigma=\xi_{\sigma+1}-\xi_\sigma+\alpha(\xi_{\sigma+1})-\alpha(\xi_\sigma). \tag{46.1}$$

Here, the ν-th component of $\alpha(\xi_{\sigma+1})-\alpha(\xi_\sigma)$ is

$$a_\nu(\xi_{\sigma+1})-a_\nu(\xi_\sigma)=\sum_{\mu=1}^{n} a'_{\nu x_\mu}(\xi^{(\nu)})\left(x_\mu^{(\sigma+1)}-x_\mu^{(\sigma)}\right),$$

where generally the components of ξ_τ are denoted by $x_1^{(\tau)}, \ldots, x_n^{(\tau)}$, while $\xi^{(\nu)}$ is a point on the segment connecting ξ_σ with $\xi_{\sigma+1}$ and lies therefore in $\Omega_0^{(\xi)}$. We can now write, using the matrix (43.3):

$$\alpha(\xi_{\sigma+1})-\alpha(\xi_\sigma)=d^*(\xi^{(1)}, \ldots, \xi^{(n)})(\xi_{\sigma+1}-\xi_\sigma).$$

The relation (46.1) becomes, putting $(I+d^*)\psi_\sigma=H_\sigma$, by (6.4),

$$\eta_{\sigma+1}-\eta_\sigma=(I+d^*)(\xi_{\sigma+1}-\xi_\sigma)=-r_\sigma \kappa_\sigma H_\sigma. \tag{46.2}$$

It follows now from (44.1)

$$\begin{aligned} &|(I+d^*)\psi_\sigma-\psi_\sigma| \leqq \varepsilon', \qquad |H_\sigma-\psi_\sigma| \leqq \varepsilon' \\ &|(I+d^*)\psi_\sigma|=1+\theta' \varepsilon', \qquad |H_\sigma|=1+\theta_5 \varepsilon' \end{aligned} \tag{46.3}$$

and further

$$(H_\sigma, \Phi_\sigma)=(\psi_\sigma, \Phi_\sigma)+(d^* \psi_\sigma, \Phi_\sigma)=(\psi_\sigma, \Phi_\sigma)+\theta_6 \varepsilon'.$$

Introducing χ_σ by $H_\sigma=|H_\sigma|\,\chi_\sigma$ we obtain from (45.3)

$$(\chi_\sigma, \Phi_\sigma)=\frac{(\psi_\sigma, \Phi_\sigma)+\theta_6 \varepsilon'}{1+\theta_5 \varepsilon'}=(\psi_\sigma, \Phi_\sigma)+\frac{5}{2} \theta_2 \varepsilon'=(\psi_\sigma, \varphi_\sigma)+5 \theta_2 \varepsilon'$$

which is (44.5), while (44.3) follows now from (46.2) and (46.3) immediately.

As to the formula (44.6), it follows now immediately from (6.5) using (44.2). Lemma 6 is proved.

47. Theorem 4. *If $n=2$ and $F(x_1, x_2)$ is analytic in Ω as function of both arguments, then the sequence ξ_ν is convergent, if*

$$(1+\varepsilon)\delta<1. \tag{47.1}$$

48. Proof. Assume that the theorem is false and hence H is a continuum (on which, by (7.3), F vanishes). We are first going to prove that H contains a simple analytic arc γ'.

Observe first that already the first iteration step by (6.4) carries us into the interior of a level curve of F, lying completely inside Ω. We can therefore assume from the beginning that all points ξ_ν lie in a closed subset Ω^* of Ω and we can further assume that the boundary of Ω^* consists of a finite number of rectilinear segments.

The system of equations

$$F'_{x_1}(x_1, x_2) = F'_{x_2}(x_1, x_2) = 0 \tag{48.1}$$

has a continuum of solutions. Consider first the equation $F'_{x_1} = 0$ in a neighborhood of a solution of (48.1) which can be taken as the origin. If the development of F'_{x_1} in powers of x_1, x_2 begins with a homogeneous polynomial of dimension m, $F_m(x_1, x_2)$, we can after a suitable orthogonal transformation of x_1, x_2 assume that F_m contains a term cx_1^m with $c \neq 0$. But then by Weierstrass Preparation Theorem we have

$$F'_{x_1} = (x_1^m + A_1(x_2)\, x_1^{m-1} + \cdots + A_m(x_2))\, E(x_1, x_2), \qquad E(0,0) \neq 0,$$

where the $A_\nu(x_2)$ are power series convergent in a neighborhood of the origin and $E(x_1, x_2)$ is analytic in the neighborhood of the origin and does not vanish at the origin. Thence the solutions of the equations $F'_{x_1} = 0$ in the neighborhood of the origin can be developed in power series of the type

$$x_1 = \sum_{\nu=0}^{\infty} a_\nu x_2^{\nu/N}$$

which converge in the neighborhood of the origin and represent in this neighborhood, save eventually for $x_2 = 0$, analytic functions of x_2. If among the powers of x_2 occurring in such a development there are indeed such with non-integer exponents, the origin is an isolated critical point. This discussion shows obviously that each critical point of the equation $F'_{x_1} = 0$ in Ω is isolated. Therefore there are only a finite number of such points in the closed domain Ω^*. But then we see that the real solutions of $F'_{x_1} = 0$ are distributed on a finite number of simple analytic arcs which can have only a finite number of exceptional points in common.

49. We have a completely analogous situation also for the equation $F'_{x_2} = 0$. As H is infinite we can find a point of H which is an exceptional point neither for F'_{x_1} nor for F'_{x_2}. If we take this point as the origin, we see that this origin lies on a simple analytic arc γ_1 corresponding to F'_{x_1} and also on a simple arc γ_2 corresponding to F'_{x_2}. In any neighborhood of the origin there are infinitely many points of H which must then lie as well on γ_1 as on γ_2. Therefore γ_1 and γ_2 have an arc γ in common passing through the origin. And this arc γ contains besides the origin infinitely many points of H. As H is *connected* it follows now by exactly the same argument as was used in the proof of Theorem 3 in Sections 38, 39, that γ contains an arc γ' lying completely in H, and our first assertion is proved.

50. As F is analytic on γ' and does not vanish identically, there exists an integer $m>1$ such that all partial derivatives of $F(x_1, x_2)$ up to the order $m-1$ vanish at all points of γ', while at a certain point ξ_0 of γ' not all partial derivatives of order m vanish. The same is then true at any point of a certain arc γ^* contained in γ' and therefore in H.

51. Consider now some inner point of γ^* which we may take as the origin, and assume that our system of coordinates is so oriented that the tangent to γ^* in O lies on the x_1-axis. Then we have along γ^* in a neighborhood of the origin

$$x_2=\varphi(x_1), \tag{51.1}$$

where $\varphi(x_1)$ is analytic in a neighborhood of the origin and $\varphi(0)=\varphi'(0)=0$.

If we now introduce new variables y, u by

$$\begin{aligned} y&=x_2-\varphi(x_1), \\ u&=x_1, \end{aligned} \tag{51.2}$$

we have here a transformation satisfying the assumptions of Lemma 6 in a sufficiently small neighborhood of the origin and we can write

$$F(x_1, x_2)=G(y, u). \tag{51.3}$$

The arc γ^* in the x_1-x_2-plane goes over into the interval $J(-d_1 \leqq u \leqq d_2)$ on the u-axis with $d_1>0$, $d_2>0$.

52. On the other hand the transformation (51.2) can be inverted in the neighborhood of the origin so that we have $x_2=y+\varphi(u)$, $x_1=u$. If we form then the partial derivatives of order $\kappa<m$ on the right side of (51.3) we see that they are linear combinations of partial derivatives of order $\leqq\kappa$ of F and vanish therefore on the interval J, that is identically for $y=0$.

53. Developing G in powers of y and u we see that all terms not divisible by y^m must vanish and we have

$$G(y, u)=y^m\psi(y, u), \tag{53.1}$$

where $\psi(y, u)$ is analytic in a neighborhood of the origin.

If we form now from (51.3) and (53.1) the partial derivative

$$\frac{\partial^m}{\partial x_1^\alpha\, \partial x_2^\beta} F \quad \text{with} \quad \alpha+\beta=m$$

we have

$$D_{x_1}^\alpha D_{x_2}^\beta F=D_{x_1}^\alpha [D_{x_2}^\beta (y^m\psi)]$$

and, since u is independent of x_2,

$$D_{x_1}^\alpha D_{x_2}^\beta F=D_{x_1}^\alpha [D_y^\beta y^m\psi(y, u)]=D_{x_1}^\alpha [y^\alpha \Phi(y, u)]. \tag{53.2}$$

If now $\alpha>0$ it follows from

$$\frac{\partial y}{\partial x_1}=-\varphi'(x_1)$$

that the right-hand expression in (53.2) vanishes at the origin, so that the only partial derivative of order m of F, nonvanishing at the origin, is

$$\frac{\partial^m}{\partial x_2^m} F = D_y^m [y^m \psi(y,u)],$$

and this has at the origin the value $m!\,\psi(0,0)$. We see that

(53.3) $$\psi(0,0) \equiv c \neq 0.$$

54. If, in particular, $m=2$, we have from (53.1) and (51.2)

$$F(x_1,x_2)=c(x_2-\varphi(x_1))^2(1+g(x_1,x_2))$$

where $g(0,0)=\varphi(0)=\varphi'(0)=0$, and therefore the development of $F(x_1,x_2)$ around the origin begins with $F_2(x_1,x_2)=c x_2^2$, so that

$$F''(0,0)=\begin{pmatrix} 2c & 0 \\ 0 & 0 \end{pmatrix}.$$

We see that

(54.1) $$\Lambda^* \geqq 2c \quad (m=2).$$

55. Developing

$$\left(\frac{1}{c}\psi(y,u)\right)^{\frac{1}{m}} = \left[1-\left(1-\left(\frac{1}{c}\psi(y,u)\right)\right)\right]^{\frac{1}{m}}$$

by the binomial series and then in powers of y and u, we see that $\psi(y,u)$ can be written as $c[1+A(y,u)]^m$, where A is analytic in a neighborhood of the origin and vanishes at the origin, while we have $G(y,u)=c(y+Ay)^m$.

Putting now

(55.1) $$w=y(1+A(y,u))=y+a(y,u)$$

we see that $a(y,u)$ vanishes with its derivatives of the first order at the origin and

(55.2) $$F(x_1,x_2)=c\,w^m \equiv T(w)$$

The transformation from the x_1, x_2 to w, u is

$$u=x_1, \quad w=y+a(y,u)=x_2-(\varphi(x_1)-a(x_2-\varphi(x_1),x_1))$$

and satisfies the conditions of the Lemma 6, as soon as the point (x_1,x_2) lies in a convenient neighborhood $\Omega^{(\xi)}$ of the origin.

56. $\Omega_0^{(\xi)}$ has to be chosen in Lemma 6 according to the value of ε'. We choose ε' so that

(56.1) $$\varepsilon' \leqq \frac{\delta}{10} < \frac{1}{10}, \quad \frac{1+\varepsilon'}{1-\varepsilon'}(1+\varepsilon)\,\delta < 1$$

which is certainly possible in virtue of (47.1).

We can choose $\Omega_0^{(\xi)}$ in the form

(56.2) $$\Omega_0\left(|x_1| \leqq R_x,\ |x_2| \leqq R_x\right)$$

and define another neighborhood of the origin, Ω_1, by

(56.3) $$|x_1|\leqq\tfrac{1}{2}R_x, \quad |x_2|\leqq\tfrac{1}{2}R_x.$$

57. As $\xi_{\nu+1}-\xi_\nu\to 0$, we can suppose that from the beginning

(57.1) $$|\xi_{\nu+1}-\xi_\nu|<\tfrac{1}{2}R_x\,(\nu=0,1,\ldots).$$

It is clear that if ξ_σ lies in Ω_1, then $\xi_{\sigma+1}$ must lie in $\Omega_0^{(\xi)}$.

We write now $\eta_\sigma=(w_\sigma, u_\sigma)$. The image of Ω_1 in the η-plane *contains* a neighborhood

(57.2) $$U_1(|w|\leqq R_1,\ |u|\leqq R_1).$$

Therefore, if η_σ lies in U_1, ξ_σ lies in Ω_1, $\xi_{\sigma+1}$ lies in $\Omega_0^{(\xi)}$ and $\eta_{\sigma+1}$ lies in $\Omega_0^{(\eta)}$.

58. Since $F=T$ vanishes at the origin and the values $F(\xi_\nu)$ are monotonically decreasing, we see that we have

(58.1) $$F(\xi_\sigma)=T(w_\sigma)>0, \quad T(w_\sigma)=|c|\,|w_\sigma|^m.$$

Then obviously $\operatorname{sgn} T'_w(w_\sigma)=\operatorname{sgn} w_\sigma$, $\Phi_\sigma=(\operatorname{sgn} w_\sigma, 0)$ and $|w_\sigma|$ tends monotonically to 0. We are now going to prove that the w_σ themselves tend monotonically to 0, that is to say, that we have

(58.2) $$\operatorname{sgn} w_\sigma=\operatorname{sgn} w_{\sigma+1} \quad (\eta_\sigma\in U_1,\ \eta_{\sigma+1}\in\Omega_0^{(\eta)})$$

as long as η_σ lies in U_1 and $\eta_{\sigma+1}$ in $\Omega_0^{(\eta)}$. This is evident if m is *odd*, since then the w_σ must all have the sign of c in order to make all $T(w_\sigma)$ positive.

59. Assume now m *even*. Then c is certainly >0.

From (44.3), applied to $\eta=(w, u)$, and (44.2) we have, if η_σ lies in U_1 and therefore $\eta_{\sigma+1}$ lies in $\Omega_0^{(\eta)}$:

(59.1)
$$\begin{aligned}
\eta_\sigma-\eta_{\sigma+1}&=\frac{1+\theta\,\varepsilon'}{1+\theta_1\,\varepsilon'}(1+\varepsilon_\sigma)\frac{\delta}{\Lambda^*}K(\eta_\sigma)\,\chi_\sigma\\
&=m\,c\,\frac{1+\theta\,\varepsilon'}{1+\theta_1\,\varepsilon'}(1+\varepsilon_\sigma)\frac{\delta}{\Lambda^*}|w_\sigma|^{m-1}\chi_\sigma,\\
w_\sigma-w_{\sigma+1}&=m\,c\,\frac{1+\theta\,\varepsilon'}{1+\theta_1\,\varepsilon'}(1+\varepsilon_\sigma)\frac{\delta}{\Lambda^*}|w_\sigma|^{m-1}\alpha_\sigma,
\end{aligned}$$

where α_σ is the component of χ_σ corresponding to w.

60. But now it follows from $\varepsilon'\leqq\delta/10$ and from the condition (44.5) that as soon as R_1 is sufficiently small, we have

$$(\chi_\sigma, \Phi_\sigma)=\alpha_\sigma \operatorname{sgn} w_\sigma>\delta-5\,\varepsilon'>0,$$

and

(60.1) $$\operatorname{sgn}\alpha_\sigma=\operatorname{sgn} w_\sigma.$$

We can therefore write, multiplying the relation (59.1) by $\operatorname{sgn} w_\sigma$,

(60.2) $$|w_\sigma|-w_{\sigma+1}\operatorname{sgn} w_\sigma=m\,c\,\frac{1+\theta\,\varepsilon'}{1+\theta_1\,\varepsilon'}(1+\varepsilon_\sigma)\frac{\delta}{\Lambda^*}|w_\sigma|^{m-1}|\alpha_\sigma|.$$

61. We treat first the case $m>2$, as for $m=2$ the argument has to be modified. For $m>2$ it follows from (60.2) that, if we take R_1 sufficiently small, for all η_σ lying in U_1, the right hand expression in (60.2) is $<|w_\sigma|$ so that $w_{\sigma+1}\operatorname{sgn} w_\sigma>0$ and (58.2) follows.

62. Consider now the case $m=2$. Here, by (54.1), $\Lambda^*\geqq 2c$ and the relation (60.2) becomes here

$$w_{\sigma+1}\operatorname{sgn} w_\sigma=|w_\sigma|\left(1-\frac{1+\theta\,\varepsilon'}{1+\theta_1\,\varepsilon'}(1+\varepsilon_\sigma)\frac{\delta}{\Lambda^*}2c\,|\alpha_\sigma|\right). \tag{62.1}$$

The subtrahend in brackets is, by (56.1),

$$\leqq\frac{1+\varepsilon'}{1-\varepsilon'}(1+\varepsilon)\,\delta<1,$$

and (58.2) follows now from (62.1).

63. Assume again that $\xi_\sigma,\ \xi_{\sigma+1}\in\Omega_0^{(\xi)},\ \eta_\sigma,\ \eta_{\sigma+1}\in\Omega_0^{(\eta)}$. Putting then $\chi_\sigma=(\alpha_\sigma,\beta_\sigma)$ we have, since $\Phi_\sigma=(\operatorname{sgn} w_\sigma,0)$, from (44.5), (6.3) and (56.1)

$$|\alpha_\sigma|\geqq\delta-5\varepsilon'\geqq\frac{\delta}{2},\qquad|\beta_\sigma|\leqq\sqrt{1-\frac{\delta^2}{4}}.$$

Putting $\delta/2=\sin\tau$, $\cot\tau=Q$, we have $|\beta_\sigma/\alpha_\sigma|\leqq Q$ and it follows from (44.3) that

$$\left|\frac{u_\sigma-u_{\sigma+1}}{w_\sigma-w_{\sigma+1}}\right|\leqq Q\quad(\eta_\sigma,\eta_{\sigma+1}\in\Omega_0^{(\eta)}). \tag{63.1}$$

64. Consider now the neighborhood $\bar U$ of the origin in the η-plane

$$\bar U\left(|w|\leqq\frac{R_1}{Q+1},\ |u|\leqq\frac{R_1}{Q+1}\right).$$

Since the origin is a limiting point of the η_σ and $\eta_\sigma-\eta_{\sigma+1}\to 0$, there exists a σ_0 such that η_{σ_σ} as well as η_{σ_0+1} lie in $\bar U$. We are going now to show that all η_σ with $\sigma>\sigma_0$ lie in the neighborhood U_1, defined by (57.2).

65. Indeed, our assertion is true for σ_0 and σ_0+1. Assume now that our assertion is true for $\eta_{\sigma_0},\eta_{\sigma_0+1},\ldots,\eta_\sigma$. Then $\eta_{\sigma+1}$ lies in $\Omega_0^{(\eta)}$ and we have from (63.1)

$$\begin{aligned}|u_{\sigma_0}-u_{\sigma+1}|&\leqq|u_{\sigma_0}-u_{\sigma_0+1}|+\cdots+|u_\sigma-u_{\sigma+1}|\\&\leqq Q\,[|w_{\sigma_0}-w_{\sigma_0+1}|+\cdots+|w_\sigma-w_{\sigma+1}|].\end{aligned} \tag{65.1}$$

By (58.2) $w_{\sigma_0},w_{\sigma_1},\ldots,w_\sigma,w_{\sigma+1}$ have all the same sign. Since $|w_\nu|$ go decreasingly, the differences $w_{\sigma_0}-w_{\sigma_0+1},\ w_{\sigma_0+1}-w_{\sigma_0+2},\ldots,w_\sigma-w_{\sigma+1}$ have also all the same sign. Therefore the right-hand expression in (65.1) is equal to

$$Q\,|w_{\sigma_0}-w_{\sigma+1}|\leqq Q\,|w_{\sigma_0}|\leqq\frac{QR_1}{Q+1}$$

and we have

$$|u_{\sigma+1}-u_{\sigma_0}|\leqq\frac{QR_1}{Q+1},\qquad|u_{\sigma+1}|\leqq\frac{R_1}{Q+1}+\frac{QR_1}{Q+1}=R_1.$$

Since on the other hand $|w_{\sigma+1}|<|w_{\sigma 0}|\leqq R_1$, we see that $\eta_{\sigma+1}$ lies also in U_1. Thus it follows that all η_σ lie in U_1.

66. Now it follows from (63.1) that

$$|u_{\sigma_1}-u_{\sigma_2}|\leqq Q\,|w_{\sigma 0}| \qquad (\sigma_1, \sigma_2>\sigma_0).$$

But $|w_{\sigma_0}|$ can assume arbitrarily small values, as w_σ tends to 0. Therefore the sequence of the η_σ is convergent to a point in U_1 and the sequence ξ_ν is convergent to a point in Ω_0. Theorem 4 is proved.

Acknowledgements. The investigations reported in this paper were in part carried out under a contract of the U.S. Army with the Mathematical Institute of the University of Basel; further, with the Division of Applied Mathematics of Brown University under a contract with the O. N. R.; then at the Mathematics Research Center of the U.S. Army at Madison, Wisconsin, under Contract No.: DA-11022-ORD-2059; and were completed at the T. J. Watson Research Center IBM. The author is grateful to Mr. Victor Pereyra of the MRC staff and Dr. Joseph Ercolano of the Watson Research Center staff for valuable discussions.

References

[1] Landau, E., Differential and Integral Calculus. New York: Chelsea 1951.

[2] Morse, M., The Calculus of Variations in the Large. American Mathematical Society Colloquium Publications, vol. XVIII. American Mathematical Society, New York 1934.

[3] Ostrowski, A., Mathematische Miszellen XV. Zur konformen Abbildung einfach zusammenhängender Gebiete. Jahresbericht d. D. M.-V., XXXVIII (1929), p. 180 (in the footnote 9).

[4] Ostrowski, A., Solutions of Equations and Systems of Equations. 2nd Edition. New York: Academic Press 1966.

Mathematische Anstalt
der Universität Basel

(Received April 21, 1967)

UNE MÉTHODE GÉNÉRALE DE RÉSOLUTION AUTOMATIQUE D'UNE ÉQUATION POLYNOMIALE

RESUME

L'auteur indique une méthode de résolution d'une équation polynomiale qui converge quel que soit le point de départ de l'algorithme.

SUMMARY

The author gives a method to resolve a polynomial equation, which converges whatever the starting-point of the algorithm may be.

*

* *

Pour résoudre l'équation polynomiale :

$$f(z) = z^n + a_1 z^{n-1} + \ldots + a_n \qquad (1)$$

on peut supposer, quitte à faire le changement de variable correspondant, que :

$$\begin{aligned} |a_\nu| &\leqslant 1 \qquad (\nu = 1, 2, \ldots, n) \\ |f'(z)| &\leqslant M_2 \qquad (|z| \leqq 2) \end{aligned} \qquad (2)$$

Dans ces conditions le module de toutes les racines est au plus égal à 2 puisque :

$$|z| > 2 \Longrightarrow |f(z)| > 1 \quad .$$

On peut donc supposer sans restriction de généralité que :

$$|z| \leqslant 2 \ ,$$

l'équation (1) ayant été transformée de telle manière que les conditions (2) soient respectées.

Nous définissons alors les fonctions R(z) et T(z) par les formules suivantes :

$$R(z) \equiv \frac{f(z)}{f'(z)} \qquad (f'(z) \neq 0)\,, \tag{3}$$

$$T(z) = \frac{|f'(z)|}{M_2|R(z)|} = \frac{|f'(z)|^2}{M_2|f(z)|}\,. \tag{4}$$

Les relations fondamentales sont définies par les lemmes originaux suivants :

$$\left|\frac{f(z - tR(z))}{f(z)}\right| \leqslant |1 - t| + \frac{t^2}{2T(z)} \tag{5}$$

$$\left|\frac{f(z - TR(z))}{f(z)}\right| \leqslant 1 - \frac{T}{2} \qquad (T \leqslant 1) \tag{6}$$

$$\left|\frac{f(z) - R(z))}{f(z)}\right| \leqslant \frac{1}{2T} \qquad (T \geqslant 1) \tag{7}$$

Nous proposons donc l'adoption de la méthode suivante :

- Si $T > 2$, nous adoptons la méthode de Newton-Raphson qui est éprouvée et dont la convergence est quadratique, ce qui assure une bonne efficacité de la méthode.

- Dans les autres cas, nous proposons une technique fondée sur les choix suivants de q et de k :

Soit $T^*(z)$ la quantité définie par la relation :

$$T^*(z) = \mathrm{Min}\,\{1,\ T(z)\} \leqslant 1\ , \tag{8}$$

L'indice q étant arbitrairement choisi (nous reviendrons sur ce choix) mais satisfaisant à la condition $q > 1$, nous définissons la quantité $z^{(\mu)}$ par les formules de récurrence :

$$\left.\begin{aligned} z^{(-1)} &= z \\ z^{(\mu)} &= z - q^{\mu}\, T^*(z)\, R(z) \qquad (\mu = 0, 1, \ldots) \end{aligned}\right\} \tag{9}$$

U_μ étant défini par la formule :

$$\left. U_\mu = \left|\frac{f(z^{(\mu)})}{f(z^{(\mu-1)})}\right| \qquad (\mu = 0,1,\ldots),\ U_0 < 1\ ,\right\} \tag{10}$$

il existe un indice k_q entier tel que :

$$U_\mu < 1 \qquad \text{pour} \qquad 0,1,\ldots,k_q(z)\,,$$
$$U_{k_q(z)+1} \geqslant 1 \tag{11}$$

Nous appellerons k le premier indice non négatif satisfaisant à cette relation :

$$k := k_q(z)\,,$$

et nous définissons la fonction $H_q(z)$ par la dernière itérée, c'est-à-dire par, la formule :

$$H_q(z) = z^{(k_q(z))} \tag{12}$$

Ceci étant, la méthode que nous proposons (T étant supposé $\leqslant 2$) est définie par l'itération suivante :

z_0 étant choisi tel que $|f(z_0)| \leqslant 1$,

$$z_{\nu+1} = H_q(z_\nu) \tag{13}$$

Alors la fonction $|f(z_\nu)|$ tend en décroissant vers $f(\infty)$. Deux cas sont à considérer :

I - *Si la limite* $f(\infty)$ *est strictement positive* alors :

$$T^* = T(z_\nu) \longrightarrow 0\,, \qquad f'(z_\nu) \longrightarrow 0 \tag{14}$$

$$z_\nu \longrightarrow \zeta'\,, \qquad f'(\xi') = 0\,, \qquad f(\xi') \neq 0\,, \tag{15}$$

ce qui conduit à adopter comme test de saut et comme Routine correspondantes :

J - Test (de saut) :

$$\delta_\mu \equiv \frac{1}{\mu!}\,|f^{(\mu)}(z)| \qquad (0 \leqslant \mu \leqslant n)$$

$$\Phi(z) = z^n + z^{n-1} + \ldots + 1$$

$$M_\mu = \frac{1}{\mu!}\,\Phi^{(\mu)}(2) \qquad (\mu = 0,1,\ldots,n)$$

$$\exists \mu,\ \rho, \qquad 1 \leqslant m \leqslant n, \quad \rho < 2 - |z| \quad :$$

$$\max_{1\leqslant\mu\leqslant m} 3^{\frac{1}{m+1}} \left\{2m(m+2)\,\frac{\delta_\mu}{\delta_{m+1}}\right\} \leqslant \rho \leqslant \operatorname{Min}\left\{\frac{m+1}{2m(m+2)}\,\frac{\delta_{m+1}}{M_{m+2}},\ \left(\frac{\delta_0}{\delta_{m+1}}\right)^{\frac{1}{m+1}}\right\}$$

Si J - Test positif, aller à J - Routine.

J - Routine (de saut) :

$$\exists U_1, \ldots, U_m : f'(z + U_\mu) = 0\ , \quad |U_\mu| \leqslant \rho\ ,$$

$$\exists U,\ |U| = \rho,\ |f(z + U)| < |f(z + U_\mu)| \qquad (\mu = 1, \ldots, m)\ .$$

II - *Le deuxième cas à considérer est celui où* $f(\infty)$ *est nul* ce qui entraîne que $f(z_\nu)$ tend vers 0. Dans ces conditions. on peut supposer que la racine correspondante est multiple, puisque dans le cas d'une racine simple T devient > 2.

Dans ce cas, supposant (sans restriction de généralité) :

$$f(z_\nu) \longrightarrow 0, \qquad f'(z_\nu) \longrightarrow 0\ , \qquad R(z_\nu) \longrightarrow 0\ , \tag{16}$$

nous avons :

THEOREME 1.–

$$z_\nu \longrightarrow \zeta\ , \qquad f(\zeta) = f'(\zeta) = 0\ . \tag{17}$$

THEOREME 2.–

$$\lim \left| \frac{z_{\nu+1} - \zeta}{z_\nu - \xi} \right| \leqslant \frac{q-1}{q+1}. \tag{18}$$

Ce dernier théorème confirme la convergence linéaire des itérés adoptés et donne un ordre de grandeur des conditions de convergence.

Remarquons que l'on peut donner une estimation des coefficients q et $k_q(z)$ dans le cas 2.

Pour le faire, si nous écrivons la fonction f(z) sous la forme :

$$f(z) = A(z - \zeta)^e\ (1 + \theta(z - \zeta))\ , \quad A \neq 0\ , \quad e \geqslant 2 \tag{19}$$

et si nous définissons le coefficient s par :

$$q^s = \frac{M_2}{e|A|} \cdot \frac{1}{|z - \zeta|^{e-2}}\ , \tag{20}$$

on a :

$$k_q(z) \simeq s + \theta \qquad |\theta| < 1\ . \tag{21}$$

182

A Method for Automatic Solution of Algebraic Equations*

1. Cauchy's famous existence proof for the roots of Algebraic Equations is based on the fact that, given a polynomial

$$f(z) = A_0 z^n + A_1 z^{n-1} + \dots + A_n ,$$

to any z_0 such that $f(z_0) \neq 0$, there exists a $z = z_0 + h$ such that

$$|f(z)| < |f(z_0)|.$$

To prove this, Cauchy develops $f(z)$ in powers of h,

$$f(z) = \sum_{\nu=0}^{n} a_\nu h^\nu$$

and writes it, as $a_0 = f(z_0) \neq 0$,

---

*) This method was developed in part under the Contract of US Army with the Mathematical Institute of the University of Basel, in part at Mathematics Research Center, US Army, Madison,Wisconsin, jointly with V. Pereyra, and in part at the IBM, T.J. Watson Research Center, Yorktown Heights, New York.

$$f(z) = a_0 + a_k h^k + a_{k+1} h^{k+1} + \ldots = a_k \left[\frac{a_0}{a_k} + h^k (1 + \varepsilon(h)) \right],$$

$$\varepsilon(h) = b_1 h + b_2 h^2 + \ldots .$$

Here we assume that $a_1 = \ldots = a_{k-1} = 0$, $a_k \neq 0$. If $a_1 \neq 0$, then $k=1$.

If we now set

$$h = \rho \sqrt[k]{-\frac{a_0}{a_k}}, \quad \rho > 0,$$

we obtain

$$f(z) = a_0 \; [1 - \rho^k (1+\varepsilon(h))],$$

and, as $\varepsilon(h) \to 0$ with $\rho \to 0$, the modulus of the bracketed expression can, for sufficiently small ρ, be made $< 1 - \rho^k/2 < 1$.

2. Observe that normally we will have $a_1 = f'(z_0) \neq 0$, $k=1$, so that h is given by

(2.1) $$h = - \rho \frac{a_0}{a_1} = - \rho \frac{f(z_0)}{f'(z_0)},$$

and we see that the direction from z_0 to z is in this case given by Newton's quotient $- f(z_0)/f'(z_0)$. However, the direct estimate of ρ from the development of $f(z)$ at z_0 requires a rather costly computation and gives a very small value of ρ. Further, the procedure indicated in the case $k > 1$ has little sense from the point of view of numerical analysis, because it is based on the *exact vanishing* of the intermediate coefficients $a_1, \ldots, a_{k-1}$. On the other hand, some similar procedure is necessary, since the iteration in the

Newton direction gives sometimes a convergent sequence which converges to a zero of $f'(z)$ instead of $f(z)$.

3. In order to obtain from Cauchy's idea a workable algorithm, we have therefore to solve the following problems:

(a) To obtain, if $f'(z) \neq 0$, a good estimate for ρ, which does not depend on the complete Taylor development of $f(z)$.

(b) To find a convenient method for accelerating the sequence of iterations obtained using (a).

(c) To obtain a test for z_0 being close to a zero of $f'(z)$ distinct from zeros of $f(z)$, and a routine for skipping such a zero in order to eliminate convergence to zeros of $f'(z)$.

(d) A test to recognize whether z_0 is already sufficiently close to a simple zero of $f(z)$ so that the classical Newton-Raphson routine can be used.

(e) A test to recognize whether z_0 is sufficiently close to a cluster of m zeros of $f(z)$, and to obtain in this way a bound for the error committed, taking z_0 as an approximate root and m as an "approximate multiplicity" of z_0.

4. Before attacking the problem, the polynomial $f(z)$ is reduced to the form

$$f(z) = z^n + a_2 z^{n-2} + \ldots + a_n, \quad \max_{2 \leq \nu \leq n} |a_\nu| = 1. \tag{4.1}$$

Then it is easily seen that we have

$$|f(z)| > 1 \qquad (|z| > 2) \tag{4.2}$$

and all zeros ζ of $f(z)$ satisfy the inequality

$$|\zeta| \leqq \frac{1+\sqrt{5}}{2} = 1.62\ldots \quad (4.3)$$

This transformation is important for the following reason:

In our procedure, for any approximation z_ν, the next approximation $z_{\nu+1}$ is only accepted if we have

$$|f(z_{\nu+1})| < |f(z_\nu)| . \quad (4.4)$$

Therefore, if we begin with z_0, such that $|f(z_0)| \leqq 1$ (for instance $z_0 = 0$), we are sure that the following z_ν will never leave the circular disc $|z| \leqq 2$. On the other hand, for a polynomial of the type (4.1), we can use universal bounds for $|f'(z)|$, $|f''(z)|,\ldots,$ in $|z| \leqq 2$, depending only on n.

5. The problem (a) can be solved in different ways. We discuss two of them.

I. From the theory of the method of steepest descent, it follows that by setting

$$\Lambda^* = 2 \max_{|z|\leqq 2} (|f'|^2 + |ff''|)$$

we obtain for

$$z = z_0 - \frac{f(z_0)\bar{f}'(z_0)}{\Lambda^*} \quad (5.1)$$

the relation

$$(5.2) \qquad |f(z_0)|^2 - |f(z)|^2 \geqq 2\,\frac{|f(z_0)f'(z_0)|^2}{\Lambda^*} .$$

Hence, if we iterate according to (5.1), the obtained sequence z_ν is certainly convergent either to a zero of $f(z)$ or to a zero of $f'(z)$.

II. The direct approach to the problem (a) is based on the following inequality (5.5): Let

$$(5.3) \qquad R(z) = \frac{f(z)}{f'(z)} .$$

Assuming that $R(z) \neq 0, \neq \infty$, set

$$(5.4) \qquad T(z) = \frac{|f'(z)|}{M_2|R(z)|}, \quad M_2 = \max_{|z|\leqq 2} |f''(z)| .$$

We have then for any real or complex t, as long as $|z-tR(z)| \leqq 2$,

$$(5.5) \qquad \left|\frac{f(z-tR(z))}{f(z)}\right| \leqq |1-t| + \frac{t^2}{2T} .$$

Hence, for $t=T$ and $t=1$:

$$\left|\frac{f(z-TR)}{f(z)}\right| \leqq 1 - \frac{T}{2} \quad (T \leqq 1),$$

$$\left|\frac{f(z-R)}{f(z)}\right| \leqq \frac{1}{2T} \leqq \frac{1}{2} \qquad (T \geqq 1),$$

so that ρ in (2.1) can be taken as

$$(5.6) \qquad \rho_d = \min\left(1, \frac{|f'|^2}{M_2|f|}\right) .$$

If we compare ρ_d with the value ρ_g, obtained from the method of steepest descent,

$$\rho_g = \frac{|f'|^2}{max(|f'|^2 + |ff''|)} , \tag{5.7}$$

we see that $\rho_d > \rho_g$. Furthermore, in computing $T(z)$, we recognize very easily the neighborhood of a simple zero of $f(z)$ and the applicability of the Newton-Raphson procedure.

However, the flow chart given in the appendix corresponds to the choice of ρ_g and to the iteration procedure arising from the method of steepest descent. We will give in another report the discussion corresponding to the choice $\rho = \rho_d$.

6. We now come to problem (b). We estimate the computational work mostly in terms of *Horner units*. A *Horner* H is the amount of computational work necessary for computing the value of a polynomial $a_0 z^n + a_1 z^{n-1} + \ldots + a_n$. For a polynomial of degree n a Horner reduces to $n(M+A)$ where M denotes a multiplication and A an addition. Of course, the exact amount of machine time needed for an average M or A depends on the type of the machine and also on the type of arithmetic used, whether it is real or complex, single- or double- or even multiple-precision arithmetic.

7. We first used, in [5], the Steffensen accelerating procedure. Subsequently in [4], I introduced yet another method.

Take a fixed $q > 1$ and set

$$w(z) = \frac{f(z)\bar{f}'(z)}{\Lambda^*} , \tag{7.1}$$

$$(7.2) \qquad \varphi(S) = |f(z - Sw(z))|.$$

We know that we have $\varphi(1) < \varphi(0)$.

Take the smallest integer $k = k_q(z)$, so that

$$(7.3) \qquad \begin{aligned} &\varphi(1) > \varphi(q) > \varphi(q^2) > \dots > \varphi(q^k) , \\ &\varphi(q^k) \leqq \varphi(q^{k+1}). \end{aligned}$$

Then set

$$(7.4) \qquad G^*(z) = z - q^k \, w(z)$$

and consider the iteration

$$(7.5) \qquad z_{\nu+1} = G^*(z_\nu).$$

It can then be proved that

$$(7.6) \qquad \overline{lim} \left| \frac{G^*(z)-\zeta}{z-\zeta} \right| \leqq \frac{q-1}{q+1} \qquad (z \to \zeta) ,$$

if z tends to a (simple or multiple) zero of $f(z)$.

8. (7.6) shows that the rate of convergence of our iteration is faster for small values of q, while, on the other hand, for large values of q the computation of $k_q(z)$ requires considerably less time.

In our method, we try to combine both possibilities, using first $q = 8$ and then checking again with $q = 2$. In this way, a considerable acceleration can already be obtained. Theoretically, an even better acceleration could be obtained, reducing the number of comparison trials from k to $O(\log k)$, if we search for k, representing it as a sum of Fibonacci numbers. From the programmer's point of view, however, this presents a certain complication, since provision must be made for storing the Fibonacci numbers up to the greatest used.

9. On the other hand, after the optimal value of 2^k has been obtained, we can improve the result further by searching in the neighborhood of 2^k for an even more convenient integer S, which does not need to be a power of 2. This can be done, applying the standard procedure for weighting with a diadic number by approximating the weight alternatively from above and from below. The mathematical theorem behind this procedure can be formulated [1] as the possibility of the unique development of any natural integer S in the form:

$$S = 2^{m_1} - 2^{m_2} + 2^{m_3} - \dots + 2^{m_{2S+1}}, \quad (m_1 > m_2 > \dots > m_{2S+1} \geq 0) \quad *)$$

*) Instead of using the diadic development, we could also use the triadic development, which offers a slight advantage. Since, however, the acceleration obtained in this way is, on the average, only around 2 % but, on the other hand, programming becomes technically somewhat more complicated, the method using the diadic development appears to be preferable.

10. To discuss problem (c), replace z_0 by z and develop $f(z+h)$ at z,

$$(10.1)\qquad f(z+h) = \sum_{\nu=0}^{n} D_\nu h^\nu, \quad |D_\nu| = \delta_\nu \quad (\nu = 0,1,\ldots,n) .$$

Then, if we are close to a cluster of m roots of $f'(z)$, and not in a neighborhood of a zero of $f(z)$, we must express conveniently that $\delta_1,\ldots,\delta_m$ are relatively small, while δ_0 and δ_{m+1} are not too small.

We have to introduce

$$(10.2)\qquad \kappa = 3^{-\frac{1}{m+1}} ,$$

$$\mathbf{M}_m = \delta_{m+2} + \frac{1}{10}\delta_{m+3} + \frac{1}{10^2}\delta_{m+4} + \ldots .$$

If then we set

$$(10.3)\qquad L_m = \min\left(\frac{1}{10}, \left(\frac{\delta_0}{\delta_{m+1}}\right)^{\frac{1}{m+1}}, \frac{\delta_{m+1}}{4\mathbf{M}_m}\right) ,$$

our condition can be expressed as ([2], pp. 6-7)

$$(10.4)\qquad \max_{1\leqq\nu\leqq m} \frac{1}{\kappa}\left(\frac{3m\delta_\nu}{\delta_{m+1}}\right)^{\frac{1}{m+1-\nu}} \leqq L_m , \quad |z| \leqq \frac{19}{10} .$$

Checking whether (10.4) is satisfied for a suitable m is the J Routine.

If (10.4) is satisfied, then it can be proved ([2], Theorem 2) that, taking $\rho = L_m$, there are exactly m zeros $\zeta_1',\ldots,\zeta_m'$ of $f'(w)$ in the ρ-neighborhood of z. Setting then

(10.5)
$$\vartheta = \frac{1}{m+1}\left(\arg f(z) - \arg f^{(m+1)}(z) + \pi\right),$$
$$z^* = z + e^{i\vartheta}\rho \equiv J(z),$$

we prove that we have

(10.6)
$$|f(z^*)| < |f(\zeta_\mu')| \quad (\mu = 1,\dots,m),$$
$$|f(z^*)| < |f(z)| .$$

(The J Routine).

It follows then from (10.6) that, if we restart our iteration from z^*, the obtained sequence cannot converge to one of the roots $\zeta_1',\dots,\zeta_m'$ of $f'(z)$.

11. The J Test is relatively expensive in time, particularly as we have to apply it for all values of $m=1,\dots,n-1$. Since, however, the probability of $m > 1$ is very small, we use the complete J Test only for every tenth approximation and, for intermediate approximations, restrict ourselves to the test J_1, corresponding to $m = 1$. For $m = 1$, we can use even better constants than obtained from (10.3) - (10.4), setting there $m = 1$ ([2], p. 10).

The J_1 Test consists in checking the inequality:

(11.1)
$$\frac{3\delta_1}{\delta_2} \leqq \rho \equiv \min\left(\frac{1}{10}\sqrt{\frac{\delta_0}{\delta_2}},\ \frac{\delta_2}{2M_3}\right),$$

where $M_3 = \max\limits_{|z|\leqq 2} \dfrac{|f'''(z)|}{6}$, $|z| \leqq \dfrac{19}{10}$.

If the J_1 Test is satisfied, we use the J Routine with $m = 1$ and with a value ρ from (11.1).

12. As to problem (d), the routine tests can be used. See for instance [3].

However, the overall bound for M_2 being sometimes too large, some improvements are possible and useful, which we will not discuss here.

13. To formulate a test corresponding to problem (e), we must express in a convenient way that $\delta_0, \ldots, \delta_{m-1}$ are small as compared to δ_m. The exact formulation of the Ω Test, which we use for this purpose, is:

$$(13.1)\qquad \rho \equiv \min\left(\frac{1}{10}, \frac{\delta_m}{2M_{m-1}}\right) > \max_{0 \leqq \mu \leqq m-1} \left(\frac{2m\delta_\mu}{\delta_m}\right)^{\frac{1}{m-\mu}} \equiv r, \qquad |z| \leqq \frac{19}{10}.$$

If (13.1) is satisfied, then we have exactly m zeros of $f(z)$ in the ρ-neighborhood of z, and they lie even in the r-neighborhood of z ([2], Theorem 1).

The Ω Test is again pretty expensive, and therefore we use mostly the test corresponding to $m = 1$, namely

$$(13.2)\qquad \delta_0 < \min\left(\frac{\delta_1}{6}, \frac{\delta_1^2}{n^2 2^n}\right), \quad |z| \leqq \frac{5}{3}.$$

If this is satisfied, then we have exactly one zero in the ρ-neighborhood of z, $\rho = \frac{\delta_1}{n^2 2^n}$, and this zero lies even in the r-neighborhood of z, $r = \frac{2\delta_0}{\delta_1}$.

14. After one root of the equation has been obtained, the corresponding linear factor is divided out of $f(z)$ by Ruffini-Horner division. If the equation is real and the root obtained non real, the corresponding quadratic factor is divided out. Then the same procedure is applied to the reduced polynomial obtained in this way, and so on. The reader may consult the flow charts given in the Appendix.

15. To what extent can the above procedure fail? First of all, since the value of Λ^* given above is very large for large n, it could easily happen that the value of $w(z)$ cannot be distinguished by the computer from 0. In this case, we replace $w(z)$ by $2^p w(z)$, taking the smallest positive integer p for which $2^p w(z)$ can be distinguished by the computer from 0, and check whether or not

$$(15.1) \qquad |f(z-2^p w(z))| < |f(z)| .$$

In the first case (and this will in general occur for $n \leq 10$), we replace in the definition of $\varphi(S)$ in (7.2) $w(z)$ by $2^p w(z)$ and proceed as in sections 7-9. In the second case, if the Ω Test does not show that z is already a sufficiently good approximation to a root of $f = 0$, single precision is obviously inadequate.

16. A similar situation arises if 2^k turns out to be too large for the machine. Since in any case $2^k |w(z)| < 4$, here again $w(z)$ is too small, and we have to replace $w(z)$ by a convenient multiple $2^p w(z)$. In this case, (15.1) is obviously satisfied.

17. The most important reason for failure of the above method, used directly, is of course the accumulation of round-off errors. This accumulation is particularly dangerous in the case of multiple roots or clusters of roots. It is, of course, not difficult to build into the above procedure provisions for round-off errors from pretty rough estimates up to the complete treatment by Interval Analysis.

18. However, as in such cases the necessity of using at least double precision arises rather often, we are of the opinion that it is better to prepare two programs for the above method.

The first "simplified program" would proceed by simple precision without accounting for round-off (except in the application of the Ω Test, in order to secure exact bounds) provided it does not fail.

If on the other hand, the simplified program fails, then the second "complete program" would have to be used, which has to be written from the beginning in double precision and must account for round-off errors in the most complete way possible, that is by using Interval Analysis. Of course, only after sufficient experience has been gathered with the simplified program, it can be decided whether some further provisions for round-off ought to be introduced into the simplified program itself.*)

*) A program, corresponding to our method, has been prepared at the IBM Center, Yorktown Heights, and many examples computed with this program appear to show that our method is indeed completely within the range of practical computation. However, these examples do not give a sufficient basis for deciding the merits of the simplified and the complete programs, since the programmer who prepared the program incorporated some features without discussing them with the author, so that we cannot assume any responsibility for this program.

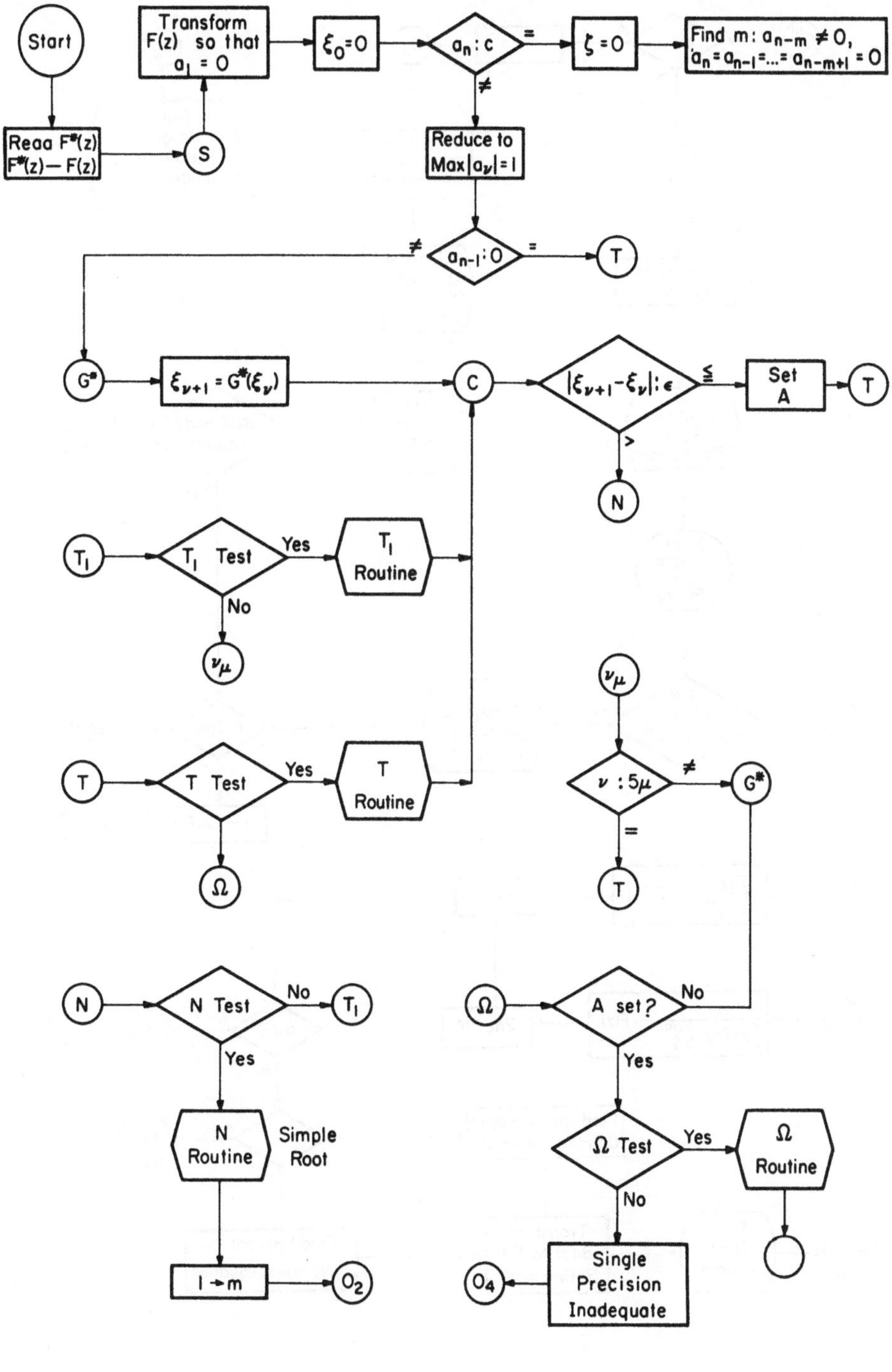

Start
Transform F(z) so that $a_1 = 0$
$\xi_0 = 0$
$a_n : c$
=
≠
$\zeta = 0$
Find m: $a_{n-m} \neq 0$, $a_n = a_{n-1} = \ldots = a_{n-m+1} = 0$
Reaa $F^*(z)$ $F^*(z) - F(z)$
S
Reduce to Max$|a_\nu| = 1$
$a_{n-1} : 0$
T
G*
$\xi_{\nu+1} = G^*(\xi_\nu)$
C
$|\xi_{\nu+1} - \xi_\nu| : \epsilon$
≦
Set A
>
N
T_1
T_1 Test
Yes
No
T_1 Routine
ν_μ
T Test
T Routine
$\nu : 5\mu$
Ω
N Test
A set?
N Routine
Simple Root
Ω Test
Ω Routine
1 → m
O_2
O_4
Single Precision Inadequate

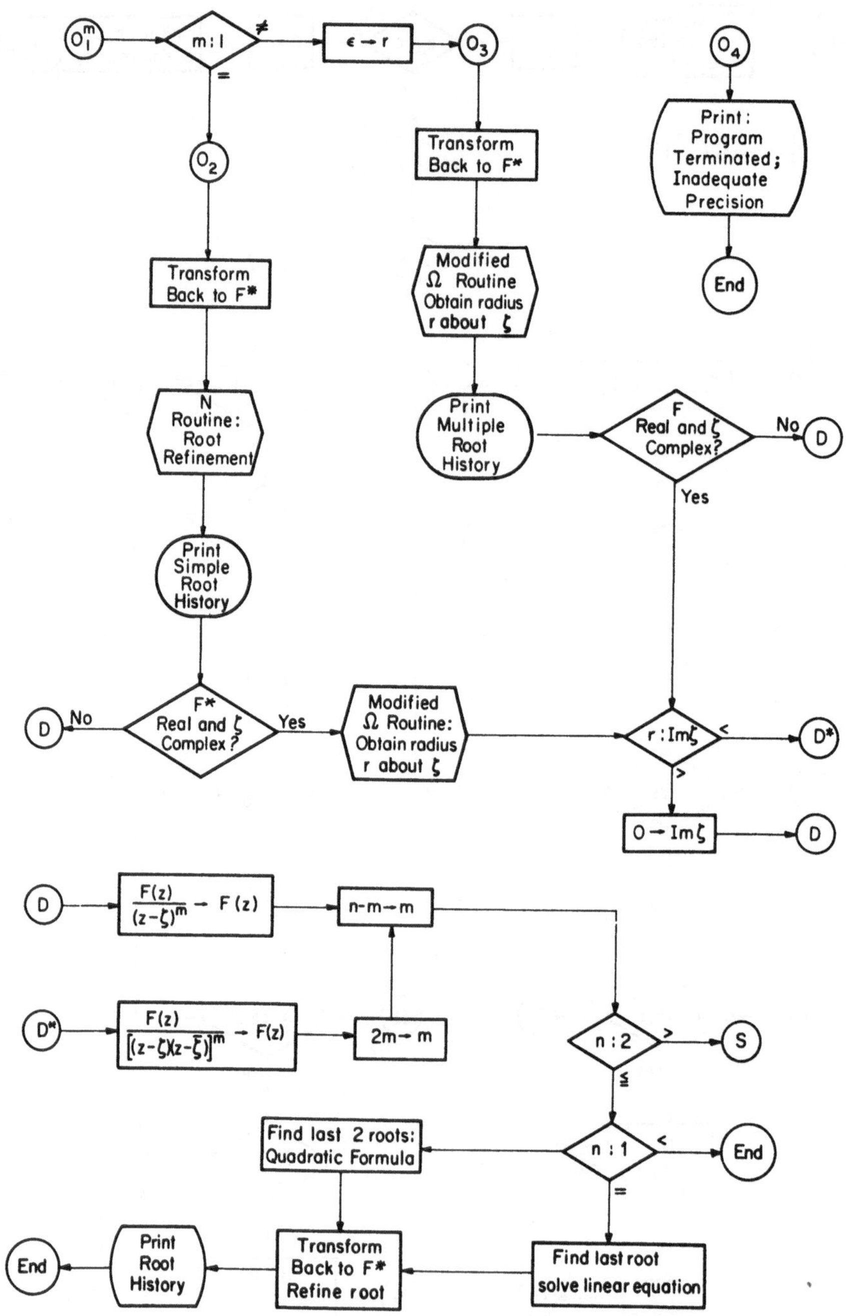
m : l
ε → r
Transform Back to F*
Print: Program Terminated; Inadequate Precision
End
Modified Ω Routine Obtain radius r about ζ
N Routine: Root Refinement
Print Multiple Root History
F Real and ζ Complex?
No
Yes
Print Simple Root History
F* Real and ζ Complex?
Modified Ω Routine: Obtain radius r about ζ
r : Im ζ
0 → Im ζ
n-m → m
2m → m
n : 2
n : 1
Find last 2 roots: Quadratic Formula
Find last root solve linear equation
Transform Back to F* Refine root
Print Root History
End

REFERENCES

1. P. Bachmann: *Niedere Zahlentheorie*, 2. Teil, Leipzig 1910, pp. 61-62.

2. A. Ostrowski: "Two Theorems on Clusters of Roots of Polynomial Equations," Basel Math. Notes # 17, June 1967.

3. Ostrowski: *Solution of Equations and Systems of Equations*, 2nd ed., Academic Press, New York and London, 1966.

4. A. Ostrowski: "An Improved General Routine for Solving Algebraic Equations," Basel Math. Notes,# 15, July 1966.

5. A. Ostrowski and V. Pereyra, "A General Routine for Solving Algebraic Equations," MRC TS Report, February 1966, # 630.

Prof. Dr. A.M. Ostrowski
Mathematisches Institut der Universität
Rheinsprung 21
Basel, Schweiz

ANALYSE NUMÉRIQUE. — *La méthode de Newton dans les espaces de Banach.* Note (*) de M. **Alexandre Ostrowski**, présentée par M. Gaston Julia.

1. Le critère de convergence pour la méthode de Newton dans le cas des équations numériques que j'avais donné en 1940 a été depuis généralisé, pratiquement avec les mêmes constantes et avec la même estimation d'erreurs, au cas des équations en opérateurs dans un espace de Banach. Toutefois, ces estimations n'étaient précises que *pour la seconde approximation*, dû au fait qu'en utilisant l'itération

$$\alpha_{\nu+1} = 2(\alpha_\nu - 1)^2,$$

je n'employais que des *bornes* convenables des α_ν. Or il y a quelque temps je me suis aperçu que cette équation récurrente peut être résolue explicitement, si $\alpha_0 \geqq 2$, en introduisant des fonctions hyperboliques. De cette façon on obtient des *estimations précises pour toute suite des approximations*, où le signe d'égalité est valable, pour certaines équations quadratiques, simultanément pour la suite complète des approximations. Je profite de cette occasion pour faire part de quelques autres résultats sur la méthode de Newton.

2. I. Théorème d'existence. — *Soit* Ω *un opérateur transformant l'espace de Banach* X *dans un espace de Banach* Y, *continu et (Fréchet-) différentiable dans un point* ξ_0. *Posons* $\Omega_0 = \Omega_0(\xi_0)$, $P_0 = \Omega'(\xi_0)$ *et supposons que* $\Omega_0 \neq 0$ *et* $Q_0 = P_0^{-1}$ *existe et soit un opérateur linéaire (borné) en* Y. *Posons*

$$(1) \qquad \Delta_0 = -Q_0\Omega_0; \qquad \xi_1 = \xi_0 + \Delta_0.$$

Soient $\alpha \geqq 2$, $\varkappa$ *et* δ *constantes positives tels que* $|Q_0| \leqq \varkappa$, $|\Delta_0| \leqq \delta$. *Posons, en désignant les cosinus et sinus hyperboliques par* Cos, Sin,

$$(2) \qquad \alpha - 1 = \operatorname{Cos}\varphi, \qquad \varphi \geqq 0, \qquad \sigma = \alpha\varkappa\delta, \qquad r = e^{-\varphi}\delta.$$

Désignons par $\mathcal{K} = \overline{\mathfrak{U}}_r(\xi_1)$ *la boule fermée de rayon* r *centrée en* ξ_1, *par* S *l'intervalle fermé* $\langle \xi_0, \xi_1 \rangle$, *c'est-à-dire l'ensemble des points* $\xi_0 + t\Delta_0 (0 \leqq t \leqq 1)$, *et posons* $\mathcal{K}^* = S \cup \mathcal{K}$. *Supposons que* $\Omega(\xi)$ *est continu dans* $\mathcal{K}^*$ *par rapport à* $\mathcal{K}^*$ *et que la dérivée (de Fréchet)* $\Omega'(\xi) = P(\xi)$ *y existe et satisfait « la condition de Lipschiz » :*

$$(3) \qquad |Q_0P(\xi') - Q_0P(\xi)| \leqq \frac{\varkappa}{\sigma}|\xi' - \xi| \qquad (\xi' \wedge \xi \in \mathcal{K}^*).$$

Alors on peut former, en partant de ξ_0, *la suite* ξ_ν *par itération :*

$$(4) \qquad \xi_{\nu+1} = \xi_\nu - P(\xi_\nu)^{-1}\Omega(\xi_\nu) \qquad (\nu = 0, 1, \ldots),$$

où, à partir de $\nu = 1$, *tous les* ξ_ν *sont situés à l'intérieur de* $\mathcal{K}$ *et la suite* ξ_ν

tend vers un point ξ^* de $\mathcal{K}$ tel que $\Omega(\xi^*) = 0$, et que l'on a

$$|\xi_{\nu+1} - \xi^*| \leq e^{-2^\nu\varphi} \frac{\operatorname{Sin}\varphi}{\operatorname{Sin} 2^\nu\varphi}\,\delta \qquad (\nu = 0, 1, \ldots). \tag{5}$$

3. Supposons que X et Y soient les corps des nombres complexes et $f(z)$ une fonction régulière dans les points de $\mathcal{K}^*$. On a le signe « $<$ » dans (5), sauf pour les cas où

$$\Omega(\xi) = A(\xi - \xi_0 - a(1 + \varepsilon e^{\varphi}))(\xi - \xi_0 - a(1 + \varepsilon e^{-\varphi})) \qquad (aA \neq 0,\ \varepsilon = \pm 1). \tag{6}$$

En plus, ξ^* est une racine simple de $\Omega(\xi)$ et est situé à l'intérieur de $\mathcal{K}$ sauf pour $\varphi = 0$ dans le cas du polynôme (6). Pour le polynôme (6) on a le signe « $=$ » dans toutes les relations (5).

4. Au lieu des inégalités (5) Kantorovich a déduit l'estimation

$$|\xi_{\nu+1} - \xi^*| = \left(\frac{4e^{\varphi}}{(e^{\varphi}+1)^2}\right)^{2^\nu} \delta = e^{-2^\nu\varphi}\left(\frac{2}{1+e^{-\varphi}}\right)^{2^{\nu+1}} \delta \tag{7}$$

tandis que la borne en (5) peut être écrite comme

$$e^{-2^\nu\varphi}\,\frac{1 - e^{-2\varphi}}{1 - e^{-2^{\nu+1}\varphi}}\, e^{-\varphi}\delta \leq e^{-2^\nu\varphi}\delta.$$

On a dans la borne (7) évidemment pour $\varphi > 0$: $2/(1 + e^{-\varphi}) > 1$.

Quant à l'unicité, on démontre facilement qu'il n'existe pas deux différentes racines de Ω dans $\mathcal{K}^*$.

5. On doit à M. L. V. Kantorovich la remarque essentielle que la boule K′ au centre ξ_0 et au rayon $\delta + r$, qui contient K*, est aussi un domaine d'unicité si les conditions du théorème d'existence sont satisfaites dans K′, où $\delta + r$ est le rayon maximal jouissant de cette propriété. Ceci laisse naturellement la question ouverte, s'il existe des régions intermédiaires entre K* et K′, qui puissent servir comme régions d'unicité dans le cas général. Dans cette direction on peut démontrer un théorème assez général utilisant la notion d'un *ensemble étoilé en* ξ_0.

Un ensemble étoilé en ξ_0 est un ensemble quelconque des segments rectilignes de longueur variable, positive et finie, issus de ξ_0.

II. Le théorèe d'unicité. — *Soit* S *un ensemble arbitraire étoilé en* ξ_0 *et considérons l'ensemble* $K_i = (S \cap K') \cup K^*$. K_i *est un ensemble d'unicité pour l'équation* $\Omega(0) = 0$ *dans le sens que, si les conditions du théorème d'existence sont vérifiées en* K_i, *il existe dans* K_i *exactement un point* ζ *avec* $\Omega(\zeta) = 0$.

6. En appliquant le procédé de Newton il arrive que les conditions de nos théorèmes sont satisfaites seulement dans une partie de K* ou K_i. Dans cette direction le théorème suivant peut être utile dans les applications numériques.

III. *Considérons un ensemble* B *de* X, *supposé ouvert, connexe et localement convexe et contenant* ξ_0. *Suqposons que* $\Omega(\xi)$ *est continu en* B *et y jouit de la propriété que l'on a*

$$\underline{\lim}\, |\Omega(\xi)| \geqq |\Omega(\xi_0)| \qquad (\xi \to \partial B,\ \xi \in B). \tag{8}$$

Alors le théorème d'existence reste valable si l'on y remplace K^* *par* $K^* \cap B$; *le théorème d'unicité reste valable si l'on y remplace* K_i *par* $K_i \cap B$.

7. En appliquant les théorèmes I et II au cas des équations algébriques la difficulté essentielle consiste dans le fait qu'il s'agit d'obtenir une borne de la seconde dérivée dans le domaine K^* dont les paramètres dépendent en quelque sorte de cette borne. Cette difficulté peut être surmontée de la façon suivante :

L'équation proposée peut être immédiatement ramenée à la forme dite *réduite*

$$f(\xi) = \xi^n + a_2 \xi^{n-2} + \cdots + a_n = 0, \qquad |a_\nu| \leqq 1 \qquad (\nu = 2, \ldots, n).$$

On démontre facilement qu'il existe une suite de constantes ρ'_n dépendant de n seulement, tels que l'on a

$$\rho_n \uparrow \tau = \frac{1+\sqrt{5}}{2} = 1.618\ldots \qquad (n \to \infty)$$

et que, en désignant par C_n le cercle $|\xi| \leqq \rho'_n$, $f(\xi)$ jouit de la propriété que

$$f(\xi) > 1 \qquad (\xi \notin C_n).$$

Alors on voit facilement que l'on peut utiliser comme la borne de la seconde dérivée de $f(\xi)$ l'expression, ne dépendant que de n,

$$M''_n = n(n-1)\rho_n'^{\,n-2} + \sum_{\nu=2}^{n-2} (n-\nu)(n-\nu-1)\rho_n'^{\,n-\nu-2}.$$

Il est vrai que, dans ce cas, le cercle K_0 pourrait avoir une partie en dehors de C_n, $K_0 \setminus K_0 \cap C_n$. Mais alors il résulte du théorème III, qu'il suffit de vérifier les conditions du théorèmes I dans la partie commune de K_0 et C_n et que l'on peut donc poser $1/\sigma = M''_n$.

(*) Séance du 5 avril 1971.

(*Casa Almarost*,
CH 6926,
Certenago di Montagnola,
Ti., Suisse.)

DIE NEWTON-RAPHSONSCHE METHODE IN BANACHRÄUMEN

1. Die Konvergenzsätze über die Newtonsche Methode, die vom Verfasser 1940 im klassischen Falle numerischer Gleichungen aufgestellt wurden [1], sind sodann zuerst von Kantorowich und sodann von weiteren Autoren, zuletzt wohl von DENNIS [2], auf den Fall von Gleichungen in Banachräumen übertragen worden. In allen diesen Übertragungen waren die a priori-Abschätzungen für den n-ten Fehler - ebenso wie in der betreffenden Arbeit des Verfassers - für $n>1$ nicht exakt. Sie reichten allerdings aus zur Charakterisierung der quadratischen Konvergenz.

Vor kurzem ist es dem Verfasser gelungen - durch Benutzung einer Iteration mit Hilfe der hyperbolischen Funktionen - exakte a priori-Schranken für den Fehler beim n-ten Schritt im Falle numerischer Gleichungen herzuleiten. Diese Abschätzungen lassen sich nun auch vollinhaltlich auf den allgemeinen Fall von Gleichungen in Banachräumen übertragen.

Andererseits läßt sich die Starrheit der den üblichen Konvergenzbedingungen zugrundeliegenden geometrischen Konfiguration in verschiedenen Richtungen auflockern. Namentlich ergeben sich dann recht allgemeine Formulierungen für den Unitätssatz, die die bisher gegebenen Fassungen dieses Satzes als sehr spezielle Fälle enthalten.

2. Es sei B ein Banachraum, Y ein linearer normierter Raum, ξ_0 ein Punkt von B und U eine Umgebung von ξ_0. Es sei der Operator f in U definiert, $f(U\to Y)$, und es mögen im Punkte ξ_0 sowohl die Fréchet-Ableitung $f'(\xi_0)$ als auch ihre Inverse $f'(\xi_0)^{-1}$ existieren als beschränkte lineare Operatoren in B bzw. Y. Man setze

$$h := -f'(\xi_0)^{-1}f(\xi_0), \quad \xi_1 := \xi_0+h,$$

$$\gamma := \| f'(\xi_0)^{-1} \| .$$

Man wähle eine Zahl $\alpha \geqq 2$ fest und stelle sie in der Form

$$\alpha = 1+\operatorname{Cos}\phi = 1+ \frac{e^{\phi}+e^{-\phi}}{2}, \quad \phi \geqq 0.$$

Man bezeichne mit $\bar{K}$ die "Kugel" um ξ_1 mit dem Radius $e^{-\phi}\| h \|$,

$$\bar{K} \left(\| \xi-\xi_1 \| \leqq e^{-\phi} \| h \| \right).$$

Andererseits bezeichnen wir mit dem Symbol $<\xi_0,\xi_1>$ die von ξ_0 nach ξ_1 führende "geradlinige Strecke", d.h.

$$\xi_0 + th \qquad (0 \leqq t \leqq 1).$$

Endlich bezeichnen wir mit K die Vereinigungsmenge dieser Strecke mit $\bar{K}$,

$$K := \bar{K} \cup \langle \xi_0, \xi_1 \rangle .$$

Die obigen Bezeichnungen und Annahmen werden in der Folge durchweg benutzt, ohne in den Sätzen neu formuliert zu werden.

3.

<u>*Satz 1.*</u> *Man setze*

$$M := \frac{1}{\alpha\gamma \| h \|} ,$$

und nehme an, daß $f(K \to Y)$ *und* $f'(\xi)$ *in* K *durchweg existiert und eine Lipschitzbedingung mit der Lipschitzkonstanten* M *erfüllt:*

$$(1) \qquad \| f'(\xi'') - f'(\xi') \| \leqq M \| \xi'' - \xi' \| \quad (\xi' \in K, \xi'' \in K).$$

Dann läßt sich die Iteration vermöge

$$(2) \qquad \xi_{\nu+1} = \xi_\nu - f'(\xi_\nu)^{-1} f(\xi_\nu) \qquad (\nu = 0, 1, \ldots,),$$

beginnend mit $\nu = 0$, *unbeschränkt durchführen - wobei die Existenz der Inversen* $f'(\xi_\nu)^{-1}$ *sich mitergibt -, diese* ξ_ν *liegen alle in* K *und konvergieren gegen ein* $\zeta \in K$ *mit* $f(\zeta) = 0$. *Ferner gilt*

$$(3)\quad \|\xi_{\nu+1}-\zeta\| \leqq e^{-2^\nu\phi}\frac{\mathrm{Sin}\phi}{\mathrm{Sin}2^\nu\phi}\|h\| =$$

$$= \frac{e^\phi - e^{-\phi}}{e^{2^\nu\phi}(e^{2^\nu\phi}-e^{-2^\nu\phi})}\|h\|,$$

wo der Ausdruck rechts sich für $\phi=0$ *auf* $2^{-\nu}\|\underline{h}\|$ *reduziert. Für jedes* $\alpha \geqq 2$ *läßt sich ein quadratisches Polynom* $f(\xi)$ *einer komplexen Variablen* ξ *finden, für das bei geeigneter Wahl von* ξ_0 *in den Abschätzungen (3) das Gleichheitszeichen für alle* ν *gilt.*

4.

Satz 2. *Es sei* G *eine offene Teilmenge von* B, *die* ξ_0 *enthält, und es möge* $f(\xi)$ *in* G *definiert sein und bei der Annäherung an den Rand* ∂G *aus dem Inneren von* G *der Relation genügen:*

$$(4)\qquad \liminf \|f(\xi)\| \geqq \|f(\xi_0)\| \qquad (\xi \to \partial G).$$

Betrachten wir dann den Durchschnitt von K *mit* G, $K\cap G$, *und treffen die Voraussetzungen von Satz 1 zu, wenn darin* K *durch* $K\cap G$ *ersetzt wird, so bleiben die Behauptungen des Satzes 1 bestehen, wenn darin* K *durch* $K\cap G$ *ersetzt wird.*

5. Wir bezeichnen mit $\hat{K}$ die "offene Kugel" um ξ_0 mit dem Radius $(1+e^{-\phi})\,||h||$:

(5) $$\hat{K}\ \left(||\xi-\xi_0|| \leq (1+e^{-\phi})\,||h||\right).$$

Eine Menge S von Punkten von B wird als *sternartig in Bezug auf* ξ_0 bezeichnet, wenn für jedes $\xi' \in S$ auch die ganze Strecke von ξ_0 nach ξ', $\xi=\xi_0+t(\xi'-\xi_0)$ $(0 \leq t \leq 1)$, in S enthalten ist.

Satz 3. *Es sei die Menge S sternartig in Bezug auf ξ_1 und sie möge die Strecke $\langle\xi_0,\xi_1\rangle$ enthalten und in $\hat{K}$ enthalten sein. Man bezeichne mit K^* die Vereinigungsmenge von $\bar{K}$ und S, $K^*=S\cup\bar{K}$. Gelten die Voraussetzungen des Satzes 1, wenn dort K durch K^* ersetzt wird, so können in K^* nicht zwei verschiedene Lösungen der Gleichung $f(\xi)=0$ liegen.*

6.

Satz 4. *Ist K^* wie im Satz 3 definiert und gelten die Voraussetzungen von Satz 2, wenn dort K durch K^* ersetzt wird, so kann die Menge $K^*\cap G$ nicht zwei verschiedene Lösungen der Gleichung $f(\xi)=0$ enthalten.*

LITERATUR

OSTROWSKI, A.

[1] Sur la convergence et l'estimation des erreurs dans quelques procedés de résolution des équations numériques.
Collection of Papers in Memory of D.A.Grave, pp. 213-234, Moscow, 1940.
Eine englische Übersetzung erschien als Tech.Rept. No. 7, Aug. 30, 1960 von Appl.Math. and Stat.Lab. bei der Stanford University, California, USA.

DENNIS, J.E., Jr.

[2] On the Kantorowich Hypothesis for Newton's Method. SIAM J.Numer.Anal., 6, 1969, pp.493-507.

Anschrift:
Prof.Dr.A.M. Ostrowski
CH-6926 Certenago Montagnola, Ti.
Schweiz

(Eingegangen am 30. Juli 1970).

ANALYSE MATHÉMATIQUE. — *Les estimations des erreurs* a posteriori *dans les procédés itératifs*. Note (*) de M. **Alexandre Ostrowski**, présentée par M. Gaston Julia.

1. Dans ma Note [1] j'ai insisté sur la différence essentielle entre les erreurs *a priori*, qui peuvent être évaluées avant le commencement des calculs et les erreurs *a posteriori* qui peuvent être estimées en connaissance des résultats des étapes du calcul déjà exécutées. Les premières étant généralement trop conservatives, il est désirable d'obtenir une estimation de l'erreur $|x_\nu - \xi|$ de la $\nu^{\text{ième}}$ approximation x_ν convergente vers ξ, en termes de la correction calculée $x_{\nu+1} - x_\nu$. Le cas le plus souvent rencontré est celui où l'on a *a priori* une *estimation directe*

$$x_\nu - \xi = 0\,(q^\nu), \qquad 0 < q < 1 \qquad (\nu \to \infty). \tag{1}$$

Mais dans ce cas il ne paraît guère possible de déduire de (1) et de $|x_{\nu+1} - x_\nu|$ une estimation de $x_\nu - \xi$, sauf la suivante :

$$x_\nu - \xi = x_\nu - x_{\nu+1} + \theta\,\frac{q^{\nu+1}}{1-q}, \qquad |\theta| \leqq 1, \tag{2}$$

dans laquelle $x_\nu - x_{\nu+1}$ entre le plus souvent comme un terme négligeable.

2. Il en est tout à fait différent si au lieu de (1) on a une *estimation récurrente*,

$$|x_{\nu+1} - \xi| \leqq q\,|x_\nu - \xi|, \qquad 0 < q < 1 \qquad (\nu = 1, 2, \ldots). \tag{3}$$

Dans ce cas on a la proposition :

I. *On a, dans l'hypothèse* (3), *pour* $|x_\nu - \xi|$ *et* $|x_{\nu+1} - \xi|$ *les évaluations*

$$\left\{\begin{aligned} &\frac{1}{1+q} \leqq \frac{|x_\nu - \xi|}{|x_\nu - x_{\nu+1}|} \leqq \frac{1}{1-q}, \\ &|x_{\nu+1} - \xi| \leqq q\,\frac{|x_{\nu+1} - x_\nu|}{1-q}. \end{aligned}\right. \tag{4}$$

(4) donne l'ordre de grandeur assez précis de $|x_\nu - \xi|$.

3. Plus généralement, considérons le cas d'une estimation récurrente du type

$$|x_{\nu+1} - \xi| \leqq |x_\nu - \xi|\,\varphi(|x_\nu - \xi|) \qquad (\nu = 0, 1, \ldots), \tag{5}$$

où $\varphi(x) < 1$ est une fonction positive de $x > 0$, décroissante avec $x \downarrow 0$. Dans ce cas, on a

$$\frac{1}{1 + \varphi(|x_\nu - \xi|)} \leqq \frac{|x_\nu - \xi|}{|x_{\nu+1} - x_\nu|} \leqq \frac{1}{1 - \varphi(|x_\nu - \xi|)}. \tag{6}$$

Si en particulier on suppose

(7) $$|\xi - x_{\nu+1}| \leq \varphi_\nu |\xi - x_\nu|, \qquad \varphi_\nu > 0, \qquad \prod_{\nu=1}^{\infty} \varphi_\nu = 0, \qquad x_\nu \to \xi,$$

il en résulte

(8) $$\frac{1}{1+\varphi_\nu} \leq \frac{|x_\nu - \xi|}{|x_{\nu+1} - x_\nu|} \leq \frac{1}{1-\varphi_\nu}.$$

Par exemple on peut prendre $\varphi_\nu = 1 - (1/\nu)$.

4. Le résultat précédent reste valable si x_ν et ξ sont les éléments d'un espace métrique, en remplaçant les expressions $|x_\nu - \xi|$, $|x_{\nu+1} - x_\nu|$ par les distances $|x_\nu, \xi|$, $|x_\nu, x_{\nu+1}|$.

Si par exemple x_ν et ξ sont des vecteurs d'un espace euclidien R^n, $n > 1$, et l'on a $x_{\nu+1} = A_\nu x_\nu$ où les A_ν sont des matrices quadratiques on trouve dans la littérature l'estimation suivante :

$$|x_\nu - \xi| \leq \frac{1}{1 - |A_\nu|} |x_\nu - x_{\nu+1}|$$

valable si la norme $|A_\nu|$ de A_ν correspondant à la norme choisie, $|x_\nu - \xi|$, est < 1 ([2]).

5. Dans le cas des itérations matricielles considérées dans le paragraphe 4 on a pour les vecteurs $\xi_\nu := x_\nu - \xi \to 0$:

(9) $$\xi_{\nu+1} = A_\nu \xi_\nu \qquad (\nu = 0, 1, \ldots).$$

Si $A_\nu = A$ ne dépend pas de ν la condition nécessaire et suffisante pour que $A^\nu \to 0$ est que $\lambda_A :=$ *rayon spectral* de A, soit < 1 et l'on a dans ce cas :

$$\xi_\nu = 0(\nu^c \lambda_A^\nu),$$

ce qui ne permet directement aucun jugement sur la grandeur vraie de ξ_ν en terme des

$$\xi_{\nu+1} - \xi_\nu = x_{\nu+1} - x_\nu.$$

Toutefois il résulte de (9) :

$$\xi_\nu - \xi_{\nu+1} = (I - A)\xi_\nu, \qquad \xi_\nu = (I - A)^{-1}(\xi_\nu - \xi_{\nu+1}),$$

(10) $$\frac{1}{|I - A|_e} \leq \frac{|\xi_\nu|_e}{|\xi_\nu - \xi_{\nu+1}|_e} \leq |(I - A)^{-1}|_e,$$

où $|\xi_\nu|_e$, $|\xi_\nu - \xi_{\nu+1}|_e$ sont des normes euclidiennes, c'est-à-dire les longueurs des vecteurs, et pour une matrice quelconque M le symbole $|M|_e$ signifie la norme euclidienne de M, c'est-à-dire la racine carrée du rayon spectral de MM^*. Il s'agit donc d'obtenir des estimations convenables des normes $|I - A|_e$, $|(I - A)^{-1}|_e$.

7. Pour obtenir de telles estimations considérons une matrice générale $A = (a_{\mu\nu})$ d'ordre n aux racines fondamentales λ_ν de sorte que

$$\lambda_A = \max_\nu |\lambda_\nu|.$$

La norme $|A|_e$ n'étant guère maniable on utilise souvent la *norme* dite *de Frobenius*,

$$|A|_F = \sqrt{\sum_{\mu,\nu=1}^{n} |a_{\mu\nu}|^2}. \tag{11}$$

On a $|A|_F^2 \geq \sum_{\nu=1}^{n} |\lambda_\nu|^2$ de sorte que l'on peut poser

$$\Delta_A = \sqrt{|A|_F^2 - \sum_{\nu=1}^{n} |\lambda_\nu|^2}, \tag{12}$$

où $\Delta_A = 0$ est nécessaire et suffisant pour que A soit une matrice *normale*. Dans ce cas, on a

$$|A|_c = \lambda_A.$$

8. Une borne cherchée en terme des $|A|_F$ est donnée par

$$|(I - A)^{-1}|_e \leq \frac{\sqrt{e}\left(1 + \frac{|A|_F}{\sqrt{n}}\right)^{n-1}}{|\det(I - A)|}. \tag{13}$$

Ici on a pour le dénominateur l'inégalité $|\det(I - A)| \geq \min_\nu |1 - \lambda_\nu|^n$ de sorte que, si $\lambda_A < 1$, on a

$$|(I - A)^{-1}|_e \leq \frac{\sqrt{e}}{1 - \lambda_A}\left(\frac{\frac{1 + |A|_F}{\sqrt{n}}}{1 - \lambda_A}\right)^{n-1} \qquad (\lambda_A < 1). \tag{14}$$

Les estimations (13) et (14) sont assez convenables pour des grandes valeurs de $|A|_F$. De l'autre côté elles ne permettent pas de voir que si A est normale et $\lambda_A < 1$, l'expression de droite peut être remplacée par $1/(1 - \lambda_A)$.

9. Dans l'hypothèse $\lambda_A < 1$ on peut remplacer les évaluations (13) et (14) par les estimations suivantes :

$$|(I - A)^{-1}|_e \leq \frac{en}{1 - \lambda_A}\left(\frac{\Delta_A}{1 - \lambda_A}\right)^{n-1} \qquad (\Delta_A \geq 1 - \lambda_A > 0), \tag{15}$$

$$|(I + A)^{-1}|_e \leq \frac{1}{1 - \lambda_A - \Delta_A} \qquad (\lambda_A + \Delta_A < 1). \tag{16}$$

10. Quant à la norme $| I - A |_e$ on peut utiliser

(17) $$| I - A |_e \leq \Delta_A + \lambda_A + 1$$

si l'on peut obtenir une estimation suffisamment bonne de Δ_A et de λ_A et dans le cas général

(18) $$| I - A |_e \leq | A |_e + 1 \leq | A |_F + 1.$$

11. Les démonstrations détaillées des résultats indiqués seront données dans un autre recueil.

(*) Séance du 10 juillet 1972.

(1) *Comptes rendus*, 209, 1939, p. 777.

(2) *Cf.* par exemple J. Weissinger, *Zeitschrift für angewandte Mathematik und Mechanik*, 31, 1951, p. 245.

Certenago/Montagnola, Ti.,
Suisse.

ON ERROR ESTIMATES A POSTERIORI IN ITERATIVE PROCEDURES

1. 1939, in a note in the C.R. of the Paris Academy, *209*, 777-779, I introduced the concepts of the computation errors *a priori* and *a posteriori*, the first being estimated before the beginning of the essential computation and the second being deduced after several steps of the computation have been completed.

If in a metric space the sequence x_ν tends to ζ the estimate a posteriori of the error, $|x_\nu, \zeta|$, has to be deduced using the values already computed of $x_1, \ldots, x_\nu$ and, if possible, of the correction $|x_\nu, x_{\nu+1}|$.

Usually we have the situation where for a q, $0 < q < 1$,

(1) $$|x_\nu, \zeta| = O(q^\nu) \qquad (\nu \to \infty) .$$

However, this cannot be used for the estimate a posteriori of $|x_\nu, \zeta|$.

The situation is completely different if we have the *recurrent estimate*,

(2) $$|x_{\nu+1}, \zeta| \leq q|x_\nu, \zeta| \quad (\nu = 0,1,\ldots) .$$

In this case we have

(3) $$\frac{1}{1+q} \leq \frac{|x_\nu, \zeta|}{|x_\nu, x_{\nu+1}|} \leq \frac{1}{1-q} ,$$

(3a) $$\frac{|x_{\nu+1}, \zeta|}{|x_\nu, x_{\nu+1}|} \leq \frac{q}{1-q} ,$$

and the estimate (3) gives obviously a pretty close evaluation of $|x_\nu, \zeta|$.

2. We have a more general situation if (2) is replaced with

(4) $$|x_{\nu+1},\zeta| \leq \phi(|x_\nu,\zeta|)\,|x_\nu,\zeta| \qquad (\nu = 0,1,\ldots)$$

where $\phi(x)$ is positive and < 1 with $x > 0$ and non-increasing with $x \downarrow 0$. In this case we have

(5) $$\frac{1}{1 + \phi(|x_\nu,\zeta|)} \leq \frac{|x_\nu,\zeta|}{|x_\nu,x_{\nu+1}|} \leq \frac{1}{1 - \phi(|x_\nu,\zeta|)}$$

where $\phi(|x_\nu,\zeta|)$ has to be replaced in each case with a convenient majorant.

An important special case is if for a sequence ϕ_ν with $1 > \phi_\nu > 0$, $\prod_{\nu=1}^{\infty} \phi_\nu = 0$, we have

(6) $$|x_{\nu+1},\zeta| \leq \phi_\nu |x,\zeta| \qquad (\nu = 1,2,\ldots) .$$

Then it follows

(7) $$\frac{1}{1 + \phi_\nu} \leq \frac{|x_\nu,\zeta|}{|x_{\nu+1},x|} \leq \frac{1}{1 - \phi_\nu} .$$

For instance we could use the sequence $\phi_\nu = 1 - \frac{1}{\nu}$.

3. In the case that x_ν and ζ are n-dimensional vectors, $n > 1$, and generally $x_{\nu+1} = A_\nu x_\nu$ with quadratic matrices A_ν, the following estimate can be found in the literature *):

(8) $$|x_{\nu+1} - \zeta| \leq \frac{\|A_\nu\|}{1 - \|A_\nu\|} |x_\nu - x_{\nu+1}|$$

which can be used if the norm $\|A_\nu\|$ corresponding to the chosen vector norm, is < 1.

4. In the above case we have for the error vectors $\xi_\nu := x_\nu - \zeta$ the relation

(9) $$\xi_{\nu+1} = A_\nu \xi_\nu \qquad (\nu = 0,1,\ldots) .$$

If $A_\nu = A$ does not depend on ν the iteration is convergent for any choice of ξ_o iff λ_A, the

*) Cf. for instance, J. Weissinger, Ueber das Iterationverfahren, ZAMM 31 (1951), p. 245.

spectral radius of A, is < 1. And in this case we have *)

$$\xi_\nu = O(\nu^c \lambda_A^\nu) \qquad (\nu \to \infty) .$$

But this again cannot be used for estimates a posteriori.

However, it follows from (9)

$$\xi_\nu = (I - A_\nu)^{-1}(\xi_\nu - \xi_{\nu+1}) ,$$

assuming that $I - A$ is non-singular, and therefore, using the euclidian norms,

$$\text{(10)} \qquad \frac{1}{|I - A_\nu|_e} \leq \frac{|\xi_\nu|_e}{|\xi_\nu - \xi_{\nu+1}|_e} \leq |(I - A_\nu)^{-1}|_e .$$

5. In order to use (10) we have to obtain convenient estimates for $|I - A|_e$, $|(I - A)^{-1}|_e$

*) Cf. for instance, A.M. Ostrowski, Ueber Normen von Matrizen, Math. Z. 63 (1955), p. 5, formula (11).

for a general matrix A. To obtain such estimates assume that the matrix $A = (a_{\mu\nu})$ of order n has eigenvalues λ_ν so that $\lambda_A = \operatorname{Max}_\nu |\lambda_\nu|$. We will use the so-called *Frobenius norm* of A,

$$|A|_F := \sqrt{\sum_{\mu,\nu=1}^{n} |a_{\mu\nu}|^2} \ . \tag{11}$$

Here we have always $|A|_F^2 \geq \sum_{\nu=1}^{n} |\lambda_\nu|^2$ so that we can put

$$\Delta_A := \sqrt{|A|_F^2 - \sum_{\nu=1}^{n} |\lambda_\nu|^2} \tag{12}$$

where Δ_A is a "measure for the normality of the matrix A" and in particular $\Delta_A = 0$ iff A is normal. In this case $|A|_e = \lambda_A$.

6. In the general case we have

$$|I - A|_e \leq \Delta_A + \lambda_A + 1 \ , \tag{13}$$

(14) $$|I - A|_e \leq |A|_e + 1 \leq |A|_F + 1 ,$$

(15) $$|(I - A)^{-1}|_e \leq \sqrt{e}(1 + |A|_F/\sqrt{n})^{n-1} \Big/ |\det (I - A)| .$$

The last formula can only be used if a convenient estimate of $|\det (I - A)|$ can be found.

7. Better estimates can be obtained if we assume, instead, that λ_A is known and is < 1. Then we have, using conveniently a result by Henrici*),

(16) $$|(I - A)^{-1}|_e \leq \frac{1}{1 - \Delta_A - \lambda_A} \qquad (\Delta_A + \lambda_A < 1) ,$$

(17) $$|(I - A)^{-1}|_e \leq \frac{1}{\Delta_A + \lambda_A - 1}\left(\frac{\Delta_A}{1 - \lambda_A}\right)^n$$

$$(\Delta_A + \lambda_A > 1,\ \lambda_A < 1) ,$$

*) P. Henrici, Bounds for iterates, inverses, spectral variation and fields of values of non-normal matrices, Numer. Math. 4 (1962), p. 30, theorem 3.

$$(18) \qquad |(I - A)^{-1}|_e \leq \frac{n}{1 - \lambda_A} \qquad (\Delta_A + \lambda_A \leq 1) ,$$

$$(19) \qquad |(I - A)^{-1}|_e \leq \frac{n}{1 - \lambda_A}\left(\frac{\Delta_A}{1 - \lambda_A}\right)^n$$

$$(\Delta_A + \lambda_A \geq 1, \ \lambda_A < 1) .$$

In the relations (16) - (19) λ_A and Δ_A can be replaced (simultaneously, both in the conditions and assertions) by arbitrary majorants as long as the majorant of λ_A remains < 1 .

The simplest majorant of Δ_A is of course $|A|_F$. On the other hand, a close estimate of Δ_A in terms of $AA^* - A^*A$ due to Henrici*) is known:

$$(20) \qquad \Delta_A \leq \sqrt[4]{\frac{n^3 - n}{12}} \sqrt{|A^*A - AA^*|_F} .$$

*) l.c.p. 27, formula (1.6)

8. It may be of interest to observe that the argument of sec. 1 and 2 can be generalized to more general situations. If we have, for instance, instead of (2) the so-called *weakly linear convergence* *),

$$|x_{\nu+N},\zeta| \leq q|x_\nu,\zeta| \qquad (\nu = 0,1,\ldots) \tag{21}$$

where N is an integer > 1 , we have, instead of (3):

$$\frac{1}{1+q} \leq \frac{|x_\nu,\zeta|}{|x_{\nu+N},x_\nu|} \leq \frac{1}{1-q} \quad . \tag{22}$$

---

*) Cf. A.M. Ostrowski, Solution of Equations and Systems of Equations, 2d. edition (1966), p. 204.

A POSTERIORI ERROR ESTIMATES IN ITERATIVE PROCEDURES*

To the memory of George E. Forsythe

Abstract. In many cases a rough theoretical *a priori* error estimate allows one to obtain a relatively good *a posteriori* estimate. The paper deals first with a very general method in the case of general metric spaces and proceeds then to the more detailed discussion of iterative procedures in the case of systems of linear equations.

1. If we have in a metric space a sequence $x_\nu \to \zeta$, a fundamental problem of numerical analysis consists in obtaining convenient bounds for the distance $|x_\nu, \zeta|$. In many cases such bounds can be obtained *a priori* before beginning to calculate the elements x_ν, for instance if we prove that

$$|x_\nu, \zeta| = O(q^\nu), \qquad 0 < q < 1 \quad (\nu \to \infty). \tag{1}$$

However such estimates are usually too conservative and cannot be used in practice when it is essential to know at which ν the computation can be stopped.

In many cases an essentially better estimate of the error can be obtained using the already computed values x_ν and in particular the successive corrections $|x_\nu, x_{\nu+1}|$. Such estimates are *a posteriori* estimates [3].

In some cases already a very rough *a priori* estimate allows one to obtain a very good estimate of $|x_\nu, \zeta|$, by using $|x_\nu, x_{\nu+1}|$. This is for instance the case if we have instead of the direct *a priori* estimate (1) the *recurrent estimate*

$$|x_{\nu+1}, \zeta| \leqq q|x_\nu, \zeta|, \qquad 0 < q < 1 \quad (\nu = 0, 1, \cdots). \tag{2}$$

Indeed, in this case, by the triangle inequality we have

$$|x_\nu, \zeta| - |x_{\nu+1}, \zeta| \leqq |x_\nu, x_{\nu+1}| \leqq |x_\nu, \zeta| + |x_{\nu+1}, \zeta|$$

or, by using (2),

$$(1 - q)|x_\nu, \zeta| \leqq |x_\nu, x_{\nu+1}| \leqq (1 + q)|x_\nu, \zeta|,$$

and it follows that

$$\frac{|x_\nu, x_{\nu+1}|}{1+q} \leqq |x_\nu, \zeta| \leqq \frac{|x_\nu, x_{\nu+1}|}{1-q}, \tag{3}$$

$$|x_{\nu+1}, \zeta| \leqq q\frac{|x_\nu, x_{\nu+1}|}{1-q}. \tag{3a}$$

Observe that (3) gives a quite precise estimate of the order of magnitude of $|x_\nu, \zeta|$ even if q is very near to 1.

2. Consider now a more general situation where q is replaced with $\varphi(|x_\nu, \zeta|)$ and the function $\varphi(u)$ of the argument $u \geqq 0$ is less than 1 and decreases monotonically with $u \downarrow 0$.

* Received by the editors July 26, 1972.

† Mathematisches Institut der Universitat Basel, Basel, Switzerland. This investigation was carried out under Contract DAJA-37-72-C-2940 of the Institute of Mathematics, University of Basel, with the U.S. Dept. of the Army.

If we have then

(4) $$|x_{\nu+1}, \zeta| \leqq \varphi(|x_\nu, \zeta|)|x_\nu, \zeta|,$$

the argument which we used to obtain (3) gives in this case

(5) $$\frac{|x_\nu, x_{\nu+1}|}{1 + \varphi(|x_\nu, \zeta|)} \leqq |x_\nu, \zeta| \leqq \frac{|x_\nu, x_{\nu+1}|}{1 - \varphi(|x_\nu, \zeta|)},$$

(5a) $$|x_{\nu+1}, \zeta| \leqq \frac{\varphi(|x_\nu, \zeta|)}{1 - \varphi(|x_\nu, \zeta|)}|x_\nu, x_{\nu+1}|.$$

In practice, in order to use the formulas (5) and (5a) we have to replace the argument $|x_\nu, \zeta|$ of φ with any convenient upper bound.

3. A particular case of the above discussion is obtained if the function φ is a step function and can be replaced with a numerical sequence φ_ν. Then the inequality (4) is replaced with

(6) $$|x_{\nu+1}, \zeta| \leqq \varphi_\nu |x_\nu, \zeta| \qquad (\nu = 0, 1, \cdots),$$

where the φ_ν are positive, less than 1, and such that

(7) $$\prod_{\nu=0}^{\infty} \varphi_\nu = 0.$$

Then (5) and (5a) reduce to

(8) $$\frac{|x_\nu, x_{\nu+1}|}{1 + \varphi_\nu} \leqq |x_\nu, \zeta| \leqq \frac{|x_\nu, x_{\nu+1}|}{1 - \varphi_\nu},$$

(8a) $$|x_{\nu+1}, \zeta| \leqq \frac{\varphi_\nu}{1 - \varphi_\nu}|x_\nu, x_{\nu+1}|.$$

For instance, $\varphi_\nu = 1 - 1/(\nu + 1)$ can be used as such a sequence.

4. Suppose for instance that our space is the n-dimensional vector space, $n > 1$, in which a convenient norm $|x|$ has been defined. If the sequence x_ν is obtained by the matrician iteration,

$$x_{\nu+1} = A_\nu x_\nu,$$

where A_ν are convenient square matrices and x_ν tends to ζ, then the inequalities corresponding to the right-hand inequality (3) and to (3a) are found in the literature [8] in the form

$$|x_{\nu+1} - \zeta| \leqq \frac{|A_\nu|}{1 - |A_\nu|}|x_\nu - x_{\nu+1}|$$

under the assumption that the norms $|A_\nu|$ are less than 1. This situation must be considered, however, in greater detail, in the case that $A_\nu = A$ for a fixed matrix A.

Introduce the error vectors $\xi_\nu := x_\nu - \zeta$ so that we have

(9) $$\xi_{\nu+1} = A\xi_\nu.$$

Since $\xi_\nu = A^\nu \xi_0$ we have certainly $\xi_\nu \to 0$ if $A^\nu \to 0$. On the other hand, it is necessary and sufficient for $A^\nu \to 0$ $(\nu \to \infty)$ that λ_A (the *spectral radius* of A) be less than 1, and in this case for a convenient constant $c \geqq 0$ (see [4, p. 5, (11)]), we have

$$\xi_\nu = O(\nu^c \lambda_A^\nu) \qquad (\nu \to \infty). \tag{10}$$

This is however an estimate which cannot give a good bound for ξ_ν since the constant factor implied in O could depend on the structure of the matrix A.

On the other hand, a recurrent estimate of the ξ_ν obtained from (9) cannot be used in the general case if written in terms of the Euclidean norms. Indeed, it follows from (9) that

$$|\xi_{\nu+1}|_e \leqq |A|_e |\xi_\nu|_e \qquad (\nu = 0, 1, \cdots), \tag{11}$$

where $|A|_e$ is the Euclidean operator norm of the matrix A, that is to say, the square root of the maximal eigenvalue of AA^*, and here $|A|_e$ can be arbitrarily large even if $\lambda_A \geqq 0$ is arbitrarily small.

5. Observe that for a general square matrix A it follows from $\xi_{\nu+1} = A\xi_\nu$ that

$$\xi_\nu - \xi_{\nu+1} = (I - A)\xi_\nu, \qquad \xi_\nu = (I - A)^{-1}(\xi_\nu - \xi_{\nu+1}),$$

and, going over to convenient norms of vectors ξ_ν and corresponding operator norms of matrices, we have

$$\frac{1}{|I - A|} \leqq \frac{|\xi_\nu|}{|\xi_\nu - \xi_{\nu+1}|} \leqq |(I - A)^{-1}|. \tag{12}$$

We have therefore to discuss the different possibilities as to the norms to be used in (12).

However, we can instead use the Euclidean norms $|\xi|_e$ and $|A|_e$ and apply, if necessary, a transformation of vectors and matrices by a convenient nonsingular auxiliary matrix U.

In this discussion we shall use the following expressions. The eigenvalues of A are denoted by λ_ν and we assume that

$$|\lambda_1| \leqq |\lambda_2| \leqq \cdots \leqq |\lambda_n| = :\lambda_A.$$

The so-called *Frobenius norm* of $A = (a_{\mu\nu})$ is given by

$$|A|_F = \left(\sum_{\mu,\nu=1}^{n} |a_{\mu\nu}|^2 \right)^{1/2} \qquad (A = (a_{\mu\nu})). \tag{13}$$

It is well known that

$$|A|_F^2 \geqq |\lambda_1|^2 + \cdots + |\lambda_n|^2, \tag{14}$$

and in particular $|A|_F \geqq \lambda_A$. Further $|A|_F$ satisfies the triangle inequality.

If we have equality in (14), the matrix A is *normal*. If we have strict inequality in (14), then

$$\Delta_A := \left(|A|_F^2 - \sum_{\nu=1}^{n} |\lambda_\nu|^2 \right)^{1/2} \tag{15}$$

is a "*normality measure*" for the matrix A.

We denote further the nonnegative eigenvalues of AA^* with ω_ν and order them so that

$$0 \leqq \omega_1 \leqq \omega_2 \leqq \cdots \leqq \omega_n = |A|_e^2. \tag{16}$$

It is well known that

$$\sqrt{\omega_1} \leqq |\lambda_1| \leqq |\lambda_A| \leqq |A|_e, \tag{17}$$

$$|A|_F^2 = \sum_{\nu=1}^{n} \omega_\nu. \tag{18}$$

6. It follows from a theorem by H. Weyl [9], that

$$|\lambda_1|^2 + \cdots + |\lambda_{n-1}|^2 \leqq \omega_1 + \cdots + \omega_{n-1}. \tag{19}$$

We now obtain from (15) and (18),

$$\omega_n = |A|_F^2 - \sum_{\nu=1}^{n-1} \omega_\nu = \Delta_A^2 + \lambda_A^2 + \sum_{\nu=1}^{n-1} |\lambda_\nu|^2 - \sum_{\nu=1}^{n-1} \omega_\nu \leqq \Delta_A^2 + \lambda_A^2,$$

$$|A|_e \leqq \sqrt{\Delta_A^2 + \lambda_A^2} \leqq \Delta_A + \lambda_A. \tag{20}$$

Applying this to $I - A$ we obtain

$$|I - A|_e \leqq \Delta_{I-A} + \lambda_{I-A} \leqq \Delta_{I-A} + \max_\nu |\lambda_\nu - 1| \leqq \Delta_{I-A} + \lambda_A + 1. \tag{21}$$

It is, however, easy to show that $\Delta_{I-A} = \Delta_A$. Indeed, by a theorem of I. Schur there exists for the matrix A a unitary matrix U such that

$$C := UAU^* = E + B, \qquad E := \operatorname{diag}(\lambda_1, \cdots, \lambda_n), \tag{22}$$

where B is an upper triangular matrix having only zeros along the main diagonal. It follows then that

$$|A|_F^2 = |C|_F^2 = |B|_F^2 + \sum_{\nu=1}^{n} |\lambda_\nu|^2, \tag{23}$$

and therefore,

$$\Delta_A = |B|_F. \tag{24}$$

But then, by (22),

$$U(I - A)U^* = \operatorname{diag}(1 - \lambda_1, \cdots, 1 - \lambda_n) - B,$$

and therefore $\Delta_{I-A} = |B|_F = \Delta_A$. It follows therefore from (21) that

$$|I - A|_e \leqq \Delta_A + \lambda_A + 1. \tag{25}$$

This bound can however only be used in (12) if Δ_A and λ_A are known. Otherwise, we have to use the triangle inequality and obtain

$$|I - A|_e \leqq |A|_e + 1 \leqq |A|_F + 1. \tag{26}$$

7. If we put

$$D := |\det A| = \sqrt{\omega_1 \cdots \omega_n},$$

it follows from (18), by using the inequality between the geometric and arithmetical means, that

$$\frac{1}{\omega_1} = \frac{\omega_2 \cdots \omega_n}{D^2} \leqq \frac{1}{D^2}\left(\frac{|A|_F^2 - \omega_1}{n-1}\right)^{n-1}.$$

On the other hand, the constants corresponding to the ω_ν for the inverse matrix A^{-1} are $1/\omega_\nu$, and therefore,

$$|A^{-1}|_e \leqq \frac{1}{D}\left(\frac{|A|_F^2 - \omega_1}{n-1}\right)^{(n-1)/2}, \tag{27}$$

an estimate which has been obtained apparently for the first time in a slightly less precise form by U. Wegner [7].

We apply this to the matrix $I - A$ instead of A and drop $-\omega_1$ in the right-hand expression. Further we find that by the triangle inequality,

$$|A - I|_F \leqq |A|_F + \sqrt{n},$$

and we obtain

$$\begin{aligned} |(I - A)^{-1}|_e &\leqq \frac{1}{|\det(I - A)|}\left(\frac{|A|_F + \sqrt{n}}{\sqrt{n-1}}\right)^{n-1} \\ &= \frac{1}{|\det(I - A)|}\left(1 + \frac{1}{n-1}\right)^{(n-1)/2} (1 + |A|_F/\sqrt{n})^{n-1}, \end{aligned} \tag{28}$$

and therefore finally,

$$|(I - A)^{-1}|_e \leqq \sqrt{e}\,\frac{(1 + |A|_F/\sqrt{n})^{n-1}}{|\det(I - A)|}. \tag{29}$$

Relation (29) can only be used if we have the value or a convenient lower bound of $|\det(I - A)|$. However, if $\lambda_A < 1$, we can write

$$|\det(I - A)| = \prod_{\nu=1}^{n} |1 - \lambda_\nu| \geqq (1 - \lambda_A)^n,$$

and obtain in this case

$$|(I - A)^{-1}|_e \leqq \frac{\sqrt{e}}{1 - \lambda_A}\left(\frac{1 + |A|_F/\sqrt{n}}{1 - \lambda_A}\right)^{n-1} \qquad (\lambda_A < 1). \tag{30}$$

The formulas (29) and (30) are very useful for large values of $|A|_F$. However, it is for instance impossible to deduce from (30) directly that if $\Delta_A = 0$, that is, for normal matrices A, the right-hand expression can be replaced with $1/(1 - \lambda_A)$. Therefore, bounds depending on Δ_A instead of on $|A|_F$ may sometimes be more convenient, and we are now going to deduce such bounds.

8. We shall first deduce a formula, (34) below, which is equivalent to an important formula given by P. Henrici [2, p. 30, (3.6)] in other notation. We assume a nonsingular matrix A, again apply the Schur transformation (22) and observe that for the matrix C it follows from the unitary character of U that

$$\lambda_A = \lambda_C, \qquad |A|_e = |C|_e, \qquad |A|_F = |C|_F, \qquad |A^{-1}|_e = |C^{-1}|_e, \tag{31}$$

while by (24), $|B|_F = \Delta_A$. Observe that (20) follows also from (22) since $|E|_e = \lambda_A$.

If we put

$$\lambda_0 := |\lambda_1| = \min_\nu |\lambda_\nu| > 0, \tag{32}$$

it follows that

$$E^{-1} = \operatorname{diag}(1/\lambda_1, \cdots, 1/\lambda_n), \qquad |E^{-1}|_e = 1/\lambda_0. \tag{33}$$

Putting

$$P := -E^{-1}B,$$

we have

$$|P|_e \leqq |B|_F/\lambda_0 = \Delta_A/\lambda_0.$$

We obtain then from (22),

$$C = E(I - P), \qquad C^{-1} = (I - P)^{-1}E^{-1}.$$

Since the matrix P is an upper triangular matrix with the main diagonal consisting of zeros it is easy to see that $P^n = 0$. But then from the identity

$$(I - P)\sum_{\nu=0}^{n-1} P^\nu = I$$

it follows that

$$C^{-1} = \sum_{\nu=0}^{n-1} P^\nu E^{-1},$$

and therefore,

$$|C^{-1}|_e \leqq \frac{1}{\lambda_0}\sum_{\nu=0}^{n-1} (\Delta_A/\lambda_0)^\nu.$$

Since $C^{-1} = UA^{-1}U^*$ we have $|C^{-1}|_e = |A^{-1}|_e$ and finally

$$|A^{-1}|_e \leqq \frac{1}{\lambda_0}\sum_{\nu=0}^{n-1} (\Delta_A/\lambda_0)^\nu. \tag{34}$$

9. From (34) we obtain, if $\Delta_A = \lambda_0$,

$$|A^{-1}|_e \leqq n/\lambda_0 \qquad (\Delta_A = \lambda_0), \tag{35}$$

and, if $\Delta_A \neq \lambda_0$,

$$|A^{-1}|_e \leqq \frac{1 - (\Delta_A/\lambda_0)^n}{\lambda_0 - \Delta_A} \qquad (\Delta_A \neq \lambda_0). \tag{36}$$

From (36) it follows then that, according as $\Delta_A < \lambda_0$ or $\Delta_A > \lambda_0$,

$$|A^{-1}|_e < \frac{1}{\lambda_0 - \Delta_A} \qquad (\Delta_A < \lambda_0) \tag{37}$$

$$|A^{-1}|_e < \frac{1}{\Delta_A - \lambda_0}(\Delta_A/\lambda_0)^n \qquad (\Delta_A > \lambda_0). \tag{38}$$

10. In order to apply the above formulas to $(I - A)^{-1}$ we would have to find a positive lower limit for $\min_\nu |1 - \lambda_\nu|$ if it existed. However, if we want only to use λ_A we have to assume $\lambda_A < 1$ and have

$$|1 - \lambda_\nu| \geqq 1 - \lambda_A \qquad (\nu = 1, \cdots, n).$$

Then we obtain from (37) and (38),

$$|(I - A)^{-1}|_e \leqq \frac{1}{1 - \Delta_A - \lambda_A} \qquad (\Delta_A + \lambda_A < 1), \tag{39}$$

$$|(I - A)^{-1}|_e \leqq \frac{1}{\Delta_A + \lambda_A - 1}\left(\frac{\Delta_A}{1 - \lambda_A}\right)^n \qquad (\Delta_A + \lambda_A > 1, \lambda_A < 1). \tag{40}$$

Both formulas are unfavorable if $|\Delta_A + \lambda_A - 1|$ is very small. In this case we obtain directly from (34),

$$|(I - A)^{-1}|_e \leqq \frac{1}{1 - \lambda_A} \sum_{\nu=0}^{n-1} (\Delta_A/(1 - \lambda_A))^\nu, \tag{41}$$

and therefore,

$$|(I - A)^{-1}|_e \leqq \frac{n}{1 - \lambda_A}\left(\frac{\Delta_A}{1 - \lambda_A}\right)^n \qquad (\Delta_A + \lambda_A \geqq 1, \lambda_A < 1), \tag{42}$$

$$|(I - A)^{-1}|_e \leqq \frac{n}{1 - \lambda_A} \qquad (\Delta_A + \lambda_A \leqq 1). \tag{43}$$

11. In the formulas (34)–(43), Δ_A can be replaced in assertions and conditions with $|A|_F$, since this is true in (34) and (41). From the theoretical point of view it is desirable to have better estimates for Δ_A. An upper bound for Δ_A has been found by P. Henrici [2, p. 27, (1.6)], namely,

$$\Delta_A \leqq \left(\frac{n^3 - n}{12}\right)^{1/4} (|A^*A - AA^*|_F)^{1/2}, \tag{44}$$

where for each $n > 1$ the equality sign can be achieved.

As to the lower bound of Δ_A, such a bound has been given by P. J. Eberlein [1, p. 995, (2)], namely,

$$\Delta_A \geqq \frac{1}{\sqrt{6}} \frac{|A^*A - AA^*|_F}{|A|_F}.$$

12. The formula (12) can be applied to the classical problem of the convergence of the cyclic single step iteration procedure, which is usually called the Gauss–Seidel procedure.

Assume that we have to solve the linear system of order n,

$$U\xi = \alpha, \qquad U = (u_{ik}).$$

The procedure in question can be described as follows: Write U in the form

$$U = D + Q + Q_1, \tag{45}$$

where D is the diagonal matrix consisting of the main diagonal of U, Q a lower triangular matrix and Q_1 an upper triangular matrix, both with zeros along the main diagonal. Then, if none of the u_{ii} vanishes, we can form

$$A := -(D + Q)^{-1}Q_1 \tag{46}$$

and our iteration procedure consists in the iteration

$$\xi_{\nu+1} = A\xi_\nu + (D + Q)^{-1}\alpha \qquad (\nu = 0, 1, \cdots).$$

In this case it was proved in 1949 by E. Reich [6] that λ_A is less than 1 if U is a Hermitian positive definite matrix, and we gave in 1954 [5] an explicit estimate for λ_A, in this case, namely,

$$\lambda_A \leqq \frac{|Q|_e}{\sqrt{\lambda_1^2 + |Q|_e^2}}, \tag{47}$$

where λ_1 is the smallest eigenvalue of U.

13. But in order to obtain a posteriori error estimates in the general case (46) we have to consider the matrix $I - A$. It becomes here

$$I - A = I + (D + Q)^{-1}Q_1 = (D + Q)^{-1}(D + Q + Q_1) = (D + Q)^{-1}U, \tag{48}$$

and therefore,

$$(I - A)^{-1} = U^{-1}(D + Q). \tag{49}$$

From (48) and (49) we have immediately that

$$|I - A|_e \leqq |U|_e|(D + Q)^{-1}|_e, \tag{50}$$

$$|(I - A)^{-1}|_e \leqq |D + Q|_e|U^{-1}|_e. \tag{51}$$

If we use for the estimate of the inverse matrices the formula (27), dropping there $-\omega_1$ in the numerator, we obtain

$$|(D + Q)^{-1}|_e \leqq \left(\frac{|D + Q|_F}{\sqrt{n - 1}}\right)^{n-1} \prod_{i=1}^{n} \left(\frac{1}{|u_{ii}|}\right), \tag{52}$$

$$|U^{-1}|_e \leqq \frac{1}{|\det U|}\left(\frac{|U|_F}{\sqrt{n - 1}}\right)^{n-1}. \tag{53}$$

If we want to use (53) we have, of course, to obtain some estimate of $|\det U|$ which in several important cases can be carried out without computing the determinant. For instance, if $|U|_e < 1$, we can use $|\det U| \geqq (1 - |U|_e)^n$.

Using (53) we finally obtain

$$|\xi - \xi_\nu|_e \leqq \frac{|D + Q|_e}{|\det U|}\left(\frac{|U|_F}{\sqrt{n-1}}\right)^{n-1} |\xi_\nu - \xi_{\nu+1}|_e. \tag{54}$$

REFERENCES

[1] P. J. Eberlein, *On measures of nonnormality for matrices*, Amer. Math. Monthly, 72 (1965), pp. 995–996.

[2] P. Henrici, *Bounds for iterates, inverses, spectral variation and fields of values of non-normal matrices*, Numer. Math., 4 (1962), pp. 24–40.

[3] A. M. Ostrowski, *Sur la continuité relative des racines d'équations algébriques*, C.R. Acad. Sci. Paris, 209 (1939), pp. 777–779.

[4] ———, *Ueber Normen von Matrizen*, Math. Z., 63 (1955), pp. 2–18.

[5] ———, *On the linear iteration procedures for symmetric matrices*, Rend. Mat. e Appl., 13 (1954), pp. 140–163.

[6] E. Reich, *On the convergence of the classical iterative method of solving linear simultaneous equations*, Ann. Math. Statist., 20 (1949), pp. 448–451.

[7] U. Wegner, *Contributi all teoria dei procedimenti iterativi per la risoluzione numerica dei sistemi di equazioni lineari algebriche*, Mem. Accad. Naz. Lincei, 4 (1953), pp. 1–49.

[8] J. Weissinger, *Ueber das Iterationsverfahren*, Z. Angew. Math. Mech., 31 (1951), p. 245.

[9] H. Weyl, *Inequalities between the two bounds of eigenvalues of a linear transformation*, Proc. Nat. Acad. Sci. U.S.A., 35 (1949), pp. 408–411.

Über Fehlerabschaetzungen a priori und a posteriori

1. Bei numerischer Auswertung iterativer Prozesse wird in der Regel bereits mit dem Konvergenzbeweis eine Fehlerabschätzung hergeleitet, die allerdings gewöhnlich äusserst konservativen Charakter hat und dem Rechner keine Handhabe zur Beurteilung der effektiven Geschwindigkeit des Rechenprozesses liefert. Dies ist die *Fehlerabschätzung a priori.*

Praktisch wird jedoch der Rechner anhand der im Laufe der Rechnung erhaltenen numerischen Ergebnisse sich während der Rechnung ein Urteil über die erzielte Genauigkeit zu bilden versuchen, wenn auch dieses Urteil nur zu oft darauf hinausläuft, dass eine weitere Rechnung mit der benutzten Anzahl der Dezimalstellen keine Verbesserung des Rechenresultats liefern kann und daher man sich mit der erzielten Annäherung begnügen sollte — eine theoretisch höchst bedenkliche Überlegung, wenn sie auch in der Praxis des Rechners und auch in der wissenschaftlichen Literatur viel häufiger vorkommt, als man annehmen würde.

Anderseits ist es in vielen, häufig in der Praxis vorkommenden Fällen, in der Tat möglich, aus der Kenntnis einer sehr schlechten theoretischen a priori Abschätzung des Fehlers, eine häufig vollständig ausreichende Abschätzung des wirklichen Fehlers zu erhalten, anhand der während der Rechnung erhaltenen Teilergebnisse — der *Fehler a posteriori.*

2. Ich gebe dieses Verfahren gleich im allgemeinen Fall eines metrischen Raumes mit der Distanzfunktion $|a, b|$ an.

Es sei von einer Folge $\{x_\nu\}$ bekannt, dass sie gegen ein ζ konvergiert, und es möge ferner eine rekurrente Fehlerabschätzung bekannt sein:

$$|x_{\nu+1}, \zeta| \leqslant \varphi_\nu |x_\nu, \zeta| \,. \tag{1}$$

Über die Koeffizienten φ_ν nehmen wir an, dass

$$0 < \varphi_\nu < 1\,, \qquad \prod_{\nu=1}^{\infty} \varphi_\nu = 0\,. \tag{2}$$

Dann gelten, behaupte ich, allgemein die Ungleichungen

$$\frac{1}{1+\varphi_\nu} \leqslant \frac{|x_\nu, \zeta|}{|x_{\nu+1}, x_\nu|} \leqslant \frac{1}{1-\varphi_\nu}\,, \tag{3}$$

$$|x_{\nu+1}, \zeta| \leqslant \frac{\varphi_\nu}{1-\varphi_\nu} |x_{\nu+1}, x_\nu| \,. \tag{4}$$

3. Der Beweis ergibt sich fast unmittelbar. Es folgt, wegen der Dreiecksungleichung, aus (1)

$$|x_{\nu+1}, x_\nu| \leqslant |\zeta, x_\nu| + |\zeta, x_{\nu+1}| \leqslant (1 + \varphi_\nu)\, |\zeta, x_\nu| ,$$

$$|x_{\nu+1}, x_\nu| \geqslant |\zeta, x_\nu| - |\zeta, x_{\nu+1}| \geqslant (1 - \varphi_\nu)\, |\zeta, x_\nu| ,$$

und daraus, durch Division, (3) und ferner, unter Benützung von (1), (4).

Wenn zum Beispiel $\varphi_\nu = 1 - \frac{1}{\nu}$ ist, was an sich eine für numerische Zwecke unbrauchbar langsame Konvergenz bedeutet, würde aus (3) und (4) folgen:

$$\frac{\nu}{2\nu - 1} \leqslant \frac{|x_\nu, \zeta|}{|x_{\nu+1}, x_\nu|} \leqslant \nu ,$$

und weiter

$$|x_{\nu+1}, \zeta| \leqslant (\nu - 1)\, |x_{\nu+1}, x_\nu| ,$$

was für die Rechenpraxis ohne weiteres ausreicht, falls die Folge $\{x_\nu\}$ zum Beispiel geometrisch konvergiert.

4. Falls bereits die theoretische Abschätzung eine geometrische Konvergenz liefert, sodass $\varphi_\nu = q$, $0 < q < 1$, gesetzt werden kann, folgt insbesondere

$$\frac{1}{1 + q} \leqslant \frac{|x_\nu, \zeta|}{|x_\nu, x_{\nu+1}|} \leqslant 1 - q , \tag{5}$$

$$|x_{\nu+1} - \zeta| \leqslant \frac{q}{1 - q}\, |x_{\nu+1} - x_\nu| . \tag{6}$$

Im speziellen Fall, dass die Folge $\{x_\nu\}$ durch sukzessive Anwendung eines kontrahierenden Operators entsteht, sind die Abschätzungen (5) und (6) aus den Abschätzungen im Banach'schen Beweis seines Satzes und in den Beweisen der Verfeinerungen dieses Satzes bekannt (siehe z. B. Weissinger [6]).

5. Wir wollen nun sehen, wie sich die Anwendung der obigen Überlegungen im Falle einer Matrix-Iteration gestaltet.
Es möge eine Folge von Vektoren $\xi_\nu \in R^n$ durch homogene Matrizen-Iteration mit der konstanten Matrix A entstehen und gegen den Vektor ζ konvergieren:

$$\xi_{\nu+1} = A\xi_\nu \quad (\nu = 0, 1, \ldots) , \qquad \xi_\nu \to \zeta .$$

Dann gilt offenbar $\xi_{\nu+1} - \zeta = A(\xi_\nu - \zeta)$, und daher für irgendeine Vektornorm und die dadurch induzierte Matrixnorm:

$$|\xi_{\nu+1} - \zeta| \leqslant |A|\, |\xi_\nu - \zeta| .$$

Nun ist aber für die Konvergenz der ξ_ν (für beliebige ξ_0) notwendig und hinreichend, dass *der Spektralradius von A kleiner als* 1 *ist.* Das bedeutet aber keineswegs, dass die Norm $|A| < 1$ ist, sodass hier unsere Überlegungen nicht direkt anwendbar zu sein brauchen.

6. Man kann aber natürlich in diesem Falle direkt schreiben

$$\xi_\nu - \zeta = A^\nu(\xi_0 - \zeta)\,, \tag{7}$$

und das Verhalten der Norm $|A^\nu|$ untersuchen. Hierfür gilt nun die Relation

$$|A^\nu| \sim c\nu^{k-1}\lambda_A^\nu\,, \quad c \neq 0 \ (\nu \to \infty)\,, \tag{8}$$

wo λ_A der Spektralradius von A ist und k die maximale Mehrfachheit eines Elementarteilers von A, der dem Eigenwert mit dem absoluten Betrag λ_A entspricht (siehe Ostrowski [3]). Die Anwendung dieser Formel, sogar als rein asymptotische Formel aufgefasst, verlangt aber in der Regel eingehende theoretische Untersuchung der Matrix A.

7. Man kann aber auch anders verfahren. Aus unserem Ansatz folgt, unter E die Einheitsmatrix verstanden,

$$\xi_\nu - \xi_{\nu+1} = (E - A)\,\xi_\nu\,, \quad \xi_\nu - \zeta = (E - A)^{-1}\,(\xi_\nu - \xi_{\nu+1})\,.$$

Daraus folgt, wenn wir nunmehr als Vektornorm die euklidische Länge betrachten und die dadurch induzierte Matrixnorm mit dem Index e versehen,

$$\frac{1}{|E - A|_e} \leqslant \frac{|\xi_\nu - \zeta|}{|\xi_{\nu+1} - \zeta_\nu|} \leqslant |(E - A)^{-1}|_e\,. \tag{9}$$

Man beachte, dass die rechtsseitige Schranke, falls $|A|_e < 1$ ist, sich abschätzen lässt durch $1/(1 - |A|)$, doch ist diese Annahme durchaus unnötig, wenn man die Formel (9) benutzen will, sofern es gelingt, die in ihr vorkommenden Schranken anders abzuschätzen.

8. Wir bezeichnen die Eigenwerte von A mit λ_ν und ordnen sie so, dass

$$|\lambda_1| \leqslant \ldots \leqslant |\lambda_n| =: \lambda_A\,.$$

Die praktisch bequemste Matrixnorm ist die sogenannte Frobenius-Norm,

$$|A|_F := \sqrt{\sum_{i,k} |a_{i,k}|^2} \geqslant \sum_\nu |\lambda_\nu|^2\,,$$

wo $a_{i,k}$ die Elemente von A sind. Die letzte Ungleichung wird zur Gleichung nur im Falle der *normalen Matrizen*, während sonst als „das Normalitätsmass„ die Grösse

$$\Delta_A = \sqrt{|A|_F^2 - \sum_\nu |\lambda_\nu|^2}$$

zu benutzen ist.

Gelingt es, Δ_A und λ_A abzuschätzen, so kann man die Ungleichungen benutzen:

$$|E - A|_e \leqslant \Delta_A + \lambda_A + 1\,,$$

$$|E - A|_e \leqslant |A|_e + 1 \leqslant |A|_F + 1\,.$$

Die letzte Abschätzung ist wichtig, weil $|A|_e$ sich eigentlich erst durch die Auflösung einer Gleichung n-ten Grades ergibt.

9. Für die rechtsseitige Schranke in (9) gelten die Abschätzungen

$$|(E-A)^{-1}|_e \leqslant \sqrt{e}(1+|A|_F / \sqrt{n})^{n-1} / \ |\det(E-A)|\,, \tag{10}$$

$$|(E-A)^{-1}|_e \leqslant \frac{1}{1-\Delta_A-\lambda_A} \quad (\Delta_A+\lambda_A<1)\,,$$

$$|(E-A)^{-1}|_e \leqslant \frac{1}{\Delta_A+\lambda_A-1}\left(\frac{\Delta_A}{1-\lambda_A}\right)^n \quad (\Delta_A+\lambda_A>1,\ \lambda_A<1)\,,$$

$$|(E-A)^{-1}|_e \leqslant \frac{n}{1-\lambda_A} \quad (\Delta_A+\lambda_A\le 1)$$

$$|(E-A)^{-1}|_e \leqslant \frac{n}{1-\lambda_A}\left(\frac{\Delta_A}{1-\lambda_A}\right)^n \quad (\Delta_A+\lambda_A\le 1,\ \lambda_A<1)\,.$$

Die obigen Abschätzungen hängen allerdings an der Möglichkeit, Δ_A abzuschätzen.

10. Nun besteht aber eine weitere Eigenschaft der normalen Matrizen A darin, dass $A^*A - AA^* = 0$ ist — dadurch wurden die normalen Matrizen durch I. Schur überhaupt definiert. Es gelang nun P. Henrici die folgende Ungleichung zu erhalten, die eine „rationale„ numerische Abschätzung von Δ_A liefert:

$$\Delta_A \leqslant 4\sqrt{\frac{n^3-n}{12}}\ \sqrt{|A^*A-AA^*|_F}\,. \tag{11}$$

Zugleich wurde durch P. Eberlein und andere gezeigt, dass diese Ungleichung auch die „richtige Grössenordnung„ für Δ_A liefert.

Die Anwendung der Formel (10) verlangt allerdings die Berechnung, oder wenigstens die Abschätzung nach unten, von $|\det A|$, eine Aufgabe, die im allgemeinen Fall einen relativ grossen Rechenaufwand voraussetzt, aber in vielen Fällen sich auch theoretisch durchführen lässt.

11. Wir wollen noch unsere Abschätzungen auf die Diskussion der zyklischen Einzelschritt-Iteration (der sogenannten Gauss-Seidel-Iteration) anwenden. Man betrachte das lineare System n-ter Ordnung

$$U\xi = \alpha\,, \qquad U = (u_{ik})\,, \qquad \det U \neq 0\,, \tag{12}$$

und zerlege die Matrix U in die Summe:

$$U = L + D + R\,. \tag{13}$$

Hier ist D die zu U gehörende Diagonalmatrix. L entsteht, indem man in U alle Elemente links von der Hauptdiagonale beibehält und sämtliche übrigen Elemente durch Nullen ersetzt, während R die analog gebildete Matrix mit den Elementen von U rechts von der Hauptdiagonale ist.

12. Setzt man nun

$$A := -(D+L)^{-1}R\,, \tag{14}$$

so läuft der allgemeine Zyklus der zyklischen Einzelschritt-Iteration angewandt auf (12), auf die Iteration

$$\xi_{\nu+1} = A\xi_\nu + (D + L)^{-1}\alpha \tag{15}$$

hinaus. Dies ist eine *inhomogene* Iteration mit der konstanten Matrix A. Für die Konvergenz dieser in der Praxis viel gebrauchten Iteration sind nur einige spezielle Kriterien bekannt. Trotzdem lassen sich auch hier unsere Abschätzungen anwenden.

13. Sei ζ die Lösung von (12). Aus (15) folgt:

$$\xi_{\nu+1} - \zeta = A(\xi_\nu - \zeta), \quad \xi_{\nu+1} - \xi_\nu = (A - E)(\xi_\nu - \zeta),$$

$$\xi_\nu - \zeta = (A - E)^{-1}(\xi_{\nu+1} - \xi_\nu). \tag{16}$$

Nun gilt aber wegen (14), wenn mit E die Einheitsmatrix bezeichnet wird,

$$E - A = (D + L)^{-1}\,U,$$

und daher:

$$\xi_\nu - \zeta = -\,U^{-1}(D + L)(\xi_{\nu+1} - \xi_\nu). \tag{17}$$

14. Bei der Herleitung von (17) haben wir die Konvergenz der Iteration (15) *nicht vorausgesetzt*. Für die Konvergenz (mit allgemeinem α) ist natürlich notwendig und hinreichend, dass die rechtsstehende Matrix in (17) den Spektralradius < 1 hat.

Aus der Ungleichung (17) folgt aber unabhängig von der Konvergenz

$$|\xi_\nu - \zeta| \leqslant |U^{-1}(D + L)|\,|\xi_{\nu+1} - \xi_\nu|, \tag{18}$$

wenn hier die Matrixnorm die durch die zugehörige Vektornorm induzierte ist. Ist der Wert dieser Matrixnorm bekannt, so liefert (18) eine Fehlerschranke, sobald $|\xi_{\nu+1} - \xi_\nu|$ klein genug ist, unabhängig von jeder Konvergenzannahme.

15. Wollen wir insbesondere die euklidischen Normen benutzen, so ergibt sich speziell die Abschätzung

$$|\xi_\nu - \zeta| \leqslant \frac{|D + L|_e}{|\det U|}\left(\frac{|U|_F}{\sqrt{n-1}}\right)^{n-1} |\xi_{\nu+1} - \xi_\nu|. \tag{19}$$

In der Praxis wird man in dieser Formel wohl $|D + L|_e$ durch $|D + L|_F$ ersetzen. Zur Anwendung von (19) ist allerdings die Kenntnis einer Abschätzung von $|\det U|$ nach unten unerlässlich.

Literatur

[1] Eberlein, P. J.: On Measures of Nonnormality for Matrices. Amer. Math. Monthly 72, 995 (1965).

[2] Henrici, P.: Bounds for Iterates, Inverses, Spectral Variation and Fields of Values of Nonnormal Matrices. Numer. Math. 4, 24 (1962).

[3] Ostrowski, A. M.: Über Normen von Matrizen. Math. Z. 63, 12 (1955).

[4] Ostrowski, A. M.: Les estimations des erreurs a posteriori dans les procédés itératifs. C.R. Acad. Sc. Paris 275 (A), 275 (1972).

[5] Ostrowski, A. M.: A posteriori error estimates in iterative procedures. SIAM J. Numer. Anal. 10, 290 (1973).

[6] Weissinger, J.: Über das Iterationsverfahren. Z. Angew. Math. Mech. 31, 245 (1951).

NOTE

AN ESTIMATE OF THE APPROXIMATION TO A FIXED POINT OF AN OPERATOR*

Communicated by E. Y. Rodin

(*Received* 27 *December* 1974)

1. In several communications (see for instance [1], [2]). I discussed the a posteriori estimates in iterative procedures using a convenient operator. In the following note I should like to return again to the subject since, as I have seen in the meantime, the main idea can be presented in a simpler and partly more general way without any direct reference to iterations.

We consider a metric space S in which the distance between a and b is generally denoted by $|a, b|$. Assume that an operator Ω has in S a fixed point ζ,

$$\Omega\zeta = \zeta. \tag{1}$$

Assume further that $a \neq \zeta$ is another point of S for which Ωa is defined and lies in S. What can be said about $|a, \zeta|$ using the value of Ωa?

2. Our method depends on the assumption that we know something about

$$q(x) := \frac{|\Omega x, \zeta|}{|x, \zeta|}, \tag{2}$$

for $x = a$.

The simplest assumption would be that Ωx exists, $\Omega x \in S$ and $q(x) < 1$ in a certain neighborhood of ζ. We could then say that Ω is a contracting operator *at* ζ.

However, for our result it is not at all necessary to assume that Ωx exists for any point $x \neq a$. It is not even necessary that ζ is a fixed point of Ω so that we can even disregard the relation (1). As a matter of fact, while one of the inequalities which we obtain does not depend on any assumption on $q(a)$, our complete result uses only the assumption

$$q(a) < 1. \tag{3}$$

3. It follows from the triangle inequality at once that

$$|a, \zeta| - |\Omega a, \zeta| \leq |\Omega a, a| \leq |a, \zeta| + |\Omega a, \zeta|.$$

Dividing by $|a, \zeta| \neq 0$ and using (2) we obtain

$$1 - q(a) \leq \frac{|\Omega a, a|}{|a, \zeta|} \leq 1 + q(a). \tag{4}$$

From the right sided inequality in (4) it follows at once:

$$|a, \zeta| \geq \frac{|\Omega a, a|}{1 + q(a)}. \tag{5}$$

In order to use (5) we must know some upper bound for $q(a)$ and we obtain then a lower estimate for $|a, \zeta|$ which gives usually at least the right order of magnitude of $|a, \zeta|$.

4. If we assume further that the inequality (3) holds, it follows from the left sided inequality in (4):

$$|a, \zeta| \leq \frac{|\Omega a, a|}{1 - q(a)} \tag{6}$$

which, combined with (5), can be written in the form

$$|a, \zeta| = \frac{|\Omega a, a|}{1 + \theta q(a)}, \quad |\theta| \leq 1. \tag{7}$$

This formula gives a very good estimate of $|a, \zeta|$ if the values of q is not too near to 1.

For applications of the above principle to the matrix iterations the reader may be referred to the paper [2].

REFERENCES

1. A. M. Ostrowski, Les estimations des erreurs a posteriori dans les procédés itératifs, *C.r. hebd. Séanc. Acad. Sci., Paris* **275** (1972).
2. A. M. Ostrowski, A posteriori error estimates in iterative procedures, *Siam J. Numer. Anal.* **10** (1973).

*To the memory of Cornelius Lánczos.

XVI Miscellany

Ganzzahligkeit in der Mathematik.*)

Vortrag, gehalten im Mathematischen Institut der Universität Heidelberg am 15. Juli 1931.

Verehrte Anwesende! Meine Damen und Herren!

Ich fürchte, daß das, was ich heute sagen will, Sie enttäuschen kann. Denn mathematische Entdeckungen, stofflich neue Dinge wollte ich nicht bringen. Wir werden uns vielmehr auf die Grundlagen unserer Wissenschaft zu besinnen haben, um einmal bei ihrem Zusammenhang mit unserem allgemeinen kulturellen Interesse zu verweilen. Schließlich, wenn man Jahre dem Studium einer Wissenschaft widmet, ist es wohl ein Gebot der Selbstachtung, daß man die dabei erworbenen Denkgewohnheiten in den Rahmen seiner gesamten geistigen Entwicklung bewußt einordnet. Zwar wird ja der Beruf einmal von selbst abfärben — früh genug, denken manche. Aber Farben, die von selbst abfärben, sind unechte Farben.

Es soll also eine Plauderei werden über verschiedene mathematische Themata, vielleicht könnte ich den Vortrag betiteln als Variationen über ein Thema von Kronecker. Ich meine den berühmten Ausspruch: „Die ganze Zahl schuf der liebe Gott. Alles andere ist Menschenwerk." Ein schöner und schönklingender Ausspruch! Geht man ihm allerdings auf den Grund, so erheben sich bald, wie so oft bei schönen Formulierungen, Bedenken und Schwierigkeiten.

Wann treten uns zuerst ganze Zahlen als Gegenstände unseres systematischen Denkens entgegen? Nun auf der Hochschule, wenn wir die Analysis begründen. Wir bauen aus ganzen Zahlen zuerst rationale Zahlen, dann das ganze Kontinuum, und endlich sogar die Gesamtheit der komplexen Zahlen auf. Wir führen dies nicht immer so genau durch, aus Zeitgründen. Aber es ist prinzipiell höchst wichtig, daß man es so machen kann.

Denn wenn wir Mathematik treiben, denken wir immer daran, daß sie eine e x a k t e Wissenschaft par excellence ist. Eigentümlicherweise hat dies bei uns nicht die Bedeutung, daß mathematische Aussagen, auf die Natur angewandt, wahr sind. Denn die Nicht-Euklidische Geometrie ist z. B. in

*) Die folgende Niederschrift stützt sich vor Allem auf eine von Herrn M. Steck liebenswürdigerweise angefertigte stenographische Nachschrift meines Vortrags, die nur an einigen Stellen Lücken aufwies. Diese habe ich aus dem Gedächtnis an Hand einer Stichwortzusammenstellung ergänzt, wobei eine gewisse Stilisierung sich nicht vermeiden ließ. Doch habe ich mir dabei die größte Zurückhaltung auferlegt, des bekannten Wortes eingedenk, eine Rede sei keine Schreibe.

gewissen Teilen des Universums eine bessere Approximation an die Wirklichkeit, als die gewöhnliche Euklidische Geometrie. Wir drücken uns dann so aus, daß wir sagen, es gelte eben die Euklidische Geometrie dort nicht. Ihr System ist also in einem anderen Sinne als wahr zu bezeichnen, nämlich in dem Sinne, daß es durch richtige Schlüsse entstanden ist, und daß diese Schlüsse nicht auf Widersprüche führen können, wie weit man sie auch fortsetzt, sofern man nicht einen logischen Denkfehler gemacht hat.

Die Gewähr für die Möglichkeit des exakten Schließens gibt uns aber die Tatsache, daß wir von endlich vielen Aussagen ausgehen. Und jedesmal, wenn es gelungen ist, das System der Voraussetzungen eines Problems auf endlich viele Aussagen zu reduzieren, treiben wir Mathematik. Je geringer die Anzahl der Aussagen ist, von denen wir ausgehen, und je primitiver sie sind, umso größer ist die Sicherheit unseres Schließens, umso harmonischer der Aufbau der ganzen Theorie. Daher ist es von so eminenter Bedeutung, daß man alles aus ganzen Zahlen aufbauen kann und das Kontinuum nicht etwa direkt einzuführen braucht, — sofern man so wirklich durchkommen kann.

Die wichtigste Regel aber, die wir bei unseren Schlüssen zu beachten haben, die Grundforderung unserer Wissenschaft, lautet, daß wir allen Begriffen, die wir bei unserem Aufbau benutzen, nur so viel entnehmen dürfen, als durch unsere Definition in sie hineingelegt wurde. Eine eigentlich selbstverständliche Regel, aber wie schwer ist es zuweilen, sich den Verlockungen der vermeintlichen Anschaulichkeit zu widersetzen!

Man kann nun in der Tat mit dem Aufbau der Zahlen aus ganzen Zahlen sehr weit kommen. Aber dann stellen sich doch bald Schwierigkeiten ein, und zwar Schwierigkeiten verschiedener Art.

Die eine große Schwierigkeit, seit Jahrhunderten und Jahrtausenden im Grunde genommen dieselbe, die gerade auch in den letzten Jahrzehnten sich wieder erneut gemeldet hat, ist die Schwierigkeit, die mit dem Begriff des Kontinuums zusammenhängt. Denn das Kontinuum, die Gesamtheit aller reellen Zahlen, ist ein Ding, das man nicht im gewöhnlichen Sinne aufbauen kann. Man kann ja jede irrationale Zahl definieren als Grenzwert eines gewissen unendlichen Prozesses. Da es aber dem Menschen nur möglich ist, einen endlichen Prozeß wirklich auszuführen, kann es sich nur darum handeln, daß man einen solchen Prozeß „charakterisiert", dabei muß aber für jede andere Zahl eine neue Charakterisierung benutzt werden. Und auch die kollektive Arbeit sämtlicher Mathematiker liefert nur endlich viele individuell verschiedene Zahlen, in der Grenze also nur abzählbar viele; das Kontinuum ist aber von höherer Mächtigkeit. So ist das Kontinuum eine Gesamtheit von Dingen, die nur potentiell existieren, sich „eventuell" angeben lassen.

Wir stehen vor einem Gegensatz von zwei wesensverschiedenen Dingen: einerseits die ganze Zahl und andererseits das Kontinuum.

Man kann das ungefähr so ausdrücken: Die ganzen Zahlen sind Individuen, die man zu einer Gesamtheit zusammenschließen kann; das Kontinuum ist aber eine Gesamtheit, aus der wir die einzelnen Elemente nur herauspicken können.

So ist es auch verständlich, daß man die Existenz des Kontinuums bestritten hat. „Das Kontinuum ist als solches ja gar nicht vorhanden," erklären heute noch bedeutende Mathematiker.

Es spielt dabei natürlich eine gewisse Verwechslung von Begriffen eine Rolle. Wir laufen hier Gefahr, uns in Schwierigkeiten zu begeben, die den Philosophen gar nicht neu sind. Es handelt sich um einen bekannten Schluß, der zusammengefaßt wird als der Versuch, aus der Essenz auf die Existenz zu schließen.

Das wichtigste Beispiel einer solchen Schlußweise spielt in der Geschichte der mittelalterlichen Philosophie eine Rolle. Der Skeptizismus, diese wohl einem bestimmten Menschentypus angeborene Einstellung zu den Dingen, die sich heute so vielgestaltig äußert, äußerte sich im Mittelalter in der Form des Unglaubens an die Existenz Gottes. Und es wird nun von einem Mönch erzählt, der unter dem um sich greifenden Unwesen des Skeptizismus litt, und dem das Mitleid mit den verirrten Geistern schlaflose Nächte bereitete. So beschloß er, nach einem Beweis zu suchen, der auch den Skeptiker durch die reine Kraft der logischen Argumente überzeugen würde. Nach heißem Bemühen kam ihm in einer einsamen Stunde die Erleuchtung:

Gott ist der Inbegriff aller Vollkommenheit. Zu den Attributen der Vollkommenheit gehört aber auch die Existenz. Und daher ist die Existenz Gottes bereits im Begriff Gottes enthalten.

Dieser Beweis hat seiner Zeit ungeheures Aufsehen erregt. Man hat über ihn Jahrhunderte lang gestritten und nach dem Fehler gesucht — denn man kann durch ähnliche Schlüsse auch offensichtlich falsche Aussagen beweisen. Ueber diesen Fehler hört man in den einführenden Vorlesungen in die Philosophie Verschiedenes. Im allgemeinen versucht man es so zu erklären, daß hier eben aus der Essenz, aus der Qualität, aus der Art, auf die Existenz geschlossen werde, und das sei eben unzulässig.

Ich kann diese Erklärung nicht gut als Lösung des Problems ansehen, weil sie nur das formuliert, gleichsam nur das wiederholt, was schon in diesem Beweis steckt. In Wahrheit aber müssen wir, wenn wir uns mit diesem Beweis näher befassen wollen, uns mit einer andern Sache abgeben, die uns Mathematikern sehr viel näher liegt, denn es handelt sich um präzise Formulierung eines Begriffs.

Was verstehen wir denn unter dem Wort „Existenz"? Es existieren die toten Dinge in diesem Raum, es existiert unsere lebendige Seele, es existieren die Gefühle der Liebe, des Hasses, es existiert die Hoffnung, es existieren verschiedene Stimmungen, es existiert Voreingenommenheit, und tausend andere Dinge. Sie alle existieren, aber jedes in einem andern Sinne, die Art der Existenz ist für jedes eine andere. Das Wort Existenz kann sehr viel bedeuten, und das müssen wir nun natürlich auch dann beachten, wenn wir uns mit dem Problem des Kontinuums befassen.

Die Behauptung: „Das Kontinuum existiert" hat nämlich an sich keinen rechten Sinn, wenn man nicht erklärt hat, was man unter der „Existenz" verstehen will. Und um die reine Widerspruchslosigkeit des gesamten Axiomensystems der reellen Zahlen handelt es sich dabei auch nicht, weil man beim konstruktiven Aufbau gerade um den Beweis der Widerspruchslosigkeit herumkommen möchte. — Uebrigens gibt es heute eine Richtung in der Mathematik, in der die Existenz nur den Gebilden zuerkannt wird, die durch eine sehr engen Bedingungen unterworfene Konstruktion entstehen, während widerspruchslose Konstruktionen mehr gelitten als wirklich zugelassen werden.

Es sieht also so aus, als ob man hier auf eine wesentliche Schwierigkeit käme, und man mit dem Begriff des Kontinuums nichts Rechtes machen könnte. Wir können aber gar nicht darauf verzichten, diesen Begriff zu benützen. Es ist wichtig, daß die Zahlen, die wir bilden, z. B. die rationalen Zahlen, im Kontinuum liegen, im Kontinuum eingebettet, miteinander durch das Kontinuum verbunden sind. Wenn wir z. B. aussagen: „Die Gesamtheit der rationalen Zahlen ist in sich d i c h t", so ist das noch lange nicht alles, was uns das Kontinuum liefert, denn im Kontinuum haben wir einen s t e t i g e n Uebergang von einer Zahl zur andern.

Man wird vielleicht einmal den Aufbau von irrationalen Zahlen aus ganzen Zahlen auf dem üblichen Wege durchführen, aber so, daß man dabei das Kontinuum mit Hilfe einer a x i o m a t i s c h e n Methode einführt, etwa, indem man axiomatisch festlegt, was das Kontinuum bedeutet, und dann beweist, daß man die Zahlen, die wir konstruktiv bilden können, in dieses Kontinuum einbetten kann.

Es würde diese Methode mit dem Prinzip der Einheitlichkeit im Widerspruch stehen, von dem wir uns in Wahrheit bei solchen Betrachtungen leiten lassen. Aber es ist vielleicht in der Tat zu vermessen zu erwarten, daß, weil nach unseren Erfahrungen im Bereiche der rationalen Zahlen eine Einheitlichkeit des Aufbaues möglich ist, dies auch beim Uebergang zum Kontinuum der Fall sein muß. —

Eine andere Schwierigkeit ist von ganz anderer Natur. Sie begegnet uns oft, wenn wir mit Laien sprechen. Manche nehmen ja an, daß wir an der Zahl π herumrechnen; es ist ihnen offenbar auf der Schule ein Gefühl der Pietät vor dieser wunderbaren Zahl beigebracht worden. Andere kommen mit einer Frage, die naiv klingt und doch sehr schwer und ernst zu nehmen ist. Sie fragen nämlich, ob es denn noch etwas in der Mathematik zu entdecken gibt, ob sie nicht doch eigentlich abgeschlossen ist. Und was dahinter steckt, ist dieses:

„Unsere Mathematik ist doch die Wissenschaft von den Zahlen. Da können wir doch unmöglich etwas mehr über die Zahlen aussagen, als was im Begriff der Zahl an sich drin steckt. Da muß also doch alles T a u t o l o g i e sein!"

Und Jacobi hat auch wirklich einmal erklärt:

„Die Mathematik ist die Wissenschaft von den Dingen, die selbstverständlich sind."

Wie kann also unsere Wissenschaft einen W e r t und überhaupt einen Sinn haben, wenn es sich in ihr um selbstverständliche Dinge handelt, in denen gewissermaßen etwas Altes nur mit andern Worten wiedergegeben wird? Nun kann man auch sagen, ein Maler mischt seine Farben aus endlich vielen Grundfarben, und das Bild hat doch, von einigen Extremen abgesehen, einen wohl definierten Sinn, von dem man nicht behaupten kann, daß er schon in den Farben steckt. Und ein Dichter setzt doch seine Dichtung zusammen aus endlich vielen Wörtern der Sprache, und sogar aus merkwürdig wenig Wörtern. Nun liegt in den beiden Beispielen die Sache so: Der Rohstoff des Malers sind gar nicht die Farben, und der des Dichters besteht gar nicht aus Wörtern. Beide setzen vielmehr ihre Kunstwerke zusammen aus Assoziationen, die die Menschen mit Worten, Formen und Farben verbinden, und die in unserem Bewußtsein in verschieden tiefen Schichten eingelagert sind. So kommt es, daß Maler und Dichter der ultramodernen Richtung oft zu lange auf Anerkennung warten müssen. Die Assoziationen, die sie vorausgeahnt haben, haben sich eben noch gar nicht im Unterbewußtsein der sachverständigen Kennerschicht verankert. Und so kann es Dichter geben, die von vorneherein nur für einen bestimmten Freundeskreis dichten, auf den ihre Kunst eben abgestimmt ist.

Und in dieser Richtung könnte nun in der Tat, wie ich glaube, die Erklärung für den Wert und den Sinn der Mathematik liegen.

Wir treiben die Mathematik nicht nur mit Zahlen, wie Kronecker meinte, sondern auch noch mit B e g r i f f e n. Den Rohstoff, aus dem unsere Werke geschaffen sind, bilden in erster Linie die Begriffe.

Derselbe Kronecker hat dagegen protestiert, daß man irrationale Zahlen benützt, weil sie aus ganzen Zahlen aufgebaut werden können. Er lehnt also die Benützung des Begriffs der irrationalen Zahlen ab, weil dieser Begriff auf einfachere Begriffe zurückgeführt werden kann. Das klingt widersinnig; es steckt aber dahinter eine sehr bedeutsame philosophische Diskussion, die gleichfalls im Mittelalter eine wichtige Rolle spielte. Es handelte sich damals nämlich, bei den mittelalterlichen Gelehrten, um das W e s e n des B e g r i f f s.

Der Begriff war nach der einen Ansicht eben nur das, was wir durch die Begriffsdefinition in den Begriff hineingelegt haben. Das war die Einstellung, die man damals als N o m i n a l i s m u s bezeichnete.

Demgegenüber wurde eine andere Einstellung verfochten, die man als die i d e a l i s t i s c h e bezeichnet, wonach die Ideen (Plato) existieren, unabhängig von allem Menschlichen. Die Ideen als solche sind für Plato irrational. Wenn wir denken, bringen wir Tatsachen mit Ideen in Zusammenhang. Das ist aber nur ein Versuch, dieses Irrationale rational zu erfassen.

Man kann nicht leugnen, daß wir Mathematiker sehr oft Ideen einführen und dann in der Tat von dem, was wir ursprünglich in sie hineingelegt haben, absehen, ohne dabei einen Fehler zu machen.

Wie führen wir, z. B. komplexe Zahlen in die Mathematik ein? Wir definieren eine imaginäre Einheit:

$$\sqrt{-1} = i\,.$$

Diese Zahl existiert natürlich im Bereiche der reellen Zahlen nicht. Um ihre „Existenz" dennoch sicherzustellen, machte es G a u ß so, daß er eine geometrische Interpretation für komplexe Zahlen benutzte, und darin sah er bereits die Rechtfertigung für den Begriff der komplexen Zahlen. Man sieht hier besonders deutlich, wie sehr der Begriff der Existenz sich wandelt.

Wir führen heute die komplexe Zahl so ein, daß wir von Dingen ausgehen, die „existieren". Das sind die Zahlenpaare, mit denen Hamilton die komplexe Zahl einführt. Man definiert dann, was es bedeutet, daß man komplexe Zahlen addiert, subtrahiert, multipliziert und dividiert, alles an diesen Komponenten des Zahlenpaares. Bis hierher liegt also die Betonung ausdrücklich auf den beiden reellen Zahlen a und b, die das Zahlenpaar (a, b) ausmachen.

Wenn wir aber nun mit komplexen Zahlen rechnen, so machen wir es ganz anders. Die komplexe Zahl ist dann für uns bald etwas anderes als ein Zahlenpaar. Wir benützen sofort eine trigonometrische Darstellung der komplexen Zahl. M. a. W., wir verlegen nunmehr den Akzent von den beiden reellen Zahlen a und b auf die komplexe Zahl als solche selbst. Das ist sicher ein klar erkennbarer logischer (man wird vielleicht sagen: psychologischer) Prozeß, und damit tun wir gerade das, was im Wesentlichen der Bildung einer Idee gleichkommt. Wir haben einen Begriff eingeführt und entziehen ihm nachher wieder den Boden, das Gerüst, mit dessen Hilfe er aufgebaut wurde, und nun existiert er selbständig weiter. An die Hamiltonsche Einführung der komplexen Zahlen denken wir dabei gar nicht mehr.

Man kann das so allgemein formulieren: in dem Augenblick, in dem man einen solchen neuen Begriff einführt, hält man sich pedantisch und peinlich an die Definition und verstößt in keiner Weise gegen die Grundforderung unserer Wissenschaft. Sodann verstoßen wir aber nicht etwa direkt gegen diese Grundforderung, sondern wir denken gar nicht mehr an sie. Wir machen mit andern Worten zum Aufbau irgend eines Begriffs von der nominalistischen Anschauung Gebrauch, wenn wir aber mit dem Begriff weiter arbeiten wollen, ihn schöpferisch weiter ausgestalten wollen, so müssen wir die idealistische Auffassung benützen, die uns den Begriff als ein in sich geschlossenes Ding aufzufassen gestattet.

Danach sieht es aber wirklich so aus, als ob diese idealistische Einstellung nur ein Mal bei der Einführung eines jeden Begriffs von Bedeutung wäre, dann nämlich, wenn man mit diesem Begriff zu arbeiten beginnt, wenn man ihn schöpferisch ausgestaltet. Wenn man aber z. B. einen Satz gefunden hat und ihn beweisen will, so ist es nicht mehr berechtigt, von einer halbverschwommenen Vorstellung auszugehen, sondern es muß logisch, Schritt für Schritt, so geschlossen werden, daß sämtliche Lücken geschlossen werden können. Da sind wir dann auf den nominalistischen Weg angewiesen. Die Tautologie stellt sich wieder ein.

So ist es aber natürlich nicht. Und der Grund warum es anders ist, ist der, daß wir einen neuen Beweis verstehen wollen.

Wann haben wir einen Beweis verstanden? In dem Augenblick, wo wir nach angestrengtem Nachdenken Aha! rufen. Was ist uns denn dann aufgegangen? Nun, wir wissen, daß der Beweis richtig ist; wir wissen aber nicht, wie die einzelnen Glieder der Beweiskette miteinander zusammenhängen, und wir möchten gerade diesen i n n e r e n Zusammenhang kennen. Und uns ist gerade der leitende Gedanke des Beweises aufgegangen, wenn wir Aha! rufen.

Man wird sagen: Wir müssen eben all die einzelnen Glieder der Beweiskette übersehen, sie zusammen, in ihrer Gesamtheit, überschauen und dann werden wir auch den Beweis sofort verstehen. Das ist aber auch nicht immmer richtig. Es gibt Beweise in der Mathematik, die viel zu lang sind. als daß man all die einzelnen Glieder der Beweiskette mit einem Blick erfassen könnte. Z. B. steht in einer Hilbertschen Abhandlung ein Beweis eines zahlentheoretischen Satzes, der sich über 100 Seiten (genau 127 Seiten) erstreckt und in einer Abhandlung von Bruns aus der Theorie des Dreikörperproblems steht ein Beweis, der ca. 30 Seiten umfaßt.

Es kommt nun in Wahrheit darauf an, daß wir uns „einbilden" — das klingt etwas unfreundlich — den Beweis wiederfinden zu können. Und der leitende Gedanke, der uns fehlte, ist eben der Schlüssel zur Wiederauffindung des Beweises.

Daraus sieht man, daß das Verständnis eine ziemlich r e l a t i v e Sache ist. Es gibt verschiedene Stufen des Verständnisses. Das Verständnis entwickelt sich bei uns Mathematikern erst ganz allmählich mit der Ausbildung. Wie kann man nun dieses „Verständnis" überhaupt definieren? — Was ist dieses „Verständnis" eigentlich? —

Es ist dies eine Frage, über die wir alle, die wir ja entweder die Mathematik unterrichten oder einmal unterrichten werden, uns klar werden müssen. Ich habe darüber oft nachgedacht und mir eine Formulierung zurecht gelegt, die zwar etwas zu sehr nach philosophischem Jargon aussieht, aber, wie ich glaube, für die Zwecke des Mathematikers wenigstens, gewissermaßen als Arbeitshypothese, sehr brauchbar ist:

„Das Verständnis einer Sache ist ihre Verankerung in den schöpferischen Funktionen des Intellekts."

Wenn wir etwas schaffen oder nachschaffen, so müssen wir oft ganz andere Seiten unseres Intellekts in Bewegung bringen, als bloß die reine Denkfähigkeit. Es handelt sich also in der Tat um schöpferische F u n k t i o n e n, die als solche jedem Menschen, der einigermaßen ausgesprochene Intellektualität hat, angeboren sind. „Verankerung" sagen wir deshalb, weil die Art und Weise, wie das geschieht, sich gar nicht sehr genau formulieren läßt.

Und das ist nun die Stelle, an der doch dieses zweite irrationale Moment eines mathematischen Begriffs wesentlich hineinspielt. Sie sehen, daß es sich um eine im wesentlichen s u b j e k t i v e Sache handelt. Wenn wir nämlich den Satz einem andern Menschen mitteilen wollen, wird in diese Mitteilung unser ganzes subjektives Verständnis des Satzes eingehen.

Die Frage nach dem Wert der Mathematik hat für mein Gefühl im Bewußtsein der Mathematiker seit Jahrhunderten eine wichtige Rolle gespielt, und die Befürchtung, es könnte sich doch in Wahrheit um reine Tautologie handeln, dürfte gelegentlich auch die größten Mathematiker bedrückt haben. Ich sehe eine Bestätigung hiervon darin, daß die meisten repräsentativen

Mathematiker mit ganz besonderer Liebe an der Zahlentheorie hängen. Gerade in der Zahlentheorie ist ja der Gegensatz zwischen dem scheinbaren tautologischen Charakter der Mathematik und den ungeheueren Schwierigkeiten, die sich dem Beweis eines oft sehr einfach formulierbaren Satzes entgegenstellen, besonders ausgesprochen.

Man nehme z. B. den Satz, daß jede Primzahl von der Form $4n + 1$ eine Summe zweier Quadrate ganzer Zahlen ist, ($5 = 2^2 + 1^2$). Dieser Satz war wohl schon den Indern bekannt, enthält aber eine recht tiefgehende Aussage. Der erste Beweis dieses Satzes stammt erst von Euler.

Uebrigens handelt es sich bei den ganzen Zahlen um eine ganz bestimmte Quelle dieser Schwierigkeit, und das möchte ich zum Schluß dieser Ausführungen noch andeuten:

Wir setzen die ganzen Zahlen durch additive Bildung aus Einheiten zusammen. Dieser Prozeß hat aber eine sehr peinliche Eigenart. Die Zusammensetzung ist in keiner Weise eindeutig, und die Mathematiker haben immer für Dinge geschwärmt, die eindeutig sind.

Die andere Darstellung der ganzen Zahlen ist die multiplikative aus Primzahlen. Diese Darstellung ist in der Tat eindeutig.

Man hat also im ersten Fall mit der strukturellen Definition der ganzen Zahl zu tun, der die Nicht-Eindeutigkeit anhaftet; aber anderseits führt die multiplikative Art des Aufbaues der ganzen Zahlen nicht zum eigentlichen Zahlenaufbau, weil wir die Primzahl definieren müssten, diese aber nicht als Produkt definiert werden kann, sondern nur als Summe. —

Ich habe in diesen recht allgemein gehaltenen Betrachtungen natürlich für keine einzige der angeschnittenen Fragen eine vollständige Lösung gegeben und geben wollen. Ich glaube auch nicht, daß das möglich ist. Um z. B. den Begriff der Existenz klar zu machen, müßte man doch alle möglichen Arten von „Existenz" einigermaßen zusammenstellen und das alles sorgfältig diskutieren. Darüber könnte man ganze Bücher schreiben, die zum Bersten voll von wesentlichsten Dingen wären.

Auch dann ist es aber fraglich, ob man mit diesen Dingen jemals fertig wird. Die Entwicklungsmöglichkeiten unserer Wissenschaft dürften nicht nur in die Höhe, sondern auch in die Tiefe unendlich sein. Da gehen wir in der Tat an die Grundlagen unseres Wissens. Und so vollzieht sich die Entwicklung auch hier gemäß dem Hegelschen dialektischen Dreieck:

Wir stellen eine Behauptung auf, eine These. Wir entwickeln sie weiter und weiter, bis sich Schwiergkeiten einstellen. Dann entwickeln wir entgegengesetzte Möglichkeiten, wir kommen zur Antithese. Zwischen beiden Richtungen wird nun ein Bündnis geschlossen; wir kommen zur Synthese, und diese Synthese wird nun wieder als These behandelt und vom gleichen Schicksal ereilt.

Diesem Schicksal ist keine Entwicklung entgangen, ihm wird auch die Entwicklung einer Wissenschaft nicht entgehen, wie diesem Schicksal auch die Entwicklung eines jeden unter uns nicht entgehen kann.

Ergebnisse und Probleme der Naturwissenschaften

Eine Einführung in die heutige Naturphilosophie von BERNHARD BAVINK. 8. Auflage mit 92 Abbildungen im Text und auf 2 Tafeln und einem Bild des Verfassers. (Verlag A. Francke AG., Bern 1945) (Fr. 33.–).

Das wohlbekannte Werk von BAVINK hat in den akademischen Kreisen eine so große Verbreitung gefunden, daß sich näheres Eingehen darauf erübrigen würde, wenn nicht nach den Erfahrungen der letzten Jahre die Befürchtung naheläge, daß es sich auch hier um ein «trojanisches Pferd» handelt, das nazionalsozialistische Ideologie mehr oder weniger versteckt propagiert.

Als kritische Punkte für die Beurteilung der Einstellung des Werkes müssen natürlich die Relativitätstheorie sowie die Lehre vom Primat der nordischen Rasse dienen.

Durch den Boykott der Relativitätstheorie geriet bekanntlich die deutsche Physik in eine sehr schwierige Lage. TH. VAHLEN hat dann in einer besonderen Schrift die Entdeckung verkündet, die Relativitätstheorie sei eigentlich von POINCARÉ und werde zu Unrecht EINSTEIN zugeschrieben.

BAVINK setzt sich mit dem Problem auf einem wesentlich höheren Niveau auseinander. Er bespricht in sorgfältiger und einprägsamer Weise die Genesis der Relativitätstheorie, um dem Leser klarzumachen, daß es sich um ein absolut unvermeidliches Übel handelt. Die Auseinandersetzung mit EINSTEIN wird aber mit den Worten erledigt (p. 108): «Es steht fest, daß sich z. B. auch der berühmte Mathematiker H. POINCARÉ um die gleiche Zeit mit ähnlichen Ideen befaßt hat, und es ist zehn gegen eins zu wetten, daß W. VOIGT, wenn er nicht gerade um jene Zeit aufs intensivste mit anderen

Problemen beschäftigt gewesen wäre, von seiner bereits erwähnten t-Formel aus ebenso leicht hätte auf die Relativitätstheorie kommen können...»

Auch die allgemeine Relativitätstheorie wird sehr sorgfältig besprochen, ohne indessen daß der Leser ausdrücklich erfährt, wer ihr Schöpfer war.

Was die Rolle des nordischen Menschen anbetrifft, so behandelt der Verfasser die Frage, warum gerade der europäischen Menschheit das Aufblühen der Naturwissenschaft und der Technik zu verdanken ist. Er erklärt dies durch die Wirkung der nordischen Rasse. Zwar sagt er ausdrücklich, daß die nordische Rasse für sich (wie jede reine Rasse) keine sehr großen Leistungen hervorbringt. Die großen Menschen entstammen zumeist den Mischrassen; aber der nordische Einschlag sei dabei das «auslösende Moment», gewissermaßen der «Katalysator». Er sagt (p. 668): «... es mußte zu diesen guten Anlagen» (nämlich denjenigen anderer Rassen) «noch die nordische rastlose Energie und unentwegte sachliche Einstellung hinzutreten, damit etwas wirklich Großes daraus wurde...» BAVINK sucht diese These in längeren Ausführungen zu begründen. Wir haben aber offen gestanden nicht den Eindruck, daß es ihm dabei sehr wohl ist.

Man darf indessen aus den hervorgehobenen Einzelheiten nicht etwa schließen, daß BAVINK sich auf den Boden der Pseudowissenschaft begibt. Es wäre überhaupt ein schwerer Perspektivefehler, das Buch in diesen Dingen vom Schweizer Standpunkt aus zu beurteilen. BAVINK hat es durchaus für den deutschen Leser geschrieben, der, von der Propagandaflut halb erstickt, nach echter geistiger Kost verlangte. Und um dieses dringende Bedürfnis zu befriedigen, mag der Verfasser die Erwähnung von EINSTEIN und Ähnliches als eine viertrangige Angelegenheit empfunden haben.

Der offiziellen Pseudowissenschaft aber, die in Deutschland so maßgebend tat, verschreibt sich BAVINK durchaus nicht. Er übt vielmehr immer wieder in einer Weise daran Kritik, die auf den deutschen Leser den Eindruck unerhörter Kühnheit gemacht haben wird. Und manche Ehrung, die die letzten Jahre BAVINK gebracht haben, dürfte mit als Anerkennung für seinen Mut gelten.

Von den erwähnten Partien abgesehen, bleibt das BAVINKsche Buch, wie es früher war, eine auf ungemein hohem Niveau stehende Besprechung der Probleme der modernen Naturwissenschaft, eine Besprechung, die überall weit genug ausholt und so gut wie überall bis zum wahren Kern der Sache vordringt, ohne die erkenntnistheoretischen Momente zu vernachlässigen.

So wird der bedächtige und kritische Leser diesem Werk hohen Gewinn und wesentliche Vertiefung seines Weltbildes verdanken. Und der Verlag hat durch die Herausgabe dieses Buches vielen Lesern einen Dienst erwiesen. Allerdings meinen wir, daß der Verlag dem Verfasser und den Lesern vielleicht einen noch größeren Dienst erwiesen hätte, wenn er mit der Veröffentlichung etwa ein Jahr zugewartet hätte — das Vorwort des Verlags ist vom April 1945 datiert.

A. OSTROWSKI

Studies and Essays

Presented to R. COURANT *on his* 60th *Birthday*
470 pp., 6 Figs.
(Interscience Publishers, Inc., New York, 1948) – \$5.50

Das mathematische Werk RICHARD COURANTS, dessen 60. Geburtstag von seinen Schülern und Freunden mit dem vorliegenden Sammelwerk begangen wird, steht unter dem Zeichen der Variationsrechnung. Ob es sich um die Existenzsätze der Funktionentheorie handelt oder um asymptotische Abschätzung der Eigenwerte oder um Minimalflächen, überall ist der Glaube an die Bedeutung der Extremalprobleme als ordnendes Leitprinzip zu erkennen. Und es ist wohl dem Einfluß COURANTS zu verdanken, wenn heute diese Einstellung unter den Mathematikern als eine Selbstverständlichkeit angesehen wird.

Der vorliegende Sammelband legt ein beredtes Zeugnis von einer ähnlichen Leistung COURANTS ab, von seiner Fähigkeit, für seine Schüler und Mitarbeiter die optimale Arbeitsatmosphäre zu schaffen, in der die Anregung und Kritik, die Ermunterung und das Lob in einer besonders günstigen Kombination abwechseln.

Über die 38 Arbeiten dieses Bandes, die einen großen Teil der Analysis, Geometrie und der angewandten Mathematik umspannen, im einzelnen zu berichten, würde hier zu weit führen. Es sei hier nur einer Abhandlung Erwähnung getan, die auch COURANT wohl ganz besondere Freude bereitet hat, derjenigen von R. LUNEBURG[1] über den *Sehraum*, d.h. denjenigen Raum, in dem die Dinge der Außenwelt an Hand der visuellen

[1] Zu unserem tiefen Bedauern erfuhren wir inzwischen, daß R. LUNEBURG auf einer Bergtour plötzlich gestorben ist.

Erfahrungen allein placiert werden, ohne Zuhilfenahme des Tastsinnes und der mechanischen Erfahrungen. Dieser Sehraum ist, wie es sich herausstellt, ganz wesentlich verschieden von dem euklidischen Raum, der in der Schulgeometrie behandelt wird. Dennoch lassen sich die geometrischen Eigenschaften dieses Raumes mit Hilfe der geläufigen Begriffe der RIEMANNschen Geometrie weitgehend erfassen. Mit der Untersuchung dieses Raumes dürfte die Mathematik einen neuen fruchtbringenden Beitrag zur Psychologie und wohl auch zur Ästhetik liefern.

A. OSTROWSKI

1. Soient p, q fixes, $0 < p < 1$, $p+q=1$, n entier >0 et pour $p_\nu = \binom{n}{\nu} p^\nu q^{n-\nu}$

$$M(\eta) = \sum_\nu p_\nu \qquad (|\nu - np| \leq \eta\sqrt{2npq}), \tag{1}$$

où la somme s'étend à tous les entiers ν, satisfaisant à la condition entre parenthèses. Alors le théorème, attribué à Moivre et à Laplace, dit que

$$M(\eta) = \frac{2}{\sqrt{\pi}} \int_0^\eta e^{-t^2} dt + \rho(\eta, n), \tag{2}$$

où $\rho(\eta, n)$ tend vers 0, si $n \to \infty$.

Les indications de Laplace ([1]) sur le *reste* $\rho(\eta, n)$ de (2) conduisent à

$$\rho(\eta, n) = \frac{1}{\sqrt{2\pi npq}} e^{-\eta^2} + O\left(\frac{1}{n}\right), \tag{3}$$

$O(1/n)$ étant un terme de l'ordre de $1/n$ ([1]).

2. La formule (3), sans le terme $O(1/n)$, était généralement utilisée jusqu'à la fin du XIXe siècle. Aujourd'hui, on la passe sous silence dans les grands traités français et russes. En effet, la démonstration que l'on trouve par exemple dans le traité de Czuber ([2]) est manifestement trop vague.

D'autre part, des vérifications numériques ont souvent montré que la formule (3) donne une approximation bien meilleure que (2) ([3]).

3. Nous avons réussi à dégager la partie principale exacte du reste $\rho(\eta, n)$

([1]) *Théorie analytique des probabilités*, 3e éd., 1820, pp. 279-282. En vérité, la somme considérée par Laplace est définie d'une manière différente. Soit n_0 le plus grand entier $\leq (n+1)p$ et $w_n = \sqrt{2[n_0(n-n_0)/n]}$; Laplace considère la somme $L(\eta) = \sum_\nu p_\nu$, où ν parcourt les entiers ν tels que $|\nu - n_0| \leq \eta w_n$. La grandeur correspondant à η est désignée chez Laplace par T.

([2]) *Wahrscheinlichkeitsrechung*, Bd. 1, 3e, Aufl., 1914, pp. 135-139.

([3]) Cf. par exemple MIRIMANOFF, *L'enseignement mathématique*, **25**, 1926, pp. 117-118; L. v. BORTKIEWICZ, *Sitz. Ber. d. Berl. Math. Ges.*, 1920, pp. 37-42.

de (2) et nous avons obtenu

(4) $$\rho(\eta, n) = \frac{r_n}{\sqrt{2\pi npq}} e^{-\eta^2} + O\left(\frac{1}{n}\right),$$

où les nombres r_n sont compris entre -1 et 1, et l'*ensemble des* r_n *est partout dense dans* $< -1, 1 >$.

Plus précisement, en désignant par $R(x) = x - [x]$ le *reste* de x (mod. 1), on a

(5) $$r_n = 1 - R(nq + \eta\sqrt{2npq}) - R(np + \eta\sqrt{2npq}) \quad (^1).$$

4. La formule (5) fait voir pourquoi l'expression (3) s'accordait si bien avec les exemples numériques. On prenait n de sorte que np soit entier, et l'on donnait à priori pour $\eta\sqrt{2npq}$ des valeurs entières. D'ailleurs, ce cas se présente assez souvent dans la pratique.

5. Pour déduire (4), on pose $w = \sqrt{2npq}$ et l'on part de l'expression approchée des p_ν :

(6) $$p_\nu = \frac{1}{\sqrt{\pi}w}\left(1 + \frac{\nu - np}{w^2}(p-q) - \frac{2}{3}\frac{(\nu - np)^3}{w^4}(p-q)\right)\exp\left(-\frac{(\nu - np)^2}{w^2}\right) + O\left(\frac{p_\nu}{n}\right).$$

Soient M le plus petit et N le plus grand entier, tels qu'on ait pour les écarts réduits correspondants

$$\eta_M = \frac{M - np}{w} \geqq -\eta, \qquad \eta_N = \frac{N - np}{w} \leqq \eta.$$

En appliquant une formule sommatoire convenable, on obtient

(7) $$M(\eta) = \frac{1}{\sqrt{\pi}}\int_{\eta_M}^{\eta_N} e^{-t^2}\,dt + \frac{q-p}{6\sqrt{\pi}w}\left[e^{-\eta_N^2}(1 - 2\eta_N^2) - e^{-\eta_M^2}(1 - \eta_M^2)\right]$$
$$+ \frac{1}{2\sqrt{\pi}w}\left(e^{-\eta_M^2} + e^{-\eta_N^2}\right) + O\left(\frac{1}{n}\right).$$

Posons $\eta_M + \eta = \Delta_1/w$, $\eta - \eta_N = \Delta_2/w$; Δ_1 et Δ_2 sont bornés.

Donc, en remplaçant dans la partie intégrée de (7) η_N par η et η_M par $-\eta$, on fait une erreur $O(1/n)$ et l'on trouve

(8) $$M(\eta) = \frac{1}{\sqrt{\pi}}\int_{\eta_M}^{\eta_N} e^{-t^2}\,dt + \frac{1}{\sqrt{\pi}w} e^{-\eta^2} + O\left(\frac{1}{n}\right).$$

6. Il s'agit maintenant de remplacer les limites d'intégration par η et $-\eta$. C'est ce changement qu'on a négligé le plus souvent depuis Laplace jusqu'aux

---

(1) Dans l'expression analogue à (2) et (4) de $L(\eta)$, on a $r_n = 1 - 2R(\eta w_n)$. Si ηw_n est choisi entier, la formule de Laplace est correcte. Mais si η est donné *a priori*, on peut encore démontrer que l'ensemble des r_n est partout dense dans $< -1, 1 >$.

publications très récentes. On a

$$\frac{1}{\sqrt{\pi}}\int_{\eta_{1M}}^{\eta_{1N}} e^{-t^2}\,dt = \frac{1}{\sqrt{\pi}}\int_{-\eta_1}^{\eta_1} e^{-t^2}\,dt - \frac{1}{\sqrt{\pi}\,w}(\Delta_1 + \Delta_3)\,e^{-\eta_1^2};$$

d'autre part on obtient aisément

$$\Delta_1 = \mathrm{R}(nq + \eta w), \qquad \Delta_2 = \mathrm{R}(np + \eta w).$$

En introduisant ces valeurs en (8), on trouve (2) avec l'expression (4) de R.

Pour établir que l'ensemble des r_n est partout dense dans $< -1, 1 >$, nous utilisons un théorème classique de Tschébycheff sur les approximations diophantiennes.

7. Nos résultats subsistent *uniformément*, si η varie avec n, tout en restant borné. On peut même se dispenser de cette dernière hypothèse, à condition de remplacer $O(1/\eta)$ par $O[(\log n)^3/n)]$. D'ailleurs, des résultats analogues peuvent être déduits dans le cas d'un intervalle d'écart $< \eta', \eta'' >$ non symétrique et aussi pour les intervalles ouverts ou semi-ouverts.

Nous développerons nos démonstrations dans un autre Recueil.

(Extrait des *Comptes rendus des séances de l'Académie des Sciences*, t. 223, pp. 1090-1092, séance du 23 décembre 1946.)

G. H. Hardy † [1]

Kürzlich erhielten wir die Kunde, daß am 1. Dezember 1947 in Cambridge der bedeutendste englische Mathematiker G. H. HARDY im Alter von 70 Jahren gestorben

[1] Nachruf, vorgetragen in der Basler mathematischen Gesellschaft am 28. Januar 1948.

ist. Mit ihm ist einer der größten Meister der analytischen Kunst dahingegangen, ein Mann, der die Methoden der modernen Analysis in England erst eigentlich salonfähig gemacht und eine ganze Schule von Analytikern herangebildet hat. Sein Wirken hat dem wissenschaftlichen Ruhm Englands eine neue glorreiche Seite eingefügt.

Eines der bemerkenswertesten Kennzeichen seiner wissenschaftlichen Arbeit war, daß er immer wieder gemeinsam mit andern Forschern schwierigste mathematische Probleme angriff und löste. Hiervon ist seine Arbeit mit RAMANUJAN ein besonders interessantes Beispiel.

Der indische Mathematiker RAMANUJAN hat als junger Mann aus sehr mittelmäßigen und vom modernen Standpunkt aus restlos veralteten Lehrbüchern als Autodidakt einige Teile der Algebra und Analysis kennengelernt, und diese Kenntnisse entfachten in ihm eine beispiellose mathematische Produktivität, die ihn in vielen Beziehungen den größten Mathematikern aller Zeiten, NEWTON und EULER, würdig an die Seite stellt. Er allein hat in etwa 10 kurzen Jahren wohl mehr an neuen analytischen Formeln entdeckt als sonst das ganze Jahrhundert von 1840 bis 1940. Mit diesem Mann hat sich nun HARDY verbunden. Es waren höchst verschiedene wissenschaftliche Persönlichkeiten, die sich vor gleiche Probleme gespannt haben. Einerseits ein Mann, der sich in das Formelrechnen restlos eingelebt hatte, der die kompliziertesten und verstecktesten Formeln intuitiv erriet und errechnete, der vor so erratenen Entdeckungen überbordete und überschäumte, um sich dann immer wieder im Netz analytischer Schwierigkeiten zu verfangen. – Auf der anderen Seite ein Mann, der alle Finessen und subtilsten Schlußweisen der modernen Analysis souverän beherrschte und sie ständig durch neue Einfälle, Kunstgriffe, Pointen bereicherte.

Dieser Zusammenarbeit ist vor allem eine Abhandlung über die *partitio numerorum* zu verdanken, die durch ihren dramatischen Aufbau, durch die Allgemeinheit und überraschende Schärfe der Ergebnisse und ebenso durch die Tiefe und Eleganz der Methoden ungeheures Aufsehen erregte. Sie wird wohl für alle Zeiten ein klassisches Stück der Analysis bleiben. In ihr wird z. B. zum erstenmal ein frontaler Angriff gegen die Barriere der natürlichen Grenze einer analytischen Funktion unternommen und mit Erfolg durchgekämpft.

Für eine vor einigen Jahren von HARDY veröffentlichten Schrift hat HARDY denn auch als Umschlagsmuster eine Reproduktion eines mit seiner wunderbaren wie gestochenen Handschrift geschriebenen Manuskriptblattes dieser Arbeit gewählt.

Wesentlich anderen Charakter hatte die langjährige Zusammenarbeit von HARDY mit J. E. LITTLEWOOD. Vertraten im ersten Fall die beiden Mathematiker so ziemlich die entgegengesetztesten Pole der weiten Spanne mathematischer Begabung, so hat HARDY in J. E. LITTLEWOOD einen Mitarbeiter gefunden, der ihm in bezug auf die Beherrschung der analytischen Kunst mindestens gewachsen war. Diesem Zusammenwirken zweier durchaus kongenialer Naturen verdankt die Analysis und namentlich die analytische Zahlentheorie eine ungemein reiche Ernte an Ergebnissen von größter Schönheit und Bedeutung. Es war, als hätte sich durch diese Zusammenarbeit die Kraft der beiden Gelehrten verzehnfacht. So wurde das Forscherpaar HARDY-LITTLEWOOD sehr bald zu einem fast legendären Gebilde, und es gab wohl manchen Mathematiker, der die beiden für eine einzige Persönlichkeit hielt. Wir erinnern uns eines Berichtes von LANDAU in der Göttinger Mathematischen Gesellschaft, in dem LANDAU feierlich versicherte, er könne nun mit Bestimmtheit behaupten, es handle sich um zwei durchaus verschiedene Männer, denn er habe sie beide zusammen gesehen.

Wer nach diesen Beispielen erfolgreicher Zusammenarbeit annehmen würde, HARDYs Persönlichkeit sei von Haus aus auf das Untertauchen in einer kollektiven Zusammenarbeit eingestellt gewesen, wäre durchaus im Irrtum. Es handelte sich bei ihm um eine scharf ausgeprägte Persönlichkeit, der der edle Leistungsehrgeiz angeboren war, und die mit Ecken und Kanten wohl versehen war. Und noch mehr hatte diesen Eindruck einer ungemein reichen Individualität, wer HARDY persönlich kannte. Er war wohl ein charakteristisches Beispiel dafür, in welchem Maße das englische Erziehungssystem die persönlichen Kräfte und Fähigkeiten eines Menschen zur Entfaltung zu bringen vermag. Wenn wir an ihn zurückdenken, so denken wir irgendwie unwillkürlich an die Zinnen und Türmchen der Colleges von Oxford und Cambridge.

Er hatte eine große Vorliebe für paradoxale Formulierungen, die er mit viel Witz und eleganter Konsequenz zu verfechten wußte. Ein Paar Aufsätze halb polemischen Charakters, die von ihm veröffentlicht wurden, sind ungewöhnlich geistreich geschrieben. Und ferner schrieb er eine Sprache, die zu lesen für jeden Liebhaber des feinen Englisch ein Genuß ist. Wohl das Schönste in dieser Richtung ist eine vor einigen Jahren erschienene Schrift «The Apology of a Mathematician», in der er gewissermaßen die Frage nach dem Sinn des Mathematisierens zu beantworten sucht. Die Schrift ist sehr persönlich und elegisch gehalten. HARDY hat wohl in den letzten Jahren nicht mehr einen so unmittelbaren Eindruck von der tiefen Spur erlebt, die sein Wirken in unserer Wissenschaft hinterlassen hat. Es ist dies etwas, das in der etwas dünnen und leicht mönchischen Atmosphäre eines College leicht geschehen kann.

Nun ist er ins Grab gegangen, am Tag, an dem ihm eine Medaille der Royal Society feierlich überreicht werden sollte, eine der vielen Auszeichnungen und Ehrungen, mit denen er überschüttet wurde. Nur eine Auszeichnung, die in England großen Gelehrten verliehen wird, ist ihm nie zuteil geworden: er ist nie geadelt worden. Allerdings ist in England noch niemals ein Vertreter der reinen Mathematik durch Verleihung des Adels ausgezeichnet worden.

Hätte HARDY davon Notiz genommen, so hätte er wahrscheinlich gemeint, die englischen Staatsmänner seien in ihrer Studentenzeit mit dem Lösen mathematischer Aufgaben belästigt worden und hätten es nie verzeihen, noch vergessen können.

Doch dürfte wohl der Grund für diese kühle Einstellung der englischen Öffentlichkeit der reinen Mathematik gegenüber darin liegen, daß die bildenden und ästhetischen Werte der Mathematik nur einem äußerst begrenzten Kreis wirklich zugänglich sind. Andererseits muß man aber sagen, daß die Blüteepochen der englischen Mathematik im letzten und in diesem Jahrhundert vor allem dem Emporkommen reiner Mathematiker zu verdanken sind.

Heute besteht in England ein großer Mangel an reinen Mathematikern, der geradezu die enge Stelle bei dem großen Projekt der Heranbildung eines Heeres junger Naturforscher darstellt. Und die Einstellung den Mathematikern gegenüber ist wohl etwas anders geworden. Man betrachtet sie heute leicht mit einer gewissen Scheu als Männer, die in ihrem Elfenbeinturm durch die Kraft des reinen Denkens einmal und vielleicht sogar recht bald unsere schöne Erde in einen neuen Stern am Firmament fremder Welten verwandeln können, wenn nicht in zwölfter Stunde durch ein Wunder die Geister der Menschen eine Wandlung erfahren.

A. OSTROWSKI

Two Explicit Formulae for the Distribution Function of the Sums of n Uniformly Distributed Independent Variables

To ERNST JACOBSTHAL for his 70th anniversary

By A. M. OSTROWSKI in Basle*)

1. Let $\xi_1, \ldots, \xi_n$ be n variables subject to the conditions

$$|\xi_\nu| \leq \alpha_\nu, \qquad \alpha_\nu > 0 \qquad (\nu = 1, \ldots, n) \tag{1}$$

and uniformly distributed in the corresponding intervals. The *distribution function* $F(\sigma)$ of the sum $\xi_1 + \ldots + \xi_n$, that is the probability for the inequality

$$\xi_1 + \ldots + \xi_n \leq \sigma\,, \tag{2}$$

has been given explicitly until recently only in the particularly simple case $\alpha_1 = \alpha_2 = \ldots = \alpha_n$ by LAGRANGE [1]).

In the general case an explicit expression for $F(\sigma)$ has been proved recently by E. G. OLDS and E. RUFENER [2]). However, the expressions of $F(\sigma)$ found by OLDS and RUFENER can be written in a more condensed and elegant manner in using our notations.

2. We use the following notations. By $\varkappa_+$ we denote

$$\varkappa_+ = \frac{\varkappa + |\varkappa|}{2} = \begin{cases} \varkappa, & \varkappa \geq 0 \\ 0, & \varkappa < 0 \end{cases}. \tag{3}$$

*) This paper was prepared under contract of the National Bureau of Standards with the American University, Washington, D. C. I should like to gratefully acknowledge the discussions with Mr. W. F. CAHILL, Drs. J. H. CURTISS, C. EISENHART, R. E. GREENWOOD, A. J. HOFFMAN, E. LUKACS and J. TODD.

[1]) LAGRANGE, Misc. Tur., vol. 5, (1770—1773), appeared in 1774, see collected papers of LAGRANGE, vol. 2, pp. 212—216, 227—228. Cf. also LAPLACE, collected papers, vol. 7, pp. 257—260; J. V. USPENSKY, Introduction to Mathematical Probabilities, 1937, pp. 277—278 and the examples 8—10 on page 280; H. CRAMÉR, Mathematical Methods of Statistics, 1940, pp. 244—246; M. G. KENDALL, The Advanced Theory of Statistics, vol. I, third edition, 1947, pp. 240—245; H. FELLER, Introduction to Probability Theory and its Applications, vol. I, Chap. 11, pp. 235—236, problems 11, 12, and 13.

[2]) E. RUFENER, Über eine spezielle Klasse von Frequenzfunktionen, Mitt. Ver. schweiz. Vers., vol. 25, part 1, 30 April 1952, pp. 97—120; E. G. OLDS, A note on the convolution of uniform distributions, Ann. of Math. Stat., vol 23, June 1952, pp. 282—285. An abstract of this last paper containing the explicit formula in question has been published in the Ann. of Math. Stat., vol. 22, March 1951, p. 140.

Further we will use the "displacement operator" S^η defined by

(4) $$S^\eta_M f = S^\eta f(M) = f(M-\eta).$$

Then our expression for $F(\sigma)$ is

(5) $$F(\sigma) = \frac{1}{2^n\, n!}\,\frac{1}{\alpha_1 \ldots \alpha_n} \prod_{\nu=1}^{n} (1-S^{2\alpha_\nu})\,(\alpha+\sigma)^n_+ \qquad (\alpha = \alpha_1 + \ldots + \alpha_n)\ [3].$$

3. In our original proof of (5) we considered, as did LAGRANGE (l. c.), the corresponding discrete probability problem. Let for a certain integer m which will tend to infinity, x_ν be the rational fractions

(6) $$x_\nu = \frac{r_\nu}{m}, \quad |r_\nu| \leqq m_\nu,$$

where the integers r_ν are "uniformly distributed" between $-m_\nu$ and m_ν. We obtain the expressions $F_m(\sigma)$ of the probability for the inequality

(7) $$r_1 + \ldots + r_n \leqq \sigma m$$

and get finally $F(\sigma)$ as $\lim F_m(\sigma)$ if $m \to \infty$, $m_\nu \to \infty$ so that

(8) $$\frac{m_\nu}{m} \to \alpha_\nu.$$

4. Another approach to our problem is a geometric one. Denote by P the parallelepiped (1) and by P_σ the common part of P with the half plane (2), then we have

(9) $$F(\sigma) = \frac{|P_\sigma|}{|P|},$$

where $|P| = 2^n \alpha_1 \ldots \alpha_n$ is the volume of P and $|P_\sigma|$ is the volume of P_σ. It was pointed out to me by Dr. A. J. HOFFMAN that in using the expression (9) the formula (5) can be easily verified, and Dr. HOFFMAN's proof is probably the simplest proof of the formula (5).

5. However, it seems that the standard statistical method of complex integral is not easily applied to the following problem of a more special character. Consider the n variables ξ_ν subject to the conditions

(10) $$\operatorname*{Max}_{\nu=1,\ldots,n} \frac{|\xi_\nu|}{\alpha_\nu} = 1;$$

[3]) The corresponding frequency function is

(5') $$F'(\sigma) = \frac{1}{2^n (n-1)!}\,\frac{1}{\alpha_1 \ldots \alpha_n} \prod_{\nu=1}^{n} (1-S^{2\alpha_\nu})\,(\alpha+\sigma)^{n-1}_+;$$

this follows at once from the relations

(5'') $$\frac{d}{d\sigma}(\alpha+\sigma)^n_+ = n(\alpha+\sigma)^{n-1}_+ \quad (n = 2, 3, \ldots),$$

(5''') $$\int_a^\beta (\alpha+\sigma)^n_+\, d\sigma = \frac{1}{n+1}(S_\alpha^{-\beta} - S_\alpha^{-a})\,\alpha^{n+1}_+ \quad (n = 1, 2, \ldots)$$

which are immediately verified.

then we want to determine "the probability" $F^*(\sigma)$ for the inequality (2). The problem is in this form from the point of view of continuous probabilities not even completely determined. It is therefore better to state the corresponding problem concerning discrete probabilities. We consider again for a positive integer m a set of n variables (6) where the integer numerators r_ν run "uniformly distributed" between $-m_\nu$ and m_ν. Let $F^*_m(\sigma)$ be the probability of the inequality (7) under the additional condition

$$\text{(11)} \qquad \operatorname*{Max}_{\nu=1,\ldots,n} \frac{|r_\nu|}{m_\nu} = 1\,;$$

then $F^*(\sigma)$ is defined as

$$\text{(12)} \qquad F^*(\sigma) = \operatorname*{Lim}_{m\to\infty} F^*_m(\sigma) \qquad \left(\frac{m_\nu}{m} \to \alpha\right).$$

We will obtain in this way our second formula

$$\text{(13)} \quad F^*(\sigma) = \frac{1}{2^n(n-1)!}\,\frac{1}{\alpha_1\ldots\alpha_n\left(\frac{1}{\alpha_1}+\cdots+\frac{1}{\alpha_n}\right)} \sum_{\mu=1}^{n} \frac{1+S^{2\alpha_\mu}}{1-S^{2\alpha_\mu}} \prod_{\nu=1}^{n} (1-S^{2\alpha_\nu})\,(\alpha+\sigma)_+^{n-1}.$$

6. This expression can be interpreted in the following way. Let $F^{(\mu)}(\sigma)$ be the probability of the inequality (2) under the conditions (10) and the additional condition $|\xi_\mu| = \alpha_\mu$; in assuming that $\xi_\mu = +\alpha_\mu$ and $\xi_\mu = -\alpha_\mu$ are equally probable, we obtain from the formula (5) easily the expression

$$\text{(14)} \qquad F^{(\mu)}(\sigma) = \frac{\alpha_\mu}{2^n(n-1)!\,\alpha_1\ldots\alpha_n}\,\frac{1+S^{2\alpha_\mu}}{1-S^{2\alpha_\mu}} \prod_{\nu=1}^{n} (1-S^{2\alpha_\nu})\,(\alpha+\sigma)_+^{n-1},$$

and (13) can be written in the form

$$\text{(15)} \qquad F^*(\sigma) = \sum_{\mu=1}^{n} \omega_\mu F^{(\mu)}(\sigma)\,,$$

$$\text{(16)} \qquad \omega_\mu = \frac{1/\alpha_\mu}{\frac{1}{\alpha_1}+\cdots+\frac{1}{\alpha_n}}.$$

7. It might therefore seem that (13) can be obtained by straight forward application of the elementary probability theorems if each ω_μ is interpreted as the probability for the equality sign in (1) being attained just for $\nu = \mu$. However the "weight coefficients" ω_μ cannot be interpreted in this way since the probability that the equality sign in (1) is assumed at least for both $\nu = 1$ and $\nu = 2$ would then be $\geqq \omega_1\,\omega_2$ while the corresponding terms in the expressions of $F^*(\sigma)$ obviously tend to zero with $m \to \infty$.

8. On the other hand the geometric interpretation in this case is still possible, but not quite obvious. The natural interpretation would be in terms of the

$(n-1)$-dimensional surface areas of P and P_σ. However, different $(n-1)$-dimensional "faces" of this surface would have to be taken with the weights, proportional to their areas.

It was the problem of the determination of the probabilities $F^*_m(\sigma)$, which arose in the course of a discussion of a certain modification of the relaxation method and was the starting point of this whole investigation. In this connection the $F^*(\sigma)$ has only the meaning of the limiting values of $F^*_m(\sigma)$.

9. It may further be mentioned that from (9) it follows immediately that $F(\sigma)$ is for $-\alpha \leqq \sigma \leqq \alpha$ a *strictly monotonically increasing* function without stationary intervals. The same then follows for the expression (14) and since the weights (16) are constants, we see that $F^*(\sigma)$ is a *strictly monotonically increasing* function of σ for $-\alpha \leqq \sigma \leqq \alpha$.

10. Since all essential points of our original proof of (5) occur also in the proof of (13), I do not give explicitly my proof of (5), but reproduce in section 11 with his kind permission the proof due to Dr. A. J. Hoffman and in the sections 12—22 give my proof of (13). It is believed that the devices used in this proof can be employed in other similar problems.

11. As we have obviously in the notation of no. 4, $|P| = 2^n \alpha_1 \dots \alpha_n$, (5) follows at once if we only show

$$(17) \qquad |P_\sigma| = \frac{1}{n!} \prod_{\nu=1}^{n} (1-S^{2\alpha_\nu})(\alpha+\sigma)^n_+ \qquad (\alpha=\alpha_1+\dots+\alpha_n).$$

For $n=1$ the right hand side is

$$(18) \qquad (\sigma+\alpha_1)_+ - (\sigma-\alpha_1)_+ ,$$

and in considering separately the cases $\sigma \geqq \alpha_1$, $0 \leqq \sigma < \alpha_1$, $-\alpha_1 < \sigma < 0$ and $\sigma \leqq -\alpha_1$, we see that (18) in each case gives the length of the part of $< -\alpha_1, \alpha_1 >$ with $x \leqq \sigma$. We can therefore proceed by induction and assume that (17) is true for $n-1$ dimensions. Consider the section $P^{(u)}_\sigma$ of P_σ with the $(n-1)$-dimensional plane $x_n = u$; it is obviously given by the corresponding coordinates $x_1, \dots, x_{n-1}$ which satisfy then the conditions

$$|x_1| \leqq \alpha_1, \quad \dots, \quad |x_{n-1}| \leqq \alpha_{n-1}, \quad x_1+\dots+x_{n-1} \leqq \sigma - u ;$$

therefore in applying (17) to $P^{(u)}_\sigma$ we have for its $(n-1)$-dimensional volume

$$|P^{(u)}_\sigma| = \frac{1}{(n-1)!} \prod_{\nu=1}^{n-1} (1-S^{2\alpha_\nu})(\alpha-\alpha_n+\sigma-u)^{n-1}_+$$

and obtain now

$$| P_\sigma | = \int_{-\alpha_n}^{\alpha_n} | P_\sigma^{(u)} | \, du = \frac{1}{(n-1)!} \prod_{\nu=1}^{n-1} (1 - S^{2\alpha_\nu}) \int_{-\alpha_n}^{\alpha_n} (\alpha - \alpha_n + \sigma - u)_+^{n-1} \, du \, .$$

And the integral in the right hand expression is equal by (5‴) to

$$-\frac{1}{n} [(\alpha - \alpha_n + \sigma - \alpha_n)_+^n - (\alpha - \alpha_n + \sigma + \alpha_n)_+^n] = \frac{1}{n} (1 - S_\sigma^{2\alpha_n}) (\alpha + \sigma)_+^n \, .$$

12. In what follows we will have to use the "generalized binomial coefficients"

$$\begin{bmatrix} \gamma \\ n \end{bmatrix} = \begin{cases} \binom{\gamma}{n}, & \gamma \geqq 0 \\ 0, & \gamma \leqq 0 \end{cases} \qquad (n = 1, 2, 3, \ldots) \, . \tag{19}$$

The systematic use of this notation together with the symbolism introduced in no. 2 appears to be very convenient in many combinatorial discussions. Its use would also simplify considerably LAGRANGE's argument (l. c.) for the case $\alpha_1 = \alpha_2 = \ldots = \alpha_n$.

We have for any integer $k \geqq 2$ and any integer γ

$$\begin{bmatrix} \gamma \\ k \end{bmatrix} - \begin{bmatrix} \gamma - 1 \\ k \end{bmatrix} = \begin{bmatrix} \gamma - 1 \\ k - 1 \end{bmatrix}, \quad (k = 2, 3, \ldots) \tag{20}$$

as follows at once from (19) for $\gamma \geqq 1$ and $\gamma \leqq 0$.

In applying (20) repeatedly we have for two integers $k_1 < k_2$, and any integer $k \geqq 2$

$$\sum_{\nu = k_1}^{k_2} \begin{bmatrix} \nu \\ k - 1 \end{bmatrix} = \begin{bmatrix} k_2 + 1 \\ k \end{bmatrix} - \begin{bmatrix} k_1 \\ k \end{bmatrix} = (1 - S^{k_2 - k_1 + 1}) \begin{bmatrix} k_2 + 1 \\ k \end{bmatrix} . \tag{21}$$

13. Suppose now that we have for $m \to \infty$ and a variable integer b

$$\frac{b}{m} \to \beta \qquad (m \to \infty) \, , \tag{22}$$

then

$$\begin{bmatrix} b \\ n \end{bmatrix} \Big/ \frac{m^n}{n!} \to \beta_+^n \qquad (n = 1, 2, \ldots) \, . \tag{23}$$

Indeed, if $\beta \leqq 0$, then $\frac{1}{m^n} \begin{bmatrix} b \\ n \end{bmatrix}$ is either 0 or

$$\frac{1}{n!} \frac{b}{m} \cdots \cdots \frac{b - n + 1}{m} \to 0 \, . \tag{24}$$

And if $\beta > 0$, the left side in (24) tends to $\frac{\beta^n}{n!}$. More generally, if we assume in addition to (22) that $l/m \to \lambda$ for a variable integer l, then we have from (23)

$$S^l \begin{bmatrix} b \\ n \end{bmatrix} \Big/ \frac{m^n}{n!} \to (\sigma - \lambda)_+^n = S^\lambda \beta_+^n \qquad \left(\frac{b}{m} \to \beta, \ \frac{l}{m} \to \lambda\right) . \tag{25}$$

14. We have with the notation (19)

$$(1-x)^{-n} = \sum_{\nu=-\infty}^{\infty} \begin{bmatrix} \nu+n-1 \\ n-1 \end{bmatrix} x^{\nu} \qquad (n=1,2,\ldots). \tag{26}$$

Indeed the right side expression is by (19)

$$\sum_{\nu=0}^{\infty} \binom{\nu+n-1}{n-1} x^{\nu} + \sum_{\nu=-(n-1)}^{-1} \binom{\nu+n-1}{n-1} x^{\nu} = (1-x)^{-n}.$$

15. If we have a development

$$P(x) = \sum_{\varkappa=-\infty}^{\infty} N(\varkappa)\, x^{\varkappa}, \tag{27}$$

we have for any integer γ

$$x^{\gamma} P(x) = \sum_{\varkappa=-\infty}^{\infty} N(\varkappa)\, x^{\varkappa+\gamma} = \sum_{\lambda=-\infty}^{\infty} N(\lambda-\gamma)\, x^{\lambda} = \sum_{\varkappa=-\infty}^{\infty} S_{\varkappa}^{\gamma} N(\varkappa)\, x^{\varkappa},$$

and more generally, for any polynomial $\Phi(x)$ in x,

$$\Phi(x)\, P(x) = \sum_{\varkappa=-\infty}^{\infty} \Phi(S_{\varkappa})\, N(\varkappa)\, x^{\varkappa}. \tag{28}$$

16. We consider now n integers ($n \geqq 2$) $m_1, m_2, \ldots, m_n$ and denote by C_k the number of representations of the integer k as the sum

$$(C_k) \quad k = x_1 + \ldots + x_n \qquad (|x_1| \leqq m_1, \ldots, |x_n| \leqq m_n) \tag{29}$$

of n integers x_ν satisfying the indicated conditions. Then we can write ($M = m_1 + \ldots + m_n$):

$$\sum_{\varkappa=-\infty}^{\infty} C_{\varkappa} x^{\varkappa} = (x^{-m_1} + x^{-m_1+1} + \ldots + x^{m_1}) \ldots . (x^{-m_n} + x^{-m_n+1} + \ldots + x^{m_n}) =$$

$$= x^{-M} \prod_{\nu=1}^{n} (1 + x + \ldots + x^{2m_\nu}) = x^{-M} \prod_{\nu=1}^{n} \left(\frac{1-x^{2m_\nu+1}}{1-x}\right),$$

$$\sum_{\varkappa=-\infty}^{\infty} C_{\varkappa} x^{\varkappa} = x^{-M} (1-x)^{-n} \prod_{\nu=1}^{n} (1-x^{2m_\nu+1}); \tag{30}$$

the right side expression is by (26) and (28)

$$x^{-M} \prod_{\nu=1}^{n} (1-x^{2m_\nu+1}) \sum_{\varkappa=-\infty}^{\infty} \begin{bmatrix} \varkappa+n-1 \\ n-1 \end{bmatrix} x^{\varkappa} =$$

$$= \sum_{\varkappa=-\infty}^{\infty} S_{\varkappa}^{-M} \prod_{\nu=1}^{n} (1-S_{\varkappa}^{2m_\nu+1}) \begin{bmatrix} \varkappa+n-1 \\ n-1 \end{bmatrix} x^{\varkappa};$$

then we obtain

$$(31)\qquad C_k = \prod_{\nu=1}^{n} (1 - S_k^{2m_\nu+1}) \begin{bmatrix} M+k+n-1 \\ n-1 \end{bmatrix} \equiv$$

$$\equiv \prod_{\nu=1}^{n} (1 - S_M^{2m_\nu+1}) \begin{bmatrix} M+k+n-1 \\ n-1 \end{bmatrix}.$$

17. From (31) we have again for two integers k_1, k_2, $k_1 < k_2$:

$$\sum_{\varkappa=k_1}^{k_2} C_\varkappa = \sum_{\varkappa=k_1}^{k_2} \prod_{\nu=1}^{n} (1 - S_M^{2m_\nu+1}) \begin{bmatrix} M+\varkappa+n-1 \\ n-1 \end{bmatrix} =$$

$$= \prod_{\nu=1}^{n} (1 - S_M^{2m_\nu+1}) \sum_{\varkappa=k_1}^{k_2} \begin{bmatrix} M+\varkappa+n-1 \\ n-1 \end{bmatrix}$$

and since the right hand sum is by (21)

$$\begin{bmatrix} M+k_2+n \\ n \end{bmatrix} - \begin{bmatrix} M+k_1+n-1 \\ n \end{bmatrix} = (1 - S_M^{k_2-k_1+1}) \begin{bmatrix} M+k_2+n \\ n \end{bmatrix}:$$

$$(32)\qquad \sum_{\varkappa=k_1}^{k_2} C_\varkappa = (1 - S_M^{k_2-k_1+1}) \prod_{\nu=1}^{n} (1 - S_M^{2m_\nu+1}) \begin{bmatrix} M+k_2+n \\ n \end{bmatrix}.$$

18. We denote now by C'_k the number of representations of k as the sum of n integers x_ν satisfying the conditions $|x_\nu| < m_\nu$ $(\nu = 1, \ldots, n)$. Obviously we obtain C'_k from C_k in replacing each m_ν by $m_\nu - 1$ (and M by $M-n$), then we have from (31) and (32) easily

$$C'_k = \prod_{\nu=1}^{n} (1 - S_M^{2m_\nu-1}) \begin{bmatrix} M+k-1 \\ n-1 \end{bmatrix},$$

$$(33)\qquad \sum_{\varkappa=k_1}^{k_2} C'_\varkappa = (1 - S_M^{k_2-k_1+1}) \prod_{\nu=1}^{n} (1 - S_M^{2m_\nu-1}) \begin{bmatrix} M+k_2 \\ n \end{bmatrix}.$$

If we denote now by D_k the number of representations of k as the sum of n integers x_ν satisfying the condition

$$(34)\qquad \operatorname*{Max}_{\nu} \frac{|x_\nu|}{m_\nu} = 1$$

we have obviously $D_k = C_k - C'_k$ and from (32) and (33)

$$(35)\qquad \sum_{\varkappa=k_1}^{k_2} D_\varkappa = (1 - S_M^{k_2-k_1+1}) \left\{ \prod_{\nu=1}^{n} (1 - S_M^{2m_\nu+1}) - S_M^n \prod_{\nu=1}^{n} (1 - S_M^{2m_\nu-1}) \right\} \begin{bmatrix} M+k_2+n \\ n \end{bmatrix}.$$

19. In order to get now the probability $F^*_m(\sigma)$ of no. 5 we obtain the number of all "favorable cases" in replacing in the right hand expression of (35) k_1 by an arbitrary negative number $\leq -M$ and k_2 by the greater integer $k = [\sigma m]$ contained in σm. Then we obtain

$$(36)\quad N_m(\sigma) = \left\{ \prod_{\nu=1}^{n} (1-S_M^{2m_\nu+1}) - S_M^n \prod_{\nu=1}^{n} (1-S_M^{2m_\nu-1}) \right\} \begin{bmatrix} M+k+n \\ n \end{bmatrix}.$$

The number of "all possible cases" is obviously

$$(37)\quad \Delta_m = \prod_{\nu=1}^{n} (2m_\nu+1) - \prod_{\nu=1}^{n} (2m_\nu-1)\,;$$

by dividing we have

$$(38)\quad F^*_m(\sigma) = \frac{N_m(\sigma)}{\Delta_m} = \frac{1}{\prod\limits_{\nu=1}^{n} (2m_\nu+1) - \prod\limits_{\nu=1}^{n} (2m_\nu-1)} \times \left\{ \prod_{\nu=1}^{n} (1-S_M^{2m_\nu+1}) - S_M^n \prod_{\nu=1}^{n} (1-S_M^{2m_\nu-1}) \right\} \begin{bmatrix} M+k+n \\ n \end{bmatrix};$$

we have obtained now the solution of the discrete probability problem formulated in no. 5.

20. The expression $N_m(\sigma)$ can be brought into a form which is useful as well for a geometric interpretation as for the passage to the limit. We can obviously write for the expression between the braces in (36)[4])

$$(39)\quad \left\{\ldots\right\} = \sum_{\mu=1}^{n} \prod_{\nu=1}^{\mu-1} (1-S^{2m_\nu+1}) S^{n-\mu} \prod_{\nu=\mu+1}^{n} (1-S^{2m_\nu-1}) \left\{(1-S^{2m_\mu+1}) - S(1-S^{2m_\mu-1})\right\},$$

but we have identically

$$(1-S^{2m_\mu+1}) - S(1-S^{2m_\mu-1}) = (1+S^{2m_\mu})(1-S)$$

and (39) becomes

$$(40)\quad \left\{\ldots\right\} = \sum_{\mu=1}^{n} (1+S^{2m_\mu}) \prod_{\nu=1}^{\mu-1} (1-S^{2m_\nu+1}) \prod_{\nu=\mu+1}^{n} (1-S^{2m_\nu-1})\, S^{n-\mu} (1-S)\,;$$

on the other hand we have by (20)

$$S^{n-\mu}(1-S) \begin{bmatrix} M+k+n \\ n \end{bmatrix} = \begin{bmatrix} M+k+\mu-1 \\ n-1 \end{bmatrix}$$

and so (36) finally becomes

$$(41)\quad N_m(\sigma) = \sum_{\mu=1}^{n} (1+S^{2m_\mu}) \prod_{\nu=1}^{\mu-1} (1-S^{2m_\nu+1}) \prod_{\nu=\mu+1}^{n} (1-S^{2m_\nu-1}) \begin{bmatrix} M+k+\mu-1 \\ n-1 \end{bmatrix}.$$

[4]) This transformation is obtained in specializing in the appropriate way the identity

$$\prod_{\nu=1}^{n} A_\nu - \prod_{\nu=1}^{n} B_\nu = \sum_{\mu=1}^{n} \left\{ \prod_{\nu=1}^{\mu} A_\nu \prod_{\nu=\mu+1}^{n} B_\nu - \prod_{\nu=1}^{\mu-1} A_\nu \prod_{\nu=\mu}^{n} B_\nu \right\} = \sum_{\mu=1}^{n} \prod_{\nu=1}^{\mu-1} A_\nu \prod_{\nu=\mu+1}^{n} B_\nu (A_\mu - B_\mu)\,.$$

21. Assume now

$$\frac{m_\nu}{m} \to \alpha_\nu\,, \qquad \frac{M}{m} \to \alpha_1 + \ldots + \alpha_n \equiv \alpha \qquad (m \to \infty)\,. \tag{42}$$

To obtain the limit of the expression (38) we divide both $N_m(\sigma)$ and Δ_m by m^{n-1}. For the denominator we obtain

$$\frac{\Delta_m}{m^{n-1}} = m \left\{ \prod_{\nu=1}^{n} \left(2\frac{m_\nu}{m} + \frac{1}{m}\right) - \prod_{\nu=1}^{n} \left(2\frac{m_\nu}{m} - \frac{1}{m}\right) \right\}$$

and this tends to

$$2^n \alpha_1 \ldots \alpha_n \left(\frac{1}{\alpha_1} + \ldots + \frac{1}{\alpha_n}\right). \tag{43}$$

22. In the numerator we have

$$\frac{N_m(\sigma)}{m^{n-1}} = \sum_{\mu=1}^{n} \frac{1}{m^{n-1}} (1+S^{2m_\mu}) \prod_{\nu=1}^{\mu-1} (1-S^{2m_\nu+1}) \prod_{\nu=\mu+1}^{n} (1-S^{2m_\nu-1}) \begin{bmatrix} M+k+\mu-1 \\ n \end{bmatrix}; \tag{44}$$

in developing the term corresponding to a value of μ we obtain

$$\frac{1}{m^{n-1}} (1+S^{2m_\mu}) \prod_{\nu=1}^{\mu-1} (1-S^{2m_\nu+1}) \prod_{\nu=\mu+1}^{n} (1-S^{2m_\nu-1}) \begin{bmatrix} M+k+\mu-1 \\ n-1 \end{bmatrix} = \tag{45}$$

$$= \sum \frac{\pm 1}{m^{n-1}} S^{2(m_\varkappa+m_\lambda+\cdots)+a} \begin{bmatrix} M+k+\mu-1 \\ n-1 \end{bmatrix},$$

where a is an integer, $-n < a < n$. The general term of the right hand side converges by the formulae (25) and (42) to

$$\pm \frac{1}{(n-1)!} S^{2(\alpha_\varkappa+\alpha_\lambda+\cdots)} (\alpha+\sigma)_+^{n-1}$$

and the limit of (45) is therefore

$$\frac{1}{(n-1)!} \sum \pm S^{2(\alpha_\varkappa+\alpha_\lambda+\cdots)} (\alpha+\sigma)_+^{n-1} =$$

$$= \frac{1}{(n-1)!} (1+S^{2\alpha_\mu}) \prod_{\nu=1}^{\mu-1} (1-S^{2\alpha_\nu}) \prod_{\nu=\mu+1}^{n} (1-S^{2\alpha_\nu}) (\alpha+\sigma)_+^{n-1}\,;$$

we obtain finally

$$\frac{N_m(\sigma)}{m^{n-1}} \to \frac{1}{(n-1)!} \sum_{\mu=1}^{n} \frac{1+S^{2\alpha_\mu}}{1-S^{2\alpha_\mu}} \prod_{\nu=1}^{n} (1-S^{2\alpha_\nu}) (\alpha+\sigma)_+^{n-1}\,. \tag{46}$$

The formula (13) follows immediately.

American University, Washington D. C. and The University of Basle, Switzerland.

Eingegangen am 5. 12. 1952

WILHELM SÜSS

(1895 — 1958)

Magnifizenz,

Verehrte Frau Süss,

Hochansehnliche Versammlung!

Wir haben uns heute zusammengefunden, um eine Stunde des Gedenkens einem Manne zu widmen, den ein grausames Schicksal so unerwartet seiner Familie und seinen Freunden, seinen Kollegen und Schülern und den weitesten Kreisen der deutschen und internationalen Wissenschaft entrissen hat.

Wilhelm Süss wurde in Frankfurt a. M. am 7. März 1895 geboren als Sohn eines Lehrers. Die Familie des Vaters zeichnete sich durch musikalische Begabung aus. Die beiden Brüder des Vaters waren Berufspianisten, der eine Musiklehrer am Lehrerinnenseminar, der andere Gründer und Leiter eines Konservatoriums. Der Vater selbst war Leiter eines Gesangvereins. Die Vorfahren von Süss väterlicherseits waren von alters her freie Weinbauern; der Name Süss kommt von Sitz im Sinne von Hofsitz.

Wilhelms Mutter, geborene Hofmann, stammte auch aus einer alten Weinbauernfamilie, in der das Amt des Bürgermeisters gewohnheitsmäßig erblich war und die mit Selbstverständlichkeit an der Spitze ihrer engeren Umgebung zu stehen gewohnt war, was Wohlstand und öffentliches Ansehen betraf. So hat Wilhelm Süss von seinen Ahnen sowohl Organisationstalent und Gewohnheit zum öffentlichen Auftreten geerbt als auch die Zuneigung zur Musik mit allem, was diese Zuneigung an Gemütswerten bedingt.

Nach Besuch einer Vorbereitungsschule, wo er Reinhardt, den späteren Mathematikordinarius in Greifswald, als Kameraden hatte, bezog er das Goethe-Gymnasium in Frankfurt. In den ersten Jahren seiner Schulzeit hat er zugleich sehr eifrig Klavierspiel getrieben und wurde davon eine Zeitlang so fasziniert, daß sein Vater Einhalt gebieten mußte. Obgleich Wilhelm über das absolute Gehör verfügte, hatte doch der Vater wohl erkannt, daß es bei ihm zum Pianisten ersten Ranges technisch nicht gereicht hätte, und eine durchschnittliche Musikerlaufbahn wünschte er für seinen Sohn nicht. Doch hat Süss zeitlebens gerne Klavier gespielt, sogar einmal in Japan in einem Schulkonzert die Mondscheinsonate vorgetragen, und später in Freiburg pflegte er mehrere Male am Tage sich an den Flügel zu setzen und zu fantasieren. Aber nie hat er dem Wunsch seiner Frau entsprochen, eine der so entstandenen Kompositionen niederzuschreiben. So diente ihm die Musik nur dazu, Gemütsaufwallungen in der harmonischen Lösung und Entspannung ausklingen zu lassen.

Auf dem Gymnasium zeigte sich Süss offenbar in allen Fächern sehr begabt. Zur Enttäuschung seines Griechischlehrers hat er sich aber beim Abitur nicht für alte Sprachen, sondern für die Mathematik entschieden. Bereits von der Schulbank an war die akademische Karriere als Mathematiker sein selbstverständliches Ziel. So hat sich bei Süss von neuem bewahrheitet, was wir so oft beobachten müssen, daß die hohe mathematische Begabung nämlich ein unentrinnbares Schicksal bedeutet. Für solche Menschen ist jeder Beruf außerhalb der Mathematik eigentlich sinnlos.

Süss begann 1913 sein Studium in Freiburg und Göttingen und ging sodann an die Frankfurter Universität, bis er 1915 zum Militärdienst einberufen wurde. Doch stand seine militärische Tätigkeit unter einem seltsamen Stern. Durch den Fehler eines Schreibers wurde er als stud. med. anstatt als stud. math. bezeichnet, was zur Folge hatte, daß er einem Regimentstierarzt als Gehilfe beigegeben wurde — ein des braven Soldaten Schwejk würdiger Auftakt. Indessen wurde die Weiterentwicklung von der Persönlichkeit von Süss bestimmt. Sein Chef, der sich im feudalen Offizierskreis seines Regimentes nicht sehr wohl fühlte, hat am jungen Studenten Gefallen gefunden und ihn in der Tat zum tüchtigen Helfer auf dem Gebiet der Pferdeheilkunde erzogen. Über diese Episode pflegte Süss gerne und schmunzelnd zu erzählen.

Als nächstes sehen wir ihn einem Schallmeßtrupp zugewiesen, in dem er als der einzige Fachmathematiker den eigentlichen Mittelpunkt bildet. Obgleich er es inzwischen bis zum Vizefeldwebel gebracht hat, hat gerade seine mathematische Tüchtigkeit es bedingt, daß er nie Offizier werden konnte. Es heißt nämlich, daß, als seinem Chef die Anregung unterbreitet wurde, Süss nun für die Weiterausbildung zum Offizier vorzuschlagen, dieser Chef flehentlich bat, dies zu unterlassen, da ja ohne den Süss die Tätigkeit des betreffenden Schallmeßtrupps lahmgelegt sei. Doch hat später derselbe Chef, der am Mißlingen der militärischen Laufbahn von Süss die Schuld hatte, in sein Leben in sehr entscheidender Weise positiv eingegriffen.

1918 kehrt Süss nach Frankfurt zurück und nimmt sein Mathematikstudium wieder auf. Er studiert dort bei Bieberbach, Schönfließ und Hellinger und erwirbt sich unter seinen Studienkollegen besonderes Ansehen. In dieser Zeit gelingt es ihm auch, die Zuneigung der vielumworbenen Mathematikstudentin Irmgard Deckert zu gewinnen, mit der er sich bald verlobt. Bei Bieberbach promoviert er im März 1920 mit einer Arbeit über die Grundlagen der Geometrie.

Eine ihm angebotene, sehr aussichtsreiche Stellung in der Industrie schlägt er aus. Und auch seine Braut erklärt, nur an der Seite eines Gelehrten leben zu können. Als Bieberbach an die Universität Berlin berufen wird, folgt ihm Süss als sein Assistent. Doch zur Gründung des eigenen Heimes reicht es in der beginnenden Inflationszeit nicht.

Hier greift nun der frühere Vorgesetzte aus dem Schallmeßtrupp in sein Geschick ein. Dieser war nämlich einer der beiden Mitarbeiter von Minister Schmidt-Ott für die eben gegründete Notgemeinschaft der Deutschen Wissenschaft geworden. Obgleich die Herren sich bei dieser Gründung viel Mühe gaben und sie recht großzügig aufzogen, war ihnen dennoch die Papierflut der Gesuche und Bewerbungen bald über den Kopf gewachsen. In dieser Lage erinnerte sich der betreffende Herr seines früheren Mitarbeiters Wilhelm Süss aus dem Schallmeßtrupp, fand ihn in Berlin heraus und zog ihn als dritten Mitarbeiter des Ministers bei der Notgemeinschaft heran. Hier fühlte sich Süss bald in seinem Element. Er vermochte im Aktengestrüpp Ordnung zu schaffen, und die Notgemeinschaft begann nun wirklich ihre damals außerordentlich segensreiche Tätigkeit zu entwickeln. Neben der an sich sehr interessanten Arbeit, bei der sich Süss mit den verschiedensten mathematischen Fragestellungen auseinanderzusetzen hatte, brachte diese Stellung Süss vielseitige persönliche Beziehungen ein, da die Notgemeinschaft eine Art Durchgangsstelle für den Kontakt zwischen Wirtschaft und Wissenschaft geworden war.

Vor allem aber konnte er endlich seine Irmgard heimführen. An seiner Gattin hat nun sein Wesen den festen und ruhenden Pol gefunden, und ihrem Einfluß ist es wohl zu verdanken, wenn in seinem von Hause aus vielleicht doch weichen Naturell die Federn zu Stahl gehärtet werden.

Ende 1922 wird ihm eine Stelle an einer japanischen Hochschule, dem Kollege von Kagoshima, angeboten, und dieses Angebot findet bei ihm sehr dankbares Echo; dies namentlich auch deshalb, weil Irmgard Süss, die die Tochter eines Forschungsreisenden und Geographieprofessors war, ihm oft von ihrer Sehnsucht sprach, mit ihm in die Ferne reisen zu können. So hat er sich für drei Jahre nach Kagoshima verpflichtet, wo dann das junge Paar sogar ganze fünf Jahre blieb.

Es wurde dies für die beiden eine sorgenfreie, idyllische Zeit, wie sie sie seitdem nie mehr erlebten. Wilhelm hatte das Studium der deutschen Sprache und Literatur zu überwachen und daneben die Benutzung der deutschen wissenschaftlichen Literatur seinen Kollegen zu vermitteln. Er hatte recht viel freie Zeit und benutzte sie, um Japan kennenzulernen. Seine Verpflichtungen brachten es mit sich, daß er viel modernste deutsche Literatur zu lesen hatte. Und vor allem hatte er Zeit, um seine mathematischen Gedankengänge in aller Ruhe ausreifen zu lassen.

Seine Persönlichkeit hinterließ bei der Studentenschaft von Kagoshima einen nachhaltigen Eindruck, und anläßlich seines Todes hören wir von seinen damaligen japanischen Schülern, wie sehr er ihnen als das Idealbild eines deutschen Gelehrten erschien. Sie beabsichtigen, anläßlich der nächsten ihrer jährlichen Zusammenkünfte sein Andenken durch eine religiöse Totenzeremonie zu ehren.

Nach fünf Jahren drängte es Süss, in die Heimat zurückzukehren. Eine Korrespondenz mit Reinhardt, der damals Ordinarius in Greifswald war, hatte bald den Erfolg, daß ihm telegraphisch die Habilitation und ein Lehrauftrag zugesichert wurden, und 1928 kehrt Süss zurück, um sich in Greifswald als Privatdozent niederzulassen. Dort war neben Reinhardt auch Helmuth Kneser Ordinarius der Mathematik. An diesen hat sich Süss sehr angeschlossen; die damals entstandene Freundschaft blieb bis zum Tode von Süss eine seiner engsten persönlichen Beziehungen.

Indessen begann die politische Entwicklung ihren Schatten auf das Leben von Süss zu werfen. Süss war, obgleich damals nicht sehr politisch interessiert, mit Selbstverständlichkeit demokratisch-humanitär gesinnt. Daß die nationalsozialistische Machtergreifung etwas Dauerndes sein könnte, erschien ihm und seinen gleichgesinnten Freunden unfaßbar. Nach der Machtergreifung durch Hitler versucht er zunächst alles, um den Kontakt mit der Partei und ihren Organen zu vermeiden. Als er erfährt, daß die Greifswalder Privatdozenten in globo der SA angeschlossen werden, gelingt es ihm, in zwölf Stunden seine Aufnahme in den Stahlhelm zu erwirken, und auf diese Weise entgeht er der SA. Allerdings erzwingt ein Jahr später die Partei den kollektiven Übertritt des Stahlhelms in die SA, und Süss sieht sich zu seiner Erbitterung nunmehr als SA-Mitglied. Inzwischen kommt die Berufung als Ordinarius nach Freiburg, wo es ihm noch jahrelang gelingt, seiner Arbeit nachzugehen und den Kontakt mit der Partei zu vermeiden.

1938 kommt allerdings die Wende. Er erfährt, daß er ohne sein Wissen durch den damaligen Rektor zur Aufnahme in die Partei angemeldet wurde, und berät sich mit seinen Freunden, was zu tun sei. Er stellt fest, daß seine gesamten Kollegen ihn bitten, nichts dagegen zu unternehmen, denn er wird bereits von allen Seiten als der Mann betrachtet, der die Interessen der Hochschule gegen alle Gefahren am besten zu vertreten imstande wäre. Die Entscheidung, die Süss nun zu treffen hatte, war wohl die schwerste seines Lebens. Heute können wir sagen, daß, weil er dem Rat seiner Kollegen gefolgt ist, er in den Stand gesetzt wurde, sowohl der Freiburger Hochschule als auch der deutschen Wissenschaft als auch vielen, vielen Menschen die höchsten Werte retten zu helfen.

Die geistige Situation jener Zeit, die wohl niemand, der sie erlebte, je vergessen wird, ist heute der jüngsten akademischen Generation wahrscheinlich sehr unklar. Die deutschen Hochschulen waren in der wilhelminischen Zeit Trägerinnen eines geistigen Aufschwungs sondergleichen. Das, was man heute nur noch schablonenmäßig als den deutschen Idealismus bezeichnet, war in erster Linie der Glaube an die Macht des Geistes und die absolute Geltung seiner Werte. Waren die Persönlichkeiten der Hochschullehrer, wie es wohl selbstverständlich ist, keineswegs sämtlich ideale Gestalten und heroische Kämpfer für die Macht des Geistes, so war doch die Tradition, deren Träger sie waren, größer und stärker als all die Einzelpersönlichkeiten. In späteren Zeiten, falls unser Menschengeschlecht sie erleben sollte, wird man wohl mit Staunen sagen, daß die Ideen und Gedankengänge, in deren Namen heute in den größten Ländern der Welt titanische Pläne ausgeführt werden, daß auch all diese Ideen und Gedankengänge dem Geiste der deutschen Hochschule entsprungen waren. Es ist dieser Geist, der die Berge bewegt und sich gegen den Lauf der Flüsse stemmt.

Wenn wir an die deutschen Hochschulen jener Zeit zurückdenken, so sehen wir in ihnen den Widerschein des Lichts, das einst in Hellas erglühte, um die Menschheit auf ihrem promethäischen Gang zu erleuchten. Wohlverstanden, wir brauchen deshalb die deutsche Hochschule jener Zeit nicht zu idealisieren. Sie war eine Standesschule. Der Zugang zu ihr war im wesentlichen nur den Angehörigen begüterter Schichten möglich. Und was wir heute als Werkstudententum bezeichnen, hieß Brotstudium, und diese Bezeichnung klang recht verächtlich. Indessen, auch im Griechenland der Antike menschelte es ja. Wir brauchen nur an die billige Demagogie des Aristophanes zu denken und an das verkäufliche Treiben der Sophisten. Auch hier waren eben die Ideen größer und mächtiger als ihre menschlichen Träger.

Daß dieser Glaube an die Macht des Geistes von den neuen Machthabern als etwas Fremdes und Feindseliges empfunden wurde, ist selbstverständlich. Denn damals wurden die Dämonen wach, die sich seit Jahrhunderten verkriechen mußten. Und diese Dämonen riefen nun nach Rache. Sie wollten sich rächen für alles, was ihnen angetan worden war. Sie wollten sich rächen für Goethe und Schiller, für Kant, Hegel, Fichte und Schelling, sie wollten sich rächen für Heine und Stefan George, sie wollten sich rächen für alles, was das deutsche Volk zum Volk der Dichter und Denker geprägt hatte.

Diese Kräfte liefen nun gegen die deutschen Hochschulen Sturm. Es galt, den Akademikern den Sinn für die absolute Geltung der Wahrheit auszutreiben; es galt, die Lehrstellen durch verdiente Parteigenossen statt durch bedeutende Gelehrte zu besetzen.

Und zugleich trat an den deutschen Akademiker die ungeheuerlichste Versuchung heran. Es wurden ihm alle Königreiche der Welt und ihre Herrlichkeit versprochen; es wurde ihm wie jedem Deutschen ein Adelsbrief in die Hand gedrückt, der nur ererbt und nicht erworben zu werden brauchte; er wurde mit grenzenloser Macht und Überlegenheit gegenüber allen, die nicht Erben des deutschen Blutes waren, ausgestattet. Und wohl mancher hat erst in dieser Zeit den Sinn jener menschlichsten und demütigsten Bitte des Gebets voll erfaßt: Und führe uns nicht in Versuchung!

Bei dieser Sachlage galt es gegenüber einer absoluten und hemmungslosen Macht, klug wie die Schlangen und ohne Falsch wie die Tauben zu sein, um zu retten, was zu retten war. Süss, der bereits vor 1936 dem offiziellen Fakultätsdekan gewissermaßen als Hilfsdekan beistand, wirkte nun in den Jahren 1936 bis 1940 als Dekan seiner Fakultät und von da an bis 1945 als der Rektor der Universität Freiburg. Er hat mit der Annahme des Rektorats lange gezögert und sich erst dazu entschlossen, als er sah, daß seine Gesinnungsgenossen, um ihm die Übernahme dieses Amtes zu ermöglichen, zu großen Opfern entschlossen waren, trotz der

Gefahr der persönlichen Bloßstellung. Als Rektor hat er es nun verstanden, ein Meister der Kunst des Möglichen, der er war, die Freiburger Hochschule durch alle Gefahren und Wirrnisse durchzusteuern, so daß sie das Ende des Hitlerregimes in sämtlichen Fakultäten fast ohne Einbuße ihres geistigen Potentials erreicht hat. Daß er daneben auch unzählige Male sich restlos einsetzte, um Kollegen und viele andere Hilfesuchende sogar vor äußerster Gefährdung zu schützen, sollte hier nicht ungesagt bleiben.

Diese gewaltige persönliche Leistung betrachtete Süss als etwas Selbstverständliches; da er auf einen Posten gestellt war, der ihm die Pflichten und die Möglichkeiten gab, hat er nun nach dem besten Wissen und Gewissen gewirkt, wie es seinem innersten Wesen eben entsprach. Daß er dabei mit der Freiburger Hochschule immer mehr verbunden wurde, ist begreiflich. Und so hat er denn auch eine Reihe von ehrenvollen Rufen, nach Göttingen, München und Heidelberg, abgelehnt, um in seinem Freiburg zu bleiben.

Die Freiburger Hochschule aber wußte, daß sie in ihm einen ihrer Tüchtigsten und Edelsten besaß. So hat letztes Jahr das Vertrauen seiner Kollegen ihn einstimmig ausersehen, die Geschicke der Hochschule im Jahre 1958 wieder als Rektor zu leiten. Doch hat das Schicksal es anders gewollt. Süss erkrankte plötzlich an Leberkrebs. Eine Operation war aussichtslos, und Süss wußte, daß seine Tage gezählt waren. Er hat es standhaft getragen, von der Liebe seiner Familie umhegt, und mit seiner kleinen Enkelin zu spielen, war ihm in diesen Tagen die größte Freude und der größte Trost. Eine Zeitlang schien es, als ob sein Befinden sich bessern wolle. Doch dann kam plötzlich ein weiterer Schub, und Süss wurde in die nahe Klinik verbracht, wo seine Frau nicht von seiner Seite wich. Die Hilfe der Ärzte und Schwestern ließ die quälenden Schmerzen nicht mehr aufkommen, so daß die Freundlichkeit seines Wesens auch in seinen drei letzten Erdentagen noch durchleuchten konnte. Am 21. Mai ist er still verschieden.

Ich habe bisher vor allem von seinen Verdiensten seiner Hochschule gegenüber gesprochen. Nicht geringer ist die Leistung, die er für den Wiederaufbau des wissenschaftlichen und insbesondere mathematischen Lebens in Deutschland vollbracht hat. Bereits während des Krieges hat er im Rahmen der Osenberg-Nordheim-Aktion die Gelegenheit ergriffen, um mit dem Lorenzenhof in Oberwolfach eine Art Zufluchtstätte für deutsche Mathematiker zu errichten. Süss war sich wohl bewußt, daß die mathematische Hochbegabung, wie sie für wichtigste

Forschungs- und Lehraufgaben auf dem Gebiete der Mathematik allein in Frage kommt, nur sehr dünn gesät ist und daß es für die Zukunft des Landes von größter Wichtigkeit ist, dieses Potential zu erhalten. Sie dürfen dies nicht für Überheblichkeit halten. Wir Mathematiker sind nicht auserwählt, wir sind gezeichnet: denn etwas anderes als Mathematik vermögen wir doch eigentlich nicht zu treiben.

Später beherbergte der Lorenzenhof bei zahlreichen mathematischen Tagungen viele Gäste aus dem nahen und fernen Ausland, und die dort von Süss und seiner Gattin geübte Gastfreundschaft edelster Art hat viel dazu beigetragen, die in den Kriegsjahren abgerissenen Fäden zwischen den Wissenschaftlern verschiedener Nationen wieder anzuknüpfen.

Nach dem Zusammenbruch hat Süss eine Unzahl von wichtigen Aktionen begonnen oder gefördert. So war er maßgebend beteiligt an den Schritten, die von der Forschungsgemeinschaft zur Förderung des wissenschaftlichen Nachwuchses in die Wege geleitet wurden; denn es galt, schlimme Wunden, die die deutsche Wissenschaft durch den Verlust vieler ihrer besten Vertreter davongetragen hat, zu heilen. Damit ging Hand in Hand die Bereitstellung einer Verlagsmöglichkeit für mathematische Lehrbücher, die Gründung einer mathematischen Zeitschrift, die Gründung einer für Lehrer der Mathematik bestimmten periodischen Veröffentlichung und ganz allgemein die Fürsorge für die Beziehung zwischen der Hochschule und der Lehrerschaft, sowie die Organisation der Fiatberichte, einer großangelegten Darstellung der Leistungen der deutschen Mathematik in den Kriegsjahren. Insbesondere gehört hierzu auch die Initiative zur Gründung der jährlichen Oberrheinischen Mathematikerzusammenkünfte, an denen die Mathematiker der Universitäten Freiburg, Straßburg und Basel sowie seit zwei Jahren auch diejenigen von Nancy den wissenschaftlichen und kollegialen Austausch über die Grenzen ihrer Länder hinaus pflegen und so das ihrige beizutragen versuchen zum gegenseitigen Verständnis zwischen den Nationen des europäischen Westens. Und es wäre dazu noch vieles andere zu erwähnen. — Seit Felix Klein hat sicher niemand so viel für die deutsche Mathematik geleistet wie Wilhelm Süss.

Wenn Süss diese gewaltige Leistung vollbringen konnte, ohne daß er je in Hast oder gar gehetzt erschienen wäre, so liegt es vor allem an seiner besonderen Gabe, sich geeignete, wertvolle Mitarbeiter heranzuziehen und ihnen sodann die weitere Entwicklung frei zu überlassen. So gedieh manches dieser Unternehmen bis heute, den Schmuck des Namens von Süss tragend, aber im übrigen vollständig von seinen Getreuen verwaltet, in Sicherheit, bei Süss stets Rat und Beistand finden zu können.

Immerhin bedeutete diese große Leistung auch manches Opfer. In erster Linie mußte seine Familie nur zu oft daran glauben, wenn Süss zu allen möglichen Zeiten von zu Hause und oft auch von Freiburg abwesend sein mußte; sodann aber, und dies ist für einen schöpferischen Mathematiker besonders schmerzlich, mußte seine wissenschaftliche Produktivität darunter leiden. Immerhin hat er dieser großen Beanspruchung zum Trotz auch seit dem Jahr 1936 eine stattliche Anzahl von Veröffentlichungen erscheinen lassen, für die er noch zwischen zwei Sitzungen oder zwei Reisen die Zeit erhaschen konnte. Auch seine Vorlesungstätigkeit an der Hochschule, die in der ganzen Zeit nur wenig nachließ, hat ihn immer wieder zu wissenschaftlichen Veröffentlichungen inspiriert. Größere Unternehmungen hat er allerdings in den letzten Jahren seinen Schülern für ihre Doktordissertationen überlassen, ihnen aber auch dann immer wieder mit Rat beigestanden.

Bei alledem war Süss nicht nur ein ausgezeichneter und anregender Dozent, sondern hatte auch für seine Studenten und jungen Mitarbeiter stets offenes Ohr und offenes Herz. Sie durften immer zu ihrem gütigen Lehrer mit ihren Nöten kommen, und sie konnten sicher sein, daß sein Rat nicht in einer banalen Phrase bestehen, sondern von echter menschlicher Sympathie und Interesse diktiert werden wird.

Und nun komme ich zu dem, was für einen Gelehrten in seinem tiefsten Inneren die Hauptsache ist, zu dem, was er als seine bleibendste Leistung ansieht, zu seinem wissenschaftlichen Werk.

Wilhelm Süss war ein Geometer. Man denkt beim Wort Geometrie zunächst an die sogenannte Schulgeometrie. Ein kleines Kind, das einmal nach dem Monde greift und das andere Mal sich an seinen Fäustchen weh tut, macht damit seine ersten Erfahrungen mit der Einordnung unseres Wirkens in den Raum. Diese Erfahrungen werden dann vom Kind weiter ausgebaut und endlich in der sogenannten euklidischen Geometrie in der Schule in ein schön abgerundetes Schema gebracht. Dieses Schema reicht denn auch recht gut aus, um alles, was wir mit unseren Sinnen erfassen, geometrisch einzuordnen.

Heute aber, wo unsere Erkenntnis nunmehr weit in das Gebiet des Kosmischen reicht und andererseits weit über das Elektronenmikroskop hinaus in die Abmessungen der Kernbestandteile, heute beginnen wir zu erkennen, daß diese Schemata nicht mehr ausreichen. Unsere Vorstellung vom unendlichen Raum, der sich gewissermaßen ergibt, wenn ein rechteckiger Kasten sich nach allen Richtungen ins Unendliche ausdehnt, diese Vorstellung ist zur Einordnung der kosmischen Vorgänge nicht mehr geeignet. Darüber sind sich wohl alle Forscher im klaren, die sich mit diesen Fragen ernstlich abgeben.

Aber auch in bezug auf die Gültigkeit der gewöhnlichen Geometrie in nuklearen Dimensionen werden heute mehr und mehr Zweifel geäußert. Wir sind nicht einmal sicher, daß das, was uns als das wichtigste Kennzeichen unseres Raumes erscheint, sein stetiger Zusammenhang, auch zur Einordnung der subnuklearen Vorgänge geeignet ist. Und so erhebt sich die Forderung an den Geometer, die räumlichen Strukturen bereitzustellen, die diesen Vorgängen angemessen sind.

Tatsächlich haben aber die Geometer auf diese Forderung nicht gewartet. Sie haben bereits von sich aus, besonders in der zweiten Hälfte des vorigen Jahrhunderts, mit dem gedanklichen Aufbau geometrischer Strukturen begonnen, die über die euklidische Geometrie hinausgehen. Richtunggebend waren hier der Habilitationsvortrag des genialen Bernhard Riemann: „Ueber die Hypothesen, welche der Geometrie zu Grunde liegen“ sowie ein vom großen Physiker Helmholtz veröffentlichter Aufsatz, der im gewollten Gegensatz zu Riemann betitelt war: „Ueber die Thatsachen, die der Geometrie zum Grunde liegen.“ Die weitere Entwicklung gestaltete sich eigentümlich. Die moderne Physik hat sich für den Mathematiker Riemann entschieden. Denn die Helmholtzschen Ansätze benutzen den Begriff des starren Körpers, und starre Körper gibt es für die moderne Relativitätstheorie nicht. Die Mathematiker aber haben nicht nur an die Riemannsche Differentialgeometrie, sondern auch an den Helmholtzschen Aufsatz mit besonderem Eifer angeknüpft. Denn dieser Aufsatz enthielt Keime von Fragestellungen, auf die der Mathematiker ganz besonders gern anspricht: die axiomatische Methode sowie das Eingreifen des gruppentheoretischen Denkens.

Andererseits haben die axiomatischen Untersuchungen von Hilbert als Beweishilfsmittel recht künstlich aufgebaute geometrische Strukturen benutzt, die zuerst sehr ungewöhnlich und paradoxal anmuteten. In ihrer Fortführung haben diese Untersuchungen heute zu den sogenannten endlichen Geometrien geführt, und es werden Stimmen laut, daß diese Strukturen vielleicht einen der Schlüssel zu den Geheimnissen des Subnuklearen bergen.

Das geometrische Werk von Wilhelm Süss greift in die meisten der damit angedeuteten Richtungen ein. Seine ersten Abhandlungen, mit der Doktordissertation beginnend, sind dem Problem der Begründung der Inhaltslehre gewidmet, die als eine Art Prüfstein der Beurteilung der verschiedenen für die Axiomatik wichtigen Geometrien dienen kann. Eine Reihe von weiteren Veröffentlichungen knüpft an das Helmholtz-Liesche Raumproblem an, wobei sowohl die Axiomatik als auch die Gruppentheorie zur Geltung kommen. Das Interesse für das Gruppentheoretische im Sinne von Felix Kleins Erlanger Programm führt dann zum Eingreifen in die Affingeometrie, die damals in Österreich und Deutschland besonders eifrig betrieben wurde. Von hier aus führte die Entwicklung in die sogenannte *relative Differentialgeometrie*, der wohl die wichtigsten Abhandlungen von Süss aus dieser Zeit gewidmet sind. Es handelt sich hier um eine Geometrie, bei der der Raum gewissermaßen anisotrop ist, das heißt in verschiedenen Richtungen mit verschiedenen Maßstäben gemessen wird. Diese Maßstäbe werden dann einer sogenannten *Eichfläche* entnommen. Weiter führen diese Ansätze im Zusammenhang mit der Variationsrechnung zur Finslerschen * und Cartanschen Geometrie, doch hat hier Süss die Weiterentwicklung zumeist seinen Schülern, vor allem Barthel, Deicke und Leichtweiß, überlassen.

Neben dieser durch ihren einheitlichen Zug ausgezeichneten Folge von Veröffentlichungen rührt von Süss auch eine Reihe von weiteren Schriften her, die speziell den konvexen Gebilden gewidmet ist. Der Münchener Student und spätere Bibliothekar Hermann Brunn machte in seiner Dissertation 1887 die bemerkenswerte Entdeckung, daß die Definition der Konvexität allein bereits genügt, um eine Fülle von höchst interessanten und scharfen Sätzen über konvexe Gebilde herzuleiten. Mit dieser Dissertation und der zwei Jahre später erschienenen Habilitationsschrift ist Hermann Brunn zum eigentlichen Begründer der Geometrie der konvexen Gebilde geworden, einem Zweig der Geometrie, dem seither unzählige Schriften gewidmet wurden und der trotzdem nicht nur nicht erschöpft, sondern wohl auch kaum angezapft ist.

An diese Fragestellungen haben besonders gern auch die Geometer des Fernen Ostens angeknüpft, anscheinend weil hier der Weg bis zur eigentlichen Front der Wissenschaft am kürzesten ist. Insbesondere haben japanische Mathematiker hier ausgezeichnete Beiträge geleistet, und mit diesen Fragen hat sich auch Wilhelm Süss bereits in seiner japanischen Zeit vielfach befaßt. Hier verdankt man ihm eine Reihe von neu entdeckten Eigenschaften konvexer Körper, namentlich im Zusammenhang mit den Extremaleigenschaften des Kreises und der Kugel, sowie eine Anzahl von Beweisen der bereits klassischen Ergebnisse, die

Arbeit, die zusammen mit seiner Tochter veröffentlichte Übertragung von A. D. Alexandroffs Buch über konvexe Polyeder ins Deutsche, gehört in dieses Gebiet.

Das gesamte wissenschaftliche Werk von Wilhelm Süss ist ein Torso; so vieles mußte unvollendet bleiben. Doch dies muß sich von selbst verstehen für den, der seine Kraft an Problemen mißt, die schlechthin unvollendbar sind.

Was ich Ihnen bisher über Wilhelm Süss und sein Werk sagte, erfaßt seine Persönlichkeit in keiner Weise. Die von ihm ausströmende Wirkung war nur dadurch zu erklären, daß er als Mensch eben mehr war als sein Werk. Wer die Freude hatte, ihm zu begegnen, oder das Glück, ihm näherzukommen, konnte sich dieser Wirkung nie entziehen. Es war nicht etwa der Charm, über den er verfügte, sondern vor allem die unmittelbare warme Menschlichkeit, die so wirkte. Er war ja in allem sehr schlicht. Ich habe nie ein pompöses Wort von ihm gehört, er liebte es gar nicht, mit Metaphern zu spielen. Was er meinte, sagte er direkt, klar und einfach, und es wirkte, weil er es war, der es sagte.

Vielleicht spielten in dieser Schlichtheit seine japanischen Jahre mit. Wer denkt nicht dabei an das japanische Ideal der Schönheit durch Steigerung der Schlichtheit? Wenn ich für diese Seiten seines Wesens nach einem passenden Wort suche, so finde ich nur eines, allerdings eines der edelsten, die es in der deutschen Sprache gibt: er war echt, echt bis in den Kern seines Wesens.

Mit Wilhelm Süss ist ein Mann von uns gegangen, der die ihm vom Schicksal geschenkten Gaben im vollen Maß zur Auswirkung für die Allgemeinheit gelangen ließ, der aber darüber hinaus seiner Gesinnung auch in schwersten Zeiten treu geblieben ist und die schwerste Probe bestanden hat. Und wenn unsere akademische Jugend in den kommenden Jahrzehnten noch manche Probe zu bestehen haben wird, Probe, bei der die Waffe nicht Säbel, Schwert und Spieß, sondern persönlicher und bürgerlicher Mut sein werden, so möchte ihr als leuchtendes Vorbild die Persönlichkeit von Wilhelm Süss dienen.

Korrektur:

p. 665 15. Z. v.o. wurde «Variationenrechnung» durch «Variationsrechnung» ersetzt.

Werner Gautschi

1927–1959

Am 3. Oktober 1959 hat die Basler Mathematik einen schweren Verlust erlitten. Dr. WERNER GAUTSCHI, assistant professor an der Ohio State University, ist plötzlich, im Alter von nur 32 Jahren, einem Herzanfall erlegen. Damit hat eine hoffnungsvolle Gelehrtenlaufbahn ein bitter frühzeitiges Ende gefunden.

Werner Gautschi ist am 11. Dezember 1927 in Basel geboren, zugleich mit seinem Zwillingsbruder Walter, mit dem ihn im Laufe seines späteren Lebens sowohl die Berufung zur Mathematik als auch die Liebe zur Musik innigst verbinden sollte. Nach Durchlaufen der Elementarschulen und des Basler Humanistischen Gymnasiums immatrikulierte er sich

1946 in Basel. In den Jahren 1948–1950 hatte der Unterzeichnete die Freude, ihn als Assistenten zu haben, und ich verdanke der hingebungsvollen Mitarbeit des jungen Studenten, der schon damals eine seltene Schärfe in der Beurteilung mathematischer Überlegungen bewies, wertvolle Förderung meiner eigenen Arbeiten.

Da man 1950 nun wieder an den einst üblich gewesenen Auslandsaufenthalt denken konnte, begab er sich für ein Jahr nach Cambridge, England. 1952 promovierte er an unserer Universität summa cum laude mit einer schönen Arbeit über die sogenannte Matrizentheorie. Da er damals vorerst mit der akademischen Laufbahn in Amerika rechnete, wurde seine Dissertation von Anfang an englisch abgefasst, und ist sodann in drei Teilen in Amerika in Duke Math. J. und zum Teil in Holland in der Compositio mathematica erschienen.

1953 ging Werner Gautschi als Stipendiat des Schweizerischen Nationalfonds nach USA, wo er sich zuerst in Princeton in die Arbeit an den elektronischen Rechenmaschinen einzuarbeiten begann. Doch bald lockte ihn die in Princeton in hoher Blüte stehende mathematische Statistik. Die nächsten Jahre hat er sich denn auch fast ausschliesslich mit dieser Disziplin abgegeben. Er musste hier fast als ABC-Schütze beginnen. Denn in seiner Studentenzeit wurden weder in Basel noch an anderen Schweizer Hochschulen Vorlesungen über die eigentliche mathematische Statistik gelesen, und der einzige Schweizer Dozent auf diesem Gebiete hatte sich mit den elementareren Teilen des Gegenstandes in Zürich und Genf abzugeben gehabt.

1954 übersiedelte Gautschi nach Berkeley, wo sich um Jerzy Neyman ein Kreis leidenschaftlich an der mathematischen Statistik interessierter Forscher gebildet und wohl der in der ganzen Welt regste mathematisch-statistische Betrieb entwickelt hatte. Dort hatte er das Glück, an einer unter Führung des berühmten Statistikers Blackwell, des heute wohl bedeutendsten «schwarzen» Mathematikers, wirkenden Arbeitsgemeinschaft mitarbeiten zu dürfen.

1956 begann er nun an die Einordnung in die akademische Lehrkarriere zu denken. Nach einem Instructorship-Jahr an der Ohio State University ging er 1958 als Assistent Professor nach Bloomington, Indiana, um dann 1959 nach Ohio zurückzukehren.

Zwei Veröffentlichungen von Gautschis Hand in den Annals of Mathematical Statistics geben nur ein äusserst fragmentarisches Bild von dem Ringen um die Probleme der Statistik, denen die letzten Jahre seines Lebens galten. Noch im Juni 1959 berichtete er dem Unterzeichneten über eine neue Wendung, die er den Untersuchungen über das klassische Problem der sogenannten Bernoulli-Verteilung gegeben hat. An der Ausfeilung dieses Resultates wird er wohl gearbeitet haben, als sein Lebensfaden so jäh abriss.

Hat die wissenschaftliche Arbeit Werner Gautschis Leben die massgebende Richtung gegeben, so hat er in der Musik eine weitere Dimension seines Lebens gefunden. Oft pflegte er mit seinem Bruder Walter vierhändig Klavier zu spielen. Auf dem Boden gemeinsamen musikalischen Interesses ist er denn auch seiner Lebensgefährtin, Erika geb. Wüst zuerst näher gekommen. Aus dieser Ehe ist ein Sohn Thomas entsprossen, der erst nach seinem Tode geboren ist.

Bei allen, die ihn gekannt haben, wird das Bild des bescheiden auftretenden und allem Humanen offenen Menschen und hingebungsvollen Gelehrten und Lehrers erhalten bleiben. A. OSTROWSKI

ON THE CHARACTERIZATION OF SHANNON'S ENTROPY BY SHANNON'S INEQUALITY

Dedicated to the memory of Hanna Neumann

J. ACZÉL and A. M. OSTROWSKI

(Received 15 May 1972, revised 9 January 1973)

Communicated by J. B. Miller

1. In [2, 5, 6, 7] a.o. several interpretations of the inequality

$$\sum_{k=1}^{n} p_k f(q_k) \leqq \sum_{k=1}^{n} p_k f(p_k) \tag{1}$$

for all

$$p_k > 0,\ q_k > 0\ (k = 1, 2, \cdots, n) \text{ such that } \sum_{k=1}^{n} p_k = \sum_{k=1}^{n} q_k = 1 \tag{2}$$

were given and the following was proved.

If the inequality (1) is satisfied *for a fixed n greater than two* on the domain (2) and *if f is differentiable on the open interval* $]0,1[$, then and only then there exist two constants $a \geqq 0$, b so that

$$f(p) = a \log p + b \quad \text{for all} \quad p \in]0,1[. \tag{3}$$

We mention here only two interpretations. The first is the following. We ask from an expert his estimations on a certain probability distribution (outcomes of an experiment, market situation, weather, etc.). He gives this as $(q_1, q_2, \cdots, q_n)$ while his subjective probabilities for the same events are $(p_1, p_2, \cdots, p_n)$. Suppose that he agrees to be paid only after the outcome of the experiment (market situation, etc.) is known and that his payoff will be $f(q_k)$ if the k-th event happens. Then his expected earning will be

$$\sum_{k=1}^{n} p_k f(q_k).$$

In order to "keep the expert honest" it seems wise (for the customer) to choose the "payoff function" f so that the expert's expected earning will be maximal if he has given his subjective probabilities as estimates for the customer. i.e. so that on the domain (2) the inequality (1)

$$\sum_{k=1}^{n} p_k f(q_k \leqq \sum_{k=1}^{n} p_k f(p_k)$$

holds.

The other interpretation is connected with Shannon's inequality

$$(4) \qquad -\sum_{k=1}^{n} p_k \log q_k \geqq -\sum_{k=1}^{n} p_k \log p_k$$

on (2) which is rather important in coding theory [see e.g. 3]. The quantity on the right is Shannon's entropy. One can ask which functions g satisfy, like in (4) the negative logarithm, an inequality of the form

$$(5) \qquad \sum_{k=1}^{n} p_k g(q_k) \geqq \sum_{k=1}^{n} p_k g(p_k)$$

on (2).

Evidently, if a function g satisfies (5), then $f = -g$ satisfies (1) and vice versa, so the general (differentiable) solution of (5) on (2) for a fixed $n > 2$ is given on $]0, 1[$ by

$$(6) \qquad g(p) = -a \log p + b \qquad (a \geqq 0, b \text{ arbitrary constants}).$$

With these g, the right-hand side of (5) still is the Shannon entropy up to a (non-negative) multiplicative and an additive constant. So the above and the more general theorem to be proved in this note are also characterizations of the Shannon entropy.

We choose here to formulate the results in terms of (1) rather than (5). The implications on (5) are obvious.

It has been conjectured in [1] and proved by Fischer in [4] that the condition of differentiability can be discarded in the above result. Rényi has written but not published a modified version of this proof. Since we think that Rényi's elegant proof should be published to which his early death gives tragic actuality, and since we have succeeded to further shorten and simplify his proof even in two different ways and also to generalize it slightly (Rényi has supposed (1) for a fixed $n > 2$ *and for* $n = 2$, we do not need the latter), we give here these modified proofs. We mention yet, that the same theorem was announced in [8] with credit given to Gleason, but without proof and without the restriction $n > 2$ (without which it is not true, a counter example being $f(p) = 2p - p^2$, [for detailed discussions of the case $n = 2$ see 2, 4, 9]). However, Gleason has sent (later than Fischer and Rényi, but independently) a correct proof of the same theorem to one of the authors of the present paper. His proof was in many respects similar to that of Fischer and Rényi, but longer.

2. We give now our two versions of the proof (they differ only in a few steps).

THEOREM. *If f satisfies the inequality*

$$\sum_{k=1}^{n} p_k f(q_k) \leqq \sum_{k=1}^{n} p_k f(p_k) \tag{1}$$

for one $n > 2$ and for all $p_1, p_2, \cdots, p_n, q_1, q_2, \cdots, q_n$ such that

$$p_k > 0,\ q_k > 0\ (k = 1, 2, \cdots, n),\ \sum_{k=1}^{n} p_k = \sum_{=1}^{n} q_k = 1, \tag{2}$$

then and only then there exist constants $a \geqq 0$ and b so that

$$f(p) = a \log p + b \text{ for all } p \in]0,1[. \tag{3}$$

PROOF. We get by multiplying (4) by $(-a)$ and by adding b that (3) (with $a \geqq 0$) satisfies (1) on (2). (The Shannon inequality (4) is a well-known consequence of the inequality between the arithmetic and the geometric means: [3]). Our two ways of proving that the validity of (1) on (2) implies (3) have their first steps in common:

(i) f is nondecreasing,

while the second steps are different in the two proofs:

(iia) all Dini derivatives are equal in every point and

$$pf'(p) = a \text{ (constant)} \quad a \geqq 0 \quad (p \in]0,1[) \tag{7}$$

resp.

(iib) the function $p \mapsto pD_+f(p)$ is a nonnegative finite constant on $]0,1[$.

PROOF OF (i). Put into (1) $p_k = q_k$ $(k \geqq 3)$ in order to get

$$p_1[f(q_1) - f(p_1)] \leqq p_2[f(p_2) - f(q_2)] \tag{8}$$

for all p_1, p_2, q_1, q_2 satisfying

$$p_1 > 0,\ p_2 > 0,\ q_1 > 0,\ q_2 > 0,\ p_1 + p_2 = q_1 + q_2 < 1. \tag{9}$$

The conditions in (9) remain unchanged if we interchange the pair (p_1, p_2) with (q_2, q_1), so the inequality (8) remains true also if we write p_1 and p_2 instead of q_2 and q_1 and vice versa:

$$q_2[f(p_2) - f(q_2)] \leqq q_1[f(q_1) - f(p_1)]. \tag{10}$$

Multiply (8) by q_2 and (10) by p_2 and compare the two inequalities. We get

$$q_2 p_1[f(q_1) - f(p_1)] \leqq p_2 q_1[f(q_1) - f(p_1)] \tag{11}$$

for all p_1, p_2, q_1, q_2 satisfying (9).

If $p_1 < q_1$, then (9) implies $q_2 < p_2$; so (11) will hold iff $f(q_1) - f(p_1) \geqq 0$. Thus

$$f(p_1) \leqq f(q_1) \text{ if } p_1 < q_1, \tag{12}$$

that is, f is nondecreasing. The inequality (12) holds for all p_1, q in $]0, 1[$, because then p_2, q_2 can be found so that (9) be satisfied. Thus f is *nondecreasing in* $]0,1[$ and (i) is proved.

We will need two consequences of (8).

Put $q_1 = p_1 + \delta$, $q_2 = p_2 - \delta$ into (8) and (9), in order to get, after division by δ,

$$p_1 \frac{f(p_1 + \delta) - f(p_1)}{\delta} \leqq p_2 \frac{f(p_2) - f(p_2 - \delta)}{\delta} \tag{13}$$

for all p_1, p_2, δ satisfying $0 < \delta < p_2$ and

$$p_1 + p_2 < 1, \ p_1 > 0, \ p_2 > 0. \tag{14}$$

Now put into (8) (and (9)) $p_1 = q_1 + \delta$, $p_2 = q_2 - \delta$ in order to get, after division by $(-\delta)$,

$$(q_2 - \delta) \frac{f(q_2) - f(q_2 - \delta)}{\delta} \leqq (q_1 + \delta) \frac{f(q_1 + \delta) - f(q_1)}{\delta} \tag{15}$$

for all q_1, q_2, δ satisfying $0 < \delta < q_2$ and

$$q_1 + q_2 < 1, \ q_1 > 0, \ q_2 > 0. \tag{16}$$

3. Proof of (iia) and first proof of the theorem. The function f, being monotonic, is differentiable almost everywhere in $]0, 1[$. Fix a point $r \in]0, \varepsilon[$ $(0 < \varepsilon < 1)$ at which f is differentiable. We will prove that f' exists and (7) holds for every $p \in]0, 1 - \varepsilon[$. Since ε can be chosen as small as we wish, this will prove (iia) for all $p \in]0, 1[$. But, for the time being, we have

$$p + r < 1, \ p > 0, \ r > 0. \tag{17}$$

If we take $p_1 = p$, $p_2 = r$ (the inequalities (17) assure that (14) is satisfied) and let δ tend to 0 in such a manner that the lefthand side of (13) tend to its lim sup, then we have

$$pD^+f(p) \leqq rf'(r), \tag{18}$$

since f is differentiable at r. (D^+, D^-, D_+, D_- denote the right upper, left upper right lower, left lower Dini derivatives, respectively.) If, on the other hand, we choose in (13) $p_1 = r$, $p_2 = p$ and let δ tend to 0 so that the right-hand side tend to its lim inf, i.e. to $pD_-f(p)$ then we get similarly

$$rf'(r) \leqq pD_-f(p). \tag{19}$$

Exactly the same manoeuvres as above, with (q_2, q_1) instead of (p_1, p_2), lead from (15) to

(20) $$pD^{-}f(p) \leqq rf'(r),$$

and to

(21) $$rf'(r) \leqq pD_{+}f(p).$$

By combining (21) with (18), and (19) with (20) since by definition $D_{+} \leqq D^{+}$, $D_{-} \leqq D^{-}$, we have

$$rf'(r) \leqq pD_{+}f(p) \leqq pD^{+}f(p) \leqq rf'(r)$$

and $$rf'(r) \leqq pD_{-}f(p) \leqq pD^{-}f(p) \leqq rf'(r).$$

Taking into consideration that r was fixed, so $rf'(r) = a$ (constant, nonnegative since f is nondecreasing), we have proved (iia),

$$D_{+}f(p) = D^{+}f(p) = D_{-}f(p) = D^{-}f(p) = \frac{a}{p},$$

that is, f is *everywhere differentiable* and we have (7)

(22) $$f'(p) = \frac{a}{p}$$

for all $p \in]0, 1 - \varepsilon[$ and, since ε is as small as we wish, for all $p \in]0, 1[$. Equation (22) implies (3) which concludes the first proof of the Theorem.

4. The second proof does not depend on the fact that every monotonic function is almost everywhere differentiable and it does not use any other result in measure theory either. Instead it applies a more elementary theorem of Scheeffer [10]. The proof proceeds to (8), (9), (13), (15) and to the nondecreasing monotonicity of f as above and then continues in the following way.

PROOF OF (iib) AND SECOND PROOF OF THE THEOREM.

Let $\delta \searrow 0$ in (13) in such a manner that the right hand side tend to its lim inf, i.e. to $p_2 D_{-}f(p_2)$. No cluster point of the left handside is smaller than its lim inf, that is, than $p_1 D_{+}f(p_1)$. So we have

(23) $$p_1 D_{+}(p_1) \leqq p_2 D_{-}f(p_2)$$

for all p_1, p_2 satisfying (14). Similarly, from (15) we get

(24) $$q_2 D_{-}f(q_2) \leqq q_1 D_{+}f(q_1)$$

for all q_1, q_2 satisfying (16). Comparing (16) with (14) we see that (24) remains true if we replace q_1 by p_1 and q_2 by p_2. So we have

$$p_2 D_{-}f(p_2) \leqq p_1 D_{+}f(p_1),$$

which, together with (23), gives

(25) $$p_1 D_+ f(p_1) = p_2 D_- f(p_2)$$

for all p_1, p_2 satisfying (14).

Fix now $p_2 \in]0, \varepsilon[$, then, f being nondecreasing, (14) and (25) give for arbitrary $p = p_1 \in]0, 1 - \varepsilon[$

(26) $$pD_+ f(p) = a \geqq 0 \quad \text{(constant)}$$

on $]0, 1 - \varepsilon[$ and, since ε is as small as we wish, also on $]0, 1[$.

A priori a could be infinite. But then we would have from (25) and (26)

(27) $$D_+ f(p) = \infty = D_- f(p) \text{ on }]0, 1[$$

and, even for arbitrarily large constants A,

(28) $$D_+[f(p) - Ap] = D_+ f(p) - A = \infty = D_- f(p) - A = D_-[f(p) - Ap] \quad \text{on }]0, 1[,$$

in particular $p \mapsto f(p) - Ap$ would be increasing on $]0, 1[$.

On the other hand, for all $A > 2f(3/4) - 2f(1/4)$ we have

$$f\left(\frac{1}{4}\right) - A\frac{1}{4} > f\left(\frac{3}{4}\right) - A\frac{3}{4}$$

which is impossible if $p \mapsto f(p) - Ap$ is increasing on $]0, 1[$. Thus (27) leads to a contradiction and a in (26) is a *finite* constant, which concludes the proof of (iib).

Since $D_+ f(p)$ is finite everywhere on $]0, 1[$, the same follows by (25) for $D_- f(p)$. But then f must be *continuous* on $]0, 1[$ since a discontinuity of a monotonic function is always a jump and there either $D_+ f(p)$ of $D_- f(p)$ would be ∞.

Further we have from (26)

(29) $$D_+ f(p) = D_+(a \log p) \text{ on }]0, 1[.$$

However, L. Scheeffer [10] has proved in a very elementary manner that the continuity of f and F and the validity of

$$D_+ f(p) = D_+ F(p)$$

(both finite) on an interval implies that there exists a constant b such that on this interval

$$f(p) = F(p) + b.$$

So (29) implies (3) and our Theorem is proved again.

We have used above (after (28)) the fact that a *function g is increasing on an (open) interval I, if both*

$$D_+ g(x) > 0 \textit{ and } D_- g(x) > 0 \textit{ for all } x \in I.$$

For completeness sake we give here a proo of this proposition. If, for $x_1 \in I$, we have

$$k = D_+ g(x_1) > 0$$

then there exists a δ such that

$$(30)\quad \frac{g(x_1+h)-g(x_1)}{h} > \frac{k}{2} > 0, \text{ i.e. } g(x_1+h) > g(x_1), \text{ whenever } 0 < h < \delta.$$

Similarly, $D_{-}g(x_1) > 0$ implies

$$(31)\qquad g(x_1-h) < g(x_1) \text{ whenever } 0 < h < \delta.$$

We have to prove that *for any* $x_0 \in I$

$$(32)\qquad g(x) > g(x_0)$$

whenever $x > x_0$ $(x \in I)$. Let x_1 be the smallest number with the property that (32) holds for all $x \in]x_0, x_1[\subseteq I$. We prove that x_1 has to be the right extremity of I. For else we had, by (30) and (31), for sufficiently small positive h,

$$g(x_0) < g(x_1-h) < g(x_1) < g(x_1+h)$$

contrary to the definition of x_1. This concludes the proof of the above proposition.

We are grateful to Professor W. Walter for a comment which has helped us to shorten the second version of the proof.

References

[1] J. Aczél, 'Problem 3, P21', *Aequations Math.* 1(1968), 300; 2 (1968), 111.

[2] J. Aczél — J. Pfanzagl, 'Remarks on the Measurement of Subjective Probability and Information', *Metrika* 11 (1966), 91–105.

[3] A. Feinstein, *Foundations of Information Theory* (McGraw Hill, New York — Toronto — London, 1958).

[4] P. Fischer, 'On the Inequality $\Sigma p_i f(p_i) \geq \Sigma p_i f(q_i)$', *Metrika* 18 (1972), 199–208.

[5] I. J. Good, 'Rational Decisions', *J. Roy. Statist. Soc.* Ser. B 14 (1952), 107–114.

[6] I. J. Good, *Uncertainty and Business Decisions* (Liverpool University Press, Liverpool, 1954, 1957), in part. p. 31 (2nd ed. 1957, p. 33).

[7] J. Marschak, 'Remarks on the Economics of Information', in *Contributions to Scientific Research and Management* (Univ. California Press, Los Angeles, Calif. 1960), pp. 79–98.

[8] J. McCarthy, 'Measures of the Value of Information', *Proc. Nat. Acad. Sci. U. S. A.* 42 (1956), 654–655.

[9] Gy. Muszély, 'On Continuous Solutions of a Functional Inequality', *Metrika* 19 (1973), 65–69.

[10] L. Scheeffer, 'Zur Theorie der stetigen Funktionen einer reellen Veränderlichen,' *Acta Math.* 5 (1884), 183–194, 279–296, in part. pp. 183–185, 279–280; contained also, e.g., in E. W. Hobson, *The Theory of Functions of a Real Variable and the Theory of Fourier's Series* (Cambridge University Press, Cambridge, 1907), in part. pp. 273–274 (3rd ed. 1927, p. 366).

University of Waterloo
Waterloo, Ont., Canada
and
Universität Basel
Basle, Switzerland

Festvortrag zur Eröffnungsfeier des neuen Hauses des mathematischen Instituts in Oberwolfach

Der freudige Tag des Einzugs der Mathematiker in ihr neues Haus ist zugleich ein Tag des wehmütigen Gedenkens, vor allem für Mathematiker der älteren Generation.

Dieses Haus wurde einst von Wilhelm Süss für Mathematiker gesichert. Süss hat in seiner weit ausschauenden Einsicht die gebieterische Notwendigkeit erkannt, gegen das Kriegsende ein Refugium für Mathematiker zu schaffen. Denn es ging darum, im Rahmen der sogenannten Ösenberg-Aktion möglichst viele von den Trägern der geistigen Substanz des Volkes auch auf unserem Gebiet zu retten.

Die Mathematiker sind zwar – auch durch ihre Seltenheit – vor allem den Musikern und Künstlern des Wortes verwandt. Wie die geborenen Musiker meist über das absolute Gehör verfügen, wie einem Meister der Sprache das Gefühl für die innere Musik des Wortes im Blute liegt, so ist der Mathematiker besessen von der Freude am Spiel der Begriffe, am Eigenleben abstrakter Wesenheiten.

Allerdings, wenn man uns braucht und fördert, geschieht dieses nicht, weil wir zur Bereicherung des geistigen Lebens beitragen. Vielmehr ist dabei die Erkenntnis maßgebend, daß die mathematische Sprache nun einmal die Grundlage jeder exakten Forschung bleibt. Und gerade heute, wo die technische Umwälzung unsere Epoche kennzeichnet, wird es klar, daß der mathematische Hintergrund das Eichmaß liefert für das Niveau der technischen Theorie, ohne die die Technik eines Landes einfach zurückbleibt.

Angesichts der Verblendung, mit der durch ein unseliges Jahrzehnt die Menschensubstanz der Wissenschaft verschleudert und vergeudet wurde, erwiesen sich die Bestrebungen von Süss wahrlich segensreich.

So gelang es, im Trubel des letzten Kriegs- und der ersten Friedensjahre eine große Anzahl von Kollegen, die plötzlich heimatlos geworden waren, unterzubringen. Und es darf nicht vergessen werden, daß auch einige der ausländischen Kollegen noch aus den Lagern herausgezogen und so vor drohender Vernichtung gerettet werden konnten.

Noch Jahre später war bei denen, die diese Tage miterlebten, die Erinnerung lebendig, wie Frau Irmgard Süss und ihr „Stab" sich einsetzten, um das leibliche Wohl der „Oberwolfacher" zu sichern, schon allein, welche Taktik und Strategie zwecks Kartoffel- und Heizmaterialienbeschaffung bei den Bauern zu entwickeln waren.

Aber darüber hinaus gelang es Irmgard Süss, mit ihrem Sinn für das Schöne und Echte, die Zufluchtsstätte Lorenzenhof zu einem Heim zu gestalten.

Nachdem nun die Tage der Angst und Unsicherheit verebbt waren, konnte man an die weitere Ausgestaltung von Oberwolfach zu einer Stätte der Begegnung für Mathematiker denken. Dies gelang in der Tat, und zwar weit über die Grenzen Deutschlands hinaus. Zuerst kamen Franzosen, dann allmählich Kollegen aus aller Welt. Die Hemmungen, die die Schrekkenszeit hinterlassen hatte, waren bald überwunden, und eine Atmosphäre der Freundschaft herrschte bei allen Zusammenkünften. So wurde die Schöpfung von Wilhelm Süss zu einer der Brücken des Auslandes zum andern, zum wahren Deutschland.

Allwöchentlich gab es im Lorenzenhof internationale Besprechungen über Teilgebiete der Mathematik, zu denen von überall her die Kenner des Faches kamen, aber auch zahlreiche Anfänger, die erst am Beginn ihrer akademischen Laufbahn standen, aber sich bereits ausgewiesen hatten.

Zur ungezwungenen Atmosphäre hat auch die Regel beigetragen, bei gemeinsamen Mahlzeiten die Tischordnung systematisch dem Zufall zu überlassen. Ein befreundeter Kollege hat mir einmal erzählt, wie er in seiner Privatdozentenzeit in Königsberg bei einer Einladung von einem älteren Kollegen ins Gespräch gezogen wurde und, ohne sich dabei etwas zu denken, sich mit ihm an einem Tisch niederließ. Aufgeregt eilte der Gastgaber dazu: „Aber, Herr Doktor, sie sitzen ja am Geheimratstisch!" Nun, einen Geheimratstisch hat es in Oberwolfach nie gegeben, und wir alle hoffen, daß es ihn nie geben wird.

So wurde Oberwolfach zu einer beispiellosen Einrichtung, die in ihrer gewachsenen Eigenart trotz mancher Versuche bisher nicht nachgeahmt werden konnte. Und es ist nur gerecht hervorzuheben, daß die Bestrebungen von Wilhelm Süss bei den Behörden auf allen Stufen viel Verständnis gefunden haben und auch mit erheblichem materiellen Einsatz gefördert wurden. Und dazu kam noch die großherzige Hilfe der Stiftungen, namentlich von der Thyssen-Stiftung und der Volkswagenwerk-Stiftung.

Dies alles hat sich zuerst im Alten Haus abgespielt. Doch allmählich hat die Entwicklung des Instituts den Rahmen des Hauses zu sprengen begonnen. Der Neubau des Gästehauses hat nur zeitweilig eine Entspannung erlaubt. Und auch der sprichwörtliche Zahn der Zeit hat am 60 Jahre alten

Bau Zerstörungen angerichtet, die praktisch irreparabel waren. So mußte das Alte Haus weichen.

Einige unter uns konnten noch zuschauen, wie die modernen Dinosaurier die Mauern des Hauses, das uns so ans Herz gewachsen war, niederrissen und den Platz frei machten. Und dann stand das Neue Haus da, ganz auf die neue Zeit ausgerichtet, nur noch in die Zukunft weisend.

Mit dem Alten Haus nahmen aber namentlich die älteren unter uns nun endgültig Abschied nicht nur von seinen etwas altmodischen Räumlichkeiten, sondern auch von einem Stil der mathematischen Arbeit, der zur ersten Jahrhunderthälfte und zum Teil auch noch zum 19. Jahrhundert gehörte.

Schon Anfang des Jahrhunderts setzte eine Tendenz zu Verallgemeinerungen der wohl vertrauten Begriffe, Beweismethoden und Verfahrensweisen in der Richtung auf größtmögliche Abstraktion und Loslösung von der klassischen Basis der Mathematik ein. Angeregt wurde dies wohl einerseits durch die Galoissche Theorie und die allgemeine Gruppentheorie, und andererseits durch die Mengenlehre und die Dedekindsche Idealtheorie. Die Abwehr der meisten älteren Mathematiker fruchtete wenig. Wohl wurde gegen den „Verallgemeinerungsrausch" gewettert, ironisch von der Verallgemeinerung durch Verdünnung und von den selbstgeschaffenen Schmerzen gesprochen.

Allein es zeigte sich immer mehr und mehr, daß in der abstrakten Sphäre sehr viel echte mathematische Substanz steckte, während billige Entwicklungen von peinlicher Substanzlosigkeit und Einfallsarmut irgendwie von selbst weggesiebt wurden.

Erschien 1909 der Hilbertsche Aufsatz über die Analysis der unendlich vielen Variablen als eine unerhört kühne Tat, so sind schon in wenigen Jahren jüngere Mathematiker weit darüber hinausgegangen und haben die Grundlagen der Funktionalanalysis gelegt. Diese ist wohl auch, neben der Topologie, der wichtigste Ausfluß der ganzen Entwicklung.

Heute ist es besonders klar, wie fundamental diese Entwicklung war. Die klassische Analysis stellt im allgemeinen eine Idealisierung der Probleme dar, die gelegentlich recht grob ist. Bereits im Falle der Anwendungen, seit wir über neue maschinelle Rechenhilfsmittel verfügen, ist eine solche Idealisierung oft nicht mehr am Platz. Und da erweist sich die Funktionalanalysis gerade schmiegsam genug.

Ein weiteres Gebiet, das heute ungeheuren Aufschwung genommen hat, ist die Topologie. Und daß wir hier in das Wesen des geometrischen Raumes sehr viel tiefer vorgedrungen sind als je, zeigt die Zahl der offenen Probleme, denen sich heute ein Topologe gegenübergestellt sieht. Wurde einst das Vierfarbenproblem eher als ein Dorn im Fleisch der Geometrie empfunden, so können wir heute die Rätsel, die uns der Begriff der Kontinuität aufgibt, bald mit den unzähligen Fragen vergleichen, die die ganze Zahl so vielen Generationen der Zahlentheoretiker dargeboten hat.

So ist heute die Kontinuität als ein Urbegriff von ähnlicher Ursprünglichkeit erkannt, wie die ganze Zahl. Was einst Kronecker verkündete: „Die ganze Zahl schuf der liebe Gott, alles andere ist Menschenwerk", ist heute als falsch nachgewiesen. Auch die Kontinuität ist kein Menschenwerk. Und nichts beweist dies zwingender als der kürzlich gelungene Beweis der Unbeweisbarkeit der Kontinuumshypothese.

Und im übrigen, wie sehr man sich bei der Beurteilung des „Verallgemeinerungsrausches" irren konnte, zeigt das Beispiel der Booleschen Algebra. Einst hatten die meisten von uns sie im Verdacht, eine billige Häufung von Tautologien zu sein. Heute ist sie das unentbehrliche Werkzeug in der Theorie und Praxis der Schaltungen der Schwachstromtechnik.

Diesen zum Teil etwas turbulenten Wechsel in der ganzen Einstellung der jüngeren Mathematiker konnte man gerade in Oberwolfach miterleben, denn Süss hatte auch für neuartige Entwicklungen stets offenen Sinn und offenes Herz.

Wenn wir nun nach vorwärts schauen und durch den Schleier, der die Zukunft vor den Sterblichen verhüllt, einen Blick zu erhaschen suchen, was erblicken wir dann? Natürlich können wir höchstens die Gegenwart in die Zukunft projizieren. Und da bietet sich uns vor allem der ungeheure Reichtum der neuzeitlichen Mathematik an Entwicklungen und Ergebnissen dar.

Schon allein die Menge der mathematischen Zeitschriften, die einst durchaus überschaubar und sogar durchblätterbar war, ist heute so unübersichtlich geworden, daß wir höchstens nur sagen und beweisen können, daß sie endlich sein muß. Allein, dies ist ein reiner Existenzbeweis.

Als eine Folge des überbordenden Anwachsens der mathematischen Produktion ist das Überhandnehmen des Spezialistentums festzustellen, eine Absonderung der Mathematiker in isolierte Forschergruppen, zwischen denen die Verständigung oft auch deshalb erschwert ist, weil man sich nur zu oft einer wild gewachsenen Terminologie bedient, die nur innerhalb einzelner Gruppen verständlich ist.

Nun geschieht heute manches, um den so entstandenen Schwierigkeiten zu steuern. Die Entwicklung der Data- und Reproduktionstechnik erlaubt heute, an Hand mehrerer ausgezeichneter Referatenzeitschriften und unter Benutzung der recht entwickelten Indexierung mathematischer Veröffentlichungen, eine mehr oder weniger leichte Auffindung der in Betracht kommenden Produktion und zugleich eine relativ billige Herstellung der Photokopien der benötigten Arbeiten, wenn sie nicht direkt zugänglich sind. Allerdings ist auf diese Weise der Zugang zur wahren Flut von noch nicht gedruckten „Vorveröffentlichungen", mit denen wir heute überschwemmt werden, in keiner Weise gesichert, und man ist da vor allem auf die persönliche Bezugnahme der Interessenten angewiesen.

Die richtige Benutzung dieser Hilfsmittel setzt aber auf jeden Fall die Fähigkeit des Forschers voraus, möglichst weit über die Grenzen seines spezialisierten Arbeitsgebietes schauen zu können. Denn die wertvollsten Ergebnisse erhält man doch vor allem, wenn verschiedene Spezialgebiete zusammenstoßen.

Dies bedingt nun für die Ausbildung der Forscher auf dem Gebiete der Mathematik ein recht breites Spektrum der mathematischen Allgemeinbildung. Und dies stellt wiederum die wichtigsten Ausbildungsstätten für junge Forscher, das heißt in unserem Sprachgebiet vor allem die Universitäten, vor neue Aufgaben. Es muß eine große Anzahl von Spezialvorlesungen und Seminarien abgehalten werden, die nur für Mathematiker in Frage kommen und breites Spektrum der mathematischen Bildung auch bei Dozenten voraussetzen.

Die Hauptsache aber dürfte die Übertragung der wissenschaftlichen Tradition auf die jüngere Forschergeneration sein.

Das Wort Tradition klingt zwar heute in manchem Ohr peinlich und in manchem Mund geradezu beleidigend. Und man kann nicht leugnen, daß im Namen der Tradition manche Seele verkrüppelt wurde und manches edle Beginnen zum Verkümmern gebracht worden ist. Allein, wir dürfen nicht vergessen, daß Homo Sapiens die einzige uns bekannte Tierart ist, bei der die Vollausbildung jedes Individuums nur im Rahmen einer engeren oder weiteren sozialen Einheit erfolgt, von der Familie bis zum Staat.

Die gesamte Lebensform aber neu zu schaffen, ganz ohne Benutzung der vorgelebten Beispiele, ist offenbar fast unmöglich, wenn man nur eine oder zwei Generationen hierzu hat – wie wir es in den letzten Jahrzehnten beobachten konnten. So kann das erfolgreiche Anpassen der Tradition an neue Verhältnisse notwendigerweise nur schrittweise erfolgen.

Dieses Anpassen ist aber, wie allgemein bekannt, auf dem Gebiete der Kunst ungemein schwierig, und erst recht ist es schwierig auf dem Gebiete der Mathematik.

Zwar steht es absolut fest, ob ein mathematischer Satz wahr oder falsch ist – im Bereich einer mit dem Problem konsistenten Axiomatik. Ob aber eine mathematische Entwickelung wertvoll ist oder nicht, wer kann das mit Sicherheit sagen?

Die ältere Generation der Mathematiker entwickelt natürlich jedes Mal ein halb intuitives Verhalten, das man als Geschmack bezeichnen könnte. Es ließe sich dieses Verhalten natürlich weiter analysieren, doch es kommt hier darauf nicht an. Wohl aber kommt es darauf an, daß auch die jüngeren Forscher den Sinn für Geschmack in mathematischen Dingen entwickeln, der nicht notwendigerweise derjenige der älteren Generation ist.

Natürlich, wenn ein junger Forscher sich in ein Problem verbeißt, an dem die ältere Generation ihre Zähne ausgebissen hat und nicht zum Ziel kam, wird es wohl immer wieder vorkommen, daß die älteren Kollegen ihrem Defaitismus Ausdruck verleihen. Zum Glück verhält es sich aber so, daß, wenn sich ein Gelehrter in ein Problem so stark vertieft hat, daß er dieses Problem als die wichtigste Sache auf Erden empfindet, es fast unmöglich ist, ihm die Beschäftigung damit ausreden zu wollen. Und dann hat er auch Aussicht, zum Ziel zu gelangen, wo den Älteren der Atem ausgegangen war.

So kann man sicher keine fertigen Lösungen für all die Nöte angeben, die uns Mathematiker noch bedrängen werden, und ebenso keine festen Regeln für die Art und Weise, wie die Fahne der Wissenschaft von einer Generation der anderen gereicht wird. Wir können und wollen nur hoffen, daß die Gewohnheit zum klaren Denken auch in der Zukunft die steinigen Pfade ebnen kann.

Dem Hause aber, von dem wir hoffen, daß noch viele Mathematikergenerationen in ihm ein- und ausgehen werden, diesem Hause möchten wir den Wunsch mitgeben, daß es erfüllt sein möge von Freude an unserer Wissenschaft und von wachem Sinn für ihre Schönheit und Würde.

(Eingegangen: 8. 7. 1975)

Mathematisches Institut
der Universität Basel

INEQUALITIES RELATED TO THE NORMAL LAW

Alexander M. Ostrowski
CH-6926 Certenago
Montagnola, Ti.
SWITZERLAND

Raymond M. Redheffer
University of California
Los Angeles, California 90024
U.S.A.

ABSTRACT. In the important case of a symmetric distribution, it is shown that the familiar approximation leading to the normal law is actually an estimate from above. A more elementary inequality is presented first; this is much easier to prove than the final result, but it leads, nevertheless, to the solution of a nontrivial maximizing problem.

1. AN ELEMENTARY INEQUALITY

Throughout this note, n and ν are integers with $n \geq 2$, $0 \leq \nu \leq n$, and x is real, $0 < x < 1$. We shall establish the following:

THEOREM 1. If $q = \nu/n$, then

$$\binom{n}{\nu} x^{\nu}(1 - x)^{n-\nu} < e^{-2n(x-q)^2} .$$

To see this, let us locate the maximum of

$$f(x) = x^{\nu}(1 - x)^{n-\nu} e^{2n(x-q)^2} ,$$

or, equivalently, of $F(x) = n^{-1} \log f(x)$. From

$$F(x) = q \log x + (1 - q)\log(1 - x) + 2(x - q)^2 ,$$

it follows that

$$F'(x) = \frac{q}{x} - \frac{1 - q}{1 - x} + 4(x - q) = (q - x) \frac{1 - 4x(1 - x)}{x(1 - x)} .$$

Since the second factor on the right is positive for $x \neq 1/2$, the function $F(x)$ is increasing on $(0,q)$ and decreasing on $(q,1)$. This shows that $F(x)$, and hence $f(x)$, has its maximum at $x = q$.

The inequality $f(x) \leq f(q)$ can be written

$$\binom{n}{\nu} x^{\nu}(1 - x)^{n-\nu} \leq \binom{n}{\nu} q^{\nu}(1 - q)^{n-\nu} e^{-2n(x-q)^2} . \tag{1}$$

For any fixed q on $0 \leq q \leq 1$, the expression

(2) $$C(n,q) = \binom{n}{\nu} q^{\nu}(1 - q)^{n-\nu}$$

is a term in the expansion of $[q + (1 - q)]^n$. Hence $C(n,q) < 1$, and this gives Theorem 1.

The result is sharp in the following sense. If

(3) $$\binom{n}{\nu} x^{\nu}(1 - x)^{n-\nu} \le \alpha e^{\beta n(x-q)^2},$$

where α and β are absolute constants, then $\alpha \ge 1$ and $\beta \ge -2$. The inequality $\alpha \ge 1$ follows from $\nu = q = 0$, $x \to 0+$. The inequality $\beta \ge -2$ follows from a familiar asymptotic formula which forms the basis for the normal law [2], [3]. Instead of using this rather sophisticated formula, however, we shall give an elementary proof based on the relation

(4) $$\binom{n}{\nu}^{1/n} = \frac{1 + o(1)}{q^q(1 - q)^{1-q}}, \qquad q = \frac{\nu}{n},$$

where $o(1)$ denotes a function of (ν,n) which tends uniformly to 0 as $n \to \infty$.

Although (4) is well known, the easy derivation will be given here. The formula

$$\log n! = \sum_{j=1}^{n} \log j = n \log n - n + o(n)$$

follows by comparing the sum with an integral. Applying this to n, ν, and $n-\nu$ gives

(5) $$\log\binom{n}{\nu} = n \log n - \nu \log \nu - (n - \nu)\log(n - \nu) + o(n).$$

If we divide (5) by n and replace ν throughout by qn, the result is equivalent to (4).

By forming the nth root of both sides in (3), and using (4), it is found that (3) can hold for $n \to \infty$ only if

(6) $$\left(\frac{x}{q}\right)^q \left(\frac{1 - x}{1 - q}\right)^{1-q} \le e^{\beta(x-q)^2}\,[1 + o(1)].$$

Given any rational number $q = \nu_0/n_0$ on $(0,1)$, let $n = jn_0$, $\nu = j\nu_0$, $j \to \infty$. This shows that (6) holds without the term $o(1)$ for rational q, and then by continuity for all q, $0 < q < 1$.

Taking logarithms when $x \ne q$, we get

(7) $$\beta \ge \frac{q \log(x/q) + (1 - q) \log(1-x)/(1-q)}{(x - q)^2}.$$

The choice $q = 1/2$, $x = (1+t)/2$ gives

$$\beta \geq \frac{2}{t^2} \log(1 - t^2) = -2 + O(t^2),$$

and $\beta \geq -2$ follows when $t \to 0$.

On the other hand, Theorem 1 shows that $\beta = -2$ must satisfy (7). Writing $q = y$, we summarize as follows:

THEOREM 2. Let $S = \{(x,y) \mid 0 < x < 1,\ 0 < y < 1,\ y \neq x\}$. Then

$$\sup_{(x,y)\in S} \frac{y \log(x/y) + (1 - y) \log(1-x)/(1-y)}{(y - x)^2} = -2 .$$

It is left for the reader to explore the problem of proving Theorem 2 without using Theorem 1.

2. SHARPER FORMS OF THE INEQUALITY

Although the constant $\alpha = 1$ in (3) cannot be improved when $\nu = 0$ or $\nu = n$, an improvement is possible when $1 \leq m \leq \nu \leq n-m$. For example, if $1 \leq \nu \leq n-1$, then the inequality

$$\binom{n}{\nu} x^{\nu}(1 - x)^{n-\nu} \leq \alpha e^{-2n(x-q)^2}$$

holds for all n when $\alpha = 1/2$, it holds for all but finitely many n if $1/e < \alpha < 1/2$, and it fails for all n if $\alpha = 1/e$.

For proof, let us write (2) in the form

$$C(n,q) = \frac{f(\nu)f(n - \nu)}{f(n)}, \quad \text{where } f(n) = \frac{n^n}{n!} . \tag{8}$$

We shall investigate the beharior of $C(n,q)$ when ν is increased to $\nu + 1$. To this end, observe that the inequality

$$f(\nu + 1)f(n - \nu - 1) \leq f(\nu)f(n - \nu) \tag{9}$$

is equivalent to

$$\frac{f(\nu + 1)}{f(\nu)} \leq \frac{f(n - \nu)}{f(n - \nu - 1)} ,$$

and hence to

$$\left(1 + \frac{1}{\nu}\right)^{\nu} \leq \left(1 + \frac{1}{n - \nu - 1}\right)^{n-\nu-1} .$$

On the left, we recognize the function which occurs in the limit definition of e. Since that function is monotone, (9) holds if, and only if,

$\nu \leq n - \nu - 1$. Hence, $C(n,q)$ decreases as ν progresses from the ends of its interval toward the center, and the best value (independent of ν) is obtained when $\nu = m$ or $n - m$. The special case $m = 1$ gives the following theorem, which implies the results for $1 \leq \nu \leq n - 1$ noted above:

THEOREM 3. If $1 \leq \nu \leq n - 1$ and $q = \nu/n$, then

$$\binom{n}{\nu} x^{\nu}(1 - x)^{n-\nu} \leq \left(1 - \frac{1}{n}\right)^{n-1} e^{-2n(x-q)^2} .$$

Equality holds if, and only if, $x = q$ and $\nu = 1$ or $\nu = n - 1$.

According to familiar results in the theory of probability, the constant α ought to have the order of magnitude $O(n^{-1/2})$ for a broad range of values of x and q. We shall establish the following:

THEOREM 4. If $1 \leq \nu \leq n - 1$ and $q = \nu/n$, then

$$\binom{n}{\nu} x^{\nu}(1 - x)^{n-\nu} < \left(\frac{1}{2\pi n q(1 - q)}\right)^{1/2} e^{-2n(x-q)^2} .$$

The constant 2π is sharp as $n \to \infty$ for every value of q.

To prove this, define $\theta(n)$ by

$$n! = \left(\frac{n}{e}\right)^n \sqrt{2\pi n}\ \theta(n). \tag{10}$$

Substituting (10) into (8) gives

$$C(n,q) = \left(\frac{n}{2\pi\nu(n - \nu)}\right)^{1/2} \frac{\theta(n)}{\theta(\nu)\theta(n - \nu)} . \tag{11}$$

Given $q = \nu_0/n_0$, we set $n = jn_0$, $\nu = j\nu_0$, $x = q$, and we let $j \to \infty$. Since $\lim \theta(n) = 1$ as $n \to \infty$ by the Stirling - de Moivre formula, it follows that the constant 2π in Theorem 4 is sharp.

The main assertion in Theorem 4 can be deduced from an interesting formula of Binet [1], namely,

$$\log n! = \left(n + \frac{1}{2}\right)\log n - n + \frac{1}{2}\log(2\pi) + \int_0^{\infty} \frac{2\tan^{-1}(t/n)}{e^{2\pi t} - 1}\, dt$$

Comparison with (10) shows that $\log \theta(n)$ equals the integral on the right; hence $\theta(j) > 1$ for $j \geq 1$, and $\theta(j)$ is decreasing. These two properties imply

$$\theta(n) < \theta(\nu)\theta(n - \nu) , \quad 1 \leq \nu \leq n - 1 .$$

Theorem 4 now follows from (11).

The greatest value of the constant α in Theorem 4 is $\pi^{-1/2}$, obtained when $\nu = 1$, $n = 2$. Hence Theorem 4 sharpens Theorem 1. When $\nu = 1$ or $n - 1$, the constant exceeds the optimum value (given in Theorem 3) by about 10%. If $2 \leq \nu \leq n - 2$, however, Theorem 4 is sharper than Theorem 3 for every value of n.

3. CONCLUDING REMARKS

In conclusion, we mention that the constant $\alpha = \alpha(n,q)$ in Theorem 4 has the general form that might be expected on the basis of the normal law. In a like manner, if β is allowed to depend on q, a natural choice is

$$\beta = -\frac{1}{2q(1 - q)} .$$

Unfortunately, the function corresponding to $f(x)$ in the proof of Theorem 1 now satisfies $f(x) \leq f(1 - q)$, and hence the exponential factor does not drop out as it did before. This is the reason why preference has been given to the case $\beta = -2$ here.

Theorems 1 and 2 were presented at Oberwolfach in May, 1976. Research of the respective authors has been done in Basel under auspices of the Swiss National Science Foundation, and in Karlsruhe under auspices of the United States Special Program, Alexander von Humbolt Stifung.

REFERENCES

1. A. Erdélyi, W. Magnus, F. Oberhettinger, and F. G. Tricomi, Higher transcendental functions, McGraw-Hill, N.Y., 1953, Vol. 1, p. 22.

2. G. G. Lorentz, Bernstein polynomials, University of Toronto Press, 1953, pp. 15, 18.

3. Ivan Sokolnikoff and R. M. Redheffer, Mathematics of physics and modern engineering, McGraw-Hill, N.Y., 1966, p. 624.

On the remainder term of the de Moivre-Laplace formula[1]

(To the 70th Birthday of Eugene Lukacs)

§1. Introduction

1. For a p, $0<p<1$, a positive integer n and an integer ν, $0<\nu<n$, put

$$p_\nu := \binom{n}{\nu} p^\nu (1-p)^{n-\nu}, \qquad \kappa := p(1-p), \qquad w := \sqrt{2n\kappa}. \tag{1.1}$$

Let η be an arbitrary positive number and consider the sum

$$M(n) := \sum p\nu \qquad (|\nu - np| \leq \eta w). \tag{1.2}$$

This sum was for the first time investigated, 1733, by de Moivre[2], to whom is due the theorem that, for finite η,

$$M(\eta) = \frac{2}{\sqrt{\pi}} \int_0^\eta e^{-t^2}\, dt + \rho_M(\eta,n), \ \lim_{n\to\infty} \rho_M(\eta,n) = 0. \tag{1.3}$$

As a matter of fact, Moivre only explicitly proved (1.3) for $p=\frac{1}{2}$. He observes, that the deduction in the general case is the same. Further, the first right-side term of (1.3) is given by de Moivre in the form of a power series which is simply the Maclaurin development of the integral. It has to be kept in mind, that at that time the representation of a quantity by a definite integral would be considered as the reduction of one unsolved problem to another, while the infinite series was a "solution" of the problem.

AMS (1970) subject classification: Primary 26A12. Secondary 33A70.

Received December 21, 1977.

[1] We use throughout this article our own notation. The notation of Moivre and Laplace are, of course, quite different. For instance, Laplace did not use the modern notation for the limits of a definite integral.

[2] In the second supplement to de Moivre's Miscellanea Analytica. This book is dated 1730. The table of contents does not mention the supplements. On the first page of the second supplement is printed the date Nov. 12, 1733. In the corollarium II de Moivre calculates $M(\eta)$ for $\eta=\sqrt{\frac{1}{2}}$ using infinite series, but he points out in the corollarium VI that for other values the series does not converge rapidly enough and applies to the calculation for $\eta=\sqrt{2}$ and $\eta=3\sqrt{\frac{1}{2}}$ a formula for numerical integration.

2. A sum, corresponding to (1.1) has been defined by Laplace[3] in a different way. Let $n_0=[(n+1)p]$ be the greatest integer contained in $(n+1)p$, and $w'=\sqrt{\frac{2n_0(n-n_0)}{n}}$. Then the sum considered by Laplace is

$$L(\eta):=\sum_{\nu} p_{\nu} \qquad (|\nu-n_0|\leq \eta w'). \tag{1.4}$$

$\eta w'$ being an integer.

For this sum, Laplace gave the expression

$$L(\eta)=\frac{2}{\sqrt{\pi}}\int_0^{\eta} e^{-t^2}\,dt+\rho_L(\eta,n) \tag{1.5}$$

with

$$\rho_L(\eta,n)=\frac{1}{\sqrt{\pi}w'}e^{-\eta^2}+O\left(\frac{1}{n}\right). \tag{1.6}$$

3. After Laplace the formula (1.6) was usually applied to $M(\eta)$ instead of $L(\eta)$; that is so say, that for the approximation of the remainder term in (1.3) the relation

$$\rho_M(\eta)=\frac{1}{\sqrt{\pi}w}e^{-\eta^2}+O\left(\frac{1}{n}\right) \tag{1.7}$$

was used[4], with η as a continuous variable.

More or less equivalent to the formulas (1.3) and (1.7) is the formula

$$M(\eta)=\frac{2}{\sqrt{\pi}}\int_0^{\eta+w/2} e^{-t^2}\,dt, \tag{1.8}$$

which was proposed by J. Eggenberger[5] and then used for instance by Czuber.[6]

4. The proof of (1.7) which is given in some books is false and since the end of the 19th century the "Laplace term" was usually disregarded.

[3] Laplace, Théorie analytique des probabilités, Paris, 1812. We quote the third edition which appeared in 1820 as it is reproduced in Laplace's Oeuvres, Vol. VII. See in particular pp. 281, 284.

[4] See for instance Czuber [4], pp. 139–140.

[5] [5] and [6] p. 43.

[6] [4] pp. 141–142.

Notwithstanding, the formula (1.7) was repeatedly checked numerically and gave unexpectedly good results[7] usually because the values of p, n and η were chosen, "for commodity sake", in such a way that np and ηw were integers.

5. It is rather evident a priori that the formula (1.7) cannot be true for a continuous variable η. Indeed, if np is an integer and if η goes through a value for which ηw is an integer, then $M(\eta)$ has a jump which is equivalent to $e^{-\eta^2}/(\sqrt{\pi w})$, while the first term on the right in (1.7) is continuous. And it is easy to see that this argument does not use the uniformity of $O(1/n)$ with respect to η.

6. In this article we are going to prove that $\rho_M(\eta, n)$ can be written as

$$\rho_M(\eta, n) = \frac{r_n}{\sqrt{\pi w}} e^{-\eta^2} + O\left(\frac{1}{n}\right) \qquad (n \to \infty) \tag{1.8}$$

where $r_n \in (-1, 1)$ and *the sequence of the* r_n, for a constant η *is, with* $n \to \infty$, *everywhere dense in the interval* $(-1, 1)$.

7. We prove a similar formula also for $L(\eta)$ for a continuous variable η.

$$\rho_l(\eta, n) = \frac{r'_n}{\sqrt{\pi w}} e^{-\eta^2} + O\left(\frac{1}{n}\right) \qquad (n \to \infty) \tag{1.9}$$

where $r'_n \in (-1, 1)$ and *with* $n \to \infty$ *the* r'_n *are everywhere dense in* $(-1, 1)$.

8. These formulas can be derived from the explicit expressions of r_n, r'_n, which can be written down using the numbertheoretic function $R(x) := x - [x]$, the "fractional part of x". Then we can write

$$r_n = 1 - R(np + \eta w) - R(-np + \eta w), \tag{1.10}$$

$$r'_n = 1 - 2R(\eta w'). \tag{1.11}$$

9. Both formulas (1.10) and (1.11) can be derived from a general formula expressing

$$M(\eta_1, \eta_2) := \sum p_\nu \qquad (\eta_1 w \leq \nu - pn \leq \eta_2 w). \tag{1.12}$$

namely

$$M(\eta_1, \eta_2) = \frac{1}{\sqrt{\pi}} \int_{\eta_1}^{\eta_2} e^{-t^2} dt + \frac{2p-1}{6\sqrt{\pi w}} e^{-y^2}(2y^2 - 1)\Big|_{\eta_1}^{\eta_2} + \rho_{\eta_1, \eta_2}(n), \tag{1.13}$$

$$\rho_{\eta_1, \eta_2}(n) = \frac{r_n}{\sqrt{\pi w}} + O\left(\frac{1}{n}\right). \tag{1.14}$$

[7] See for instance, D. Mirimanoff [9], p. 118, and L. V. Bortkiewicz [2].

with

$$R_n = (\tfrac{1}{2} - R(-\eta_1 w - pn))e^{-\eta_1^2} + (\tfrac{1}{2} - R(\eta_2 w + pn))e^{-\eta_2^2}. \tag{1.15}$$

If both $-\eta_1 w - pn$ and $\eta_2 w + pn$ are integers, R_n becomes $\frac{1}{2}(e^{-\eta_1^2} + e^{-\eta_2^2})$ and, for $-\eta_1 = \eta_2$, we obtain a new "Laplace term". However, for $-\eta_1 = \eta_2$, both $\eta_2 - pn$ and $\eta_2 + pn$ cannot be integers unless $2pn$ is integer, which is in particular never the case if p is irrational. This explains why Laplace chose for the center of his interval n_0 instead of pn.

10. I published the formulas (1.10), (1.11) and (1.15) in 1946 in [11] without being aware that the formulas (1.10) and (1.15) have been given by Uspensky, 1937, in his fundamental book [12][8]. However, Uspensky says about his deduction of (1.15) :"The Analysis... is rather involved and a better way to arrive at the same results would be very desirable."

While Uspensky's proof using Fourier Analysis is indeed very intricate, the proof we give in this article is rather straightforward and essentially simpler, than that of Uspensky.

It is well known that representations by Laplace Integrals have been obtained generalizing considerably the Bernoullian case to the sums of independent and stationary sequences of random variables. There exists on this subject, beginning with the classical papers of Markov and Lapounov, very extensive literature, see for instance the book by Ibragimov and Linnik [7]. However in all these cases the main variable used is the *number* of random variables considered so that problems similar to that treated by Uspensky and in this paper do not arise.

11. We start in §2 from the "*local convergence theorem*", that is in our case an asymptotic expression for p_ν, (2.4), which can be assumed as well known.

Applying to this formula the Euler- Maclaurin sum formula with the second order remainder we obtain the formulas (2.23) and (2.24), where the expressions Δ_1, Δ_2 measure the effect of the variation of the limits in the integral $\int_{\eta_M}^{\eta_N}$ and are easily expressed through $R(x)$.

$M(\eta)$ is then obtained, making $-\eta_1 = \eta_2 = \eta$, while $L(\eta)$ can be reduced to $M(\eta_1, \eta_2)$.

In §3 we prove finally that r_n and r_n' are everywhere dense in $(-1, 1)$, using arguments belonging to theory of Diophantine approximations.

§2. Representations of $\mathbf{M(\eta_1, \eta_2)}$, $\mathbf{L(\eta_1, \eta_2)}$

12. We will start with an asymptotic expression of p_ν defined by (1.1) and

[8] Uspensky uses $w := \sqrt{\kappa n}$ instead of $\sqrt{2\kappa n}$. He does not consider $L(\eta)$ at all. On the other hand he obtains a remarkably low explicit limit for the term $O(1/n)$, which apparently cannot be obtained by our method.

introduce for this purpose

$$r := \frac{2p-1}{w} \tag{2.1}$$

and a variable σ which will vary with ν and is defined by

$$w\sigma := \nu - np. \tag{2.2}$$

In the following discussion we will assume that σ remains bounded,

$$|\sigma| \leqslant \eta, \tag{2.3}$$

by an arbitrary fixed positive η. Then the formulation of the corresponding "*local convergence theorem*" is

$$\sqrt{\pi} w p_\nu = e^{-\sigma^2}(1 + r\sigma - \tfrac{2}{3} r\sigma^3) + O\left(\frac{1}{n}\right). \tag{2.4}$$

This formula with the correction term written out is apparently due to Castelnuovo [3], p.105, cap. V, N. 46, (38), (39), see for instance also for its proof Borowkow [1]. Usually this local convergence theorem is deduced without the correction terms at the exponential but the complete formula follows easily from the de Moivre-Stirling formula for $n!$ with the error $O\left(\frac{1}{n}\right)$.

13. Introduce two variables x, y connected by

$$y = \frac{x - np}{w} \tag{2.5}$$

and define

$$S(y) := e^{-y^2}(1 + ry - \tfrac{2}{3} r y^3)$$
$$= Q(x) := e^{-(x-np)^2/w^2}\left(1 + \frac{2p-1}{w}\left(\frac{x-np}{w} - \frac{2}{3}\frac{(x-np)^3}{w^3}\right)\right); \tag{2.6}$$

then (2.4) can be written as

$$\sqrt{\pi} w p_\nu + O\left(\frac{1}{n}\right) = S(\sigma) = Q(\nu), \tag{2.7}$$

in virtue of (2.2).

We will need the estimates, with $n \to \infty$, of $Q'(x)$, $Q''(x)$ for $|x-np| \leq \eta$, that is for $|y| \leq \eta/w$. Obviously

$$Q'(x) = \frac{1}{w} S'(y) = \frac{1}{w} e^{-y^2}(r - 2y - 4ry^2 + \tfrac{4}{3}ry^4).$$

Therefore, as the cofactor of $\dfrac{1}{w}$ on the right is bounded,

$$Q'(x) = O\left(\frac{1}{w}\right). \tag{2.8}$$

As to Q'', we obtain similarly

$$Q''(x) = \frac{1}{w^2} S''(y) = \frac{1}{w^2}(-2 - 10ry + 4y^2 + \tfrac{40}{3}ry^3 - \tfrac{8}{3}ry^5)e^{-y^2}$$

and therefore, as the cofactor of $1/w^2$ is bounded,

$$Q''(x) = O\left(\frac{1}{w^2}\right). \tag{2.9}$$

14. We now apply to $Q(\nu)$ the Euler-Maclaurin formula with the remainder of second order containing $Q''(t)$ and the Bernoullian Polynomial $B_2(t) = t^2 + t - \frac{1}{6}$:

$$\sum_{\nu=M}^{N} Q(\nu) = I + II + III, \tag{2.10}$$

$$I = \int_M^N Q(x)\,dx - \tfrac{1}{2}(Q(M) + Q(N)), \tag{2.11}$$

$$II = \tfrac{1}{12}(Q'(N) - Q'(M)), \tag{2.12}$$

$$III = -\frac{1}{2}\int_0^1 (t^2 + t - \tfrac{1}{6}) \sum_{\nu=M}^{N} Q''(\nu + t)\,dt. \tag{2.13}$$

As to the limits, M, N, of integration, we define them in such a way that $M \leq N$ and

$$\eta_M := \frac{M - np}{w} \geq \eta_1, \quad \eta_N := \frac{N - np}{w} \leq \eta_2, \tag{2.14}$$

where η_1 and η_2 satisfy

$$-\eta \leq \eta_1 < \eta_2 \leq \eta. \tag{2.15}$$

Here both M and N and all integers between them satisfy the condition $|x - np| \leq \eta w$. On the other hand obviously $N - M = O(w)$.

15. It follows from (2.8) and (2.9) that

$$II = O\left(\frac{1}{w}\right), \tag{2.16}$$

$$III = O\left(w\frac{1}{w^2}\right) = O\left(\frac{1}{w}\right). \tag{2.17}$$

As to I we obtain at once, introducing the new integration variable y by (2.5),

$$\int_M^N Q(x)\,dx = w\int_{\eta_M}^{\eta_N} S(y)\,dy = w\int_{\eta_M}^{\eta_N} e^{-y^2}\,dy + (2p-1)\int_{\eta_M}^{\eta_N} e^{-y^2}y(1-\tfrac{2}{3}y^2)\,dy.$$

Here the last integral is immediately verified to have the value

$$\tfrac{1}{6}e^{-y^2}(2y^2-1)\Big|_{\eta_M}^{\eta_N}. \tag{2.18}$$

On the other hand, using (2.6), we obtain

$$\begin{aligned}\tfrac{1}{2}(Q(M)+Q(N)) &= \tfrac{1}{2}(S(\eta_M)+S(\eta_N))\\ &= \tfrac{1}{2}(e^{-\eta_M^2}+e^{-\eta_N^2}) + \frac{2p-1}{w}[e^{-\eta_M^2}(\eta_M-\tfrac{2}{3}\eta_M^3)+e^{-\eta_N^2}(\eta_N-\tfrac{2}{3}\eta_N^3)].\end{aligned}$$

Here the bracketed espression is obviously bounded and it follows that

$$\begin{aligned}\sum_{\nu=M}^{N} Q(\nu) = w\int_{\eta_M}^{\eta_N} e^{-y^2}\,dy + \frac{2p-1}{6}\,e^{-y^2}(2y^2-1)\Big|_{\eta_M}^{\eta_N}\\ +\tfrac{1}{2}(e^{-\eta_M}+e^{-\eta_N}) + O\left(\frac{1}{w}\right).\end{aligned} \tag{2.19}$$

It follows now from (2.7) that

$$\begin{aligned}\sum_{\nu=M}^{N} p_\nu = \frac{1}{\sqrt{\pi}}\int_{\eta_M}^{\eta_N} e^{-y^2}\,dy + \frac{1}{\sqrt{\pi}w}\left[\frac{2p-1}{6}\,e^{-y^2}(2y^2-1)\Big|_{\eta_M}^{\eta_N}\right.\\ \left.+\tfrac{1}{2}(e^{-\eta_M^2}+e^{-\eta_N^2})\right] + O\left(\frac{1}{w^2}\right).\end{aligned} \tag{2.20}$$

16. From now on we assume that M is the *smallest* integer and N the *largest* integer satisfying the inequalities (2.14). Then obviously, if we put

$$\eta_M - \eta_1 = \frac{\Delta_1}{w}, \qquad \eta_2 - \eta_N = \frac{\Delta_2}{w}, \tag{2.21}$$

both Δ_1 and Δ_2 are non negative and less than 1.

As to the bracketed expression in (2.20), we make only an error of the order of $(\Delta_1+\Delta_2)/w$ if we replace in it η_M with η_1 and η_N with η_2. This expression can be therefore written as

$$\tfrac{1}{2}(e^{-\eta_1^2}+e^{-\eta_2^2})+\frac{2p-1}{6}(e^{-\eta_2^2}(2\eta_2^2-1)-e^{-\eta_1^2}(2\eta_1^2-1))+O\left(\frac{1}{w}\right). \tag{2.22}$$

The integral in (2.20) can be written in the form

$$\int_{\eta_M}^{\eta_N} e^{-y^2}\,dy=\int_{\eta_1}^{\eta_2} e^{-y^2}\,dy-\int_{\eta_1}^{\eta_M} e^{-y^2}\,dy-\int_{\eta_N}^{\eta_2} e^{-y^2}\,dy$$

and here obviously

$$\int_{\eta_1}^{\eta_M} e^{-y^2}\,dy=\frac{\Delta_1}{w}e^{-\eta_1^2}+O\left(\frac{1}{w^2}\right),\qquad \int_{\eta_N}^{\eta_2} e^{-y^2}\,dy=\frac{\Delta_2}{w}e^{-\eta_2^2}+O\left(\frac{1}{w^2}\right).$$

(2.20) becomes now, using (1.12),

$$M(\eta_1,\eta_2):=\sum_{\nu=M}^{N}p_\nu=\frac{1}{\sqrt{\pi}}\int_{\eta_1}^{\eta_2}e^{-y^2}\,dy$$

$$+\frac{1}{\sqrt{\pi}w}\left[\tfrac{1}{2}(e^{-\eta_1^2}+e^{-\eta_2^2})+\frac{2p-1}{6}e^{-y^2}(2y^2-1)\Big|_{\eta_1}^{\eta_2}\right]-R \tag{2.23}$$

$$R=\frac{1}{\sqrt{\pi}w}(\Delta_1e^{-\eta_1^2}+\Delta_2e^{-\eta_2^2})+O\left(\frac{1}{w^2}\right). \tag{2.24}$$

17. From (2.21), (2.14) and (1.10) it follows that

$$\Delta_1=M-(np+\eta_1w),\qquad -(np+\eta_1w)=-M+\Delta_1$$

and therefore, since M is the smallest integer for which Δ_1 is $\geqslant 0$,

$$\Delta_1=R(-pn-\eta_1w). \tag{2.25}$$

Similarly it follows for Δ_2 that

$$\Delta_2=w(\eta_2-\eta_N)=np+\eta_2w-N$$

and therefore, since N is the greatest integer for which Δ_2 is $\geqslant 0$,

$$\Delta_2 = R(np + \eta_2 w). \tag{2.26}$$

We obtain now for $\rho_{\eta_4,\eta_2}(n)$ in (1.13) the formula

$$\rho_{\eta_4,\eta_2}(n) = \frac{1}{\sqrt{\pi w}}\,[(\tfrac{1}{2} - R(-\eta_1 w - pn))e^{-\eta_1^2}$$

$$+ (\tfrac{1}{2} - R(\eta_2 w + pn))e^{-\eta_2^2}] + O\left(\frac{1}{n}\right), \tag{2.27}$$

containing (1.14) and (1.15).

18. We now consider the sum $L(\eta)$, defined in the introduction by (1.4), where

$$n_0 := [(n+1)p], \qquad w' := \sqrt{\frac{2n_0(n-n_0)}{n}}.$$

We obviously have $n_0 = np + \rho$, where $p - 1 < \rho \leqslant p$. We have for w'

$$\sigma := \frac{w'}{w} = \sqrt{\frac{\left(p - \frac{\rho}{n}\right)\left(1 - p + \frac{\rho}{n}\right)}{p(1-p)}} = 1 + O\left(\frac{1}{n}\right). \tag{2.28}$$

In (1.4) ν runs between the limits

$$n_0 - \eta w' = np + \rho - \eta w' \quad \text{and} \quad n_0 + \eta w' = np + \rho + \eta w'.$$

Therefore, if we define η_1, η_2 by

$$w\eta_1 = \rho - \eta w', \quad w\eta_2 = \rho + \eta w', \tag{2.29}$$

we have in (1.4) $pn + \eta_1 w \leqslant \nu \leqslant pn + \eta_2 w$, and

$$L(\eta) = M(\eta_1, \eta_2), \tag{2.30}$$

where $M(\eta_1, \eta_2)$ is given by (1.13) and (2.27), while by (2.29),

$$\eta_1 + \eta = \eta_2 - \eta + O\left(\frac{1}{n}\right) = \frac{\rho}{w} + O\left(\frac{1}{n}\right) = O\left(\frac{1}{w}\right). \tag{2.31}$$

19. If we replace, in the second right-hand term of (2.23), η_1 by $-\eta$ and η_2 by η, the error committed is $O(1/n)$, since this term is changed by $O(1/n)$. But then this term becomes $e^{-\eta^2}/(\sqrt{\pi}w)$ and we obtain

$$\frac{1}{\sqrt{\pi}}\int_{\eta_1}^{\eta_2} e^{-t^2}\,dt+\frac{1}{\sqrt{\pi w}}(1-\Delta_1-\Delta_2)e^{-\eta^2}+O\left(\frac{1}{n}\right) \tag{2.32}$$

where Δ_l is given by (2.25) and Δ_2 by (2.26).

But then we have, as $np\equiv-\rho(\text{mod } 1)$, using (2.29),

$$\Delta_1=R(-np-\eta_1 w)=R(\rho-\eta_1 w)=R(\eta w'),$$

$$\Delta_2=R(np+\eta_2 w)=R(-\rho+\eta_2 w)=R(\eta w').$$

On the other hand it follows that

$$\int_{\eta_1}^{\eta_2} e^{-t^2}\,dt-\int_{-\eta}^{\eta} e^{-t^2}\,dt=\int_{\eta}^{\eta_2} e^{-t^2}\,dt-\int_{-\eta}^{\eta_1} e^{-t^2}\,dt=(\eta_2-\eta)e^{-\xi_2^2}-(\eta_1+\eta)e^{-\xi_1^2},$$

where ξ_2 lies between η and η_2, and ξ_1 between $-\eta$ and η_1.

If we replace here ξ_2 by η and ξ_1 by $-\eta$ this becomes, by (2.31),

$$(\eta_2-\eta)e^{-\eta^2}-(\eta_1+\eta)e^{-\eta^2}+O((\eta_2-\eta)^2)+O((\eta_1+\eta)^2),$$

and this is $O(1/n)$. Therefore we finally obtain

$$L(\eta)=\frac{2}{\sqrt{\pi}}\int_0^{\eta} e^{-t^2}\,dt+\frac{r'_n}{\sqrt{\pi w}}\,e^{-\eta^2},\qquad r'_n=1-2R(\eta w'),$$

and (1.11) is proved.

§3. The distribution of the r_n and r'_n

20. LEMMA 1. *Assume α is positive, M is an arbitrary natural integer and*

$$S(0\leq a\leq x\leq b\leq 1). \tag{3.1}$$

is an arbitrary closed subinterval of $\langle 0,1\rangle$.

Consider a positive function of the natural integer argument μ, $f(\mu)$, such that

$$f(\mu)=\mu+O(\sqrt{\mu})\qquad(\mu\to\infty). \tag{3.2}$$

Then there exist infinitely many natural integers K such that

$$R(\alpha\sqrt{f(K+\mu)}) \in S \qquad (\mu = 1, \ldots, M). \tag{3.3}$$

21. *Proof.* We explain first the idea of the proof in the special case $f(\mu) := \mu$. Observing that

$$\alpha\sqrt{\mu+1}-\alpha\sqrt{\mu} = \frac{\alpha}{\sqrt{\mu+1}+\sqrt{\mu}} < \frac{\alpha}{2\sqrt{\mu}}$$

we see that, as μ tends to infinity, $R(\alpha\sqrt{\mu})$ passes infinitely often monotonically through the whole interval $\langle 0, 1\rangle$ and therefore, as soon as

$$\frac{\alpha}{2\sqrt{\mu}} < \frac{b-a}{M},$$

each time at least M consecutive elements of the sequence $R(\alpha\sqrt{\mu})$ lie in S.

22. We now take up the general case of lemma 1. There we will not be able to assume that $\alpha f(\mu)$ increases monotonically.

Putting

$$\varepsilon_\mu := \sqrt{f(\mu+1)} - \sqrt{f(\mu)}, \tag{3.4}$$

we obviously have

$$\varepsilon_\mu = \frac{\mu+1+O(\sqrt{\mu})-\mu+O(\sqrt{\mu})}{\sqrt{\mu+1+O(\sqrt{\mu})}+\sqrt{\mu+O(\sqrt{\mu})}}$$

and therefore

$$\varepsilon_\mu \to 0 \qquad (\mu \to \infty). \tag{3.5}$$

We can therefore assume that for $\mu \geqslant \mu_0$:

$$|\alpha\sqrt{f(\mu+1)}-\alpha\sqrt{f(\mu)}| < \frac{b-a}{2M+1}. \tag{3.6}$$

We subdivide the interval S into $2M+1$ subintervals of equal length $(b-a)/(2M+1)$ and consider the middle one of these subintervals,

$$S_0 : \left\langle a+\frac{M(b-a)}{2M+1}, a+\frac{(M+1)(b-a)}{2M+1}\right\rangle.$$

It is then easy to see that, as $\mu \to \infty$, for infinitely many K,

$$R(\alpha\sqrt{f(K)}) \in S_0.$$

Indeed for infinitely many natural $K_1 > \mu_0$ we have

$$\alpha\sqrt{f(K_1)} = n + \theta\frac{b-a}{2M+1}, \qquad 0 \le \theta < 1,$$

each time when $\alpha\sqrt{f(K_1)}$ changes from an interval $\langle n-1, n\rangle$ to the interval $\langle n, n+1\rangle$ for a natural n. As $f(x)$ goes to ∞, we can also assume that for all $K > K_1$:

$$\alpha\sqrt{f(K)} > \alpha\sqrt{f(K_1)}, \qquad K - K_1 = 1, 2, \dots .$$

But then the sequence $R(\alpha\sqrt{f(K)})$ cannot return to values $< R(\alpha\sqrt{f(K_1)})$ without passing through the interval S_0.

For any such K it is clear that the M consecutive values of $R(\alpha\sqrt{f(K+\mu)}$. $(\mu = 1, \dots, M)$ remain in S since, in order to get out of S, $R(\alpha\sqrt{f(K+\mu)})$ needs to pass through at least M intervals of length $(b-a)/(2M+1)$, as each single jump is smaller then this length. Lemma 1 is proved.

23. We can now prove, that the r_n' defined by (1.11) are everywhere dense in $\langle -1, 1\rangle$.

Indeed, it follows from (2.28) that

$$w' = w\left(1 + O\left(\frac{1}{n}\right)\right) = \sqrt{2\kappa}\sqrt{n} + O\left(\frac{1}{\sqrt{n}}\right),$$

$$\eta w' = (\eta\sqrt{2\kappa})\left(\sqrt{n} + O\left(\frac{1}{\sqrt{n}}\right)\right).$$

Denoting here $\eta\sqrt{2\kappa}$ by α and the square of the cofactor of α by $f(n)$, lemma 1 can be applied to $\eta w'$ and it follows, as $n \to \infty$, that the values of $R(\eta w)$ are everywhere dense in $\langle 0, 1\rangle$.

But then, by (1.11), we see that the r_n' *are* indeed *everywhere dense* in $\langle -1, 1\rangle$.

24. LEMMA 2. *Assume β is a real irrational and J is a closed subinterval of $\langle 0, 1\rangle$, of length $\varepsilon > 0$. Then there exists a natural integer $N = N(\beta, J)$ such that for any natural n, among the N integers $n+1, n+2, \dots, n+N$ there is at least one, $n+\nu_0$, such that $R((n+\nu_0)\beta)$ lies in J.*

25. *Proof.* Decompose $\langle 0, 1\rangle$ into k intervals $J_\kappa (\kappa = 1, \ldots, k)$ without inner points in common, and such that the length of each J_κ is $< \varepsilon/4$. By a theorem of Tchebycheff there exists for each κ a natural number n_κ such that

$$R(n_\kappa \beta) \in J_\kappa (\kappa = 1, \ldots, k).$$

Denote $\operatorname*{Max}_k n_k$ by N. For an aribtrary natural n denote by $J^{(n)}$ the set of numbers from $\langle 0,1\rangle$ which are congruent mod 1 to the elements of $J - n\beta$.

26. I claim that $J^{(n)}$ contains at least one of the J_κ's, say J_{κ_0}. Indeed, if $J^{(n)}$ is a subinterval of $\langle 0, 1\rangle$, it has length ε and even three of the J_κ must lie in $J^{(n)}$. Otherwise, $J^{(n)}$ consists of *two* subintervals of $\langle 0, 1\rangle$ and one of these subintervals has length $\geqslant \varepsilon/2$ and therefore again contains a J_{κ_0}.

Put now $\nu_0 := n_{\kappa_0}$. Then $R(\nu_0\beta) \in J_{\kappa_0} \in J^{(n)}$, and therefore $\nu_0\beta \equiv : v \in J^{(n)}$ (mod.1), $\nu_0\beta + n\beta \equiv v + n\beta \equiv u \in J$. Lemma 2 is proved.

27. LEMMA 3. *Let α be an arbitrary positive real number and β real irrational. Consider the set of points in the $x - y$ plane*:

$$P_n(x = R(\alpha\sqrt{n}), y = R(n\beta)) \qquad (n = 1, 2 \ldots). \tag{3.7}$$

This set is everywhere dense in the unit square:

$$Q\langle 0 \leqslant x \leqslant 1\rangle \times \langle 0 \leqslant y \leqslant 1\rangle.$$

28. *Proof.* Consider an arbitrary closed subinterval, S, of $0 \leqslant x \leqslant 1$ and an arbitrary closed subinterval, J, *of* $0 \leqslant y \leqslant 1$. It is sufficient to prove that for a convenient natural integer μ

$$R(\alpha\sqrt{\mu}) \in S, \; R(\mu\beta) \in J. \tag{3.8}$$

Apply lemma 2 to our β, J, and let $N(\beta, J)$ be the natural integer postulated in this lemma. Apply lemma 1 to our α and S, taking

$$f(n) := \sqrt{n}, \quad M := N(\beta, J). \tag{3.9}$$

There exists a natural integer n such that by (3.3):

$$R(\alpha\sqrt{n+\nu}) \in S(\nu = 1, \ldots, N(\beta, J)). \tag{3.10}$$

By lemma 2 there exists a

$$\mu = n + \nu_0, \qquad 1 \leqslant \nu_0 \leqslant N(\beta, J),$$

such that $R(\mu\beta) \in S$. Since for this μ by (3.10) the first relation (3.7) is also satisfied, our lemma is proved.

29. Consider now r_n, given by (1.10) where

$$\eta w = \eta\sqrt{2\kappa}\sqrt{n} = \alpha\sqrt{n}, \qquad \alpha := \eta\sqrt{2\kappa}, \tag{3.11}$$

$$r_n = 1 - R(\alpha\sqrt{n} + pn) - R(\alpha\sqrt{n} - pn). \tag{3.12}$$

If we first assume that p is a rational number with denominator m we can put $n = \nu m$, $(\nu \in \mathbf{N})$. Then pn becomes an integer and

$$r_n = 1 - 2R(\alpha\sqrt{m}\sqrt{\nu}).$$

By lemma 1 the corresponding r_n penetrates into any subinterval of $\langle -1, 1 \rangle$.

30. We can therefore assume from now on that $p =: \beta$ is irrational. Consider the unit square in the $x - y$ plane and the shaded open triangle T in Fig. 1, in which

$$x > y, \qquad x + y < 1. \tag{3.13}$$

Then we obviously have for any point P_n in (3.7) the coordinates: $x = R(\alpha\sqrt{n})$, $y = R(n\beta)$.

Clearly, taking congruences mod 1,

$$R(\alpha\sqrt{n} + n\beta) \equiv \alpha\sqrt{n} + n\beta = R(\alpha\sqrt{n}) + R(n\beta),$$

$$R(\alpha\sqrt{n} - n\beta) \equiv \alpha\sqrt{n} - n\beta = R(\alpha\sqrt{n}) - R(n\beta).$$

31. But, if P_n lies in T it follows from the relations (3.13) that

$$R(\alpha\sqrt{n}) + R(n\beta)$$

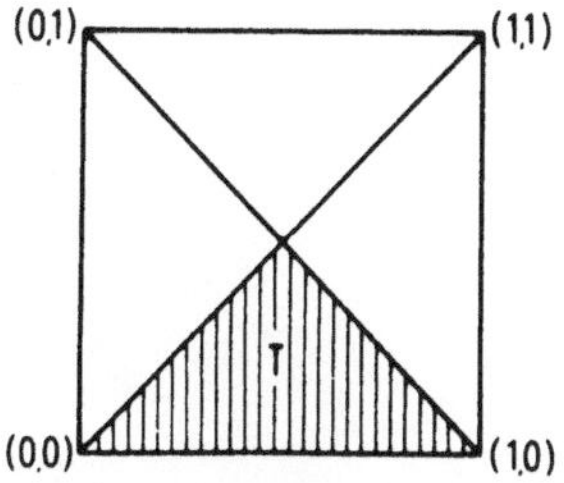

Figure 1

lie in the open interval (0.1). We have therefore the equalities

$$R(\alpha\sqrt{n}+n\beta)=R(\alpha\sqrt{n})+R(n\beta),$$

$$R(\alpha\sqrt{n}-n\beta)=R(\alpha\sqrt{n})-R(n\beta)$$

and it follows for the points P_n from T:

$$r_n=1-2R(\alpha\sqrt{n}).$$

Since these points are everywhere dense in T, their abscissas, $R(\alpha\sqrt{n})$, are everywhere dense in (0, 1) and the r_n's are everywhere dense between -1 and 1. Our assertion about r_n is proved.

REFERENCES

[1] BOROWKOW, A. A., *Warscheinlichkeitstheorie.* Birkhäuser, Basel-Stuttgart, 1976.

[2] BORTKIEWICZ, L. V., *Das Laplacesche Ergänzungsglied und Eggenbergers Grenzberichtigung zum Wahrscheinlichkeitsintegral.* Sitzungsber. Berliner Math. Ges. *18* (1919), 37–42.

[3] CASTELNUOVO, G., *Calculo delle probabilita. I.* 2nd ed., Bologna, 1925.

[4] CZUBER, E., *Wahrscheinlichkeitsrechnung und ihre Anwendung auf Fehlerausgleichung, Statistik und Lebenversicherung,* Bd. I. 3. Auflage, Leipzig, 1914.

[5] EGGENBERGER, J., *Beiträge zur Darstellung des Bernoullischen Theorems der Gammafunktion und des Laplaceschen Integrals.* Berner Mitt. *1893,* 110–182, 236.

[6] EGGENBERGER, J., *Zur Darstellung des Bernoullischen Theorems in der Wahrscheinlichkeitsrechnung.* Z. Math. Phys. *45* (1900), 43–51.

[7] IBRAGIMOV, I. A. and LINNIK, YU. V., *Independent and stationary sequences of random variables.* Wolters-Noordhoff, Groningen, 1971.

[8] LAPLACE, P., *Oeuvres, Vol. VII.*

[9] MIRIMANOFF, D., *Les épreuves répétées et la méthode des fractions continues de Markoff.* L'Enseignement Math. *25* (1926), 111–118.

[10] DE MOIVRE, A., *Miscellanea analytica.* 1733.

[11] OSTROWSKI, A., *Sur la formule de Moivre-Laplace.* C. R. Acad. Sci. Paris *223* (1946), 1090–1092.

[12] USPENSKY J., *Introduction to mathematical probability.* New York, 1937.

Mathematisches Institut,
Universität Basel,
Basel, Switzerland.

Bemerkung zu unserer Abhandlung "On the Diophantine Equation $ay^2+by+c = dx^n$"

E. LANDAU and A. OSTROWSKI (communicated by G. H. HARDY).

Extracted from the Records of Proceedings of the London Mathematical Society, June 9, 1921.

Durch eine freundliche Mitteilung von Herrn STÖRMER wurden wir auf die Abhandlung von Herrn THUE aufmerksam gemacht: "Über die Unlösbarkeit der Gleichung $ax^2+bx+c = dy^n$ in grossen ganzen Zahlen x und y [*Archiv for Mathematik og Naturvidenskab*, Bd. XXXIV (1917), No. 16, S. 1–6]. Hierin beweist er im Wesentlichen unser Hauptresultat. Sein Beweis ist elementarer, aber komplizierter als der unsere. Wir bedauern, dass uns die THUEsche Arbeit erst jetzt bekannt werden konnte; der Archivband traf erst 1921 in der Göttinger Universitätsbibliothek ein, und in der *Revue semestrielle des publications mathématiques*, die uns bis Bd. XXVIII_2 (Oktober 1919–April 1920) vorliegt, ist der Band bisher nicht besprochen.

Contents Vol. 1–6

A list of collected mathematical papers ordered chronologically according to the date of original publication

V	1	Zur Algebra der endlichen Felder (russisch), S.-B. Phys. Math. Ges. Kiew, 1-37 (1913)
V	2	Über einige Fragen der allgemeinen Körpertheorie, J. f. d. r. u. angew. Math. 143, 255-284 (1913)
IV	3	Über die Existenz einer endlichen Basis bei gewissen Funktionensystemen, Math. Ann. 78, 94-119 (1918)
V	4	Über einige Lösungen der Funktionalgleichung $\varphi(x) \cdot \varphi(y) = \varphi(xy)$ Acta. Math. 41, 271-284 (1918)
V	5	Über sogenannte perfekte Körper, J. f. d. r. u. angew. Math. 147, 191-204 (1917)
*	6	Neuer Beweis des Hölderschen Satzes, dass die Gammafunktion keiner algebraischen Differentialgleichung genügt, Math. Ann. 79, 286-288 (1918)
IV	7	Über eine neue Eigenschaft der Diskriminanten und Resultanten binärer Formen (Felix Klein zum fünfzigjährigen Doktorjubiläum gewidmet), Math. Ann. 79, 360-387 (1919)
X	8	Über ein Analogon der Wronskischen Determinante bei Funktionen mehrerer Veränderlicher, Math. Z. 4, 223-230 (1919)
IV	9	Beweis der Irreduzibilität der Diskriminante einer algebraischen Form von mehreren Variablen, Math. Z. 4, 314-319 (1919)
VI	10	Über ganzwertige Polynome in algebraischen Zahlkörpern, J. f. d. r. u. angew. Math. 149, 117-124 (1919)
VI	10a	(Mit G. Pólya) Über ganzwertige Polynome in algebraischen Zahlkörpern, Verh. Schweiz. Naturforschenden Gesellschaft, Zürich 1917
VI	11	Zur arithmetischen Theorie der algebraischen Grössen, Nachr. Akad. Wiss. Göttingen, 279-298 (1919)
IV	12	Über die Existenz einer endlichen Basis bei Systemen von Potenzprodukten, Math. Ann. 81, 21-24 (1920)
*	13	Zum ersten und vierten Gausschen Beweis des Fundamentalsatzes der Algebra, Nachr. Akad. Wiss. Göttingen, Beiheft 50-58 (1920)
X	14	Über die Reihe $\sum_{\eta=0}^{\infty} q^{n^2} x^n$ (Aus einem Brief an G. Pólya), Math Ann. 82, 64-67 (1920)
XI	15	Über Dirichletsche Reihen und algebraische Differentialgleichungen (Inauguraldissertation), Math. Z. 8, 241-298 (1919)
VI	16	Bemerkungen zur Hardy-Littlewoodschen Lösung des Waringschen Problems, Math. Z. 9, 28-34 (1921)
VI	17	(Mit Edmund Landau) On the Diophantine Equation $ay^2 + by + c = dx^n$, Proc. London Math. Soc. (2) 19, 276-280 (1921)

* Papers marked with an asterisk are not included in the present collection.

The Roman numerals preceeding the titles indicate in which chapter a particular paper is to be found.

XIII 18 Über eine Eigenschaft gewisser Potenzreihen mit unendlich vielen verschwindenden Koeffizienten, S.-B. Berlin Akad., 557-565 (1921)

VI 19 Bemerkungen zur Theorie der Diophantischen Approximationen (I-III) (Mitteilungen an E. Hecke), Hamburger Abh. 1, 77-98 (1921)

VI 19a Zu meiner Note: «Bemerkungen zur Theorie der Diophantischen Approximationen» im 1. Heft dieses Bandes, Hamburger Abh. 1, 250-251 (1921)

IV 20 Auszug aus einem Briefe von A. Ostrowski an L. Bieberbach, Jber. Deutsch. Math.-Verein. 31. 82-85 (1922)

III 21 Notiz über einen Satz der Galoisschen Theorie, Math. Z. 12, 317-322 (1922)

XIII 22 Über vollständige Gebiete gleichmässiger Konvergenz von Folgen analytischer Funktionen, Hamburger Abh. 1, 327-350 (1922)

IV 23 Über ein algebraisches Übertragungsprinzip (Habilitationsschrift), Hamburger Abh. 1, 281-326 (1922)

IV 24 (Mit I. Schur) Über eine fundamentale Eigenschaft der Invarianten einer allgemeinen binären Form, Math. Z. 15, 81-105 (1922)

XIII 25 Einige Bemerkungen über Singularitäten Taylorscher und Dirichletscher Reihen, S.-B. Berlin Akad., 39-44 (1923)

XIII 26 Über die Bedeutung der Jensenschen Formel für einige Fragen der komplexen Funktionentheorie (Aus einem Briefe an F. Riesz), Acta Sc. Math. Szeged. 1, 80-87 (1923)

VII 27 Besprechung von: H. Beck, Koordinatengeometrie, Gött. Gel. Anz., 306-311 (1922)

XIII 28 Über allgemeine Konvergenzsätze der komplexen Funktionentheorie, Jber. Deutsch. Math.-Verein. 32, 185-194 (1923)

XIII 29 Über Potenzreihen, die überkonvergente Abschnittfolgen besitzen, S.-B. Berlin Akad., 185-192 (1923)

XIII 30 Über die Darstellung analytischer Funktionen durch Potenzreihen, Jber. Deutsch. Math.-Verein. 32, 286-295 (1923)

XIII 30a Bemerkung zu dem Aufsatze: «Über die Darstellung analytischer Funktionen durch Potenzreihen», Jber. Deutsch. Math.-Verein. 34, (1925)

IV 31 Über eine neue Fragestellung in der algebraischen Invariantentheorie (Habilitationsvortrag), Jber. Deutsch. Math.-Verein. 33, 174-184 (1924)

IV 32 Mathematische Miszellen. I. Die Maxwellsche Erzeugung der Kugelfunktion, Jber. Deutsch. Math.-Verein. 33, 245-251 (1925)

X 33 Mathematische Miszellen. II. Über eine Reduktion der Integrabilitätsbedingungen für vollständige Differentiale, Iber. Deutsch. Math.-Verein. 34, 79-80 (1925)

X 34 Zum Hölderschen Satz über Γ (x), Math. Ann. 94, 248-251 (1925)

XIII 35 Über Folgen analytischer Funktionen und einige Verschärfungen des Picardschen Satzes, Math. Z. 24, 215-258 (1925)

XIII 35a Bemerkung zu meiner Abhandlung: Über Folgen analytischer Funktionen und einige Verschärfungen des Picardschen Satzes, Math. Z. 38, 642 (1934)

XIII 36 Mathematische Miszellen. III. Über Nullstellen gewisser im Einheitskreis regulärer Funktionen und einige Sätze zur Konvergenz unendlicher Reihen, Jber. Deutsch. Math.-Verein. 34, 161-171 (1925)

XIII 37 Über den Schottkyschen Satz und die Borelschen Ungleichungen, S.-B. Berlin Akad., 471-484 (1925)

X 38 Mathematische Miszellen. IV. Bemerkungen über Differenzierbarkeit unendlicher Funktionenfolgen, Jber. Deutsch. Math.-Verein. 34, 237-239 (1925)

IV 39 Mathematische Miszellen. V. Über eine Erweiterung des Irreduzibilitätsbegriffs und ihre Anwendung auf ein funktionentheoretisches Problem, Jber. Deutsch. Math.-Verein. 35, 91-96 (1926)

XIII 40 On Representation of Analytical Functions by Power Series, J. L. M. S. 1, 251-263 (1926); Addendum, J. L. M. S. 4 (1929)

XIII 41 On Hadamard's Test for Singular Points, J. L. M. S. 1, 236-239 (1926)

XIII 42 Mathematische Miszellen. VI. Über einen Satz von Herrn Hadamard, Jber. Deutsch. Math.-Verein. 35, 179-182 (1926)

XIII 43 Mathematische Miszellen. VII. Über Singularitäten gewisser mit Lücken behafteten Potenzreihen, Jber. Deutsch. Math.-Verein. 35, 269-280 (1926)

X 44 Mathematische Miszellen. VIII. Funktionaldeterminanten und Abhängigkeit von Funktionen, Jber. Deutsch. Math.-Verein. 36, 129-134 (1927)

VI 45 Mathematische Miszellen. IX. Notiz zur Theorie der Diophantischen Approximationen, Jber. Deutsch. Math.-Verein. 36, 178-180 (1927)

X 46 Mathematische Miszellen. X. Über das Poissonsche Integral und fast stetige Funktionen, Jber. Deutsch. Math.-Verein. 36, 349-350 (1927)

X 47 Mathematische Miszellen. XI. Über den Lerchschen Satz, Jber. Deutsch. Math.-Verein. 37, 69-70 (1928)

III 48 Mathematische Miszellen. XII. Bemerkungen zum Beweise des Budan-Fourierschen und Newton-Sylvesterschen Satzes, Jber. Deutsch. Math.-Verein. 37, 254-256 (1928)

XI 49 Mathematische Miszellen. XIII. Über Abhängigkeit linearer Systeme und Integrabilitätsbedingungen für Systeme linearer Differentialgleichungen in mehreren Variablen, Jber. Deutsch. Math.-Verein. 37, 365-374 (1928)

VII 50 Besprechung von: J.A. Schouten, Der Ricci-Kalkül, Gött. Gel. Anz. 595-599 (1928)

XIII 51 Über das Hadamardsche Singularitätenkriterium in der Theorie der Taylorschen und Dirichletschen Reihen, S.-B. Berlin Math. Ges. 27, 32-47 (1928)

X 52 Mathematische Miszellen. XIV. Über die Funktionalgleichung der Exponentialfunktion und verwandte Funktionalgleichungen, Jber. Deutsch. Math.-Verein. 38, 54-62 (1929)

X 53 Zur Theorie der konvexen Funktionen, Comment. Math. Helv. 1, 157-159 (1929)

XIV 54 Mathematische Miszellen. XV. Zur konformen Abbildung einfach zusammenhängender Gebiete, Jber. Deutsch. Math.-Verein. 38, 168-182 (1929)

XIII 55 Über Schwankungen analytischer Funktionen, die gegebene Werte nicht annehmen, S.-B. Berlin Akad., 276-287 (1929)

IX 56 Sur quelques généralisations du produit d'Euler $\prod_{\nu=0}^{\infty}(1+x^{2^\nu})$ C. R. Acad. Sc. Paris 190, 249-251 (1930)

IX 57 Über einige Verallgemeinerungen des Eulerschen Produktes

$$\prod_{\nu=0}^{\infty}(1+x^{2^\nu})=\frac{1}{1-x}\,.$$

Verh. Naturforsch. Ges. Basel 40, 153-214 (1929)

XIII 58 Zur Theorie der Überkonvergenz, Math. Ann. 103, 15-27 (1930)

VI 59 Mathematische Miszellen. XVI. Zur Theorie der linearen Diophantischen Approximationen, Jber. Deutsch. Math.-Verein. 39, 34-46 (1930)

XIV 60 Über konforme Abbildungen annähernd kreisförmiger Gebiete (Aus einem Brief an L. Bieberbach), Jber. Deutsch. Math.-Verein. 39, 78-81 (1930)

XIII 61 Über quasianalytische Funktionen und Bestimmtheit asymptotischer Entwicklungen, Acta Math. 53, 181-266 (1929)

*	62	Studien über den Schottkyschen Satz, Rektoratsprogramm der Universität Basel für das Jahr 1931
XVI	63	Ganzzahligkeit in der Mathematik, Tätigkeitsbericht der Math. Fachschaft an der Universität Heidelberg, 3-10 (1932)
XIII	64	Asymptotische Abschätzungen der Argumentvariation einer Funktion die die Werte 0 und 1 nicht annimmt, Math. Z. 36, 302-320 (1932)
XIII	65	Asymptotische Abschätzung des absoluten Betrages einer Funktion, die die Werte 0 und 1 nicht annimmt, Comment. Math. Helv. 5, 55-87 (1933)
III	66	Über den ersten und vierten Gausschen Beweis des Fundamentalsatzes der Algebra, in C.F. Gauss Werke, X (Springer Verlag, Berlin), 2-18 (1933)
XIII	67	Mathematische Miszellen. XVII. Notiz zu einem Satz von H. Bohr, Jber. Deutsch. Math.-Verein. 42, 160-165 (1932)
III	68	(Mit Th. Motzkin) Über den Fundamentalsatz der Algebra, S.-B. Berlin Akad., 255-258 (1933)
XIII	69	Über algebraische Funktionen von Dirichletschen Reihen, Math. Z. 37, 98-133 (1933)
XIII	70	Über einen Satz von Leau und die analytische Fortsetzung einiger Klassen Taylorscher und Dirichletscher Reihen, Math. Ann. 108, 718-756 (1933)
XIII	71	Mathematische Miszellen. XVIII. Notiz über den Wertevorrat der Riemannschen ζ-Funktion am Rande des kritischen Streifens, Jber. Deutsch. Math.-Verein. 43, 58-64 (1933)
VIII	72	Über Nullstellen stetiger Funktionen zweier Variablen, J. f. d. r. u. angew. Math. 170, 83-94 (1933)
X	73	Sur les multiplicités des zéros des fonctions indéfiniment dérivables de deux variables, Bull. Sc. Math. France (2) 58, 64-72 (1934)
X	73a	Addition à la note «Sur les multiplicités des zéros des fonctions indéfiniment dérivables de deux variables, Bull. Sc. Math. France (2) 59, 259-260 (1935)
XIV	74	Bemerkung zur vorstehenden Note von Herrn S. Warschawski, Math. Z. 38, 684-686 (1934)
VI	75	Berührungsmasse, nullwinklige Kreisbogendreiecke und die Modulfigur, Jber. Deutsch. Math.-Verein. 44, 56-75 (1934)
VIII	76	Untersuchungen zur arithmetischen Theorie der Körper (Die Theorie der Teilbarkeit in allgemeinen Körpern), Math. Z. 39, 269-404 (1934)
XIV	77	Über den Habitus der konformen Abbildung am Rande des Abbildungsbereiches, Acta Math. 64, 81-184 (1935)
V	78	Bemerkungen über die Struktur von Ringen, die aus Polynomen in einer Variabel bestehen, Acta Arith. 1, 19-42 (1936)
VIII	79	Beiträge zur Topologie der orientierten Linienelemente. I. Über eine topologische Verschärfung des Rolleschen Satzes, Comp. Math. 2, 1-24 (1935)
VIII	80	Beiträge zur Topologie der orientierten Linienelemente. II. Ein Zusammenhang zwischen der Tangentendrehung längs eines Bogens und seinen Ordnungen in Bezug auf die beiden Endpunkte. III. Eine Formel für die Differenz der Richtungszuwächse zwischen zwei Linienelementen längs verschiedener Verbindungswege. Comp. Math. 2, 177-200 (1935)
XIV	81	Sur la conservation des angles dans la transformation conforme d'un domaine au voisinage d'un point frontière, C. R. Acad. Sc. Paris 202, 727-728 (1936)
XIV	82	Sur la transformation des plis dans la transformation conforme au voisinage d'un point frontière, C. R. Acad. Sc. Paris 202, 1135-1137 (1936)

XIV 83 Zur Randverzerrung bei konformer Abbildung (Dem Gedächtnis von Leon Lichtenstein gewidmet), Prace Mat.-Fiz. 44, 371-471 (1936)

X 84 Sur une transformation de la série de Liouville-Neumann, C. R. Acad. Sc. Paris 203, 602-604 (1936)

XV 85 Konvergenzdiskussion und Fehlerabschätzung für die Newton'sche Methode bei Gleichungssystemen, Comment. Math. Helv. 9, 79-103 (1936/1937)

I 86 Sur la détermination des bornes inférieures pour une classe des déterminants, Bull. Sc. Math. (2) 61, 1-14 (1937)

I 87 Über die Determinanten mit überwiegender Hauptdiagonale, Comment. Math. Helv. 10, 69-96 (1937)

XV 88 Über eine Modifikation des Newtonschen Näherungsverfahrens, Inst. Math. Tbilissi 2, 241-250 (1937)

X 89 Sur quelques transformations de la série de Liouville-Neumann, C. R. Acad. Sc. Paris 206, 1345-1347 (1938)

X 90 Über die Absolutabweichung einer differentiierbaren Funktion von ihrem Integralmittelwert, Comment. Math. Helv. 10, 226-227 (1938)

X 91 Notiz über die Funktionaldeterminante von zwei Funktionen mit zwei gemeinsamen Nullstellen, Comment. Math. Helv. 10, 228-231 (1938)

XV 92 Über die Konvergenz und die Abrundungsfestigkeit des Newtonschen Verfahrens, Rec. Math. Moscou (44) 2, 1073-1095 (1937)

XV 93 Über einen Fall der Konvergenz des Newtonschen Näherungsverfahrens, Rec. Math. Moscou (45) 3, 253-258 (1938)

XIII 94 Sur les modules des zéros des fonctions entières, C. R. Acad. Sc. Paris 206, 1541-1543 (1938)

I 95 Sur l'approximation du déterminant de Fredholm par les déterminants des systèmes d'équations linéaires, Ark. Mat. Stockholm 26A, 1-15 (1938)

II 96 On a Theorem Concerning Identical Relations between Matrices Quart. J. Math. Oxford Ser. 9, 241-245 (1938)

III 97 Sur la continuité relative des racines d'équations algébriques, C. R. Acad. Sc. Paris 209, 777-779 (1939)

IX 98 Note sur les produits de séries normales, Bull. Soc. Roy. Sc. Liège 448-468 (1939)

XV 99 Sur la convergence et l'estimation des erreurs dans quelques procédés de résolution des équations numériques, in Grave Festschrift (Gosudarstv Izdat. Tehn.-Teor. Lit., Moscow), 213-234 (1940)

III 100 Recherches sur la méthode de Graeffe et les zéros des polynomes et des séries de Laurent, Acta Math. 72, 99-257 (1940)

III 100a Addition à notre mémoire: Recherches sur la méthode de Graeffe et les zéros des polynomes et des séries de Laurent, Acta Math. 75, 183-186 (1943)

XII 101 Mathematische Miszellen. XIX, XX, XXI. XIX. Zur integrallosen Bestimmung der Berührungstransformationen vom Range 1. XX. Über eine Klasse von Berührungstransformationen. XXI. Über eine Klasse von kanonischen Transformationen. Verh. Naturforsch. Ges. Basel 52, 35-48 (1941)

XII 102 Sur une classe de transformations différentielles dans l'espace à trois dimensions. I, Comment. Math. Helv. 13, 156-194 (1941)

XII 103 Sur une classe de transformations différentielles dans l'espace à trois dimensions. II, Comment. Math. Helv. 14. 23-60 (1941)

III 104 On a Theorem by J.L. Walsh Concerning the Moduli of Roots of Algebraic Equations, Bull. A. M. S. 47, 742-746 (1941)

XII 105 On the Definition of Contact Transformations, Bull. A. M. S. 47, 760-763 (1941)

X 106 Sur un théorème fondamental de la théorie des équations linéaires aux dérivées partielles, Comment. Math. Helv. 15, 217-221 (1943)

XII 107 Sur les transformations réversibles d'éléments de ligne, Acta Math. 75, 151-182 (1942)

X 108 Note sur l'interversion des dérivations et les différentielles totales, Comment. Math. Helv. 15, 222-225 (1943)

X 109 Sur les conditions de validité d'une classe de relations entre les expressions différentielles linéaires, Comment. Math. Helv. 15, 265-286 (1943)

X 110a Über algebraische Relationen zwischen unbestimmten Integralen, Experientia 1, 117-118 (1945)

X 110b Ein Unabhängigkeitssatz für irreduzible Integrale, Experientia 1, 195-197 (1945)

XVI 111 Besprechung von Bavink, Ergebnisse und Probleme der Naturwissenschaften, Experientia 1, 163-165 (1945)

XVI 111a Besprechung von: Studies and Essays (To R. Courant on his 60th birthday), Experientia 6, 28-29 (1950)

X 112 Sur les relations algébriques entre les intégrales indéfinies, Acta Math. 78, 315-318 (1946)

X 113 Sur l'intégrabilité élémentaire de quelques classes d'expressions, Comment. Math. Helv. 18, 283-308 (1946)

VIII 114 Sur l'inverse d'une transformation continue et biunivogue, C. R. Acad. Sc. Paris 223, 229-230 (1946)

VIII 115 Nouvelle démonstration du théorème de Schoenflies pour les espaces à n dimensions, C. R. Acad. Sc. Paris 223, 530-531 (1946)

XVI 116 Sur la formule de Moivre-Laplace, C. R. Acad. Sc. Paris 223, 1090-1092 (1946)

XIII 117 Sur le rayon de convergence de la série de Blåsius, C. R. Acad. Sc. Paris 227, 580-582 (1948)

XVI 117a G.H. Hardy, Nachruf, Experientia 5, 131-135 (1949)

X 118 On Some Generalizations of the Cauchy-Frullani Integral, Proc. Nat. Acad. Sc. U.S.A. 35, 612-616 (1949)

II 119 Sur la variation de la matrice inverse d'une matrice donnée, C. R. Acad. Sc. Paris 231, 1019-1021 (1950)

X 120 Un théorème d'existence pour les systèmes d'équations, C. R. Acad. Sc. Paris 231, 1014-1016 (1950)

III 121 Note on Vincent's Theorem, Ann. of Math. 52, 702-707 (1950)

X 122 Generalization of a Theorem of Osgood to the Case of Continous Approximation, Proc. Amer. Math. Soc. 1, 648-649 (1950)

X 123 Un nouveau théorème d'existence pour les systèmes d'équations, C. R. Acad. Sc. Paris 232, 786-788 (1951)

III 124 Sur une règle de Laguerre, Ann. Mat. pura appl. (4) 31, 65-68 (1950)

X 125 Note on an Infinite Integral, Duke Math. J. 18, 355-359 (1951)

XV 126 La recherche des périodicités cachées. Analyse Harmonique (Centre Nat. Recherche Sc., Paris [Colloq. Internat. C.N.R.S. 15]), 93-95 (1949)

II 127 Über das Nichtverschwinden einer Klasse von Determinanten und die Lokalisierung der charakteristischen Wurzeln von Matrizen, Comp. Math. 9, 209-226 (1951)

II 128 Sur les conditions générales pour la régularité des matrices, R. C. Mat. e appl. (5) 10, 156-168 (1951)

I 129 (With Olga Taussky) On the Variation of the Determinant of a Positive Definite Matrix, Nederl. Indag. Math. 13, 383-385 (1951)

XV 130 Sur les matrices peu différentes d'une matrice triangulaire, C. R. Acad. Sc. Paris 233, 1559-1560 (1951)

I 131 Note on Bounds for Determinants with Dominant Principal Diagonal, Proc. Amer. Math. Soc. 3, 26-30 (1952)

II 132 Bounds for the Greatest Latent Root of a Positive Matrix, J. L. M. S. 27, 253-256 (1952)

X 133 Sur quelques applications des fonctions convexes et concaves au sens de I. Schur, J. Math. pures appl. (9) 31, 253-292 (1952)

XV	134	On the Rounding Off of Difference Tables for Linear Interpolation, Math. Tables and Other Aids to Comp. 6, 212–214 (1952)
XIV	135	On the Convergence of Theodorsen's and Garrick's Method of Conformal Mapping, in Proc. Sympos. on Conformal Maps, 1949 (Nat. Bur. Standards, Washington, D. C. [Appl. Math. Ser. 18]), 149–163 (1952)
XIV	136	On a Discontinuous Analogue of Theodorsen's and Garrick's Method, in Proc. Sympos. on Conformal Maps, 1949 (Nat. Bur. Standards, Washington, D. C. [Appl. Math. Ser. 18]), 165–174 (1952)
XVI	137	Two Explicit Formulae for the Distribution Function of the Sums of n Uniformly Distributed Independent Variables (To Ernst Jacobsthal for his 70th birthday), Arch. d. M. 3, 451–459 (1952)
XV	138	On Over and Under Relaxation in the Theory of the Cyclic Single Step Iteration, Math. Tables and Other Aids to Comp. 7, 152–159 (1953)
X	139	Simultaneous Systems of Equations, in Simultaneous Linear Equations and the Determination of Eigenvalues (Nat. Bur. Standards, Washington, D. C. [Appl. Math. Ser. 29]), 29–34 (1953)
XV	140	On Nearly Triangular Matrices, J. Research Nat. Bur. Standards 52, 319–345 (1954)
IX	141	Mathematische Miszellen. XXII. Über gewisse Ungleichungen zwischen monotonen Zahlenfolgen, Jber. Deutsch. Math.-Verein. 57, 85–89 (1954)
V	142	On Two Problems in Abstract Algebra Connected with Horner's Rule, in: Studies in Mathematics and Mechanics Presented to Richard von Mises, (Academic Press, New York). 40–48 (1954)
II	143	On the Linear Iteration Procedures for Symmetric Matrices (In memory of Fabio Conforto), R. C. Mat. e appl. (5) 13, 140–163 (1954)
II	144	On the Spectrum of a One-Parametric Family of Matrices, J. f. d. r. u. angew. Math. 193, 143–160 (1954)
XIII	145	Über die analytische Fortsetzung von Taylorschen und Dirichletschen Reihen, Math. Ann. 129, 1–43 (1955)
XIV	146	Conformal Mapping of A Special Ellipse on the Unit Circle, in Experiments in the Computation of Conformal Maps (Nat. Bur. Standards, Washington, D. C. [Appl. Math. Ser. 42]), 1–2 (1955)
XIV	147	Theodorsen's and Garrick's Method for Conformal Mapping of the Unit Circle into an Ellipse, in Experiments in the Computation of Conformal Maps (Nat. Bur. Standards, Washington, D. C. [Appl. Math. Ser. 42]), 3–5 (1955)
I	148	Note on Bounds for some Determinants, Duke Math. J. 22, 95–102 (1955)
VII	149	Über Evoluten und Evolventen ebener Kurven (Wilhelm Süss zum 60. Geburtstag), Arch. d. M. 6, 170–179 (1955)
VII	150	Un'applicazione dell'integrale di Stieltjes alla teoria elementare delle curve piane, R. C. Accad. Naz. Lincei (8) 18, 373–375 (1955)
XV	151	Note on a Logarithm Algorithm, Math. Tables and Other Aids to Comp. 9, 65–68 (1955)
X	152	Note sur les dérivées uniformes et les différentielles totales, Comment. Math. Helv. 29, 298–300 (1955)
II	153	Über Normen von Matrizen (Dem Andenken an Issai Schur gewidmet), Math. Z. 63, 2–18 (1955)
III	154	Note on a Theorem by A. Brauer, Duke Math. J. 22, 469–470 (1955)
I	155	Sur les déterminants à diagonale dominante, Bull. Soc. Math. Belg., 46–51 (1954)
VII	156	Mathematische Miszellen. XXIII. Zur Differentialgeometrie der ebenen Parallelkurven, Jber. Deutsch. Math.-Verein. 58, 49–53 (1955)
XV	157	Determinanten mit überwiegender Hauptdiagonale und die absolute Konvergenz von linearen Iterationsprozessen (Paul Finsler zum 60. Geburtstag), Comment. Math. Helv. 30, 175–210 (1956)

IX 158 Sur les critères de convergence e divergence dus à V. Ermakof (A Trygve Nagell à l'occasion de son 60e anniversaire), Enseignement Math. (2) 1, 224-257 (1955)

III 159 Mathematische Miszellen. XXIV. Zur relativen Stetigkeit von Wurzeln algebraischer Gleichungen, Jber. Deutsch. Math.-Verein. 58, 98-102 (1956)

XV 160 Über Verfahren von Steffensen und Householder zur Konvergenzverbesserung von Iterationen (Mauro Picone zum 70. Geburtstag), Z. angew. Math. und Phys. 7, 218-229 (1956)

X 161 Über die Differenzierbarkeit von impliziten Funktionen, Verh. Naturforsch. Ges. Basel 67, 141-148 (1956)

XI 162 Zur Theorie der partiellen Differentialgleichungen erster Ordnung, Math. Z. 66, 70-87 (1956)

IX 163 Mathematische Miszellen. XXV. Über das Verhalten von Iterationsfolgen im Divergenzfall, Jber. Deutsch. Math.-Verein. 59, 69-79 (1956)

III 164 Über die Darstellung von symmetrischen Funktionen durch Potenzsummen, Math. Ann. 132, 362-372 (1956)

VII 165 Über die Verbindbarkeit von Linien- und Krümmungselementen durch monoton gekrümmte Kurvenbogen, Enseignement Math. (2) 2, 277-292 (1956)

XIII 166 Le développement de Taylor de la fonction inverse, C. R. Acad. Sc. Paris 244, 429-430 (1957)

X 167 Les points d'attraction et de répulsion pour l'itération dans l'espace à n dimensions, C. R. Acad. Sc. Paris 244, 288-289 (1957)

VI 168 Eine Verschärfung des Schubfächerprinzips in einem linearen Intervall. Arch. d. M. 8. 1-10 (1957)

VI 168a Bemerkungen zu meiner Mitteilung: Eine Verschärfung des Schubfächerprinzips in einem linearen Intervall, Arch. d. M. 8, 330 (19577

XV 169 Über näherungsweise Auflösung von Systemen homogener linearer Gleichungen, Z. angew. Math. und Phys. 8, 280-285 (1957)

VI 170 Mathematische Miszellen. XXVI. Zum Schubfächerprinzip in einem linearen Intervall, Jber. Deutsch. Math.-Verein. 60, 33-39 (1957)

II 171 Mathematische Miszellen. XXVII. Über die Stetigkeit von charakteristischen Wurzeln in Abhängigkeit von den Matrizenelementen, Jber. Deutsch. Math.-Verein. 60, 40-42 (1957)

VIII 172 Über die Evoluten von endlichen Ovalen, J. f. d. r. u. angew. Math. 198, 14-27 (1957)

XV 173 A Method of Speeding Up Iterations with Super-Linear Convergence, J. Math. Mech. 7, 117-120 (1958)

II 174 On the Convergence of the Rayleigh Quotient Iteration for the Computation of the Characteristic Roots and Vectors. I, Arch. Rational Mech. An. 1, 233-241 (1958)

X 175 Un critère d'univalence des transformations dans R^n, C. R. Acad. Sc. Paris 247, 3536-3539 (1958)

II 176 On the Bounds of a One-Parametric Family of Matrices, J. f. d. r. u. angew. Math. 200, 190-199 (1958)

XVI 177 Wilhelm Süss, Freiburger Univ.-Reden (N.F.) 28, 1-16 (1958)

II 178 On the Convergence of the Rayleigh Quotient Iteration for the Computation of the Characteristic Roots and Vectors. II, Arch. Rational Mech. An. 2, 423-428 (1959)

XV 179 On Trends and Problems in Numerical Approximation, in On Num. Approx., Univ. Wisconsin Press, Madison, 3-10 (1959)

XV 180 On Gauss' Speeding Up Device in the Theory of Single Step Iteration, Math. Tables and Other Aids to Comp. 12, 116-132 (1958)

X 181 Un nouveau critère d'univalence des transformations dans un R^n, C. R. Acad. Sc. Paris 248, 348-350 (1959)

III 182 Über einige Sätze von Herrn M. Parodi (Dem Andenken an H.L. Schmid), Math. Nachr. 19, 331-338 (1958)

II 183 Über Eigenwerte von Produktion Hermitescher Matrizen (Helmut Hasse zum 60. Geburtstag), Hamburger Abh. 23, 60-68 (1959)

XIII 184 Three Theorems on Products of Power Series, Comp. Math. 14, 41-49 (1959)

II 185 A Quantitative Formulation of Sylvester's Law of Inertia, Proc. Nat. Acad. Sc. U.S.A. 45, 740-744 (1959)

II 186 On the Convergence of the Rayleigh Quotient Iteration for the Computation of the Characteristic Roots and Vectors. III (Generalized Rayleigh Quotient and Characteristic Roots with Linear Elementary Divisors), Arch. Rational Mech. An. 3, 325-340 (1959)

II 187 On the Convergence of the Rayleigh Quotient Iteration for the Computation of the Characteristic Roots and Vectors. IV (Generalized Rayleigh Quotient for Nonlinear Elementary Divisors), Arch. Rational Mech. An. 3, 341-347 (1959)

II 188 On the Convergence of the Rayleigh Quotient Iteration for the Computation of the Characteristic Roots and Vectors. V (Usual Rayleigh Quotient for Non-Hermitian Matrices and Linear Elementary Divisors), Arch. Rational Mech. An. 3, 472-481 (1959)

II 189 On the Convergence of the Rayleigh Quotient Iteration for the Computation of Characteristic Roots and Vectors. VI (Usual Rayleigh Quotient for Nonlinear Elementary Divisors), Arch. Rational Mech. An. 4, 153-165 (1959)

II 190 Über Produkte Hermitescher Matrizen und Büschel Hermitescher Formen (Dem Andenken an Leon Lichtenstein gewidmet), Math. Z. 72, 1-15 (1959)

I 191 On some Conditions for Nonvanishing of Determinants, Proc. Amer. Math. Soc. 12, 268-273 (1961)

II 192 A Regularity Condition for a Class of Partitioned Matrices, Comp. Math. 15, 23-27 (1962)

II 193 On the Convergence of Gauss' Alternating Procedure in the Method of the Least Squares (A Giovanni Sansone nel suo 70. compleanno), Ann. Mat. pura appl. (4) 48, 229-236 (1959)

I 194 Über geränderte Determinanten und bedingte Trägheitsindizes quadratischer Formen, Monatsh. Math. 64, 51-63 (1960)

V 195 On Some Metrical Properties of Operator Matrices and Matrices Partitioned into Blocks, J. Math. An. Appl. 2, 161-209 (1961)

II 196 On the Eigenvector Belonging to the Maximal Root of a Non-negative Matrix, Proc. Edinburgh Math. Soc. (2) 12, 107-112 (1960-1961)

V 197 Iterative Solution of Linear Systems of Functional Equations, J. Math. An. Appl. 2. 351-369 (1961)

II 198 A Quantitative Formulation of Sylvester's Law of Inertia, II, Proc. Nat. Acad. Sc. U.S.A. 46, 859-862 (1960)

III 199 On the Zeros of Bernoulli Polynominals of Even Order, Enseignement Math. 6, 27–47 (1960)

XVI 199a Werner Gautschi, 1927–1959

III 200 On an Inequality of J. Vicente Gonçalves, Univ. Lisboa Rivista Fac. Ci. A (2) 8, 115-119 (1961)

II 201 (With Hans Schneider) Bounds for the Maximal Characteristic Root of a Non-Negative Irreducible Matrix, Duke Math. J. 27, 547-553 (1960)

II 202 Note on a Theorem by Hans Schneider, J. L. M. S. 37, 225-234 (1962)

II 203 On Some Inequalities in the Theory of Matrices (Dedicated to the Memory of Jekuthiel Ginsburg), Scripta Math. 26, 201-222 (1963)

XI 204 On Lancaster's Decomposition of a Matrix Differential Operator. Arch. Rational Mech. An. 8, 238-241 (1961)

II 205 (With Hans Schneider) Some Theorems on the Inertia of General Matrices, J. Math. An. Appl. 4, 72-84 (1962)
II 206 On Positive Matrices (To B.L. van der Waerden for his 60th anniversary), Math. Ann. 150, 276-284 (1963)
III 207 Eine Vorzeichenregel in der Theorie der algebraischen Gleichungen, von Carl Runge, herausgegeben von A. Ostrowski, Jber. Deutsch. Math.-Verein 66, 52-66 (1963)
II 208 Il metodo del quoziente di Rayleigh, (C. I. M. E., Roma), 1-60 (1963)
III 209 Sur l'analogue du théorème de Budan-Fourier pour les suites générales des polynomes, J. Math. pures appl. (9) 43, 49-58 (1964)
III 210 On Runge's General Rule of Signs, Ann. Ac. Sc. Fenn. (A) I 342, 1-20 (1964)
I 211 On some Determinants with Combinatorial Numbers (Dedicated to Helmut Hasse for his 65th birthday), J. f. d. r. u. angew. Math. 216, 25-30 (1964)
XV 212 On Approximation of Equations by Algebraic Equations, SIAM J. Num. An. (B) 1, 104-130 (1964)
VI 213 On n-Dimensional Additive Moduli and Diophantine Approximations, Acta Arith. 9, 391-416 (1964)
III 214 On Descartes Rule of Signs for Certain Polynominal Developments (To G. Pólya for his 70th anniversary), J. Math. Mech. 14, 195-209 (1965)
II 215 Positive Matrices and Functional Analysis in Recent Advances in Matrix Theory (Univ. Wisconsin Press Madison, Wisconsin), 81-101 (1964)
IX 216 On Ermakof's Convergence Criteria and Abel's Functional Equation, Enseignement Math. (2) 11, 103-122 (1965)
III 217 Note sur les parties réelles et imaginaires des racines des polynomes, J. Math. pures appl. (9) 44, 327-329 (1965)
XV 218 Zur Entwicklung der numerischen Analysis, Jber. Deutsch. Math.-Verein. 68, 97-111 (1966)
X 219 A Contribution to the Theory of the Fourier Integral Formula (Ernst Hölder for his 65th anniversary), Math. Ann. 165, 261-280 (1966)
III 220 Sur une propriété des sommes des racines d'un polynome, C. R. Acad. Sc. Paris 263, 46-48 (1966)
XV 221 The Round-off Stability of Iterations, Z. angew. Math. und Mech. 47, 77-81 (1967)
X 222 General Existence Criteria for the Inverse of an Operator, Am. Math. Monthly 74, 826-827 (1967)
XV 223 Contributions to the Theory of the Method of Steepest Descent Arch. Rational Mech. An. 26, 257-280 (1967)
III 224 On the Moduli of Zeros of Derivatives of Polynomials, J. f. d. r. u. angew. Math. 230, 40-50 (1968)
XV 225 Une méthode générale de résolution automatique d'une équation polynomiale, in Programmation en Mathématique Numérique, Actes Colloq. Internat. C. N. R. S. 165, Besançon 1966 (Edition Centre Nat. Recherche Sc., Paris), 179-182 (1968)
XIII 226 On the Morse-Kuiper Theorem, Aequa. Math. 1, 66-76 (1968)
II 227 (With E.V. Haynsworth) On the Inertia of Some Classes of Partitioned Matrices, Lin. Alg. a. Appl. 1, 299-316 (1968)
X 228 Über eine Funktionalgleichung (Bemerkung zur vorstehenden Mitteilung von J. Aczél), Jber. Deutsch. Math.-Verein. 71, 58-59 (1969)
X 229 Note on Poisson's Treatment of the Euler-Maclaurin Formula (To Hugo Hadwiger for his 60th birthday), Comment. Math. Helv. 44, 202-206 (1969)
XV 230 A Method for Automatique Solution of Algebraic Equations, in: Constructive Aspects of the Fundamental Theorem of Algebra, IBM Symposium, Zürich 1967 (John Wiley & Sons, New York), 209-224 (1969)

X 231 Über das Restglied der Euler-Maclaurinschen Formel, in: Abstract Spaces and Approximation, Proc. Conference Oberwolfach 1968, Birkhäuser Verlag, Basel, 358-364 (1969)

X 232 On the Remainder Term of the Euler-Maclaurin Formula (To Wolfgang Krull on his 70th birthday), J. f. d. r. u. angew. Math. 239/240, 268-286 (1970)

X 233 On an Integral Inequality, Aequa. Math. 4, 358-373 (1970)

XI 234 A Theorem on Clusters of Roots of Polynomial Equations (To A.S. Householder for his 65th birthday), SIAM J. Num. An. 7, 567-570 (1970)

XV 235 La méthode de Newton dans les espaces de Banach, C. R. Acad. Sc. Paris 272, 1251-1253 (1971)

X 236 Integral Inequalities, (C. I. M. E., Roma), 389-419 (1971)

II 237 A New Proof of Haynsworth's Quotient Formula for Schur Complements (Dedicated to the memory of Theodore S. Motzkin), J. Comb. Theory 14, 319-323 (1973)

III 238 Some Properties of Reduced Polynomial Equations, SIAM J. Num. An. 8, 623-638 (1971)

IX 239 On the Numerical Computation of Slowly Convergent Series, J. f. d. r. u. angew. Math. 252, 146-168 (1972)

XV 240 Die Newton-Raphsonsche Methode in Banachräumen, in Methode und Verfahren d. math. Physik 5, 23-28 (1971)

XV 241 Les estimations des erreurs a posteriori dans les procédés itératifs, C. R. Acad. Sc. Paris 275, 275-278 (1972)

XV 241a On Error Estimates A Posteriori in Iterative Procedures, Edmonton Symposium, ISNM 21, 267-275 (1972)

XV 242 A Posteriori Error Estimates in Iterative Procedures (To the memory of George E. Forsythe), SIAM J. Num. An. 10, 290-298 (1973)

II 243 On Schur's Complement (Dedicated to the memory of Theodore S. Motzkin), J. Comb. Theory 14, 319-323 (1973)

XVI 244 (With J. Aczél) On the Characterization of Shannon's Entropy by Shannon's Inequality, J. Australian Math. Soc. 16, 368-374 (1973)

II 245 On Subdominant Roots of Nonnegative Matrices, Lin. Alg. a. Appl. 8, 179-184 (1974)

X 246 On Asymptotic Development of Functions of Large Numbers (To Mauro Picone for his 90th birthday), R. C. di Mat. (6) 8, 429-445 (1975)

XV 247 Über Fehlerabschätzungen a priori und a posteriori, Acta Univ. Carol. Prag 1-2, 111-115 (1974)

X 248 On Cauchy-Frullani Integrals, Comment. Math. Helv. 51, 57-91 (1976)

X 249 On Validity Conditions for J. Bertrand's Theorem on Jacobians, Boll. U. M. I. (4) 11, Suppl., 45-55 (1975)

III 250 On Subdominant Roots of Certain Algebraic Equations (Papers dedicated to L. Iliev's 60th anniversary), Mathematical Structures, 383-386 (Sofia, 1975)

IV 251 On Multiplication and Factorization of Polynomials, I. Lexicographic Orderings and Extreme Aggregates of Terms, Aequa. Math. 13, 201-228 (1975)

XV 252 An Estimate of the Approximation to a Fixed Point of an Operator, Comp. & Maths. with Appls. 1, 427 (1975)

X 253 Note on the Bernoulli-L'Hospital Rule, Am. Math. Monthly 83, 239-242 (1976)

IV 254 On a Theorem by Kronecker (Dedicated to Olga Taussky-Todd) Aequa. Math. 14, 159-166 (1976)

IV 255 On Multiplication and Factorization of Polynomials, II. Irreducibility Discussion, Aequa Math. 14, 1-32 (1976)

XVI 256 Festvortrag Oberwolfach, Jber. Deutsch. Math.-Verein. 77, 167-172 (1975)

IV 257 The Irreducibility of the Resultant and Connected Irreducibility Theorems, Arch. d. M. 29, 252-260 (1977)

V 258 Algebraic Closure of Modules, J. f. d. r. u. angew. Math. 295, 120-150 (1977)

V 259 On Kronecker's Elimination Theory, J. f. d. r. u. angew. Math. 296, 37-57 (1977)

XVI 260 (With Raymond M. Redheffer) Inequalities Related to the Normal Law, in General Inequalities 1, Birkhäuser Verlag Basel, 125-129 (1978)

VI 261 On Rational Approximations to an Irrational Number, R. C. Sem. Mat. Milano 47, 241-256 (1977)

XVI 262 On the Remainder Term of the de Moivre-Laplace Formula (To the 70th birthday of Eugene Lukacs), Aequa. Math. 20, 263-277 (1980)

III 263 Notiz über Maximalwerte von Polynomen auf dem Einheitskreis (To the 70th birthday of E. Lukacs), Elektrotechn. Fak. Belgrad, 641 (1979)

VI 264 On the Distribution Function of Certain Sequences (mod 1) (To the memory of Paul Turán), Acta Arith. 37, 85-104 (1980)

VI 265 On the Error Term in Multidimensional Diophantine Approximatio Acta Arith. 41, 163-183 (1982)

XVI 266 Bemerkung zu unserer Abhandlung on the Diophantine Equation $ay^2 + by + c = dx^n$, Proc. London Math. Soc. (1921).